Ciência Ambiental 16e

Sobre a capa
Roberto Greco

Um novo tema importante para esta edição do livro *Ciência Ambiental* é a biomimética, ou aprendendo com a natureza. Nos últimos anos, os cientistas têm estudado a natureza em um esforço para compreender como uma variedade de formas de vida tem se mantido no planeta Terra por pelo menos 3,8 bilhões de anos, apesar de tantas mudanças catastróficas nas condições ambientais do planeta, como colisões de grandes meteoritos, longos períodos de aquecimento e eras glaciais, além de cinco extinções em massa - cada uma eliminando de 30% a 90% das espécies do mundo.

Exemplos de como a vida na Terra se sustentou por 3,8 bilhões de anos estão sendo utilizados para nos ajudar a desenvolver tecnologias e soluções para os problemas ambientais que enfrentamos, ensinando-nos como viver de forma mais sustentável. Por exemplo, a capa deste livro mostra um casal de araras-azuis. Esta espécie corre risco de extinção no Brasil, em decorrência da perda de habitat e captura ilegal. No entanto, deveriam servir como fontes de beleza e contemplação pela sua bela plumagem. Com o intuito de criar novas tecnologias, cientistas também têm usado as penas de vários pássaros como inspiração para a geração de novas tecnologias. As brilhantes cores das araras-azuis são devido às nanoestruturas no interior de suas penas. Tais estruturas têm sido alvo de pesquisas que procuram desenvolver novos materiais ópticos que possam ser empregados em várias tecnologias, como, por exemplo, painéis solares mais eficientes. Ao longo deste livro, fornecemos vários outros exemplos de biomimética, ou aprendizado com a Terra.

Muitas espécies de animais silvestres, como essa arara-azul em risco de extinção do Mato Grosso, Brasil, são fontes de beleza e satisfação. A perda de habitat e a captura ilegal por vendedores de animais ameaça essa espécie.

Fontes: https://pubs.rsc.org/--/content/articlehtml/2016/cs/c6cs00129g, https://www.ncbi.nlm.nih.gov/pmc/articles/PMC3427513/, http://g1.globo.com/natureza/noticia/2012/05/evolucao-na-estrutura-da-pena-explica-cor-azulada-de-arara-diz-estudo.html, https://www.seas.harvard.edu/news/2016/11/new-technique-structural-color-inspired-birds

```
Dados Internacionais de Catalogação na Publicação (CIP)
            (Câmara Brasileira do Livro, SP, Brasil)

Miller, G. Tyler
    Ciência ambiental/G. Tyler Miller, Scott E. Spoolman;
tradução Priscilla Lopes; revisão técnica Roberto Greco.
- 3. ed. - São Paulo: Cengage Learning, 2021.

    Título original: Environmental science
    16. ed. norte-americana.
    ISBN 978-65-55580-01-3

    1. Ciência ambiental 2. Ecologia humana
3. Proteção ambiental I. Spoolman, Scott E.
II. Greco, Roberto. III. Título.

21-66701                                        CDD-363.7
```

Índice para catálogo sistemático:
1. Ciência ambiental   363.7

Cibele Maria Dias - Bibliotecária - CRB-8/9427

Ciência Ambiental

Tradução da 16ª edição norte-americana

G. Tyler Miller

Scott E. Spoolman

Tradução
Priscilla Lopes

Revisão Técnica
Roberto Greco
Professor Doutor do Instituto de Geociências da Universidade Estadual de Campinas (Unicamp), São Paulo

Austrália • Brasil • México • Cingapura • Reino Unido • Estados Unidos

Ciência ambiental – Tradução da 16ª edição norte-americana
G. Tyler Miller e Scott E. Spoolman
2ª edição brasileira

Gerente editorial: Noelma Brocanelli

Editora de desenvolvimento: Salete Del Guerra

Supervisão de produção gráfica: Fabiana Alencar

Título original: Environmental Science – 16th edition

ISBN 13: 978-1-337-56961-3
ISBN: 978-1-337-56961-3

Tradução das edições anteriores: Noveritis do Brasil e All Tasks

Tradução dos trechos novos desta edição: Priscilla Lopes

Revisão técnica das edições anteriores: Sabrina Anselmo Joanitti e Wellington Braz Carvalho Delitti

Revisão técnica desta edição: Roberto Greco

Copidesque: Sandra Scapin

Revisão: Joana Figueiredo

Design do texto original: Jeanne Calabrese

Diagramação: 3Pontos Apoio Editorial Ltda

Design da capa: Raquel Braik Pedreira

Imagem da capa: Vaclav Matous/Shutterstock

© 2019, 2016, 2013 Cengage Learning, Inc.
© 2021 Cengage Learning Edições Ltda.

Todos os direitos reservados. Nenhuma parte deste livro poderá ser reproduzida, sejam quais forem os meios empregados, sem a permissão, por escrito, da Editora. Aos infratores aplicam-se as sanções previstas nos artigos 102, 104, 106 e 107 da Lei nº 9.610, de 19 de fevereiro de 1998. "National Geographic", "National Geographic Society" e Yellow Border Design são marcas registradas da National Geographic Society® Marcas Registradas

Esta editora empenhou-se em contatar os responsáveis pelos direitos autorais de todas as imagens e de outros materiais utilizados neste livro. Se porventura for constatada a omissão involuntária na identificação de algum deles, dispomo-nos a efetuar, futuramente, os possíveis acertos.

A Editora não se responsabiliza pelo funcionamento dos sites contidos neste livro que possam estar suspensos.

Para informações sobre nossos produtos, entre em contato pelo telefone **0800 11 19 39**

Para permissão de uso de material desta obra, envie seu pedido para
direitosautorais@cengage.com

© 2021 Cengage Learning. Todos os direitos reservados.

ISBN-13: 978-65-55580-01-3
ISBN-10: 65-55580-01-1

Cengage Learning
Condomínio E-Business Park
Rua Werner Siemens, 111 – Prédio 11 – Torre A – Conjunto 12
Lapa de Baixo – CEP 05069-900 – São Paulo – SP
Tel.: (11) 3665-9900 – Fax: (11) 3665-9901
SAC: 0800 11 19 39

Para suas soluções de curso e aprendizado, visite
www.cengage.com.br

Impresso no Brasil.
Printed in Brazil.
1ª impressão – 2021

Sumário

Prefácio xiv
Sobre os autores xxi
Sobre o revisor técnico xxii
Mensagem dos autores xxiii
Habilidades de aprendizado xxiv

Seres humanos e sustentabilidade: uma visão geral

1 Meio ambiente e sustentabilidade 2

Principais questões 3

Estudo de caso principal Aprendendo com a Terra 4

1.1 Quais são alguns dos princípios mais importantes da sustentabilidade? 5

Pessoas que fazem a diferença 1.1 Janine Benyus: usando a natureza para inspirar planejamento e estilos de vida sustentáveis 9

1.2 Como estamos afetando a Terra? 10

1.3 Por que temos problemas ambientais? 15

FOCO NA CIÊNCIA 1.1 Alguns princípios de biomimética 20

1.4 O que é uma sociedade ambientalmente sustentável? 21

Revisão do capítulo 22

Revisitando Aprendendo com a Terra e a sustentabilidade 23

Raciocínio crítico 24

Fazendo ciência ambiental 24

Análise da pegada ecológica 25

Ecologia e sustentabilidade

2 Ciência, matéria, energia e sistemas 26

Principais questões 27

Estudo de caso principal O que os cientistas aprendem com a natureza? A história de uma floresta

2.1 O que os cientistas fazem? 29

Pessoas que fazem a diferença 2.1 Jane Goodall, pesquisadora e protetora de chimpanzés 30

2.2 O que é matéria e o que acontece quando ela passa por mudanças 31

2.3 O que é energia e o que acontece quando ela passa por mudanças? 35

2.4 O que são sistemas e como eles respondem às mudanças? 38

Revisitando A Floresta Experimental Hubbard Brook e a sustentabilidade 40

Revisão do capítulo 40

Raciocínio crítico 41

Fazendo ciência ambiental 42

Análise de dados 43

3 Ecossistemas: o que são e como funcionam 44

Principais questões 45

Estudo de caso principal As florestas tropicais úmidas estão desaparecendo 46

3.1 Como funciona o sistema de suporte à vida na Terra? 47

3.2 Quais são os principais componentes de um ecossistema? 48

FOCO NA CIÊNCIA 3.1 Muitos dos organismos mais importantes do mundo são invisíveis para nós 51

3.3 O que acontece com a energia em um ecossistema? 53

3.4 O que acontece com a matéria em um ecossistema? 56

FOCO NA CIÊNCIA 3.2 Propriedades únicas da água 57

3.5 Como os cientistas estudam os ecossistemas? 62

Pessoas que fazem a diferença 3.1 Thomas E. Lovejoy, pesquisador florestal e professor de biodiversidade 62

FOCO NA CIÊNCIA 3.3 Fronteiras planetárias 63

Revisitando Florestas tropicais úmidas e sustentabilidade 64

Revisão do capítulo 64

Raciocínio crítico 65

Fazendo ciência ambiental 66

Análise de dados 67

4 Biodiversidade e evolução 68

Principais questões 69

Estudo de caso principal Por que os anfíbios estão desaparecendo? **70**

4.1 O que é biodiversidade e por que ela é importante? **71**

FOCO NA CIÊNCIA 4.1 Os insetos têm um papel fundamental em nosso mundo **72**

Pessoas que fazem a diferença 4.1 Edward O. Wilson: um defensor da biodiversidade **73**

4.2 Qual é o papel das espécies nos ecossistemas? **74**

ESTUDO DE CASO Jacaré-americano: uma espécie--chave que quase foi extinta **75**

ESTUDO DE CASO Tubarões como espécies-chave **76**

4.3 Como a vida na Terra muda ao longo do tempo **77**

FOCO NA CIÊNCIA 4.2 Causas do declínio dos anfíbios **78**

4.4 Quais fatores afetam a biodiversidade? **80**

FOCO NA CIÊNCIA 4.3 Os processos geológicos afetam a biodiversidade **81**

ESTUDO DE CASO A borboleta-monarca ameaçada **84**

Revisitando Anfíbios e sustentabilidade **85**

Revisão do capítulo **85**

Raciocínio crítico **86**

Fazendo ciência ambiental **86**

Análise de dados **87**

5 Interações das espécies, sucessão ecológica e controle populacional 88

Principais questões **89**

Estudo de caso principal Lontra-marinha do sul: uma espécie em recuperação **90**

5.1 Como as espécies interagem? **91**

FOCO NA CIÊNCIA 5.1 Ameaças para as florestas de kelp **92**

5.2 Como as comunidades e os ecossistemas respondem às mudanças de condições ambientais? **95**

5.3 O que limita o crescimento das populações? **98**

FOCO NA CIÊNCIA 5.2 O futuro das lontras-marinhas do sul da Califórnia **102**

Revisitando Lontras-marinhas do sul e sustentabilidade **103**

Revisão do capítulo **103**

Raciocínio crítico **104**

Fazendo ciência ambiental **105**

Análise de dados **105**

6 População humana e urbanização **106**

Principais questões **107**

Estudo de caso principal Planeta Terra: população de 7,4 bilhões **108**

6.1 Quantas pessoas a Terra pode suportar? **109**

6.2 Quais fatores influenciam o tamanho da população humana? **109**

FOCO NA CIÊNCIA 6.1 Por quanto tempo a população humana pode continuar a crescer? **110**

ESTUDO DE CASO A população dos Estados Unidos está aumentando **111**

6.3 Como a estrutura etária afeta o crescimento ou declínio populacional? **113**

ESTUDO DE CASO O *Baby Boom* nos Estados Unidos **113**

6.4 Como diminuir o crescimento populacional? **115**

ESTUDO DE CASO Crescimento populacional na Índia **117**

ESTUDO DE CASO Diminuição do crescimento populacional na China **118**

6.5 Quais são os principais recursos urbanos e problemas ambientais? **119**

ESTUDO DE CASO Urbanização nos Estados Unidos **119**

ESTUDO DE CASO Cidade do México **124**

6.6 Como o transporte afeta os impactos ambientais urbanos? **124**

6.7 Como as cidades podem se tornar mais sustentáveis e habitáveis? **126**

ESTUDO DE CASO O conceito de ecocidade em Curitiba, no Brasil **129**

Revisitando Crescimento populacional, urbanização e sustentabilidade **130**

Revisão do capítulo **131**

Raciocínio crítico **132**

Fazendo ciência ambiental **132**

Análise de dados **133**

7 Clima e biodiversidade **134**

Principais questões **135**

Estudo de caso principal Savana africana **136**

7.1 Que fatores influenciam o clima? **137**

FOCO NA CIÊNCIA 7.1 Gases de efeito estufa e clima **138**

7.2 Quais são os principais tipos de ecossistemas terrestres e como as atividades humanas os afetam? **140**

FOCO NA CIÊNCIA 7.2 Sobrevivência no deserto **144**

FOCO NA CIÊNCIA 7.3 Revisitando a savana: elefantes como espécies-chave **146**

Pessoas que fazem a diferença 7.1 Tuy Sereivathana: protetor de elefantes **147**

7.3 Quais são os principais tipos de sistemas marinhos e como as atividades humanas os afetam? **152**

FOCO NA CIÊNCIA 7.4 Recifes de coral **156**

7.4 Quais são os principais tipos de sistemas de água doce e como as atividades humanas os afetam? **157**

Pessoas que fazem a diferença 7.2 Alexandra Cousteau, contadora de histórias ambientais e exploradora da National Geographic **162**

Revisitando Savana tropical africana e sustentabilidade **163**

Revisão do capítulo **163**

Raciocínio crítico **164**

Fazendo ciência ambiental **165**

Análise de dados **165**

Biodiversidade sustentável

8 Sustentando a biodiversidade: salvando as espécies **166**

Principais questões **167**

Estudo de caso principal Para onde foram todas as abelhas europeias? **168**

8.1 Que papeL os seres humanos desempenham na extinção das espécies e dos serviços ecossistêmicos? **169**

FOCO NA CIÊNCIA 8.1 Estimativas de taxas de extinção **170**

8.2 Por que devemos tentar manter as espécies selvagens e os serviços ecossistêmicos fornecidos por elas? **170**

8.3 Como os seres humanos aceleram a extinção das espécies e a degradação dos serviços ecossistêmicos? **173**

FOCO NA CIÊNCIA 8.2 Extinção das abelhas: buscando as causas **180**

Pessoas que fazem a diferença 8.1 Juliana Machado Ferreira, bióloga da conservação e exploradora da National Geographic **182**

ESTUDO DE CASO Uma mensagem perturbadora das aves **183**

Pessoas que fazem a diferença 8.2 Çağan Hakkı Sekercioğlu, protetor de aves e explorador emergente da National Geographic **184**

8.4 Como podemos manter as espécies selvagens e os serviços ecossistêmicos fornecidos por elas? **184**

ESTUDO DE CASO A Lei das Espécies Ameaçadas de Extinção dos Estados Unidos **185**

Revisitando Abelhas e sustentabilidade **189**

Revisão do capítulo **189**

Raciocínio crítico **190**

Fazendo ciência ambiental **191**

Análise de dados **191**

9 Sustentando a biodiversidade: salvando ecossistemas **192**

Principais questões **193**

Estudo de caso principal   Costa Rica – líder mundial em preservação   **194**

9.1 Quais são as principais ameaças aos ecossistemas florestais?   **195**

FOCO NA CIÊNCIA 9.1   Colocar uma etiqueta de preço nos serviços ecossistêmicos da natureza   **196**

ESTUDO DE CASO   Nos Estados Unidos, muitas florestas desmatadas voltaram a crescer   **198**

9.2 Como devemos administrar e sustentar as florestas?   **201**

9.3 Como devemos administrar e sustentar as pradarias?   **204**

9.4 Como podemos sustentar a biodiversidade terrestre?   **205**

ESTUDO DE CASO   Tensões nos parques públicos dos Estados Unidos   **207**

ESTUDO DE CASO   Identificando e protegendo a biodiversidade na Costa Rica   **208**

FOCO NA CIÊNCIA 9.2   Reintrodução do lobo-cinzento no Parque Nacional de Yellowstone   **209**

ESTUDO DE CASO   Restauração ecológica de uma floresta tropical seca na Costa Rica   **212**

9.5 Como podemos SUSTENTAR a biodiversidade aquática?   **213**

FOCO NA CIÊNCIA 9.3   Acidificação oceânica: o outro problema do CO_2 **214**

ESTUDO DE CASO   Perturbação de ecossistemas marinhos: invasões de águas-vivas   **215**

Pessoas que fazem a diferença 9.1   Sylvia Earle – Defensora dos oceanos   **218**

Revisitando   Sustentando a biodiversidade da Costa Rica   **220**

Revisão do capítulo   **220**

Raciocínio crítico   **221**

Fazendo ciência ambiental   **222**

Análise da pegada ecológica   **222**

Recursos de sustentabilidade e qualidade ambiental

10 Produção de alimentos e meio ambiente   **224**

Principais questões   **225**

Estudo de caso principal   Growing Power – um oásis alimentar urbano   **226**

10.1 O que é segurança alimentar e por que é difícil obtê-la?   **227**

10.2 Como os alimentos são produzidos?   **229**

ESTUDO DE CASO   Produção industrializada de alimentos nos Estados Unidos   **232**

10.3 Quais são os efeitos ambientais da produção de alimentos industrializados?   **234**

10.4 Como podemos proteger as culturas das pragas de forma mais sustentável?   **242**

ESTUDO DE CASO   Surpresas ecológicas: a lei de consequências não intencionais   **245**

10.5 Como podemos produzir alimentos de forma mais sustentável?   **247**

Pessoas que fazem a diferença 10.1   David Tilman, pesquisador de policultura   **253**

FOCO NA CIÊNCIA 10.2   Policultura perene e o The Land Institute   **254**

10.6 Como podemos melhorar a segurança alimentar?   **254**

Pessoas que fazem a diferença 10.2   Jennifer Burney, cientista ambiental e exploradora da National Geographic   **255**

Revisitando   Growing Power e sustentabilidade   **257**

Revisão do capítulo   **257**

Raciocínio crítico   **259**

Fazendo ciência ambiental   **260**

Análise da pegada ecológica   **260**

11. Recursos hídricos e poluição da água   **262**

Principais questões   **263**

Estudo de caso principal   A zona morta anual do Golfo do México   **264**

11.1 No futuro, teremos água utilizável suficiente?   **265**

ESTUDO DE CASO Recursos de água doce nos Estados Unidos **267**

ESTUDO DE CASO O Rio Colorado **270**

11.2 Como podemos aumentar os suprimentos de água doce? **271**

ESTUDO DE CASO Extração excessiva no aquífero Ogallala **271**

ESTUDO DE CASO Como as represas podem matar um delta **274**

ESTUDO DE CASO O desastre do Mar de Aral: um exemplo de efeitos não intencionais **277**

11.3 Como podemos usar a água doce de forma mais sustentável? **278**

Pessoas que fazem a diferença 11.1 Sandra Postel, exploradora da National Geographic e ativista pela preservação da água doce **282**

11.4 Como podemos reduzir a poluição da água? **284**

ESTUDO DE CASO A água engarrafada é uma boa opção? **290**

ESTUDO DE CASO Chumbo na água potável **291**

FOCO NA CIÊNCIA 11.1 Como tratar o esgoto aprendendo com a natureza **299**

Revisitando Zonas mortas e sustentabilidade **300**

Revisão do capítulo **300**

Raciocínio crítico **302**

Fazendo ciência ambiental **302**

Análise de dados **302**

12 Geologia e recursos minerais não renováveis **304**

Principais questões **305**

Estudo de caso principal O real custo do ouro **306**

12.1 Quais são os principais processos geológicos da Terra e o que são recursos minerais? **307**

12.2 Por quanto tempo durarão os fornecimentos de recursos minerais não renováveis? **309**

ESTUDO DE CASO A importância dos metais de terras-raras **311**

x Ciência ambiental

12.3 Quais são os efeitos ambientais do uso de recursos minerais não renováveis? **313**

Pessoas que fazem a diferença 12.1 Maria Gunnoe: lutando para salvar as montanhas **317**

12.4 Como podemos usar os recursos minerais de forma mais sustentável? **318**

FOCO NA CIÊNCIA 12.1 A revolução da nanotecnologia **319**

Pessoas que fazem a diferença 12.2 Yu-Guo Guo: designer de baterias com nanotecnologia e explorador da National Geographic **320**

12.5 Quais são os maiores perigos geológicos da Terra? **320**

Pessoas que fazem a diferença 12.2 Robert Ballard, explorador do oceano **323**

Revisitando O real custo do ouro e a sustentabilidade **327**

Revisão do capítulo **327**

Raciocínio crítico **328**

Fazendo ciência ambiental **329**

Análise de dados **329**

13 Recursos energéticos **330**

Principais questões **331**

Estudo de caso principal Uso de fraturamento hidráulico para produzir petróleo e gás natural **332**

13.1 O que é energia líquida e por que é importante? **333**

13.2 Quais são as vantagens e desvantagens de utilizar combustíveis fósseis? **335**

ESTUDO DE CASO Produção e consumo de petróleo nos Estados Unidos **336**

FOCO NA CIÊNCIA 13.1 Efeitos ambientais da produção de gás natural e do fraturamento hidráulico no Estados Unidos **340**

13.3 Quais são as vantagens e desvantagens de utilizar energia nuclear? **344**

13.4 Por que a eficiência energética é um recurso importante de energia? **350**

FOCO NA CIÊNCIA 13.2 A busca por baterias melhores **354**

Sumário **xi**

13.5 Quais são as vantagens e desvantagens de utilizar recursos de energia renovável? **357**

FOCO NA CIÊNCIA 13.3 Criando turbinas eólicas mais seguras para aves e morcegos **369**

Pessoas que fazem a diferença 13.1 Andrés Ruzo, investigador de energia geotérmica e explorador da National Geographic **373**

13.6 Como podemos fazer a transição para um futuro energético mais sustentável? **374**

ESTUDO DE CASO A Alemanha é uma superpotência da energia renovável **376**

Revisitando Recursos energéticos e sustentabilidade **378**

Revisão do capítulo **378**

Raciocínio crítico **380**

Fazendo ciência ambiental **380**

Análise da pegada ecológica **381**

14 Perigos ambientais e saúde humana **382**
Principais questões **383**

Estudo de caso principal Efeitos tóxicos do mercúrio **384**

14.1 Quais são os principais perigos à saúde que enfrentamos? **385**

14.2 Como os perigos biológicos ameaçam a saúde humana? **385**

ESTUDO DE CASO A ameaça global da tuberculose **386**

FOCO NA CIÊNCIA 14.1 Resistência genética aos antibióticos **387**

Pessoas que fazem a diferença 14.1 Hayat Sindi, empreendedora das ciências da saúde **388**

ESTUDO DE CASO A epidemia global do HIV/aids **390**

ESTUDO DE CASO Malária: a disseminação de um parasita mortal **390**

14.3 Como os perigos químicos ameaçam a saúde humana? **392**

FOCO NA CIÊNCIA 14.2 A controvérsia do BPA **395**

14.4 Como avaliar os RISCOS DOS perigos químicos? **396**

ESTUDO DE CASO A prevenção à poluição vale a pena: 3M Company **401**

14.5 Como perceber e evitar os riscos? **402**

ESTUDO DE CASO Cigarros e cigarros eletrônicos **403**

Revisitando Efeitos tóxicos do mercúrio e sustentabilidade **407**

Revisão do capítulo **407**

Raciocínio crítico **408**

Fazendo ciência ambiental **409**

Análise de dados **409**

15 Poluição do ar, mudanças climáticas e redução da camada de ozônio **410**
Principais questões **411**

Estudo de caso principal Derretimento de gelo na Groenlândia **412**

15.1 Qual é a natureza da atmosfera? **413**

15.2 Quais são os principais problemas de poluição do ar? **413**

15.3 Como podemos tratar a poluição do ar? **423**

15.4 Como e por que o clima da Terra está mudando? **426**

FOCO NA CIÊNCIA 15.1 Uso de modelos para projetar mudanças futuras nas temperaturas atmosféricas **432**

15.5 Quais são os possíveis efeitos das mudanças climáticas? **433**

Pessoas que fazem a diferença 15.1 James Balog: vendo as geleiras derreter **436**

ESTUDO DE CASO Alasca: uma prévia dos efeitos das mudanças climáticas **438**

15.6 Como podemos retardar as mudanças climáticas? **440**

15.7 Como esgotamos o ozônio na estratosfera e o que podemos fazer com relação a isso? **448**

Pessoas que fazem a diferença 15.2 Sherwood Rowland e Mario Molina: uma história científica de especialização, coragem e persistência **450**

Revisitando Derretimento de gelo na Groenlândia e sustentabilidade **451**

Revisão do capítulo **452**

Raciocínio crítico 453

Fazendo ciência ambiental 454

Análise de dados 455

16 Resíduos sólidos e perigosos 456
Principais questões 457

Estudo de caso principal Design *cradle-to--cradle* 458

16.1 Quais são os problemas ambientais relacionados com resíduos sólidos e perigosos? 459

ESTUDO DE CASO Resíduos sólidos nos Estados Unidos 459

ESTUDO DE CASO Porções de lixo no oceano: não existe "jogar fora" 460

ESTUDO DE CASO Lixo eletrônico, um grave problema de resíduos perigosos 461

16.2 Como devemos lidar com o resíduo sólido? 462

16.3 Por que recusar, reduzir, reusar e reciclar são atitudes tão importantes? 464

Pessoas que fazem a diferença 16.1 William McDonough 465

16.4 Quais são as vantagens e AS desvantagens de queimar ou enterrar resíduos sólidos? 467

FOCO NA CIÊNCIA 16.1 Bioplásticos 467

16.5 Como devemos lidar com resíduos perigosos? 469

ESTUDO DE CASO Reciclagem de resíduos eletrônicos 470

ESTUDO DE CASO Legislação dos Estados Unidos sobre resíduos sólidos 472

16.6 Como podemos mudar para uma economia com baixa geração de resíduos? 474

ESTUDO DE CASO Biomimética e ecossistemas industriais: copiando a natureza 476

Revisitando A abordagem *cradle-to-cradle* e sustentabilidade 478

Revisão do capítulo 479

Raciocínio crítico 480

Fazendo ciência ambiental 480

Análise da pegada ecológica 481

Sustentando as sociedades humanas

17 Economia, política e visões de mundo ambientais 482
Principais questões 483

Estudo de caso principal A transformação ecológica dos campi estadunidenses 484

17.1 Como os sistemas econômicos estão relacionados à biosfera? 485

17.2 Como podemos usar ferramentas econômicas para lidar com problemas ambientais? 488

ESTUDO DE CASO Microcrédito 493

17.3 Como podemos implantar políticas ambientais mais sustentáveis e justas? 494

ESTUDO DE CASO Leis ambientais dos Estados Unidos 496

ESTUDO DE CASO Gerenciamento de terras públicas nos Estados Unidos: política em ação 498

Pessoas que fazem a diferença 17.1 Xiuhtezcatl Roske-Martinez 503

17.4 Quais são as principais visões de mundo sobre o meio ambiente? 505

FOCO NA CIÊNCIA 17.1 Biosfera 2 – Uma lição de humildade 506

17.5 Como viver de forma mais sustentável? 507

Pessoas que fazem a diferença 17.2 Juan Martinez – reconectando as pessoas com a natureza 509

Revisitando Campi universitários mais ecológicos e sustentabilidade 512

Revisão do capítulo 513

Raciocínio crítico 514

Fazendo ciência ambiental 515

Análise da pegada ecológica 515

Glossário 517

Índice remissivo 537

Prefácio

Escrevemos este livro para ajudar os professores a atingir três importantes objetivos: *primeiro*, explicar aos alunos os fundamentos da ciência ambiental; *segundo*, usar esse fundamento científico para ajudar os alunos a entender os inúmeros problemas ambientais que enfrentamos e avaliar as possíveis soluções; e *terceiro*, inspirar os alunos a fazer diferença na forma como tratamos a Terra, que sustenta nossa vida e economias, de modo que possamos rever o tratamento que reservamos a nós mesmos e aos nossos descendentes.

Analisamos problemas ambientais e possíveis soluções sob a ótica da *sustentabilidade* – o tema de integração deste livro. Acreditamos que a maior parte das pessoas pode ter uma vida confortável e satisfatória, e que as sociedades serão mais prósperas quando a sustentabilidade passar a ser uma das principais medidas para basear escolhas pessoais e políticas públicas. Nossa crença em um futuro sustentável é a essência deste livro, e constantemente desafiamos os estudantes a trabalhar para alcançá-la.

Por isso, estamos felizes em continuar a parceria com a National Geographic Learning. Um resultado dessa parceria foi a adição de muitas fotos impressionantes e informativas, inúmeros mapas e diversas histórias de exploradores da National Geographic, pessoas que fazem a diferença no mundo. Com essas ferramentas, continuamos divulgando boas notícias de várias áreas da ciência ambiental e esperamos inspirar os jovens a se comprometerem com a missão de tornar o mundo um local mais sustentável para esta e para as próximas gerações.

O que há de novo nesta edição?

- *Ênfase no aprendizado a partir da natureza:* estabelecemos isso no "Estudo de caso principal" do Capítulo 1, "*Aprendendo com a Terra*", que apresenta os princípios da biomimética. Ainda no Capítulo 1, exploramos também os princípios e as aplicações da biomimética em um quadro "Foco na ciência" e em um artigo sobre a pioneira da área, Janine Benyus. Em nossas pesquisas, descobrimos que a biomimética apresenta um número crescente de oportunidades para usar a capacidade da natureza, como Benyus define, para tornar as economias e os estilos de vida mais sustentáveis.
- Um novo recurso chamado "*Aprendendo com a natureza*" – uma série de breves resumos sobre aplicações específicas da biomimética em vários setores e áreas de pesquisa – é exibido na maior parte dos capítulos.
- *Novo design eficiente e atraente* com elementos visuais inspirados em materiais da National Geographic Learning para atrair e manter a atenção dos alunos.
- *Novos "Estudos de caso principais"* em 8 dos 17 capítulos do livro trazem para o primeiro plano importantes histórias do mundo real, com o objetivo de usar e aplicar os conceitos e princípios do capítulo.
- *Mais ênfase na análise de dados*, com novas questões adicionadas às legendas dos gráficos, desenvolvidas para instigar os estudantes a analisar os dados representados ali. Esse recurso complementa os exercícios apresentados no fim dos capítulos.
- *Nova abordagem da história* da preservação e proteção ambiental nos Estados Unidos.

A sustentabilidade é o tema de integração deste livro

Sustentabilidade, a palavra de ordem do século XXI para aqueles preocupados sobre o ambiente, é o tema principal deste livro. Para ter uma ideia geral de como a sustentabilidade é o ponto focal do livro, veja o Sumário.

Os seis **princípios da sustentabilidade** são fundamentais para a condução do tema. Esses princípios são apresentados no Capítulo 1, reproduzidos na Figura 1.2, na Figura 1.7 e na última página do livro, e são usados ao longo do livro, com cada referência marcada na margem.

Usamos os cinco subtemas principais apresentados a seguir para integrar o material deste livro.

- *Capital natural.* A sustentabilidade depende dos recursos naturais e serviços ecossistêmicos que dão suporte a todas as vidas e economias. Ver Figuras 1.3 e 7.16.
- *Degradação do capital natural.* Descrevemos como as atividades humanas podem degradar o capital natural. Ver Figuras 6.3 e 10.11.
- *Soluções*. Apresentamos soluções existentes e propostas aos problemas ambientais de forma equilibrada e estimulamos os alunos a usar o raciocínio crítico para avaliá-las. Ver Figuras 9.12 e 13.23.
- *Vantagens e desvantagens (trade-offs).* A pesquisa para soluções envolve *trade-offs*, porque qualquer solução exige ponderar vantagens e desvantagens.

Os quadros que tratam disso presentes em vários capítulos apresentam vantagens e desvantagens das diversas tecnologias ambientais e soluções para os problemas ambientais. Ver Figuras 10.18 e 16.10.

- *Pessoas que fazem a diferença*. Ao longo deste livro, os quadros "Pessoas que fazem a diferença" e alguns dos estudos de caso descrevem o que vários cientistas e cidadãos (incluindo diversos exploradores da National Geographic) têm feito para nos ajudar a trabalhar em busca de sustentabilidade (ver seções "Pessoas que fazem a diferença" 1.1, 7.1, 15.1). Além disso, os vários quadros "O que você pode fazer?" descrevem como os leitores podem lidar com os problemas que enfrentamos (ver Figuras 8.11 e 11.20). Oito coisas especialmente importantes que as pessoas podem fazer para viver de maneira mais leve na Terra são resumidas na Figura 17.24.

Outros recursos de sucesso deste livro

- *Conteúdo atualizado.* Nossos livros foram muito elogiados por manter os usuários atualizados na área de ciência ambiental, que passa por transformações rápidas. Desde a última edição, atualizamos as informações e os conceitos do livro com base em milhares de artigos e reportagens publicados entre 2013 e 2017. Entre os principais temas novos e atualizados estão biomimética, fraturamento hidráulico, o crescente problema do envenenamento por chumbo no abastecimento público de água, acidificação oceânica e avanços na tecnologia de baterias. Outros temas incluídos são biologia sintética; ameaças à borboleta-monarca; tendências populacionais na China, Índia e EUA; savana africana; elefantes como espécies-chave; mudanças climáticas e extinção das espécies; incêndios florestais no oeste dos Estados Unidos; explosão populacional de águas-vivas; áreas de proteção e reservas marinhas; efeitos do excesso de fertilização; efeitos da aquicultura em manguezais; plantio direto orgânico; mineração no fundo do mar; custos da produção de petróleo pesado a partir de areia betuminosa; aumento da produção de gás natural nos Estados Unidos; vazamento de metano na produção de gás natural; queima de carvão e poluição na China; energia solar compartilhada (comunitária); superbactéria *Clostridium difficile*; vírus ebola; efeitos do fumo e do uso de cigarros eletrônicos; mortes causadas pela poluição do ar na China e na Índia; estudo de caso sobre mudanças climáticas no Alasca; e redução geral no uso de carvão.

- *Abordagem centrada no conceito.* Para ajudar os alunos a se concentrar nas ideias centrais, desenvolvemos a seção principal de cada capítulo em torno de uma questão fundamental e um a três conceitos que expressam as mensagens mais importantes da seção. Todas as questões principais são listadas no início dos capítulos, e cada seção começa com sua respectiva questão e os conceitos. Além disso, as aplicações dos conceitos são destacadas e citadas ao longo dos capítulos.

- *Base científica.* Os Capítulos 2 a 7 abordam princípios científicos importantes para o curso e discutem como os cientistas trabalham (ver Sumário). Importantes tópicos da ciência ambiental são explorados de maneira aprofundada nos quadros "Foco na ciência", distribuídos ao longo dos capítulos e integrados a vários "Estudos de caso" e figuras do livro.

- *Abordagem global.* Este livro também apresenta uma perspectiva global, primeiro em nível ecológico, revelando como a vida no mundo é conectada e sustentada dentro da biosfera, e, segundo, com o uso de informações e imagens de todo o mundo.

- *Estudos de caso principais.* Cada capítulo é aberto por um "Estudo de caso principal", que se aplica ao longo do capítulo, identificado pela notação (**Estudo de caso principal**). Todo capítulo é encerrado por um quadro "Revisitando", que conecta o "Estudo de caso principal" e outros materiais a alguns ou todos os princípios de sustentabilidade.

- *Estudos de caso.* Além dos 17 estudos de caso principais, mais de 40 *estudos de caso* adicionais aparecem ao longo do livro. Eles oferecem uma abordagem mais aprofundada sobre problemas ambientais específicos e suas possíveis soluções.

- *Raciocínio crítico.* A seção "Habilidades de aprendizado" (p. xxiv) descreve habilidades de raciocínio crítico. Exercícios específicos de raciocínio crítico são apresentados ao longo do livro de várias formas:
    - Em vários quadros Para refletir/Pensando sobre, que sugerem que se analise materiais logo após a apresentação deles.
    - Em todos os quadros "Foco na ciência".

- Nos quadros "Para refletir/Conexões" que simulam o raciocínio crítico ao explorar conexões surpreendentes relacionadas com problemas ambientais.
- Nas legendas de muitas figuras do livro (veja Figuras 1.11 e 3.10).
- Nas questões de raciocínio crítico presentes no final dos capítulos.

■ *Aprendizado visual*. Com um novo design influenciado por materiais da National Geographic e novas fotos, muitas do arquivo da revista, este é o livro sobre ciência ambiental mais interessante visualmente (ver Figura 1.6, foto de abertura do capítulo, e Figura 5.10). Adicione os mais de 130 diagramas desenvolvidos para apresentar ideias complexas de forma compreensível e relacionada ao mundo real (ver Figuras 3.12 e 7.8), e você também terá um dos livros mais visualmente informativos do mercado.

■ *Flexibilidade*. Para atender às necessidades diversas de centenas de cursos diferentes de ciência ambiental, elaboramos um livro altamente flexível que permite que os professores variem a ordem dos capítulos e seções dentro dos capítulos sem expor os alunos a termos e conceitos que podem confundi-los. Recomendamos que o leitor comece pelo Capítulo 1, pois ele define termos básicos e apresenta uma visão geral das questões de sustentabilidade, população, poluição, recursos e desenvolvimento econômico que serão tratadas ao longo do livro. Esse capítulo funciona como uma referência para utilização dos demais capítulos em praticamente qualquer ordem. Uma estratégia utilizada com frequência é, após o Capítulo 1, trabalhar os Capítulos 2 a 7, que apresentam os conceitos científicos e ecológicos básicos. Pode-se, então, utilizar os capítulos restantes na ordem desejada. Alguns professores seguem o Capítulo 1 com o 17 sobre economia ambiental, política e visões de mundo antes de procederem aos capítulos sobre conceitos de ciência básicos e ecológicos.

■ *Auxílios de estudo no texto*. Cada capítulo começa com uma lista de "Principais questões" que mostra como ele está organizado. Quando um novo *termo-chave* é introduzido e definido, o item é destacado em negrito e todos os termos são elencados no "Glossário" no final do livro. Na maioria dos capítulos, os exercícios dos quadros "Pensando sobre" reforçam o aprendizado, pois estimulam os alunos a pensar de forma crítica sobre as implicações de várias questões ambientais e soluções imediatamente após elas terem sido discutidas no texto. As legendas de muitas figuras contêm perguntas semelhantes que levam os alunos a refletir sobre o conteúdo abordado. Os leitores também encontrarão os quadros "Conexões", que descrevem brevemente as conexões entre atividades humanas e consequências ambientais, questões ambientais e sociais, e questões ambientais e soluções. A novidade desta edição é um conjunto de quadros "Aprendendo com a natureza", que traz resumos rápidos de aplicações de biomimética. O texto de cada capítulo é finalizado com três "Grandes ideias", que resumem e reforçam três das principais mensagens de cada capítulo. Por fim, a seção "Revisitando" relaciona o "Estudo de caso principal" e outros conteúdos do capítulo aos princípios da sustentabilidade. Esses recursos de conclusão reforçam as mensagens principais do capítulo, além dos temas de sustentabilidade, para dar aos alunos melhor compreensão de como eles são interligados.

Cada capítulo é encerrado por uma seção "Resumo do capítulo", com um conjunto detalhado de perguntas de revisão que incluem todos os termos-chave do capítulo em negrito; as questões de "Raciocínio crítico", que incentivam os alunos a pensar de forma crítica e aplicar o que aprenderam em sua vida; a seção "Fazendo ciência ambiental", um exercício que ajuda os alunos a vivenciar o trabalho de vários cientistas ambientais.

Agradecimentos

Agradecemos aos muitos alunos e professores que receberam de forma tão favorável as 15 edições anteriores de *Ciência ambiental*, as 19 edições de *Living in the environment*, as 11 edições de *Sustaining the Earth* e as 8 edições de *Essentials of ecology* e que corrigiram erros e forneceram muitas sugestões úteis para melhoria. Também estamos em profunda dívida com os mais de 300 revisores que indicaram os erros e sugeriram muitas melhorias importantes nas diversas edições desses quatro livros.

São necessárias muitas pessoas para produzir um livro, e os membros da talentosa equipe fizerem contribuições vitais. Nosso agradecimento especial ao desenvolvedor de conteúdo Oden Connolly, aos gerentes de produção Hal Humphrey e Valarmathy Munuswamy; aos editores da Lumina Datamatics; ao compositor da Lumina Datamatics; ao pesquisador de imagens Venkat Narayanan; ao artista Patrick Lane; à gerente de desenvolvimento Lauren Oliveira; e à esforçada equipe de vendas da Cengage Learning. Por fim, somos afortunados por termos a orientação, a inspiração e o apoio inesgotável da nossa gerente de projetos April Cognato e sua equipe dedicada de pessoas talentosas que transformaram o trabalho neste e em outros projetos de livros em um grande prazer.

G. Tyler Miller
Scott E. Spoolman

Colaboradores pedagógicos

Dr. Dean Goodwin e seus colegas de trabalho – Berry Cobb, Deborah Stevens, Jeannette Adkins, Jim Lehner, Judy Treharne, Lonnie Miller e Tom Mowbray – ofereceram excelentes contribuições para a elaboração de exercícios relacionados à análise da pegada ecológica. Mary Jo Burchart, do Oakland Community College, escreveu o texto dos exercícios "Observação global do meio ambiente".

Revisores

Barbara J. Abraham, Hampton College; Donald D. Adams, State University of New York at Plattsburgh; Larry G. Allen, California State University, Northridge; Susan Allen-Gil, Ithaca College; James R. Anderson, U.S. Geological Survey; Mark W. Anderson, University of Maine; Kenneth B. Armitage, University of Kansas; Samuel Arthur, Bowling Green State University; Gary J. Atchison, Iowa State University; Thomas W. H. Backman, Lewis-Clark State College; Marvin W. Baker, Jr., University of Oklahoma; Virgil R. Baker, Arizona State University; Stephen W. Banks, Louisiana State University in Shreveport; Ian G. Barbour, Carleton College; Albert J. Beck, California State University, Chico; Marilynn Bartels, Black Hawk College; Eugene C. Beckham, Northwood University; Diane B. Beechinor, Northeast Lakeview College; W. Behan, Northern Arizona University; David Belt, Johnson County Community College; Keith L. Bildstein, Winthrop College; Andrea Bixler, Clarke College; Jeff Bland, University of Puget Sound; Roger G. Bland, Central Michigan University; Grady Blount II, Texas A&M University, Corpus Christi; Barbara I. Bonder, Flagler College; Lisa K. Bonneau, University of Missouri–Kansas City; Georg Borgstrom, Michigan State University; Arthur C. Borror, University of New Hampshire; John H. Bounds, Sam Houston State University; Leon F. Bouvier, Population Reference Bureau; Daniel J. Bovin, Université Laval; Jan Boyle, University of Great Falls; James A. Brenneman, University of Evansville; Michael F. Brewer, Resources for the Future, Inc.; Mark M. Brinson, East Carolina University; Dale Brown, University of Hartford; Patrick E. Brunelle, Contra Costa College; Terrence J. Burgess, Saddleback College North; David Byman, Pennsylvania State University Worthington Scranton; Michael L. Cain, Bowdoin College; Lynton K. Caldwell, Indiana University; Faith Thompson Campbell, Natural Resources Defense Council, Inc.; John S. Campbell, Northwest College; Ray Canterbery, Florida State University; Deborah L. Carr, Texas Tech University; Ted J. Case, University of San Diego; Ann Causey, Auburn University; Richard A. Cellarius, Evergreen State University; William U. Chandler, Worldwatch Institute; F. Christman, University of North Carolina, Chapel Hill; Peter Chen, College of DuPage; Lu Anne Clark, Lansing Community College; Preston Cloud, University of California, Santa Barbara; Bernard C. Cohen, University of Pittsburgh; Richard A. Cooley, University of California, Santa Cruz; Dennis J. Corrigan; George Cox, San Diego State University; John D. Cunningham, Keene State College; Herman E. Daly, University of Maryland; Raymond F. Dasmann, University of California, Santa Cruz; Kingsley Davis, Hoover Institution; Edward E. DeMartini, University of California, Santa Barbara; James Demastes, University of Northern Iowa; Robert L. Dennison, Heartland Community College; Charles E. DePoe, Northeast Louisiana University; Thomas R. Detwyler, University of Wisconsin; Bruce DeVantier, Southern Illinois University at Carbondale; Peter H. Diage, University of California, Riverside; Stephanie Dockstader, Monroe Community College; Lon D. Drake, University of Iowa; Michael Draney, University of Wisconsin–Green Bay; David DuBose, Shasta College; Dietrich Earnhart, University of Kansas; Robert East, Washington & Jefferson College; T. Edmonson, University of Washington; Thomas Eisner, Cornell University; Michael Esler, Southern Illinois University; David E. Fairbrothers, Rutgers University; Paul P. Feeny, Cornell University; Richard S. Feldman, Marist College; Vicki Fella-Pleier, La Salle University; Nancy Field, Bellevue Community College; Allan Fitzsimmons, University of Kentucky; Andrew J. Friedland, Dartmouth College; Kenneth O. Fulgham, Humboldt State University; Lowell L. Getz, University of Illinois at Urbana-Champaign; Frederick F. Gilbert, Washington State University; Jay Glassman, Los Angeles Valley College; Harold Goetz, North Dakota State University; Srikanth Gogineni, Axia College of University of Phoenix; Jeffery J. Gordon, Bowling Green State University; Eville Gorham, University of Minnesota; Michael Gough, Resources for the Future; Ernest M. Gould, Jr., Harvard University; Peter Green, Golden West College; Katharine B. Gregg, West Virginia Wesleyan College; Stelian Grigoras, Northwood University; Paul K. Grogger, University of Colorado at Colorado Springs; L. Guernsey, Indiana State University; Ralph Guzman, University of California, Santa Cruz; Raymond Hames, University of Nebraska, Lincoln; Robert Hamilton IV, Kent State University, Stark Campus; Raymond E. Hampton, Central Michigan University; Ted L. Hanes, California State University, Fullerton; William S. Hardenbergh, Southern Illinois University at Carbondale; John P. Harley, Eastern Kentucky University; Cindy Harmon, State Fair Community College; Neil A. Harriman, University of Wisconsin, Oshkosh; Grant A. Harris,

Washington State University; Harry S. Hass, San Jose City College; Arthur N. Haupt, Population Reference Bureau; Denis A. Hayes, environmental consultant; Stephen Heard, University of Iowa; Gene Heinze-Fry, Department of Utilities, Commonwealth of Massachusetts; Jane Heinze-Fry, environmental educator; Keith R. Hench, Kirkwood Community College; John G. Hewston, Humboldt State University; David L. Hicks, Whitworth College; Kenneth M. Hinkel, University of Cincinnati; Eric Hirst, Oak Ridge National Laboratory; Doug Hix, University of Hartford; Kelley Hodges, Gulf Coast State College; S. Holling, University of British Columbia; Sue Holt, Cabrillo College; Donald Holtgrieve, California State University, Hayward; Michelle Homan, Gannon University; Michael H. Horn, California State University, Fullerton; Mark A. Hornberger, Bloomsberg University; Marilyn Houck, Pennsylvania State University; Richard D. Houk, Winthrop College; Robert J. Huggett, College of William and Mary; Donald Huisingh, North Carolina State University; Catherine Hurlbut, Florida Community College at Jacksonville; Marlene K. Hutt, IBM; David R. Inglis, University of Massachusetts; Robert Janiskee, University of South Carolina; Hugo H. John, University of Connecticut; Brian A. Johnson, University of Pennsylvania, Bloomsburg; David I. Johnson, Michigan State University; Mark Jonasson, Crafton Hills College; Zoghlul Kabir, Rutgers, New Brunswick; Agnes Kadar, Nassau Community College; Thomas L. Keefe, Eastern Kentucky University; David Kelley, University of St. Thomas; William E. Kelso, Louisiana State University; Nathan Keyfitz, Harvard University; David Kidd, University of New Mexico; Pamela S. Kimbrough; Jesse Klingebiel, Kent School; Edward J. Kormondy, University of Hawaii–Hilo/West Oahu College; John V. Krutilla, Resources for the Future, Inc.; Judith Kunofsky, Sierra Club; E. Kurtz; Theodore Kury, State University of New York at Buffalo; Troy A. Ladine, East Texas Baptist University; Steve Ladochy, University of Winnipeg; Anna J. Lang, Weber State University; Mark B. Lapping, Kansas State University; Michael L. Larsen, Campbell University; Linda Lee, University of Connecticut; Tom Leege, Idaho Department of Fish and Game; Maureen Leupold, Genesee Community College; William S. Lindsay, Monterey Peninsula College; E. S. Lindstrom, Pennsylvania State University; M. Lippiman, New York University Medical Center; Valerie A. Liston, University of Minnesota; Dennis Livingston, Rensselaer Polytechnic Institute; James P. Lodge, consultor de poluição de ar; Raymond C. Loehr, University of Texas at Austin; Ruth Logan, Santa Monica City College; Robert D. Loring, DePauw University; Paul F. Love, Angelo State University; Thomas Lovering, University of California, Santa Barbara; Amory B. Lovins, Rocky Mountain Institute; Hunter Lovins, Rocky Mountain Institute; Gene A. Lucas, Drake University; Claudia Luke, University of California, Berkeley; David Lynn; Timothy F. Lyon, Ball State University; Stephen Malcolm, Western Michigan University; Melvin G. Marcus, Arizona State University; Gordon E. Matzke, Oregon State University; Parker Mauldin, Rockefeller Foundation; Marie McClune, The Agnes Irwin School (Rosemont, Pennsylvania); Theodore R. McDowell, California State University; Vincent E. McKelvey, U.S. Geological Survey; Robert T. McMaster, Smith College; John G. Merriam, Bowling Green State University; A. Steven Messenger, Northern Illinois University; John Meyers, Middlesex Community College; Raymond W. Miller, Utah State University; Arthur B. Millman, University of Massachusetts, Boston; Sheila Miracle, Southeast Kentucky Community & Technical College; Fred Montague, University of Utah; Rolf Monteen, California Polytechnic State University; Debbie Moore, Troy University Dothan Campus; Michael K. Moore, Mercer University; Ralph Morris, Brock University, St. Catherine's, Ontario, Canada; Angela Morrow, Auburn University; William W. Murdoch, University of California, Santa Barbara; Norman Myers, consultor ambiental; Brian C. Myres, Cypress College; A. Neale, Illinois State University; Duane Nellis, Kansas State University; Jan Newhouse, University of Hawaii, Manoa; Jim Norwine, Texas A&M University, Kingsville; John E. Oliver, Indiana State University; Mark Olsen, University of Notre Dame; Bruce Olszewski, San Jose State University; Carol Page, revisora; Bill Paletski, Penn State University; Eric Pallant, Allegheny College; Charles F. Park, Stanford University; Richard J. Pedersen, U.S. Department of Agriculture, Forest Service; David Pelliam, Bureau of Land Management, U.S. Department of the Interior; Barry Perlmutter, College of Southern Nevada; Murray Paton Pendarvis, Southeastern Louisiana University; Dave Perault, Lynchburg College; Carolyn J. Peters, Spoon River College; Rodney Peterson, Colorado State University; Julie Phillips, De Anza College; John Pichtel, Ball State University; William S. Pierce, Case Western Reserve University; David Pimentel, Cornell University; Peter Pizor, Northwest Community College; Mark D. Plunkett,

Bellevue Community College; Grace L. Powell, University of Akron; James H. Price, Oklahoma College; Alan D. Redmond, East Tennessee State University; Marian E. Reeve, Merritt College; Carl H. Reidel, University of Vermont; Charles C. Reith, Tulane University; Erin C. Rempala, San Diego City College; Roger Revelle, California State University, San Diego; L. Reynolds, University of Central Arkansas; Ronald R. Rhein, Kutztown University of Pennsylvania; Charles Rhyne, Jackson State University; Robert A. Richardson, University of Wisconsin; Benjamin F. Richason III, St. Cloud State University; Jennifer Rivers, Northeastern University; Ronald Robberecht, University of Idaho; William Van B. Robertson, School of Medicine, Stanford University; C. Lee Rockett, Bowling Green State University; Terry D. Roelofs, Humboldt State University; Daniel Ropek, Columbia George Community College; Christopher Rose, California Polytechnic State University; Richard G. Rose, West Valley College; Stephen T. Ross, University of Southern Mississippi; Robert E. Roth, Ohio State University; Dorna Sakurai, Santa Monica College; Arthur N. Samel, Bowling Green State University; Shamili Sandiford, College of DuPage; Floyd Sanford, Coe College; David Satterthwaite, I.E.E.D., London; Stephen W. Sawyer, University of Maryland; Arnold Schecter, State University of New York; Frank Schiavo, San Jose State University; William H. Schlesinger, Ecological Society of America; Stephen H. Schneider, National Center for Atmospheric Research; Clarence A. Schoenfeld, University of Wisconsin, Madison; Madeline Schreiber, Virginia Polytechnic Institute; Henry A. Schroeder, Dartmouth Medical School; Lauren A. Schroeder, Youngstown State University; Norman B. Schwartz, University of Delaware; George Sessions, Sierra College; David J. Severn, Clement Associates; Don Sheets, Gardner-Webb University; Paul Shepard, Pitzer College and Claremont Graduate School; Michael P. Shields, Southern Illinois University at Carbondale; Kenneth Shiovitz; F. Siewert, Ball State University; E. K. Silbergold, Environmental Defense Fund; Joseph L. Simon, University of South Florida; William E. Sloey, University of Wisconsin, Oshkosh; Michelle Smith, Windward Community College; Robert L. Smith, West Virginia University; Val Smith, University of Kansas; Howard M. Smolkin, U.S. Environmental Protection Agency; Patricia M. Sparks, Glassboro State College; John E. Stanley, University of Virginia; Mel Stanley, California State Polytechnic University, Pomona; Richard Stevens, Monroe Community College; Norman R. Stewart, University of Wisconsin, Milwaukee; Frank E. Studnicka, University of Wisconsin, Platteville; Chris Tarp, Contra Costa College; Roger E. Thibault, Bowling Green State University; Nathan E. Thomas, University of South Dakota; William L. Thomas, California State University, Hayward; Jamey Thompson, Hudson Valley Community College; Kip R. Thompson, Ozarks Technical Community College; Shari Turney, revisora; John D. Usis, Youngstown State University; Tinco E. A. van Hylckama, Texas Tech University; Robert R. Van Kirk, Humboldt State University; Donald E. Van Meter, Ball State University; Rick Van Schoik, San Diego State University; Gary Varner, Texas A&M University; John D. Vitek, Oklahoma State University; Harry A. Wagner, Victoria College; Lee B. Waian, Saddleback College; Warren C. Walker, Stephen F. Austin State University; Thomas D. Warner, South Dakota State University; Kenneth E. F. Watt, University of California, Davis; Alvin M. Weinberg, Institute of Energy Analysis, Oak Ridge Associated Universities; John F. Weishampel, University of Central Florida; Brian Weiss; Margery Weitkamp, James Monroe High School (Granada Hills, California); Anthony Weston, State University of New York at Stony Brook; Raymond White, San Francisco City College; Douglas Wickum, University of Wisconsin, Stout; Charles G. Wilber, Colorado State University; Nancy Lee Wilkinson, San Francisco State Univer-sity; John C. Williams, College of San Mateo; Ray Williams, Rio Hondo College; Roberta Williams, University of Nevada, Las Vegas; Samuel J. Williamson, New York University; Dwina Willis, Freed-Hardeman University; Ted L. Willrich, Oregon State University; James Winsor, Pennsylvania State University; Fred Witzig, University of Minnesota at Duluth; Martha Wolfe, Elizabethtown Community and Technical College; George M. Woodwell, Woods Hole Research Center; Peggy J. Wright, Columbia College; Todd Yetter, University of the Cumberlands; Robert Yoerg, Belmont Hills Hospital; Hideo Yonenaka, San Francisco State University; Brenda Young, Daemen College; Anita Závodská, Barry University; Malcolm J. Zwolinski, University of Arizona.

Sobre os autores

G. TYLER MILLER

Miller escreveu 64 livros para cursos introdutórios em ciência ambiental, ecologia básica, energia e química ambiental. Desde 1975, os livros de Miller têm sido amplamente adotados na área da ciência ambiental nos Estados Unidos e no mundo todo. Seus livros foram utilizados por quase 3 milhões de alunos e traduzidos para oito idiomas.

O autor tem experiência profissional em química, física e ecologia. Ele é ph.D. pela Universidade de Virgínia e recebeu, por duas vezes, o título de *doutor honoris causa* por suas contribuições à educação ambiental. Foi professor universitário por 20 anos e desenvolveu um dos primeiros programas de estudos ambientais dos EUA, além de um programa de graduação interdisciplinar antes de decidir escrever textos de ciência ambiental em tempo integral, em 1975. No momento, é presidente da Earth Education and Research, entidade dedicada a melhorar a educação ambiental.

SCOTT E. SPOOLMAN

Scott Spoolman é escritor com mais de 30 anos de experiência na publicação de livros voltados à educação. Trabalha com Tyler Miller desde 2003, contribuiu pela primeira vez como editor e depois como coautor de *Living in the environment*, *Ciência ambiental* e *Sustaining the Earth*. Com Norman Myers, foi coautor de *Environmental issues and solutions: A modular approach*.

Spoolman é mestre em Jornalismo Científico pela Universidade de Minnesota e autor de inúmeros artigos nas áreas de ciência, engenharia ambiental, política e negócios. Também trabalhou como editor consultor no desenvolvimento em mais de 70 universidades e livros-texto de ensino médio nas áreas das ciências naturais e sociais.

Em seu tempo livre, gosta de explorar as florestas e águas de sua Wisconsin nativa em companhia de sua família – a esposa e educadora ambiental Gail Martinelli e os filhos Will e Katie.

Sobre a parceria com Miller, Spoolman afirma o seguinte:

Miller descreve assim as suas esperanças com relação ao futuro:

Se pudesse escolher, gostaria de viver os próximos 75 anos. Por quê? Primeiro, há esmagadoras evidências científicas de que estamos no processo de degradar seriamente o nosso próprio sistema de suporte de vida. Em outras palavras, estamos vivendo insustentavelmente. Segundo, nos próximos 75 anos, teremos a oportunidade de aprender a viver de forma mais sustentável, trabalhando junto com a natureza, como descrito neste livro.

Tenho a sorte de ter três filhos inteligentes, talentosos e maravilhosos – Greg, David e Bill. Sou especialmente privilegiado por ter Kathleen como minha esposa, melhor amiga e colega aliada em pesquisa. É inspirador ter uma mente brilhante, linda (por dentro e por fora) e forte que se preocupa com a natureza como companheira. Ela é minha heroína. Dedico este livro a ela e ao planeta Terra.

Estou honrado em trabalhar com Tyler Miller como coautor para continuar a tradição completa, clara e envolvente de escrever sobre o vasto e complexo campo da ciência ambiental. Compartilho a paixão de Tyler Miller para garantir que esses livros didáticos e seus suplementos multimídia sejam ferramentas valiosas para alunos e professores. Para esse fim, esforçamo-nos para introduzir esse campo interdisciplinar de modo informativo, atraente e motivacional.

Se em qualquer problema existe de fato uma oportunidade, então este realmente é um dos momentos mais emocionantes da história para os alunos iniciarem uma carreira ambiental. Há vários, sérios e difíceis problemas ambientais, mas as possíveis soluções geram novas oportunidades de carreira. Colocamos altas prioridades para inspirar os estudantes com essas possibilidades, de modo que os desafiamos a manter o foco científico, vislumbrar carreiras gratificantes e estimulá-los a trabalhar para manter a vida na Terra.

Sobre o revisor técnico

ROBERTO GRECO é Professor Doutor do Departamento de Política Científica e Tecnológica – DPCT do Instituto de Geociências da Universidade Estadual de Campinas (UNICAMP).

Licenciado em Ciências Naturais (1997) e doutor pela escola de doutorado Ciência do Sistema Terra: ambiente, recursos e patrimônio cultural (2010), pela University of Modena and Reggio Emilia (Unimore), Itália. Em 2020 foi convidado como Visiting Professor na mesma universidade para oferecer a primeira edição da disciplina de Ensino e Comunicação em Ciências da Terra.

Interesses de pesquisa incluem os processos de ensino aprendizagem relacionados com os conteúdos de Ciências da Terra e Educação Ambiental. Desde 2018 está envolvido em vários projetos de pesquisa e extensão com temáticas socioambientais em colaboração com a University of Cardiff.

Iniciou e coordenou a Olimpíada Brasileira de Ciências da Terra e a Olimpíada Brasileira de Geografia para estudantes do ensino médio. Desde 2018 é Coordenador Geral da International Geoscience Education Organization (IGEO), Coordenador Geral da International Earth Science Olympiad (IESO), membro do Conselho Executivo da International Association for Promoting Geoethics (IAPG) e membro da Commission on Geoscience Education (COGE) da International Union Geological Sciences (IUGS).

Mensagem dos autores

Minha jornada ambiental — *G. Tyler Miller*

Minha jornada ambiental começou em 1966, quando assisti a uma palestra sobre os problemas da população e poluição ministrada por Dean Cowie, um biofísico do U.S. Geological Survey. Isso mudou a minha vida. Disse a Cowie que, se metade do que ouvira na palestra fosse verdade, me sentiria eticamente obrigado a passar o resto da minha carreira de docente e escritor ajudando os alunos a aprender sobre os conceitos básicos de ciência ambiental. Depois de seis meses estudando a literatura ambiental, concluí que ele havia subestimado muito a gravidade desses problemas.

Desenvolvi um programa de estudo ambiental de graduação e, em 1971, publiquei meu primeiro livro introdutório de ciência ambiental, um estudo interdisciplinar das conexões entre as leis de energia (termodinâmica), química e ecologia. Em 1975, publiquei a primeira edição de *Living in the environment*. Desde então, concluí várias edições deste livro e de três outros derivados dele, além de outras obras.

A partir de 1985, vivi dez anos em florestas profundas, morando em um ônibus escolar adaptado que usava como laboratório de ciência ambiental. Nesse período, também escrevi muitos livros sobre ciência ambiental. Avaliei o projeto de energia solar passiva para aquecer a estrutura; introduzi tubos no solo para trazer ar refrigerado da terra (resfriamento geotérmico) a um custo de cerca de $ 1 por verão; criei sistemas solares ativos e passivos para fornecer água quente; instalei um aquecedor de água energeticamente eficiente alimentado por gás natural liquefeito (GNL); instalei janelas e eletrodomésticos eficientes em termos energéticos e uma compostagem (sem água) higiênica; adotei um controle biológico de pragas em que se empregavam resíduos de alimentos compostados; usei plantio natural (sem grama ou cortadores de grama); desenvolvi uma jardinagem orgânica; e experimentei uma série de outras soluções possíveis para os principais problemas ambientais que enfrentamos.

Também usei esse tempo para aprender e pensar sobre o funcionamento da natureza, estudando as plantas e os animais que estavam em minha volta. Minha experiência de *viver na natureza* está refletida no material deste livro. Essa experiência me ajudou a desenvolver os seis princípios simples da sustentabilidade que servem como tema de integração deste livro, além de utilizá-los para viver de forma mais sustentável.

Em 1995, saí da floresta em busca de um novo aprendizado: viver de forma mais sustentável em um ambiente urbano onde vive a maioria das pessoas. Desde então, vivi em duas vilas urbanas, uma localizada em uma cidade pequena e a outra de uma grande área metropolitana.

Desde 1970, meu objetivo tem sido usar cada vez menos o carro. Como trabalho em casa, faço um "trajeto de baixa poluição" do meu quarto até a cadeira e o computador portátil. Geralmente, faço uma ou duas viagens de avião por ano para visitar minha irmã e minha editora.

Como você aprenderá neste livro, a vida envolve uma série de compensações ambientais. Como a maioria das pessoas, ainda deixo um grande impacto ambiental, mas continuo lutando para reduzi-lo. Espero que você se junte a mim na luta para viver de forma mais sustentável e compartilhe o que aprendeu com as outras pessoas. Nem sempre é fácil, mas é certamente divertido.

Habilidades de aprendizado

Os alunos que começam muito cedo a pensar como tudo no mundo está relacionado, mesmo que tenham de rever as próprias opiniões a cada ano, já estão inseridos na vida de aprendizado.

Mark Van Doren

Por que é importante estudar ciência ambiental?

Bem-vindo à **ciência ambiental** – um estudo interdisciplinar de como a Terra funciona, como interagimos com ela e como podemos lidar com os problemas ambientais que enfrentamos. Uma vez que as questões ambientais afetam cada parte da sua vida, os conceitos, as informações e as questões tratadas neste livro e no curso que você está fazendo serão úteis hoje e durante toda a sua vida.

Compreensivelmente, somos tendenciosos, mas *acreditamos firmemente que a ciência ambiental será o curso mais importante em sua educação*. O que pode ser mais importante do que aprender como a Terra funciona, como afetamos o sistema que dá suporte à vida e como podemos reduzir nosso crescente impacto ambiental? Evidências indicam que precisaremos aprender a viver de maneira mais sustentável, reduzindo a degradação do sistema de suporte à vida do planeta. Esperamos que este livro o estimule a se envolver na promoção dessa mudança na forma como encaramos e tratamos a Terra, que sustenta todas as formas de vida, todas as economias e todas as outras formas de vida.

Você pode melhorar suas habilidades de aprendizado e estudo

Maximizar sua capacidade de aprender é um processo que envolve melhorar continuamente suas habilidades de aprendizado e estudo. Eis algumas sugestões:

Desenvolver uma paixão pelo aprendizado. É a chave para o sucesso.

Organize-se. Planejamento é uma habilidade fundamental para a vida.

Faça listas diárias de tarefas. Coloque-as em ordem de importância, concentre-se nas mais importantes e reserve um tempo para trabalhar nelas. Altere sua programação conforme necessário para realizar os itens mais relevantes.

Estabeleça uma rotina de estudos em um ambiente sem distrações. Desenvolva uma programação de estudos diária por escrito e siga à risca. Estude em um ambiente silencioso e bem iluminado. Faça pausa a cada uma hora ou mais. Durante as pausas, respire fundo várias vezes e se movimente, isso vai ajudar você a se manter mais alerta e concentrado.

Evite a procrastinação. Não adie leituras e outras tarefas. Reserve um tempo específico para estudar todos os dias e transforme esse momento em parte da sua rotina diária.

Transforme montanhas em morros. Pode ser difícil ler um capítulo ou um livro inteiro, escrever um artigo todo ou preparar-se para uma prova em um curto período. Em vez disso, divida essas grandes tarefas (montanhas) em uma série de pequenas tarefas (morros). A cada dia, leia algumas páginas do livro ou capítulo, escreva alguns parágrafos de um artigo e reveja o que estudou ou aprendeu.

Faça perguntas e responda a elas enquanto lê. Por exemplo, "Qual é o ponto principal desta seção ou parágrafo?". Relacione suas próprias perguntas com as questões e os conceitos-chave apresentados em cada seção do capítulo e listados na seção de revisão do fim dos capítulos.

Concentre-se nos termos principais. Utilize o glossário de seu livro para consultar o significado dos termos ou das palavras que não entender. Este livro mostra todos os termos principais em **negrito** e outros termos importantes em *itálico*. As questões de Revisão do Capítulo, localizadas no final de cada capítulo, também incluem os termos principais em negrito. Cartões de memorização para testar seu domínio dos termos-chave de cada capítulo estão disponíveis no site deste livro. Você também pode criar os seus.

Interaja com a leitura. Você pode marcar as principais frases e parágrafos com um marca-texto, uma caneta ou asteriscos e observações nas margens. Também é possível marcar páginas importantes que quer rever adicionando notas, destacando o material ou dobrando os cantos das páginas.

Reveja para reforçar o aprendizado. Antes de cada aula, revise o material estudado na sessão anterior e leia o material especificado.

Torne-se um excelente anotador. Aprenda a anotar os pontos e as informações principais de cada aula. Reveja, elabore e organize suas anotações assim que possível após cada aula.

Verifique o que você aprendeu. Ao final de cada capítulo, você encontrará questões de revisão que cobram a matéria-chave de cada capítulo. Sugerimos que tente responder às perguntas depois de estudar cada seção do capítulo. Deixar para fazer isso após a conclusão do capítulo pode ser uma tarefa árdua.

Escreva as respostas às perguntas para concentrar e reforçar o aprendizado. Responda às questões de raciocínio crítico encontradas nos quadros "Pensando sobre" ao longo dos capítulos, em muitas legendas de figura e ao final de cada capítulo. Essas perguntas são projetadas para inspirar você a pensar de forma crítica sobre as ideias principais e conectá-las a outras ideias e a sua própria vida. Além disso, responda às perguntas de revisão disponíveis no final do capítulo. Guarde suas respostas para a revisão e preparação para a prova.

Use o sistema de amigos. Estude com um amigo ou junte-se a um grupo de estudos para comparar anotações, rever a matéria e preparar-se para as provas. Explicar algo a outra pessoa é uma boa forma de concentrar seus pensamentos e reforçar seu aprendizado. Compareça às aulas de revisão oferecidas pelos professores ou assistentes de ensino.

Conheça o estilo de prova de seu professor. Seu professor enfatiza perguntas de múltipla escolha, "para completar", verdadeiro ou falso, factuais, reflexivas ou dissertativas? Quanto do conteúdo exigido na prova virá do livro e quanto virá do material das aulas? Adapte seus métodos de estudo e aprendizagem ao estilo dele.

Prepare-se adequadamente para as provas. Evite preparar-se para as provas na última hora. Coma bem e durma bastante antes de uma avaliação. Chegue cedo ou no horário. Fique calmo e aumente a entrada de oxigênio respirando profundamente várias vezes. (Faça isso de 10 a 15 minutos durante a prova). Leia toda a prova e responda primeiro às perguntas que domina. A seguir, reflita sobre as mais difíceis. Use o processo de eliminação para restringir as opções das perguntas de múltipla escolha. Para perguntas dissertativas, organize os pensamentos antes de começar a escrever. Se você não entender o que uma pergunta quer dizer, tente adivinhar. Você pode ganhar crédito parcial e evita tirar zero. Outra estratégia para ganhar alguns pontos é mostrar seu conhecimento e raciocínio escrevendo algo assim: "Se esta questão quer dizer isso, então minha resposta é _____".

Desenvolva uma visão otimista porém realista. Tente ser uma pessoa com um "copo meio cheio", em vez de alguém com um "copo meio vazio". Pessimismo, medo, ansiedade e preocupação excessiva (especialmente com as coisas que você não pode controlar) são destrutivos e podem levar à inércia.

Reserve um tempo para curtir a vida. Todos os dias, reserve um tempo para rir, apreciar a natureza, a beleza e a amizade.

Você pode melhorar suas habilidades de raciocínio crítico

O *raciocínio crítico* envolve desenvolver habilidades para analisar informações e ideias, julgar a validade delas e tomar decisões. O raciocínio crítico ajuda a distinguir entre fatos e opiniões, avaliar evidências e argumentos, adotar e defender uma posição fundamentada sobre os assuntos. Ele também ajuda a integrar informações, enxergar relações e aplicar o conhecimento obtido para lidar com vários tipos de problemas e decisões. Eis algumas técnicas básicas para aprender a pensar de forma mais crítica:

Questione tudo e todos. Seja cético, como qualquer bom cientista. Não acredite em tudo que ouve ou lê, incluindo o conteúdo deste livro, sem avaliar as informações que você recebe. Busque outras fontes e opiniões.

Identifique e avalie suas crenças e inclinações pessoais. Cada um de nós possui inclinações e crenças que foram ensinadas por pais, professores, amigos, pessoas que admiramos e pela experiência. Quais são suas crenças, seus valores e suas inclinações? De onde vieram? Em que hipóteses se baseiam? Você tem certeza de que suas crenças, valores e suposições estão certos? Por quê? Como o psicólogo e filósofo William James observou: "Uma grande parte das pessoas pensa que está pensando quando está apenas reorganizando seus preconceitos".

Tenha a mente aberta e flexível. Considere pontos de vista diferentes, julgue apenas quando tiver evidências suficientes e mude de opinião sempre que for necessário. Reconheça que pode haver uma grande quantidade de soluções úteis e aceitáveis para um problema, e que nem tudo é "oito ou oitenta". Tente analisar o ponto de vista das pessoas de que você discorda para tentar entender o raciocínio delas. Existem dilemas envolvidos em lidar com qualquer questão ambiental, conforme você vai aprender neste livro.

Seja sempre humilde sobre o que você sabe. Algumas pessoas são tão seguras do que sabem que param de pensar e questionar. Parafraseando o autor estadunidense Mark Twain, "o que nos machuca é o que temos certeza que é verdade, mas não é".

Descubra como as informações relacionadas a uma questão foram obtidas. As afirmações feitas baseiam-se em pesquisas ou rumores, com base no conhecimento e na investigação ou em boatos em primeira mão? Fontes não identificadas são utilizadas? As informações são baseadas em estudos científicos amplamente aceitos e passíveis de reprodução ou em resultados científicos preliminares que podem ser válidos, mas precisam de mais testes? A informação é baseada em algumas histórias isoladas ou experiências ou em estudos controlados cuidadosamente com resultados revisados por especialistas no campo envolvido? Ela é baseada em informações científicas ou crenças não fundamentadas e duvidosas?

Questione as evidências e conclusões apresentadas. Quais são as conclusões ou alegações baseadas nessas informações consideradas por você? Quais evidências são apresentadas para fundamentá-las? Há necessidade de reunir mais evidências para comprovar as conclusões? Há outras conclusões mais razoáveis?

Tente descobrir diferenças em crenças básicas e suposições. Na superfície, a maioria dos argumentos ou discordâncias envolve diferenças de opinião sobre a validade ou significado de certos fatos ou conclusões. Se você fizer uma análise mais aprofundada, constatará que a maioria das discordâncias está baseada em diferentes suposições (às vezes ocultas) com relação a como olhamos e interpretamos o mundo. Identificar essas diferenças básicas permite que as partes envolvidas entendam os pontos de vista umas das outras e concordem ou discordem de suas premissas básicas, crenças ou princípios.

Tente identificar e avaliar os motivos daqueles que apresentam evidências e tire as conclusões. Qual é a experiência deles nessa área? Eles têm alguma suposição, crença, inclinação ou ideia ocultas? Têm interesses pessoais? Podem se beneficiar econômica ou politicamente da aceitação de suas evidências e conclusões? Pesquisadores com crenças ou suposições básicas diferentes considerariam os mesmos dados e chegariam a conclusões distintas?

Espere e tolere a incerteza. Reconheça que os cientistas não podem estabelecer uma prova absoluta ou certeza sobre nada. No entanto, o objetivo da ciência é obter um alto nível de certeza (no mínimo 90%) em relação aos dados e às teorias científicas usados para explicá-los.

Verifique se há falácias lógicas e truques de debates nos argumentos que você ouve ou lê. Apresentamos seis de muitos exemplos desses truques de debate. *Primeiro*, atacar a pessoa que apresenta um argumento, em vez de atacar o argumento em si. *Segundo*, apelar para a emoção, em vez de utilizar fatos e a lógica. *Terceiro*, alegar que, se uma evidência ou conclusão é falsa, então todas as demais evidências e conclusões são falsas. *Quarto*, dizer que uma conclusão é falsa porque não foi provada especificamente. Os cientistas nunca provam nada de maneira absoluta, mas lutam para estabelecer um alto nível de certeza (pelo menos 90%) sobre resultados e teorias. *Quinto*, introduzir informações irrelevantes ou enganosas para desviar a atenção dos pontos importantes. *Sexto*, apresentar apenas alguma alternativa quando pode haver uma série de opções.

Não acredite em tudo o que lê na internet. A internet é uma fonte de informações maravilhosa e facilmente acessível que fornece explicações e opiniões alternativas sobre qualquer assunto ou questão, muitas delas indisponíveis nos meios de comunicação e artigos acadêmicos relevantes. Blogues de todos os tipos passaram a ser grandes fontes de informações, mais importantes que os meios de comunicação padrão para algumas pessoas. No entanto, uma vez que a internet é aberta, qualquer pessoa pode postar qualquer coisa em blogues e outros websites sem controle editorial ou revisão por especialistas. Como resultado, avaliar informações na internet é uma das melhores formas de colocar em prática os princípios do raciocínio crítico discutidos aqui. Use e aproveite a internet, mas seja cético e prossiga com cautela.

Desenvolva princípios ou regras para avaliar evidências. Desenvolva uma lista por escrito de princípios que sirvam como diretrizes na avaliação de evidências e alegações e na tomada de decisões. Avalie continuamente essa lista com base em sua experiência.

Torne-se um perseguidor da sabedoria, não um receptáculo de informações. Muitas pessoas acreditam que o principal objetivo da educação é aprender acumulando mais e mais informações. Acreditamos que o principal objetivo é aprender a peneirar montanhas de fatos e ideias para encontrar algumas *pepitas de sabedoria*, que são mais úteis para entender o mundo e tomar decisões. Este livro está repleto de fatos e números, mas eles só se tornam úteis à medida que levam à compreensão de ideias, conceitos, conexões, leis e teorias científicas fundamentais. Os principais objetivos da ciência ambiental são descobrir como a natureza funciona e se sustenta (*sabedoria ambiental*) e usar os princípios da *sabedoria ambiental* para ajudar a tornar as sociedades e economias humanas mais sustentáveis e, assim, mais benéficas e agradáveis para todos. De acordo com Sandra Carey, "Nunca confunda conhecimento com sabedoria. O primeiro ajuda você a ganhar a vida; e a segunda, a criar uma vida". Ou como sugeriu o escritor estadunidense Walker Percy, "Algumas pessoas com muita inteligência, mas nenhuma sabedoria podem ter todos os A, mas são reprovadas na vida".

Para ajudar a praticar o raciocínio crítico, fornecemos questões ao longo deste livro, encontradas dentro de cada capítulo em quadros pequenos denominados "Pensando sobre", nas legendas de muitas figuras e ao final de cada capítulo. Não há respostas certas ou erradas para muitas dessas perguntas. Uma boa forma de melhorar suas habilidades de raciocínio crítico é comparar suas respostas com as dos seus colegas de classe, discutindo como vocês chegaram a essas conclusões.

Use as ferramentas de aprendizado que oferecemos neste livro

Incluímos uma quantidade de ferramentas em todo este livro que podem ajudar você a melhorar e aplicar suas habilidades de aprendizado. Primeiro, considere a lista "Conceitos" no início de cada seção do capítulo. Ela serve como uma prévia do capítulo e para revisar o material após a leitura.

Em seguida, observe que usamos três notações diferentes ao longo do texto. Cada capítulo começa com um "Estudo de caso principal" e sempre que o material falar sobre ele, o texto será destacado em negrito e colorido como fizemos acima. Você também verá três ícones aparecendo regularmente nas margens do texto. Quando vir o ícone de sustentabilidade, saberá que acabou de ler algo que se relaciona diretamente com o tema dominante deste livro, resumido pelos nossos seis **princípios de sustentabilidade**, apresentados nas Figuras 1.2 e 1.7 e resumidos na última página do livro. O ícone "Boas notícias" aparece ao lado de cada um dos muitos exemplos de sucesso que as pessoas tiveram ao lidar com os desafios ambientais que enfrentamos. O ícone do papagaio indica que há considerações nacionais a respeito do assunto tratado no material de apoio on-line.

Também incluímos os quadros "Conexões" para mostrar algumas das conexões às vezes surpreendentes entre os problemas ambientais ou processos e alguns dos produtos e serviços que usamos diariamente, ou atividades das quais participamos. Esses recursos, juntamente com os quadros "Pensando sobre" espalhados pelo texto (ambos designados pelo título "Para refletir"), têm como objetivo fazer você refletir sobre as atividades e escolhas que admitimos como certas e a maneira como elas podem afetar o meio ambiente.

A novidade desta edição é o terceiro recurso do tipo "Para refletir", chamado "Aprendendo com a natureza". A maioria dos capítulos contém um ou mais quadros como este, com um exemplo de como cientistas e engenheiros estão aplicando ensinamentos da natureza por meio da biomimética (o grande novo tema desta edição) para resolver problemas ou aprimorar uma tecnologia.

No fim de cada capítulo, listamos aquelas que consideramos as *três grandes ideias* que você deve memorizar do texto. Em seguida, apresentamos o quadro "Revisitando", que faz uma revisão rápida do estudo de caso principal e de como o material do capítulo se relaciona com ele, além de explicar como os princípios da sustentabilidade podem ser aplicados para lidar com os desafios discutidos no texto.

Por fim, incluímos uma seção "Revisão do capítulo", com questões selecionadas para cada seção do capítulo. Tais questões abordam todos os principais materiais e termos dos capítulos. Depois delas, incluímos perguntas de "Raciocínio crítico", que ajudam você a aplicar o material do capítulo no mundo real e em sua própria vida; um exercício "Fazendo ciência ambiental", que ajuda a experimentar o trabalho dos cientistas.

Este livro apresenta uma visão ambiental positiva e realista do futuro

Nosso objetivo é apresentar uma visão positiva do futuro ambiental com base em otimismo realista. Para isso, trabalhamos para não apresentar apenas fatos sobre questões ambientais, mas também oferecer uma apresentação equilibrada de diferentes pontos de vista. Analisamos as vantagens e desvantagens de várias tecnologias e soluções propostas para problemas ambientais. Argumentamos que as soluções ambientais normalmente exigem *concessões* entre partes opostas e que as melhores soluções são aquelas que beneficiam a todos. Também apresentamos boas e más notícias sobre esforços para lidar com problemas ambientais.

Não é possível estudar um tema tão importante e complexo quanto ciência ambiental sem formar conclusões, opiniões e crenças. No entanto, afirmamos que todos esses resultados precisam ser baseados no uso de raciocínio crítico para avaliar posições conflitantes e entender as concessões envolvidas na maior parte das soluções ambientais. Com esse intuito, enfatizamos o raciocínio crítico ao longo do livro e incentivamos você a praticá-lo em relação a tudo o que ler e ouvir, durante os estudos e ao longo da vida.

Agora comece sua jornada neste estudo fascinante e importante do funcionamento do sistema de suporte à vida da Terra e de como podemos deixar o planeta pelo menos tão bom quanto o encontramos. Divirta-se.

Material de apoio on-line

Disponibilizamos para **alunos e professores** o seguinte material:

- Um anexo preparado pelo revisor técnico Roberto Greco com a colaboração técnica de Karla Evenny Brito da Silva (Mestre em Geociências pela Universidade Estadual de Campinas - Unicamp), que traz importantes considerações com foco nos aspectos nacionais dos assuntos tratados no livro. No texto, quando você encontrar um ícone como este 🌿 significa que há uma observação no *Anexo on-line*.

Para os **professores**, estão disponibilizados:
- Slides em Power Point® para utilizar como apoio em aulas, apresentando um resumo dos principais assuntos tratados em cada capítulo, que podem ser ajustados conforme suas necessidades para o plano de aula.
- O mesmo conteúdo está disponibilizado em PDF também.
- Manual do professor em inglês.

Atenção: para ter acesso ao material de apoio on-line, entre no site da Cengage (www.cengage.com.br), procure por este livro no mecanismo de busca. No canto direito, escolha MATERIAIS DE APOIO PARA ESTUDANTES se você for aluno ou MATERIAIS DE APOIO PARA PROFESSORES se você for professor. Se você ainda não for cadastrado, faça o cadastro para ter acesso aos materiais. Se já for cadastrado, basta fazer o login.

Ciência Ambiental 16e

CAPÍTULO 1

Meio ambiente e sustentabilidade

"Nenhuma civilização sobreviveu à destruição contínua de seu sistema de suporte natural. A nossa também não vai."

LESTER R. BROWN

Principais questões

1.1 Quais são alguns dos princípios mais importantes da sustentabilidade?

1.2 Como estamos afetando a Terra?

1.3 Por que temos problemas ambientais?

1.4 O que é uma sociedade ambientalmente sustentável?

Florestas como esta, no Parque Nacional da Sequoia, na Califórnia, ajudam a sustentar todas as formas de vida e economias.

robertharding/Alamy Stock Photo

Estudo de caso principal

Aprendendo com a Terra

Sustentabilidade é a capacidade que os sistemas naturais da Terra, que dão suporte à vida e aos sistemas econômicos humanos, têm de sobreviver ou se adaptar indefinidamente às mudanças em condições ambientais. A sustentabilidade é a ideia central e o tema integrador deste livro.

A Terra é um exemplo extraordinário de sistema sustentável. Existe vida na Terra há cerca de 3,8 bilhões de anos. Durante esse período, o planeta já passou por diversas mudanças ambientais catastróficas, entre elas, impactos de meteoritos gigantes, eras glaciais que duraram milhões de anos, longos períodos de aquecimento que derreteram as geleiras na terra firme e elevaram os níveis do mar em centenas de metros e cinco extinções em massa – cada uma delas eliminando mais da metade das espécies do mundo. Apesar dessas mudanças ambientais drásticas, uma surpreendente variedade de seres vivos sobreviveu.

Como a vida resistiu a esses desafios? Muito antes de os seres humanos chegarem, os organismos desenvolveram a habilidade de usar a luz do Sol para fazer seus próprios alimentos e reciclar todos os nutrientes de que precisavam para sobreviver. Os organismos também desenvolveram uma série de habilidades para encontrar alimentos e sobreviver. Por exemplo, as aranhas criam teias que são resistentes o bastante para capturar insetos que voam rápido. Os morcegos têm um sistema de radar para encontrar presas e evitar colisões. Essas e muitas outras habilidades e materiais foram desenvolvidos sem o uso de processos de alta temperatura ou alta pressão ou de produtos químicos perigosos que usamos na manufatura.

Isso explica por que muitos cientistas nos incentivam a focar em aprender com a Terra a respeito de como viver de forma mais sustentável. A bióloga Janine Benyus é uma pioneira nesta área. Em 1997, ela cunhou o termo **biomimética** para descrever o esforço científico crescente para entender, imitar e catalogar as formas engenhosas com que a natureza tem mantido a vida na Terra por 3,8 bilhões de anos. Ela vê o sistema de suporte à vida da Terra como o laboratório de pesquisa e desenvolvimento mais duradouro e bem-sucedido do mundo.

Como as lagartixas (Figura 1.1, à esquerda) se agarram e andam em janelas, paredes e tetos? Os cientistas descobriram que esses pequenos lagartos têm milhares de minúsculos pelos crescendo nas cristas dos dedos de suas patas e que cada pelo é dividido em uma série de seguimentos que eles usam para agarrar firmes as rugosidades e rachaduras mais ínfimas de uma superfície (Figura 1.1 à direita). Para se desprenderem, precisam inclinar as patas até que os pelos se soltem.

Essa descoberta levou ao desenvolvimento de uma "fita adesiva de lagartixa", pegajosa e livre de toxinas e que pode substituir as colas e fitas que contêm substâncias tóxicas. Este é um excelente exemplo de biomimética, ou de sabedoria da Terra, e você verá muitos outros exemplos como esse ao longo desse livro. A natureza pode nos ensinar a viver de maneira mais sustentável neste incrível planeta, que é nosso único lar. Como diz Benyus, depois de bilhões de anos de pesquisas e desenvolvimento na base de tentativa e erro, "a natureza sabe o que funciona, o que é apropriado e o que sobrevive aqui na Terra". ●

FIGURA 1.1 A lagartixa (à esquerda) tem uma incrível habilidade de se agarrar a superfícies devido à projeção de milhares de minúsculos pelos em seus dedos (à direita).

1.1 QUAIS SÃO ALGUNS DOS PRINCÍPIOS MAIS IMPORTANTES DA SUSTENTABILIDADE?

CONCEITO 1.1A A vida na Terra se mantém há bilhões de anos por meio da energia solar, biodiversidade e ciclagem biogeoquímica.

CONCEITO 1.1B Nossas vidas e economias dependem da energia solar, de recursos naturais e dos serviços ecossistêmicos (capital natural) fornecidos pela Terra.

CONCEITO 1.1C Podemos viver de maneira mais sustentável seguindo seis princípios de sustentabilidade.

A ciência ambiental é um estudo das conexões na natureza

O **ambiente** é tudo o que está ao nosso redor. Ele inclui a energia solar e todos os seres vivos (como plantas, animais e bactérias) e não vivos (como o ar, a água e a luz do Sol) com os quais interagimos. Apesar dos muitos avanços científicos e tecnológicos da humanidade, nossas vidas dependem da luz solar e da Terra para obter ar puro, água limpa, alimentos, abrigo, energia, solos férteis, um clima habitável e outros componentes do *sistema de suporte à vida* do planeta.

Ciência ambiental é o estudo das conexões do ambiente natural na natureza. Trata-se do estudo interdisciplinar de (1) como a Terra (natureza) funciona, sobreviveu e prosperou, (2) como os seres humanos interagem com o meio ambiente e (3) como os seres humanos podem viver de modo mais sustentável. Ela tenta responder a várias questões. Quais problemas ambientais enfrentamos? Qual é a gravidade desses problemas? Como eles interagem entre si? Quais são as suas causas? Como a natureza resolveu esses problemas? Como podemos resolvê-los? Para responder a essas questões, a ciência ambiental integra informações e ideias de áreas como biologia, química, geologia, engenharia, geografia, economia, ciência política e ética.

Um componente básico da ciência ambiental é a **ecologia**, o ramo da biologia que se concentra em como os organismos vivos interagem com as partes (vivas ou não) do seu ambiente. Cada organismo ou ser vivo pertence a uma **espécie**, ou seja, a um grupo de organismos que têm um conjunto de características único, que os diferencia dos outros grupos.

O principal foco da ecologia é o estudo dos ecossistemas. Um **ecossistema** é uma comunidade biológica de organismos em um terreno de área definida ou um volume de água que interagem entre si e com os fatores inanimados químicos e físicos do ambiente. Por exemplo, um ecossistema de florestas é composto de plantas, animais e organismos que decompõem a matéria orgânica, tudo isso interagindo uns com os outros e com os elementos químicos do ar, da água e do solo das florestas.

Ciência ambiental e ecologia não devem ser confundidas com **ambientalismo** ou **ativismo ambiental**, movimento social dedicado à proteção do sistema de suporte à vida de humanos e outras espécies na Terra.

Aprendendo com a Terra: três princípios científicos da sustentabilidade

Os seres humanos modernos estão no planeta há cerca de 200 mil anos, menos que um piscar de olhos em relação aos 3,8 bilhões de anos de vida na Terra. Durante esse curto período no planeta, e especialmente desde 1900, os seres humanos se expandiram e dominaram quase todos os ecossistemas terrestres.

Esse grande e crescente impacto humano ameaça a existência de muitas espécies e centros biológicos de vida, como florestas tropicais e recifes de corais. Também adiciona poluentes ao ar, à água e ao solo da Terra. Muitos cientistas ambientais alertam que os humanos estão degradando o sistema de suporte à vida da Terra, que sustenta todas as formas de vida e economias humanas.

Estudos científicos de como a Terra funciona revelam que três fatores naturais desempenham um papel fundamental para a sustentabilidade da vida no planeta em longo prazo, conforme resumido abaixo e na Figura 1.2 (**Conceito 1.1A**). Entender esses três **princípios científicos da sustentabilidade**, ou as grandes *lições da natureza*, pode nos ajudar a seguir em direção a um futuro mais sustentável.

- **Energia solar:** a energia do Sol aquece o planeta e fornece a energia que as plantas usam para produzir **nutrientes** (produtos químicos que plantas e animais precisam para sobreviver).

- **Biodiversidade:** a variedade de genes, espécies, ecossistemas e processos ecossistêmicos é chamada **biodiversidade** (abreviação de *diversidade biológica*). As interações entre as espécies proporcionam serviços ecossistêmicos vitais e evitam que alguma população cresça demais. A biodiversidade também fornece maneiras para as espécies se adaptarem a condições ambientais variáveis, bem como oportunidades para o surgimento de novas espécies e a substituição daquelas que foram exterminadas por mudanças ambientais catastróficas.

- **Ciclagem biogeoquímica:** a circulação de nutrientes do ambiente (a maioria do solo e da água) por vários organismos e de volta para o ambiente é chamada **ciclagem biogeoquímica** ou **ciclagem de nutrientes**. A Terra recebe um fornecimento contínuo de energia do Sol, mas não recebe nenhum novo suprimento de produtos químicos de suporte à vida. Ao longo de bilhões de anos de interações com o ambiente vivo e não vivo, os organismos desenvolveram métodos para reciclar os produtos químicos de que precisam para sobreviver. Isso significa que os resíduos e corpos em decomposição se transformam em nutrientes ou matérias-primas para outros organismos. Na natureza, **resíduos = recursos úteis**.

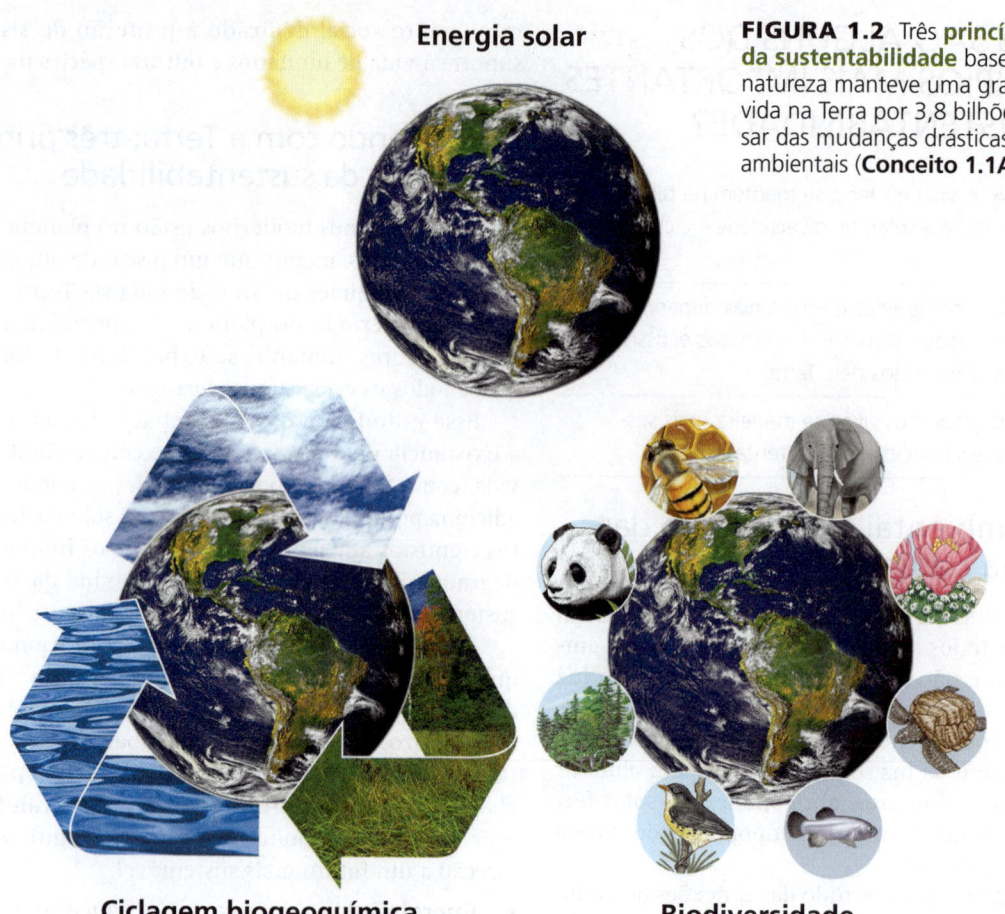

FIGURA 1.2 Três **princípios científicos da sustentabilidade** baseados em como a natureza manteve uma grande variedade de vida na Terra por 3,8 bilhões de anos, apesar das mudanças drásticas nas condições ambientais (**Conceito 1.1A**).

Principais componentes da sustentabilidade

A *sustentabilidade*, o tema central deste livro, tem vários componentes críticos que usamos como subtemas. Um deles é o **capital natural** – os recursos naturais e serviços ecossistêmicos que mantêm a nossa espécie e as outras vivas, além de sustentar as nossas economias (Figura 1.3).

Recursos naturais são os materiais e a energia fornecidos pela natureza que são essenciais ou úteis para os seres humanos. Eles são classificados em três categorias: *recursos inesgotáveis, recursos renováveis* e *recursos não renováveis (esgotáveis)* (Figura 1.4). Um **recurso inesgotável** é aquele que deve durar para sempre na escala de tempo humana. A **energia solar** é um desses recursos. Espera-se que tenhamos pelo menos 5 bilhões de anos até a morte da estrela que chamamos Sol. Um **recurso renovável** é um recurso que pode ser usado repetidamente, pois é reabastecido por processos naturais desde que a velocidade de uso não seja maior que a da renovação por parte da natureza. Os exemplos incluem florestas, pastagens, solos férteis, peixes, ar puro e água doce. A taxa mais elevada na qual um recurso renovável pode ser usado indefinidamente sem reduzir seu suprimento disponível é chamada **rendimento sustentável**.

Recursos não renováveis ou **esgotáveis** são aqueles que existem em uma quantidade fixa, ou *estoque*, na crosta terrestre. Esses recursos levam de milhões a bilhões de anos para serem formados por meio de processos geológicos. Na escala de tempo humana, bem mais curta, podemos usar tais recursos de modo muito mais rápido do que a natureza consegue substituí-los. Exemplos de recursos não renováveis: petróleo, gás natural e carvão (Figura 1.5), além de recursos minerais metálicos, como cobre e alumínio.

Serviços ecossistêmicos são os serviços naturais fornecidos por ecossistemas saudáveis, que sustentam a vida e a economia humana sem nenhum custo financeiro (Figura 1.3). Por exemplo, as florestas ajudam a purificar o ar e a água, reduzem a erosão do solo, regulam o clima e reciclam nutrientes. Portanto, nossas vidas e economias são mantidas pela energia solar, pelos recursos naturais e pelos serviços ecossistêmicos (capital natural) fornecidos pela Terra (**Conceito 1.1B**).

Entre os principais serviços ecossistêmicos estão a purificação do ar e da água, a renovação do solo, a polinização e o controle de pragas. Outro exemplo importante é a ciclagem de nutrientes, que é um **princípio científico da sustentabilidade**. Sem a ciclagem de nutrientes na camada superior do solo não haveria plantas terrestres, polinizadores nem comida para nós e outros animais.

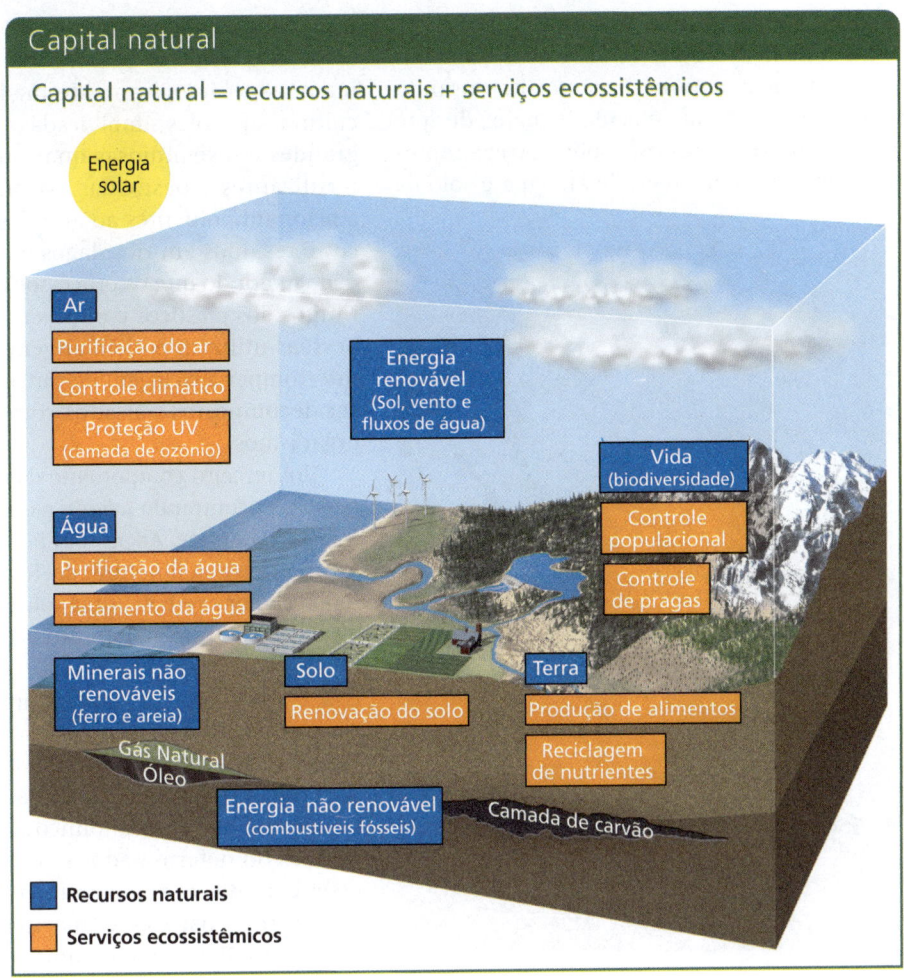

FIGURA 1.3 O **capital natural** é formado por recursos naturais (em azul) e serviços ecossistêmicos (em laranja) que apoiam e mantêm a vida na Terra e as economias humanas (**Conceito 1.1B**).

Inesgotáveis
Energia solar
Energia eólica
Energia geotérmica

Renováveis
Árvores
Solo superficial
Água doce

Não renováveis (esgotáveis)
Combustíveis fósseis (petróleo, gás natural, carvão)
Ferro e cobre

FIGURA 1.4 Dependemos de uma combinação de recursos naturais inesgotáveis, renováveis e não renováveis (esgotáveis).

Meio ambiente e sustentabilidade

O segundo componente da sustentabilidade – e outro subtema deste livro – é que as atividades humanas podem *degradar o capital natural*. Fazemos isso usando recursos renováveis em uma velocidade maior do que a natureza consegue restaurá-los e sobrecarregando os recursos normalmente renováveis de ar, água e solo da terra com poluição e resíduos. Por exemplo, em muitas áreas do mundo as pessoas estão substituindo florestas maduras e biologicamente maduras por plantações de culturas agrícolas simplificadas (Figura 1.6), que exigem grandes e dispendiosas quantidades de energia, água, fertilizantes e pesticidas. Muitas atividades humanas adicionam poluentes ao ar e despejam produtos químicos e resíduos em rios, lagos e oceanos em uma velocidade maior do que os processos naturais podem depurar. Muitos dos plásticos e outros materiais sintéticos que as pessoas utilizam podem envenenar a fauna selvagem e interromper a ciclagem de nutrientes, já que não podem ser decompostos e usados como nutrientes por outros organismos.

Um terceiro componente da sustentabilidade envolve pessoas encontrando *soluções* para os problemas ambientais que enfrentamos. As pessoas podem trabalhar juntas para proteger o capital natural da Terra e usá-lo de modo sustentável. Por exemplo, uma solução para a perda de florestas é parar de queimar ou de cortar florestas maduras mais rápido do elas conseguem crescer de volta (Figura 1.6). Para isso, é preciso que os cidadãos aprendam sobre os serviços ecossistêmicos propiciados pelas florestas e atuem para que essas florestas sejam usadas de maneira sustentável.

Podem surgir conflitos quando a proteção ambiental tem um efeito econômico negativo sobre grupos de pessoas ou determinados setores industriais. Lidar com esses conflitos normalmente envolve acordos ou *concessões* entre as partes – o quarto componente e subtema deste livro. Por exemplo, uma empresa de madeira pode ser convencida a plantar e colher árvores em uma região que já estava limpa ou degradada, em vez de desmatar uma área virgem de floresta madura. Em troca, o governo pode subsidiar (pagar parte do custo) o plantio de novas árvores.

FIGURA 1.5 Seriam necessários mais de 1 milhão de anos para que os processos naturais substituíssem o carvão que foi removido desta mina a céu aberto no estado de Wyoming (Estados Unidos) em algumas décadas.

Cada indivíduo, inclusive você, desempenha um papel importante ao aprender como viver de modo mais sustentável. Portanto, as *pessoas fazem a diferença*, o quinto componente de sustentabilidade e subtema deste livro.

FIGURA 1.6 Pequena área remanescente da outrora diversa floresta Amazônica, cercada por vastos campos de soja no estado brasileiro de Mato Grosso.

PESSOAS QUE FAZEM A DIFERENÇA 1.1

Janine Benyus: usando a natureza para inspirar planejamento e estilos de vida sustentáveis

Janine Benyus sempre se interessou em descobrir como a natureza funciona e como viver de maneira mais sustentável. Ela percebeu que 99% das espécies que tinham vivido na Terra foram extintas porque não conseguiram se adaptar às mudanças nas condições ambientais. Ela considera as espécies sobreviventes como *talentos naturais* com os quais podemos aprender.

Benyus afirma que, quando precisamos resolver um problema ou desenvolver um produto, devemos nos perguntar se a natureza já fez aquilo e como o fez. Também é preciso pensar no que a natureza não faz como um indício do que não devemos fazer, aponta. Por exemplo, a natureza não produz resíduos ou produtos químicos que não podem ser decompostos e reciclados.

A pesquisadora fundou o Biomimicry Institute, entidade sem fins lucrativos que desenvolveu cursos para crianças, adolescentes e universitários, além de um programa de dois anos para treinar profissionais da biomimética. Ela também estabeleceu uma rede chamada Biomimicry 3.8, que recebe esse nome graças aos 3,8 bilhões de anos em que os organismos desenvolveram o que Benyus chama de *talento para a sobrevivência*. Trata-se de uma rede de cientistas, engenheiros, arquitetos e designers que compartilham exemplos de biomimética.

Três princípios adicionais da sustentabilidade

Nossas pesquisas sobre economia, política e ética geraram três **princípios da sustentabilidade** adicionais (Figura 1.7):

- **Preço de custo total** (da economia): alguns economistas nos incentivam a encontrar caminhos para incluir nos preços de mercado os custos prejudiciais para a saúde e o meio ambiente da produção e utilização de bens e serviços. Essa prática, chamada **precificação de custo total**, daria aos consumidores informações sobre os impactos prejudiciais sobre o meio ambiente dos bens e serviços que usam.

- **Soluções de ganhos mútuos** (da ciência política): cientistas políticos nos incentivam a buscar *soluções de ganhos mútuos* para problemas ambientais, baseadas em cooperação e acordo, que beneficiarão o maior número de pessoas, bem como o meio ambiente.

- **Responsabilidade com as próximas gerações** (da ética): a ética é um ramo da filosofia dedicado ao estudo das ideias sobre o que é certo e o que é errado. De acordo com profissionais de ética ambiental, temos a responsabilidade de deixar o sistema de suporte à vida do planeta em uma condição igual ou melhor do que a que herdamos, para o benefício das futuras gerações e de outras espécies.

Esses seis **princípios de sustentabilidade** (ver a última página do livro) podem servir como diretrizes para nos ajudar a viver de modo mais sustentável. Isso inclui o uso de biomimética como uma ferramenta para aprender com a Terra a respeito de como viver de forma mais sustentável (**Estudo de caso principal** e Pessoas que fazem a diferença 1.1).

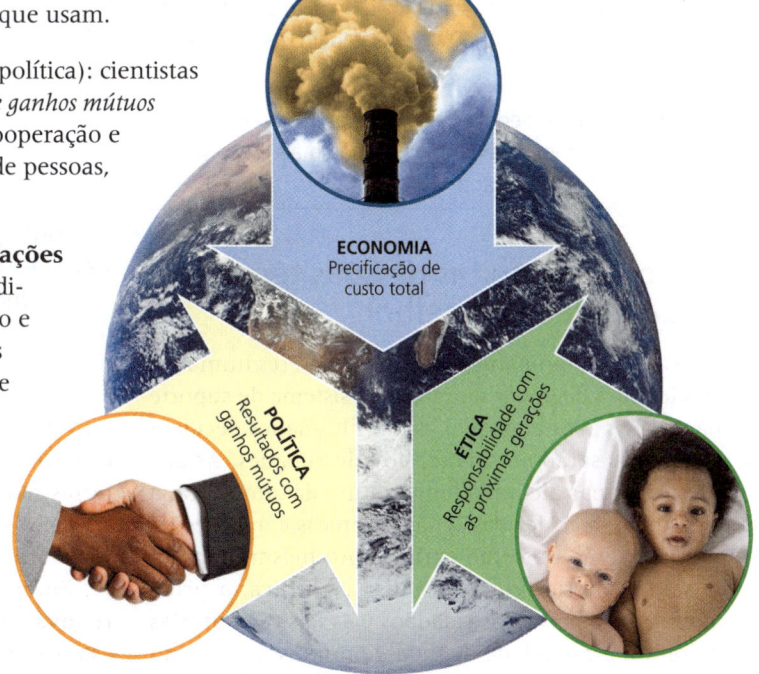

FIGURA 1.7 Os três **princípios da sustentabilidade** baseados em **economia, ciência política e ética** podem nos ajudar a fazer a transição para um futuro mais sustentável dos pontos de vista ambiental e econômico.

À esquerda: Minerva Studio/Shutterstock.com. Centro: mikeledray/Shutterstock.com. À direita: iStock.com/Kali Nine LLC

Os países adotam procedimentos diferentes quanto ao uso de recursos e à prevenção de impactos ambientais

A Organização das Nações Unidas (ONU) classifica os países do mundo como mais desenvolvidos ou menos desenvolvidos economicamente, com base sobretudo na renda média *per capita*. Os países **mais desenvolvidos** são nações industrializadas com renda *per capita* elevada. Entre eles, podemos citar Estados Unidos, Japão, Canadá, Austrália, Alemanha e a maioria dos outros países europeus. Esses países, com 17% da população mundial, usam cerca de 70% dos recursos naturais da Terra. Os Estados Unidos, que correspondem a apenas 4,4% da população mundial, usam cerca de 30% dos recursos do planeta.

Todas as outras nações são classificadas como **países menos desenvolvidos**, e a maioria fica na África, na Ásia e na América Latina. Alguns desses países têm *renda média* e são *moderadamente desenvolvidos*, como China, Índia, Brasil, Tailândia e México. Outros têm *renda baixa* e são *menos desenvolvidos*, como Nigéria, Bangladesh, Congo e Haiti. Os países menos desenvolvidos, com 83% da população mundial, usam cerca de 30% dos recursos naturais do planeta.

1.2 COMO ESTAMOS AFETANDO A TERRA?

CONCEITO 1.2A Os seres humanos dominam a Terra com potencial para manter, contribuir ou degradar o capital natural que sustenta a vida e as economias humanas.

CONCEITO 1.2B À medida que nossas pegadas ecológicas aumentam, esgotamos e degradamos ainda mais o capital natural da Terra que nos mantém.

Boas notícias: muitas pessoas têm uma qualidade de vida melhor

Como o animal dominante do mundo, os seres humanos têm poder para degradar ou manter o sistema de suporte à vida da Terra. Por exemplo, os seres humanos decidem se as florestas serão preservadas ou derrubadas. As atividades humanas afetam a temperatura da atmosfera, a temperatura e a acidez das águas oceânicas e quais espécies sobreviverão ou serão extintas. Ao mesmo tempo, o pensamento criativo, a pesquisa científica, a pressão política por parte dos cidadãos e as leis regulatórias melhoraram a qualidade de vida de muitas pessoas no planeta, especialmente nos países mais desenvolvidos.

Os seres humanos desenvolveram gamas impressionantes de materiais e produtos úteis. Aprendemos a usar madeira, combustíveis fósseis, sol, vento, água corrente, o núcleo de determinados átomos e o calor da Terra (energia geotérmica) para gerar quantidades enormes de energia. A maioria das pessoas mora e trabalha em ambientes artificiais dentro de edifícios e cidades. Inventamos computadores para ampliar nosso poder cerebral, robôs para realizar tarefas repetitivas com maior precisão e redes eletrônicas para possibilitar comunicação global instantânea.

No mundo todo, a expectativa de vida está aumentando, a mortalidade infantil está diminuindo, a educação está em ascensão, algumas doenças estão sendo erradicadas e a taxa de crescimento populacional está desacelerando. Embora uma em cada sete pessoas viva em extrema pobreza, testemunhamos a maior redução da pobreza da história humana. A oferta de alimentos é, em geral, mais abundante e segura, a água e o ar estão ficando mais limpos em muitas partes do mundo e a exposição a produtos químicos tóxicos é mais evitável. As pessoas protegeram algumas espécies e ecossistemas ameaçados e restauraram áreas de pradarias e áreas úmidas, e outras áreas florestas estão crescendo novamente.

Pesquisas científicas e avanços tecnológicos financiados por riquezas ajudaram a obter essas melhorias na qualidade de vida e do ambiente. A educação também estimulou muitos cidadãos a insistir para que empresas e governos trabalhassem para aumentar a qualidade ambiental. Somos uma espécie globalmente conectada, com acesso crescente a informações que podem nos ajudar a trilhar um caminho mais sustentável.

Más notícias: no geral, estamos vivendo de modo insustentável

De acordo com um grande corpo de evidências científicas, os seres humanos estão vivendo de modo não sustentável. As pessoas desperdiçam, esgotam e degradam continuamente grande parte do capital natural que sustenta a vida na Terra – um processo conhecido como **degradação ambiental** ou **degradação do capital natural** (Figura 1.8).

Segundo uma pesquisa realizada pela *Wildlife Conservation Society* e o *Center for International Earth Science Information Network* da Universidade de Columbia, as atividades humanas afetam diretamente cerca de 83% da superfície terrestre (excluindo a Antártida) à medida que as pegadas ecológicas humanas impactam a Terra (Figura 1.9). Essas terras são usadas para fins importantes, como desenvolvimento urbano, cultivos agrícolas, pastagem de gado, mineração, corte de madeira e produção de energia.

Em muitas partes do mundo, no entanto, as florestas renováveis estão diminuindo (Figura 1.6), os desertos estão aumentando e o solo superficial está em erosão. A camada inferior da atmosfera está ficando mais quente, geleiras e blocos de gelo flutuantes estão derretendo em velocidades inesperadas, o nível do mar está aumentando, assim como a acidez oceânica. Enfrentamos mais intensas inundações, secas, condições climáticas severas

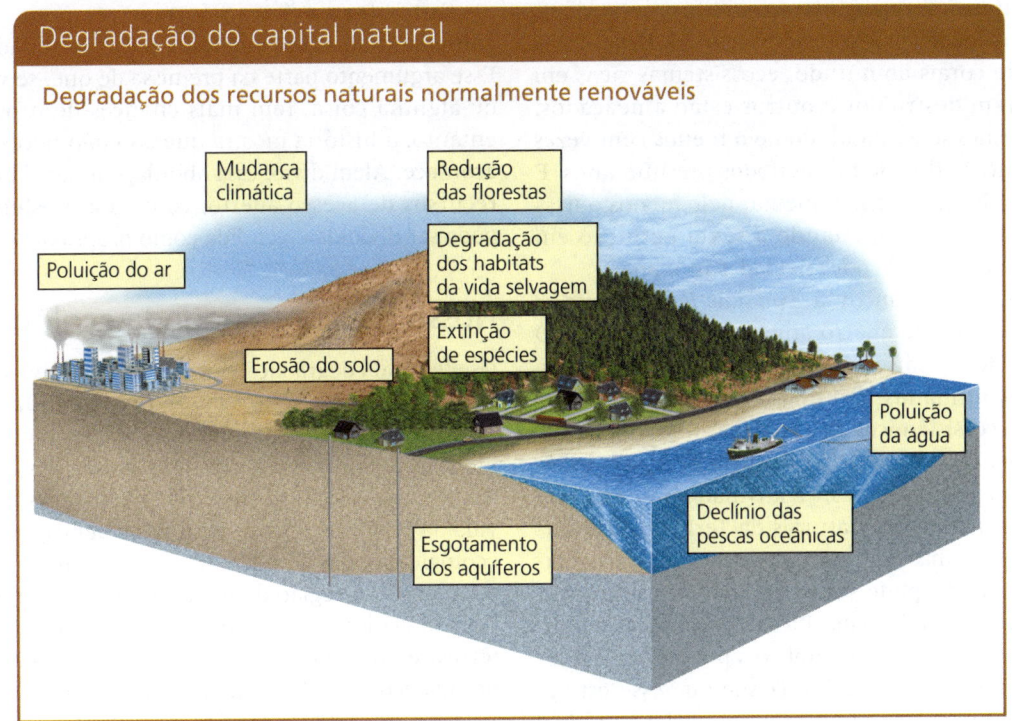

FIGURA 1.8 Degradação do capital natural: Degradação de recursos naturais e serviços ecossistêmicos normalmente renováveis (Figura 1.3) causada pelo aumento das pegadas ecológicas humanas, em geral como resultado do crescimento populacional e da maior taxa de uso de recursos por pessoa.

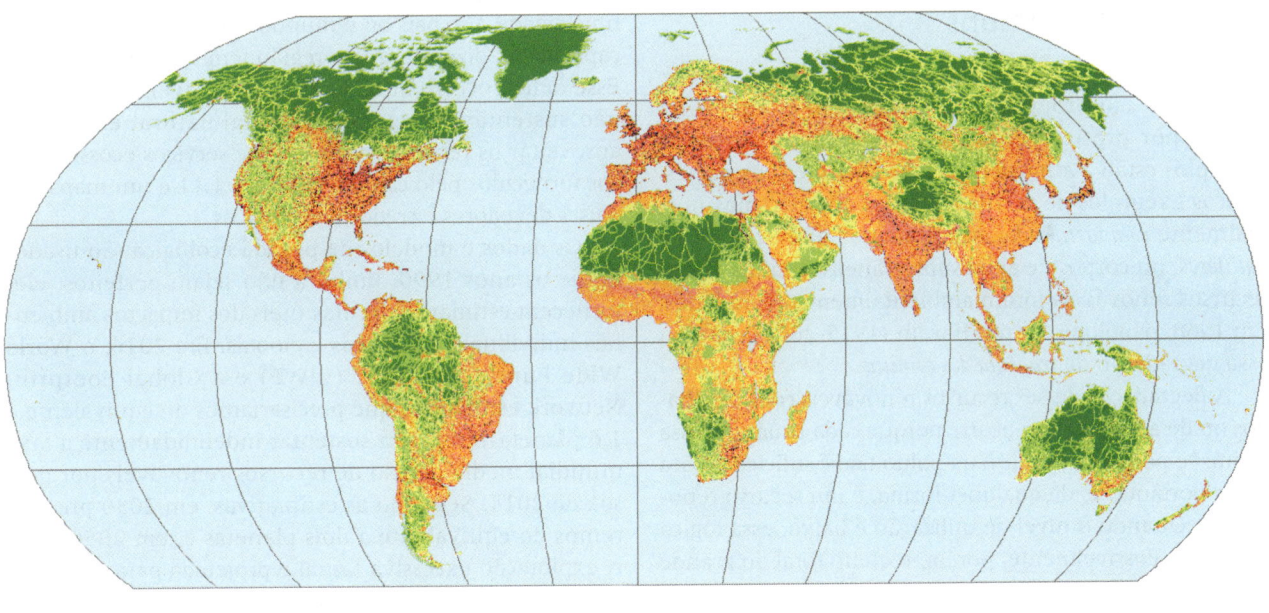

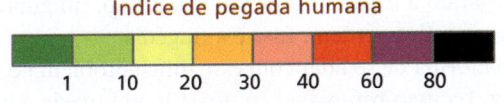

FIGURA 1.9 Uso e degradação do capital natural: A pegada ecológica humana tem impacto sobre cerca de 83% da superfície terrestre total do planeta.

Meio ambiente e sustentabilidade • **11**

e incêndios florestais mais intensos em muitas regiões. Em inúmeros locais, os rios estão secando. Hoje, 20% dos recifes de corais do mundo, ecossistemas ricos em espécies, foram destruídos e outros estão ameaçados. As espécies estão se extinguindo pelo menos cem vezes mais rapidamente do que nos períodos pré-humanos. E as taxas de extinção devem aumentar pelo menos outras cem vezes neste século, criando a sexta extinção em massa, dessa vez causada por atividades humanas.

Em 2005, a ONU lançou a *Avaliação Ecossistêmica do Milênio*, um estudo de quatro anos realizado por 1.360 especialistas de 95 países. De acordo com esse estudo, as atividades humanas têm degradado cerca de 60% dos serviços ecossistêmicos da Terra (ver quadros na cor laranja da Figura 1.3), principalmente a partir de 1950. Segundo esses pesquisadores, "a atividade humana está pressionando as funções naturais da Terra, e a capacidade dos ecossistemas do planeta para sustentar as gerações futuras já não pode ser garantida". Eles também concluíram que soluções científicas, econômicas e políticas para esses problemas complexos podem ser implementadas em algumas décadas. Desde que esse estudo foi realizado, aumentou o impacto prejudicial à saúde e ao meio ambiente das atividades humanas sobre os ecossistemas do planeta.

Degradação de recursos renováveis normalmente compartilhados: a tragédia dos comuns

Alguns recursos renováveis, chamados *recursos de acesso aberto*, não são propriedade de ninguém e podem ser usados por praticamente todas as pessoas. Entre os exemplos estão a atmosfera, o mar aberto e seus peixes. Outros exemplos de recursos menos abertos, mas normalmente *compartilhados*, são pradarias, florestas, rios e *aquíferos*, ou corpos de água subterrâneos. Muitos desses recursos renováveis foram ambientalmente degradados. Em 1968, o biólogo Garrett Hardin (1915-2003) chamou essa degradação de *tragédia dos comuns*.

A degradação desses recursos renováveis compartilhados ou de acesso aberto ocorre porque cada usuário pensa assim: "o pouco que eu uso ou poluo não é suficiente para ter importância e, de qualquer forma, é um recurso renovável". Quando o nível de utilização é baixo, essa lógica funciona. Possivelmente, porém, o efeito total do grande número de pessoas tentando explorar um recurso natural amplamente disponível ou compartilhado pode degradá-lo, chegando a esgotar ou destruí-lo. Então, ninguém se beneficia e todos perdem. Essa é a tragédia.

Uma forma de se lidar com esse difícil problema é utilizar um recurso renovável compartilhado ou de acesso aberto a uma taxa bem abaixo de seu rendimento sustentável estimado. Isso é feito acordando mutuamente em usar menos o recurso, regulamentando o acesso a ele ou adotando os dois procedimentos.

Outra forma é transformar recursos renováveis compartilhados em recursos de propriedade privada. Esse argumento parte da premissa de que, se você é dono de alguma coisa, tem mais chances de protegê-la. No entanto, a história mostra que isso não necessariamente acontece. Além disso, essa abordagem não é possível com recursos de acesso aberto, como a atmosfera, que não pode ser dividida e vendida como propriedade privada.

Nossa crescente pegada ecológica

Os efeitos da degradação ambiental por atividades humanas podem ser descritos como uma **pegada ecológica**, uma medida bruta do total de impactos ambientais prejudiciais de indivíduos, cidades e países sobre os recursos naturais, serviços ecossistêmicos e sistema de suporte à vida da Terra. A **pegada ecológica** *per capita* é a pegada ecológica média de um indivíduo em uma determinada população ou região definida. A Figura 1.9 mostra que a pegada ecológica humana impactou 83% da superfície terrestre do planeta, enquanto a Figura 1.10 apresenta a pegada ecológica humana na América do Norte.

Uma importante medida de sustentabilidade é a **biocapacidade** ou **capacidade biológica**, que é a capacidade que os ecossistemas de uma região têm de recuperar os recursos renováveis usados por uma população, cidade, região, país ou pelo mundo em um determinado período, além de absorver os resíduos e poluentes resultantes. Se a pegada ecológica total de uma determinada região (como uma cidade, um país ou o mundo) for maior que sua biocapacidade, dizemos que a região tem um *déficit ecológico*. Esse déficit ocorre quando as pessoas vivem de maneira não sustentável, esgotando capital natural em vez de aproveitar os recursos renováveis e serviços ecossistêmicos fornecidos pelo capital. A Figura 1.11 é um mapa dos países devedores e credores ecológicos.

Os dados e modelos de pegada ecológica são usados desde os anos 1990. Embora não sejam perfeitos, eles fornecem estimativas brutas úteis dos impactos ambientais individuais, nacionais e globais. Em 2016, o World Wide Fund for Nature (WWF) e a Global Footprint Network estimavam que precisaríamos do equivalente a 1,6 planeta Terra para sustentar indefinidamente a taxa mundial média de uso de recursos renováveis por pessoa de 2014. Segundo as estimativas, em 2030 precisaremos do equivalente a dois planetas e, em 2050, três. A exploração excessiva (atual e projetada para o futuro) dos recursos naturais e serviços ecossistêmicos da Terra e a degradação ambiental resultante serão transmitidos para as próximas gerações.

1,6 Número de planetas Terra necessários para sustentar indefinidamente a taxa global de uso de recursos renováveis por pessoa em 2014

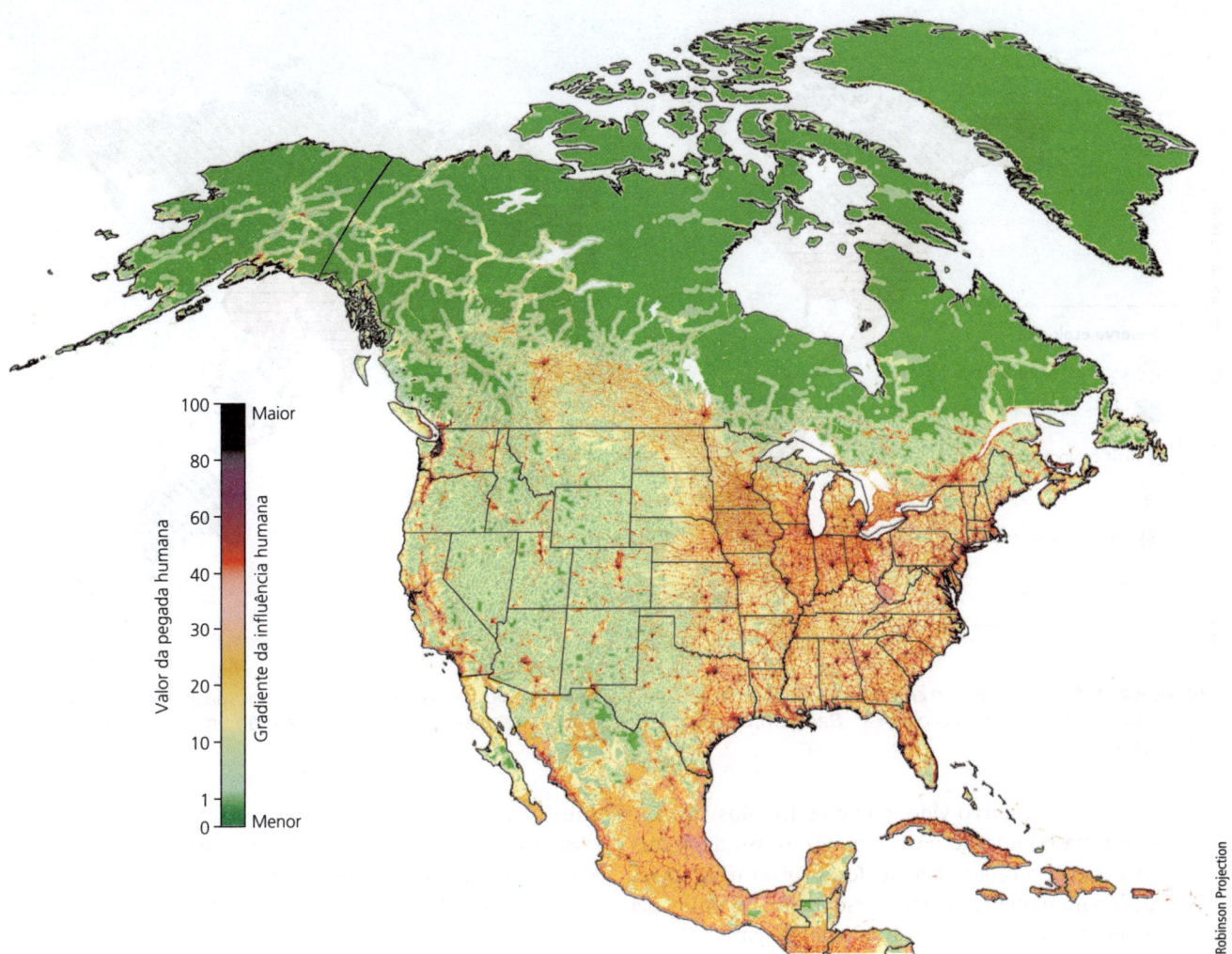

FIGURA 1.10 Uso e degradação do capital natural: A pegada ecológica humana na América do Norte. As cores representam a porcentagem de cada área influenciada pelas atividades humanas.

Informações compiladas pelos autores usando dados da Wildlife Conservation Society e do Center for International Earth Science Information Network da Universidade de Columbia.

Ao longo deste livro, discutiremos formas de usar tecnologias e ferramentas econômicas existentes e emergentes para reduzir nossa pegada ecológica prejudicial e aumentar nossos impactos ambientais benéficos, trabalhando em conjunto, e não contra a Terra. Por exemplo, podemos replantar florestas em um terreno degradado, restaurar áreas úmidas e pradarias e proteger espécies da extinção.

IPAT: outro modelo de impacto ambiental

Outro modelo de impacto ambiental foi desenvolvido no início dos anos 1970 pelos cientistas Paul Ehrlich e John Holdren. O modelo IPAT mostra que o impacto ambiental **(I)** das atividades humanas é o produto de três fatores: tamanho da *população* **(P)**, *afluência* ou consumo de recurso por pessoa **(A)** e efeitos ambientais benéficos e prejudiciais das *tecnologias* **(T)**. A equação a seguir resume o modelo IPAT:

Impacto (I) = População (P) × Afluência (A) × Tecnologia (T)

O fator **T** pode ser prejudicial ou benéfico. Algumas formas de tecnologia, como fábricas poluentes, veículos automotivos que consomem muita gasolina e usinas de queima de carvão, aumentam nosso impacto ambiental prejudicial ao elevar o fator T. Já outras tecnologias reduzem esse tipo de impacto ao diminuir o fator T, como tecnologias de controle e prevenção de poluição, carros com consumo eficiente de combustível, turbinas eólicas e células solares que geram eletricidade com baixo impacto ambiental. Ao desenvolver tecnologias que imitam processos naturais (**Estudo de caso principal**), os cientistas e engenheiros estão descobrindo maneiras de gerar impactos ambientais positivos. Apresentaremos mais avanços na área de biomimética ao longo do livro.

Em um país com desenvolvimento moderado, como a Índia, o tamanho da população é um fator mais importante do que a afluência ou o uso de recursos por pessoa para determinar o impacto ambiental do país. Em um

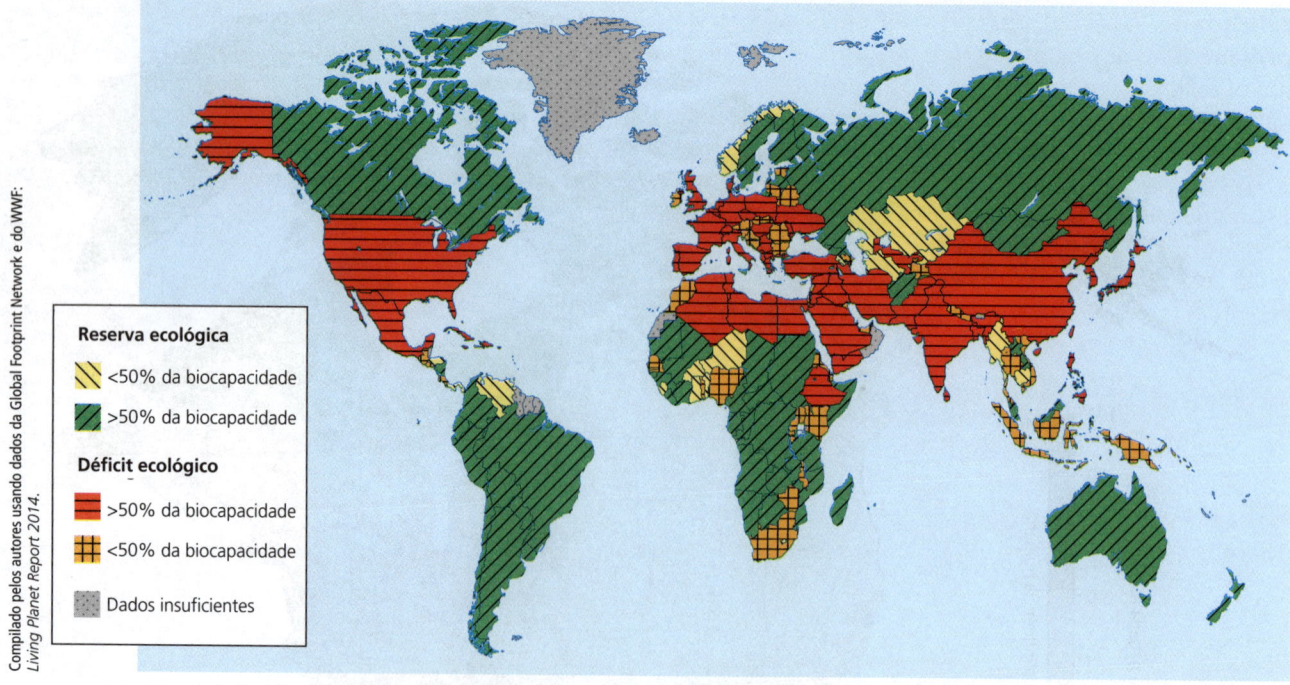

FIGURA 1.11 *Devedores e credores ecológicos.* A pegada ecológica de alguns países supera sua biocapacidade, enquanto outras nações têm reservas ecológicas. **Raciocínio crítico:** Por que você acha que os Estados Unidos são um país devedor ecológico?

país altamente desenvolvido, como os Estados Unidos, que têm uma população muito menor, o uso de recursos por pessoa e a capacidade de desenvolver tecnologias benéficas para o meio ambiente desempenham um papel fundamental sobre o impacto ambiental do país.

Mudanças culturais podem aumentar ou diminuir nossa pegada ecológica

Até cerca de 10 mil a 12 mil anos atrás, os seres humanos eram basicamente *caçadores-coletores* que obtinham comida caçando animais selvagens ou limpando carcaças e coletando plantas. Nossos ancestrais caçadores-coletores viviam em pequenos grupos, consumiam poucos recursos, tinham poucos bens e se mudavam conforme o necessário para encontrar alimentos suficientes para sobreviver.

Desde então, ocorreram três grandes mudanças culturais. *Primeiro*, foi a *revolução agrícola*. Ela começou há cerca de 10 mil anos, quando os seres humanos aprenderam a cultivar e produzir plantas e animais para obter comida, alimentos e outros itens, e passaram a viver em vilas em vez de se mudar frequentemente para encontrar comida. Eles tinham uma fonte de alimentos mais confiável, viviam mais e tinham mais filhos que sobreviviam até a vida adulta.

Em *segundo* lugar, foi a *revolução industrial/médica*, que começou há cerca de 300 anos, quando as pessoas inventaram máquinas para a produção de mercadorias em grande escala nas fábricas. Muitas pessoas se mudaram de vilas rurais para trabalhar nas fábricas das cidades. Essa mudança envolveu a descoberta de como conseguir energia a partir de combustíveis fósseis (como carvão e petróleo) e como cultivar grandes quantidades de comida. Também incluiu avanços médicos que permitiram vida mais longa e saudável a um número crescente de pessoas.

Terceiro, cerca de 50 anos atrás, a *revolução da informação/globalização* começou quando desenvolvemos novas tecnologias para obter acesso rápido a todos os tipos de informações e recursos em escala global.

Essas mudanças culturais proporcionaram mais energia e novas tecnologias, com as quais pudemos alterar e controlar melhor os recursos do planeta para atender às nossas necessidades básicas e desejos crescentes. Elas também permitiram a expansão da população humana, especialmente graças à maior oferta de alimentos e expectativa de vida mais longa. Além disso, essas mudanças culturais resultaram em um aumento do uso de recursos, da poluição e da degradação ambiental, bem como na ampliação das pegadas ecológicas (Figuras 1.9 e 1.10).

Por outro lado, alguns saltos tecnológicos permitiram a redução das nossas pegadas ecológicas ao diminuir o uso de energia e matéria, além da produção de resíduos e poluição. Por exemplo, o uso de lâmpadas de LED, veículos e edifícios eficientes do ponto de vista energético, reciclagem, fazendas sustentáveis e energia solar e eólica para produzir eletricidade estão em ascensão.

Muitos cientistas ambientais e outros analistas consideram esses avanços como evidências de uma *quarta* grande mudança cultural: a **revolução da susten-**

tabilidade, em que poderemos aprender a viver de maneira mais sustentável neste século. Esse processo inclui evitar a degradação e o esgotamento do capital natural que sustenta nossas vidas e economias, além de restaurar o capital natural que já degradamos (Figura 1.3). Para essa mudança, é preciso aprender como a natureza manteve a vida por mais de 3,8 bilhões de anos e usar esses ensinamentos para diminuir nossa pegada ecológica e aumentar nossos impactos ambientais benéficos.

1.3 POR QUE TEMOS PROBLEMAS AMBIENTAIS?

CONCEITO 1.3A As principais causas dos problemas ambientais são o crescimento populacional, o desperdício e uso insustentável de recursos, a pobreza, a não aplicação do preço de custo total e o crescente afastamento da natureza.

CONCEITO 1.3B Nossa visão de mundo ambiental desempenha um papel importante para determinar se vivemos de forma não sustentável ou mais sustentável.

A população humana está crescendo rapidamente

O **crescimento exponencial** ocorre quando uma quantidade aumenta em uma porcentagem fixa por unidade de tempo, como 0,5% ou 2% ao ano. O crescimento exponencial começa lentamente, mas depois de algumas duplicações, ele cresce para números gigantescos, porque cada duplicação é duas vezes o total de todo o crescimento anterior. Quando plotamos os dados para uma quantidade em crescimento exponencial, obtemos um gráfico com uma curva que se parece com a letra J.

Como exemplo do impressionante poder do crescimento exponencial, considere uma forma simples de reprodução bacteriana em que uma bactéria se divide em duas a cada 20 minutos. Começando com uma bactéria, depois de 20 minutos seriam duas. Depois de 1 hora, seriam oito. Passadas 10 horas, seriam mais de mil, e apenas 36 horas depois (supondo que nada interfira na reprodução) seriam bactérias suficientes para formar uma camada de 30 centímetros de espessura em toda a superfície da Terra.

A população humana cresceu exponencialmente (Figura 1.12) até a quantidade atual de 7,4 bilhões de pessoas. Em 2016, a taxa de crescimento foi de 1,21%. Embora pareça pequena, essa taxa adicionou 89,7 milhões de pessoas às 7,4 bilhões de pessoas do mundo. Até 2050, a população pode chegar a 9,9 bilhões, um acréscimo de 2,5 bilhões de pessoas.

Ninguém sabe quantas pessoas a Terra consegue suportar nem qual nível de consumo médio de recursos por pessoa degradará gravemente o capital natural do planeta. No entanto, as grandes e crescentes pegadas ecológicas da humanidade e a ampla degradação do capital natural resultante são sinais de alerta perturbadores (**Conceito 1.3A**).

Alguns analistas pedem que reduzamos a degradação ambiental severa por meio da desaceleração das taxas de crescimento populacional, com o objetivo de nivelar o número em cerca de 8 bilhões em 2050, em vez de 9,9 bilhões. Algumas formas de fazer isso incluem a redução da pobreza por meio do desenvolvimento econômico, a promoção do planejamento familiar e a elevação do *status* das mulheres, conforme discutiremos no Capítulo 6.

Afluência e uso não sustentável de recursos

O estilo de vida de grande parte da crescente população de consumidores do mundo se baseia no aumento da riqueza, ou do consumo de recursos por pessoa, à medida que mais pessoas têm rendimentos mais altos. Com o aumento do consumo total e do consumo médio de recursos por pessoa, a degradação ambiental, o desperdício de recursos e a poluição também aumentam, a menos que os indivíduos consigam viver de maneira mais sustentável (**Conceito 1.3A**).

Os efeitos da afluência da riqueza podem ser drásticos. O WWF e a Global Footprint Network estimam que os Estados Unidos, que têm apenas 4,4% da população mundial, sejam responsáveis por cerca de 23% da pegada ecológica global. O estadunidense médio consome cerca de 30 vezes a quantidade de recursos que o indiano médio consome, e 100 vezes a quantidade consumida pelo cidadão médio dos países mais pobres do mundo. O WWF projetou que precisaríamos do equivalente a cinco planetas Terra para manter a população mundial indefinidamente caso todos usassem os recursos renováveis no mesmo ritmo que o estadunidense médio usou em 2014.

Por outro lado, a afluência pode permitir que a educação seja melhor e mais disseminada, o que pode tornar as pessoas mais preocupadas com a qualidade ambiental. A afluência também disponibiliza mais dinheiro para o desenvolvimento de tecnologias para reduzir a poluição,

---

PARA REFLETIR

CONEXÕES Crescimento exponencial e tempo de duplicação: a regra dos 70

O tempo de duplicação aproximado da população humana pode ser calculado usando a regra dos 70. (Você pode aplicar essa regra a qualquer quantidade que estiver crescendo exponencialmente.)

Tempo de duplicação (anos) = 70 / taxa de crescimento anual (%)

A população mundial está crescendo a cerca de 1,21% ao ano. Com essa velocidade, quanto tempo levará para a população humana dobrar?

Meio ambiente e sustentabilidade

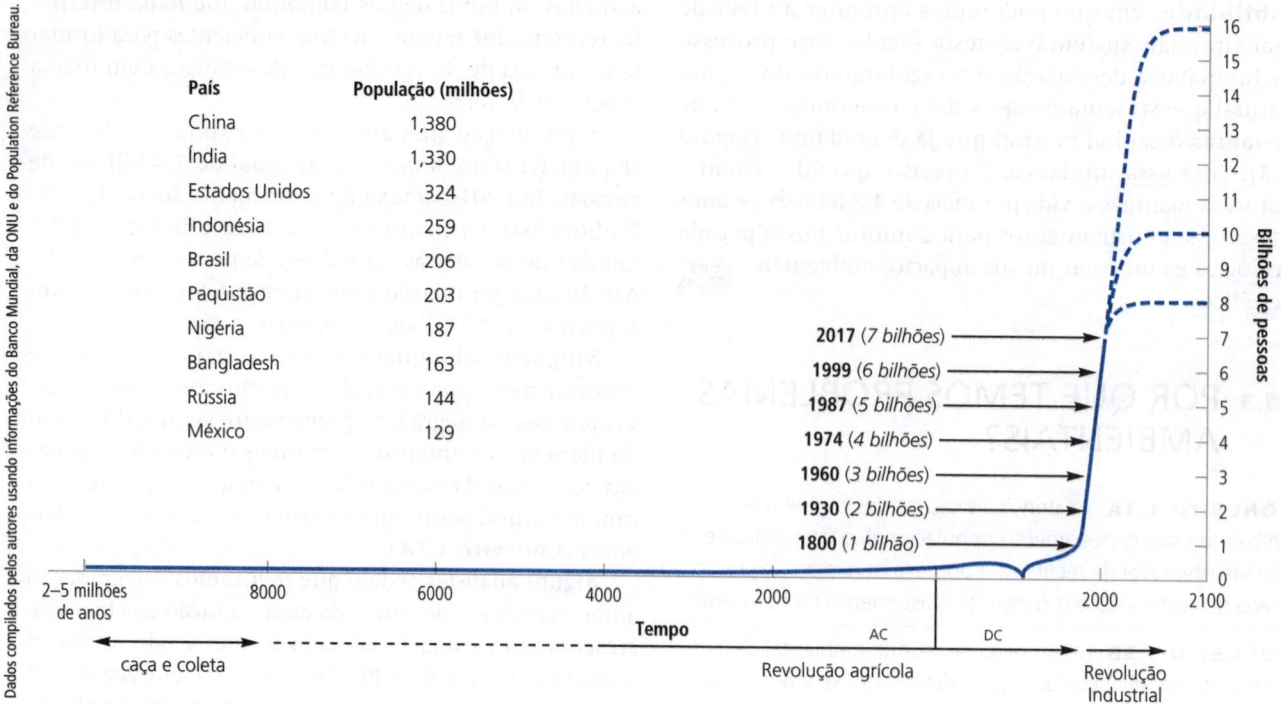

FIGURA 1.12 *Crescimento exponencial:* A curva em forma de "J" representa o crescimento exponencial passado da população mundial, com projeções até 2100, mostrando uma possível estabilização populacional, à medida que a curva de crescimento em forma de "J" passa a ter forma de "S". Os dez maiores países (à esquerda) representam quase 60% da população total do mundo. *Análise de dados:* Qual foi a porcentagem de aumento da população mundial entre 1960 e 2016? (Essa figura não está em escala.)

5 Número de planetas Terra necessários para manter a população mundial indefinidamente seguindo o ritmo médio de consumo de recursos por pessoa dos Estados Unidos

a degradação ambiental e o desperdício de recursos. Além disso, ela proporciona outras formas para os seres humanos aumentarem seu impacto ambiental benéfico.

A pobreza tem efeitos prejudiciais para o meio ambiente e a saúde

A **pobreza** é uma condição em que as pessoas não têm dinheiro suficiente para satisfazer suas necessidades básicas de alimentação, água, abrigo, saúde e educação. De acordo com o Banco Mundial, uma em cada três pessoas, ou 2,5 bilhões de pessoas, lutava para sobreviver com o equivalente a menos de US$ 3,10 por dia em 2014. Além disso, aproximadamente 900 milhões de pessoas – quase três vezes a população dos Estados Unidos – vivem em *extrema pobreza*, com o equivalente a menos de US$ 1,90 por dia, segundo o Banco Mundial. Isso é menos do que muitos pagariam em uma garrafa de água ou uma xícara de café. Você conseguiria viver com isso? Por outro lado, a porcentagem da população mundial que vive em extrema pobreza caiu de 52% em 1981 para 14% em 2014.

A **pobreza** é responsável por inúmeros efeitos nocivos ao ambiente e à saúde (**Conceito 1.3A**). O cotidiano das pessoas mais pobres do mundo gira em torno de conseguir quantidades suficientes de comida, água e combustível para cozinhar, se aquecer e sobreviver. Esses indivíduos estão desesperados demais com a sobrevivência em curto prazo para se preocupar com a sustentabilidade ou com a qualidade ambiental em longo prazo. Assim, coletivamente, para sobreviver, eles podem destruir florestas, parte superficial do solo arável e pradarias, além de esgotar áreas de pesca e animais silvestres.

A pobreza nem sempre gera degradação ambiental. Algumas populações pobres aumentam seu impacto ambiental benéfico plantando e cultivando árvores, conservando o solo do qual dependem como parte de sua estratégia de sobrevivência em curto e longo prazo.

PARA REFLETIR

CONEXÕES Pobreza e crescimento populacional

Para muitas pessoas pobres, ter mais filhos é uma questão de sobrevivência. As crianças ajudam a coletar lenha, transportar água e cuidar da colheita e dos animais. Algumas lidam com o trabalho infantil. Os filhos também ajudam a cuidar dos pais na velhice, pois a maioria não tem seguro social, convênio médico e aposentadoria. Essa luta diária pela sobrevivência é um dos principais motivos para as populações dos países mais pobres continuarem aumentando rapidamente.

A degradação ambiental pode ter efeitos graves sobre a saúde dos mais pobres. Um desses problemas é a *desnutrição*, causada pela falta de proteínas e outros nutrientes necessários a uma boa saúde (Figura 1.13). Outro efeito são as doenças causadas pelo acesso limitado a instalações sanitárias adequadas e água potável. Mais de um terço das pessoas do mundo não têm banheiros e são forçadas a usar quintais, becos, valas e córregos. Como resultado, uma em cada nove pessoas do mundo utiliza água de fontes poluídas por fezes de humanos e de animais para beber, lavar e cozinhar. Outro problema sofrido por muitas pessoas pobres é a poluição do ar em ambientes internos, causada principalmente pela fumaça de fogueiras ou fogões mal ventilados (Figura 1.14) usados para se aquecer e cozinhar. Essa forma de poluição do ar em ambientes fechados mata cerca de 4,3 milhões de pessoas por ano em países menos desenvolvidos, segundo a Organização Mundial da Saúde (OMS).

Em 2010, a OMS estimou que esses fatores, quase todos relacionados à pobreza, matavam anualmente cerca de 7 milhões de crianças com menos de 5 anos, uma média de 19 mil crianças pequenas por dia. Isso equivale à queda de 95 aeronaves com 200 passageiros todos os dias, sem sobreviventes. As redes de notícias raramente abordam essa tragédia humana em curso.

> **PARA REFLETIR**
>
> **PENSANDO SOBRE** Os pobres, os ricos e os danos ambientais
>
> Algumas pessoas consideram o rápido aumento populacional nos países menos desenvolvidos como a principal causa dos nossos problemas ambientais. Outras dizem que o alto nível de utilização de recursos por pessoa nos países mais desenvolvidos é um fator mais importante. Qual fator você considera mais importante? Por quê?

Os preços de bens e serviços raramente incluem seus custos prejudiciais para a saúde e o meio ambiente

Outra causa básica dos problemas ambientais tem a ver com o modo como o mercado determina os preços dos bens e serviços (**Conceito 1.3A**). As empresas que usam recursos para fornecer bens para os consumidores geralmente não são obrigadas a pagar pela maioria dos custos prejudiciais para a saúde e o meio ambiente envolvidos no fornecimento de tais bens. Por exemplo, as madeireiras pagam os custos de derrubar florestas, mas não pagam pela degradação ambiental resultante nem pela perda do habitat dos animais selvagens.

O principal objetivo de uma empresa é maximizar os lucros para seus proprietários ou acionistas, por isso elas não se dispõem a adicionar esses custos aos preços voluntariamente. Como os preços dos bens e serviços não incluem a maioria dos custos prejudiciais para a saúde e o meio ambiente, os consumidores e responsáveis pela tomada de decisões não têm nenhuma maneira eficaz de avaliar esses efeitos prejudiciais.

Outro problema pode surgir quando os governos dão *subsídios* às empresas, como incentivos fiscais e pagamentos, para ajudá-las com o uso de recursos para administrar os negócios. Isso ajuda a criar empregos e estimula a economia, mas subsídios ambientalmente prejudiciais estimulam o esgotamento e a degradação do capital natural.

De acordo com economistas ambientais, as pessoas poderiam viver de maneira mais sustentável e aumentar seu impacto ambiental benéfico se os custos nocivos para a saúde e o meio ambiente dos bens e serviços fossem incluídos nos preços de mercado dos produtos que elas compram e se atribuíssemos um valor monetário ao capital natural que sustenta todas as economias. Essa precificação de custo total é uma ferramenta econômica poderosa e um dos seis **princípios de sustentabilidade**.

Economistas propõem duas formas de implementar a precificação de custo total nas próximas duas décadas. Uma delas é passar de subsídios governamentais nocivos para o meio ambiente para subsídios ambientalmente benéficos que mantenham ou restaurem o capital natural. Exemplos de subsídios ambientalmente benéficos incluem aqueles que recompensam o gerenciamento sustentável de florestas, o replantio em solos degradados, a agricultura sustentável e o maior uso de energia eólica e solar para produzir eletricidade. A segunda forma de implementar a precificação de custo total é aumentar os tributos sobre poluição e resíduos e reduzir os impostos sobre renda e riqueza. Discutiremos essas *mudanças de subsídios* e *mudanças de impostos* no Capítulo 17.

As pessoas estão cada vez mais afastadas da natureza

Hoje, mais da metade da população mundial e três em cada quatro pessoas de países mais desenvolvidos vivem em áreas urbanas. Essa mudança do estilo de vida rural para o urbano continua em um ritmo acelerado. Os ambientes urbanos e o aumento do uso de telefones celulares, computadores e outros dispositivos eletrônicos estão afastando as pessoas, especialmente as crianças, do mundo natural.

Alguns alegam que isso levou a um fenômeno chamado *transtorno de déficit de natureza*. Pessoas com esse transtorno podem sofrer com estresse, ansiedade, depressão e outros problemas. Uma pesquisa indica que vivenciar a natureza (ver foto de abertura do capítulo) pode reduzir o estresse, melhorar as habilidades mentais, ativar a imaginação e a criatividade e proporcionar uma saúde melhor. A pesquisa também demonstrou que, quando afastadas da natureza, as pessoas têm menor probabilidade de agir de formas que reduzam o impacto ambiental nocivo (**Conceito 1.3A**), já que não estão cientes desses impactos.

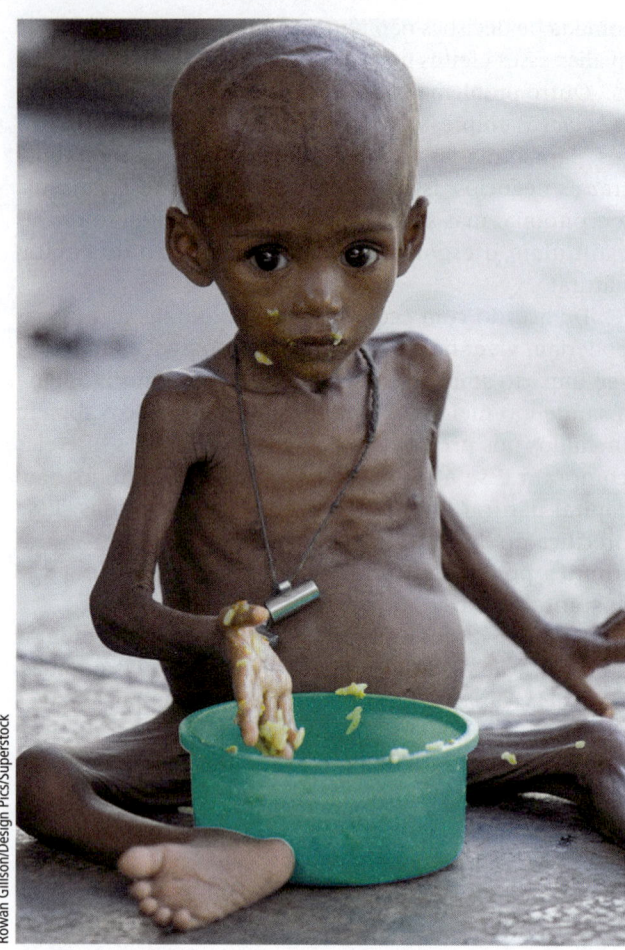

FIGURA 1.13 Uma em cada três crianças com menos de 5 anos de idade de países menos desenvolvidos, como essa criança faminta de Bangladesh, sofre com desnutrição severa causada pela carência de calorias e proteína.

FIGURA 1.14 A poluição do ar em ambientes fechados proveniente de fogueiras e fogões mal ventilados é uma grande ameaça à saúde de muitas pessoas pobres de países menos desenvolvidos.

Diferentes visões de mundo sobre o meio ambiente

Outro motivo para os problemas ambientais persistirem é que as pessoas têm opiniões diferentes sobre a natureza e a gravidade dos problemas ambientais do mundo, bem como sobre a maneira de resolvê-los (**Conceito 1.3B**). Essas diferenças surgem principalmente em razão das diferentes visões de mundo a respeito do meio ambiente. Sua **visão de mundo sobre o meio ambiente** é o seu conjunto de premissas e valores sobre como o mundo natural funciona e como você acha que deve interagir com o meio ambiente.

Sua visão de mundo sobre o meio ambiente é determinada, em parte, por sua **ética ambiental** – suas crenças sobre o que é certo e o que é errado em seu comportamento em relação ao meio ambiente. Aqui estão algumas *questões éticas* importantes com relação ao meio ambiente:

- Por que devemos nos preocupar com o meio ambiente?
- Somos os seres mais importantes do planeta ou apenas uma entre as milhões de formas de vida diferentes na Terra?
- As pessoas têm a obrigação de cuidar para que suas atividades não causem a extinção de outras espécies? Em caso positivo, deveriam tentar proteger todas as espécies ou apenas algumas? Como a sociedade decide quais espécies proteger?
- A geração humana atual tem a obrigação ética de deixar para as futuras gerações um mundo natural em uma condição tão boa ou melhor do que a que herdou?
- Todas as pessoas devem ter direito a proteção igual contra riscos ambientais, independentemente de raça, sexo, idade, nacionalidade, renda, classe social ou qualquer outro fator?
- Os indivíduos e a sociedade como um todo devem procurar viver de modo mais sustentável? Se sim, como?

As pessoas com visões de mundo diferentes sobre o meio ambiente podem ter os mesmos dados, estar logicamente de acordo com eles e chegar a respostas bem diferentes para essas questões. Isso acontece porque elas se baseiam em premissas diversas sobre moral, ética ou crenças religiosas. As visões de mundo sobre o meio ambiente serão abordadas em detalhes no Capítulo 17, mas apresentamos, a seguir, uma breve introdução.

PARA REFLETIR

PENSANDO SOBRE Nossas responsabilidades

Como você responderia a cada uma dessas perguntas? Compare as suas respostas com as de seus colegas de sala e registre-as. Ao final deste curso, reveja as respostas e verifique se é necessário fazer alguma alteração.

Existem três categorias principais de visões de mundo ou cosmovisões ambientais: centrada no ser humano, centrada na vida e centrada no planeta Terra. A **visão de mundo centrada no ser humano** considera o mundo natural basicamente como um sistema de suporte para a vida humana. Duas variações dessa visão de mundo são as visões de mundo de *gestão planetária* e de *administração*. Essas duas visões sustentam que os seres humanos são separados e responsáveis pela natureza e que a sociedade deve administrar a Terra em benefício dos seres humanos. Elas também afirmam que, se degradarmos ou esgotarmos um recurso natural ou serviço ecossistêmico, poderemos usar nossa inventividade tecnológica para encontrar um substituto. A visão de mundo de administração acrescenta, ainda, que as pessoas têm a responsabilidade de ser gerentes atenciosos e responsáveis, ou *administradores*, do planeta para as gerações humanas atuais e futuras.

De acordo com a **visão de mundo centrada na Terra**, todas as espécies têm valor para cumprir seu papel ecológico, independentemente do seu uso potencial ou real na sociedade. Com o tempo, todas as espécies serão extintas; no entanto, a maioria das pessoas com a visão de mundo centrada na vida acredita que devemos evitar apressar a extinção das espécies por meio de atividades humanas, pois cada espécie é uma parte única da biosfera que mantém todas as vidas.

Segundo a **visão de mundo centrada no planeta**, as pessoas fazem parte da natureza e dependem dela. O capital natural da Terra existe para todas as espécies, não só para os seres humanos. De acordo com essa visão, nosso sucesso econômico e a sobrevivência em longo prazo de nossas culturas, nossa espécie e de muitas outras espécies depende de aprendermos como a vida na Terra se manteve por bilhões de anos (Figura 1.2), integrando essas lições da natureza (**Estudo de caso principal** e Foco na ciência 1.1) no modo como as pessoas pensam e agem.

O aumento da conservação e proteção ambiental nos Estados Unidos

Quando os colonizadores europeus chegaram à América do Norte, no início do século 17, as tribos de nativos americanos estavam vivendo de maneira sustentável naquele continente havia milhares de anos. Os colonizadores viam a América do Norte como um território com recursos inesgotáveis e uma imensidão a ser conquistada e administrada para uso humano. À medida que se espalharam pelo continente, os colonizadores derrubaram florestas para criar povoados, lavraram campos para plantar e extraíram ouro, chumbo e outros minerais.

Em 1864, George Perkins Marsh, cientista e membro do Congresso de Vermont, questionou a ideia de que os recursos da América eram inesgotáveis. Ele usou estudos científicos e estudos de caso para demonstrar como a ascensão e a queda de antigas civilizações estavam ligadas ao uso e à exploração do solo, das fontes de água e de outros recursos. Marsh foi um dos fundadores do movimento de conservação dos Estados Unidos.

No início do século 20, este movimento se dividiu em dois grupos com opiniões divergentes sobre como usar terras públicas dos Estados Unidos, que pertenciam a todos os cidadãos estadunidenses em conjunto. A *visão preservacionista*, liderada pelo naturalista John Muir (Figura 1.15), queria que as áreas selvagens de alguns terrenos públicos permanecessem intocadas e, assim, seriam preservadas para sempre. A *visão conservacionista*, promovida pelo presidente Theodore "Teddy" Roosevelt (Figura 1.16) e Gifford Pinchot, primeiro chefe do Serviço Florestal dos Estados Unidos, afirmava que todas as terras públicas deveriam ser administradas com sabedoria e métodos científicos, principalmente para fornecer recursos para as pessoas.

Aldo Leopold (Figura 1.17) – gerente de vida selvagem, professor, escritor e conservacionista – foi treinado segundo a visão conservacionista, mas mudou para a visão preservacionista. Ele se tornou um pioneiro em áreas como silvicultura, conservação do solo, ecologia dos animais selvagens e preservação da natureza. Em 1935, ajudou a fundar a U.S. Wilderness Society. Com seus trabalhos, especialmente o livro de 1949 intitulado *A Sand County Almanac*, estabeleceu as bases para o campo da ética ambiental. Leopold afirmava que o papel da espécie humana deveria ser de proteger a natureza, e não conquistá-la.

Mais adiante no século 20, o conceito de conservação de recursos foi ampliado para incluir a preservação da *qualidade* do ar, da água, do solo e dos animais do planeta. Uma pioneira de destaque nessas iniciativas foi a bióloga Rachel Carson (Figura 1.18), cujo livro *Silent Spring* foi publicado em 1962. A obra documentava a poluição do ar, da água e da vida animal decorrente do uso disseminado de pesticidas, como o DDT. Esse livro influente aumentou a consciência pública acerca dos problemas de poluição e levou à regulamentação de diversos pesticidas perigosos.

Entre 1940 e 1970, os Estados Unidos passaram por um rápido crescimento econômico e industrialização. Os subprodutos da industrialização foram o aumento da poluição do ar e da água e grandes quantidades de resíduos sólidos e perigosos. A poluição do ar ficou tão intensa em alguns estados que os motoristas precisavam dirigir com os faróis ligados durante o dia. Milhares de pessoas morriam todos os anos em consequência dos efeitos nocivos da poluição do ar. Um trecho do Rio Cuyahoga, que atravessa Cleveland, Ohio, estava tão poluído com petróleo e outros poluentes inflamáveis que pegou fogo várias vezes. Em 1969, houve um vazamento de óleo devastador na costa da Califórnia. Espécies selvagens conhecidas, como a águia-de-cabeça-branca, o urso-cinzento, o grou-americano e o falcão-peregrino, ficaram ameaçadas.

A publicidade crescente sobre esses problemas levou a população dos Estados Unidos a exigir ações governamentais. Quando o primeiro Dia da Terra foi promovido, em 20 de abril de 1970, cerca de 20 milhões de pessoas

FOCO NA CIÊNCIA 1.1

Alguns princípios de biomimética

De acordo com Janine Benyus (Pessoas que fazem a diferença 1.1), "o estudo da biomimética revela que a vida cria condições propícias à vida". Ela recomenda a avaliação de cada um dos bens e serviços que produzimos e usamos por meio das questões: Isso é algo que a natureza faria? Ajuda a sustentar a vida? Vai durar?

Benyus identifica três níveis de biomimética. O primeiro envolve a imitação das características das espécies, como as protuberâncias das barbatanas de uma baleia ou o *design* das asas e penas das aves, que supostamente aprimoraram a sobrevivência em longo prazo dessas espécies. O segundo nível, um pouco mais profundo, envolve a imitação dos processos que as espécies usam para criar conchas, penas e outras partes que beneficiam sua sobrevivência em longo prazo sem produzir ou usar toxinas ou os processos de alta temperatura e pressão que usamos na manufatura. O terceiro nível, o mais profundo de todos, envolve a imitação das estratégias de sobrevivência em longo prazo e dos efeitos ambientais benéficos de ecossistemas naturais, como florestas e recifes de corais.

Desde 1997, cientistas, engenheiros e outros profissionais da área de biomimética identificaram diversos princípios que sustentaram a vida na Terra por bilhões de anos. Eles descobriram que a vida:

- É movida pela luz do Sol.
- Não desperdiça energia.
- Adapta-se a condições ambientais variáveis.
- Depende da biodiversidade para controle populacional e adaptação.
- Não cria resíduos, porque a matéria produzida por um organismo é recurso para outros organismos.
- Não polui seu próprio ambiente.
- Não produz elementos químicos que não possam ser reciclados pelos ciclos químicos da Terra.

Ao aprender com a natureza e usar esses princípios, cientistas, engenheiros e empresários inovadores estão liderando uma *revolução da biomimética*, criando bens e serviços favoráveis à vida, além de empresas lucrativas, que podem enriquecer e sustentar a humanidade e suas economias em longo prazo.

RACIOCÍNIO CRÍTICO

Você segue algum dos princípios da biomimética na sua vida? Qual? Como seu estilo de vida mudaria se você seguisse todos esses princípios? Você resistiria ou aceitaria fazer isso? Por quê?

FIGURA 1.15 Como líder do movimento preservacionista, John Muir (1838-1914) pregava que algumas das terras públicas do país fossem preservadas como áreas naturais protegidas, uma ideia que só foi transformada em lei em 1964. Muir também foi amplamente responsável pelo estabelecimento do Parque Nacional de Yosemite, em 1890, e, em 1892, fundou o Sierra Club, que até hoje é uma força política que atua em nome do meio ambiente.

FIGURA 1.16 A proteção efetiva das florestas e da vida selvagem em terras federais não teve início até Theodore "Teddy" Roosevelt (1858–1919) ser eleito presidente. Seu mandato, de 1901 a 1909, é chamado de *Era de ouro da conservação*. Ele fundou 36 reservas nacionais da vida selvagem e mais que triplicou o tamanho das reservas florestais nacionais.

FIGURA 1.17 Aldo Leopold (1887–1948) foi um importante conservacionista e seu livro *A Sand County Almanac* é considerado um clássico que ajudou a inspirar movimentos ambientais e de conservação modernos.

FIGURA 1.18 Rachel Carson (1907–1964) nos alertou para os efeitos prejudiciais do uso disseminado de pesticidas. Muitos historiadores da área ambiental marcam o alerta de Carson como o início do movimento ambiental moderno nos Estados Unidos.

de mais de duas mil comunidades e universidades dos Estados Unidos participaram de manifestações para exigir melhorias na qualidade ambiental. O Dia da Terra e a ascendente pressão nos políticos levaram o governo dos Estados Unidos a estabelecer a Agência de Proteção Ambiental (Environmental Protection Agency – EPA), em 1970, e a aprovar naquela década a maioria das leis ambientais que estão em vigor hoje. Os anos 1970 ficaram conhecidos como a *década do meio ambiente*.

Desde 1970, muitas organizações ambientais de base surgiram para ajudar a lidar com as ameaças ao ambiente. Em muitas faculdade e universidades, o interesse em questões ambientais aumentou, resultando na expansão da ciência ambiental e em cursos e programas de estudos sobre o meio ambiente. Além disso, a conscientização a respeito de questões ambientais críticas, complexas e majoritariamente invisíveis, também aumentou. Essas questões incluem ameaças à biodiversidade, esgotamento de água subterrânea (aquíferos), aquecimento dos oceanos, acidificação oceânica, aquecimento atmosférico e mudanças climáticas.

Nos anos 1980, alguns líderes corporativos, latifundiários e membros de governos estaduais e locais começaram um movimento contra as leis e regulamentações ambientais. Eles reclamavam de precisar implementar essas normas com pouco ou nenhum financiamento federal. Afirmavam que as leis ambientais impediam o crescimento econômico e ameaçavam o direito à propriedade privada e os empregos. Desde 1980, eles pressionam para enfraquecer ou eliminar muitas das leis ambientais aprovadas na década de 1970, além de exigir a dissolução da EPA. Depois da década de 1980, líderes ambientais e seus apoiadores precisaram usar grande parte do tempo e dos recursos lutando para evitar que as principais leis ambientais fossem enfraquecidas ou revogadas.

1.4 O QUE É UMA SOCIEDADE AMBIENTALMENTE SUSTENTÁVEL?

CONCEITO 1.4 Viver de maneira sustentável significa viver dos rendimentos naturais da Terra, sem esgotar ou degradar o capital natural que o fornece.

Proteger o capital natural e viver com seus rendimentos

Uma **sociedade ambientalmente sustentável** protege o capital natural e vive de seus rendimentos. Esse tipo de sociedade atenderia às necessidades de recursos básicos atuais e futuras das pessoas sem comprometer a capacidade de atender às necessidades de recursos básicos das gerações futuras. Isso está de acordo com o **princípio ético de sustentabilidade.**

Imagine que você tenha ganhado R$ 1 milhão na loteria. Suponha que tenha investido esse dinheiro (seu capital) e ganhado 10% de juros por ano. Se você viver apenas dos juros ou da renda gerada pelo seu capital, terá um rendimento anual sustentável de R$ 100 mil, que poderá gastar todos os anos, indefinidamente, sem esgotá-lo. Porém, se você gastar mais que os rendimentos regularmente, esgotará seu capital. Mesmo que você gaste apenas R$ 10 mil a mais por ano, ainda permitindo que os juros se acumulem, seu dinheiro acabará em 18 anos.

A lição aqui já é conhecida: *proteja seu capital e viva dos rendimentos que ele oferece*. Esgote ou desperdice o seu capital e você sairá de um estilo de vida sustentável para um não sustentável.

A mesma lição se aplica ao uso do capital natural da Terra (Figura 1.3). Este capital natural é um fundo fiduciário global de recursos e serviços ecossistêmicos disponíveis para as pessoas e todas as outras espécies da Terra hoje e no futuro. *Viver de maneira sustentável* significa viver da **renda natural**, que são os recursos renováveis, como plantas, animais e solo, ar puro e água limpa, fornecidos pelo capital natural terrestre. Ao preservar e repor o capital natural da Terra que fornece essa renda natural, as pessoas reduzem a pegada ecológica e ampliam seu impacto ambiental benéfico (**Conceito 1.4**).

Um dos nossos objetivos ao escrever este livro é oferecer uma visão realista de como é possível viver de forma mais sustentável. Não baseamos essa visão no medo paralisante, na tristeza ou nas desgraças, mas no fornecimento de informações sobre como a Terra mantém a vida e as economias humanas, além da energia e da esperança realistas.

GRANDES IDEIAS

- Podemos garantir um futuro mais sustentável usando mais a energia do sol e de outras fontes renováveis, protegendo a biodiversidade por meio da preservação do capital natural e evitando a interrupção dos ciclos químicos vitais da Terra.

- Um dos principais objetivos para alcançar um futuro mais sustentável é a precificação de custo total, ou seja, a inclusão de custos prejudiciais para o meio ambiente e para a saúde nos preços de mercado de bens e serviços.

- Se nos comprometermos a encontrar soluções de ganhos mútuos para problemas ambientais e a deixar o sistema de suporte à vida no planeta em uma condição igual ou melhor àquela que herdamos, beneficiaremos a nós mesmos e às futuras gerações.

Revisão do capítulo

Estudo de caso principal

1. O que é **sustentabilidade**? O que é **biomimética**? Explique por que aprender com a Terra é uma das chaves para descobrir como viver de maneira mais sustentável.

Seção 1.1

2. Quais são os três conceitos-chave desta seção? Defina **meio ambiente**. Quais são as diferenças entre **ciência ambiental**, **ecologia** e **ambientalismo (ativismo ambiental)**? Defina espécie. O que é um **ecossistema**? Defina **energia solar**, **biodiversidade**, **nutrientes** e **ciclagem biogeoquímica (ciclagem de nutrientes)**, e explique por que esses elementos são importantes para a vida na Terra.

3. O que é **capital natural**? Defina **recursos naturais** e explique as diferenças entre **recursos inesgotáveis**, **recursos renováveis** e **recursos não renováveis** (esgotáveis). O que é um **rendimento sustentável**? Defina **serviços ecossistêmicos** e dê dois exemplos. Dê três exemplos de como estamos degradando o capital natural. Explique como encontrar soluções para problemas ambientais que envolvem fazer concessões. Explique por que as pessoas fazem a diferença quando lidamos com problemas ambientais. Quais são os três **princípios** econômicos, políticos e éticos da **sustentabilidade**? O que é **precificação de custo total** e por que ela é importante? Descreva o papel de Janine Benyus na promoção do importante e crescente campo da biomimética.

4. Defina e diferencie países mais e menos desenvolvidos. Dê um exemplo de país com renda elevada, renda média e renda baixa.

Seção 1.2

5. Quais são os dois conceitos-chave desta seção? Como os seres humanos melhoraram a qualidade de vida de muitas pessoas? Como estamos vivendo de maneira não sustentável? Defina **degradação ambiental (degradação do capital natural)** e dê três exemplos. Qual porcentagem dos serviços naturais ou ecossistêmicos da Terra foi degradada pelas atividades humanas? O que é a tragédia dos comuns? Cite duas formas de lidar com este efeito.

Revisitando
Aprendendo com a Terra e a sustentabilidade

Iniciamos este capítulo com um **Estudo de caso principal** sobre aprender com a natureza, entendendo como a Terra (o único sistema verdadeiramente sustentável) manteve uma inacreditável diversidade de vida por 3,8 bilhões de anos, apesar das mudanças drásticas e duradouras nas condições ambientais do planeta. Parte da resposta envolve aprender a aplicar os seis **princípios da sustentabilidade** (ver Figuras 1.2 e 1.7 e também a última página do livro para desenvolver e gerenciar nossos sistemas econômicos e sociais, bem como nossos estilos de vida individuais.

Podemos usar essas estratégias para desacelerar a rápida expansão das perdas de biodiversidade, reduzir acentuadamente a produção de resíduos e poluição, mudar para fontes de energia mais sustentáveis e promover formas de agricultura e uso do solo e da água mais sustentáveis. Também é possível usar esses princípios para reduzir consideravelmente a pobreza e o crescimento da população humana.

Você é membro da *geração de transição* do século 21, que terá um papel fundamental ao decidir se a humanidade vai criar um futuro mais sustentável ou continuar em um caminho não sustentável em direção a mais degradação e perturbações ambientais. É um momento empolgante e desafiador para se estar vivo, enquanto lutamos para desenvolver uma relação mais sustentável com a Terra que nos mantém vivos e sustenta nossas economias.

6. O que é uma pegada ecológica? O que é uma **pegada ecológica** *per capita*? O que é **biocapacidade** ou **capacidade biológica**? O que é um déficit ecológico? Use o conceito de pegada ecológica para explicar como estamos vivendo de maneira não sustentável. O que é o modelo IPAT para estimar nosso impacto ambiental? Explique como três grandes mudanças culturais que ocorreram nos últimos 10 mil anos aumentaram nosso impacto ambiental geral. O que estaria incluído em **uma revolução de sustentabilidade?**

Seção 1.3

7. Quais são os dois conceitos-chave desta seção? Identifique cinco causas básicas para os problemas ambientais que enfrentamos. O que é **crescimento exponencial?** O que é a regra dos 70? Qual é o tamanho atual da população humana? Quantas pessoas são adicionadas a esse número todos os anos? Qual é a projeção para o tamanho da população mundial em 2050? Resuma os possíveis efeitos ambientais benéficos e prejudiciais da afluência.

8. O que é pobreza? Cite três efeitos nocivos dela para a saúde e o meio ambiente. Qual é a porcentagem da população mundial que luta para sobreviver com o equivalente a US$ 1,90 por dia? E com US$ 3,10? Como **pobreza** e crescimento populacional estão conectados? Cite três principais problemas de saúde enfrentados por muitos dos pobres.

9. Explique como a exclusão dos custos de produção prejudiciais para a saúde e o meio ambiente do preço de bens e serviços influencia os problemas ambientais e de saúde que enfrentamos. Qual é a ligação entre subsídios governamentais, uso de recursos e degradação ambiental? Cite duas formas de incluir os custos prejudiciais para a saúde e o meio ambiente nos preços de mercado de bens e serviços. Explique como a falta de conhecimento sobre a natureza e a importância do capital natural, além do nosso crescente afastamento da natureza, podem intensificar os problemas ambientais. O que é uma **visão de mundo ambiental?** O que é **ética ambiental?** Quais são as cinco questões éticas importantes relacionadas com o ambiente? Quais são as diferenças entre as **visões de mundo centradas no ser humano**, na **vida e no planeta Terra?** Quais são os três níveis da biomimética? Cite os sete grandes princípios da biomimética. Resuma o processo de surgimento de medidas de conservação e proteção ambiental nos Estados Unidos.

Seção 1.4

10. Qual é o conceito-chave desta seção? O que é uma **sociedade ambientalmente sustentável**? O que é **renda natural** e como ela se relaciona com sustentabilidade? Quais são as três grandes ideias deste capítulo?[1]

Observação: os principais termos estão em negrito. Saber o significado desses termos ajudará você ao longo do curso.

Raciocínio crítico

1. Por que a biomimética é tão importante? Encontre um exemplo de algo da natureza que você acredita que possa ser imitado para algum propósito benéfico. Explique esse propósito e como a biomimética seria aplicada.

2. No seu estilo de vida, quais você pensa que são os três componentes menos ambientalmente sustentáveis? Cite dois métodos que você poderia usar para aplicar os seis **princípios da sustentabilidade** a fim de tornar seu estilo de vida mais ambientalmente sustentável.

3. Para cada uma das ações a seguir, cite um ou mais dos três **princípios científicos da sustentabilidade** envolvidos: (a) reciclar latas de alumínio; (b) usar um ancinho em vez de um soprador de folhas; (c) caminhar ou pedalar até a escola em vez de ir de carro; (d) levar suas próprias sacolas reutilizáveis para carregar as compras para casa; (e) voluntariar-se para ajudar a restaurar uma pradaria ou outro ecossistema degradado.

4. Explique por que você concorda ou discorda das seguintes afirmações:
   a. A estabilização populacional não é desejável porque, sem mais clientes, o crescimento econômico ficaria paralisado.
   b. O mundo nunca ficará sem recursos, porque podemos usar a tecnologia para encontrar substitutos e nos ajudar a reduzir o desperdício de recursos.
   c. Podemos reduzir nossa pegada ecológica criando impactos ambientais benéficos.

5. Os países com grandes pegadas ecológicas devem reduzi-las para diminuir o impacto ambiental prejudicial produzido por eles e deixar mais recursos para nações com pegadas menores e para as gerações futuras? Justifique sua resposta.

6. Quando você lê que 19 mil crianças com menos de 5 anos de idade morrem todos os dias (13 por minuto) em decorrência de desnutrição e doenças infecciosas evitáveis, qual é sua resposta? Como você lidaria com esse problema?

7. Explique por que você concorda ou discorda de cada uma das afirmações a seguir: (a) os seres humanos são superiores a outras formas de vida; (b) os seres humanos são responsáveis pela Terra; (c) o valor de outras formas de vida depende somente do fato de serem úteis para os seres humanos; (d) todas as formas de vida têm o direito de existir; (e) todo crescimento econômico é bom; (f) a natureza tem um estoque praticamente ilimitado de recursos para o uso humano; (g) a tecnologia pode resolver nossos problemas ambientais; (h) não tenho nenhuma obrigação para com as próximas gerações; (i) não tenho nenhuma obrigação para com as outras formas de vida.

8. Quais são as crenças básicas da sua visão de mundo em relação ao meio ambiente? Registre sua resposta. No fim do curso, volte para essa resposta para ver se sua visão de mundo ambiental mudou. As crenças dessa visão são compatíveis com as respostas que você deu para a questão 7? Suas ações que afetam o ambiente são compatíveis com sua visão de mundo ambiental? Explique.

Fazendo ciência ambiental

Estime sua própria pegada ecológica usando uma das muitas ferramentas de estimativa disponíveis na internet. Segundo esse cálculo, sua pegada ecológica é maior ou menor do que você esperava? Por que você acha que isso aconteceu? Cite três métodos que poderia usar para reduzir sua pegada ecológica. Teste uma delas por uma semana e escreva um relatório sobre essa mudança. Cite três métodos que poderia usar para aumentar seu impacto ambiental benéfico.

Análise da pegada ecológica

Se a *pegada ecológica per capita* de um país (ou do mundo) é maior que a *capacidade biológica per capita* que ele tem para reabastecer os recursos renováveis e absorver os produtos residuais e a poluição resultantes, costuma-se dizer que o país (ou mundo) tem um *déficit ecológico*. Se o inverso é verdadeiro, o país (ou o mundo) tem um *crédito ecológico* ou *reserva*. Veja na Figura 1.11 um mapa dos países devedores e credores ecológicos do mundo. Use os dados da direita para calcular o déficit ou o crédito ecológico dos países listados. Como exemplo, o valor mundial foi calculado e inserido na tabela.

1. Quais são os três países com maior déficit ecológico? Por que você acha que cada um desses países tem um déficit?
2. Classifique os países com crédito ecológico em ordem do maior para o menor crédito. Por que você acha que cada um desses países tem um crédito ecológico?
3. Classifique todos os países em ordem da maior à menor pegada ecológica *per capita*.

Local	Pegada ecológica *per capita* (hectares por pessoa)	Capacidade biológica *per capita* (hectares por pessoa)	Crédito (+) ou déficit (−) ecológico (hectares por pessoa)
Mundo	2,6	1,8	-0,8
Estados Unidos	6,8	3,8	
Canadá	7,0	13	
México	2,4	1,3	
Brasil	2,5	9	
África do Sul	2,5	1,2	
Emirados Árabes Unidos	8,0	0,7	
Israel	4,6	0,3	
Alemanha	4,3	1,9	
Federação Russa	4,4	6,6	
Índia	0,9	0,4	
China	0,5	0,8	
Austrália	7,5	15	
Bangladesh	0,65	0,35	
Dinamarca	4,0	4,0	
Japão	3,7	0,7	
Reino Unido	4,0	1,1	

Informações compiladas pelos autores com base em dados do Living Planet Report 2014 do World Wide Fund for Nature.

CAPÍTULO 2

Ciência, matéria, energia e sistemas

"A ciência é feita de fatos, assim como uma casa é feita de tijolos, mas um amontoado de fatos não é mais ciência do que um amontoado de tijolos é uma casa."

HENRI POINCARÉ

Principais questões

2.1 O que os cientistas fazem?

2.2 O que é matéria e o que acontece quando ela se modifica?

2.3 O que é energia e o que acontece quando ela se modifica?

2.4 O que são sistemas e como eles respondem a mudanças?

Pesquisadores medindo uma sequoia gigante de 3.200 anos no Parque Nacional da Sequoia, na Califórnia.

Michael Nichols/National Geographic Creative

Estudo de caso principal

O que os cientistas aprendem com a natureza? A história de uma floresta

Imagine a seguinte situação: uma empresa pretende cortar todas as árvores de um terreno que fica atrás da sua casa. Você está preocupado e quer saber mais sobre os possíveis efeitos ambientais nocivos.

Uma forma de aprender sobre esses efeitos é conduzir um *experimento controlado*. Para isso, os cientistas começam identificando as principais *variáveis*, como a perda de água e o conteúdo de nutrientes do solo que podem mudar após o corte das árvores. Em seguida, montam dois grupos: um experimental, no qual a variável escolhida é modificada de forma conhecida, e outro de controle, em que a variável escolhida não é modificada. Depois, eles comparam os resultados dos dois grupos.

Em 1963, o botânico F. Herbert Bormann e o ecologista florestal Gene Likens começaram a realizar o experimento de forma controlada. O objetivo era comparar a perda de água e nutrientes do solo de uma área de floresta não cortada (o local de controle) com uma cujas árvores haviam sido cortadas (o local do experimento).

Esses cientistas construíram barragens de concreto em formato de V nos riachos, nas bases de vários vales florestados na Floresta Experimental Hubbard Brook, em New Hampshire (Figura 2.1). As barragens foram desenhadas de modo que toda a água da superfície de cada vale florestado pudesse fluir por elas, a fim de que os cientistas pudessem medir o volume da água e o conteúdo de nutrientes dissolvidos.

Primeiro, os cientistas mediram a quantidade de água e os nutrientes de solo dissolvidos que fluíam de uma área florestada intacta para um dos vales (o local de controle) (Figura 2.1, à esquerda). Essas medidas mostravam que uma floresta madura e intacta é muito eficaz para armazenar água e reter os nutrientes químicos no solo.

Depois, estabeleceram uma área florestal experimental em um vale da região próxima (Figura 2.1, à direita). No inverno, cortaram todas as árvores e arbustos do vale, deixando-as onde caíram, e pulverizaram a área com herbicidas para prevenir o novo crescimento da vegetação. Durante três anos, os pesquisadores compararam o fluxo de saída da água e nutrientes nesse local experimental com aqueles do local de controle.

Os cientistas descobriram que, sem plantas para ajudar a absorver e reter a água, a quantidade de água que fluía para fora do vale desmatado aumentou de 30% a 40%. À medida que esse excesso de água corria rapidamente sobre o terreno, ele erodia o solo e removia os nutrientes dissolvidos, como nitratos, da camada superior do solo. No geral, a perda dos principais nutrientes do solo da floresta experimental foi de seis a oito vezes maior do que na floresta de controle não desmatada, localizada próxima dali.

Neste capítulo, você vai aprender mais sobre como os cientistas estudam a natureza, bem como sobre a matéria e a energia que compõem o mundo. Você também aprenderá a principal diferença entre uma hipótese científica e uma teoria científica. Além disso, vai estudar as três leis científicas que comandam as mudanças de matéria e energia. ●

FIGURA 2.1 Este experimento de campo controlado mediu a perda de água e nutrientes do solo de uma floresta devido ao desmatamento. O vale florestado (à esquerda) foi o local de controle, e o vale desmatado (à direita), o local do experimento.

2.1 O QUE OS CIENTISTAS FAZEM?

CONCEITO 2.1 Os cientistas coletam dados e desenvolvem hipóteses, teorias, modelos e leis sobre como funciona a natureza.

Os cientistas coletam evidências para estudar como a natureza funciona

Ciência é um campo de estudo focado em descobrir como a natureza funciona e usar esse conhecimento para descrever o que provavelmente vai acontecer na natureza. Ela se baseia no pressuposto de que os eventos do mundo natural seguem padrões ordenados de causa e efeito. Esses padrões podem ser entendidos por *observações* (usando nossos sentidos e instrumentos que os potencializam), *medições* e *experimentos* cuidadosos, como aquele descrito no Estudo de caso principal.

Os cientistas usam uma variedade de **métodos científicos**, ou práticas, para avançar no conhecimento e entender como o mundo natural funciona. A Figura 2.2 resume essas práticas. Durante essas pesquisas, os cientistas identificam um problema para estudar, coletam dados relevantes, propõem uma hipótese que explique os dados, coletam dados para testar a hipótese e modificam essa hipótese conforme o necessário. Ao longo do processo, os cientistas usam muitos métodos diferentes para aprender mais sobre o funcionamento da natureza (**Conceito 2.1**).

Não há nada de misterioso no processo científico. Usamos esses procedimentos o tempo todo para tomar decisões. Como o famoso físico Albert Einstein afirmou, "O todo da ciência nada mais é do que um refinamento do pensamento diário".

No Estudo de caso principal deste capítulo, Bormann e Likens usaram o processo científico para descobrir como o desmatamento de um terreno florestal pode afetar sua capacidade de armazenar água e reter nutrientes no solo. Eles projetaram um experimento para coletar **dados**, ou informações, para responder a uma questão (Figura 2.1). Depois, propuseram uma **hipótese científica**, uma explicação que pode ser testada em relação aos dados coletados por eles. As hipóteses podem ser escritas como afirmações "*se, então*". Bormann e Likens elaboraram a seguinte hipótese para explicar os dados: "*Se* o terreno tiver a vegetação devastada e for exposto à chuva e à neve derretida, *então* ele reterá menos água e perderá nutrientes do solo". Eles testaram a hipótese com o nitrogênio dos nutrientes do solo e depois repetiram o experimento controlado com o fósforo.

Os pesquisadores escreveram artigos científicos descrevendo a pesquisa, e outros cientistas da área avaliaram os escritos. Essas avaliações e pesquisas adicionais feitas por outros cientistas confirmaram as hipóteses e os resultados apontados por eles.

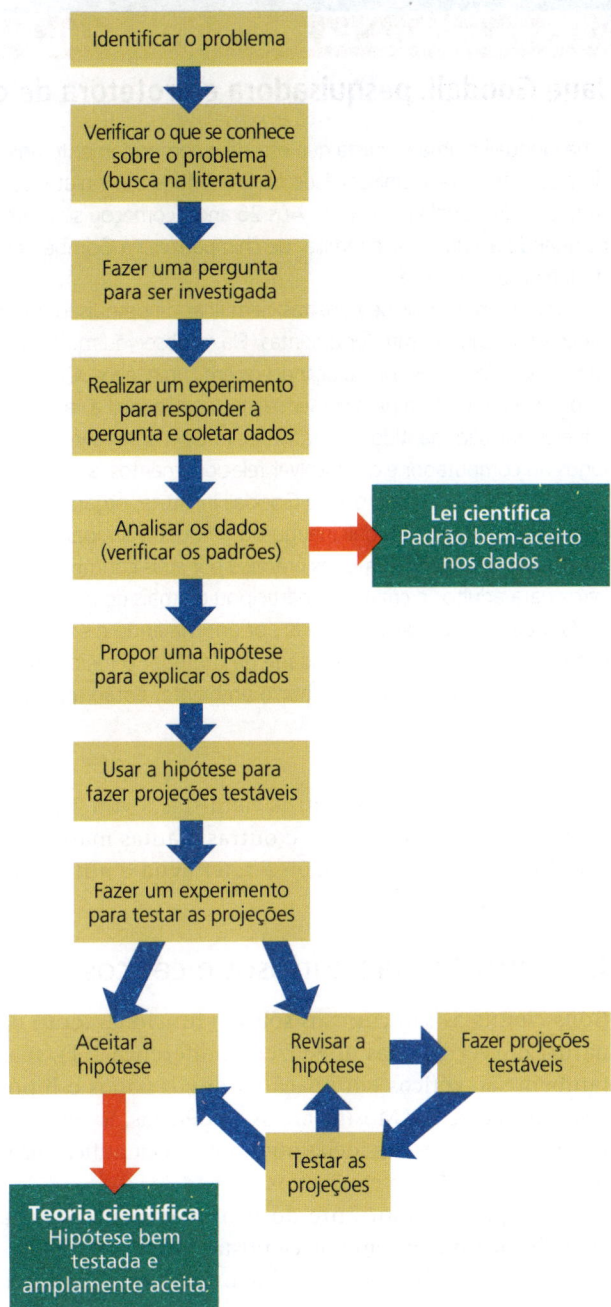

FIGURA 2.2 Processo geral que os cientistas usam para descobrir e testar ideias sobre como o mundo natural funciona.

Outra forma de estudar a natureza é desenvolvendo um **modelo**, uma representação física ou matemática aproximada usada para entender ou explicar o comportamento de sistemas naturais complexos. Dados de pesquisas conduzidas por Bormann, Likens e outros pesquisadores foram inseridos nesses modelos, que também confirmaram a hipótese.

Uma hipótese científica bem testada e amplamente aceita ou um grupo de hipóteses relacionadas são o que chamamos **teoria científica**. A teoria é um dos resultados mais importantes e exatos da ciência, e se baseia em um grande corpo de evidências. A pesquisa conduzida

PESSOAS QUE FAZEM A DIFERENÇA 2.1

Jane Goodall, pesquisadora e protetora de chimpanzés

Jane Goodall é uma cientista que estuda o comportamento animal. A pesquisadora tem ph.D. pela Universidade de Cambridge, da Inglaterra, e é uma exploradora da National Geographic. Aos 26 anos, começou sua carreira de décadas estudando a vida social e familiar de chimpanzés na Gombe Stream Game Reserve da Tanzânia, na África.

Uma das principais descobertas científicas da pesquisadora foi que os chimpanzés fabricam e usam ferramentas. Ela os observou modificando pequenos ramos ou folhas e depois colocando-os em cupinzeiros. Quando os cupins se agarravam nessas ferramentas primitivas, os chimpanzés as puxavam para fora para comer os insetos. Goodall e vários outros cientistas também observaram que os chimpanzés, inclusive aqueles que são mantidos em cativeiro, podem aprender uma linguagem de sinais simples, fazer contas matemáticas fáceis, jogar jogos no computador e desenvolver relacionamentos, além de se preocupar e proteger uns aos outros.

Em 1977, ela fundou o Jane Goodall Institute, organização que trabalha para preservar populações de grandes primatas e seus habitats. Em 1991, Goodall inaugurou o *Roots & Shoots*, programa de educação ambiental para jovens, com unidades em mais de 130 países. Ela recebeu muitos prêmios por suas contribuições científicas e esforços de preservação. A pesquisadora escreveu 27 livros para adultos e crianças e participou de mais de uma dúzia de filmes sobre a vida e a importância dos chimpanzés.

Goodall passa quase 300 dias por ano viajando e ensinando as pessoas ao redor do mundo sobre os chimpanzés, uma espécie ameaçada, e a necessidade de proteger o meio ambiente. Ela diz: "Não consigo desacelerar… se não criarmos as novas gerações para administrar melhor o ambiente, então qual é sentido?."

---

por Bormann, Likens e outros cientistas levou à teoria científica de que as árvores e outras plantas mantêm o solo funcionando e o ajudam a reter água e nutrientes que ajudam as plantas.

Os cientistas são curiosos e céticos

Bons cientistas são curiosos sobre o funcionamento da natureza (ver Pessoas que fazem a diferença 2.1), mas também são céticos em relação a novos dados e hipóteses. Eles dizem: "Mostre-me as evidências. Explique o raciocínio por trás das ideias ou hipóteses cientificas propostas por você para explicar os dados."

Uma parte importante do processo científico é a **revisão por pares**, em que cientistas publicam detalhes dos métodos utilizados, os resultados dos experimentos e o raciocínio por trás das hipóteses para que outros cientistas que trabalham na mesma área (seus *pares*) avaliem o que foi publicado. O conhecimento científico avança nessa forma de autocorreção, com os cientistas questionando, confirmando ou revisando os dados e as hipóteses dos seus pares.

Raciocínio crítico e criatividade são importantes na ciência

Os cientistas usam as habilidades de raciocínio lógico (p. xxv) e raciocínio crítico para estudar a natureza. Pensar criticamente envolve três etapas:

- Ser cético sobre tudo o que se ouve ou lê.
- Avaliar evidências e hipóteses usando informações e opiniões de uma variedade de fontes confiáveis.
- Identificar e avaliar as suposições, tendências e crenças pessoais para diferenciar fatos e opiniões antes de chegar a uma conclusão.

Lógica e raciocínio crítico são ferramentas importantes para a ciência, mas imaginação, criatividade e intuição são fundamentais. De acordo com Albert Einstein, "não há forma completamente lógica para uma nova ideia científica."

Teorias e leis são os resultados mais importantes e certos da ciência

Nunca devemos tratar uma teoria científica de maneira superficial. Ela foi amplamente testada, é confirmada por muitas evidências e é aceita como uma explicação útil de alguns fenômenos pela maioria dos cientistas em um campo particular ou em campos relacionados de estudo. Então, quando você ouvir alguém dizer "Ah, é só uma teoria", saberá que essa pessoa não tem um entendimento claro sobre o que é uma teoria científica e como ela é um dos principais resultados da ciência.

Outro resultado importante e confiável da ciência é a **lei científica** ou **lei da natureza**, uma descrição bem testada e amplamente aceita daquilo que acontece sempre da mesma forma na natureza. Um exemplo é a *lei da gravidade*. Depois de milhares de observações e medições de objetos que caíam de diferentes alturas, os cientistas desenvolveram a seguinte lei científica: todos os objetos caem na superfície terrestre em velocidades previsíveis. Você pode violar uma lei da sociedade, por exemplo, dirigir acima do limite de velocidade permitido, mas não pode violar uma lei científica, como a lei da gravidade.

A ciência pode ser confiável, não confiável ou provisória

Ciência confiável consiste em dados, hipóteses, modelos, teorias e leis que são aceitos pela maioria dos cientistas considerados especialistas naquele campo de estudo. Resultados científicos e hipóteses apresentados como confiáveis sem passar por revisão por pares (ou que foram descartados após a revisão por pares ou pesquisas adicionais) são considerados **ciência não confiável**.

Resultados científicos preliminares que ainda não passaram pelos testes apropriados e pela revisão por pares são vistos como **ciência provisória**. Alguns desses resultados e hipóteses serão validados e classificados como confiáveis. Outros talvez sejam desacreditados e classificados como não confiáveis. É assim que o conhecimento científico avança.

A ciência tem limitações

A ciência ambiental e a ciência em geral têm várias limitações. *Primeiro*, a pesquisa científica não pode provar que uma teoria científica é absolutamente verdadeira. Isso acontece porque sempre há um grau de incerteza nas medições, nas observações, nos modelos e nas hipóteses e teorias resultantes. Em vez disso, os cientistas tentam determinar que uma teoria ou lei científica em particular tem uma alta *probabilidade* ou *certeza* (em geral, 90 a 95%) de ser útil para entender algum aspecto do mundo natural.

Muitos cientistas não usam a palavra *prova* porque ela pode implicar enganosamente em "prova absoluta". Por exemplo, a maioria dos cientistas não diria que "a ciência comprovou que cigarros causam câncer no pulmão". Em vez disso, eles podem dizer o seguinte: "Provas contundentes de milhares de estudos indicam que as pessoas que fumam regularmente por muitos anos têm uma chance maior de desenvolver câncer de pulmão".

> **PARA REFLETIR**
> **PENSANDO SOBRE** Prova científica
> O fato de a ciência nunca poder comprovar algo de forma absoluta, quer dizer que os resultados obtidos por ela não são válidos ou úteis? Explique.

Uma *segunda* limitação da ciência é que os cientistas não estão totalmente livres de tendências sobre seus próprios resultados e hipóteses. No entanto, os altos padrões de evidência exigidos e a revisão por pares costumam revelar ou reduzir amplamente as tendências pessoais e a falsificação de resultados.

Uma *terceira* limitação é que muitos sistemas no mundo natural envolvem um grande número de variáveis com interações complexas, o que gera dificuldades, é custoso e consome muito tempo para testar uma variável por vez em experimentos controlados, como o descrito no **Estudo de caso principal** deste capítulo. Para lidar com esse problema, os cientistas desenvolvem *modelos matemáticos* que levam em conta as interações de muitas variáveis e, depois, executam esses modelos em computadores de alta velocidade.

Uma *quarta* limitação da ciência envolve o uso de ferramentas estatísticas. Por exemplo, como não é possível medir precisamente o número de toneladas de solo erodido anualmente no mundo. Em vez disso, os cientistas usam amostragem estatística e métodos matemáticos para estimar esses números.

Apesar dessas limitações, a ciência é a maneira mais útil de aprender sobre o funcionamento da natureza e projetar como ela deve se comportar no futuro.

2.2 O QUE É MATÉRIA E O QUE ACONTECE QUANDO ELA PASSA POR MUDANÇAS

CONCEITO 2.2A A matéria consiste em elementos e compostos que, por sua vez, são formados por átomos, íons ou moléculas.

CONCEITO 2.2B Quando ocorre uma alteração física ou química na matéria, nenhum átomo é criado ou destruído (*lei de conservação da matéria*).

A matéria consiste em elementos e compostos

Matéria é qualquer coisa que tenha massa e ocupe espaço. Ela pode existir em três *estados físicos* – sólido, líquido e gasoso – em uma determinada temperatura e pressão, e em duas *formas químicas* – elementos e compostos (**Conceito 2.2A**).

Um **elemento**, como ouro ou mercúrio (Figura 2.3), é um tipo fundamental de matéria que tem um conjunto único de propriedades e não pode ser dividido em

FIGURA 2.3 Mercúrio (à esquerda) e ouro (à direita) são elementos químicos; cada um tem um conjunto único de propriedades e não pode ser dividido em substâncias mais simples.

TABELA 2.1 Elementos químicos usados neste livro

Elemento	Símbolo	Elemento	Símbolo
Arsênico	As	Chumbo	Pb
Bromo	Br	Lítio	Li
Cálcio	Ca	Mercúrio	Hg
Carbono	C	Nitrogênio	N
Cobre	Cu	Fósforo	P
Cloro	Cl	Sódio	Na
Flúor	F	Enxofre	S
Ouro	Au	Urânio	U

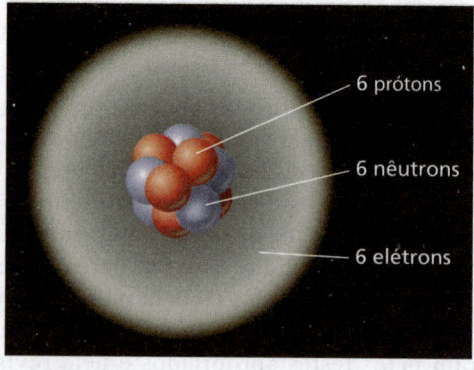

FIGURA 2.4 Modelo simplificado de um átomo de carbono-12. Ele consiste em um núcleo com seis prótons, cada um deles com uma carga elétrica positiva, e seis nêutrons sem carga elétrica. Seis elétrons negativamente carregados são encontrados fora do núcleo.

substâncias mais simples por meios químicos. Os químicos representam cada elemento por um símbolo com uma ou duas letras, como C para carbono e Au para ouro. Os cientistas organizaram os elementos conhecidos com base no comportamento químico em um gráfico chamado **tabela periódica de elementos**. A Tabela 2.1 lista os elementos e os respectivos símbolos que você precisa conhecer para entender o material deste livro.

Algumas matérias são formadas por um elemento, como o carbono (C) e o gás oxigênio (O_2). Entretanto, a maioria da matéria consiste em **compostos**, combinações de dois ou mais elementos diferentes unidos em proporções fixas. Por exemplo, a água (H_2O) é um composto que contém os elementos hidrogênio e oxigênio, e o cloreto de sódio (NaCl) contém os elementos sódio e cloro.

Elementos e compostos são formados por átomos, moléculas e íons

O bloco de construção mais básico da matéria é o **átomo**, a menor unidade de matéria na qual um elemento pode ser dividido e ainda manter suas propriedades químicas características. A ideia de que todos os elementos são feitos de átomos é chamada teoria **atômica**, sendo esta a teoria científica mais amplamente aceita em química.

Os átomos são muito pequenos – mais de 3 milhões de átomos de hidrogênio poderiam ficar lado a lado no ponto final desta frase. Se os átomos pudessem ser vistos em um supermicroscópio, você poderia constatar que cada tipo diferente de átomo contém um determinado número de *partículas subatômicas*: **nêutrons**, sem carga elétrica, **prótons**, com uma carga elétrica positiva (+), e **elétrons**, com uma carga elétrica negativa (−).

Cada átomo tem um centro extremamente pequeno chamado **núcleo**, que contém um ou mais prótons e, na maioria dos casos, um ou mais nêutrons. Fora do núcleo, encontramos um ou mais elétrons se movimentando rapidamente (Figura 2.4).

Cada elemento tem um **número atômico** exclusivo, que é igual ao número de prótons no núcleo de seu átomo. O carbono (C), com seis prótons no núcleo, tem número atômico 6, enquanto o urânio (U), com 92 prótons no núcleo, tem número atômico 92.

Como os elétrons têm pouca massa em comparação com os prótons e nêutrons, a maior parte da massa de um átomo se concentra em seu núcleo. A massa de um átomo é descrita pelo **número de massa**, que é o número total de nêutrons e prótons no núcleo. Por exemplo, um átomo de carbono com seis prótons e seis nêutrons no núcleo (Figura 2.4) tem um número de massa 12 (6 + 6 = 12), e um átomo de urânio com 92 prótons e 143 nêutrons no núcleo tem um número de massa de 235 (92 + 143 = 235).

Todos os átomos de um elemento têm o mesmo número de prótons em seus núcleos, mas os núcleos dos átomos de um elemento em particular podem variar no número de nêutrons que eles contêm e, portanto, nos seus números de massa. As formas de algum elemento que tem o mesmo número atômico, mas números de massa diferentes, são chamadas **isótopos** desse elemento. Os cientistas identificam os isótopos ligando os números de massa ao nome ou símbolo do elemento. Por exemplo, os três isótopos mais comuns do carbono são carbono-12 (com seis prótons e seis nêutrons, Figura 2.4), carbono-13 (com seis prótons e sete nêutrons) e carbono-14 (com seis prótons e oito nêutrons).

Um segundo bloco de construção da matéria é a **molécula**, que é uma combinação de dois ou mais átomos do mesmo elemento ou diferentes elementos unidos por forças conhecidas como *ligações químicas*. As moléculas são os elementos básicos de muitos compostos. A água (H_2O) e o gás hidrogênio (H_2) são exemplos.

O terceiro bloco de construção de alguns tipos de matéria é o **íon**, que consiste em um átomo ou um grupo de átomos com uma ou mais cargas elétricas positivas (+) ou negativas (−) líquidas resultantes da perda ou ganho de elétrons negativamente carregados. Os

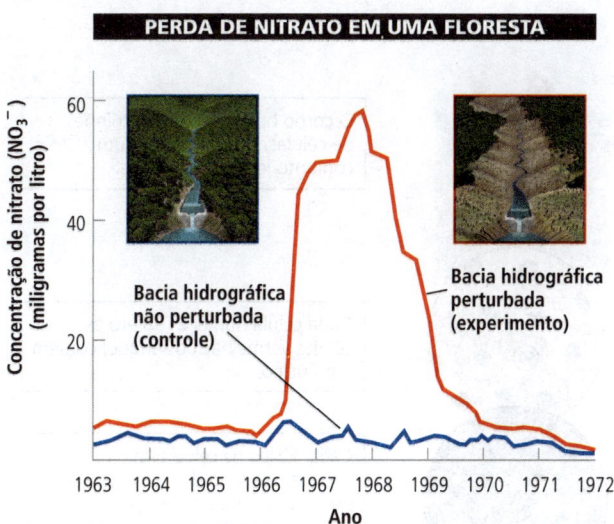

FIGURA 2.5 Perda de íons nitrato (NO_3^-) de uma bacia hidrográfica desmatada na Floresta Experimental Hubbard Brook (**Estudo de caso principal**, Figura 2.1, à direita). ***Análise de dados:*** Qual foi a porcentagem de aumento da concentração de nitrato entre 1965 e o período de pico de concentração, de 1967 a 1968?

Informações compiladas pelos autores usando dados de F. H. Bormann e Gene Likens.

TABELA 2.2 Íons químicos usados neste livro

Íon positivo	Símbolo	Íon negativo	Símbolo
Íon hidrogênio	H^+	Íon cloro	Cl^-
Íon sódio	Na^+	Íon hidróxido	OH^-
Íon cálcio	Ca^{2+}	Íon nitrato	NO_3^-
Íon alumínio	Al^{3+}	Íon carbonato	CO_3^{2-}
Íon amônio	NH_4^+	Íon sulfato	SO_4^{2-}
		Íon fosfato	PO_4^{3-}

TABELA 2.3 Compostos usados neste livro

Composto	Fórmula	Composto	Fórmula
Cloreto de sódio	NaCl	Metano	CH_4
Hidróxido de sódio	NaOH	Glicose	$C_6H_{12}O_6$
Monóxido de carbono	CO	Água	H_2O
Dióxido de carbono	CO_2	Sulfeto de hidrogênio	H_2S
Óxido nítrico	NO	Dióxido de enxofre	SO_2
Dióxido de nitrogênio	NO_2	Ácido sulfúrico	H_2SO_4
Óxido nitroso	N_2O	Amônia	NH_3
Ácido nítrico	HNO_3	Carbonato de cálcio	$CaCO_3$

químicos usam um sinal sobrescrito após o símbolo de um íon para indicar o número de cargas elétricas positivas ou negativas. O íon hidrogênio (H^+) e o íon sódio (Na^+) são exemplos de íons positivos. Exemplos de íons negativos incluem o íon hidróxido (OH^-), o íon cloreto (Cl^-) e o íon nitrato (NO^{-3}), nutriente essencial para o crescimento das plantas. No **Estudo de caso principal** deste capítulo, Bormann e Likens mediram a perda de íons nitrato (Figura 2.5) da área desmatada (Figura 2.1, à direita) em seu experimento controlado. A Tabela 2.2 lista os íons químicos usados neste livro.

Os íons são importantes para medir a **acidez** de uma substância em uma solução de água. A acidez é uma medida das quantidades comparativas de íons de hidrogênio (H^+) e íons de hidróxido (OH^-) contidos em um determinado volume de uma solução aquosa. Os cientistas usam o **pH** como uma medida da acidez. A água pura (não a água de torneira ou da chuva), que tem um número igual de íons de H^+ e OH^-, é chamada de *solução neutra* e tem um pH igual a 7. Uma *solução ácida* tem mais íons de hidrogênio que íons de hidróxido e um pH menor que 7. Uma *solução básica* tem mais íons de hidróxido do que íons de hidrogênio e um pH maior que 7. Cada mudança na escala do pH de uma unidade representa um aumento ou uma diminuição de 10 vezes na concentração de íons de hidrogênio em um litro de solução. Por exemplo, a solução ácida com pH de 3 é 10 vezes mais ácida que uma solução com pH de 4.

Os químicos utilizam uma **fórmula química** para mostrar o número de cada tipo de átomo ou íon em um composto. Essa abreviação contém o símbolo de cada elemento presente e utiliza subscritos para representar o número de átomos ou íons de cada elemento na unidade estrutural básica do composto. Alguns exemplos de compostos e suas fórmulas encontradas neste livro são cloreto de sódio (NaCl) e água (H_2O, lê-se "H-dois-O"). Esses e outros compostos importantes para o estudo da ciência ambiental estão listados na Tabela 2.3.

Os compostos orgânicos são os produtos químicos da vida

Plásticos, açúcar, vitaminas, aspirina, penicilina e a maioria dos produtos químicos existentes no seu corpo são chamados **compostos orgânicos**, que contêm pelo menos dois átomos de carbono combinados com átomos de um ou mais elementos. A exceção é o metano (CH_4), que tem apenas um átomo de carbono.

Os milhões de compostos orgânicos (com base em carbono) conhecidos incluem *hidrocarbonetos*, compostos de átomos de carbono e hidrogênio, como o metano (CH_4), o principal componente do gás natural. Eles também incluem *carboidratos simples* (*açúcares simples*), que contêm átomos de carbono, hidrogênio e oxigênio. Um exemplo é a glicose ($C_6H_{12}O_6$), que a maioria das plantas e animais decompõe em suas células para obter energia.

Vários tipos de compostos orgânicos maiores e mais complexos essenciais para a vida são chamados de

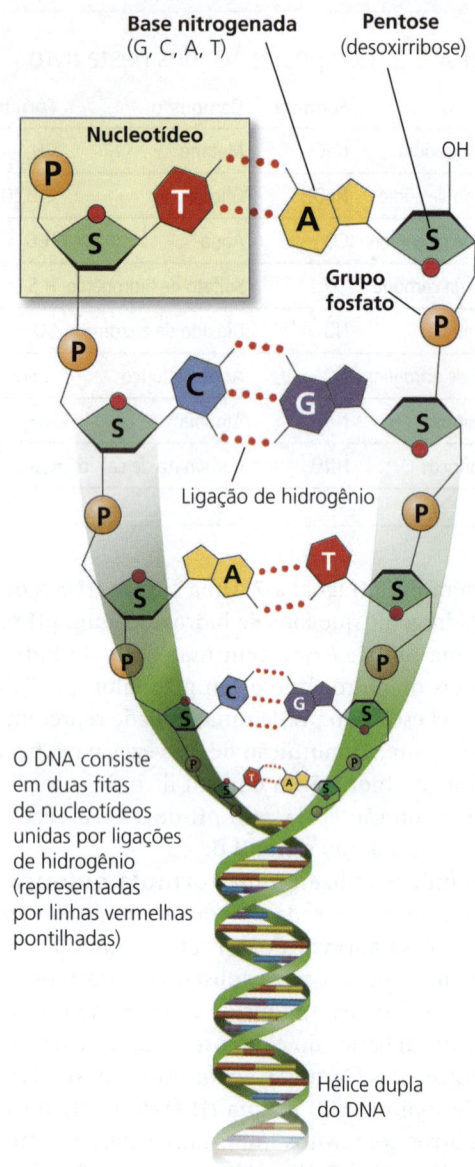

FIGURA 2.6 Parte de uma molécula de DNA, que é composta de fitas em forma de espiral (hélice) de nucleotídeos. Cada nucleotídeo contém três unidades: fosfato (P), açúcar (S), que é a desoxirribose, e uma das quatro bases nitrogenadas representadas pelas letras A, G, C e T.

polímeros. Eles são formados quando diversas moléculas orgânicas simples (*monômeros*) são unidas por ligações químicas, da mesma forma que os vagões de carga de um trem são ligados entre si. Os três principais tipos de polímeros orgânicos são *carboidratos*, como a glicose, *proteínas*, que desempenham papéis vitais no corpo, e *ácidos nucleicos*, como RNA e DNA (Figura 2.6), formados por monômeros chamados *nucleotídeos* e essenciais para a reprodução.

A matéria ganha vida com células, genes e cromossomos

Todos os organismos são compostos de uma ou mais **células**, que são a estrutura fundamental e a unidade

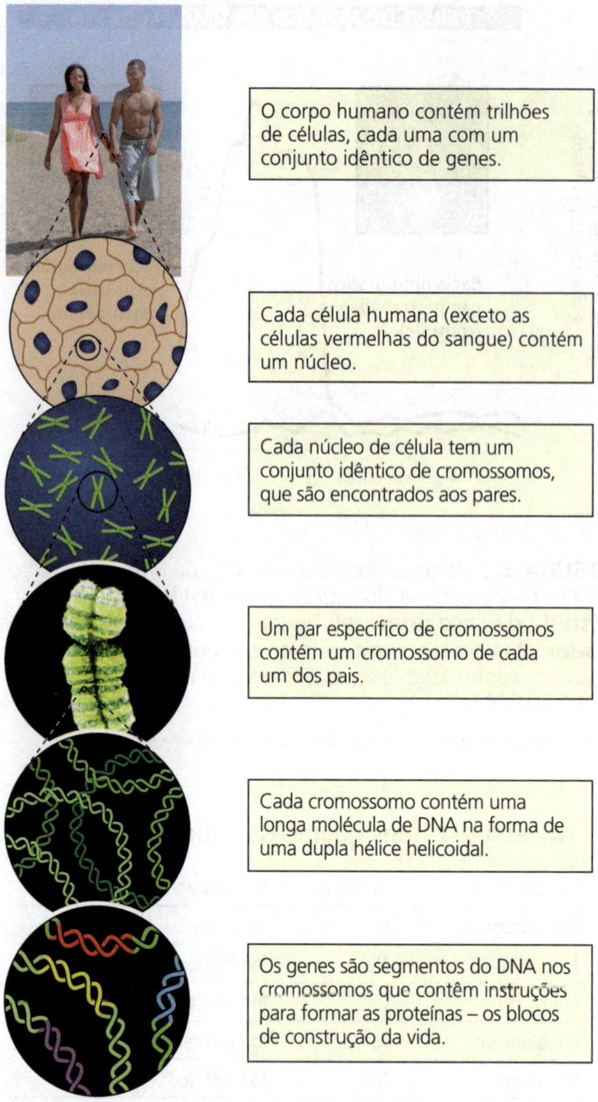

FIGURA 2.7 Relações entre células, núcleos, cromossomos, DNA e genes.

Flashon Studio/Shutterstock.com

funcional da vida. A ideia de que todas as coisas vivas são compostas de células é chamada **teoria celular**, a teoria científica mais amplamente aceita em biologia.

Dentro de algumas moléculas de DNA (Figura 2.6) ficam certas sequências de nucleotídeos chamadas **genes**. Cada um desses segmentos de DNA contém instruções, ou códigos – *informações genéticas* – para formar proteínas específicas. Cada *unidade codificada* de informação genética gera um **traço**, ou característica, que é transmitido dos pais para os descendentes na reprodução de um animal ou planta.

Milhares de genes formam um único **cromossomo**, uma molécula de hélice dupla de DNA envolvida em uma ou mais proteínas. A informação genética codificada em seu DNA cromossônico é o que torna você diferente de uma folha de pitanga, de um mosquito e de seus pais. A Figura 2.7 mostra as relações entre materiais genéticos e células.

Modificações físicas e químicas

A matéria pode passar por mudanças físicas e químicas. Quando uma amostra de matéria passa por uma **modificação física**, não há alteração em sua composição química. Uma folha de alumínio cortada em pequenos pedaços ainda é alumínio. Quando a água sólida (gelo) derrete e quando a água líquida ferve, a água líquida e o vapor de água resultantes ainda são formados por moléculas de H_2O.

Quando acontece uma **modificação química** ou **reação química**, há uma mudança na composição química das substâncias envolvidas. Os químicos utilizam uma *equação química* para demonstrar como os produtos químicos são reorganizados em uma reação química. Por exemplo, o carvão é formado quase que completamente pelo elemento carbono (C). Quando o carvão é queimado em uma usina, o carbono sólido do carvão combina-se com o gás oxigênio (O_2) da atmosfera para formar o composto gasoso dióxido de carbono (CO_2). Os químicos utilizam a seguinte abreviação da equação química para representar essa reação química:

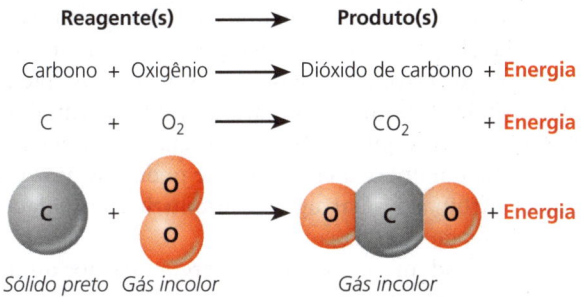

Lei de conservação da matéria

Elementos e compostos podem passar de uma forma física ou química para outra. No entanto, não é possível criar nem destruir os átomos envolvidos em qualquer modificação física ou química. Tudo o que podemos fazer é reorganizar os átomos, íons ou moléculas em diferentes padrões espaciais (modificações físicas) ou combinações químicas (modificações químicas). Essa descoberta, baseada em milhares de medições, descreve uma lei científica conhecida como **lei de conservação da matéria**: quando ocorre uma alteração física ou química na matéria, nenhum átomo é criado ou destruído (**Conceito 2.2B**).

Os químicos obedecem a essa lei científica equilibrando a equação de uma reação química para explicar o fato de que nenhum átomo foi criado ou destruído. A transmissão da eletricidade pela água (H_2O) pode decompor essa substância em hidrogênio (H_2) e oxigênio (O_2), conforme representado pela equação a seguir:

$$H_2O \rightarrow H_2 + O_2$$
2 átomos de H   2 átomos de H   2 átomos de O
1 átomo de O

Essa equação está desequilibrada porque um átomo de oxigênio está no lado esquerdo da equação, mas dois átomos de oxigênio estão no lado direito. Não podemos mudar os subscritos das fórmulas para equilibrar a equação, pois isso mudaria os arranjos dos átomos, criando substâncias diferentes. Em vez disso, precisamos usar números diferentes das moléculas envolvidas para equilibrar a equação. Por exemplo, podemos usar duas moléculas de água:

$$2\,H_2O \rightarrow H_2 + O_2$$
4 átomos de H   2 átomos de H   2 átomos de O
2 átomos de O

Essa equação ainda não está equilibrada. Ainda que agora o número de átomos de oxigênio esteja igual nos dois lados da equação, o número de átomos de hidrogênio não está. Podemos corrigir esse problema reconhecendo que a reação precisa produzir duas moléculas de hidrogênio:

$$2\,H_2O \rightarrow 2\,H_2 + O_2$$
4 átomos de H   4 átomos de H   2 átomos de O
2 átomos de O

Agora a equação está equilibrada e a lei da conservação da matéria foi observada.

2.3 O QUE É ENERGIA E O QUE ACONTECE QUANDO ELA PASSA POR MUDANÇAS?

CONCEITO 2.3A Sempre que a energia é convertida de uma forma para outra por meio de uma mudança física ou química, nenhuma energia é criada ou destruída (*primeira lei da termodinâmica*).

CONCEITO 2.3B Sempre que a energia é convertida de uma forma para outra por meio de uma mudança física ou química, obtém-se uma energia de qualidade inferior ou menos utilizável em relação à original (*segunda lei da termodinâmica*).

A energia tem muitas formas

Os cientistas definem **energia** como a capacidade de realizar um trabalho ou transferir calor. Imagine que você vá pegar este livro do chão e colocá-lo na mesa. Ao fazer isso, você precisa *trabalhar*, ou seja, usar determinada quantidade de força muscular para mover o livro de um lugar para outro. Em termos científicos, o trabalho é realizado quando qualquer objeto é movido por uma determinada distância (trabalho = força × distância). Quando você toca um objeto quente, como um fogão, o *calor* (ou energia térmica) flui do fogão para seu dedo.

Existem dois principais tipos de energia: *energia em movimento* (chamada energia cinética) e *energia armazenada* (chamada energia potencial). Matéria em movimento tem **energia cinética**, que é a energia associada ao movimento. Os exemplos são água corrente, um carro correndo pela estrada, eletricidade (elétrons fluindo por um fio ou outro material condutor) e vento (uma massa de ar em movimento que podemos usar para produzir eletricidade, como mostra a Figura 2.8).

Outra forma de energia cinética é o **calor**, ou **energia térmica**, que é a energia cinética total dos átomos, íons ou moléculas em movimento dentro de um objeto, um corpo de água ou um volume de gás, como a atmosfera. Quanto mais quente um objeto, mais rápido o movimento dos átomos, íons ou moléculas dentro dele. A **temperatura** é uma medida do calor médio (ou energia térmica) dos átomos, íons ou moléculas de uma amostra de matéria. Quando dois objetos de diferentes temperaturas entram em contato, o calor flui do mais quente para o mais frio. Você aprendeu isso quando tocou pela primeira vez em um fogão quente.

Em outro tipo de energia cinética, denominada **radiação eletromagnética**, a energia viaja de um local para outro na forma de *ondas* formadas a partir de alterações nos campos elétricos e magnéticos. Há várias formas diferentes de radiação eletromagnética (Figura 2.9), e cada forma tem um *comprimento* de onda (a distância entre os picos sucessivos ou depressões nas ondas) e um *conteúdo de energia* diferentes. Aquelas que têm comprimentos de onda curtos têm mais energia do que as formas que têm comprimentos de onda mais longos.

O outro tipo principal é a **energia potencial**, que é armazenada e está potencialmente disponível para uso. Os exemplos desse tipo de energia incluem uma pedra em sua mão, a água em um reservatório atrás de uma barragem e a energia química armazenada nos átomos de carbono do carvão ou nas moléculas dos alimentos que você consome.

Podemos transformar energia potencial em energia cinética. Por exemplo, se você segurar este livro nas mãos, ele terá energia potencial, mas se o deixar cair no chão, a energia potencial do livro mudará para energia cinética. Quando um motor de carro queima gasolina, a energia potencial armazenada nas ligações químicas das moléculas de gasolina muda para energia cinética, que impulsiona o carro, e em calor, que flui para o ambiente. Quando a água em um reservatório flui pelos canais em uma barragem (Figura 2.10), a energia em potencial se transforma em energia cinética, que podemos usar para girar as turbinas na barragem e produzir eletricidade – outra forma de energia cinética.

Aproximadamente 99% da energia que nos aquece e sustenta as plantas que nós e outros organismos consumimos é radiação eletromagnética que chega do Sol sem nenhum custo para nós, de acordo com o **princípio de sustentabilidade** da energia solar (ver última página do livro). Sem essa energia essencialmente inesgotável, a Terra estaria congelada e a vida como conhecemos não existiria.

Energia comercial – a energia que é vendida no mercado – forma o 1% restante da energia que usamos para complementar a entrada direta de energia solar na Terra. Cerca de 90% da energia comercial usada no mundo e

FIGURA 2.8 A energia cinética criada pelas moléculas gasosas de uma massa de ar em movimento gira as pás dessas turbinas eólicas. As turbinas convertem essa energia cinética em energia elétrica, outra forma de energia cinética.

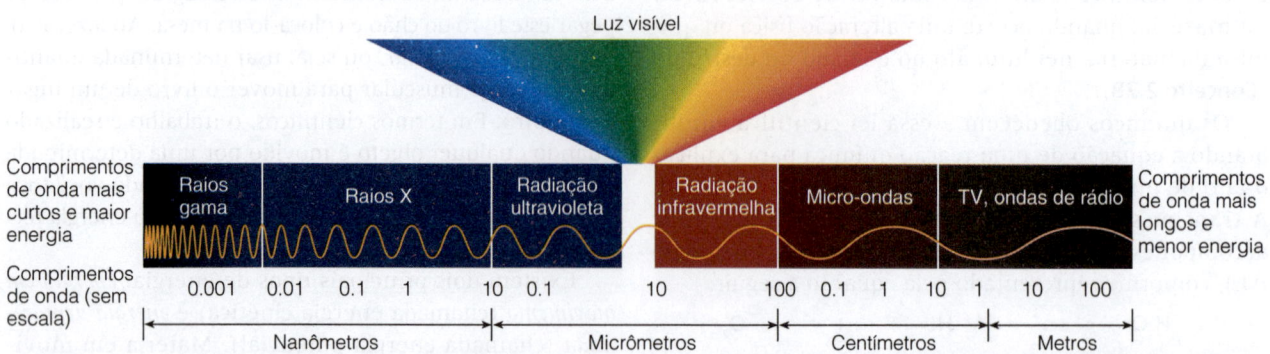

FIGURA 2.9 O *espectro eletromagnético* consiste em uma variedade de ondas eletromagnéticas que diferem no comprimento de onda (a distância entre os picos ou depressões sucessivas) e no conteúdo de energia.

FIGURA 2.10 A água armazenada neste reservatório atrás de uma barragem tem energia potencial, que se transforma em energia cinética quando a água flui através dos canais, gira uma turbina e produz eletricidade, outra forma de energia cinética.

90% da energia comercial utilizada nos Estados Unidos vêm da queima de *combustíveis fósseis* (petróleo, carvão e gás natural). Eles recebem esse nome porque se formaram após centenas de milhares ou milhões de anos, à medida que as camadas dos restos de plantas e de animais em decomposição foram expostas a calor e pressão intensos na crosta terrestre.

99% Porcentagem da energia usada por todas as vidas que vêm diretamente do Sol

A qualidade da energia pode variar

Alguns tipos de energia são mais úteis do que outros. A **qualidade de energia** é uma medida da capacidade da energia para realizar trabalho útil. A **energia de alta qualidade** tem grande capacidade de realizar trabalho útil, pois é concentrada. Eis alguns exemplos desse tipo de energia: calor gerado por alta temperatura, luz do Sol concentrada, vento em alta velocidade e energia liberada quando queimamos gasolina, gás natural ou carvão.

Em contraste, a **energia de baixa qualidade** é tão dispersa que tem pouca capacidade de realizar trabalho útil. Por exemplo, a enorme quantidade de moléculas em movimento na atmosfera ou em um oceano têm uma grande quantidade de energia. No entanto, é uma energia de baixa qualidade que não pode ser usada para realizar trabalho, pois é bastante dispersa e tem baixa temperatura.

As modificações de energia são regidas por duas leis científicas

Após milhares de observações e medições da modificação de energia de uma forma para outra em mudanças químicas e físicas, os cientistas resumiram os resultados obtidos na **primeira lei da termodinâmica**, também conhecida como **lei da conservação da energia**. De acordo com essa lei científica, sempre que a energia é convertida em uma forma diferente da original por meio de uma alteração física ou química, nenhuma energia é criada ou destruída (**Conceito 2.3A**).

Não importa quanto tentemos ou quão inteligentes sejamos, não podemos obter mais energia do que a que foi aplicada em uma modificação física ou química. Essa lei científica é uma das regras básicas da natureza que não podemos violar.

Como a energia não pode ser criada ou destruída, mas apenas convertida em uma forma diferente da original, você pode pensar que nunca ficaremos sem energia. Pense melhor. Se você encher o tanque de um carro com gasolina e dirigir o dia todo ou se a bateria do seu celular acabar, algo terá se perdido. O que é? A resposta é a *qualidade da energia*, ou seja, *quantidade de energia* disponível para realizar trabalho útil.

Milhares de experimentos demonstraram que sempre que, por meio de uma alteração física ou química, a energia é convertida de uma forma para outra, obtém-se uma energia de qualidade inferior ou menos utilizável em relação à original (**Conceito 2.3B**). Essa é uma afirmação da **segunda lei da termodinâmica**. Em geral, a energia de baixa qualidade assume a forma de calor, que flui para o ambiente. O movimento aleatório das moléculas de ar ou água, além de dispersar esse calor, reduz a temperatura deste até o ponto em que a qualidade de energia é muito baixa para realizar trabalho útil.

Em outras palavras, *quando a energia é modificada de uma forma para outra, ela sempre vai de uma forma mais útil para uma menos útil*. Isso quer dizer que não é possível reciclar ou reutilizar energia de alta qualidade para realizar trabalho útil. Uma vez que a energia de alta qualidade de uma porção de comida, de um tanque de gasolina ou de um pedaço de carvão é liberada, ela é decomposta em calor de baixa qualidade e se dispersa no ambiente. A segunda lei da termodinâmica é outra regra básica da natureza que não podemos violar.

2.4 O QUE SÃO SISTEMAS E COMO ELES RESPONDEM ÀS MUDANÇAS?

CONCEITO 2.4 Os sistemas têm entradas, fluxos e saídas de matéria e energia, e a retroalimentação pode afetar seu comportamento.

Sistemas e ciclos de retroalimentação

Um **sistema** é um conjunto de componentes que funcionam e interagem de alguma forma regular. Por exemplo, uma célula, o corpo humano, uma floresta, uma economia, um carro ou a Terra.

A maioria dos sistemas é formada por três componentes principais: **entradas** de matéria, energia e informações do ambiente; **fluxos** ou **processamento** de matéria, energia e informações dentro do sistema; e **saídas** de produtos, resíduos e energia degradada (normalmente calor) para o ambiente (Figura 2.11) (**Conceito 2.4**). Um sistema pode se tornar insustentável quando o processamento é maior que a capacidade do ambiente para fornecer as entradas necessárias e absorver ou diluir as saídas de matéria e energia do sistema.

A maioria dos sistemas é afetada pela **retroalimentação**, que consiste em qualquer processo que aumente (retroalimentação positiva) ou diminua (retroalimentação negativa) uma modificação em um sistema. Esse processo, chamado **ciclo de realimentação**, ocorre quando uma saída de matéria, energia ou informação é colocada de volta em um sistema como entrada, gerando mudanças naquele sistema (**Conceito 2.4**). Um **ciclo de retroalimentação positiva** faz o sistema mudar na mesma direção. Por exemplo, quando os pesquisadores removeram a vegetação de um vale da Floresta Experimental Hubbard Brook (**Estudo de caso principal**), eles descobriram que o fluxo de água da precipitação causava erosão e perda de nutrientes, que, por sua vez, fez morrer mais vegetação (Figura 2.12). Com menos vegetação para manter o solo no lugar, o fluxo da água gerava ainda mais erosão e perda de nutrientes, causando a morte de mais plantas.

Quando um sistema natural fica preso em um ciclo de retroalimentação positiva, ele pode alcançar o **ponto de virada ecológico**, ponto acima do qual o sistema muda tão drasticamente que é capaz de sofrer grave

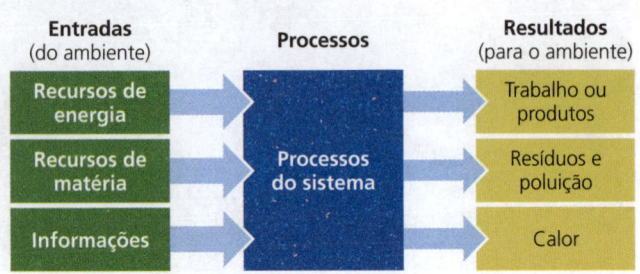

FIGURA 2.11 Modelo simplificado de um sistema.

FIGURA 2.12 Um *ciclo de retroalimentação positiva*. A diminuição da vegetação em um vale aumenta a erosão e a perda de nutrientes, que, por sua vez, faz mais vegetação morrer, resultando em mais erosão e perda de nutrientes. *Pergunta:* Você consegue citar outro ciclo de retroalimentação positiva na natureza?

degradação grave ou entrar em colapso. Alcançar e ultrapassar um ponto de virada é algo como esticar um elástico. Podemos esticar o elástico até que ele fique várias vezes maior que seu tamanho original, mas, em algum momento, chegaremos a um ponto de virada irreversível, em que ele vai se romper. Muitos tipos de pontos de virada ecológicos serão discutidos ao longo do livro.

Um **ciclo de retroalimentação negativa**, ou **corretiva**, faz um sistema mudar na situação oposta. Um exemplo desse tipo de ciclo é um termostato, dispositivo que mede a temperatura de uma casa e usa essas informações para ligar ou desligar o sistema de aquecimento ou resfriamento para chegar à temperatura desejada (Figura 2.13).

Outro exemplo de ciclo de retroalimentação negativa é a reciclagem do alumínio. Uma lata de alumínio é o resultado de sistemas de mineração e manufaturas que exigem grandes entradas de energia e matéria e geram poluição e resíduos sólidos. Quando reciclamos o resultado (a lata usada), ela se torna uma entrada, reduzindo assim a necessidade de minerar o alumínio e de fabricar a lata. Isso reduz a quantidade de entrada de energia e matéria, bem como os efeitos ambientais prejudiciais. Essa é uma aplicação do **princípio de sustentabilidade** de ciclagem química.

GRANDES IDEIAS

- De acordo com a *lei de conservação da matéria*, nenhum átomo é criado ou destruído quando a matéria passa por uma alteração física ou química. Portanto, não é possível acabar com a matéria, só podemos transformá-la de um estado físico ou químico para outro.

- De acordo com a *primeira lei da termodinâmica ou lei da conservação da energia*, quando a energia, em uma alteração física ou química, é convertida em uma forma diferente da original, nenhuma energia é criada nem destruída. Isso significa que, ao causar essas modificações, não podemos obter mais energia do que colocamos.

- De acordo com a *segunda lei da termodinâmica*, quando a energia, em uma alteração física ou química, é convertida em uma forma diferente da original, sempre obtemos uma energia de qualidade inferior ou menos utilizável que a original. Isso quer dizer que não é possível reciclar ou reutilizar energia de alta qualidade.

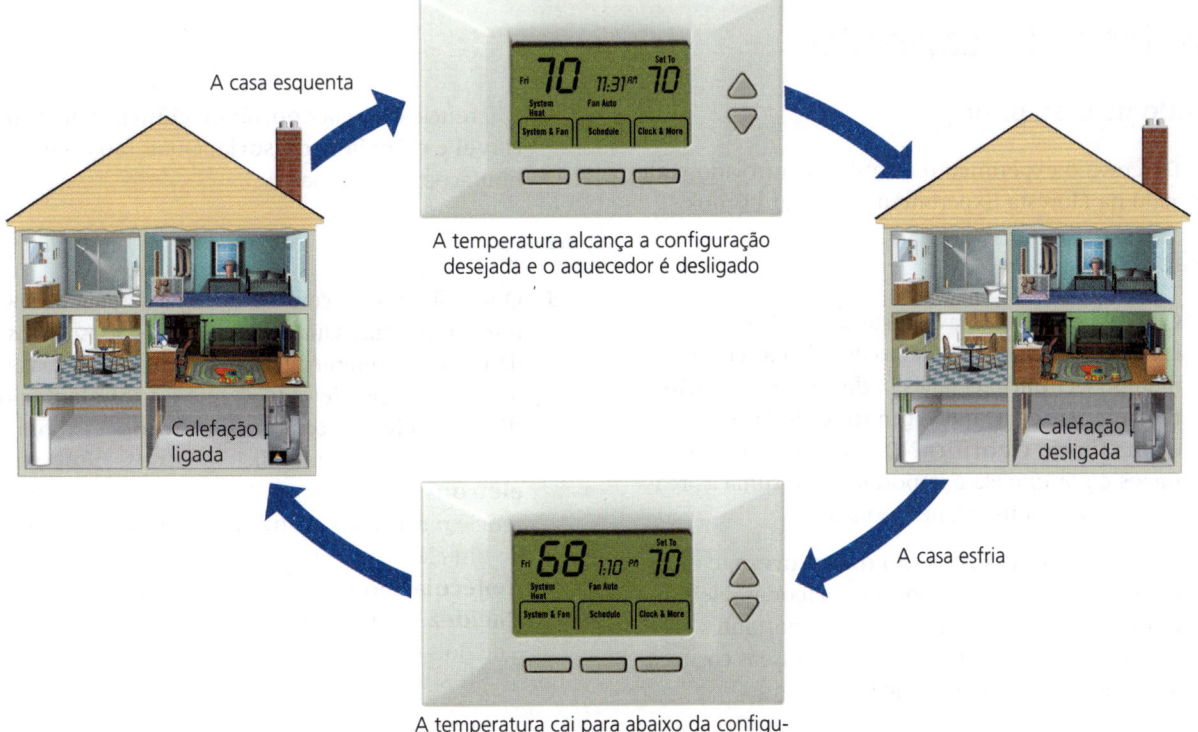

FIGURA 2.13 Um *ciclo de retroalimentação negativa*. Quando uma casa aquecida por um sistema de calefação chega a uma determinada temperatura, o termostato dela é ajustado para desligar o aquecedor. Assim, a casa começa a resfriar em vez de ficar cada vez mais quente. Quando a temperatura da casa cai para abaixo do ponto definido, a informação é retornada para ligar o aquecedor até que a temperatura desejada seja alcançada novamente.

Ciência, matéria, energia e sistemas

Revisitando

A Floresta Experimental Hubbard Brook e a sustentabilidade

No experimento controlado que foi discutido no **Estudo de caso principal** deste capítulo, o desmatamento de uma floresta madura degradou alguns de seus capitais naturais (veja Figura 1.3 e a foto à direita). Especificamente, a perda de árvores e de vegetação modifica a capacidade da floresta de reter e reciclar água e outros nutrientes essenciais para as plantas, uma função ecológica crucial baseada no **princípio da sustentabilidade** da ciclagem química.

Esse desmatamento da vegetação também violou os princípios de sustentabilidade de energia solar e biodiversidade. Por exemplo, a floresta desmatada perdeu a maioria das plantas que usavam a energia solar para produzir alimento para os animais, os quais forneciam nutrientes para o solo quando morriam. Assim, a floresta perdeu muitos dos seus principais nutrientes que normalmente seriam reciclados, e também perdeu muito da sua biodiversidade que sustenta a vida.

Muitos dos resultados da ciência ambiental se baseiam nesse tipo de experimento. Ao longo do livro, vamos explorar outros exemplos de como os cientistas aprendem sobre a natureza. Veremos de que maneira esses resultados nos ajudam a entender como a Terra funciona, como nossas ações afetam o ambiente e como podemos resolver alguns dos nossos problemas ambientais.

steve estvanik/Shutterstock.com

Revisão do capítulo

Estudo de caso principal

1. Descreva o experimento científico controlado realizado na Floresta Experimental Hubbard Brook.

Seção 2.1

2. Qual é o conceito-chave desta seção? O que é **ciência**? Relacione as etapas envolvidas em um método científico. O que são **dados**? Defina **hipótese científica**. O que é um **modelo**? O que é uma **teoria científica**? O que é **revisão por pares** e por que ela é importante? Resuma as realizações da cientista Jane Goodall.

3. Defina **lei científica**, ou **lei da natureza**, e dê um exemplo. Explique por que as teorias e leis científicas são os resultados mais importantes e garantidos da ciência e por que as pessoas costumam usar o termo *teoria* incorretamente.

4. Diferencie **ciência confiável**, **ciência não confiável** e **ciência provisória**. Quais são as quatro limitações da ciência?

Seção 2.2

5. Quais são os dois conceitos-chave desta seção? O que é **matéria**? Quais são os três estados físicos da matéria? Diferencie **elemento** e **composto** e dê um exemplo de cada. O que é a **tabela periódica dos elementos**? Defina **átomo** e exponha a **teoria atômica**. Diferencie **prótons**, **nêutrons** e **elétrons**. O que é o **núcleo** de um átomo? Diferencie o **número atômico** e o **número de massa** de um elemento. O que é um **isótopo**? Defina **molécula** e **íon** e dê um exemplo de cada. O que é **acidez**? O que é **pH**? Defina **fórmula química** e dê dois exemplos.

6. Defina **compostos orgânicos** e dê dois exemplos. Quais são os três tipos de polímeros orgânicos importantes para a vida? Defina **célula** e exponha a **teoria celular**. O que é **DNA**? Defina **gene**, **traço** e **cromossomo**. Defina **modificação física** e **modificação química (reação química)** na matéria, estabeleça a diferença entre ambas e dê um exemplo de cada. Qual é a **lei de conservação da matéria**?

Seção 2.3

7. Quais são os dois conceitos-chave desta seção? O que é **energia**? Defina **energia cinética** e dê dois exemplos. O que é **calor (energia térmica)**? Defina **temperatura**. Defina **radiação eletromagnética** e dê dois exemplos. Defina **energia potencial** e dê dois exemplos. O que é energia comercial e qual porcentagem dela é fornecida por combustíveis fósseis? Qual é a porcentagem de energia proveniente do Sol?

8. O que é **qualidade da energia**? Diferencie **energia de alta qualidade** e **energia de baixa qualidade** e dê um exemplo de cada. Qual é a **primeira lei da termodinâmica (lei da conservação da energia)** e por que ela é importante? Qual é a **segunda lei da termodinâmica** e por que ela é importante? Explique por que a segunda lei significa que não é possível reciclar ou reutilizar energia de alta qualidade.

Seção 2.4

9. Qual é o conceito-chave desta seção? Defina e dê um exemplo de **sistema**. Diferencie **entradas**, **fluxos (processos)** e **resultados** de um sistema. O que é **retroalimentação** e **ciclo de retroalimentação**? Diferencie **ciclo de retroalimentação positiva** e **ciclo de retroalimentação negativa** (corretiva) e dê um exemplo de cada. O que é **ponto de virada ecológico**?

10. Quais são as *três grandes ideias* deste capítulo? Explique como os experimentos controlados da Floresta Experimental Hubbard Brook ilustram os três **princípios científicos da sustentabilidade**.

Observação: os principais termos estão em negrito.

Raciocínio crítico

1. Que lição ecológica podemos extrair do experimento controlado descrito no **Estudo de caso principal** que abriu este capítulo?

2. Suponha que você note que todos os peixes de um lago desapareceram. Como você poderia usar o processo científico descrito no **Estudo de caso principal** e na Figura 2.2 para determinar a causa da morte dos peixes?

3. Responda às afirmações a seguir:
   a. Os cientistas não provaram totalmente que alguém já morreu por fumar cigarro.
   b. O *efeito estufa natural* – o efeito de aquecimento de determinados gases como vapor de água e dióxido de carbono na camada inferior da atmosfera – não é uma ideia confiável porque é somente uma teoria científica.

4. Uma árvore cresce e sua massa aumenta. Explique por que essa não é uma violação da lei de conservação da matéria.

5. Se não existe um "lugar" em que os organismos podem se livrar de seus resíduos devido à lei de conservação da matéria, por que o mundo não está repleto de resíduos?

6. Suponha que alguém queira que você invista dinheiro em um motor para automóveis, afirmando que ele produzirá mais energia do que a encontrada no combustível usado para alimentá-lo. O que você responderia? Explique.

7. Use a segunda lei da termodinâmica para explicar por que podemos usar o petróleo apenas uma vez como combustível, ou, em outras palavras, por que não é possível reciclar sua energia de alta qualidade.

8. Imagine que, por um dia: (**a**) você tem o poder de revogar a lei da conservação da matéria e (**b**) você tem o poder de violar a primeira lei da termodinâmica. Para cada um desses cenários, apresente três formas com que você usaria seu novo poder. Explique suas escolhas.

Fazendo ciência ambiental

Encontre um artigo de jornal ou revista ou uma reportagem na web que tente desacreditar uma hipótese científica pelo fato de ela ainda não ter sido comprovada ou busque uma matéria sobre uma nova hipótese científica com potencial para ser controversa. Analise o texto seguindo as instruções a seguir:

(1) Determine a fonte (autor ou organização).
(2) Identifique uma hipótese alternativa, se houver, oferecida pelo autor.
(3) Determine o principal objetivo do autor (por exemplo, desmistificar a hipótese original, apresentar uma hipótese alternativa ou propor novas questões).
(4) Resuma as evidências dadas pelos autores para suas posições.
(5) Compare as evidências do autor com as evidências da hipótese original.

Escreva um relatório resumindo suas análises e compare com os trabalhos de seus colegas de classe.

Análise de dados

Considere o gráfico ao lado, que compara a perda de cálcio das áreas experimental e de controle da Floresta Experimental Hubbard Brook (**Estudo de caso principal**). Observe que essa figura é muito parecida com a Figura 2.5, que compara a perda de nitrato dos dois locais. Depois de estudar o gráfico, responda às questões a seguir.

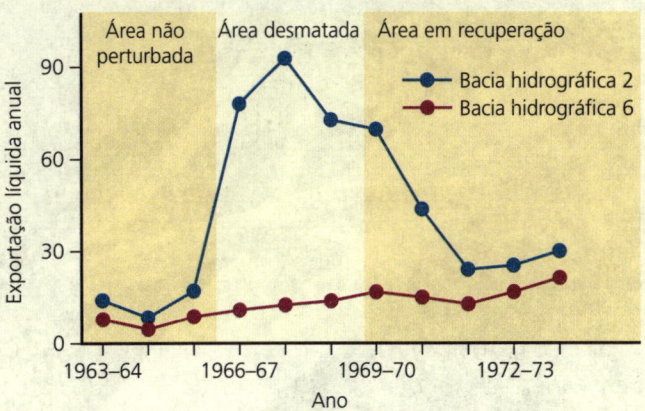

Informações compiladas pelos autores usando dados de F. H. Bormann e Gene Likens.

1. Em que ano a perda de cálcio da área experimental começou a ter um aumento acentuado? Em que ano foi o pico? Em que ano ela voltou a se estabilizar?

2. Em que ano a perda de cálcio dos dois locais ficou mais próxima? Entre 1963 e 1972 ela voltou a ficar próxima?

3. Este gráfico confirma a hipótese de que cortar as árvores de uma área de floresta faz com que ela perca nutrientes mais rapidamente do que quando as árvores são deixadas no lugar? Explique.

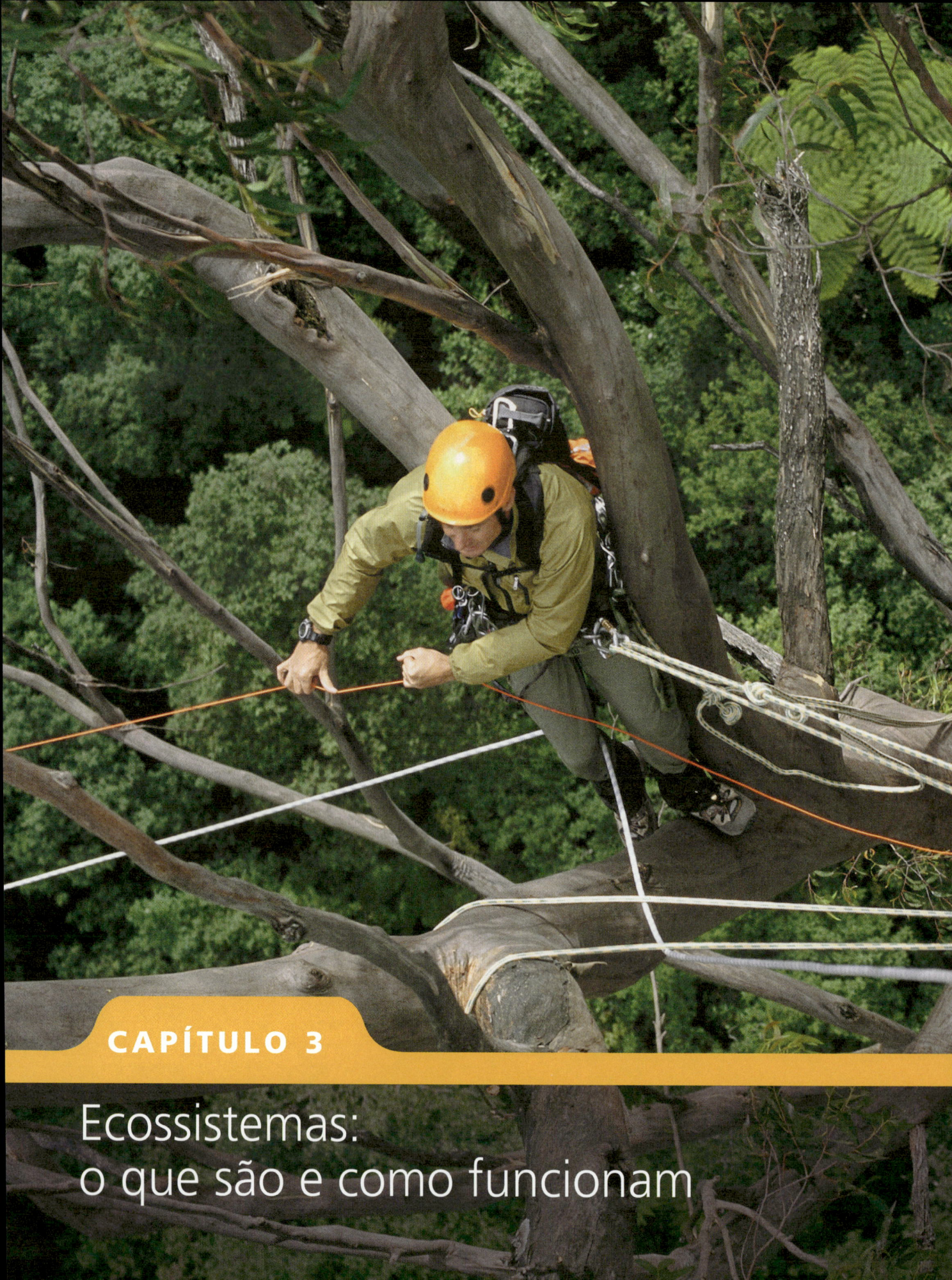

CAPÍTULO 3

Ecossistemas:
o que são e como funcionam

"Primeira lei da ecologia: tudo está conectado a todo o resto."
BARRY COMMONER

Cientistas estudando a vida na copa das árvores de uma floresta tropical.
Bill Hatcher/National Geographic Creative

Principais questões

3.1 Como funciona o sistema de suporte à vida da Terra?

3.2 Quais são os principais componentes de um ecossistema?

3.3 O que acontece com a energia em um ecossistema?

3.4 O que acontece com a matéria em um ecossistema?

3.5 Como os cientistas estudam os ecossistemas?

Estudo de caso principal

As florestas tropicais úmidas estão desaparecendo

Localizadas perto da linha do Equador, as florestas tropicais úmidas contêm uma incrível variedade de vida. Essas florestas cobrem apenas 7% da superfície seca da Terra, mas contêm até a metade das espécies conhecidas de plantas e animais encontradas na terra firme. Graças às pancadas de chuva quase diárias e à proximidade com a linha do Equador, essas ricas florestas são quentes e úmidas o ano todo. A biodiversidade das florestas tropicais úmidas faz que elas sejam um excelente laboratório natural para o estudo dos ecossistemas (ver foto de abertura do capítulo).

Até agora, as atividades humanas destruíram ou degradaram mais da metade das florestas tropicais da Terra. As pessoas continuam derrubando árvores para a agricultura, a pecuária e a construção de assentamentos (Figura 3.1). De acordo com os ecólogos, se rigorosas medidas de proteção não forem adotadas, a maioria dessas florestas desaparecerá ou será gravemente degradada até o fim deste século.

Por que devemos nos preocupar com o desaparecimento das florestas tropicais úmidas? Os cientistas apresentam três motivos. *Primeiro*, o desmatamento dessas florestas causa a extinção de muitas espécies de plantas e animais ao destruir o habitat em que essas espécies vivem. A perda de espécies fundamentais dessas florestas pode ter um efeito cascata, que leva à extinção de outras espécies que elas ajudam a manter.

Segundo, a destruição dessas florestas aquece a atmosfera e acelera as mudanças climáticas. Como isso acontece? A eliminação de grandes áreas de árvores mais rapidamente do que elas podem crescer significa que há menos plantas usando a fotossíntese para remover parte das emissões humanas de dióxido de carbono (CO_2), causadas principalmente pela queima de grandes quantidades de combustíveis fósseis. O aumento resultante dos níveis de CO_2 na atmosfera contribui para o aquecimento atmosférico e as mudanças climáticas, sobre as quais você aprenderá no Capítulo 15.

Terceiro, as perdas de florestas tropicais úmidas em grande escala podem mudar o padrão climático regional e impedir o retorno da floresta em áreas desmatadas ou degradadas. Quando esse *ponto de virada ecológica* irreversível é alcançado, as florestas tropicais dessas regiões se tornam pradarias tropicais mais secas e menos diversas.

Neste capítulo, você vai aprender sobre os componentes vivos e não vivos de florestas tropicais úmidas e outros ecossistemas, como eles funcionam, como as atividades humanas os afetam e como podemos ajudar a mantê-los. ●

FIGURA 3.1 Degradação do capital natural: Essas imagens de satélite mostram a perda da floresta tropical úmida pelo desmatamento para agricultura, pastagem de gado e assentamentos, próximo da cidade boliviana de Santa Cruz, entre junho de 1975 (à esquerda) maio de 2003 (à direita). Essa é a última imagem disponível da área, mas a degradação florestal continuou desde 2003.

3.1 COMO FUNCIONA O SISTEMA DE SUPORTE À VIDA NA TERRA?

CONCEITO 3.1A Os quatro principais componentes do sistema de suporte à vida na Terra são atmosfera (ar), hidrosfera (água), geosfera (rocha, solo e sedimento) e biosfera (seres vivos).

CONCEITO 3.1B A vida é sustentada pelo fluxo de energia do Sol por meio da biosfera, pela ciclagem de nutrientes na biosfera e pela gravidade.

O sistema de sustentação de vida da Terra tem quatro componentes principais

O sistema de suporte à vida da Terra é composto de quatro sistemas esféricos principais (Figura 3.2) que interagem entre si: atmosfera (ar), hidrosfera (água), geosfera (rocha, solo e sedimento) e biosfera (seres vivos) (**Conceito 3.1A**).

A **atmosfera** é uma massa esférica de ar ao redor da superfície da Terra, mantida pela gravidade. A camada interna da atmosfera, a **troposfera**, estende-se por aproximadamente 19 quilômetros sobre o nível do mar, na linha do Equador, e cerca de 6 quilômetros sobre os polos Norte e Sul. A troposfera contém o ar que respiramos, constituído principalmente de nitrogênio (78% do volume total) e oxigênio (21%). O 1% restante do ar é composto principalmente de vapor de água, dióxido de carbono e metano. A troposfera é a camada em que ocorrem as atividades do tempo meteorológico em que a vida pode sobreviver.

A camada seguinte, de 17 a 50 quilômetros acima da superfície da Terra, é denominada **estratosfera**. A porção inferior da estratosfera, chamada *camada de ozônio*, contém gás ozônio (O_3) suficiente para filtrar aproximadamente 95% da *radiação ultravioleta* (UV) nociva do Sol. Essa camada atua como um protetor solar global que permite a existência da vida na superfície do planeta.

A **hidrosfera** é composta de toda a água existente sobre a superfície terrestre ou próxima dela. É encontrada como *vapor de água* na atmosfera, como *água líquida* na superfície e no subsolo, e como *gelo* – gelo polar, *icebergs*, geleiras e gelo nas camadas congeladas de solo, chamadas *permafrost* ou *pergelissolo*. Os oceanos, que cobrem, em média, 71% da superfície terrestre, contêm aproximadamente 97% da água da Terra. Cerca de 2,5% da água do planeta é doce e três quartos dela está na forma de gelo.

A **geosfera** contém as rochas, os minerais e o solo da Terra. Consiste em um *núcleo* intensamente quente, formado por um espesso *manto* composto principalmente de rocha quente e de uma *crosta* externa fina constituída por rocha e solo. A porção superior da crosta contém os elementos químicos ou nutrientes do solo necessários para a sobrevivência, o crescimento e a reprodução dos organismos. Ela também contém *combustíveis fósseis* não renováveis – carvão, petróleo e gás natural – e os minerais que extraímos e usamos.

A **biosfera** é composta das partes da atmosfera, da hidrosfera e da geosfera onde se encontra vida. Se a Terra fosse uma maçã, a biosfera não seria mais espessa que sua casca.

Três fatores que sustentam a vida na Terra

A vida na Terra depende de três fatores interligados (**Conceito 3.1B**):

- O *fluxo unidirecional de energia de alta qualidade* proveniente do Sol. A energia do Sol ajuda no crescimento dos vegetais, fornecendo energia para plantas e animais, de acordo com o **princípio de sustentabilidade** da energia solar. À medida que a energia solar interage com o dióxido de carbono (CO_2), o vapor de água e vários outros gases da troposfera, ela aquece essa camada – um processo conhecido como **efeito estufa** (Figura 3.3). Sem esse processo natural, a Terra seria fria demais para sustentar os humanos e a maior parte das outras formas de vida encontradas hoje no planeta.

- A *ciclagem de nutrientes por meio de partes da biosfera*. **Nutrientes** são produtos químicos dos quais os organismos precisam para sobreviver. Como a Terra não recebe entradas significativas de matéria do espaço, o suprimento fixo de nutrientes precisa ser reciclado para manter a vida. Isso está de acordo com o **princípio de sustentabilidade** da ciclagem química.

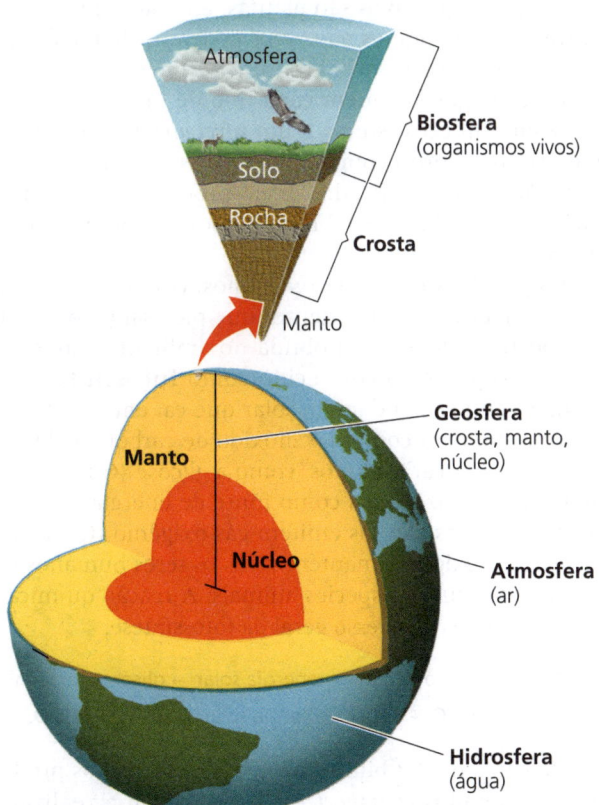

FIGURA 3.2 Capital natural: A Terra é composta de uma esfera de terra (*geosfera*), uma esfera de ar (*atmosfera*), uma esfera de água (*hidrosfera*) e uma esfera de vida (*biosfera*) (**Conceito 3.1A**).

Ecossistemas: o que são e como funcionam

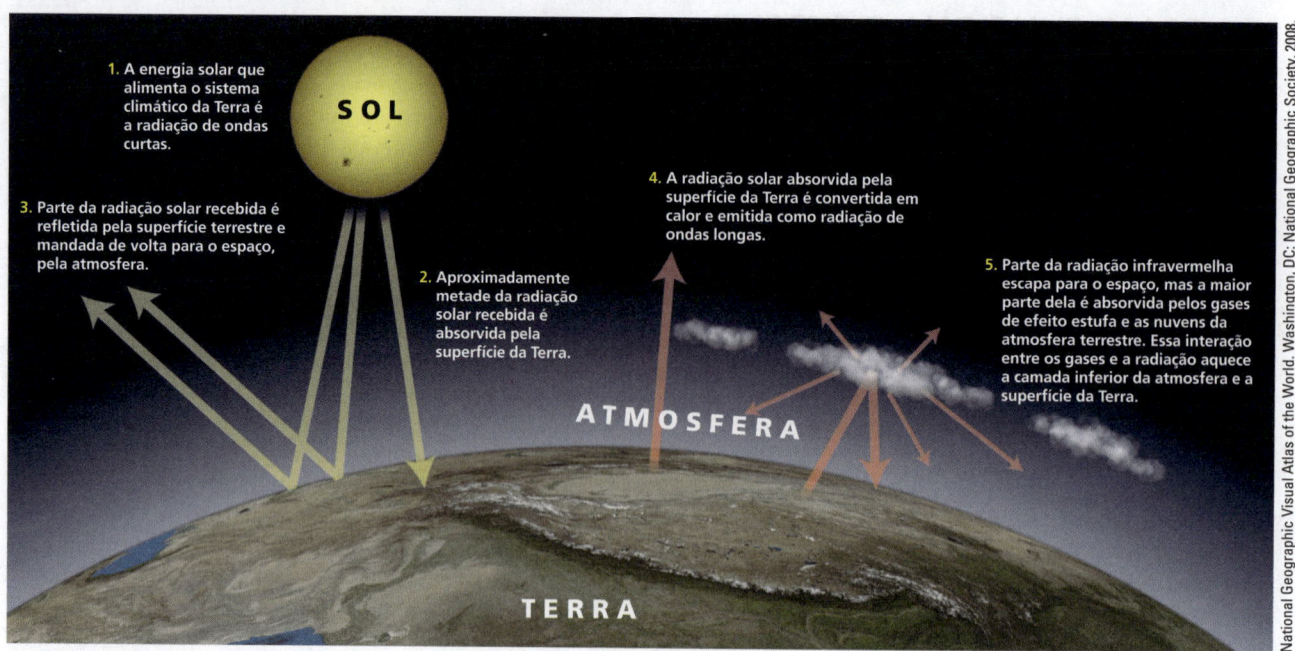

FIGURA 3.3 *A Terra como uma estufa*. A energia solar de alta qualidade flui do Sol para a Terra e é degradada para energia de baixa qualidade (principalmente calor), enquanto interage com o ar, a água, o solo e as formas de vida do planeta. Por fim, parte dessa energia retorna para o espaço. Certos gases da atmosfera terrestre retêm uma quantidade suficiente de energia solar como calor para aquecer o planeta no processo que é conhecido como *efeito estufa*.

- A *gravidade* permite que o planeta mantenha sua atmosfera e contribui para o movimento e a ciclagem de produtos químicos por meio do ar, da água, do solo e dos organismos.

3.2 QUAIS SÃO OS PRINCIPAIS COMPONENTES DE UM ECOSSISTEMA?

CONCEITO 3.2A Alguns organismos produzem os nutrientes de que precisam, enquanto outros, para obtê-los, consomem outros organismos; e há ainda aqueles que reciclam nutrientes que voltam aos produtores pela decomposição de resíduos e restos de outros organismos.

CONCEITO 3.3B O solo é um recurso renovável que fornece nutrientes que sustentam plantas terrestres e ajudam a purificar a água e a controlar o clima da Terra.

Os ecossistemas têm vários componentes importantes

Ecologia é a ciência que se concentra em como os organismos interagem uns com os outros e com o ambiente físico inanimado de matéria e energia. Os cientistas classificam a matéria em níveis de organização que variam de átomos a galáxias. Já os ecólogos estudam cinco níveis de matéria: **biosfera**, **ecossistemas**, **comunidades**, **populações** e **organismos**, apresentados e definidos na Figura 3.4.

A biosfera e seus ecossistemas são formados por componentes vivos (*bióticos*) e não vivos (*abióticos*). Exemplos de componentes vivos são plantas, animais e micróbios. Entre os componentes não vivos podemos citar a água, o ar, os nutrientes, as rochas, o calor e a energia solar.

Os ecólogos atribuem cada tipo de organismo existente em um ecossistema a um *nível alimentar* ou **nível trófico**, de acordo com sua fonte de nutrientes. Os organismos são classificados como produtores ou consumidores, pelo fato de fabricar (produzir) ou encontrar (consumir) alimentos.

Os **produtores** são organismos, como plantas verdes que fabricam os nutrientes que precisam a partir de compostos e da energia obtida no ambiente (**Conceito 3.3A**). No processo conhecido como **fotossíntese**, as plantas capturam a energia solar que cai em suas folhas e a utilizam para combinar dióxido de carbono e água a fim de formar carboidratos, como a glicose ($C_6H_{12}O_6$), os quais são armazenados como fonte de energia química. No processo, as plantas emitem gás oxigênio (O_2) na atmosfera. O oxigênio mantém vivos os seres humanos e a maioria das outras espécies animais. A reação química a seguir resume o processo geral da fotossíntese.

dióxido de carbono + água + energia solar → glicose + oxigênio

$$6\ CO_2 + 6\ H_2O + \text{energia solar} \rightarrow C_6H_{12}O_6 + 6\ O_2$$

Há cerca de 2,8 bilhões de anos, organismos produtores chamados *cianobactérias* começaram a realizar a fotossíntese e a adicionar oxigênio na atmosfera. Após centenas de milhões de anos, os níveis de oxigênio chegaram a 21% – o suficiente para manter vivos os seres humanos e os outros animais que respiram oxigênio.

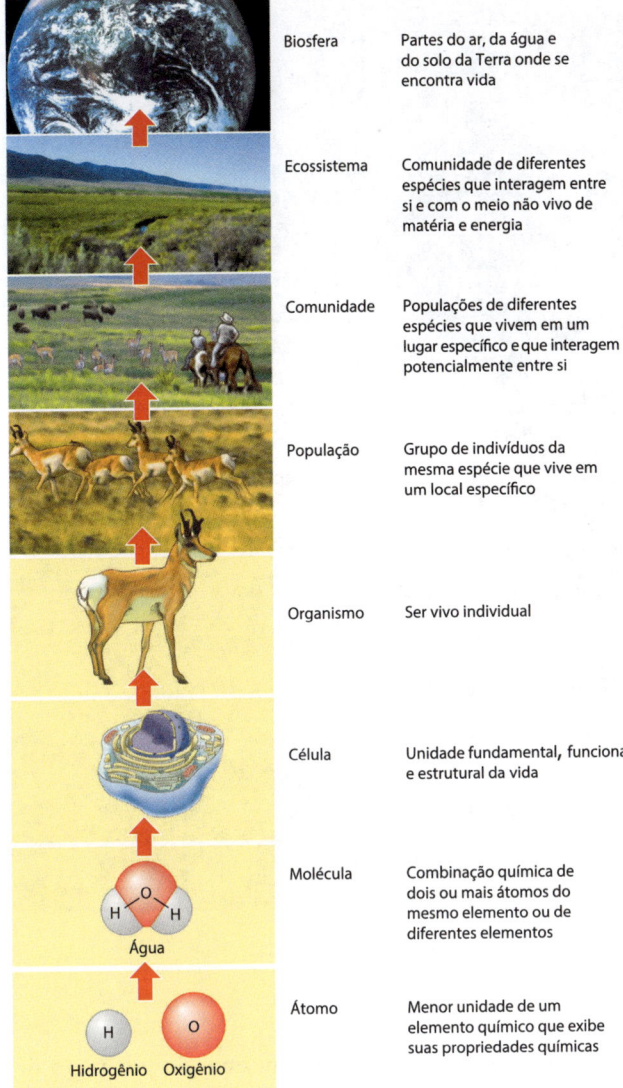

FIGURA 3.4 A ecologia foca nos cinco principais níveis da organização da matéria na natureza.

No ambiente terrestre, a maioria dos produtores são vegetais, como árvores e grama. Nos sistemas de água doce e oceanos, algas e plantas aquáticas que crescem perto das margens são os principais produtores. Em mar aberto, os produtores dominantes são os *fitoplânctons*, que são microrganismos que flutuam ou ficam à deriva na água.

Os demais organismos do ecossistema são **consumidores** que não podem produzir seus próprios alimentos (**Conceito 3.2**). Eles obtêm os nutrientes de que precisam alimentando-se de outros organismos (produtores ou outros consumidores) ou dos resíduos e restos desses organismos.

Há vários tipos de consumidores. **Consumidores primários** ou **herbívoros** (que comem plantas) são animais que se alimentam principalmente de vegetais ou algas, como lagartas, girafas e *zooplâncton* (minúsculos animais marinhos que se alimentam de fitoplâncton). Os **carnívoros** são animais que se alimentam da carne de outros animais. Alguns carnívoros, como as aranhas, os leões (Figura 3.5) e grande parte de pequenos peixes, são **consumidores secundários**, pois se alimentam da carne de herbívoros. Outros carnívoros, como os tigres, os falcões e as orcas, são **consumidores terciários** (ou de alto nível), que se alimentam da carne de outros carnívoros. Algumas dessas relações são mostradas na Figura 3.6. Os **onívoros**, como os porcos, os ratos e os humanos, ingerem tanto vegetais como animais.

PARA REFLETIR

> **PENSANDO SOBRE** O que você come
>
> Em sua última refeição, você foi herbívoro, carnívoro ou onívoro?

Decompositores são consumidores que obtêm seus nutrientes ao decompor os resíduos ou restos orgânicos de plantas e animais. O processo de decomposição devolve esses nutrientes para o solo, a água e o ar para serem reutilizados por produtores (**Conceito 3.2A**). A maioria dos decompositores são bactérias e fungos. Outros consumidores, chamados **comedores de detritos** ou **detritívoros**, alimentam-se de resíduos ou corpos mortos de outros organismos. Eis alguns exemplos de detritívoros: minhocas, alguns insetos do solo, hienas e abutres.

Detritívoros e decompositores podem transformar um tronco de árvore caído em simples moléculas inorgânicas que as plantas podem absorver como nutrientes (Figura 3.7). Portanto, nos ecossistemas naturais, os resíduos e corpos mortos de organismos servem como recursos para outros organismos, de acordo com o **princípio de sustentabilidade** da ciclagem química. Sem os decompositores e detritívoros, muitos dos quais são organismos microscópicos (Foco na ciência 3.1), o planeta estaria sobrecarregado com resíduos vegetais, animais, corpos de animais mortos, árvores caídas e lixo.

Produtores, consumidores e decompositores utilizam a energia química armazenada na glicose e em outros compostos orgânicos para manter seus processos vitais por meio da respiração celular. Na maioria das células, essa energia é liberada pela **respiração aeróbica**, que utiliza o oxigênio para converter a glicose ou outros compostos orgânicos em dióxido de carbono e água, conforme mostrado a seguir.

glicose + oxigênio → dióxido de carbono + água + energia

$$C_6H_{12}O_6 + 6\,O_2 \rightarrow 6\,CO_2 + 6\,H_2O + energia$$

Alguns decompositores, como levedura e algumas bactérias, obtêm a energia que precisam decompondo glicose (ou outros compostos orgânicos) na ausência de oxigênio. Essa forma de respiração celular é chamada **respiração anaeróbica** ou fermentação. Em vez de dióxido de carbono e água, os produtos desse processo são compostos, como gás metano (CH_4), álcool etílico (C_2H_6O), ácido acético ($C_2H_4O_2$, o principal componente do vinagre) e sulfeto de hidrogênio (H_2S, um gás altamente venenoso com cheiro de ovo podre). Observe que

FIGURA 3.5 Leões comendo uma presa.

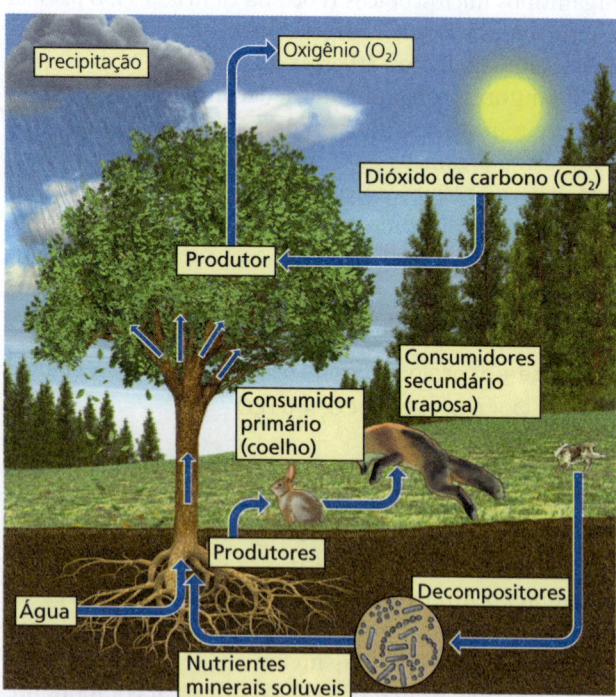

FIGURA 3.6 Principais componentes vivos (bióticos) e não vivos (abióticos) de um ecossistema em um campo.

todos os organismos conseguem energia por meio de respiração aeróbica ou anaeróbica, mas apenas as plantas fazem fotossíntese.

Para resumir, os ecossistemas e a biosfera são mantidos pelo *fluxo unilateral de energia* do Sol e pela *ciclagem de nutrientes* dos principais materiais (**Conceito 3.1B**), de acordo com dois dos **princípios científicos da sustentabilidade** (Figura 3.8).

O solo é a base da vida nas terras emersas

O solo é uma mistura complexa de pedaços e partículas de rocha, nutrientes minerais, matéria orgânica em decomposição, água, ar e organismos vivos que sustentam a vida vegetal, que, por sua vez, mantém a vida animal (**Conceito 3.2B**). O solo é um dos componentes mais importantes do capital natural da Terra, pois ele purifica a água e fornece a maioria dos nutrientes necessários para o crescimento dos vegetais. Por meio da respiração aeróbica, os organismos que vivem no solo removem parte do dióxido de carbono da atmosfera e o armazenam como compostos orgânicos de carbono, ajudando, assim, a controlar o clima do planeta.

50 • Ciência ambiental

FOCO NA CIÊNCIA 3.1

Muitos dos organismos mais importantes do mundo são invisíveis para nós

Eles estão em todos os lugares. Trilhões são encontrados no seu corpo, em um punhado de terra e em um copo de água do mar.

Esses governantes, quase invisíveis da Terra, são micróbios ou microrganismos, um termo genérico para milhares de espécies de bactérias, protozoários, fungos e fitoplâncton flutuante. Eles desempenham um papel fundamental no sistema de suporte à vida na Terra.

As bactérias localizadas no trato intestinal decompõem o que comemos, e os micróbios em nosso nariz ajudam a evitar que bactérias nocivas cheguem até os pulmões.

Outros micróbios ajudam a purificar a água que bebemos, pois decompõem os resíduos de animais e vegetais que possam estar na água. As bactérias e os fungos do solo decompõem os resíduos orgânicos em nutrientes que podem ser absorvidos pelas plantas, que, por sua vez, são ingeridas por humanos e pelos animais herbívoros. Sem essas minúsculas criaturas, passaríamos fome e estaríamos afundados em resíduos até o pescoço.

Alguns microrganismos, particularmente o fitoplâncton no oceano, fornecem grande parte do oxigênio do planeta. Eles também ajudam a regular a temperatura média do planeta, removendo parte do dióxido de carbono produzido quando queimamos carvão, gás natural e gasolina. Outros micróbios controlam doenças que prejudicam plantas e limitam populações de insetos que atacam as safras de alimentos. Em outras palavras, os micróbios são parte vital do capital natural da Terra.

RACIOCÍNIO CRÍTICO

Cite duas vantagens que os microrganismos têm sobre os humanos para prosperar no mundo.

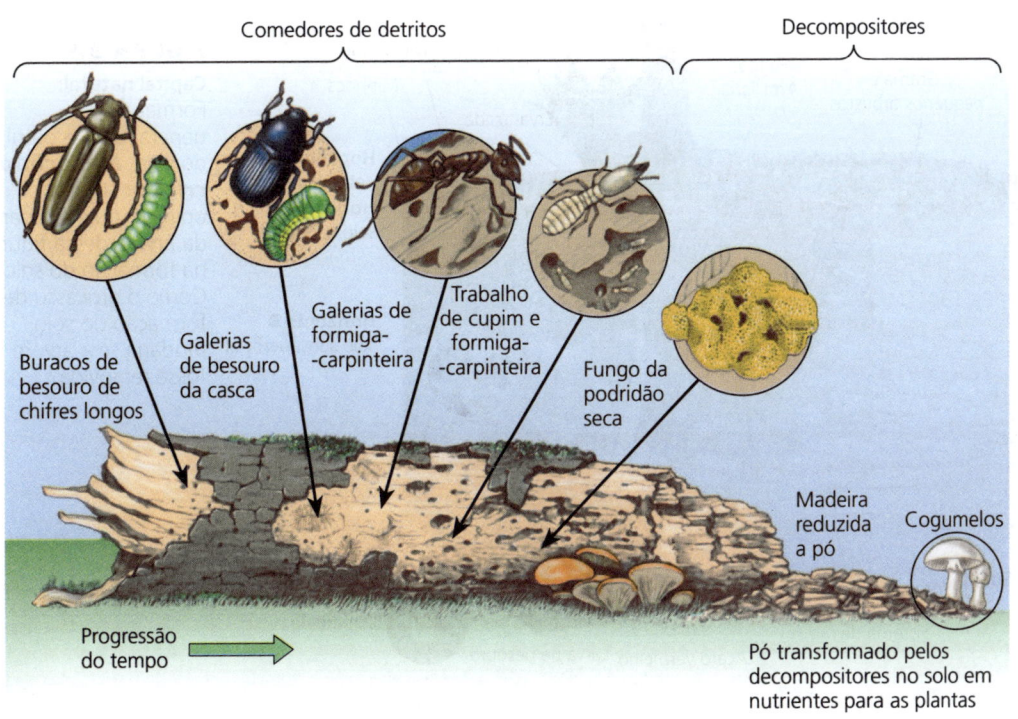

FIGURA 3.7 Vários detritívoros e decompositores (principalmente fungos e bactérias) podem "alimentar-se de" ou digerir partes de um tronco e eventualmente converter seus complexos produtos químicos orgânicos em nutrientes inorgânicos mais simples que podem ser utilizados pelos produtores.

A maioria dos *solos maduros* contém várias camadas horizontais ou *horizontes*. Um corte transversal dos horizontes de um solo é chamado **perfil do solo** (Figura 3.9, à direita). Os principais horizontes de um solo maduro são O (detritos de folhas), A (solo superficial), B (solo subsuperficial) e C (material da rocha matriz intemperizado), que se acumulam sobre o material não alterado ou rocha matriz.

As raízes da maioria das plantas e a maior parte da matéria orgânica do solo são encontradas nas duas camadas superiores do solo: o horizonte O, de detritos de folhas, e o horizonte A, de solo superficial. Em um solo fértil, essas duas camadas são repletas de bactérias, fungos, minhocas e inúmeros insetos pequenos, todos interagindo ao se alimentar e decompor uns aos outros.

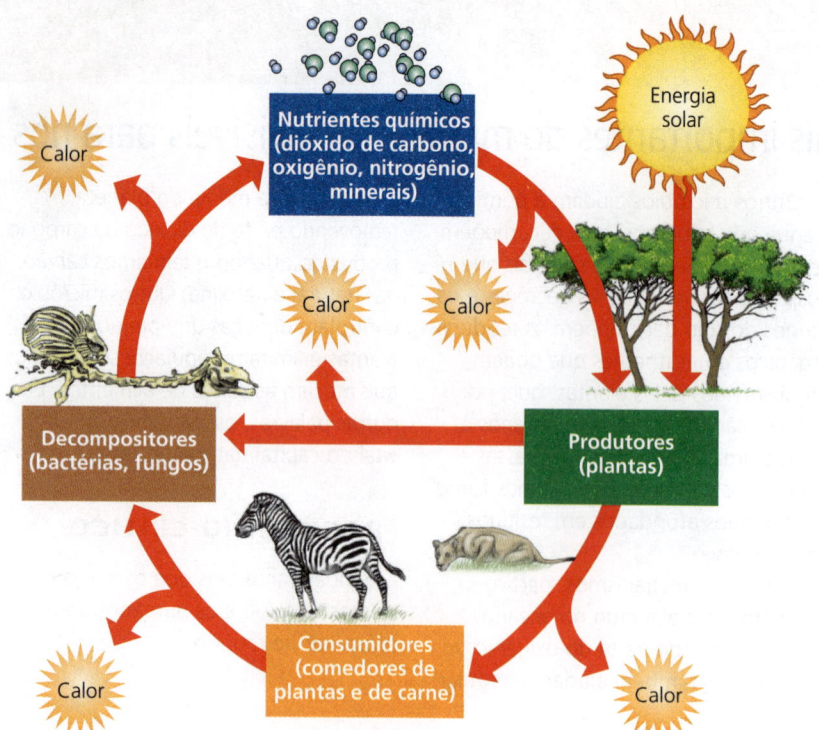

FIGURA 3.8 Capital natural: Os principais componentes de um ecossistema são energia, produtos químicos e organismos. A ciclagem de nutrientes e o fluxo de energia – primeiro do Sol, depois por meio de organismos e, finalmente, no ambiente como calor de baixa qualidade – conectam esses componentes.

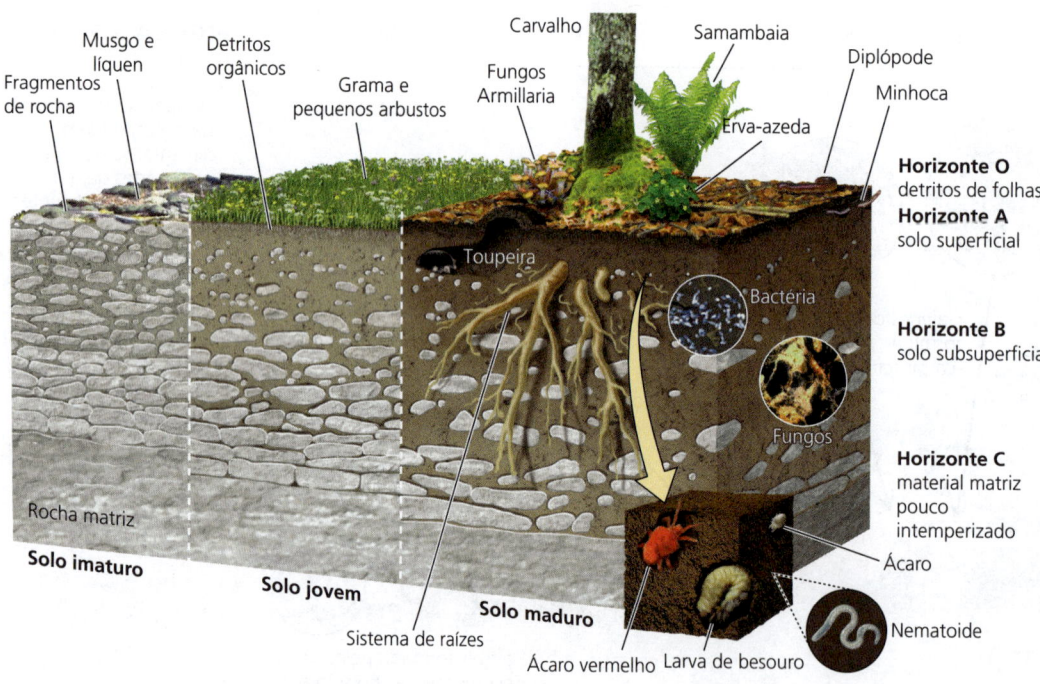

FIGURA 3.9 Capital natural: Formação generalizada e perfil do solo. **Raciocínio crítico:** Na sua opinião, qual é o papel da árvore dessa figura na formação do solo? Como o processo de formação do solo mudaria se a árvore fosse removida?

Um punhado de solo superficial contém bilhões de bactérias e outros organismos decompositores. Eles quebram alguns dos compostos orgânicos complexos do solo em uma mistura de restos vegetais e animais parcialmente decompostos chamada *húmus*. Um solo fértil que produz safras com alto rendimento tem uma camada de solo superficial rica, com bastante húmus misturado a partículas minerais produzidas pelo intemperismo e materiais vegetais.

O solo é um recurso renovável, mas é renovado muito lentamente, e se torna não renovável quando o esgotamento é mais rápido que o processo natural de renovação. A formação de apenas 2,5 centímetros de solo superficial pode levar de centenas a milhares de anos. Remover a cobertura vegetal do solo expõe a camada superficial à erosão por água e vento. Isso explica por que proteger e renovar o solo superficial é uma das chaves da sustentabilidade. Você aprenderá mais sobre erosão e conservação do solo no Capítulo 10.

3.3 O QUE ACONTECE COM A ENERGIA EM UM ECOSSISTEMA?

CONCEITO 3.3 À medida que a energia flui por meio dos ecossistemas nas cadeias e redes alimentares, a quantidade de energia química de alta qualidade disponível para os organismos diminui em cada nível de alimentação sucessivo.

A energia flui por meio dos ecossistemas em cadeias e redes alimentares

A energia química armazenada como nutriente nos corpos e resíduos de organismos flui pelos ecossistemas de um nível trófico (alimentação) para outro em cadeias e redes alimentares. Uma sequência de organismos, na qual cada um serve como fonte de nutrientes ou energia para o próximo, recebe o nome de **cadeia alimentar** (Figura 3.10). Cada uso e transferência de energia pelos organismos envolve a perda de energia de alta qualidade que na forma de calor (energia de baixa qualidade) vai para o ambiente, de acordo com a segunda lei da termodinâmica.

Uma representação gráfica da perda de energia em cada nível trófico é chamada **pirâmide de fluxo de energia**. A Figura 3.11 ilustra essa perda de energia para uma cadeia alimentar, supondo que há uma perda de 90% da energia em cada nível da cadeia.

> **PARA REFLETIR**
> **APRENDENDO COM A NATUREZA**
> Não há desperdício na natureza, porque e os resíduos e restos de um organismo tornam-se alimentos para outros organismos. Cientistas e engenheiros estudam redes alimentares para descobrir como reduzir ou eliminar resíduos alimentares, bem como outros tipos de resíduos produzidos pelos seres humanos.

Nos ecossistemas naturais, a maioria dos consumidores se alimenta de vários tipos de organismos, que, por sua vez, são consumidos ou decompostos por mais de um tipo de consumidor. Por isso, os organismos, na maioria dos ecossistemas, formam uma teia complexa de cadeias alimentares interconectadas, chamada **rede alimentar**. As cadeias e redes alimentares mostram como os produtores, os consumidores e os decompositores estão conectados uns aos outros e como a energia flui pelos níveis tróficos em um ecossistema. A Figura 3.12 mostra uma rede alimentar aquática e a Figura 3.13 mostra uma rede alimentar terrestre.

Alguns ecossistemas produzem material vegetal mais rápido que outros

Os cientistas medem a velocidade com que os ecossistemas produzem energia química para compará-los e

> **PARA REFLETIR**
> **CONEXÕES** Fluxo de energia e alimentação das pessoas
> Como base nas pirâmides de fluxo de energia, a Terra poderá manter mais pessoas se elas se alimentarem no nível trófico, consumindo grãos, vegetais e frutas diretamente, em vez de submeter tais plantações a outro nível trófico e se alimentar da carne de herbívoros, como gado, porcos, ovelhas e galinhas. Cerca de dois terços da população mundial sobrevivem comendo, principalmente, trigo, arroz e milho no primeiro nível trófico, porque, em geral, não têm condições financeiras para comer muita carne.

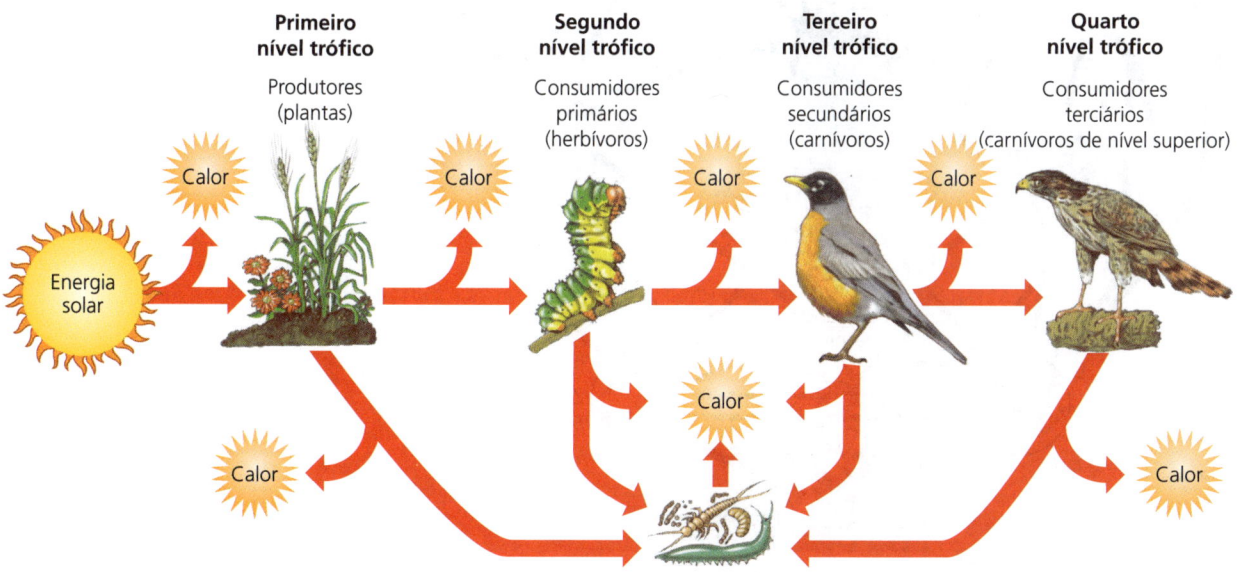

FIGURA 3.10 Em uma cadeia alimentar, a energia química dos nutrientes flui pelos vários *níveis tróficos*. **Raciocínio crítico:** Lembre-se do que você comeu no café da manhã. Em que nível ou níveis da cadeia alimentar você está?

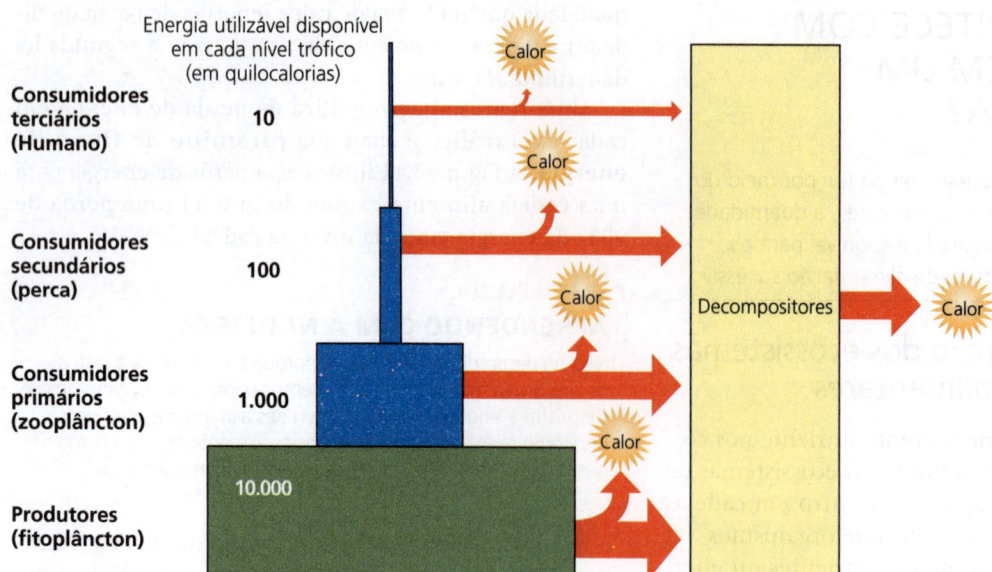

FIGURA 3.11 Pirâmide generalizada de fluxo de energia, mostrando a diminuição em energia química utilizável disponível em cada nível trófico sucessivo em uma cadeia ou teia alimentar. Este modelo assume que, com cada transferência de um nível trófico para outro, ocorre uma perda de 90% da energia utilizável para o meio ambiente na forma de calor de baixa qualidade. Calorias e joules são usados para medir energia. 1 quilocaloria = 1.000 calorias = 4.184 joules. *Raciocínio crítico:* Por que uma dieta vegetariana é mais eficiente em termos de energia do que uma dieta à base de carne?

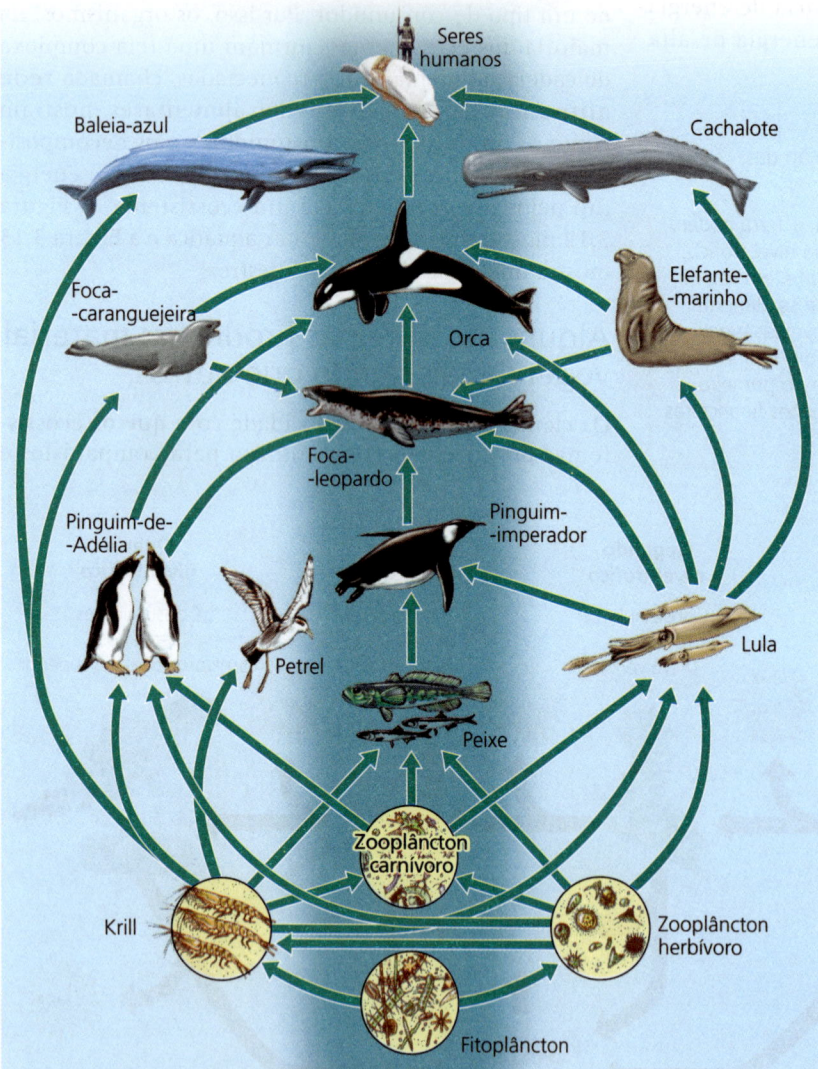

FIGURA 3.12 Essa é uma rede alimentar aquática muito simplificada, encontrada no hemisfério sul. A área sombreada do centro mostra uma cadeia alimentar simples, que faz parte dessas interações complexas de relações alimentares. Muitos outros participantes da rede, inclusive uma série de organismos decompositores e detritívoros, não são mostrados aqui. *Raciocínio crítico:* Você consegue pensar em uma rede alimentar da qual faz parte? Tente fazer um diagrama simples para representá-la.

entender como eles interagem. A **produtividade primária bruta (PPB)** é a *taxa* na qual os produtores de um ecossistema, como plantas e fitoplâncton, convertem a energia solar em energia química, a qual armazenam como compostos em seus corpos. Para que possam permanecer vivos, crescer e se reproduzir, os produtores

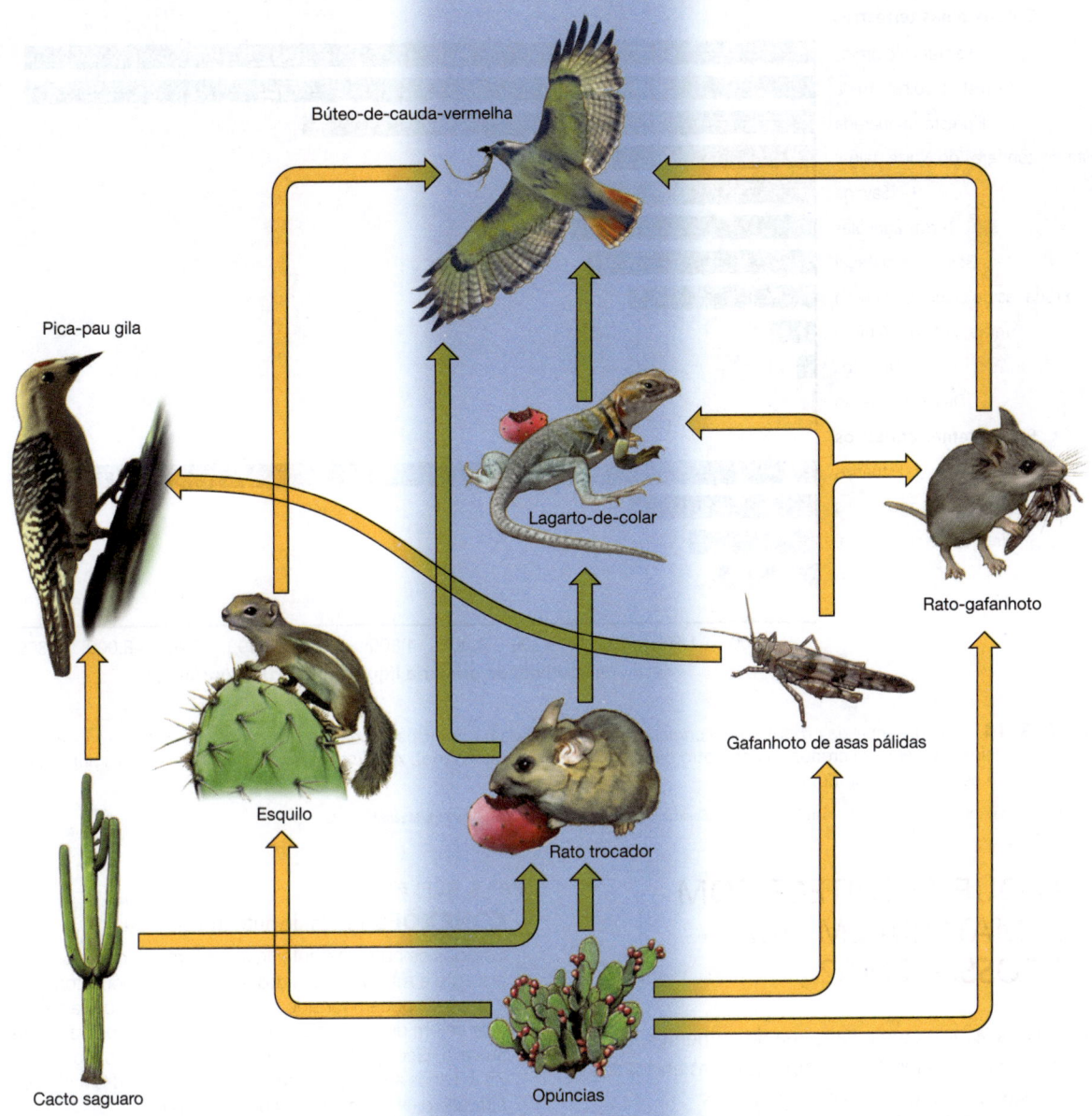

FIGURA 3.13 Rede alimentar terrestre simplificada de um ecossistema de deserto. A área sombreada do centro mostra uma cadeia alimentar simples, que faz parte dessas interações complexas de relações alimentares. Muitos outros participantes da rede, inclusive uma série de organismos decompositores e detritívoros, não são mostrados aqui.

devem usar parte da energia química armazenada em sua própria respiração.

A **produtividade primária líquida (PPL)** é a *taxa* na qual os produtores utilizam a fotossíntese para produzir e armazenar energia *menos* a *taxa* na qual eles usam parte dessa energia química armazenada para a respiração aeróbica. A PPL mede a velocidade com que os produtores podem produzir a energia química que está potencialmente disponível para os consumidores de um ecossistema.

Os ecossistemas terrestres e as zonas de vida aquática diferem quanto à PPL, conforme mostra a Figura 3.14. Apesar de sua baixa PPL, o mar aberto produz mais da biomassa da Terra por ano que qualquer outro ecossistema ou zona de vida. Isso acontece porque os oceanos cobrem 71% da superfície da Terra e contêm uma enorme quantidade de fitoplânctons e outros produtores.

As florestas tropicais têm uma produtividade PPL, em razão da grande quantidade e variedade de árvores e outras plantas produtoras para manter um elevado número de consumidores. Quando tais florestas são desmatadas (**Estudo de caso principal**) ou queimadas para o cultivo de plantações ou pastagem de gado, há uma acentuada queda na PPL e a perda de muitos dos diversos conjuntos de espécies de plantas e animais.

Apenas a matéria vegetal representada pela PPL está disponível como nutrientes para os consumidores. Portanto, *a PPL do planeta restringe o número de consumidores (incluindo humanos) que podem sobreviver na Terra*. Essa é uma lição importante da natureza.

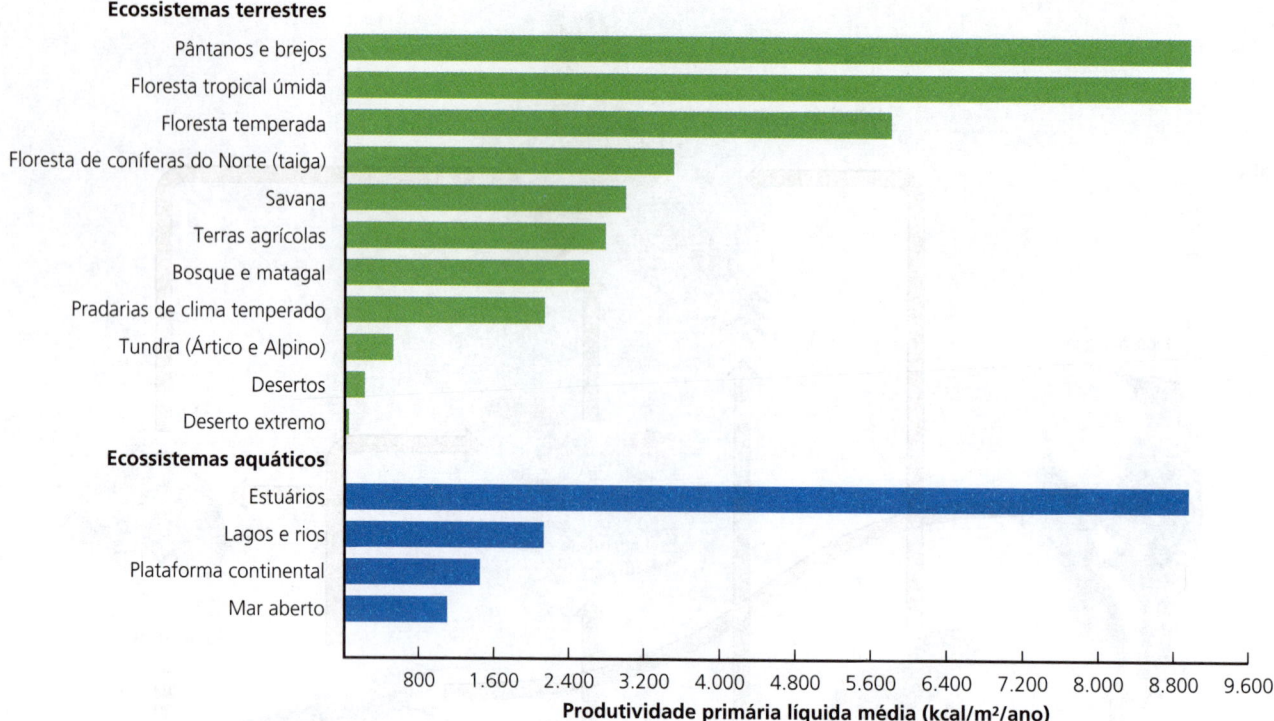

FIGURA 3.14 A média anual da *produtividade primária líquida* estimada nas principais zonas de vida e ecossistemas é expressa neste gráfico como quilocalorias de energia produzida por metro quadrado por ano (kcal/m²/ano). **Análise de dados:** Quais são os três principais sistemas mais produtivos e os três menos produtivos?

Informações compiladas pelos autores usando dados de R. H. Whittaker, *Communities and Ecosystems*. 2nd ed., New York: Macmillan, 1975.

3.4 O QUE ACONTECE COM A MATÉRIA EM UM ECOSSISTEMA?

CONCEITO 3.4 A matéria, na forma de nutrientes, circula nos ecossistemas e na biosfera e entre eles, e as atividades humanas estão alterando esses ciclos químicos.

PARA REFLETIR

CONEXÕES Ciclos de nutrientes e vida

Os ciclos de nutrientes interligam as formas de vida do passado, presente e futuro. Alguns dos átomos de carbono contidos na sua pele já podem ter sido parte de uma folha de carvalho, da pele de um dinossauro ou de uma camada de pedra calcária. Sua avó, George Washington ou um caçador-coletor que viveu 25 mil anos atrás podem ter inalado algumas das moléculas de nitrogênio (N_2) que você acabou de inalar.

Ciclo de nutrientes dentro e entre ecossistemas

Os elementos e compostos que formam os nutrientes se movem continuamente através do ar, água, solo, rocha e organismos vivos nos ecossistemas, em ciclos chamados **ciclos de nutrientes** ou ciclos *biogeoquímicos*. Eles representam o **princípio de sustentabilidade** da ciclagem química em ação. Esses ciclos, que são conduzidos direta ou indiretamente pela energia solar e pela gravidade da Terra, incluem os ciclos hidrológico (água), do carbono, do nitrogênio e do fósforo. As atividades humanas estão alterando esses importantes componentes do capital natural da Terra (ver Figura 1.3) (**Conceito 3.4**).

O ciclo da água

A água (H_2O) é uma substância incrível (Foco na ciência 3.2) e necessária para a vida na Terra. O **ciclo hidrológico** ou **da água** coleta, purifica e distribui o suprimento fixo de água do planeta, conforme mostra a Figura 3.15.

O Sol fornece a energia necessária para alimentar o ciclo da água. A energia solar incidente provoca a *evaporação*, ou seja, a conversão de parte da água líquida de oceanos, lagos, rios, solo e plantas em vapor, e a maior parte do vapor de água sobe para a atmosfera, onde é condensado em forma de gotículas nas nuvens, e a gravidade devolve essa água para a superfície terrestre como *precipitação* (chuva, neve ou granizo).

A maior parte das precipitações que caem sobre os ecossistemas terrestres se transforma em **escoamento superficial**. Essa água flui das superfícies terrestres para riachos, rios, lagos, pântanos e oceanos, de onde parte dela evapora. Um pouco da água da superfície também penetra nas camadas superiores dos solos, onde é usada pelas plantas, e parte dela evapora dos solos e retorna para a atmosfera.

FOCO NA CIÊNCIA 3.2

Propriedades únicas da água

Sem a água, a Terra seria um planeta sem vida. A água é um composto extraordinário, com uma combinação única de propriedades:

- *A água existe na forma líquida em uma grande variedade de temperaturas devido às forças de atração entre suas moléculas.* Se a água líquida tivesse uma faixa de temperaturas muito menor entre congelamento e ebulição, provavelmente os oceanos teriam congelado ou evaporado há muito tempo.

- *A água líquida muda de temperatura lentamente porque pode armazenar uma grande quantidade de calor sem alterar muito sua própria temperatura.* Essa propriedade ajuda a proteger os organismos vivos de mudanças de temperaturas, modera o clima da Terra e faz da água um excelente resfriador para os motores de carros e usinas.

- *É necessária muita energia para evaporar a água, por causa das forças de atração entre suas moléculas.* A água absorve grandes quantidades de calor ao se transformar em vapor de água e liberar esse calor enquanto o vapor se condensa de volta em água líquida. Isso ajuda a distribuir o calor por todo o mundo e a determinar os climas regionais e locais. Também faz da evaporação um processo de resfriamento, o que justifica o fato de você se sentir mais fresco quando a transpiração evapora da sua pele.

- *A água líquida pode dissolver mais componentes do que outros líquidos.* Ela carrega os nutrientes dissolvidos nos tecidos dos organismos vivos, expulsa os resíduos dos tecidos, serve como um limpador para todos os fins e ajuda a remover e diluir os resíduos da civilização solúveis em água. Essa propriedade também indica que os resíduos solúveis em água podem facilmente poluí-la.

- *A água filtra comprimentos de onda da radiação solar ultravioleta que prejudicaria alguns organismos aquáticos* (ver Figura 2.9). Isso permite a existência de vida na camada superior dos sistemas aquáticos.

- *Ao contrário de muitos líquidos, a água se expande quando congela.* O gelo flutua na água líquida porque tem uma densidade inferior (massa por unidade de volume). Entretanto, os lagos e córregos, em climas frios, congelam de baixo para cima até ficarem sólidos e, por isso, perdem a maior parte de sua vida aquática. Como a água se expande ao ser congelada, ela pode quebrar encanamentos, rachar o bloco do motor de um carro (caso não tenha anticongelante), quebrar o pavimento e fraturar rochas (o que ajuda a formar o solo, ver Figura 3.9).

RACIOCÍNIO CRÍTICO

Escolha duas das propriedades especiais apresentadas anteriormente e explique como a vida na Terra seria diferente se elas não existissem.

Parte da precipitação penetra no solo, e a água que penetra mais profundamente nele é conhecida como **água subterrânea**. A água subterrânea se acumula em **aquíferos**, que são camadas subterrâneas de areia e rochas que contêm água. Outra parte da precipitação é transformada no gelo que é armazenado nas *geleiras*.

De todo o vasto suprimento de água da Terra, apenas cerca de 0,024% está disponível para os seres humanos e as outras espécies, como água doce líquida nas águas subterrâneas, em lagos, rios e córregos. O restante da água do planeta é muito salgada, muito profunda no subsolo para ser extraída a preços acessíveis ou é armazenada como gelo nas geleiras.

As atividades humanas alteram o ciclo da água de três grandes formas (ver as setas e os quadros vermelhos da Figura 3.15). *Primeiro,* as pessoas extraem água doce de rios, lagos e aquíferos, às vezes mais rapidamente do que os processos naturais podem substituí-la; consequentemente, alguns aquíferos estão quase vazios e alguns rios não fluem mais para o oceano.

Segundo, as pessoas removem a vegetação para dar lugar a agricultura, mineração, construção de estradas e outras atividades e cobrem grande parte da terra com prédios, concreto e asfalto. Esse processo aumenta o escoamento da água e reduz a infiltração que normalmente reabasteceria os suprimentos do lençol freático.

Terceiro, as pessoas drenam e enchem os pântanos para a agricultura e o desenvolvimento urbano. Quando não são degradadas, as terras úmidas fornecem o serviço ecossistêmico de controle de enchentes, agindo como esponjas para absorver e reter os transbordamentos de água de chuvas torrenciais e neve que derrete rapidamente.

O ciclo do carbono

O carbono é o componente básico de carboidratos, gorduras, proteínas, DNA e outros compostos orgânicos necessários para a vida. Vários compostos de carbono circulam pela biosfera, atmosfera e partes da hidrosfera e geosfera, no **ciclo do carbono** mostrado na Figura 3.16.

0,024% Porcentagem do fornecimento de água doce da Terra disponível para os seres humanos e outras espécies

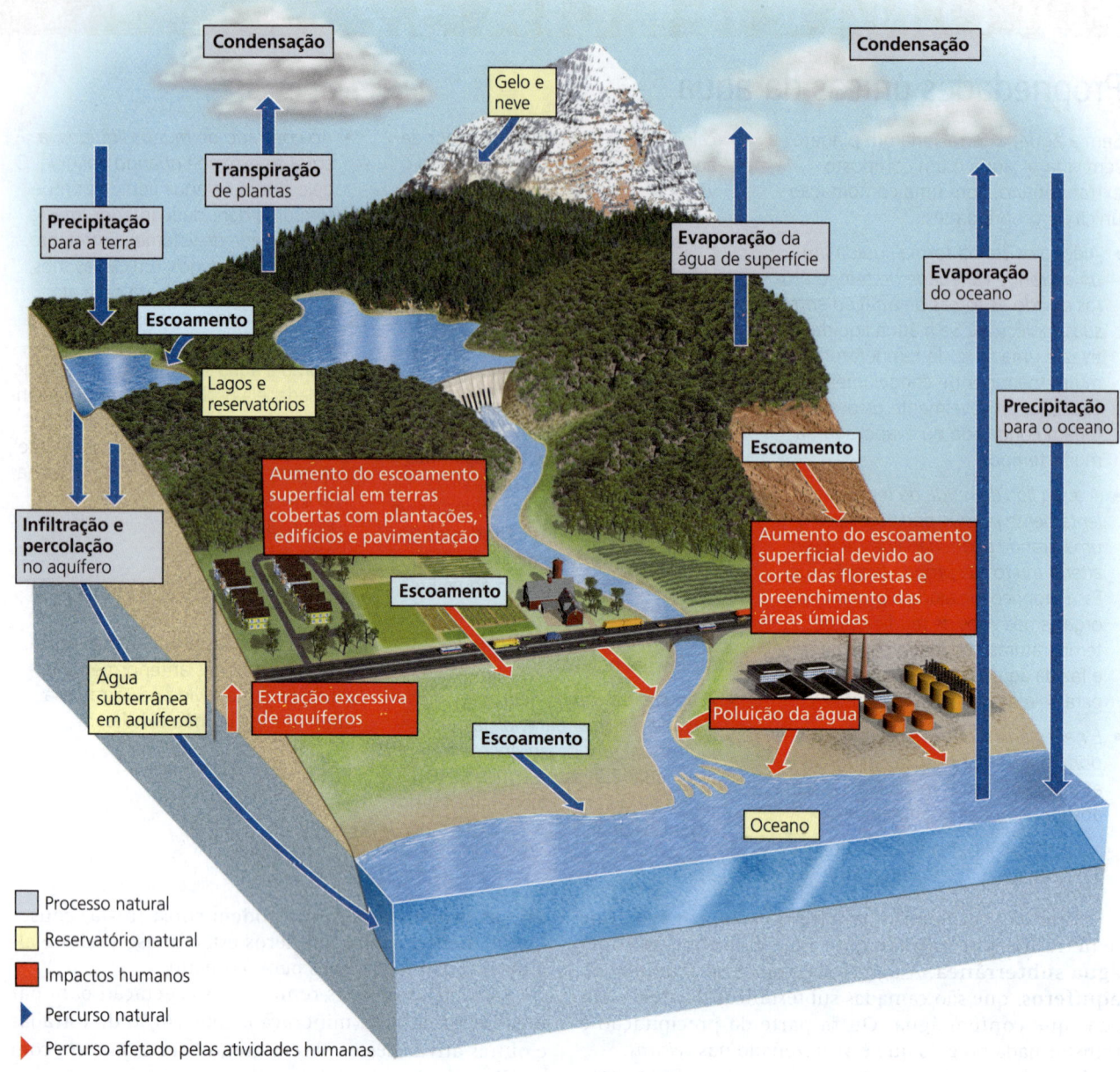

FIGURA 3.15 Capital natural: Modelo simplificado do ciclo da água ou ciclo hidrológico, no qual a água circula em várias formas físicas na biosfera. Os principais impactos nocivos das atividades humanas são mostrados pelas setas e caixas vermelhas. **Raciocínio crítico:** Quais são as três maneiras pelas quais seu estilo de vida afeta o ciclo hidrológico direta ou indiretamente?

Um componente fundamental do ciclo do carbono é o gás dióxido de carbono (CO_2), que corresponde a cerca de 0,040% do volume da troposfera. A quantidade de dióxido de carbono (juntamente com o vapor de água do ciclo hidrológico) tem um grande efeito na temperatura da atmosfera terrestre (o efeito estufa, ver Figura 3.3) e, consequentemente, desempenha um papel importante na determinação do clima da Terra.

A ciclagem do carbono pela biosfera ocorre por meio de uma combinação da *fotossíntese* dos produtores, que remove o CO_2 do ar e da água, e da *respiração aeróbica* de produtores, consumidores e decompositores, que adiciona CO_2 na atmosfera. Em geral, o CO_2 permanece na atmosfera por cem anos ou mais, e parte dessa substância presente na atmosfera se dissolve nas águas oceânicas. No oceano, os decompositores liberam carbono, que é armazenado como minerais carbonáticos insolúveis e rochas nos sedimentos de fundo oceânico por longos períodos.

Ao longo de milhões de anos, parte do carbono em depósitos profundamente enterrados de matéria vegetal morta e algas foi convertida em *combustíveis fósseis*, como carvão, petróleo e gás natural (Figura 3.16).

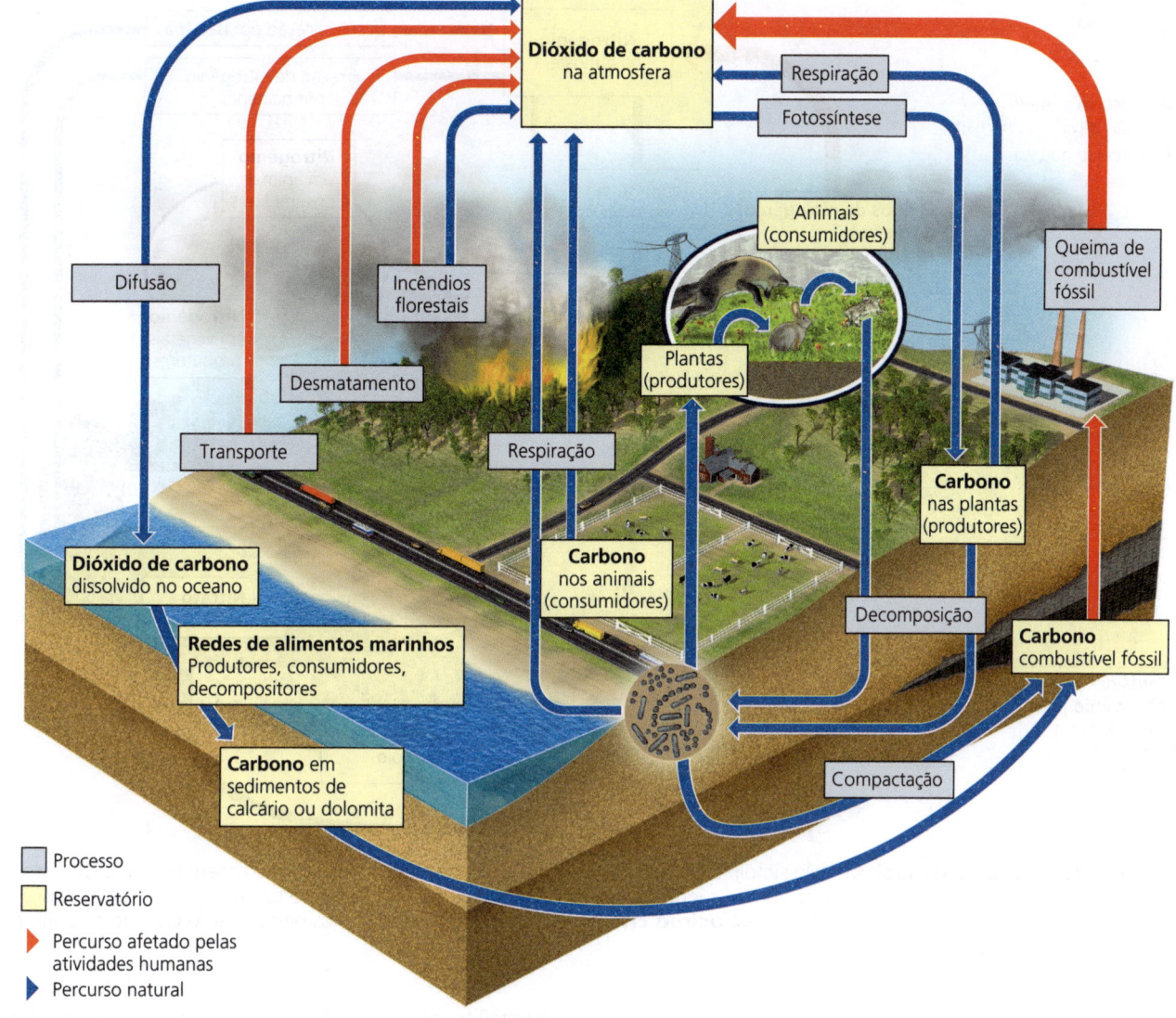

FIGURA 3.16 Capital natural: Modelo simplificado que ilustra a circulação de várias formas químicas de carbono no ciclo do carbono global. As setas vermelhas mostram os principais impactos nocivos das atividades humanas (O tamanho dos quadros amarelos não reflete o tamanho relativo dos reservatórios.) ***Raciocínio crítico:*** Quais são as três formas pelas quais você afeta direta ou indiretamente o ciclo do carbono?

Em apenas algumas centenas de anos, extraímos e queimamos enormes quantidades de combustíveis fósseis que levaram milhões de anos para se formar. Isso adicionou grandes quantidades de CO_2 na atmosfera (ver setas vermelhas da Figura 3.16) em uma velocidade superior à que o ciclo do carbono poderia reciclar. Existem evidências científicas consideráveis de que essa interrupção do ciclo do carbono está ajudando a aquecer a atmosfera e mudar o clima da Terra. Os oceanos removem parte desse CO_2, mas, como resultado, a acidez da água dos oceanos está aumentando, o que é uma má notícia para os organismos que estão adaptados a águas oceânicas menos ácidas.

Outra forma de alteração do ciclo do carbono por atividades humanas é a remoção de vegetação que absorve carbono de muitas florestas, especialmente florestas tropicais (Figura 3.1), em um ritmo mais rápido que o de crescimento delas (**Estudo de caso principal**). Isso reduz a capacidade que o ciclo do carbono tem para remover o excesso de CO_2 da atmosfera, além de contribuir para as mudanças climáticas. Discutiremos os principais problemas ambientais da *acidificação dos oceanos* no Capítulo 9 e das *mudanças climáticas* no Capítulo 15.

O ciclo do nitrogênio

O gás nitrogênio (N_2) forma 78% do volume da atmosfera e é um componente crucial de proteínas, muitas vitaminas e do DNA. No entanto, na atmosfera, o N_2 não pode ser absorvido e utilizado diretamente como nutriente por plantas ou outros organismos; ele só se torna um nutriente para as plantas na forma de componente de amônia com nitrogênio (NH_3), íons amônio (NH_4^+) e íons nitrato (NO_3^-), que circulam por partes da biosfera no **ciclo do nitrogênio** (Figura 3.17).

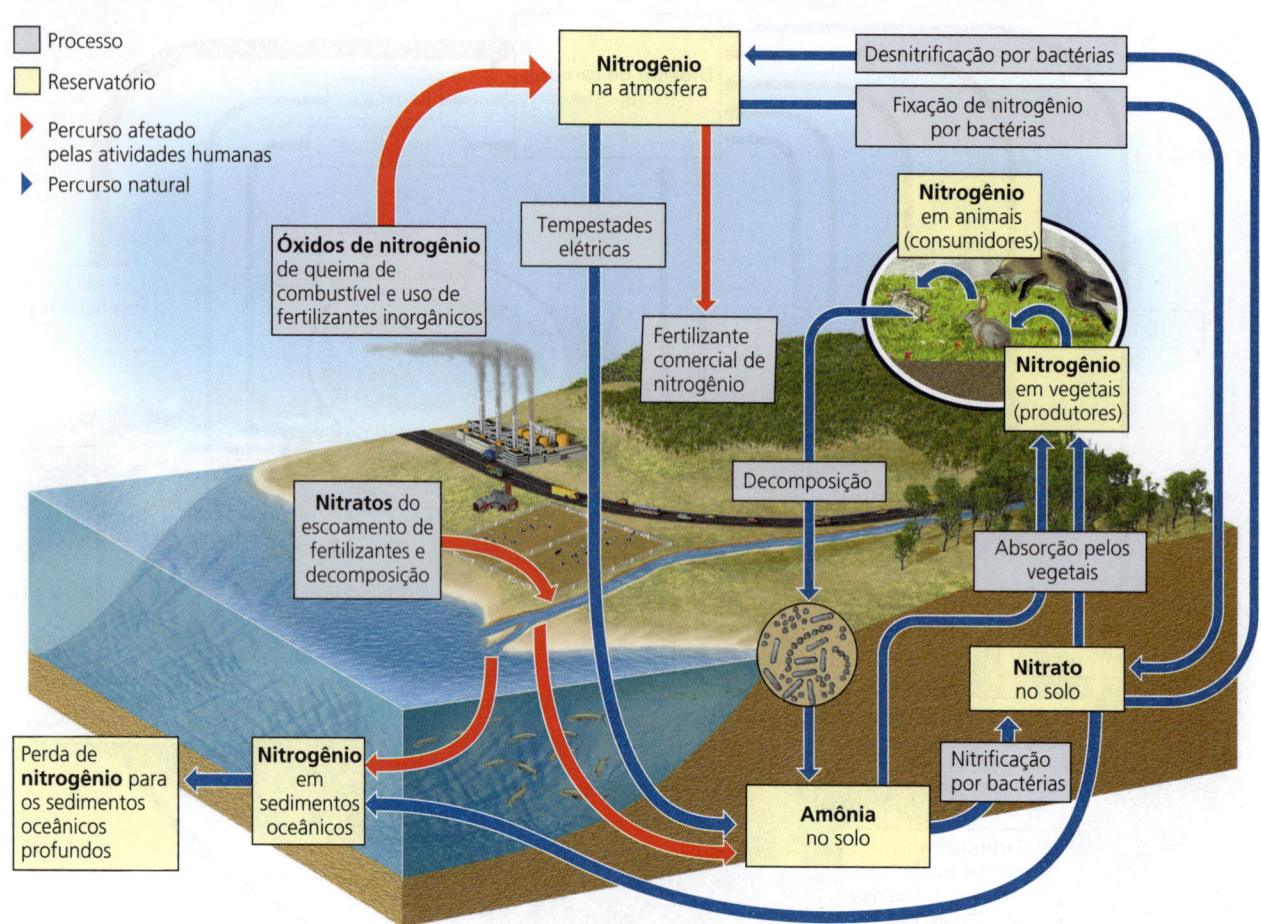

FIGURA 3.17 Capital natural: Modelo simplificado da circulação de várias formas químicas do nitrogênio no ciclo do nitrogênio, com os principais impactos humanos nocivos indicados pelas setas vermelhas. (O tamanho dos quadros amarelos não reflete o tamanho relativo dos reservatórios.) *Raciocínio crítico:* Quais são as duas maneiras pelas quais o ciclo do carbono e o ciclo do nitrogênio estão ligados?

Essas formas químicas do nitrogênio são criadas por raios que convertem N_2 em NH_3 e por bactérias especializadas da superfície do solo. Outras bactérias da porção superficial do solo e sedimentos de fundo oceânico convertem NH_3 em NH_4^+ e íons nitrato (NO_3^-) que são absorvidos pelas raízes das plantas. Posteriormente, as plantas usam essas formas de nitrogênio para produzir várias proteínas, ácidos nucleicos e vitaminas necessários para sua própria sobrevivência e a de outros organismos. Animais que comem plantas consomem esses compostos que contêm nitrogênio, assim como os detritívoros e decompositores. As bactérias do solo alagado e de sedimentos do fundo de lagos, oceanos, pântanos e brejos convertem os compostos de nitrogênio em gás nitrogênio (N_2), que é liberado na atmosfera para reiniciar o ciclo do nitrogênio.

As atividades humanas interferem no ciclo do nitrogênio de diversas formas (ver setas vermelhas da Figura 3.17). Quando queimamos gasolina e outros combustíveis, as altas temperaturas resultantes convertem parte do N_2 e O_2 do ar em óxido nítrico (NO). Na atmosfera, o NO pode ser convertido em gás de dióxido de nitrogênio (NO_2) e vapor de ácido nítrico (HNO_3), que pode retornar à superfície da Terra por *deposição ácida*, normalmente chamada *chuva ácida*. A deposição ácida danifica construções e estátuas de pedra e também pode matar florestas e outros ecossistemas vegetais, além de exterminar a vida em lagoas e lagos.

Também removemos grandes quantidades de N_2 da atmosfera para produzir amônia (NH_3) e íons amônio (NH_4^+), usados para fabricar fertilizantes. Além disso, adicionamos o gás de efeito estufa óxido nitroso (N_2O) à atmosfera por meio da ação de bactérias anaeróbicas nos fertilizantes com nitrogênio ou no esterco animal orgânico aplicados ao solo.

As pessoas também alteram o ciclo do nitrogênio em ecossistemas aquáticos adicionando nitratos (NO_3^-) em excesso. Esses nitratos contaminam corpos de água por meio do escoamento agrícola de fertilizantes, esterco e descargas de sistemas municipais de tratamento de esgoto. Esse nutriente das plantas pode causar o crescimento excessivo de algas, que podem perturbar sistemas aquáticos.

O ciclo do fósforo

O fósforo (P) é um elemento essencial para os seres vivos. Ele é necessário para a produção de DNA e das membranas celulares, além de ser importante para a formação de ossos e dentes.

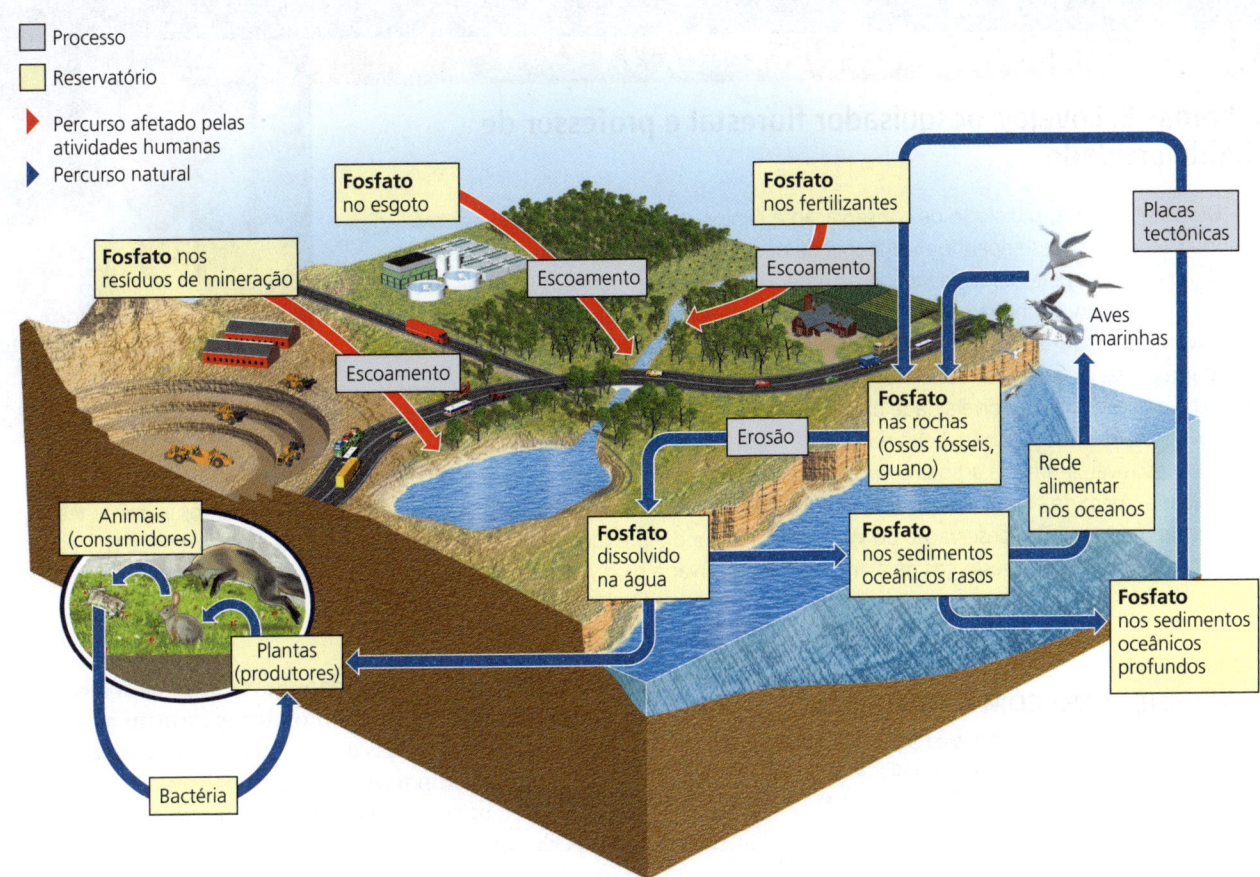

FIGURA 3.18 Capital natural: Modelo simplificado da circulação de várias formas químicas de fósforo (principalmente fosfatos) no ciclo do fósforo, com os importantes impactos nocivos humanos mostrados pelas setas vermelhas. (O tamanho dos quadros amarelos não reflete o tamanho relativo dos reservatórios.) ***Raciocínio crítico:*** Quais são as duas maneiras pelas quais o ciclo do fósforo e o ciclo do nitrogênio estão ligados? E o ciclo do fósforo e o ciclo do carbono?

O movimento cíclico do fósforo (P) através da água, da crosta terrestre e dos organismos vivos é chamado **ciclo do fósforo** (Figura 3.18). A maioria dos compostos de fósforo desse ciclo contém íons *fosfato* (PO_4^{3-}), que é um importante nutriente vegetal. O fósforo não circula pela atmosfera porque poucos de seus compostos existem na forma de gás. O fósforo também tem um ciclo mais lento que os ciclos da água, do carbono e do nitrogênio.

À medida que a água passa por rochas expostas, ela remove lentamente os componentes orgânicos que contêm íons fosfato. A água carrega esses íons para o solo, onde são absorvidos pelas raízes das plantas e por outros produtores. Depois, os compostos de fosfato são transferidos pelas cadeias alimentares de produtores para consumidores e, por fim, para detritívoros e decompositores.

Grande parte do fosfato que é erodido das rochas é carregada para rios e riachos e para o oceano, onde ele pode ser depositado como sedimentos marinhos e permanecer preso por milhões de anos. Com o tempo, processos geológicos podem elevar e expor alguns desses depósitos do fundo do mar. Assim, as rochas expostas são erodidas, liberando o fósforo para entrar novamente no processo cíclico.

A maioria dos solos contém pouco fosfato, o que, em geral, limita o crescimento das plantas. Por isso, as pessoas costumam fertilizar o solo adicionando fósforo, como fosfatos extraídos por mineração. A falta de fósforo também limita o crescimento das populações de produtores em muitos córregos e lagos de água doce, porque os compostos de fosfato são apenas levemente solúveis em água e, portanto, não liberam muitos íons fosfato para os produtores de sistemas aquáticos.

As atividades humanas, incluindo a remoção de grandes quantidades de fosfato da Terra para produzir fertilizantes, interrompem o ciclo do fósforo (ver setas vermelhas da Figura 3.18). Quando derrubamos florestas tropicais (**Estudo de caso principal**), expomos a camada superficial do solo a mais erosão, o que reduz os níveis de fosfato nos solos tropicais.

A camada superficial do solo erodida e os fertilizantes que fluem de áreas agrícolas, gramados e campos de golfe carregam grandes quantidades de íons fosfato para correntes, lagos e oceanos. Lá, eles estimulam o crescimento de produtores, como algas e várias plantas aquáticas, que podem abalar a ciclagem química e outros processos dos corpos de água.

Ecossistemas: o que são e como funcionam

PESSOAS QUE FAZEM A DIFERENÇA 3.1

Thomas E. Lovejoy, pesquisador florestal e professor de biodiversidade

Durante décadas, o biólogo de conservação e explorador da National Geographic Thomas E. Lovejoy desempenhou um papel de destaque na educação de cientistas e do público geral a respeito da necessidade de entender e proteger florestas tropicais. Desde 1965, o profissional conduz pesquisas na floresta amazônica do Brasil. Um dos principais objetivos das pesquisas é estimar a área mínima necessária para manter a biodiversidade em parques nacionais e reservas biológicas de florestas tropicais. Em 1980, ele cunhou o termo *biodiversidade*, ou diversidade biológica.

Lovejoy foi o principal conselheiro da famosa e aclamada série da TV pública *Nature*. Ele também escreveu inúmeros artigos e livros sobre questões relacionadas à preservação da biodiversidade. Além de ensinar ciência ambiental e política na Universidade George Mason, ocupou vários cargos importantes, como diretor do programa de conservação do World Wildlife Fund e presidente da Society for Conservation Biology. Em 2012, recebeu o Blue Planet Prize por seus esforços para entender e preservar a biodiversidade da Terra.

PARA REFLETIR

APRENDENDO COM A NATUREZA

Os cientistas estudam os ciclos da água, do carbono, do nitrogênio e do fósforo para nos ajudar a aprender como reutilizar e reciclar os resíduos que criamos.

3.5 COMO OS CIENTISTAS ESTUDAM OS ECOSSISTEMAS?

CONCEITO 3.5 Os cientistas usam pesquisa de campo, pesquisa laboratorial, modelos matemáticos e de outros tipos para aprender sobre os ecossistemas e quanto estresse eles podem suportar.

Estudando os ecossistemas diretamente

Ecólogos e outros cientistas usam várias abordagens para aumentar a compreensão científica dos ecossistemas. Essas abordagens incluem pesquisas de campo e em laboratório, além de modelos matemáticos e de outros tipos (**Conceito 3.5**).

A *pesquisa de campo* envolve a entrada em florestas e outros ambientes naturais para estudar os ecossistemas. Os ecólogos usam uma variedade de métodos na pesquisa de campo, tais como coleta de amostras de água e solo, identificação e estudo de espécies da região, observação de comportamentos alimentares e uso do sistema de posicionamento global (*global positioning system* – GPS) para acompanhar os movimentos dos animais. Muito do que sabemos sobre ecossistemas veio desse tipo de pesquisa (Pessoas que fazem a diferença 3.1). **CARREIRA VERDE: Ecólogo.**

Os cientistas também usam diversos métodos para estudar florestas úmidas tropicais (**Estudo de caso principal**). Alguns levantam guindastes para alcançar as copas das árvores, enquanto outros escalam as árvores e instalam cordas, polias (ver foto de abertura do capítulo) e plataformas temporárias nas copas. Esses dispositivos ajudam os cientistas a identificar e observar a diversidade de espécies que vivem ou se alimentam nesses habitats.

Os ecólogos conduzem experimentos controlados, isolando e mudando uma variável em uma parte da região para comparar os resultados com áreas inalteradas dos arredores. Você leu sobre um exemplo clássico desse tipo de procedimento no **Estudo de caso principal** do Capítulo 2.

Ecólogos também usam aeronaves e satélites equipados com câmeras e outros dispositivos de *sensoriamento remoto* sofisticados para varrer e coletar dados sobre a superfície da Terra. Além disso, eles usam o *Sistema de Informação Geográfica* (SIG) para captar, armazenar, analisar e exibir essas informações. Por exemplo, um SIG pode converter as imagens de satélite digital em mapas locais, regionais e globais que mostram variações de vegetação, produtividade primária bruta, desmatamento, erosão do solo, poluição do ar, secas, inundações e muitas outras variáveis.

Alguns pesquisadores conectam pequenos transmissores de rádio aos animais e usam GPS para aprender sobre eles, monitorando os locais para onde esses animais vão. Os cientistas também estudam a natureza, colocando câmeras de *time lapse* ou câmeras de vídeo em pequenos drones e objetos imóveis, como árvores, para capturar imagens da vida selvagem. **CARREIRA VERDE: Analista de SIG, Analista de sensoriamento remoto.**

Pesquisa laboratorial e modelos

Os ecólogos complementam as pesquisas de campo com *pesquisas laboratoriais*. Nos laboratórios, cientistas criam sistemas simplificados em recipientes como tubos para cultura, garrafas, aquários e estufas, além de câmaras em ambientes internos e externos. Nessas estruturas, os

FOCO NA CIÊNCIA 3.3

Fronteiras planetárias

Durante a maior parte dos últimos 10 a 12 mil anos, os seres humanos viviam em uma época chamada *Holoceno*, um período com clima e outras condições ambientais relativamente estáveis. Essa estabilidade geral permitiu que a população humana crescesse, desenvolvesse a agricultura e assumisse o controle de uma grande parte das terras e de outros recursos do planeta (Figura 1.9).

A maioria dos geólogos afirma que ainda estamos vivendo no Holoceno, mas alguns cientistas discordam. Segundo eles, quando a Revolução Industrial começou (por volta de 1750), entramos em uma nova época chamada *Antropoceno* (a época dos homens). Nessa nova época, nossas pegadas ecológicas aumentaram de maneira significativa, passando a mudar e pressionar o sistema de suporte à vida da Terra, especialmente desde 1950.

Em 2015, uma equipe internacional de 18 pesquisadores renomados, liderada por Will Steffen e Johan Rockstrom, do *Stockholm Resilience Centre*, publicou um documento que estimava o quanto estamos próximos de ultrapassar nove grandes *fronteiras planetárias* ou *pontos de virada* ecológicos como consequência de determinadas atividades humanas. Eles alertam que ultrapassar esses limites pode desencadear mudanças ecológicas abruptas, duradouras ou irreversíveis, que poderiam degradar gravemente o sistema de suporte à vida da Terra e nossas economias.

Naquele mesmo ano, os pesquisadores estimaram que já ultrapassamos quatro dessas fronteiras planetárias: (1) interrupção dos ciclos de nitrogênio e fósforo principalmente devido ao aumento do uso de fertilizantes para produzir alimentos, (2) perda de biodiversidade causada pela substituição de florestas e pastagens biologicamente diversas por monoculturas, ou campos para culturas únicas, (3) mudança do sistema terrestre devido à agricultura e ao desenvolvimento urbano, e (4) mudanças climáticas causadas pela interrupção do ciclo do carbono, principalmente pelo excesso de emissões de dióxido de carbono a partir da queima de combustíveis fósseis.

Os pesquisadores alertam que precisamos agir para reverter ou reduzir esses impactos, além de evitar ultrapassar outros limites, como: (1) uso de água doce, (2) acidificação oceânica, (3) redução do ozônio na estratosfera, (4) poluição do ar com partículas finas e (5) poluição por produtos químicos, como metais pesados e substâncias tóxicas, que podem abalar o sistema endócrino humano.

Há uma necessidade urgente de realizar mais pesquisas para preencher as lacunas de dados sobre fronteiras planetárias. Essas informações podem ajudar a evitar que ultrapassemos essas fronteiras, reduzindo nossas pegadas ecológicas ao mesmo tempo em que expandimos nossos impactos ambientais benéficos.

RACIOCÍNIO CRÍTICO

Quais são as duas fronteiras que você considera mais importantes?

---

pesquisadores controlam temperatura, iluminação, CO_2, umidade e outras variáveis.

Esses sistemas facilitam a realização de experimentos controlados por parte dos cientistas. Em geral, os experimentos laboratoriais são mais rápidos e mais baratos do que experimentos semelhantes no campo. Porém, os cientistas precisam avaliar o grau com que as observações e medições científicas de sistemas simplificados e controlados em condições laboratoriais conseguem refletir o que acontece nas condições mais complexas e variáveis da natureza.

Desde o fim dos anos 1960, os ecólogos desenvolvem modelos matemáticos que simulam ecossistemas, os quais são executados em supercomputadores de alta velocidade. Os modelos ajudam a entender sistemas grandes e complexos que não podem ser estudados de maneira adequada em pesquisas de campo ou laboratoriais, como lagos, oceanos, florestas e o clima da Terra. **CARREIRA VERDE: Modelador de ecossistema.**

Os ecólogos reivindicam um aumento considerável no número de pesquisas sobre as condições dos ecossistemas mundiais para ver como eles estão mudando.

> **GRANDES IDEIAS**
> - A vida é sustentada pelo fluxo de energia do Sol através da biosfera, pelo ciclo de nutrientes na biosfera e pela gravidade.
> - Alguns organismos produzem os nutrientes de que precisam; outros, para sobreviver, consomem outros organismos; e ainda há aqueles que sobrevivem dos resíduos e restos de organismos enquanto reciclam nutrientes que são usados novamente pelos produtores.
> - As atividades humanas estão alterando a ciclagem química de nutrientes e o fluxo de energia pelas cadeias e teias alimentares nos ecossistemas.

Isso ajudaria os cientistas a desenvolver estratégias para evitar ou desacelerar a degradação do capital natural e, além disso, nos ajudaria a evitar ir além de pontos de virada ecológicos, que podem causar degradação grave ou colapso dos ecossistemas (Foco na ciência 3.3).

Revisitando

Florestas tropicais úmidas e sustentabilidade

Este capítulo começou com uma discussão sobre a importância das florestas tropicais úmidas do mundo devido a sua incrível biodiversidade (**Estudo de caso principal**). Esses ecossistemas mostram o funcionamento de três **princípios científicos da sustentabilidade**, que também se aplicam aos outros ecossistemas do planeta.

Primeiro, produtores de uma floresta tropical contam com a energia solar para produzir uma grande quantidade de biomassa por meio da fotossíntese. *Segundo*, as espécies que vivem na floresta participam e dependem da ciclagem de nutrientes e do fluxo de energia dentro da floresta e por toda a biosfera. *Terceiro*, as florestas tropicais contêm uma parte grande e fundamental da biodiversidade da Terra, e as interações entre as espécies que vivem nesses locais ajudam a manter esses ecossistemas complexos.

Também relatamos pesquisas recentes sobre os possíveis efeitos prejudiciais duradouros de ultrapassarmos fronteiras planetárias importantes. Em muitos dos próximos capítulos vamos examinar mais profundamente esses riscos. Também analisaremos formas de aplicar os seis **princípios da sustentabilidade** (ver última página do livro) para tentar permanecer dentro das principais fronteiras planetárias e viver de maneira mais sustentável, além de criar e ampliar impactos ambientais benéficos.

Revisão do capítulo

Estudo de caso principal

1. Quais são os três efeitos prejudiciais da remoção e degradação de florestas tropicais úmidas?

Seção 3.1

2. Quais são os dois conceitos-chave desta seção? Defina e diferencie **atmosfera**, **troposfera**, **estratosfera**, **hidrosfera**, **geosfera** e **biosfera**. Quais são os três fatores interligados que sustentam a vida na Terra? Descreva o fluxo de energia da Terra e para a Terra. O que é o **efeito estufa** e por que ele é importante?

Seção 3.2

3. Quais são os dois conceitos-chave desta seção? Defina ecologia. Defina organismo, **população**, **comunidade** e **ecossistema** e dê um exemplo de cada.

4. Diferencie os componentes vivos e não vivos do ecossistema. Dê dois exemplos de cada.

5. O que é **nível trófico**? Diferencie produtores, **consumidores**, **decompositores e comedores de detritos (detritívoros)** e dê um exemplo de cada. Resuma o processo da **fotossíntese**. Diferencie **consumidores primários (herbívoros)**, **carnívoros**, **consumidores secundários**, **consumidores terciários** e **onívoros**. Dê um exemplo de cada.

6. Explique a importância dos micróbios. O que é **respiração anaeróbica (fermentação)**? Quais são os dois processos que mantêm os ecossistemas e a biosfera e como eles se relacionam? Defina **solo** e **perfil de solo**. O que são horizontes do solo? Cite os quatro principais horizontes. O que é húmus e como ele se relaciona ao solo fértil?

Seção 3.3

7. Qual é o conceito-chave desta seção? Defina e diferencie **cadeia alimentar** e **rede alimentar**. Explique o que acontece com a energia quando ela flui pelas cadeias e redes alimentares. O que é uma **pirâmide de fluxo de energia**?

8. Diferencie **PPB** e **PPL** e explique a importância desses conceitos. Quais são os dois ecossistemas terrestres mais produtivos? E os aquáticos?

Seção 3.4

9. Qual é o conceito-chave desta seção? O que acontece com a matéria em um ecossistema? O que é um **ciclo de nutrientes**? Explique como os ciclos de nutrientes conectam vidas do passado, presente e futuro. Descreva o **ciclo hidrológico** (ou **ciclo da água**). O que são **escoamentos superficiais**? Defina **água subterrânea**. O que é um **aquífero**? Qual percentual de fornecimento de água da Terra está disponível para os seres humanos e outras espécies na forma de água doce líquida? Resuma as propriedades únicas da água. Explique como as atividades humanas estão afetando o ciclo da água. Descreva os **ciclos do carbono**, **nitrogênio** e **fósforo** e explique como as atividades humanas afetam cada um deles.

Seção 3.5

10. Qual é o principal conceito desta seção? Descreva três maneiras pelas quais os cientistas estudam os ecossistemas. Explique por que precisamos de muito mais dados básicos sobre a estrutura e as condições dos ecossistemas do mundo. Diferencie Holoceno e Antropoceno. Cite quatro fronteiras planetárias que já ultrapassamos, de acordo com alguns cientistas. Quais são as três grandes ideias deste capítulo? Como os três **princípios científicos da sustentabilidade** são exibidos em florestas tropicais úmidas?

Observação: os principais termos estão em negrito.

Raciocínio crítico

1. Como você explicaria a importância das florestas tropicais úmidas (**Estudo de caso principal**) para as pessoas que pensam que essas florestas não têm nenhuma conexão com a vida delas?

2. Explique **(a)** por que o fluxo de energia através da biosfera depende da ciclagem de nutrientes e **(b)** por que a ciclagem de nutrientes depende da gravidade.

3. Explique por que os micróbios são tão importantes. Cite duas maneiras pelas quais eles beneficiam sua saúde ou seu estilo de vida. Escreva uma breve descrição do que você imagina que aconteceria se os micróbios fossem eliminados da Terra.

4. Faça uma lista dos alimentos que você comeu no almoço ou jantar de hoje. Relacione cada tipo de alimento a uma determinada espécie produtora. Descreva a sequência de níveis tróficos que levaram à sua alimentação.

5. Use a segunda lei da termodinâmica (ver Capítulo 2) para explicar por que muitas pessoas pobres de países menos desenvolvidos seguem uma dieta predominantemente vegetariana.

6. Como a sua vida e a de seus filhos ou netos seriam afetadas se as atividades humanas como um todo continuassem a intensificar o ciclo da água?

7. O que aconteceria com um ecossistema se **(a)** todos os decompositores e detritívoros fossem eliminados, **(b)** todos os produtores fossem eliminados e **(c)** todos os insetos fossem eliminados? O ecossistema funcionaria somente com produtores e decompositores, sem consumidores? Explique.

8. Descreva como ultrapassar cada uma das fronteiras planetárias – *interrupção dos ciclos de nitrogênio e fósforo, perda de biodiversidade, mudanças no sistema terrestre e mudanças climáticas* – pode afetar **(a)** você, **(b)** seus filhos e **(c)** seus netos.

Fazendo ciência ambiental

Visite um ecossistema terrestre ou uma zona de vida aquática perto de você e tente identificar grandes produtores, consumidores primários e secundários, detritívoros e decompositores. Faça anotações e descreva pelo menos um exemplo de cada um desses tipos de organismos. Faça um esboço simples, mostrando como esses organismos podem se relacionar uns com os outros ou com os demais organismos de uma cadeia ou rede alimentar. Pense em duas maneiras com que essa cadeia ou rede alimentar pode ser interrompida e escreva um relatório resumindo sua pesquisa e suas conclusões.

Análise de dados

Lembre-se que a produtividade primária líquida (PPL) é a velocidade na qual os produtores conseguem produzir a energia química que fica armazenada em seus tecidos e, possivelmente, disponível para outros organismos (consumidores) de um ecossistema. Na Figura 3.14, a PPL é expressa em unidades de energia (quilocalorias, ou kcal) produzidas em uma determinada área (metros quadrados, ou m²) em um determinado período (um ano). Veja novamente a Figura 3.14 e analise as diferenças de PPL entre vários ecossistemas. Depois, responda as perguntas a seguir:

1. Qual é a PPL aproximada de uma floresta tropical úmida em kcal/m²/ano? Qual ecossistema terrestre produz cerca de um terço dessa velocidade? Qual ecossistema aquático tem praticamente a mesma PPL que uma floresta tropical úmida?

2. No início do século 20, grandes áreas de florestas temperadas dos Estados Unidos foram removidas para abrir espaço para terras agrícolas. Em média, de quanto foi a redução da PPL para cada unidade de área florestal removida e substituída por terras agrícolas?

3. Por que você acha que desertos e pradarias têm PPLs substancialmente menores que pântanos?

4. A PPL em estuários é quantas vezes maior do que em lagos e riachos? Por que você acha que isso acontece?

CAPÍTULO 4

Biodiversidade e evolução

> "Nada na biologia faz sentido, exceto à luz da evolução."
> THEODOSIUS DOBZHANSKY

Principais questões

4.1 O que é biodiversidade e por que ela é importante?

4.2 Qual é o papel das espécies nos ecossistemas?

4.3 Como a vida na Terra mudou com o passar do tempo?

4.4 Quais fatores afetam a biodiversidade?

Espécie de anfíbio ameaçada *Gastrotheca pseustes* no Equador.
Pete Oxford/Minden Pictures

Estudo de caso principal

Por que os anfíbios estão desaparecendo?

Anfíbios são uma classe de animais que inclui rãs, sapos e salamandras, os quais estavam entre os primeiros vertebrados (animais com espinha dorsal) a deixar a água e viver na terra. Eles se ajustaram e sobreviveram a mudanças ambientais com mais eficácia do que muitas outras espécies, mas o mundo está mudando rápido demais.

Um anfíbio vive uma parte da vida na água e outra na terra. Atividades humanas, como o uso de pesticidas e outras substâncias químicas, podem poluir os habitats terrestres e aquáticos desses animais. Muitas das mais de 7.500 espécies conhecidas de anfíbios estão enfrentando problemas para se adaptar a essas mudanças.

Desde 1980, populações de centenas de espécies de anfíbios diminuíram ou desapareceram (Figura 4.1). De acordo com a União Internacional para a Conservação da Natureza (International Union for Conservation of Nature – IUCN), cerca de 33% das espécies conhecidas de anfíbios enfrentam a *extinção* (o fim de sua existência). Estudos indicam que as rãs estão sendo extintas dez mil vezes mais rapidamente do que suas médias históricas.

Não há uma única causa que possa explicar a redução de muitas espécies de anfíbios, mas os cientistas identificaram inúmeros fatores que afetam esses animais em vários pontos de seus ciclos de vida. Por exemplo, os ovos de sapos não têm cascas para proteger os embriões dos poluentes da água, e os animais adultos ingerem inseticidas presentes em muitos dos insetos que comem. Vamos analisar esses e outros fatores no restante do capítulo.

Por que devemos nos importar se algumas espécies de anfíbios entrarem em extinção? Os cientistas apontam três motivos. *Primeiro*, os anfíbios são sensíveis *indicadores biológicos* de mudanças nas condições ambientais. Entre as mudanças, podemos citar

FIGURA 4.1 Amostra de algumas das quase 200 espécies de anfíbios que foram extintas desde a década de 1970.

perda de habitat, poluição do ar e da água, radiação ultravioleta (UV) e clima mais quente. As crescentes ameaças à sobrevivência de um número cada vez maior de espécies de anfíbios indicam que as condições ambientais para eles e muitos outros animais estão se deteriorando em diversas partes do mundo.

Segundo, os anfíbios adultos desempenham papéis importantes nas comunidades biológicas. Eles comem mais insetos (inclusive mosquitos) do que muitas espécies de aves. Em alguns habitats, a extinção de determinadas espécies de anfíbios pode levar à diminuição da população ou à extinção de animais que se alimentam deles ou de suas larvas, como insetos aquáticos, répteis, aves, peixes, mamíferos e outros anfíbios.

Terceiro, os anfíbios são importantes para a saúde humana.

Diversos produtos farmacêuticos são provenientes de compostos encontrados nas secreções da pele de alguns anfíbios. Muitos desses compostos foram isolados e usados como analgésicos e antibióticos, além de medicamentos para tratar queimaduras e doenças cardíacas. Se os anfíbios desaparecerem, esses potenciais benefícios médicos e de outras áreas que os cientistas ainda não descobriram desaparecerão com eles.

A ameaça aos anfíbios é parte de uma ameaça maior à biodiversidade da Terra. Neste capítulo, aprenderemos sobre a biodiversidade, como ela surgiu na Terra, por que é importante e como está ameaçada. Também consideraremos possíveis soluções para essas ameaças.

4.1 O QUE É BIODIVERSIDADE E POR QUE ELA É IMPORTANTE?

CONCEITO 4.1 A biodiversidade encontrada em genes, espécies, ecossistemas e processos de ecossistemas é vital para sustentar a vida na Terra.

Biodiversidade é a variedade de vida

Biodiversidade ou **diversidade biológica** é a variedade de vida na Terra. Ela tem quatro componentes, como mostra a Figura 4.2. Um deles é a **diversidade de espécies**, ou seja, o número e a abundância de diferentes tipos de espécies que vivem em um ecossistema. Estima-se que o número de espécies no planeta varie entre 7 e 100 milhões, com o número mais provável sendo algo entre 7 e 10 milhões de espécies. Até hoje, os biólogos identificaram cerca de 2 milhões de espécies, a maioria insetos (Foco na ciência 4.1).

O segundo componente da biodiversidade é a **diversidade genética**, que é a variedade de genes encontrados em uma população ou uma espécie (Figura 4.3). Os genes contêm informações que dão origem aos traços que podem ser transmitidos aos descendentes durante a reprodução. Espécies cujas populações têm maior diversidade genética têm mais chances de sobreviver e se adaptar a mudanças ambientais.

O terceiro componente, **diversidade de ecossistema**, refere-se à diversidade de comunidades biológicas da Terra, como desertos, pradarias, florestas, montanhas, oceanos, lagos, rios e pântanos. Os biólogos classificam

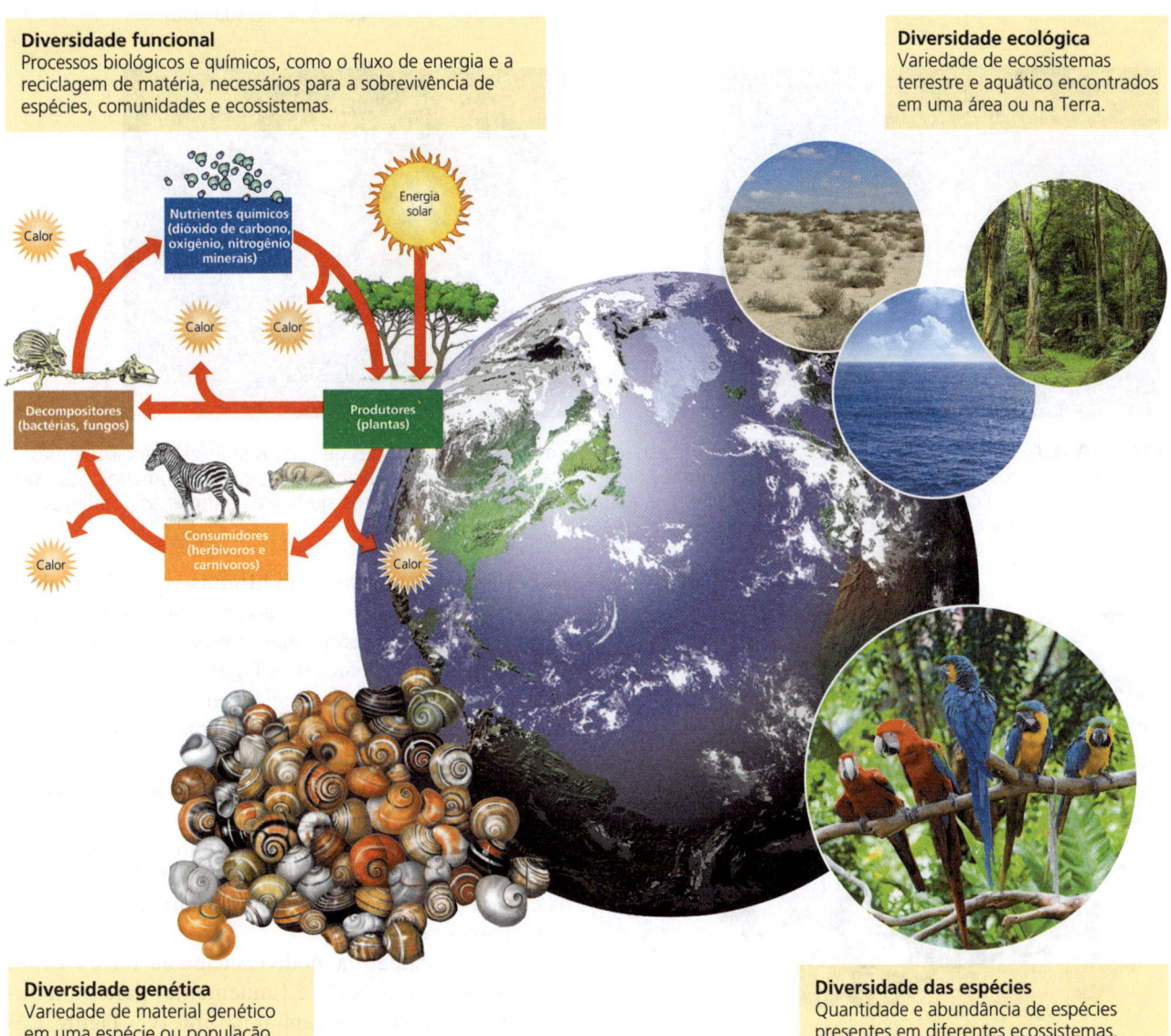

FIGURA 4.2 Capital natural: Os principais componentes da biodiversidade da Terra, um dos recursos renováveis mais importantes do planeta e um dos principais componentes do seu capital natural (veja Figura 1.3).

Lado direito – foto superior à esquerda: Laborant/Shutterstock.com; foto superior à direita: leungchopan/Shutterstock.com; foto superior no centro: Elenamiv/Shutterstock.com; foto inferior à direita: Juriah Mosin/Shutterstock.com.

Biodiversidade e evolução 71

FOCO NA CIÊNCIA 4.1

Os insetos têm um papel fundamental em nosso mundo

Quase metade das espécies identificadas no mundo são insetos. Muitas pessoas veem espécies de insetos como *pragas*, pois eles competem conosco por alimento, nos mordem ou picam, transmitem doenças como a malária e invadem nossos gramados, jardins e casas. Esse medo de insetos falha em reconhecer os papéis vitais que eles desempenham para manter a vida na Terra.

Por exemplo, a *polinização* é um serviço ecossistêmico fundamental que permite que as angiospermas se reproduzam. Muitas dessas espécies de plantas dependem dos insetos para polinizar suas flores (Figura 4.A, à esquerda) e permitir a reprodução. Além disso, os insetos que são decompositores ou detritívoros ajudam a devolver matéria orgânica e nutrientes para o solo (Figura 3.9). Já os insetos que comem outros insetos, como o louva-a-deus (Figura 4.A, à direita), ajudam a controlar a população de pelo menos metade das espécies de insetos que chamamos de pragas. Esse controle de pragas gratuito é outro serviço ecossistêmico vital.

RACIOCÍNIO CRÍTICO

Você consegue pensar em três espécies de insetos não discutidas aqui que beneficiam a sua vida?

FIGURA 4.A *Importância dos insetos*: As abelhas (à esquerda) e muitas outras espécies de insetos polinizam angiospermas (plantas com flores) que servem de alimento para muitos organismos consumidores de plantas, incluindo os humanos. Esse louva-a-deus, que está comendo uma mariposa (à direita), e muitas outras espécies de insetos ajudam a controlar as populações da maioria das espécies de insetos que classificamos como pragas.

FIGURA 4.3 A *diversidade genética* dessa população de uma espécie de caracol caribenho é refletida nas variações de cor da concha e nos padrões de bandas. A diversidade genética também pode incluir outras variações, como leves diferenças na composição química, sensibilidade a produtos químicos e comportamento.

os ecossistemas terrestres em **biomas** – grandes regiões, como florestas, desertos e pradarias, caracterizadas por climas diferentes e determinadas espécies proeminentes (em especial, de vegetação). A Figura 4.4 mostra os principais biomas espalhados pela região central dos Estados Unidos. Discutiremos os biomas mais detalhadamente no Capítulo 7.

O quarto componente da biodiversidade é a **diversidade funcional**, que consiste na variedade de processos, como fluxo de energia e ciclagem de matéria, que ocorrem nos ecossistemas (ver Figura 3.8) à medida que as espécies interagem umas com as outras em cadeias e redes alimentares.

Devemos cuidar da biodiversidade da Terra e evitar sua degradação, pois ela é fundamental para a manutenção e o aumento do capital natural (ver Figura 1.3) que nos mantém vivos e sustenta nossas economias. Os seres humanos usam a biodiversidade como fonte de alimentos, medicamentos, materiais de construção e combustíveis. A biodiversidade também fornece serviços ecossistêmicos naturais, como purificação do ar e

> **PESSOAS QUE FAZEM A DIFERENÇA 4.1**
>
> ### Edward O. Wilson: um defensor da biodiversidade
>
>
>
> Nascido no sudeste dos Estados Unidos, Edward O. Wilson, desde os 9 anos de idade, sempre se interessou por insetos. Segundo ele, "todo garoto tem sua fase de insetos; eu nunca passei da minha". Antes mesmo de entrar na faculdade, Wilson já estudava o mundo das formigas. Ele se tornou um dos maiores especialistas em formigas do mundo, revelando segredos de seus métodos de comunicação e comportamentos sociais.
>
> Com o tempo, Wilson ampliou seu foco para incluir toda a biosfera. Um de seus trabalhos mais memoráveis é a obra *Diversidade da vida*, publicada em 1992. Nesse livro, ele apresentou os princípios e as questões práticas da biodiversidade com a visão mais completa que se tinha até o momento. Hoje, é reconhecido como um dos maiores especialistas em biodiversidade do mundo e está profundamente envolvido na elaboração de textos e palestras sobre a necessidade de termos iniciativas de conservação global. Também trabalha na *Encyclopedia of Life* da Universidade de Harvard, um banco de dados on-line com informações sobre as espécies conhecidas de todo o mundo.
>
> Wilson ganhou mais de 100 prêmios nacionais e internacionais e escreveu 33 livros, dos quais dois foram laureados com o Prêmio Pulitzer de não ficção geral. Em 2013, recebeu a honraria mais alta da National Geographic Society, a Medalha Hubbard. Sobre a importância da biodiversidade, ele afirma: "Como podemos salvar as formas de vida da Terra da extinção se nem mesmo conhecemos a maioria delas? [...] Gosto de dizer que a Terra é um planeta pouco conhecido".

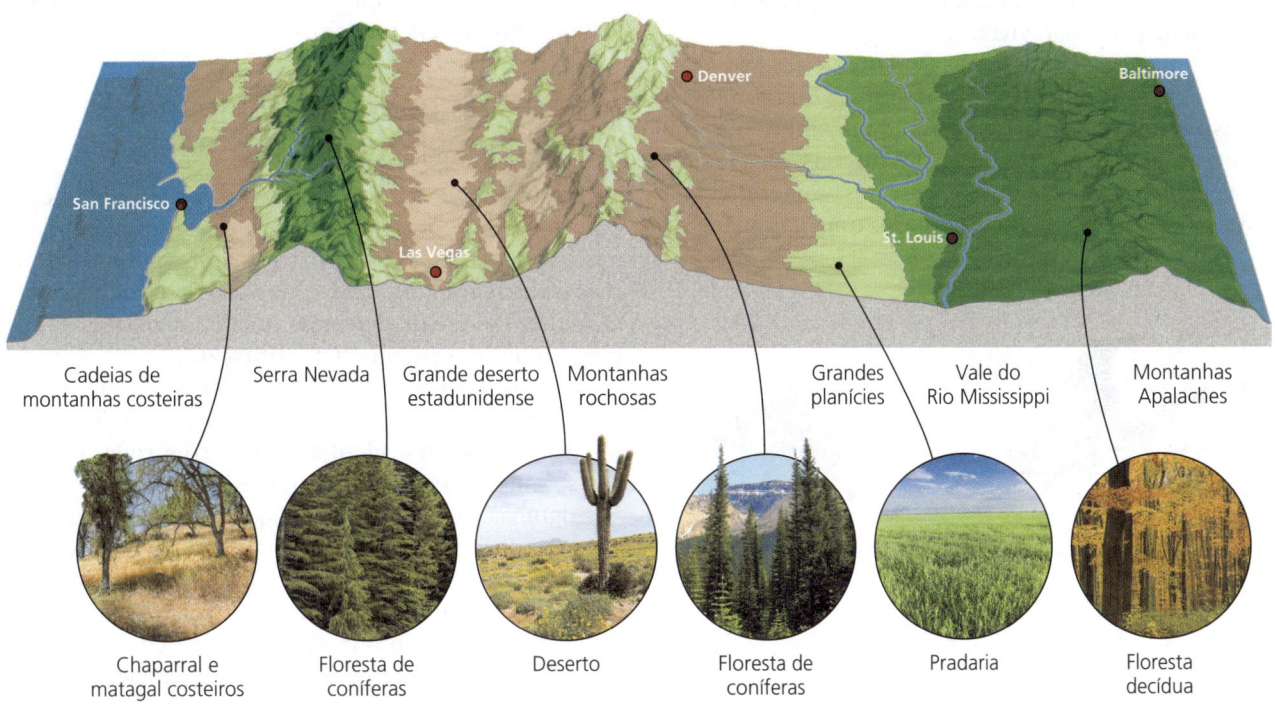

FIGURA 4.4 A variedade de biomas encontrados ao longo do paralelo 39 dos Estados Unidos.

Primeira: Zack Frank/Shutterstock.com; segunda: Robert Crum/Shutterstock.com; terceira: Joe Belanger/Shutterstock.com; quarta: Protasov AN/Shutterstock.com; quinta: Maya Kruchankova/Shutterstock.com; sexta: Marc von Hacht/Shutterstock.com

da água, renovação da camada superior do solo, decomposição de resíduos e polinização. Além disso, a variedade de informações genéticas, espécies e ecossistemas da Terra são necessárias para a evolução de novas espécies e serviços ecossistêmicos à medida que respondem às mudanças nas condições ambientais. A biodiversidade é a apólice de seguro ecológico da Terra. Devemos muito do que sabemos hoje sobre biodiversidade a pesquisadores como Edward O. Wilson (Pessoas que fazem a diferença 4.1).

4.2 QUAL É O PAPEL DAS ESPÉCIES NOS ECOSSISTEMAS?

CONCEITO 4.2A Cada espécie desempenha uma função ecológica específica, denominada *nicho*.

CONCEITO 4.2B Em um determinado ecossistema, qualquer espécie pode desempenhar uma ou mais das quatro importantes funções: nativa, não nativa, indicadora ou chave.

Cada espécie tem o seu papel

Cada espécie desempenha um papel no ecossistema em que vive (**Conceito 4.2A**). Os ecologistas descrevem esse papel como o **nicho ecológico** de uma espécie ou simplesmente seu **nicho**. É o modo de vida da espécie em uma comunidade e que inclui tudo que afeta sua sobrevivência e reprodução, como de quanta água e luz solar ela precisa, de quanto espaço ela necessita, de que se alimenta, ou quem se alimenta dela e as temperaturas e outras condições que pode tolerar. Um nicho de espécie não deve ser confundido com seu **habitat**, que é o lugar, ou tipo de ecossistema, em que ela vive e obtém o que precisa para sobreviver.

Os ecologistas usam os nichos das espécies para classificá-las principalmente como *generalistas* ou *especialistas*. As **espécies generalistas**, como o guaxinim, têm um nicho amplo (Figura 4.5, curva à direita). Os generalistas podem viver em diversos lugares, comer diversos alimentos e frequentemente tolerar uma variedade de condições ambientais. Outras espécies generalistas são baratas, ratos, coiotes e veado-de-cauda-branca.

Em contraste, as **espécies especialistas**, como o panda-gigante, ocupam nichos estreitos (Figura 4.5, curva à esquerda). Essas espécies podem viver em apenas um tipo de habitat, usam apenas um ou alguns tipos de alimento e toleram uma pequena variedade de climas e outras condições ambientais. Por exemplo, algumas aves costeiras são especializadas em se alimentar de crustáceos, insetos e outros organismos encontrados em praias e nas áreas costeiras alagadiças das adjacências (Figura 4.6).

Em razão de seus nichos estreitos, as espécies especialistas são mais propensas a se tornarem ameaçadas ou extintas quando as condições ambientais mudam. Por exemplo, o panda-gigante da China (Figura 4.5, à esquerda) é considerado vulnerável devido à combinação dos seguintes fatores: perda de habitat, baixa taxa de natalidade e dieta especial composta principalmente de bambu.

É melhor ser um generalista ou um especialista? Depende. Quando as condições ambientais são constantes, como em uma floresta tropical, os especialistas levam vantagem porque têm menos concorrentes. No entanto, em condições ambientais que mudam rapidamente, o generalista, que de modo geral é mais adaptável, está em melhor situação.

As espécies podem desempenhar quatro papéis nos ecossistemas

Os nichos podem ser classificados em termos de funções específicas que determinadas espécies desempenham nos ecossistemas. Os ecologistas descrevem essas funções como *nativas*, *não nativas*, *indicadoras* e *espécies chave*. Qualquer espécie desempenha uma ou mais dessas funções em um ecossistema (**Conceito 4.2B**).

As **espécies nativas** vivem e prosperam em um ecossistema específico. Outras espécies que migram ou são deliberadas ou acidentalmente introduzidas em um ecossistema são chamadas **espécies não nativas**.

Algumas pessoas presumem que espécies não nativas são prejudiciais, o que nem sempre é o caso. Por exemplo, a maioria das espécies domesticadas, incluindo certas culturas alimentares, flores, galinhas, gado e peixes, beneficiam os humanos mesmo quando não são nativas. No entanto, algumas espécies não nativas podem competir com as espécies nativas de um ecossistema e reduzi-las – são as chamadas **espécies invasivas**.

Em 1957, por exemplo, o Brasil importou abelhas-africanas para aumentar a produção de mel, mas aconteceu o contrário: as abelhas-africanas, mais agressivas, deslocaram parte das populações de abelhas produtoras de mel do Brasil, reduzindo o fornecimento de mel. Desde então, essas espécies de abelhas não nativas se espalharam pela América do Norte e América Central, entrando no México e na região sul dos Estados Unidos e, enquanto se espalhavam, mataram milhares de animais domésticos e cerca de mil pessoas, muitas das quais alérgicas a picadas de abelhas.

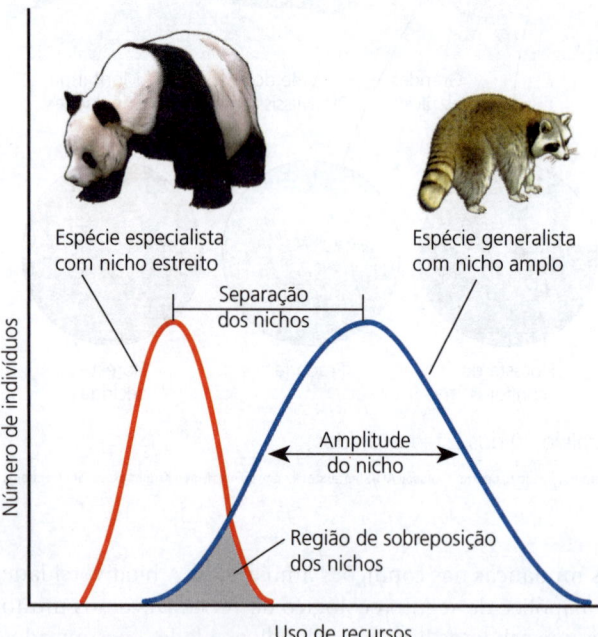

FIGURA 4.5 Espécies especialistas, como o panda-gigante, têm um nicho mais estreito (curva à esquerda), enquanto espécies generalistas, como o guaxinim, têm um nicho mais amplo (curva à direita)

FIGURA 4.6 Várias espécies de aves em uma área costeira alagadiça ocupam nichos alimentares especializados. Essa especialização reduz a competição e permite compartilhar recursos limitados.

As espécies indicadoras servem como alarme

As espécies que fornecem alertas iniciais de danos a uma comunidade ou ecossistema são chamadas **espécies indicadoras**. Elas são como detectores de fumaça biológicos.

Por exemplo, no Estudo de caso principal deste capítulo, você descobriu que alguns anfíbios são classificados como espécies indicadoras. Um estudo encontrou uma correlação aparente entre as mudanças climáticas causadas pelo aquecimento atmosférico e a extinção de cerca de dois terços das espécies conhecidas de rãs-arlequim das florestas tropicais da América Central e da América do Sul. Outros estudos encontraram correlações semelhantes. Os cientistas estão se esforçando para identificar algumas das possíveis causas da redução de populações de anfíbios (Foco na ciência 4.2).

Espécies-chave desempenham papéis fundamentais nos ecossistemas

Uma **espécie-chave** tem um grande efeito sobre os tipos e a abundância de outras espécies encontradas em um ecossistema. Sem essas espécies, o ecossistema seria muito diferente ou entraria em colapso.

As espécies-chave desempenham vários papéis críticos para ajudar a manter os ecossistemas. Um deles é a *polinização* de espécies de plantas com flores por borboletas, abelhas (Figura 4.A, à esquerda), beija-flores, morcegos e outras espécies. Além disso, as principais espécies-chave predatórias se alimentam de populações de outras espécies e ajudam a regulá-las. Exemplos dessas espécies são lobos, leopardos, leões, o jacaré-americano (ver Estudo de caso a seguir) e algumas espécies de tubarões (ver o segundo Estudo de caso, mais adiante).

A perda de uma espécie-chave pode levar a colapsos populacionais e à extinção de outras espécies que dependem delas para alguns serviços ecossistêmicos. É por isso que é tão importante para os cientistas identificar espécies-chave e trabalhar para protegê-las.

ESTUDO DE CASO

Jacaré-americano: uma espécie-chave que quase foi extinta

O jacaré-americano (Figura 4.7) é uma espécie-chave por desempenhar uma série de funções importantes nos ecossistemas onde é encontrado na região sudeste dos Estados Unidos.

Esses animais cavam depressões profundas ou buracos. Essas depressões retêm a água doce durante os períodos de seca e servem como refúgios para a vida aquática e, também, fornecem água doce e alimentos para peixes, insetos, cobras, tartarugas, pássaros e outros animais.

Os grandes montes de nidificação que os jacarés constroem fornecem locais de nidificação e alimentação para algumas garças, e as tartarugas-de-barriga-vermelha usam ninhos antigos de jacarés para incubar seus ovos. Além disso, os jacarés comem grandes quantidades de gar (lepisosteiformes), um peixe predador, o que ajuda a manter as populações de peixe de pesca recreativa das quais o gar se alimenta, como o robalo e o sargo.

Conforme os jacarés criam buracos e montes de nidificação, eles ajudam a prevenir a invasão de vegetação em áreas da costa e de águas abertas. Sem esse serviço ecossistêmico, as lagoas de água doce e os pântanos costeiros onde os jacarés vivem seriam preenchidos com arbustos e árvores, e dezenas de espécies desapareceriam desses ecossistemas.

Na década de 1930, caçadores começaram a matar um grande número desses jacarés por causa da carne exótica e do couro flexível do abdome, usado para fazer calçados caros, cintos e bolsas. Outras pessoas caçavam os jacarés por esporte ou por não gostarem de grandes répteis. Nos anos 1960, os caçadores ilegais acabaram

Biodiversidade e evolução

FIGURA 4.7 *Espécies-chave*: O jacaré-americano desempenha uma importante função ecológica em seus habitats de pântanos, no sudeste dos Estados Unidos, ajudando a manter muitas outras espécies.
Martha Marks/Shutterstock.com

com 90% dos jacarés do estado da Louisiana, nos Estados Unidos, e a população dos jacarés de Everglades, na Flórida, também estava perto da extinção.

Em 1967, o governo dos Estados Unidos colocou o jacaré-americano em uma lista de espécies ameaçadas. Em 1987, por estar protegida, a população desses animais ficou grande o bastante para a espécie ser removida da lista. Hoje, há mais de um milhão de jacarés na Flórida. Atualmente, o estado permite que donos de propriedades matem os jacarés que entram em suas terras.

Para os biólogos de conservação, o retorno do jacaré-americano é uma importante história de sucesso na preservação da vida selvagem. Recentemente, porém, grandes pítons birmanesas e africanas que se reproduzem rápido e foram soltas de maneira deliberada ou acidental por humanos invadiram a região de Everglades, na Flórida. Esses invasores não nativos se alimentam de jacarés jovens, ameaçando a sobrevivência em longo prazo dos jacarés-americanos nessa região.

ESTUDO DE CASO
Tubarões como espécies-chave

As mais de 480 espécies conhecidas de tubarão têm tamanhos bastante variados, que vão do tubarão-branco-anão ao ameaçado tubarão-baleia (Figura 4.8, à esquerda), que pode ter o tamanho de um ônibus e pesar o mesmo que dois elefantes africanos adultos.

Algumas espécies de tubarão são fundamentais para seus ecossistemas. Os tubarões que se alimentam no topo ou perto do topo de suas redes alimentares, como o ameaçado tubarão-martelo-recortado (Figura 4.8, à direita), removem animais feridos e doentes. Sem esse serviço ecossistêmico, os oceanos seriam repletos de peixes e mamíferos marinhos mortos ou agonizando.

Reportagens na mídia sobre ataques de tubarões exageram os perigos que eles representam para os humanos. Todos os anos, membros de algumas espécies, como o tubarão-branco, o tubarão-cabeça-chata, o tubarão-tigre, o galha-branca-oceânico e o tubarão-martelo, ferem de 60 a 80 pessoas, e normalmente matam entre 6 e 10 pessoas em todo o mundo. De acordo com os arquivos de ataques de tubarão do *Florida Museum of History*, é muito mais provável que você morra ao cair da cama ou ao ser atingido por um coco que caiu do coqueiro do que por um ataque de tubarão. Em 2016, morreram mais pessoas tirando *selfies* (127) do que em ataques de tubarão (4).

Todos os anos, as atividades humanas matam mais de 200 milhões de tubarões. Até 73 milhões de tubarões morrem anualmente após serem capturados para extrair suas valiosas barbatanas, uma prática chamada de *shark finning* (remoção das barbatanas de tubarões). Depois de capturados, os tubarões têm as barbatanas cortadas e são jogados de volta no oceano, onde sangram até a morte ou se afogam, pois não conseguem mais nadar. Os tubarões ainda são mortos para extração de fígado, carne, pele e mandíbula, e também por serem temidos.

FIGURA 4.8 O ameaçado tubarão-baleia (à esquerda), que se alimenta de plâncton, é o maior peixe do oceano e amigável com os seres humanos. O tubarão-martelo-recortado (à direita) é uma espécie ameaçada.

As barbatanas de tubarão extraídas são muito utilizadas na Ásia como ingrediente em sopas caras (até US$ 100 a tigela) e um suposto medicamento "para tudo". De acordo com o grupo de preservação da vida selvagem *WildAid*, não existem evidências confiáveis de que as barbatanas tenham sabor ou algum valor nutricional ou medicinal. O grupo também alerta que o consumo de barbatana ou carne de tubarão pode ameaçar a saúde humana, pois esses alimentos normalmente contêm altos níveis de mercúrio e outras toxinas.

Segundo um estudo de 2014 da União Internacional para a Conservação da Natureza, 25% das espécies de tubarão de mar aberto estão ameaçadas de extinção, principalmente em razão da pesca predatória. Como alguns tubarões são espécies-chave, a extinção deles pode ameaçar os ecossistemas e os serviços ecossistêmicos que eles fornecem. Os tubarões são especialmente vulneráveis a diminuições populacionais porque crescem lentamente, amadurecem tarde e têm poucos filhotes por geração. Hoje, eles estão entre os animais mais vulneráveis e menos protegidos da Terra.

> **PARA REFLETIR**
> **APRENDENDO COM A NATUREZA**
> Os tubarões deslizam facilmente pela água porque têm pequenos sulcos na pele, que formam canais contínuos para a água fluir. Os cientistas estão estudando isso para desenvolver cascos para navios que economizarão energia e dinheiro ao se mover pela água com menos resistência.

4.3 COMO A VIDA NA TERRA MUDA AO LONGO DO TEMPO

CONCEITO 4.3A A teoria científica da evolução por meio da seleção natural explica como a vida na Terra muda com o passar do tempo devido às alterações nos genes das populações.

CONCEITO 4.3B As populações evoluem quando os genes mudam e dão a alguns indivíduos características genéticas que melhoram sua capacidade de sobreviver e de produzir descendentes com essas características (seleção natural).

A evolução explica como a vida muda com o passar do tempo

Como chegamos a essa incrível diversidade de espécies? A resposta científica é **evolução biológica** ou simplesmente **evolução** – processo pelo qual as espécies mudam geneticamente ao longo do tempo (**Conceito 4.4A**).

De acordo com essa teoria científica, as espécies evoluíram a partir de espécies ancestrais anteriores por meio da **seleção natural**, processo em que os indivíduos com determinados traços genéticos têm maior probabilidade de sobreviver e se reproduzir em um conjunto específico de condições ambientais. Os

FOCO NA CIÊNCIA 4.2

Causas do declínio dos anfíbios

Os *herpetologistas*, ou cientistas que estudam anfíbios, identificaram os fatores naturais e humanos que podem causar a redução e o desaparecimento dessas espécies indicadoras.

Uma ameaça natural são os *parasitas*, como platelmintos que se alimentam dos ovos de determinados anfíbios. Pesquisas indicam que eles causam defeitos de nascença, como ausência de membros ou membros extra em alguns anfíbios.

Outra ameaça natural vem de *doenças causadas por vírus e fungos*. Um exemplo é o fungo *Batrachochytrium dendrobatidis*, que infecta a pele dos sapos, deixando-a mais grossa, reduzindo assim sua capacidade de absorver água através da pele e causando sua morte por desidratação. Essas doenças se espalham facilmente, já que os adultos de muitas espécies de anfíbios se reúnem em grandes grupos para procriar.

Perda de habitat e fragmentação é outra grande ameaça para os anfíbios. Este é basicamente um problema causado pelos seres humanos, que resulta da remoção de florestas e da drenagem e enchimento de zonas úmidas para agricultura e desenvolvimento urbano.

Outro problema relacionado com os humanos são os *níveis mais altos de radiação UV* do Sol. Nas últimas décadas, substâncias químicas destruidoras da camada de ozônio foram liberadas na atmosfera por atividades humanas e destruíram parte da camada protetora de ozônio da estratosfera. O aumento resultante da radiação ultravioleta pode matar embriões de anfíbios em lagoas rasas, além de anfíbios adultos que tomam banho de sol para se aquecer.

A *poluição* proveniente das atividades humanas também ameaça os anfíbios. Sapos e outras espécies são expostos a pesticidas presentes em lagos e no corpo dos insetos que consomem, o que pode deixá-los mais vulneráveis a doenças bacterianas, virais ou fúngicas, além de alguns parasitas.

As *mudanças climáticas* também são uma preocupação. Os anfíbios são sensíveis até a pequenas mudanças de temperatura e umidade. Temperaturas mais altas podem levar os anfíbios a procriar cedo demais. Períodos de seca prolongados também causam uma queda nas populações de anfíbios por secar as lagoas das quais sapos e outros anfíbios dependem para sobreviver (Figura 4.B).

A *caça excessiva* é outra ameaça relacionada aos seres humanos, especialmente em regiões da Ásia e da Europa, em que os animais são caçados para consumo da carne de suas coxas. Outra ameaça é a invasão de habitats de anfíbios por *predadores e competidores não nativos*, como algumas espécies de peixes. Parte dessa imigração é natural, mas os humanos transportam muitas espécies para os habitats de anfíbios de maneira acidental ou deliberada.

De acordo com a maioria dos especialistas, uma combinação desses fatores, que variam entre as localidades, é responsável por grande parte da redução e extinção de espécies de anfíbios.

FIGURA 4.B Esse sapo-dourado viveu nas grandes altitudes da Reserva da Floresta Nublada de Monteverde, na Costa Rica. A espécie foi extinta em 1989, aparentemente porque seu habitat secou.

RACIOCÍNIO CRÍTICO

Entre os fatores listados acima, cite os três que poderiam ser controlados de maneira mais eficaz por esforços humanos.

---

indivíduos transmitem, então, esses traços para os descendentes (**Conceito 4.3B**).

Um grande corpo de evidências científicas confirma essa ideia e, como resultado, a *evolução biológica por meio da seleção natural* é a teoria científica mais aceita para explicar como a vida na Terra mudou nos últimos 3,8 bilhões de anos e por que temos a diversidade de espécies atual.

A maior parte do que sabemos sobre a longa história da vida na Terra vem dos **fósseis** – os resíduos ou vestígios de organismos do passado. Os fósseis incluem réplicas mineralizadas ou petrificadas de esqueletos, ossos, dentes, conchas, folhas e sementes ou impressões desses itens encontrados nas rochas. Os cientistas descobriram evidências de fósseis em camadas sucessivas de rochas sedimentares, como calcário e arenito. Eles também estudaram evidências de vidas antigas coletadas em testemunhos de perfurações de gelo glacial nos polos terrestres e no topo das montanhas.

As evidências obtidas por meio desses métodos, denominadas *registros fósseis*, são desiguais e incompletas, pois muitas formas de vida do passado não deixaram fósseis, e alguns destes acabaram se decompondo. Os cientistas estimam que os fósseis encontrados até hoje representam apenas 1% de todas as espécies que já existiram. Ainda temos muitas perguntas sem resposta sobre os detalhes da evolução por seleção natural, por isso, as pesquisas dessa área continuam.

A evolução depende da variabilidade genética e da seleção natural

A ideia de que os organismos mudam com o tempo e são descendentes de um único ancestral em comum é discutida desde a época dos primeiros filósofos gregos. Não havia nenhuma explicação convincente de como isso poderia acontecer até 1858, quando os naturalistas Charles Darwin (1809-1882) e Alfred Russel Wallace (1823-1913) propuseram de maneira independente o conceito de seleção natural como um mecanismo de evolução biológica. Darwin coletou evidências para essa ideia e as publicou em seu livro de 1859, *A origem das espécies por meio da seleção natural*.

A evolução biológica por seleção natural envolve mudanças na composição genética de uma população por gerações sucessivas (**Conceito 4.3A**). As populações, e não os indivíduos, evoluem ao se tornar geneticamente diferentes. A primeira etapa desse processo é o desenvolvimento de **variabilidade genética**, que é uma variedade na composição genética dos indivíduos de uma população, a qual ocorre por meio das **mutações**, ou alterações nas instruções genéticas codificadas no DNA de um gene. Durante o ciclo de vida de um organismo, o DNA de suas células é copiado toda vez que uma das células se divide e sempre que ele se reproduz. Ao longo da vida, isso acontece milhões de vezes e resulta várias mutações.

A maior parte das mutações resulta de alterações aleatórias nas instruções genéticas codificadas do DNA, que ocorrem apenas em uma fração minúscula das milhões de divisões. Algumas mutações também ocorrem a partir da exposição a agentes externos, como radioatividade, radiação UV do Sol e certas substâncias químicas naturais e criadas pelos seres humanos, chamadas *mutagênicas*.

As mutações podem ocorrer em qualquer célula, mas apenas aquelas que acontecem nos genes das células reprodutivas são transmitidas para os descendentes. Às vezes, uma mutação pode resultar uma nova característica genética, chamada *traço hereditário*, que pode ser passado de uma geração para outra. Assim, as populações desenvolvem diferenças genéticas entre os indivíduos.

A próxima etapa na evolução biológica é a seleção natural, que explica como as populações evoluem em resposta a mudanças nas condições ambientais por meio da alteração de sua composição genética. Por meio da seleção natural, as condições ambientais favorecem maior sobrevivência e reprodução de determinados indivíduos de uma população. Esses indivíduos favorecidos possuem traços hereditários que lhes dão algumas vantagens sobre outros indivíduos da população. Esse traço é chamado **adaptação** ou **traço adaptativo**. Um traço adaptativo melhora a capacidade de um organismo individual de sobreviver e de se reproduzir em uma velocidade mais alta do que os outros indivíduos de uma população nas condições ambientais atuais.

Um exemplo de seleção natural em ação é a *resistência genética*, que ocorre quando um ou mais organismos de uma população têm genes para tolerar uma substância química (como um pesticida ou antibiótico) que normalmente seria fatal. Os indivíduos resistentes sobrevivem e se reproduzem mais rapidamente que os membros daquela população que não têm esses traços genéticos. A resistência genética pode se desenvolver muito rapidamente em populações de organismos como bactérias e insetos, que produzem um grande número de descendentes em um curto período. Por exemplo, algumas bactérias causadoras de doenças desenvolveram resistência genética a medicamentos antibacterianos amplamente usados, ou *antibióticos* (Figura 4.9).

Por meio da seleção natural, os seres humanos evoluíram traços que permitiram a sobrevivência e a reprodução em muitos ambientes diferentes. Se pensarmos nos 4,6 bilhões de anos de história geológica e biológica da Terra como as 24 horas de um dia, a espécie humana chegou cerca de um décimo de segundo antes da meia-noite. Nesse curto período, dominamos a maioria dos sistemas terrestres e aquáticos do planeta, com uma crescente pegada ecológica (ver Figura 1.9). Os biólogos evolucionários atribuem nossa capacidade de dominar a Terra a três grandes adaptações:

- *Os fortes polegares opositores* permitiram que os humanos segurassem e usassem ferramentas melhor que os outros poucos animais que têm polegares.

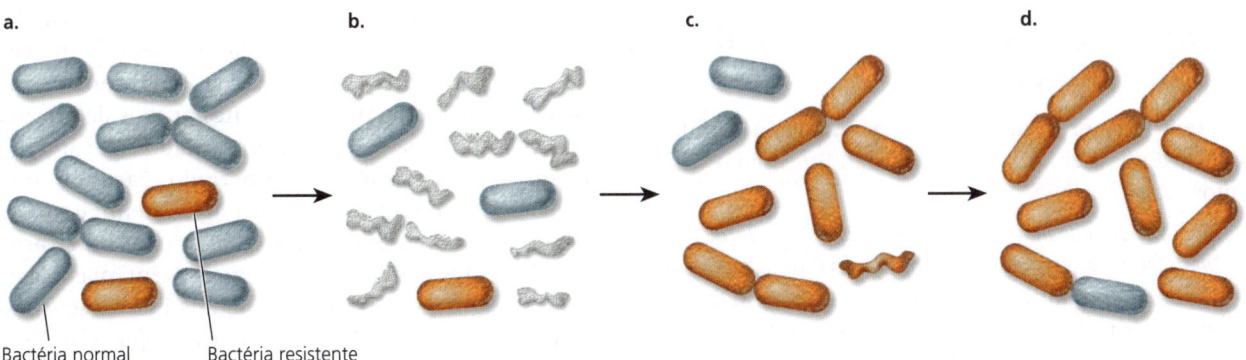

FIGURA 4.9 *Evolução pela seleção natural*: **(a)** uma população de bactérias é exposta a um antibiótico, que **(b)** mata todos os indivíduos, exceto aqueles com um traço que os torna resistentes ao medicamento. **(c)** A bactéria resistente multiplica-se e, por fim, **(d)** substitui todas ou a maioria das bactérias não resistentes.

- *A capacidade de andar ereto* deu agilidade e liberou as mãos dos seres humanos para vários usos.
- *Um cérebro complexo* permitiu aos humanos desenvolver muitas habilidades, inclusive a de comunicar ideias complexas.

Para resumir o processo de evolução biológica por seleção natural: os genes passam por mutações, alguns indivíduos são selecionados e as populações que estão mais bem adaptadas para sobreviver e se reproduzir nas condições ambientais existentes evoluem (**Conceito 4.3B**).

Limites da adaptação por meio da seleção natural

Em um futuro não muito distante, as adaptações às novas condições ambientais por meio da seleção natural nos protegerão dos perigos? Por exemplo, as adaptações farão com que a pele dos nossos descendentes seja mais resistente aos efeitos nocivos da radiação UV ou permitirão que os pulmões deles lidem com os poluentes do ar?

Para os cientistas da área, isso é pouco provável em razão de duas limitações da adaptação por meio da seleção natural. *Primeiro*, uma mudança nas condições ambientais pode acarretar adaptação apenas das características genéticas já presentes no conjunto de genes de uma população ou de traços resultantes de mutações, que ocorrem aleatoriamente.

Segundo, mesmo que uma característica hereditária benéfica esteja presente em uma população, sua capacidade de se adaptar pode estar limitada à capacidade reprodutiva. As populações de espécies geneticamente variadas que se reproduzem rapidamente, muitas vezes, se adaptam a uma mudança nas condições ambientais, em um curto espaço de tempo (de dias a anos). Exemplos dessas espécies são dentes-de-leão, mosquitos, ratos, bactérias e baratas. Em contrapartida, as espécies incapazes de produzir um grande número de descendentes rapidamente – como elefantes, tigres, tubarões e seres humanos – levam milhares ou até milhões de anos para se adaptar por meio da seleção natural.

Mitos sobre a evolução por meio da seleção natural

Existem inúmeros equívocos relacionados à evolução biológica por meio da seleção natural. Estes são os cinco mitos mais comuns:

- *Sobrevivência do mais adaptado significa sobrevivência do mais forte*. Para os biólogos, adaptação é uma medida de sucesso reprodutivo, não de força. Assim, os indivíduos mais adaptados são aqueles que deixam mais descendentes, e não os que são fisicamente mais fortes.
- *A evolução explica a origem da vida*. Ela não explica isso, mas explica como as espécies evoluíram depois que a vida passou a existir, há cerca de 3,8 bilhões de anos.
- *Os humanos evoluíram dos macacos*. Fósseis e outras evidências mostram que seres humanos e macacos evoluíram por caminhos diferentes a partir de um ancestral comum que viveu entre 5 e 8 milhões de anos atrás.
- *A evolução por seleção natural faz parte de um grande plano da natureza, em que as espécies deverão ficar mais perfeitamente adaptadas*. Não existem evidências que confirmem esse plano.
- *A evolução por seleção natural não é importante porque é apenas uma teoria*. Isso revela um erro na compreensão do conceito de teoria científica, que se baseia em um grande número de evidências e é aceita amplamente pelos especialistas científicos de um determinado campo de estudo. Diversas pesquisas mostram que a evolução por seleção natural é aceita por mais de 95% dos biólogos, pois explica melhor a biodiversidade da Terra e como as populações de diferentes espécies se adaptaram às mudanças das condições ambientais do planeta em bilhões de anos.

4.4 QUAIS FATORES AFETAM A BIODIVERSIDADE?

CONCEITO 4.4A Conforme as condições ambientais mudam, o equilíbrio entre a formação de novas espécies e a extinção de outras determina a biodiversidade da Terra.

CONCEITO 4.4B As atividades humanas estão diminuindo a biodiversidade, causando a extinção de muitas espécies e destruindo ou degradando os habitats necessários para o desenvolvimento de novas espécies por meio da seleção natural.

Como as novas espécies surgem?

Em determinadas circunstâncias, a seleção natural pode originar uma espécie totalmente nova. Nesse processo, chamado **especiação**, uma espécie forma duas ou mais espécies diferentes.

Especialmente nos seres com reprodução sexuada, a especiação acontece em duas fases: isolamento geográfico e isolamento reprodutivo. O **isolamento geográfico** acontece quando diferentes grupos da mesma população de uma espécie ficam isolados fisicamente uns dos outros por um longo período. Parte de uma população pode migrar em busca de alimento e passar a viver como uma população separada em outra área com diferentes condições ambientais. Ventanias e correntes de água podem carregar alguns indivíduos para longe, onde eles estabelecem uma nova população. Uma inundação, uma nova estrada, um furacão, um terremoto, uma erupção vulcânica ou processos geológicos de longo prazo (Foco na ciência 4.3) também podem separar populações. Essas populações separadas podem

FOCO NA CIÊNCIA 4.3

Os processos geológicos afetam a biodiversidade

A superfície da Terra mudou significativamente durante sua longa história. Cientistas descobriram que enormes fluxos de rocha derretida no interior da Terra quebraram sua superfície em uma série de placas sólidas gigantes, chamadas *placas tectônicas*. Por centenas de milhões de anos, essas placas se afastaram lentamente sobre o manto do planeta (Figura 4.C).

Evidências de rochas e fósseis indicam que, entre 200 e 250 milhões de anos atrás, todos os continentes atuais da Terra estavam conectados em um supercontinente chamado Pangeia (Figura 4.C, à esquerda). Cerca de 175 milhões de anos atrás, Pangeia começou a se dividir, à medida que as placas tectônicas se movimentavam. Com o tempo, o movimento tectônico resultou na localização atual dos continentes (Figura 4.C, à direita).

O movimento das placas tectônicas teve dois efeitos importantes na evolução e distribuição da vida na Terra. *Primeiro*, a localização dos continentes e das bacias oceânicas influenciou muito o clima do planeta, que tem um papel decisivo na determinação de onde as plantas e os animais podem viver. *Segundo*, a separação, o movimento e a união dos continentes permitiram que as espécies se mudassem e se adaptassem a novos ambientes, o que levou à formação de um grande número de novas espécies por meio da especiação.

Ao longo das fronteiras em que se encontram, as placas tectônicas podem se afastar, colidir ou deslizar umas sobre as outras. As grandes forças produzidas por essas interações entre as bordas das placas podem causar terremotos e erupções vulcânicas. Essas atividades geológicas também podem afetar a evolução biológica ao gerar fissuras na crosta terrestre, isolando populações de espécies em lados separados. Durante longos períodos, isso pode levar à formação de novas espécies, já que cada população isolada muda geneticamente em resposta às novas condições ambientais.

Erupções vulcânicas que ocorrem nas fronteiras das placas tectônicas também podem afetar os processos de extinção e especiação por meio da destruição de habitats e da redução, do isolamento e do extermínio de populações de espécies. Esses processos geológicos serão discutidos em mais detalhes no Capítulo 12.

RACIOCÍNIO CRÍTICO

As placas tectônicas da Terra, inclusive aquela em que você se encontra, normalmente se movem em uma velocidade parecida com a do crescimento das suas unhas. Como o futuro da biodiversidade do planeta seria afetado se elas parassem de se mover?

FIGURA 4.C Durante milhões de anos, os continentes da Terra moveram-se muito lentamente sobre várias placas tectônicas gigantes. *Raciocínio crítico:* Como pode uma área de terra se dividir e causar a extinção de uma espécie?

---

desenvolver características genéticas bem diferentes, já que não partilham mais genes.

No **isolamento reprodutivo**, a mutação e as mudanças por seleção natural atuam de forma independente nos conjuntos de genes das populações geograficamente isoladas. Se esse processo se mantém por um longo período, os membros das populações de espécies de reprodução sexuada que se encontram isolados geograficamente podem se tornar tão diferentes na composição genética que se tornarão incapazes de produzir descendentes vivos e férteis se forem reunidos e tentarem acasalar. Nesse caso, uma espécie dá origem a duas e ocorre a especiação (Figura 4.10).

Seleção artificial, engenharia genética e biologia sintética

Há milhares de anos, os seres humanos usam a **seleção artificial** para alterar as características genéticas de populações com genes semelhantes. Primeiro,

FIGURA 4.10 O *isolamento geográfico* pode levar a isolamento reprodutivo, divergência de grupos de genes e especiação.

selecionam uma ou mais características genéticas desejadas que já existam na população de uma planta ou animal. Em seguida, usam a *reprodução seletiva* ou *cruzamento* para controlar quais membros de uma população terão a oportunidade de se reproduzir para aumentar o número de indivíduos com os traços desejados na população.

A seleção artificial não é uma forma de especiação. Ela se limita ao cruzamento de variedades genéticas da mesma espécie ou de espécies que são geneticamente parecidas umas com as outras. A maioria dos grãos, frutas e vegetais que comemos é produzida por meio da seleção artificial, que também nos deu lavouras de alimentos com safras maiores, vacas que produzem mais leite, árvores que crescem mais rápido e muitas variedades diferentes de cães e gatos. No entanto, o cruzamento tradicional é um processo lento.

Os cientistas descobriram como acelerar esse processo de manipulação de genes para selecionar traços desejados ou eliminar os indesejados. Eles fazem isso transferindo segmentos de DNA com uma característica desejada de uma espécie a outra por meio de um processo chamado **engenharia genética**. Nesse processo, conhecido como *splicing genético*, os cientistas alteram o material genético de um organismo adicionando, removendo ou alterando segmentos do seu DNA para produzir traços desejados ou eliminar indesejados. Os cientistas têm usado engenharia genética para desenvolver culturas de plantas modificadas, novos medicamentos, plantas resistentes a pragas e animais que crescem rapidamente.

O resultado é um **organismo geneticamente modificado (OGM)**, ou seja, um organismo com informações genéticas modificadas de uma forma que não é encontrada nos organismos naturais. A engenharia genética permite que cientistas transfiram genes entre espécies diferentes, que não se cruzariam na natureza. Por exemplo, eles podem colocar genes de uma espécie de peixe de água fria em um tomateiro para fornecer propriedades que ajudem a planta a resistir ao clima frio. A engenharia genética revolucionou a agricultura e a medicina; no entanto, é uma tecnologia controversa, como discutiremos no Capítulo 10.

Uma nova e crescente forma de engenharia genética é a **biologia sintética**. Ela possibilita que os cientistas fabriquem novas sequências de DNA e usem informações genéticas para projetar e criar células, tecidos e partes do corpo artificiais, além de organismos que não são encontrados na natureza.

Os defensores dessa nova tecnologia querem aproveitá-la para criar bactérias que consigam usar a luz solar para produzir gás hidrogênio com queima limpa, que poderia ser usado como combustível para veículos motorizados. Eles também veem a possibilidade de criar novas vacinas para evitar doenças, além de medicamentos para combater doenças parasitárias, como a malária. A biologia sintética também pode ser usada para criar bactérias e algas que fariam a decomposição de petróleo, resíduos industriais, metais pesados tóxicos, pesticidas e lixo radioativo de regiões com solo e água contaminados. Os cientistas ainda estão longe de alcançar essas metas, mas o potencial já existe.

O problema é que, assim como qualquer tecnologia, a biologia sintética pode ser usada para o bem ou para o mal. Por exemplo, ela também pode ser empregada para criar armas biológicas, como bactérias mortais que espalham novas doenças, para destruir depósitos de petróleo existentes ou para interferir nos ciclos químicos que nos mantêm vivos. É por isso que muitos cientistas recomendam maior monitoramento e regulamentações dessa nova tecnologia, a fim de ajudar a controlar sua utilização.

A extinção elimina espécies

Outro fator que afeta o número e os tipos de espécies na Terra é a **extinção biológica**, ou simplesmente **extinção**, processo que ocorre quando uma espécie inteira deixa de existir. Quando as condições ambientais mudam drástica ou rapidamente, a população de uma espécie enfrenta três possibilidades futuras: *adaptar-se* às novas condições por meio da seleção natural, *migrar* (se possível) para uma área com condições mais favoráveis ou *entrar em extinção*.

As espécies encontradas em apenas uma área são chamadas **espécies endêmicas** e são especialmente vulneráveis à extinção. Elas existem em ilhas e em outras áreas isoladas, sendo pouco provável que consigam migrar ou se adaptar às mudanças rápidas das condições ambientais. Muitas dessas espécies ameaçadas são anfíbios (Estudo de caso principal), como o já extinto sapo-dourado (Figura 4.B).

Fósseis e outras evidências científicas indicam que 99,9% de todas as espécies que já existiram na Terra estão extintas. Durante a maior parte da longa história da Terra, as espécies desapareciam em uma velocidade lenta, chamada **taxa normal de extinção**.

Evidências indicam que a vida na Terra foi drasticamente reduzida em vários períodos de **extinção em massa**, durante os quais houve um aumento significativo nas taxas de extinção, bem acima da taxa normal. Em eventos tão catastróficos, generalizados e muitas vezes globais, entre 50% e 95% de todas as espécies são eliminadas, principalmente devido a grandes mudanças ambientais dispersas, como uma mudança climática de longo prazo, inundações decorrentes do aumento do nível do mar e grandes meteoritos que atingem a superfície terrestre. Fósseis e evidências geológicas indicam que o planeta passou por cinco extinções em massa (em intervalos de 25 a 100 milhões de anos) nos últimos 500 milhões de anos (Figura 4.11).

Uma extinção em massa apresenta uma oportunidade para a evolução de novas espécies, que podem preencher nichos ecológicos desocupados ou recém-criados. Evidências científicas indicam que toda extinção em

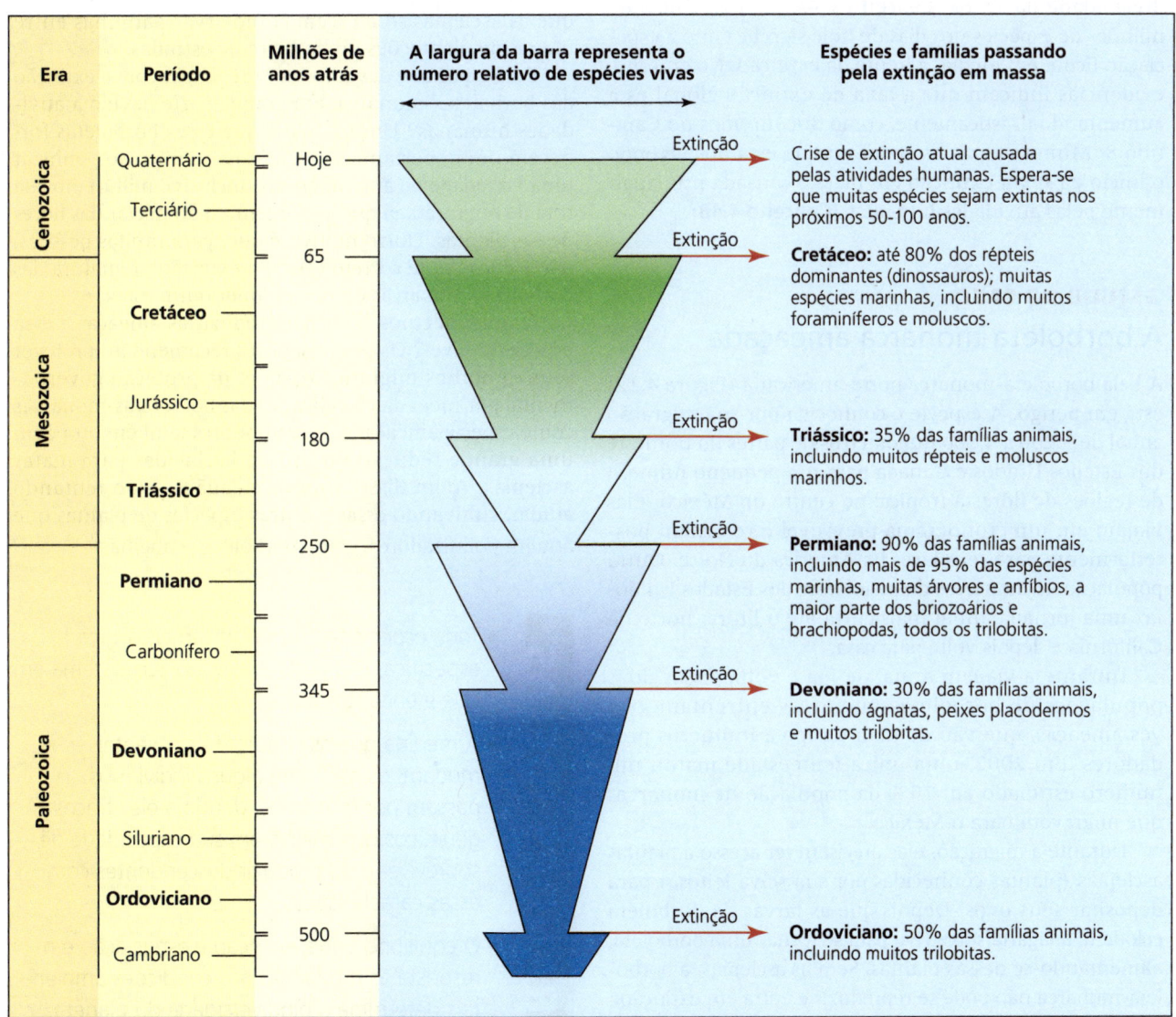

FIGURA 4.11 Evidências científicas indicam que a Terra passou por cinco extinções em massa nos últimos 500 milhões de anos, e que as atividades humanas iniciaram um novo processo (a sexta extinção em massa).

FIGURA 4.12 Depois da sua longa jornada, as borboletas-monarcas descansam nas árvores.

massa foi seguida por um aumento da diversidade das espécies, como mostram as divisões da Figura 4.11.

À medida que as condições ambientais mudam, o equilíbrio entre especiação e extinção determina a biodiversidade da Terra (**Conceito 4.4A**). A existência de milhões de espécies nos dias de hoje significa que a especiação ficou, em média, à frente da extinção. No entanto, evidências indicam que a taxa de extinção global está aumentando drasticamente, como discutiremos no Capítulo 8. Muitos cientistas apontam que estamos vivendo o início da sexta extinção em massa, causada principalmente pelas atividades humanas (**Conceito 4.4B**).

ESTUDO DE CASO
A borboleta-monarca ameaçada

A bela borboleta-monarca norte-americana (Figura 4.12) está em perigo. A espécie é conhecida por sua migração anual de 3.200 a 4.800 quilômetros de partes do nordeste dos Estados Unidos e Canadá para um pequeno número de regiões de floresta tropical no centro do México. Elas viajam em um cronograma previsível e retornam posteriormente para seus lares na América do Norte. Outra população de monarcas do meio oeste dos Estados Unidos faz uma jornada anual mais curta até o litoral norte da Califórnia e depois volta para casa.

Durante a viagem anual de ida e volta, essas duas populações de borboletas-monarcas enfrentam graves ameaças, que vão de mau tempo a inúmeros predadores. Em 2002, uma única tempestade matou um número estimado em 75% da população de monarcas que migravam para o México.

Durante a migração, elas precisam ter acesso a plantas asclepias (plantas conhecidas por sua seiva leitosa) para depositar seus ovos. Depois que as larvas de borboleta eclodem, a lagarta sobrevive para se tornar uma borboleta, alimentando-se dessas plantas. Sem as asclepias, a borboleta-monarca não pode se reproduzir e entra em extinção.

Depois que as borboletas chegam ao seu destino florestal de inverno no México e na Califórnia, milhões delas se penduram nas árvores (Figura 4.12) para descansar. Todos os anos, os biólogos estimam o tamanho da população de borboletas-monarcas medindo a área total desses destinos ocupada por elas. A população geral estimada varia de ano para ano, especialmente em razão de mudanças no clima e outras condições naturais. No entanto, o Serviço de Pesca e Vida Selvagem dos Estados Unidos (U. S. Fish and Wildlife Service – USFWS) estima que, desde 1975, essa população geral tenha sofrido uma redução de aproximadamente um bilhão.

O problema é que as borboletas-monarcas enfrentam duas graves ameaças provenientes de atividades humanas, além das ameaças naturais históricas. Uma delas é a perda constante de seu pequeno habitat florestal no México, devido à exploração (a maior parte ilegal) e substituição de florestas por plantações de abacate e ao desenvolvimento econômico de seu destino litorâneo no norte da Califórnia. Uma segunda ameaça é o acesso reduzido às plantas asclepias, essenciais para a sobrevivência da espécie durante a migração. Quase todas as pradarias naturais dos Estados Unidos, que eram repletas dessas plantas, foram substituídas por lavouras em que as asclepias só crescem como ervas daninhas entre fileiras de plantações ou na beira de estradas.

Então, por que devemos nos preocupar com a extinção das borboletas-monarca, em grande parte devido a atividades humanas? Um motivo é que essas borboletas fornecem um importante serviço ecossistêmico ao polinizar uma variedade de angiospermas (inclusive milho) em sua rota de migração, já que se alimentam do néctar das flores dessas plantas. Outro motivo é que, para muitas pessoas, não é eticamente correto causar a extinção prematura das borboletas-monarcas ou de qualquer outra espécie.

O que podemos fazer para reduzir as ameaças a essa espécie incrível? Os pesquisadores recomendam proteger seus caminhos migratórios, além da proteção governamental por meio da classificação das borboletas-monarcas como espécie ameaçada. Pesquisadores também propõem uma grande redução no uso de herbicidas para matar asclepias. Além disso, muitos cidadãos estão tentando ajudar, cultivando essas e outras espécies de plantas que atraem polinizadores, como borboletas e abelhas.

GRANDES IDEIAS

- Toda espécie tem uma função ecológica específica, chamada *nicho*, no ecossistema em que é encontrada.

- À medida que as condições ambientais mudam, os genes de alguns indivíduos passam por mutações, dando a eles traços genéticos que melhoram sua capacidade de sobreviver e de produzir descendentes com essas características.

- O equilíbrio entre extinção e especiação em resposta às mudanças nas condições ambientais determina a biodiversidade do planeta, que ajuda a manter a vida na Terra e as nossas economias.

Revisitando

Anfíbios e sustentabilidade

Neste capítulo, o **Estudo de caso principal** descreve o aumento da perda de espécies de anfíbios e explica por que essas espécies são ecologicamente importantes. Aqui, estudamos a importância da biodiversidade, o número e a variedade de espécies encontradas em diferentes partes do mundo, além de genética, ecossistemas e diversidade funcional.

Analisamos a variedade de nichos, ou funções desempenhadas pelas espécies nos ecossistemas. Por exemplo, vimos que algumas espécies, incluindo muitos anfíbios, são espécies indicadoras biológicas, que nos alertam sobre ameaças à biodiversidade, aos ecossistemas e à biosfera. Outras, como o jacaré-americano e algumas espécies de tubarões, são espécies-chave, que desempenham funções vitais para a manutenção dos ecossistemas em que vivem.

Também estudamos a teoria científica da evolução biológica por meio da seleção natural, que explica como a vida na Terra muda ao longo do tempo graças a mudanças nos genes das populações e como surgem novas espécies. Aprendemos que a biodiversidade da Terra é resultado de um equilíbrio entre a formação de novas espécies (especiação) e a extinção das espécies existentes em resposta a mudanças nas condições ambientais.

Os ecossistemas em que os anfíbios e outras espécies vivem são exemplos funcionais dos três **princípios científicos da sustentabilidade** em ação. Eles dependem da energia solar, da ciclagem de nutrientes e da biodiversidade. Interrupções de qualquer uma dessas formas de capital natural podem resultar na degradação dessas populações de espécies e de seus ecossistemas.

Revisão do capítulo

Estudo de caso principal

1. Defina **anfíbio**. Descreva quais são as ameaças a muitas das espécies de anfíbios do mundo. Explique por que devemos evitar apressar a extinção dos anfíbios por meio de nossas atividades.

Seção 4.1

2. Qual é o conceito-chave desta seção? Defina **biodiversidade (diversidade biológica)**, cite e descreva seus quatro principais componentes. Defina e diferencie **diversidade de espécies**, **diversidade genética**, **diversidade de ecossistemas** e **diversidade funcional**. Defina e dê três exemplos de **biomas**. Por que a biodiversidade é importante? Resuma a importância dos insetos e as contribuições científicas de Edward O. Wilson.

Seção 4.2

3. Quais são os dois conceitos-chave desta seção? Defina e diferencie **nicho ecológico** e **habitat**. Diferencie **espécie generalista** e **espécie especialista** e dê um exemplo de cada.

4. Defina e diferencie **espécies nativas, não nativas, indicadoras** e **chave**. Dê um exemplo de cada. O que é uma **espécie invasiva**? Cite seis fatores que ameaçam muitas espécies de sapos e outros anfíbios de extinção. Descreva o papel do jacaré-americano como espécie-chave. Explique por que os ecologistas dizem que devemos proteger os tubarões.

Seção 4.3

5. Quais são os dois conceitos-chave desta seção? Defina **evolução biológica (evolução)** e **seleção natural** e explique como elas se relacionam. Qual é a teoria científica da evolução biológica por seleção natural? O que são **fósseis** e como os cientistas usam esses objetos para entender a evolução?

6. O que é **variabilidade genética**? O que é uma **mutação** e qual é o papel das mutações na evolução por seleção natural? O que é **adaptação** ou **traço adaptativo**? Explique como bactérias prejudiciais podem se tornar geneticamente resistentes a antibióticos. Quais são as três adaptações genéticas que ajudaram os seres humanos a se tornar uma espécie tão poderosa?

7. Quais são as duas limitações da evolução por seleção natural? Quais são os cinco mitos comuns a respeito da evolução por seleção natural?

Seção 4.4

8. Quais são os dois conceitos-chave desta seção? Defina **especiação**. Estabeleça a diferença entre **isolamento geográfico** e **isolamento reprodutivo** e explique como eles podem levar à formação de uma nova espécie. Explique como os processos geológicos podem afetar a biodiversidade. O que é **seleção artificial**? Explique o processo de **engenharia genética**. O que é um **organismo geneticamente modificado (OGM)**? Defina **biologia sintética**, explique a diferença entre ela e a evolução por seleção natural e destaque alguns possíveis benefícios e perigos.

9. O que é **extinção biológica** (**extinção**)? O que é uma **espécie endêmica** e por que essas espécies são vulneráveis à extinção? Defina e diferencie **taxa normal de extinção** e **extinção em massa**. Por quantas extinções em massa a Terra já passou? Qual é uma das principais causas do aumento da taxa de extinção? Explique por que a borboleta-monarca está ameaçada de extinção.

10. Quais são as *três grandes ideias* deste capítulo? Por que os ecossistemas em que anfíbios e outras espécies vivem são exemplos funcionais dos três **princípios científicos da sustentabilidade**?

Observação: os principais termos estão em negrito.

Raciocínio crítico

1. Como os seres humanos e outras espécies seriam afetados se a maioria ou todos os anfíbios (**Estudo de caso principal**) fossem extintos?

2. A espécie humana é uma espécie-chave? Explique. Se os seres humanos fossem extintos, quais seriam as três espécies que também poderiam ser extintas e quais seriam as três cujas populações provavelmente aumentariam?

3. Por que devemos nos preocupar em salvar a borboleta-monarca da extinção causada por nossas ações?

4. Se você fosse forçado a escolher entre salvar o panda-gigante ou uma espécie de tubarão da extinção, qual escolheria? Justifique sua resposta.

5. Dê uma resposta a cada uma das afirmações a seguir:
   a. Não devemos acreditar na evolução biológica, pois ela é "só uma teoria".
   b. Não precisamos nos preocupar com a poluição do ar, porque a seleção natural permitirá que os seres humanos desenvolvam pulmões capazes de remover as substâncias tóxicas dos poluentes.

6. Como você responderia a alguém que lhe dissesse que, como a extinção é um processo natural, não temos de nos preocupar com a perda de diversidade quando as espécies forem extintas principalmente por causa das nossas atividades?

7. Cite três aspectos do seu estilo de vida que podem estar contribuindo para a redução da diversidade da Terra. Quais são algumas formas de evitar cada uma dessas contribuições?

8. Parabéns, você é o responsável pela futura evolução da vida na Terra. Quais são as três coisas que você consideraria mais importantes a fazer?

Fazendo ciência ambiental

Estude um ecossistema de sua preferência, como um prado, um pedaço de floresta, um jardim ou uma área úmida. (Se não conseguir fazer isso fisicamente, faça virtualmente, lendo sobre um ecossistema on-line ou em uma biblioteca.) Determine e cite as cinco principais espécies vegetais e animais do seu ecossistema. Escreva hipóteses sobre (a) quais espécies são indicadoras, se houver, e (b) quais são espécies-chave, se houver. Explique como chegou a essas hipóteses. Depois, desenvolva um experimento para testar cada uma de suas hipóteses, supondo que você tenha meios ilimitados para executá-los.

Análise de dados

A tabela a seguir é uma amostra de um grande corpo de dados publicado por J. P. Collins, M. L. Crump e T. E. Lovejoy III no livro *Extinction in Our Times– Global Amphibian Decline*. Ela compara várias regiões do mundo em termos do número de espécies de anfíbios encontrados e o número dessas espécies que são endêmicas, ou exclusivas de cada região. Os cientistas gostam de saber essas porcentagens porque as espécies endêmicas tendem a ser mais vulneráveis à extinção do que as não endêmicas. Analise a tabela a seguir e responda às questões apresentadas.

1. Preencha a quarta coluna para calcular a porcentagem de espécies de anfíbios que são endêmicas de cada área.
2. Quais são as duas regiões com maior número de espécies endêmicas? Quais são as duas regiões com maior porcentagem de espécies endêmicas?
3. Quais são as duas regiões com menor número de espécies endêmicas? Quais são as duas regiões com menor porcentagem de espécies endêmicas?
4. Quais são as duas regiões com maior porcentagem de espécies não endêmicas?

Região	Número de espécies	Número de espécies endêmicas	Porcentagem endêmica
Pacífico/Cascatas/Montanhas da Serra Nevada da América do Norte	52	43	
Montanhas Apalaches do sul dos Estados Unidos	101	37	
Planície costeira do sul dos Estados Unidos	68	27	
Serra Madre do sul do México	118	74	
Planaltos do oeste da América Central	126	70	
Planaltos da Costa Rica e do oeste do Panamá	133	68	
Cordilheira dos Andes tropical do sul da Bolívia e do Peru	132	101	
Bacia superior do Amazonas no sul do Peru	102	22	

Biodiversidade e evolução

CAPÍTULO 5

Interações das espécies, sucessão ecológica e controle populacional

> Ao olhar a natureza, nunca se esqueça de que cada ser orgânico ao nosso redor pode estar se esforçando para aumentar a própria população.
>
> CHARLES DARWIN, 1859

Principais questões

5.1 Como as espécies interagem?

5.2 Como as comunidades e os ecossistemas respondem às mudanças de condições ambientais?

5.3 O que limita o crescimento das populações?

O peixe-palhaço ganha proteção ao viver entre as anêmonas-do-mar e ajuda a protegê-las de alguns predadores.

Morrison/Dreamstime.com

Estudo de caso principal

Lontra-marinha do sul: uma espécie em recuperação

As lontras-marinhas do sul (Figura 5.1, à esquerda) vivem em florestas de algas gigantes (Figura 5.1, à direita), em águas rasas ao longo de parte da costa do Pacífico da América do Norte. A maioria dos outros membros dessa espécie ameaçada de extinção é encontrada na costa oeste dos Estados Unidos, entre as cidades de Santa Cruz e Santa Barbara, na Califórnia.

As lontras-marinhas do sul são nadadoras rápidas e ágeis que mergulham até o fundo do oceano para procurar crustáceos e outras presas. Elas nadam de costas e usam a barriga como mesa para comer suas presas (Figura 5.1, à esquerda). Todos os dias, uma lontra-marinha consome de 20% a 35% de seu peso em vôngoles, mexilhões, caranguejos, ouriços-do-mar, abalones e outras espécies de organismos que vivem no fundo do mar. Seu pelo espesso e denso captura bolhas de ar e mantém as lontras aquecidas.

Estima-se que cerca de 16 mil lontras-marinhas do sul viviam nas águas costeiras da Califórnia. No início dos anos 1900, elas foram caçadas até quase a extinção nessa região por comerciantes que as matavam em busca da pele espessa e valiosa. Os pescadores comerciais também matavam as lontras porque elas concorriam com eles pelos valiosos abalones e crustáceos.

A população de lontras-marinhas do sul aumentou de 50 em 1938 para 1.850 indivíduos em 1977, quando o Serviço de Pesca e Vida Selvagem dos Estados Unidos (U. S. Fish and Wildlife Service – USFWS) listou a espécie como ameaçada de extinção. Em 2016, a população havia crescido lentamente para 3.511, número acima do necessário para ser removida da lista de espécies ameaçadas, embora ela precise ficar acima dessa média por três anos consecutivos para sair de vez da lista.

Por que devemos nos preocupar com as lontras-marinhas do sul da Califórnia? Uma razão é ética: muitas pessoas acreditam que é errado permitir que atividades humanas provoquem a extinção de uma espécie. Outra razão é que as pessoas adoram observar esses animais simpáticos e altamente inteligentes enquanto eles brincam na água. Como resultado, eles ajudam a gerar milhões de dólares por ano em receita de turismo nas áreas costeiras onde são encontrados.

Uma terceira razão – e uma das principais razões em nosso estudo da ciência ambiental – é que os biólogos classificam a lontra-marinha do sul como uma *espécie-chave* (Capítulo 4). Os cientistas levantam a hipótese de que, na ausência das lontras-marinhas do sul, os ouriços-do-mar e outras espécies que se alimentam de algas provavelmente destruiriam as florestas de algas da costa do Pacífico e muito da rica biodiversidade que elas sustentam.

A biodiversidade é uma parte importante do capital natural da Terra e é a base para um dos três **princípios de sustentabilidade**. Neste capítulo, veremos como as espécies interagem e ajudam a controlar o tamanho das populações umas das outras. Também exploraremos a maneira como as comunidades, os ecossistemas e as populações de espécies respondem a mudanças nas condições ambientais. ●

FIGURA 5.1 Uma lontra-marinha do sul ameaçada de extinção na Baía de Monterrey, na Califórnia, usando uma pedra para quebrar a casca de um marisco (à esquerda) e se alimentar. Ela vive em um leito de macroalgas chamadas *kelp gigantes* (à direita).

5.1 COMO AS ESPÉCIES INTERAGEM?

CONCEITO 5.1 Cinco tipos de interação entre as espécies – competição interespecífica, predação, parasitismo, mutualismo e comensalismo – afetam o uso de recursos e o tamanho da população das espécies em um ecossistema.

Competição por recursos

Os ecologistas identificaram cinco tipos básicos de interação entre as espécies, uma vez que elas compartilham recursos limitados, como alimento, abrigo e espaço. Esses tipos de interação são chamados *competição interespecífica, predação, parasitismo, mutualismo* e *comensalismo*. Todos eles afetam o tamanho das populações e o uso de recursos em um ecossistema (**Conceito 5.1**).

A interação mais comum entre as espécies é a *competição*, que ocorre quando membros de duas ou mais espécies interagem usando os mesmos recursos limitados, como alimento, luz e espaço. A competição entre duas espécies diferentes é chamada **competição interespecífica**. Na maioria dos ecossistemas, ela desempenha um papel mais importante que a *competição intraespecífica* (entre os membros da mesma espécie).

Quando duas espécies competem entre si pelos mesmos recursos, seus nichos se *sobrepõem* (ver Figura 4.5). Quanto maior for essa sobreposição, mais intensa será a competição por recursos essenciais. Se uma espécie pode assumir a maior parte de um ou mais recursos essenciais, cada uma das outras espécies concorrentes deve se mudar para outra área (se possível), sofrer um declínio acentuado da sua população ou se extinguir nessa área.

Os seres humanos competem com muitas outras espécies por espaço, alimento e outros recursos. À medida que nossas pegadas ecológicas crescem e se espalham (veja Figura 1.9), nós dominamos ou degradamos o habitat de muitas dessas espécies, privando-as dos recursos que elas precisam para sobreviver.

Se for dado tempo suficiente para que a seleção natural ocorra, as populações podem desenvolver adaptações que lhes permitam reduzir ou evitar a competição com outras espécies. A **partilha de recursos** ocorre quando espécies diferentes que competem por recursos similares escassos similares desenvolvem características especializadas que lhes permitem "compartilhar" os mesmos recursos. Compartilhar recursos pode significar usar partes deles, usá-los em momentos diferentes ou de maneiras distintas. A Figura 5.2 mostra a partilha de recursos por algumas espécies de aves insetívoras. As adaptações permitem que as aves reduzam a competição alimentando-se de porções diferentes de certas árvores de abeto e de outras espécies de insetos.

Predação

Na **predação**, um membro de uma espécie é o predador que se alimenta diretamente de todo ou de parte de um membro de outra espécie, a **presa**. Um leão (o predador) e uma zebra (a presa) formam uma **relação predador-presa** (Figura 3.5). Esse tipo de interação entre as espécies tem um forte efeito sobre o tamanho das populações e outros fatores em muitos ecossistemas.

Nos ecossistemas da floresta de algas gigantes, o ouriço-do-mar é predador da *kelp*, um tipo de alga marinha (Foco na ciência 5.1). No entanto, como espécie-chave, as lontras-marinhas do sul (**Estudo de caso principal**) são

FIGURA 5.2 *Compartilhando a riqueza:* Partição de recursos entre cinco espécies de pássaros insetívoros nas florestas de abetos do estado de Maine, nos Estados Unidos. Cada espécie passa pelo menos metade de seu tempo de alimentação nas áreas destacadas em amarelo associadas a esses abetos.

Interações das espécies, sucessão ecológica e controle populacional

FOCO NA CIÊNCIA 5.1

Ameaças para as florestas de kelp

Uma floresta de kelp é composta de grandes concentrações de uma macroalga chamada *kelp gigante*, cujas longas lâminas crescem em direção às águas superficiais iluminadas pelo Sol (Figura 5.1, à direita). Em boas condições, as lâminas podem crescer 0,6 metro por dia e a planta pode chegar à altura de um prédio de dez andares. As lâminas são muito flexíveis e podem sobreviver a tudo, exceto às mais violentas tempestades e ondas.

As florestas de kelp sustentam muitas plantas e animais marinhos e são um dos ecossistemas marinhos mais biologicamente diversos. Elas também reduzem a erosão da costa ao atenuarem a força das ondas de entrada e prenderem um pouco da areia de saída.

Os ouriços-do-mar (Figura 5.A) são predadores de kelp. Grandes populações desses predadores podem devastar rapidamente uma floresta de kelp, pois eles comem as bases das plantas jovens. Estudos científicos conduzidos por biólogos, entre os quais James Estes, da Universidade da Califórnia, em Santa Cruz, indicam que a lontra-marinha do sul (**Estudo de caso principal**) é uma espécie-chave que ajuda a manter florestas de kelp ao controlar a população de ouriços-do-mar.

Outra ameaça às florestas de kelp é a água poluída que escoa da terra, como os pesticidas e herbicidas que podem matar essas algas e outras espécies de sua floresta e perturbar as teias alimentares nesse ambiente. Outro escoamento de poluente é o fertilizante. Seus nutrientes vegetais (principalmente nitratos) podem causar o crescimento excessivo de algas e outras plantas aquáticas, bloqueando parte da luz solar necessária para o crescimento das algas kelp.

Alguns cientistas alertam que o aquecimento atual das águas oceânicas é uma ameaça crescente às florestas de kelp, que precisam de água fria. Se as águas costeiras ficarem mais quentes neste século, como projetado pelos modelos climáticos, grande parte das florestas de kelp da costa da Califórnia poderá desaparecer.

FIGURA 5.A Esse ouriço-marinho roxo habita as águas costeiras do estado da Califórnia, nos Estados Unidos, e se alimenta de algas.

RACIOCÍNIO CRÍTICO

Cite três formas de reduzir a degradação dos ecossistemas de florestas de kelp gigantes.

---

predadoras do ouriço-do-mar e evitam que eles destruam as florestas de algas gigantes.

Os predadores têm uma série de métodos que os ajudam a capturar as presas. Os *herbívoros* podem andar, nadar ou voar até as plantas de que se alimentam. Muitos carnívoros, como o leopardo, correm com velocidade o suficiente para capturar sua presa. Águias e falcões têm a visão aguçada o suficiente para identificar suas presas durante o voo. Alguns predadores, como as leoas africanas, trabalham em grupo para capturar presas grandes ou rápidas.

Existem predadores que usam *camuflagem* para se esconder e emboscar suas presas. Por exemplo, o louva-deus (veja Figura 4.A, à direita) espera em flores ou plantas de uma cor semelhante à sua própria para emboscar os insetos visitantes. Arminhos brancos (um tipo de doninha), corujas-da-neve e raposas-do-ártico caçam as presas em áreas cobertas de neve. As pessoas se camuflam para caçar animais selvagens e usam armadilhas camufladas para capturá-los.

Alguns predadores utilizam *substâncias químicas* para atacar as presas. Por exemplo, algumas aranhas e cobras venenosas usam veneno para paralisar as presas e se defender de predadores.

As *espécies de presas* desenvolveram muitas formas de evitar os predadores, incluindo a capacidade de correr, nadar ou voar com rapidez. Algumas têm visão, audição ou olfato altamente desenvolvidos, que as alertam sobre a presença de predadores. Outras adaptações incluem conchas e cascos de proteção (como abalones e tartarugas), cascas espessas (nas sequoias gigantes), espinhos em animais (nos porcos-espinhos e ouriços-do-mar) e espinhos em vegetais (em cactos e roseiras).

PARA REFLETIR
CONEXÕES Coloração e veneno

O biólogo Edward O. Wilson nos apresenta duas regras, com base na coloração, para avaliar possíveis perigos de qualquer espécie animal desconhecida que encontrarmos na natureza. Primeira, se ela for pequena e muito bonita, provavelmente será venenosa. Segunda, se for muito bonita e fácil de pegar, provavelmente será mortal.

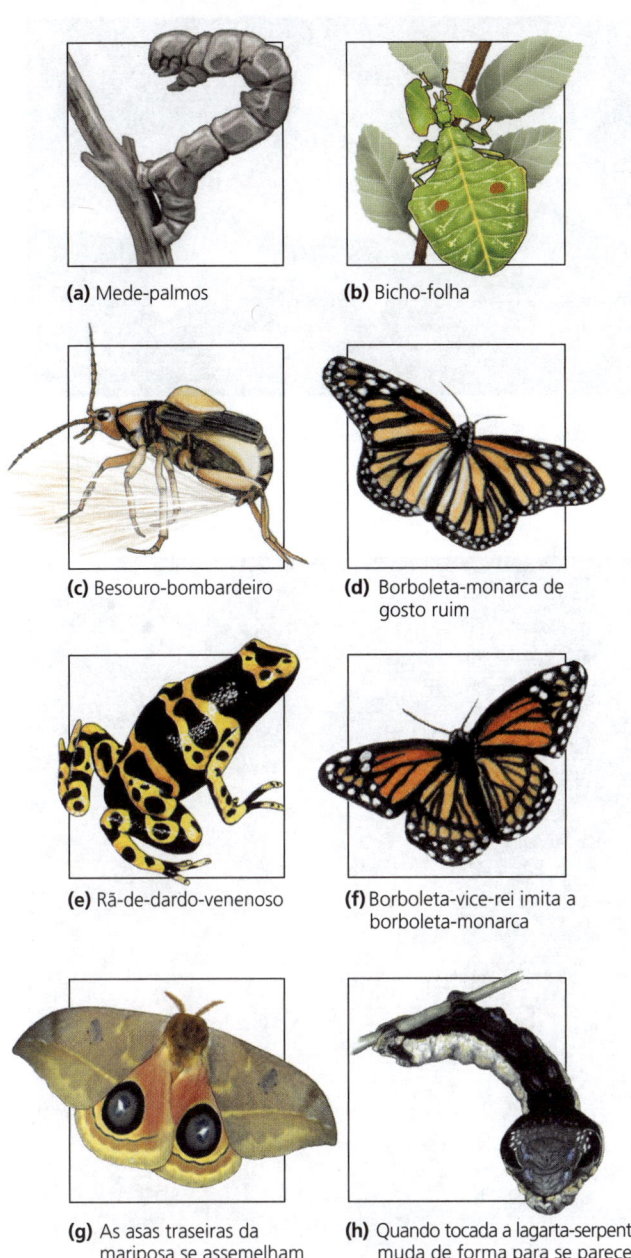

FIGURA 5.3 Essas espécies de presa desenvolveram formas especializadas de evitar os predadores: (a, b) *camuflagem*, (c, d, e) *substâncias químicas*, (d, e, f) *coloração de advertência*, (f) *mimetismo*, (g) *aparência enganosa* e (h) *comportamento enganoso*.

Outras espécies de presas usam a *camuflagem* para se misturar com o ambiente. Algumas espécies de insetos têm formas que se parecem com galhos (Figura 5.3a) ou mesmo excremento de pássaros nas folhas. Um bicho-folha pode ser quase invisível contra seu fundo (Figura 5.3b), como ocorre com a lebre-ártica em seu pelo branco de inverno.

A *guerra química* é outra estratégia comum. Algumas espécies de presa desencorajam seus predadores por conterem substâncias químicas venenosas (planta espirradeira), irritantes (urtigas e besouros-bombardeiros, Figura 5.3c), de cheiro desagradável (gambás e percevejos) ou de gosto ruim (ranúnculos e borboletas-monarcas, Figura 5.3d). Quando atacadas, algumas espécies de lulas e polvos soltam nuvens de tinta preta, o que lhes permite escapar, confundindo seus predadores.

Muitas espécies de presas que picam, são tóxicas, têm mau cheiro ou gosto ruim desenvolveram uma *coloração de advertência* – um aviso de que comê-las é arriscado. Exemplos são as borboletas-monarcas brilhantemente coloridas e com gosto ruim (Figura 5.3d) e as rãs-de-dardo-venenoso (Figura 5.3e). Quando um pássaro come uma borboleta-monarca, geralmente vomita e aprende a evitá-la.

Algumas espécies de borboleta obtêm proteção ao se assemelharem a uma espécie mais perigosa – um mecanismo protetor conhecido como *mimetismo*. Por exemplo, a borboleta-vice-rei não venenosa (Figura 5.3f) imita a borboleta-monarca. Outras espécies usam *estratégias comportamentais* para evitar a predação. Algumas, na tentativa de assustar os predadores, inflam (baiacu), abrem as asas (pavões) ou imitam um predador (Figura 5.3h). Algumas mariposas apresentam asas que se parecem com os olhos de animais muito maiores (Figura 5.3g). Outras espécies, para se proteger, vivem em grandes grupos, como os peixes e antílopes.

Individualmente, os membros de espécies predadoras se beneficiam e os membros de espécies predadas são prejudicados. No âmbito populacional, a predação desempenha um papel na evolução por meio da seleção natural. Os predadores animais, por exemplo, tendem a matar os membros doentes, fracos, idosos e menos adaptáveis da população predada, pois são os mais fáceis de capturar. Os indivíduos com melhores defesas contra os predadores tendem, portanto, a sobreviver por mais tempo e deixam mais descendentes com adaptações que podem ajudá-los a evitar a predação.

Coevolução

Ao longo do tempo, uma espécie de presa desenvolve traços que tornam sua captura mais difícil. Seus predadores, então, enfrentam as pressões de seleção que favorecem características que aumentam sua capacidade de capturar presas. Então, as espécies de presas precisam melhorar sua capacidade de iludir os predadores mais eficientes.

Essa adaptação bidirecional é chamada **coevolução**, um processo da seleção natural em que mudanças no conjunto de genes de uma espécie causam mudanças no conjunto de genes de outra espécie. Ela pode ter um papel importante no controle do crescimento da população de espécies de predadores e presas. Quando as populações de duas espécies diferentes interagem dessa forma por um longo período, mudanças no conjunto de genes de uma delas podem levar a mudanças no conjunto de genes da outra. Essas mudanças podem ajudar espécies

FIGURA 5.4 *Coevolução:* Este morcego está usando ultrassom para caçar uma mariposa. À medida que os morcegos desenvolvem traços para aumentar as chances de capturar uma refeição, as mariposas desenvolvem traços para ajudá-las a evitar que sejam comidas.

FIGURA 5.5 *Parasitismo:* Essa lampreia-marinha parasitária sugadora de sangue uniu-se a uma truta adulta dos Grandes Lagos (Estados Unidos, Canadá).

concorrentes a se tornar mais competitivas ou a evitar ou reduzir a competição.

Por exemplo, morcegos caçam certas espécies de mariposas (Figura 5.4) à noite usando ecolocalização. Eles emitem pulsos de som de alta frequência que são refletidos nas presas e, em seguida, capturam o eco que indica onde elas estão localizadas. Com o tempo, algumas espécies de mariposa desenvolveram ouvidos sensíveis às frequências sonoras usadas pelos morcegos para encontrá-las. Quando ouvem essas frequências, elas caem no chão ou voam de forma evasiva. Algumas espécies de morcego desenvolveram formas de reagir a essa defesa, alterando a frequência de seus pulsos sonoros. Por sua vez, algumas mariposas desenvolveram seus próprios cliques de alta frequência para confundir os sistemas de ecolocalização dos morcegos. Para se adaptar a isso, algumas espécies de morcego desligaram seu sistema de ecolocalização e passaram a utilizar os cliques das mariposas para localizar a presa. Este é um exemplo clássico de coevolução.

Parasitismo, mutualismo e comensalismo

O **parasitismo** ocorre quando uma espécie (o *parasita*) vive sobre ou dentro de outro organismo (o *hospedeiro*). O parasita se beneficia da extração de nutrientes do hospedeiro. Um parasita enfraquece o hospedeiro, mas raramente o mata, já que fazer isso eliminaria sua fonte de benefícios. Os parasitas podem ser plantas, animais ou micro-organismos.

FIGURA 5.6 *Mutualismo:* Os pica-bois-de-bico-vermelho se alimentam de carrapatos parasitas que infestam animais como esse impala e avisam quando predadores se aproximam.

A tênia é um parasita que vive parte do ciclo de sua vida dentro dos hospedeiros. Outras, como a erva-de-passarinho e as lampreias-marinhas que sugam sangue (Figura 5.5) se agarram ao exterior do hospedeiro e extraem seus nutrientes. Alguns parasitas se movem de um hospedeiro a outro (pulgas e carrapatos), enquanto outros (como certos protozoários) passam a vida adulta em um único hospedeiro. Os parasitas prejudicam os hospedeiros de maneira individual e ajudam a manter as populações de hospedeiros sob controle.

No **mutualismo**, duas espécies se comportam de forma que ambas se beneficiem, trocando alimento, abrigo ou algum outro recurso. Um exemplo é a polinização das plantas com flores por espécies como abelhas (Figura 4.A, à esquerda), beija-flores e borboletas que se alimentam do néctar das flores.

A Figura 5.6 mostra um exemplo de relação mutualista que combina *nutrição* e *proteção*. Ela envolve as aves que sobem nas costas de grandes animais, como elefantes, rinocerontes e impalas. As aves retiram e comem os parasitas e as pragas (como carrapatos e pulgas) do corpo dos animais e, com frequência, fazem barulhos que alertam o animal sobre a aproximação de predadores.

Outro exemplo envolve peixes-palhaço (ver foto de abertura do capítulo), que geralmente vivem nas anêmonas-do-mar, cujos tentáculos picam e paralisam a maioria dos peixes que as tocam. O peixe-palhaço, que não é afetado pelos tentáculos, ganha proteção dos predadores e se alimenta dos detritos resultantes das refeições das anêmonas. As anêmonas-do-mar se beneficiam, pois os peixes-palhaço as protegem de alguns predadores e parasitas.

O mutualismo pode aparentar ser uma forma de cooperação entre espécies; no entanto, cada uma delas está agindo apenas em busca de sua própria sobrevivência.

O **comensalismo** é uma interação que beneficia uma espécie, mas tem pouco ou nenhum efeito nocivo sobre a outra. Por exemplo, as plantas chamadas *epífitas* (plantas aéreas) se prendem aos troncos ou galhos das árvores (Figura 5.7) de florestas tropicais ou subtropicais. As epífitas ganham mais acesso à luz do Sol, ao ar úmido, à chuva e aos nutrientes que caem dos galhos e das folhas superiores da árvore. Aparentemente, a presença dessas espécies não faz mal nenhum à árvore. De modo semelhante, as aves se beneficiam por formar ninhos em árvores, geralmente sem prejudicá-las.

FIGURA 5.7 *Comensalismo*: Essa planta-jarro está presa a um galho de uma árvore sem penetrá-la ou prejudicá-la. Essa planta carnívora se alimenta de insetos que ficam presos dentro dela.

5.2 COMO AS COMUNIDADES E OS ECOSSISTEMAS RESPONDEM ÀS MUDANÇAS DE CONDIÇÕES AMBIENTAIS?

CONCEITO 5.2 A composição de uma comunidade ou ecossistema pode mudar em resposta às mudanças de condições ambientais por meio de um processo chamado *sucessão ecológica*.

As comunidades e os ecossistemas mudam ao longo do tempo: sucessão ecológica

Os tipos e números de espécies em comunidades biológicas e ecossistemas mudam em resposta à mudança das condições ambientais causadas por incêndios, erupções vulcânicas, mudanças climáticas e desmatamento de florestas para atividade agrícola. A mudança gradual normal que ocorre na composição das espécies de determinada área é chamada **sucessão ecológica** (**Conceito 5.2**).

Os ecólogos reconhecem dois grandes tipos principais de sucessão ecológica, dependendo das condições presentes no início do processo. A **sucessão ecológica primária** envolve o estabelecimento gradual de comunidades de diferentes espécies em áreas sem vida, onde não há solo em uma comunidade terrestre ou não há sedimento de fundo em uma comunidade aquática.

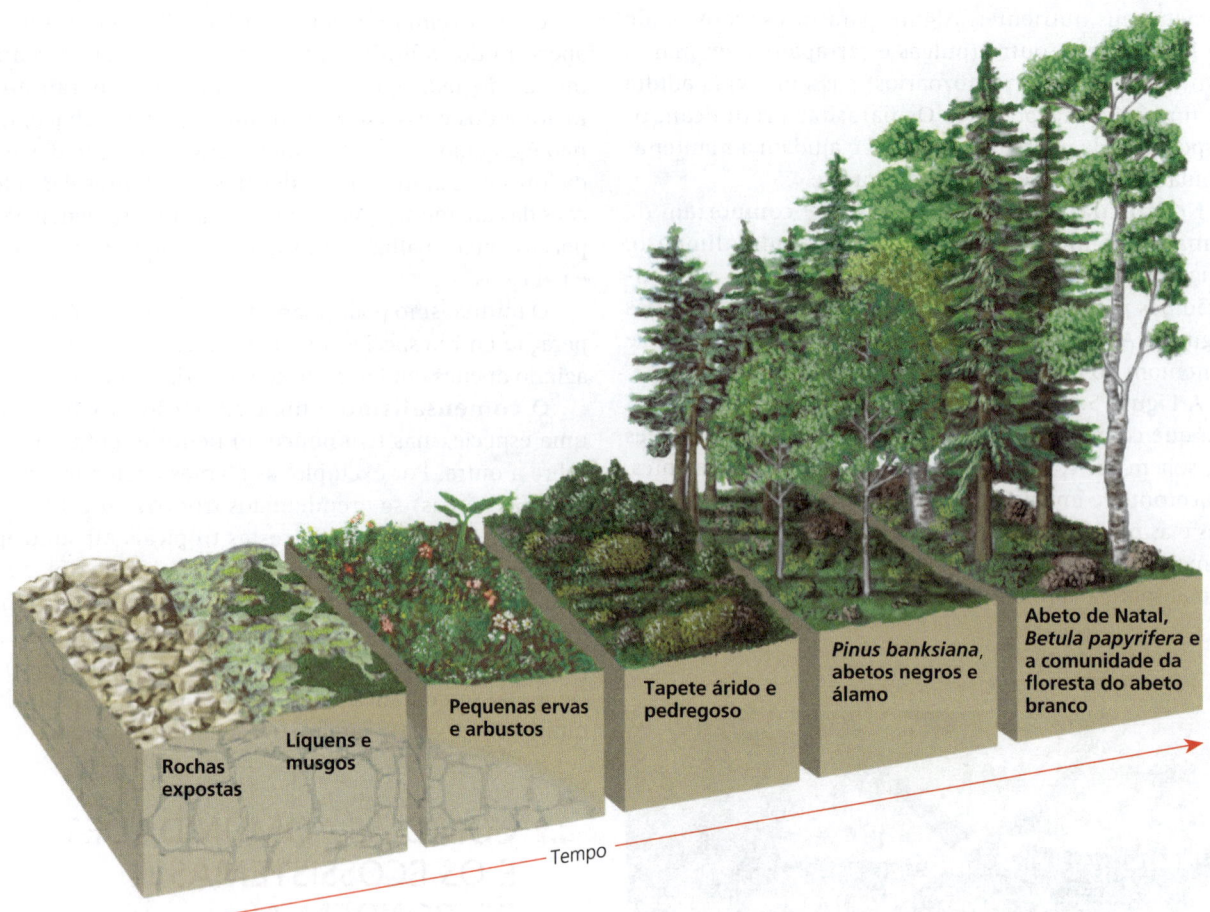

FIGURA 5.8 *Sucessão ecológica primária*: Durante quase mil anos, estas comunidades de plantas desenvolveram-se, inicialmente, na rocha nua exposta por um recuo de geleira na Ilha Royal, em Michigan (Estados Unidos), no oeste do Lago Superior. Os detalhes desse processo variam de um lugar para outro.

Entre os exemplos, estão a rocha nua exposta por um recuo de geleira (Figura 5.9), a lava recém-resfriada, uma estrada ou estacionamento abandonado e uma lagoa rasa ou reservatório recém-criado. A sucessão primária pode levar de centenas a milhares de anos para ser concluída, devido à necessidade de construir solo fértil ou sedimentos aquáticos para fornecer os nutrientes necessários para estabelecer uma comunidade de produtores.

A sucessão ecológica primária também pode ocorrer em uma bacia lacustre escavada por uma geleira. Quando a geleira derrete, a bacia lacustre começa a acumular sedimentos e vida animal e vegetal. Após centenas a milhares de anos, o lago pode ficar cheio de sedimentos e se tornar um habitat terrestre.

O outro tipo de sucessão ecológica, mais comum, é a **sucessão ecológica secundária**, em que uma comunidade ou ecossistema se desenvolve no lugar de uma comunidade ou sistema existente, substituindo ou acrescentando ao conjunto atual de espécies residentes. Esse tipo de sucessão começa em uma área onde um ecossistema foi perturbado, removido ou destruído, mas parte do solo ou sedimento do fundo permanece. Entre os candidatos à sucessão secundária, estão fazendas abandonadas (Figura 5.9), florestas queimadas ou desmatadas, riachos muito poluídos e terra que foi inundada. Como há algum solo ou sedimento presente, é possível que a nova vegetação germine em algumas semanas. O crescimento começa no solo com a germinação das sementes trazidas pelo vento ou derrubadas por aves ou outros animais.

A sucessão ecológica é um serviço ecossistêmico importante, que tende a enriquecer a biodiversidade das comunidades e ecossistemas ao aumentar a diversidade de espécies e as interações entre elas. Essas interações fortalecem a sustentabilidade do ecossistema por promover controle populacional e aumentar a complexidade das redes alimentares, aumentando o fluxo de energia e a ciclagem de nutrientes. Sucessões ecológicas primárias e secundárias são exemplos de *restauração ecológica natural*.

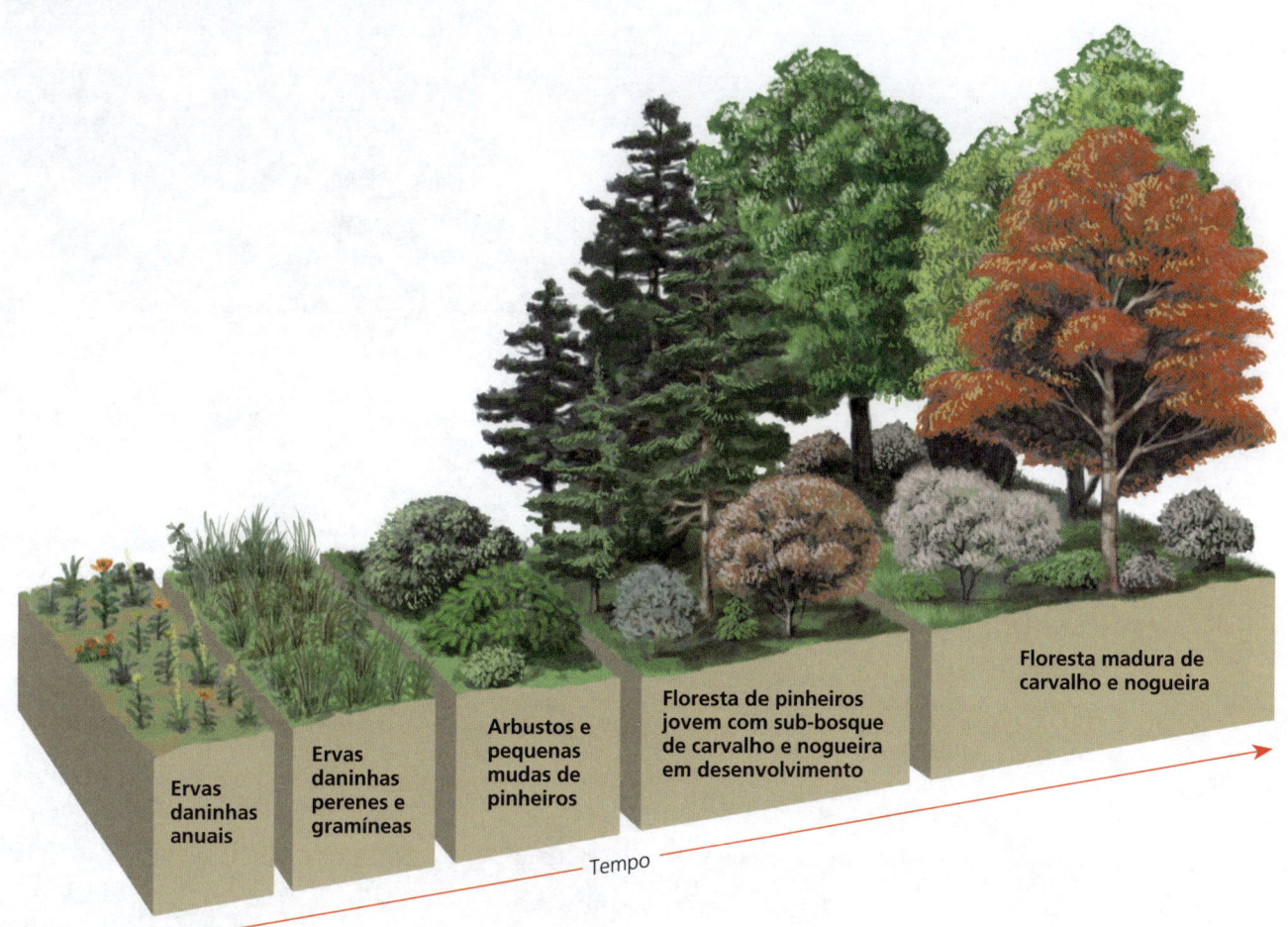

FIGURA 5.9 *Sucessão ecológica secundária:* Restauração natural de um terreno perturbado em um campo agrícola abandonado no estado da Carolina do Norte, nos Estados Unidos. Foram necessários de 150 a 200 anos, após o campo agrícola ter sido abandonado, para a área ficar coberta com uma floresta madura de carvalho e nogueira.

Os sistemas vivos são sustentados por meio da mudança constante

Todos os sistemas vivos, desde uma célula até a biosfera, estão constantemente mudando em resposta às alterações das condições ambientais. Os sistemas vivos têm processos que interagem para oferecer algum grau de estabilidade ou sustentabilidade. Essa *estabilidade* ou capacidade para resistir ao estresse ou à perturbação externa é mantida pela mudança constante, em resposta às alterações das condições ambientais. Em uma floresta tropical úmida madura, algumas árvores morrem e outras assumem o lugar. No entanto, a menos que a floresta seja desmatada, queimada ou de qualquer forma destruída, ainda se poderia reconhecê-la como uma floresta tropical úmida 50 ou 100 anos mais tarde.

Os ecólogos diferenciam dois aspectos de estabilidade ou sustentabilidade nos ecossistemas. A **inércia ecológica**, ou **persistência**, é a capacidade de um ecossistema sobreviver a perturbações moderadas. A **resiliência** ecológica é a capacidade de um ecossistema ser restaurado por meio da sucessão ecológica secundária, após uma grave perturbação.

Evidências sugerem que alguns ecossistemas têm uma dessas propriedades, mas não a outra. As florestas tropicais úmidas apresentam grande diversidade de espécies e alta inércia. No entanto, uma vez que uma grande extensão de floresta tropical é desmatada ou gravemente prejudicada, a resiliência do ecossistema da floresta degradada pode ser tão baixa que a degradação atinge um ponto de inflexão ecológico. Quando esse ponto é ultrapassado, a floresta não pode ser restaurada pela sucessão ecológica secundária. Uma razão para isso é que a maioria dos nutrientes, em uma típica floresta tropical úmida, é armazenada em sua vegetação, e não na superfície do solo. Uma vez que a vegetação rica em nutrientes é destruída, as chuvas frequentes podem remover a maior parte dos nutrientes do solo e, assim, evitar o retorno de uma floresta tropical úmida em uma grande área desmatada.

Já as pradarias são muito menos diversas do que a maioria das florestas e, como consequência, têm uma baixa inércia e podem queimar facilmente. Pelo fato de a maioria de sua matéria de planta estar armazenada em raízes subterrâneas, esses ecossistemas são altamente resilientes e podem recuperar-se rapidamente após um

FIGURA 5.10 Uma população, ou cardume, de peixes *Anthias* em coral na Grande Barreira de Corais da Austrália.
iStockphoto.com/Rich Carey

incêndio, pois seus sistemas de raízes produzem novas gramíneas. A pradaria poderá ser destruída apenas se suas raízes forem aradas e alguma outra coisa for plantada em seu lugar, ou se for excessivamente consumida pelo gado ou por outros herbívoros.

5.3 O QUE LIMITA O CRESCIMENTO DAS POPULAÇÕES?

CONCEITO 5.3 Nenhuma população pode crescer indefinidamente em razão das limitações de recursos e da competição entre as espécies por esses recursos.

As populações podem crescer, encolher ou permanecer estáveis

Uma **população** é um grupo de indivíduos da mesma espécie que podem se cruzar. A maioria das populações vivem juntas em *bandos* ou *grupos*, como alcateias de lobos, cardumes de peixes (Figura 5.10) e bandos de pássaros. A vida em grupo permite que eles se agrupem onde os recursos estão disponíveis e proporciona uma certa proteção contra predadores.

O **tamanho da população** é o número de organismos individuais em uma população em um determinado momento. Quatro variáveis – *nascimento, morte, imigração* e *emigração* – regem as mudanças no tamanho da população. Uma população aumenta por nascimento e imigração (chegada de indivíduos de fora da população) e diminui por morte e emigração (partida de indivíduos da população):

Mudança da população = indivíduos adicionados – indivíduos perdidos

Mudança da população = (Nascimentos + Imigração) – (Mortes + Emigração)

A **estrutura etária** de uma população – sua distribuição de indivíduos entre vários grupos etários – pode ter um forte efeito sobre a velocidade de seu aumento ou declínio. Os grupos etários normalmente são descritos em termos de organismos que ainda não estão maduros o suficiente para se reproduzir (*estágio pré-reprodutivo*), aqueles capazes de se reproduzir (*estágio reprodutivo*) e

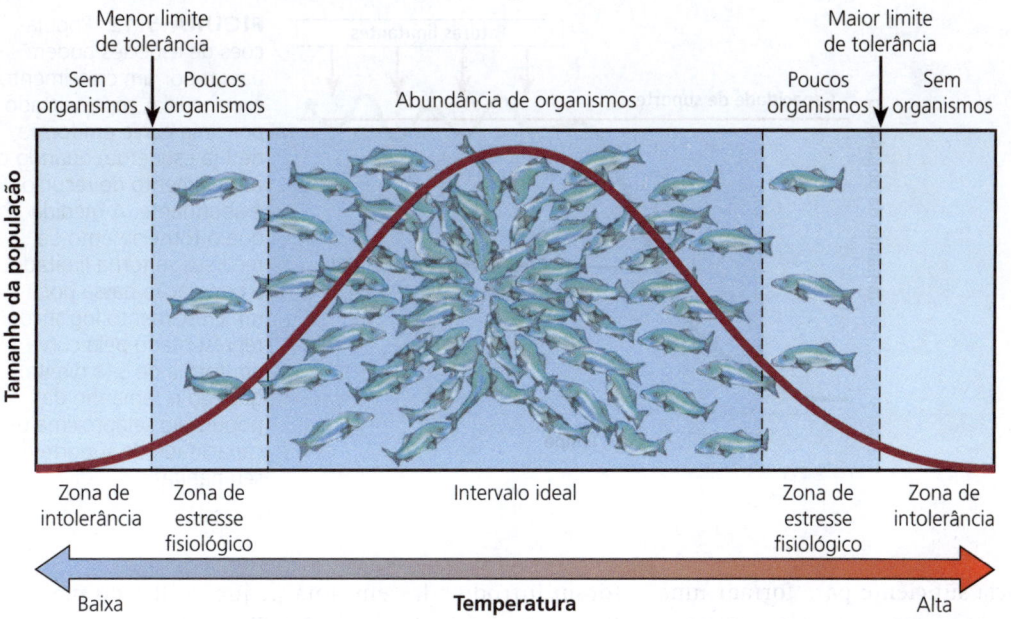

FIGURA 5.11 Intervalo de tolerância a mudanças na temperatura da água de uma população de trutas.

aqueles que estão velhos demais para a reprodução (*estágio pós-reprodutivo*).

O tamanho de uma população provavelmente aumentará se ela for composta em sua maioria de indivíduos no estágio reprodutivo, ou prestes a entrar nesse estágio. Em contrapartida, o tamanho de uma população dominada por indivíduos no estágio pós-reprodutivo tende a diminuir com o tempo.

Vários fatores podem limitar o tamanho de uma população

Cada população de um ecossistema tem um **intervalo de tolerância**, ou seja, um intervalo de variações nas condições ambientais físicas e químicas dentro do qual ela tem maior probabilidade de sobrevivência. Por exemplo, uma população de trutas (Figura 5.11) sobrevive em uma pequena faixa de temperaturas (*nível* ou *intervalo ideal*), embora alguns poucos indivíduos consigam sobreviver acima e abaixo dessa faixa. Se a água ficar quente demais ou fria demais, nenhuma truta sobreviverá.

Vários fatores físicos ou químicos podem determinar o número de organismos de uma população e a velocidade com que ela aumenta ou diminui. Esses **fatores limitantes** são aqueles mais importantes que outros para regular o crescimento populacional.

Em sistemas terrestres, a precipitação costuma ser um fator limitante. Baixos níveis de precipitação de ecossistemas desérticos limitam o crescimento de plantas. A falta dos principais nutrientes do solo limita o crescimento de plantas, que, por sua vez, limita as populações de animais que consomem essas plantas e de animais que se alimentam dessas espécies herbívoras.

Os fatores físicos limitantes para populações de *sistemas aquáticos* incluem temperatura da água (Figura 5.11), profundidade e clareza (permitir a penetração de mais ou menos luz solar). Outros fatores importantes são disponibilidade de nutrientes, acidez, salinidade e nível de gás oxigênio na água (*conteúdo de oxigênio dissolvido*).

O excesso de um fator físico ou químico também pode ser limitante. Por exemplo, o excesso de água ou de fertilizante pode matar plantas terrestres. Se os níveis de acidez estiverem altos demais em um ambiente aquático, uma parte dos organismos pode ser prejudicada.

Outro fator que pode afetar o tamanho da população é a **densidade da população**, que é a quantidade de indivíduos em uma população que se encontra em uma área ou volume definido. *Fatores dependentes da densidade* tornam-se mais importantes à medida que a densidade da população aumenta. Por exemplo, em uma população densa, os parasitas e as doenças podem se espalhar mais facilmente, resultando em taxas de morte mais elevadas. Entretanto, uma densidade populacional maior pode ajudar os indivíduos sexualmente reprodutores a encontrar parceiros mais facilmente para produzir descendentes. Outros fatores, como seca e mudanças climáticas, são considerados *independentes da densidade*, já que podem afetar o tamanho das populações qualquer que seja a densidade.

Nenhuma população cresce indefinidamente: curvas J e S

As populações de algumas espécies, como bactérias e muitos insetos, têm uma capacidade incrível de aumentar exponencialmente. Por exemplo, sem nenhum controle no crescimento populacional, uma espécie de bactéria que pode se reproduzir a cada 20 minutos

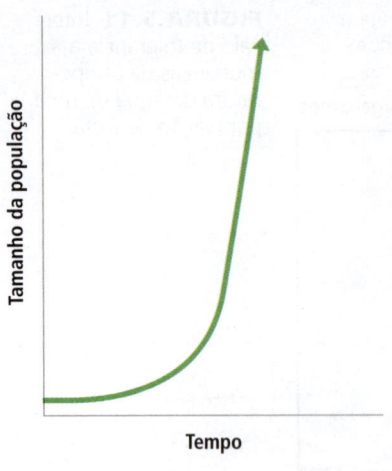
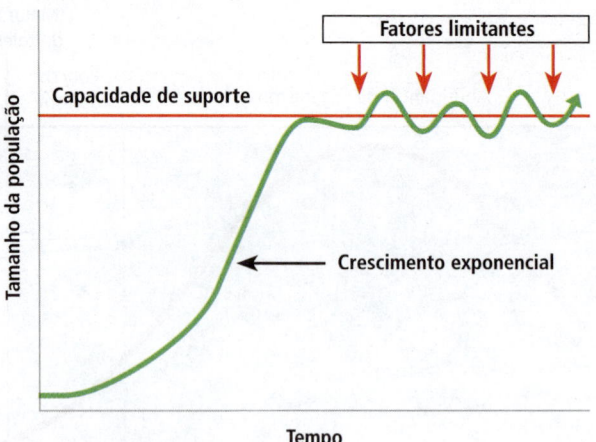

FIGURA 5.12 Populações de espécies podem passar por um crescimento exponencial, representado por uma curva em forma de J (à esquerda) quando o fornecimento de recursos é abundante. À medida que o fornecimento de recursos se torna limitado, a população passa por um crescimento logístico, representado pela curva em forma de S (à direita) quando o tamanho da população se aproxima da capacidade de suporte de seu habitat.

geraria uma descendência suficiente para formar uma camada espessa de 30 centímetros por toda a superfície da Terra em apenas 36 horas. A criação de um gráfico com esses números em relação ao tempo gera uma curva de crescimento exponencial em forma de J (Figura 5.12, à esquerda). Os membros dessas populações normalmente se reproduzem quando jovens, têm muitos descendentes por vez e se reproduzem muitas vezes, com breves intervalos entre gerações sucessivas.

No entanto, *sempre há limites ao crescimento de uma população na natureza* (**Conceito 5.3**). Pesquisas revelam que uma população de crescimento rápido de qualquer espécie acabará por atingir um tamanho limite imposto por fatores limitantes. Esses fatores podem incluir luz solar, água, temperatura, espaço, nutrientes ou exposição a predadores ou doenças infecciosas. A **resistência ambiental** é a soma de todos esses fatores em um habitat.

Os fatores limitantes determinam amplamente a **capacidade de suporte** de uma área, a população máxima de determinada espécie que um hábitat em particular pode sustentar indefinidamente. A capacidade de suporte de uma população não é fixa, e pode aumentar ou diminuir quando as condições ambientais alteram os fatores que limitam o crescimento populacional. À medida que a população se aproxima da capacidade de suporte do seu habitat, a curva em forma de J do crescimento exponencial (Figura 5.12, à esquerda) se transforma em uma curva em forma de S de *crescimento logístico*, ou crescimento que varia em torno de um determinado nível (Figura 5.12, à direita).

Algumas populações não fazem uma transição suave do crescimento exponencial para o logístico. Em vez disso, elas esgotam o fornecimento de recursos e, temporariamente, *ultrapassam* a capacidade de carga do ambiente. Nesses casos, a população sofre um declínio acentuado, chamado *falência* ou **colapso populacional**, a menos que parte da população consiga usar novos recursos ou mudar para uma área com mais recursos. Esse tipo de colapso ocorreu quando renas foram introduzidas em uma pequena ilha do mar de Bering, no início do século 20 (Figura 5.13).

Padrões reprodutivos

As espécies têm padrões reprodutivos variados. Espécies com capacidade para altas taxas de aumento populacional (*r*) são chamadas **espécies *r*-selecionadas**. Elas tendem a ter vida curta e muitos descendentes, normalmente pequenos, e a dar-lhes pouco ou nenhum cuidado parental ou proteção, o que leva muitos dos filhotes a morrerem cedo. Para superar essas perdas, as espécies *r*-selecionadas produzem um grande número de filhotes; assim alguns provavelmente sobreviverão e haverá muitos descendentes para manter a espécie. Exemplos de espécies *r*-selecionadas incluem algas, bactérias e a maioria dos insetos.

Essas espécies tendem a ser *oportunistas*. Elas se reproduzem e se dispersam rapidamente quando as condições são favoráveis ou quando um distúrbio, como incêndio ou desmatamento de uma floresta, cria um novo habitat ou nicho para ser invadido. Depois de estabelecidas, essas populações podem entrar em colapso devido a mudanças desfavoráveis em condições ambientais ou à invasão do habitat por espécies mais competitivas. Isso ajuda a explicar por que a maioria das espécies oportunistas passa por ciclos irregulares e instáveis de crescimento e queda no tamanho de suas populações.

No outro extremo estão as **espécies *K*-selecionadas**. Elas tendem a se reproduzir mais tarde, ter poucos descendentes e ciclos de vida mais longos. Normalmente, os filhotes de espécies de mamíferos *K*-selecionados se desenvolvem dentro de suas mães, onde estão seguros. Depois do nascimento, amadurecem lentamente e são cuidados e protegidos por um ou por ambos os pais. Em alguns casos, vivem em bandos ou grupos até alcançar o estágio reprodutivo.

O tamanho da população de espécies *K*-selecionadas tende a ficar perto da capacidade de suporte (*K*) do

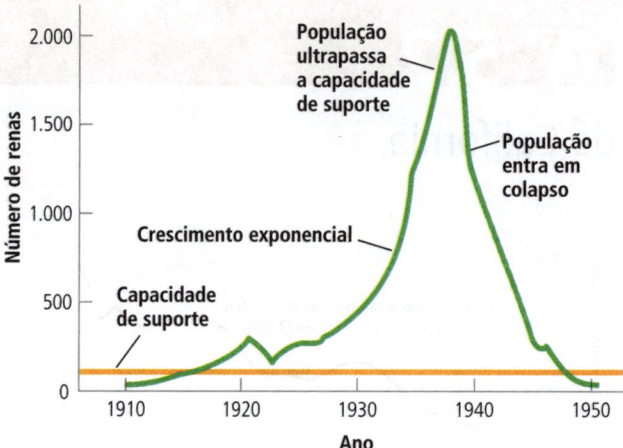

FIGURA 5.13 Este gráfico mostra o crescimento exponencial, a superação e o colapso da população de renas introduzidas na pequena ilha de St. Paul, no mar de Bering, em 1910. *Análise de dados:* Qual a porcentagem de crescimento da população de renas entre 1923 e 1940?

ambiente (Figura 5.12, à direita). Entre os exemplos de espécies K-selecionadas estão a maioria dos grandes mamíferos, como elefantes, baleias e humanos, aves de rapina e plantas grandes e de vida longa, como o cacto saguaro e a maioria das árvores de florestas tropicais úmidas. Muitas dessas espécies – particularmente aquelas com baixas taxas reprodutivas, como elefantes, tubarões, sequoias-gigantes e as lontras-marinhas do sul da Califórnia (**Estudo de caso principal** e Foco na ciência 5.2) – são vulneráveis à extinção. A maioria dos organismos tem padrões de reprodução entre os extremos das espécies r-selecionadas e K-selecionadas.

PARA REFLETIR

PENSANDO SOBRE Espécies r-selecionadas e espécies K-selecionadas

Se a Terra passar por um aquecimento significativo neste século, como previsto, esse fenômeno provavelmente favorecerá espécies r-selecionadas ou K-selecionadas? Explique.

As espécies variam em suas expectativas de vida

Indivíduos de espécies com diferentes estratégias reprodutivas tendem a ter *expectativas de vida* diferentes. Isso pode ser ilustrado por uma **curva de sobrevivência**, que mostra a porcentagem de membros de uma população que sobrevivem com diferentes idades. Existem três tipos generalizados de curvas de sobrevivência: perda tardia, perda precoce e perda constante (Figura 5.14). Em geral, uma população com *perda tardia* (como a de elefantes e rinocerontes) tem alta sobrevivência até uma certa idade e, depois dela, alta mortalidade. Uma população com *perda constante* (como a maioria dos pássaros canoros) mostra uma taxa de mortes praticamente constante em todas as idades. Para uma população com *perda precoce* (como plantas anuais e muitas espécies de peixes ósseos), a sobrevivência é baixa no início da vida. Essas curvas generalizadas de sobrevivência são apenas modelos aproximados da realidade da natureza.

PARA REFLETIR

PENSANDO SOBRE Curvas de sobrevivência

Que tipo de curva de sobrevivência se aplica à espécie humana?

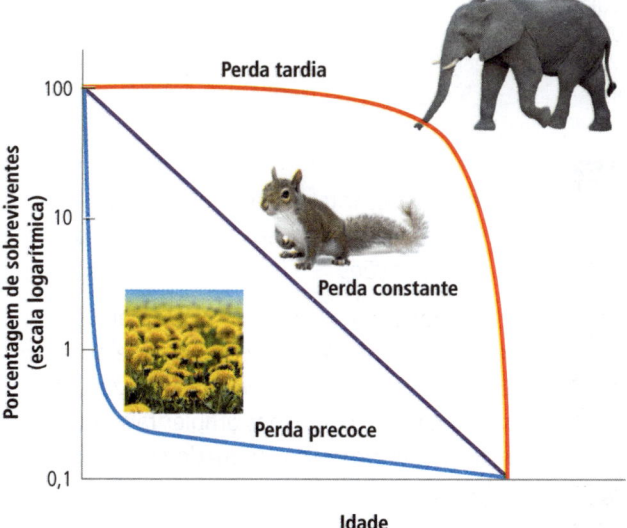

FIGURA 5.14 Curvas de sobrevivência de populações de diferentes espécies, obtidas a partir da porcentagem de membros de uma população que sobrevivem em diferentes idades.

Acima: gualtiero boffi/Shutterstock.com. Centro: IrinaK/Shutterstock.com. Inferior: ultimathule/Shutterstock.com

Os seres humanos não estão livres dos controles populacionais da natureza

Os humanos não estão livres do colapso populacional. A Irlanda experimentou tal colapso após um fungo ter destruído sua safra de batata em 1845. Aproximadamente um milhão de pessoas morreram de fome ou doenças relacionadas à desnutrição, e alguns milhões migraram para outros países, reduzindo drasticamente a população irlandesa.

Durante o século XIV, a *peste bubônica* espalhou-se por cidades densamente populosas da Europa e matou pelo menos 25 milhões de pessoas, um terço da população europeia. A bactéria que causou essa doença normalmente vive em roedores, mas foi transferida para os seres humanos por pulgas que se alimentavam de roedores infectados e então picaram os humanos. A doença se espalhou como fogo por cidades populosas, onde as condições sanitárias eram precárias e os ratos,

FOCO NA CIÊNCIA 5.2

O futuro das lontras-marinhas do sul da Califórnia

O tamanho da população de lontras-marinhas do sul (**Estudo de caso principal**) flutuou em resposta às mudanças de condições ambientais (Figura 5.B). Uma dessas mudanças foi um aumento na população de orcas que se alimentam delas. Os cientistas levantam a hipótese de que as orcas começaram a se alimentar mais de lontras-marinhas quando as populações de sua presa normal, os leões-marinhos e as focas, começaram a diminuir. Além disso, entre 2010 e 2016, o número de lontras-marinhas do sul mortas ou feridas por tubarões aumentou.

Outro fator pode estar relacionado aos parasitas que se reproduzem nos intestinos dos gatos. Os cientistas levantam a hipótese de que algumas das lontras-marinhas podem estar morrendo por que os proprietários de gatos da área costeira jogam as fezes dos gatos no banheiro ou as depositam em bueiros que são esvaziados nas águas costeiras. As fezes contêm parasitas que infectam as lontras.

O aumento de algas tóxicas também ameaça as lontras. As algas se alimentam de ureia, um dos principais ingredientes dos fertilizantes que são lançados nas águas costeiras. Outros poluentes liberados por atividades humanas incluem PCBs (do inglês *polychlorinated biphenyls*) e outros produtos químicos tóxicos solúveis em gordura. Esses produtos químicos podem matar as lontras quando grandes níveis deles se acumulam nos tecidos dos crustáceos ingeridos por elas. Como as lontras-marinhas do sul se alimentam em níveis trópicos elevados e vivem perto da orla, elas são vulneráveis a esses e a outros poluentes das águas costeiras.

Os fatores citados aqui, a maioria resultante de atividades humanas, juntamente com a taxa reprodutiva baixa e a crescente taxa de mortalidade, impediram que a ameaçada espécie de lontras-marinhas do sul recuperasse sua população (Figura 5.B). Desde 2012, no entanto, a população desse animal aumentou, possivelmente em razão de um crescimento na população de ouriços-do-mar, sua presa favorita. Em 2016, a população de lontras-marinhas era de 3.511, o nível mais alto desde 1985. A população precisa se manter acima de 3.090 por mais dois anos consecutivos para que a espécie seja removida da lista de espécies ameaçadas de extinção. Se ela for removida, as lontras ainda serão protegidas por uma lei estadual da Califórnia.

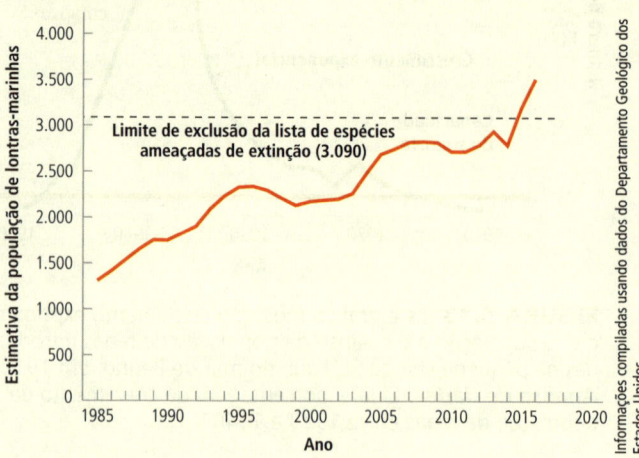

FIGURA 5-B Mudanças no tamanho da população anual de lontras-marinhas do sul na costa do estado da Califórnia, nos Estados Unidos, entre 1985 e 2016.

RACIOCÍNIO CRÍTICO

Como você projetaria um experimento controlado para testar a hipótese de que as fezes dos gatos descartadas no vaso sanitário podem estar matando as lontras-marinhas do sul?

---

abundantes. Hoje, vários antibióticos, não disponíveis até recentemente, podem ser utilizados para tratar a peste bubônica.

Até agora, as mudanças tecnológicas, sociais e culturais ampliaram a capacidade de suporte da Terra para a espécie humana. Usamos grandes quantidades de energia e recursos de matéria para ocupar áreas antes não habitadas. Expandimos a agricultura e controlamos as populações de outras espécies que competem conosco pelos recursos. Alguns dizem que podemos continuar ampliando nossa pegada ecológica dessa maneira, indefinidamente, graças à nossa capacidade tecnológica. Outros afirmam que, em algum ponto, alcançaremos os limites que a natureza impõe a qualquer população que ultrapasse ou degrade sua base de recursos. Discutiremos essas questões no Capítulo 6.

GRANDES IDEIAS

- Determinadas interações entre as espécies afetam o uso de recursos e o tamanho de suas populações.

- A composição das espécies e o tamanho das populações de uma comunidade ou de um ecossistema podem variar em razão de mudanças nas condições ambientais por meio de um processo chamado *sucessão ecológica*.

- Sempre há limites para o crescimento de uma população na natureza.

Revisitando

Lontras-marinhas do sul e sustentabilidade

As lontras-marinhas da Califórnia fazem parte de um ecossistema complexo, formado por florestas submarinas de algas kelp, criaturas que habitam as profundezas, baleias e outras espécies que dependem umas das outras para sobreviver. As lontras-marinhas agem como uma espécie-chave, alimentando-se basicamente de ouriços-do-mar e evitando que eles destruam as algas.

Neste capítulo, nos concentramos em como a biodiversidade promove a sustentabilidade, gera uma variedade de espécies para restaurar ecossistemas danificados por meio da sucessão ecológica e limita o tamanho das populações. As populações da maioria das plantas e animais dependem, direta ou indiretamente, da energia solar, e todas as populações têm um papel na ciclagem de nutrientes nos ecossistemas em que vivem. Além disso, a biodiversidade encontrada na variedade de espécies, em diferentes ecossistemas terrestres e aquáticos, oferece caminhos alternativos para o fluxo de energia e ciclagem de nutrientes, melhores oportunidades para a seleção natural à medida que as condições ambientais mudam e mecanismos naturais de controle da população. Quando destruímos esses caminhos, violamos os três **Princípios científicos da sustentabilidade**.

Revisão do capítulo

Estudo de caso principal

1. Como as lontras-marinhas do sul agem como uma espécie-chave no ambiente em que vivem? Explique por que devemos nos preocupar em proteger essa espécie da extinção.

Seção 5.1

2. Qual é o conceito-chave desta seção? Defina e dê um exemplo de **competição interespecífica**. Qual é a diferença entre esse fenômeno e a competição intraespecífica? Defina e dê um exemplo de **partilha de recursos** e explique como ela pode aumentar a diversidade de espécies. Defina **predação**. Diferencie uma espécie de **predador** e uma espécie de **presa** e dê um exemplo de cada. O que é uma **relação predador-presa** e por que ela é importante?

3. Descreva três ameaças às florestas de algas kelp e explique por que elas devem ser preservadas. Cite três métodos que os predadores podem usar para aumentar as chances de se alimentar de suas presas e três maneiras para as presas evitarem seus predadores. Defina e dê um exemplo de **coevolução**.

4. Defina **parasitismo**, **mutualismo** e **comensalismo** e dê um exemplo de cada. Explique como cada uma dessas interações entre espécies, juntamente com a predação, pode afetar o tamanho das populações de espécies nos ecossistemas.

Seção 5.2

5. Qual é o conceito-chave desta seção? O que é **sucessão ecológica**? Diferencie **sucessão ecológica primária** e **sucessão ecológica secundária** e dê um exemplo de cada.

6. Explique como os sistemas vivos alcançam um grau de sustentabilidade após passar por alterações constantes em resposta a mudanças nas condições ambientais. Em termos de estabilidade dos ecossistemas, diferencie **inércia (persistência)** e **resiliência** e dê um exemplo de cada.

Interações das espécies, sucessão ecológica e controle populacional

Seção 5.3

7. Qual é o conceito-chave desta seção? Defina **população** e **tamanho de população**. Por que a maioria das populações vive em grupos? Cite quatro variáveis que controlam as mudanças no tamanho de uma população. Escreva uma equação que mostre como essas variáveis interagem. O que é a **estrutura etária** de uma população e como são chamados os três principais grupos etários? Defina **intervalo de tolerância**. Defina **fator limitante** e dê um exemplo. Defina **densidade da população** e explique como alguns fatores limitantes podem se tornar mais importantes à medida que a densidade de uma população aumenta.

8. Diferencie crescimento exponencial e crescimento logístico de uma população e descreva a natureza dessas curvas de crescimento. Defina **resistência ambiental**. O que é a capacidade de **suporte de um habitat** ou ecossistema? Defina e dê um exemplo de **colapso populacional**.

9. Descreva duas estratégias reprodutivas diferentes para as espécies. Diferencie **espécies r-selecionadas** e **K-selecionadas** e dê um exemplo de cada. Defina **curva de sobrevivência** e descreva três tipos de curvas. Por que a recuperação das lontras-marinhas do sul tem sido lenta e quais fatores estão ameaçando essa recuperação? Explique por que os humanos não estão livres dos controles populacionais da natureza.

10. Quais são as *três grandes ideias* deste capítulo? Explique como as interações entre espécies animais e vegetais em qualquer ecossistema estão relacionadas com os **princípios científicos da sustentabilidade**.

Observação: os principais termos estão em negrito.

Raciocínio crítico

1. Que diferença faria se a lontra-marinha do sul (**Estudo de caso principal**) fosse extinta principalmente em razão de atividades humanas? Cite três coisas que podemos fazer para ajudar a evitar a extinção dessa espécie.

2. Use a segunda lei da termodinâmica (Capítulo 2) e o conceito de cadeias e redes alimentares para explicar por que os predadores costumam ser menos abundantes que suas presas.

3. Como você responderia a alguém que afirmasse que não devemos nos preocupar com os efeitos das atividades humanas sobre os sistemas naturais porque a sucessão ecológica vai corrigir todos os danos que causarmos?

4. Como você responderia a alguém que dissesse que os esforços para preservar espécies e ecossistemas não valem a pena porque a natureza é majoritariamente imprevisível?

5. Explique por que a maioria das espécies com alta capacidade de crescimento populacional (como bactérias, moscas e baratas) tendem a ter indivíduos pequenos, enquanto aquelas com baixa capacidade de crescimento populacional (como humanos, elefantes e baleias) tendem a apresentar indivíduos grandes.

6. Qual é a estratégia reprodutiva da maioria das espécies de insetos-praga e bactérias nocivas? Por que isso dificulta o nosso controle sobre essas populações?

7. Cite dois fatores que podem limitar o crescimento da população humana no futuro. Você acha que estamos perto de alcançar esses limites? Explique.

8. Se a espécie humana sofresse uma queda populacional, quais seriam as três espécies que poderiam se mover para ocupar parte do nosso nicho ecológico.

Fazendo ciência ambiental

Visite uma área terrestre perto de você, como uma floresta parcialmente desmatada ou queimada, um gramado ou um campo agrícola abandonado e registre sinais de sucessão ecológica secundária. Faça anotações sobre suas observações e formule uma hipótese sobre o tipo de distúrbio que levou a essa sucessão. Inclua sua opinião a respeito de esse distúrbio ter sido natural ou causado por humanos. Estude a área com atenção para ver se é possível encontrar porções dela que estejam em diferentes estágios da sucessão e registre suas ideias sobre os tipos de distúrbio que podem ter causado essas diferenças. Talvez você queira pesquisar sobre o tema da sucessão ecológica nessa região.

Análise de dados

O gráfico a seguir mostra mudanças no tamanho de uma população de pinguins-imperadores em relação ao número de casais reprodutores na ilha de Terra Adélia, na Antártida. Os cientistas usaram esses dados com informações sobre a redução do habitat de gelo dos pinguins para projetar o declínio geral da população de pinguins-imperadores da ilha até o ponto em que ela estará ameaçada, em 2100. Use o gráfico para responder às seguintes perguntas:

1. Se a população de pinguins varia em torno da capacidade de suporte, qual era a capacidade de suporte aproximada da população de pinguins na ilha entre 1960 e 1975? Qual era a capacidade de carga aproximada da população de pinguins na ilha entre 1980 e 2010?

2. Qual foi a queda percentual geral da população de pinguins de 1975 a 2010?

3. Qual é a queda percentual geral projetada da população de pinguins entre 2010 e 2100?

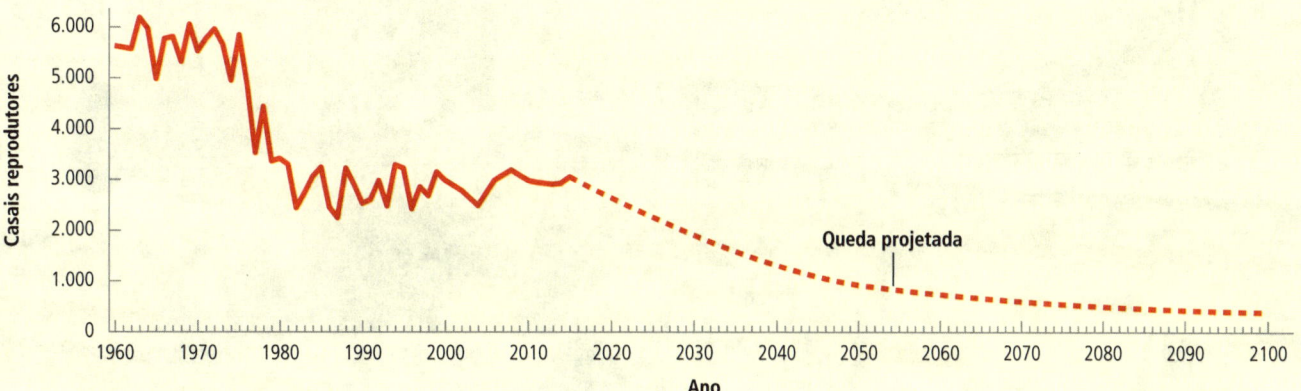

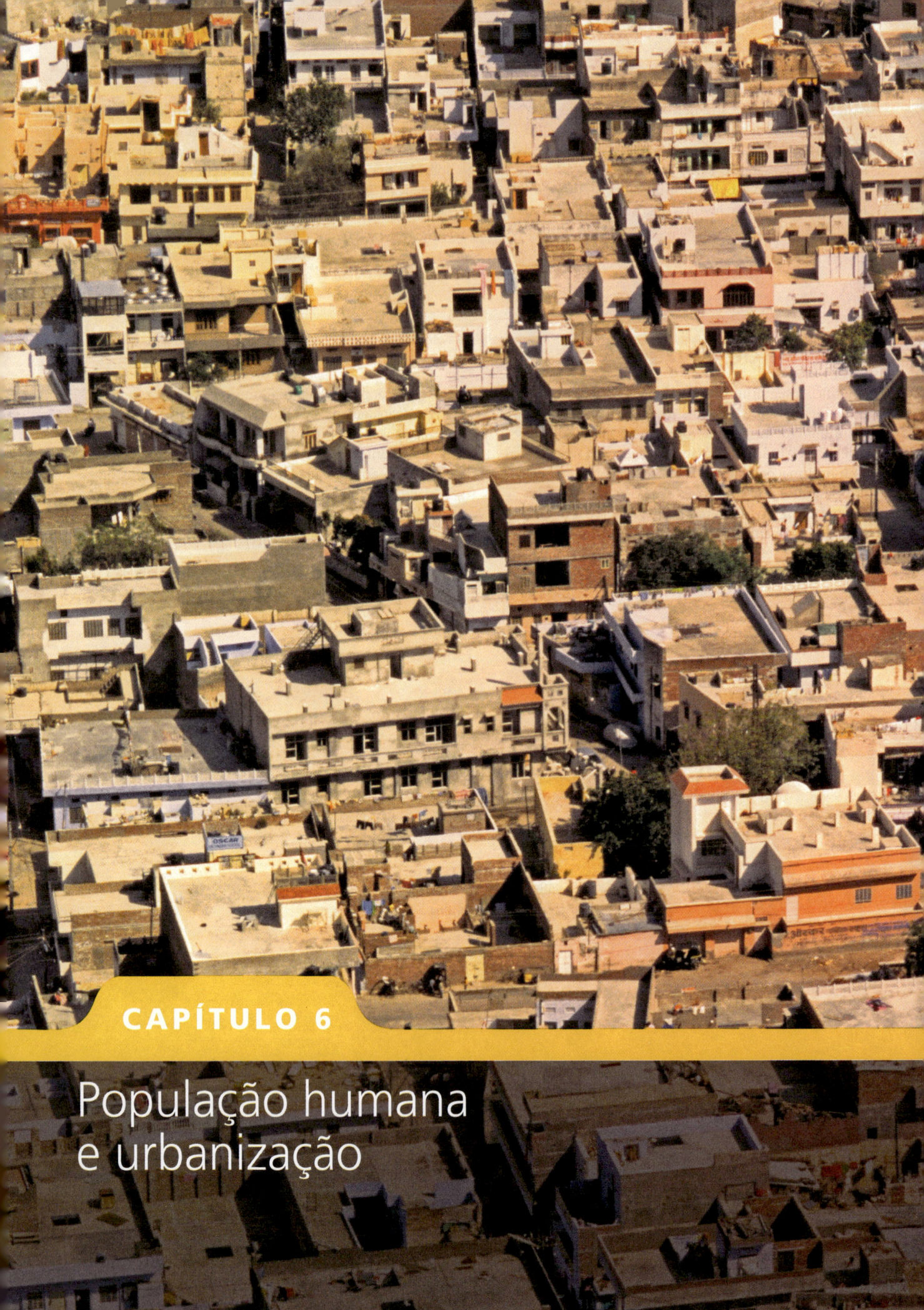

CAPÍTULO 6

População humana e urbanização

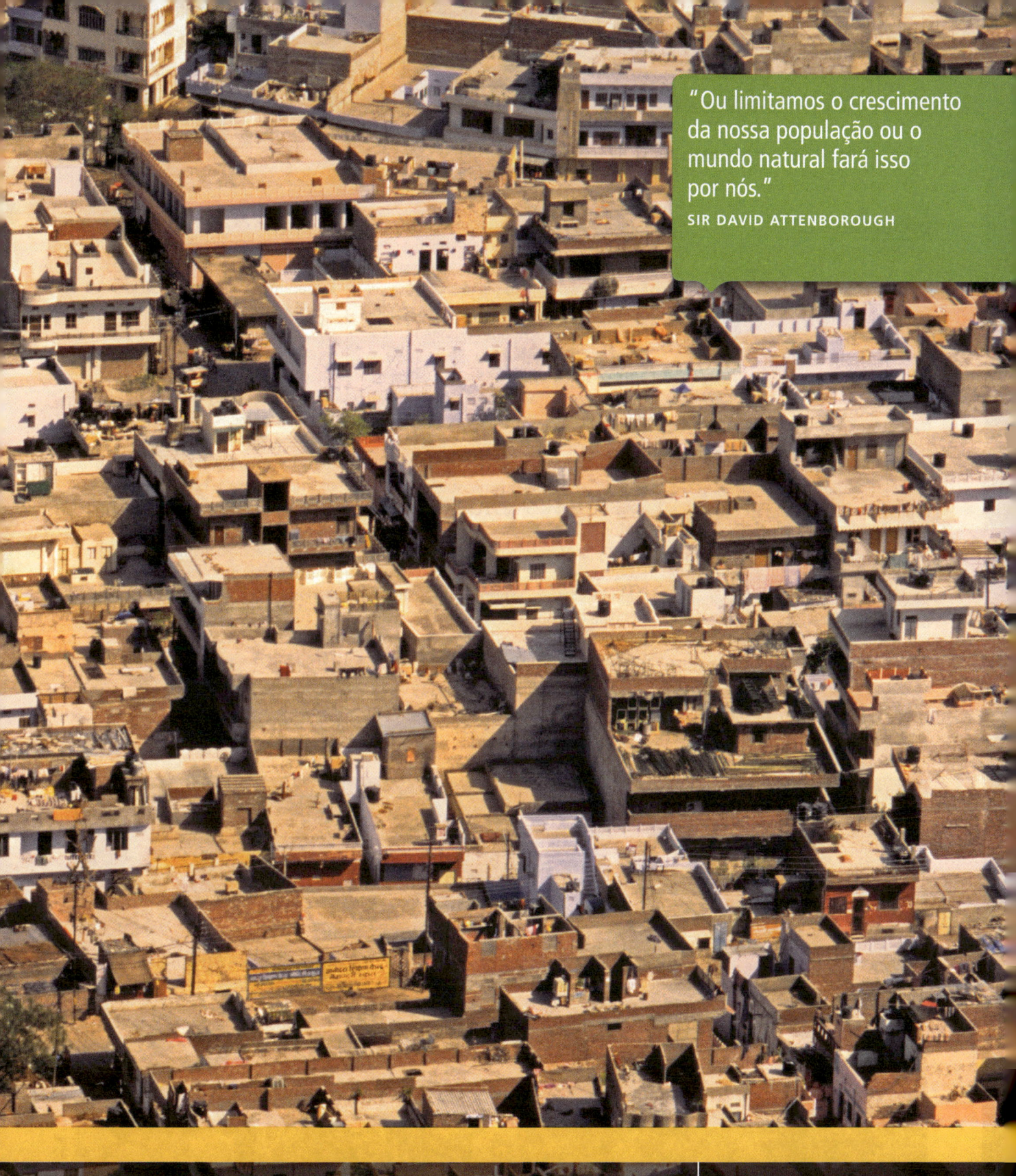

> "Ou limitamos o crescimento da nossa população ou o mundo natural fará isso por nós."
>
> SIR DAVID ATTENBOROUGH

Principais questões

6.1 Quantas pessoas a Terra pode suportar?

6.2 Quais fatores influenciam o tamanho da população humana?

6.3 Como a estrutura etária afeta o crescimento ou declínio populacional?

6.4 Como diminuir o crescimento da população humana?

6.5 Quais são os principais recursos urbanos e problemas ambientais?

6.6 Como o transporte afeta os impactos ambientais urbanos?

6.7 Como as cidades podem se tornar mais sustentáveis e habitáveis?

Pressão populacional em Jaipur, Índia.
zanskar/Getty Images

Estudo de caso principal

Planeta Terra: população de 7,4 bilhões

Levou cerca de 200 mil anos para que a população humana chegasse a uma estimativa de 2 bilhões. Depois, foram menos de 50 anos para acrescentar mais 2 bilhões de pessoas (em meados de 1974) e 25 anos para mais 2 bilhões (em 1999). Dezesseis anos mais tarde, a Terra tinha 7,4 bilhões de pessoas. Em 2016, os três países mais populosos, em ordem, eram a China, com 1,38 bilhão de habitantes (Figura 6.1), a Índia, com 1,33 bilhão, e os Estados Unidos, com 324 milhões. A Organização das Nações Unidas projeta que a população mundial aumentará para 9,9 bilhões até 2050, um crescimento de 2,5 bilhões de pessoas.

O fato de termos hoje 7,8 bilhões de pessoas na Terra (três vezes mais que em 1950) é importante? E o fato de que a cada dia mais 246 mil pessoas aparecem para jantar e muitas delas passam fome? Importa se em 2050 poderemos ter mais 2,5 bilhões de nós no planeta? Alguns dizem que não e afirmam que podemos desenvolver novas tecnologias que poderiam suportar facilmente mais milhões de pessoas.

Muitos cientistas discordam e apontam que o crescimento exponencial da população humana (ver Figura 1.12) não é sustentável porque, à medida que a população e as economias crescem, usamos mais recursos naturais da Terra e ampliamos nossa pegada ecológica. Consequentemente, degradamos o capital natural que nos mantém vivos e suporta nosso estilo de vida e nossas economias.

De acordo com *demógrafos*, ou especialistas em população, três grandes fatores explicam o aumento rápido da população humana. *Primeiro*, o surgimento da agricultura inicial e moderna, há cerca de 10 mil anos, aumentou a produção de alimentos. *Segundo*, outras tecnologias ajudaram os seres humanos a se espalhar em quase todas as zonas climáticas e habitats do planeta (Figura 1.9). *Terceiro*, as taxas de mortalidade caíram drasticamente com melhorias nos sistemas de saneamento e saúde, além do desenvolvimento de antibióticos e vacinas para controlar doenças infecciosas.

Os especialistas em população fizeram projeções baixas, médias e altas para o tamanho da população humana no fim deste século, como mostra a Figura 1.12. Ninguém sabe se ou por quanto tempo esses tamanhos populacionais serão sustentáveis.

Neste capítulo, vamos examinar as tendências de crescimento populacional, os impactos ambientais do aumento de uma população, formas de desacelerar o crescimento da população humana e maneiras de tornar as áreas urbanas em rápido crescimento do mundo mais sustentáveis e habitáveis. ●

FIGURA 6.1 Essa rua movimentada fica na China, onde quase um quinto da população mundial vive.

6.1 QUANTAS PESSOAS A TERRA PODE SUPORTAR?

CONCEITO 6.1 O rápido crescimento da população humana e seu impacto no capital natural levanta questões para se entender por quanto tempo a população humana pode continuar crescendo.

Crescimento populacional humano

Em grande parte da história, a população humana cresceu lentamente (*veja* Figura 1.12, parte esquerda da curva). Nos últimos 200 anos, porém, a população humana tem crescido rapidamente, resultando na curva J característica do crescimento exponencial (veja Figura 1.12, parte direita da curva).

Os *demógrafos*, ou especialistas em população, reconhecem três tendências importantes relacionadas ao tamanho atual, à taxa de crescimento e à distribuição da população humana. *Primeiro*, a taxa de crescimento populacional ficou mais lenta desde 1960 (Figura 6.2), mas a população mundial continua crescendo a uma taxa de cerca de 1,21%. Pode não parecer muito, mas, em 2016, esse crescimento adicionou aproximadamente 89,8 milhões de pessoas à população – uma média de quase 246 mil pessoas por dia.

Segundo, o aumento da população humana é distribuído de maneira desigual. Cerca de 96% dos 89,8 milhões dos recém-chegados ao planeta em 2016 foram adicionados aos países menos desenvolvidos do mundo, onde a população está crescendo 14 vezes mais depressa do que nos países mais desenvolvidos. Pelo menos 95% das 2,5 bilhões de pessoas previstas para serem adicionadas à população mundial entre 2016 e 2050 nascerão em países menos desenvolvidos. A maior parte desses países não está equipada para lidar com as pressões do rápido aumento populacional.

Terceiro, muitas pessoas se mudaram de regiões rurais para áreas urbanas. Em 2016, cerca de 54% da população mundial vivia em áreas urbanas, e essa porcentagem está aumentando.

Cientistas e outros analistas pensaram muito sobre a questão: Por quanto tempo a população humana pode continuar a crescer, evitando muitos dos fatores que, cedo ou tarde, limitam o crescimento de qualquer população? Esses especialistas discordam em relação ao número de pessoas que a Terra pode suportar indefinidamente (Foco na ciência 6.1). Até agora, avanços na produção de alimentos e na medicina evitaram grandes declínios populacionais, mas há amplas e crescentes evidências de que as atividades humanas estão esgotando e degradando grande parte do capital natural insubstituível da Terra (Figura 6.3).

6.2 QUAIS FATORES INFLUENCIAM O TAMANHO DA POPULAÇÃO HUMANA?

CONCEITO 6.2A As populações aumentam por meio de nascimentos e imigração e diminuem em razão de mortes e emigração.

CONCEITO 6.2B O principal fator para determinar o tamanho de uma população humana é o número médio de crianças nascidas em relação às mulheres dessa população (*taxa de fecundidade total*).

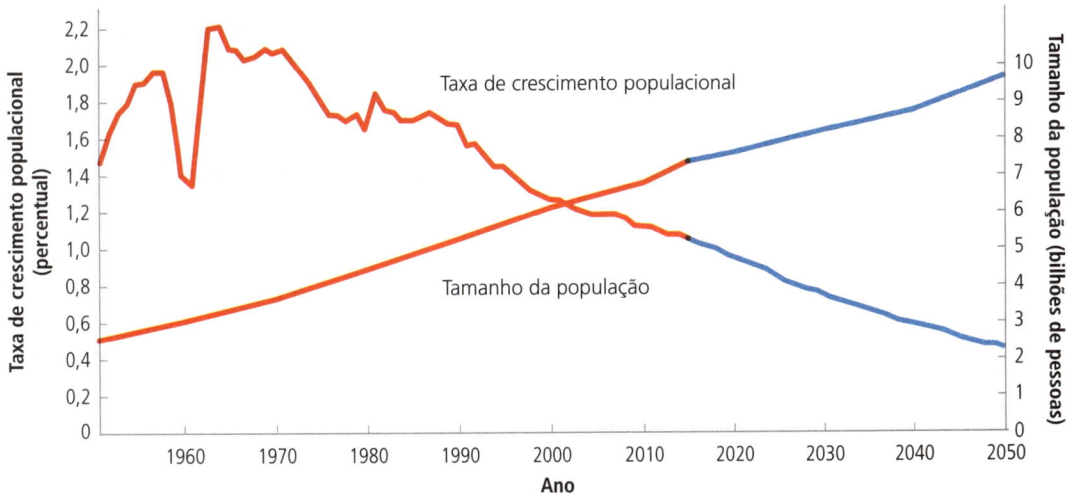

FIGURA 6.2 Tamanho da população humana no mundo comparada com a taxa de crescimento populacional, 1990-2015, com projeções para 2050. *Raciocínio crítico:* Por que você acha que, embora a taxa de crescimento anual da população mundial tenha caído desde os anos 1960, a população continuou aumentando?

Informações compiladas pelos autores a partir de dados da Divisão de População da Organização das Nações Unidas, do U.S. Census Bureau e do Population Reference Bureau.

População humana e urbanização

FOCO NA CIÊNCIA 6.1

Por quanto tempo a população humana pode continuar a crescer?

Existem limites físicos para o crescimento da população humana e o crescimento econômico em um planeta finito? Alguns dizem que sim, outros, que não.

Esse debate já acontece há mais de 200 anos. Uma visão atual é a de que já ultrapassamos alguns desses limites, com muitas pessoas degradando de maneira coletiva o sistema de suporte à vida da Terra.

Para alguns analistas, o principal problema é o grande e crescente número de pessoas em países menos desenvolvidos. Para outros, o principal fator é o *consumo excessivo* em países mais desenvolvidos e abastados, devido às elevadas taxas de uso de recursos por pessoa. Eles debatem sobre qual fator é mais importante para reduzir a pegada ecológica humana: diminuir o crescimento populacional ou reduzir o consumo de recursos. Alguns recomendam que sejam feitas as duas coisas.

Outra visão do crescimento populacional é que a tecnologia nos permite ultrapassar os limites ambientais enfrentados pelas populações de outras espécies. Segundo essa visão, esses avanços aumentaram a capacidade de suporte da Terra para a espécie humana. Alguns analistas apontam que a expectativa de vida média na maior parte do mundo tem aumentado continuamente, apesar dos avisos de que estamos degradando gravemente nosso sistema de suporte à vida.

Esses analistas afirmam que, devido à nossa habilidade tecnológica, existem poucos limites (se é que há algum) ao crescimento da população humana e ao uso de recursos por pessoa. Eles acreditam que podemos continuar a aumentar o crescimento econômico e evitar danos graves aos nossos sistemas de suporte à vida fazendo avanços tecnológicos em áreas como produção de alimentos e medicamentos, além de encontrar substitutos para os recursos que estamos esgotando. Eles não veem necessidade de desacelerar o crescimento da população mundial ou o consumo de recursos.

Aqueles que defendem a redução ou a interrupção do crescimento populacional destacam que, além de degradar nosso sistema de suporte à vida, estamos deixando de suprir as necessidades básicas de aproximadamente 900 milhões de pessoas (uma em cada oito no planeta), que lutam para sobreviver com o equivalente a cerca de US$ 1,90 por dia, além das 2,1 bilhões de pessoas que sobrevivem com US$ 3,10 por dia ou menos. Isso gera uma questão séria: Como atenderemos às necessidades básicas das outras 2,5 bilhões de pessoas estimadas para chegar ao mundo entre 2016 e 2050?

Ninguém sabe quão perto estamos dos limites ambientais que alguns dizem que vão reduzir o tamanho da população humana. Esses analistas pedem que enfrentemos essa questão científica, política, econômica e ética vital.

RACIOCÍNIO CRÍTICO

Você acredita que existem limites ambientais ao crescimento da população humana? Se sim, você considera que estamos perto desses limites? Explique.

A população humana pode crescer, diminuir ou permanecer estável

O fundamento básico da alteração da população global é muito simples. Quando há mais nascimentos do que mortes, a população humana aumenta. Quando há mais mortes do que nascimentos, a população diminui. Quando o número de nascimentos é igual ao número de mortes, o tamanho da população não se altera.

A população humana em uma determinada região cresce ou diminui por meio da interação de três fatores: *nascimento (fertilidade)*, *morte (mortalidade)* e *migração*. Podemos calcular a **mudança populacional** de uma área subtraindo o número de pessoas que saem de uma população (por morte e emigração) do número de pessoas que entram (por nascimento e imigração) durante um ano **(Conceito 6.2A)**.

Alteração na população = (Nascimento + Imigração) − (Morte + Emigração)

Quando os nascimentos mais imigração excedem as mortes mais emigração, a população aumenta; quando o inverso é verdadeiro, a população diminui.

Taxas de fecundidade

Um fator-chave que afeta o crescimento e o tamanho da população humana é a **taxa de fecundidade total** (*total fertility rate* – **TFT**): o número médio de crianças nascidas em relação às mulheres em idade reprodutiva de uma população **(Conceito 6.2B)**. Veja o estudo de caso a seguir.

Entre 1955 e 2016, a TFT global caiu de 5 para 2,5. Aqueles que apoiam a redução do crescimento populacional consideram esse resultado muito bom. No entanto, para interromper futuramente o crescimento populacional, a TFT teria de cair para 2,1, nível necessário para substituir os pais após considerar a mortalidade infantil.

Com TFT de 4,7, a população da África cresce duas vezes mais rápido que a de qualquer outro continente.

Estima-se que a população africana mais que dobre, de 1,2 bilhão para 2,5 bilhões, entre 2016 e 2050 e aumente para mais de 4 bilhões em 2100. O continente africano também é o mais pobre do mundo.

ESTUDO DE CASO
A população dos Estados Unidos está aumentando

Entre 1900 e 2016, a população estadunidense aumentou de 76 milhões para 324 milhões. Esse fenômeno aconteceu mesmo com as oscilações da TFT do país (Figura 6.4) e da taxa de crescimento da população. Durante o período de altas taxas de natalidade, entre 1946 e 1964, conhecido como *"baby boom"*, 79 milhões de pessoas foram acrescentadas à população dos Estados Unidos. No pico do *baby boom*, em 1957, a TFT média era de 3,7 filhos por mulher. Na maioria dos anos desde 1972, a média foi igual ou inferior a 2,1 filhos por mulher, comparada com a TFT global de 2,5.

A queda da TFT diminuiu a taxa de crescimento populacional nos Estados Unidos. Entretanto, a população do país ainda está crescendo. Em 2016, aproximadamente 3 milhões de pessoas foram adicionadas à população dos Estados Unidos, de acordo com o U.S. Census Bureau. Cerca de 2,2 milhões foram adicionadas porque houve mais nascimentos do que mortes, enquanto o restante eram imigrantes legalizados e refugiados. Desde 1820, os Estados Unidos admitiram quase o dobro de imigrantes legalizados e refugiados do que todos os outros países combinados. Os Estados Unidos também têm uma estimativa de 11 milhões de imigrantes ilegais. Desde 2005, o fluxo de imigrantes ilegais para o país vem caindo, segundo o Pew Research Center.

Além do aumento de quatro vezes no crescimento populacional desde 1900, algumas mudanças surpreendentes no estilo de vida aconteceram nos Estados Unidos durante o século XX (Figura 6.5), o que levou os estadunidenses a viver mais com os aumentos drásticos do uso

Degradação do capital natural

Alterando a natureza para satisfazer nossas necessidades

Redução da biodiversidade

Aumento no uso da produtividade primária líquida

Aumento da resistência genética em espécies de pragas e bactérias causadoras de doenças

Eliminação de muitos predadores naturais

Introdução de espécies nocivas em comunidades naturais

Uso de alguns recursos renováveis mais rápido do que eles podem se recuperar

Interrupção do ciclo químico natural e do fluxo de energia natural

Dependência majoritária de combustíveis fósseis poluentes e que causam mudanças climáticas

Superior: Dirk Ercken/Shutterstock.com. Centro: Fulcanelli/Shutterstock.com. Inferior: Werner Stoffberg/Shutterstock.com.

FIGURA 6.3 Atividades humanas alteraram os sistemas naturais e serviços ecossistêmicos que mantêm nossas vidas e economias em pelo menos oito grandes formas para atender às necessidades e vontades cada vez maiores da nossa crescente população (**Conceito 6.1**). *Raciocínio crítico*: Em seu dia a dia, você acha que contribui direta ou indiretamente para algum desses impactos ambientais prejudiciais? Explique.

de recurso *per capita* e com uma pegada ecológica muito maior.

O U.S. Census Bureau prevê que, entre 2016 e 2050, a população dos Estados Unidos deverá crescer de 324 milhões para 398 milhões, um aumento de 74 milhões de pessoas. Devido à alta taxa de uso de recursos por pessoa, além da poluição e dos resíduos resultantes, todo aumento da população dos Estados Unidos tem um enorme impacto ambiental (ver Figura 1.10).

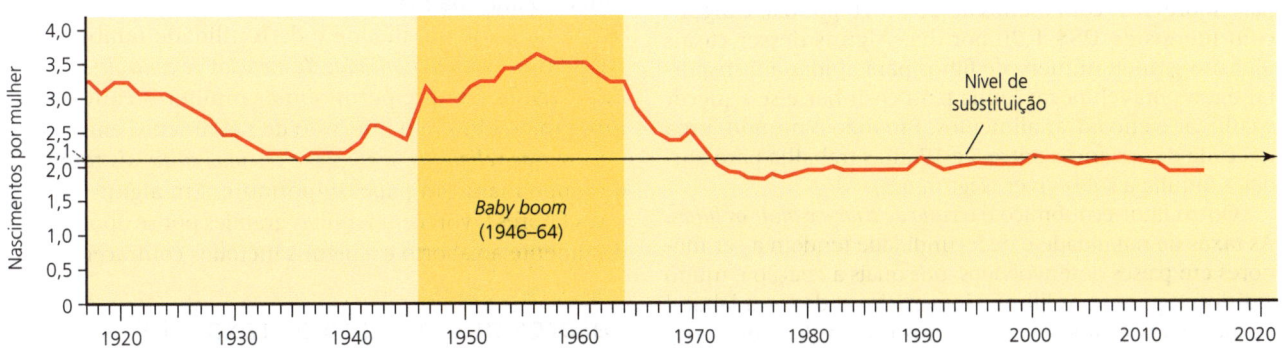

FIGURA 6.4 Este gráfico mostra as taxas de fecundidade totais dos Estados Unidos entre 1917 e 2016. *Raciocínio crítico:* A taxa de fecundidade dos Estados Unidos teve uma queda e manteve-se abaixo dos níveis de substituição desde 1972. Sendo assim, por que a população dos Estados Unidos continua aumentando?

Dados do Population Reference Bureau e U. S. Census Bureau.

População humana e urbanização

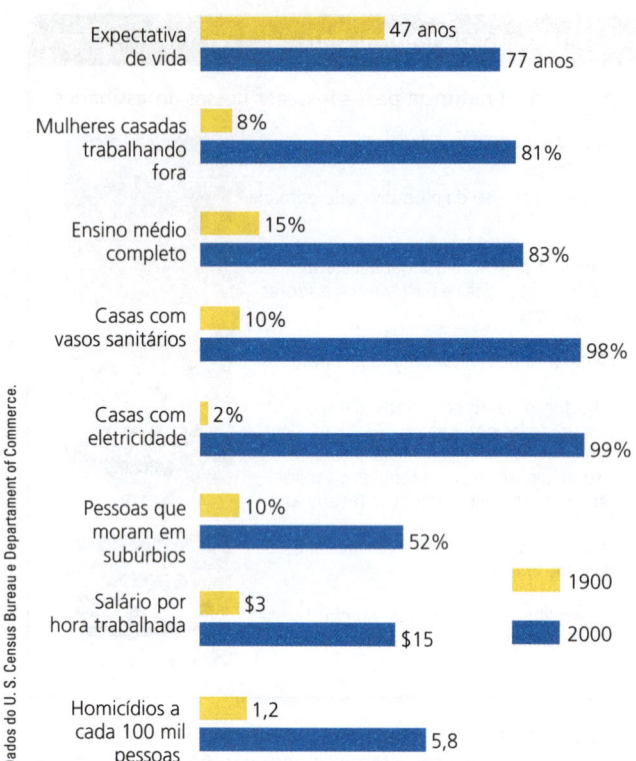

FIGURA 6.5 Algumas mudanças importantes aconteceram nos Estados Unidos entre 1900 e 2000. *Raciocínio crítico:* Quais dessas mudanças você acredita que tiveram os maiores impactos na pegada ecológica dos Estados Unidos?

FIGURA 6.6 Esse garotinho passa a maior parte do dia carregando tijolos.

74 milhões
Aumento projetado da população dos Estados Unidos entre 2016 e 2050

Fatores que afetam as taxas de natalidade e de fecundidade

Muitos fatores afetam o crescimento populacional e a TFT de um país. Um deles é a *importância das crianças como parte da mão de obra*, especialmente em países menos desenvolvidos. Muitas pessoas pobres desses países lutam para sobreviver com menos de US$ 3,10 por dia, e alguns com menos de US$ 1,90 por dia. Alguns desses casais têm um grande número de filhos para ajudar a transportar água potável, pegar lenha para cozinhar e se aquecer e cultivar e encontrar alimentos. Em todo o mundo, uma em cada dez crianças entre 5 e 17 anos trabalha para ajudar a família a sobreviver (Figura 6.6).

Outro fator econômico é o *custo de criar e educar os filhos*. As taxas de natalidade e de fecundidade tendem a ser menores em países desenvolvidos, nos quais a criação é muito mais cara, porque os filhos não participam da força laboral até perto dos 20 anos de idade. Nos Estados Unidos, o Departamento de Agricultura dos Estados Unidos estimou em 2016 que o custo médio de criar um filho até os 18 anos era de US$ 245 mil.

A *disponibilidade de sistemas de previdência* pode influenciar as decisões de alguns casais sobre quantos filhos ter, especialmente os mais pobres que vivem em países menos desenvolvidos. As pensões reduzem a necessidade dos pais terem muitos filhos para ajudá-los no sustento quando estiverem em idade mais avançada.

A *urbanização* também desempenha um papel importante nesse processo. As pessoas que moram em áreas urbanas têm mais acesso aos serviços de planejamento familiar e tendem a ter menos filhos do que aquelas que moram em áreas rurais de países menos desenvolvidos.

Outro fator importante refere-se às *oportunidades de educação e emprego disponíveis para as mulheres*. As TFTs tendem a ser mais baixas quando as mulheres têm acesso à educação e a empregos remunerados fora do lar.

A *idade média em que ocorre o casamento* (ou, mais precisamente, a idade média em que mulheres têm seu primeiro filho) deve ser considerada. Em geral, as mulheres têm menos filhos quando a idade média com que se casam é 25 anos ou mais.

As taxas de natalidade e de fertilidade também são afetadas pela *disponibilidade de métodos de controle de natalidade confiáveis*, que permitem às mulheres controlar o número de filhos e o intervalo de nascimento entre eles.

Crenças religiosas, tradições e normas culturais também desempenham um papel importante. Em alguns países, esses fatores favorecem famílias grandes por se oporem radicalmente ao aborto e a alguns métodos contraceptivos.

Fatores que afetam as taxas de mortalidade

Nos últimos cem anos, o rápido crescimento da população mundial é, em grande parte, o resultado do declínio das taxas de mortalidade, especialmente em países menos desenvolvidos. Em alguns desses países, mais pessoas estão vivendo mais e menos crianças estão morrendo por causa de maiores suprimentos de alimentos e de melhorias na distribuição destes, além de melhor nutrição, melhor saneamento, abastecimento de água mais seguro e avanços médicos, como imunizações e antibióticos.

Um indicador útil da saúde geral das pessoas de um país ou região é a **expectativa de vida**: número médio de anos que se espera que um indivíduo nascido em um determinado ano viva. Entre 1955 e 2016, a expectativa de vida média global aumentou de 48 para 71 anos. Em 2016, o Japão tinha a maior expectativa de vida do mundo: 83 anos. Entre 1900 e 2016, a expectativa de vida média nos Estados Unidos subiu de 47 para 79 anos. Pesquisas indicam que a pobreza, que reduz a longevidade em 7 a 10 anos, é o fator mais importante na redução da expectativa de vida.

Outro indicador relevante da saúde geral de uma população é a **taxa de mortalidade infantil**, o número de bebês que morrem antes do primeiro aniversário a cada mil nascimentos. Ela é considerada uma das melhores medições da qualidade de vida de uma sociedade, pois reflete o nível geral de nutrição e assistência médica de um país. Uma taxa de mortalidade alta costuma indicar alimentação insuficiente (*subnutrição*), nutrição inadequada (*desnutrição*, ver Figura 1.13) e alta incidência de doenças infecciosas. A mortalidade infantil também afeta a TFT. Em regiões com baixas taxas de mortalidade infantil, as mulheres tendem a ter menos filhos porque poucos deles morrem durante a primeira infância.

As taxas de mortalidade infantil diminuíram radicalmente na maioria dos países desde 1965. Mesmo assim, todos os anos, mais de 4 milhões de crianças (a maioria delas em países menos desenvolvidos) morrem por causas *evitáveis* durante o primeiro ano de vida. É uma média de aproximadamente 11 mil mortes desnecessárias por dia, equivalente a 55 aviões, cada um com 200 bebês, caindo *todos os dias* sem sobreviventes.

Entre 1900 e 2016, a taxa de mortalidade infantil dos Estados Unidos caiu de 165 para 5,8. Esse declínio considerável foi um fator importante no crescimento acentuado da média de expectativa de vida durante esse período. No entanto, outros 49 países (a maioria da Europa) tiveram taxas de mortalidade infantil mais baixas que os Estados Unidos em 2016.

Migração

O terceiro fator na mudança populacional é a **migração**: o movimento de pessoas em determinadas áreas geográficas (*imigração*) e saindo delas (*emigração*). A maioria das pessoas que migra de uma área ou de um país para outro procura empregos e melhoria econômica. Algumas também migram por causa de perseguição religiosa, conflitos étnicos, opressão política ou guerras. Também existem os chamados *refugiados ambientais* – pessoas que precisam deixar suas casas, ou algumas vezes seus países, em razão de escassez de água ou de alimentos, erosão do solo, inundações ou alguma outra forma de degradação ambiental.

6.3 COMO A ESTRUTURA ETÁRIA AFETA O CRESCIMENTO OU DECLÍNIO POPULACIONAL?

CONCEITO 6.3 O número de homens e mulheres em grupos de jovens, de meia-idade e mais velhos determina a velocidade do crescimento ou do declínio populacional.

Estrutura etária

A **estrutura etária** de uma população é o número ou porcentagem de homens e mulheres em grupos de jovens, de meia-idade e mais velhos nessa população (**Conceito 6.3**). A estrutura etária é um importante fator para determinar as taxas de fecundidade total e se a população de um país aumenta ou diminui.

Especialistas em população elaboraram um diagrama da estrutura etária da população, no qual traçaram as porcentagens ou os números de homens ou mulheres na população total, em cada uma das seguintes categorias etárias: *pré-reprodutiva* (de 0 a 14 anos), composta de pessoas normalmente muito jovens para ter filhos; *reprodutiva* (de 15 a 44 anos), composta de pessoas que normalmente têm filhos; e *pós-reprodutiva* (45 anos ou mais), composta de pessoas normalmente muito velhas para ter filhos. A Figura 6.7 apresenta diagramas de estrutura etária generalizada para países com taxas de crescimento populacional rápidas, lentas, zero e negativas.

Um país com uma grande porcentagem de habitantes mais jovens do que 15 anos (representada por uma base ampla na Figura 6.7, à esquerda) viverá o rápido crescimento populacional, a menos que haja grandes taxas de mortalidade. Por causa desse *momentum demográfico*, o número de nascimentos nesse país aumentará durante muitas décadas, mesmo se as mulheres tiverem, em média, um ou dois filhos, devido ao grande número de garotas entrando no auge dos anos reprodutivos. A maior parte do aumento da população humana no futuro ocorrerá em países menos desenvolvidos, pois eles normalmente têm uma estrutura etária jovem e taxas de crescimento populacional elevadas.

Estima-se que a população global de idosos – pessoas com mais de 65 anos – triplicará entre 2016 e 2050, quando uma em cada seis pessoas será idosa (ver Estudo de caso a seguir).

ESTUDO DE CASO

O *Baby Boom* nos Estados Unidos

As alterações na distribuição de grupos etários de um país causam impactos econômicos e sociais de longa duração. Por exemplo, o *baby boom* estadunidense, que acrescentou 79 milhões de pessoas à população dos Estados Unidos entre 1946 e 1964. Com o passar do tempo, esse grupo se

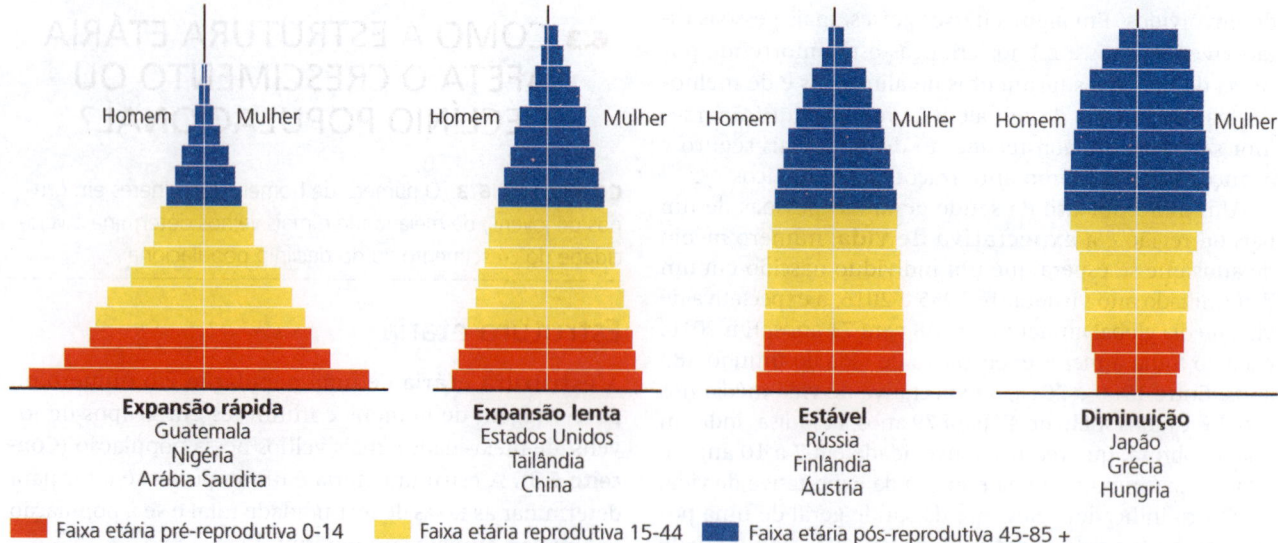

FIGURA 6.7 Diagramas generalizados de estrutura etária da população em países com taxas de aumento populacional rápidas (1,5%–3%), lentas (0,3%–1,4%), estáveis (0–0,2%) e negativas (em queda). **Pergunta:** Qual desses diagramas representa melhor o país em que você vive?

Dados compilados pelos autores usando informações do U.S. Census Bureau e Population Reference Bureau.

parece com uma grande protuberância subindo pela estrutura etária do país, conforme mostrado na Figura 6.8.

Durante décadas, membros da geração do *baby boom* influenciaram fortemente a economia dos Estados Unidos, pois representavam aproximadamente 25% da população estadunidense. Essa geração criou o mercado jovem em sua adolescência e juventude e agora estão criando os mercados de meia-idade (50-60) e sênior. Além de desempenhar esse papel no cenário econômico, a geração do *baby boom* foi decisiva na escolha dos representantes políticos da nação e na aprovação ou enfraquecimento de leis.

Desde 2011, quando os primeiros *baby boomers* chegaram aos 65 anos, o número de estadunidenses acima dessa idade aumentou a uma taxa de aproximadamente 10 mil por dia, e continuará assim até 2030. Entre 2015 e 2050, estima-se que o número de estadunidenses com 65 anos ou mais aumente de 48 para 88 milhões. Esse processo é chamado de *"graying of America"*, em referência aos cabelos grisalhos dessa população. À medida que o número de adultos trabalhadores cai em relação ao número de idosos, pode haver pressão política por parte dos *boomers* para aumentar a arrecadação fiscal e ajudar a suportar o aumento da população de idosos.

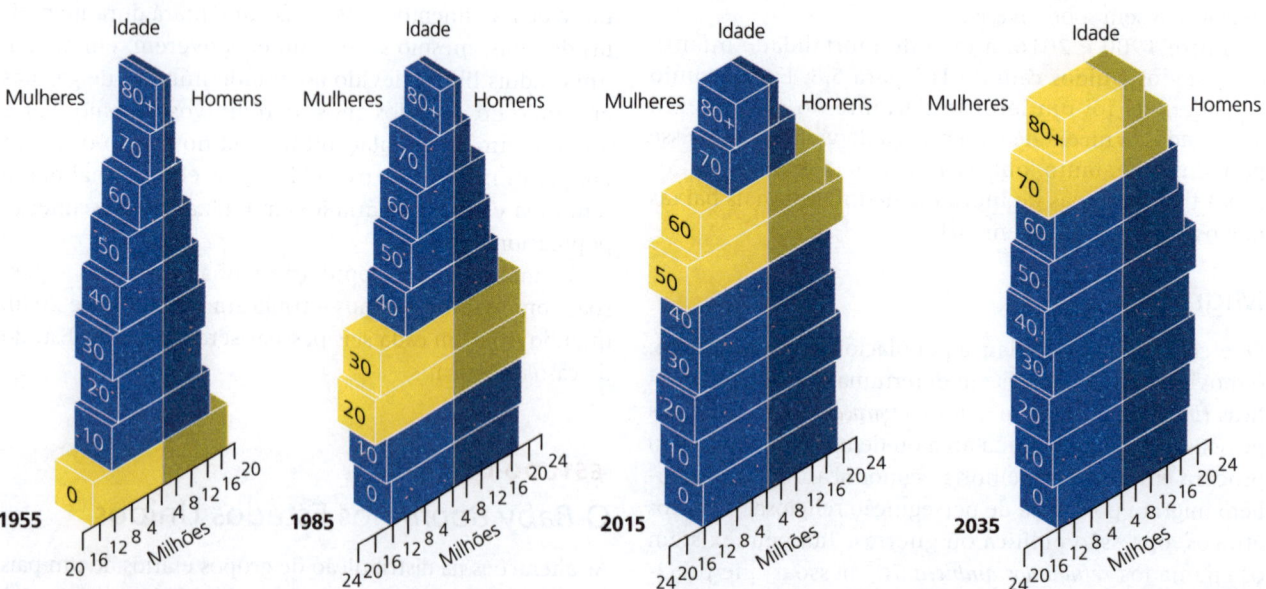

FIGURA 6.8 Gráficos da estrutura etária acompanhando a geração do *baby boom* nos Estados Unidos em 1955, 1985, 2015 e 2035 (previsto).

Informações compiladas pelos autores com base em dados do U.S. Census Bureau e Population Reference Bureau.

Entretanto, em 2015, de acordo com o Census Bureau, a geração dos *millenials* – estadunidenses nascidos entre 1980 e 2005 – ultrapassou os *baby boomers* e se tornou a maior geração viva dos Estados Unidos. Com o tempo, isso mudará o equilíbrio de poder político e econômico e pode gerar conflitos nessas áreas entre estadunidenses mais velhos e mais jovens.

Populações mais velhas podem diminuir rapidamente

O envelhecimento da população mundial deve-se principalmente à redução das taxas de natalidade e aos avanços da medicina, que ampliaram a expectativa de vida. A Organização das Nações Unidas (ONU) estima que, em 2050, o número mundial de pessoas com 60 anos ou mais será igual ou maior que o número de pessoas com menos de 15 anos.

À medida que a porcentagem de pessoas com mais de 65 anos aumenta, mais países começarão a passar por um declínio populacional. Quando esse declínio é gradual, os efeitos prejudiciais normalmente conseguem ser administrados. Porém, alguns países estão passando por quedas rápidas e sentindo esses efeitos de forma mais acentuada.

O Japão tem a maior porcentagem do mundo de pessoas idosas (acima de 65 anos) e a menor porcentagem de pessoas jovens (abaixo de 15 anos). Em 2016, a população do Japão era de 125 milhões de pessoas. Até 2050, há uma expectativa de que a população chegue até 101 milhões. Enquanto a população do país diminui, haverá menos adultos trabalhando e pagando impostos para manter uma população cada vez maior de idosos. Como o Japão não incentiva a imigração, isso pode ameaçar o futuro econômico do país. A Figura 6.9 lista alguns dos problemas associados a um declínio populacional rápido.

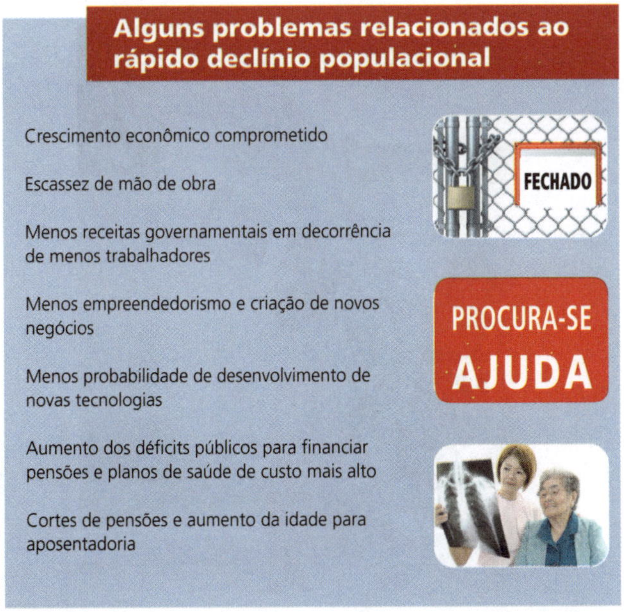

6.4 COMO DIMINUIR O CRESCIMENTO POPULACIONAL?

CONCEITO 6.4 Para que possa haver uma diminuição do crescimento populacional, é necessário reduzir a pobreza, elevar o *status* das mulheres e incentivar o planejamento familiar.

Desenvolvimento econômico

Há controvérsias em relação ao fato de devermos ou não reduzir o crescimento populacional (Foco na ciência 6.1). Alguns analistas afirmam que precisamos fazer isso para diminuir a degradação ambiental do nosso sistema de suporte à vida. Eles sugeriram várias formas de desacelerar esse aumento, uma das quais é reduzir a pobreza por meio do desenvolvimento econômico.

Os demógrafos examinaram as taxas de natalidade e de mortalidade dos países da Europa Ocidental que se industrializaram durante o século XIX e desenvolveram uma hipótese sobre a mudança populacional, conhecida como **transição demográfica**. Eles afirmam que, à medida que os países se industrializam e se desenvolvem economicamente, sua renda *per capita* aumenta, a pobreza diminui e suas populações tendem a crescer mais lentamente. De acordo com essa hipótese, tal transição acontece em quatro etapas, como mostra a Figura 6.10.

De acordo com alguns analistas, a maioria dos países menos desenvolvidos do mundo fará uma transição econômica nas próximas décadas. Eles levantam a hipótese de que essa transição ocorrerá porque as novas tecnologias os ajudarão a se desenvolver economicamente e a reduzir a pobreza.

Outros analistas temem que o rápido crescimento populacional, a extrema pobreza, a guerra, a crescente degradação ambiental e o esgotamento de recursos possam deixar os países com altas taxas de crescimento populacional presos no estágio 2 da transição demográfica. Isso destaca a necessidade de reduzir a pobreza como uma chave para melhorar a saúde humana e estabilizar a população.

Educação e capacitação das mulheres

Muitos estudos mostram que as mulheres tenderão a ter menos filhos se forem educadas para isso, tiverem a capacidade de controlar a própria fertilidade, ganharem uma renda e viverem em uma sociedade que não reprima os direitos delas.

Somente cerca de 30% das meninas do mundo estão matriculadas no ensino médio, e estudos mostram que a

FIGURA 6.9 O rápido declínio da população pode causar diversos problemas. ***Raciocínio crítico:*** Dos problemas apresentados, quais são os mais importantes? Cite dois.

Alguns problemas relacionados ao rápido declínio populacional
- Crescimento econômico comprometido
- Escassez de mão de obra
- Menos receitas governamentais em decorrência de menos trabalhadores
- Menos empreendedorismo e criação de novos negócios
- Menos probabilidade de desenvolvimento de novas tecnologias
- Aumento dos déficits públicos para financiar pensões e planos de saúde de custo mais alto
- Cortes de pensões e aumento da idade para aposentadoria

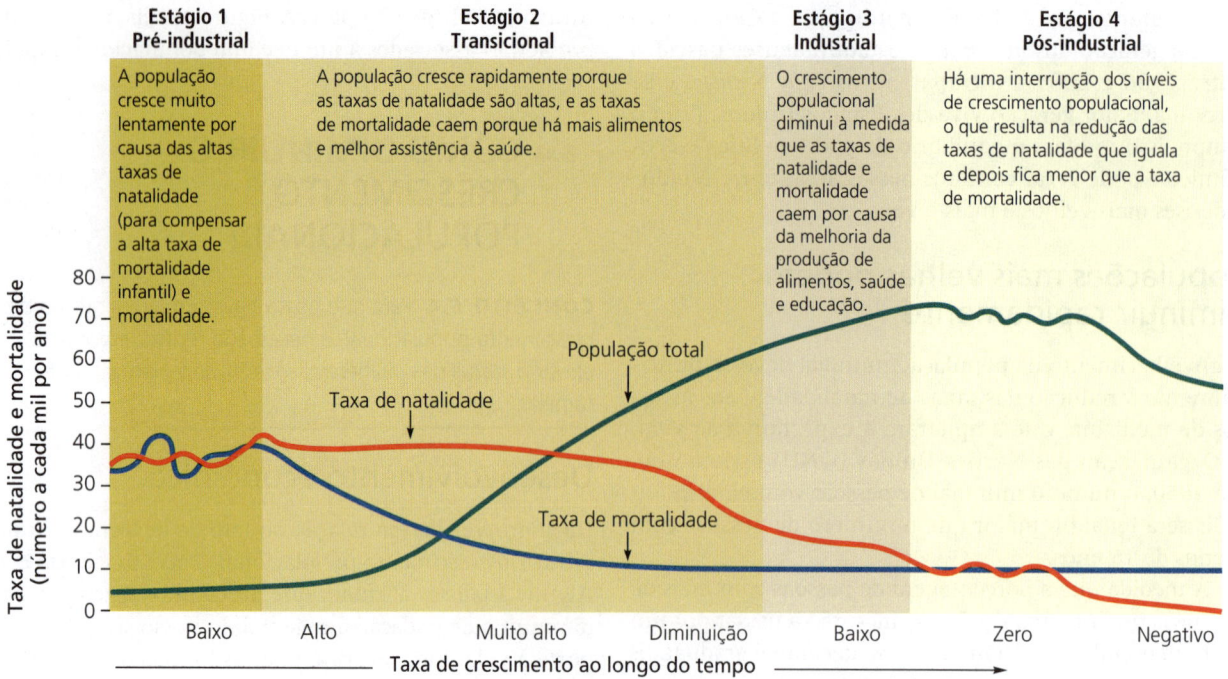

FIGURA 6.10 A transição demográfica que um país pode vivenciar à medida que se torna industrializado e mais desenvolvido economicamente pode acontecer em quatro estágios. *Raciocínio crítico:* O que você acha que aconteceria com um país que não conseguisse passar por cada um dos três primeiros estágios? Em qual estágio está o país em que você vive?

educação generalizada de meninas é importante para o futuro delas e para diminuir o crescimento populacional. Na maioria das sociedades, as mulheres têm menos direitos e menos oportunidades educacionais e econômicas que os homens.

As mulheres fazem quase todo o trabalho doméstico, cuidam de crianças por pouco ou nenhum pagamento e oferecem mais cuidados de saúde não remunerados (nas próprias famílias) do que todos os serviços de saúde do mundo juntos. Elas exercem de 60% a 80% do trabalho associado ao cultivo de alimentos, à coleta de lenha (Figura 6.11) e esterco animal para usar como combustível e à extração de água em áreas rurais na África, América Latina e Ásia. Como uma mulher brasileira observou: "Para as mulheres pobres, o único feriado é quando você está dormindo".

Embora as mulheres respondam por 66% de todas as horas trabalhadas, elas recebem apenas 10% da renda mundial e possuem apenas 2% das terras mundiais. Elas também representam 70% dos pobres do mundo e 66% dos 775 milhões de adultos analfabetos do mundo. As mulheres pobres que não sabem ler normalmente têm de cinco a sete filhos, enquanto nas sociedades em que quase todas as mulheres são alfabetizadas, esse número varia entre dois a menos filhos. Isso mostra a necessidade de garantir que todas as crianças concluam, no mínimo, o ensino fundamental. Além disso, se a taxa de sobrevivência das crianças aumentar, os pais conseguirão ter menos filhos e confiar que a maioria deles chegará à vida adulta.

Um número crescente de mulheres de países menos desenvolvidos está assumindo o controle de suas vidas e de seu comportamento reprodutivo. À medida que esse número aumenta, essa mudança conduzida pelas mulheres de forma individual terá um papel importante na estabilização das populações. Essa mudança também vai melhorar a saúde humana e reduzir a pobreza e a degradação ambiental.

FIGURA 6.11 Essa mulher do Nepal estava levando lenha para casa. Em geral, ela passa duas horas por dia, duas a três vezes por semana, coletando e transportando madeira.

Planejamento familiar

Um programa de **planejamento familiar** fornece serviços educacionais e clínicos que ajudam os casais a escolher quantos filhos ter e quando tê-los. Os programas variam de cultura para cultura, mas a maioria deles fornece informações sobre controle de natalidade, intervalo entre nascimentos e assistência médica para gestantes e bebês.

De acordo com os estudos da Divisão de População da ONU e de outras agências populacionais, o planejamento familiar tem sido o principal fator para reduzir o número de gestações indesejadas, nascimentos e abortos no mundo. Além disso, o planejamento familiar reduziu o número de mortes de mães e fetos durante a gravidez, as taxas de mortalidade infantil, os níveis de infecção por HIV/aids e as taxas de crescimento populacional. O planejamento familiar também traz benefícios financeiros. Estudos demonstram que cada dólar gasto em planejamento familiar em países como Tailândia, Egito e Bangladesh economiza entre US$10 e US$16 em custos de saúde, educação e serviços sociais ao evitar nascimentos indesejados.

ESTUDO DE CASO
Crescimento populacional na Índia

Por seis décadas, a Índia tem tentado controlar seu crescimento populacional, mas o resultado tem sido modesto. O primeiro programa nacional de planejamento familiar do mundo começou na Índia, em 1952, quando a população estava perto de 400 milhões. Em 2016, após 63 anos de esforços de controle populacional, a Índia tinha mais de 1,33 bilhão de pessoas, a segunda maior população do mundo, e TFT de 2,3. Muito desse aumento ocorreu por causa da redução da taxa de mortalidade no país.

Em 1952, a Índia acrescentou 5 milhões de pessoas à sua população. Em 2016, acrescentou 15 milhões, mais do que qualquer outro país. A ONU projeta que até 2029 a Índia será o país mais populoso do mundo e que, em 2050, terá uma população de 1,7 bilhão.

A Índia possui a quarta maior economia do mundo e uma classe média crescente. No entanto, o país enfrenta grave pobreza, desnutrição e problemas ambientais que podem piorar à medida que a população continua a crescer rapidamente. A Índia abriga um terço dos pobres do mundo (Figura 6.12). Cerca de um quarto da população das cidades da Índia vive em favelas, e a prosperidade e o progresso ainda não chegaram para os centenas de milhões de indianos que vivem em aldeias rurais.

Três fatores ajudam a explicar o porquê das famílias maiores na Índia. *Primeiro*, a maioria dos casais pobres acredita que é preciso ter muitos filhos para que trabalhem e cuidem dos pais idosos. *Segundo*, a forte preferência cultural do país por filhos homens indica que alguns casais continuam tendo filhos até que gerem um ou mais meninos. *Terceiro*, embora 90% dos casais indianos tenham acesso a pelo menos um método contraceptivo

FIGURA 6.12 Moradores de rua em Calcutá, Índia.

moderno, apenas cerca de 47% realmente faz uso de algum deles, segundo o Population Reference Bureau.

A Índia está passando por um rápido crescimento econômico, e espera-se que acelere ainda mais nas próximas décadas. Isso ajudará muitas pessoas no país, mas também colocará mais pressão sobre o capital natural da Índia e da Terra, à medida que as taxas de uso de recurso *per capita* aumentarem. O país já enfrenta graves problemas de erosão do solo, pastoreio excessivo e poluição da água e do ar. Por outro lado, o crescimento econômico pode ajudar a Índia a desacelerar o aumento populacional, impulsionando a transição demográfica.

ESTUDO DE CASO
Diminuição do crescimento populacional na China

A China é o país mais populoso do mundo, com 1,38 bilhão de pessoas em 2016 (Figura 6.1). Segundo o Population Reference Bureau e o Fundo de População das Nações Unidas, estima-se que a população da China chegue a cerca de 1,4 bilhão em 2030 e depois caia para 1,3 bilhão até 2050.

Nos anos 1960, a população da China estava crescendo tão rapidamente que houve uma grave ameaça de fome em massa e convulsão social. Para evitar isso, agentes do governo tomaram medidas que levaram ao estabelecimento do programa de planejamento familiar e controle de natalidade mais amplo, intrusivo e rigoroso do mundo.

O objetivo era reduzir drasticamente o crescimento populacional, estimulando famílias com um único filho. O governo forneceu contraceptivos, esterilizações e abortos para casais casados. Além disso, casais que prometiam ter apenas um filho recebiam diversos benefícios, incluindo melhor moradia, mais comida, assistência médica gratuita, bônus salarial e oportunidades de emprego preferenciais para os filhos. Os casais que descumpriram a promessa perderam os benefícios.

Desde que o programa controlado pelo governo começou, em 1978, a China fez grandes esforços para alimentar os habitantes e deixar o crescimento populacional sob controle. Entre 1972 e 2016, o país reduziu sua TFT de 3,0 para 1,7. Hoje, a população chinesa cresce mais lentamente que a dos Estados Unidos. Embora a China tenha evitado a fome em massa, seu programa de controle populacional estrito foi acusado de violação de direitos humanos.

Um resultado inesperado do programa de controle populacional da China é que, em razão da preferência cultural por filhos do sexo masculino, muitas mulheres chinesas abortavam quando o bebê era menina. Isso reduziu a população de mulheres e, como resultado, cerca de 30 milhões de homens chineses não conseguem encontrar mulheres para se casar.

Desde 1980, a China passou por rápida industrialização e crescimento econômico. Segundo o Earth Policy Institute, entre 1990 e 2010, esse processo reduziu o número de pessoas que viviam em extrema pobreza em cerca de 500 milhões. Ele também ajudou pelo menos 300 milhões de chineses, um número quase igual à população dos Estados Unidos, a se tornarem consumidores de classe média. Com o tempo, a crescente classe média da China consumirá mais recursos por pessoa, expandindo a pegada ecológica da China dentro de suas próprias fronteiras e em outras partes do mundo que fornecem recursos para o país, fazendo pressão sobre o capital natural da China e da Terra. Assim como a Índia, a China enfrenta graves problemas de erosão do solo, pastoreio excessivo e poluição da água e do ar. Ao menos 400 milhões de pessoas ainda vivem na pobreza em vilarejos e cidades chinesas (Figura 6.13).

Em razão da política de filho único, nos últimos anos, a idade média da população da China tem aumentado em uma das taxas mais rápidas já registradas. Em 2016, havia pelo menos 137 milhões de chineses com mais de 65 anos – o maior número de pessoas nessa faixa etária entre todos os países do mundo. Embora a população da China ainda não esteja diminuindo, a ONU estima que, em 2030, o país provavelmente terá poucos trabalhadores jovens (entre 15 e 64 anos) para manter a população, que envelhece rapidamente. Esse envelhecimento da população chinesa pode levar ao declínio da força de trabalho, limitação de recursos para manter o desenvolvimento econômico contínuo e menos filhos e netos para cuidar do número cada vez maior de idosos. Essas

FIGURA 6.13 Habitações novas e antigas na cidade altamente populosa de Xangai, na China.

preocupações e outros fatores podem desacelerar o crescimento econômico da China.

Por causa dessas preocupações, em 2015, o governo chinês abandonou a política de um único filho, substituindo-a por uma política de dois filhos. Os casais podem se candidatar à permissão do governo para ter dois filhos. Porém, os chineses se habituaram a ter famílias pequenas. Devido ao alto custo de criar o segundo filho, e porque as mulheres mais jovens têm cada vez mais oportunidades de educação e emprego, muitos casais ainda optam por ter apenas um filho.

6.5 QUAIS SÃO OS PRINCIPAIS RECURSOS URBANOS E PROBLEMAS AMBIENTAIS?

CONCEITO 6.5 A maioria das cidades é insustentável por causa dos níveis elevados do uso de recursos, do desperdício, da poluição e da pobreza.

Três tendências urbanas importantes

Em 2016, cerca de 54% da população mundial, 82% dos estadunidenses (ver Estudo de caso a seguir) e 56% da população da China viviam em áreas urbanas.

54% Porcentagem da população mundial que vive em áreas urbanas

As áreas urbanas crescem de duas formas: por *aumento natural*, quando há mais nascimentos do que mortes, e por *imigração*, principalmente de áreas rurais. As pessoas saem das áreas rurais para áreas urbanas em busca de emprego, alimento, moradia, oportunidades educacionais, melhor assistência médica e entretenimento. Alguns são levados a essa mudança por fatores como fome, perda de território para o cultivo de alimentos, deterioração das condições ambientais, guerras e conflitos religiosos, raciais e políticos.

Especialistas em população identificam três grandes tendências relacionadas às populações urbanas:

1. *A proporção da população global que vive em áreas urbanas aumentou acentuadamente e a tendência é que continue crescendo*. Entre 1850 e 2016, a porcentagem da população mundial que vivia em áreas urbanas aumentou de 2% para 54% e, provavelmente, chegará a 67% em 2050. Entre 2016 e 2050, a população urbana do mundo deverá crescer de 4 bilhões para 6,6 bilhões. A grande maioria desses 2,6 bilhões de novos habitantes urbanos viverá em países menos desenvolvidos.

2. *Os números e tamanhos das áreas urbanas estão crescendo rapidamente*. Em 2016, tínhamos 30 *megacidades* ou *megalópoles* – cidades com 10 milhões de habitantes ou mais – 22 das quais em países menos desenvolvidos (Figura 6.14). Treze dessas áreas urbanas são *hipercidades* com mais de 20 milhões de habitantes. A maior hipercidade é Tóquio, no Japão, com 37,8 milhões de pessoas – mais do que toda a população do Canadá. Em 2025, o número de megacidades deve chegar a 37, sendo 21 delas na Ásia. Algumas megacidades e hipercidades estão se fundindo em vastas *megarregiões* urbanas com mais de 100 milhões de pessoas. A maior megarregião é a de Hong Kong–Shenzhen–Guangzhou, na China, com cerca de 120 milhões de pessoas.

3. *A pobreza está se tornando cada vez mais urbanizada, principalmente em países menos desenvolvidos*. As Nações Unidas estimam que pelo menos 1 bilhão de pessoas vivam em favelas na maioria das grandes cidades dos países menos desenvolvidos (ver foto de abertura do capítulo). Esse número pode triplicar até 2050.

PARA REFLETIR

PENSANDO SOBRE Tendências urbanas

Se você pudesse reverter uma das três tendências urbanas discutidas aqui, qual seria? Explique.

ESTUDO DE CASO

Urbanização nos Estados Unidos

Entre 1800 e 2016, a porcentagem da população dos Estados Unidos que morava em áreas urbanas cresceu de 5% para 82%. A Figura 6.15 mostra as principais áreas urbanas dos Estados Unidos com mais de 1 milhão de habitantes cada. Essa mudança de população ocorreu em três fases. Primeira, *muitas pessoas migraram de áreas rurais para grandes cidades centrais*. Segunda, *muitas pessoas migraram de grandes cidades centrais para cidades menores e subúrbios próximos*. Atualmente, cerca de metade dos estadunidenses urbanos vive em subúrbios, quase um terço nas cidades centrais e o restante em conjuntos habitacionais rurais, fora dos subúrbios. E, terceira, *muitas pessoas migraram do norte e do leste para o sul e o oeste*.

Desde 1920, e especialmente desde 1970, muitos dos piores problemas ambientais ocorridos nos Estados Unidos foram reduzidos de forma significativa (Figura 6.5). A maioria das pessoas tem boas condições de trabalho e moradia, e a qualidade da água e do ar também melhorou. Melhores condições de saneamento, abastecimento

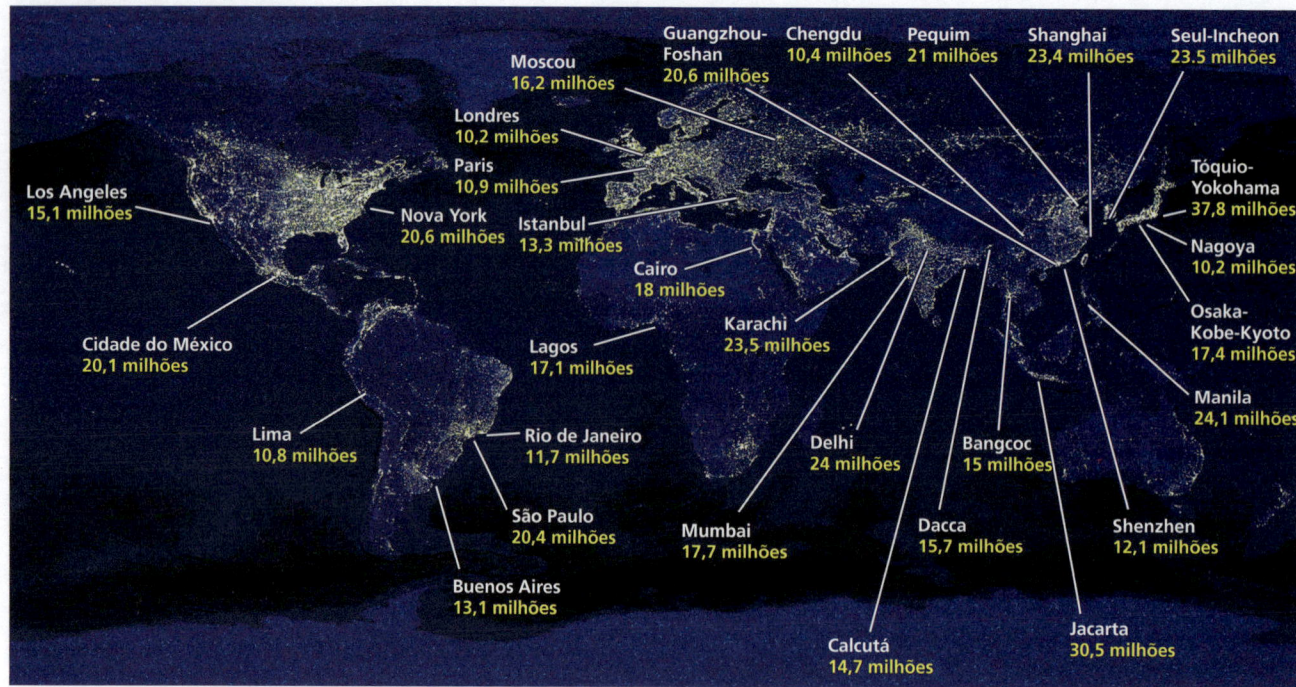

FIGURA 6.14 Megacidades, ou grandes áreas urbanas com 10 milhões de habitantes ou mais, em 2015. **Pergunta:** Em ordem, quais eram as cinco áreas urbanas mais populosas em 2015?

Dados do National Geophysics Data Center, da National Oceanic e Atmospheric Administration e da ONU.

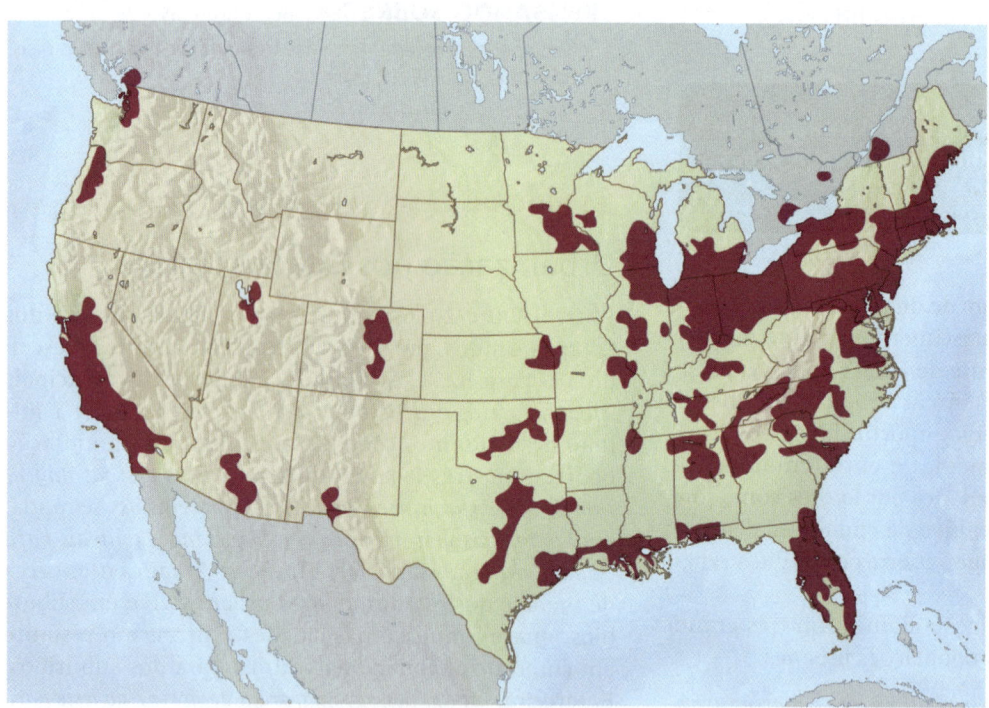

FIGURA 6.15 Áreas urbanizadas (em destaque) dos Estados Unidos, onde cidades, subúrbios e centros urbanos dominam a área terrestre. *Raciocínio crítico:* Por que muitas das áreas urbanas estão localizadas próximas à água?

Dados do *National Geophysical Data Center, da National Oceanic and Atmospheric Administration e do U. S. Census Bureau.*

de água e serviços médicos adequados diminuíram as taxas de mortalidade e a incidência de doenças infecciosas. Além disso, a concentração da maioria da população em áreas urbanas ajudou a proteger parte da biodiversidade do país, pois reduziu a destruição e a degradação do hábitat dos animais selvagens.

No entanto, em várias cidades estadunidenses – especialmente as mais antigas – são evidentes a deterioração dos serviços e o envelhecimento das *infraestruturas* (ruas, pontes, barragens, linhas de energia, escolas, tubulações de fornecimento de água e esgotos). Por exemplo, cerca de 58.500 pontes dos Estados Unidos que são usadas diariamente precisam de reparos. Se colocadas lado a lado, essas pontes se estenderiam de Miami até a cidade de Nova York. Os fundos para manutenção e melhoria da infraestrutura urbana caíram em muitas áreas urbanas, uma vez que a fuga de pessoas e empresas para os subúrbios e outras regiões gerou uma menor receita de impostos sobre propriedade para as cidades centrais.

Expansão urbana

Nos Estados Unidos e em alguns outros países, a **expansão urbana** – o crescimento do desenvolvimento de baixa densidade nos limites das cidades e dos bairros – está eliminando a agricultura e as terras selvagens nos arredores de muitas cidades (Figura 6.16). O resultado é uma confusão no desenvolvimento de moradias, centros de compras, estacionamentos e complexos comerciais que são fracamente conectados por estradas com várias pistas e vias expressas.

A expansão urbana é produto de terrenos amplos e acessíveis, automóveis, financiamento do governo para rodovias e falta de planejamento urbano. Muitas pessoas preferem viver em subúrbios. Em comparação com as cidades centrais, essas áreas oferecem condições de vida em menor densidade e acesso a casas independentes em lotes maiores. Muitas vezes, essas áreas também têm escolas públicas mais novas e taxas de criminalidade mais baixas. No entanto, a expansão urbana contribui para diversos problemas ambientais, conforme resumido na Figura 6.17.

> **PARA REFLETIR**
> **PENSANDO SOBRE** Expansão urbana
> Você acha que as vantagens da expansão urbana superam as desvantagens? Explique. Você preferiria morar em uma cidade central, no subúrbio ou em conjuntos habitacionais rurais mais afastados? Justifique sua resposta.

A urbanização tem vantagens

A urbanização traz muitos benefícios. As cidades são centros de desenvolvimento econômico, de inovação, de educação, de desenvolvimento tecnológico, de diversidade social e cultural e de empregos. Em muitas partes do mundo, as pessoas que moram nas áreas urbanas tendem a viver mais tempo do que aquelas que moram nas áreas rurais. Além disso, nas áreas urbanas, as taxas de mortalidade e de fertilidade são menores. As pessoas que vivem nessas áreas costumam ter mais acesso a assistência médica, planejamento familiar, educação e serviços sociais que os moradores de áreas rurais.

As áreas urbanas também desfrutam de algumas vantagens ambientais. Reciclar é economicamente viável, em razão das altas concentrações de materiais recicláveis em áreas urbanas. Imagens de satélite mostram que as áreas urbanas, que concentram 54% da população mundial, ocupam apenas 2,8% da área terrestre, excluindo a Antártida. A concentração de pessoas em áreas urbanas

1973

2013

FIGURA 6.16 Expansão urbana na cidade estadunidense de Las Vegas, Nevada, e seus arredores entre 1973 e 2013 – uma tendência que continuou desde 2013. *Raciocínio crítico:* O que pode ser um fator limitante no crescimento populacional de Las Vegas?

Degradação do capital natural

Expansão urbana

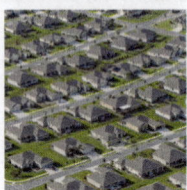
Terra e biodiversidade

Perda de terras agrícolas

Perda e fragmentação de florestas, pradarias, áreas úmidas e habitat da vida selvagem

Água

Aumento do uso e poluição das águas superficiais e subterrâneas

Aumento do escoamento e inundação

Energia, ar e clima

Aumento do uso e desperdício de energia

Aumento das emissões de dióxido de carbono e outros poluentes

Efeitos econômicos

Declínio dos distritos comerciais dos centros das cidades

Mais desemprego nos centros das cidades

FIGURA 6.17 Alguns dos impactos indesejados da expansão urbana ou do desenvolvimento dependente do carro. *Raciocínio crítico:* Desses efeitos, quais são os mais nocivos? Indique cinco.

À esquerda: Condor 36/Shutterstock.com. No centro à esquerda: Joseph Sohm/Shutterstock.com. No centro à direita: Ssuaphotos/Shutterstock.com. À direita: ronfromyork,2009/Shutterstock.Com.

preserva a biodiversidade, pois reduz a tensão nos habitats selvagens fora dessas regiões. O aquecimento e o resfriamento de edifícios residenciais e comerciais de vários andares em cidades centrais consomem menos energia por pessoa do que esses processos em casas independentes e edifícios comerciais menores dos subúrbios. Moradores de cidades centrais também tendem a dirigir menos, usar mais meios de transporte de massa ou transporte solidário, caminhar e andar de bicicleta.

A urbanização tem desvantagens

A maioria das áreas urbanas são sistemas insustentáveis. Embora as populações urbanas ocupem apenas cerca de 2,8% da superfície terrestre do planeta, elas consomem aproximadamente 75% dos recursos e produzem quase 75% dos resíduos e da poluição mundial. Devido à alta entrada de alimentos, água e outros recursos, além da grande saída de resíduos resultante (Figura 6.18), a maioria das cidades do mundo tem pegadas ecológicas imensas, que se estendem para muito além de suas fronteiras. Veja, a seguir, alguns dos motivos:

A maioria das cidades não tem vegetação. Em áreas urbanas, a maioria das árvores, dos arbustos ou de outras plantas é removida para abrir espaço para edifícios, estradas, estacionamentos e conjuntos habitacionais. Assim, a maioria das cidades não se beneficia dos serviços ecossistêmicos gratuitos oferecidos pela vegetação, como purificação do ar, geração de oxigênio, remoção do CO_2 da atmosfera, controle da erosão do solo e habitat da vida selvagem.

Muitas cidades têm problemas de água. À medida que as áreas urbanas crescem, a demanda por água aumenta. Isso exige a construção de reservatórios caros ou a perfuração de poços mais profundos. Medidas como essas podem privar regiões rurais e selvagens de água superficial, além de esgotar o suprimento de águas subterrâneas. Além disso, as mudanças climáticas previstas devem aumentar o derretimento de algumas geleiras do topo de montanhas, e parte delas pode até desaparecer. Áreas urbanas que dependem do derretimento desse gelo para fornecer grande parte do seu suprimento anual de água enfrentarão intensos desabastecimentos de água.

Inundações também tendem a ser maiores em cidades construídas em várzeas perto de rios ou ao longo das costas baixas. Na maioria das cidades, construções e superfícies pavimentadas fazem a precipitação escorrer rapidamente e sobrecarregar bueiros. Por muito tempo, o desenvolvimento urbano destruiu ou degradou grandes áreas úmidas que agiam como esponjas naturais, ajudando a absorver o excesso de água da chuva. Muitas cidades costeiras (Figura 6.14) provavelmente enfrentarão mais inundações neste século, pois o nível do mar vai aumentar devido às mudanças climáticas.

As cidades tendem a concentrar os problemas de saúde e poluição. As áreas urbanas produzem a maior parte da poluição do ar, da água e dos resíduos sólidos e perigosos do mundo. Os níveis de poluentes são geralmente mais altos, porque a poluição é produzida em

PARA REFLETIR

CONEXÕES Vida urbana e consciência da biodiversidade

Estudos recentes revelam que a maioria dos moradores urbanos vive a maior parte da sua vida ou a vida inteira em ambientes artificiais que os isolam de florestas, pradarias, rios e outras áreas naturais. Como resultado, muitos moradores de áreas urbanas não se conscientizam da importância de proteger a biodiversidade na Terra cada vez mais ameaçada, assim como de outras formas de capital natural que dão suporte às suas vidas e às cidades em que vivem.

FIGURA 6.18 Degradação do capital natural: Normalmente, as cidades dependem do grande número de áreas não urbanas para as grandes entradas de matéria-prima e recursos energéticos enquanto gera e concentra grandes saídas de poluição, material residual e calor. *Raciocínio crítico:* Como você aplicaria os três **princípios científicos da sustentabilidade** para diminuir alguns desses impactos?

uma área confinada e não pode ser dispersa e diluída de imediato, como a poluição gerada nas áreas rurais. Além disso, a alta densidade populacional em áreas urbanas pode promover a disseminação de doenças infecciosas, especialmente se não houver disponibilidade de água potável e de sistemas de esgoto adequados.

As cidades têm ruído em excesso. Devido à concentração de pessoas e veículos motorizados nas cidades, a maioria dos moradores de áreas urbanas está sujeita à **poluição sonora**, que vem a ser qualquer som indesejado, incômodo ou prejudicial. A poluição sonora pode interferir e prejudicar a audição. Ela também pode causar estresse, aumentar a pressão arterial e dificultar a capacidade de um indivíduo se concentrar e trabalhar de modo eficiente. Os níveis de ruído são medidos em decibéis-A (dbA), que são unidades de pressão sonora que variam com diferentes atividades humanas (Figura 6.19). A exposição prolongada a níveis sonoros acima de 85 dbA causa danos permanentes à audição. Apenas 1,5 minuto de exposição a 110 decibéis ou mais pode causar esse tipo de dano.

Podemos reduzir a poluição sonora e os danos à audição usando protetores auditivos ou outros dispositivos de segurança, protegendo trabalhadores e outros indivíduos de atividades ou processos barulhentos, afastando operações ou máquinas ruidosas das pessoas e usando *tecnologias antirruído*, que neutralizam ou abafam ruídos prejudiciais com sons não prejudiciais.

As cidades afetam os climas locais. As cidades tendem a ser mais quentes, mais chuvosas, têm mais nevoeiros e nuvens do que os subúrbios e as áreas rurais ao redor. As enormes quantidades de calor geradas por carros, fábricas, fornos, luzes, ares-condicionados, telhados escuros que absorvem calor e estradas criam uma **ilha urbana de calor** cercada pelo subúrbio e pelas áreas rurais mais frescas. À medida que as áreas urbanas crescem e se misturam, suas ilhas de calor se fundem, o que pode reduzir a diluição natural e a limpeza do ar poluído. O efeito de ilha urbana de calor também pode aumentar a dependência de aparelhos de ar-condicionado. Isso, por sua vez, leva a um maior consumo de energia, geração de calor, emissões de gases de efeito estufa e outras formas de poluição do ar.

> **PARA REFLETIR**
> **PENSANDO SOBRE** Desvantagens da urbanização
> Quais são as desvantagens mais sérias de se morar em áreas urbanas?

Pobreza e vida urbana

A pobreza é o modo de vida de muitos residentes urbanos de países menos desenvolvidos. De acordo com um estudo da ONU, em 2015 havia 1 bilhão de moradores de áreas urbanas vivendo na pobreza.

Alguns desses indivíduos vivem em favelas lotadas (ver foto de abertura do capítulo) – áreas dominadas por cortiços e pensões, onde várias pessoas podem viver em um único quarto. Outros vivem em assentamentos precários na periferia das cidades. Eles constroem barracos de metal corrugado, placas de plástico, pedaços de madeira e papelão e outros materiais de construção ou vivem em contêineres enferrujados e carros velhos.

População humana e urbanização

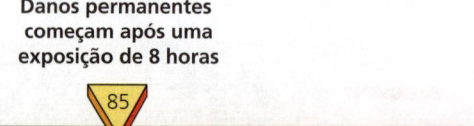
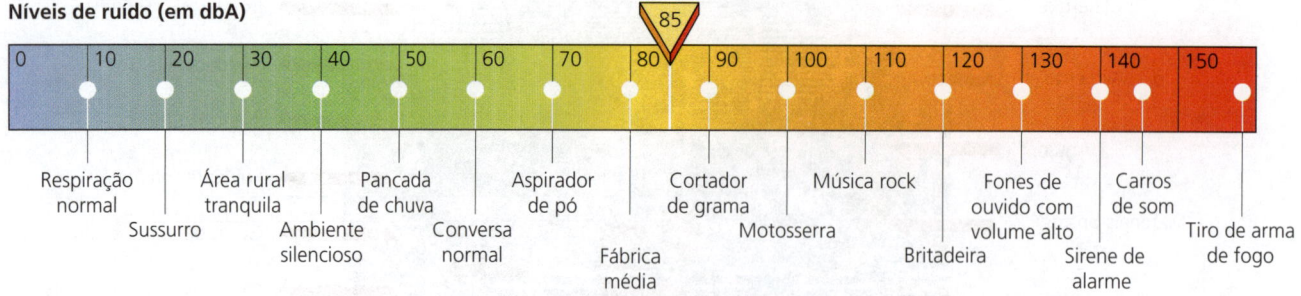

FIGURA 6.19 *Níveis de ruído* (em unidades de pressão sonora decibéis-A, ou dbA) de alguns sons comuns. ***Pergunta:*** Com que frequência seus ouvidos são submetidos a níveis de ruído de 85 dbA ou mais?

Em geral, as pessoas que vivem em favelas e assentamentos precários, ou nas ruas (Figura 6.12), não têm água limpa, rede de esgoto e eletricidade. Além disso, estão sujeitas à grave poluição do ar e da água e aos resíduos perigosos das fábricas próximas. Muitos desses assentamentos estão em locais especialmente propensos a deslizamentos de terra, inundações ou terremotos. Algumas prefeituras regularmente desapropriam as áreas invadidas com ajuda da polícia. Porém, as pessoas acabam voltando para lá em alguns dias ou semanas, ou constroem outras favelas em outros lugares.

Alguns governos abordaram esses problemas concedendo a titularidade legal do terreno aos invasores. Eles baseiam essas ações em evidências de que as pessoas mais pobres normalmente melhoram as condições de vida quando sabem que têm um local permanente para morar.

ESTUDO DE CASO
Cidade do México

Com 20,1 milhões de pessoas, a Cidade do México é uma das hipercidades do mundo (Figura 6.14). Mais de um terço de seus moradores vive em comunidades chamadas *favelas* ou em assentamentos precários sem água corrente nem eletricidade.

Pelo menos 3 milhões de pessoas não têm instalações de esgoto. Os resíduos humanos são depositados nas sarjetas, em terrenos vazios e em valas abertas todos os dias, atraindo exércitos de ratos e moscas. Quando o vento carrega os excrementos secos, uma *nuvem fecal* cobre parte da cidade. Essas partículas carregadas de bactérias causam a disseminação de infecções por salmonela e hepatite, especialmente entre crianças.

Em 1992, a ONU nomeou a Cidade do México como a cidade mais poluída do planeta. Desde então, a cidade fez progressos ao reduzir a gravidade de parte de seus problemas com poluição do ar. Em 2013, o Institute for Transportation and Development premiou a cidade com o prêmio *Sustainable Transportation* pela expansão do sistema de ônibus de trânsito rápido (BRT) e do programa de compartilhamento de bicicletas e ciclovias. Entre 1992 e 2013, a porcentagem de dias em que os padrões de poluição do ar foram violados caiu de 50% para 20%.

A prefeitura moveu refinarias e fábricas para fora da cidade, baniu carros na zona central e exigiu a instalação de controles de poluição do ar em todos os automóveis fabricados depois de 1991. Ela também eliminou gradualmente o uso de gasolina com chumbo, ampliou o transporte público e substituiu ônibus, táxis e caminhões de entrega velhos por veículos que produzem menos emissões.

A Cidade do México ainda tem um longo caminho a percorrer, já que a população continua crescendo junto com o número de veículos motorizados. No entanto, o progresso alcançado mostra o que uma cidade pode implantar para melhorar a qualidade ambiental quando a comunidade decide agir.

6.6 COMO O TRANSPORTE AFETA OS IMPACTOS AMBIENTAIS URBANOS?

CONCEITO 6.6 Em alguns países, muitas pessoas vivem em áreas urbanas altamente dispersas e expandem suas pegadas ecológicas porque dependem principalmente de veículos motorizados para seu transporte.

As cidades podem crescer para fora ou para cima

Se a cidade não pode se espalhar para fora, ela deve crescer verticalmente – para cima e para baixo do solo – de modo a ocupar uma pequena área de terra com uma alta densidade populacional. A maioria das pessoas que vive em *cidades compactas*, como Hong Kong, na China, e Tóquio, no Japão, se locomove a pé, de bicicleta ou utilizando transporte público, como sistemas de trem e ônibus. Alguns prédios de apartamentos muito altos nessas cidades asiáticas têm de tudo, de mercearias a academias de ginástica, reduzindo a necessidade de os moradores se locomoverem em busca de alimentos, entretenimento e outros serviços.

Em outras partes do mundo, uma combinação de terras abundantes e redes de rodovias produziu *cidades dispersas*, cujos moradores dependem dos veículos automotores para a maioria das viagens (**Conceito 6.6**). Essas cidades são encontradas em todos os continentes e são especialmente prevalentes na América do Norte. A expansão urbana resultante (Figura 6.16) pode ter um número significativo de efeitos indesejáveis (Figura 6.17).

Os Estados Unidos são um grande exemplo de país centrado em carros. Com 4,4% da população mundial, o país tem cerca de 23% dos 1,1 bilhão de veículos motorizados do mundo, de acordo com a Agência de Informação de Energia dos Estados Unidos. Em suas áreas urbanas dispersas, os carros de passeio dos Estados Unidos são usados em 86% dos transportes e 76% dos moradores de áreas urbanas dirigem sozinhos para o trabalho todos os dias (eram 64% em 1980).

Vantagens e desvantagens dos veículos motorizados

Os veículos motorizados são uma maneira conveniente e confortável para a circulação das pessoas. Além disso, a maior parte da economia mundial baseia-se na produção desses veículos e no fornecimento de combustível, estradas, serviços, manutenção e reparos.

Apesar dos benefícios importantes, os automóveis causam efeitos prejudiciais aos indivíduos e ao ambiente. Em âmbito global, todos os anos, os acidentes de automóveis matam mais de 1,2 milhão de pessoas, em uma média que ultrapassa 3.300 mortes por dia, e ferem outros 50 milhões. Também matam, anualmente, cerca de 50 milhões de animais selvagens e de estimação.

Nos Estados Unidos, os acidentes com automóveis matam cerca de 44 mil pessoas ao ano e ferem outras 2 milhões, pelo menos 300 mil em estado grave. Os acidentes automobilísticos mataram mais estadunidenses que todas as guerras do país.

Os veículos automotivos são a maior fonte de poluição a céu aberto do mundo, que mata aproximadamente 10 mil pessoas por ano nos Estados Unidos, de acordo com a Agência de Proteção Ambiental. Também são a fonte de crescimento mais rápido de emissões de CO_2 que alteram o clima. O veículo médio dos Estados Unidos emite cerca de 1,8 toneladas de CO_2 por ano. Além disso, pelo menos um terço do espaço urbano no mundo e metade do espaço urbano nos Estados Unidos são destinados a estradas, estacionamentos, postos de abastecimento e outros usos relacionados a veículos.

O uso disseminado de veículos automotivos causa congestionamentos. Se a tendência atual continuar, em breve os motoristas dos Estados Unidos passarão uma média de dois anos de suas vidas em engarrafamentos. O tráfego congestionado em algumas cidades de países menos desenvolvidos é muito pior. A construção de mais estradas provavelmente não é a resposta, já que mais estradas normalmente incentivam mais pessoas a dirigir.

Reduzindo o uso de automóveis

Alguns cientistas ambientais e economistas sugerem que, para que haja a redução dos efeitos prejudiciais do uso de automóveis, os motoristas devem ser responsabilizados diretamente pelos custos decorrentes dos danos causados à saúde e ao ambiente. Essa abordagem em que o *usuário paga* é uma maneira de implementar o **princípio de sustentabilidade** de *precificação de custo total*.

Uma maneira de introduzir o *preço por custo total* seria cobrar impostos sobre a gasolina de modo que cubram os custos prejudiciais estimados do uso de automóveis. De acordo com um estudo feito pelo International Center for Technology Assessment, esse imposto somaria cerca de US$ 3,18 por litro de gasolina nos Estados Unidos. Os proprietários de automóveis acabam pagando esses custos prejudiciais na forma de despesas médicas e de seguro saúde mais altas. Eles também pagam impostos mais altos para apoiar os esforços federais, estaduais e locais para regular e reduzir a poluição do ar provocada por veículos motorizados e para a defesa militar do abastecimento de petróleo do Golfo Pérsico. No entanto, a maioria dos motoristas não relaciona esses custos ao uso de gasolina.

A introdução gradual de tal imposto, como tem sido feito em vários países europeus, estimularia o uso de veículos motorizados mais eficientes em termos de energia e transporte de massa. Além disso, reduziria a poluição, a degradação ambiental e a acidificação dos oceanos, bem como desaceleraria as mudanças climáticas.

Os defensores dessa abordagem incitam os governos a fazer duas coisas importantes. *Primeiro*, adotar programas de fundos para educar as pessoas sobre os custos ambientais e de saúde ocultos que estão pagando pela gasolina. *Segundo*, usar as receitas dos impostos da gasolina para ajudar a financiar sistemas de transporte em massa, ciclovias e calçadas como alternativas aos carros. Isso reduziria os impostos sobre a renda, salários e riqueza para compensar o aumento dos impostos sobre a gasolina. Além disso, essa *mudança de impostos* ajudaria a tornar os impostos sobre a gasolina mais aceitáveis política e economicamente.

A tributação elevada da gasolina seria muito difícil nos Estados Unidos por três motivos. *Primeiro*, o país enfrenta uma forte oposição de pessoas que consideram que já existem muitos impostos e que desconhecem os altos custos embutidos no preço da gasolina. Outro grupo de oposição é composto de poderosas indústrias relacionadas com o transporte, como montadoras, empresas de petróleo e pneus, construtoras de estradas e muitos incorporadores imobiliários. *Segundo*, a natureza dispersa da maioria das áreas urbanas dos Estados Unidos torna as pessoas dependentes de carros, e impostos mais elevados seriam um fardo econômico para elas. *Terceiro*, as opções de transporte em massa, ciclovias e calçadas não são amplamente disponíveis nos Estados Unidos. Isso acontece porque a maior parte do dinheiro arrecadado em impostos sobre a gasolina é usada para construir e melhorar rodovias para veículos automotores.

Outra forma de reduzir o uso de automóveis e os congestionamentos urbanos seria elevar as tarifas de estacionamento e pedágios em estradas, túneis e pontes que ligam cidades, em especial nos horários de pico. Cingapura é densamente populosa, mas raramente tem congestionamento, porque coloca em leilão os direitos de comprar um carro, e seus carros transportam sensores eletrônicos que cobram automaticamente uma taxa cada vez que entram na cidade. Várias cidades europeias também impuseram taxas rígidas para os veículos automotores usados nas cidades centrais, enquanto outras proibiram o estacionamento de carros nas ruas da cidade e estabeleceram redes de ciclovias. Xangai, na China, desencoraja o uso de carros, cobrando mais de US$ 9.000 pelo emplacamento do veículo.

Há uma previsão de que o uso de carros nos Estados Unidos diminuirá nos próximos anos, porque muitos *millenials* não dirigem nem compram carros. Além disso, haverá um maior uso de veículos motorizados automáticos, que podem ser chamados pelo toque no celular. Estima-se que, em 2030, eles correspondam a 66% do uso de automóveis nos Estados Unidos. Esse fenômeno também reduzirá a necessidade de construir estacionamentos e garagens.

Mais de 300 cidades da Europa têm redes de *compartilhamento de veículos*, que fornecem o aluguel de carros por períodos curtos. Os membros da rede reservam um carro ou entram em contato com a rede e são direcionados ao veículo mais próximo. Em Berlim, na Alemanha, o compartilhamento de carros reduziu a propriedade de veículos em 75%. Segundo o Worldwatch Institute, o compartilhamento de carros na Europa reduziu a média de emissões de CO_2 entre 40% e 50%. Outras redes de compartilhamento de carros foram desenvolvidas em várias cidades e em algumas universidades dos Estados Unidos, enquanto algumas grandes empresas de locação de automóveis começaram a alugar veículos por hora.

Alternativas aos carros

Existem diversas alternativas aos automóveis. A Figura 6.20 mostra a hierarquia de transportes em cidades mais sustentáveis.

Uma alternativa bastante usada para curtas distâncias é a *bicicleta*, ou o "potência do pedal". Ela é acessível, não é poluente, promove a prática de exercícios e exige pouco espaço para estacionar. O uso de bicicletas com motores elétricos leves também está aumentando.

As bicicletas correspondem a pelo menos um terço de todas as viagens urbanas na Holanda e em Copenhague, na Dinamarca, em comparação com menos de 1% nos Estados Unidos. Cerca de 25% dos estadunidenses entrevistados iriam de bicicleta para o trabalho ou a escola se houvessem ciclovias e locais seguros para guardar a bicicleta. Mais de 700 cidades de 50 países, incluindo 80 cidades estadunidenses, têm *sistemas de compartilhamento de bicicleta*, o que permite aos indivíduos alugar os equipamentos quando necessário em estações amplamente distribuídas. Portland, no Oregon, é uma das melhores cidades para pedalar e tem um sistema de ônibus e trens leves muito usado (Figura 6.21).

Cada uma das diversas alternativas aos veículos automotivos tem suas vantagens e desvantagens. As Figuras 6.22 a 6.25 resumem os prós e os contras do uso de bicicletas, sistemas de de ônibus de trânsito rápido (*bus rapid-transit* – BRT), sistemas ferroviários de transporte de massa (dentro de áreas urbanas) e sistemas ferroviários de alta velocidade (entre áreas urbanas).

PARA REFLETIR

APRENDENDO COM A NATUREZA

O longo bico do martim-pescador permite que ele mergulhe na água em alta velocidade sem gerar respingos para capturar peixes. No Japão, designers aumentaram a velocidade e reduziram o ruído de trens-bala de alta velocidade modelando a frente dos trens com base no bico do martim-pescador.

6.7 COMO AS CIDADES PODEM SE TORNAR MAIS SUSTENTÁVEIS E HABITÁVEIS?

CONCEITO 6.7 Numa *ecocidade*, as pessoas podem caminhar, pedalar ou utilizar transporte público quando necessário. Elas também podem reciclar ou reutilizar a maioria dos resíduos, cultivar a maior parte dos alimentos, proteger a biodiversidade e preservar a terra em que vivem.

Crescimento inteligente

O **crescimento inteligente** é um conjunto de políticas e ferramentas que estimulam o desenvolvimento urbano mais sustentável do ponto de vista ambiental e menos dependente de carros. Ele usa leis de zoneamento e outras ferramentas para canalizar o crescimento e reduzir a pegada ecológica.

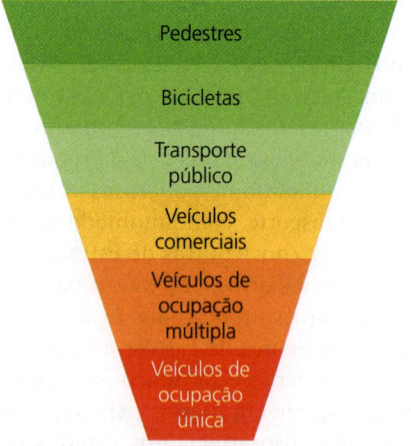

FIGURA 6.20 Prioridades de transporte em cidades mais sustentáveis. *Raciocínio crítico:* Você consegue identificar alguma desvantagem em usar essas prioridades? Explique.

FIGURA 6.21 Desde 1986, o uso disseminado de bicicletas e um sistema ferroviário leve ajudaram a reduzir o uso de carros em Portland, Oregon.

Ken Hawkins/Alamy Stock Photo

Vantagens e desvantagens

Bicicletas

Vantagens

São silenciosas e não poluem

Consomem poucos recursos para serem feitas

Não queimam combustível fóssil

Exigem pouco espaço para estacionamento

Desvantagens

Oferecem pouca proteção em um acidente

Não oferecem proteção para condições meteorológicas desfavoráveis

São impraticáveis para viagens longas

O estacionamento seguro para bicicletas ainda não está disseminado

Tyler Olson/Shutterstock.com

FIGURA 6.22 O uso da bicicleta tem vantagens e desvantagens. *Raciocínio crítico:* Qual vantagem e qual desvantagem você considera mais importantes?

Vantagens e desvantagens

Ônibus

Vantagens

Reduzem o uso do carro e a poluição do ar

Podem ter suas rotas alteradas conforme necessário

São mais baratos do que o sistema ferroviário

Desvantagens

Podem dar prejuízo, porque exigem tarifas acessíveis

Podem ficar presos no trânsito e acrescentar ruído e poluição

Sujeitam os passageiros a cronogramas de transporte

Isaak/Shutterstock.com

FIGURA 6.23 Os sistemas de BRT e sistemas convencionais de ônibus de áreas urbanas têm vantagens e desvantagens. Os sistemas de BRT tornam o uso de ônibus mais conveniente, porque incluem rotas expressas, permitindo que os usuários paguem em máquinas em todos os pontos de ônibus antes de embarcar, além de terem três ou quatro portas para deixar o embarque mais rápido. *Raciocínio crítico:* Qual vantagem e qual desvantagem você considera mais importantes?

População humana e urbanização

Vantagens e desvantagens

Tansporte público sobre trilhos

Vantagens	Desvantagens
Usa menos energia e produz menos poluição do ar do que os carros	É caro para ser construído e mantido
Usa menos terra do que as estradas e os estacionamentos	Custo-benefício favorável apenas em áreas densamente povoadas
Causa menos prejuízo e mortes do que os carros	Sujeita os passageiros aos cronogramas de transporte

FIGURA 6.24 Os sistemas de transporte público sobre trilhos de áreas urbanas têm vantagens e desvantagens. Eles incluem sistemas ferroviários pesados (metrôs e ferrovias elevadas) e leves (bondes e trens elétricos). *Raciocínio crítico:* Qual vantagem e qual desvantagem você considera mais importantes?

Vantagens e desvantagens

Trens de alta velocidade

Vantagens	Desvantagens
Muito mais eficiente em termos de energia por passageiro do que carros e aviões	Caro para implementar e manter
Menos poluição do ar do que carros e aviões	Causa ruídos e vibração para os moradores próximos
Pode reduzir a necessidade de viagens aéreas, de carros, estradas e áreas de estacionamento	Risco de colisão em cruzamentos de carros

FIGURA 6.25 Os sistemas de trens de alta velocidade entre áreas urbanas têm vantagens e desvantagens. A Europa Ocidental, o Japão e a China têm diversos trens-bala de alta velocidade que viajam entre cidades a até 306 quilômetros por hora. *Raciocínio crítico:* Qual vantagem e qual desvantagem você considera mais importantes?

O crescimento inteligente pode desencorajar a expansão, reduzir o trânsito, proteger as terras e hidrovias mais sensíveis e importantes e desenvolver bairros que são mais agradáveis para se viver. A Figura 6.26 mostra as ferramentas de crescimento inteligente mais usadas pelas cidades para controlar o crescimento e evitar a expansão.

O conceito de ecocidade: cidades mais sustentáveis

Muitos cientistas ambientais e planejadores urbanos recomendam que deixemos as áreas urbanas novas e existentes mais sustentáveis e agradáveis para se viver por meio do bom *design* ecológico – uma maneira importante

Soluções

Ferramentas para o crescimento inteligente

Limites e regulamentações
- Limite de licenças de construção
- Definição de limites de crescimento urbano
- Criação de cinturões verdes em torno das cidades

Zoneamento
- Promoção do uso misto de habitação e pequenas empresas
- Concentração do desenvolvimento com as rotas de transporte público

Planejamento
- Planejamento ecológico do uso da terra
- Análise do impacto ambiental
- Planejamento regional integrado

Proteção
- Preservação do espaço público
- Compra de novo espaço público
- Proibição de certos tipos de desenvolvimento

Impostos
- Imposto territorial e não de edifícios
- Tributar terras sobre o valor de uso real, em vez de sobre o valor mais alto como terras desenvolvidas

Incentivos fiscais
- Para proprietários que concordam em não permitir certos tipos de desenvolvimento
- Para limpeza e desenvolvimento de locais urbanos abandonados

Revitalização e novo crescimento
- Revitalização das cidades existentes
- Construção de novas cidades e vilas bem planejadas entre as cidades

FIGURA 6.26 Ferramentas de *crescimento inteligente* podem ser usadas para evitar e controlar o crescimento e a expansão urbana. *Raciocínio crítico:* Dessas ferramentas, quais seriam as cinco que você acredita serem as melhores para prevenir ou controlar a expansão urbana? Quais dessas ferramentas, se for o caso, são usadas em sua comunidade?

de reduzir nosso impacto ambiental nocivo e aumentar o impacto ambiental benéfico.

Um resultado importante dessa tendência é a **ecocidade**, uma cidade voltada para pessoas e não para carros (**Conceito 6.7**). Os moradores desse tipo de cidade conseguem caminhar, andar de bicicleta ou usar meios de transporte coletivo pouco poluentes na maioria de suas viagens. Os edifícios, veículos e eletrodomésticos desses locais atendem a elevados padrões de eficiência energética. As árvores e plantas são adaptadas ao clima local. Ao longo da cidade, o solo é coberto de plantas para proporcionar sombra, belas paisagens e habitats para a vida selvagem, além de reduzir a poluição do ar, os ruídos e a erosão do solo.

Em uma ecocidade, terrenos abandonados e espaços industriais são limpos e usados. As florestas,

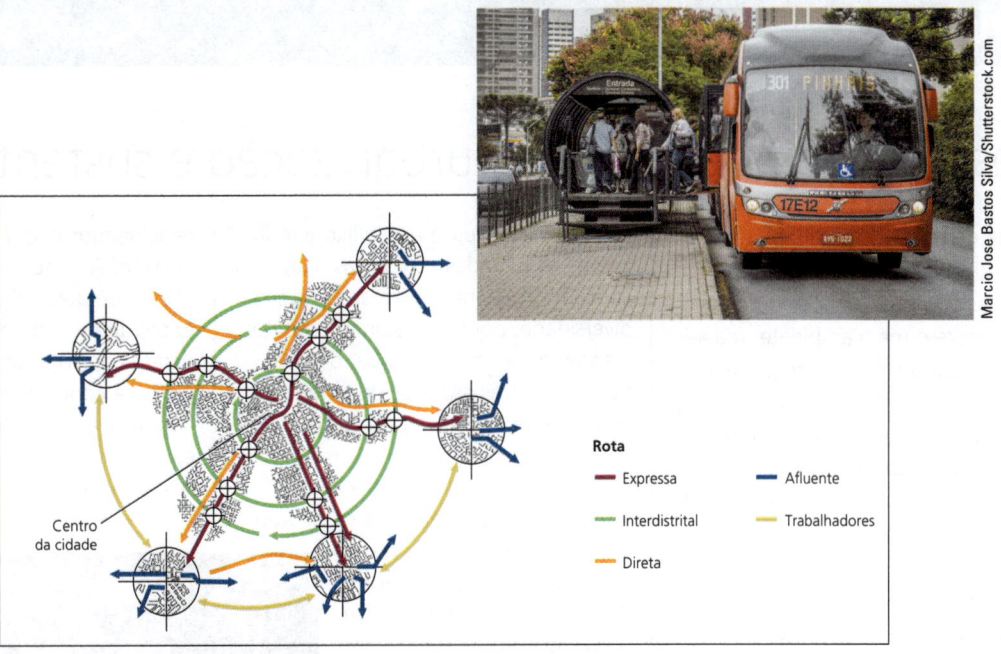

FIGURA 6.27 Soluções: O sistema de ônibus de trânsito rápido de Curitiba reduziu substancialmente o uso de carros nessa cidade brasileira.

pradarias, áreas úmidas e fazendas da região são preservadas. Grande parte dos alimentos consumidos pelos moradores vem de fazendas orgânicas vizinhas, estufas solares, hortas comunitárias e pequenos jardins em coberturas de prédios, pátios e vasos. Os parques estão facilmente disponíveis para todos. As pessoas que projetam as ecocidades e vivem nelas levam a sério o conselho que o planejador urbano estadunidense Lewis Mumford deu há mais de três décadas: "Esqueça o maldito automóvel e construa cidades para apaixonados e amigos".

A ecocidade não é um sonho futurista, mas uma realidade crescente em diversas cidades, como Portland, Oregon; Curitiba, Brasil (ver Estudo de caso a seguir); Bogotá, Colômbia; Waitakere City, Nova Zelândia; Estocolmo, Suécia; Helsinque, Finlândia; Copenhague, Dinamarca; Melbourne, Austrália; Vancouver, Canadá; Leicester, Inglaterra; Holanda, Países Baixos; Huangbaiyu e Tianjin Eco City, China; e nos Estados Unidos: Davis, Califórnia; Olympia, Washington; e Chattanooga, Tennessee.

ESTUDO DE CASO

O conceito de ecocidade em Curitiba, no Brasil

Um exemplo de ecocidade é Curitiba, uma cidade de 1,9 milhão de pessoas, conhecida como a "capital ecológica" do Brasil. Em 1969, projetistas da cidade decidiram se concentrar mais em um sistema eficiente e barato de transporte público do que em carros.

O sistema de BRT de Curitiba transporta de maneira eficaz um grande número de passageiros, incluindo 72% dos trabalhadores da cidade. Cada um dos cinco grandes "eixos" que conectam o centro da cidade aos distritos mais afastados (ver mapa da Figura 6.27) tem duas linhas expressas usadas somente pelos ônibus. Ônibus com o dobro ou o triplo do tamanho são acoplados, conforme o necessário, para acomodar até 300 passageiros. O embarque é mais rápido, graças ao uso de portas mais amplas e plataformas de embarque em que os usuários fazem o pagamento antes de entrar no ônibus (foto da Figura 6.27).

Prédios de apartamentos altos somente são permitidos nas proximidades das principais rotas de ônibus, e cada construção dessas deve reservar os dois primeiros andares a lojas, uma prática que reduz a necessidade de deslocamento dos moradores. Os carros foram banidos de 49 quarteirões no centro da cidade, que tem uma rede de passarelas para pedestres ligadas a estações de ônibus, parques e ciclovias que passam pela maior parte da cidade. Consequentemente, Curitiba usa menos energia por pessoa e tem menos emissões de gases de efeito estufa e outros poluentes do ar e menos congestionamento do que a maioria das cidades com tamanho comparável.

Além dos seis rios que passam por dentro de Curitiba, a cidade removeu a maioria dos prédios e preencheu as margens com uma série de parques interligados. Voluntários plantaram mais de 1,5 milhão de árvores em toda cidade, e nenhuma delas pode ser cortada sem autorização, o que também exige que duas árvores sejam plantadas para cada árvore cortada.

Curitiba recicla cerca de 70% do seu papel e 60% do seu metal, vidro e plástico. Os materiais recuperados são vendidos para mais de 500 das principais indústrias da

Revisitando

Crescimento populacional, urbanização e sustentabilidade

Neste capítulo, analisamos o crescimento da população humana e as áreas urbanas, o impacto desses fatores sobre o meio ambiente, maneiras de reduzir o crescimento populacional e como podemos deixar as áreas urbanas mais sustentáveis e habitáveis.

Os três **princípios científicos da sustentabilidade** – uso de energia solar, ciclagem química e biodiversidade – podem nos orientar enquanto lidamos com problemas causados pelo crescimento populacional e urbano. Ao empregar de forma mais ampla energia solar e outras tecnologias de energia renovável, podemos reduzir a poluição e a emissão de gases causadores de mudanças climáticas, que aumentam à medida que a população, o uso de recursos por pessoa e as áreas urbanas crescem. Com a redução e a reciclagem de mais materiais, podemos diminuir o nosso lixo e reduzir nossas pegadas ecológicas. E ao nos concentrarmos na preservação da biodiversidade, podemos ajudar a manter o sistema de suporte à vida, do qual nós e as outras espécies dependemos, aumentando, assim, nosso impacto ambiental benéfico.

Fazer essa transição para a sustentabilidade também está de acordo com os três **princípios da sustentabilidade** derivados da política, economia e ética. A precificação de custo total exige que os custos ambientais prejudiciais da urbanização sejam incluídos nos preços de mercado de bens e serviços. Para que isso seja possível, as pessoas precisam trabalhar em conjunto para encontrar soluções de ganhos mútuos para os problemas relacionados com população e urbanização. Ao implementar essas soluções, será possível aplicar o princípio ético, que recomenda que deixemos o sistema de suporte à vida do planeta em uma condição no mínimo tão boa quanto à que nós encontramos hoje e, idealmente, em uma condição mais sustentável para as gerações futuras.

cidade, que devem atender a normas rígidas para controle da poluição.

Os moradores pobres da cidade recebem atendimento médico e dentário gratuito, cuidado para crianças e treinamento profissionalizante, e 40 centros de alimentação estão disponíveis para as crianças de rua. As pessoas que vivem em áreas que não são atendidas por caminhões de lixo podem coletar lixo e trocar por comida, passagens de ônibus e material escolar. A cidade usa ônibus antigos como escolas móveis para oferecer treinamento de habilidades básicas do mercado de trabalho para os mais pobres. Outros ônibus antigos se tornaram clínicas de atendimento, refeitórios e creches que são grátis para pais de baixa renda.

Cerca de 95% dos cidadãos de Curitiba sabem ler e escrever, e 83% dos adultos têm pelo menos educação até o ensino médio. Todas as crianças que estão na escola estudam ecologia. As pesquisas mostram que 99% dos habitantes não gostariam de morar em outro lugar.

Curitiba enfrenta desafios, como todas as cidades, principalmente devido a um aumento de cinco vezes em sua população desde 1965. Os rios da cidade, que antes eram limpos, estão frequentemente sobrecarregados com poluentes. O sistema de ônibus está se aproximando da capacidade e a posse do carro está em ascensão. A cidade está considerando a construção de um sistema de veículo leve sobre trilhos para aliviar um pouco a pressão no sistema de ônibus.

Esse modelo internacionalmente aclamado de planejamento urbano e sustentabilidade é a ideia do arquiteto e ex-professor universitário Jaime Lerner, que atuou como prefeito da cidade por três vezes desde 1969.

GRANDES IDEIAS

- A população humana e a taxa global de uso de recursos por pessoa estão aumentando rapidamente, colocando uma pressão crescente sobre o capital natural da Terra.

- Para que possamos diminuir o crescimento populacional humano, devemos reduzir a pobreza por meio do desenvolvimento econômico, encorajar o planejamento familiar e elevar o *status* das mulheres.

- A maioria das áreas urbanas, lar da metade da população do mundo, são sistemas insustentáveis, que podem se tornar mais sustentáveis e habitáveis.

Revisão do capítulo

Estudo de caso principal

1. Resuma a história de como a população humana ultrapassou 7,4 bilhões. Cite três fatores que explicam o crescimento rápido da população humana nos últimos 200 anos.

Seção 6.1

2. Qual é o conceito-chave desta seção? Resuma as três principais tendências de crescimento populacional reconhecidas pelos demógrafos. Qual é o número aproximado de pessoas adicionadas à população mundial todos os anos? Cite oito grandes formas com que alteramos os serviços ecossistêmicos da Terra para satisfazer nossas necessidades. Resuma o debate sobre quanto tempo a população humana poderá continuar crescendo.

Seção 6.2

3. Quais são os dois conceitos-chave desta seção? Cite três variáveis que afetam o crescimento e o declínio das populações humanas. Como calcular a **alteração da população** de uma região? Defina a **taxa de fecundidade total (TFT)**. Como a TFT global mudou desde 1955? Resuma o histórico de aumento populacional dos Estados Unidos. Cite seis mudanças de estilo de vida que ocorreram nos Estados Unidos durante o século XX e geraram um aumento no uso de recursos *per capita*.

4. Cite oito fatores que afetam as taxas de natalidade e de mortalidade. Defina **expectativa de vida** e **taxa de mortalidade infantil** e explique como elas afetam o tamanho da população de um país. O que é **migração**? Quais fatores podem promover a migração?

Seção 6.3

5. Qual é o conceito-chave desta seção? O que é a **estrutura etária** de uma população? Explique como a estrutura etária afeta o crescimento populacional e o crescimento econômico. O que é *momentum demográfico*? Descreva o fenômeno do *baby boom* estadunidense e alguns de seus efeitos econômicos e sociais. Quais são alguns problemas relacionados ao rápido declínio populacional devido ao envelhecimento da população?

Seção 6.4

6. Qual é o conceito-chave desta seção? O que é **transição demográfica** e quais são os quatro estágios desse fenômeno? Explique como a redução da pobreza e a capacitação das mulheres podem ajudar os países a desacelerar o crescimento da população. O que é **planejamento familiar** e como ele pode ser usado para ajudar a estabilizar as populações? Descreva os esforços da Índia para controlar o crescimento de sua população. Descreva o programa de controle populacional da China e as recentes mudanças efetuadas nele.

Seção 6.5

7. Qual é o conceito-chave desta seção? Qual é a porcentagem da população mundial que vive em áreas urbanas? Cite as formas com que as áreas urbanas crescem. Cite três tendências do crescimento urbano global. Descreva as três fases do crescimento urbano dos Estados Unidos. O que é **expansão urbana**? Cite cinco fatores que promoveram a expansão urbana nos Estados Unidos. Cite cinco efeitos indesejáveis da expansão urbana.

8. Quais são as principais vantagens e desvantagens da urbanização? Defina **poluição sonora**. Explique por que a maioria das áreas urbanas são sistemas insustentáveis. Descreva os principais aspectos da pobreza em áreas urbanas. Resuma os principais problemas urbanos e ambientais da Cidade do México e o que os representantes do governo estão fazendo para resolvê-los.

Seção 6.6

9. Qual é o conceito-chave desta seção? Diferencie cidades compactas e dispersas e dê um exemplo de cada. Quais são as três principais vantagens e desvantagens do uso de veículos motorizados? Cite quatro formas de reduzir nossa dependência de veículos automotivos. Explique por que se estima que o uso de carros nos Estados Unidos cairá nas próximas duas décadas. Cite as principais vantagens e desvantagens da utilização de (a) bicicletas, (b) sistemas de ônibus de trânsito rápido, (c) sistemas ferroviários de transporte de massas em áreas urbanas e (d) sistemas ferroviários rápidos entre áreas urbanas.

Seção 6.7

10. Qual é o conceito-chave desta seção? Defina **crescimento inteligente** e explique seus benefícios. Defina **ecocidade** e descreva esse modelo de cidade. Dê cinco exemplos de como Curitiba tentou se tornar uma ecocidade. Quais são as *três grandes ideias* do capítulo? Explique como as ecocidades estão aplicando os seis **princípios da sustentabilidade** para se transformar em áreas urbanas mais sustentáveis.

Observação: os principais termos estão em negrito.

População humana e urbanização

Raciocínio crítico

1. Você acha que a população global de 7,4 bilhões é grande demais? Justifique. Se sua resposta for *sim*, o que você acha que deve ser feito para reduzir o crescimento da população humana? Se sua resposta for *não*, você acredita que exista algum tamanho populacional que seja grande demais? Justifique. Você acha que a população do país em que vive é grande demais? Por quê?
2. Se você pudesse dizer "oi" a uma nova pessoa a cada segundo, sem pausas, quantos anos levaria para cumprimentar as 89,9 milhões de pessoas que foram adicionadas à população mundial em 2016? Quantos anos levaria para você cumprimentar as 7,4 bilhões de pessoas que viviam na Terra em 2016?
3. Identifique um grande problema ambiental local, nacional ou global e descreva o papel que o crescimento populacional tem sobre esse problema.
4. Algumas pessoas acreditam que nosso objetivo ambiental mais importante deve ser reduzir drasticamente a taxa de crescimento populacional de países menos desenvolvidos, onde se espera que pelo menos 92% do crescimento populacional mundial ocorra entre hoje e 2050. Outros afirmam que os problemas ambientais mais sérios derivam dos altos níveis de consumo de recursos por pessoa nos países mais desenvolvidos, que têm pegadas ecológicas por pessoa muito maiores que os países menos desenvolvidos. Qual é sua opinião sobre essa questão? Justifique sua resposta.
5. Você acha que os aumentos projetados do tamanho da população e do crescimento econômico da Terra são sustentáveis? Explique. Se não, como isso pode afetar a sua vida? Como isso afetará a vida de seus futuros filhos e netos?
6. Se você tem um carro ou espera comprar um, quais condições, se houver, seriam um estímulo para você contar menos com seu carro e se locomover para trabalhar ou estudar de bicicleta, a pé, de transporte coletivo ou em sistemas de transporte solidário?
7. Você acha que os Estados Unidos (ou o país em que você vive) devem desenvolver um sistema de transporte coletivo abrangente e integrado nos próximos 20 anos, incluindo uma rede eficiente de transporte rápido sobre trilhos dentro das principais cidades e entre elas? Justifique sua resposta. Em caso positivo, como você pagaria por um sistema como esse?
8. Considere as características de uma das ecocidades citadas no capítulo. A cidade em que você vive (ou a cidade mais perto desse local) está próxima desse modelo? Escolha cinco características que você considera mais importantes de uma ecocidade e descreva como a sua cidade poderia alcançar cada uma delas.

Fazendo ciência ambiental

O campus em que você estuda é parecido com uma comunidade urbana. Escolha cinco características de ecocidades e aplique-as ao campus. Para cada uma delas:

1. Crie uma escala de 1 a 10 para classificar o campus em relação a essas características. Por exemplo, os alunos têm boas opções para se locomover além do uso de carros? Uma nota 1 pode ser *de modo algum*, enquanto 10 seria *excelentes*.
2. Faça pesquisas e avalie o campus em cada uma dessas características.
3. Escreva uma explicação do seu processo de pesquisa e por que você escolheu cada nota. Elabore um plano com propostas para o campus melhorar as avaliações.

Análise de dados

A tabela ao lado mostra dados selecionados da população de dois países diferentes, A e B. Estude os dados da tabela e responda as perguntas a seguir.

1. Calcule as taxas de aumento natural (devido a nascimentos e mortes, sem contar imigração) das populações dos países A e B. Com base nos cálculos e nos dados da tabela, indique se cada um dos países é mais ou menos desenvolvido e justifique sua resposta.

2. Descreva em qual estágio da transição demográfica (Figura 6.10) os dois países podem estar. Discuta fatores que podem impedir cada um deles de progredir para os próximos estágios.

3. Explique como a porcentagem de pessoas com menos de 15 anos de cada país pode afetar suas pegadas ecológicas *per capita* e total.

	País A	País B
População (milhões)	144	82
Taxa bruta de natalidade (número de nascimentos a cada mil pessoas por ano)	43	8
Taxa bruta de mortalidade (número de mortes a cada mil pessoas por ano)	18	10
Taxa de mortalidade infantil (número de bebês a cada mil pessoas que morrem no primeiro ano de vida)	100	3,8
Taxa de fecundidade total (número médio de crianças nascidas em relação às mulheres em idade reprodutiva)	5,9	1,3
% da população com menos de 15 anos	45	14
% da população com mais de 65 anos	3	19
Expectativa média de vida	47	79
% população urbana	44	75

CAPÍTULO 7

Clima e biodiversidade

"Quando tentamos pegar qualquer coisa isoladamente, descobrimos que está atrelada a tudo o mais no universo."
JOHN MUIR

Principais questões

7.1 Que fatores influenciam o clima?

7.2 Quais são os principais tipos de ecossistemas terrestres e como as atividades humanas os afetam?

7.3 Quais são os principais tipos de sistemas marinhos e como as atividades humanas os afetam?

7.4 Quais são os principais tipos de sistemas de água doce e como as atividades humanas os afetam?

Recife de corais no Mar Vermelho do Egito.
Vlad61/Shutterstock.com

Estudo de caso principal

Savana africana

A Terra tem uma grande diversidade de espécies e *habitat*, ou locais em que essas espécies podem viver. Algumas espécies vivem em habitat *terrestres*, chamados biomas, como pradarias, florestas e desertos. Outros vivem em habitat *aquáticos*, como oceanos, recifes de corais (ver foto de abertura do capítulo), lagos e rios.

Por que as pradarias crescem em algumas partes da Terra, enquanto florestas e desertos são formados em outras? A resposta depende em grande parte das diferenças no *clima*, ou seja, das condições meteorológicas médias de uma determinada região durante um período que varia de, pelo menos, três décadas a milhares de anos. As diferenças no clima resultam em sua maioria de diferenças meteorológicas em longo prazo, baseadas principalmente nas médias de precipitação anual e temperatura. Essas diferenças provocam três tipos principais de clima: *tropical* (em áreas próximas ao Equador, que recebem a luz do Sol de forma mais intensa), *polar* (em áreas próximas aos polos do planeta, que recebem luz solar menos intensa) e *temperada* (em áreas entre as regiões tropicais e polares).

Em todas essas regiões, encontramos diferentes tipos de ecossistemas, vegetações e animais em biomas terrestres e adaptados às várias condições climáticas. Por exemplo, em áreas tropicais, encontramos um tipo de pradaria chamada *savana*. Esse bioma normalmente contém árvores espalhadas e apresenta temperaturas quentes o ano todo, com temporadas secas e chuvosas alternadas. As savanas da África Oriental abrigam ungulados que pastam (principalmente grama) e outros que andam à procura de galhos e folhas para se alimentar. Entre eles, podemos citar gnus, gazelas, antílopes, zebras, elefantes (Figura 7.1) e girafas, além de seus predadores, como leões, hienas e seres humanos.

Evidências arqueológicas indicam que nossa espécie nasceu nas savanas africanas e sobreviveu coletando vegetação comestível e caçando animais pela carne e pelo couro que usavam para fazer roupas. Depois da última era do gelo, há cerca de 10 mil anos, o clima da Terra esquentou e os seres humanos começaram a transição de caçadores-coletores para agricultores, produzindo seu próprio alimento na savana e em outras pradarias. Posteriormente, eles derrubaram partes da floresta para expandir fazendas e criar vilas e cidades.

Hoje, grandes áreas da savana africana foram aradas e transformadas em terras agrícolas ou usadas para pastagem de gado. As cidades também estão se expandindo por lá, e essa tendência continuará enquanto a população da África – o continente com o crescimento populacional mais rápido do mundo – aumentar. Consequentemente, populações de elefantes, leões e outros animais que viveram nas savanas por milhões de anos diminuíram. Muitos desses animais vão enfrentar a extinção nas próximas décadas devido à perda de seus habitat e porque as pessoas os matam em busca de comida e itens valiosos, como as presas de marfim dos elefantes.

Neste capítulo, analisaremos os fatores que determinam o clima, a natureza dos ecossistemas terrestres e aquáticos e os efeitos das atividades humanas sobre essas formas de capital natural.

FIGURA 7.1 Elefantes em uma savana tropical africana.

7.1 QUE FATORES INFLUENCIAM O CLIMA?

CONCEITO 7.1 Os principais fatores que influenciam o clima de uma área são: entrada de energia solar, rotação da Terra, padrões globais do movimento da água e do ar, gases na atmosfera e características da superfície terrestre.

A Terra tem muitos climas diferentes

É importante entender a diferença entre condições meteorológicas e clima. As **condições meteorológicas** são um conjunto de condições físicas da atmosfera inferior (parte mais próxima da superfície terrestre) como temperatura, precipitação, umidade, velocidade do vento, camada de nuvens e outros fatores que ocorrem em determinada área por um período de horas ou dias. Os dois fatores mais importantes para as condições meteorológicas de uma região são temperatura atmosférica e precipitação.

Enquanto as condições meteorológicas são o conjunto de condições atmosféricas em curto prazo (por horas, dias ou anos), o **clima** é um padrão de condições atmosféricas de uma determinada região em períodos que variam de, no mínimo, três décadas a milhares de anos. As condições meteorológicas variam diariamente, de uma estação para a outra e de um ano ao próximo. O clima, no entanto, tende a mudar lentamente, porque é a média das condições atmosféricas de longo prazo dos últimos 30 anos, no mínimo.

Os principais fatores que influenciam o clima de uma região são entrada de energia solar, rotação da Terra, padrões globais de movimentos do ar e da água, gases de efeito estufa na atmosfera e as características da superfície terrestre (**Conceito 7.1**). Os cientistas usam esses fatores e as médias de temperatura e precipitação de diferentes partes do mundo de muitas décadas para descrever as várias regiões da Terra de acordo com o clima. A Figura 7.2 mostra as maiores zonas climáticas atuais da Terra, além das principais **correntes oceânicas** (movimentos em massa da água da superfície dos oceanos gerados por ventos e moldados por acidentes geográficos).

Algumas mudanças climáticas são causadas por eventos naturais, como mudanças na entrada de energia solar, alterações na órbita terrestre, grandes erupções vulcânicas e modificações na temperatura e nas correntes oceânicas (**Conceito 7.1**). Atividades humanas, como grandes emissões de dióxido de carbono (CO_2) e outros gases que

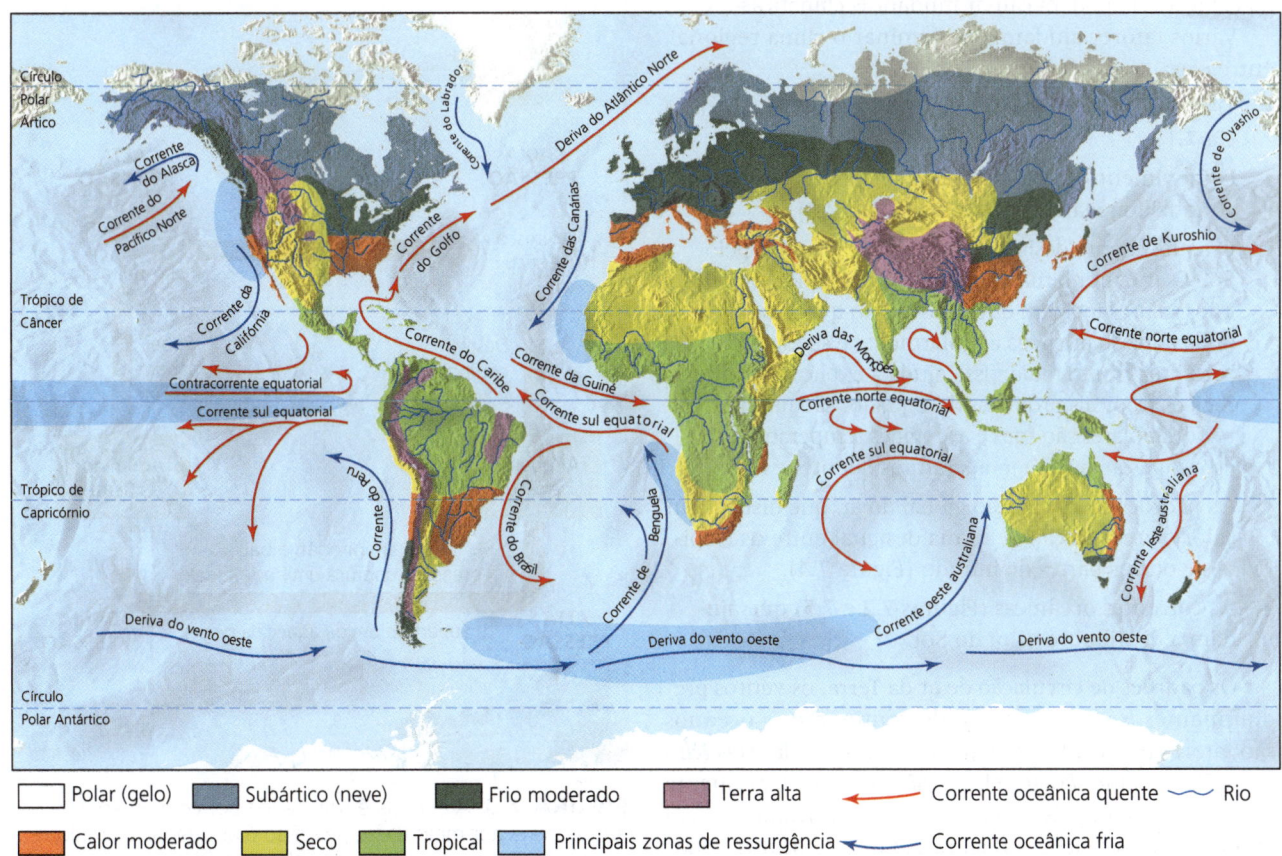

FIGURA 7.2 Capital natural: Mapa generalizado das zonas climáticas da Terra, correntes oceânicas principais e áreas de afloramento (onde as correntes trazem nutrientes do fundo do oceano para a superfície). **Pergunta:** Com base nesse mapa, qual é o tipo geral de clima onde você mora?

FOCO NA CIÊNCIA 7.1

Gases de efeito estufa e clima

A temperatura da atmosfera é afetada pelos gases contidos nela, o que consequentemente afeta os climas da Terra. À medida que a energia flui do Sol para a Terra, parte dela é refletida pela superfície terrestre de volta para a atmosfera. Moléculas de determinados gases na atmosfera, entre eles, vapor de água (H_2O), CO_2, metano (CH_4) e óxido nitroso (N_2O), absorvem uma parte dessa energia solar e liberam outra porção dela como radiação infravermelha (calor), que aquece a atmosfera inferior e a superfície da Terra. Esses gases são chamados de **gases de efeito estufa.** Eles têm um papel importante na determinação das temperaturas médias da atmosfera inferior e, portanto, dos climas da Terra.

Esse aquecimento natural da atmosfera inferior é chamado **efeito estufa** (ver Figura 3.3). Sem esse efeito de aquecimento natural, a Terra seria um planeta muito frio e praticamente sem vida, com uma temperatura média perto de – 18 °C em vez dos bem mais quentes 15 °C.

Atividades humanas, como a produção e a queima de combustíveis fósseis, o desmatamento de florestas e a atividade agrícola liberam grandes quantidades de gases de efeito estufa, dióxido de carbono, CH_4 e N_2O na atmosfera. Um extenso corpo de evidências científicas, combinado com modelos de projeções climáticas, indica que as atividades humanas estão emitindo gases de efeito estufa na atmosfera mais rapidamente do que os processos naturais, como os ciclos do carbono e do nitrogênio (ver Figuras 3.16 e 3.17), conseguem removê-los. Essas emissões aquecem a atmosfera terrestre, intensificam o efeito estufa natural da Terra e mudam o clima do planeta, como discutiremos melhor no Capítulo 15.

RACIOCÍNIO CRÍTICO

Como sua vida mudará se as atividades humanas continuarem a acentuar o efeito estufa natural da Terra?

---

alteram o efeito estufa natural da Terra (Figura 3.3 e Foco na ciência 7.1) podem causar mudanças climáticas.

Vários fatores ajudam a determinar o clima regional, entre eles:

- Os gases de efeito estufa na atmosfera (Foco na ciência 7.1).
- O movimento cíclico do ar em células de convecção, conduzido pela energia solar (Figura 7.3).
- O aquecimento desigual da superfície terrestre pelo Sol. O ar é muito mais aquecido no Equador, onde os raios solares incidem diretamente, do que nos polos, onde a luz solar chega angularmente e se espalha em uma área muito maior. Isso ajuda a explicar por que as regiões tropicais próximas do Equador são quentes, as regiões polares são frias e as regiões temperadas entre essas duas áreas têm temperaturas quentes e frias.
- Os padrões de circulação global do ar, que distribuem calor e precipitação de forma desigual entre os trópicos e outras partes do mundo (Figura 7.4).
- As correntes oceânicas (Figuras 7.2 e 7.5) que ajudam a distribuir o calor do Sol.

Os padrões de circulação de ar da Terra, os ventos predominantes e a configuração de continentes e oceanos são fatores que contribuem para a formação das seis *células de Hadley*, que são grandes regiões em que o ar quente sobe e esfria e depois desce e se aquece novamente, em grandes padrões cíclicos (Figura 7.3 e 7.4). Juntos, todos esses fatores causam uma distribuição irregular de climas e consequentemente uma distribuição irregular dos desertos, pradarias e florestas, como mostra o lado direito da Figura 7.4 (**Conceito 7.1**).

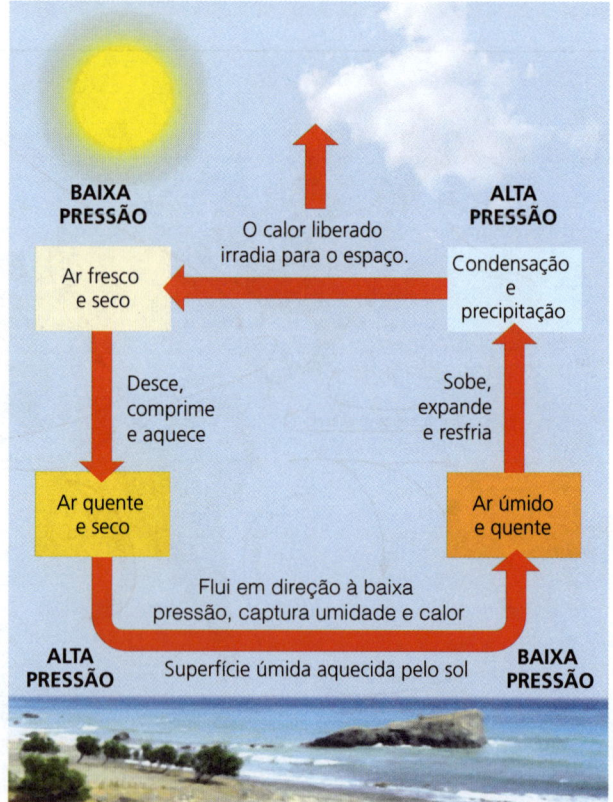

FIGURA 7.3 A energia é transferida por *convecção* na atmosfera – por meio desse processo o ar quente e úmido sobe e depois resfria, liberando calor e umidade como precipitação (lados direito e superior, central). Então, o ar mais frio, mais denso e mais seco desce, aquece e absorve umidade conforme flui pela superfície da Terra (lados esquerdo e inferior) para começar o ciclo novamente.

138 • Ciência ambiental

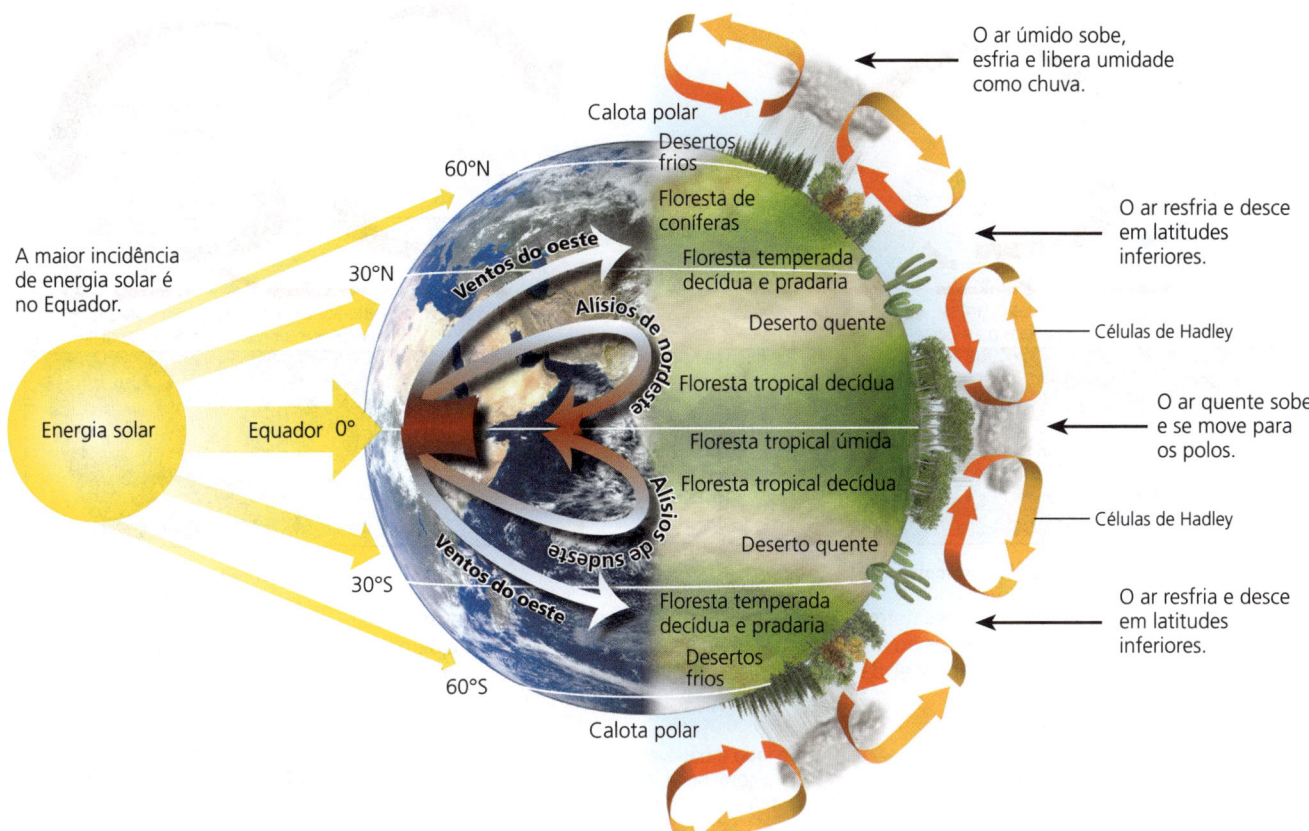

FIGURA 7.4 *Circulação do ar global:* Como o ar sobe e desce nas células de Hadley (à direita), ele também flui de/para o Equador e é desviado para leste ou para oeste (à esquerda) pela rotação dos eixos da Terra, dependendo de onde a célula estiver localizada. Esse processo cria padrões globais de ventos predominantes (ventos de oeste, alísios de noroeste e alísios de sudoeste) que ajudam a distribuir o calor e a umidade na atmosfera, o que leva à variedade de florestas, pradarias e desertos do planeta (à direita).

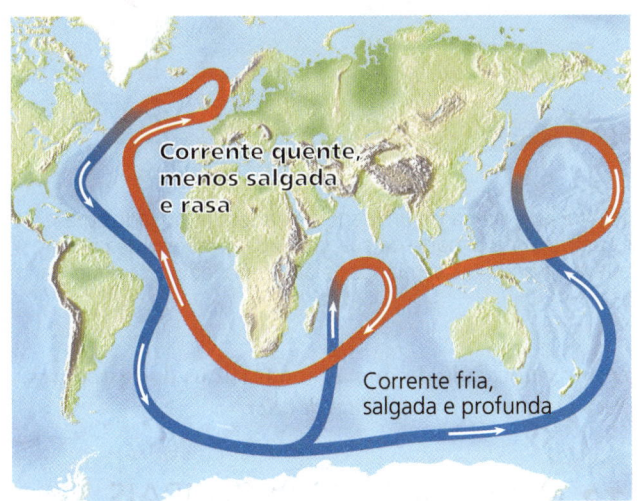

FIGURA 7.5 Um ciclo conectado de correntes oceânicas profundas e rasas transporta água quente e fria para várias partes da Terra.

Os oceanos e a atmosfera são fortemente ligados de duas formas: as correntes oceânicas são conduzidas parcialmente pelos ventos da atmosfera e o calor dos oceanos afeta a circulação atmosférica. Um exemplo das interações entre os oceanos e a atmosfera é a *Oscilação Sul do El Niño*, ou *ENSO* (Figura 7.6). Esse fenômeno meteorológico de grande escala ocorre a cada poucos anos, quando ventos prevalentes no oceano Pacífico tropical enfraquecem e mudam de direção. Esse aquecimento acima da média das águas do Pacífico altera as condições meteorológicas de pelo menos dois terços da Terra por um ou dois anos, causando alguns invernos mais amenos em algumas regiões.

As características da superfície da Terra afetam os climas locais

Várias outras características topográficas da superfície terrestre criam condições climáticas locais e regionais que diferem do clima geral de algumas regiões. Por exemplo, as montanhas interrompem o fluxo dos ventos predominantes na superfície e o movimento das tempestades. Quando o ar úmido que sopra do oceano encontra uma cordilheira, ele é forçado a subir. À medida que o ar sobe, ele esfria, se expande e perde a maior parte de sua umidade na forma de chuva e neve que caem na encosta de barlavento (encosta a favor do vento) da montanha.

À medida que a massa de ar mais seco passa pelo topo das montanhas, flui pelas encostas de sotavento (encostas protegidas do vento) e aquece. Esse ar mais quente é capaz de reter mais umidade, mas normalmente não libera muito dela. Em vez disso, o ar tende a secar as plantas e o solo abaixo, em um processo chamado **efeito de**

Clima e biodiversidade

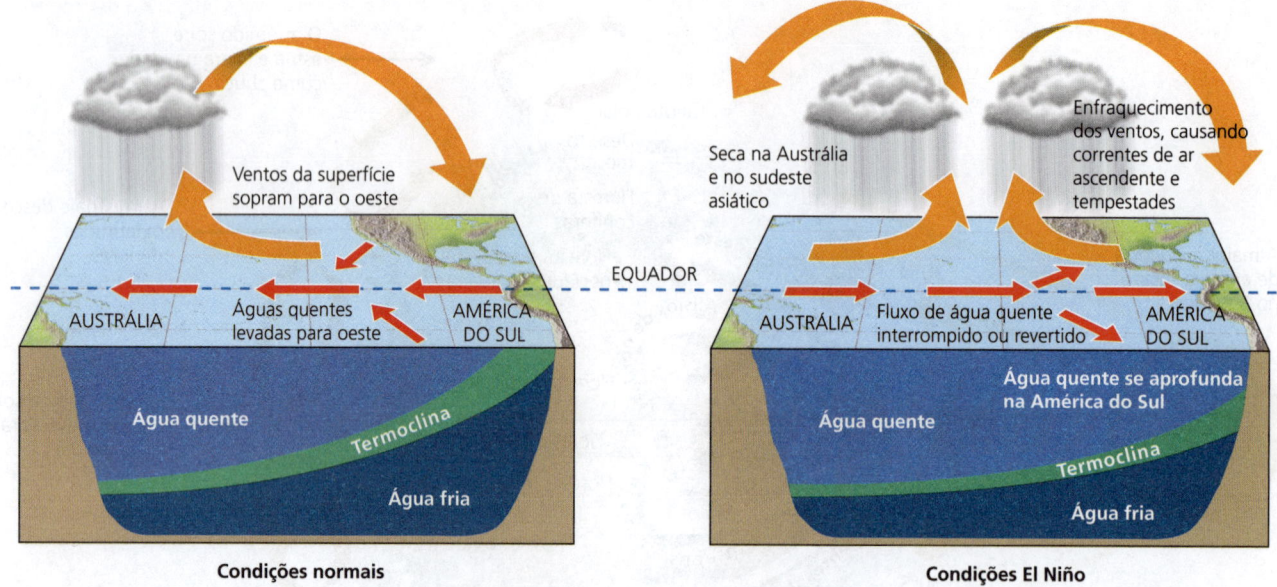

FIGURA 7.6 Ventos predominantes normais ou ventos alísios soprando de leste a oeste causam afloramentos costeiros de águas profundas, frias e ricas em nutrientes no oceano Pacífico, perto da costa do Peru (à esquerda). Com intervalos de alguns anos, uma mudança nos ventos alísios, conhecida como *Oscilação Sul do El Niño (ENSO)*, rompe este padrão por um ou dois anos.

FIGURA 7.7 O *efeito de sombra de chuva* é uma redução da precipitação e perda de umidade da paisagem no lado sotavento de uma montanha. O ar quente e úmido nos ventos terrestres perde a maior parte de sua umidade na forma de chuva e neve que caem nas encostas a barlavento de uma cordilheira. Isso leva a condições semiáridas e áridas no lado sotavento da cordilheira e nas terras além.

sombra de chuva (Figura 7.7) que, ao longo de muitas décadas, resulta em condições *semiáridas* ou *áridas* no lado de sotavento de uma alta cordilheira. Às vezes, esse efeito leva à formação de desertos como o Vale da Morte, uma parte do Deserto de Mojave, que fica no lado sotavento das montanhas do sudoeste dos Estados Unidos.

As cidades também criam microclimas distintos. Tijolos, concreto, asfalto e outros materiais de construção absorvem e mantêm o calor, e os prédios, por sua vez, bloqueiam o fluxo do vento. Veículos motorizados e os sistemas de aquecimento e resfriamento dos prédios liberam grandes quantidades de calor e poluentes. Como resultado, as cidades têm maior incidência de neblina e poluição (*smog*), temperaturas mais altas e ventos com menor velocidade do que as zonas rurais dos arredores. Esses fatores formam as *ilhas de calor*.

7.2 QUAIS SÃO OS PRINCIPAIS TIPOS DE ECOSSISTEMAS TERRESTRES E COMO AS ATIVIDADES HUMANAS OS AFETAM?

CONCEITO 7.2A Biomas de desertos, pradarias e florestas podem ser tropicais, temperados ou frios, dependendo do clima e da localização.

CONCEITO 7.2B As atividades humanas estão interrompendo serviços ecossistêmicos e econômicos fornecidos por muitos dos desertos, pradarias, florestas e montanhas da Terra.

O clima determina onde os organismos terrestres podem viver

Diferenças no clima (Figura 7.2) ajudam a explicar por que uma região da superfície terrestre é um deserto e outra é uma pradaria ou uma floresta. Diferentes combinações de médias de precipitação anual e de temperaturas, além dos padrões de circulação global do ar e das correntes oceânicas, levam à formação de desertos tropicais (quentes), temperados (moderados) e polares (frios), pradarias e florestas como resumido na Figura 7.8 (**Conceito 7.2A**).

O clima e a vegetação variam de acordo com a *latitude* e a *elevação* ou altitude acima do nível do mar. Se subirmos uma montanha alta, da sua base até o topo, poderemos observar mudanças na vida vegetal, semelhantes àquelas que encontraríamos se fôssemos do Equador à região polar norte da Terra.

A Figura 7.9 mostra como os cientistas dividiram o mundo em vários grandes **biomas** – grandes regiões terrestres, cada uma caracterizada por determinados tipos dominantes de clima e combinações de vida vegetal. A variedade de biomas terrestres e sistemas aquáticos é um dos quatro componentes da biodiversidade da Terra (veja Figura 4.2) – uma parte vital do capital natural do planeta. A Figura 4.4 mostra como os principais biomas do 39º paralelo dos Estados Unidos se relacionam com climas diferentes.

Nos mapas, como o representado na Figura 7.9, os biomas são mostrados com limites definidos e vegetação uniforme. Na verdade, os biomas não são uniformes. Eles consistem em uma colcha de retalhos de áreas, cada uma com comunidades biológicas ligeiramente diferentes, mas com semelhanças típicas do bioma. Esses fragmentos ocorrem em razão da distribuição irregular dos recursos necessários para plantas e animais e porque as atividades humanas removeram ou alteraram a vegetação natural em muitas áreas.

Também existem diferenças na zona de transição (chamada *ecótono*) entre dois ecossistemas ou biomas diferentes. O ecótono contém habitat que são comuns aos dois ecossistemas, além de outros habitat exclusivos da zona de transição. O **efeito de borda** é a tendência de uma zona de transição ter maior diversidade de espécies e densidade de organismos do que qualquer um dos ecossistemas individuais.

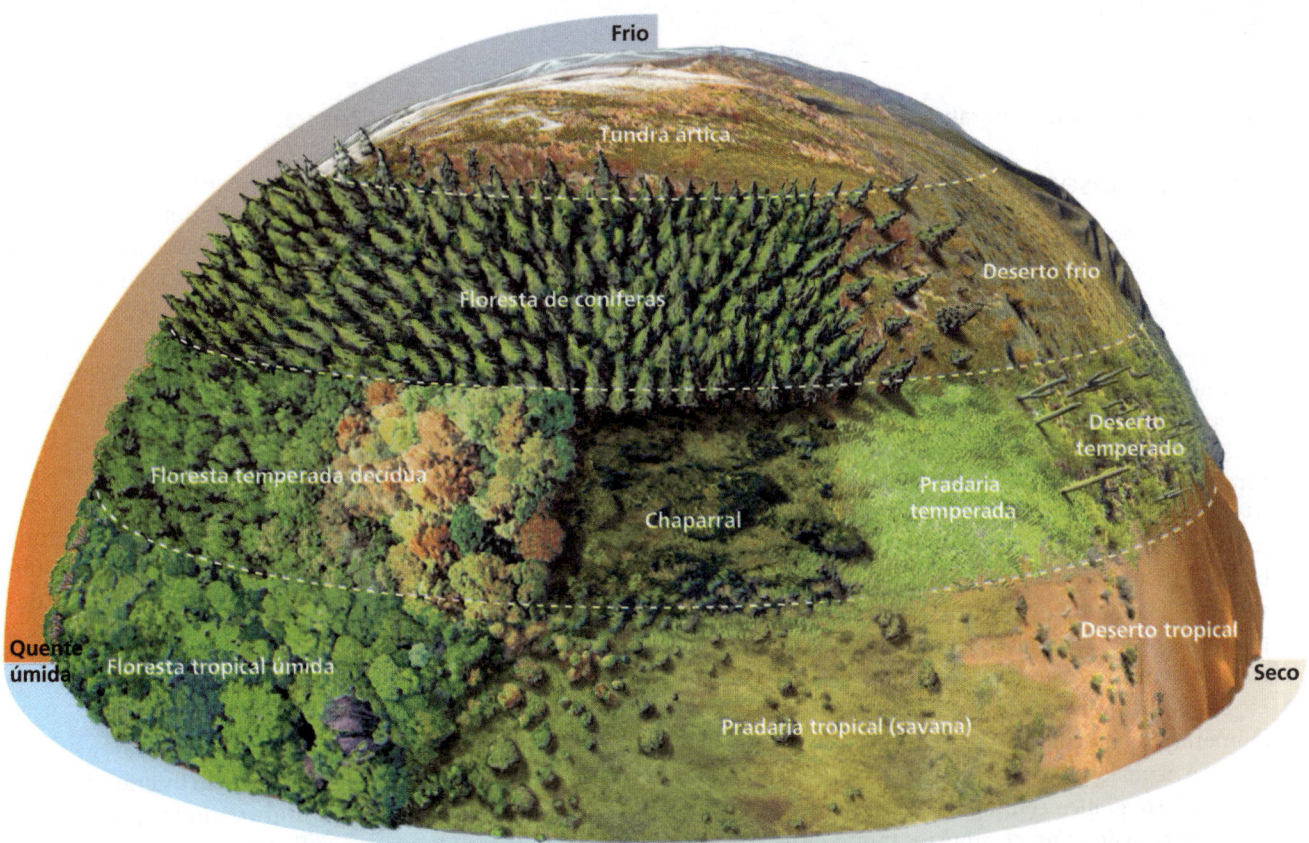

FIGURA 7.8 Capital natural: A precipitação e a temperatura médias, ao agirem como fatores limitantes em um longo período, ajudam a determinar os tipos de deserto, pradaria ou floresta em qualquer área específica e a variedade de plantas, animais e decompositores da área (desde que não tenham sido perturbados por atividades humanas).

Clima e biodiversidade

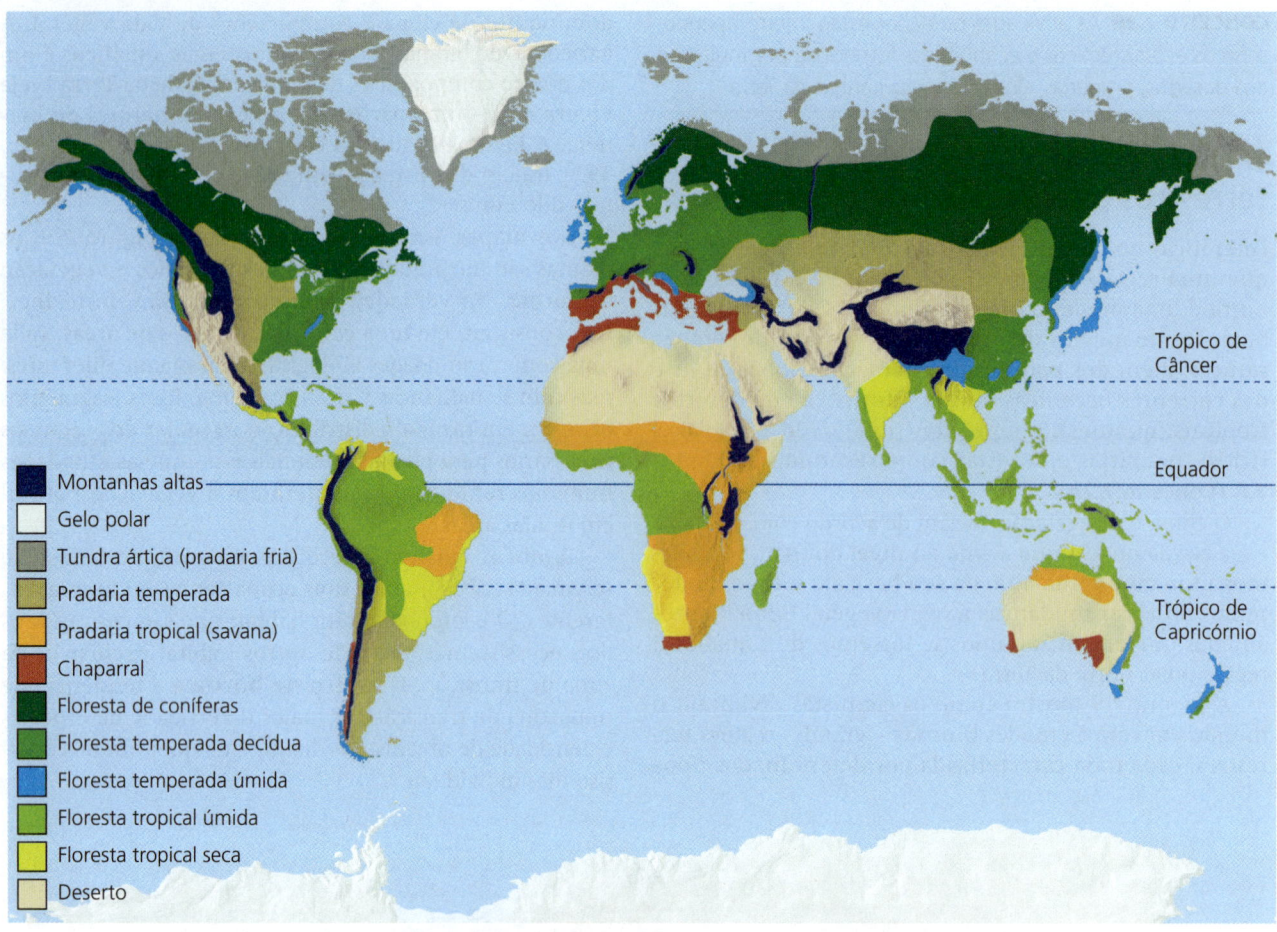

FIGURA 7.9 Capital natural: Os principais *biomas* da Terra resultam principalmente de diferenças no clima.

Tipos de deserto

Em um *deserto*, a precipitação anual é baixa e frequentemente dispersa de maneira desigual durante o ano. Durante o dia, o sol aquece o solo e evapora a água das plantas e do solo, e à noite, grande parte do calor armazenado no solo irradia-se para a atmosfera. Isso explica por que, nesses lugares, podemos "tostar" durante o dia e tremer de frio à noite.

A combinação de pouca chuva e diferentes temperaturas médias forma os desertos tropicais, temperados e frios (Figuras 7.8 e 7.9 e **Conceito 7.2A**). Os *desertos tropicais* (Figura 7.10, foto superior), como o Saara e o Namíbia da África, são quentes e secos na maior parte do ano (Figura 7.10, gráfico superior). Eles têm pouquíssimas plantas e uma superfície áspera, castigada pelo vento e coberta de pedras e areia.

Em *desertos temperados* (Figura 7.10, foto central), as temperaturas diurnas são altas no verão e baixas no inverno, e há maior precipitação do que nos desertos tropicais (Figura 7.10, gráfico central). A vegetação esparsa é composta, principalmente, de arbustos muito dispersos, resistentes à seca, e cactos ou outras espécies de suculentas que se adaptaram à falta d'água e às variações de temperatura.

Em *desertos frios*, como o Deserto de Gobi, na Mongólia, a vegetação é esparsa (Figura 7.10, foto inferior).

Os invernos são frios, os verões são quentes e a precipitação é baixa (Figura 7.10, gráfico inferior). Em todos os tipos de desertos, as plantas e os animais desenvolveram adaptações que os ajudam a ficar frescos e conseguir água suficiente para sobreviver (Foco na ciência 7.2).

Os ecossistemas desérticos são vulneráveis a perturbações porque têm crescimento vegetal lento, pouca diversidade de espécies, ciclos de nutrientes lentos devido à baixa atividade bacteriana nos solos e pouca água. Pode levar de décadas a séculos para o solo de um deserto se recuperar de perturbações como o tráfego de veículos *off-road*, que também pode destruir o habitat de uma variedade de espécies animais que vivem nas regiões subterrâneas. A falta de vegetação, especialmente nos desertos tropicais e polares, também os torna vulneráveis à forte erosão eólica das tempestades de areia.

Tipos de pradaria

As *pradarias* ocorrem principalmente no interior dos continentes, em áreas que são muito úmidas para formar desertos e muito secas para florestas crescerem (Figura 7.9). As pradarias persistem graças à combinação de aridez sazonal, pastagem de grandes herbívoros e incêndios ocasionais – tudo isso impede que arbustos e árvores cresçam em grande quantidade.

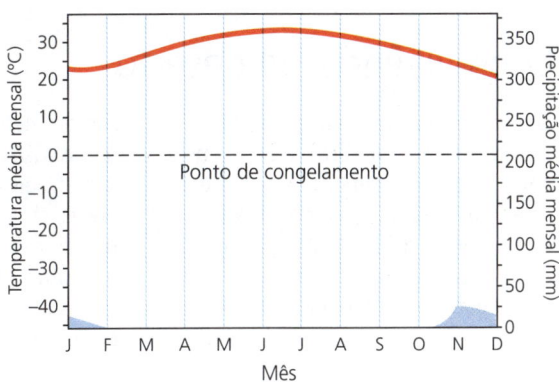

Deserto tropical

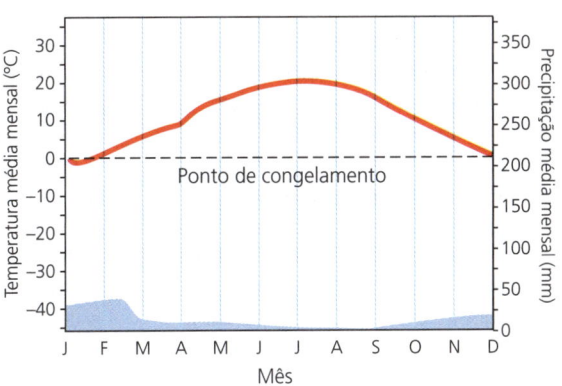

Deserto temperado

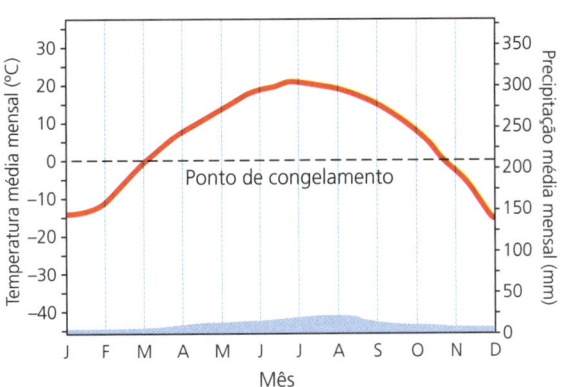

Deserto frio

FIGURA 7.10 Estes gráficos climáticos rastreiam as variações típicas em temperatura anual (vermelho) e a precipitação (azul) em desertos tropicais, temperados e frios. Foto superior: *deserto tropical* no Marrocos. Foto central: *deserto temperado* no sudeste da Califórnia, com cacto do tipo saguaro, uma espécie de destaque nesse ecossistema. Foto inferior: *deserto frio*, Deserto de Gobi, na Mongólia. **Análise de dados**: Quais meses do ano têm as temperaturas mais elevadas e quais têm a menor ocorrência de chuva em cada um dos três tipos de deserto?

Clima e biodiversidade

FOCO NA CIÊNCIA 7.2

Sobrevivência no deserto

Os mecanismos de adaptação para sobrevivência no deserto se baseiam em dois fatores: *combate ao calor* e *economia de cada gota de água*.

As plantas de deserto desenvolveram várias adaptações com base nessas estratégias. Durante longos períodos quentes e secos, plantas como a algaroba e o creosoto deixam cair suas folhas para sobreviver em estado dormente. Plantas suculentas (carnudas, como o cacto saguaro (Figura 7.10, foto do meio), não têm folhas que possam perder água para a atmosfera durante a *transpiração*. Elas reduzem a perda de água abrindo os poros apenas à noite para absorver o CO_2. As suculentas também armazenam água e sintetizam alimentos em seus tecidos carnudos expansíveis. Os espinhos dessas e de muitas outras plantas do deserto evitam que sejam comidas por herbívoros que buscam a preciosa água que possuem.

Algumas plantas de deserto usam raízes profundas para acessar as águas subterrâneas. Outras, como a pera-espinhosa e o saguaro, utilizam raízes superficiais para coletar água após breves chuvas e a armazenam em seus tecidos esponjosos.

Outras plantas de deserto têm folhas revestidas de cera, o que reduz a perda de água. Flores silvestres anuais e gramíneas armazenam grande parte de sua biomassa em sementes que permanecem inativas, às vezes por anos, até que recebam água suficiente para germinar. Logo após a chuva, essas sementes germinam, crescem e cobrem alguns desertos com deslumbrantes arranjos de flores coloridas que duram várias semanas.

Os animais do deserto são pequenos, em sua maioria. Alguns combatem o calor escondendo-se em tocas frescas ou fendas das rochas durante o dia e saem à noite ou no início da manhã, quando está mais fresco. Outros ficam dormentes durante os períodos de extremo calor ou seca. Animais maiores, como camelos, podem beber grandes quantidades de água, quando disponível, e armazená-la em sua gordura para ser usada conforme necessário. Além disso, o pelo grosso do camelo ajuda a mantê-lo fresco, pois os espaços de ar contidos no pelo isolam a pele do animal do calor externo. Os camelos não suam, o que reduz a perda de água ao longo da evaporação. Os ratos-cangurus nunca bebem água; eles obtêm a água de que precisam quebrando as gorduras das sementes que consomem.

Insetos e répteis, como cascáveis, têm peles grossas para minimizar a perda de água por meio da evaporação, e seus resíduos são fezes secas e um concentrado seco de urina. Muitas aranhas e insetos obtêm água do orvalho ou dos alimentos que ingerem.

RACIOCÍNIO CRÍTICO

Que estratégias você adotaria para sobreviver em um deserto aberto? Cite três.

Os três principais tipos de pradaria – tropical, temperada e fria (tundra ártica) – resultam de combinações de baixa precipitação média e temperaturas médias variáveis (**Conceito 7.2A**). Um tipo de pradaria tropical, é a *savana* (**Estudo de caso principal** e Figura 7.11, foto superior). Ela contém grupos amplamente dispersos de árvores, normalmente apresenta altas temperaturas o ano todo e alterna entre as estações seca e úmida (Figura 7.11, gráfico superior).

As savanas tropicais da África Oriental (**Estudo de caso principal**) abrigam animais *pastadores* (principalmente comedores de capim) e *ungulados* (que comem folhas e galhos), como gnus, gazelas, zebras, girafas e antílopes, além de seus predadores, como leões, hienas e humanos. Os elefantes consomem uma variedade de alimentos, incluindo grama, folhas de árvores, cascas de árvores, ramos e arbustos e atuam como uma espécie-chave (Foco na ciência 7.3). Manadas desses animais migram para encontrar água e comida por causa das variações sazonais de chuva (Figura 7.11, região azul no gráfico superior) e disponibilidade de comida. Plantas de savana, como as dos desertos, são adaptadas para sobreviver em calor e seca extremos; muitas têm raízes profundas que podem chegar até a água subterrânea.

Nas *pradarias temperadas*, os invernos são muito frios e os verões são quentes e secos. A precipitação anual é esparsa e cai de forma desigual durante o ano (Figura 7.11, gráfico central). Como as partes acima do solo da maioria das gramíneas morrem e se decompõem a cada ano, a matéria orgânica se acumula para produzir solo fértil e profundo. Esse solo é estabilizado no local por uma espessa rede de raízes interligadas. Quando o solo é arado, ele pode ser levado por ventos fortes. As gramíneas desse bioma são adaptadas à seca e aos incêndios que queimam as partes da planta acima do solo, mas não prejudicam as raízes, a partir das quais a nova grama pode crescer. Muitos dos campos temperados naturais foram convertidos em campos agrícolas, porque têm solos férteis e são úteis para o cultivo (Figura 7.12) e criação de gado.

Campos frios ou *tundra ártica* ficam na calota de gelo polar ártico (Figura 7.9). Durante a maior parte do ano, essas planícies sem árvores são extremamente frias (Figura 7.11, gráfico inferior), varridas por ventos gélidos e cobertas com gelo e neve. Os invernos são longos, com poucas horas de luz diurna, e a precipitação escassa cai principalmente como neve.

Embaixo da neve, esse bioma é coberto por um tapete espesso e esponjoso de plantas de baixo crescimento. Árvores e plantas altas não podem sobreviver na tundra fria e exposta ao vento, pois perdem muito do seu calor. A maior parte do crescimento anual das plantas da tundra ocorre durante as 7-8 semanas de verão, quando há luz diurna quase o dia todo.

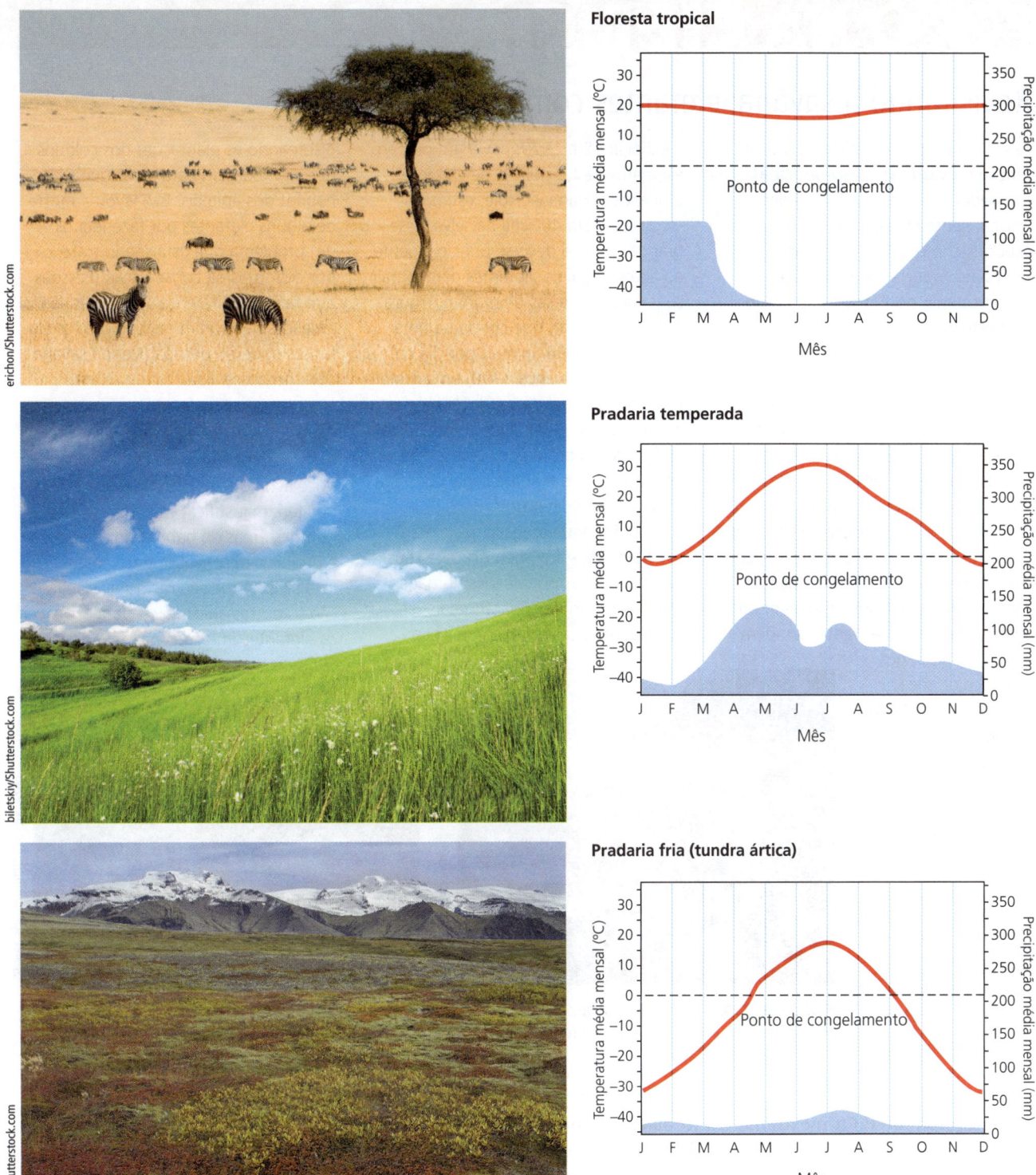

FIGURA 7.11 Estes gráficos climáticos mostram as variações anuais de temperatura (vermelho) e precipitação (azul) em pradarias tropicais, temperadas e frias (tundra ártica). Foto superior: *savana (pradaria tropical)* no Quênia, África, com zebras pastando. Foto central: *pradaria temperada* no estado americano de Illinois. Foto inferior: *tundra ártica (pradaria fria)* na Islândia, no outono. **Análise de dados:** Para cada um dos três tipos de pradaria, cite qual mês do ano tem a temperatura mais alta e qual mês tem a menor precipitação.

Clima e biodiversidade

FOCO NA CIÊNCIA 7.3

Revisitando a savana: elefantes como espécies-chave

Assim como todos os biomas, a savana africana (**Estudo de caso principal**) tem redes alimentares. Essas redes normalmente incluem uma ou mais espécies-chave que desempenham um papel importante na manutenção da estrutura e do funcionamento do ecossistema.

Os ecólogos consideram os elefantes uma espécie-chave da savana africana. Eles comem arbustos e árvores jovens, impedindo que a savana seja coberta por essas plantas e, assim, evitando que as gramíneas morram. Se elas morressem, antílopes, zebras e outros animais comedores de grama deixariam a savana em busca de alimentos e, com eles, carnívoros como leões e hienas também partiriam, pois se alimentam destes animais. Os elefantes também procuram água nos períodos de seca, criando ou ampliando poços usados por outros animais. Sem os elefantes africanos, a rede alimentar da savana entraria em colapso e a própria savana viraria um matagal.

Cientistas da conservação classificam o elefante africano como uma espécie *vulnerável* à extinção. Em 1979, havia um número estimado de 1,3 milhão de elefantes africanos selvagens. Hoje, estima-se que restem 400 mil na selva. Esse grande declínio deve-se principalmente ao abate ilegal de elefantes para extrair suas valiosas presas de marfim (Figura 7.A, à esquerda), que chegou a uma taxa média de 96 animais por dia em 2016. Desde os anos 1990, uma proibição internacional da venda de marfim está em vigor, e em algumas regiões os elefantes são protegidos como espécie ameaçada, mas o abate ilegal continua (Figura 7.A, à direita).

Outra grande ameaça aos elefantes é a perda e fragmentação de seus habitat, pois as populações humanas se expandiram e ocuparam mais terras. Os elefantes estão comendo ou pisoteando as plantações dos colonos que se mudaram para áreas que eram habitat dos animais. Isso levou à morte de alguns elefantes por fazendeiros – um problema que está sendo tratado por cientistas da conservação (Pessoas que fazem a diferença 7.1). Se as várias ameaças não forem restringidas, os elefantes poderão desaparecer da savana durante nossa vida.

RACIOCÍNIO CRÍTICO

Você acha que os governos africanos teriam justificativa para reservar grandes áreas do habitat dos elefantes e proibir o desenvolvimento nesses locais? Explique seu raciocínio. Quais são as outras alternativas para preservar os elefantes africanos na savana?

FIGURA 7.A Um motivo para os elefantes africanos estarem ameaçados de extinção é a venda de suas valiosas presas de marfim.

Um resultado do frio extremo é a formação de **permafrost**, solo subterrâneo em que a água captada permanece congelada por mais de dois anos consecutivos. Durante o breve verão, a camada de permafrost impede que a neve derretida e o gelo penetrem na terra. Como consequência, muitos lagos rasos, pântanos, brejos, lagoas e outras zonas úmidas sazonais se formam quando a neve e o gelo da superfície do solo derretem. Bandos de mosquitos, borrachudos e demais insetos são abundantes nessas piscinas superficiais. Eles servem de alimento para grandes colônias de aves migratórias (especialmente aves aquáticas) que retornam do sul para fazer ninho e procriar nos brejos e lagoas da tundra no verão.

Nesse bioma, os animais sobrevivem ao inverno frio intenso por meio de adaptações, como revestimentos grossos de pele (lobo-do-ártico, raposa-do-ártico e boi-almiscarado) ou penas (coruja-das-neves), e vivem no subsolo (lêmingue-do-ártico). No verão, o caribu (normalmente chamado de rena) e outros tipos de veado migram para a tundra para pastar em sua vegetação.

A tundra é vulnerável a perturbações. Devido à breve estação de crescimento, o solo e a vegetação desse bioma se recuperam lentamente de danos ou interferências. As atividades humanas na tundra ártica – principalmente em locais de perfuração de petróleo e gás natural, oleodutos, minas e bases militares – deixam cicatrizes que persistem por séculos.

PESSOAS QUE FAZEM A DIFERENÇA 7.1

Tuy Sereivathana: protetor de elefantes

A partir da década 1970, a cobertura da floresta tropical úmida do Camboja reduziu de mais de 70% do território do país para 3%, principalmente devido ao aumento populacional, desenvolvimento rápido, exploração ilegal de madeira e guerras. Essa grave perda florestal forçou os elefantes a buscarem comida e água nas fazendas. Consequentemente, alguns fazendeiros pobres mataram os animais para proteger seu suprimento de comida.

Em 1995, Tuy Sereivathana, mestre em silvicultura, iniciou uma missão para realizar dois objetivos. Um deles é dobrar a população dos elefantes asiáticos do Camboja, ameaçados de extinção, até 2030. Já o outro é mostrar aos fazendeiros mais pobres que proteger os elefantes e as outras formas de vida selvagem pode ajudá-los a escapar da pobreza.

Sereivathana ajudou os fazendeiros a montar pontos de vigilância noturna para elefantes e os ensinou a afastar os animais, assustando-os com buzinas de nevoeiro e fogos de artifício, além de utilizar cercas elétricas abastecidas por energia solar para dar-lhes choques leves. Ele também incentivou os fazendeiros a pararem de cultivar melancias e bananas, que os elefantes amam, e plantar berinjelas e pimentas, que eles evitam.

Desde 2005, especialmente graças aos esforços de Sereivathana, nenhum elefante foi morto no Camboja em conflitos com seres humanos. Em 2010, Sereivathana foi um dos seis premiados com o Goldman Environmental Prize (apelidado de "Prêmio Nobel do meio ambiente"). Em 2011, foi nomeado Explorador da National Geographic.

Tipos de floresta

As *florestas* são terras dominadas por árvores. Os três principais tipos de floresta – *tropical*, *temperada* e *fria* (conífera norte ou boreal) – resultam das combinações dos níveis variáveis de precipitação e temperaturas médias (**Conceito 7.2A**) (Figuras 7.8 e 7.9).

As *florestas tropicais úmidas* (Figura 7.13, foto superior) são encontradas perto da linha do Equador (Figura 7.9), onde o ar quente e úmido sobe e descarrega sua umidade (Figura 7.4). Essas florestas exuberantes apresentam, durante o ano todo, temperaturas quentes, alta umidade e chuvas fortes quase diariamente (Figura 7.13, gráfico superior). Esse clima quente e úmido razoavelmente constante é ideal para uma grande variedade de plantas e animais.

Plantas persistentes e que mantêm a maior parte de suas folhas largas o ano todo dominam as florestas tropicais úmidas. Os topos das árvores formam uma copa densa (Figura 7.13, foto superior), que impede que a maior parte da luz atinja o solo da floresta. Muitas das relativamente poucas plantas que vivem no nível do solo têm folhas enormes para capturar a pouca quantidade de luz solar que chega até elas.

Algumas árvores são cobertas por trepadeiras (chamadas cipós) que chegam ao topo das árvores para ter acesso à luz solar. Na *copa*, os cipós crescem de uma árvore para outra, proporcionando passarelas para muitas espécies que vivem ali. Quando uma árvore grande é cortada, sua rede de cipós pode derrubar outras árvores.

As florestas tropicais úmidas têm uma produtividade primária líquida (PPL, ver Figura 3.14) muito elevada. São efervescentes de vida e ostentam uma incrível diversidade biológica. Embora as florestas tropicais úmidas cubram apenas cerca de 2% da superfície da Terra, os ecólogos estimam que elas apresentem, no mínimo, 50% das plantas terrestres e espécies de animais conhecidas. Uma única árvore nessas florestas pode suportar milhares de espécies de insetos diferentes. As plantas provenientes de florestas tropicais úmidas são a fonte de uma variedade de substâncias químicas, muitas das quais são usadas como modelos para a produção da maioria dos medicamentos prescritos no mundo.

As espécies das florestas tropicais úmidas ocupam uma variedade de nichos especializados em camadas distintas, o que contribuiu para a grande diversidade de espécies desses locais. As camadas de vegetação são estruturadas, em sua maioria, de acordo com as necessidades das plantas por luz solar, conforme mostrado na Figura 7.14. Muito da vida animal, particularmente insetos, morcegos e pássaros, vive na parte superior ensolarada onde se encontram abundantes abrigos e suprimentos de folhas, flores e frutas.

As folhas e árvores caídas e os animais mortos decompõem-se rapidamente em razão das condições quentes e úmidas e da abundância de decompositores. Cerca de 90% dos nutrientes liberados por essa rápida decomposição são absorvidos e armazenados por árvores, trepadeiras e outras plantas. Os nutrientes não absorvidos são logo lixiviados do solo fino pelas chuvas frequentes e os resíduos vegetais não se acumulam no solo. A resultante falta de solo fértil ajuda a explicar por que as florestas tropicais úmidas não são bons lugares para devastar e cultivar ou criar pastos para gado de forma sustentável.

Pelo menos metade de todas as florestas tropicais úmidas foi destruída ou perturbada por atividades humanas, como a agricultura, o que vem aumentando o ritmo dessa destruição e degradação (ver **Estudo de caso principal** do Capítulo 3). Os ecólogos alertam que, sem fortes

**FIGURA 7.12
Degradação do capital natural:** Esta área intensamente cultivada é um exemplo de substituição de pradarias temperadas biologicamente diversificadas (como a foto central da Figura 7.11) por monoculturas.

medidas de proteção, a maioria dessas florestas, com sua rica biodiversidade e outros serviços ecossistêmicos muito valiosos, pode desaparecer no fim deste século.

O segundo maior tipo de floresta é a temperada, sendo a *floresta temperada decídua* a mais comum (Figura 7.13, foto central). Essas florestas normalmente apresentam verão quente, inverno frio e precipitação abundante, com chuvas no verão e neve nos meses de inverno (Figura 7.13, gráfico central). Elas são dominadas por poucas espécies de *árvores decíduas de folhas largas*, como carvalhos, nogueiras, áceres, álamos e bétulas. As espécies animais que vivem nessas florestas incluem predadores, como lobos, raposas e gatos selvagens. Eles se alimentam de herbívoros, como cariacus, esquilos, coelhos e ratos. Rouxinóis, tordos e outras espécies de aves vivem nessas florestas durante a primavera e o verão, acasalando e criando os filhotes.

Nessas florestas, a maior parte das folhas cai das árvores depois de desenvolver cores vibrantes no outono (Figura 7.13, foto central). Isso permite que as árvores sobrevivam aos invernos frios ficando em estado dormente. A cada primavera, novas folhas brotam e as árvores passam o verão crescendo e produzindo até que o tempo frio volte.

Por apresentarem temperaturas mais frias e terem menos decompositores que as florestas tropicais, as florestas temperadas têm um ritmo mais lento de decomposição. Como resultado, elas acumulam uma espessa camada de decomposição lenta de serrapilheira, que se torna um depósito de nutrientes.

Globalmente, as florestas temperadas foram degradadas por várias atividades humanas, especialmente exploração de madeira e expansão urbana, mais do que qualquer outro bioma terrestre. No entanto, em um período de 100 a 200 anos, as florestas desse tipo que foram cortadas poderão retornar por meio da sucessão ecológica secundária (veja Figura 5.9).

Outro tipo de floresta temperada, as *florestas costeiras de coníferas* ou *florestas temperadas úmidas*, é encontrado em regiões temperadas costeiras dispersas, com altos níveis de precipitação e umidade dos densos nevoeiros oceânicos. Essas florestas contêm áreas repletas de grandes árvores coníferas, como a sequoia-gigante (ver foto de abertura do Capítulo 2), que mantêm suas folhas (em forma de agulhas) o ano todo.

As **florestas de coníferas do norte** (Figura 7.13, foto inferior), também chamadas *florestas boreais* ou *taigas*, são encontradas ao sul da tundra ártica (Figura 7.9). Nesse clima subártico frio e úmido, os invernos são longos e extremamente frios, com luz solar disponível apenas de seis a oito horas por dia. Os verões são curtos, com temperaturas que vão do frio ao calor (Figura 7.13, gráfico inferior), e o Sol brilha durante 19 horas por dia, em pleno verão.

A maioria das florestas boreais é dominada por algumas espécies de árvores *coníferas* (com formato de cone) ou com *folhas perenes*, como abetos, pinheiros, cedros e tsugas, que mantêm a maior parte de suas folhas durante o ano todo. A maioria dessas espécies tem folhas pequenas, em forma de agulha e revestidas de cera, que podem suportar o frio intenso e a seca do inverno, quando a neve cobre o solo. Nessas florestas, há pouca diversidade vegetal porque poucas espécies podem sobreviver aos invernos quando a umidade do solo é congelada.

Abaixo das árvores nessas florestas, há uma camada profunda de agulhas de coníferas parcialmente decompostas. A decomposição é lenta em razão das baixas temperaturas, da cobertura cerosa das folhas e da elevada acidez do solo. As folhas aciculadas decompostas das coníferas tornam ácido o solo fino e pobre em nutrientes e impede que a maioria das outras plantas (exceto alguns arbustos) cresça no chão da floresta.

Floresta tropical úmida

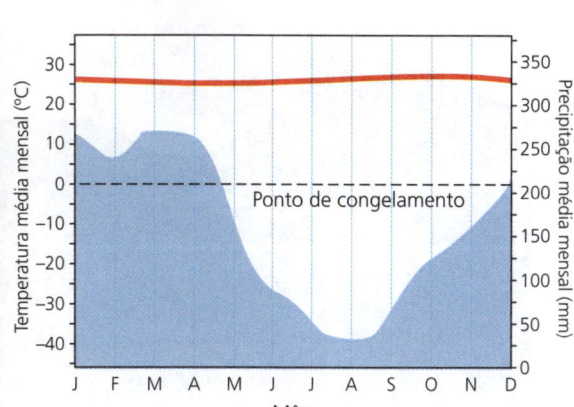

Floresta temperada decídua

Floresta de coníferas do norte (floresta boreal, taiga)

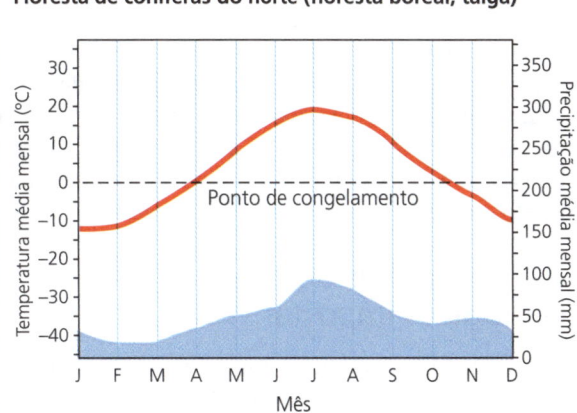

FIGURA 7.13 Estes gráficos climáticos mostram as variações anuais de temperatura (vermelho) e precipitação (azul) em florestas tropicais úmidas, florestas temperadas decíduas, florestas de coníferas do norte (floresta boreal, taiga). Foto superior: a copa fechada de uma *floresta tropical úmida* localizada na Costa Rica. Foto do meio: *floresta temperada decídua* no outono, localizada perto de Hamburgo, na Alemanha. Foto inferior: *floresta de coníferas do norte*, localizada no Canadá. **Análise de dados:** Em cada um desses tipos de floresta, qual mês do ano tem a temperatura mais alta e qual tem a menor precipitação?

Clima e biodiversidade

FIGURA 7.14 Em uma floresta tropical, os nichos de plantas e animais especializados são estratificados, ou organizados aproximadamente em camadas. Preencher esses nichos especializados permite que muitas espécies evitem ou minimizem a competição por recursos, o que permite a coexistência de uma grande variedade de espécies.

Os habitantes selvagens durante o ano todo incluem ursos, lobos, alces, linces e muitas espécies de roedores escavadores. O caribu passa o inverno na taiga e o verão na tundra ártica (Figura 7.11, parte inferior). Durante o breve verão, rouxinóis e outras aves que se alimentam de insetos comem moscas, mosquitos e lagartas.

As montanhas desempenham papéis ecológicos importantes

Alguns dos ambientes mais espetaculares do planeta estão no topo de *montanhas*, despenhadeiros, terrenos íngremes ou de grande elevação que cobrem quase um quarto da superfície terrestre. Quase 1,2 bilhão de pessoas (16% da população mundial) vivem em cadeias de montanhas ou em colinas, e 4 bilhões de pessoas (54% da população mundial) dependem de sistemas de montanhas para todas ou algumas de suas águas. Em razão das encostas íngremes, os solos de montanha são facilmente erodidos quando a vegetação que os mantém no lugar é removida por distúrbios naturais, como deslizamentos de terra e avalanches, ou por atividades humanas, como corte de madeira e agricultura. Muitas montanhas são *ilhas de biodiversidade* circundadas por um mar de paisagens de menor elevação transformadas pelas atividades humanas.

As montanhas desempenham um importante papel ecológico. Elas contêm grande parte das florestas do mundo, que são habitat de grande parte da biodiversidade terrestre do planeta. Muitas vezes, são habitat para *espécies endêmicas*, aquelas que não são encontradas em nenhum outro lugar na Terra. Também servem como santuários para espécies animais que são capazes de migrar para altitudes mais elevadas e sobreviver nesses ambientes. Todos os anos, cada vez mais animais são levados de áreas de vales para habitat montanhosos por atividades humanas ou pelo aquecimento do clima.

As montanhas também desempenham um papel fundamental no ciclo hidrológico (veja Figura 3.15), servindo como grandes depósitos de água. Durante o inverno, a precipitação é armazenada como gelo e neve. No tempo mais quente da primavera e do verão, grande parte dessa neve e gelo derrete, disponibilizando, assim, água em

PARA REFLETIR

CONEXÕES Montanhas e clima

As montanhas ajudam a regular o clima da Terra. Muitas montanhas estão cobertas de gelo glacial e neve que refletem a radiação solar de volta ao espaço, o que ajuda a esfriar a Terra. No entanto, muitas das geleiras do mundo estão derretendo, principalmente devido ao aquecimento da atmosfera nas últimas décadas. Enquanto as geleiras refletem a energia solar, as rochas mais escuras, expostas pelo derretimento de geleiras, absorvem essa energia. Isso ajuda a aquecer a atmosfera acima delas, que derrete mais gelo e aquece a atmosfera em mais um ciclo crescente de retroalimentação positiva.

riachos que servem tanto à vida selvagem quanto aos seres humanos para beber e irrigar plantações. Como a atmosfera ficou mais quente nos últimos 40 anos, parte da neve acumulada e das geleiras do topo das montanhas passou a derreter mais cedo na primavera a cada ano. Isso reduz a produção de alimentos em determinadas áreas, porque grande parte da água necessária no verão para irrigar plantações é liberada rápido e cedo demais.

Medições científicas e modelos climáticos indicam que um grande número de geleiras dos cumes das montanhas poderão desaparecer ao longo deste século se a atmosfera continuar cada vez mais quente, como previsto. Isso forçaria muitas pessoas a se mudar de suas casas em busca de novas fontes de água e locais para suas plantações. Apesar da importância ecológica, econômica e cultural dos ecossistemas de montanha, governos e muitas organizações ambientais não se concentraram em proteger essas regiões.

Os humanos perturbaram a maior parte da superfície terrestre

De acordo com a Avaliação Ecossistêmica do Milênio de 2005, quase 60% dos principais ecossistemas terrestres do mundo estão sendo degradados ou usados de forma insustentável, à medida que a pegada ecológica humana aumenta e se espalha pelo mundo (ver Figura 1.9). A Figura 7.15 resume alguns dos impactos humanos mais prejudiciais sobre desertos, pradarias, florestas e montanhas do mundo (**Conceito 7.2B**).

Por quanto tempo poderemos continuar destruindo essas formas terrestres do capital natural sem ameaçar nossas economias e a sobrevivência de longo prazo de nossa própria espécie e de muitas outras? Ninguém sabe, mas há sinais crescentes de que precisamos enfrentar essa questão vital.

FIGURA 7.15 As atividades humanas causam grandes impactos sobre desertos, pradarias, florestas e montanhas do mundo. *Raciocínio crítico:* Dos impactos citados, quais são os mais perigosos para cada um desses biomas? Cite dois de cada bioma.

Da esquerda para a direita: somchaij/Shutterstock.com, Orientaly/Shutterstock.com, Timothy Epp/Dreamstime.com, Vasik Olga/Shutterstock.com.

7.3 QUAIS SÃO OS PRINCIPAIS TIPOS DE SISTEMAS MARINHOS E COMO AS ATIVIDADES HUMANAS OS AFETAM?

CONCEITO 7.3 Os oceanos dominam o planeta e fornecem serviços ecossistêmicos e econômicos fundamentais que estão sendo prejudicados pelas atividades humanas.

A água cobre a maior parte do planeta

Quando vista do espaço, a Terra parece um planeta predominantemente azul, com cerca de 71% de sua superfície coberta por água de oceanos. Embora o *oceano global* seja um organismo único e contínuo de água salgada, os geógrafos o dividem em quatro oceanos separados pelos continentes: Ártico, Atlântico, Pacífico e Índico. Juntos, os oceanos são responsáveis por quase 98% da água do planeta. Cada um de nós está conectado ao oceano global da Terra (e é profundamente dependente dele) por meio do ciclo da água (ver Figura 3.15).

71% da superfície da Terra é coberta por águas oceânicas

Os equivalentes aquáticos dos biomas são chamados **zonas de vida aquática** – porções de água salgada e doce da biosfera que podem suportar a vida. A distribuição de muitos organismos aquáticos é determinada, em grande parte, pela *salinidade* da água – a concentração de vários sais, como cloreto de sódio, dissolvidos em determinado volume de água. Como resultado, as zonas de vida aquática são classificadas em dois tipos principais: **água salgada** ou **zonas de vida marinha** (oceanos e suas baías, estuários, zonas úmidas costeiras, linhas de costa, recifes de corais e manguezais) e **zonas de vida de água doce** (lagos, rios, córregos e áreas úmidas do interior).

Na maioria dos sistemas aquáticos, os principais fatores que determinam a variedade e o número de organismos encontrados em diferentes áreas do oceano são *temperatura da água*, *teor de oxigênio dissolvido*, *disponibilidade de luz* e *nutrientes necessários para a fotossíntese*, como carbono (gás CO_2 dissolvido), nitrogênio (NO_3^-) e fósforo (principalmente PO_4^{3-}).

Os oceanos oferecem serviços ecossistêmicos e econômicos vitais

Os oceanos dominam o planeta e fornecem serviços ecossistêmicos e econômicos (Figura 7.16) que ajudam a manter vivas a nossa e as outras espécies, e sustentam nossas economias. Eles também são reservatórios enormes de biodiversidade. A vida marinha é encontrada em três grandes *zonas de vida*: zona costeira, mar aberto e fundo do oceano (Figura 7.17).

A **zona costeira** é a área total de água costeira quente, rasa e rica em nutrientes, que constitui menos de 10% da área oceânica do mundo, abriga 90% de todas as espécies marinhas e é o local onde estão os maiores centros de comércio pesqueiro. Entre os sistemas aquáticos dessa zona estão os **estuários**, os corpos de água parcialmente fechados, em que os rios se encontram com o mar (Figura 7.18), e as **zonas úmidas costeiras**, ou áreas de terra cobertas por águas costeiras durante todo o ano ou parte dele. Essas últimas incluem marismas (Figura 7.19) e *manguezais* (Figura 7.20). Outros sistemas importantes são *leitos de ervas marinhas* (Figura 7.21) e *recifes de coral* (ver foto de abertura do capítulo e Foco na ciência 7.4).

Esses sistemas aquáticos costeiros fornecem importantes serviços ecossistêmicos e econômicos. Eles ajudam a manter a qualidade da água nas zonas costeiras tropicais, filtrando poluentes tóxicos, excesso de nutrientes vegetais e sedimentos, além de absorverem outros poluentes. Esses sistemas fornecem alimento, habitat e berçários para uma grande variedade de espécies aquáticas e terrestres. Também reduzem os danos causados por

Capital Natural

Ecossistemas marinhos

Serviços ecossistêmicos
- Oxigênio fornecido por meio da fotossíntese
- Purificação da água
- Moderação climática
- Absorção de CO_2
- Ciclos de nutrientes
- Impacto reduzido de tempestades (manguezais, ilhas de barreira e zonas úmidas costeiras)
- Biodiversidade: espécies e habitat

Serviços econômicos
- Comida
- Energia das ondas e marés
- Produtos farmacêuticos
- Portos e rotas de transporte
- Recreação e turismo
- Emprego
- Minerais

FIGURA 7.16 Os sistemas marinhos fornecem importantes serviços ecossistêmicos e econômicos (**Conceito 7.3**). *Raciocínio crítico:* Desses serviços ecológicos e econômicos, quais você considera mais importantes? Cite dois de cada tipo de serviço e justifique sua resposta.

Acima: Willyam Bradberry/Shutterstock.com. Abaixo: James A. Harris/Shutterstock.com.

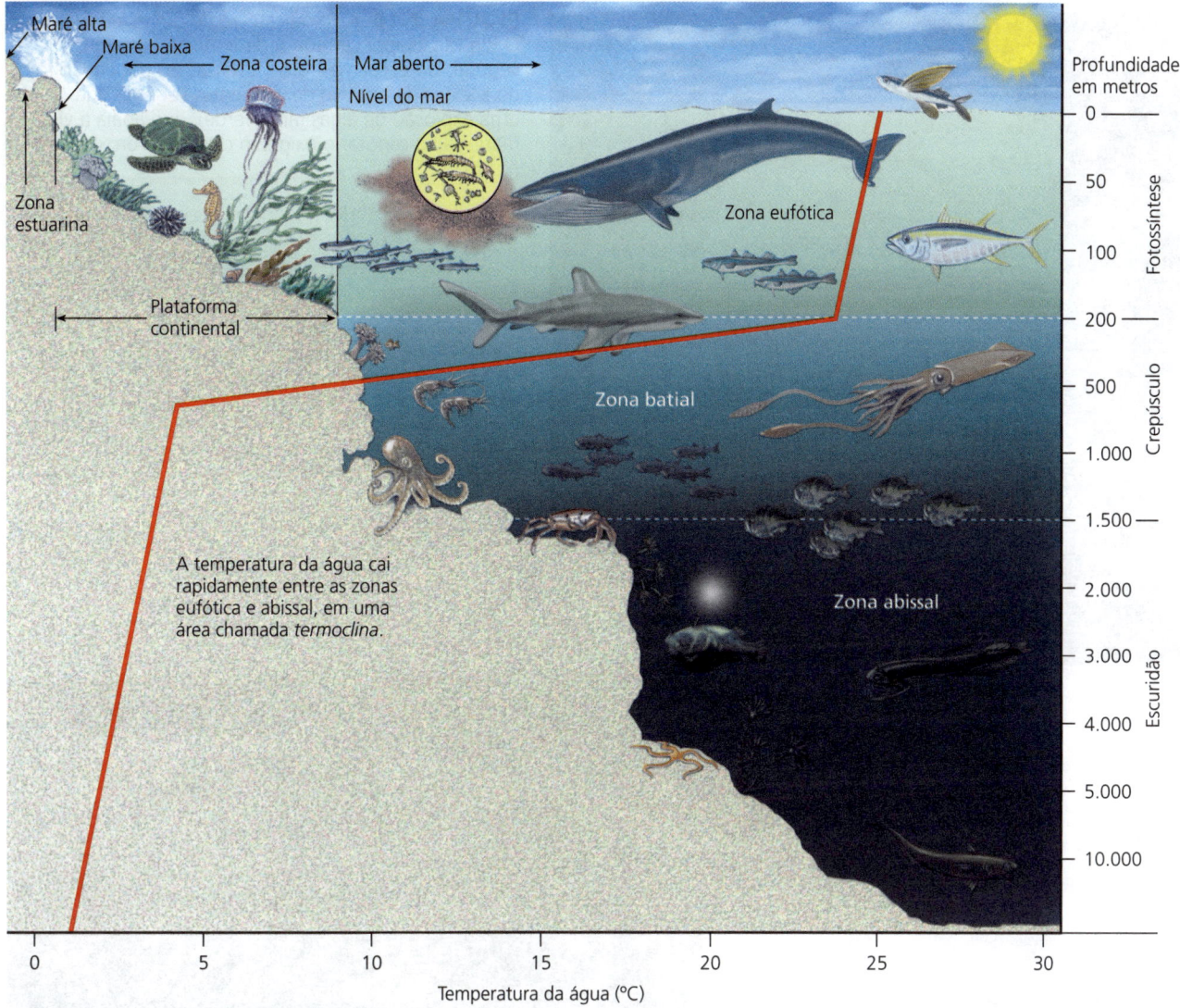

FIGURA 7.17 Este diagrama ilustra as principais zonas de vida e zonas verticais (não desenhadas em escala) em um oceano. As profundidades reais dessas zonas podem variar. A luz disponível determina as zonas eufótica, batial e abissal. As zonas de temperatura também variam com a profundidade, mostrada pela linha vermelha. **Raciocínio crítico:** O oceano se assemelha a uma floresta tropical úmida? (Dica: veja Figura 7.14.)

tempestades e erosão costeira por meio da absorção de ondas e do armazenamento do excesso de água produzido por tempestades e *tsunamis*.

Mar aberto e fundo oceânico

O acentuado aumento da profundidade da água na borda da plataforma continental separa a zona costeira do vasto volume do oceano chamado **mar aberto**. Principalmente com base na penetração da luz solar, essa zona de vida aquática é dividida em três *zonas verticais* (veja Figura 7.17) ou camadas de água. As temperaturas também mudam com a profundidade (Figura 7.17, linha vermelha).

A *zona eufótica* é a zona superior bem iluminada, onde o fitoplâncton, à deriva, realiza cerca de 40% da atividade fotossintética da Terra. Grandes e rápidos peixes predadores, como peixes-espadas, tubarões e atuns, povoam essa zona.

A *zona batial* é a zona intermediária mal iluminada, que recebe pouca luz solar e, portanto, não contém produtores fotossintetizantes. Zooplâncton e peixes menores, muitos dos quais migram para se alimentar na superfície à noite, povoam essa zona.

A zona mais profunda, chamada *zona abissal*, é escura e muito fria. Não há luz solar para dar suporte para a fotossíntese, e essa zona tem pouco oxigênio dissolvido. No entanto, o fundo do oceano é repleto de vida porque contém nutrientes suficientes para suportar um grande número de espécies. A maioria dos organismos de águas profundas do oceano obtém seu alimento de chuvas de organismos mortos e em decomposição, chamadas *neve marinha*, que descem dos níveis superiores e mais iluminados do oceano.

Clima e biodiversidade

FIGURA 7.18 Foto de satélite de um *estuário*. O Rio Mississippi carrega sedimentos e nutrientes vegetais do escoamento de fertilizantes para o Golfo do México. O excesso de nutrientes vegetais cria uma explosão de algas (área verde), que abala a vida marinha ao esgotar o oxigênio dissolvido próximo do fundo do Golfo.

FIGURA 7.19 Marisma no estado da Califórnia, nos Estados Unidos.

FIGURA 7.20 Manguezal na costa da Tailândia.

FIGURA 7.21 Leitos de ervas marinhas como este, perto da costa da Ilha de San Clemente, Califórnia, sustentam uma variedade de espécies marinhas.

James Forte/National Geographic Creative

A produtividade primária líquida (PPL) é bastante baixa em mar aberto (Figura 3.14), exceto em áreas de ressurgência, onde as correntes trazem os nutrientes do fundo do oceano. No entanto, como o mar aberto cobre grande parte da superfície terrestre, ele faz a maior contribuição para a PPL do planeta.

Impactos humanos sobre os ecossistemas marinhos

Certas atividades humanas interrompem e degradam muitos dos serviços ecossistêmicos e econômicos fornecidos pelos sistemas aquáticos marinhos. As regiões mais afetadas são marismas, linhas de costa, manguezais e recifes de coral, como resume a Figura 7.22 (**Conceito 7.3**). Examinaremos esses efeitos prejudiciais e possíveis formas de reduzi-los no Capítulo 9.

As maiores ameaças aos sistemas marinhos, de acordo com muitos cientistas marinhos, são as mudanças climáticas (discutidas no Capítulo 15). A temperatura atmosférica média da Terra e dos oceanos vem aumentando desde a década de 1980, o que está elevando a média do nível do mar mundial. Um dos motivos para isso acontecer é que a água do oceano mais quente se expande. Outro motivo é que, com o aquecimento da atmosfera, geleiras localizadas em áreas terrestres da Groenlândia e de outras partes do mundo estão derretendo lentamente e adicionando grandes quantidades de água nos oceanos. O aumento dos níveis do mar previsto para este século destruiria recifes de coral rasos e inundaria marismas e outros ecossistemas costeiros, bem como muitas cidades litorâneas. Além disso, como os oceanos absorvem grande parte do excesso de calor e CO_2 emitidos na atmosfera pelas atividades humanas, eles estão ficando mais quentes e ácidos, causando degradação da biodiversidade marinha. Vamos analisar esses efeitos prejudiciais e possíveis formas de reduzi-los nos capítulos 9 e 15.

FOCO NA CIÊNCIA 7.4

Recifes de coral

Os **recifes de coral** são formados em águas costeiras claras e quentes das regiões tropicais. Essas maravilhas naturais incrivelmente belas (ver foto de abertura do capítulo) estão entre os ecossistemas mais antigos, diversos e produtivos do mundo.

Essas estruturas são formadas por enormes colônias de animais minúsculos, chamados *pólipos* (parentes próximos das águas-vivas), que lentamente constroem recifes ao secretar uma crosta protetora de calcário (carbonato de cálcio) em torno de seus corpos moles. Quando os pólipos morrem, as crostas vazias permanecem como parte de uma plataforma para o crescimento de mais recifes. A elaborada rede resultante de fendas, saliências e buracos serve como "condomínios" de carbonato de cálcio para uma variedade de animais marinhos.

Os recifes de coral são o resultado de uma relação mutuamente benéfica entre os pólipos e as pequenas algas unicelulares denominadas *zooxantelas*, que vivem nos tecidos dos pólipos. Neste exemplo de mutualismo, as algas fornecem aos pólipos alimento e oxigênio, por meio da fotossíntese, e ajudam os corais a produzir carbonato de cálcio. As algas também dão aos recifes sua coloração deslumbrante. Os pólipos, em contrapartida, oferecem às algas uma casa bem protegida e parte de seus nutrientes.

Embora os recifes de coral de águas rasas e profundas ocupem apenas 0,2% do fundo do oceano, eles fornecem serviços ecossistêmicos e econômicos importantes. Eles agem como barreiras naturais que ajudam a proteger 15% dos litorais do mundo da inundação e erosão causadas pelos golpes das ondas e tempestades. Além disso, proporcionam habitat, alimentos e campos para desova para aproximadamente um quarto a um terço dos organismos que vivem nos oceanos. Também produzem cerca de um décimo dos pescados do mundo. Por meio do turismo e da pesca, os recifes de coral fornecem bens e serviços com valor de quase US$ 40 bilhões por ano.

FIGURA 7.B Esse recife de coral branqueado perdeu a maioria de suas algas devido a mudanças no ambiente, como aquecimento da água e deposição de sedimentos.

Os recifes de coral são vulneráveis aos danos, pois crescem lentamente e são destruídos com facilidade. O escoamento do solo e de outros materiais da terra pode turvar a água e bloquear a luz solar necessária para que as algas façam a fotossíntese. Além disso, a água em que os recifes rasos vivem deve ter uma temperatura de 18 °C a 30 °C e não pode ser muito ácida. Isso explica por que as duas maiores ameaças a longo prazo para os recifes de coral são as *mudanças climáticas*, que podem elevar a temperatura da água acima dos limites toleráveis na maioria das áreas de recife, e a *acidificação oceânica*, que pode dificultar a construção de recifes por parte dos pólipos e até mesmo dissolver parte das formações de carbonato de cálcio.

Um resultado de perturbações, como poluição e aumento da temperatura das águas do oceano, é o *branqueamento do coral* (Figura 7.B). Esses fatores podem provocar a morte das algas coloridas, que servem de alimento para os corais. Sem alimento, os pólipos de coral morrem, deixando para trás um esqueleto branco de carbonato de cálcio.

Estudos da *Global Coral Reef Monitoring Network* e outros grupos de cientistas estimam que, desde a década de 1950, cerca de 45% a 53% dos recifes de coral rasos do mundo foram destruídos ou degradados e outros 25% a 33% poderão ser perdidos em um período de 20 a 40 anos. Esses centros de biodiversidade são, de longe, o ecossistema marinho mais ameaçado.

O branqueamento de corais e a acidificação oceânica podem ter efeitos devastadores sobre a biodiversidade dos recifes de coral, sobre redes alimentares que dependem desses recifes e sobre os serviços ecossistêmicos fornecidos por eles. A degradação e a destruição dos recifes de coral também terá um impacto grave sobre as aproximadamente 500 milhões de pessoas que dependem desses ecossistemas para sua alimentação ou para sua renda, por meio da pesca e do turismo.

RACIOCÍNIO CRÍTICO

Como a perda da maioria dos recifes de coral tropicais restantes do mundo afetaria a sua vida e a vida de seus filhos ou netos? Cite duas medidas que você pode adotar para ajudar a reduzir essa perda.

FIGURA 7.22 As atividades humanas estão provocando grandes impactos prejudiciais em todos os ecossistemas marinhos (à esquerda) e particularmente nos recifes de coral (à direita) (**Conceito 7.3**). *Raciocínio crítico:* Quais das duas ameaças aos ecossistemas marinhos você acha que são as mais sérias? Por quê? Quais das duas ameaças aos recifes de coral você acha que são as mais sérias? Por quê?

Superior esquerdo: Jorg Hackemann/Shutterstock.com. Canto superior direito: Rich Carey/Shutterstock.com. Embaixo à esquerda: Piotr Marcinski/Shutterstock.com. Embaixo à direita: Rostislav Ageev/Shutterstock.com.

é armazenada em corpos de água na superfície da Terra. A água superficial que flui nesses corpos de água é chamada de **escoamento superficial**. Uma **bacia hidrográfica**, ou **bacia de drenagem**, é a área de terra que proporciona escoamento superficial, sedimentos e substâncias dissolvidas para um riacho, lago ou área úmida.

As *zonas de vida aquática de água doce* incluem corpos *permanentes* de água doce, como lagos, lagoas e zonas úmidas continentais, e de sistemas de *fluxo*, como córregos e rios. Embora os sistemas de água doce cubram menos de 2,5% da superfície terrestre, eles prestam vários serviços ecossistêmicos e econômicos importantes (Figura 7.23).

Os **lagos** são grandes corpos naturais de água doce formados quando precipitação, escoamento, córregos, rios e infiltrações de água subterrânea preenchem depressões na superfície da Terra. As causas dessas depressões são o movimento das geleiras, o deslocamento da crosta terrestre e as atividades vulcânicas, entre outras. Os lagos de água doce variam enormemente em tamanho, profundidade e teor de nutrientes. Em geral, os lagos profundos são compostos de quatro zonas distintas, definidas por sua profundidade e distância da margem (Figura 7.24).

7.4 QUAIS SÃO OS PRINCIPAIS TIPOS DE SISTEMAS DE ÁGUA DOCE E COMO AS ATIVIDADES HUMANAS OS AFETAM?

CONCEITO 7.4 Lagos de água doce, rios e áreas úmidas fornecem importantes serviços ecossistêmicos e econômicos que estão sendo interrompidos pelas atividades humanas.

Em alguns sistemas de água doce as águas são permanentes; em outros, elas fluem

A precipitação que não penetra no solo nem evapora se transforma em **água superficial** – água doce que flui ou

Os ecólogos classificam os lagos de acordo com seu conteúdo de nutrientes e sua produtividade primária. Lagos que têm um pequeno suprimento de nutrientes para as plantas são chamados **lagos oligotróficos**. Esse tipo de lago (Figura 7.25) é geralmente profundo e tem margens íngremes. Riachos de geleiras e montanhas fornecem água a muitos desses lagos. Em geral, eles têm águas cristalinas e pequenas populações de espécies de fitoplâncton e peixes (como achigã-de-boca-pequena e truta). Por causa dos baixos níveis de nutrientes, esses lagos têm uma PPL baixa.

Ao longo do tempo, sedimentos, material orgânico e nutrientes inorgânicos vão para a maioria dos lagos oligotróficos, e as plantas crescem e se decompõem para formar sedimentos de fundo.

Capital natural		
Sistemas de água doce		
Serviços ecossistêmicos		**Serviços econômicos**
Moderação climática		Alimento
Ciclos dos nutrientes		Água potável
Tratamento de resíduos		Água para irrigação
Controle de inundação		Hidroeletricidade
Recarga da água subterrânea		Corredores de transporte
Habitat para muitas espécies		Recreação
Recursos genéticos e biodiversidade		Emprego
Informações científicas		

FIGURA 7.23 Os sistemas de água doce fornecem importantes serviços ecossistêmicos e econômicos (**Conceito 7.4**). *Raciocínio crítico:* Dos serviços ecossistêmicos, quais você considera mais importantes? Cite dois. E dos serviços econômicos? Por quê?

Acima: Galyna Andrushko/Shutterstock.com. Abaixo: Kletr/Shutterstock.com.

FIGURA 7.24 Um lago profundo típico de uma zona temperada tem zonas de vida distintas. *Raciocínio crítico:* Em que os lagos profundos se assemelham às florestas tropicais? (Dica: veja Figura 7.14.)

FIGURA 7.25 Lago Trillium, em Oregon (Estados Unidos), com vista para o Monte Hood.
tusharkoley/Shutterstock.com

O processo por meio do qual os lagos ganham nutrientes é chamado **eutrofização**. Um lago com uma grande oferta de nutrientes é chamado **lago eutrófico** (Figura 7.26). Em geral, lagos desse tipo são rasos e têm água marrom-escura ou verde. Em razão de seus altos níveis de nutrientes, esses lagos têm uma PPL alta. A maioria dos lagos se enquadra entre os dois extremos do enriquecimento de nutrientes.

Entradas excessivas de nutrientes da atmosfera e das fontes humanas em áreas urbanas e agrícolas próximas das bacias hidrográficas de um lago podem acelerar a eutrofização. Esse processo é denominado **eutrofização cultural**.

Correntes de água doce e rios

Em uma bacia hidrográfica, a água se acumula em pequenos fluxos que se unem para formar os rios. Coletivamente, as correntes de água e os rios transportam enormes quantidades de água de áreas de planalto até lagos e oceanos. Em geral, uma corrente flui por três zonas (Figura 7.27): a *zona de origem*, que contém fluxos de *nascentes* encontradas em planaltos e montanhas; a *zona de transição*, que contém fluxos mais amplos e com menor elevação; e a *zona de várzea*, que contém rios que desaguam em rios maiores ou no oceano.

À medida que as correntes descem as montanhas, elas modelam a terra por onde passam. Ao longo de milhões de anos, a fricção da água em movimento nivelou montanhas e perfurou cânions profundos. Correntes e rios carregam areia, cascalho e solo, depositando-os como sedimentos em áreas baixas.

Em sua foz, um rio pode se dividir em muitos canais à medida que flui através de seu **delta** – a região na foz de um rio composta de sedimentos depositados e que

Clima e biodiversidade

FIGURA 7.26 Esse lago eutrófico recebeu grandes fluxos de nutrientes para as plantas. Como resultado, sua superfície está coberta por tapetes de algas.

Nicholas Rjabow/Dreamstime.com

normalmente contém estuários (Figura 7.18) e marismas (Figura 7.19). Os deltas absorvem e reduzem a velocidade das águas de enchentes de tempestades costeiras, furacões e tsunamis. Eles também servem como habitat para uma grande variedade de vida marinha.

Áreas úmidas continentais de água doce

Áreas interiores alagadiças são terras que ficam longe de regiões costeiras e são cobertas com água doce sempre ou parte do tempo, com exceção de lagos, reservatórios e córregos. Essas áreas incluem *pântanos, brejos* e *caldeirões de pradarias* (depressões cavadas por antigas geleiras). Outros exemplos são as *várzeas*, que recebem excesso de água durante chuvas e tempestades pesadas.

Algumas várzeas são cobertas com água durante todo o ano, e outras permanecem debaixo da água por apenas um curto período a cada ano, como os caldeirões nas pradarias, as áreas úmidas aluviais e a tundra ártica (ver Figura 7.11, parte inferior).

As áreas úmidas continentais prestam numerosos serviços ecossistêmicos e econômicos, como:

- filtragem e degradação de resíduos tóxicos e poluentes;
- redução de inundações e erosão, por meio da absorção e liberação (lenta) da água da chuva e pela absorção da água que transborda de córregos e lagos.
- manutenção dos fluxos de corrente durante os períodos secos;
- recarregamento dos aquíferos subterrâneos;

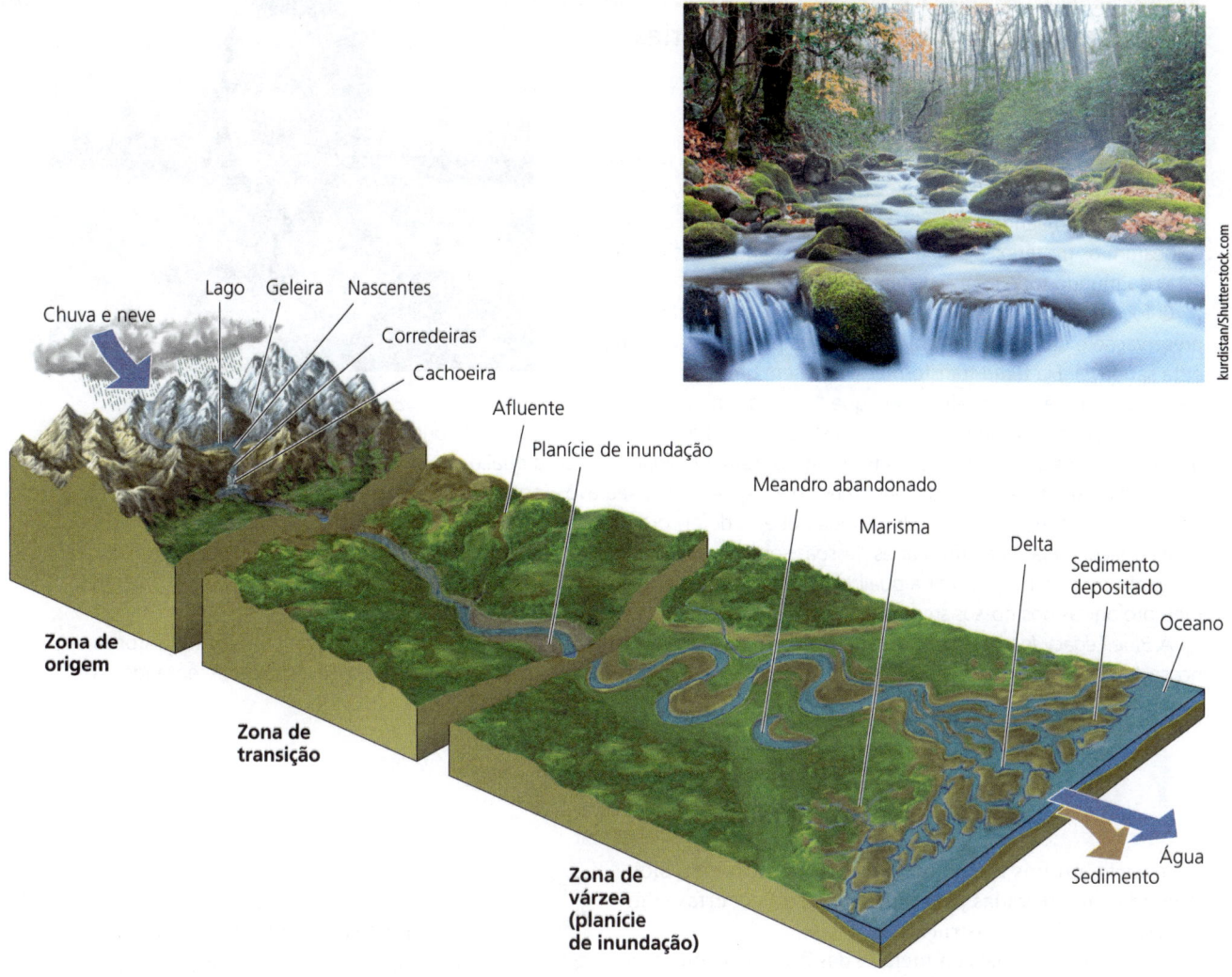

FIGURA 7.27 Três zonas no fluxo descendente da água: a zona de origem (veja a foto), zona de transição e zona de várzea (planície de inundação).

- manutenção da biodiversidade providenciando habitat para uma variedade de espécies;
- fornecimento de produtos valiosos, como peixes, crustáceos e moluscos, mirtilos, *cranberries*, arroz-selvagem e madeira;
- lazer para observadores de aves, fotógrafos de natureza, velejadores, pescadores e caçadores de aves aquáticas, em locais onde a caça é permitida.

As atividades humanas estão perturbando e degradando os sistemas de água doce

As atividades humanas estão perturbando e degradando muitos dos serviços ecossistêmicos e econômicos fornecidos por rios de água doce, lagos e zonas úmidas (**Conceito 7.4**) de quatro principais modos. *Primeiro*, as barragens e os canais restringem o fluxo de cerca de 40% dos 237 maiores rios do mundo. Isso altera e destrói os habitats naturais terrestres e aquáticos ao longo de rios e em seus deltas costeiros e estuários, reduzindo o fluxo de água e de sedimentos para os deltas dos rios.

Segundo, os diques de controle de inundações e aqueles construídos ao longo dos rios desconectam os rios de suas várzeas, destroem os habitats aquáticos e alteram ou reduzem as funções de áreas úmidas próximas.

Terceiro, as cidades e plantações adicionam poluentes e excesso de nutrientes vegetais nas proximidades de córregos, rios e lagos. Por exemplo, o escoamento de nutrientes em um lago (eutrofização cultural, Figura 7.26) causa explosões nas populações de algas e cianobactérias, que esgotam o oxigênio dissolvido do lago, e isso pode levar à morte de peixes e de outras espécies, reduzindo a sua biodiversidade.

PESSOAS QUE FAZEM A DIFERENÇA 7.2

Alexandra Cousteau, contadora de histórias ambientais e exploradora da National Geographic

Alexandra Cousteau tem orgulho de ser neta do capitão Jacques-Yves Cousteau e filha de Philippe Cousteau. O pai e o avô de Alexandra foram lendários exploradores do mundo submarino, e colocaram os mistérios e as maravilhas dos oceanos nas salas de estar do mundo todo com seus filmes e livros.

O foco do trabalho de Alexandra é defender a importância da preservação e da gestão sustentável da água para preservar um planeta saudável. Ela tenta transformar a água em uma das questões definidoras deste século, afirmando que "vivemos em um planeta formado por água, o que significa que estamos todos a jusante um do outro. De onde a água vem, para onde ela vai e a qualidade que ela apresenta são fatores intrinsecamente ligados à nossa qualidade de vida".

Ela está usando ferramentas nem mesmo imaginadas por seu avô – as das redes sociais e outras formas de comunicação por dispositivos móveis. Alexandra acredita que os defensores do meio ambiente podem usar essas novas ferramentas de mídia e tecnologia para informar as pessoas sobre como as ações delas afetam nossa água. Ela imagina, por exemplo, que chegará um dia em que saber a qualidade e a quantidade de água que temos será tão fácil quanto verificar as condições meteorológicas nos nossos smartphones.

A *Blue Legacy International*, organização sem fins lucrativos de Alexandra, explora a tecnologia para contar histórias do nosso "planeta água" e fornece filmes e recursos digitais para permitir que outros indivíduos investiguem e entendam os problemas da água.

© Bill Zelman

Quarto, muitas áreas interiores alagadiças têm sido drenadas ou aterradas para agricultura ou cobertas com concreto, asfalto e construções.

Estima-se que mais da metade das áreas continentais alagadiças que havia nos Estados Unidos durante os anos 1600 não exista mais (a maioria teria sido drenada para a agricultura). Essa perda de capital natural tem sido um fator importante no aumento de danos por inundações em partes dos Estados Unidos. Muitos outros países tiveram perdas similares. Por exemplo, 80% de todas as áreas alagadiças na Alemanha e França foram destruídas.

Muitos cientistas e outros indivíduos estão dedicando suas vidas para entender sistemas aquáticos e descobrir como podemos usá-los de modo mais sustentável (Pessoas que fazem a diferença 7.1).

GRANDES IDEIAS

- As diferenças de clima, baseadas principalmente nas diferenças de longo prazo de temperatura média e precipitação, em grande parte, determinam os tipos e locais de desertos, pradarias e florestas da Terra.

- Os sistemas aquáticos de água salgada e de água doce cobrem quase três quartos da superfície da Terra, e os oceanos dominam o planeta.

- Os sistemas terrestres e aquáticos da Terra fornecem importantes serviços ecossistêmicos e econômicos que estão sendo degradados e perturbados pelas atividades humanas.

Revisitando

Savana tropical africana e sustentabilidade

O **Estudo de caso principal** deste capítulo começou com perguntas sobre a diversidade de ecossistemas terrestres do planeta e como eles se formaram. Analisamos a diferença entre condições meteorológicas e clima. Também investigamos como o clima é um fator importante na formação e distribuição desses biomas – desertos, pradarias e florestas do mundo – bem como as formas de vida que habitam esses sistemas. Nos concentramos, em especial, na savana, um bioma de pradaria que está ameaçado pela expansão da população humana.

Discutimos, ainda, a influência do clima sobre a biodiversidade terrestre na formação de biomas e as formas de vida habitantes desses sistemas. Essas relações estão de acordo com os três **princípios científicos da sustentabilidade**. O sistema climático dinâmico da Terra ajuda a distribuir o calor da energia solar e a reciclar os nutrientes do planeta. Isso, por sua vez, ajuda a gerar e manter a biodiversidade encontrada nos vários biomas da Terra.

Por fim, analisamos zonas de vidas aquáticas e como as atividades humanas estão degradando os serviços ecossistêmicos e econômicos fundamentais fornecidos por sistemas aquáticos e terrestres. Os cientistas pedem que haja

muito mais pesquisas sobre os componentes e o funcionamento dos sistemas terrestres e aquáticos do mundo, sobre o modo como eles estão interconectados e sobre quais sistemas enfrentam maior risco de ruptura devido às atividades humanas.

Revisão do capítulo

Estudo de caso principal

1. Descreva a savana africana e explique por que ela é um exemplo de como as diferenças no clima levam à formação de diferentes tipos de ecossistemas.

Seção 7.1

2. Qual é o conceito-chave desta seção? Defina e diferencie **condições meteorológicas** e **clima**. Defina **correntes oceânicas**. Descreva os três principais fatores que determinam como o ar circula na atmosfera inferior. Explique como combinações variáveis de temperatura e precipitação, além da circulação global do ar e das correntes oceânicas, resultam na formação de vários tipos de florestas, pradarias e desertos.

3. Defina e dê três exemplos de **gases de efeito estufa**. O que é o **efeito estufa** e por que ele é importante para a vida e o clima da Terra? O que é o **efeito de sombra de chuva** e como ele pode causar a formação de desertos? Por que as cidades tendem a ter mais neblina e nevoeiros, temperaturas mais elevadas e ventos com menor velocidade do que a paisagem circundante?

Seção 7.2

4. Quais são os dois conceitos-chave desta seção? O que é um **bioma**? Explique por que existem três tipos de cada um dos principais biomas (desertos, pradarias e florestas). Explique por que os biomas não são uniformes. O que é um ecótono e **efeito de borda**?

5. Explique quais são as diferenças no clima e na vegetação dos três principais tipos de deserto. Por que os ecossistemas desérticos são vulneráveis a danos em longo prazo? Como as plantas e os animais dos desertos sobrevivem? Explique quais são as diferenças no clima e na vegetação dos três principais tipos de pradarias. O que é uma savana? Explique como os animais das savanas sobrevivem às variações na precipitação (**Estudo de caso principal**). Por que o elefante é um componente importante da savana africana? Descreva os esforços de Tuy Sereivathana para impedir a extinção dos elefantes no Camboja. Por que muitas das pradarias temperadas do mundo desapareceram? Descreva a tundra ártica e defina **permafrost**. Explique como os três principais tipos de floresta diferem em seu clima e vegetação. Por que a biodiversidade é tão elevada nas florestas tropicais? Por que a maioria dos solos das florestas

Clima e biodiversidade

tropicais úmidas armazena poucos nutrientes vegetais? Por que as florestas temperadas decíduas normalmente têm uma grossa camada de resíduos em decomposição? O que são coníferas costeiras ou florestas temperadas? Como a maioria das espécies de árvores coníferas perenes sobrevive aos frios invernos das florestas boreais? Quais são os papéis ecológicos importantes desempenhados pelas montanhas?

6. Qual é a porcentagem aproximada dos principais ecossistemas terrestres do mundo que está sendo degradada ou usada de modo não sustentável? Resuma a forma como as atividades humanas afetaram desertos, pradarias, florestas e montanhas do mundo.

Seção 7.3

7. Qual é o conceito-chave desta seção? Qual é a porcentagem da superfície da Terra coberta por águas oceânicas? O que é uma **zona de vida aquática**? Diferencie **zona de vida de água salgada (marinha)** e **zona de vida de água doce** e dê dois exemplos de cada. Cite quatro fatores que determinam os tipos e as quantidades de organismos encontrados nas camadas de zonas de vida aquática.

8. Quais são os maiores serviços ecossistêmicos e econômicos fornecidos pelos sistemas marinhos? Quais são as três maiores zonas de vida de um oceano? Defina **zona costeira** e diferencie **estuários** e **áreas úmidas costeiras**. Explique por que esses sistemas têm PPL elevada. Explique a importância econômica e ecológica de marismas, manguezais e leitos de algas marinhas. Explique como os recifes de coral são formados e como as mudanças climáticas e a acidificação dos oceanos estão ameaçando esses sistemas. Defina **mar aberto** e descreva suas três zonas principais. Cite cinco atividades humanas que mais ameaçam os sistemas marinhos e oito que ameaçam os recifes de coral.

Seção 7.4

9. Qual é o conceito-chave desta seção? Defina **água superficial**, **escoamento** e **bacias hidrográficas**. Quais são os principais serviços ecossistêmicos e econômicos fornecidos pelos sistemas de água doce? O que é um **lago**? Quais são as quatro zonas encontradas em lagos profundos? O que é **eutrofização**? Diferencie **lagos oligotróficos** e **lagos eutróficos**. O que é **eutrofização cultural**? Descreva as três zonas por onde passam os fluxos de água que saem de planaltos para regiões mais baixas. O que é um **delta**? Defina e dê três exemplos de **áreas interiores alagadiças** e relacione os serviços ecológicos e econômicos fornecidos por essas áreas úmidas. Cite quatro maneiras pelas quais as atividades humanas estão perturbando e degradando sistemas de água doce. Como Alexandra Cousteau está tentando conscientizar as pessoas sobre a importância dos sistemas aquáticos?

10. Quais são as *três grandes ideias* deste capítulo? Explique como os sistemas terrestres e aquáticos são exemplos vivos dos **princípios científicos da sustentabilidade** em ação.

Observação: os principais termos estão em negrito.

Raciocínio crítico

1. Por que a savana africana (**Estudo de caso principal**) é um bom exemplo dos três **princípios científicos da sustentabilidade** em ação? Dê um exemplo de como cada um desses princípios se aplica à savana africana e explique como eles estão sendo violados pelas atividades humanas que agora afetam esses sistemas.

2. Indique se cada um dos itens a seguir representa uma tendência provável de condições meteorológicas ou de clima: (a) um aumento no número de tempestades com trovões na sua região de um verão para o outro; (b) uma queda de 20% na profundidade do acúmulo de neve de uma montanha entre 1975 e 2017; (c) um aumento nas temperaturas médias do inverno em uma determinada região ao longo de uma década e (d) um aumento na temperatura global da Terra desde 1980.

3. Por que a maioria dos animais das florestas tropicais úmidas vive em árvores?

4. Como a distribuição de florestas, pradarias e desertos do mundo (mostrada na Figura 7.9) seria diferente se os ventos predominantes mostrados na Figura 7.4 não existissem?

5. Quais biomas são mais adequados para (a) cultivo agrícola e (b) criação de gado? Use os três **princípios científicos da sustentabilidade** para elaborar três diretrizes para cultivo agrícola e criação de gado mais sustentáveis nesses biomas.

6. Você é um advogado de defesa argumentando no tribunal para impedir que uma floresta tropical úmida seja derrubada. Dê os três melhores argumentos para defender esse ecossistema. Faça o mesmo para poupar um recife de coral ameaçado. Se você precisasse escolher entre proteger uma

floresta tropical úmida e um recife de coral, qual escolheria? Justifique sua resposta.
7. Por que a acidificação oceânica é considerada um problema ambiental grave? Se os níveis de acidez do oceano aumentassem drasticamente durante sua vida, como isso afetaria você pessoalmente? Você consegue pensar em maneiras pelas quais pode estar contribuindo para esse problema? O que poderia fazer para reduzir esse impacto?
8. Suponha que você tenha uma amiga dona de uma propriedade que inclui um pântano de água doce e ela lhe diga que pretende aterrar o pântano para abrir espaço para um jardim. O que você diria a essa amiga?

Fazendo ciência ambiental

Encontre um ecossistema natural perto da sua casa ou escola (pode ser um ecossistema terrestre, como uma floresta, ou um sistema aquático, como um lago ou uma área úmida). Estude esse ecossistema e faça uma descrição dele, incluindo a vegetação dominante e a vida animal que você conhece. Além disso, observe como as perturbações humanas mudaram esse sistema. Compare suas anotações com as de seus colegas de classe.

Análise de dados

Neste capítulo, você aprendeu como as variações em longo prazo de temperaturas médias e níveis de precipitação desempenham um papel importante na determinação dos tipos de desertos, florestas e pradarias encontrados em diferentes partes do mundo. Os gráficos a seguir mostram o clima anual típico de uma pradaria tropical (savana) na África (**Estudo de caso principal**) e uma pradaria temperada no meio oeste dos Estados Unidos.

1. Qual é o mês (ou meses) com mais precipitação em cada uma dessas áreas?
2. Quais são os meses mais secos em cada uma dessas áreas?
3. Qual é o mês mais frio da pradaria tropical?
4. Qual é o mês mais quente da pradaria temperada?

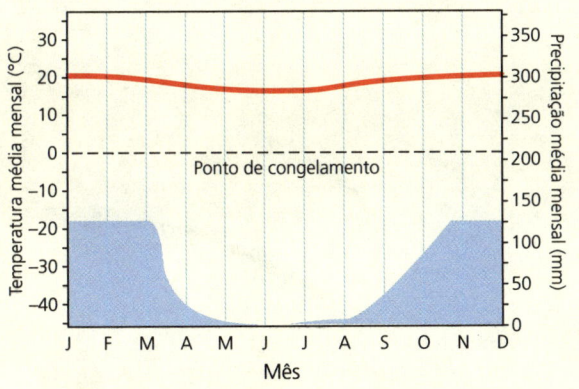

Pradaria tropical (savana)

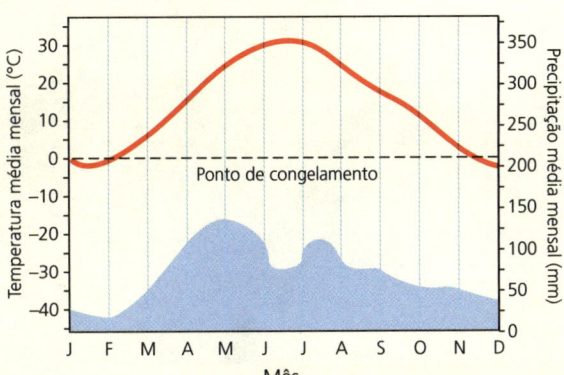

Pradaria temperada

Clima e biodiversidade

CAPÍTULO 8

Sustentando a biodiversidade: salvando as espécies

"O cúmulo da ignorância é uma pessoa perguntar a respeito de um animal ou uma planta: 'Isso é bom para quê?'. [...] Se o mecanismo da Terra como um todo é bom, então todas as partes dele são boas, quer entendamos seu funcionamento ou não."
ALDO LEOPOLD

Principais questões

8.1 Que papel os humanos desempenham na extinção das espécies e dos serviços ecossistêmicos?

8.2 Por que devemos tentar manter as espécies selvagens e os serviços ecossistêmicos fornecidos por elas?

8.3 Como os seres humanos aceleram a extinção das espécies e a degradação dos serviços ecossistêmicos?

8.4 Como podemos manter as espécies selvagens e os serviços ecossistêmicos fornecidos por elas?

Tigre-siberiano ameaçado.
Volodymyr Burdiak/Shutterstock.com

Estudo de caso principal

Para onde foram todas as abelhas europeias?

Nos prados, florestas, fazendas e jardins de todo o mundo, abelhas diligentes (Figura 8.1) voam de uma planta em flor para outra coletando néctar e pólen, que são levados de volta para a colmeia. Elas alimentam as abelhas mais novas com o pólen rico em proteínas, enquanto os insetos adultos comem o mel fabricado a partir do néctar coletado e armazenado na colmeia.

As abelhas nos fornecem um dos serviços ecossistêmicos mais importantes da natureza: a *polinização*. Esse processo envolve a transferência do pólen preso no corpo das abelhas, dos órgãos reprodutivos masculinos para os femininos da mesma flor ou entre flores diferentes. Essa fertilização permite que a flor produza frutos e sementes para gerar novas plantas. As abelhas polinizam muitas espécies vegetais e alguns dos nossos produtos agrícolas mais importantes, incluindo muitos vegetais, frutas e frutos secos, como amêndoas. As abelhas europeias polinizam cerca de 71% das plantações de frutas e vegetais que fornecem 90% dos alimentos do mundo e um terço do suprimento de alimentos dos Estados Unidos.

A natureza conta com o serviço de polinização gratuito da Terra prestado por uma diversidade de abelhas e outros polinizadores selvagens. Os fazendeiros que praticam a agricultura industrializada em grandes terrenos cultiváveis e pomares, por sua vez, contam principalmente com essa única espécie de abelha para polinizar suas colheitas. Muitos produtores dos Estados Unidos alugam abelhas europeias de apicultores comerciais, que transportam cerca de 2,7 milhões de colmeias para fazendas de todo o país para polinizar diferentes plantações.

No entanto, as populações de abelhas europeias estão em queda desde a década de 1980 em razão de uma variedade de fatores, como exposição a novos parasitas, vírus e doenças causadas por fungos. Na última década, uma nova ameaça surgiu. Um grande número de abelhas europeias dos Estados Unidos e de alguns países europeus começou a desaparecer de suas colônias, especialmente no inverno. Desde 2006, esse fenômeno, chamado **distúrbio do colapso das colônias (DCC)**, afetou de 23% a 43% das colônias de abelhas europeias dos Estados Unidos. Esse número está muito acima das taxas de mortalidade históricas de 10% a 15%. Os pesquisadores estão investigando causas e maneiras de reverter esse declínio das populações de abelhas europeias.

Muitos fazendeiros acreditam que precisamos do sistema industrializado de polinização das abelhas para cultivar alimentos suficientes. Porém, ecólogos consideram essa grande dependência de uma única espécie de abelhas uma violação potencialmente perigosa do **princípio de sustentabilidade** da biodiversidade da Terra. Eles alertam que essa dependência pode colocar o fornecimento de alimentos em risco se as populações de abelhas europeias continuarem diminuindo. Se isso acontecer, o preço dos alimentos vai aumentar. Os ecólogos pedem mais confiança nos serviços de polinização gratuitos de colheitas oferecidos por uma série de espécies de abelhas e outros polinizadores selvagens.

A crise das abelhas é um caso clássico de como o declínio de uma espécie pode ameaçar serviços ecossistêmicos e econômicos vitais. Os cientistas preveem que, durante este século, as atividades humanas, especialmente aquelas que contribuem para a perda de habitat e as mudanças climáticas, devem desempenhar um papel importante na extinção das espécies de plantas e animais do mundo, em níveis que variam de um quarto até a metade delas. Muitos cientistas veem essa ameaça como um dos problemas ambientais e econômicos mais graves e duradouros que enfrentamos. Neste capítulo, discutiremos as causas desse problema e possíveis formas de lidar com ele. ●

FIGURA 8.1 Abelha europeia coletando néctar em uma flor.

8.1 QUE PAPEL OS SERES HUMANOS DESEMPENHAM NA EXTINÇÃO DAS ESPÉCIES E DOS SERVIÇOS ECOSSISTÊMICOS?

CONCEITO 8.1 As espécies estão entrando em extinção pelo menos mil vezes mais rápido do que a taxa histórica e, até o fim deste século, há uma expectativa de que a taxa de extinção seja dez mil vezes mais alta.

As extinções são naturais, mas, às vezes, aumentam bruscamente

Quando uma espécie não é mais encontrada em nenhum lugar da Terra, isso significa que ela sofreu **extinção biológica**. A extinção é um processo natural e ocorreu em uma velocidade lenta durante a maior parte da história da Terra. Essa velocidade natural é conhecida como **taxa de extinção normal**. Os cientistas estimam que essa taxa corresponde normalmente a uma perda de cerca de uma espécie por ano a cada 1 milhão de espécies vivas da Terra. Se a Terra tivesse 10 milhões de espécies, isso resultaria dez extinções naturais por ano.

No entanto, nem sempre a extinção ocorre em uma velocidade constante. A extinção de muitas espécies em período relativamente curto de tempo geológico é chamada **extinção em massa**. Os registros geológicos e outros indicam que a Terra já passou por cinco extinções em massa, quando de 50% a 90% das espécies presentes na época foram extintas (Figura 4.11) ao longo de milhares de anos.

As causas das extinções em massa do passado não são bem compreendidas, mas provavelmente incluíam mudanças globais nas condições ambientais, por exemplo, aquecimento ou resfriamento global prolongado e significativo, grandes mudanças nos níveis do mar e na acidez das águas oceânicas e catástrofes, como erupções vulcânicas em grande escala e grandes asteroides ou cometas atingindo o planeta.

Evidências científicas indicam que, após cada uma das extinções em massa, a biodiversidade geral da Terra retornou, com o tempo, a níveis iguais ou mais elevados (Figura 4.11). No entanto, cada recuperação levou vários milhões de anos.

As evidências científicas indicam, ainda, que as taxas de extinção aumentaram quando a população humana cresceu, espalhou-se pela maior parte do globo e criou grandes e crescentes pegadas ecológicas (Figura 1.9). Nas palavras do especialista em biodiversidade Edward O. Wilson (ver Pessoas que fazem a diferença 4.1), "o mundo natural está desaparecendo diante dos nossos olhos em todos os lugares – cortado em pedaços, ceifado, arado, devorado e substituído por artefatos humanos".

Os cientistas estimam que a taxa de extinção anual atual é pelo menos mil vezes a taxa de extinção natural normal (**Conceito 8.1**). Supondo que existam 10 milhões de espécies na Terra, isso significa que hoje estamos perdendo cerca de 10 mil espécies por ano.

Pesquisadores da biodiversidade projetam que, durante este século, a taxa de extinção provavelmente aumente para até 10 mil vezes a taxa normal, em especial devido à perda e degradação de habitat, mudanças climáticas, acidificação oceânica e outros efeitos das atividades humanas prejudiciais para o meio ambiente (**Conceito 8.1**). Nessa velocidade, se houvesse 10 milhões de espécies na Terra, poderíamos esperar que cerca de 100 mil delas desaparecessem todos os anos. No fim deste século, a maioria dos grandes felinos carnívoros, como guepardos, tigres (ver foto de abertura do capítulo) e leões, provavelmente só existirá em zoológicos e pequenos santuários de vida selvagem. A maioria dos elefantes, rinocerontes, gorilas, chimpanzés e orangotangos também desapareceria da selva.

Por que isso é importante? De acordo com pesquisadores de biodiversidade, como Edward O. Wilson e Stuart Pimm, com essa taxa de extinção, estima-se que de 20% a 50% das praticamente 2 milhões de espécies identificadas de animais e vegetais possam desaparecer da selva até o fim deste século, junto com milhões de espécies não identificadas e alguns dos serviços ecossistêmicos do mundo. Se essas estimativas estiverem corretas (ver Foco na ciência 8.1), a Terra estará entrando em sua *sexta extinção em massa*, causada principalmente por atividades humanas. Diferente das extinções em massa anteriores, é provável que grande parte dela ocorra ao longo da vida humana, em vez de durante milhares de anos (Figura 4.11). Os cientistas da conservação enxergam essa possível perda massiva de biodiversidade e serviços ecossistêmicos dentro do período de uma vida humana como um dos nossos quatro problemas ambientais mais importantes e duradouros. À medida que as extinções aumentam, a biodiversidade do planeta que mantém a vida alcançará um ponto de virada que faz o ecossistema entrar em colapso, gerando ainda mais extinções em um ciclo desenfreado ou de retroalimentação positiva.

20%–50% Porcentagem de espécies conhecidas da terra que podem desaparecer neste século, principalmente em razão de atividades humanas

Wilson, Pimm e outros especialistas em extinção consideram uma taxa de extinção projetada de 10 mil vezes a taxa de extinção normal como baixa por dois motivos. *Primeiro*, a taxa de extinção e as ameaças resultantes aos serviços ecossistêmicos provavelmente aumentem drasticamente nos próximos 50 a 100 anos por causa dos impactos ambientais prejudiciais do crescimento rápido da população humana e do uso de recursos *per capita* cada vez maior.

Segundo, estamos eliminando, fragmentando ou degradando muitos ambientes biologicamente diversos – incluindo florestas tropicais, recifes de coral, áreas úmidas e

FOCO NA CIÊNCIA 8.1

Estimativas de taxas de extinção

Os cientistas que estimam as taxas de extinção passadas e projetam novas taxas para o futuro enfrentam três problemas. *Primeiro*, como a extinção natural de uma espécie leva muito tempo, é difícil documentá-la. *Segundo*, os cientistas identificaram apenas cerca de 2 milhões das 7 a 10 milhões (ou talvez até 100 milhões) de espécies estimadas no mundo. *Terceiro*, os cientistas sabem pouco sobre a função ecológica da maioria das espécies já identificadas.

Uma abordagem para estimar as futuras taxas de extinção é estudar os registros que documentam as taxas de extinção de mamíferos e aves facilmente observáveis que já foram extintos. A maior parte dessas extinções ocorreu desde que os seres humanos começaram a dominar o planeta, há cerca de 10 mil anos. Essas informações podem ser comparadas com registros de fósseis de extinções que ocorreram antes desse período.

Outra abordagem é observar como a redução do tamanho do hábitat afeta as taxas de extinção. A *relação espécies e área*, estudada por Edward O. Wilson (ver Pessoas que fazem a diferença 4.1) e Robert Mac-Arthur, sugere que, em média, uma perda de 90% do terreno do hábitat em determinada área pode causar a extinção de cerca de 50% das espécies que vivem nela. Assim, podemos basear as estimativas de taxa de extinção nas taxas de destruição e degradação de habitats, que estão aumentando em todo o mundo.

Os cientistas também usam modelos matemáticos para estimar o risco de uma espécie em particular se tornar ameaçada ou extinta em um determinado período, executando-os em computadores. Esses modelos incluem fatores como tendências no tamanho da população, alterações anteriores e projetadas na disponibilidade do hábitat, interações com outras espécies e fatores genéticos.

Os pesquisadores estão se esforçando para conseguir dados com maior qualidade e em maior quantidade. Além disso, eles buscam aprimorar os modelos usados para fazer melhores estimativas das taxas de extinção e prever os efeitos dessas extinções sobre serviços ecossistêmicos vitais, como a polinização (**Estudo de caso principal**). Esses cientistas afirmam que a necessidade de ter dados e modelos melhores não deve atrasar nossas ações para evitar apressar as extinções decorrentes de atividades humanas e as perdas de serviços ecossistêmicos associadas a elas.

RACIOCÍNIO CRÍTICO

O fato de as taxas de extinção serem apenas estimadas torna-as não confiáveis? Por quê?

---

estuários – que servem como polos para o possível surgimento de novas espécies. Assim, além de aumentar bastante a taxa de extinção, podemos estar limitando a recuperação de longo prazo da biodiversidade ao eliminar os locais em que novas espécies podem se desenvolver. Em outras palavras, também estamos criando uma *crise de especiação*.

Philip Levin, Donald Levin e outros biólogos alertam que, embora nossas atividades provavelmente reduzam as taxas de especiação e os tamanhos populacionais de algumas espécies, elas podem aumentar esses mesmos fatores para outras espécies com reprodução rápida, por exemplo, ervas daninhas, ratos e insetos como baratas. As populações dessas espécies em rápida expansão podem reduzir as populações de várias outras espécies, acelerando ainda mais a extinção delas e ameaçando serviços ecossistêmicos importantes.

Espécies em perigo e ameaçadas são sinais de fumaça de um problema ecológico

Os biólogos classificam as espécies em vias de extinção biológica como *em perigo* ou *ameaçadas*. Uma **espécie em perigo** tem tão poucos sobreviventes que poderá em breve ser extinta. Uma **espécie ameaçada** ainda tem indivíduos o suficiente para sobreviver em curto prazo, mas, em razão dos números decrescentes, ela pode se tornar uma espécie em perigo num futuro próximo. Algumas espécies têm características que aumentam as chances de extinção (Figura 8.2).

A União Internacional para Conservação da Natureza (International Union for Conservation of Nature – IUCN) monitora o *status* das espécies do mundo há 50 anos e publica anualmente uma "Lista vermelha", que identifica espécies em perigo grave, em perigo ou ameaçadas de extinção. Entre 1996 e 2016, o número total de espécies nessas categorias aumentou 96%. A Figura 8.3 mostra 4 das aproximadamente 23 mil espécies da Lista vermelha de 2016. O número real de espécies com problemas provavelmente é muito maior. Como disse o especialista em biodiversidade Edward O. Wilson, "as primeiras espécies animais a entrar em extinção são as grandes, as lentas, as apetitosas e aquelas com partes valiosas, como presas e peles".

8.2 POR QUE DEVEMOS TENTAR MANTER AS ESPÉCIES SELVAGENS E OS SERVIÇOS ECOSSISTÊMICOS FORNECIDOS POR ELAS?

CONCEITO 8.2 Devemos evitar acelerar a extinção das espécies selvagens por causa dos serviços ecossistêmicos e econômicos fornecidos por elas, porque pode levar milhões de anos para que a natureza se recupere de extinções em grande escala e porque muitas pessoas acreditam que as espécies têm o direito de existir, independentemente de sua utilidade para nós.

As espécies são partes vitais do capital natural da Terra

De acordo com o *World Wildlife Fund* (WWF), atualmente há apenas 61 mil orangotangos (Figura 8.4) em ambiente natural. A maioria deles vive entre as árvores nas densas florestas tropicais de Bornéu, a maior ilha da Ásia.

Esses animais altamente inteligentes estão desaparecendo a uma taxa de mais de mil a dois mil por ano. Um dos principais motivos é que grande parte do habitat de floresta tropical desses animais está sendo desmatada para cultivar palmeiras, que são fonte de óleo de palma. Esse óleo vegetal é usado em diversos produtos, como biscoitos e cosméticos, além da produção de biodiesel para veículos automotivos. Outro motivo para o declínio dos orangotangos é o contrabando – um orangotango vivo é vendido por milhares de dólares no mercado clandestino. Por causa da sua baixa taxa de natalidade, os orangotangos têm dificuldades em aumentar seu número. Sem medidas protetivas urgentes, o orangotango em perigo de extinção pode desaparecer do seu ambiente natural nas próximas duas décadas.

Os orangotangos são considerados espécies-chave nos ecossistemas em que vivem. A dispersão de sementes de frutas e vegetais ao longo do seu habitat nas florestas tropicais úmidas é um importante serviço ecossistêmico. Se os orangotangos desaparecerem, muitas plantas das florestas tropicais úmidas podem deixar de existir, e os outros animais que as consomem podem ficar ameaçados.

Devemos nos importar com o fato de os orangotangos – ou qualquer outra espécie – poderem desaparecer da selva principalmente em decorrência de atividades humanas? Novas espécies eventualmente evoluem para substituir aquelas que desapareceram por extinção em massa. Então, por que nos importar se estamos acelerando a taxa de extinção nos próximos cinquenta ou cem anos? De acordo com os biólogos, há quatro principais motivos que justificam todos os nossos esforços para evitar que as atividades humanas provoquem ou acelerem a extinção de outras espécies.

Característica	Exemplos
Baixa taxa de reprodução (estratégia-K)	Baleia-azul, panda-gigante, rinocerontes
Nicho especializado	Baleia-azul, panda-gigante, gavião-caramujeiro
Distribuição estreita	Elefante-marinho, peixe-do-deserto
Alimenta-se em nível trófico alto	Tigre-de-bengala, águia-careca, urso-pardo
Padrões migratórios fixos	Baleia-azul, grou-americano, tartaruga-marinha
Raro	Violeta-africana, algumas orquídeas
Comercialmente valioso	Leopardo-das-neves, tigre, elefante, rinoceronte, plantas e aves raras
Grandes territórios	Condor-da-Califórnia, urso-pardo, pantera-da-Flórida

FIGURA 8.2 Este diagrama mostra algumas características que podem colocar as espécies em grande perigo de extinção.

(a) Lobo-cinza-mexicano: aproximadamente 97 nas florestas do Arizona e Novo México

(b) Condor-da-Califórnia: 410 no sudoeste dos Estados Unidos (eram 9 em 1986)

(c) Grou-americano: 442 na América do Norte

(d) Tigre-de-sumatra: menos de 400 em Sumatra, uma ilha da Indonésia

FIGURA 8.3 Capital natural em perigo: Essas quatro espécies criticamente em perigo estão ameaçadas de extinção, sobretudo por causa das atividades humanas. O número abaixo de cada foto indica o total estimado de indivíduos dessas espécies que restam em ambiente natural.

FIGURA 8.4 Degradação do capital natural: Estes orangotangos ameaçados dependem de um habitat de floresta tropical que está desaparecendo rapidamente em Bornéu. **Raciocínio crítico:** Que diferença fará se as atividades humanas apressarem a extinção do orangotango?

Seatraveler/Dreamstime.com

Primeiro, muitas pessoas acreditam que espécies selvagens, como os orangotangos, têm o direito de existir, independentemente de sua utilidade para nós (**Conceito 8.2**).

Segundo, as espécies do mundo fornecem *serviços ecossistêmicos* (ver Figura 1.3) que ajudam a nos manter vivos e a sustentar nossas economias (**Conceito 8.2**).

Terceiro, muitas espécies contribuem para os *serviços econômicos* dos quais dependemos (**Conceito 8.2**). Várias espécies vegetais fornecem valor econômico como fontes de alimento, combustível, madeira, papel e medicamento (Figura 8.5).

Por exemplo, *bioprospectores* percorrem florestas tropicais e outros ecossistemas para encontrar plantas e animais que os cientistas possam usar para fabricar medicamentos – um exemplo de *aprendizado com a natureza*. De acordo com um relatório da Universidade das Nações Unidas, 62% de todos os medicamentos contra o câncer foram derivados de descobertas de bioprospectores. Menos de 0,5% das espécies vegetais conhecidas do mundo foram estudadas em relação às suas propriedades medicinais. **CARREIRA VERDE: Bioprospecção.**

> **PARA REFLETIR**
> **APRENDENDO COM A NATUREZA**
> O cientista Richard Wrangham está identificando compostos medicinais úteis para os seres humanos a partir da observação das plantas que os chimpanzés comem para se curar quando estão doentes.

Outro benefício econômico da preservação das espécies e seus habitats é a receita do *ecoturismo*. Esse setor em rápida expansão é especializado em viagens responsáveis do ponto de vista ecológico para áreas naturais e gera mais de US$1 milhão por minuto em despesas turísticas em todo o mundo. O biólogo da conservação Michael Soulé estima que um leão macho, que vive até os 7 anos, gera cerca de US$ 515 mil por meio do ecoturismo no Quênia, mas apenas US$ 10 mil se for morto para extração de sua pele.

O *quarto* grande motivo para não acelerar as extinções com nossas atividades é que levaria entre 5 e 10 milhões de anos para que a especiação natural substituísse as espécies que possivelmente perderemos neste século.

Ciência ambiental

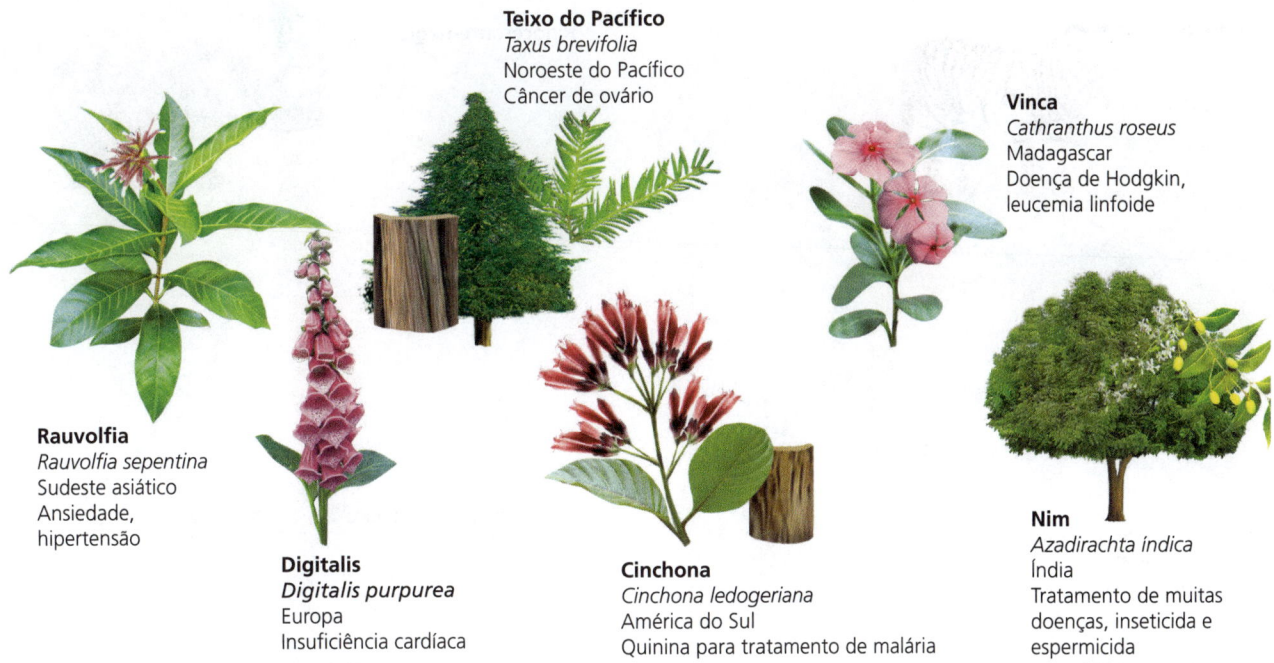

FIGURA 8.5 Capital natural: Estas espécies vegetais são exemplos da *farmácia da natureza*. Após a identificação dos ingredientes ativos das plantas, os cientistas normalmente conseguem produzi-los de maneira sintética. Os ingredientes ativos de nove dos dez medicamentos mais prescritos são provenientes de organismos selvagens.

8.3 COMO OS SERES HUMANOS ACELERAM A EXTINÇÃO DAS ESPÉCIES E A DEGRADAÇÃO DOS SERVIÇOS ECOSSISTÊMICOS?

CONCEITO 8.3 As maiores ameaças às espécies e aos serviços ecossistêmicos são perda ou degradação de habitat, espécies nocivas invasivas, crescimento da população humana, poluição, mudança climática e superexploração.

A destruição dos habitats é a maior ameaça: lembre-se do HIPPCO

Para resumir as principais causas diretas da extinção das espécies e das ameaças aos serviços ecossistêmicos, os pesquisadores de biodiversidade utilizam o acrônimo **HIPPCO**: destruição, degradação e fragmentação do habitat (*Habitat destruction, degradation and fragmentation*); espécies invasoras, ou seja, não nativas (*Invasive – nonnative*); crescimento populacional e o resultante aumento do uso de recursos (*Population growth and increasing use of resources*); poluição (*Pollution*); mudanças climáticas (*Climate change*); e superexploração (*Overexploitation*) (**Conceito 8.3**).

De acordo com os pesquisadores de biodiversidade, as maiores ameaças às espécies selvagens são perda (Figura 8.6), degradação e fragmentação do habitat. Especificamente, o desmatamento em regiões tropicais (ver Figura 3.1) é a maior ameaça às espécies e aos serviços ecossistêmicos fornecidos por elas. Outras grandes ameaças ao habitat são destruição e degradação de zonas úmidas costeiras e recifes de coral (Foco na ciência 7.4), aragem de pradarias para plantação (ver Figura 7.12) e poluição de riachos, lagos e oceanos.

As espécies insulares – muitas delas não encontradas em nenhum outro lugar – são especialmente vulneráveis à extinção quando seus habitats são destruídos, degradados ou fragmentados; quando isso ocorre, elas não têm nenhum outro lugar para onde ir. É por isso que o arquipélago que forma o estado do Havaí é a "capital da extinção" dos Estados Unidos – com 63% de suas espécies em risco.

A **fragmentação de hábitat** ocorre quando uma grande e intacta área de habitat, como uma floresta ou pradaria natural, é dividida em pedaços menores e isolados, ou *ilhas de habitat* (Figura 8.7), normalmente por estradas, operações de extração de madeira, lavouras e desenvolvimento urbano. A fragmentação pode dividir as populações das espécies em grupos pequenos e cada vez mais isolados, que se tornam vulneráveis a predadores, espécies concorrentes, doenças e eventos catastróficos, como tempestades e incêndios. Além disso, essa fragmentação de habitat cria barreiras que limitam a capacidade de algumas espécies de se dispersar e colonizar áreas, obter alimentos adequados e encontrar parceiros.

Espécies não nativas benéficas e prejudiciais

A introdução de muitas espécies não nativas foi benéfica nos Estados Unidos. De acordo com um estudo do ecólogo David Pimentel, as espécies não nativas, como milho, trigo,

Sustentando a biodiversidade: salvando as espécies

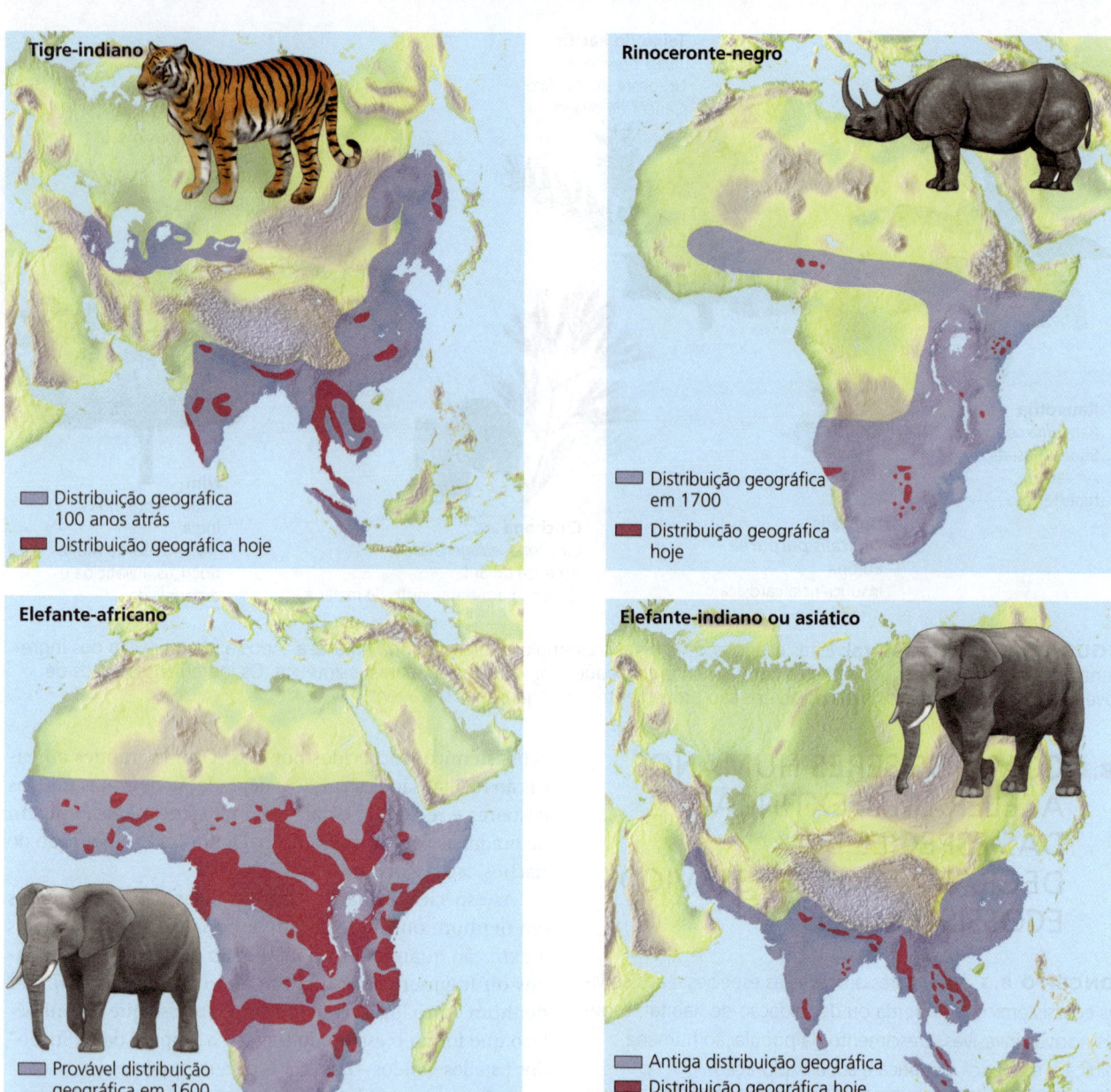

FIGURA 8.6 Degradação do capital natural: Estes mapas revelam as reduções nas distribuições geográficas de quatro espécies de vida selvagem, principalmente como resultado da grave perda e fragmentação do habitat e caça ilegal de algumas partes valiosas de seus corpos. *Raciocínio crítico:* Você apoiaria a ampliação dessas faixas mesmo se isso reduzisse o território disponível para a habitação e agricultura humanas? Explique.

Informações compiladas pelos autores usando dados da International Union for Conservation of Nature e World Wildlife Fund.

arroz e outras culturas alimentares, bem como algumas espécies de gado, aves domésticas e outros animais, fornecem mais de 98% do alimento dos Estados Unidos. De igual forma, as espécies de árvores não nativas são cultivadas em quase 85% das plantações de árvores do mundo. Nos anos 1600, colonizadores ingleses levaram colmeias (**Estudo de caso principal**) europeias altamente benéficas para fornecer mel para a América do Norte. Hoje, essas abelhas polinizam um terço das safras cultivadas nos Estados Unidos.

Um problema pode ocorrer quando uma espécie introduzida não enfrenta predadores naturais, competidores, parasitas, vírus, bactérias ou fungos que controlavam suas populações em seu habitat nativo. Isso pode permitir que tais espécies não nativas superem as populações de muitas espécies nativas na busca por comida, atrapalhem os serviços ecossistêmicos, transmitam doenças e causem perdas econômicas. As espécies não nativas são consideradas *espécies invasoras* prejudiciais. A propagação dessas espécies nos ecossistemas é a segunda maior causa de extinção e perda de serviços ecossistêmicos (**Conceito 8.3**).

A Figura 8.8 mostra algumas das 7.100 ou mais espécies invasoras que, depois de serem deliberadamente

FIGURA 8.7 A fragmentação das paisagens reduz a biodiversidade ao eliminar ou reduzir pradarias e habitat de vida selvagem da floresta e degradar serviços ecossistêmicos.

Espécies introduzidas deliberadamente

Lírio-roxo | Abelha-africana | Kudzu | Ratão-do-banhado | Javali-selvagem europeu (porco-selvagem)

Espécies introduzidas acidentalmente

Lampreia marinha (ligada à truta-de-lago) | Formiga-de-fogo | Píton birmanesa | Cupins-de-Formosa | Mexilhão-zebra

FIGURA 8.8 Essas são algumas das cerca de 7.100 espécies invasivas nocivas que foram deliberada ou acidentalmente introduzidas nos Estados Unidos.

Sustentando a biodiversidade: salvando as espécies

ou acidentalmente introduzidas nos Estados Unidos, causaram prejuízos ecológicos e econômicos. De acordo com o Serviço de Pesca e Vida Selvagem dos Estados Unidos (U. S. Fish and Wildlife Service – USFWS), cerca de 42% das espécies listadas como em perigo de extinção nos Estados Unidos e 95% daquelas no estado do Havaí (Estados Unidos) estão na lista em razão de ameaças de espécies invasoras.

Na década de 1930, a formiga-de-fogo argentina, extremamente agressiva (Figura 8.8), foi acidentalmente introduzida nos Estados Unidos, provavelmente em cargas marítimas de lenha ou café importados da América do Sul. Sem predadores naturais no sul dos Estados Unidos, elas se espalharam rapidamente pela terra e pela água, pois conseguem flutuar. Também invadiram outros países, como China, Taiwan, Malásia e Austrália.

Quando essas formigas invadem uma área, elas podem devastar aproximadamente 90% das populações nativas de formigas, que prestam importantes serviços ecossistêmicos, como enriquecimento do solo superficial, dispersão de sementes vegetais e controle de espécies de pragas, como moscas, percevejos e baratas. Pise em montículo dessas formigas-de-fogo e mais de 100 mil formigas poderão marchar de seus formigueiros e atacá-lo com ferroadas que doem e queimam. Essas formigas já chegaram a matar filhotes de cervo, aves que fazem ninhos no solo, filhotes de tartarugas marinhas, bezerros recém-nascidos, animais de estimação e, pelo menos, 80 pessoas alérgicas ao seu veneno.

Nas décadas de 1950 e 1960, extensas aplicações de pesticidas reduziram por um tempo as populações de formigas-de-fogo, mas essa prática acabou por reduzir também populações de muitas espécies de formigas nativas. O uso generalizado desses produtos químicos ainda permitiu que elas desenvolvessem resistência genética a pesticidas pela seleção natural. A introdução de uma espécie de pequenas moscas parasitas demonstrou sucesso ao controlar populações de formigas-de-fogo, mas ainda é preciso conduzir mais pesquisas para entender os impactos de longo prazo dessa solução biológica.

A cobra píton birmanesa é um exemplo do que pode acontecer quando espécies não nativas escapam ou são liberadas na selva e se tornam invasoras. Muitas dessas cobras são importadas da Ásia para serem vendidas como animais de estimação, mas depois que alguns compradores constataram que esses répteis não são bons animais de estimação, eles as abandonaram nos alagadiços de Everglades.

A píton birmanesa (Figura 8.9) pode viver de 20 a 25 anos, chegando a até 5 metros e 77 quilos, tão grande quanto um poste telefônico. Essas cobras têm um enorme apetite e agarram as presas com seus dentes afiados, enrolando-se nelas e apertando-as até a morte antes de comê-las. Elas se alimentam à noite e comem uma variedade de aves e mamíferos, como coelhos, raposas, guaxinins e cariacus. Ocasionalmente, as pítons comem outros répteis, inclusive filhotes de jacaré-americano, uma espécie-chave do ecossistema dos Everglades (ver Capítulo 4, Estudo de caso). As pítons também são conhecidas por comer gatos e cães de estimação, pequenos animais de fazendas e gansos. Pesquisas indicam que a predação por essas cobras está alterando as complexas redes alimentares e os serviços ecossistêmicos da região.

De acordo com cientistas da vida selvagem, a população de pítons birmanesas nas áreas pantanosas da Flórida não pode ser controlada. É difícil encontrar, matar ou capturar esses animais, que se reproduzem rapidamente. Prender e transportar as cobras de uma região para outra não funcionou, porque esses animais conseguem voltar para as regiões de onde foram capturados. Outra preocupação é que a píton birmanesa pode se espalhar para outros pantanais do sul dos Estados Unidos.

Algumas espécies invasoras, como o *kudzu* (Figura 8.8), foram introduzidas deliberadamente nos ecossistemas. Na década de 1930, essa planta foi importada do Japão e cultivada no sudeste dos Estados Unidos para controlar a erosão do solo.

O kudzu controla a erosão, mas cresce tão rapidamente que pode engolir encostas, jardins, árvores, margens de rios, carros (Figura 8.10) e qualquer outra coisa que estiver no caminho. Mesmo desenterrando ou queimando essas plantas, elas continuam se espalhando. Elas podem crescer no sol ou na sombra e são muito difíceis de matar, mesmo com herbicidas que podem contaminar o fornecimento de água. Essa planta, algumas vezes chamada de "a vinha que comeu o Sul", se espalhou por grande parte do sudeste dos Estados Unidos. À medida que o clima esquenta, ela poderá se espalhar para o norte.

Espécies invasoras também afetam os sistemas aquáticos e são culpadas por cerca de dois terços de toda a extinção de peixes conhecidos nos Estados Unidos desde 1990. Os Grandes Lagos da América do Norte foram invadidos por pelo menos 180 espécies não nativas, e o número continua aumentando. Uma das maiores ameaças é a lampreia-marinha assassina de peixes (veja Figura 5.5), que exterminou algumas populações importantes de peixes dos Grandes Lagos, como a truta-do-lago.

Outro invasor aquático é um minimolusco chamado mexilhão-zebra (Figura 8.8), que se reproduz rapidamente e não tem inimigos naturais nos Grandes Lagos. O *mexilhão-zebra* deslocou outras espécies de mexilhões e esgotou o fornecimento de alimentos para algumas espécies nativas, e também causou grandes prejuízos financeiros ao entupir tubulações de irrigação, desligar encanamentos de água para usinas de energia e abastecimento de água da cidade, atolar lemes de navios e crescer em enormes massas em cascos de barcos, cais, rochas e em quase toda a superfície aquática exposta. Os mexilhões-zebra se propagaram em diversos rios e, em 2016, a presença deles foi relatada em pelo menos 24 estados dos Estados Unidos.

Controle de espécies invasoras

Uma vez que as espécies nocivas exóticas se estabelecem em um ecossistema, a remoção delas é quase impossível.

FIGURA 8.9 Pesquisadores da Universidade da Flórida segurando uma píton birmanesa de 4,6 metros de comprimento e 74 quilos capturada no Parque Nacional de Everglades pouco depois de ter comido um jacaré-americano de 1,8 metro. *Raciocínio crítico:* O que aconteceria se permitíssemos que as pítons dominassem esse ecossistema e aceitássemos as mudanças decorrentes desse fenômeno? Haveria algum problema? Justifique sua resposta.

Dan Callister/Alamy Stock Photo

Os estadunidenses gastam mais de US$ 160 bilhões por ano para erradicar ou controlar um número cada vez maior de espécies invasoras, sem muito sucesso. Portanto, a melhor maneira de limitar os impactos prejudiciais das espécies não nativas é evitar que elas sejam introduzidas nos ecossistemas.

Os cientistas sugerem diversas formas de fazer isso, entre elas:
- Aumentar o número de pesquisas para identificar as características dos invasores que tiveram sucesso, os tipos de ecossistemas que são vulneráveis a invasores e os predadores naturais, parasitas, bactérias e vírus que podem ser utilizados para controlar as populações dos invasores estabelecidos.
- Ampliar as pesquisas de campo e as observações por satélite para rastrear espécies de plantas e animais invasores e desenvolver modelos melhores para prever como elas se disseminarão e que efeitos nocivos podem ter.
- Identificar as principais espécies invasoras nocivas e estabelecer tratados internacionais proibindo sua transferência de um país para outro, como é feito agora para espécies em perigo de extinção e, ao mesmo tempo, intensificar a inspeção de bens importados para fazer cumprir essas proibições.
- Educar a população sobre os efeitos de liberar plantas e animais de estimação exóticos no ambiente.

A Figura 8.11 mostra algumas das ações que podem ser feitas para evitar ou desacelerar a disseminação das espécies invasoras nocivas.

US$ 2,7 milhões
Custo global estimado por minuto dos danos causados por espécies invasoras.

Sustentando a biodiversidade: salvando as espécies

FIGURA 8.10 O kudzu cresceu em volta deste carro no estado da Geórgia nos Estados Unidos.

> **O que você pode fazer?**
>
> **Controle das espécies invasoras**
>
> - Não comprar animais ou plantas selvagens nem removê-los de suas áreas naturais
> - Não soltar animais de estimação selvagens em áreas naturais
> - Não despejar o conteúdo de um aquário ou isca de pesca não utilizada em dutos de água ou bueiros
> - Ao acampar, usar somente madeira encontrada no local
> - Escovar ou limpar cães de estimação, botas de caminhada, bicicletas, canoas, barcos, motores, equipamentos de pesca e outros utensílios antes de entrar ou sair de áreas selvagens

FIGURA 8.11 Pessoas que fazem a diferença: Algumas formas de evitar ou desacelerar a disseminação de espécies invasoras nocivas. **Raciocínio crítico:** Cite duas dessas ações que você considera mais importantes e justifique sua resposta. Quais dessas ações você planeja tomar?

Crescimento populacional, uso de recursos, poluição e mudanças climáticas contribuem para a extinção de espécies

O *crescimento da população humana* passado e o projetado (Figura 1.12) e as taxas crescentes de *uso de recursos por pessoa* ampliaram drasticamente a pegada ecológica humana (ver Figura 1.9). As pessoas eliminaram, degradaram e fragmentaram grandes áreas de habitat de vida selvagem à medida que se espalhavam pelo planeta e usavam cada vez mais recursos. Isso causou a extinção de muitas espécies (**Conceito 8.3**).

A poluição do ar, da água e do solo decorrente de atividades humanas também ameaça algumas espécies de extinção. De acordo com o Serviço de Pesca e Vida Selvagem dos Estados Unidos, a cada ano os pesticidas matam cerca de um quinto das colônias de abelhas europeias que polinizam quase um terço das lavouras agrícolas do país (**Estudo de caso principal** e Foco na ciência 8.2). Estima-se que os pesticidas também matem mais de 67 milhões de aves e de 6 a 14 milhões de peixes todos os anos e ameacem cerca de 20% das espécies em risco de extinção do país.

Durante as décadas de 1950 e 1960, populações de aves que se alimentam de peixes, como a águia-pescadora, o pelicano-marrom e a águia-careca, foram reduzidas drasticamente devido ao uso generalizado de um pesticida para matar mosquitos chamado DDT. Um produto químico derivado do DDT permanecia concentrado no ambiente e era absorvido, acumulando-se nos tecidos dos organismos – um processo chamado **bioacumulação**. Esse produto químico ficava mais concentrado à medida que subia pelas cadeias e redes alimentares, em um processo conhecido como **biomagnificação** (Figura 8.12). Ele tornou as cascas dos ovos dessas aves predatórias tão frágeis, que elas não conseguiam se reproduzir. Populações de outras aves predatórias também tiveram uma redução acentuada, como o falcão da pradaria, o gavião-da-europa e o falcão peregrino, que ajudavam a

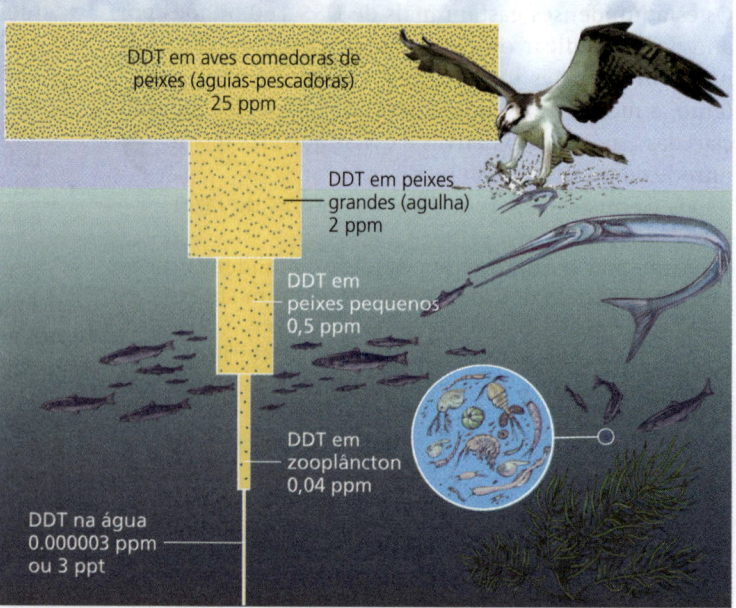

FIGURA 8.12 *Bioacúmulo* e *biomagnificação*: O DDT é um produto químico solúvel em gordura que pode se acumular nos tecidos adiposos dos animais. Em uma teia ou cadeia alimentar, o DDT acumulado é ampliado biologicamente nos corpos dos animais de cada nível trófico mais alto, como nessa cadeia alimentar do estado de Nova York (Estados Unidos) ilustrada aqui. **Raciocínio crítico:** Como essas informações demonstram a importância de se prevenir a poluição?

FIGURA 8.13 No gelo flutuante do mar Ártico, esse urso polar matou uma foca, uma de suas principais fontes de alimento. *Raciocínio crítico:* Você acha que faz diferença o fato de o urso polar poder ser extinto na natureza durante este século, principalmente devido às atividades humanas? Justifique sua resposta.

Vladimir Seliverstov/Dreamstime.com

controlar populações de coelhos e esquilos. Desde que os Estados Unidos proibiram o DDT, em 1972, a maioria dessas espécies de aves retornou – um exemplo da eficácia da prevenção da poluição.

De acordo com a Conservation International, o fracasso em reduzir drasticamente as emissões de gases de efeito estufa pode ajudar a levar de um quarto à metade de todos os animais e plantas terrestres à extinção até o fim deste século. Estudos científicos indicam, por exemplo, que o urso polar está ameaçado porque as altas temperaturas estão derretendo o gelo marinho de seu habitat no Ártico. A redução desse gelo flutuante torna mais difícil para os ursos polares encontrarem focas, sua presa favorita (Figura 8.13). De acordo com a IUCN e o Departamento Geológico dos Estados Unidos (U.S. Geological Survey), a população de ursos polares do Ártico provavelmente terá uma queda de 30% a 35% até 2050 em razão da perda de habitat e de presas.

A matança, a captura e a venda ilegal de espécies selvagens ameaçam a biodiversidade

Algumas espécies protegidas são mortas ilegalmente por causa de suas partes valiosas ou são vendidas vivas para colecionadores. O crime organizado passou para o contrabando de partes ou de membros vivos de espécies valiosas de animais selvagens por causa dos enormes lucros envolvidos. Poucos contrabandistas são presos ou punidos.

Para caçadores ilegais e membros do crime organizado, matar espécies gravemente ameaçadas, como o gorila-das-montanhas, que tem cerca de 880 exemplares na natureza, ou o panda-gigante, com 1.864 indivíduos restantes na natureza na China em 2016, para extrair sua valiosa pele é extremamente lucrativo. Quatro das cinco espécies de rinocerontes vivas estão gravemente ameaçadas, em especial porque muitos foram mortos ilegalmente por caçadores em busca de seus chifres valiosos (Figura 8.14).

A caça ilegal de elefantes, especialmente elefantes-africanos (Figura 7.A), para a extração de suas valiosas presas de marfim aumentou nos últimos anos, apesar da proibição internacional do comércio de marfim. A China tem o maior mercado ilegal de marfim, seguida pelos Estados Unidos. Segundo o WildAid, os elefantes estão sendo mortos a uma taxa de 30 mil por ano.

Desde 1900, o número de tigres selvagens do mundo caiu 99%, especialmente devido à perda de habitat (Figura 8.6) e caça ilegal. Mais da metade dos 3.890 tigres selvagens restantes no mundo estão na Índia, que faz mais esforços do que os outros países para protegê-los, com o estabelecimento de reservas.

FOCO NA CIÊNCIA 8.1

Extinção das abelhas: buscando as causas

Ao longo dos últimos 50 anos, a população de abelhas europeias dos Estados Unidos caiu pela metade. Desde que o distúrbio do colapso das colônias (DCC) surgiu, em 2006 (**Estudo de caso principal**), apicultores comerciais dos Estados Unidos têm perdido uma média de 23% a 43% de suas colmeias todos os anos. Pesquisas científicas revelaram vários possíveis motivos para esse declínio, como parasitas, vírus, inseticidas, estresse e dieta.

Parasitas, como o ácaro *Varroa destructor*, alimentam-se do sangue de abelhas adultas e de suas larvas, enfraquecendo o sistema imunológico dos insetos e encurtando suas vidas. Esse ácaro já matou milhões de abelhas desde sua primeira aparição nos Estados Unidos, em 1987, provavelmente entre as abelhas importadas da América do Sul.

Vários *vírus* são conhecidos por afetar a sobrevivência das abelhas europeias no inverno. Um exemplo é o vírus da mancha anular do fumo, que pode infectar abelhas que se alimentam de pólen que contenha o vírus. Acredita-se que esse vírus ataca o sistema nervoso das abelhas. Ele também foi detectado nos ácaros varroa, que podem ajudar a espalhá-lo quando se alimentam das abelhas.

Quando as abelhas procuram néctar, ficam expostas a *inseticidas* jogados nas plantações e podem carregar esses produtos químicos de volta para as colmeias. Algumas pesquisas indicam que os inseticidas mais usados, chamados *neonicotinóides*, podem contribuir para o DCC ao abalar o sistema nervoso das abelhas e reduzir a capacidade de elas encontrarem o caminho de volta para a colmeia. Esses produtos químicos também podem afetar o sistema imunológico das abelhas, tornando-as vulneráveis aos efeitos prejudiciais de outras ameaças.

O *estresse* das abelhas que são transportadas ao longo dos Estados Unidos (Figura 8.A) também pode ser um fator importante. Abelhas com excesso de trabalho e estresse por serem movimentadas pelo país podem ter o sistema imunológico enfraquecido e se tornar mais vulneráveis à morte decorrente de parasitas, vírus, fungos e inseticidas.

Outro fator é a *dieta*. Nos ecossistemas naturais, as abelhas coletam néctar e pólen de uma variedade de plantas com flores. No entanto, as abelhas que trabalham na indústria alimentam-se basicamente do pólen ou do néctar de uma plantação ou de um pequeno número de plantações, que podem não ter os nutrientes de que elas necessitam. No inverno, as abelhas das colmeias cuja maior parte do mel foi removido para venda são alimentadas com açúcar ou xarope de milho com alto teor de frutose, que fornece as calorias, mas não as proteínas necessárias para manter a boa saúde.

O crescente consenso entre os pesquisadores de abelhas é que o declínio das populações de abelhas europeias e o DCC ocorreram devido a uma combinação desses fatores. As mortes anuais de abelhas aumentam os custos para os apicultores e os fazendeiros que usam seus serviços e podem colocar muitos deles fora do mercado se o problema persistir, o que pode levar a uma alta no preço dos alimentos.

RACIOCÍNIO CRÍTICO

Você consegue imaginar alguma alternativa para os apicultores comerciais reduzirem alguma(s) das ameaças descritas aqui? Explique.

FIGURA 8.A Caixas de colmeias de abelhas europeias em um jardim de acácias. Todos os anos, apicultores comerciais alugam e entregam milhões de colmeias de caminhão para fazendeiros dos Estados Unidos.

PARA REFLETIR

CONEXÕES Drones, elefantes e caçadores ilegais

Pesquisadores estão usando pequenos drones com câmeras conectadas a smartphones para acompanhar e monitorar espécies selvagens em perigo de extinção, como elefantes e rinocerontes na África, tigres no Nepal e orangotangos na Sumatra. Drones com câmeras infravermelhas conseguem encontrar caçadores ilegais à noite, expondo a localização deles aos guardas florestais, além de detê-los com luzes estroboscópicas.

O tigre-indiano, ou tigre-de-bengala, está em risco porque sua pele pode ser usada para fazer casacos caros. Os ossos e o pênis de um único tigre podem valer milhares de dólares no mercado clandestino. Segundo o WWF, sem medidas de emergência para diminuir a caça ilegal e preservar o habitat dos tigres, poucos desses animais, se houver algum, serão encontrados na natureza em 2022, inclusive o tigre-de-sumatra (Figura 8.3d).

FIGURA 8.14 Esse rinoceronte-branco, espécie gravemente ameaçada, foi morto de maneira ilegal na África do Sul por um caçador que extraiu seus dois chifres. Hoje, essa espécie está extinta na natureza. ***Raciocínio crítico:*** O que você diria se pudesse falar com o caçador que matou esse animal?

Avalon/Photoshot License/Alamy Stock Photo

Nos últimos cem anos, o número de guepardos, o animal terrestre mais rápido do mundo, caiu de cerca de 100 mil para 7.100, principalmente devido à perda de habitat e à caça ilegal para extração de pele.

Em todo o mundo, o comércio legal e ilegal de espécies selvagens para criação como animais de estimação é um negócio grande e altamente lucrativo. No entanto, muitos proprietários de animais selvagens não sabem que, para cada animal vivo capturado e vendido nos mercados legais e ilegais, muitos outros são mortos ou acabam morrendo durante o transporte. De acordo com a IUCN, mais de 60 espécies de aves, em sua maioria papagaios, estão em risco ou ameaçadas de extinção devido ao comércio de aves selvagens (ver Estudo de caso a seguir).

Talvez os compradores de animais selvagens para criação também não saibam que alguns animais exóticos importados carregam doenças, como hantavírus, ebola, gripe aviária, herpes tipo B (presente na maioria dos macacos adultos) e salmonela (de animais como hamsters, tartarugas e iguanas). Essas doenças podem ser transmitidas facilmente dos animais para seus donos e depois para outras pessoas.

Outras espécies selvagens cujas populações foram esgotadas devido ao comércio de animais de estimação incluem muitos anfíbios (ver **Estudo de caso principal** do Capítulo 4) répteis e peixes tropicais capturados principalmente de recifes de coral da Indonésia e das Filipinas. Alguns mergulhadores capturam peixes tropicais usando garrafas plásticas de cianeto venenoso para deixá-los atordoados. Para cada peixe capturado vivo, muitos outros morrem. Além disso, a solução de cianeto mata os pólipos, que são os pequenos animais que criam os recifes.

> **PARA REFLETIR**
> **PENSANDO SOBRE** Tigres
> Você se importaria se todos os tigres selvagens do mundo desaparecessem? Justifique sua resposta. Cite duas ações que poderiam ajudar a proteger da extinção os tigres selvagens que ainda existem no planeta.

Sustentando a biodiversidade: salvando as espécies

Algumas plantas exóticas, especialmente orquídeas e cactos (ver Figura 7.10, centro) estão em perigo porque são removidas e vendidas, em geral ilegalmente, por milhares de dólares para decorar casas, escritórios e jardins de colecionadores. De acordo com o Serviço de Pesca e Vida Selvagem dos Estados Unidos, colecionadores de aves exóticas chegam a pagar milhares de dólares por uma arara-azul ameaçada de extinção (Figura 8.15) contrabandeada do Brasil (Pessoas que fazem a diferença 8.1). No entanto, estima-se que, durante seu ciclo de vida, uma arara-azul deixada na floresta possa atrair US$ 165 mil em rendimentos do ecoturismo.

O aumento da demanda por carne de animais silvestres ameaça algumas espécies africanas

Durante séculos, povos nativos de grande parte da África Central e Ocidental caçaram de forma sustentável animais silvestres para utilizar a *carne de caça* como alimento. Nas últimas três décadas, a caça de animais silvestres para consumo disparou em determinadas regiões. Alguns caçadores tentam fornecer alimentos para populações que crescem rapidamente, enquanto outros ganham a vida vendendo carne de gorilas (Figura 8.16) e de outras espécies para restaurantes de grandes cidades. Estradas para extração de madeira em florestas antes inacessíveis tornaram essa caça muito mais fácil.

A busca crescente pela carne de caça levou pelo menos uma espécie – o macaco-colobo-vermelho-de-Miss-Waldron – à completa extinção. É também um

FIGURA 8.15 Muitas espécies de animais silvestres, como essa arara-azul em risco de extinção do Mato Grosso, Brasil, são fontes de beleza e satisfação. A perda de habitat e a captura ilegal por vendedores de animais ameaça essa espécie.

PESSOAS QUE FAZEM A DIFERENÇA 8.1

Juliana Machado Ferreira, bióloga da conservação e exploradora da National Geographic

No Brasil, todos os anos, caçadores removem de maneira ilegal 38 milhões de animais selvagens de seus habitats. Alguns desses animais ficam no país e outros acabam nos Estados Unidos, na Europa e em outras partes do mundo. Juliana Machado Ferreira é uma bióloga da conservação com ph.D. em genética que luta contra a remoção ilegal da vida selvagem de seu país natal, o Brasil.

Ela fundou a Freeland Brasil para ajudar a combater esse comércio ilegal altamente lucrativo. Muitos habitantes do Brasil criam papagaios, araras, pássaros canoros, macacos e outros animais selvagens como bichos de estimação e acreditam que essa seja uma tradição cultural inofensiva. A organização fundada por Juliana educa o público acerca dos efeitos ecológicos prejudiciais da remoção de aves e outras espécies da natureza para entretenimento das pessoas que os capturam.

Juliana usou seu conhecimento em genética para desenvolver marcadores moleculares que ajudam a identificar a origem de aves ilegais recuperadas pela polícia, permitindo assim que elas possam ser devolvidas para as regiões em que viviam. A profissional também está tentando convencer o governo brasileiro a aprovar e aplicar leis rígidas contra o tráfico ilegal de animais selvagens.

Em 2014, foi selecionada como exploradora da National Geographic. Quando questionada sobre o que as pessoas podem fazer para ajudar a salvar espécies selvagens, ela responde: "Não considerem animais selvagens como animais de estimação".

fator na redução de algumas populações de orangotangos (Figura 8.4), gorilas, chimpanzés, elefantes e hipopótamos. Outro problema é que abater e comer algumas formas de carne silvestre tem ajudado a espalhar doenças fatais, como o HIV e o vírus Ebola de animais para humanos.

Com o propósito de reduzir a caça não sustentável de carne silvestre em algumas áreas da África, a Agência dos Estados Unidos para o Desenvolvimento Internacional (U. S. Agency for International Development – Usaid) tem introduzido fontes alternativas de alimento, como o peixe de viveiro. A Usaid também tem ensinado os aldeões a criar grandes roedores, como o rato-da-cana, para utilizá-los como alimento.

FIGURA 8.16 A *carne de animais silvestres*, como essa cabeça de gorila-ocidental-das-terras-baixas, espécie ameaçada de extinção, no Congo, é consumida como fonte de proteína por moradores de partes da África ocidental e central. Ela é vendida em mercados nacionais e internacionais e servida em alguns restaurantes em que clientes ricos consideram a carne de gorila como um sinal de *status* e poder. **Raciocínio crítico:** Isso é diferente de matar uma vaca para consumir sua carne? Explique.

Avalon/Photoshot License/Alamy Stock Photo

ESTUDO DE CASO
Uma mensagem perturbadora das aves

Aproximadamente 70% das mais de 10 mil espécies de aves conhecidas do mundo estão diminuindo em número. Grande parte dessas reduções está relacionada às atividades humanas, resumidas pela sigla HIPPCO. De acordo com a Lista Vermelha de Espécies Ameaçadas da IUCN de 2014, uma em cada oito (13%) de todas as espécies de aves está ameaçada de extinção, em especial por *perda, degradação e fragmentação de habitat* (o H de HIPPCO), principalmente nas florestas tropicais.

Segundo o estudo *"State of the Birds"* de 2014, quase um terço das mais de 800 espécies de aves dos Estados Unidos está em risco de extinção (Figura 8.3b e c), ameaçada ou em declínio, na maioria dos casos por perda e degradação do habitat. Houve grandes declínios nas populações de espécies de pássaros canoros que migram por longas distâncias. Essas aves fazem ninhos em áreas profundas das florestas da América do Norte no verão e passam o inverno na América Central, na América do Sul ou em ilhas do Caribe. Pesquisas indicam que as principais causas da queda populacional eram perda e fragmentação dos habitat de reprodução dessas aves na América do Norte, América Central e América do Sul.

A segunda maior ameaça às aves é a introdução intencional ou acidental de espécies não nativas que se tornam *espécies invasoras*, o que afeta aproximadamente 28% das aves ameaçadas do mundo. Essas espécies invasoras (o I de HIPPCO) incluem a cobra-arbórea-marrom e os mangustos. Nos Estados Unidos, gatos selvagens e domésticos matam pelo menos 1,4 bilhão de aves por ano, de acordo com um estudo conduzido por Peter Mara, do Smithsonian Conservation Biology Institute.

O *crescimento populacional*, primeiro P de HIPPCO, também ameaça algumas espécies de aves, à medida que mais pessoas se espalham no ambiente todos os anos e aumentam o uso de madeira, alimentos e outros recursos, resultando perturbações ou destruição dos habitats das aves. Segundo o especialista em aves Daniel Klem Jr., cerca de 600 milhões de aves morrem anualmente após colisões com janelas nos Estados Unidos e no Canadá.

A *poluição*, o segundo P de HIPPCO, também ameaça as aves. Inúmeras delas são expostas a vazamentos de petróleo, inseticidas e herbicidas.

Outra ameaça crescente às aves são as *mudanças climáticas*, o C de HIPPCO. Um estudo realizado pelo WWF revelou que os efeitos das mudanças climáticas, como

Sustentando a biodiversidade: salvando as espécies

PESSOAS QUE FAZEM A DIFERENÇA 8.2

Çağan Hakkı Sekercioğlu, protetor de aves e explorador emergente da National Geographic

Çağan Hakkı Sekercioğlu é especialista em aves e biologia tropical, reconhecido fotógrafo da vida selvagem e explorador da National Geographic. Ele já viu mais de 64% das espécies de aves conhecidas do planeta, em mais de 75 países, desenvolveu um banco de dados global sobre ecologia das aves e se tornou um especialista nas causas e consequências da extinção de aves ao redor do mundo.

Recentemente, ele concentrou suas pesquisas no monitoramento dos efeitos da perda de habitat sobre as aves das florestas e regiões agrícolas da Costa Rica, além dos efeitos das mudanças climáticas nas aves. O pesquisador percebeu que as mudanças climáticas estão levando as aves para elevações mais altas em cadeias montanhosas.

Sekercioğlu também se esforça para reduzir ameaças às aves e a outras formas de vida selvagem na Turquia, sua terra natal. Em 2007, fundou a KuzeyDoğa, uma organização premiada de pesquisa ecológica e preservação baseada na comunidade, que se dedica à conservação e proteção da vida selvagem no nordeste da Turquia. Ele também desenvolveu um plano para o primeiro corredor selvagem protegido do país. Em 2011, foi nomeado Cientista do Ano da Turquia.

Com base em suas amplas pesquisas, Sekercioğlu estima que a porcentagem de espécies de aves conhecidas do mundo que estão ameaçadas pode chegar perto de dobrar, de 13% em 2013 para 25% até o fim deste século. Ele afirma: "Meu maior objetivo é evitar as extinções e os consequentes colapsos de processos ecossistêmicos críticos, garantindo que as comunidades humanas se beneficiem da conservação tanto quanto a vida selvagem que elas ajudam a preservar [...] Não vejo a conservação como uma luta de pessoas contra a natureza, e sim como uma colaboração".

---

ondas de calor mais intensas e inundações, estão causando diminuições na população de algumas aves em todas as partes do mundo. Estimativas preveem que essas perdas vão aumentar drasticamente durante este século.

A *exploração excessiva* (o O de HIPPCO) também é uma grande ameaça às populações de aves. Das 338 espécies de papagaio do mundo (Figura 8.15), 52 estão ameaçadas, em parte porque muitos papagaios são capturados, em geral ilegalmente, para serem vendidos como animais de estimação para compradores da Europa e dos Estados Unidos, por exemplo.

Cientistas da biodiversidade veem esse declínio das espécies de aves com preocupação. Um dos motivos é que as aves são excelentes *espécies indicadoras* porque vivem em todos os climas e biomas, respondem rápido a mudanças ambientais em seus habitats e são relativamente fáceis de monitorar e contar. Para esses cientistas, a redução de muitas espécies de aves indica degradação ambiental generalizada.

O segundo motivo de preocupação é que as aves realizam serviços econômicos e ecossistêmicos importantes em todo o mundo. Por exemplo, muitas aves têm funções especializadas na polinização livre e na dispersão de sementes, especialmente em áreas tropicais; a extinção dessas espécies pode causar a extinção de plantas que dependem delas para a polinização e, consequentemente, de alguns animais especializados que dependem delas para se alimentar. Essa *cascata de extinções*, por sua vez, pode afetar o fornecimento de alimentos para os seres humanos. Os cientistas da biodiversidade (Pessoas que fazem a diferença 8.2) insistem para que as pessoas ouçam com mais atenção o que as aves estão dizendo sobre o estado do meio ambiente, para o bem das aves, assim como para o nosso.

8.4 COMO PODEMOS MANTER AS ESPÉCIES SELVAGENS E OS SERVIÇOS ECOSSISTÊMICOS FORNECIDOS POR ELAS?

CONCEITO 8.4 Podemos reduzir a extinção das espécies e manter serviços ecossistêmicos estabelecendo e aplicando leis ambientais nacionais e tratados internacionais, e criando e protegendo santuários de vida selvagem.

Tratados e leis podem ajudar a proteger espécies

Alguns governos estão trabalhando para reduzir a extinção das espécies e manter serviços ecossistêmicos (ver Estudo de caso a seguir) estabelecendo e aplicando tratados e convenções internacionais, bem como leis ambientais nacionais (**Conceito 8.4**).

Um importante acordo internacional é a *Convenção sobre Comércio Internacional das Espécies em Perigo (Convention on International Trade in Endangered Species* – Cites) de 1975. Esse tratado, assinado por 181 países, proíbe a caça, a captura e a venda de espécies ameaçadas e em perigo. Ele lista 931 espécies em perigo de extinção e que não podem ser comercializadas como espécimes vivos ou suas partes usadas como produtos. Esse tratado também restringe o comércio internacional de aproximadamente 5.600 espécies de animais e de 30 mil espécies de plantas que estão em risco de se tornar ameaçadas.

A Cites ajudou a reduzir o comércio internacional de muitos animais ameaçados, como elefantes, crocodilos, guepardos e chimpanzés. O tratado também aumentou a conscientização pública sobre o comércio e a caça ilegais de animais selvagens.

Entretanto, os efeitos desse tratado são limitados, uma vez que a aplicação varia de país para país, e os transgressores condenados pagam apenas pequenas multas. Além disso, os países-membros podem se eximir de proteger qualquer uma das espécies na lista. E mais: grande parte do comércio ilegal altamente lucrativo de animais silvestres e produtos feitos com eles ocorre em países que não assinaram o tratado.

Outro tratado internacional importante é a *Convenção sobre Diversidade Biológica* (*Convention on Biological Diversity* – CBD), ratificada por 196 países. Essa convenção compromete legalmente os governos participantes a reduzir a taxa global de perda da biodiversidade e compartilhar os benefícios do uso dos recursos genéticos do mundo e, também, busca evitar ou controlar a disseminação das espécies invasoras ecologicamente nocivas.

A CBD é um marco nas leis internacionais, pois foca nos ecossistemas, e não nas espécies individuais. No entanto, em razão de alguns dos principais países, como os Estados Unidos até 2016, não terem ratificado a CBD, sua implementação tem sido lenta. A lei também não tem punições severas ou outros mecanismos para garantir seu cumprimento.

ESTUDO DE CASO

A Lei das Espécies Ameaçadas de Extinção dos Estados Unidos

A **Lei das Espécies Ameaçadas de Extinção** (*Endangered Species Act* – ESA) dos Estados Unidos foi promulgada em 1973 e atualizada diversas vezes. Essa lei foi criada para identificar e proteger as espécies em risco de extinção nos Estados Unidos e no exterior (**Conceito 8.4**). A ESA cria programas de recuperação para as espécies listadas e tem o objetivo de ajudar as populações de espécies protegidas a se recuperarem até níveis em que a proteção legal não seja mais necessária. Quando isso acontece, a espécie pode ser removida da lista.

Sob a ESA, o Serviço Nacional de Pesca Marinha (National Marine Fisheries Service – NMFS) é responsável por identificar e listar as espécies ameaçadas e em perigo no oceano, enquanto o USFWS identifica e lista todas as outras espécies ameaçadas e em perigo. Qualquer decisão dessas agências a respeito de adicionar ou remover uma espécie da lista deve se basear apenas em fatores biológicos, ignorando os econômicos ou políticos. No entanto, ambas as agências podem considerar os fatores econômicos ao decidirem se e como proteger um habitat em perigo ao desenvolverem planos de recuperação para as espécies que constam na lista. A ESA proíbe agências federais (exceto o Departamento de Defesa) de realizar, financiar ou autorizar projetos que coloquem em risco uma espécie ameaçada de extinção ou que destruam ou modifiquem seu habitat fundamental. A lei também torna ilegal para os estadunidenses a venda ou compra de qualquer produto feito com espécies em risco ou ameaçadas de extinção, além de caçar, matar, coletar ou ferir essas espécies nos Estados Unidos.

As violações cometidas em terras privadas estão sujeitas a multas de até US$ 100 mil e um ano de prisão, que pode ser imposto para assegurar a proteção dos habitats das espécies em perigo, embora isso raramente seja feito. Essa parte da lei tem sido controversa, pois pelo menos 90% das espécies listadas vivem em território particular. Desde 1982, no entanto, a ESA tem sido atualizada para dar aos proprietários de terras incentivos econômicos para ajudá-los a salvar as espécies em risco que vivem nessas propriedades.

A ESA exige que todos os envios comerciais de animais silvestres e produtos derivados entrem ou saiam dos Estados Unidos por meio de um dos 17 aeroportos e portos designados. Os 120 inspetores do USFWS que trabalham em tempo integral podem inspecionar apenas uma pequena fração dos mais de 200 milhões de animais selvagens trazidos legalmente para os Estados Unidos anualmente. Todos os anos, dezenas de milhões de animais selvagens são trazidos também ilegalmente, mas alguns embarques são confiscados. Muitos infratores, porém, não são processados, e os condenados geralmente pagam apenas uma pequena multa.

Entre 1973 e março de 2017, o número de espécies estadunidenses em listas oficiais de espécies em perigo e ameaçadas cresceu de 92 para 1.652, com 70% das espécies listadas apresentando planos de recuperação ativos. De acordo com um estudo da Nature Conservancy, quase 33% das espécies do país estão em risco de extinção e 15%, em alto risco – muito mais que o número oficial listado de espécies ameaçadas ou em perigo.

Desde 1995, a ESA tem sido alvo de inúmeros esforços para enfraquecê-la e reduzir o seu já escasso orçamento anual. Os oponentes da lei afirmam que ela coloca os direitos e o bem-estar de plantas e animais ameaçados acima dos das pessoas. Alguns críticos acabariam com essa lei, pois acreditam que ela é uma falha muito cara, já que somente 30 espécies se recuperaram o suficiente para serem removidas da lista até janeiro de 2017.

A maioria dos biólogos, no entanto, considera essa lei como uma das leis ambientais mais bem-sucedidas do mundo, por diversos motivos. *Primeiro*, as espécies só são listadas quando enfrentam sério perigo de extinção. Os defensores da ESA argumentam que esse sistema é parecido com o pronto-socorro de um hospital preparado para atender apenas os casos mais graves, em geral com poucas esperanças de recuperação. Não se pode esperar que esse tipo de instalação salve todos, ou mesmo a maioria de seus pacientes.

Segundo, de acordo com dados federais, as condições de mais da metade das espécies listadas são estáveis ou de melhoria, 90% delas estão se recuperando conforme as taxas especificadas pelos planos e 99% ainda estão sobrevivendo. Um pronto-socorro de hospital com resultados semelhantes seria considerado uma história impressionante de sucesso.

Terceiro, são necessárias muitas décadas para que uma espécie alcance o ponto em que está em perigo de extinção. Portanto, também são necessárias várias décadas para que uma espécie chegue ao ponto em que possa ser removida dessa lista.

Quarto, o pequeno orçamento federal para a proteção de espécies ameaçadas se manteve estável ou em queda nos últimos anos. Para os defensores da ESA, é incrível que as agências federais responsáveis por aplicar a lei tenham conseguido estabilizar ou melhorar as condições de 99% das espécies listadas com um orçamento tão baixo.

Uma pesquisa nacional conduzida pelo CBD revelou que dois em cada três estadunidenses querem que a ESA seja reforçada ou mantida. No entanto, alguns membros do Congresso continuam se esforçando para enfraquecer ou abolir essa lei.

Um estudo da Academia Nacional de Ciências dos Estados Unidos recomendou três grandes mudanças na lei para deixá-la cientificamente mais segura e eficaz:

- Aumentar drasticamente os recursos para a implementação da lei.
- Colocar mais ênfase no desenvolvimento de planos de recuperação rápidos.
- Quando uma espécie é listada pela primeira vez, definir o núcleo de seu habitat como fundamental para a sobrevivência e oferecer proteção máxima a essa área.

Refúgios para a vida selvagem e outras áreas protegidas

Em 1903, o presidente Theodore Roosevelt (Figura 1.16) estabeleceu o primeiro refúgio silvestre federal dos Estados Unidos na Ilha Pelicano, na Flórida, para ajudar a proteger aves como o pelicano-marrom (Figura 8.17) da extinção. Em 2009, o pelicano-marrom foi removido da Lista de Espécies Ameaçadas dos Estados Unidos graças à proteção precoce de Roosevelt. Em 2016, havia 560 refúgios no National Wildlife Refuge System. A cada ano, mais de 47 milhões de estadunidenses visitam esses refúgios para caçar, pescar, caminhar e observar aves e outros animais silvestres.

Mais de três quartos dos refúgios servem como santuários vitais de áreas úmidas para proteger as aves aquáticas migratórias. Pelo menos um quarto das espécies em perigo e ameaçadas nos Estados Unidos tem habitat no sistema de refúgio, e alguns deles foram reservados para atender espécies ameaçadas específicas (**Conceito 8.4**). Essas áreas ajudaram o veado-de-cauda-branca, o pelicano-marrom e o cisne-trombeteiro a se recuperar.

Apesar de seus benefícios, atividades consideradas prejudiciais às espécies silvestres, como mineração, extração de petróleo e uso de veículos *off-road*, ocorrem em quase 60% dos refúgios para a vida selvagem do país, segundo um estudo do General Accounting Office.

Os pesquisadores da biodiversidade pedem ao governo estadunidense que reserve mais refúgios e aumente o orçamento insuficiente para esse sistema.

Bancos de sementes e jardins botânicos

Estudos recentes indicam que entre 60 mil e 100 mil espécies de plantas do mundo – cerca de um quarto das espécies conhecidas – estão em risco de extinção. *Os bancos de sementes* são ambientes de armazenamento refrigerados e com baixa umidade, usados para preservar as sementes de espécies de plantas ameaçadas ou não. Os mais de 1.400 bancos de sementes no mundo todo armazenam juntos cerca de 3 milhões de amostras.

Os bancos de sementes variam em qualidade, são caros para operar e difíceis de ser protegidos contra destruição por fogo e outros acidentes. No entanto, espera-se que o Svalbard Global Seed Vault, uma instalação subterrânea localizada em uma ilha remota, no Ártico, resista a desastres naturais ou causados por seres humanos. Essa instalação poderá armazenar sementes de 2 milhões de espécies vegetais do mundo. Além disso, algumas espécies não podem ser armazenadas em bancos de sementes.

Os 1.600 *jardins botânicos* do mundo contêm plantas vivas que representam quase um terço das espécies de plantas conhecidas. No entanto, eles contêm apenas cerca de 3% das espécies raras e ameaçadas do mundo e têm muito pouco espaço e recursos financeiros para preservar a maioria dessas espécies.

Zoológicos, aquários e fazendas de vida selvagem

Zoológicos, aquários, parques de observação ou safáris fotográficos (antigos safáris) e centros de pesquisa animal estão sendo utilizados para preservar alguns indivíduos de espécies animais gravemente ameaçadas. O objetivo de longo prazo é a reintrodução de tais espécies em habitats naturais protegidos.

Há duas técnicas cujo propósito é preservar as espécies terrestres em perigo: coleta de ovos e reprodução em cativeiro. A *coleta de ovos* consiste em recolher os ovos selvagens postos por espécies de aves criticamente ameaçadas de extinção e, depois, incubá-los em zoológicos ou centros de pesquisa. Na *reprodução em cativeiro*, alguns ou todos os indivíduos de uma espécie criticamente ameaçada de extinção são capturados para que possam se reproduzir em cativeiro, com o objetivo de reintroduzir os filhotes no ambiente selvagem. Esse tipo de reprodução tem sido usado para salvar o falcão-peregrino e o condor-da-Califórnia (Figura 8.3b).

FIGURA 8.17 O Pelican Island National Wildlife Refuge, na Flórida, foi o primeiro refúgio nacional de vida selvagem dos Estados Unidos.

George Gentry/Serviço de Pesca e Vida Selvagem dos Estados Unidos; Quadro em destaque: Chuck Wagner/Shutterstock.com

Várias outras técnicas são usadas para aumentar as populações de espécies em cativeiro, entre elas, *transferência de embriões por inseminação artificial* (a implantação cirúrgica de óvulos de uma espécie em uma "mãe de aluguel" de outra espécie) e a *criação cruzada* (em que os filhotes de uma espécie rara são criados por pais de uma espécie semelhante). Os cientistas também combinam indivíduos para acasalar usando análise de DNA e bancos de dados computadorizados, que incluem informações sobre a linhagem familiar dos animais de zoológicos em risco de extinção – é como um serviço de namoro por computador para animais de zoológico.

O principal objetivo dos programas de reprodução em cativeiro é aumentar a população até um nível em que eles possam ser reintroduzidos na natureza. São exemplos de sucesso espécies como a doninha-de-patas-pretas, o mico-leão-dourado (espécie de macaco gravemente ameaçada), o órix-da-arábia e o condor-da-Califórnia. Porém, a maioria das reintroduções falha por causa da falta de habitats adequados, da incapacidade dos indivíduos criados em cativeiro sobreviverem na selva, do excesso de caça ou da poluição e outros perigos do ambiente.

Um problema dos programas de criação em cativeiro é que uma população de uma espécie ameaçada criada em cativeiro precisa ter entre 100 e 500 indivíduos para evitar a extinção decorrente de acidentes, doenças ou da perda de diversidade genética por meio da procriação consanguínea. Uma recente pesquisa genética indica que são necessários 10 mil indivíduos ou mais para que uma espécie em risco mantenha sua capacidade de evoluir biologicamente. Os zoológicos e os centros de pesquisa não têm fundos ou espaço para abrigar essas grandes populações.

Os aquários públicos que exibem peixes exóticos e interessantes e alguns animais marinhos, como focas e golfinhos, também ajudam a educar as pessoas quanto à necessidade de proteger tais espécies. Mas, principalmente por causa dos recursos financeiros limitados, os aquários públicos não têm servido como bancos de genes eficazes para as espécies marinhas em risco, especialmente os mamíferos marinhos, que precisam de grandes volumes de água para sobreviver.

Podemos reduzir a pressão sobre algumas espécies em risco ou ameaçadas de extinção aumentando o número de indivíduos dessas espécies em fazendas para venda comercial. Na Flórida, os jacarés-americanos são criados em fazendas para consumo de carne e uso do couro (ver Estudo de caso). Fazendas de borboletas fundadas para criar e proteger espécies de borboletas ameaçadas são comuns em Papua Nova Guiné, onde muitas dessas espécies são ameaçadas por atividades desenvolvimentistas. Essas fazendas também são usadas para educar os visitantes sobre a necessidade de proteger as borboletas.

A proteção das espécies e dos serviços ecossistêmicos gera difíceis questões

As iniciativas para evitar a extinção de espécies selvagens e as perdas de serviços ecossistêmicos associadas a ela exigem o uso de recursos financeiros e humanos que são limitados. Isso gera algumas questões desafiadoras:

- Devemos nos concentrar em proteger as espécies ou devemos nos concentrar mais em proteger os ecossistemas e os serviços ecossistêmicos que eles fornecem?
- Como alocamos os recursos limitados para essas duas prioridades?
- Como decidimos quais espécies devem receber mais atenção em nossos esforços para proteger o maior número de espécies possível? Por exemplo, devemos focar na proteção das espécies mais ameaçadas ou daquelas consideradas fundamentais?
- Proteger as espécies que são mais atrativas para os seres humanos, como pandas e orangotangos (Figura 8.4), pode elevar a conscientização pública sobre a necessidade de preservar a vida selvagem. Ao decidir quais espécies proteger, isso é mais relevante do que a importância ecológica das espécies?
- Como determinamos quais áreas de habitat precisam de mais proteção?

Os biólogos da conservação lutam constantemente para lidar com essas questões. Por terem recursos financeiros limitados, eles precisam decidir quais espécies terão prioridade.

A Figura 8.18 lista algumas diretrizes que você pode seguir para fazer a sua parte e ajudar a proteger as espécies, além de aumentar seu impacto ambiental benéfico.

O que você pode fazer?

Proteger as espécies

- Não compre peles, produtos de marfim ou outros itens feitos de espécies ameaçadas ou em perigo
- Não compre madeira ou produtos de madeira oriundos da derrubada de florestas antigas ou dos trópicos
- Não compre animais de estimação ou plantas que foram retirados da natureza
- Fale sobre o que você está fazendo para reduzir esse problema com seus amigos e familiares

FIGURA 8.18 Pessoas que fazem a diferença: Você pode ajudar a evitar a extinção das espécies. *Raciocínio crítico:* Dessas ações, cite duas que você considera as mais importantes e justifique sua resposta.

GRANDES IDEIAS

- Quando destruímos e degradamos um habitat, introduzimos espécies invasoras prejudiciais e aumentamos a população humana, a poluição, as mudanças climáticas e a exploração do meio ambiente, estamos apressando a extinção de espécies selvagens e degradando os serviços ecossistêmicos fornecidos por elas.

- Precisamos evitar causar ou acelerar a extinção das espécies selvagens, porque elas fornecem serviços ecossistêmicos e econômicos e porque a existência dessas espécies não deve depender essencialmente da utilidade delas para nós.

- Podemos tentar evitar a extinção das espécies e proteger a biodiversidade geral e os serviços ecossistêmicos, estabelecendo e aplicando leis e tratados ambientais, além de criar e proteger santuários de vida selvagem.

Revisitando

Abelhas e sustentabilidade

Neste capítulo, aprendemos sobre as atividades humanas que estão acelerando a extinção de muitas espécies e como podemos restringir essas atividades. Aprendemos que até metade das espécies selvagens do mundo podem ser extintas durante este século, principalmente por causa de atividades humanas que ameaçam muitas espécies e parte dos serviços ecossistêmicos vitais que elas fornecem. As populações de abelhas, por exemplo, fundamentais para a polinização de plantações que geram grande parte dos nossos alimentos, estão diminuindo por uma variedade de motivos (**Estudo de caso principal**), muitos deles relacionados com atividades humanas. Um dos principais motivos para esses problemas é que a maioria das pessoas não tem consciência dos valiosos serviços ecossistêmicos e econômicos prestados pelas espécies do planeta.

As ações para prevenir a extinção das espécies decorrente de atividades humanas implementam dois dos três **princípios científicos da sustentabilidade**. Elas não preservam somente a biodiversidade da Terra, mas também os serviços ecossistêmicos fundamentais que nos mantêm vivos, como a ciclagem química. Essas ações também implementam o **princípio da sustentabilidade** relacionado com a ética, que prega que deixemos a Terra em uma condição tão boa ou melhor do que estava quando a herdamos.

Revisão do capítulo

Estudo de caso principal

1. Quais são os serviços ecológicos e econômicos prestados pelas abelhas? De que forma as atividades humanas estão contribuindo para o declínio de muitas populações de abelhas europeias? O que é **distúrbio do colapso das colônias (DCC)**?

Seção 8.1

2. Qual é o conceito-chave desta seção? Defina e diferencie **extinção biológica** e **extinção em massa**. O que é a **taxa de extinção normal**? Explique como os cientistas estimam as taxas de extinção e descreva os desafios enfrentados por eles nesse processo. Qual é a porcentagem das espécies identificadas do mundo que pode ser extinta principalmente devido a atividades humanas durante este século? Cite dois motivos para os especialistas em extinção acreditarem que as taxas de extinção projetadas provavelmente são baixas. Diferencie **espécie em risco de extinção** e **espécie ameaçada** e dê um exemplo de cada. Cite quatro características que deixam algumas espécies especialmente vulneráveis à extinção.

Seção 8.2

3. Qual é o conceito-chave desta seção? Quais são os quatro motivos para tentar evitar a aceleração da extinção de espécies selvagens? Descreva dois benefícios econômicos e dois ecológicos da diversidade de espécies. Explique como salvar outras espécies e os serviços ecossistêmicos fornecidos por elas pode nos ajudar a salvar nossa própria espécie, bem como nossas culturas e economias.

Seção 8.3

4. Qual é o conceito-chave desta seção? O que é **HIPPCO**? Qual é a maior ameaça às espécies selvagens? O que é **fragmentação de habitat**? Descreva os principais efeitos da perda e fragmentação do habitat. Por que as espécies insulares são particularmente vulneráveis à extinção? O que são ilhas de habitat?

5. Dê dois exemplos de benefícios obtidos com a introdução de espécies não nativas. Dê dois exemplos de efeitos prejudiciais de espécies não nativas que foram introduzidas deliberadamente e dois exemplos do mesmo fenômeno devido à presença de espécies introduzidas acidentalmente. Explique por que a prevenção é a melhor maneira de reduzir as ameaças de espécies invasoras e cite as quatro formas propostas para implementar essa estratégia.

6. Resuma o papel de fatores como crescimento populacional, consumo excessivo, poluição e mudanças climáticas na extinção de espécies selvagens. Explique de que maneira as concentrações de pesticidas,

Sustentando a biodiversidade: salvando as espécies

como o DDT, podem se acumular em níveis elevados das redes alimentares. Defina **bioacumulação** e **biomagnificação**. Cite quatro possíveis causas do declínio das populações de abelhas europeias nos Estados Unidos. Dê três exemplos de espécies que são ameaçadas pela caça ilegal. Por que é possível que os tigres selvagens desapareçam em algumas décadas? Qual é a ligação entre doenças infecciosas nos seres humanos e o comércio de animais de estimação?

7. Cite as principais ameaças às populações de aves do mundo e dois motivos para proteger essas espécies da extinção. Descreva a ameaça a algumas formas de vida selvagem decorrente da prática crescente de caça para consumo de carne silvestre. Resuma as contribuições do cientista ambiental Çağan Hakkı Sekercioğlu para nossa compreensão da importância ecológica das aves e dos fatores que ameaçam essas espécies de extinção.

Seção 8.4

8. Qual é o conceito-chave desta seção? Cite dois tratados internacionais usados para ajudar a proteger as espécies. O que é a **Lei das Espécies Ameaçadas de Extinção dos Estados Unidos**? Ela está tendo sucesso? Por que essa lei é controversa?

9. Resuma o papel e as limitações de refúgios naturais, bancos de sementes, jardins botânicos, zoológicos, aquários e fazendas de vida selvagem para proteger algumas espécies. Descreva o papel das iniciativas de reprodução em cativeiro para evitar a extinção das espécies e dê um exemplo de sucesso na devolução de uma espécie praticamente extinta para a natureza. Cite cinco questões importantes relacionadas com a proteção da biodiversidade.

10. Quais são as *três grandes ideias* deste capítulo? Explique como ações para evitar a extinção das abelhas e de outras espécies implementam dois dos três **princípios científicos da sustentabilidade**.

Observação: os principais termos estão em negrito.

Raciocínio crítico

1. Cite três aspectos do seu estilo de vida que podem contribuir direta ou indiretamente para a redução das populações de abelhas europeias e colocar outras espécies polinizadoras em risco de extinção (**Estudo de caso principal**).

2. Responda à seguinte afirmação: "Com o tempo, todas as espécies serão extintas; desse modo, não importa se as espécies restantes de tigres ou de plantas das florestas tropicais estão ameaçadas principalmente devido às atividades humanas". Seja honesto em sua resposta e apresente argumentos para defender sua opinião.

3. Você aceita a posição ética de que as espécies têm o direito inerente de sobreviver sem a interferência humana, independentemente de terem ou não alguma utilidade para os seres humanos? Justifique sua resposta. Você estenderia esse direito para o mosquito-prego (*Anopheles*), que transmite a malária, ou para uma bactéria infecciosa nociva? Explique. Se sua resposta for não, onde você estabeleceria o limite?

4. O ecólogo da vida selvagem e filósofo ambiental Aldo Leopold escreveu a seguinte afirmação sobre evitar a extinção de espécies selvagens: "Manter todas as engrenagens é a primeira precaução dos ajustes inteligentes". Explique como essa afirmação relaciona-se com o tema deste capítulo.

5. O que você faria se sua casa e seu jardim fossem invadidos por formigas-de-fogo? Explique o raciocínio por trás de suas ações. Como essas ações afetariam outras espécies ou o ecossistema com que você está lidando?

6. Como você acha que seus hábitos diários podem contribuir direta ou indiretamente para a extinção de algumas espécies de aves? Cite três medidas que você acredita que deveriam ser tomadas para reduzir a taxa de extinção das espécies de aves.

7. Qual das afirmações abaixo descreve melhor a sua opinião sobre a vida selvagem?
   a. Contanto que fiquem em seu próprio espaço, ficarão bem.
   b. Contanto que eu não precise do espaço ocupado por eles, ficarão bem.
   c. Tenho o direito de usar o habitat selvagem para atender minhas necessidades.
   d. Quem vê uma sequoia, um elefante ou alguma outra forma de vida selvagem, já viu todas elas. Por isso, preserve algumas espécies em um zoológico ou parque e não se preocupe com a proteção do resto.
   e. Todas as espécies selvagens precisam ser protegidas em seus territórios atuais.
   f. Devemos sempre fazer o possível para expandir os territórios atuais de espécies selvagens.

8. Como o seu estilo de vida seria alterado se as atividades humanas contribuíssem para a extinção de 20% a 50% das espécies identificadas no mundo ainda neste século? De que forma isso afetaria a vida de seus filhos ou netos? Cite dois aspectos do seu estilo de vida que contribuem para essa ameaça ao capital natural da Terra.

Fazendo ciência ambiental

Identifique exemplos de destruição ou degradação do habitat na região em que você mora ou estuda. Tente identificar e registrar os efeitos prejudiciais que essas atividades tiveram sobre as populações de uma planta selvagem e uma espécie animal. Cite cada uma dessas espécies e descreva como elas foram afetadas. Faça pesquisas na internet e/ou em uma biblioteca sobre *planos de gerenciamento da vida selvagem* e desenvolva um plano para restaurar o habitat e as espécies que você estudou. Tente descobrir se é preciso fazer alguma concessão em relação às atividades humanas observadas e explique essas concessões no seu plano de gerenciamento. Compare seu plano com o de seus colegas.

Análise de dados

Examine os dados a seguir, divulgados pelo World Resources Institute e responda às seguintes perguntas:

1. Complete a tabela preenchendo a última coluna. Por exemplo, para calcular esse valor para a Costa Rica, divida o número de espécies de aves reprodutoras ameaçadas pelo número total de espécies conhecidas e multiplique a resposta por 100 para obter a porcentagem.

2. Organize os países, do maior para o menor, de acordo com a área terrestre total. Parece haver alguma correlação entre o tamanho do país e a porcentagem de espécies de aves reprodutoras ameaçadas? Explique seu raciocínio.

País	Área terrestre total em quilômetros quadrados	Área protegida como percentual da área terrestre total (2003)	Número total de espécies de aves reprodutoras conhecidas (1992-2002)	Número de espécies de aves reprodutoras ameaçadas (2002)	Espécies de aves reprodutoras ameaçadas como percentual do número total de espécies conhecidas
Afeganistão	647.668	0,3	181	11	
Camboja	181.088	23,7	183	19	
China	9.599.445	7,8	218	74	
Costa Rica	51.114	23,4	279	13	
Haiti	27.756	0,3	62	14	
Índia	3.288.570	5,2	458	72	
Ruanda	26.344	7,7	200	9	
Estados Unidos	9.633.915	15,8	508	55	

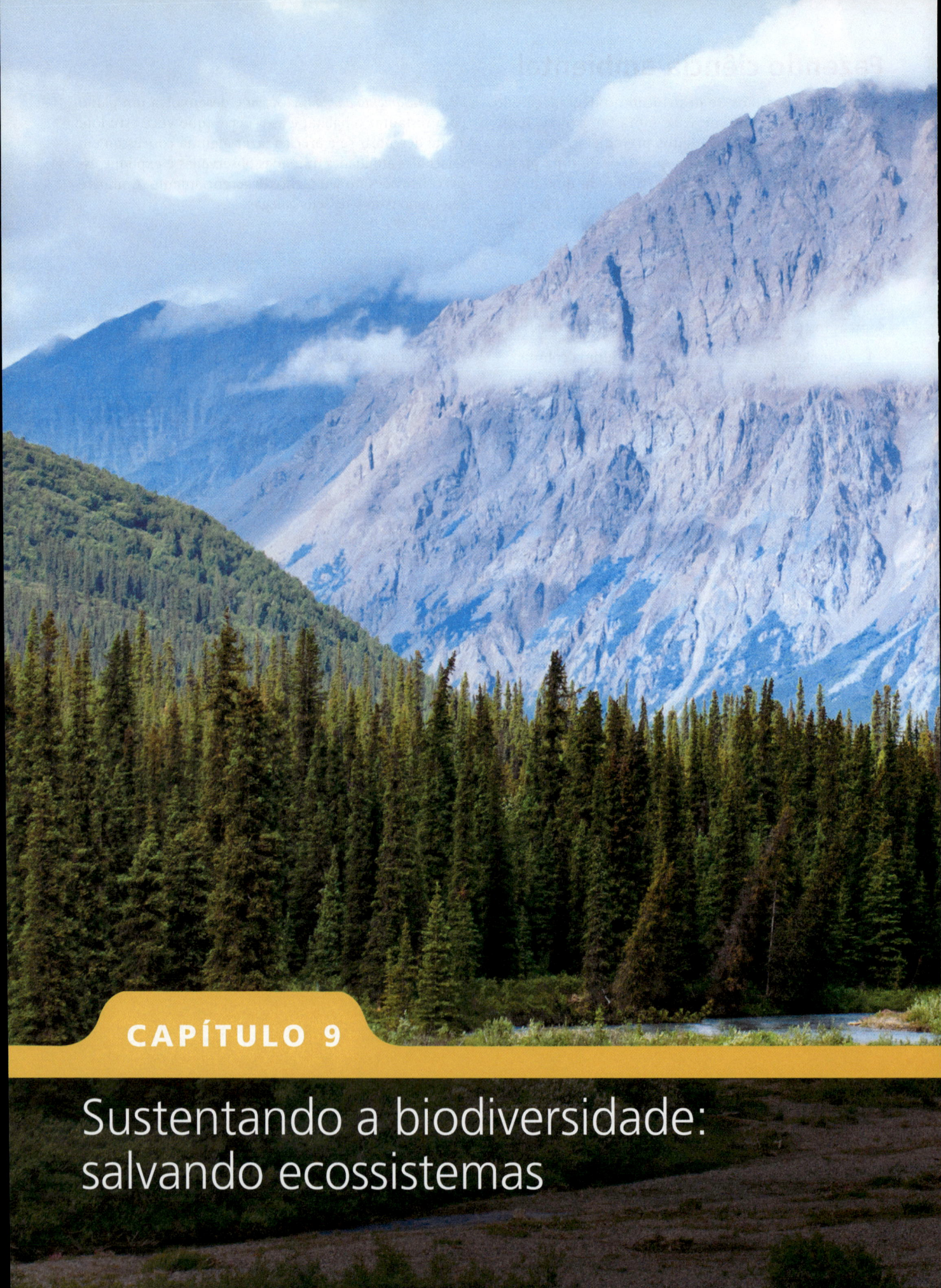

CAPÍTULO 9

Sustentando a biodiversidade: salvando ecossistemas

"Eu garanto: não existe solução capaz de salvar a biodiversidade da Terra, a não ser a preservação de ambientes naturais em reservas grandes o bastante para manter as populações selvagens de maneira sustentável."

EDWARD O. WILSON

Principais questões

9.1 Quais são as principais ameaças aos ecossistemas florestais?

9.2 Como devemos administrar e sustentar as florestas?

9.3 Como devemos administrar e sustentar as pradarias?

9.4 Como podemos sustentar a biodiversidade terrestre?

9.5 Como podemos sustentar a biodiversidade aquática?

Parque Nacional Denali, Alasca, (Estados Unidos)
Jerryway/Dreamstime.com

Estudo de caso principal

Costa Rica – líder mundial em preservação

No passado, as florestas tropicais cobriam toda a Costa Rica, na América Central, que é um país menor que o estado do Rio Grande do Norte no Brasil. Entre 1963 e 1983, famílias de fazendeiros politicamente poderosas removeram grande parte das florestas do país para criar gado.

Apesar dessas grandes perdas florestais, a pequena Costa Risca é uma superpotência da biodiversidade, com uma estimativa de 500 mil espécies de plantas e animais. Um único parque na Costa Rica abriga mais espécies de aves do que toda a América do Norte.

Esse oásis da biodiversidade resulta principalmente de dois fatores. Um deles é a localização tropical do país, que fica entre dois oceanos e tem regiões costeiras e montanhosas, com uma variedade de microclimas e habitat para a vida selvagem. O outro é o sólido compromisso do governo com a preservação da biodiversidade.

A Costa Rica estabeleceu um sistema de reservas naturais e parques nacionais (Figura 9.1) na metade da década de 1970. Até 2016, esse sistema incluía mais de 27% de seu território – do qual 6% são reservados para povos nativos. A Costa Rica aumentou seu impacto ambiental benéfico, dedicando uma proporção de seu território à conservação da biodiversidade maior do que qualquer outro país – um exemplo do **princípio de sustentabilidade** da biodiversidade.

Para reduzir o desmatamento – a remoção e a perda de florestas – o governo eliminou subsídios para a conversão de florestas em campos de pastoreio. Em vez disso, ele paga aos proprietários de terra para manter ou restaurar a cobertura de árvores.

A estratégia funcionou. A Costa Rica passou de um país com uma das mais altas taxas de desmatamento do mundo para uma das mais baixas. Ao longo de três décadas, a área terrestre coberta por florestas aumentou de 20% para 50%.

Os ecólogos alertam que o crescimento da população humana, o desenvolvimento econômico e a pobreza colocam cada vez mais pressão sobre os ecossistemas da Terra e os serviços ecossistêmicos fornecidos por eles. De acordo com um relatório conjunto, publicado recentemente por dois corpos ambientais da Organização das Nações Unidas, "a menos que sejam tomadas medidas radicais e criativas para conservar a biodiversidade da Terra, muitos ecossistemas locais e regionais que ajudam a manter a vida e a subsistência humanas estarão em risco de entrar em colapso".

Este capítulo descreve as ameaças aos ecossistemas terrestres e aquáticos do planeta e as formas para sustentar esses ecossistemas vitais e os serviços ecossistêmicos que eles fornecem.

FIGURA 9.1 A cachoeira La Fortuna fica em uma floresta tropical do Parque Nacional do Vulcão Arenal, na Costa Rica.

9.1 QUAIS SÃO AS PRINCIPAIS AMEAÇAS AOS ECOSSISTEMAS FLORESTAIS?

CONCEITO 9.1A As florestas fornecem serviços ecossistêmicos com valor muito maior do que a madeira ou outras matérias-primas extraídas delas.

CONCEITO 9.1B As principais ameaças para os ecossistemas florestais são o corte e a queima não sustentável de florestas e as mudanças climáticas.

As florestas fornecem serviços econômicos e ecossistêmicos

As florestas fornecem serviços econômicos e ecossistêmicos valiosos (Figura 9.2 e **Conceito 9.1A**). Elas sustentam a biodiversidade proporcionando habitat para cerca de dois terços das espécies terrestres do planeta, e também abrigam mais de 300 milhões de pessoas. Cerca de 1 bilhão de pessoas que vivem em extrema pobreza dependem das florestas para sobreviver.

As florestas ainda têm um papel importante na manutenção da saúde humana. Alguns produtos químicos encontrados em plantas de florestas tropicais são usados como modelo para a fabricação da maioria dos medicamentos prescritos do mundo (Figura 8.5).

As florestas têm um enorme valor econômico (Figura 9.2, à direita). Cientistas e economistas estimaram o valor econômico dos principais serviços ecossistêmicos prestados pelas florestas e outros ecossistemas (Foco na ciência 9.1).

As florestas variam em idade e estrutura

Os cientistas dividem as florestas da Terra em grandes tipos, de acordo com a idade e a estrutura. A *estrutura da floresta* refere-se à distribuição da vegetação, tanto horizontal quanto verticalmente, assim como aos tipos, tamanhos e formatos dessa vegetação. Uma **floresta virgem** ou **primária** é uma floresta não desmatada ou renovada que não foi gravemente perturbada pelas atividades humanas ou por desastres naturais por 200 anos ou mais (Figura 9.3). As florestas primárias são reservatórios de biodiversidade, pois fornecem nichos ecológicos para uma grande variedade de espécies de selvagens (veja Figura 7.14).

Uma **floresta secundária** é um grupo de árvores resultante de uma sucessão ecológica secundária (veja Figura 5.9). As florestas desse tipo desenvolvem-se depois que as árvores de uma área tenham sido removidas devido a atividades humanas, como desmatamento para exploração madeireira ou lavoura, ou por forças naturais, como incêndios e furacões.

Uma **plantação de árvores**, também chamada *floresta comercial* ou *fazenda de árvores* (Figura 9.4), é uma floresta administrada que contém apenas uma ou duas espécies de árvores da mesma idade. Florestas virgens ou secundárias normalmente são desmatadas para a extração de madeira e substituídas por plantações de árvores. As árvores cultivadas nesses locais são derrubadas assim que se tornam comercialmente valiosas. A área é, então, replantada e novamente desmatada em um ciclo regular (Figura 9.4).

Capital natural

Florestas

Serviços ecossistêmicos
- Apoio ao fluxo de energia e à ciclagem química
- Redução da erosão do solo
- Absorção e liberação de água
- Purificação da água e do ar
- Influência sobre o clima local e regional
- Armazenamento de carbono atmosférico
- Oferta de diversos habitats para a vida selvagem

Serviços econômicos
- Lenha
- Madeira
- Polpa para a fabricação de papel
- Mineração
- Pastagem para gado
- Recreação
- Empregos

FIGURA 9.2 As florestas fornecem muitos serviços ecossistêmicos e econômicos importantes (**Conceito 9.1A**).
Raciocínio crítico: Quais serviços econômicos e ecossistêmicos você considera mais importantes? Cite dois de cada.

FIGURA 9.3 Floresta primária na Polônia.

Sustentando a biodiversidade: salvando ecossistemas

FOCO NA CIÊNCIA 9.1

Colocar uma etiqueta de preço nos serviços ecossistêmicos da natureza

Atualmente, as florestas e outros ecossistemas são valiosos principalmente por seus serviços econômicos (Figura 9.2, à direita). Em 2014, uma equipe de ecólogos, economistas e geógrafos liderada pelo economista ecológico Robert Costanza estimou o valor monetário de 17 serviços ecossistêmicos (Figura 9.2, à esquerda) fornecidos por 16 biomas da Terra, como tratamento de resíduos, controle da erosão, regulação climática, ciclagem de nutrientes, produção de alimentos e recreação.

A estimativa conservadora deles foi que o valor monetário global desses serviços é de, pelo menos, US$ 125 trilhões por ano, muito mais que os US$ 73 trilhões gastos pelo mundo todo em bens e serviços em 2015. Isso significa que, todos os anos, a Terra fornece a você e a todos os outros habitantes do mundo serviços ecossistêmicos que valem uma média de US$ 17.123, no mínimo. Globalmente, os cinco maiores serviços ecossistêmicos são tratamento de resíduos (US$ 22,5 trilhões por ano), recreação (US$ 20,6 trilhões), controle de erosões (US$ 16,2 trilhões), produção de alimentos (US$ 14,8 trilhões) e ciclagem de nutrientes (US$ 11,1 trilhões).

Os pesquisadores também estimaram que, desde 1997, o mundo está perdendo serviços ecossistêmicos com um valor estimado de cerca de US$ 20,2 trilhões por ano. Essa perda anual é superior aos US$ 18,1 trilhões correspondentes ao produto nacional bruto dos Estados Unidos em 2015.

De acordo com essa pesquisa, as florestas do mundo fornecem serviços ecossistêmicos que valem pelo menos US$ 15,6 trilhões por pessoa, o que é centenas de vezes maior que o valor econômico da madeira, do papel e de outros produtos derivados das florestas. Os pesquisadores destacam que as estimativas feitas são bastante conservadoras.

A partir desse e de outros estudos relacionados, podemos chegar a quatro conclusões importantes: **(1)** os serviços ecossistêmicos da Terra são essenciais para todos os seres humanos e suas economias; **(2)** o valor econômico desses serviços é imenso; **(3)** esses serviços ecossistêmicos serão uma fonte permanente de renda ecológica, desde que sejam usados de maneira sustentável; **(4)** precisamos usar o **princípio de sustentabilidade** da precificação de custo total para incluir os enormes valores econômicos desses serviços ecossistêmicos insubstituíveis nos preços dos bens e serviços fornecidos pelos ecossistemas da Terra.

RACIOCÍNIO CRÍTICO

Segundo algumas pessoas, não devemos atribuir valores econômicos aos serviços ecossistêmicos insubstituíveis do mundo, porque o valor deles é infinito. Você concorda com esse ponto de vista? Explique. Qual é a alternativa?

Quando administradas com cuidado, tais plantações podem produzir madeira rapidamente e fornecer quase toda madeira usada para fins industriais, como fabricação de papel e construção. Isso ajudaria a proteger as florestas primárias e secundárias que ainda restam, contanto que elas não sejam desmatadas para que se façam plantações de árvores.

US$ 125 trilhões — Estimativa conservadora do valor anual dos serviços ecossistêmicos da natureza

FIGURA 9.4 Plantação de palmeiras para extração de óleo. Uma grande área de floresta tropical diversa foi derrubada e substituída por essa monocultura de palmeiras.

A desvantagem das plantações de árvores é que, com apenas uma ou duas espécies, elas são muito menos diversas biologicamente e menos sustentáveis do que as florestas primárias e secundárias. Além disso, os ciclos repetidos de corte e replantio acabam por esgotar os nutrientes da porção superior do solo, o que pode levar a um ponto de inflexão ecológico irreversível, que dificulta o novo crescimento de qualquer tipo de floresta no terreno.

Formas de extrair madeira

Em razão do imenso valor econômico das florestas, a extração de madeira para fabricação de papel e outros produtos derivados é uma das principais indústrias do mundo. A primeira etapa para extrair árvores é construir estradas para acesso e remoção da madeira. Mesmo as estradas mais bem projetadas podem ter inúmeros efeitos prejudiciais (Figura 9.5), como erosão da porção superior do solo, escoamento de sedimentos para cursos de água e perda de habitat e biodiversidade. As estradas para extração de madeira também aumentam as chances de invasão por organismos causadores de doenças e pragas não nativas, além de distúrbios provenientes de atividades humanas, como agricultura e pecuária.

Os madeireiros usam uma variedade de métodos para extrair árvores. Com o *corte seletivo*, eles cortam árvores maduras e com idades intermediárias individualmente ou em pequenos grupos, deixando a floresta praticamente intacta (Figura 9.6a). No entanto, os madeireiros costumam remover todas as árvores de uma região, em um processo chamado *corte raso* (Figura 9.6b e 9.7). O corte raso é o método mais eficiente e, algumas vezes, o mais econômico para a extração de madeira. Ele também gera lucro em curto prazo para proprietários de terra e empresas madeireiras, mas pode ser prejudicial para os ecossistemas florestais. A remoção maciça de árvores causa erosão do solo, maior poluição dos cursos de água da região por sedimentos e redução da biodiversidade.

Uma variação do desmatamento por corte raso que permite produzir madeira de forma mais sustentável sem espalhar destruição é *corte por faixas* (Figura 9.6c), que envolve o corte raso de uma faixa de árvores ao longo do contorno do terreno, dentro de um corredor estreito o suficiente para permitir que a floresta natural volte a crescer dentro de alguns anos. Depois da regeneração, os madeireiros cortam uma faixa acima da primeira, e assim por diante.

Incêndios e ecossistemas florestais

Dois tipos de incêndio podem afetar os ecossistemas de uma floresta. Os *incêndios de superfície* (Figura 9.8, à esquerda) geralmente queimam apenas a vegetação rasteira e a serrapilheira que reveste o solo. Esse tipo de incêndio pode matar as mudas e pequenas árvores, mas poupa as árvores mais maduras e permite que a maioria dos animais selvagens escape.

Os incêndios ocasionais de superfície têm vários benefícios ecológicos:

- queimam materiais inflamáveis presentes no solo, como galhos secos, e ajudam a evitar incêndios mais destrutivos;
- liberam nutrientes minerais valiosos ligados à vegetação rasteira e à serrapilheira com decomposição lenta;
- liberam sementes de espécies de árvores coníferas, como o pinheiro *Pinus contorta*, e estimulam a germinação de determinadas sementes de árvores, como as da sequoia-gigante; e
- ajudam a controlar as doenças de árvores e insetos destrutivos.

Outro tipo de incêndio, chamado *incêndio de copa* (Figura 9.8, à direita), é tão quente que salta de copa em copa, queimando a árvore inteira. Esse tipo de incêndio costuma ocorrer em florestas que não sofreram incêndios de superfície por muitas décadas. Nesse caso, há acúmulo de madeira morta, folhas e outras serrapilheiras inflamáveis, que são rapidamente queimadas, o que pode destruir grande parte da vegetação, matar os animais selvagens, aumentar a erosão da superfície do solo e queimar ou danificar construções e casas.

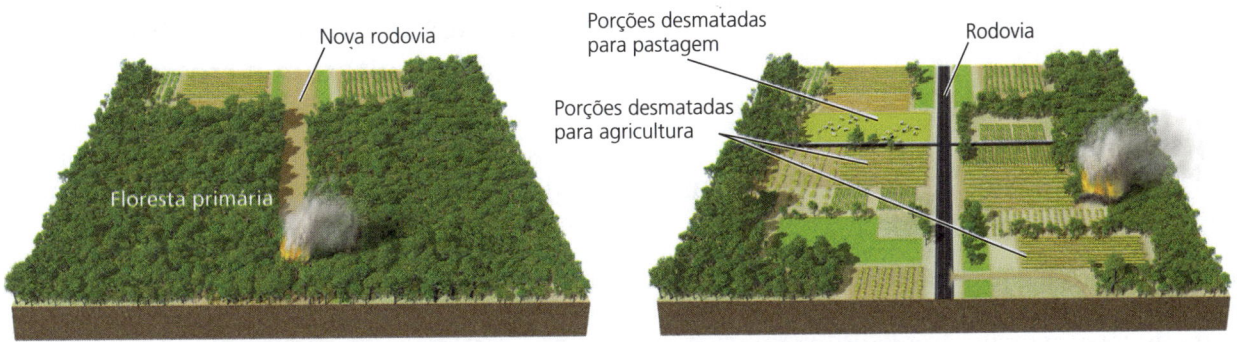

FIGURA 9.5 Degradação do capital natural: Construir estradas em florestas antes inacessíveis é o primeiro passo na extração de madeira, mas também abre caminho para a fragmentação, destruição e degradação dos ecossistemas florestais.

Sustentando a biodiversidade: salvando ecossistemas

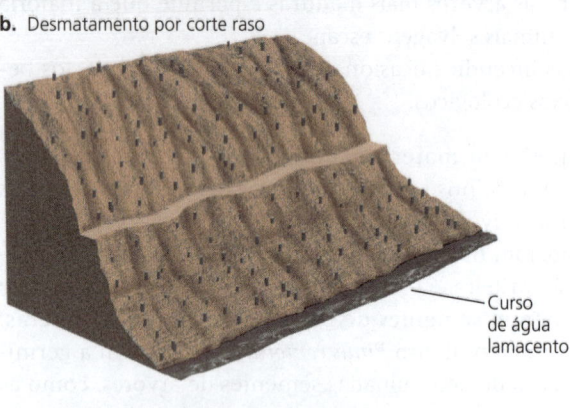
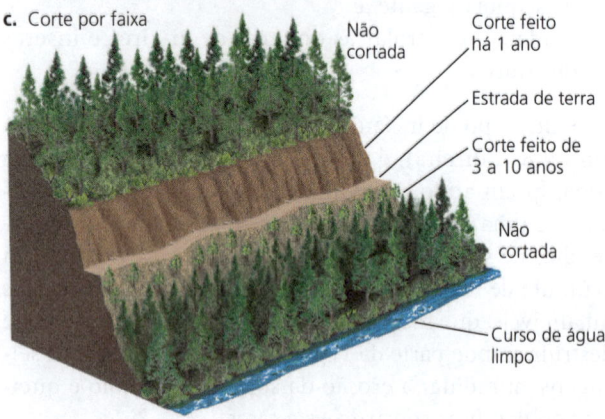

FIGURA 9.6 Três principais métodos de extração de madeira. *Raciocínio crítico:* Se você fosse cortar as árvores em uma floresta de sua propriedade, que métodos escolheria e por quê?

FIGURA 9.7 Floresta removida por corte raso.

metade da cobertura de florestas primárias da Terra. A maior parte dessa perda ocorreu nos últimos 65 anos.

De acordo com o WRI, se a taxa atual de desmatamento continuar, cerca de 40% das florestas mundiais que permanecem intactas serão exploradas ou convertidas em outros usos em duas décadas. Desmatar grandes áreas florestais, especialmente as florestas primárias, tem benefícios econômicos importantes em curto prazo (Figura 9.2, à direita), mas também tem muitos efeitos ambientais nocivos (Figura 9.9), como a erosão grave e a perda da porção superior do solo (Figura 9.10).

A cobertura florestal aumentou graças à disseminação de plantações de árvores comerciais em algumas regiões e ao crescimento natural em outras. Além disso, um programa de reflorestamento global patrocinado pelo Programa das Nações Unidas para o Meio Ambiente (Pnuma) tem como objetivo plantar bilhões de árvores em grande parte do mundo – muitas delas em plantações. Hoje, a China lidera o mundo em novas coberturas florestais, especialmente devido às plantações de árvores com crescimento rápido. Outros países que também aumentaram a cobertura de florestas são Costa Rica (**Estudo de caso principal**), Filipinas, Rússia e Estados Unidos (ver Estudo de caso a seguir).

Quase metade das florestas primárias do mundo foi derrubada

Desmatamento é a remoção temporária ou permanente de grandes áreas de floresta para dar lugar a agricultura, assentamentos ou outros usos. As pesquisas do World Resources Institute (WRI) indicam que, durante os últimos 8 mil anos, o desmatamento eliminou quase

ESTUDO DE CASO

Nos Estados Unidos, muitas florestas desmatadas voltaram a crescer

As florestas cobrem cerca de 30% da área terrestre dos Estados Unidos, oferecem habitat para mais de 80% das espécies de animais selvagens e contêm quase dois terços do total da água de superfície.

Hoje, as florestas dos Estados Unidos (incluindo as plantações de árvores) cobrem uma área maior do que em 1920. A razão principal é que muitas das florestas primárias que foram desmatadas ou parcialmente desmatadas entre 1620 e 1920 voltaram a crescer naturalmente por meio da sucessão ecológica secundária (Figura 9.11).

FIGURA 9.8 Os incêndios de superfície (à esquerda) geralmente queimam apenas a vegetação rasteira e a serrapilheira disposta no chão da floresta. Eles podem ajudar a evitar incêndios de copa mais destrutivos (à direita) ao remover o material inflamável do solo.

Esquerda: David J. Moorhead/The University of Georgia; Direita: age fotostock/Alamy Stock Photo

Degradação do capital natural

Desmatamento

- Poluição da água e degradação do solo por erosão
- Aceleração das inundações
- Extinção local de espécies especialistas
- Perda de habitat para espécies nativas e migratórias
- Liberação e diminuição da absorção de CO_2

FIGURA 9.9 O desmatamento tem alguns efeitos ambientais nocivos que podem reduzir a biodiversidade e degradar os serviços ecológicos fornecidos pelas florestas (Figura 9.2, à esquerda).

Existe agora uma floresta de crescimento secundário ou terciário bastante diversificada em todas as regiões dos Estados Unidos, exceto em grande parte do oeste. O escritor ambientalista Bill McKibben citou o novo reflorestamento nos Estados Unidos – especialmente no leste – como "a grande história de sucesso ambiental do país e, de alguma forma, do mundo". As florestas protegidas formam cerca de 40% da área florestal total do país, principalmente no Sistema Nacional Florestal, composto de 155 florestas nacionais administradas pelo Serviço Florestal dos Estados Unidos (U.S. Forest Service – USFS), mas de propriedade conjunta dos cidadãos dos Estados Unidos. Entretanto, desde meados de 1960, uma grande área de florestas primárias e secundárias remanescentes, razoavelmente diversificadas, tem sido devastada e substituída por plantações biologicamente simplificadas de árvores.

As florestas tropicais estão desaparecendo rapidamente

As florestas tropicais (veja Figura 7.13, alto) cobrem quase 6% da área terrestre da Terra – aproximadamente a área continental dos Estados Unidos. Os dados climáticos e biológicos indicam que as florestas tropicais maduras já cobriram pelo menos duas vezes a área do que são hoje. A maior parte dessa perda da metade das florestas tropicais do mundo tem ocorrido desde 1950 (ver **Estudo de caso principal** do Capítulo 3). De acordo com o Earth Policy Institute e o Global Forest Watch, entre 2000 e 2014, o mundo perdeu o equivalente a mais de 50 campos de futebol de floresta tropical por minuto, especialmente devido ao desmatamento. E hoje as taxas continuam parecidas.

As varreduras de satélite e pesquisas no nível do solo indicam que grandes áreas de florestas tropicais estão sendo suprimidas rapidamente em partes da África, do sudeste da Ásia e da América do Sul – especialmente na vasta Bacia Amazônica do Brasil, que tem mais de 40% das florestas tropicais remanescentes do mundo. Cerca de 20% da floresta tropical da Bacia Amazônica foi desmatada, e muito mais foi degradada por atividades humanas.

No momento, as florestas tropicais absorvem e armazenam cerca de um terço das emissões de carbono terrestres do mundo como parte do ciclo do carbono. Portanto, ao reduzir essas florestas, também diminuímos a absorção de dióxido de carbono (CO_2) e contribuímos para o aquecimento atmosférico e as mudanças climáticas. A queima e a derrubada de florestas tropicais também adicionam CO_2 à atmosfera, respondendo por 10% a 15% das emissões globais de gases de efeito estufa.

Sustentando a biodiversidade: salvando ecossistemas

FIGURA 9.10 Degradação do capital natural: Grave erosão do solo e desertificação causadas pelo desmatamento de uma área de floresta tropical seguido pelo pastoreio excessivo de gado.

Dirk Ercken/Shutterstock.com

A evaporação de água das árvores e da vegetação das florestas tropicais úmidas desempenha um papel importante na determinação do nível de precipitação do local. A remoção de grandes áreas de árvores pode levar a condições mais secas, que desidratam o solo superficial ao deixá-lo exposto à luz solar e levado pelo vento, dificultando o crescimento de uma nova floresta na área, que geralmente é substituída por uma pradaria tropical ou savana. Os cientistas estimam que, se as taxas de queima e desmatamento continuarem, entre 20% e 30% da Bacia Amazônica poderão se tornar savana até 2080.

Estudos indicam que pelo menos metade das espécies conhecidas de plantas, animais e insetos terrestres do mundo vive em florestas tropicais. Graças aos seus nichos especializados (Figura 7.14), muitas dessas espécies ficam vulneráveis à extinção quando seus habitats florestais são destruídos ou degradados. A Organização das Nações Unidas para Alimentação e Agricultura (Food and Agriculture Organization – FAO) alerta que, seguindo a taxa global de desmatamento tropical atual, até metade das florestas tropicais primárias remanescentes serão destruídas ou gravemente degradadas até o fim deste século (**Conceito 9.1B**).

O desmatamento tropical é resultado de várias causas diretas e subjacentes. As causas subjacentes, como a pressão do crescimento populacional e a pobreza, levaram os agricultores de subsistência e os sem-terra para as florestas tropicais, onde eles cortam ou queimam árvores para extrair lenha ou tentar plantar o suficiente para sobreviver. Os subsídios do governo podem acelerar as causas diretas, como extração de madeira em grande escala e pecuária (Figura 9.10), ao reduzir custos dessas iniciativas.

As principais causas diretas do desmatamento variam de acordo com o local. Na Amazônia e em alguns países da América do Sul, as florestas tropicais são desmatadas ou queimadas principalmente para pastagens de gado e grandes plantações de soja (ver Figura 1.6). Na Indonésia, na Malásia e em outras áreas do Sudeste Asiático, as florestas tropicais estão sendo substituídas por vastas plantações de palmeiras para produzir óleo (Figura 9.4). Na África, a maior causa direta de desmatamento são as pessoas que limpam terrenos para a produção agrícola em pequena escala e a extração de madeira para combustível.

Na maioria dos casos, a degradação das florestas tropicais segue um ciclo previsível. Primeiro, são criadas estradas de acesso para o interior da floresta (Figura 9.5), em geral feitas por corporações madeireiras internacionais. Depois, os madeireiros cortam as maiores e melhores árvores de maneira seletiva (Figura 9.6a). Quando eles cortam uma árvore, muitas outras caem por causa de suas raízes superficiais e da rede de trepadeiras que conecta as copas das árvores.

Depois que as árvores são removidas, as empresas madeireiras vendem o terreno para fazendeiros que queimam a madeira restante para deixá-lo limpo para o pastoreio de gado. Em alguns anos, esse terreno normalmente apresenta pastoreio excessivo. Depois, os fazendeiros vendem o terreno degradado para colonos que praticam a agricultura em pequena escala ou para agricultores que vão arar a terra e plantar grandes lavouras, como soja (ver Figura 1.6). Após alguns anos de cultivo de plantações e erosão decorrente da chuva, a porção superior do solo estará destituída de nutrientes. Então, fazendeiros e colonos se mudam para novos terrenos recém-desmatados, para repetir esse processo ambientalmente destrutivo.

a. 1620

b. 1920

c. 2000

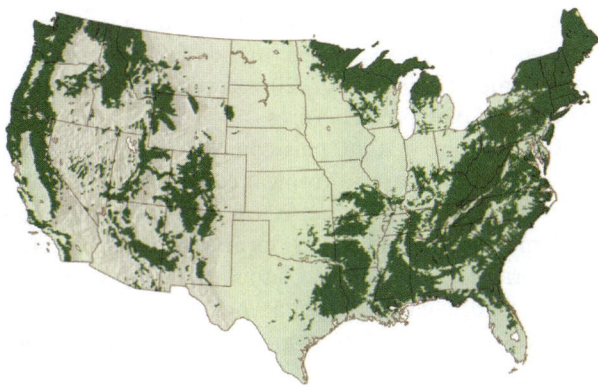

FIGURA 9.11 Em 1620 **(a)**: quando os colonizadores europeus estavam se mudando para a América do Norte, as florestas cobriam mais da metade da atual área terrestre dos Estados Unidos. Até 1920 **(b)**: a maioria dessas florestas foi dizimada. Em 2000 **(c)**: as florestas comerciais e secundárias cobriam cerca de um terço do território dos Estados Unidos, sem considerar os territórios do Alasca e Havaí.

> **PARA REFLETIR**
>
> **PENSANDO SOBRE** Florestas tropicais
>
> Por que você deve se importar com o fato de as florestas tropicais que restam no mundo serem queimadas, desmatadas ou convertidas em savana? Cite três formas pelas quais isso pode afetar a sua vida ou a de seus filhos e netos?

9.2 COMO DEVEMOS ADMINISTRAR E SUSTENTAR AS FLORESTAS?

CONCEITO 9.2 Para que possamos sustentar as florestas, devemos enfatizar o valor econômico de seus serviços ecossistêmicos, remover os subsídios governamentais que aceleram sua destruição, proteger as florestas primárias, explorar árvores não mais rápido do que elas são substituídas, plantando árvores para restabelecer as florestas.

Como administrar as florestas mais sustentavelmente

Pesquisadores da biodiversidade e um número crescente de silvicultores clamam por um manejo florestal mais sustentável (Figura 9.12) (**Conceito 9.2**). Eles reconhecem que sustentar os serviços do ecossistema de uma floresta é fundamental para manter seus serviços econômicos ao longo do tempo. Por exemplo, os madeireiros podem ser encorajados ou obrigados a fazer um uso maior do corte seletivo mais sustentável (Figura 9.6a) ou por faixas (Figura 9.6c), para extrair árvores tropicais em vez de praticar o corte raso (Figura 9.6b). Para reduzir os danos às árvores vizinhas ao cortar e remover árvores individuais, os madeireiros podem cortar primeiro as trepadeiras (lianas) que as conectam.

Muitos economistas pedem aos governos que comecem a fazer a transição para um manejo florestal mais sustentável. Eles recomendam a eliminação de subsídios governamentais e isenções fiscais que incentivam a degradação florestal e o desmatamento e sua substituição por recompensas econômicas para a manutenção da floresta. Isso provavelmente aumentaria o preço da madeira e de seus derivados produzidos de forma não sustentável, de acordo com o **princípio de sustentabilidade** de precificação de custo total. A Costa Rica (**Estudo de caso principal**) é pioneira no uso dessa abordagem. Os governos também podem incentivar programas de plantio de árvores para ajudar a restaurar florestas degradadas. **CARREIRA VERDE: Manejo florestal sustentável.**

Uma ferramenta importante é a certificação de madeira e de produtos florestais sustentáveis e controlados. A organização sem fins lucrativos Conselho de Gestão Florestal (FSC) fiscaliza a certificação de operações de manejo florestal que atendem padrões específicos de florestas sustentáveis. Para se tornarem certificados, os operadores precisam demonstrar que não cortam árvores em uma velocidade que ultrapasse a regeneração florestal de longo prazo de uma determinada área. Eles devem manter estradas e usar sistemas de extração de modo a limitar os danos ecológicos. Além disso, devem evitar danos excessivos à porção superior do solo e deixar parte da madeira caída e árvores mortas em pé para fornecer habitat para os animais selvagens.

Sustentando a biodiversidade: salvando ecossistemas

> **Soluções**
>
> **Silvicultura mais sustentável**
>
> - Incluir serviços ecossistêmicos de florestas nas estimativas de seu valor econômico
> - Identificar e proteger as áreas florestais altamente diversas
> - Interromper a exploração de madeira em florestas primárias
> - Interromper os cortes rasos em encostas íngremes
> - Reduzir a construção de estradas em áreas de florestas e usar mais o corte seletivo e em faixas
> - Deixar mais árvores mortas em pé e madeira caída para o habitat de vida selvagem e a ciclagem de nutrientes
> - Plantar árvores apenas em terrenos desmatados e degradados
> - Certificar o crescimento de madeira por métodos sustentáveis

FIGURE 9.12 Há várias formas de cultivar e retirar árvores de forma mais sustentável (**Conceito 9.2**). *Raciocínio crítico:* Desses métodos de florestamento mais sustentável, quais você considera mais importantes? Cite três e justifique sua resposta.

Como melhorar a administração dos incêndios florestais

O Serviço Florestal dos Estados Unidos (U. S. Forest Service) e o Conselho Nacional de Publicidade (National Advertising Council) lançaram a campanha do Urso Smokey na década de 1940 para educar o público sobre os perigos dos incêndios florestais. A campanha ajudou a evitar diversos incêndios em florestas, salvou muitas vidas e evitou bilhões de dólares de perdas de árvores, animais selvagens e estruturas construídas por seres humanos. No entanto, a campanha também convenceu grande parte do público de que todos os incêndios florestais são ruins e devem ser evitados ou apagados, o que não é o caso.

Na verdade, os ecólogos alertam que tentar evitar todos os incêndios florestais pode deixar as florestas mais vulneráveis a eles. Como esses esforços podem causar o acúmulo de arbustos altamente inflamáveis, há um aumento na probabilidade de ocorrência de incêndios destrutivos nas copas (Figura 9.8, à direita).

Ecólogos e especialistas em florestas recomendam diversas estratégias para limitar os efeitos prejudiciais dos incêndios florestais:

- Usar incêndios cuidadosamente planejados e controlados, os chamados *incêndios prescritos*, para remover pequenas árvores e arbustos inflamáveis nas áreas florestais com maior risco.
- Permitir que alguns incêndios em áreas públicas queimem vegetação rasteira e as árvores menores, contanto que não ameacem as estruturas e vidas humanas.
- Proteger casas e outras construções em áreas sujeitas a incêndios, reduzindo as árvores e outros tipos de vegetação de uma região ao redor delas e eliminando o uso de materiais de construção altamente inflamáveis, como telhados de madeira.

Como reduzir a demanda por madeira desmatada

De acordo com o Worldwatch Institute e alguns analistas florestais até *60% da madeira consumida nos Estados Unidos é desperdiçada sem necessidade*. Esse alto índice é provocado por vários fatores: utilização ineficiente de material de construção, embalagem em excesso, uso excessivo de panfletos, reciclagem de papel inadequada e fracasso em reutilizar ou encontrar substitutos para contêineres de madeira para embarque.

Uma forma de reduzir a demanda por árvores é produzir papel ecológico. Por exemplo, a China usa palha de arroz e outros resíduos agrícolas para fabricar parte do papel usado no país. Nos Estados Unidos, a maior parte da pequena quantidade de papel produzido com fibra não extraída de árvores é feita com fibras de kenaf, uma planta lenhosa de rápido crescimento anual. Kenaf e outras fibras não arbóreas produzem mais celulose por área de terra do que as fazendas de árvores e requerem bem menos pesticidas e herbicidas. Outra maneira de reduzir a demanda pelo corte de árvores é diminuir o uso de produtos descartáveis feitos com papel. Pratos e copos reutilizáveis, guardanapos e lenços de pano e sacolas de tecido podem substituir esses itens.

Mais de 2 bilhões de pessoas dos países menos desenvolvidos usam lenha como combustível (ver Figura 6.11) e carvão feito de madeira para cozinhar e se aquecer. A maioria desses países está passando por uma escassez de lenha porque as pessoas vêm cortando árvores para esses fins em uma velocidade 10 a 20 vezes mais rápida do que a da plantação de novas árvores.

Por exemplo, o Haiti, país com 11 milhões de habitantes, já foi um paraíso tropical com 60% de sua área coberta por florestas. Hoje, é um desastre ecológico e econômico. Sobretudo porque as árvores foram cortadas para fabricar lenha e carvão, atualmente menos de 2% de seu território é coberto por árvores (Figura 9.13). Sem as árvores, os solos sofreram erosão em diversas regiões, dificultando o cultivo.

A Agência dos Estados Unidos para o Desenvolvimento Internacional (U. S. Agency for International Development) financiou o plantio de 60 milhões de árvores em mais de duas décadas no Haiti. No entanto, os moradores cortaram a maioria delas para produzir lenha e carvão antes que elas se transformassem em árvores maduras. Esse uso não sustentável do capital natural e o fracasso em seguir os **princípios de sustentabilidade** de biodiversidade e ciclagem química tiveram um papel importante na espiral descendente de degradação ambiental, pobreza, doenças, injustiça social, criminalidade e violência do Haiti.

Uma forma de reduzir a gravidade da crise de lenha nos países menos desenvolvidos é estabelecer pequenas plantações de árvores e arbustos com crescimento rápido

FIGURA 9.13 Degradação do capital natural: A paisagem desmatada e amarronzada do Haiti (à esquerda) contrasta com a paisagem verde e altamente florestada do país vizinho, a República Dominicana.

James P. Blair/National Geographic Creative

ao redor de fazendas e em lotes comunitários. Outra opção é usar fornos que queimam biomassa renovável, como raízes secas de cabaça e abóbora, ou metano produzido a partir de resíduos agrícolas e animais. Isso também reduziria o grande número de mortes causadas pela poluição do ar em ambientes fechados decorrentes de fogueiras e fornos mal projetados.

Como reduzir o desmatamento tropical

Os analistas têm indicado vários modos de proteger as florestas tropicais e usá-las de forma mais sustentável (Figura 9.14).

Em nível internacional, a *dívida favorável à natureza* pode se tornar financeiramente atrativa para os países para proteger suas florestas tropicais e usá-las de modo mais sustentável. Nesse processo, os países participantes concordam em separar e proteger reservas florestais em troca de auxílio estrangeiro ou alívio de dívidas. Em uma estratégia parecida, chamada *concessão conservadora*, os governos ou as organizações privadas de conservação pagam às nações que concordarem em preservar seus recursos naturais como florestas.

Os governos federais podem implantar medidas para reduzir o desmatamento (**Estudo de caso principal**). Entre 2005 e 2013, o Brasil reduziu sua taxa de desmatamento em 80% ao reprimir a extração ilegal de madeira e separar uma grande reserva de preservação na Bacia Amazônica. Os governos também podem encerrar subsídios que financiam a construção de estradas para exploração de madeira e subsidiar o manejo sustentável de florestas e programas de plantio de árvores.

Wangari Maathai, primeira ambientalista a receber o Prêmio Nobel da Paz, promoveu a plantação de árvores em seu país natal, o Quênia, e ao redor do mundo, no que ficou conhecido como Movimento do Cinturão Verde. Os esforços dela inspiraram o Pnuma a implementar uma iniciativa global para plantar pelo menos 1 bilhão de árvores a partir de 2006. Até 2012, o ano em que Maathai morreu, cerca de 12,6 bilhões de árvores já haviam sido plantadas em 193 países.

Sustentando a biodiversidade: salvando ecossistemas

Soluções

Florestas tropicais sustentáveis

Prevenção	Restauração
Proteger as áreas mais diversas e ameaçadas	Incentivar o recultivo por meio da sucessão secundária
Educar os colonos sobre a agricultura e o florestamento sustentáveis	
Subsidiar apenas o uso sustentável de florestas	Reabilitar áreas degradadas
Proteger a floresta por meio de dívida favorável à natureza e concessões de conservação	
Certificar a produção sustentável de madeira	Concentrar a agricultura e a pecuária em áreas já desmatadas
Reduzir a pobreza e desacelerar o crescimento populacional	

FIGURA 9.14 Formas de proteger as florestas tropicais e usá-las de modo mais sustentável (**Conceito 9.2**). *Raciocínio crítico:* Dessas soluções, quais você considera mais importantes? Cite três e justifique sua resposta.

Topo: STILLFX/Shutterstock.com. Centro: Manfred Mielke/USDA Forest Service Bugwood.org

Os consumidores podem reduzir a demanda de produtos fornecidos a partir da extração de madeira ilegal ou não sustentável das florestas tropicais. Eles podem optar pela compra de madeira e produtos de madeira que tenham sido certificados como itens produzidos de maneira sustentável pelo FSC e outras organizações, como a Rainforest Alliance e a Sustainability Action Network.

Com a ajuda de várias organizações, as pessoas que vivem em florestas tropicais, em grande parte fazendeiros pobres que tentam alimentar suas famílias, estão buscando maneiras de cultivar o alimento de que precisam sem ter de cortar ou queimar árvores. Em 1997, Florence Reed fundou a Sustainable Harvest International, uma organização sem fins lucrativos que se dedica a ajudar fazendeiros pobres a aprender a cultivar alimentos nutritivos no mesmo terreno, ano após ano, bem como a aumentar seus rendimentos sem precisar desmatar e queimar mais florestas. Até 2014, ela já tinha ajudado mais de 10 mil pessoas em cem ou mais comunidades agrícolas a descobrir como manter plantações mais sustentáveis, ter uma dieta mais nutritiva e aumentar a renda média de cerca de US$ 475 para US$ 5.000 por ano.

9.3 COMO DEVEMOS ADMINISTRAR E SUSTENTAR AS PRADARIAS?

CONCEITO 9.3 Podemos sustentar a produtividade das pradarias, controlando o número e a distribuição do gado e restaurando as pradarias degradadas.

Algumas pradarias são utilizadas excessivamente como pastagens

A pradarias cobrem cerca de um quarto da superfície da Terra. Elas fornecem muitos serviços ecossistêmicos importantes, como formação do solo, controle de erosão, ciclagem química, armazenamento do CO_2 atmosférico na biomassa e manutenção da biodiversidade.

Depois das florestas, as pradarias são os ecossistemas mais amplamente utilizados e alterados pelas atividades humanas. Somente cerca de 5% das pradarias originais dos Estados Unidos permanecem intactas – a maior parte dos outros 95% foi convertida em terras agrícolas. As pastagens naturais são **pradarias** não cercadas em climas temperados e tropicais que fornecem *forragem* ou vegetação para animais que se alimentam de grama e arbustos. O gado também pasta em pastagens, que são pradarias administradas ou prados cercados frequentemente, plantados com gramíneas domesticadas ou outras culturas forrageiras, como alfafa e trevo.

Gado, ovelhas e cabras pastam em quase 42% das pradarias naturais do mundo. Esse número pode chegar a 70% até o fim deste século, segundo a Avaliação Ecossistêmica do Milênio da ONU, um estudo com duração de quatro anos conduzido por 1.360 especialistas de 95 países.

As lâminas da grama das pradarias crescem a partir da base, não na ponta como as plantas de folhas largas. Portanto, contanto que apenas a metade de cima da lâmina seja comida e sua metade de baixo permaneça, a grama das pradarias é uma fonte renovável que pode ser pastada muitas vezes. Níveis moderados de pastoreio são saudáveis para as pradarias, já que a remoção da vegetação madura estimula o crescimento rápido e promove uma maior diversidade vegetal.

O **pastoreio excessivo** ocorre quando muitos animais pastam por muito tempo, o que danifica ou mata os gramados (Figura 9.15, à esquerda) e excede a capacidade de carga da região para o pastoreio. O excesso de pastagem reduz a cobertura de grama, expõe a superfície do solo à erosão pela água e pelo vento e compacta o solo, o que diminui sua capacidade de reter a água. O pastoreio excessivo também estimula a invasão do pasto não mais produtivo por espécies como artemísia, mesquite, cactos e o capim-cevadinha, que o gado não vai comer. A FAO estimou que o pastoreio excessivo de gado reduziu a produtividade de até 20% das pastagens do mundo.

FIGURA 9.15 Degradação do capital natural: A área localizada à esquerda da cerca sofreu pastoreio excessivo, e a área à direita foi levemente pastada.

USDA, Natural Resources Conservation Service.

Como administrar as pradarias de forma mais sustentável

A administração sustentável para evitar o pastoreio excessivo normalmente inclui controlar o número de animais pastando e a duração de pastagem em determinada área (**Conceito 9.3**). Uma forma de fazer isso é por meio da *pastagem rotativa*, na qual pequenos grupos de gado são confinados por poucos dias em uma área com cercas portáteis e, depois, levados para outro local. Outra forma de reduzir a vegetação indesejada em algumas regiões é fazê-las serem pisoteadas por um grande número de animais, como ovelhas, cabras e gado, que destroem os sistemas de raízes dessas plantas invasoras.

O gado tende a permanecer ao redor das fontes naturais de água, especialmente ao longo de cursos de água ou rios com uma fina faixa de exuberante vegetação conhecida como *zona ripária*. O pastoreio excessivo pode destruir a vegetação nessas regiões (Figura 9.16, à esquerda). Os pecuaristas podem proteger as zonas ripárias promovendo o pastoreio rotativo e cercando áreas danificadas, o que resulta na restauração por meio da sucessão ecológica natural (Figura 9.16, à direita).

9.4 COMO PODEMOS SUSTENTAR A BIODIVERSIDADE TERRESTRE?

CONCEITO 9.4A Podemos estabelecer e proteger regiões selvagens, parques e reservas naturais.

CONCEITO 9.4B Podemos identificar e proteger pontos críticos biológicos, que são centros de biodiversidade altamente ameaçados.

CONCEITO 9.4C Podemos proteger serviços ecossistêmicos importantes, restaurar ecossistemas danificados e compartilhar áreas que dominamos com outras espécies.

Estratégias para manter a biodiversidade terrestre

Desde os anos 1960, diversas estratégias são usadas para ajudar a manter a biodiversidade. Entre elas:

- Proteger as espécies de extinção, como discutido no Capítulo 8.
- Reservar áreas selvagens protegidas das atividades humanas prejudiciais.
- Estabelecer parques e reservas naturais em que as pessoas possam interagir com a natureza com algumas restrições.
- Identificar e proteger *hotspots* de biodiversidade que contêm alta diversidade de espécies e estão gravemente ameaçados de extinção devido às atividades humanas.
- Transportar novos empreendimentos para terrenos que já foram desmatados ou degradados.
- Evitar a destruição de florestas e campos aumentando a produtividade dos terrenos agrícolas existentes.
- Proteger serviços ecossistêmicos importantes.

FIGURA 9.16 Restauração do capital natural: Em meados da década de 1980, o gado degradou a vegetação e o solo da margem do Rio San Pedro, no estado do Arizona (à esquerda). Em dez anos, a área foi restaurada por meio da sucessão ecológica secundária (à direita) depois da proibição do pastoreio e do uso de veículos *off-road* (**Conceito 9.3**).

À esquerda: U.S. Bureau of Land Management; À direita: U.S. Bureau of Land Management

- Reabilitar e restaurar parcialmente os ecossistemas danificados.
- Compartilhar áreas que dominamos com outras espécies.

Segundo a maioria dos ecólogos e biólogos da conservação, a melhor maneira de preservar a biodiversidade terrestre é criando uma rede mundial de áreas que ficarão estrita ou parcialmente protegidas das atividades humanas prejudiciais. Atualmente, menos de 13% da superfície terrestre do planeta (exceto a Antártida) é protegida em certo grau em mais de 177 mil áreas selvagens, parques, reservas naturais e refúgios ecológicos. No entanto, a fração terrestre que é estritamente protegida das atividades humanas potencialmente prejudiciais não passa de 6%. Em outras palavras, reservamos 94% da área terrestre do planeta Terra para uso humano. De acordo com o especialista em biodiversidade Edward O. Wilson, a menos que aprendamos mais sobre a importância dessas áreas para a biodiversidade e tomemos medidas rápidas para protegê-las, perderemos muitas das espécies do mundo e dos serviços ecossistêmicos fornecidos por elas ainda neste século – uma perda de capital natural irreversível.

6% Porcentagem da área terrestre do planeta estritamente protegida das atividades humanas potencialmente prejudiciais

Para muitos biólogos da conservação, proteger apenas 6% dos ecossistemas terrestres do planeta não é o suficiente para impedir um declínio da biodiversidade vital da Terra diante do aumento da população humana, do uso crescente de recursos e das mudanças climáticas permanentes. Eles pedem a proteção estrita de pelo menos 20%, e idealmente 50%, das áreas terrestres do planeta em um sistema global de reservas de biodiversidade.

Muitas construtoras e extratores de recursos são contra a proteção de até mesmo 13% das áreas terrestres do planeta (a quantidade atual), e argumentam que essas áreas protegidas podem conter recursos valiosos que proporcionariam benefícios econômicos. Em contrapartida, ecólogos e biólogos da conservação consideram as áreas protegidas como ilhas de biodiversidade e serviços ecossistêmicos que ajudam a manter todas as vidas e as economias indefinidamente, além de servir como centros de evolução futura.

Estabelecendo áreas selvagens protegidas

Uma maneira de proteger áreas naturais da exploração humana é designá-las como **áreas protegidas**, regiões essencialmente intocadas por seres humanos e protegidas por leis federais das atividades humanas prejudiciais (**Conceito 9.4A**). Theodore Roosevelt (ver Figura 1.15), o primeiro presidente dos Estados Unidos a separar áreas protegidas, resumiu assim sua opinião sobre o que fazer com essas áreas: "Deixe-as como estão. Você não conseguirá melhorá-las".

A maioria das construtoras e extratores de recursos se opõe ao estabelecimento de áreas selvagens protegidas, porque elas contêm recursos que podem gerar benefícios econômicos em curto prazo. Os ecólogos e biólogos da conservação, no entanto, têm uma visão mais ampla. Para eles, as áreas selvagens são ilhas de biodiversidade e serviços ecossistêmicos necessários para manter a vida e as

FIGURA 9.17 Lago Diablo, na área selvagem do Parque Nacional North Cascades, no estado de Washington, nos Estados Unidos.
tusharkoley/Shutterstock.com

economias humanas hoje e no futuro, além de servir como centros para evolução futura em resposta às mudanças nas condições ambientais, como as mudanças climáticas.

Em 1964, o Congresso dos Estados Unidos aprovou a lei de proteção das áreas selvagens (*Wilderness Act*), que permitiu que o governo protegesse terrenos públicos não desenvolvidos dos Estados Unidos como parte do Sistema Nacional de Preservação de Áreas Selvagens (Figura 9.17). A quantidade de áreas selvagens protegidas aumentou quase 12 vezes entre 1964 e 2015. Mesmo assim, somente 5% da superfície terrestre dos Estados Unidos são protegidas como áreas selvagens, mais de 54% dessa quantidade no Alasca. Sem considerar o Alasca e o Havaí, apenas 2,7% das terras dos Estados Unidos recebem essa classificação, a maior parte delas no oeste.

Estabelecendo parques e outras reservas naturais

De acordo com a União Internacional para a Conservação da Natureza (International Union for the Conservation of Nature – IUCN), existem mais de 6.600 grandes parques nacionais localizados em mais de 120 países (ver foto de abertura do capítulo). No entanto, a maioria desses parques é pequena demais para manter muitas espécies de animais grandes e outros são somente "parques de fachada", que recebem pouca proteção, especialmente nos países menos desenvolvidos. Muitos parques também sofrem com invasões por espécies não nativas prejudiciais, que superam as populações de espécies nativas, causando sua redução. Alguns parques nacionais são tão famosos, que o grande número de visitantes está degradando os recursos naturais que os tornam atrativos (ver Estudo de caso a seguir).

ESTUDO DE CASO

Tensões nos parques públicos dos Estados Unidos

O Sistema de Parques Nacionais dos Estados Unidos, estabelecido em 1912, inclui 59 grandes parques nacionais, às vezes chamados "joias da coroa" (ver foto de abertura do capítulo), além de 335 monumentos, áreas recreativas, campos de batalha e sítios históricos. Estados, condados e cidades também operam parques públicos.

A popularidade ameaça muitos parques nacionais. Entre 1960 e 2015, o número de visitantes dos parques nacionais dos Estados Unidos mais do que triplicou: quase 307 milhões de pessoas. Em alguns parques e outros territórios públicos, motos de trilha, *buggies* de dunas, *jet skis*, motos de neve e veículos *off-road* se tornaram um problema. Esses veículos recreativos destroem ou danificam a frágil vegetação e perturbam a vida selvagem, além de atrapalhar a experiência de outros visitantes.

Sustentando a biodiversidade: salvando ecossistemas

Muitos parques nacionais dos Estados Unidos se tornaram ilhas ameaçadas de biodiversidade cercadas pelo desenvolvimento comercial. Os valores de vida selvagem e recreativos dos parques são ameaçados por atividades próximas, como mineração, extração de madeira, pastoreio de gado, desvio de água, operação de usinas de queima de carvão e desenvolvimento urbano. O Serviço de Parque Nacional aponta que a poluição do ar, principalmente causada por usinas de queima de carvão e tráfego intenso de veículos, prejudica as vistas das paisagens mais de 90% do tempo em diversos parques.

Muitos parques também sofrem danos da migração ou introdução deliberada de espécies não nativas. Javalis europeus, importados pela Carolina do Norte em 1912 para caça, ameaçam a vegetação em partes do Parque Nacional de Great Smoky Mountains, que é muito popular. As cabras-da-montanha não nativas do Parque Nacional Olímpico do estado de Washington pisoteiam e destroem os sistemas de raízes da vegetação nativa, o que acelera a erosão do solo.

As espécies nativas – algumas delas ameaçadas ou em risco – são mortas ou ilegalmente removidas de quase metade dos parques nacionais dos Estados Unidos. No entanto, o lobo-cinzento ameaçado, uma espécie-chave, foi reintroduzido com sucesso no Parque Nacional de Yellowstone depois de 50 anos de ausência (Foco na ciência 9.2).

Como criar e gerenciar reservas naturais

Ao estabelecer reservas naturais, o tamanho e o design da reserva são fatores importantes. Pesquisas indicam que grandes reservas naturais normalmente suportam mais espécies e fornecem maior diversidade de habitat do que as reservas pequenas. As pesquisas também indicam que, em algumas regiões, algumas reservas de porte médio bem posicionadas podem proteger melhor uma variedade de habitat e sustentar mais diversidade do que uma única reserva grande.

O estabelecimento de corredores ecológicos protegidos entre reservas isoladas pode beneficiar espécies e possibilitar a migração de vertebrados que precisam de grandes áreas. Os corredores também permitem que as espécies se mudem para áreas mais favoráveis, caso as mudanças climáticas alterem suas regiões atuais.

Por outro lado, os corredores podem ameaçar populações isoladas, permitindo o movimento de fogo, doenças, pragas e espécies invasoras entre as reservas. Eles também podem expor espécies migratórias a predadores naturais, caçadores humanos e poluição. Algumas pesquisas sugerem que os benefícios dos corredores superam os possíveis efeitos prejudiciais dessas áreas, especialmente à medida que o clima muda.

Biólogos da conservação sugerem o uso do conceito de zona de amortecimento sempre que possível na concepção e administração de reservas naturais. Isso significa proteger rigorosamente o núcleo interno de uma reserva, em geral estabelecendo uma ou mais zonas de amortecimento em que a população local pode extrair os recursos naturais de forma sustentável, sem prejudicar o núcleo interno (ver Estudo de caso a seguir). Em 2015, a ONU usou esse conceito para a criação de uma rede global de 669 reservas da biosfera em 120 países. No entanto, a maioria das reservas de biosfera fica aquém desses ideais de projeto e recebe poucos recursos financeiros para proteção e gerenciamento.

ESTUDO DE CASO

Identificando e protegendo a biodiversidade na Costa Rica

Por muitas décadas, a Costa Rica (**Estudo de caso principal**) tem usado agências de pesquisa do governo e particulares para identificar as plantas e os animais que fazem do país um dos mais biologicamente diversos do mundo (Figura 9.18). O governo consolidou parques e reservas do país em várias grandes áreas de preservação, ou megarreservas, criadas com o objetivo de manter cerca de 80% da biodiversidade do país (Figura 9.19).

Cada reserva contém um núcleo interno protegido, cercado por duas zonas de amortecimento que as populações locais e nativas podem usar para praticar extração de madeira sustentável, cultivar alimentos, criar gado, caçar, pescar e promover o ecoturismo. Em vez de expulsar os habitantes das áreas de reserva, essa abordagem envolve as pessoas locais como parceiros na proteção da reserva contra atividades como extração de madeira e caça ilegais. Essa é uma aplicação dos **princípios de sustentabilidade** de biodiversidade e de ganhos mútuos.

Além dos benefícios ecológicos, essa estratégia compensou financeiramente. Hoje, a maior fonte de renda da Costa Rica é o setor de turismo, que gera US$ 3 bilhões por ano. Quase dois terços do turismo do país envolvem o ecoturismo.

No entanto, existem algumas potenciais ameaças aos esforços de conservação da Costa Rica. Uma delas é o desmatamento de florestas para o cultivo de abacaxi em plantações para exportar para a China. O ecoturismo ajuda a financiar os parques e as iniciativas de conservação do país, além de reduzir a exploração de áreas preservadas, gerando renda para moradores das regiões visitadas, mas o número excessivo de ecoturistas pode degradar áreas sensíveis.

A abordagem ecossistêmica para a sustentação da biodiversidade terrestre: um plano de cinco pontos

A maioria dos biólogos e conservacionistas da vida selvagem acredita que a melhor maneira de não apressar a extinção de espécies selvagens por meio de atividades humanas é protegendo os habitats ameaçados e os

FOCO NA CIÊNCIA 9.2

Reintrodução do lobo-cinzento no Parque Nacional de Yellowstone

FIGURA 9.A Após ser quase extinto em grande parte do oeste dos Estados Unidos, o lobo-cinzento passou a fazer parte, em 1974, da lista de espécies em risco.

Em 1800, pelo menos 350 mil lobos-cinzentos (Figura 9.A) perambulavam em quase três quartos dos Estados Unidos (sem considerar Alasca e Havaí) especialmente no oeste. Eles sobreviviam principalmente de presas abundantes, como bisões, alces, caribus e cervos. Entre 1850 e 1900, a maioria deles foi caçada, pega em armadilhas ou envenenada por pecuaristas, caçadores e funcionários públicos. Esse processo quase levou o lobo-cinzento à extinção nessas áreas.

Os ecólogos reconhecem os importantes papéis que essa espécie-chave predatória desempenhava no Parque Nacional de Yellowstone. Esses lobos controlavam manadas de bisões, alces, caribus, veados-mula e populações de coiotes. Ao deixarem parte de suas caças não comidas, eles forneciam carne para animais necrófagos, como corvos, águias-carecas, arminhos, ursos e raposas.

Quando essa espécie de lobo começou a desaparecer, rebanhos de herbívoros, como alces, veados-mula, expandiram-se e devastaram a vegetação, como os salgueiros e álamos que crescem perto de córregos e rios. Isso causou erosão do solo e redução das populações de outras espécies de animais, como castores, que se alimentam de salgueiros e álamos. Esse processo, por sua vez, afetou espécies que dependiam das áreas úmidas criadas pelos castores que constroem barragens.

Em 1974, o lobo-cinzento foi listado como espécie ameaçada de extinção nos Estados Unidos (sem considerar Alasca e Havaí). Em 1987, o Serviço de Pesca e Vida Selvagem dos Estados Unidos (United States Fish and Wildlife Service – USFWS) propôs a reintrodução dos lobos-cinzentos no Parque Nacional de Yellowstone para ajudar a estabilizar o ecossistema. A proposta provocou protestos furiosos, pois alguns pecuaristas da área temiam que os lobos saíssem do parque e atacassem seu gado e suas ovelhas. Outras objeções vieram da parte de caçadores, que temiam que os lobos matassem muitos animais de caça, e de companhias mineradoras e madeireiras, que chegaram a aventar a possibilidade de que o governo interromperia as operações das empresas nas terras federais povoadas pelo lobo.

Em 1996, agentes do USFWS capturaram 41 lobos-cinzentos no Canadá e no noroeste de Montana e os realocaram para o Parque Nacional de Yellowstone. Os cientistas estimam que a capacidade de carga do parque, em longo prazo, seja de 110 a 150 lobos-cinzentos. Em 2016, o parque tinha 99 lobos em dez bandos.

Os cientistas usam coleiras de rastreamento por rádio para monitorar parte dos lobos e estudam os efeitos ecológicos da reintrodução desses animais. As pesquisas indicam que o retorno desse predador-chave diminuiu populações de alces, principal fonte de alimento dos lobos, e que os restos dos alces que eles matavam voltaram a ser uma fonte de alimentos importante para necrófagos.

No entanto, um estudo conduzido pelo cientista Matthew Kauffman, do Serviço Geológico (Geological Survey) dos Estados Unidos, indicou que os álamos não estavam se recuperando, apesar de uma queda de 60% no número de alces. O declínio das populações de alces também deveria permitir o retorno dos salgueiros nas margens dos rios, mas pesquisas mostram que essas árvores só se recuperaram parcialmente.

Os lobos reduziram a população de coiotes – o maior predador na ausência dos lobos – de Yellowstone pela metade. Isso diminuiu os ataques de coiotes a criações de gado das fazendas da região e resultou em populações maiores de animais pequenos, como esquilos e ratos, que são caçados por coiotes, águias e falcões.

De modo geral, esse experimento causou benefícios ecológicos importantes para o ecossistema de Yellowstone, mas pesquisas adicionais ainda são necessárias. O foco tem sido o lobo-cinzento, mas outros fatores, como a seca e o aumento das populações de ursos e pumas, podem ser importantes para as mudanças ecológicas observadas e precisam ser examinados.

A reintrodução do lobo também produziu benefícios econômicos para a região. Para muitos visitantes, uma das principais atrações do parque é a possibilidade de avistar lobos perseguindo suas presas nos amplos prados.

RACIOCÍNIO CRÍTICO

Se a população de lobos-cinzentos do parque atingisse sua capacidade de carga estimada de 110 a 150 indivíduos, você apoiaria um programa para matar alguns lobos e manter esse nível populacional? Justifique sua resposta. Você consegue propor outras alternativas?

FIGURA 9.18 Essa araracanga é uma das mais de 500 mil espécies encontradas na Costa Rica.

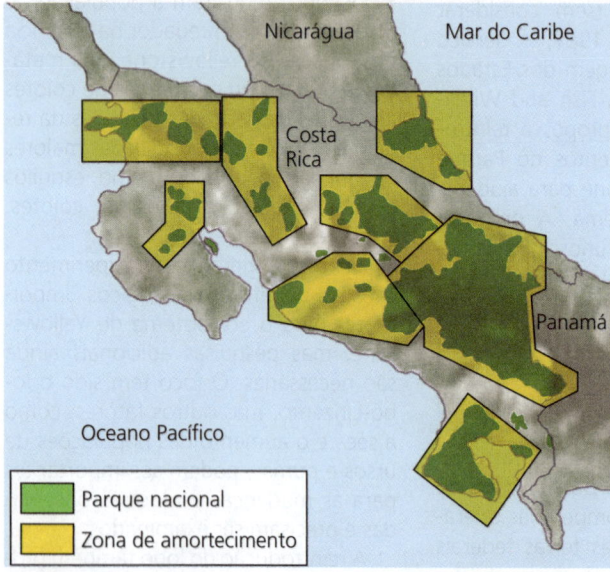

FIGURA 9.19 Soluções: A Costa Rica criou várias *megarreservas*. As áreas verdes são parques naturais protegidos, e as amarelas, zonas de amortecimento.

serviços ecossistêmicos fornecidos por eles. Essa abordagem dos ecossistemas normalmente emprega o plano de cinco pontos a seguir:

1. Mapear os ecossistemas terrestres do mundo e criar um inventário das espécies contidas em cada um deles e os serviços naturais que eles fornecem.
2. Identificar os ecossistemas terrestres que são resilientes e conseguem se recuperar quando não são destruídos por atividades humanas prejudiciais, além daqueles que são mais frágeis e precisam de proteção.
3. Proteger os ecossistemas e as espécies terrestres mais ameaçados, concentrando-se na proteção da biodiversidade vegetal e dos serviços ecossistêmicos.
4. Restaurar o maior número de ecossistemas.
5. Praticar o desenvolvimento amigável à biodiversidade, fornecendo incentivos financeiros (como incentivos fiscais) significativos e ajuda tecnológica para proprietários de terras particulares que concordarem em ajudar a proteger ecossistemas em risco.

Como proteger *hotspots* de biodiversidade e serviços ecossistêmicos

A abordagem dos ecossistemas exige a identificação e a adoção de medidas emergenciais para proteger os **hotspots de biodiversidade** da Terra, que são áreas ricas em espécies em risco de extinção, não encontradas em nenhum outro lugar e ameaçadas por atividades humanas (**Conceito 9.4b**). Essas áreas sofreram graves perturbações ecológicas, principalmente por causa do rápido crescimento da população humana e da pressão resultante sobre os recursos naturais e serviços ecossistêmicos.

A Figura 9.20 mostra 34 *hotspots* de biodiversidade terrestre identificados pelos biólogos. Segundo a IUCN, essas áreas cobrem pouco mais de 2% da superfície da Terra, mas abrigam a maioria das espécies ameaçadas ou em grave risco de extinção do mundo, além de 1,2 bilhão de pessoas. No entanto, apenas cerca de 5% da área total dos *hotspots* são protegidos por financiamentos governamentais e pela aplicação de leis.

Outra forma de manter a biodiversidade da Terra é identificar e proteger regiões em que serviços ecossistêmicos vitais (ver rótulos cor de laranja da Figura 1.3) estão sendo prejudicados. Os cientistas recomendam a identificação de áreas gravemente pressionadas com altos níveis de pobreza, nas quais a maioria das pessoas depende dos serviços ecossistêmicos para sobreviver.

FIGURA 9.20 Capital natural em risco: Biólogos identificaram esses 34 *hotspots* de biodiversidade. Compare este mapa com o mapa global da pegada ecológica humana, mostrado na Figura 1.9. ***Raciocínio crítico:*** Por que você acha que há tantos *hotspots* perto de áreas costeiras?

Dados compilados pelos autores usando dados do Center for Applied Biodiversity Science at Conservation International.

Restaurando ecossistemas deteriorados

Quase todo espaço natural da Terra foi, em algum grau, afetado por atividades humanas, mais frequentemente de maneira prejudicial. É possível reverter parcialmente grande parte dos danos por meio da **restauração ecológica**: o processo de reparo de danos aos ecossistemas causados por atividades humanas. Entre os exemplos de restauração ecológica estão replantio de florestas (ver Estudo de caso a seguir), reintrodução de espécies-chave nativas (Foco na ciência 9.2), remoção de espécies invasoras prejudiciais, liberação do fluxo de rios com a remoção de barragens e restauração de campos, recifes de coral, áreas úmidas e margens de rios (Figura 9.16, à direita). Essa é uma maneira importante de ampliar nosso impacto ambiental benéfico.

Ao estudar como os ecossistemas naturais se recuperam por meio da sucessão ecológica, os cientistas encontraram formas de restaurar ecossistemas degradados, como as quatro apresentadas a seguir:

- *Restauração* – Recuperar um habitat ou ecossistema degradado para a condição mais parecida possível com a original.
- *Reabilitação* – Transformar um ecossistema degradado em um ecossistema funcional ou útil sem tentar restaurá-lo à condição original. Eis alguns exemplos de como fazer isso: remover poluentes de espaços industriais abandonados e promover o replantio de árvores para reduzir a erosão do solo em florestas derrubadas.
- *Substituição* – Substituir um ecossistema degradado por outro tipo de ecossistema. Por exemplo, uma floresta degradada pode ser substituída por um pasto produtivo ou por uma plantação de árvores.
- *Criação de ecossistemas artificiais* – Criar, por exemplo, áreas úmidas artificiais para ajudar a reduzir inundações ou para tratar esgoto.

Pesquisadores sugeriram a estratégia de quatro etapas, a seguir, para realizar a maioria das formas de restauração ecológica e reabilitação.

1. Identificar as causas da degradação, como poluição, agricultura, pastoreio excessivo, mineração ou espécies invasoras.
2. Interromper a degradação ao eliminar ou reduzir drasticamente esses fatores.
3. Reintroduzir as espécies-chave para ajudar a restaurar os processos ecológicos naturais, como foi feito com os lobos-cinzentos no ecossistema de Yellowstone (Foco na ciência 9.2).
4. Proteger a área de sucessiva degradação e permitir que ocorra a recuperação natural (Figura 9.16, à direita).

ESTUDO DE CASO

Restauração ecológica de uma floresta tropical seca na Costa Rica

A Costa Rica (**Estudo de caso principal**) é o local de um dos maiores projetos de restauração ecológica do mundo. Nas terras baixas do Parque Nacional de Guanacaste, uma floresta tropical seca foi queimada, degradada e fragmentada para a conversão em fazendas para criação de gado e plantações agrícolas. Hoje, ela está sendo restaurada e reconectada a uma floresta tropical nas encostas das montanhas próximas.

Daniel Janzen, professor de biologia da conservação da Universidade da Pensilvânia e líder no campo de restauração ecológica, usou sua própria verba da Fundação MacArthur para comprar a área florestal de Guanacaste para designação como parque nacional, e também arrecadou mais de US$ 10 milhões para restaurar o parque.

Janzen reconhece que a restauração ecológica e a proteção do parque falharão, a menos que as pessoas das redondezas acreditem que serão beneficiadas por tais esforços. Segundo Janzen, as quase 40 mil pessoas que vivem nas proximidades do parque desempenham um papel fundamental na restauração da floresta.

No parque, fazendeiros locais são pagos para remover espécies não nativas e plantar sementes e mudas de árvores germinadas no laboratório de Janzen. Alunos dos ensinos fundamental e médio, universitários e grupos de cidadãos estudam a ecologia do parque e fazem visitas de campo. O fato de o parque estar localizado perto da Estrada Pan-Americana o torna uma área ideal para o ecoturismo, o que estimula a economia local.

O projeto também serve como campo de treinamento de restauração da floresta tropical para cientistas do mundo todo. Os pesquisadores que trabalham no projeto dão aulas como convidados e guiam algumas das visitas de campo. Janzen acredita que a educação, a conscientização e o envolvimento – e não guardas e cercas – são as melhores maneiras de se proteger ecossistemas, em grande parte intactos, do uso explorados de forma não sustentável. Essa é uma aplicação dos **princípios de sustentabilidade** de biodiversidade e de ganhos mútuos.

Compartilhando ecossistemas com outras espécies

Os seres humanos dominam a maioria dos ecossistemas do mundo, o que é uma causa da extinção das espécies e da perda de serviços ecossistêmicos. O ecólogo Michael L. Rosenzweig recomenda que os humanos compartilhem parte dos espaços que dominam com outras espécies, em uma abordagem que ele chama de **ecologia da reconciliação**. Essa ciência concentra-se em estabelecer e manter novos habitats para conservar a diversidade das espécies em locais onde as pessoas moram, trabalham ou se divertem.

Ao estimular formas sustentáveis de ecoturismo, as pessoas podem proteger a vida selvagem e os ecossistemas locais, além de gerar recursos econômicos para suas comunidades. Em Belize, na América Central, o biólogo conservacionista Robert Horwich ajudou a estabelecer um santuário local para o bugio-preto. Horwich convenceu os fazendeiros locais a abandonar as faixas de florestas para que estas servissem de habitat e corredores por meio dos quais esses macacos poderiam se deslocar. A reserva, administrada por uma cooperativa local de mulheres, atraiu ecoturistas e biólogos. Os moradores da região recebem um pagamento por abrigar e orientar esses visitantes.

Sem controles adequados, o ecoturismo pode causar a degradação de espaços consagrados caso sejam invadidos por visitantes ou degradados pela construção de hotéis e outras instalações turísticas. No entanto, quando gerenciado adequadamente, o ecoturismo pode ser uma forma útil de reconciliação ecológica.

A ecologia da reconciliação também é uma maneira de proteger serviços ecossistêmicos vitais. Por exemplo, algumas pessoas estão aprendendo a proteger insetos polinizadores, como borboletas e abelhas (ver **Estudo de caso principal** do Capítulo 8), que são vulneráveis a pesticidas e à perda de habitat. Bairros e governos municipais estão fazendo isso ao reduzir ou eliminar o uso de pesticidas em seus gramados, jardins, campos de golfe e parques. As pessoas também podem plantar flores em seus jardins, como uma fonte de alimentos para abelhas e outros polinizadores. De acordo com alguns especialistas em abelhas, os jardineiros que estão tentando ajudar esses insetos precisam evitar o uso de herbicidas de glifosato e plantas que contenham inseticidas neonicotinóides.

As pessoas também estão se unindo para proteger pássaros azuis em habitats dominados por humanos. Nessas regiões, as populações de pássaros azuis diminuíram, porque a maioria das árvores que eles usavam para fazer ninhos foram cortadas. O uso disseminado de caixas desenvolvidas para servir como ninhos artificiais para essas aves possibilitou o aumento das populações dessas espécies. A Figura 9.21 lista algumas formas de ajudar a manter a biodiversidade terrestre do planeta.

O que você pode fazer?

Como manter a biodiversidade terrestre

- Plantar árvores e cuidar delas
- Reciclar papel e comprar produtos de papel reciclado
- Comprar madeira e derivados produzidos de forma sustentável, bem como substitutos para a madeira, como móveis e assoalhos de plástico reciclado
- Ajudar a restaurar uma floresta ou um campo degradado
- Projetar o jardim com uma diversidade de plantas nativas

FIGURA 9.21 Pessoas que fazem a diferença: Formas de ajudar a manter a biodiversidade terrestre. *Raciocínio crítico:* Dessas ações, quais você considera mais importantes? Cite duas e justifique sua resposta. Qual delas você já pratica?

9.5 COMO PODEMOS SUSTENTAR A BIODIVERSIDADE AQUÁTICA?

CONCEITO 9.5A As espécies aquáticas e os serviços ecossistêmicos e econômicos fornecidos por elas são ameaçados por perda de habitat, espécies invasoras, poluição, mudanças climáticas e exploração excessiva.

CONCEITO 9.5B Podemos ajudar a sustentar a biodiversidade aquática e aumentar nosso impacto ambiental benéfico estabelecendo santuários protegidos, administrando o desenvolvimento costeiro, reduzindo a poluição da água e evitando a pesca excessiva.

As atividades humanas estão ameaçando a biodiversidade aquática

As atividades humanas são responsáveis pela destruição ou degradação de grande parte de áreas úmidas, recifes de coral, mangues e até do fundo do mar. Elas também abalaram muitos ecossistemas de água doce do mundo.

Os habitats do fundo do mar estão sendo degradados e destruídos pelos impactos de operações de dragagem e barcos de arrasto. As redes dos enormes barcos de arrasto, sobrecarregadas com pesadas correntes e placas de aço, como escavadeiras submersas gigantes, recolhem algumas espécies de peixes e crustáceos (Figura 9.22). Todos os anos, milhares de barcos de arrasto raspam e perturbam uma área do fundo do mar muitas vezes maior que a área total global das florestas que são desmatadas anualmente. Alguns cientistas marinhos consideram a pesca de arrasto no fundo do mar a maior perturbação da biosfera causada por seres humanos.

Durante este século, é provável que o aumento dos níveis do mar, causado principalmente pelas mudanças climáticas previstas, destrua muitos recifes de coral (Foco na ciência 7.4) e inunde algumas ilhas baixas, juntamente com suas protetoras florestas costeiras de mangue.

As águas oceânicas estão aquecendo em decorrência do calor absorvido da atmosfera mais quente. Um estudo do WRI estimou que 75% dos recifes de coral rasos do mundo correm risco de ser destruídos, principalmente por causa de uma combinação de águas mais quentes, pesca excessiva, poluição e acidificação oceânica (Foco na ciência 9.3). Esse último fator reduz os íons carbonato da água que os corais precisam para criar seus esqueletos de carbonato de cálcio. Hoje, os recifes de coral são expostos, em média, às águas oceânicas mais quentes e ácidas dos últimos 400 mil anos.

A destruição do habitat também é um problema nas zonas de água doce. As principais causas são a construção de barragens e a retirada excessiva de água de rios para irrigação e fornecimento de água urbana. Essas atividades destroem os habitats aquáticos, degradam os fluxos de água e interrompem a biodiversidade da água doce. Segundo a Lista Vermelha mais recente da IUCN, em todo o mundo, a taxa de extinção das espécies de água doce é cinco vezes maior que a das espécies terrestres.

Outro problema que ameaça a biodiversidade aquática é a introdução deliberada ou acidental de centenas de espécies invasoras nocivas (Figura 9.23) em águas costeiras, áreas úmidas e lagos por todo o mundo. De acordo com o Serviço de Pesca e Vida Selvagem dos Estados Unidos, os bioinvasores provocaram quase dois terços das extinções de peixes nos Estados Unidos desde 1900 e causaram grandes perdas econômicas.

FIGURA 9.22 Degradação do capital natural: Uma área do fundo do oceano antes (à esquerda) e depois (à direita) de ser raspada por uma rede de arrasto. ***Raciocínio crítico:*** Quais atividades terrestres são comparáveis a isso?

Sustentando a biodiversidade: salvando ecossistemas

FOCO NA CIÊNCIA 9.3

Acidificação oceânica: o outro problema do CO_2

Com a queima de uma quantidade cada vez maior de combustíveis fósseis que contêm carbono, especialmente desde a década de 1950, adicionamos CO_2 à atmosfera inferior em uma velocidade maior do que ele pode ser removido pelo ciclo do carbono (ver Figura 3.16). Ao menos 90% dos cientistas de clima do mundo concordam que esse aumento nos níveis de CO_2 está elevando a temperatura da atmosfera inferior e mudando o clima da Terra. Pesquisas extensas indicam que, se continuarmos aumentando os níveis de CO_2 da atmosfera, provavelmente causaremos abalos graves no clima do planeta ainda neste século, conforme discutiremos no Capítulo 15.

Outro problema ambiental grave associado às emissões de CO_2 é a **acidificação oceânica**. Os oceanos ajudaram a reduzir o aquecimento atmosférico e as mudanças climáticas ao absorver cerca de um quarto do excesso de CO_2 que as atividades humanas tinham acrescentado à atmosfera. Quando esse CO_2 absorvido é combinado com a água do oceano, ele forma ácido carbônico (H_2CO_3), um ácido fraco, que também é encontrado em refrigerantes. Esse processo aumenta o nível de íons hidrogênio (H^+) na água do oceano, deixando-a menos básica (pH mais baixo). Isso também reduz o nível de íons carbonato (CO_3^{2-}) na água, pois esses íons reagem com os íons hidrogênio (H^+) para formar íons bicarbonato (HCO_3^-).

O problema é que muitas espécies aquáticas, como fitoplâncton, corais, caramujos marinhos, caranguejos e ostras, usam íons carbonato para produzir carbonato de cálcio ($CaCO_3$), o principal componente de suas conchas e exoesqueletos. Em águas menos básicas, a concentração de íons carbonato cai (Figura 9.B), o que faz as espécies que produzem conchas e os recifes de coral crescerem mais lentamente. Quando a concentração de íons hidrogênio da água do mar dos arredores chega a níveis suficientemente altos, o carbonato de cálcio das conchas e dos exoesqueletos desses organismos começa a se dissolver.

De acordo com um estudo de 2013 conduzido por mais de 540 especialistas em acidificação oceânica de todo o mundo, a acidez média da água oceânica superficial aumentou em 30% (o que, na verdade, é uma redução de 30% da basicidade média) desde 1800, e até o fim deste século pode aumentar 170%. Segundo esse relatório, os oceanos estão ficando ácidos em uma velocidade "mais rápida do que nos últimos 300 milhões de anos". O relatório também alerta que isso prejudicaria a capacidade que os oceanos têm de ajudar a reduzir a velocidade das mudanças climáticas ao absorver o CO_2 da atmosfera.

Para a maioria dos cientistas marinhos, a única forma de desacelerar essas mudanças é com uma redução rápida e drástica do uso de combustíveis fósseis em todo o mundo, o que diminuiria as emissões massivas de CO_2 no ar, e deste para o oceano. Isso pode ser feito reduzindo-se drasticamente o desperdício de energia e mudando de uma dependência de combustíveis fósseis que contêm carbono para uma maior dependência de fontes como o sol, o vento e o calor armazenado no interior da Terra (energia geotérmica) nas próximas décadas. (Discutiremos esses assuntos nos capítulos 13 e 15.) Também podemos desacelerar o aumento dos níveis de acidez nas águas oceânicas protegendo e restaurando florestas de mangue, algas marinhas e brejos costeiros, pois esses sistemas aquáticos absorvem e armazenam parte do CO_2 que está no centro desse problema.

RACIOCÍNIO CRÍTICO

Como as perdas difundidas de algumas formas de vida marinha devido à acidificação oceânica afetam a vida na Terra? Como isso pode afetar a sua vida? (Dica: pense nas teias alimentares.)

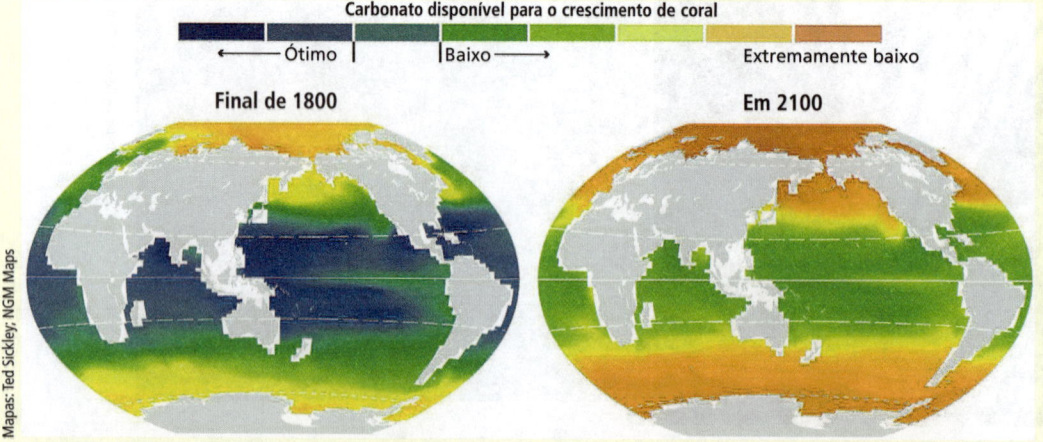

FIGURA 9.B Níveis de carbonato de cálcio nas águas oceânicas, calculados a partir de dados históricos (à esquerda) e projetados para 2100 (à direita). As cores, que passam de azul para vermelho, indicam que as águas estão ficando menos básicas. **Análise de dados:** Com base nesses mapas, quais são as duas áreas do planeta que tiveram as maiores mudanças?

Fontes: Andrew G. Dickson, Scripps Institution of Oceanography, U.C. San Diego e Sarah Cooley, Woods Hole Oceanographic Institution. Reproduzido com permissão da National Geographic.

FIGURA 9.23 O *peixe-leão comum* invadiu as águas costeiras do leste da América do Norte, onde ele tem poucos predadores. Um cientista descreveu o peixe-leão como "uma espécie invasora quase perfeita".

87% Porcentagem das áreas de pesca comerciais do mundo que foram totalmente exploradas ou esgotadas por pesca excessiva.

PARA REFLETIR

CONEXÕES Peixe-leão, destruição dos recifes de coral e economia

Pesquisadores descobriram que o peixe-leão invasor (Figura 9.23) come pelo menos 50 espécies de peixes, incluindo o peixe-papagaio, que normalmente consome algas dos arredores do recifes suficientes para evitar que elas cresçam demais e matem os corais. Os cientistas alertam que, em locais onde o peixe-leão passou a ser a espécie dominante, como nas Bahamas, onde o comércio turístico depende em grande medida dos recifes saudáveis, esse invasor representa uma grave ameaça aos recifes.

Pesca em excesso

Peixes e produtos derivados fornecem cerca de 20% da proteína animal do mundo para bilhões de pessoas. Uma área de pesca é a concentração de uma espécie aquática selvagem adequada para coleta comercial em dada área do oceano ou de um corpo de água.

Hoje, 4,4 milhões de barcos pesqueiros caçam e coletam peixes nos oceanos do mundo. As frotas industriais de pesca usam uma variedade de métodos para extrair peixes e crustáceos marinhos, entre elas, equipamentos de posicionamento global por satélite, dispositivos sonares para encontrar peixes, redes imensas, linhas de pesca longas, aviões e drones para observação e navios-fábrica refrigerados, capazes de processar e congelar as grandes quantidades de pescado. A Figura 9.24 mostra os principais métodos usados na extração comercial de peixes e crustáceos marinhos. As frotas altamente eficientes ajudam a suprir a demanda crescente por frutos do mar, mas alguns críticos apontam que elas estão pescando algumas espécies de forma excessiva, reduzindo a biodiversidade marinha e degradando serviços ecossistêmicos importantes.

De acordo com o Woods Hole National Fisheries Service, 57% das áreas de pesca do mundo foram totalmente exploradas e 30% foram exploradas excessivamente ou esgotadas. Essa exploração excessiva causou o colapso de algumas das maiores áreas de pesca do mundo (Figura 9.25).

Um resultado da eficiente caçada global por peixes é que os indivíduos maiores de espécies comercialmente valiosas, como bacalhau, marlim, peixe-espada e atum, estão ficando escassos. Um estudo conduzido por cientistas canadenses revelou que 90% ou mais dessas e de outras espécies predatórias de peixes grandes de mar aberto desapareceram entre 1950 e 2006, uma tendência que está aumentando. Outro efeito da pesca excessiva é que, quando as espécies predatórias maiores diminuem, espécies invasoras que se reproduzem rápido, como as águas-vivas (ver Estudo de caso a seguir), podem dominar o ambiente e atrapalhar teias alimentares dos oceanos.

O declínio das espécies comercialmente valiosas de peixes grandes fez a indústria da pesca começar a entrar em níveis tróficos inferiores das redes alimentares marinhas, passando para espécies marinhas menores, conhecidas como peixes forrageiros, como anchovas, arenques, sardinhas e camarões, como o krill. Entre os animais capturados, 90% são convertidos em farinha, óleo e alimentos para peixes criados em cativeiro. Os cientistas alertam que isso reduz o suprimento de alimentos para espécies maiores e dificulta a recuperação delas após a pesca excessiva. O resultado provável é que haverá mais abalos nos ecossistemas marinhos e nos serviços ecossistêmicos fornecidos por eles.

ESTUDO DE CASO

Perturbação de ecossistemas marinhos: invasões de águas-vivas

Em geral, as águas-vivas são encontradas em grandes colônias ou proliferações com milhares ou até milhões de indivíduos. Nos últimos anos, houve um aumento na proliferação de águas-vivas, e é normal que esses grupos alcancem o tamanho de cinco a seis quarteirões em diâmetro.

Sustentando a biodiversidade: salvando ecossistemas

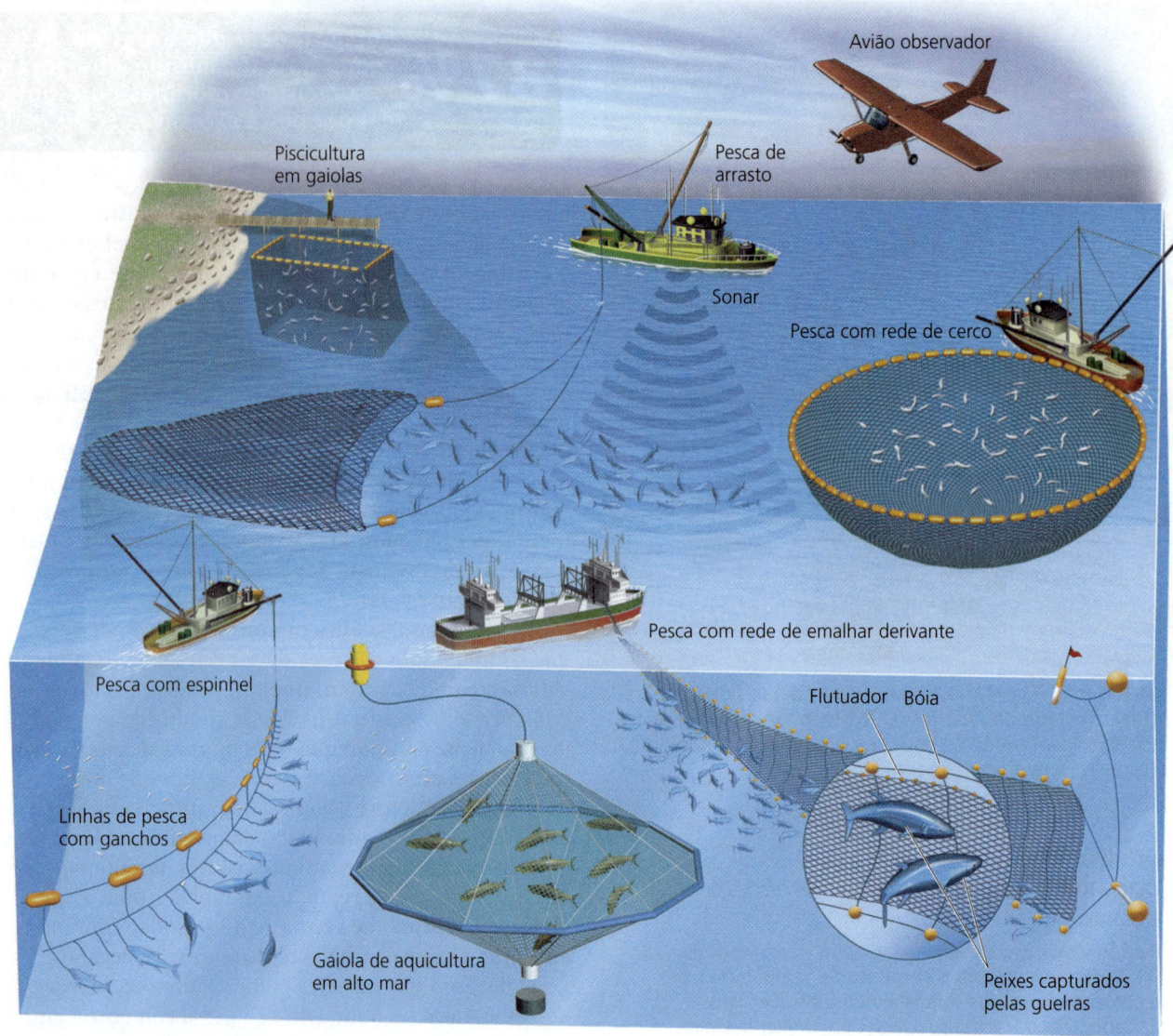

FIGURA 9.24 Principais métodos de pesca comercial usados para capturar espécies marinhas (além dos métodos usados para criar peixe pela aquicultura).

A proliferação desses animais causa fechamento de praias, interrupção de operações de pesca comercial ao obstruir ou rasgar as redes de pesca, destruição de fazendas de peixe e pane em motores de navios, e também pode fechar usinas de carvão e nucleares, bloqueando a entrada de água de resfriamento.

As águas-vivas se reproduzem rapidamente, e certas atividades humanas estão ajudando a aumentar suas populações. Isso inclui o esgotamento das populações de seus maiores predadores, a redução de populações de espécies de peixes que competem com as águas-vivas por alimentos, o aquecimento e a acidificação dos oceanos, a criação de grandes zonas sem oxigênio e a difusão de águas-vivas, que pegam carona nos navios, em todo o mundo.

De acordo com o oceanógrafo chinês Wei Hao e outros cientistas marinhos, o surpreendente crescimento das populações de águas-vivas ameaça abalar redes alimentares marinhas e serviços ecossistêmicos, além de transformar algumas das áreas oceânicas mais produtivas do mundo em impérios de águas-vivas. Depois que as águas vivas dominam um ecossistema marinho, elas podem dominá-lo por milhões de anos.

Protegendo e sustentando a biodiversidade marinha

Proteger a diversidade marinha é difícil por vários motivos:

- A pegada ecológica humana está aumentando tão rapidamente, que fica difícil monitorar o impacto humano sobre a diversidade marinha.
- Muitos dos danos aos oceanos e a outros corpos de água não são visíveis para a maioria das pessoas.
- Muitas pessoas consideram incorretamente o mar como um recurso inesgotável, capaz de absorver uma

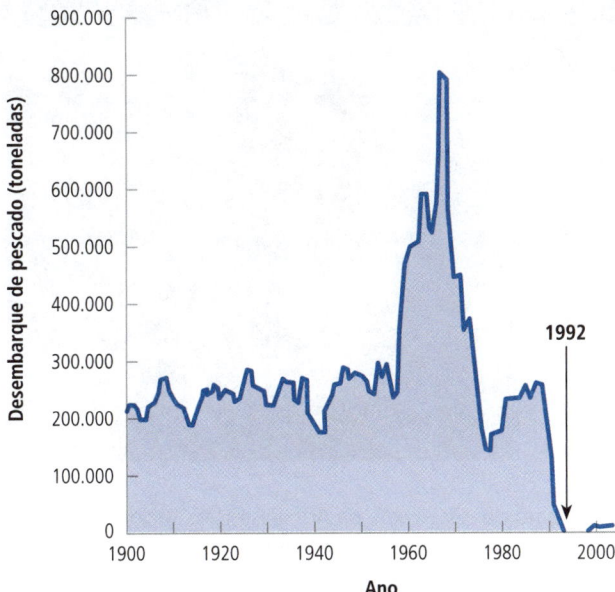

FIGURA 9.25 Degradação do capital natural: O colapso da área de pesca de bacalhau-do-Atlântico na ilha da Terra Nova. **Análise de dados:** Qual foi a porcentagem aproximada da queda na captura do bacalhau-do-Atlântico entre o pico dos anos 1960 e 1970?

Compilado pelos autores usando dados da Millennium Ecosystem Assessment.

quantidade quase infinita de resíduos e poluição e, ainda assim, produzir frutos do mar e todos os outros produtos que queremos.

- A maior parte da área oceânica do mundo está fora da jurisdição legal de qualquer país. Logo, trata-se de um recurso de acesso livre, sujeito à exploração excessiva. Este é um exemplo clássico da tragédia dos comuns (ver Capítulo 1).

Independentemente disso, há várias maneiras de proteger e manter a biodiversidade marinha, aumentando, assim, nosso impacto ambiental benéfico (**Conceito 9.5**). Por exemplo, podemos *proteger as espécies aquáticas em perigo e ameaçadas de extinção*, como visto no Capítulo 8, e restaurar e manter rios, áreas úmidas e outros sistemas aquáticos.

Podemos também *estabelecer santuários marinhos protegidos*. Desde 1986, a IUCN tem ajudado vários países a estabelecer um sistema global de *áreas marinhas protegidas (marine protected areas – MPAs)* – áreas de oceano parcialmente protegidas das atividades humanas. De acordo com o Serviço Nacional dos Oceanos dos Estados Unidos (U. S. National Ocean Service), existem mais de 5.800 MPAs em todo o mundo (mais de 1.800 nas águas dos Estados Unidos), cobrindo cerca de 2,8% da superfície oceânica do planeta, e os números estão aumentando. Porém, a maioria das MPAs permite dragagem, pesca de arrasto e outras atividades para extração de recursos prejudiciais para o meio ambiente. Além disso, muitas delas são pequenas demais para conseguir proteger espécies grandes.

Muitos cientistas e políticos reivindicam a proteção e a manutenção dos ecossistemas marinhos inteiros dentro de uma rede global de *reservas marinhas* de proteção integral, algumas das quais já existem. Essas áreas são declaradas zonas proibidas para pesca comercial, dragagem, mineração e descarte de resíduos com o objetivo de permitir que os ecossistemas se recuperem e floresçam.

Quando vigiadas e protegidas, as reservas marinhas funcionam rapidamente. Estudos mostram que, em reservas marinhas totalmente protegidas, em média, a população de peixes com valor comercial dobra, o tamanho dos peixeis aumenta quase um terço, a reprodução dos peixes triplica e a diversidade das espécies aumenta em aproximadamente um quarto. Essas melhorias podem acontecer de dois a quatro anos após o início da proteção estrita.

Apesar da importância de tal proteção, apenas 1,2% dos oceanos do mundo está totalmente protegido, em comparação com os 5% de terra do mundo. Em outras palavras, 98,8% dos oceanos do mundo não são eficazmente protegidos das atividades nocivas dos humanos. Além disso, muitas reservas existentes só são protegidas, de fato, no papel, devido à escassez de recursos financeiros e à necessidade de ter mais funcionários treinados para gerenciá-las e monitorá-las.

> **98,8%** Porcentagem dos oceanos do mundo que não têm proteção eficaz contra as atividades humanas prejuciciais.

Muitos cientistas marinhos querem destinar de 10% a 30% dos oceanos do mundo como reservas marinhas totalmente protegidas – uma maneira importante de aumentar nosso impacto ambiental benéfico. Sylvia Earle, uma das principais cientistas marinhas do mundo, está liderando essas iniciativas (Pessoas que fazem a diferença 9.1).

PARA REFLETIR

PENSANDO SOBRE Reservas

Você concorda com a ideia de destinar pelo menos 30% dos oceanos a reservas marinhas totalmente protegidas? Explique. Como isso afetaria a sua vida e a de seus filhos e netos? Como você financiaria essa proteção?

A restauração pode proteger a biodiversidade marinha

Um exemplo impressionante de restauração de um sistema marinho é a iniciativa do Japão para tentar restaurar seu maior recife de coral (90% morto) inserindo novos corais. Mergulhadores escavam buracos nos recifes mortos e inserem discos de cerâmica que contêm ramos de coral jovem. A Figura 9.26 mostra como a proteção ajudou a restaurar os recifes de coral perto da Ilha Kanton, um atol localizado no Pacífico Sul.

Sustentando a biodiversidade: salvando ecossistemas **217**

PESSOAS QUE FAZEM A DIFERENÇA 9.1

Sylvia Earle – Defensora dos oceanos

Sylvia Earle é uma das oceanógrafas mais respeitadas do mundo e exploradora da National Geographic Society. Ela assumiu um papel de liderança ao nos ajudar a entender e proteger os oceanos do mundo. A revista *Time* nomeou Sylvia como a primeira Heroína do Planeta e a Biblioteca do Congresso dos Estados Unidos a considera "uma lenda viva".

A pesquisadora liderou mais de cem expedições de pesquisa no oceano e passou mais de 7 mil horas debaixo d'água, mergulhando ou a bordo de submarinos, para estudar a vida no mar. As pesquisas de Sylvia concentram-se na ecologia e na preservação dos ecossistemas marinhos, com ênfase no desenvolvimento de tecnologias de exploração do fundo do mar.

Ela é autora de mais de 175 publicações e já participou de diversos programas de rádio e televisão. Durante sua longa carreira, também atuou como cientista-chefe da Administração Nacional Oceânica e Atmosférica dos Estados Unidos (U.S. National Oceanic and Atmospheric Administration – NOAA) e fundou três empresas dedicadas ao desenvolvimento de submarinos e de outros dispositivos para exploração e pesquisa em mar profundo. Recebeu mais de cem importantes honrarias nacionais e internacionais, incluindo um lugar no National Women's Hall of Fame.

Atualmente, Earle tem liderado uma campanha chamada Mission Blue, cujo objetivo é financiar pesquisas e obter apoio popular para a criação da rede global de áreas marinhas protegidas, que ela chama "pontos de esperança". Além disso, o propósito de Sylvia é ajudar a salvar e restaurar os oceanos, que ela chama de "coração azul do planeta". Ela diz: "Ainda há tempo, mas não muito, para mudar as coisas. O planeta majoritariamente azul nos manteve vivos. É hora de retribuirmos o favor".

Muitos cientistas apoiam iniciativas para restaurar sistemas aquáticos, mas alertam que esses projetos podem fracassar se os problemas que causaram a degradação não forem resolvidos. Eles também recomendam que nos concentremos mais em *evitar a degradação dos ecossistemas aquáticos*, um esforço muito mais barato e eficiente do que a restauração.

Por exemplo, um estudo conduzido pela IUCN e por cientistas do Nature Conservancy concluiu que os recifes de coral rasos e as florestas de mangue do mundo podem sobreviver às mudanças climáticas projetadas atualmente se reduzirmos outras ameaças, como a pesca excessiva e a poluição. Porém, embora algumas espécies de corais rasos consigam se adaptar a temperaturas mais elevadas, talvez elas não tenham tempo suficiente para fazer isso, a menos que a sociedade tome providências agora para desacelerar o aquecimento dos oceanos.

Abordagem dos ecossistemas para sustentar a biodiversidade aquática

Edward O. Wilson (ver Pessoas que fazem a diferença 4.1) e outros especialistas em biodiversidade sugeriram as prioridades a seguir para adotar uma abordagem do ecossistema para manter a biodiversidade aquática e os serviços ecossistêmicos:

- Mapear e fazer um inventário da biodiversidade aquática do mundo.
- Identificar e preservar os *hotspots* da biodiversidade aquática do mundo e as áreas nas quais a deterioração dos serviços ecossistêmicos ameaça as pessoas e muitas formas de vida aquáticas.
- Criar grandes reservas marinhas totalmente protegidas, para que os ecossistemas marinhos possam se recuperar e permitir o reabastecimento do estoque de peixes.
- Proteger e restaurar os sistemas de rios e lagos do mundo, que são os ecossistemas mais ameaçados do planeta, destacando a prevenção da poluição, já que as restaurações ecológicas são caras e têm uma alta taxa de falha.
- Iniciar projetos mundiais de restauração ecológica em sistemas como recifes de coral e áreas úmidas terrestres e costeiras.
- Descobrir formas de aumentar o rendimento das pessoas que vivem nas reservas ou perto delas, para que se tornem parceiras na proteção e no uso sustentável dos ecossistemas aquáticos.

Há cada vez mais evidências de que os efeitos prejudiciais das atividades humanas atuais sobre a biodiversidade aquática e os serviços ecossistêmicos podem ser revertidos ao longo das próximas duas décadas. Isso requer a implementação da abordagem dos ecossistemas para manter sistemas aquáticos e terrestres. De acordo com Edward O. Wilson, essas estratégias de conservação custariam cerca de 30 bilhões de dólares por ano – uma quantia que

FIGURA 9.26 Recuperação de um recife de coral em uma área protegida, perto da Ilha Kanton, no Pacífico Sul.
BRIAN J. SKERRY/National Geographic Creative

> **PARA REFLETIR**
>
> **PENSANDO SOBRE** O custo de sustentar os ecossistemas
>
> Você estaria disposto a pagar R$ 0,05 centavos de real a mais por cada xícara de café que comprasse para ajudar financiar a manutenção de ecossistemas e da biodiversidade? Consegue pensar em outras coisas pelas quais você se disporia a pagar um pouco mais para apoiar esse esforço?

poderia ser obtida pelo imposto de $ 0,05 por xícara de café consumido anualmente no mundo.

Essa estratégia para proteger a biodiversidade vital da Terra e aumentar nosso impacto ambiental benéfico não será implementada sem pressão política por parte de cidadãos e grupos organizados sobre as autoridades eleitas. Ela também exige cooperação entre cientistas, engenheiros, líderes de empresas e governos para aplicar o **princípio da sustentabilidade** de ganhos mútuos.

Uma parte fundamental dessa estratégia é que os indivíduos "votem pensando em suas carteiras", tentando comprar somente produtos e serviços que não tenham impactos prejudiciais sobre a biodiversidade terrestre e aquática.

GRANDES IDEIAS

- Os valores econômicos dos serviços ecossistêmicos fornecidos pelos ecossistemas do mundo são muito maiores do que o valor das matérias-primas obtidas desses sistemas.

- Podemos sustentar a biodiversidade terrestre e os serviços ecossistêmicos e aumentar nosso impacto ambiental benéfico protegendo as áreas remanescentes não perturbadas, restaurando os ecossistemas danificados e compartilhando com outras espécies grande parte da terra que dominamos.

- Podemos sustentar a biodiversidade aquática e aumentar nosso impacto ambiental benéfico estabelecendo santuários marinhos protegidos, gerenciando o desenvolvimento costeiro, reduzindo a poluição da água e evitando a pesca excessiva.

Sustentando a biodiversidade: salvando ecossistemas

Revisitando

Sustentando a biodiversidade da Costa Rica

Neste capítulo, vimos como as atividades humanas estão destruindo ou degradando grande parte da biodiversidade terrestre e aquática do planeta. Discutimos a importância de preservar o que resta dos diversos e altamente ameaçados *hotspots*, bem como de manter os serviços ecossistêmicos da Terra. Também analisamos formas de reduzir essa destruição e degradação usando os recursos da Terra de maneira mais sustentável e empregando a ecologia de restauração e da reconciliação. O **Estudo de caso principal** apresentou quase tudo isso ao relatar o que a Costa Rica está fazendo para proteger e restaurar sua preciosa biodiversidade.

A preservação da biodiversidade terrestre e aquática envolve a aplicação dos três **princípios científicos da sustentabilidade**. Primeiro, isso significa respeitar a biodiversidade e entender o valor de mantê-la. Além disso, se dependermos menos de combustíveis fósseis e recorrermos mais à energia solar direta e suas formas indiretas, como vento ou água corrente, vamos gerar menos poluição e interferir menos na ciclagem química e em outras formas de capital natural que sustentam a biodiversidade e nossas vidas e economias.

Também podemos aplicar os princípios econômicos, políticos e éticos da sustentabilidade para ajudar a preservar a biodiversidade. Colocando valor econômico nos serviços ecossistêmicos e incluindo esse valor nos preços de bens e serviços, reconheceríamos a importância deles com mais clareza. Trabalhando juntos para encontrar soluções de ganho mútuo para os problemas de degradação ambiental, beneficiaríamos tanto a Terra quanto seus moradores. A busca por essas soluções pode ser guiada pela responsabilidade ética de manter a biodiversidade e os serviços ecossistêmicos para as gerações atuais e futuras.

Revisão do capítulo

Estudo de caso principal

1. Resuma o histórico de esforços da Costa Rica para preservar sua ampla biodiversidade.

Seção 9.1

2. Quais são os dois conceitos-chave desta seção? Quais são os maiores benefícios ecológicos e econômicos fornecidos pelas florestas? Descreva os esforços de cientistas e economistas para atribuir um preço aos principais serviços ecossistêmicos fornecidos por florestas e outros ecossistemas. Diferencie **florestas virgens (primárias)**, **florestas secundárias** e **plantações de árvores** (florestas comerciais ou fazendas de árvores). Explique como o aumento do uso de plantações de árvores pode reduzir a biodiversidade geral das florestas e degradar a porção superior do solo.

3. Explique como a construção de estradas em florestas antes inacessíveis pode prejudicar esses ecossistemas. Diferencie corte seletivo, corte raso e corte por faixas na remoção de árvores. Quais são os dois tipos de incêndios florestais? Cite alguns dos benefícios de incêndios de superfície ocasionais.

4. O que é **desmatamento**? Cite os principais efeitos ambientais do desmatamento. Resuma a história do reflorestamento nos Estados Unidos. Quais são as tendências do desmatamento tropical? Cite as quatro maiores causas do desmatamento tropical. Explique como a disseminação do desmatamento tropical pode transformar uma floresta tropical em um campo tropical (savana).

Seção 9.2

5. Qual é o conceito-chave desta seção? O que é madeira com certificação de crescimento

sustentável? Cite quatro formas de administrar florestas de maneira mais sustentável. Cite três maneiras de reduzir os danos causados por incêndios florestais para as florestas e as pessoas. Quais são as duas maneiras de reduzir a necessidade de cortar árvores para fazer papel? Descreva a crise global da lenha. Como é o desmatamento no Haiti? Cite cinco formas de proteger florestas tropicais e usá-las de modo mais sustentável.

Seção 9.3

6. Qual é o conceito-chave desta seção? Diferencie **pradarias** e **pastagens**. O que é **pastoreio excessivo** e quais são seus efeitos prejudiciais do ponto de vista ambiental? Cite três formas de reduzir o pastoreio excessivo e usar pastos de modo mais sustentável.

Seção 9.4

7. Quais são os três conceitos-chave desta seção? Quais são as nove estratégias para manter a biodiversidade terrestre? Qual é a porcentagem das terras do planeta que está absolutamente protegida das atividades humanas prejudiciais? Qual é a porcentagem recomendada pelos biólogos da conservação? O que são **áreas selvagens** e por que elas são importantes, de acordo com biólogos da conservação? Resuma o histórico de proteção de áreas selvagens nos Estados Unidos. Quais são as principais ameaças ambientais aos parques nacionais no mundo e nos Estados Unidos? Descreva alguns dos efeitos ecológicos da reintrodução do lobo-cinzento no Parque Nacional de Yellowstone. O que é o conceito de zona de amortecimento? Como a Costa Rica aplicou essa abordagem?
8. Resuma a estratégia de cinco pontos recomendada por biólogos para proteger os ecossistemas terrestres. O que é um *hotspot* **de biodiversidade** e por que é importante proteger essas áreas? Explique a importância da proteção dos serviços ecossistêmicos e cite três formas de fazer isso. Defina **restauração ecológica**. Quais são as quatro abordagens para a restauração? Resuma a estratégia de quatro etapas baseada na ciência para conduzir processos de restauração e reabilitação ecológica. Descreva a restauração ecológica do Parque Nacional de Guanacaste, na Costa Rica. Defina **ecologia da reconciliação** e forneça três exemplos.

Seção 9.5

9. Qual é o conceito-chave desta seção? Resuma as ameaças à biodiversidade aquática que resultam de atividades humanas. O que é **acidificação oceânica** e por que ela é uma grande ameaça à biodiversidade aquática? Defina áreas de pesca e resuma quais são as ameaças às **áreas de pesca** marinhas. Descreva os principais métodos de coleta industrial de peixes. Qual porcentagem das áreas de pesca comerciais do mundo já foi totalmente explorada pela pesca excessiva? Explique como as águas-vivas podem perturbar ecossistemas marinhos e como as atividades humanas afetam as populações desses animais. Por que é difícil proteger a biodiversidade marinha? O que é uma área marinha protegida? O que é uma reserva marinha? Cite três formas de proteger a biodiversidade marinha. Qual porcentagem de oceanos do mundo está absolutamente protegida das atividades humanas prejudiciais em reservas marinhas? Resuma as contribuições de Sylvia Earle para a proteção da biodiversidade aquática. Descreva o papel da restauração para proteger a biodiversidade marinha. Cite seis formas de aplicar a abordagem dos ecossistemas para proteger a biodiversidade aquática.
10. Quais são as *três grandes ideias* do capítulo? Explique a relação entre a preservação da biodiversidade, como a realizada na Costa Rica, e os seis **princípios da sustentabilidade.**

Observação: os principais termos estão em negrito.

Raciocínio crítico

1. Por que você acha que a Costa Rica (**Estudo de caso principal**) reservou uma porcentagem muito maior do seu território para a conservação da biodiversidade do que os Estados Unidos? Os Estados Unidos devem reservar um território maior para essa finalidade? Justifique sua resposta.
2. No início dos anos 1990, Miguel Sanchez, agricultor de subsistência da Costa Rica, recebeu uma oferta de US$ 600 mil de um empreendedor do ramo hoteleiro por um pedaço de terra que ele e sua família vinham usando de maneira sustentável há muitos anos. Ao redor do terreno, que continha uma floresta tropical primária e uma praia de areia preta, havia uma área em rápido desenvolvimento. Sanchez recusou a oferta. Explique como a decisão do fazendeiro foi uma aplicação do **princípio da sustentabilidade** derivado da ética. O que você teria feito no lugar de Sanchez? Justifique.
3. Os países mais desenvolvidos devem fornecer pelo menos metade do dinheiro necessário para ajudar a preservar as florestas tropicais restantes nos países menos desenvolvidos? Por quê? Você acha que os benefícios econômicos e ecológicos de longo prazo dessas ações compensariam os custos econômicos em curto prazo? Explique.

Sustentando a biodiversidade: salvando ecossistemas

4. Você é a favor do estabelecimento de mais áreas selvagens nos Estados Unidos (ou no país onde você vive)? Justifique. Quais seriam algumas desvantagens dessa atitude?
5. Você é um advogado de defesa argumentando na corte pela preservação de uma floresta primária que construtoras querem remover para desenvolver um bairro. Dê seus três melhores argumentos para preservar esse ecossistema. Como você rebateria o argumento de que preservar a floresta prejudicaria a economia, causando perda de empregos no setor madeireiro?
6. Na sua opinião, quais são as três maiores ameaças à biodiversidade aquática e aos serviços ecossistêmicos aquáticos? Explique seu raciocínio sobre cada uma delas. Imagine que você seja um agente público responsável por definir políticas para a preservação da biodiversidade aquática e crie um plano para lidar especificamente com essas ameaças.
7. Alguns cientistas consideram a acidificação oceânica uma das ameaças ambientais e econômicas mais graves enfrentadas pelo mundo. Como você acha que está contribuindo com esse fenômeno em sua vida cotidiana? Identifique três coisas que você pode fazer para ajudar a reduzir a ameaça da acidificação oceânica.
8. Como você acha que a sua vida e a de seus filhos e netos serão afetadas se não conseguirmos controlar a disseminação das populações de águas vivas? Cite três medidas que você pode adotar para ajudar a evitar que isso aconteça.

Fazendo ciência ambiental

Selecione uma área que abrigue uma variedade de plantas e animais perto de onde você mora ou estuda. Pode ser um jardim, um terreno abandonado, um parque, uma floresta ou alguma parte do campus. Visite essa área pelo menos três vezes e faça uma análise das plantas e dos animais encontrados lá, incluindo árvores, arbustos, plantas rasteiras, insetos, répteis, anfíbios, aves e mamíferos. Além disso, colete uma pequena amostra do solo superficial e descubra quais organismos vivem nele. Não se esqueça de pedir permissão para o dono ou administrador do terreno antes de fazer qualquer escavação. Use manuais e outros recursos para ajudar a identificar as espécies diferentes, registre suas descobertas e categorize-as de acordo com os tipos gerais de organismos anteriormente listados. Depois, faça pesquisas para saber mais sobre os serviços ecossistêmicos que alguns ou todos esses organismos fornecem. Tente descobrir e registrar cinco serviços. Por fim, faça pesquisas para encontrar a faixa de valores que os economistas atribuíram a esses serviços ecossistêmicos em nível global. Escreva um resumo das suas descobertas.

Análise da pegada ecológica

Fishprint, ou pegada ecológica da pesca, é a medida da extração de peixes de um país em termos de área. A unidade de área usada na análise dessa pegada ecológica é o hectare global (gha), uma unidade ponderada para refletir a produtividade ecológica relativa da área pescada. Quando comparada com a biocapacidade sustentável da área de pesca (sua capacidade de fornecer um suprimento estável de peixes ano após ano, expressa em termos de produção por área), a *fishprint* indica se a extração anual de peixes do país é sustentável. A *fishprint* e a biocapacidade são calculadas com as fórmulas a seguir:

Fishprint (gha) = toneladas de peixes extraídos por ano/produtividade em toneladas por hectare × fator de ponderação

Biocapacidade (gha) = rendimento sustentado de peixes em toneladas por ano/produtividade em toneladas por hectare × fator de ponderação

O gráfico a seguir mostra a *fishprint* total da Terra e a biocapacidade entre 1950 e 2000. Analise os dados e responda às questões propostas:

1. Responda as perguntas a seguir com base no gráfico:
   a. Em que ano a *fishprint* global começou a ultrapassar a capacidade biológica dos oceanos do mundo?
   b. No ano 2000, em quanto a *fishprint* global ultrapassou a capacidade biológica dos oceanos do mundo?
2. Suponha que um país extraia 18 milhões de toneladas de peixe por ano de uma área oceânica com produtividade média de 1,3 toneladas por hectare e fator de ponderação de 2,68. Qual é a *fishprint* anual desse país?
3. Considerando que biólogos determinaram que o rendimento sustentado de peixes nesse país é 17 milhões de toneladas por ano, responda:
   a. Qual será a capacidade biológica sustentável do país?
   b. A extração anual de peixes desse país é sustentável?
   c. Até que ponto, em termos percentuais, o país está subestimando ou ultrapassando sua capacidade biológica?

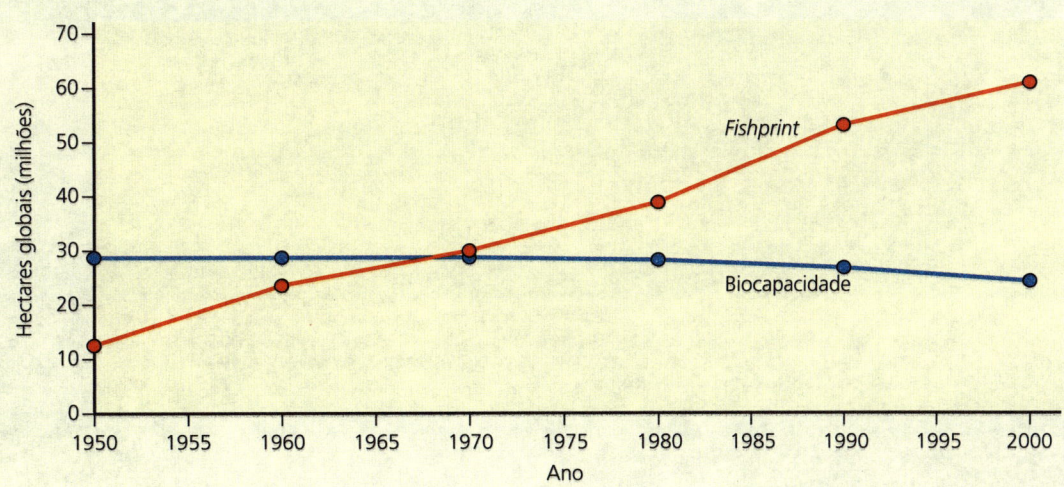

CAPÍTULO 10

Produção de alimentos e meio ambiente

"Existem dois perigos espirituais em não ter uma fazenda: supor que o café da manhã vem da padaria e imaginar que o calor vem da fornalha."

ALDO LEOPOLD

Principais questões

10.1 O que é segurança alimentar e por que é difícil obtê-la?

10.2 Como os alimentos são produzidos?

10.3 Quais são os efeitos ambientais da produção de alimentos industrializados?

10.4 Como podemos proteger as culturas das pragas de forma mais sustentável?

10.5 Como podemos produzir alimentos de forma mais sustentável?

10.6 Como podemos melhorar a segurança alimentar?

O Rodale Research Center, em Kutztown, Pensilvânia, conduz pesquisas sobre cultivo orgânico e outras formas de agricultura.

Jim Richardson/National Geographic Creative

Estudo de caso principal
Growing Power – um oásis alimentar urbano

Um deserto alimentar é uma área urbana em que as pessoas têm pouco ou nenhum acesso a mercados ou outras fontes de alimentos nutritivos. Estima-se que 23,5 milhões de estadunidenses, entre eles, 6,5 milhões de crianças, vivam em bairros como esses. Eles tendem a recorrer a lojas de conveniência e restaurantes de *fast-food* para comprar suas refeições, normalmente compostas de alimentos calóricos e altamente processados, que podem causar obesidade, diabetes e doenças cardíacas.

Will Allen (Figura 10.1) é um dos seis filhos de um arrendatário e cresceu em uma fazenda em Maryland. Ele deixou a vida na fazenda para fazer universidade e seguir carreira como jogador profissional de basquete e, depois, iniciou uma carreira de sucesso no marketing corporativo. Em 1993, Allen decidiu voltar às suas raízes. Ele comprou a última fazenda ativa dentro dos limites da cidade de Milwaukee, no Wisconsin, e, posteriormente, criou um oásis em um deserto alimentar.

Nesse pequeno terreno urbano, Allen desenvolveu a Growing Power, Inc. Como uma fazenda com base ecológica, ela exibe formas de cultivo agrícola que aplicam todos os três **princípios científicos da sustentabilidade** (ver última página deste livro). A fazenda de Allen é parcialmente alimentada por sistemas solares de energia elétrica e aquecimento de água, e usa diversas estufas para captar energia solar para cultivar alimentos o ano todo. A fazenda produz uma impressionante diversidade de culturas, com cerca de 150 variedades de produtos agrícolas orgânicos. E também produz galinhas, perus, cabras, peixes e abelhas criados organicamente. Além disso, os nutrientes da fazenda são reciclados de formas criativas. Por exemplo, resíduos dos peixes da fazenda fornecem nutrientes para algumas das plantações.

Os produtos da fazenda são vendidos localmente nas lojas da Growing Power em toda a região e para restaurantes. Allen trabalhou com a cidade de Milwaukee para estabelecer o programa "Farm-to-City Market Basket"*, por meio do qual as pessoas podem programar a entrega semanal de produtos orgânicos por preços modestos.

Além disso, a Growing Power administra um programa educacional em que crianças visitam a fazenda e aprendem sobre a origem dos alimentos. Todos os anos, Allen também treina cerca de mil pessoas que querem aprender métodos de agricultura orgânica. A fazenda firmou uma parceria com a cidade de Milwaukee para criar 150 novos empregos ecológicos para trabalhadores desempregados e de baixa renda, que constroem estufas e cultivam alimentos orgânicos. A Growing Power se expandiu, abrindo uma fazenda urbana em um bairro de Chicago, Illinois, e montando espaços de treinamento em mais cinco estados.

Por causa de seus esforços criativos e ativos, Allen recebeu inúmeros prêmios conceituados. No entanto, o que lhe dá mais orgulho é o fato de que sua fazenda urbana ajuda a alimentar mais de 10 mil pessoas por ano, além de colocar pessoas para trabalhar no cultivo de bons alimentos. Neste capítulo, você aprenderá sobre como os alimentos são produzidos, os efeitos ambientais dessa produção e como realizar esses processos de modo mais sustentável.

FIGURA 10.1 Em 1996, Will Allen fundou a Growing Power, uma fazenda urbana em Milwaukee, Wisconsin.

* Cesta de mercado da fazenda para a cidade. (N. do R. T.)

10.1 O QUE É SEGURANÇA ALIMENTAR E POR QUE É DIFÍCIL OBTÊ-LA?

CONCEITO 10.1A Nos países menos desenvolvidos, muitas pessoas têm problemas de saúde porque há escassez de alimento, enquanto aquelas que vivem em países mais desenvolvidos têm problemas de saúde por comerem demais.

CONCEITO 10.1B Há muitos obstáculos para fornecer comida suficiente para toda a população do planeta: pobreza, guerra, condições meteorológicas ruins, mudanças climáticas e efeitos ambientais nocivos da produção de comida industrializada.

A pobreza é a principal causa da insegurança alimentar

Segurança alimentar é a condição em que as pessoas têm acesso a uma quantidade suficiente de alimentos seguros e nutritivos para seguir um estilo de vida saudável e ativo. Mais de 1 bilhão de pessoas trabalham na agricultura, plantando em quase 38% da superfície continental livre de gelo do planeta. Esses trabalhadores produzem uma quantidade de alimentos mais do que suficiente para atender às necessidades nutricionais básicas de todos os indivíduos da Terra. Apesar do excesso de alimentos, uma em cada nove pessoas do mundo (cerca de 800 milhões ao todo) não consegue o suficiente para comer. Essas pessoas enfrentam **insegurança alimentar** por terem de viver com fome crônica e nutrição deficiente, condições que ameaçam sua capacidade de seguir estilos de vida saudáveis e ativos (**Conceito 10.1A**).

A maioria dos especialistas em agricultura concorda que *a principal causa da insegurança alimentar é a pobreza*, que impede as pessoas de cultivar ou comprar alimentos nutritivos para viver de maneira saudável e ativa. Isso não é nenhuma surpresa, visto que, em 2014, segundo o Banco Mundial, uma em cada três pessoas, ou 2,6 bilhões de indivíduos, lutava para sobreviver com o equivalente a US$ 3,10 por dia, enquanto outras 900 milhões de pessoas viviam com o equivalente a US$ 1,90 ou menos por dia. Outros obstáculos para a segurança alimentar são guerras, corrupção, condições climáticas ruins (como secas prolongadas, inundações e ondas de calor) e mudanças climáticas (**Conceito 10.1B**).

Todos os dias são adicionadas cerca de 246 mil pessoas à mesa de jantar do mundo, e muitas delas terão pouco ou nenhum alimento em seus pratos. Até 2050, a probabilidade é que haja, no mínimo, mais 2,5 bilhões de pessoas para alimentar. A maioria desses recém-chegados nascerá em grandes cidades de países menos desenvolvidos. Uma questão fundamental para nós é: Como alimentaremos a população projetada de 9,9 bilhões de pessoas em 2050 sem causar danos graves ao meio ambiente? Ao longo deste capítulo, vamos explorar as possíveis respostas a essa pergunta.

Fome crônica e desnutrição

Para que possamos manter boa saúde e ter resistência a doenças, precisamos de grandes quantidades de *macronutrientes*, como proteínas, carboidratos e gorduras, e de quantidades menores de *micronutrientes*, que consistem em várias vitaminas, como A, B, C e E, e minerais, como ferro, iodo e cálcio.

As pessoas que não cultivam nem compram alimentos suficientes para atender às necessidades básicas de sustento sofrem de **subnutrição crônica** ou **fome**, transtornos que ameaçam a capacidade que elas têm de levar uma vida saudável e produtiva (**Conceito 10.1A**). A maioria das pessoas que passam fome no mundo só tem acesso a uma dieta vegetariana com pouca proteína e muito carboidrato, que consiste basicamente em grãos

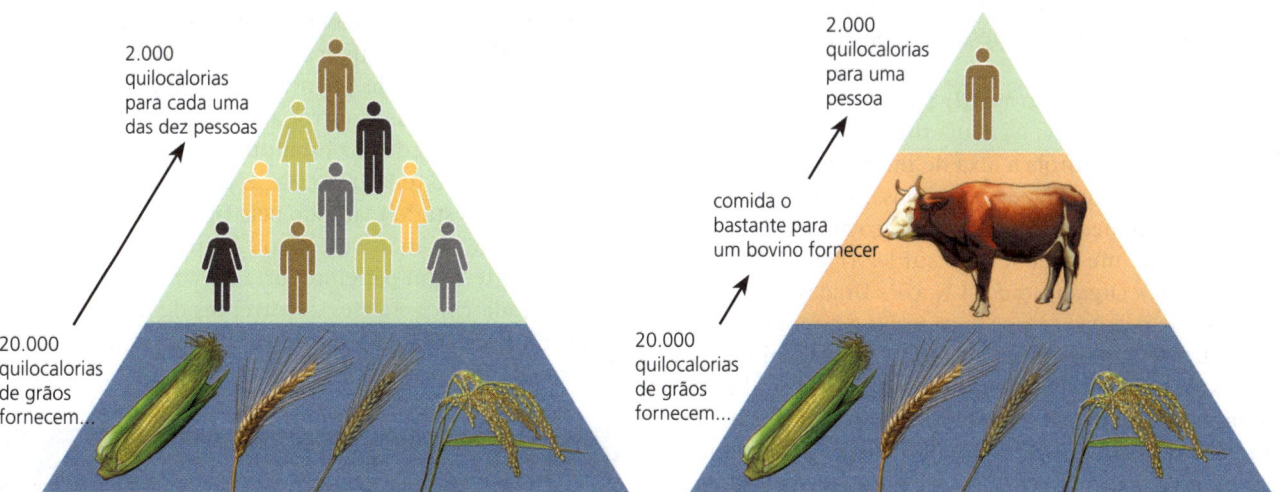

FIGURA 10.2 Os mais pobres não conseguem se dar ao luxo de comer carne e sobrevivem comendo itens inferiores da cadeia alimentar, em uma dieta rica em grãos.

Produção de alimentos e meio ambiente • **227**

como trigo, arroz e milho. Em outras palavras, elas vivem na parte inferior da cadeia alimentar (Figura 10.2).

Nos países mais desenvolvidos, as pessoas que vivem em desertos alimentares (**Estudo de caso principal**) têm um problema parecido, mas a dieta desses indivíduos abusa de alimentos baratos com excesso de gordura, açúcar e sal. Em ambos os casos, as pessoas sofrem com **desnutrição crônica**, uma condição em que não consomem quantidades suficientes de proteína e de outros nutrientes importantes. Isso pode deixá-las mais fracas e vulneráveis a doenças, além de impedir o desenvolvimento físico e mental normal das crianças.

De acordo com a Organização das Nações Unidas para a Alimentação e a Agricultura (Food and Agriculture Organization – FAO), em 2015 havia quase 793 milhões de pessoas cronicamente subnutridas e desnutridas no mundo. Segundo a FAO, pelo menos 3,1 milhões de crianças menores de 5 anos morreram em decorrência de fome crônica e desnutrição em 2013 (dados mais recentes disponíveis). No mundo, o número e a porcentagem de pessoas que sofrem com fome crônica estão em queda desde 1992, mais ainda há um longo caminho a se percorrer.

Falta de vitaminas e minerais

Aproximadamente 2 bilhões de pessoas, a maioria delas de países menos desenvolvidos, sofrem com a deficiência de uma ou mais vitaminas ou minerais, em geral, *vitamina A, ferro* e *iodo* (**Conceito 10.1A**). De acordo com a Organização Mundial da Saúde (OMS), pelo menos 250 mil crianças menores de 6 anos ficam cegas todos os anos, a maioria em países menos desenvolvidos, por falta de vitamina A e, em um ano, mais da metade delas morre. O fornecimento adequado de vitamina A e zinco para as crianças pode salvar 145 mil vidas por ano.

A deficiência de *ferro* (Fe) no sangue é uma condição chamada *anemia*, que causa fadiga, torna infecções mais prováveis e aumenta as chances de as mulheres morrerem de hemorragia no parto. De acordo com a OMS, uma em cada cinco pessoas no mundo – a maioria mulheres e crianças que vivem em países menos desenvolvidos – sofre de deficiência de ferro.

O elemento químico *iodo* (I) é essencial para o funcionamento adequado da glândula tireoide, que produz um hormônio que controla a taxa de metabolismo do corpo. A carência crônica de iodo pode causar crescimento atrofiado, retardo mental e bócio – inchaço anormal da glândula tireoide que pode levar à surdez (Figura 10.3). De acordo com a Organização das Nações Unidas (ONU), 600 milhões de pessoas (quase duas vezes a população atual dos Estados Unidos) sofrem de bócio, principalmente em países menos desenvolvidos. Além disso, 26 milhões de crianças sofrem danos cerebrais irreversíveis todos os anos por falta de iodo. A FAO e a OMS estimam que a eliminação desse sério problema de saúde por meio do acréscimo de traços de iodo ao sal custaria algo em torno de dois a três centavos por ano para cada pessoa do planeta.

FIGURA 10.3 Esta mulher tem bócio, um aumento da glândula tireoide causado por uma dieta com pouco iodo.

Problemas de saúde decorrentes do excesso de comida

A **supernutrição** ocorre quando o consumo de energia por meio da alimentação excede o gasto de energia e causa excesso de gordura corporal. Muitas calorias, pouco exercício ou ambos podem causar esse tipo de problema. Pessoas subnutridas e abaixo do peso, bem como aquelas com excesso de alimentação e sobrepeso, enfrentam problemas de saúde semelhantes: *baixa expectativa de vida, maior suscetibilidade a doenças* e *produtividade e qualidade de vida baixas* (**Conceito 10.1A**).

Vivemos em um mundo em que, segundo a OMS, cerca de 793 milhões de pessoas têm problemas de saúde porque não dispõem de alimentos nutritivos suficientes e 2,1 bilhões apresentam problemas de saúde causados, principalmente, pelo consumo excessivo de açúcar, gordura e sal. Esse tipo de alimentação e um estilo de vida pouco ativo causam excesso de peso ou obesidade nesses indivíduos.

De acordo com estatísticas de 2015 dos Centros de Controle e Prevenção de Doenças dos Estados Unidos (U.S. Centers for Disease Control and Prevention – CDC), cerca de 72% dos adultos estadunidenses com mais de 20 anos e 33% de todas as crianças estão acima do peso ou obesos. Um estudo realizado pela Universidade de Columbia e a Fundação Robert Wood Johnson revelou que a obesidade tem um papel importante em praticamente uma em cada cinco mortes decorrentes de doenças cardíacas, derrame, diabetes do tipo 2 e algumas formas de câncer nos Estados Unidos.

72% Porcentagem de adultos estadunidenses acima de 20 anos que estão obesos (38%) ou acima do peso (34%)

10.2 COMO OS ALIMENTOS SÃO PRODUZIDOS?

CONCEITO 10.2 Usamos a agricultura industrializada com altos insumos e a agricultura tradicional com baixos insumos para aumentar consideravelmente o fornecimento de alimentos.

A produção de alimentos aumentou significativamente

Três sistemas fornecem a maioria dos nossos alimentos. *Terras de cultivo* que produzem grãos – principalmente arroz, trigo e milho –, fornecem cerca de 77% dos alimentos do mundo. O restante é fornecido por *pastagens, pastos, confinamentos*, que produzem carne e derivados, e *áreas de pesca* e *aquicultura* (fazenda de piscicultura), que oferecem peixes e crustáceos.

Esses três sistemas dependem de um pequeno número de espécies de plantas e animais. Pelo menos metade da população mundial sobrevive principalmente de três culturas de grãos – *arroz*, *trigo* e *milho* –, pois não consegue pagar pelo consumo de carne. Apenas poucas espécies de mamíferos e peixes fornecem a maioria da carne e dos frutos do mar do mundo.

Essa especialização alimentar coloca os seres humanos em uma posição vulnerável. Se alguma das poucas variedades agrícolas, raças de gado e espécies de peixes ou crustáceos das quais as pessoas dependem se esgotar, as consequências podem ser terríveis. Esse esgotamento pode ser causado por doenças de plantas ou animais, degradação ambiental ou mudanças climáticas. A especialização alimentar viola o **princípio de sustentabilidade** da biodiversidade, que recomenda a dependência de uma variedade de fontes de alimentos como uma apólice de seguros ecológica para lidar com mudanças nas condições ambientais.

Apesar dessa vulnerabilidade genética, desde a década de 1960 há um impressionante aumento na produção global de alimentos dos três principais sistemas (**Conceito 10.2**). Três grandes avanços tecnológicos foram particularmente importantes: (1) o desenvolvimento da **irrigação** – uma combinação de métodos por meio dos quais a água é levada para as plantações artificialmente; (2) **fertilizantes sintéticos** – produtos químicos manufaturados que contêm nutrientes como nitrogênio, fósforo, potássio, cálcio e muitos outros; e (3) **pesticidas sintéticos** – produtos químicos manufaturados para matar ou controlar populações de organismos que interferem na produção agrícola.

Agricultura industrializada

Existem dois grandes tipos de agricultura: industrializada e tradicional. A **agricultura industrializada** ou de **alto uso de insumos** usa equipamentos motorizados (Figura 10.4) e grandes quantidades de capital financeiro, combustíveis fósseis, água, fertilizantes inorgânicos comerciais e pesticidas. A agricultura industrializada produz uma única cultura por vez em cada pedaço de terra, prática conhecida como **monocultura**. O objetivo principal da agricultura industrializada é aumentar constantemente o *rendimento* de cada safra – a quantidade de alimento produzido por unidade de terra. Esse tipo agricultura é praticado em 25% de todas as terras cultiváveis, a maioria em países mais desenvolvidos, e produz cerca de 80% dos alimentos do mundo (**Conceito 10.2**).

A **agricultura de plantio** é uma forma de agricultura industrializada presente em países tropicais em desenvolvimento. Envolve o cultivo de *safras comerciais*, como bananas, café, vegetais, soja (a maioria para alimentar o gado, ver Figura 1.6), cana-de-açúcar (para produzir açúcar e etanol), óleo de palma (usado como óleo de cozinha e para produzir biodiesel). Esses produtos são cultivados em grandes plantações de monocultura, principalmente para exportação para países mais desenvolvidos.

Agricultura tradicional

A agricultura tradicional com poucos insumos fornece cerca de 20% das safras de alimentos do mundo, em quase 75% da terra cultivada, principalmente em países menos desenvolvidos.

Há dois tipos principais de agricultura tradicional. A **agricultura tradicional de subsistência** combina a energia do Sol com o trabalho humano e animais de tração para produzir colheitas destinadas à sobrevivência de uma família de fazendeiros, sobrando pouco para vender ou armazenar como reserva para tempos difíceis. Na **agricultura tradicional intensiva**, os agricultores tentam obter mais produtos, aumentando a entrada de mão de obra humana e de animais de tração, esterco animal com fertilizante e água. Quando as condições meteorológicas cooperam, os agricultores produzem alimento suficiente para suas famílias e para vender.

Alguns agricultores tradicionais cultivam somente uma cultura, no entanto, muitos cultivam várias culturas no mesmo lote simultaneamente, uma prática conhecida como **policultura**. Esse método depende da energia solar e de fertilizantes naturais, como esterco animal. As várias culturas amadurecem em épocas diferentes, fornecendo alimentos o ano todo e mantendo a superfície do solo coberta para reduzir a erosão causada pelo vento e pela água. A policultura também reduz a necessidade de fertilizantes e água, porque os sistemas de raízes em diferentes profundidades do solo capturam nutrientes e umidade de maneira mais eficiente.

FIGURA 10.4 Este fazendeiro, colhendo uma safra de trigo no meio oeste dos Estados Unidos, depende de equipamentos pesados caros e usa grandes quantidades de sementes, fertilizantes e pesticidas inorgânicos manufaturados e combustíveis fósseis para produzir a safra.

Brenda Carson/Shutterstock.com

A policultura é uma aplicação do **princípio de sustentabilidade** da biodiversidade. A diversidade de produtos ajuda a proteger e reabastecer o solo, reduzindo a chance de perda da maior parte ou de toda a produção de alimentos do ano para pragas, condições climáticas ruins ou outras fatalidades. Pesquisas mostram que, em média, a policultura com baixo uso de insumos produz rendimentos médios mais altos do que a monocultura industrializada com alto uso de insumos usando menos energia e recursos e fornecendo mais segurança alimentar para pequenos agricultores. Os ecólogos Peter Reich e David Tilman descobriram, por exemplo, que terrenos com policulturas, com 16 espécies de plantas controladas cuidadosamente, excederam a produção de terrenos com nove, quatro ou somente uma espécie de planta.

Essa pesquisa explica por que alguns analistas argumentam a favor da expansão do uso da policultura para produzir alimentos de maneira mais sustentável. A fazenda Growing Power (**Estudo de caso principal**) pratica a policultura por meio do cultivo de uma variedade de produtos em estufas baratas, uma aplicação dos **princípios de sustentabilidade** de energia solar e biodiversidade.

> **PARA REFLETIR**
> **APRENDENDO COM A NATUREZA**
> Cientistas estão estudando a biodiversidade natural para aprender a cultivar alimentos com a policultura. A ideia é usar sistemas estáveis de produção agrícola, menos vulneráveis às ameaças ambientais do que as plantações de monocultura, e aumentar o rendimento.

Agricultura orgânica

Um setor com rápido crescimento na produção de alimentos nos Estados Unidos e no mundo é a **agricultura orgânica**. As plantações orgânicas são cultivadas sem o uso de pesticidas sintéticos, fertilizantes inorgânicos sintéticos e variedades geneticamente modificadas. Os animais são criados com alimentos 100% orgânicos, sem o uso de antibióticos ou hormônios de crescimento. A Growing Power (**Estudo de caso principal**) tornou-se um modelo conhecido desse tipo de produção. A Figura 10.5 compara a agricultura orgânica com a agricultura industrializada.

Nos Estados Unidos, por lei, o selo "*100 por cento orgânico*" (ou "*USDA Certified Organic*") indica que o produto foi fabricado usando apenas métodos orgânicos, contém somente ingredientes orgânicos e passou por um processo de certificação. Os produtos com o rótulo "orgânico" precisam conter pelo menos 95% de ingredientes orgânicos. Aqueles classificados como "feito com ingredientes orgânicos" precisam conter ao menos 70% de ingredientes orgânicos. O rótulo *"natural"* dos alimentos não exige ingredientes orgânicos. Will Allen e outros fazendeiros da Growing Power (**Estudo de caso principal**) estão aprendendo a usar métodos de agricultura sustentável para obter maiores rendimentos de uma variedade de culturas orgânicas a preços acessíveis.

As revoluções verdes aumentaram a produção

Os agricultores têm duas formas de produzir mais alimentos: cultivando mais terra ou aumentando o rendimento das terras existentes. Desde 1950, a maior parte do aumento na produção global de grãos tem sido o resultado do maior rendimento das safras por meio da agricultura industrializada.

Agricultura industrializada	Agricultura orgânica
 Usa fertilizantes inorgânicos sintéticos e lodo de esgoto para fornecer nutrientes para as plantas Faz uso de pesticidas químicos sintéticos Usa sementes convencionais e geneticamente modificadas  Depende de combustíveis fósseis não renováveis (principalmente petróleo e gás natural) Produz quantidades significativas de poluição e gases de efeito estufa 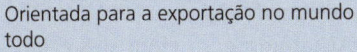 Orientada para a exportação no mundo todo Usa antibióticos e hormônios de crescimento para produzir carne e derivados	 Enfatiza a prevenção da erosão do solo e o uso de fertilizantes orgânicos, como esterco animal e compostos, mas não lodo de esgoto, para fornecer nutrientes para as plantas Aplica a rotação de culturas e o controle biológico de pragas  Não usa sementes geneticamente modificadas Reduz o uso de combustíveis fósseis e aumenta o uso de fontes de energia renováveis, como energia solar e eólica para gerar eletricidade  Produz menos poluição do ar e da água, bem como gases de efeito estufa É orientada de maneira regional e local Não usa antibióticos ou hormônios de crescimento para produzir carne e derivados

FIGURA 10.5 Principais diferenças entre agricultura industrializada e agricultura orgânica.

À esquerda, de cima para baixo: B Brown/Shutterstock.com; ZoranOrcik/Shutterstock.com; Art Konovalov/Shutterstock.com.
À direita, de cima para baixo: Noam Armonn/Shutterstock.com; Varina C/Shutterstock.com; Adisa/Shutterstock.com.

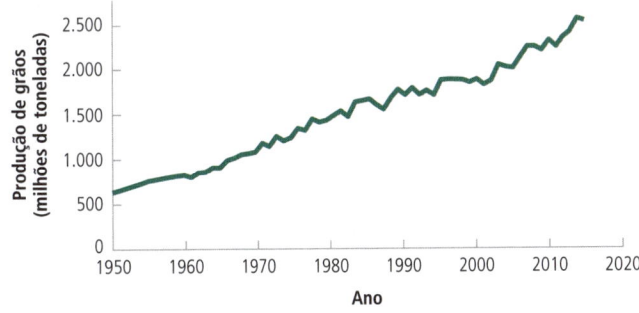 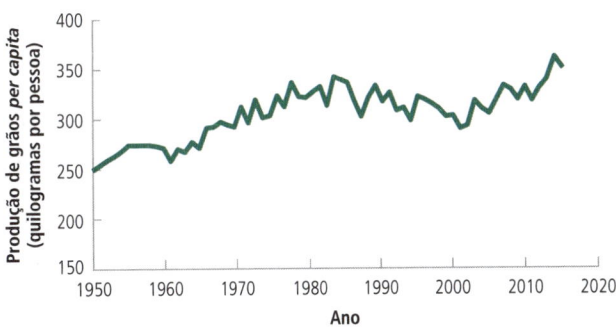

FIGURA 10.6 Aumento na produção mundial de grãos (à esquerda) de trigo, milho e arroz e produção *per capita* de grãos (à direita) entre 1950 e 2016. **Raciocínio crítico:** Por que a produção de grãos *per capita* tem crescido menos do que a produção total de grãos?

Dados do U.S. Department of Agriculture, do Worldwatch Institute, da UN Food and Agriculture Organization e do Earth Policy Institute.

Esse processo, chamado **revolução verde**, envolve três etapas. *Primeira*, desenvolver e plantar monoculturas de variedades cultivadas seletivamente ou geneticamente modificadas dos principais grãos, como arroz, trigo e milho. *Segunda*, produzir altos rendimentos usando grandes entradas de água, fertilizantes inorgânicos sintéticos e pesticidas. *Terceira*, aumentar o número de safras por ano em uma mesma área de terra por meio de *cultivo múltiplo*.

Na *primeira revolução verde*, ocorrida entre 1950 e 1970, essa abordagem de grande uso de insumos aumentou significativamente os rendimentos das safras na maioria dos países desenvolvidos, especialmente nos Estados Unidos (ver Estudo de caso a seguir). Na *segunda revolução verde*, que começou em 1967, variedades de rápido crescimento de arroz e trigo, especialmente produzidas para climas tropicais e subtropicais foram introduzidas em países menos desenvolvidos com renda intermediária, como Índia, China e Brasil.

Em grande parte por causa das duas revoluções verdes, entre 1950 e 2015, a produção mundial de grãos (Figura 10.6, à esquerda) aumentou 313%. A produção de grãos *per capita* (Figura 10.6, à direita) cresceu 37% nesse mesmo período. Os três países que mais produzem grãos no mundo – China, Índia e Estados Unidos – fornecem quase a metade dos grãos do planeta. Porém, a taxa de

Produção de alimentos e meio ambiente

crescimento da produção agrícola diminui de uma média de 2,2% por década antes de 1990 para 1,2% em média desde então.

As pessoas consomem diretamente cerca de metade da produção mundial de grãos. A maior parte do restante é usada para alimentar gado e, consequentemente, é consumida pelas pessoas que têm dinheiro para comprar carne e derivados.

ESTUDO DE CASO

Produção industrializada de alimentos nos Estados Unidos

Nos Estados Unidos, a agricultura industrializada evoluiu para o *agronegócio*. Algumas corporações multinacionais gigantes controlam cada vez mais o cultivo, o processamento, a distribuição e a venda de alimentos nos Estados Unidos e nos mercados globais. Desde os anos 1960, a agricultura industrializada estadunidense mais que dobrou o rendimento das principais plantações, como trigo, milho e soja, sem a necessidade de cultivar mais terra. Esse aumento na produção evitou que grandes áreas de florestas, pradarias e pantanais dos Estados Unidos fossem convertidas em terras agrícolas.

Em razão da eficiência da agricultura do país, os estadunidenses gastam a menor porcentagem da renda disponível em comida, uma média de 9%. Em contrapartida, pessoas de baixa renda de países menos desenvolvidos normalmente gastam entre 50% e 70% da renda em alimentos, segundo a FAO.

No entanto, existem inúmeros *custos ocultos* relacionados à produção e ao consumo de alimentos nos Estados Unidos. A maioria dos consumidores estadunidenses não sabe que os custos reais dos alimentos são muito maiores que os preços que eles pagam no mercado. Esses custos ocultos incluem os custos da poluição, da degradação ambiental e das contas de seguro-saúde mais altas relacionadas aos efeitos prejudiciais da agricultura industrializada para a saúde e o meio ambiente. Outros custos ocultos são os impostos que pagam *subsídios agrícolas*, ou pagamentos do governo com o objetivo de ajudar agricultores a continuar produzindo e aumentando o rendimento. A maioria desses subsídios, que nos Estados Unidos correspondem a cerca de US$ 20 bilhões por ano, segundo o U.S. Government Accountability Office, vai para produtores de milho, trigo, soja e arroz.

Revoluções genéticas: cruzamento e engenharia genética

Durante séculos, agricultores e cientistas utilizaram o *cruzamento* para desenvolver variedades geneticamente melhoradas de plantações e de animais de criação. Por meio da *seleção artificial*, os agricultores desenvolveram variedades geneticamente melhoradas de plantações e animais. Por exemplo, uma espécie saborosa, mas pequena, de tomate pode ser cruzada com uma espécie maior para produzir uma espécie grande e saborosa de tomate. Nessa primeira *revolução genética*, esse cruzamento seletivo gerou resultados maravilhosos. Antigamente, as espigas de milho eram quase do tamanho de seu dedo mínimo e os tomates selvagens tinham tamanho de uvas, mas a maioria das variedades usadas hoje foram produzidas seletivamente para obter traços desejáveis específicos

O cruzamento tradicional é um processo lento. Costuma levar, em geral, 15 anos ou mais para produzir uma nova variedade comercialmente valiosa e pode combinar características somente de espécies que são semelhantes do ponto de vista genético. Além disso, fornece variedades que permanecem úteis por um período que varia de cinco a dez anos antes que pragas e doenças reduzam sua eficácia. Avanços importantes ainda estão sendo feitos com esse método.

Atualmente, os cientistas estão criando uma segunda *revolução genética*, em que utilizam a **engenharia genética** para desenvolver classes de plantas e animais geneticamente modificadas (GM). Eles usam um processo chamado *splicing genético* para adicionar, excluir ou alterar segmentos do DNA de um organismo (Figura 2.6). O objetivo desse processo é acrescentar traços desejáveis ou eliminar os indesejáveis por meio da transferência de genes entre espécies que normalmente não cruzariam na natureza. Os organismos resultantes são denominados **organismos geneticamente modificados** (OGM).

O desenvolvimento de uma nova variedade agrícola por meio da engenharia genética leva cerca da metade do tempo do cruzamento tradicional, e normalmente é um processo mais barato. De acordo com o Departamento de Agricultura dos Estados Unidos (U.S. Department of Agriculture – USDA), pelo menos 80% dos produtos alimentícios dos mercados estadunidenses contêm alguma forma de alimento ou ingrediente geneticamente modificado, e essa porcentagem continua aumentando.

Uma nova geração de plantações geneticamente modificadas baseia-se no corte ou na edição de genes existentes em locais precisos, em vez de transferir genes entre espécies. Cientistas estão avaliando essa nova técnica de edição de genes para saber se ela poderá ser usada para produzir plantações.

Controvérsia sobre alimentos geneticamente modificados

As primeiras culturas geneticamente modificadas foram plantadas em 1996. O uso desse tipo de cultura aumentou nos Estados Unidos e em muitos outros países. No entanto, em todo o mundo essa é uma tecnologia nova e controversa, banida por alguns países europeus. Ela também é cara demais para ser usada por agricultores de países menos desenvolvidos.

Os bioengenheiros falam sobre o desenvolvimento de novas variedades de plantações geneticamente modificadas com maior produtividade e resistentes a calor, frio, seca, pragas, insetos, parasitas, doenças virais, herbicidas e solo salgado ou ácido. Eles também esperam desenvolver plantas que possam crescer mais rapidamente e sobreviver com pouca ou nenhuma irrigação, além de usar menos fertilizantes e pesticidas. Alcançar essas metas reduziria a fome e aumentaria a segurança alimentar.

Porém, os críticos levantaram algumas preocupações relacionadas ao uso generalizado de plantações e alimentos geneticamente modificados. Uma delas é que, embora muitas pessoas estejam consumindo esses alimentos diariamente, sabemos muito pouco sobre os efeitos deles sobre a saúde em longo prazo.

Os críticos também destacam que, se as culturas ou sementes geneticamente modificadas liberadas no ambiente causarem efeitos genéticos ou ecológicos prejudiciais em longo prazo, como alguns cientistas projetam, esses organismos não poderão ser recuperados. Além disso, sabemos que os genes no pólen das plantações geneticamente modificadas se espalham em espécies que não foram alteradas. Isso pode resultar híbridos com variedades de culturas selvagens, reduzindo a biodiversidade genética natural das cepas selvagens. Esse processo, por sua vez, pode reduzir o *pool* genético a partir do qual novas espécies evoluem ou são criadas – uma violação do **princípio de sustentabilidade** da biodiversidade.

Hoje, cerca de 64 países exigem que seja identificado nos rótulos dos alimentos a presença de organismos geneticamente modificados. Pesquisas indicam que 90% dos consumidores estadunidenses querem ter essa informação listada de maneira clara nos rótulos dos alimentos, mas, durante décadas, os produtores foram contrários a isso. Em 2016, o Congresso estadunidense aprovou uma lei que exige esse tipo de rótulo. No entanto, essa lei permite que os fabricantes de alimentos usem códigos de barras digitais para oferecer essa informação. Muitos consumidores são contra a necessidade de usar um smartphone para escanear um código de barras e obter essas informações, já que um terço da população dos Estados Unidos não tem esses dispositivos, como indivíduos de baixa renda, idosos ou membros de minorias. Além disso, a maioria dos compradores não teria tempo para fazer isso em todos os itens comprados. Os críticos consideram essa abordagem apoiada pela indústria como uma tentativa de dificultar o acesso dos consumidores a essas informações.

Em 2015, uma comissão consultiva de especialistas da Academia Nacional de Ciência e Engenharia dos Estados Unidos (U. S. National Academies of Science and Engineering) concluiu que alimentos geneticamente modificados não parecem impor riscos graves à saúde humana ou ao meio ambiente. Essa conclusão foi baseada na análise de mais de mil estudos e depoimentos de 80 testemunhas em uma série de audiências públicas. Entretanto, o relatório observou que as plantações geneticamente modificadas não aumentaram a capacidade de alimentar o mundo porque não elevaram significativamente a produção, como os defensores prometiam.

O relatório também destacou que, embora as plantações geneticamente modificadas tenham reduzido o uso de inseticidas, algumas culturas modificadas resistentes a herbicidas levaram ao aumento do uso de herbicidas e ao surgimento de "superervas daninhas" resistentes a eles. Isso forçou agricultores a gastar mais dinheiro para aumentar o uso de herbicidas ou trocar por substâncias mais fortes.

A Sociedade de Ecologia da América e vários críticos às plantações geneticamente modificadas exigem mais experimentos de campo e testes controlados para entendermos melhor os riscos em longo prazo do uso desse tipo de cultura para a saúde e o meio ambiente. Eles também querem regulamentações mais rígidas para essa tecnologia em rápido crescimento.

PARA REFLETIR

PENSANDO SOBRE Plantações geneticamente modificadas

Você é a favor ou contra o uso disseminado de plantações e alimentos geneticamente modificados? Justifique.

O consumo de carne aumentou

Carne e produtos de origem animal, como ovos e leite, são boas fontes de proteína de alta qualidade e representam o segundo principal sistema de produção de alimento do mundo. Entre 1950 e 2016, a produção global de carne aumentou mais de seis vezes. De acordo com a FAO, o consumo global de carne provavelmente dobrará de novo em 2050, à medida que a renda aumentar e milhões de pessoas de países em rápido desenvolvimento passarem para níveis superiores da cadeia alimentar, consumindo mais carne e derivados. Por exemplo, o consumo de carne na China aumentou mais de dez vezes entre 1975 e 2015.

Cerca de metade da carne do mundo vem da pastagem de gado em áreas não cercadas e pastos fechados. A outra metade é produzida por meio de um sistema de fazenda-fábrica industrializada, em que uma grande quantidade de animais é criada para ganhar peso rapidamente. Esse processo ocorre principalmente em *confinamentos* (Figura 10.7) ou em jaulas lotadas em construções imensas. Essas operações ocorrem em *operações concentradas de alimentação animal* (*concentrated animal feeding operations* – Cafos), também chamadas *fazendas industriais* (Figura 10.8).

Nas Cafos, os animais são alimentados com grãos, soja, farinha ou óleo de peixe, e parte desses alimentos contém hormônios de crescimento e antibióticos para acelerar o crescimento. Por causa da aglomeração e do escoamento de dejetos animais dos confinamentos, as Cafos podem ter impactos consideráveis sobre o ar e a água. Esses impactos serão analisados mais adiante neste capítulo.

A produção de peixe e crustáceos aumentou

O terceiro maior sistema de produção de alimentos do mundo consiste de pesca e aquicultura. **Pesca** é a concentração de determinadas espécies aquáticas adequadas

FIGURA 10.7 *Produção de gado de corte industrializado:* Nesse confinamento localizado no Arizona, milhares de animais são engordados com grãos durante alguns meses antes de serem abatidos.

Pete McBride/National Geographic Creative

para a coleta comercial em uma determinada área do oceano ou corpo de água interior. As frotas de pesca industrial usam uma variedade de métodos (Figura 9.24) para extrair a maior parte das presas marinhas selvagens do mundo. Peixes e mariscos também são produzidos por meio de **aquicultura** ou **piscicultura** (Figura 10.9), que é a prática de criar peixes em tanques de água doce, lagos, reservatórios, plantações de arroz e gaiolas submersas em águas costeiras ou em águas mais profundas do oceano.

A aquicultura é o tipo de produção de alimentos que mais cresce no mundo. Entre 1950 e 2015, a produção global de frutos do mar de peixes selvagens e criados em cativeiro aumentou nove vezes (**Conceito 10.2**), enquanto a coleta selvagem se estabilizou e caiu. Em 2015, a aquicultura correspondia a praticamente metade da produção de peixes e crustáceos do mundo. O restante era capturado principalmente por frotas de pesca industriais (Figura 10.9). De acordo com a FAO, cerca de 87% das áreas de pesca comerciais nos oceanos do mundo estão passando por pesca excessiva (30%) ou são exploradas em sua capacidade máxima (57%).

A maior parte da aquicultura do mundo envolve o aumento de espécies que se alimentam de algas ou outras plantas – principalmente carpas na China e na Índia, bagre nos Estados Unidos e tilápia e mariscos em diversos países. No entanto, a criação de espécies que se alimentam de carne, como camarão e salmão, está crescendo muito rapidamente, em especial nos países mais desenvolvidos. Essas espécies costumam ser alimentadas com farinha e óleo de peixe produzidos a partir de outros peixes e seus resíduos.

10.3 QUAIS SÃO OS EFEITOS AMBIENTAIS DA PRODUÇÃO DE ALIMENTOS INDUSTRIALIZADOS?

CONCEITO 10.3 A produção futura de alimentos poderá ser limitada pelos seguintes fatores: erosão e degradação do solo, desertificação, escassez de água para irrigação, poluição da água e do ar, mudanças climáticas e perda de biodiversidade.

FIGURA 10.8 Operação concentrada de alimentação de frango em Iowa, Estados Unidos. Essas operações abrigam até 100 mil frangos.

FIGURA 10.9 Aquicultura: criação de camarão na costa sul da Tailândia.
puwanai/Shutterstock.com

A produção de alimentos industrializados requer grandes entradas de energia

A industrialização da produção de alimentos e o aumento da produção agrícola foram possibilitados pelo uso de combustíveis fósseis – especialmente petróleo e gás natural – para abastecer máquinas agrícolas e navios de pesca, levar água de irrigação para as plantações e produzir pesticidas e fertilizantes inorgânicos sintéticos. Os combustíveis fósseis também são usados para processar alimentos e transportá-los por longas distâncias dentro dos países e entre eles. No total, a agricultura corresponde a cerca de 17% da energia usada nos Estados Unidos, mais do que qualquer outro setor. Nos Estados Unidos, os produtos alimentícios percorrem em média 2.400 quilômetros para ir da fazenda até o prato. A queima de grandes quantidades de combustíveis fósseis prejudica a terra, polui o ar e a água e contribui para as mudanças climáticas.

De acordo com um estudo liderado pelo economista ecológico Peter Tyedmers, as frotas de pesca do mundo usam cerca de 12,5 unidades de energia para cada unidade de energia alimentar de frutos do mar colocada à mesa. Quando consideramos a energia usada para cultivar, armazenar, processar, embalar, transportar, refrigerar e cozinhar todos os alimentos vegetais e animais, são necessárias aproximadamente dez unidades de energia de combustíveis fósseis para colocar uma unidade de energia alimentar na mesa nos Estados Unidos. Em outras palavras, os atuais sistemas de produção de alimentos resultam uma grande perda líquida de energia.

Por outro lado, a quantidade de energia por caloria usada para produzir culturas agrícolas nos Estados Unidos caiu cerca de 50% desde os anos 1970. Um fator que contribuiu para essa queda é que a quantidade de energia usada para produzir fertilizantes de nitrogênio sintético diminuiu acentuadamente. Outro motivo é o aumento no uso de lavouras de conservação, que reduzem drasticamente o uso de energia e os efeitos ambientais prejudiciais do arado.

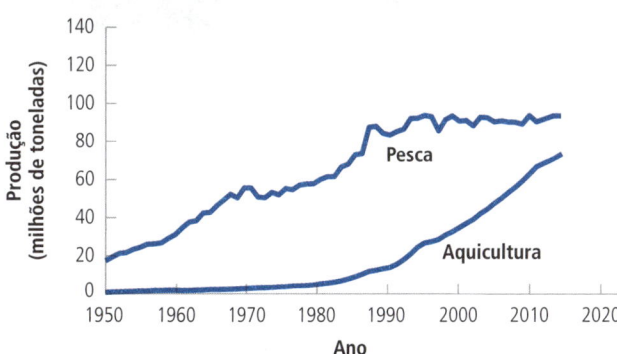

FIGURA 10.10 A produção mundial de frutos do mar, incluindo a pesca (no mar e no interior) e a aquicultura, cresceu entre 1950 e 2014, com a pesca em geral se estabilizando desde 1996 e a produção de aquicultura aumentando acentuadamente desde 1990. **Análise de dados:** Em que ano, aproximadamente, a aquicultura ultrapassou a pesca de 1980?

Dados da Organização das Nações Unidas para a Alimentação e a Agricultura, do Worldwatch Institute e do Earth Policy Institute.

Produção de alimentos e meio ambiente

A produção de alimentos tem grandes impactos ambientais

A produção de alimentos industrializados permitiu que agricultores utilizassem menos terra para produzir mais comida. Isso reduziu a necessidade de transformar florestas e pradarias em terras agrícolas, ações que teriam destruído os habitats de vida selvagem e os serviços ecossistêmicos por eles fornecidos.

No entanto, de acordo com muitos analistas, a agricultura industrializada tem muito mais impactos ambientais nocivos (Figura 10.11) do que qualquer outra atividade humana, e esses efeitos ambientais podem limitar a produção de alimento futuro **(Conceito 10.3)**.

De acordo com um estudo realizado por 27 especialistas reunidos pelo Programa das Nações Unidas para o Meio Ambiente (United Nations Environment Programme – Unep), a agricultura usa grandes quantidades dos recursos do mundo e polui o ar e a água. Essa indústria usa cerca 70% da água doce do mundo, produz quase 60% de toda a poluição da água, degrada e causa erosão da porção superior do solo, emite aproximadamente 25% dos gases de efeito estufa e usa quase 38% das terras que não são cobertas por gelo do planeta. Consequentemente, muitos analistas consideram a agricultura industrializada de hoje como insustentável do ponto de vista ambiental e econômico. Contudo, defensores da agricultura industrializada afirmam que os benefícios superam os efeitos prejudiciais.

A erosão da porção superior do solo é um sério problema

A **porção superior do solo** é a camada fértil de muitos solos (Figura 3.9). Trata-se de um dos componentes mais importantes do capital natural da Terra, porque toda a vida terrestre depende, direta ou indiretamente, desse recurso potencialmente renovável. A porção superior do solo armazena e purifica água e fornece a maior parte dos nutrientes necessários para o crescimento das plantas. Ela recicla esses nutrientes eternamente, desde que tais nutrientes não sejam removidos mais rápido que o processo natural que os reabastece. Os organismos que vivem no solo superficial removem e armazenam dióxido de carbono (CO_2) da atmosfera, ajudando, assim, a controlar o clima da Terra como parte do ciclo do carbono.

Um grande problema ambiental relacionado com a agricultura é a **erosão do solo** – o movimento dos componentes do solo, especialmente detritos superficiais e a porção superior do solo, de um lugar para outro por meio da ação do vento e da água. Parte da erosão da porção superior do solo é natural, mas a maioria é causada pelo desmatamento de florestas e pradarias para agricultura, a aragem do solo para plantar novas culturas todos os anos e a exposição do solo durante parte do ano.

O fluxo de água, a maior causa de erosão, carrega partículas da porção superior do solo que foram mobilizadas

Degradação do capital natural

Produção de alimentos

Perda da biodiversidade	**Solo**	**Água**	**Poluição do ar**	**Saúde humana**
Perda e degradação de pradarias, florestas e áreas úmidas em áreas cultivadas	Erosão	Esgotamento de aquífero	Emissões de gases de efeito estufa CO_2 a partir do uso de combustível fóssil, de N_2O, do uso de fertilizantes inorgânicos, e de metano (CH_4), do gado	Nitratos na água potável (causam a síndrome do bebê azul)
	Perda de fertilidade	Aumento de escoamento, poluição de sedimentos e inundação de terras desmatadas		Resíduos de pesticidas na água potável, nos alimentos e no ar
Matança de peixes por escoamento de pesticidas	Salinização			
Matança de predadores selvagens para proteger o gado	Encharcamento	Poluição por pesticidas		Resíduos pecuários na água potável e de natação
	Desertificação	Proliferação de algas e mortalidade de peixes causadas pelo escoamento de fertilizantes e resíduos agrícolas	Outros poluentes atmosféricos a partir do uso de combustíveis fósseis e pulverizações de pesticidas	Contaminação bacteriana da carne
Perda de agrodiversidade substituída por variedades de monocultura				

FIGURA 10.11 A produção de alimentos tem diversos efeitos ambientais nocivos **(Conceito 10.3)**. *Raciocínio crítico:* Dos itens apresentados na figura, quais são mais nocivos?

Da esquerda para a direita: Orientaly/Shutterstock.com; pacopi/Shutterstock.com; Tim McCabe/USDA Natural Resources Conservation Service; Mikhail Malyshev/Shutterstock.com; B Brown/Shutterstock.com.

FIGURA 10.12 Degradação do capital natural: O fluxo de água da chuva é a principal causa de erosão da porção superior do solo, como visto nessa fazenda do estado do Tennessee nos Estados Unidos (à esquerda). A erosão hídrica grave pode se tornar uma voçoroca que danificou esse terreno agrícola no oeste de Iowa nos Estados Unidos (à direita).

FIGURA 10.13 O vento é uma importante causa de erosão da porção superior do solo em áreas secas que não são cobertas por vegetação, como esse campo agrícola vazio no estado de Iowa nos Estados Unidos.

pela causa da chuva (Figura 10.12, à esquerda), promovendo erosões graves, que culminam na formação de voçorocas (Figura 10.12, à direita). O vento também libera e sopra partículas da porção superior do solo, sobretudo em áreas com um clima seco e relativamente planas e com terra exposta (Figura 10.13).

Em ecossistemas com vegetação intocada, as raízes das plantas ajudam a ancorar a porção superior do solo e evitar parte da erosão. No entanto, a porção superior do solo pode ser erodida quando gramíneas, árvores e outras vegetações que o sustentam são removidas por atividades como agricultura (ver Figura 7.12), extração de madeira por corte raso (ver Figura 9.7) e pastoreio excessivo (ver Figura 9.15).

Uma pesquisa conjunta do Unep e do Instituto de Recursos Mundiais indicou que a porção superior do solo está sendo erodida mais rapidamente que sua taxa de formação em quase um terço das terras cultivadas do mundo (Figura 10.14).

A erosão da porção superior do solo tem três grandes efeitos nocivos. Um deles é a *perda da fertilidade* por meio do esgotamento de nutrientes vegetais da porção superior do solo (ver Figura 3.9). Um segundo efeito é a *poluição da água* nas águas superficiais em que a porção superior do solo acaba como sedimento, a qual pode matar peixes e crustáceos e entupir valas de irrigação, canais de barcos, reservatórios e lagos. A poluição de água adicional ocorre quando o sedimento erodido contém resíduos de pesticidas que podem ser ingeridos por organismos aquáticos e, em alguns casos, passar por magnificação trófica dentro das redes alimentares (ver Figura 8.12). Terceiro, a erosão libera na atmosfera, como CO_2, o carbono armazenado no solo pela vegetação, o que contribui para o aquecimento atmosférico e as mudanças climáticas.

O surgimento da agricultura industrializada expôs a insubstituível porção superior do solo à erosão pela água e pelo vento, e reduziu o conteúdo de nutrientes do solo para as plantas em muitas regiões. Essa erosão dos nutrientes da porção superior do solo e dos fertilizantes químicos sintéticos adicionados envia os nutrientes em uma viagem de mão única das plantações para corpos de água superficial próximos, que muitas vezes ficam sobrecarregados com nutrientes vegetais. A interrupção contínua dos ciclos de nitrogênio e fósforo (ver Figuras 3.17 e 3.18), decorrente da perda da porção superior do solo e do esgotamento de seus principais nutrientes, é outro fator que pode, por fim, tornar a agricultura industrializada insustentável (**Conceito 10.3**).

A *poluição do solo* também é um problema em algumas partes do mundo. Alguns produtos químicos emitidos na

Produção de alimentos e meio ambiente

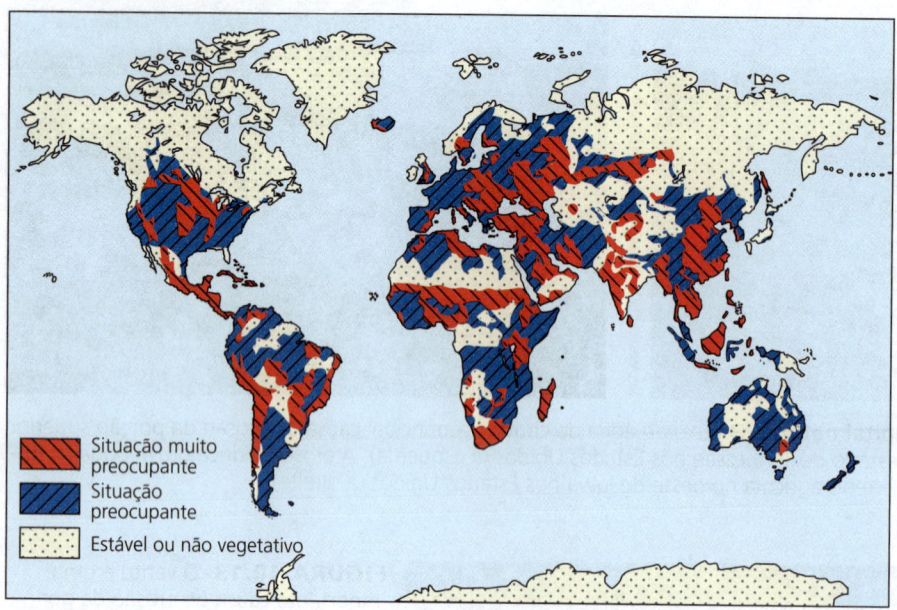

FIGURA 10.14 Degradação do capital natural: A erosão da porção superior do solo superficial é um problema sério em algumas partes do mundo. *Raciocínio crítico:* Você consegue ver algum padrão geográfico associado a esse problema?

(Dados do UN Enviroment Programme e World Resources Institute)

Legenda do mapa:
- Situação muito preocupante
- Situação preocupante
- Estável ou não vegetativo

atmosfera por indústrias, usinas elétricas e veículos motorizados podem poluir o solo e a água usada para irrigá-lo. Alguns pesticidas também podem contaminar o solo.

Um estudo recente realizado pelo Ministério do Meio Ambiente da China revelou que, segundo as estimativas, 19% das terras aráveis (cultiváveis) da China estão contaminadas, especialmente por metais tóxicos, como cádmio, arsênico e níquel. O ministério estimou ainda que 2,5% das terras agrícolas do país estão contaminadas demais para o cultivo seguro de alimentos. A China, com 19% da população mundial e apenas 7% das terras aráveis do planeta, não pode arcar com a perda de 2,5% de suas terras agrícolas.

Desertificação

As áreas secas em regiões com clima árido e semiárido ocupam cerca de 40% da área terrestre do mundo e abrigam aproximadamente 2 bilhões de pessoas. Uma grande ameaça à segurança alimentar em algumas dessas regiões é a **desertificação** – o processo em que o potencial produtivo da porção superior do solo cai 10% ou mais devido a uma combinação de seca prolongada e atividades humanas como pastoreio excessivo, desmatamento e arado em excesso, que expõem a porção superior do solo à erosão.

A desertificação pode ser *moderada* (com uma queda de 10% a 25% na produtividade), *grave* (com queda de 25% a 50%) ou *muito grave* (com queda de mais de 50%), que, em geral, resulta grandes voçorocas e dunas de areia. A desertificação reduz a produtividade do solo, mas somente em casos extremos gera o que chamamos de deserto.

Ao longo de milhares de anos, os desertos da Terra aumentaram e diminuíram, principalmente em razão das mudanças climáticas. Porém, o uso humano das terras, especialmente para a agricultura, aumentou a desertificação em algumas partes do mundo.

A irrigação excessiva polui o solo e a água

A irrigação representa cerca de 70% da água que a humanidade usa. Hoje em dia, 16% de terras cultiváveis do planeta que são irrigadas produzem aproximadamente 44% dos alimentos do mundo.

No entanto, a irrigação tem um ponto negativo. A maioria da água utilizada na irrigação é uma solução diluída de diversos sais, como cloreto de sódio, que se acumulam à medida que a água flui pelo solo e pelas pedras. A água da irrigação que não é absorvida pelo solo evapora, deixando uma fina camada de sais minerais dissolvidos na porção superior do solo. Repetidas aplicações da água da irrigação em climas secos levam a um acúmulo gradual de sais nas camadas superiores do solo – um processo de degradação chamado **salinização do solo**. Isso retarda o crescimento das safras, diminui a produção das culturas e, consequentemente, pode matar as plantas e arruinar o solo.

A FAO estima que a salinização grave do solo reduziu a produção em pelo menos 10% das terras agrícolas irrigadas do mundo e que, até 2020, 30% dessas terras serão salgadas. A salinização afeta quase um quarto das terras agrícolas irrigadas dos Estados Unidos, especialmente nos estados do oeste (Figura 10.15).

Outro problema com a irrigação é o **encharcamento do solo**, em que a água se acumula no subsolo e aumenta gradualmente o lençol freático. Isso pode ocorrer quando os agricultores aplicam grandes quantidades de água de irrigação em um esforço para reduzir a salinização pela lixiviação de sais mais profundamente no solo. O encharcamento diminui a produtividade das plantas e as matam após exposição prolongada, pois as privam do oxigênio necessário para a sobrevivência. Pelo menos 10% das terras irrigadas do mundo sofrem com o agravamento desse problema, segundo a FAO.

FIGURA 10.15 Degradação do capital natural: Sais alcalinos brancos deslocaram os cultivos que cresciam nessa terra altamente irrigada, localizada no Colorado, nos Estados Unidos.

A agricultura industrializada contribui para a poluição e as mudanças climáticas

A porção superior do solo erodida flui na forma de sedimentos para rios, lagos e áreas úmidas, onde pode sufocar peixes e crustáceos, além de obstruir dutos de irrigação, canais de barcos, reservatórios e lagos. Esse problema fica pior quando os sedimentos erodidos contêm resíduos de pesticidas que podem ser ingeridos por organismos aquáticos e, em alguns casos, passar por magnificação trófica dentro das redes alimentares (ver Figura 8.12).

Os agricultores contribuem para a poluição da água por meio da *fertilização excessiva* das terras. No mundo todo, o uso de fertilizantes aumentou 45 vezes desde 1940. Os nitratos dos fertilizantes podem se infiltrar no solo e chegar aos aquíferos, onde podem contaminar lençóis freáticos usados para extrair água potável. De acordo com a FAO, um terço da poluição da água decorrente do escoamento de nitrogênio e fósforo deve-se ao uso excessivo de fertilizantes sintéticos.

PARA REFLETIR

CONEXÕES Produção de carne e zonas mortas do oceano

Para produzir milho para ração animal e etanol como combustível para veículos, são usadas enormes quantidades de fertilizantes inorgânicos sintéticos no meio oeste dos Estados Unidos. Muitos desses fertilizantes escorrem das terras agrícolas e chegam ao Rio Mississippi. Os nutrientes adicionados de nitrato e fosfato causam excesso de fertilização nas águas costeiras do Golfo do México, onde o rio deságua no oceano. Todos os anos, esse fenômeno cria uma imensa "zona morta" sem oxigênio que ameaça um quinto da produção de frutos do mar do país. Em outras palavras, o cultivo de milho no meio oeste, principalmente para alimentar gado e abastecer carros, degrada a biodiversidade aquática e a produção de frutos do mar no Golfo do México.

As atividades agrícolas também poluem o ar. A remoção e a queima de florestas para o cultivo agrícola ou a criação de gado adicionam poeira e fumaça ao ar. A aplicação de fertilizantes e pesticidas espalha partículas e vários produtos químicos no ar. A agricultura também é responsável por mais de um quarto das emissões de CO_2 geradas pelos seres humanos. As emissões desse e de outros gases de efeito estufa aquecem a atmosfera e contribuem para as mudanças climáticas, que podem afetar a produtividades das plantações e a segurança alimentar.

A produção industrializada de alimentos reduz a biodiversidade

A biodiversidade natural e alguns serviços ecossistêmicos são ameaçados quando as florestas são devastadas e quando as pradarias são aradas e substituídas por lavouras usadas para produzir alimentos (**Conceito 10.3**).

Por exemplo, uma das ameaças à biodiversidade do mundo que mais cresce acontece no Brasil. Grandes áreas de floresta tropical da Bacia Amazônica e do cerrado estão sendo devastadas. Esses territórios estão sendo queimados ou desmatados para desenvolver atividades pecuárias e grandes plantações de soja para a alimentação animal. A biodiversidade está ameaçada nessas e em muitas outras regiões porque as florestas tropicais e pradarias abrigam muito mais variedades de organismos do que as terras agrícolas.

Um problema relacionado é a crescente perda de *agrobiodiversidade* – a variedade genética de espécies animais e vegetais usada para fornecer alimentos. Os cientistas estimam que, desde 1900, perdemos 75% da diversidade genética das culturas agrícolas. Por exemplo, a Índia plantava cerca de 30 mil variedades de arroz. Agora mais de 75% de sua produção de arroz vem de apenas dez variedades, e, em breve, quase toda a sua produção pode vir de apenas uma ou duas variedades.

Produção de alimentos e meio ambiente

FIGURA 10.16 Depósito de Sementes Global de Svalbard.

Nos Estados Unidos, quase 97% das variedades de plantas alimentares disponíveis aos agricultores na década de 1940 não existem mais, exceto, talvez, em pequenas quantidades em bancos de sementes e em algumas hortas caseiras.

Os ecólogos alertam que as práticas agrícolas que reduzem a agrobiodiversidade estão reduzindo rapidamente a "biblioteca" genética de variedades vegetais do mundo, fundamental para o aumento da produção de alimentos por meio de cruzamentos e da engenharia genética. Essa incapacidade de preservar a agrobiodiversidade é uma grave violação do **princípio da sustentabilidade** de biodiversidade, que pode reduzir a sustentabilidade da produção de alimentos (**Conceito 10.3**).

Existem iniciativas para salvar plantas e sementes de variedades ameaçadas de espécies agrícolas e selvagens importantes para o fornecimento de alimentos do mundo. Cerca de 1.400 bancos de sementes refrigerados armazenam plantas e sementes, as quais também são armazenadas em centros de pesquisa agrícola e jardins botânicos de todo o mundo.

O banco de sementes mais seguro do mundo é o Depósito de Sementes Global de Svalbard, uma instalação subterrânea, também chamada de "cofre de sementes do juízo final", escavado no permafrost de uma ilha norueguesa congelada perto do Polo Norte (Figura 10.16). Ele está sendo abastecido com pares da maior parte das coleções de sementes do mundo. Isso proporciona segurança contra perdas irreversíveis das sementes armazenadas em outros locais que são sujeitos a quedas de energia, incêndios, tempestades e guerras.

No entanto, as sementes de muitas plantas não podem ser armazenadas com sucesso em bancos de genes. Além disso, as sementes armazenadas precisam ser plantadas e germinadas periodicamente, e novas sementes devem ser coletadas regularmente. Se isso não for feito, os bancos de sementes se tornarão *necrotérios de sementes*.

Há limites para a expansão das revoluções verdes

Vários fatores limitaram o sucesso das revoluções verdes até hoje e podem limitá-las ainda mais no futuro (**Conceito 10.3**). Por exemplo, sem grandes entradas de água e fertilizantes ou pesticidas sintéticos inorgânicos, a maior parte das variedades das culturas de revoluções verdes e geneticamente modificadas gera produtos que não são maiores (e algumas vezes são até menores) do que as variedades tradicionais. As mudanças climáticas e a população mundial crescente também limitam o sucesso das revoluções verdes, bem como o custo. A grande quantidade de insumos que mantêm as revoluções verdes custa muito caro para a maioria dos agricultores de subsistência de países menos desenvolvidos.

Segundo os cientistas, chegará um momento em que a produção deixará de aumentar, pois as plantas serão incapazes de absorver os nutrientes dos fertilizantes e da água de irrigação adicionais. Isso ajuda a explicar a desaceleração da taxa de crescimento da produção global de grãos desde 1990.

Podemos aumentar as revoluções verdes irrigando mais as terras de cultivos? A quantidade de terra irrigada por pessoa tem diminuído desde 1978 e a previsão é que diminuirá muito mais até 2050. Uma razão para isso é o crescimento da população, que é previsto para aumentar mais 2,5 bilhões de pessoas entre 2015 e 2050. Outros fatores são a disponibilidade limitada da água de irrigação, a salinização do solo e o fato de que a maioria dos agricultores do mundo não tem dinheiro suficiente para irrigar suas plantações.

Estima-se que as mudanças climáticas reduzam a produção de plantações como trigo, arroz e milho durante este século. Além disso, as geleiras das montanhas que fornecem água potável e para irrigação para milhões de pessoas na China, na Índia e na América do Sul estão derretendo, e isso reduzirá a área de plantações que poderão ser irrigadas. Durante este século, áreas cultivadas férteis em zonas costeiras provavelmente serão inundadas pelo aumento do nível do mar resultante das mudanças climáticas, entre elas, muitas das principais planícies aluviais e deltas de rios que são produtoras de arroz na Ásia.

Podemos aumentar o fornecimento de alimentos cultivando mais terra? A eliminação de florestas tropicais e a irrigação de solo árido poderiam mais do que duplicar a terra para plantações. No entanto, o desmatamento em massa de florestas e a irrigação de terras áridas poderiam diminuir a biodiversidade, acelerar as mudanças climáticas e seus efeitos prejudiciais e aumentar a erosão do solo. Além disso, grande parte dessas terras tem solos com baixa fertilidade e/ou declives, o que torna o cultivo nessas áreas caro e provavelmente insustentável do ponto de vista ecológico.

A produção de carne industrializada prejudica o meio ambiente

Os defensores da produção de carne industrializada apontam que essa prática aumentou o fornecimento de carne, reduziu o pastoreio excessivo e manteve os preços dos alimentos baixos. No entanto, os confinamentos de animais e as Cafos produzem amplos efeitos prejudiciais para a saúde e o meio ambiente. Os analistas apontam que a carne produzida pela agricultura industrializada é artificialmente barata, porque a maior parte de seus custos prejudiciais para a saúde e o ambiente não está incluída nos preços de mercado das carnes e de seus derivados. Isso é uma violação do **princípio da sustentabilidade** da precificação de custo total (veja a última página deste livro).

Um grande problema dos confinamentos e das Cafos é que são usadas enormes quantidades de água para irrigar as plantações de grãos que alimentam os animais. De acordo com a waterfootprint.org, para produzir um hambúrguer de 110 gramas, são necessários 1.810 litros de água – o que equivale a uma média de 15 a 20 banhos de uma pessoa. A produção industrializada de carne também usa grandes quantidades de energia (principalmente derivada do petróleo), o que ajuda a transformá-la em uma das maiores fontes de poluição do ar e da água e de emissões de gases de efeito estufa.

Outro problema crescente é o uso de antibióticos nas instalações de produção pecuária industrializada. De acordo com a U.S. Food and Drug Administration (FDA), cerca de 80% de todos os antibióticos vendidos nos Estados Unidos (e 50% daqueles usados mundialmente) são acrescentados à comida dos animais. Isso é feito em um esforço para evitar a propagação de doenças em confinamentos lotados e para promover o crescimento dos animais antes do abate. Segundo dados da FDA e de diversos estudos, esse processo desempenha um papel importante no aumento da resistência genética de muitas bactérias causadoras de doenças (ver Figura 4.9). Essa resistência pode diminuir a eficácia de alguns antibióticos usados para tratar infecções bacterianas em seres humanos, além de promover o desenvolvimento de novos organismos causadores de doenças infecciosas geneticamente mais resistentes.

Por fim, de acordo com o USDA, os dejetos animais produzidos pela indústria estadunidense de carne somam cerca de 67 vezes a quantidade de dejetos produzidos pela população humana do país. Idealmente, o chorume do esterco dos confinamentos de animais deveria ser devolvido ao solo como um fertilizante rico em nutrientes, de acordo com o **princípio de sustentabilidade** do ciclo de nutrientes (veja a última página deste livro). No entanto, em geral, esse chorume está tão contaminado por resíduos de antibióticos e pesticidas que não serve para ser usado como fertilizante.

Apesar da potencial contaminação, até metade do chorume de esterco dos confinamentos dos Estados Unidos é aplicada nos campos e cria sérios problemas de odores para as pessoas que vivem nos arredores. Grande parte da outra metade dos resíduos animais dos confinamentos é bombeada para lagoas que transbordam e poluem a superfície e os lençóis freáticos da região, produzem odores desagradáveis e emitem grandes quantidades de gases de efeito estufa na atmosfera, causadores de mudanças climáticas. A Figura 10.17 resume as vantagens e as desvantagens da produção industrializada de carne.

Quando os animais alimentam-se de grama em pastagens, os impactos ambientais ainda podem ser grandes, especialmente quando florestas são desmatadas ou queimadas para abrir caminho para pastos, como é feito na floresta Amazônica do Brasil. Segundo um relatório da FAO, o pastoreio excessivo e a erosão causada pelo gado degradaram cerca de 20% das pradarias e pastagens do mundo. O mesmo relatório estima que o pastoreio e a produção industrializada de gado causaram aproximadamente 55% de toda a erosão da porção superior do solo e a poluição por sedimentos.

Além disso, as vacas que se alimentam de grama emitem mais metano – um poderoso gás de efeito estufa – do que aquelas que se alimentam de grãos. Portanto, a expansão da produção alimentada com grama pode aumentar as contribuições da agricultura para o desmatamento e as mudanças climáticas.

Vantagens e desvantagens

Confinamentos de animais

Vantagens	Desvantagens
Aumento da produção de alimentos	Grandes insumos de grão, farinha de peixe, água e combustíveis fósseis
Lucros altos	Emissões de gases de efeito estufa (CO_2 e CH_4)
Menos uso de terra	Concentração de resíduos animais que podem poluir a água
Redução do pastoreio excessivo	O uso de antibióticos pode aumentar a resistência genética de microrganismos patogênicos em humanos
Erosão do solo reduzida	
Proteção da biodiversidade	

FIGURA 10.17 O uso de confinamentos e operações concentradas de alimentação animal tem vantagens e desvantagens. *Raciocínio crítico:* Qual é a vantagem mais importante? E a desvantagem? Por quê?

Topo: Mikhail Malyshev/Shutterstock.com. Abaixo: Maria Dryfhout/Shutterstock.com.

Vantagens e desvantagens

Aquicultura

Vantagens	Desvantagens
Alta eficiência	O uso de óleo e de farinha de peixe em fazendas de peixes esgota a pesca selvagem
Alta produção	
Redução da sobre-exploração da pesca	Grande produção de resíduos
Empregos e lucros	Perda de florestas de mangues e estuários
	Populações densas vulneráveis a doenças

FIGURA 10.18 A aquicultura tem vantagens e desvantagens. *Raciocínio crítico:* Qual é a vantagem mais importante? E a desvantagem? Por quê?

Topo: Vladislav Gajic/Shutterstock.com. Abaixo: FeellFree/Shutterstock.com.

A aquicultura pode prejudicar os ecossistemas aquáticos

Segundo a FAO, a aquicultura produz cerca de 50% dos frutos do mar do mundo, e até 2030 poderá produzir 62%. A Figura 10.17 apresenta as principais vantagens e desvantagens da aquicultura. Alguns analistas advertem que os efeitos ambientais nocivos da aquicultura podem limitar a produção no futuro (**Conceito 10.3**), a menos que sejam adotadas medidas para torná-la mais sustentável.

Um problema ambiental associado à aquicultura é que cerca de um terço dos peixes selvagens da pesca marinha é convertido em farinha e óleo para alimentar os peixes criados em cativeiro. Esse processo está contribuindo para o esgotamento de muitas populações de peixes selvagens que são fundamentais para as redes alimentares marinhas – uma grave ameaça à biodiversidade marinha e aos serviços ecossistêmicos.

Outro problema é que parte da farinha e do óleo de peixe fornecidos aos peixes criados em fazendas está contaminada com toxinas de longa duração, como PCBs e dioxinas, captadas do fundo do oceano. As fazendas de criação de peixe, especialmente aquelas que criam espécies carnívoras, como salmão e atum, também produzem grandes quantidades de resíduos que contêm pesticidas e antibióticos usados nesses locais. Esses produtos químicos podem contaminar os peixes criados nas fazendas e as pessoas que os consomem. Produtores de aquicultura afirmam que as concentrações desses produtos químicos não são altas o bastante para ameaçar a saúde humana, mas alguns cientistas discordam.

FIGURA 10.19 Capital natural: Essa aranha-lobo de aparência feroz com um gafanhoto na boca é um dos mais importantes predadores de insetos que podem ser mortos por alguns pesticidas.

Outro problema é que os peixes criados em cativeiro podem escapar de seus currais e se misturar aos peixes selvagens, possivelmente abalando os *pools* genéticos de populações selvagens ou se tornando espécies invasoras. A aquicultura também pode destruir ou degradar ecossistemas aquáticos, especialmente manguezais (ver Figura 7.20), que são removidos para criar fazendas de piscicultura costeira. Essa perda de manguezais reduz a biodiversidade e valiosos serviços ecossistêmicos, como o controle natural de inundações em regiões costeiras, que provavelmente sofrerão enchentes graves em razão do aumento do nível do mar causado pelas mudanças climáticas.

10.4 COMO PODEMOS PROTEGER AS CULTURAS DAS PRAGAS DE FORMA MAIS SUSTENTÁVEL?

CONCEITO 10.4 Para cortar drasticamente o uso de pesticida sem diminuir os resultados da colheita, deve-se utilizar uma mistura de técnicas de cultivo, controles de pestes biológicos e pequenas quantidades de pesticidas químicos selecionados, como último recurso (gestão de pestes integrada).

A natureza ajuda a controlar muitas pragas

Praga é qualquer espécie que interfere no bem-estar humano, competindo conosco por alimentos, invadindo casas, gramados ou jardins, destruindo materiais de construções, espalhando doenças, atacando ecossistemas ou simplesmente sendo um incômodo. Em todo o mundo, apenas cerca de cem espécies de plantas (ervas daninhas), animais (principalmente insetos), fungos e micróbios causam a maior parte dos danos nos cultivos.

Em ecossistemas naturais e em diversos agroecossistemas de policultura, os *inimigos naturais* (predadores, parasitas e organismos patogênicos) controlam as populações da maioria das espécies de praga. Esse serviço ecossistêmico gratuito é uma parte importante do capital natural da Terra. Por exemplo, biólogos estimam que as cerca de 40 mil espécies conhecidas de aranhas matam muito mais insetos herbívoros todos os anos do que os humanos conseguem matar com o uso de inseticidas. A maioria das espécies de aranhas, como a aranha-lobo (Figura 10.19), não prejudica os humanos.

Quando devastamos florestas e pradarias, plantamos monoculturas e encharcamos os campos com defensivos químicos que matam as pragas, perturbamos muitos desses controles e equilíbrios naturais de população, que são alinhados com o **princípio da sustentabilidade** da biodiversidade (veja a última página deste livro). A sociedade precisa desenvolver novas formas de proteger as monoculturas, as árvores, os gramados e os campos contra insetos, ervas daninhas e outras pragas que a natureza ajuda a controlar gratuitamente.

Pesticidas sintéticos são uma opção

Cientistas e engenheiros desenvolveram uma variedade de **pesticidas** sintéticos. Os tipos comuns de pesticidas são *inseticidas* (eliminadores de insetos), *herbicidas* (eliminadores de ervas daninhas), *fungicidas* (eliminadores de fungos) e *rodenticidas* (eliminadores de roedores).

Desde 1950, o uso de pesticidas aumentou mais de 50 vezes, e a maioria dos pesticidas de hoje utiliza uma quantidade de tóxicos 10 a 100 vezes mais que a utilizada nessa década. Alguns pesticidas sintéticos, chamados *agentes de amplo espectro*, são tóxicos não apenas para as pragas, mas também para as espécies benéficas. Como exemplos temos compostos de hidrocarbonetos clorados, como o DDT, e compostos organofosforados, como o malation e o paration, os carbamatos, piretróides e neonicotinóides, que foram associados à grave redução nas populações de abelhas.

Outros pesticidas sintéticos, chamados *agentes seletivos* ou *de espectro limitado*, são eficazes em um grupo limitado de organismos. Entre os exemplos estão fungicidas e o glifosato, um herbicida amplamente usado que mata ervas daninhas sem prejudicar plantações como milho e soja.

Os pesticidas variam em sua *persistência*, ou seja, a duração em que permanecem mortais no ambiente. Alguns, como o DDT e compostos relacionados, permanecem no ambiente durante anos e podem ser biologicamente ampliados em cadeias e teias alimentares (veja Figura 8.12). Outros, como os organofosforados, são ativos por dias ou semanas e não são biologicamente ampliados, mas podem ser altamente tóxicos para os seres humanos.

Cerca de um quarto do uso de pesticidas nos Estados Unidos são destinados a livrar casas, jardins, gramados, parques e campos de golfe de insetos e outras espécies que as pessoas veem como pragas. De acordo com a Agência de Proteção Ambiental dos Estados Unidos (U.S. Environmental Protection Agency – EPA), a quantidade de pesticidas sintéticos usada em média nos gramados de residências dos Estados Unidos é dez vezes maior que a quantidade (por unidade de área) usada normalmente nas lavouras estadunidenses.

Benefícios dos pesticidas sintéticos

O uso de pesticidas sintéticos tem vantagens e desvantagens. Os defensores afirmam que os benefícios dos pesticidas (Figura 10.20, à esquerda) superam seus efeitos prejudiciais (Figura 10.20, à direita) e apontam os seguintes benefícios dessas substâncias:

- *Salvam milhares de vidas humanas*. Desde 1945, o DDT e outros inseticidas provavelmente evitaram a morte

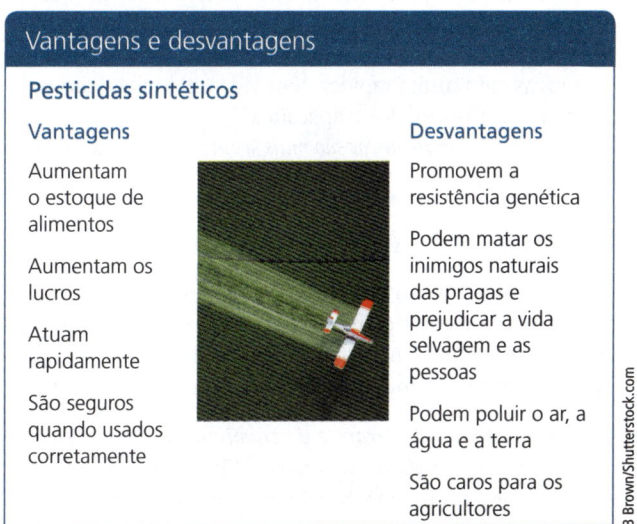

Vantagens e desvantagens

Pesticidas sintéticos

Vantagens	Desvantagens
Aumentam o estoque de alimentos	Promovem a resistência genética
Aumentam os lucros	Podem matar os inimigos naturais das pragas e prejudicar a vida selvagem e as pessoas
Atuam rapidamente	Podem poluir o ar, a água e a terra
São seguros quando usados corretamente	São caros para os agricultores

FIGURA 10.20 O uso de pesticidas sintéticos tem vantagens e desvantagens. *Raciocínio crítico:* Qual é a vantagem mais importante? E a desvantagem? Por quê?

50x Aumento no uso de pesticidas sintéticos desde 1950.

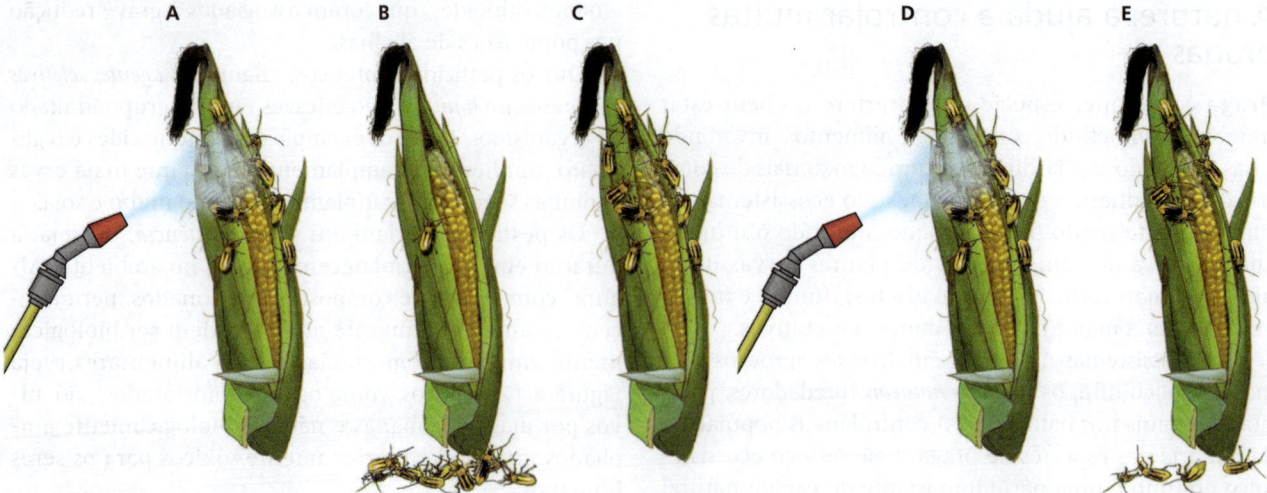

FIGURA 10.21 Quando um pesticida é aplicado em uma plantação, (a) alguns insetos resistem e sobrevivem (b). Os sobreviventes se reproduzem e transmitem o traço de resistência ao pesticida (c). Quando a plantação recebe o pesticida novamente (d), mais insetos resistem, sobrevivem e continuam se reproduzindo (e). O pesticida tornou-se ineficaz e o agricultor precisa procurar por um produto mais forte.

prematura de pelo menos 7 milhões de pessoas (alguns especialistas mencionam 500 milhões) por doenças transmitidas por insetos, como a malária (transmitida pelo mosquito *Anopheles*), a peste bubônica (transmitida pelas pulgas de ratos) e o tifo (transmitido por piolhos e pulgas corporais).

- *Eles podem aumentar o fornecimento de alimentos* ao reduzirem as perdas devido às pragas em algumas culturas.
- *Podem ajudar os agricultores a controlar a erosão e a aumentar a fertilidade do solo*. Na agricultura de plantio direto convencional, os agricultores aplicam herbicidas em vez de arar o solo. Isso reduz em muito a erosão e o esgotamento de nutrientes do solo.
- *Podem ajudar os agricultores a reduzir os custos e aumentar os lucros*. Os custos do uso de pesticidas podem ser recuperados, pelo menos em curto prazo, graças ao maior rendimento das plantações.
- *Agem rapidamente*. Os pesticidas controlam a maioria das pragas com muita rapidez, têm vida útil longa e são facilmente transportados e aplicados.
- *Os pesticidas mais novos são mais seguros e mais eficientes do que os antigos*.

Problemas dos pesticidas sintéticos

Os opositores do uso generalizado de pesticidas sintéticos afirmam que os efeitos nocivos desses produtos químicos (Figura 10.20, à esquerda) superam os benefícios (Figura 10.20, à direita) e mencionam vários problemas graves:

- *Esses produtos aceleram o desenvolvimento de resistência genética a pesticidas nas pragas* (Figura 10.21). Desde 2010, segundo a OMS, 60 países registraram resistência genética a pelo menos uma classe de inseticidas, com 49 países relatando resistência a duas ou mais classes. As superervas daninhas resistentes aos herbicidas também se espalharam.

> **O que você pode fazer**
>
> **Formas de reduzir a exposição a pesticidas**
>
> - No cultivo de alguns dos seus alimentos, utilize métodos orgânicos
> - Compre comida orgânica certificada
> - Lave e esfregue todas as frutas e vegetais frescos
> - Coma menos carne, nenhuma carne ou coma carne produzida organicamente
> - Antes de cozinhar, retire a gordura da carne

FIGURA 10.22 Pessoas que fazem a diferença: Você pode reduzir a sua exposição a pesticidas. ***Raciocínio crítico:*** Das formas apresentadas, quais são as mais importantes? Cite três e justifique sua resposta.

- *Podem comprometer a situação financeira dos agricultores*. Os agricultores podem ter de pagar cada vez mais para ter um programa de controle químico de pragas que pode se tornar cada vez menos eficaz, à medida que as pragas desenvolvem resistência genética aos pesticidas.
- *Alguns inseticidas matam predadores e parasitas naturais que ajudam a controlar as populações de espécies de pragas*. Cerca de 100 das 300 pragas de insetos mais destrutivas nos Estados Unidos eram pragas secundárias até o uso amplo de inseticidas que dizimaram muitos de seus predadores naturais (ver Estudo de caso a seguir).
- *Pesticidas normalmente são aplicados de maneira ineficaz e poluem o ambiente*. De acordo com o USDA, de 98% a 99,9% dos inseticidas e mais de 95% dos herbicidas aplicados em plantações pela pulverização aérea

ou no solo não atingem as pragas alvo. Eles acabam no ar, nas águas superficiais, nos lençóis freáticos, nos sedimentos de fundo, nos alimentos e em organismos não alvos, incluindo os humanos.

- *Alguns pesticidas prejudicam a vida selvagem.* De acordo com o USDA e o Serviço de Pesca e Vida Selvagem dos Estados Unidos, a cada ano, pesticidas aplicados em lavouras envenenam colônias de abelhas, das quais somos dependentes para a polinização de muitas plantações de alimentos (ver Capítulo 8, Estudo de caso principal e Foco na ciência 8.2). De acordo com um estudo realizado pelo Centro para a Diversidade Biológica, os pesticidas ameaçam quase um terço das espécies ameaçadas de extinção nos Estados Unidos.
- *Alguns pesticidas ameaçam a saúde humana.* De acordo com estimativas da OMS e do Unep, todos os anos, pesticidas envenenam cerca de 3 milhões de trabalhadores agrícolas em países em desenvolvimento e pelo menos 300 mil trabalhadores nos Estados Unidos. Também podem causar de 20 mil a 40 mil mortes por ano, em todo o mundo. Pesticidas domésticos, como sprays para matar formigas ou baratas, causam doenças em 2,5 milhões de pessoas por ano. De acordo com estudos conduzidos pela Academia Nacional de Ciências, resíduos de pesticidas nos alimentos causam um número estimado de 4 mil a 20 mil casos de câncer por ano nos Estados Unidos. A indústria de pesticidas contesta essas acusações, afirmando que, quando usados de acordo com as orientações, esses produtos não permanecem no ambiente em níveis elevados o bastante para causar problemas graves para a saúde ou o meio ambiente. A Figura 10.22 apresenta algumas formas de reduzir sua exposição aos resíduos de pesticidas sintéticos.

PARA REFLETIR

CONEXÕES Pesticidas e escolhas alimentares

Segundo a empresa de pesquisa Environmental Working Group (EWG), você pode reduzir o consumo de pesticidas em até 90% ao ingerir somente as versões orgânicas e certificadas pelo USDA (100% USDA Certified Organic) dos 12 tipos de frutas e vegetais que tendem a ter os níveis mais altos de resíduos de pesticidas. Em 2016, esses alimentos, que o EWG chama de "*dirty dozen*" – ou os doze sujos – eram morango, maçã, nectarina, pêssego, aipo, uva, cereja, espinafre, tomate, pimentão, tomate-cereja e pepino.

ESTUDO DE CASO

Surpresas ecológicas: a lei de consequências não intencionais

A malária infectou nove em cada dez pessoas no norte de Bornéu, agora conhecido como o estado malásio oriental de Sabah. Em 1955, a OMS pulverizou a ilha com dieldrin (um pesticida semelhante ao DDT) para combater os mosquitos da malária. O programa foi tão bem-sucedido, que a temida doença foi praticamente erradicada.

Então, fatos inesperados começaram a acontecer. O dieldrin também matou outros insetos, como moscas e baratas que viviam nas casas. Os moradores da ilha ficaram contentes. A seguir, pequenos lagartos comedores de insetos que também viviam nas casas morreram após devorarem os insetos contaminados com dieldrin. Os gatos começaram a morrer após se alimentarem dos lagartos. Com a ausência dos gatos, os ratos proliferaram e infestaram os vilarejos. Quando as pessoas foram ameaçadas pela peste silvestre, transmitida por pulgas de rato, a OMS soltou na ilha gatos saudáveis por meio de paraquedas para ajudar no controle dos ratos. A Operação Gato de Paraquedas funcionou.

Depois, os telhados das casas começaram a cair. O dieldrin havia matado vespas e outros insetos que se alimentavam de um tipo de lagarta que não foi afetado pelo inseticida. Com a maioria de seus predadores eliminados, a população de lagartas explodiu e caminhou até seu alimento favorito: as folhas usadas nos telhados de palha.

Por fim, esse episódio terminou bem. Tanto a malária como os efeitos inesperados do programa de pulverização foram controlados. No entanto, essa cadeia de eventos não intencionais e imprevisíveis nos faz lembrar que, sempre que interferimos na natureza, tudo o que fazemos afeta algo mais, e precisamos nos perguntar: "E agora? O que vai acontecer?".

Os pesticidas não reduziram consistentemente as perdas de safras nos Estados Unidos provocadas por pragas

Principalmente por causa da resistência genética e da morte de muitos predadores naturais, os pesticidas sintéticos nem sempre conseguiram reduzir perdas de safras nos Estados Unidos. David Pimentel, especialista em ecologia de insetos, avaliou dados de mais de 300 cientistas agrícolas e economistas. Ele chegou a algumas grandes conclusões. Primeiro, descobriu que entre 1942 e 1997 as perdas atribuídas a insetos quase dobraram, passando de 7% para 13%, apesar do uso de inseticidas sintéticos ter aumentado dez vezes. Ele também estimou que as práticas alternativas para o manejo de pragas poderiam reduzir o uso de pesticidas sintéticos pela metade em 40 das principais culturas do país sem diminuir o rendimento (**Conceito 10.4**).

A indústria de pesticidas contesta essas descobertas, embora diversos estudos e experimentos as tenham confirmado. Por exemplo, a Suécia reduziu o uso de pesticidas pela metade e quase não houve diminuição no rendimento das safras.

Como regular o uso de pesticidas sintéticos

Mais de 20 mil produtos pesticidas diferentes são usados nos Estados Unidos. Três agências federais – EPA, USDA e Food and Drug Administration (FDA) – regulam o uso desses pesticidas de acordo com a Lei Federal de Inseticidas, Fungicidas e Rodenticidas (*Federal Insecticide, Fungicide, and Rodenticide Act* – Fifra), aprovada em 1947 e alterada em 1972. Os críticos afirmam que a Fifra não foi bem aplicada e, segundo a EPA, o Congresso estadunidense não forneceu fundos suficientes para realizar esse processo de avaliação longo e complexo da toxicidade dos pesticidas.

Em 1996, o Congresso estadunidense aprovou a Lei de Proteção à Qualidade do Alimento, principalmente em razão do crescimento de evidências científicas e da pressão dos cidadãos com relação aos efeitos das pequenas quantidades de pesticidas em crianças. Essa lei exige que a EPA reduza os níveis permitidos de resíduos de pesticidas em alimentos por um fator de 10 quando houver informações inadequadas dos efeitos potencialmente nocivos nas crianças. Alguns cientistas recomendam a redução dos níveis a um fator de 100.

Entre 1972 e 2016, a EPA usou a Fifra para banir ou restringir seriamente o uso de 64 ingredientes ativos nos pesticidas, incluindo DDT e a maioria dos outros inseticidas de hidrocarbonetos clorados. No entanto, de acordo com estudos realizados pela Academia Nacional de Ciências, as leis federais que regulam o uso de pesticidas são insuficientes e mal aplicadas pelas três agências. Um estudo de 2015 conduzido pelo U.S. General Accounting Office revelou que a FDA testa menos de um décimo de 1% de todos os vegetais e frutas importados. A FDA também não testa alimentos em relação a alguns resíduos de pesticidas rigorosamente regulamentados pela EPA.

No que os cientistas ambientais chamam de *círculo de veneno* ou *efeito bumerangue*, os resíduos de pesticidas sintéticos que foram banidos ou não aprovados em um país, mas exportados para outros, podem voltar aos países de origem na forma de alimentos importados. O vento também carrega pesticidas persistentes de um país para outro.

Em 2000, mais de cem países firmaram um acordo internacional para banir 12 poluentes orgânicos persistentes (POP) nocivos ou interromper gradualmente a produção desses produtos – nove deles são pesticidas de hidrocarbonetos persistentes, como o DDT, e outros pesticidas semelhantes no aspecto químico. Até 2015, a lista inicial de 12 produtos químicos tinha aumentado para 25. Em 2004, o tratado dos POPs entrou em vigor. Em 2016, esse tratado havia sido assinado ou ratificado por 180 países, sem incluir os Estados Unidos.

Alternativas aos pesticidas sintéticos

Muitos cientistas acreditam que deveríamos aumentar o uso de métodos biológicos e ecológicos alternativos para controlar pragas e doenças que afetam as plantações e a saúde humana (**Conceito 10.4**). Aqui estão algumas dessas alternativas:

- *Engane a praga*. Uma variedade de *práticas de cultivo* pode ser empregada para enganar as espécies de pragas, como a rotação de tipos de cultura plantados em uma área a cada ano e o ajuste dos períodos de plantio, de modo que grandes pragas de insetos morram de fome ou sejam comidas por seus predadores naturais.
- *Forneça recursos para os inimigos das pragas*. Os agricultores podem aumentar o uso da policultura, que se vale da diversidade de plantas para reduzir as perdas para as pragas ao fornecer habitat para os predadores dessas espécies.
- *Implante a resistência genética*. Use a engenharia genética para acelerar o desenvolvimento de variedades de cultura resistentes a pragas e doenças.
- *Providencie inimigos naturais*. Para adotar o *controle biológico*, importe predadores naturais (Figuras 10.19 e 10.23), parasitas e bactérias que causam doenças e vírus para ajudar a regular as populações de pragas. Essa abordagem não é tóxica a outras espécies e normalmente tem menor custo que a aplicação de pesticidas. No entanto, alguns agentes de controle biológico são difíceis de ser produzidos em massa e frequentemente têm ação mais lenta e são mais difíceis de aplicar que os pesticidas sintéticos. Às vezes, os agentes podem se multiplicar e se tornar pragas.
- *Use "perfumes" de inseto*. Traços de *atrativos sexuais* (chamados *feromônios*) podem atrair pragas para armadilhas ou atrair seus predadores naturais para campos de cultivo. Cada um desses produtos químicos atrai apenas uma espécie. Eles têm pouca chance de causar resistência genética e não são prejudiciais às espécies não alvo. No entanto, são caros e demandam muito tempo para a produção.

FIGURA 10.23 Capital natural: Neste exemplo de controle biológico de pragas, uma vespa está parasitando uma lagarta da mariposa-cigana.

- *Utilize hormônios de insetos.* Hormônios são produtos químicos produzidos por animais para controlar seus processos de desenvolvimento em diferentes etapas da vida. Os cientistas aprenderam a identificar e usar hormônios que interrompem o ciclo de vida normal do inseto, impedindo que atinja a maturidade sexual e se reproduza. Hormônios de insetos apresentam as mesmas vantagens e desvantagens dos atrativos sexuais. Além disso, levam semanas para matar insetos, com frequência são ineficazes no caso de grandes infestações e algumas vezes se decompõem antes de entrarem em ação.
- *Use métodos naturais para controlar ervas daninhas.* Agricultores podem controlar as ervas daninhas com métodos como rotação de culturas, cultivo mecânico, remoção manual de ervas daninhas e o uso de culturas de cobertura e mantas.

Manejo integrado de pragas

Muitos especialistas em controle de pragas e agricultores acreditam que a melhor maneira de controlar as pragas dos cultivos é por meio do **manejo integrado de pragas (MIP)**, um programa em que cada cultura e suas pragas são avaliadas como partes de um ecossistema (**Conceito 10.4**). O objetivo geral do MIP é reduzir os danos à colheita a um nível economicamente tolerável, usando o mínimo de pesticidas sintéticos.

Quando os agricultores detectam níveis economicamente nocivos de pragas em um campo, eles começam usando métodos biológicos (predadores naturais, parasitas e organismos causadores de doenças) e controles de cultivo (como alteração do tempo de plantio e o cultivo de diferentes espécies a cada ano para interromper o crescimento de pestes no campo). Pequenas quantidades de inseticidas sintéticos são aplicadas apenas quando insetos ou populações de ervas daninhas atingem um limite em que o custo potencial de danos causados por pragas de culturas supera o custo de aplicação do pesticida.

O MIP funciona. Na Suécia e na Dinamarca, agricultores usaram essa técnica para reduzir o uso de pesticidas sintéticos pela metade. Em Cuba, onde a agricultura orgânica é usada quase exclusivamente, os agricultores recorrem bastante ao MIP. No Brasil, o MIP reduziu o uso de pesticida em plantações de soja em até 90%.

De acordo com um estudo feito pela Academia Nacional de Ciências, um programa de MIP bem projetado pode reduzir o uso de pesticidas sintéticos e os custos de controle de pragas em torno de 50% a 65%, sem reduzir a produtividade das culturas e a qualidade dos alimentos. O MIP também pode reduzir a entrada de fertilizantes e a água de irrigação e retardar o desenvolvimento da resistência genética. O MIP é um exemplo importante de prevenção contra a poluição que reduz os riscos aos animais selvagens e à saúde dos humanos e aplica o **princípio da sustentabilidade** de biodiversidade.

Apesar desse potencial, o MIP apresenta desvantagens. É necessário o conhecimento de um especialista sobre a situação de cada praga e agir mais vagarosamente do que quando se utilizam apenas pesticidas convencionais. Os métodos desenvolvidos para culturas em uma área talvez não possam ser aplicados em outras, mesmo com condições ligeiramente diferentes. Os custos iniciais podem ser maiores, embora os custos de longo prazo sejam menores do que aqueles que utilizam pesticidas convencionais. O uso difundido de MIP é dificultado nos Estados Unidos e em outros países por causa dos subsídios governamentais que apoiam o uso de pesticidas sintéticos e pela oposição dos fabricantes de pesticidas. Além disso, há uma escassez de especialistas em MIP.

CARREIRA VERDE: Manejo integrado de pragas.

Um número crescente de cientistas vem solicitando que o USDA utilize três estratégias para promover o MIP nos Estados Unidos. *Primeira*, adicionar um pequeno imposto sobre a venda de pesticidas e utilizar a renda para financiar pesquisas e educação sobre MIP. *Segunda*, estabelecer um projeto de demonstração de MIP com apoio federal em pelo menos uma fazenda em cada condado dos Estados Unidos. *Terceira*, treinar a equipe de campo da USDA e agentes agrícolas dos condados sobre o MIP, de modo que possam ajudar os agricultores.

Diversas agências da ONU e o Banco Mundial se uniram para fixar um mecanismo de MIP. O objetivo é promover o uso de MIP pela disseminação de informações e pelo estabelecimento de redes de pesquisadores, agricultores e agentes de extensão rural envolvidos no programa.

10.5 COMO PODEMOS PRODUZIR ALIMENTOS DE FORMA MAIS SUSTENTÁVEL?

CONCEITO 10.5 Para que possamos produzir alimentos de maneira mais sustentável, precisamos conservar a porção superior do solo, produzir carne de forma mais eficiente, reduzir os efeitos prejudiciais da aquicultura e eliminar os subsídios do governo que promovem tipos de agricultura prejudiciais para o meio ambiente.

Protegendo a porção superior do solo

A terra usada para a produção de alimento deve ter a porção superior do solo fértil (Figura 10.A3.9), o qual leva centenas de anos para se formar. Assim, reduzir drasticamente a erosão do solo é o principal componente da agricultura mais sustentável e uma maneira importante de aumentar nosso impacto ambiental benéfico.

A **conservação do solo** envolve meios para reduzir a erosão e restaurar a fertilidade do solo, principalmente pela manutenção da vegetação de cobertura. Por exemplo, o *terraceamento* envolve a conversão de um terreno íngreme em uma série de amplos terraços praticamente nivelados que percorrem os contornos da terra (Figura 10.24a). Cada terraço retém a água das plantações e reduz a erosão pelo controle dos escoamentos.

Em terrenos com inclinações menos significativas, a *plantação de contorno* (ou em curvas de nível) (Figura 10.24b) pode ser utilizada para reduzir a erosão do solo, o que envolve o arado e o plantio em fileiras nas encostas, em vez de plantios para cima e para baixo. Cada fileira age como uma pequena represa para ajudar a segurar a porção superior do solo, diminuindo o escoamento superficial da água.

De modo semelhante, o *cultivo em faixas* (Figura 10.24b) ajuda a reduzir a erosão e a restaurar a fertilidade do solo com a alternância de faixas de uma cultura em linha (como milho ou algodão) e outra cultura que cobre completamente o solo, chamada *cultura de cobertura* (como alfafa, trevo, aveia ou centeio). A cultura de cobertura prende a porção superior do solo que sofre erosão pelas fileiras, coletando e reduzindo o escoamento de água.

O *corredor de cultivos* ou *sistema agroflorestal* (Figura 10.24c) é mais uma forma de retardar a erosão da porção superior do solo e manter sua fertilidade. Uma ou mais culturas, geralmente de legumes ou outras culturas que adicionam nitrogênio ao solo, são plantadas juntas em corredores entre as árvores de pomar ou arbustos de frutos que fornecem sombra. Isso reduz a perda de água por evaporação e ajuda a reter e liberar lentamente a umidade do solo.

Os agricultores também podem estabelecer *quebra-ventos* ou cortinas de proteção feitas por árvores ao redor dos campos de cultivo para reduzir a erosão provocada pelo vento (Figura 10.24d). As árvores mantêm a umidade do solo, fornecem lenha e proporcionam habitat para aves e insetos que ajudam no controle de pragas e na polinização.

Outra forma de reduzir drasticamente a erosão da porção superior do solo é eliminar ou minimizar os processos de aragem nos mesmos, além de deixar resíduos das plantações na terra. A *agricultura de conservação* usa máquinas especializadas que injetam sementes e fertilizantes diretamente nos resíduos da colheita, na porção superior do solo minimamente perturbada. As ervas daninhas são controladas com herbicidas.

Esse tipo de lavoura aumenta o rendimento das safras e reduz consideravelmente a erosão do solo e a poluição da água decorrentes do escoamento de sedimentos e fertilizantes. Também ajuda os agricultores a sobreviver durante secas prolongadas, porque mantém mais umidade no solo. No entanto, uma desvantagem é que o maior uso de herbicidas promove o crescimento de ervas daninhas resistentes, que forçam os fazendeiros a usar doses maiores desses produtos ou, em alguns casos, a voltar para o arado. Porém, os métodos orgânicos de plantio direto que estão sendo desenvolvidos no Rodale Research Institute (ver foto de abertura do capítulo) podem ser livres de herbicidas e não requerem aragem.

De acordo com pesquisas do governo, os agricultores usaram métodos de agricultura de conservação em cerca de 35% das terras cultivadas dos Estados Unidos. No mundo, esses métodos são usados em apenas 10% das terras, mas o uso está aumentando.

Outra forma de conservar a porção superior do solo é cultivar plantas sem usar o solo. Alguns produtores estão cuidando de plantas em estufas, usando um sistema chamado *hidroponia*. Na fazenda Growing Power (**Estudo de caso principal**), Will Allen desenvolveu um sistema desses para cultivar verduras e criar peixes juntos. Águas residuais dos tanques de peixe fluem para os dutos hidropônicos, onde nutrem as plantas. As raízes das plantas filtram a água, que posteriormente retorna para os tanques de peixe. Esse *sistema de aquaponia* fechado e sem produtos químicos preserva o solo, a água e a energia, ao mesmo tempo em que mantém mais de 100 mil peixes, como tilápia e perca, vendidos em mercados locais junto com as verduras.

Ainda há outra maneira de conservar a porção superior do solo, que é deixar de usar cerca de um décimo das terras cultiváveis que têm alta probabilidade de erosão do mundo. O objetivo é identificar *pontos críticos de erosão*, parar de cultivar nesses locais e plantar gramados e árvores, pelo menos até que a porção superior do solo se renove.

Alguns países, como os Estados Unidos, pagaram agricultores para reservar áreas consideráveis das terras cultiváveis para fins de conservação. De acordo com a Lei de Segurança Alimentar de 1985 (Lei Agrícola), mais de 400 mil agricultores que participaram do Programa de Reserva de Conservação receberam subsídios para tirar terras com alto potencial de erosão da produção e plantar grama ou árvores por 10 a 15 anos nesses locais. Desde 1985, esses esforços reduziram as perdas da porção superior do solo das terras agrícolas estadunidenses em 40%.

> **PARA REFLETIR**
>
> **CONEXÕES** Milho, etanol e conservação do solo
>
> Nos últimos anos, alguns agricultores estadunidenses ocuparam terrenos erodíveis fora da reserva de conservação com o propósito de receber subsídios generosos do governo para o plantio de milho (que remove o nitrogênio do solo e reduz a capacidade que o solo tem de armazenar carbono ao remover CO_2 da atmosfera), cujo destino é a produção de etanol para uso como combustível em automóveis. Isso tem levado a uma pressão política crescente para abandonar ou reduzir drasticamente o programa de reserva de conservação da porção superior do solo altamente bem-sucedido do país.

Restauração da fertilidade do solo

Outra forma de proteger a fertilidade do solo é restaurar alguns nutrientes das plantas que foram removidos por água, vento, lixiviação ou que foram removidos por repetidas colheitas. Para restaurar a porção superior do solo, os agricultores podem utilizar **fertilizantes orgânicos**, derivados de materiais de plantas e animais, ou **fertilizantes inorgânicos sintéticos**, feitos de compostos inorgânicos que contêm *nitrogênio*, *fósforo* e *potássio*, além de traços de outros nutrientes vegetais.

FIGURA 10.24 Os métodos de conservação do solo incluem (a) terraceamento, (b) plantio de contorno e cultivo em faixas, (c) cultivo em corredor e (d) quebra-ventos entre campos de cultivo.

Há vários tipos de *fertilizantes orgânicos*. Um é o **adubo animal**: o esterco e a urina de bois, cavalos, aves e outros animais de fazendas. Esse adubo melhora a estrutura da porção superior do solo, adiciona nitrogênio orgânico e estimula o crescimento bactérias e fungos benéficos. Um segundo tipo de fertilizante orgânico é chamado **adubo verde**: a vegetação recém-cortada ou em crescimento é adicionada ao solo para aumentar a matéria orgânica e o húmus disponível para o plantio seguinte. Um terceiro tipo é o **composto**, produzido quando microrganismos do solo decompõem na presença de oxigênio, matéria orgânica, como folhas, resíduos de plantações e de alimentos, papel e madeira.

A fazenda Growing Power (**Estudo de caso principal**) depende significativamente de sua grande pilha de compostagem. Will Allen convida donos de mercados e restaurantes da região a enviar os resíduos de alimentos para contribuir com essa pilha. Para fazer a compostagem, Allen usa milhões de minhocas, que se reproduzem rapidamente e comem o equivalente ao seu próprio peso em resíduos alimentares todos os dias, transformando-os em nutrientes para as plantas. O processo de compostagem gera uma quantidade considerável de calor, usado para ajudar a aquecer as estufas da fazenda durante os meses mais frios.

Outra forma de fertilizante orgânico é o *biochar*, um tipo de carvão vegetal feito de materiais de madeira normalmente descartados por meio de um processo chamado *pirólise*. O material é aquecido a temperaturas baixas em recipientes que limitam a entrada de oxigênio até virar carvão. O biochar pode ser enterrado para enriquecer a porção superior do solo. Além disso, tem o benefício adicional de remover CO_2 da atmosfera, ajudando, assim, a desacelerar as mudanças climáticas.

Degradamos os solos quando plantamos vegetais como milho e algodão no mesmo terreno por vários anos consecutivos, uma prática que pode esgotar os nutrientes, especialmente o nitrogênio da porção superior do solo. Uma maneira de reduzir essas perdas é aplicando a **rotação de culturas**, em que o agricultor planta uma série de culturas diferentes na mesma região a cada temporada. Por exemplo, quando uma cultura que causa esgotamento de nitrogênio é cultivada em um ano, no ano seguinte o agricultor pode plantar na mesma área uma cultura de leguminosas, que adicionam nitrogênio ao solo.

Muitos agricultores, especialmente nos países mais desenvolvidos, utilizam fertilizantes inorgânicos sintéticos. O uso desses produtos corresponde a cerca de 25% do rendimento das plantações do mundo. Embora esses fertilizantes possam substituir os nutrientes inorgânicos esgotados, eles não substituem a matéria orgânica. A restauração completa dos nutrientes da porção superior do solo exige fertilizantes inorgânicos e orgânicos.

Redução da salinização de solo e da desertificação

Sabemos como impedir a salinização do solo e lidar com ela, como mostra a Figura 10.25. O problema é que a maioria dessas soluções é cara.

Reduzir a desertificação não é fácil. Não podemos controlar o tempo e a localização das secas prolongadas por mudanças nas condições atmosféricas e nos padrões climáticos. No entanto, podemos reduzir o crescimento populacional, o pastoreio excessivo, o desmatamento e formas destrutivas de plantio e irrigação em áreas secas, que deixam muitas terras vulneráveis à erosão do solo e, portanto, à desertificação. Também podemos trabalhar para diminuir a contribuição humana para as alterações climáticas previstas, as quais poderão aumentar a gravidade das secas durante este século em grandes áreas do mundo.

Também é possível restaurar a terra que sofre de desertificação por meio do plantio de árvores e outras plantas que ancoram o solo e retêm a água. Podemos criar árvores e culturas juntas (cultivo em corredor, Figura 10.24c) e estabelecer quebra-ventos nas fazendas (Figura 10.24d).

Reduzindo os efeitos ambientais da produção de carne

A produção de carne e laticínios tem um enorme impacto ambiental. O consumo de carne é o maior fator no crescimento da pegada ecológica de indivíduos de países ricos.

Alguns tipos de carne são produzidos de maneira mais eficiente do que outros (Figura 10.26). Por exemplo, a produção de meio quilo de carne bovina requer três vezes mais grãos do que a produção da mesma quantidade de carne suína. Um modo mais sustentável de produção e consumo de carne envolveria mudanças de formas de conversão de grãos em proteína animal menos eficientes, como carne bovina, suína e de peixes carnívoros produzidos pela aquicultura, para formas mais eficientes, como carnes de aves e peixes herbívoros.

Os insetos também são uma fonte de proteína. Você consideraria a possibilidade de experimentar uma salada de besouro, um ensopado de lagarta ou um punhado de formigas fritas crocantes para o lanche? Se estiver com nojo, acredite: você não está sozinho. Mesmo assim, pelo menos duas mil espécies de insetos fornecem nutrientes para mais de 2 bilhões de pessoas, segundo a FAO. Em países como Tailândia, Austrália e México, os insetos são fritos com condimentos, usados para preparar farinhas e molhos saborosos, adicionados a pães e cozidos em ensopados. Os insetos podem ser ricos em

FIGURA 10.25 Formas de prevenir e limpar a salinização do solo. *Raciocínio crítico:* Dessas soluções, quais são as mais importantes? Cite duas e justifique sua resposta.

USDA Natural Resources Conservation Service

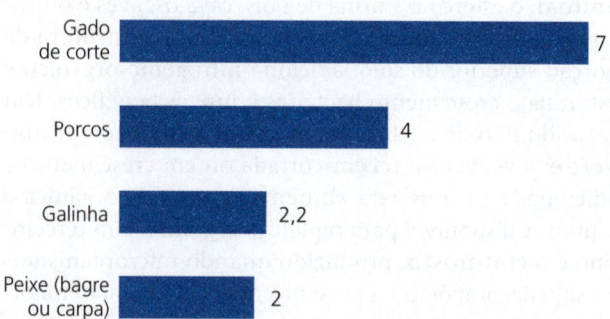

FIGURA 10.26 Quilos de grãos necessários para cada quilo de peso corporal acrescentado a cada tipo de animal.

(Dados do U.S. Department of Agriculture.)

proteínas, fibras e gorduras saudáveis. Eles fornecem micronutrientes vitais, como cálcio, ferro, vitaminas do complexo B e zinco.

Um número crescente de pessoas que têm condições de consumir carne passa um ou dois dias por semana sem comê-la. Outras vão além e eliminam a maior parte ou toda a carne de suas dietas, substituindo-a por uma dieta vegetariana balanceada, rica em frutas, vegetais e alimentos com alto teor de proteína, como ervilhas, feijões e lentilhas. De acordo com uma estimativa, se todos os estadunidenses escolhessem um dia por semana para não comer carne, a redução dos gases de efeito estufa seria equivalente a tirar entre 30 e 40 milhões de carros das ruas por um ano.

PARA REFLETIR

PENSANDO SOBRE Consumo de carne

Caso ainda não faça isso, você estaria disposto a viver mais abaixo na cadeia alimentar comendo muito menos carne ou mesmo nenhuma carne? Explique.

Prática de aquicultura mais saudável

Várias organizações estabeleceram diretrizes, padrões e certificações para estimular práticas de aquicultura e pesca mais sustentáveis. O Aquaculture Stewardship Council (ASC), por exemplo, desenvolveu padrões de sustentabilidade para a aquicultura, embora tenha certificado somente 4,6% das operações de produção de aquicultura do mundo. O Marine Stewardship Council (MSC) conduz um programa parecido para áreas de pesca selvagens. Assim como a certificação para alimentos orgânicos, os programas têm rótulos associados para produtos alimentícios, que ajudam os consumidores a comprar opções mais sustentáveis.

Cientistas e produtores estão trabalhando em medidas para tornar a aquicultura mais sustentável e reduzir seus efeitos ambientais prejudiciais. Uma delas é a aquicultura em mar aberto, que envolve a criação de grandes peixes carnívoros em gaiolas submarinas – algumas delas tão grandes quanto uma quadra esportiva escolar. Elas são localizadas bem longe da costa (ver figura 9.24), onde rápidas correntes podem remover os resíduos de peixes e diluí-los. Porém, alguns peixes dessas criações podem escapar das operações e se reproduzir com peixes selvagens, além do fato de que essa abordagem é cara. No entanto, o impacto ambiental da criação de peixes longe da costa é menor do que quando essas operações são realizadas perto da costa, e muito menor do que o impacto da pesca comercial industrializada.

Outros criadores de peixes estão reduzindo os danos da aquicultura à costa criando camarões e espécies de peixes em instalações nas cidades, que usam lagoas e tanques de água doce. Nesses *sistemas de recirculação de aquicultura*, a água usada para criar os peixes é reciclada continuamente. Isso elimina a poluição dos sistemas aquáticos por resíduos de peixes e reduz a necessidade de usar antibióticos e outros produtos químicos aplicados para combater doenças entre peixes criados em cativeiro. Além disso, também elimina o problema da fuga dos peixes para sistemas aquáticos naturais. O sistema de aquaponia da Growing Power (**Estudo de caso principal**) captura os resíduos de peixe e os transforma em fertilizantes usados para cultivar verduras.

Para tornar a aquicultura mais sustentável, serão necessárias algumas mudanças por parte dos produtores e consumidores. Uma delas é que mais consumidores escolham espécies de peixes como carpa, tilápia e bagre, que consomem algas e outras vegetações, em vez de óleo e farinha de peixe produzidos a partir de outros animais. A criação de peixes carnívoros, como salmão, truta, atum, garoupa e bacalhau, contribui para a pesca excessiva e o colapso de populações de espécies, além de ser insustentável. Os produtores de aquicultura podem evitar esse problema criando peixes herbívoros, desde que não tentem aumentar o rendimento das criações alimentando essas espécies com farinha de peixe, como muitos deles estão fazendo.

Os criadores de peixe também podem enfatizar a *poliaquicultura*, que faz parte da aquicultura há séculos, especialmente no sudeste asiático. Essas operações criam peixes ou camarões junto com algas, ervas marinhas e crustáceos em lagoas, lagos e tanques costeiros. Os resíduos dos peixes e camarões servem como alimento para as outras espécies. A poliaquicultura aplica os **princípios de sustentabilidade** de ciclagem química e biodiversidade. **CARREIRA VERDE: Aquicultura sustentável**.

A Figura 10.27 lista algumas formas de tornar a aquicultura mais sustentável e reduzir seus efeitos ambientais prejudiciais.

Soluções

Aquicultura mais sustentável

- Proteger mangues e estuários.
- Melhorar a gestão de resíduos.
- Reduzir a fuga de espécies da aquicultura para a natureza.
- Configurar os sistemas de poliaquicultura autossustentáveis que combinem plantas aquáticas, peixes e moluscos.
- Certificar e rotular formas de aquicultura sustentável.

FIGURA 10.27 Formas de tornar a aquicultura mais sustentável e reduzir seus efeitos prejudiciais. ***Raciocínio crítico:*** Dessas soluções, quais são as mais importantes? Cite duas e justifique sua resposta.

Soluções

Produção de alimentos mais sustentáveis

Mais	Menos
Policultura de alto rendimento	Erosão do solo
Fertilizantes orgânicos	Salinização do solo
Controle biológico de pragas	Poluição da água
Manejo integrado de pragas	Esgotamento de aquífero
Irrigação eficiente	Pastoreio excessivo
Culturas perenes	Pesca excessiva
Rotação de culturas	Perda da biodiversidade e da agrobiodiversidade
Culturas que utilizam a água de forma eficiente	Uso de combustíveis fósseis
Conservação do solo	Emissões de gases de efeito estufa
Subsídios para a agricultura sustentável	Subsídios para agricultura insustentável

FIGURA 10.28 A produção de alimentos mais sustentável e com baixo nível de insumos tem diversos componentes importantes. *Raciocínio crítico:* Quais são os dois itens que você considera mais importantes de cada lista desse diagrama? Por quê?

Topo: Marko5/Shutterstock.com. Centro: Anhong/Dreamstime.com. Abaixo: Pacopi/Shutterstock.com.

Vantagens e desvantagens

Agricultura orgânica

Vantagens	Desvantagens
Reduz a erosão do solo	O maior uso de esterco pode causar mais poluição de águas superficiais e lençóis freáticos
Retém mais água no solo durante os anos de seca	A compostagem em grande escala pode gerar gases de efeito estufa
Melhora a fertilidade do solo	Menor rendimento das plantações na produção em grande escala
Usa menos energia e emite menos CO_2	Pode exigir aragem para controle de ervas daninhas, causando mais erosão
Elimina a poluição da água por pesticidas e fertilizantes sintéticos	Custos maiores podem resultar preços mais elevados
Beneficia aves, morcegos, abelhas e outros animais	

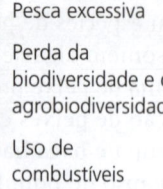

FIGURA 10.29 A agricultura orgânica tem vantagens e desvantagens. *Raciocínio crítico:* Qual vantagem você considera mais importante? E qual desvantagem? Por quê?

Topo: Robert Kneschke/Shutterstock.com. Abaixo: Marbury67/Dreamstime.com.

Mudança para uma produção de alimentos mais sustentável

As modernas empresas fabricantes de alimentos industrializados produzem grandes quantidades de alimentos a preços acessíveis. No entanto, para um número crescente de analistas, esse tipo de produção é insustentável devido a seus custos e aos efeitos ambientais prejudiciais (Figura 10.10) e porque viola os três **princípios científicos da sustentabilidade**. Essa forma de produção depende substancialmente do uso de combustíveis fósseis e, portanto, adiciona gases de efeito estufa e outros poluentes do ar na atmosfera, contribuindo para as mudanças climáticas. Também reduz a biodiversidade e a agrobiodiversidade, além de interferir na ciclagem de nutrientes das plantas. Esses efeitos prejudiciais não são evidentes para os consumidores, porque a maioria deles não é incluída nos preços dos alimentos – uma violação do **princípio da sustentabilidade** da precificação de custo total.

Um sistema de produção de alimentos mais sustentável teria vários componentes importantes (Figura 10.28, **Conceito 10.5**). Um desses componentes é Certificado do USDA de Agricultura 100% Orgânica, um certificado de produtos orgânicos fornecido nos Estados Unidos. Assim como qualquer outra tecnologia, a agricultura orgânica tem vantagens e desvantagens (Figura 10.29). Porém, muitos especialistas, inclusive cientistas do Rodale Institute Center (ver foto de abertura deste capítulo), conduzem pesquisas sobre agricultura orgânica desde 1981. De acordo com esses e vários outros cientistas, pesquisas mostram que as vantagens da agricultura orgânica superam suas desvantagens. Comendo produtos orgânicos certificados, os consumidores diminuem sua exposição a resíduos de pesticidas e a antibióticos para bactérias resistentes que podem ser encontrados nos alimentos convencionais e aumentam a ingestão de antioxidantes benéficos em quase 70%.

A agricultura sustentável dependeria menos da monocultura convencional e mais da policultura orgânica. Pesquisas apontam que, em média, a policultura com poucos insumos produz um rendimento maior por unidade de terra do que a monocultura industrializada com alto nível de insumos. Essa técnica também usa menos energia e menos recursos, além de proporcionar mais segurança alimentar para pequenos proprietários de terra. O ecólogo David Tilman (Pessoas que fazem a diferença 10.1) tem sido fundamental ao demonstrar os benefícios da policultura. A fazenda Growing Power (**Estudo de**

PESSOAS QUE FAZEM A DIFERENÇA 10.1

David Tilman, pesquisador de policultura

David Tilman, professor da Universidade de Minnesota, é um dos ecólogos e especialistas em agricultura mais proeminentes do mundo. Desde 1981, ele conduziu mais de 150 experimentos controlados de longo prazo em um campo da universidade. Por exemplo, ele aplicou determinadas misturas de fertilizantes e água em lotes experimentais e observou como as plantas respondiam. Depois, comparou os resultados dos lotes experimentais com aqueles dos grupos de controle que não haviam recebido os tratamentos experimentais. Nesses experimentos, o pesquisador também usou misturas variadas de espécies de plantas, concentrando-se nos benefícios da policultura.

Junto com o ecólogo Peter Reich, Tilman descobriu que terrenos de policultura cuidadosamente controlados produziam regularmente mais do que áreas de monocultura. Essa pesquisa explica por que alguns analistas sugerem um maior uso da policultura para produzir alimentos de maneira mais sustentável.

As descobertas de Tilman também confirmam a ideia científica de que a biodiversidade pode tornar os ecossistemas mais estáveis e sustentáveis. Uma floresta diversa, por exemplo, sofre danos durante infestações por pragas, mas há um número de espécies diferentes suficiente para suportar o dano. Algumas espécies são exterminadas, mas não a floresta inteira. Um grande campo de milho ou de trigo, por outro lado, é altamente vulnerável a ondas de calor, seca, doenças na plantação e pragas.

Graças às suas importantes iniciativas de pesquisa, Tilman recebeu inúmeros prêmios. Em 2010, foi premiado com o conceituado Heineken Prize for Environmental Sciences por suas importantes contribuições à ciência da ecologia.

---

caso principal) pratica a policultura cultivando uma variedade de produtos em diversas estufas.

Para alguns cientistas, a ideia de usar a policultura para plantar *culturas perenes* – plantações que crescem por conta própria ano após ano (Foco na ciência 10.2) – é particularmente interessante.

Outra chave para desenvolver uma agricultura mais sustentável é passar do uso de combustíveis fósseis para mais fontes de energia renováveis durante a produção de alimentos – uma aplicação importante do **princípio de sustentabilidade** da energia solar, demonstrado muito bem pela fazenda Growing Power (**Estudo de caso principal**). Para gerar a eletricidade e os combustíveis necessários para a produção de alimentos, os agricultores podem recorrer mais à energia solar, do vento, da água corrente e de biocombustíveis produzidos a partir de resíduos agrícolas em tanques chamados *digestores de biogás*. A maioria dos defensores da agricultura sustentável recomendam o uso de formas mais sustentáveis do ponto de vista ambiental da policultura e monocultura de alto rendimento.

Especialistas em agricultura, como Jonathan Foley, afirmam que a agricultura industrializada pode ter um papel decisivo na mudança para uma produção de alimentos mais sustentável. Foley destaca que os agricultores já estão encontrando formas de aplicar pesticidas e fertilizantes em quantidades menores e com mais precisão, usando tecnologias como tratores computadorizados, sensores remotos e sistema de posicionamento global (*global positioning system* – GPS). Os fertilizantes também podem ser misturados e feitos sob medida para diferentes condições de solo, com o objetivo de ajudar a minimizar o escoamento para os canais, e a irrigação pode ser realizada de maneira mais eficiente. Segundo Foley, esses métodos são capazes de aumentar a produção na área total atual de terras cultiváveis em 50% a 60% com um menor impacto ambiental.

O que você pode fazer?

Produção mais sustentável de alimentos

- Consuma menos carne, nenhuma carne ou carne orgânica certificada.
- Opte por peixe herbívoro produzido de forma sustentável.
- Use a agricultura orgânica para cultivar seus alimentos.
- Compre alimento orgânico certificado.
- Coma alimentos produzidos localmente.
- Utilize compostagem de resíduos alimentícios.
- Reduza o desperdício de alimentos.

FIGURA 10.30 Pessoas que fazem a diferença: Há várias formas de promover a produção de alimentos mais sustentável (**Conceito 10.6**). *Raciocínio crítico:* Dessas ações, quais são as mais importantes? Cite três e justifique sua resposta.

Os defensores de sistemas de produção de alimentos mais sustentáveis dizem que a educação é um fator importante para produzir e consumir alimentos de modo mais sustentável. Eles buscam informar as pessoas, especialmente consumidores jovens, a respeito de como os alimentos são produzidos, de onde eles vêm e quais são os efeitos ambientais prejudiciais da produção. Eles também recomendam políticas econômicas que recompensem a agricultura mais sustentável. Uma parte importante dessas políticas seria a substituição de subsídios da produção de alimentos insustentável por práticas mais

FOCO NA CIÊNCIA 10.2

Policicultura perene e The Land Institute

Alguns cientistas recomendam maior uso de policulturas de culturas perenes como um componente de uma agricultura mais sustentável. Essas culturas podem viver por muitos anos sem ter de ser replantadas e estão mais bem adaptadas às condições regionais de solo e clima do que a maioria das culturas anuais.

Há mais de três décadas, o geneticista de plantas Wes Jackson cofundou o The Land Institute do estado do Kansas nos Estados Unidos. Um dos objetivos do instituto tem sido cultivar uma mistura diversificada (policultura) de plantas perenes comestíveis para complementar monoculturas anuais tradicionais e ajudar a reduzir os efeitos ambientais nocivos provocados por elas. As culturas perenes, que vivem por muitos anos, ajudam os agricultores a copiar a natureza, usando e conservando melhor os recursos naturais, como luz do Sol, solo e a água. Como as culturas perenes dispensam a aragem do solo e o replantio anual, essa abordagem produz muito menos erosão da porção superior do solo e poluição da água. Também reduz a necessidade de irrigação, pois as raízes profundas dessas plantações retêm mais água do que as raízes curtas de culturas anuais (Figura 10.A). Em geral, há menos necessidade de usar fertilizantes e pesticidas químicos e, consequentemente, pouca ou nenhuma poluição derivada desses produtos. As culturas perenes também removem e armazenam mais carbono da atmosfera e seu cultivo requer menos energia do que as culturas anuais de monoculturas convencionais.

RACIOCÍNIO CRITICO

Por que as grandes empresas de sementes costumam se opor a essa forma de agricultura mais sustentável?

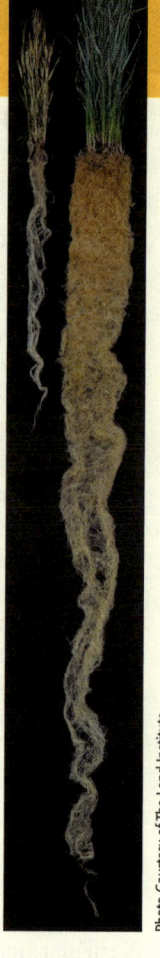

FIGURA 10.A As raízes de uma planta de colheita de trigo anual (à esquerda) são muito mais curtas do que as do *Andropogon gerardi*, conhecido como *big bluestem* (à direita), uma planta perene de pradaria alta.

---

sustentáveis, assim os alimentos seriam bons para as pessoas e para o planeta – uma aplicação do **princípio da sustentabilidade** derivado da ética. A Figura 10.30 mostra como é possível promover a produção de alimentos de uma forma mais sustentável.

10.6 COMO PODEMOS MELHORAR A SEGURANÇA ALIMENTAR?

CONCEITO 10.6 Podemos aumentar a segurança alimentar subsidiando a produção de alimentos ambientalmente sustentável, produzindo alimentos de forma mais sustentável, reduzindo a pobreza e a desnutrição crônica, confiando mais em alimentos cultivados localmente e reduzindo o desperdício de alimentos.

Como usar políticas governamentais para melhorar a produção de alimentos e a segurança alimentar

A agricultura é um negócio financeiramente arriscado. Para os agricultores, um bom ou mau ano dependerá de fatores sobre os quais eles têm pouco controle: tempo, preços das safras, pragas e doenças das plantações, taxas de juros sobre empréstimos e mercados globais.

Os governos adotam duas abordagens principais para influenciar a produção de alimentos com o objetivo de reforçar a segurança alimentar. Em primeiro lugar, podem *controlar os preços*, colocando um limite máximo obrigatório por lei sobre os preços para mantê-los artificialmente baixos. Esse controle agrada aos consumidores, mas compromete o lucro dos agricultores.

Em segundo lugar, os governos podem *fornecer subsídios*, dando aos agricultores suporte aos preços, benefícios fiscais e outros apoios financeiros para mantê-los no negócio e incentivá-los a aumentar a produção de alimentos. Nos Estados Unidos, a maior parte dos subsídios vai para a produção industrializada de alimentos, em geral para apoiar práticas prejudiciais ao meio ambiente.

Algumas pessoas defendem a remoção de subsídios e destacam o caso da Nova Zelândia, que eliminou subsídios agrícolas em 1984. Depois que o choque inicial passou, a inovação assumiu o comando e a produção de alguns alimentos, como leite, quadruplicou. O Brasil também não fornece mais a maioria de seus subsídios agropecuários. Segundo alguns analistas, é preciso substituir os subsídios tradicionais para os agricultores por subsídios

PESSOAS QUE FAZEM A DIFERENÇA 10.2

Jennifer Burney, cientista ambiental e exploradora da National Geographic

Jennifer Burney, cientista ambiental e exploradora da National Geographic, destaca que os agricultores de subsistência representam a maioria das pessoas mais pobres do mundo e precisam aumentar a produtividade para alcançar melhores padrões de vida e saúde. Ela está tentando ajudar agricultores da África a cultivar, distribuir e preparar seu próprio alimento usando recursos como água, fertilizantes e energia da maneira mais eficiente possível.

Por exemplo, para lidar com o problema da falta de água sazonal em muitas partes da África subsaariana, Burney ajudou as organizações a unirem duas tecnologias (sistemas de irrigação solar e irrigação por gotejamento) que podem servir como solução. Os sistemas de irrigação por gotejamento coletam água e pingam diretamente nas raízes das plantas, em vez de bombear e despejar. Bombas alimentadas com energia solar funcionam sem bateria ou combustível. Em dias ensolarados, quando as plantações precisam mais de água, os painéis solares aceleram o processo. Nos dias nublados, em que há menos evaporação, a bomba desacelera. Assim, somente a quantidade de água necessária é bombeada na maior parte dos dias. Isso permitiu que agricultores cultivassem frutas e vegetais em maior escala, aumentando a renda e a segurança alimentar.

---

capazes de promover práticas agrícolas mais sustentáveis para o meio ambiente.

Da mesma forma, os subsídios do governo para as frotas de pesca podem promover a pesca excessiva e a redução da biodiversidade aquática. Por exemplo, muitos governos fornecem milhões de dólares por ano em subsídios para a altamente destrutiva indústria de arrasto (ver Figura 9.22), e essa é a principal razão para que os pescadores que utilizam essa prática permaneçam no negócio. Há ainda muitos analistas que consideram que esses subsídios nocivos devem ser substituídos por pagamentos que possam promover a pesca e a aquicultura mais sustentáveis.

Alguns analistas recomendam que os países usem leis e regulamentações para orientar a população a produzir alimentos de maneira mais sustentável. Essas leis podem definir os padrões para a produção sustentável, cortar subsídios que promovem práticas insustentáveis, regular a poluição da agricultura industrial e estabelecer metas para a redução de emissões de gases de efeito estufa na agricultura. Alguns defendem a cobrança de mais impostos sobre o uso de pesticidas e fertilizantes, bem como sobre as emissões do gás metano, causador de mudanças climáticas, podendo a receita ser usada para subsidiar a agricultura orgânica, o MIP e a produção sustentável de alimentos nas fazendas (**Conceito 10.6**).

Outros programas governamentais e privados estão aumentando a segurança alimentar

Os programas governamentais e privados que têm como objetivo reduzir a pobreza podem aumentar a segurança alimentar. Alguns programas, por exemplo, concedem pequenos empréstimos com baixas taxas de juros para ajudar pessoas pobres a abrir um negócio ou comprar terras para cultivar seu próprio alimento.

Alguns analistas recomendam que os governos estabeleçam programas concentrados em salvar crianças dos efeitos da pobreza nocivos à saúde. Estudos feitos pelo Fundo das Nações Unidas para a Infância (United Nations Children's Fund – Unicef) indicam que metade ou dois terços das mortes infantis por desnutrição poderiam ser evitadas a um custo anual médio de US$ 5 a US$ 10 por criança. Isso envolveria medidas simples, como a imunização de mais crianças contra doenças da infância, a prevenção à desidratação por diarreia, com o fornecimento de uma mistura de açúcar e sal na água, e a distribuição de vitamina A duas vezes por ano para evitar a cegueira.

Muitas organizações privadas, principalmente organizações sem fins lucrativos, também estão trabalhando para ajudar indivíduos, comunidades e países a aumentar a segurança alimentar e produzir alimentos de maneira mais sustentável. Will Allen, da Growing Power (**Estudo de caso principal**), por exemplo, afirma que, em vez de tentar transferir tecnologias complexas, como engenharia genética, para os países menos desenvolvidos, devemos ajudá-los a desenvolver sistemas de produção e distribuição de alimentos simples, sustentáveis e locais, que lhes proporcionariam mais controle sobre a segurança alimentar.

Os especialistas em agricultura sustentável e exploradores da National Geographic Cid Simones e Paola Segura trabalham com pequenos fazendeiros para mostrar como eles podem cultivar alimentos de maneira mais sustentável em pequenos terrenos de florestas tropicais do Brasil. Eles treinam uma família por vez e, em troca, cada família precisa ensinar outras cinco famílias, ajudando, assim, a divulgar métodos de agricultura mais sustentável. Outra pessoa que está trabalhando para alcançar esse objetivo na África é a exploradora da National Geographic Jennifer Burney (Pessoas que fazem a diferença 10.2).

Compre alimento cultivado localmente e acabe com o desperdício

Uma maneira de aumentar a segurança alimentar é cultivando mais alimentos local ou regionalmente. O ideal seria que fossem cultivados com práticas de agricultura orgânica certificadas. Um número cada vez maior de consumidores está se tornando "locávoros", ou seja, pessoas que tentam comprar o máximo de alimentos de produtores locais e regionais em mercados ou feiras que vendem alimentos sazonais mais frescos, muitos deles cultivados de maneira orgânica.

Além disso, muitas pessoas estão participando de programas de *agricultura sustentada pela comunidade* (*community-supported agriculture* – CSA) em que compram ações de uma safra de um agricultor local e recebem uma caixa de frutas ou vegetais regularmente durante o período de crescimento. A Growing Power (**Estudo de caso principal**) tem um programa semelhante para os moradores da cidade. Para muitas dessas pessoas, os alimentos orgânicos que compram nas fazendas urbanas melhoram significativamente sua dieta e aumentam as chances de viver uma vida mais longa e saudável.

Ao comprar alimentos localmente, as pessoas apoiam economias locais e famílias de agricultores. A compra local também reduz os custos da energia de combustíveis fósseis para os produtores de alimentos, assim como as emissões de gases de efeito estufa decorrentes do armazenamento e do transporte dos produtos alimentícios em longas distâncias. No entanto, esses benefícios têm limites. Cientistas de alimentos apontam que a maior parte da pegada de carbono dos alimentos está na produção. Assim, por exemplo, uma maçã cultivada com técnicas de agricultura com alto uso de insumos e enviada de caminhão dentro da América do Norte pode ter uma pegada maior do que uma maçã cultivada em fazendas com baixo nível de insumos e enviada de navio para a América do Sul.

Um aumento na demanda por alimentos cultivados localmente poderia resultar em fazendas menores e mais diversificadas, que produzem alimentos orgânicos e minimamente processados a partir de plantas e animais. Essa ecoagricultura pode ser uma das novas carreiras desafiantes deste século para muitos jovens. **CARREIRA VERDE: Agricultura sustentável de pequena escala.**

As pessoas também podem desperdiçar menos comida. Segundo Jonathan Foley, 25% das calorias de alimentos do mundo são perdidas ou desperdiçadas. Em países pobres, com sistemas de armazenamento e transporte de alimentos pouco confiáveis, grande parte dos produtos se perde antes de chegar aos consumidores. Já nos países ricos, há muito desperdício em restaurantes, casas e supermercados. De acordo com estudos realizados pela EPA e o Conselho de Defesa de Recursos Naturais, nos Estados Unidos, entre 30% e 40% do suprimento de alimentos do país é jogado fora todos os anos, enquanto 49 milhões de estadunidenses sofrem de fome crônica.

Cultivar mais alimentos em áreas urbanas

Empresários do setor de agricultura sustentável e cidadãos comuns que vivem em áreas urbanas podem cultivar seus próprios alimentos, como mostrou o exemplo da fazenda Growing Power (**Estudo de caso principal**). De acordo com o USDA, aproximadamente 15% dos alimentos do mundo são cultivados em áreas urbanas, e essa porcentagem pode dobrar facilmente.

Cada vez mais, as pessoas estão compartilhando espaços, mão de obra e produtos agrícolas em jardins comunitários de lotes vazios. As pessoas estão fazendo hortas em jardins e criando galinhas no quintal, cultivando árvores frutíferas anãs em vasos grandes e plantando vegetais em telhados, varandas e pátios. Um estudo estima que a conversão de 10% dos gramados dos Estados Unidos em jardins produtores de alimentos forneceria um terço dos produtos agrícolas frescos do país.

Muitas escolas, faculdades e universidades urbanas estão aproveitando os benefícios de ter hortas. Com esses espaços, os estudantes não ganham apenas uma fonte de produtos agrícolas frescos à disposição, mas também aprendem sobre a origem dos alimentos e como cultivá-los de maneira mais sustentável.

No futuro, muitos dos nossos alimentos poderão ser cultivados em cidades, dentro de arranha-céus projetados especialmente para isso. Esse tipo de construção teria painéis solares na cobertura para gerar eletricidade, além de capturar e reciclar água da chuva para irrigar uma grande diversidade de plantações. O vidro inclinado para a direção sul traria luz do Sol, e o excesso de calor coletado seria armazenado em tanques com água ou areia debaixo do prédio, para ser usado quando necessário. Essa abordagem colocaria em prática os três **princípios científicos da sustentabilidade**.

GRANDES IDEIAS

- Cerca de 793 milhões de pessoas têm problemas de saúde porque não dispõem de alimentos suficientes, e 2,1 bilhões de cidadãos se preocupam com problemas de saúde causados pela alimentação excessiva.

- A agricultura moderna industrializada tem maior impacto ambiental prejudicial do que qualquer outra atividade humana.

- Formas mais sustentáveis de produção de alimentos podem reduzir muito os impactos nocivos dos sistemas de produção industrializados para a saúde e o meio ambiente.

Revisitando

Growing Power e sustentabilidade

Este capítulo começa com uma apresentação de como a Growing Power, uma fazenda urbana ecológica (**Estudo de caso principal**), está fornecendo uma diversidade de alimentos bons para as pessoas que vivem em um deserto alimentar. Seu fundador, Will Allen, ao demonstrar como os alimentos orgânicos podem ser cultivados de maneira mais sustentável e com preços acessíveis, está mostrando como fazer a transição para uma produção de alimentos sustentável ao mesmo tempo em que aplica os três **princípios científicos da sustentabilidade**. A agricultura moderna industrializada, a aquicultura e outras formas de produção de alimentos industrializadas violam todos esses princípios.

Fazer a transição para uma produção de alimentos mais sustentável significa contar mais com energia solar e outras fontes de energia renovável e menos com combustíveis fósseis. Também significa manter a ciclagem química por meio da conservação da porção superior do solo e da devolução de resíduos animais e vegetais não contaminados para o solo. Esse processo envolve esforços para manter a biodiversidade natural, agrícola e aquática, recorrendo a uma maior variedade de classes de plantas, animais e frutos do mar, produzidos por métodos orgânicos certificados e vendidos localmente em mercearias e mercados de produtores (ver foto). O controle da população de pragas com o maior uso de policulturas convencionais e perenes, além do manejo integrado de pragas, também ajudará a manter a biodiversidade.

Essas iniciativas serão aprimoradas se pudermos desacelerar o crescimento da população humana e reduzir drasticamente o desperdício de alimentos e de outros recursos. Os governos podem ajudar esses esforços, substituindo subsídios agrícolas e de pesca

ambientalmente prejudiciais e incentivos fiscais por outros mais benéficos ao meio ambiente. Por fim, a transição para a produção de alimentos mais sustentável seria acelerada para o benefício do ambiente, bem como das gerações atuais e futuras, se conseguíssemos encontrar maneiras de incluir os custos ambientais e de saúde nocivos da produção de alimentos em seus preços de mercado, de acordo com os **princípios da sustentabilidade** econômicos, políticos e éticos.

Revisão do capítulo

Estudo de caso principal

1. O que é um deserto alimentar? Resuma os benefícios que a fazenda Growing Power trouxe para a comunidade. Como essa fazenda exibe os três **princípios científicos da sustentabilidade**?

Seção 10.1

2. Quais são os dois conceitos-chave desta seção? Defina **segurança alimentar** e **insegurança alimentar**. Qual é a causa raiz da insegurança alimentar? Diferencie **subnutrição crônica (fome)** e **desnutrição crônica** e descreva os efeitos prejudiciais desses transtornos. Quais são os efeitos de dietas deficientes em vitamina A, ferro e iodo? O que é **supernutrição** e quais são seus efeitos prejudiciais?

Seção 10.2

3. Qual é o conceito-chave desta seção? Quais são os três sistemas que fornecem a maior parte dos alimentos do mundo? Defina **irrigação**, **fertilizantes sintéticos** e **pesticidas sintéticos**. Defina e diferencie **agricultura industrializada (com alto uso de insumos)**, **agricultura de plantio**, **agricultura de subsistência tradicional** e **agricultura tradicional intensiva**. O que é **monocultura**? Defina **rendimento da produção**. Defina **policultura** e resuma seus benefícios. Defina **agricultura orgânica** e compare os principais componentes dessa técnica com os da agricultura industrializada convencional. O que é uma **revolução verde**? Quais são as diferenças entre a primeira e a segunda revolução verde? Resuma o

Produção de alimentos e meio ambiente

histórico da produção industrializada de alimentos nos Estados Unidos.

4. Defina **engenharia genética**. Qual é a diferença entre engenharia genética e cruzamento por seleção artificial? Descreva a primeira revolução genética baseada no cruzamento. Descreva a segunda revolução baseada na engenharia genética. O que é um **organismo geneticamente modificado (OGM)**? Resuma a controvérsia sobre alimentos geneticamente modificados. Sintetize o crescimento da produção industrializada de carne. O que são confinamentos e Cafos? O que é uma **área de pesca**? O que é **aquicultura (fazenda de piscicultura)**?

Seção 10.3

5. Qual é o conceito-chave desta seção? Explique por que a produção de alimentos industrializados exige grandes entradas de energia. Por que isso resulta uma perda líquida de energia? Descreva os efeitos ambientais prejudiciais da agricultura industrializada sobre a biodiversidade, o solo, a água, o ar, a saúde humana e o uso de recursos. O que é a porção superior do solo e por que ela é um dos nossos recursos mais importantes? O que é **erosão do solo** e quais são os três maiores efeitos ambientais prejudiciais desse processo? O que é **desertificação** e quais são os efeitos prejudiciais desse fenômeno para o meio ambiente? Qual é a porcentagem de água usada pela humanidade para a irrigação? Defina **salinização do solo** e **encharcamento** e explique por que esses processos são prejudiciais. O que é poluição do solo? Cite duas causas de poluição do solo.

6. Resuma as contribuições da agricultura industrializada para as mudanças climáticas e a poluição da água e do ar. Explique como o uso de fertilizantes sintéticos aumentou e cite dois efeitos dessa utilização excessiva. Explique como os sistemas de produção industrializada de alimentos causaram perdas de biodiversidade. O que é **agrobiodiversidade** e como ela está sendo afetada pela produção industrializada de alimentos? Quais fatores podem limitar as revoluções verdes? Compare os benefícios e os efeitos prejudiciais da produção industrializada de carne. Explique a ligação entre a alimentação do gado e a formação de zonas mortas nos oceanos. Compare os benefícios e os efeitos prejudiciais da aquicultura.

Seção 10.4

7. Qual é o conceito-chave desta seção? O que é uma **praga**? Qual foi o aumento no uso de pesticidas desde a década de 1950? Resuma as vantagens e as desvantagens do uso de pesticidas sintéticos. Cite três formas de reduzir sua exposição aos pesticidas. Os pesticidas têm sido eficientes na redução de perdas de safras dos Estados Unidos para pragas? Descreva o uso e a eficácia das leis e dos tratados que ajudam a proteger as pessoas dos efeitos nocivos dos pesticidas. Cite sete alternativas aos pesticidas convencionais. Defina **manejo integrado de pragas (MIP)** e apresente suas vantagens.

Seção 10.5

8. Qual é o conceito-chave desta seção? O que é **conservação do solo**? Descreva seis formas de reduzir a erosão da porção superior do solo. O que é agricultura por plantio direto e quais são as vantagens desse sistema? O que é hidroponia? Diferencie **fertilizantes orgânicos**, **adubo animal**, **adubo verde** e **compostagem**. O que é biochar? Defina **rotação de culturas** e explique como ela pode ajudar a restaurar a fertilidade da porção superior do solo? Cite algumas formas de evitar e remover a salinização do solo. Como podemos reduzir a desertificação? Cite algumas formas de tornar a produção e o consumo de carne mais sustentáveis. Descreva três maneiras de tornar a aquicultura mais sustentável. Quais são as vantagens e desvantagens da agricultura orgânica? Cite quatro componentes importantes de um sistema de produção de alimentos mais sustentável. Cite as vantagens de se confiar mais nas policulturas orgânicas e culturas perenes. Descreva as pesquisas do ecólogo David Tilman sobre a importância da policultura. Quais são as cinco estratégias que podem ajudar agricultores e consumidores a mudar para uma produção de alimentos mais sustentável? Quais são as três maneiras importantes pelas quais os consumidores podem ajudar a promover uma produção de alimentos mais sustentável?

Seção 10.6

9. Qual é o conceito-chave desta seção? Quais são as duas principais abordagens usadas pelos governos para influenciar a produção de alimentos? Como os

governos usaram subsídios para influenciar a produção de alimentos e quais foram alguns dos efeitos dessas iniciativas? Cite duas formas pelas quais as empresas privadas estão melhorando a segurança alimentar. Explique três benefícios para comprar alimentos cultivados localmente. Quando isso não é uma boa opção? Como a agricultura urbana pode ajudar a aumentar a segurança alimentar? Descreva o sistema usado por Jennifer Burney para ajudar as pessoas a cultivarem alimentos em partes da África subsaariana.

10. Quais são as três grandes ideias deste capítulo? Explique como a transição para uma produção de alimentos mais sustentável, como aquela promovida pela fazenda Growing Power (**Estudo de caso principal**), envolveria a aplicação dos seis **princípios da sustentabilidade**.

Observação: os principais termos estão em negrito.

Raciocínio crítico

1. Suponha que você tenha conseguido um emprego na Growing Power, Inc. (**Estudo de caso principal**) e recebeu a missão de transformar um *shopping center* de bairro abandonado e seu grande estacionamento em uma fazenda de orgânicos. Elabore um plano para a realização dessa tarefa.

2. Hoje, os produtores conseguem fornecer uma quantidade de alimentos mais do que suficiente para alimentar todos os habitantes do planeta com uma dieta saudável. Considerando esse fato, por que você acha que cerca de 793 milhões de pessoas estão sofrendo com desnutrição ou subnutrição crônica? Supondo que você tenha sido encarregado de resolver este problema, escreva um plano para isso.

3. Explique por que você apoia ou se opõe ao uso crescente de (a) produção de alimentos geneticamente modificados e (b) policultura orgânica perene.

4. Imagine que você trabalha para um agricultor e tenha recebido a missão de decidir se vai usar a agricultura com plantio direto nos campos agrícolas ou se continuará usando a aragem e os métodos de controle de ervas daninhas convencionais. Compare as vantagens e desvantagens de cada método e decida como você vai aconselhar seu chefe. Escreva um relatório e apresente evidências para sustentar seus argumentos.

5. Você é o chefe de uma grande agência agrícola da região em que vive. Pondere as vantagens e desvantagens do uso de pesticidas sintéticos e explique por que você apoiaria ou se oporia a um aumento no uso desses produtos como uma forma de ajudar os agricultores no cultivo das plantações. Quais são as alternativas?

6. Se a população de mosquitos da região em que você vive estivesse comprovadamente transmitindo malária ou alguma outra doença viral perigosa, você aceitaria pulverizar DDT no seu jardim, dentro de sua casa ou em toda a região para reduzir o risco? Justifique sua resposta. Quais são as alternativas?

7. Você acha que as vantagens da agricultura orgânica superam suas desvantagens? Explique. Você consome ou cultiva alimentos orgânicos? Em caso positivo, explique os motivos que o fazem tomar essa decisão. Se não, explique o raciocínio por trás de algumas de suas opções alimentares.

8. De acordo com o físico Albert Einstein, "nada beneficiará tanto a saúde humana e aumentará as chances de sobrevivência da vida na terra quanto a evolução para uma dieta vegetariana". Explique sua interpretação dessa afirmação. Você está disposto a consumir menos carne ou a não consumi-la? Explique.

Fazendo ciência ambiental

Durante uma semana, pese os alimentos comprados na sua casa e aqueles que são jogados fora. Além disso, registre os tipos de alimentos que você come, usando categorias como frutas, vegetais, carnes e laticínios. Registre e compare esses números e outros dados dia após dia. Desenvolva um plano para reduzir o desperdício de alimentos da sua casa pela metade. Considere fazer um estudo semelhante na cantina da sua faculdade/universidade, registrar os resultados e enviar recomendações para os responsáveis.

Análise da pegada ecológica

A tabela a seguir apresenta dados sobre pesca e população do mundo.

1. Use os dados da tabela sobre coleta de peixes e população para calcular o consumo de peixes *per capita* entre 1990 e 2014 em quilos por pessoa. Dicas: 1 milhão de toneladas é igual a 1 bilhão de quilos; os dados da população humana são expressos em bilhões; o consumo *per capita* pode ser calculado diretamente, dividindo-se a quantidade total consumida pela quantidade de população de qualquer ano.

2. Em geral, o consumo de peixes *per capita* aumentou ou diminuiu entre 1990 e 2014?

3. Em que anos o consumo de peixes *per capita* diminuiu?

COLETA DE PEIXES NO MUNDO

Anos	Peixes capturados (milhões de toneladas)	Aquicultura (milhões de toneladas)	Total (milhões de toneladas)	População mundial (em bilhões)	Consumo de peixes per capita (quilogramas/pessoa)
1990	84,8	13,1	97,9	5,27	
1991	83,7	13,7	97,4	5,36	
1992	85,2	15,4	100,6	5,44	
1993	86,6	17,8	104,4	5,52	
1994	92,1	20,8	112,9	5,60	
1995	92,4	24,4	116,8	5,68	
1996	93,8	26,6	120,4	5,76	
1997	94,3	28,6	122,9	5,84	
1998	87,6	30,5	118,1	5,92	
1999	93,7	33,4	127,1	6,00	
2000	95,5	35,5	131,0	6,07	
2001	92,8	37,8	130,6	6,15	
2002	93,0	40,0	133,0	6,22	
2003	90,2	42,3	132,5	6,31	
2004	94,6	45,9	140,5	6,39	
2005	94,2	48,5	142,7	6,46	
2006	92,0	51,7	143,7	6,54	
2007	90,1	52,1	142,2	6,61	
2008	89,7	52,5	142,3	6,69	
2009	90,0	55,7	145,7	6,82	
2010	89,0	59,0	148,0	6,90	
2011	93,5	62,7	156,2	7,00	
2012	90,2	66,5	156,7	7,05	
2013	92,7	70,3	163,0	7,18	
2014	93,4	73,8	167,2	7.27	

Informações compiladas pelos autores usando dados da Organização das Nações Unidas para Alimentação e Agricultura e do Earth Policy Institute.

Produção de alimentos e meio ambiente

CAPÍTULO 11
Recursos hídricos e poluição da água

"Nosso planeta líquido brilha como uma safira azul suave na dura escuridão do espaço. Não há nada igual no Sistema Solar. Isso acontece por causa da água."

JOHN TODD

Principais questões

11.1 No futuro, teremos água utilizável suficiente?

11.2 Como podemos aumentar os suprimentos de água doce?

11.3 Como podemos usar a água doce de forma mais sustentável?

11.4 Como podemos reduzir a poluição da água?

Pelicano-pardo sujo de óleo após a ruptura do poço de petróleo da BP Deepwater Horizon, em 2010, no Golfo do México.

Joel Sartore/National Geographic Stock

Estudo de caso principal

A zona morta anual do Golfo do México

A bacia do Rio Mississippi (Figura 11.1, parte superior) se estende por 31 estados e contém quase dois terços da área terrestre da parte continental dos Estados Unidos. Com mais da metade das terras cultiváveis do país, é uma das regiões agrícolas mais produtivas. A água escoa da terra a partir de fazendas, cidades, fábricas e estações de tratamento de esgoto da imensa bacia do Rio Mississippi até o rio de mesmo nome e seus afluentes. Essa água contém sedimentos e outros poluentes que acabam no Golfo do México (Figura 11.1, parte inferior) – um dos principais fornecedores de peixes e crustáceos do país.

Todos os anos, na primavera e no verão, grandes quantidades dos nutrientes vegetais, nitrogênio e fósforo (principalmente nitratos e fosfatos dos fertilizantes das plantações) fluem para o Rio Mississippi, acabam no norte do Golfo do México e fertilizam em excesso as águas costeiras do Mississippi, Louisiana e Texas (Estados Unidos). Esse excesso de nutrientes vegetais causa um aumento explosivo da população de fitoplâncton (na maioria das vezes, algas), que, com o tempo, morrem, afundam e são decompostos por hordas de bactérias que consomem oxigênio. Isso esgota a maior parte do oxigênio dissolvido da camada inferior de água do Golfo.

O enorme volume resultante de água com pouco oxigênio dissolvido (menos de duas partes por milhão) é chamado *zona morta*, pois contém pouca ou nenhuma vida animal marinha. O baixo nível de oxigênio dissolvido (Figura 11.1, parte inferior) afasta peixes que nadam rápido e outros organismos marinhos, além de sufocar peixes, caranguejos, ostras e camarões que vivem no fundo e não conseguem se mover para áreas menos poluídas. Grandes quantidades de sedimentos, principalmente do solo erodido da bacia do Rio Mississippi, podem matar as formas de vida animal

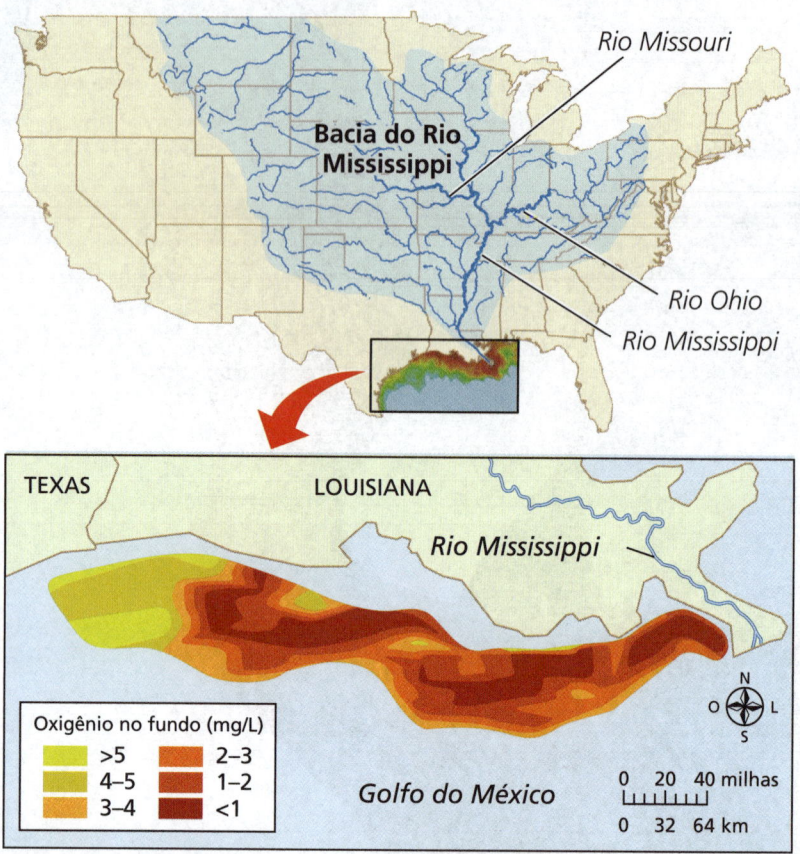

FIGURA 11.1 A água contendo sedimentos, fertilizantes de nitrato dissolvidos e outros poluentes escoa da bacia do Rio Mississippi (parte superior) para o Rio Mississipi e, de lá, para o norte do Golfo do México (parte inferior). Esse processo cria uma zona morta, com baixos níveis de oxigênio dissolvido (1–3 ppm), indicada pelas áreas em vermelho claro e escuro, na parte inferior da figura, referente ao ano de 2015.

aquáticas que vivem no fundo. A zona morta aparece toda primavera e cresce até o outono, quando as chuvas agitam a água e redistribuem o oxigênio dissolvido para o fundo do Golfo.

O tamanho da zona morta anual do Golfo do México varia de acordo com a quantidade de água que flui para o Rio Mississippi. Em anos com muitas chuvas e derretimento de neve, como 2003, ela cobriu uma região tão grande quanto o estado de Massachusetts (27.300 km²). Já em anos menos chuvosos, como 2015, ela cobriu uma área menor, de 16.760 km², um pouco menos que os estados de Connecticut e Rhode Island juntos.

A zona morta anual do Golfo do México é uma das 400 zonas mortas encontradas ao redor do mundo, 200 delas nos Estados Unidos. Assim, a plantação de culturas para alimentar gado e pessoas e a produção de etanol de milho para abastecer veículos na ampla bacia do Mississippi acaba prejudicando a vida aquática costeira e a produção de frutos do mar no Golfo do México.

Neste capítulo, vamos analisar o fornecimento mundial de água doce que mantém a vida, e como esses suprimentos e os oceanos são ameaçados pela poluição. ●

11.1 NO FUTURO, TEREMOS ÁGUA UTILIZÁVEL SUFICIENTE?

CONCEITO 11.1A Atualmente, usamos a água doce disponível de forma insustentável, pois extraímos em uma velocidade maior do que a natureza consegue repor, desperdiçamos, poluímos e subvalorizamos esse recurso natural insubstituível.

CONCEITO 11.1B Os suprimentos de água doce não são distribuídos de maneira uniforme e um em cada dez habitantes do planeta não tem acesso adequado à água limpa.

Estamos gerenciando mal a água doce

Vivemos em um planeta único graças a uma preciosa camada de água (a maior parte salgada) que cobre cerca de 71% de sua superfície. É possível sobreviver várias semanas sem comida, mas apenas alguns dias sem **água doce**, ou água que contenha níveis muito baixos de sais dissolvidos.

Precisamos de grandes quantidades de água para produzir alimentos e a maioria das outras coisas que usamos para satisfazer nossas necessidades e vontades do dia a dia. A água também desempenha um papel importante na determinação do clima da Terra, além de remover e diluir parte dos poluentes e resíduos que produzimos.

Apesar da importância, a água é um de nossos recursos mais mal administrados. Nós a desperdiçamos, poluímos e não valorizamos o suficiente. Como resultado, ela está disponível a um preço baixo para bilhões de consumidores, o que estimula o desperdício e a poluição ainda maior desse recurso renovável para o qual não há substituto (**Conceito 11.1A**).

O acesso à água doce é uma *questão de saúde global*. De acordo com a Organização Mundial da saúde (OMS), em média 669 mil pessoas morrem todos os anos em decorrência de doenças infecciosas transmitidas pela água, pois não têm acesso a água potável segura.

O acesso a água doce também é uma *questão econômica*, porque a água é essencial para reduzir a pobreza e produzir alimento e energia. Segundo a OMS, cerca de 57% da população mundial tem água encanada em casa. O restante precisa encontrá-la e carregá-la de fontes ou poços distantes. Essa tarefa diária normalmente recai sobre as mulheres e crianças (Figura 11.2).

O acesso à água doce também é uma *questão de segurança nacional e global* devido ao aumento das tensões dentro e entre alguns países por causa do acesso limitado às fontes de água doce compartilhadas por eles.

Por fim, a água é um *problema ambiental* porque a retirada excessiva de água de rios e aquíferos resulta em diminuição dos lençóis freáticos, redução dos fluxos dos rios, encolhimento dos lagos e desaparecimento de zonas úmidas. Essa perda de água doce, combinada com a poluição da água em muitas áreas do mundo, diminuiu a qualidade da água, reduziu as populações de peixes, apressou a extinção de algumas espécies aquáticas e degradou os serviços ecossistêmicos aquáticos.

A maior parte da água da Terra não está disponível

Apenas 0,024% do enorme suprimento de água do planeta está prontamente disponível para as pessoas na forma de água doce líquida. Essa água é encontrada em depósitos subterrâneos acessíveis e em lagos, rios e cursos de água. O restante está nos oceanos (aproximadamente 96,5% do volume de água líquida da Terra), em calotas de gelo polar e geleiras (1,7%), e em aquíferos subterrâneos profundos (1,7%).

Felizmente, o suprimento de água do mundo é continuamente reciclado, purificado e distribuído no *ciclo hidrológico* da Terra (ver Figura 3.15). No entanto, esse serviço ecossistêmico vital começa a falhar quando o sobrecarregamos com poluentes na água ou há a remoção de água doce dos suprimentos subterrâneo e de superfície mais rapidamente que os processos de reabastecimento naturais.

Pesquisas também indicam que o aquecimento atmosférico está alterando o ciclo da água ao evaporar mais água para a atmosfera. Consequentemente, áreas úmidas ficarão mais úmidas, com inundações mais frequentes e mais fortes, enquanto as áreas secas ficarão mais secas, com períodos de estiagem mais intensos.

A maioria das pessoas presta pouca atenção em seus efeitos sobre o ciclo da água, principalmente porque considera a água doce da Terra como um recurso gratuito e infinito. Por isso, atribuímos pouco ou nenhum valor econômico aos serviços ecossistêmicos insubstituíveis que a água fornece – uma violação grave do **princípio de sustentabilidade** da precificação de custo total.

Em uma base global, temos muita água doce, mas que não é distribuída de forma igual. Por exemplo, o Canadá, com apenas 0,5% da população mundial, possui 20% da água doce do mundo, enquanto a China, com 19% da população mundial, tem apenas 6,5% do suprimento.

Águas subterrânea e superficial

Uma grande parte da água da Terra é armazenada no subsolo. Parte da precipitação se infiltra no solo e vai para baixo, por meio de espaços no solo, no cascalho e na pedra até uma camada impenetrável de rocha ou argila que a interrompe. Nesses espaços, a água doce é chamada **água subterrânea**, um dos principais componentes do capital natural da Terra (Figura 11.3).

Os espaços no solo e nas rochas próximos à superfície da Terra seguram pouca umidade. No entanto, abaixo de uma certa profundidade, na **zona de saturação**, esses espaços são totalmente preenchidos com água. Na parte superior da zona de água subterrânea, está o **lençol**

FIGURA 11.2 Todos os dias, essas mulheres transportam água até seu vilarejo, localizado em uma área seca da Índia.
ShivJi Joshi/National Geographic Creative

freático, que aumenta em clima úmido e diminui em clima seco ou quando retiramos a água subterrânea mais rapidamente do que a natureza pode prover.

A uma profundidade maior, estão os chamados **aquíferos**: cavernas e camadas porosas de areia, cascalho ou leito de rochas em que a água subterrânea flui. A maioria dos aquíferos são como esponjas grandes e alongadas por meio de infiltrações de águas subterrâneas, que normalmente se movimentam a um metro ou mais por ano e raramente a mais do que 0,03 metro por dia. Camadas impermeáveis de rocha ou argila localizadas abaixo desses aquíferos impedem que a água doce vá mais fundo na Terra. Usamos bombas para trazer essa água subterrânea para a superfície para irrigar plantações, abastecer residências e atender às necessidades das indústrias.

A maioria dos aquíferos é abastecida pela precipitação, que se infiltra através do solo e das rochas expostas. Outros são abastecidos por lagos, rios e cursos de água da região. No entanto, os aquíferos são recarregados lentamente e, em áreas urbanas, há tantas construções ou zonas pavimentadas na paisagem, que a água doce não consegue mais penetrar no solo para reabastecer os aquíferos. Alguns deles, chamados *aquíferos profundos*, não conseguem ser reabastecidos ou levam muitos milhares de anos nesse processo. Na escala de tempo humana, esses aquíferos são depósitos únicos e não renováveis de água doce.

Outro recurso essencial é a **água superficial**, a água doce da precipitação e da neve derretida que é armazenada em lagos, reservatórios, áreas úmidas, córregos e rios. A precipitação que não se infiltra no chão ou retorna para atmosfera por evaporação é chamada **escoamento superficial**. A região da qual a água superficial é drenada para determinado rio, lago, área úmida ou outro corpo de água é chamada **bacia hidrográfica** ou **de drenagem**.

O uso de água está aumentando

Dois terços do escoamento de superfície anual de água doce em rios e correntes são perdidos em inundações sazonais e não estão disponíveis para o uso humano. O terço restante é o **escoamento de superfície seguro**, com o qual geralmente podemos contar como fonte estável de água doce de ano a ano.

Ao longo do último século, a população humana triplicou, a retirada de água global aumentou sete vezes e a de água *per capita* quadruplicou. Como resultado, agora retiramos quase 34% do escoamento seguro mundial. Essa é uma média global. No árido sudoeste estadunidense, até 70% do escoamento seguro é extraído para fins humanos, principalmente irrigação. Alguns especialistas em água preveem que, em razão do aumento populacional, das crescentes taxas de uso de água por pessoa, dos períodos de seca mais longos em algumas regiões e do desperdício, a população mundial provavelmente

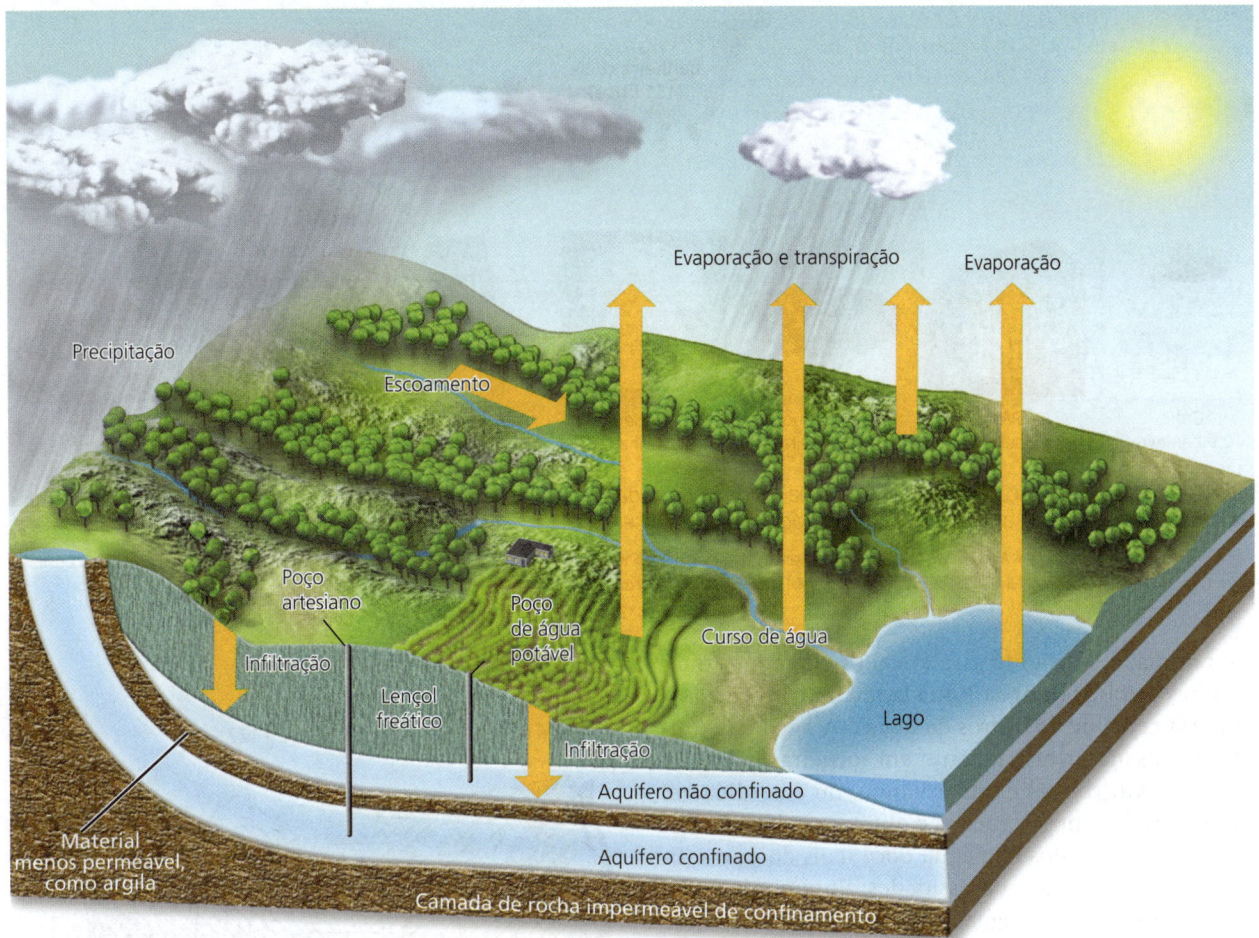

FIGURA 11.3 Capital natural: Grande parte da água que cai da chuva penetra no solo para se tornar a água subterrânea armazenada nos aquíferos.

estará extraindo até 90% do escoamento seguro de água doce do mundo até 2025.

Em todo o mundo, usamos 70% da água doce que retiramos todos os anos de rios, lagos e aquíferos para irrigar os cultivos e criar gado. Em regiões áridas, até 90% do suprimento de água disponível é usado na produção de alimentos. As indústrias usam aproximadamente 20% da água extraída globalmente por ano, enquanto as cidades e residências usam os 10% restantes.

Sua **pegada hídrica** é a medida aproximada do volume total de água doce que você usa direta ou indiretamente. Sua pegada hídrica diária inclui a água doce usada de maneira direta (por exemplo, para beber, tomar banho ou dar descarga) e a usada de maneira indireta para produzir os alimentos que você consome, a energia que usa e os produtos que compra.

A água doce que não é consumida diretamente, mas usada para produzir alimentos e outros itens, é chamada **água virtual**. Ela representa uma grande parte das pegadas hídricas individuais, especialmente em países mais desenvolvidos. A agricultura corresponde a cerca de 92% da pegada hídrica da humanidade. A produção e a entrega de um hambúrguer comum, por exemplo, usa cerca de 1.800 litros (480 galões ou cerca de 12 banheiras) de água doce, a maioria utilizada para cultivar grãos para alimentar o gado. A Figura 11.4 mostra uma forma de medir a quantidade de água virtual usada para fabricar e entregar produtos.

Em alguns países com escassez de água, faz sentido economizar água doce real importando água virtual por meio de alimentos, em vez de produzi-los localmente. Entre esses países estão o Egito e outras nações do Oriente Médio, que apresentam clima seco e pouca água doce. Grandes exportadores de água virtual, principalmente na forma de trigo, milho, soja, alfafa e outros alimentos, são União Europeia, Estados Unidos, Canadá, Brasil e Austrália.

ESTUDO DE CASO

Recursos de água doce nos Estados Unidos

De acordo com o Serviço Geológico dos Estados Unidos (U.S. Geological Survey – USGS), o estadunidense médio usa diretamente entre 300 e 379 litros de água

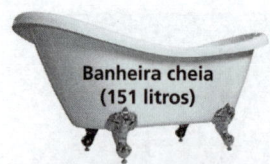

FIGURA 11.4 A produção e a entrega de uma unidade de cada um dos produtos apresentados aqui exigem o equivalente a uma banheira ou mais de água doce, chamada *água virtual*. Observação: 1 banheira = 151 litros.

Banheira: Baloncici/Shutterstock.com. Café: Aleksandra Nadeina/Shutterstock.com. Pão: Alexander Kalina/Shutterstock.com. Hambúrguer: Joe Belanger/Shutterstock.com. Camiseta: grmarc/Shutterstock.com. Jeans: Eyes wide/Shutterstock.com. Carro: L Barnwell/Shutterstock.com. Casa: Rafal Olechowski/Shutterstock.com

doce por dia, o suficiente para encher pelo menos duas banheiras comuns de água (uma banheira convencional comporta cerca de 151 litros de água). A água das residências é usada principalmente em torneiras, para dar descarga, lavar roupas e tomar banho, ou é perdida em vazamentos de canos, torneiras e outras instalações.

Os Estados Unidos têm água doce mais do que suficiente para suprir suas necessidades. Porém, ela é distribuída de maneira desigual (**Conceito 11.1B**) e grande parte dela é contaminada por práticas agrícolas e industriais. Os estados do leste normalmente têm maior nível de precipitação, enquanto os do oeste e sudoeste têm pouca chuva (Figura 11.5).

Na região leste dos Estados Unidos, a maior parte da água é usada em fábricas e no resfriamento de usinas (onde a maioria é aquecida e retornada para sua origem). Em muitas partes dessa região, os problemas hídricos mais graves são inundações e falta de água ocasional devido a períodos de seca e poluição.

Nas áreas áridas e semiáridas da parte oeste dos Estados Unidos, a irrigação corresponde a 85% do consumo da água doce. Os principais problemas hídricos são falta de escoamento, causada pela baixa precipitação (Figura 11.5), alta evaporação e seca prolongada recorrente.

O Departamento do Interior dos Estados Unidos mapeou os *pontos críticos de escassez de água* em 17 estados ocidentais (Figura 11.6). Nessas áreas, há um aumento de concorrência pela água doce escassa para abastecer as áreas de crescimento urbano, irrigação, recreação e vida selvagem. Essa competição por água doce pode impulsionar conflitos políticos e jurídicos intensos entre os estados e suas áreas urbanas e rurais. Além disso, pesquisadores do clima da Universidade de Columbia, liderados por Richard Seager, usaram modelos climáticos testados para prever que o sudoeste dos Estados Unidos provavelmente terá longos períodos de seca extrema durante a maior parte do restante deste século.

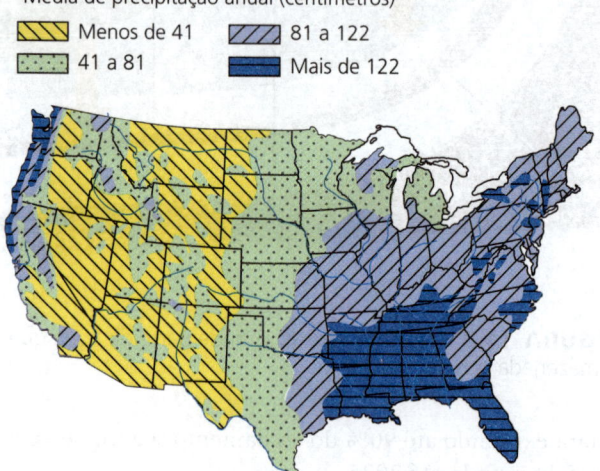

FIGURA 11.5 Precipitação anual média de longo prazo na parte continental dos Estados Unidos.

Dados do U.S. Water Resources Council e do U.S. Geological Survey.

A escassez de água doce aumentará

Estresse hídrico é a comparação da quantidade de água doce disponível com a quantidade usada pelos seres humanos. As principais causas de escassez de água doce em uma determinada região são clima seco, estiagem, muitas pessoas usando um único suprimento de água e desperdício. Muitos dos rios e bacias do mundo (ver Estudo de caso a seguir) sofrem com vários níveis de estresse hídrico (Figura 11.7). Estima-se que, em 2050, até 60 países (a maioria da Ásia) sofrerão com estresse hídrico.

Atualmente, cerca de 30% das terras do planeta – uma área total de quase cinco vezes o tamanho dos Estados Unidos – enfrentam seca grave. Até 2059, 45% da superfície terrestre poderá passar por *seca extrema*, resultante de uma combinação entre ciclos naturais de seca e mudanças

Ciência ambiental

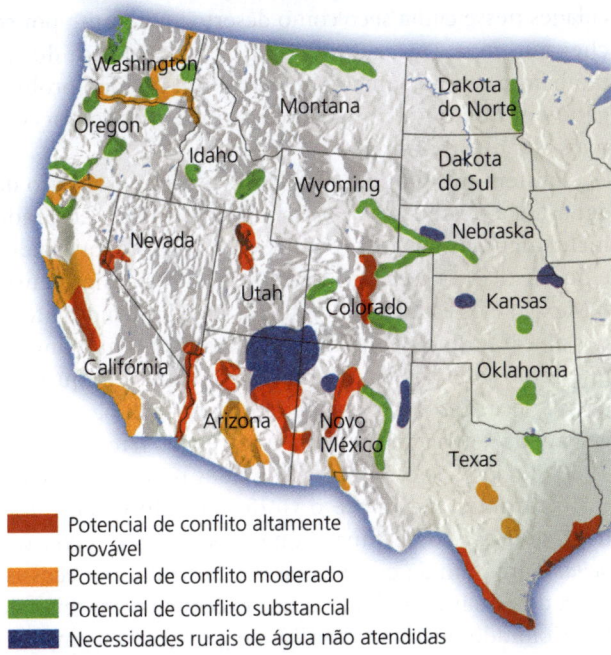

climáticas previstas, segundo um estudo conduzido pelo pesquisador David Rind e seus colaboradores.

Entre as bacias hidrográficas do mundo, 276 delas são compartilhadas entre dois ou mais países, no entanto, somente 118 dessas bacias têm acordos de compartilhamento de água. Isso explica por que os conflitos sobre os recursos compartilhados de água doce tendem a ocorrer mais à medida que as populações crescem, a demanda por água aumenta e os suprimentos diminuem em muitas partes do mundo.

Em 2015, a Organização das Nações Unidas (ONU) e a OMS relataram que 783 milhões de pessoas (aproximadamente 2,4 vezes a população dos Estados Unidos) não têm acesso regular a água limpa para beber, cozinhar e limpar, especialmente devido à pobreza (**Conceito 11.1B**). O relatório também destacou que mais de 2 bilhões de pessoas obtiveram acesso a água limpa entre 1990 e 2012. Ainda assim, muitos analistas consideram que a probabilidade de uma expansão da escassez de água em muitas partes do mundo é um dos problemas ambientais, econômicos e de saúde mais sérios da nossa sociedade.

FIGURA 11.6 Este mapa mostra os pontos principais de escassez de água em 17 estados ocidentais que, até 2025, poderão enfrentar intensos conflitos pela escassez de água doce necessária para o crescimento urbano, a irrigação e a vida selvagem.

Dados do U.S. Department of the Interior e da U.S. Geological Survey.

783 milhões Número de pessoas sem acesso a água limpa.

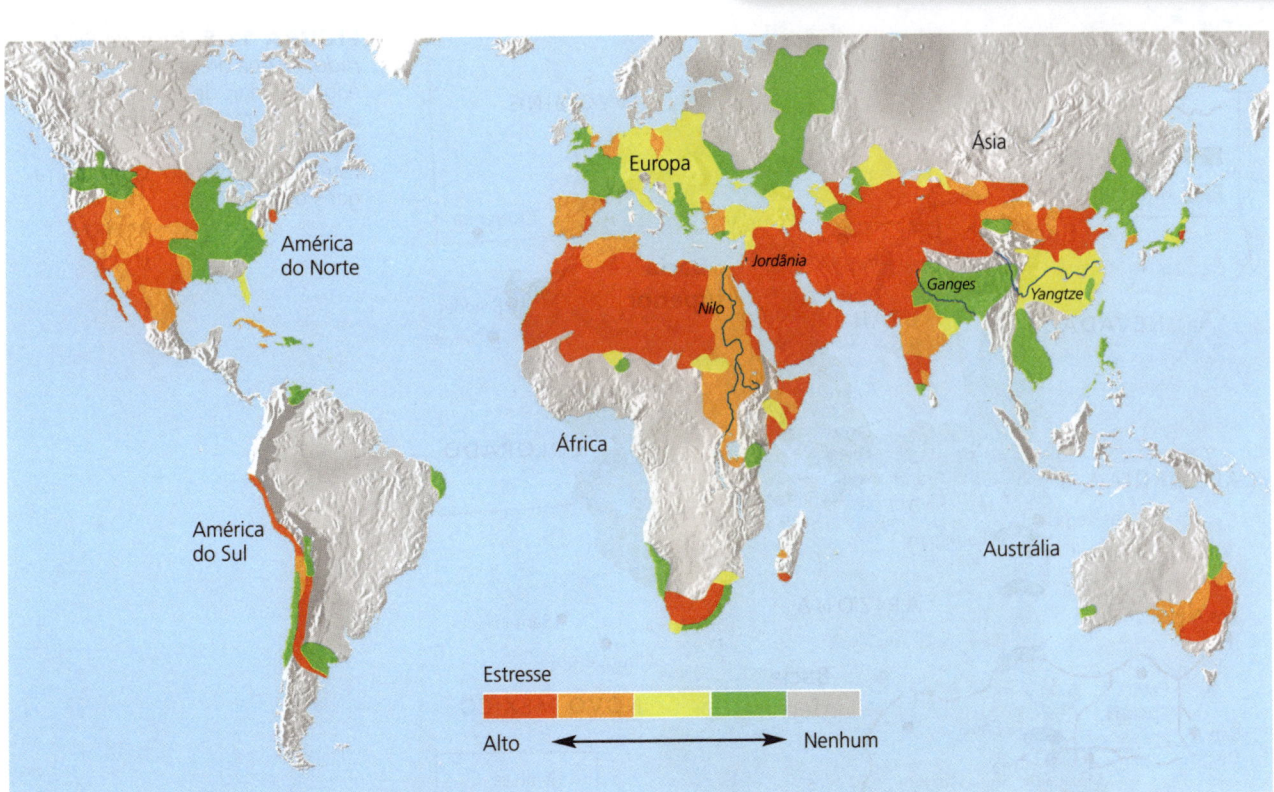

FIGURA 11.7 Degradação do capital natural: As maiores bacias de rios do mundo diferem em seu grau de estresse hídrico (**Conceito 11.1B**). *Raciocínio crítico:* Você vive em uma região com estresse hídrico? Se sim, quais sinais desse fenômeno você já notou? Como isso afetou a sua vida?

Dados da World Commission on Water Use for the 21st Century, da Organização das Nações Unidas para Alimentação e Agricultura e do World Water Council.

Recursos hídricos e poluição da água

ESTUDO DE CASO

O Rio Colorado

O Rio Colorado flui por 2.300 quilômetros e passa por sete estados áridos do sudoeste dos Estados Unidos até chegar ao Golfo da Califórnia (Figura 11.8). A maior parte da sua água vem do degelo das Montanhas Rochosas. Durante os últimos cem anos, esse rio, que antes fluía livremente, foi controlado por um sistema de encanamento gigantesco, composto de 14 grandes barragens e reservatórios.

Esse sistema de barragens e reservatórios fornece água e eletricidade de usinas hidroelétricas para cerca de 40 milhões de pessoas que vivem em sete estados – mais ou menos uma a cada oito pessoas dos Estados Unidos. A água do rio é usada para produzir cerca de 15% das culturas e da pecuária do país. O sistema fornece água para algumas das cidades mais secas e quentes, como Las Vegas, em Nevada, Phoenix, no Arizona, e San Diego e Los Angeles, na Califórnia. Sem esse rio controlado, essas cidades se tornariam majoritariamente áreas desérticas inabitáveis, e o Imperial Valley da Califórnia não seria capaz de produzir metade das frutas e vegetais do país.

Tanta água é retirada desse rio para suprir lavouras e cidades nesse clima seco como deserto, que muito pouco chega ao mar. Desde 1999, a bacia hidrográfica do rio também passa por uma grave **seca**, um período prolongado em que a precipitação é menor e a evaporação é mais alta que o normal.

Existem três grandes problemas associados ao uso de água doce deste rio. *Primeiro*, a bacia do Rio Colorado inclui algumas das terras mais secas dos Estados Unidos e do México. *Segundo*, os acordos jurídicos antigos entre o México e os estados do oeste dos Estados Unidos afetados alocaram mais água doce para consumo humano do que o rio pode suportar – mesmo em anos em que não houve seca. Esses pactos não alocaram água para proteger a vida selvagem aquática e terrestre. *Terceiro*, desde 1960, devido à seca, represas e grades retiradas de água, o rio raramente flui até o Golfo da Califórnia, e isso degradou os ecossistemas aquáticos do rio e secou seu *delta*, a área úmida que fica na foz, destruindo o ecossistema de estuário do delta. O uso excessivo do sistema do Rio Colorado ilustra os desafios de gerenciar o compartilhamento de recursos hídricos para diferentes governos e grupos de pessoas que vivem em climas secos.

FIGURA 11.8 *Bacia do Rio Colorado*: A área drenada dessa bacia é igual a mais de um doze avos da área de terra dos Estados Unidos (sem considerar Alasca e Havaí). Este mapa mostra 6 das 14 barragens do rio.

11.2 COMO PODEMOS AUMENTAR OS SUPRIMENTOS DE ÁGUA DOCE?

CONCEITO 11.2A Em algumas áreas, a água subterrânea usada para abastecer cidades e produzir alimentos está sendo bombeada de aquíferos mais rápido do que ela se renova por precipitação.

CONCEITO 11.2B Grandes sistemas de barragens e reservatórios e projetos de transferência de água ampliaram substancialmente o fornecimento de água em algumas regiões, mas também abalaram ecossistemas e deslocaram pessoas.

CONCEITO 11.2C Podemos converter a água salgada do oceano em água doce, mas o custo é muito alto e resultaria em grande volume de salmoura que deve ser descartado sem prejudicar os ecossistemas aquáticos ou terrestres.

Os aquíferos estão sendo esgotados

Os aquíferos fornecem água potável para quase metade da população mundial, enquanto as águas superficiais equivalem à outra metade. Nos Estados Unidos, os aquíferos fornecem quase toda a água potável das áreas rurais (20% nas áreas urbanas) e 43% da água usada para irrigação no país, segundo a USGS. A maioria dos aquíferos são recursos renováveis, a menos que a água subterrânea contida neles seja removida a uma velocidade maior que a do reabastecimento por meio da chuva e do derretimento da neve. Essa prática é chamada *bombeamento excessivo* (ver Estudo de caso a seguir). Depender mais da água subterrânea tem vantagens e desvantagens (Figura 11.9).

Poços de teste e dados de satélite indicam que os lençóis freáticos estão diminuindo em muitas partes do mundo em decorrência do bombeamento excessivo (**Conceito 11.2A**). Os três maiores produtores de grãos do mundo – China, Estados Unidos e Índia, além de México, Arábia Saudita, Irã, Iraque, Egito, Paquistão, Espanha e outros países – estão praticando o bombeamento excessivo em muitos de seus aquíferos. Grande parte do Oriente Médio está enfrentando uma crescente crise de água e alimentos e um aumento da tensão entre suas nações provocados principalmente pela redução dos lençóis freáticos, crescimento populacional rápido e divergências em relação ao acesso aos suprimentos compartilhados de água nos rios da região.

Durante décadas, a Arábia Saudita bombeou água doce de um aquífero profundo não renovável para irrigar plantações (como trigo) em terras desérticas (Figura 11.10). Essa água também era usada para encher fontes e piscinas, que perdem uma enorme quantidade de água por evaporação no ar seco do deserto. Em 2008, o país anunciou que a produção irrigada de trigo tinha esgotado a maior parte desse importante aquífero profundo e, em 2016, parou de produzir trigo e passou a importar grãos (água virtual) para ajudar a alimentar seus 32 milhões de habitantes.

ESTUDO DE CASO

Extração excessiva no aquífero Ogallala

Nos Estados Unidos, a água subterrânea está sendo extraída dos aquíferos, em média, quatro vezes mais rapidamente do que é reabastecida, de acordo com o USGS (**Conceito 11.2A**). A Figura 11.11 mostra as áreas da maior depleção de aquífero na parte continental dos Estados Unidos. Um dos casos mais graves de bombeamento excessivo de águas subterrâneas está na metade inferior do aquífero de Ogallala, um dos maiores do mundo, localizado sob oito estados, de Dakota do Sul ao Texas (parte ampliada da Figura 11.11).

O aquífero de Ogallala fornece quase um terço de toda a água subterrânea usada nos Estados Unidos, tendo ajudado a transformar as Grandes Planícies em uma das regiões agrícolas irrigadas mais produtivas. No entanto, o Ogallala é um depósito de capital natural líquido com uma taxa de recuperação muito lenta.

Em partes da metade sul de Ogallala, a água subterrânea está sendo bombeada 10 a 40 vezes mais rápido do que a taxa de recarga natural, o que tem diminuído os lençóis freáticos e elevado os custos de bombeamento, especialmente em partes do Texas (mapa ampliado da Figura 11.11). O bombeamento excessivo deste aquífero,

Vantagens e desvantagens

Retirada de água subterrânea

Vantagens	Desvantagens
É útil para beber e irrigar 	O esgotamento do aquífero é causado pelo bombeamento excessivo
Existe em quase todos os lugares	O afundamento de terra por bombeamento excessivo
Será renovável se não for extraída em excesso ou contaminada	
A extração é mais barata do que a maioria das águas de superfície 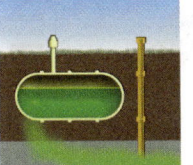	Alguns poços mais profundos não são renováveis
	A poluição dos aquíferos dura décadas ou séculos

FIGURA 11.9 A extração da água subterrânea dos aquíferos tem vantagens e desvantagens. ***Raciocínio crítico:*** Das vantagens, quais você considera mais importantes e justifique sua resposta.

Topo: Ulrich Mueller/Shutterstock.com

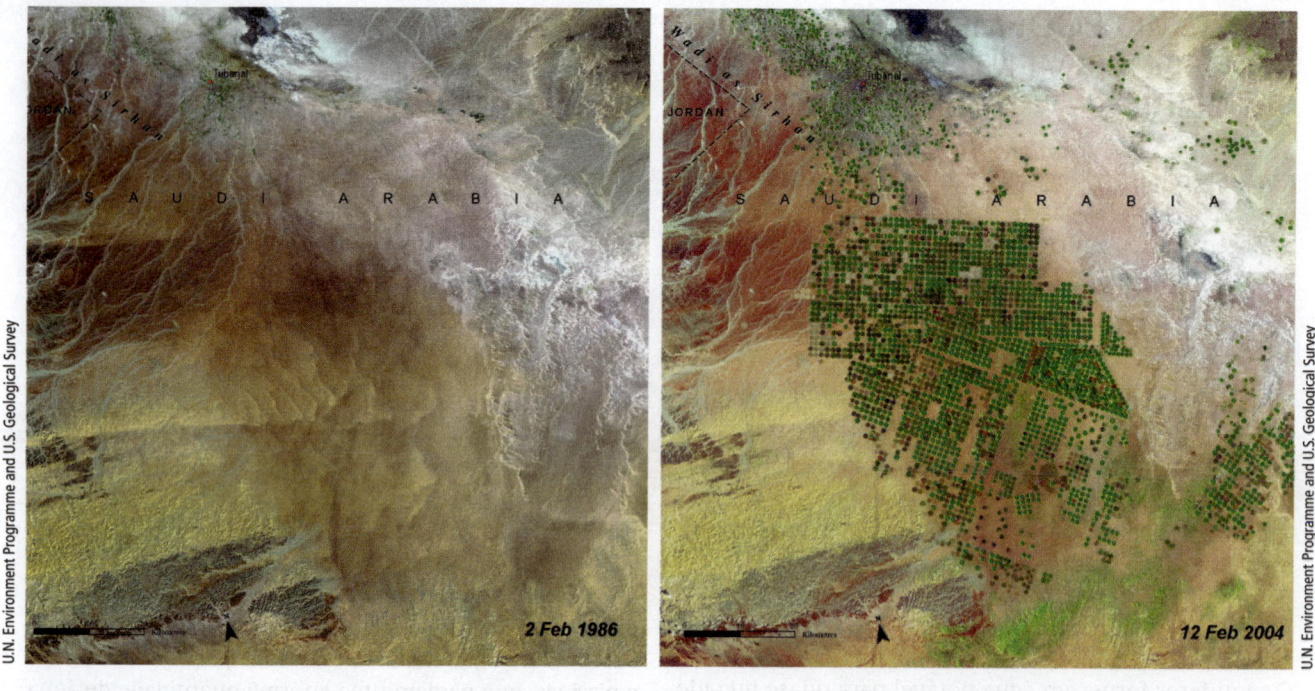

FIGURA 11.10 Degradação do capital natural: Estas fotos de satélite mostram terras agrícolas irrigadas por águas subterrâneas bombeadas de um aquífero profundo em uma vasta região deserta da Arábia Saudita entre 1986 (à esquerda) e 2004 (à direita). As áreas irrigadas aparecem como pontos verdes (cada uma representando um sistema de pulverização circular), enquanto os pontos marrons mostram as áreas em que os poços ficaram secos e a terra voltou a ser deserta. Desde 2004, muitos outros poços foram abandonados.

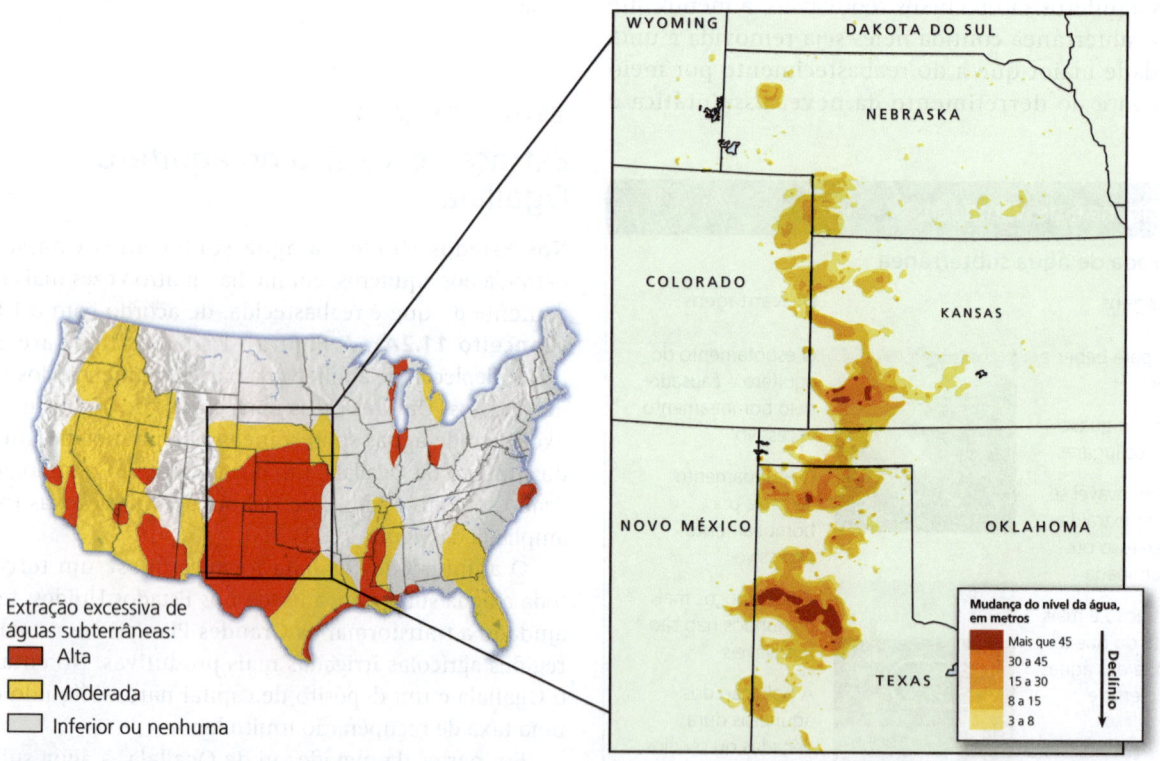

FIGURA 11.11 Degradação do capital natural: Áreas com maior esgotamento de aquíferos decorrente da extração excessiva de águas subterrâneas na parte continental dos Estados Unidos. A imagem ampliada (à direita) mostra onde os níveis de água do aquífero de Ogallala caíram drasticamente em sua porção sul, entre partes do Kansas, Oklahoma, Texas e Novo México. **Perguntas:** Você depende de algum desses aquíferos para beber água? Em caso positivo, qual é o nível de gravidade da extração em excesso onde você mora?

Dados do U.S. Water Resources Council e do U.S. Geological Survey.

272 Ciência ambiental

juntamente com o desenvolvimento urbano e o acesso restrito às águas do Rio Colorado, diminuíram as terras cultiváveis irrigadas no Texas, no Arizona, no Colorado e na Califórnia. Esses processos também aumentaram a concorrência por água entre agricultores, pecuaristas e as crescentes áreas urbanas.

Os *subsídios* do governo – pagamentos ou incentivos fiscais destinados a aumentar a produção agrícola – encorajaram fazendeiros a cultivar plantações que exigem muita água em áreas secas, o que acelerou o esgotamento do aquífero de Ogallala. Em particular o milho – espécie que requer bastante água – foi plantado em grande escala em campos irrigados pelo Ogallala. O esgotamento grave do aquífero também está acontecendo no Vale Central semiárido da Califórnia (a grande área vermelha na parte da Califórnia da Figura 11.11), que fornece metade das frutas e vegetais do país.

Efeitos prejudiciais do bombeamento excessivo dos aquíferos

A extração excessiva dos aquíferos contribui para limitar a produção de alimentos, aumentar seu preço e ampliar a lacuna entre ricos e pobres em algumas regiões. À medida que os lençóis freáticos diminuem, a energia e os custos financeiros da extração de água de altas profundidades aumentam substancialmente. Os agricultores precisam perfurar poços mais profundos, comprar bombas maiores e usar mais eletricidade para colocá-las em funcionamento. Quem não consegue arcar com esses custos acaba perdendo suas terras e sendo forçado a trabalhar para agricultores mais ricos ou a migrar para cidades em busca de trabalho.

A extração de grandes quantidades de água subterrânea pode causar o colapso da areia e das rochas que são mantidas no lugar pela pressão da água nos aquíferos. Isso pode fazer a terra acima do aquífero *afundar*, um fenômeno conhecido como *subsidência*. A subsidência extrema e repentina, às vezes chamada *dolina de colapso*, pode engolir carros e casas. Quando um aquífero é comprimido pela subsidência, o reabastecimento dele torna-se impossível. A subsidência também pode danificar estradas, redes de água e esgoto e fundações de edifícios.

Desde 1925, o bombeamento excessivo de um aquífero para irrigar plantações no Vale de San Joaquin, na Califórnia, causou a subsidência de mais de 30 centímetros em metade das terras do vale e, em uma outra região, de mais de 8,5 metros (Figura 11.12). A Cidade do México e partes de Pequim, na China, também sofrem com graves problemas de subsidência.

A extração excessiva de águas subterrâneas em áreas costeiras, onde ficam muitas das maiores cidades do mundo, pode puxar a água salgada para os aquíferos de água doce. A água subterrânea contaminada resultante não é potável e não serve para irrigação. Esse problema é especialmente sério nas áreas costeiras de alguns estados, como Califórnia, Texas, Flórida, Geórgia, Carolina do Sul

FIGURA 11.12 Esse poste mostra a subsidência decorrente da extração excessiva de um aquífero para irrigação no Vale Central de San Joaquin, na Califórnia, entre 1925 e 1977. Em 1925, a superfície de terra da área estava perto do topo do poste. Desde 1977, esse problema tem piorado.

e Nova Jersey (Estados Unidos), bem como nas áreas costeiras da Turquia, da Tailândia e das Filipinas.

A Figura 11.13 cita formas de evitar ou desacelerar o problema do esgotamento de aquíferos por meio do uso mais sustentável desse recurso potencialmente renovável.

Grandes barragens têm vantagens e desvantagens

Uma **barragem** é uma estrutura construída ao longo de um rio para controlar o seu fluxo. Geralmente, a água represada cria um lago artificial ou **reservatório** atrás da barragem (Figura 2.10). Os objetivos principais do sistema de barragem e reservatório são capturar e armazenar o escoamento superficial da bacia hidrográfica de um

Soluções

Esgotamento das águas subterrâneas

Prevenção

- Usar a água com mais eficiência
- Subsidiar a conservação da água
- Limitar a quantidade de poços
- Parar de cultivar safras intensivas em água em áreas secas

Controle

- Aumentar o preço da água para desencorajar o desperdício
- Tributar a água bombeada de poços próximos a águas superficiais
- Criar "jardins de chuva" em áreas urbanas
- Usar material de pavimentação permeável em ruas, calçadas e garagens

FIGURA 11.13 Formas de evitar ou reduzir o esgotamento de águas subterrâneas usando a água doce de maneira mais sustentável. **Raciocínio crítico:** Dessas soluções, quais você considera mais importantes? Cite duas e justifique sua resposta.

Topo: iStock.com/anhong. Abaixo: Banol2007/Dreamstime.com.

rio e liberá-lo, conforme necessário, para controlar inundações, gerar eletricidade (hidroeletricidade) e fornecer água doce para irrigação e uso nas cidades. Os reservatórios também fornecem água para atividades recreativas, como natação, pesca e navegação.

As 45 mil grandes barragens do mundo captam e armazenam 14% do escoamento da superfície da Terra. Elas fornecem água para quase metade das terras cultiváveis irrigadas, além de mais da metade da eletricidade usada em 65 países. As barragens aumentaram o escoamento anual de água segura disponível para o consumo humano em aproximadamente 33%.

No entanto, os sistemas de barragens e reservatórios têm desvantagens. Por exemplo, os reservatórios do mundo deslocaram entre 40 milhões e 80 milhões de pessoas de suas casas e inundaram grandes áreas de terra, em sua maioria, produtivas. As barragens prejudicaram alguns dos serviços ecossistêmicos importantes fornecidos pelos rios. De acordo com um estudo realizado pelo World Wildlife Fund (WWF), apenas 21 dos 177 rios mais longos do planeta escoam regularmente até o mar antes de secar (ver Estudo de caso a seguir). O estudo do WWF também estimou que cerca de uma em cada cinco espécies de peixes e vegetais de água doce do mundo está extinta ou ameaçada de extinção, principalmente porque as barragens e a extração de água reduziram drasticamente os fluxos dos rios. Isso ajuda a explicar por que as taxas de extinção estimadas para seres de água doce é de quatro a seis vezes maior que as das espécies marinhas ou terrestres.

Os reservatórios também têm uma vida útil limitada. Depois de 50 anos, os reservatórios por trás das barragens normalmente ficam cheios de sedimentos (lama e silte), que os tornam inúteis para o armazenamento de água e a produção de eletricidade. No sistema do Rio Colorado (Figura 11.8), o equivalente a aproximadamente 20 mil caminhões de silte é depositado no fundo dos lagos Powell e Mead todos os dias. Ainda neste século, esses dois reservatórios fundamentais provavelmente estarão tão cheios de silte que não funcionarão mais conforme o planejado. Cerca de 85% dos sistemas de barragens e reservatórios dos Estados Unidos terão 50 anos ou mais em 2025. Algumas barragens velhas já estão sendo removidas, porque os reservatórios ficaram cheios de silte. A Figura 11.14 resume as principais vantagens e desvantagens desses sistemas.

Se as mudanças climáticas avançarem conforme o previsto durante este século, a escassez de água será intensificada em muitas partes do mundo. Por exemplo, a neve das montanhas que alimenta o sistema do Rio Colorado (Figura 11.8) derreterá mais rápido e mais cedo, disponibilizando menos água doce para o sistema do rio quando ela for necessária para a irrigação durante os meses de verão quentes e secos. A produção agrícola cairá drasticamente e a sobrevivência das principais cidades desérticas da região, como Las Vegas, em Nevada, e Phoenix, no Arizona, será um desafio.

Aproximadamente 3 bilhões de pessoas da América do Sul, da China, da Índia e de outras partes da Ásia dependem de fluxos de rios alimentados por geleiras de montanhas que servem como poupanças de água doce. Elas armazenam a precipitação em forma de gelo e neve nos períodos úmidos e, durante os meses de seca, grande parte do gelo e da neve derrete e libera água lentamente para o uso em fazendas e cidades. Em 2015, segundo o World Glacier Monitoring Service, muitas dessas geleiras estavam encolhendo há 24 anos consecutivos, principalmente devido ao aquecimento da atmosfera.

ESTUDO DE CASO

Como as represas podem matar um delta

Desde 1905, a quantidade de água fluindo para a foz do Rio Colorado (Figura 11.8) caiu drasticamente. Desde 1960, o rio tem se tornado um pequeno e lento riacho no momento em que atinge o Golfo da Califórnia.

No passado, o Rio Colorado desaguava em um amplo delta, que abrigava florestas, lagoas e pântanos ricos em vida animal e vegetal, além de sustentar uma próspera área de pesca costeira por centenas de anos. Desde a construção da barragem do Colorado (um ciclo de vida humano), esse ecossistema de delta biologicamente

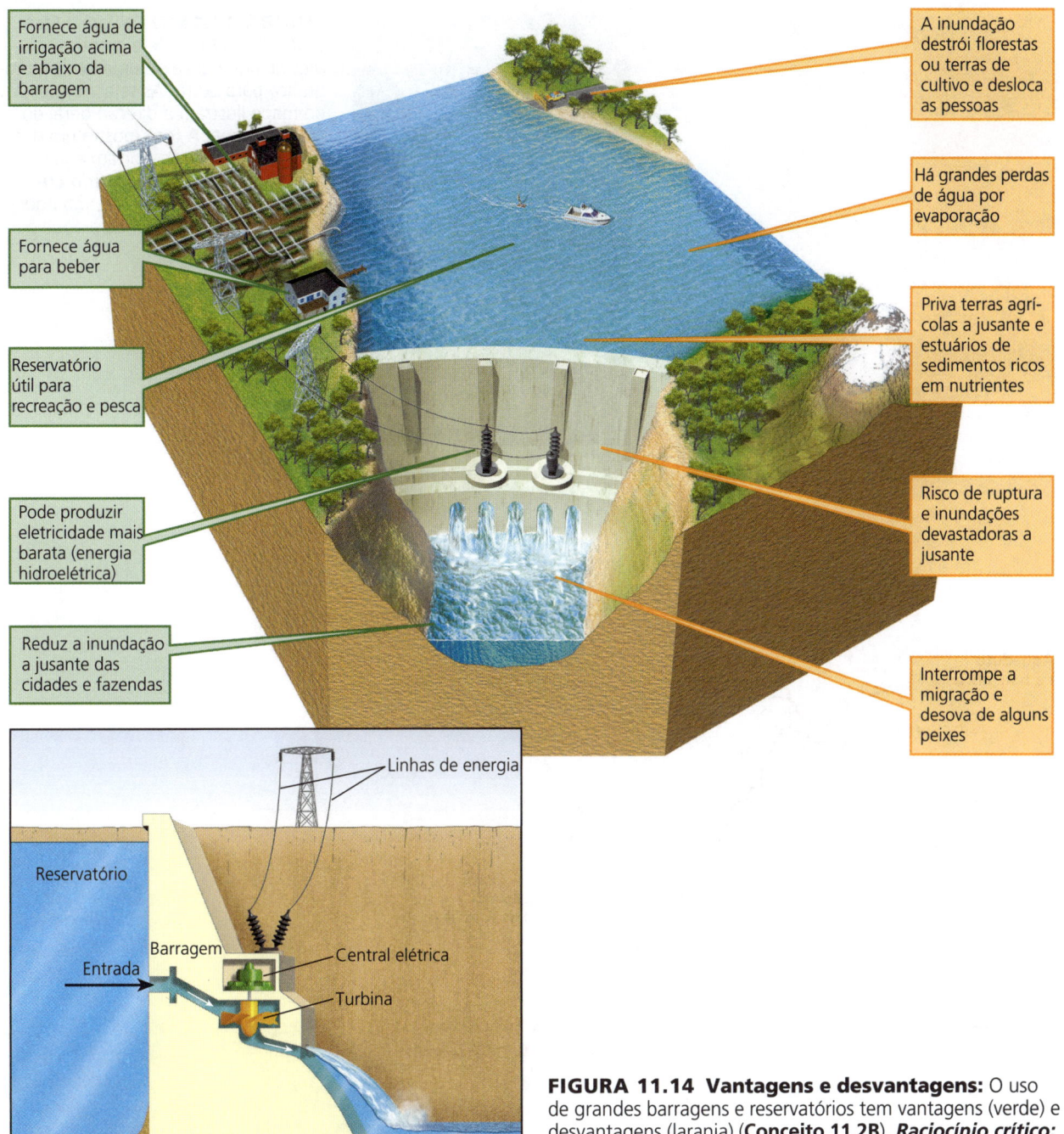

FIGURA 11.14 Vantagens e desvantagens: O uso de grandes barragens e reservatórios tem vantagens (verde) e desvantagens (laranja) (**Conceito 11.2B**). *Raciocínio crítico:* Qual vantagem você considera mais importante? E qual desvantagem? Por quê?

diverso entrou em colapso e hoje é coberto principalmente por lama e deserto.

Historicamente, cerca de 80% da água removida do Colorado foi usada para irrigar plantações e criar gado. Isso ocorreu porque o governo estadunidense pagou (por meio dos contribuintes) pelas represas e reservatórios e forneceu água a muitos agricultores e pecuaristas por preços baixos. Esses subsídios levaram ao desperdício da água de irrigação para cultivar plantas que consomem muita água – como arroz, algodão e alfafa – em áreas secas.

Especialistas em água recomendam que os sete estados que usam o Rio Colorado promulguem e apliquem medidas rígidas de conservação da água. Eles também reivindicam uma grande redução ou remoção dos subsídios de governos estaduais e federais para a agricultura nessa região. O objetivo seria transferir culturas que exigem mais água para regiões menos áridas e restringir drasticamente a irrigação de campos de golfe e gramados das áreas desertas da bacia do Rio Colorado. Eles sugerem que a melhor forma de implementar essas soluções é aumentar de forma drástica o preço historicamente baixo da água doce do rio na próxima década, uma aplicação do **princípio da sustentabilidade** da precificação de custo total.

FIGURA 11.15 O *California State Water Project* transfere grandes volumes de água doce de uma bacia hidrográfica para outra. As setas vermelhas do mapa ilustram a direção geral do fluxo de água. A foto mostra um dos aquedutos que transportam água dentro do sistema. ***Raciocínio crítico:*** Quais efeitos esse sistema pode ter sobre as áreas de onde a água é removida?

As transferências de água têm vantagens e desvantagens

Em algumas áreas secas densamente povoadas do mundo, os governos tentaram resolver o problema de falta de água usando canais e dutos para transferir água de áreas em que esse recurso era abundante para aquelas em que era escasso. Se você consome alface nos Estados Unidos, é provável que ela tenha sido cultivada no Vale Central árido da Califórnia, usando, em parte, água de irrigação proveniente do derretimento da neve do topo das montanhas de High Sierra, no nordeste da Califórnia.

O *California State Water Project* (Figura 11.15) é um dos maiores projetos de transferência de água doce do mundo. Ele usa um complexo sistema de barragens gigantes, bombas e canais alinhados, ou *aquedutos* (ver foto da Figura 11.15), para transferir água doce das montanhas do norte da Califórnia para cidades altamente povoadas e regiões agrícolas da parte central e sul da Califórnia, que têm menos água disponível.

Esse enorme programa de transferência de água gerou muitos benefícios. O Vale Central da Califórnia, altamente irrigado, fornece metade das frutas e dos vegetais do país, enquanto as cidades áridas de San Diego e Los Angeles cresceram e floresceram graças à água transferida.

No entanto, o projeto também diminuiu o fluxo do Rio Sacramento, ameaçando áreas de pesca e reduzindo a ação de descarga que ajuda a limpar os poluentes da Baía de San Francisco. Com isso, a baía passou a sofrer com a poluição, e o fluxo de água doce para seus pântanos costeiros e outros ecossistemas diminuiu. Esses fatores impuseram tensões sobre as espécies selvagens que dependem dos vários ecossistemas da baía (**Conceito 11.2B**).

O governo federal e o estado da Califórnia subsidiaram esse projeto de transferência de água. Esses subsídios promoverem o uso ineficiente de grandes volumes de água para irrigar culturas que exigem muita água, como alface, alfafa e amêndoas, em áreas quase desérticas. No centro da Califórnia, a agricultura consome três quartos da água transferida, e grande parte dessa água é desperdiçada por sistemas de irrigação ineficazes. Estudos mostram que sistemas de irrigação apenas 10% mais eficientes seriam capazes de fornecer toda a água necessária para o uso doméstico e industrial do sul da Califórnia.

De acordo com vários estudos, as mudanças climáticas previstas para este século vão agravar a situação da Califórnia ao reduzir a disponibilidade de água superficial.

Segundo o *Sierra Nevada Nature Conservancy*, a Califórnia depende das densas *camadas de neve* que derretem lentamente das montanhas da Sierra Nevada para mais de 60% de sua água doce durante o verão quente e seco. Até 2050, o aquecimento atmosférico projetado pode reduzir essas camadas de neve em até 40% e, se considerarmos o período até o fim deste século, a redução pode ser de até 90%. A diminuição das camadas de neve vai reduzir consideravelmente a quantidade de água doce disponível para os moradores e os ecossistemas do norte da Califórnia, bem como a transferência para as regiões áridas e semiáridas do centro e sul da Califórnia.

ESTUDO DE CASO

O desastre do Mar de Aral: um exemplo de efeitos não intencionais

O encolhimento do Mar de Aral (Figura 11.16) é resultado de um projeto de transferência de água doce na Ásia Central. Desde 1960, grandes quantidades de água de irrigação foram desviadas dos dois rios que fornecem água para o Mar de Aral com o objetivo de criar uma das maiores áreas irrigadas do mundo, principalmente com o cultivo de algodão e arroz. O canal de irrigação, o maior do mundo, se estende por mais de 1.300 quilômetros – quase a distância entre as cidades de Boston, em Massachusetts, e Chicago, em Illinois.

Esse projeto, aliado às secas e às altas taxas de evaporação em razão do clima quente e seco da região, causou um desastre ecológico e econômico na região. Desde

1976

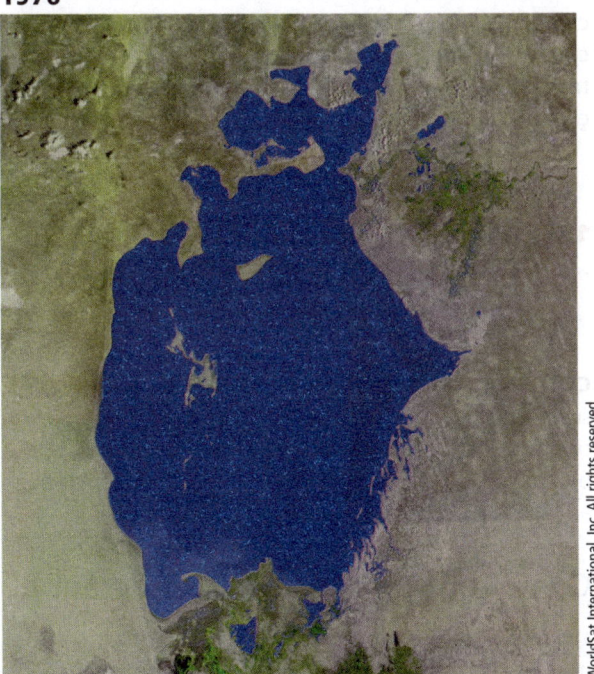

2016

FIGURA 11.16 Degradação do capital natural: O *Mar de Aral* era um dos maiores lagos salgados do mundo, abarcando as fronteiras do Cazaquistão e Uzbequistão. Estas fotos de satélite mostram o mar em 1976 e 2016, respectivamente. *Raciocínio crítico:* O que deve ser feito para ajudar a evitar ainda mais o encolhimento do Mar de Aral?

1961, a salinidade do mar subiu sete vezes e o nível médio de sua água caiu em uma quantidade aproximadamente igual à altura de um prédio de seis andares. O sul do Mar de Aral perdeu mais de 90% de seu volume de água e a maior parte do fundo do lago é, hoje, um deserto branco coberto de sal (Figura 11.16). A extração de água para a agricultura reduziu os dois rios que alimentam o mar, tornando-os meros fios de água.

Quase 85% das áreas úmidas da região foram eliminadas. A maior concentração de sal no mar – três vezes mais salgado do que a água do oceano – causou a extinção de 26 das 32 espécies nativas de peixes. Isso devastou a indústria de pesca local, que já chegou a fornecer trabalho para mais de 60 mil pessoas. Os vilarejos e barcos de pescadores que ficavam ao longo da costa do lago agora estão abandonados em um deserto de sal.

O vento arrasta a areia e o pó salgado e os levam para os campos, a uma distância de até 500 quilômetros. Conforme o sal se espalha, polui a água e mata animais selvagens, plantações e outros vegetais. O pó do Mar de Aral depositado nas geleiras do Himalaia tem provocado o derretimento delas a uma velocidade mais rápida que a normal.

O encolhimento do Mar de Aral também alterou o clima da área. O novo mar encolhido não age mais como um tampão térmico que modera o calor do verão e o extremo frio do inverno. Agora há menos chuva, os verões são mais quentes e secos, os invernos são mais frios e a temporada de cultivo é mais curta. A combinação dessa mudança climática e da grave salinização reduziu a produção agrícola de 20% a 50% em quase um terço das terras de cultivo da região – o oposto do que pretendia o projeto.

Desde 1999, a ONU, o Banco Mundial e os cinco países ao redor do mar trabalham para aumentar a eficiência da irrigação. Eles também substituíram parcialmente as culturas que precisam de mais água por outras que exigem menos irrigação. Graças a um dique construído para bloquear o fluxo de água da parte norte do Mar de Aral para o sul, o nível do mar do norte aumentou dois metros, a salinidade diminuiu, os níveis de oxigênio dissolvido subiram e agora ele mantém uma área de pesca saudável.

No entanto, o antigo mar do sul, que era muito maior, ainda está diminuindo. Em 2016, o lobo oriental tinha praticamente desaparecido (Figura 11.16). A *European Space Agency* prevê que o restante do Mar de Aral do sul pode secar completamente em poucos anos.

Remover o sal da água do mar para fornecer água doce

A **dessalinização** envolve a remoção dos sais dissolvidos na água do oceano ou de água salobra (levemente salgada) em aquíferos ou lagos. Trata-se de outra forma de aumentar o suprimento de água doce (**Conceito 11.2C**).

Os dois métodos mais usados para dessalinizar a água são destilação e osmose reversa. A *destilação* envolve aquecer a água salgada até a evaporação (deixando os sais para trás em forma sólida) e condensação como água doce. A *osmose reversa* (ou *microfiltração*) utiliza alta pressão para forçar a água salgada a passar através de um filtro de membrana com poros suficientemente pequenos para remover o sal e outras impurezas. As mais de 18.400 usinas de dessalinização do mundo, mais de 300 nos Estados Unidos, fornecem menos de 1% da água doce usada nesse país e no mundo.

Três grandes problemas dificultam o uso generalizado da dessalinização.

1. A dessalinização é um processo caro porque a remoção do sal da água do mar exige uma grande quantidade de energia. O uso de combustíveis fósseis para produzir essa energia aumenta as emissões de CO_2 e outros poluentes do ar causadores de mudanças climáticas.

2. Para bombear grandes volumes de água do mar em dutos, são necessários produtos químicos para esterilizar a água e impedir o crescimento de algas. Esse processo mata muitos organismos marinhos e exige uma grande quantidade de energia e dinheiro.

3. A dessalinização produz uma enorme quantidade de águas residuais, que são muito mais salgadas que a água dos oceanos e precisam ser descartadas adequadamente. O descarte dos resíduos salgados em águas costeiras aumenta a salinidade dos oceanos, ameaçando recursos alimentares e a vida aquática, especialmente se for realizado perto de recifes de coral, pântanos ou manguezais. Descartar os resíduos salgados na terra pode contaminar as águas subterrâneas e superficiais (**Conceito 11.2C**).

Atualmente, a dessalinização só é viável em países e cidades que têm escassez de água e podem arcar com os custos elevados. Contudo, cientistas e engenheiros estão trabalhando para desenvolver tecnologias de dessalinização melhores e mais acessíveis.

11.3 COMO PODEMOS USAR A ÁGUA DOCE DE FORMA MAIS SUSTENTÁVEL?

CONCEITO 11.3 Podemos usar a água doce de forma mais sustentável reduzindo o desperdício de água, aumentando os preços da água, reduzindo o crescimento populacional e protegendo aquíferos, florestas e outros ecossistemas que armazenam água doce.

Como reduzir o desperdício de água

De acordo com o especialista em recursos hídricos Mohamed El-Ashry, do World Resources Institute, quase 66% da água doce usada no mundo e aproximadamente 50% da água usada nos Estados Unidos são perdidas em decorrência de evaporação, vazamentos e uso ineficaz. El-Ashry acredita que é viável, do ponto de vista econômico e técnico, reduzir para 15% esse desperdício, atendendo, assim, à maior parte das necessidades de água doce do mundo.

Então, por que temos tanta perda de água doce? De acordo com os especialistas em recursos hídricos, há dois motivos principais. Primeiro, o custo da água doce é baixo para a maioria dos usuários – uma violação do **princípio de sustentabilidade** da precificação de custo total. Isso dá aos usuários pouco (ou nenhum) incentivo para investir em tecnologias de economia de água.

Preços mais altos para a água estimulam a sua conservação, mas restringem a aquisição por agricultores e moradores das cidades com baixa renda, que, em geral, não podem comprar água suficiente para atender às suas necessidades. Quando a África do Sul aumentou os preços da água, teve de lidar com o problema, estabelecendo taxas de *linha de vida*, que concedia a cada casa uma quantidade definida de água doce grátis ou de baixo custo para atender às necessidades básicas. Quando os usuários excediam essa quantidade, eles pagavam preços mais altos à medida que o uso da água doce aumentava. Essa é uma abordagem em que o *usuário paga*.

A segunda principal causa de desperdício de água é a falta de subsídios governamentais para melhorar a eficiência do uso da água doce. Muitos hidrólogos e economistas recomendam a substituição dos subsídios atuais da água, que encorajam o desperdício, por incentivos que promovam o uso mais eficiente desse recurso. É compreensível que agricultores e indústrias que recebem os subsídios que mantêm os preços da água baixos sejam veementemente contra as iniciativas que visam eliminá-los ou reduzi-los. No entanto, segundo muitos especialistas em recursos hídricos e economistas, os benefícios ambientais e econômicos da mudança de subsídios que promovem o desperdício para aqueles que incentivam a preservação da água superam, e muito, os danos ambientais e econômicos causados pela manutenção dos subsídios atuais.

Melhorando a eficiência da irrigação

Apenas cerca de 60% da água para irrigação do mundo chega aos cultivos, o que significa que a maioria dos sistemas de irrigação é altamente ineficaz. O sistema de irrigação menos eficiente é a *irrigação por inundação*, em que a água é bombeada de uma fonte de água subterrânea ou superficial por meio de canais sem revestimento, por onde ela flui com a ajuda da gravidade até as plantações (Figura 11.17, à esquerda). Este método entrega muito mais água que o necessário para o crescimento da plantação, e, em geral, cerca de 45% dessa água é perdida por evaporação, infiltração e escoamentos.

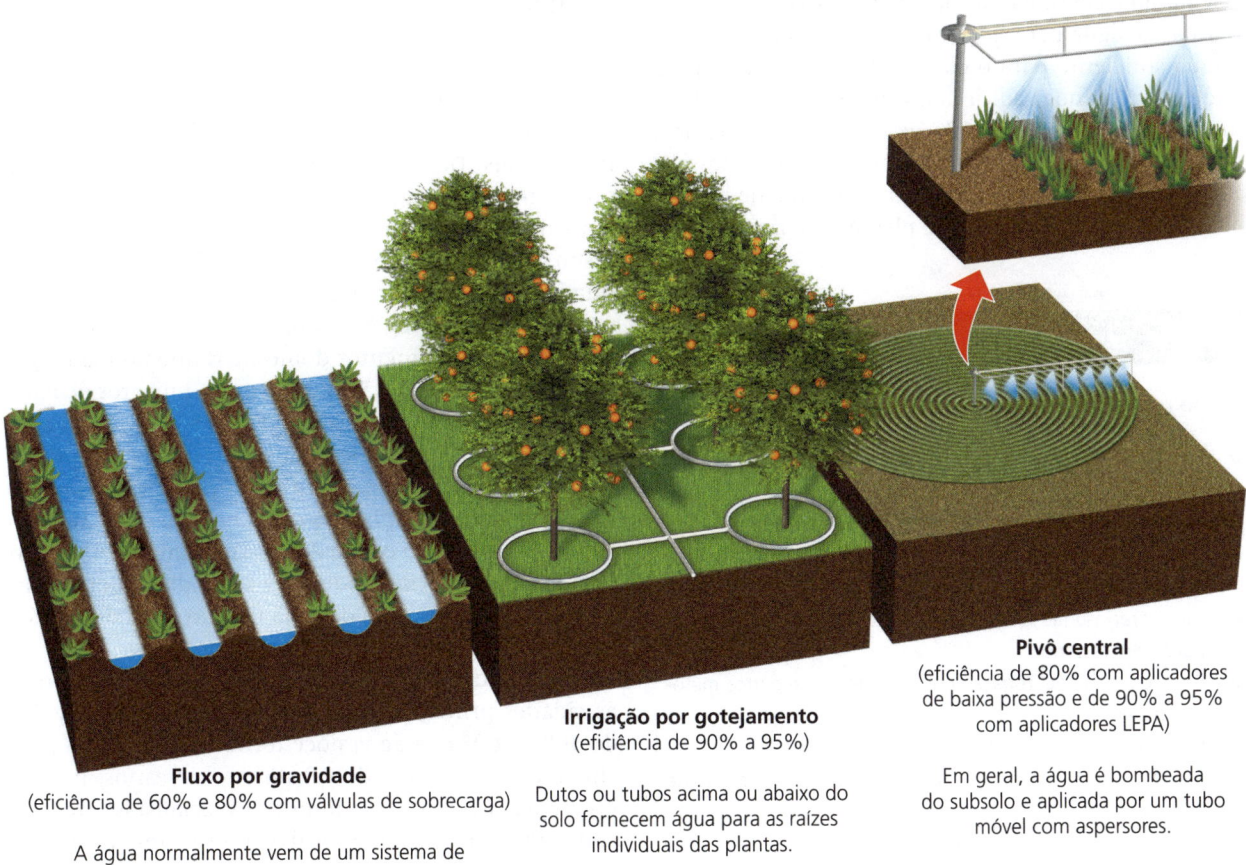

Fluxo por gravidade
(eficiência de 60% e 80% com válvulas de sobrecarga)

A água normalmente vem de um sistema de aquedutos ou de um rio próximo.

Irrigação por gotejamento
(eficiência de 90% a 95%)

Dutos ou tubos acima ou abaixo do solo fornecem água para as raízes individuais das plantas.

Pivô central
(eficiência de 80% com aplicadores de baixa pressão e de 90% a 95% com aplicadores LEPA)

Em geral, a água é bombeada do subsolo e aplicada por um tubo móvel com aspersores.

FIGURA 11.17 Os métodos de irrigação tradicionais contam com a gravidade e o fluxo das águas (à esquerda). Sistemas mais modernos, como a irrigação por pivô central (à direita) e a irrigação por gotejamento (centro), são muito mais eficientes.

O *sistema de irrigação por pivô central* (Figura 11.17, à direita), que usa bombas para pulverizar água, permite que aproximadamente 80% da água chegue às plantações. Um sistema melhorado, que joga água mais perto do solo, coloca de 90% a 95% da água onde as plantas precisam dela.

A *irrigação por gotejamento* (Figura 11.17, centro) é a maneira mais eficiente de levar pequenas quantidades de água precisamente para as plantações. Ela consiste em uma rede de tubos plásticos perfurados instalados no nível do solo ou debaixo dele. Pequenos furos nos tubos fornecem gotas de água em um ritmo lento e constante, perto das raízes de plantas individuais. Esse método permite que 90% a 95% da água chegue às plantações.

A irrigação por gotejamento é usada em menos de 4% dos campos agrícolas irrigados do mundo e dos Estados Unidos, principalmente porque a maioria dos sistemas desse tipo é cara. Esse percentual aumenta para 13% na Califórnia, 66% em Israel e 90% no Chipre. Se a água doce fosse tributada em valores equivalentes aos dos serviços ecossistêmicos que ela fornece e se os subsídios do governo para que o uso ineficiente da água fossem reduzidos ou eliminados, a irrigação por gotejamento poderia ser usada para irrigar a maioria dos cultivos do mundo.

Segundo a ONU, a redução de apenas 10% da extração atual de água para irrigação no mundo economizaria água suficiente para o cultivo de plantações e para atender às demandas adicionais estimadas das cidades e indústrias do planeta até 2025. Isso também reduziria a necessidade de realizar procedimentos caros de dessalinização. A Figura 11.18 resume várias formas de reduzir a perda de água na irrigação de plantações. Desde 1950, Israel (que tem um pequeno suprimento de água) tem usado muitas dessas técnicas para cortar o desperdício de água de irrigação em 84% e, ao mesmo tempo, irrigar 44% mais terras. Israel trata e purifica 30% da água do esgoto e usa esse material para fornecer mais de 50% da água doce para produção agrícola, residências e indústrias. O país planeja aumentar esse número para 80% até 2025. Israel também usa a dessalinização para fornecer quase metade de sua água. Além disso, o governo eliminou gradualmente a maior parte dos subsídios hídricos para aumentar o preço da água de irrigação, hoje um dos mais elevados do mundo.

Como reduzir o desperdício de água em indústrias e casas

Os fabricantes de produtos químicos, papel, petróleo, carvão, metais primários e alimentos processados consomem cerca de 90% da água doce usada pelas indústrias nos Estados Unidos. Algumas dessas indústrias purificam e reciclam a água residual para reduzir o seu uso e os custos de seu tratamento. Por exemplo, mais de 95% da água doce usada para fazer aço pode ser reciclada. Mesmo assim, a maioria dos processos industriais pode ser redesenhada para usar muito menos água. **CARREIRA VERDE: Especialista em conservação da água.**

Dar descarga em vasos sanitários com água doce – a maior parte limpa o suficiente para beber – é o maior uso de água doce doméstica nos Estados Unidos e corresponde a cerca de um quarto do uso de água doméstico do país. Desde 1992, as normas do governo estadunidense têm exigido que novos banheiros não usem mais de 6,1 litros de água doce por descarga. Mesmo assim, apenas duas descargas usam mais do que a quantidade diária de água doce disponível por pessoa para todos os usos em regiões áridas e pobres do mundo.

Outros equipamentos domésticos que poupam água e dinheiro também estão disponíveis. Chuveiros de baixo fluxo também economizam grandes quantidades de água doce e dinheiro, pois reduzem o fluxo pela metade. Máquinas de lavar roupas com abertura frontal usam 30% menos água que os modelos convencionais com abertura superior. De acordo com a American Water Works Association, a residência estadunidense média poderia reduzir o consumo e a conta de água usando eletrodomésticos econômicos e consertando vazamentos.

De acordo com estudos da ONU, em quase todas as cidades principais dos países menos desenvolvidos, de 30% a 60% da água doce fornecida é perdida principalmente por meio de vazamento de canos, bombas e válvulas de água. Segundo os especialistas em água, consertar esses vazamentos deveria ser uma prioridade nos países em que há escassez desse recurso, porque isso aumentaria o suprimento de água, além de ser uma solução que custa menos que a construção de barragens ou a importação de água doce.

Soluções

Como reduzir o desperdício de água de irrigação

- Evitar o cultivo de plantas que exigem muita água em áreas secas
- Importar culturas e carnes com uso intenso de água
- Estimular a agricultura orgânica e a policultura para manter a umidade do solo
- Monitorar a umidade do solo para adicionar água apenas quando necessário
- Expandir o uso de irrigação por gotejamento e outros métodos eficientes
- Irrigar à noite para reduzir a evaporação
- Forrar os canais que transportam água até os fossos de irrigação
- Irrigar com água residual tratada

FIGURA 11.18 Formas de reduzir o desperdício de água doce na irrigação. *Raciocínio crítico:* Dessas soluções, cite duas que você considere mais importantes e justifique sua resposta.

Mesmo em países industrializados avançados como os Estados Unidos, essas perdas ocorrem em média de 10% a 30%. No entanto, perdas de vazamento foram reduzidas a quase 3% em Copenhague, na Dinamarca, e 5% em Fukuoka, no Japão.

Em áreas carentes de água, muitos proprietários de imóveis e empresas têm usado a irrigação por gotejamento para reduzir a perda de água. Alguns usam sistemas de aspersores inteligentes com sensores de umidade, que cortam o uso de água em até 40%. Outros copiam a natureza, substituindo gramados verdes por uma mistura de plantas nativas que exigem pouca ou nenhuma irrigação. Essas paisagens econômicas poupam dinheiro, porque reduzem o uso de água entre 30% e 85%, além de diminuir também os requisitos de mão de obra, fertilizantes e combustíveis. Elas ainda ajudam os proprietários de terra a reduzir o escoamento poluído, a poluição do ar e os resíduos de quintal.

PARA REFLETIR

CONEXÕES Vazamento de água e conta de água

Qualquer vazamento de água desperdiça água doce e aumenta sua conta. Para detectar um vazamento silencioso de água no banheiro, coloque algumas gotas de corante alimentício na caixa acoplada do vaso sanitário e espere cinco minutos. Se a cor aparecer, há vazamento. Além disso, uma torneira que pinga uma gota de água por segundo desperdiça até 10 mil litros de água por ano. Isso é dinheiro indo embora pelo ralo.

Esse exemplo de reconciliação ecológica (veja Capítulo 9) também fornece habitat e alimentos para espécies ameaçadas de abelhas, borboletas e pássaros canoros. Essa é uma aplicação do **princípio de sustentabilidade** da biodiversidade, além de uma boa forma de causar um impacto ambiental benéfico.

A água usada nas casas pode ser reutilizada. **Água cinza** é toda água usada em banheiras, chuveiros, pias, lava-louças e máquinas de lavar roupas. Entre 50% e 75% da água cinza de uma residência pode ser armazenada em um tanque e reutilizada para irrigar gramados e plantas não comestíveis, dar descarga e lavar carros. Essas iniciativas imitam a forma como a natureza recicla a água, seguindo, assim, o **princípio de sustentabilidade** da ciclagem química.

A coleta em grande escala de água da chuva em áreas urbanas pode aumentar o suprimento de água e reduzir as inundações, já que diminui os fluxos de tempestades. Em Cingapura, por exemplo, a maior parte do escoamento urbano de água é coletada e depositada em reservatórios.

O custo relativamente baixo da água na maioria das comunidades é uma das principais causas do seu uso excessivo e desperdício. Cerca de um quinto do sistema público de água dos Estados Unidos não tem hidrômetros, que podem ajudar a monitorar o uso de água e revelar vazamentos. Esses sistemas públicos cobram uma tarifa anual única e baixa para uso quase ilimitado de água de alta qualidade.

Quando a cidade estadunidense de Boulder, no Colorado, implantou hidrômetros, o uso de água por pessoa caiu 40%. A Figura 11.19 apresenta várias formas de usar a água de maneira mais eficiente em indústrias, casas e empresas (**Conceito 11.3**).

Soluções

Como reduzir o desperdício de água

- Reprojetar os processos de fabricação para usar menos água
- Reciclar a água na indústria
- Em projetos paisagísticos, utilizar plantas que requeiram pouca água
- Usar irrigação por gotejamento em jardins e gramados
- Consertar vazamentos
- Usar chuveiros, torneiras, eletrodomésticos e vasos sanitários que economizam água (ou banheiros secos)
- Coletar e reutilizar a água cinza de casas, apartamentos e edifícios comerciais
- Aumentar o preço da água e usar hidrômetros, especialmente em áreas urbanas

---

FIGURA 11.19 Formas de reduzir o desperdício de água doce nas indústrias, casas e empresas (**Conceito 11.3**).
Raciocínio crítico: Dessas soluções, cite três que você considera mais importantes e justifique sua resposta.

Em 2015, a Califórnia passava por uma seca que já durava quatro anos e as mudanças climáticas previstas provavelmente tornarão o estado ainda mais seco e quente ao longo deste século. Para lidar com esses problemas, a Califórnia aumentou o preço da água, e aqueles que usam mais, pagam mais. Muitos moradores estão substituindo gramados por coberturas de vegetação mais econômicas ou nativas, adaptadas às condições secas. Outros estão instalando vasos sanitários e chuveiros mais eficientes, além de tomar banho e lavar roupas com menos frequência. Em 2015, os moradores de áreas urbanas da Califórnia alcançaram a meta de redução de 25% do uso de água definida pelo governo estadual.

Encontrar maneiras mais sustentáveis de usar a água doce é o tema de muitas pesquisas importantes. Um grupo que está trabalhando para resolver esse problema é o Global Water Policy Project, fundado pela renomada especialista em fornecimento de água e exploradora da National Geographic Sandra Postel (Pessoas que fazem a diferença 11.1).

Todos nós podemos reduzir nossa pegada hídrica usando menos água e fazendo-o de maneira muito mais eficiente (Figura 11.20).

PESSOAS QUE FAZEM A DIFERENÇA 11.1

Sandra Postel, exploradora da National Geographic e ativista pela preservação da água doce

Sandra Postel é uma das autoridades mais respeitadas quando se trata de questões relacionadas à água. Em 1994, ela fundou o Global Water Policy Project, uma organização de pesquisa e educação que promove o uso mais sustentável do fornecimento finito de água doce do mundo. Postel foi autora e coautora de vários livros importantes, além de escrever dezenas de artigos sobre como usar a água de maneira mais sustentável.

Em sua jornada para educar as pessoas a respeito dos problemas relacionados ao fornecimento de água, Postel apareceu em vários noticiários da TV, participou de muitos documentários sobre meio ambiente (entre eles, o *Planeta Terra*, da BBC) e discursou no Parlamento Europeu. Em 2010, foi nomeada Freshwater Fellow da National Geographic Society, onde atua como principal especialista em água das iniciativas de conservação da água doce da entidade.

Postel também é codiretora da *Change the Course*, uma campanha nacional de conservação e restauração da água doce que tem um projeto piloto na bacia do Rio Colorado. Em 2002, Postel foi nomeada uma das "50 Cientistas Americanas" por suas contribuições à ciência e tecnologia.

O que você pode fazer?

Uso e desperdício de água

- Usar vasos sanitários, chuveiros e torneiras que economizam água
- Tomar banhos rápidos de chuveiro, não de banheira
- Consertar os vazamentos
- Fechar as torneiras das pias ao escovar os dentes, barbear-se ou lavar-se
- Usar a máquina de lavar roupa sempre em sua capacidade máxima ou usar o menor nível de água possível se for lavar poucas peças
- Ao lavar o carro, usar um balde com água cinza e sabão e use a mangueira apenas para enxaguar
- Lavar o carro em lava-rápido que use água reciclada
- Trocar o gramado por plantas nativas que precisem de pouca água
- Regar gramados e jardins no início da manhã ou da noite, usando água cinza
- Utilizar a irrigação por gotejamento e cobertura de solo para jardins e canteiros de flores

FIGURA 11.20 Pessoas que fazem a diferença: Você pode reduzir seu uso e desperdício de água doce. ***Raciocínio crítico:*** Quais dessas etapas você tem adotado? Qual você gostaria de ter feito?

Como usar menos água para remover resíduos

Atualmente, grandes quantidades de água doce limpa apropriada para beber são usadas para limpar resíduos domésticos, de animais e industriais. De acordo com a FAO, se as tendências atuais de crescimento populacional e uso de recursos continuarem, precisaremos, em quarenta anos, de todo o fluxo seguro de águas fluviais do mundo apenas para diluir e transportar esses resíduos.

A reciclagem e o reúso de água cinza de casas e empresas, além de águas residuais de estações de esgoto, poderia economizar grande parte dessa água doce. Em Cingapura, toda a água do esgoto é tratada em usinas de recuperação para ser reutilizada pela indústria. Cidades estadunidenses como Las Vegas, em Nevada, e Los Angeles, na Califórnia, estão começando a limpar e reusar parte de sua água residual. Porém, menos de 10% da água dos Estados Unidos é reciclada, limpa e reutilizada. Um grande aumento dessa porcentagem seria uma forma de aplicar o **princípio de sustentabilidade** da ciclagem química.

Outra forma de manter a água doce fora do fluxo de desperdício é usando mais banheiros de compostagem sem água. Esses dispositivos transformam a matéria fecal humana em uma pequena quantidade de húmus seco e inodoro, que pode ser retirado da câmara de compostagem e usado no solo como fertilizante. Um dos autores deste livro (Miller) usou o banheiro de compostagem por mais de uma década sem problemas, enquanto vivia e trabalhava na floresta em uma casa-escritório solar usada para avaliar soluções para água, energia e outros problemas ambientais.

Como reduzir as inundações

Algumas regiões têm pouca água doce, e outras têm água demais em razão da inundação natural de rios, causada, em grande parte, por fortes chuvas ou pelo derretimento rápido da neve. Uma inundação acontece quando a água de um rio excede seu curso normal e transborda para a área adjacente, chamada **planície de inundação**.

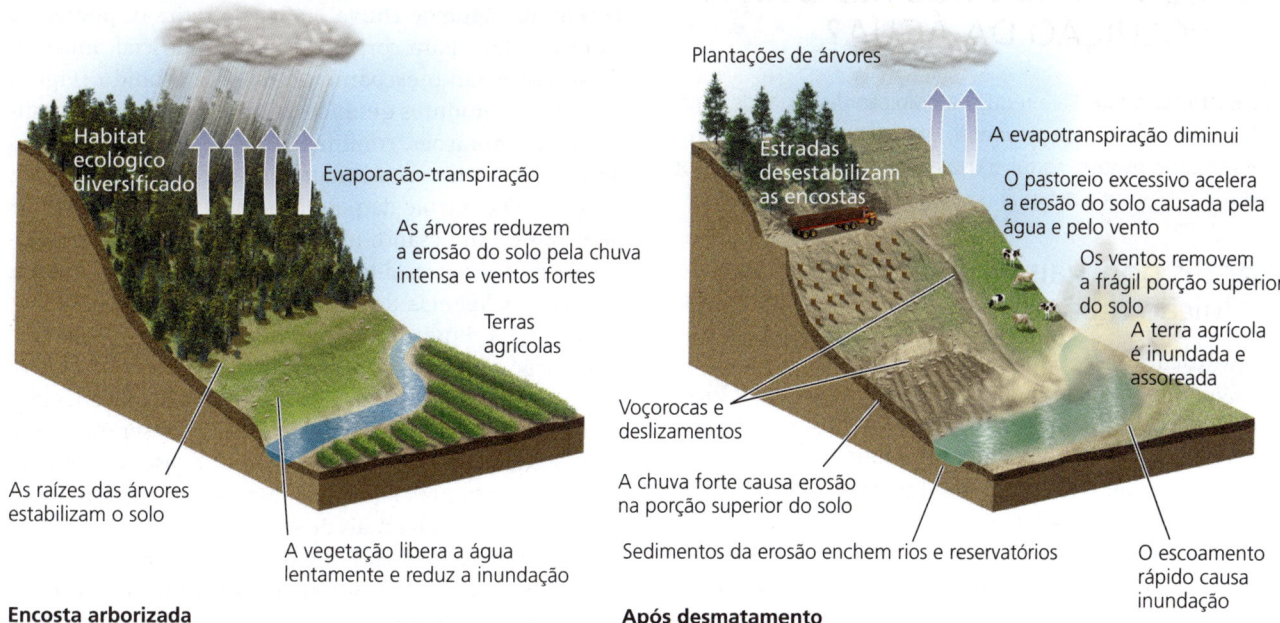

FIGURA 11.21 Degradação do capital natural: Estes diagramas mostram uma encosta antes e depois do desmatamento. *Raciocínio crítico:* Como pode uma seca nessa área tornar esses efeitos ainda piores?

As atividades humanas contribuíram para as inundações de várias formas. Primeiro, ao tentar reduzir a ameaça de inundações em planícies de inundação, alguns rios foram estreitados e endireitados, cercados por diques de proteção e *barragens* (longos montes de terra na extensão de suas margens) e represados para criar reservatórios que armazenam e liberam água, conforme necessário. No entanto, essas medidas podem levar a um grande aumento de danos causados pelas inundações por degelo ou períodos de chuva prolongados, que sobrecarregam os diques e as barragens.

Outra atividade humana que aumenta a probabilidade de inundações é a remoção de vegetação que absorve água, especialmente em encostas (Figura 11.21). Quando as árvores de uma encosta são removidas para obter madeira, lenha ou espaço para pastagem de gado ou cultivo agrícola, a água da precipitação escorre pelas encostas nuas, provoca a erosão da preciosa porção superior do solo e pode aumentar a inundação e a poluição em córregos locais.

Uma terceira atividade humana que aumenta a gravidade das inundações é a drenagem de áreas úmidas que absorvem a água das cheias naturalmente. Essas regiões normalmente acabam sendo cobertas com asfalto ou construções, causando um grande aumento no escoamento. O maior escoamento contribui para as inundações e a poluição da água de superfície.

O quarto fator relacionado aos seres humanos que provavelmente aumentará as inundações é a elevação do nível do mar, prevista para ocorrer durante este século, principalmente em decorrência das mudanças climáticas relacionadas com as atividades humanas. Modelos de mudança climática preveem que, até 2075, cerca de 150 milhões de pessoas que vivem nas maiores cidades costeiras do mundo poderão enfrentar inundações provocadas pela elevação do nível do mar.

De acordo com muitos cientistas, as pessoas podem reduzir as inundações e a poluição da água usando menos dispositivos de engenharia, como barragens e diques, e contando mais com os sistemas naturais. Ao preservar as áreas úmidas existentes em planícies de inundação, e restaurar as que já foram degradadas, podemos aproveitar o controle de inundações natural fornecido por elas. Essas e outras formas de reduzir nossa contribuição para aumentar as inundações são apresentadas na Figura 11.22.

Soluções

Redução de danos de inundação

Prevenção

- Preservar florestas em bacias hidrográficas
- Preservar e restaurar zonas úmidas em planícies de inundação
- Desenvolver impostos para planícies de inundação
- Aumentar o uso de planícies de inundação para agricultura e silvicultura sustentáveis

Controle

- Fortalecer e aprofundar riachos (canalização)
- Construir diques ou barreiras contra inundação ao longo dos riachos

FIGURA 11.22 Métodos para reduzir os efeitos nocivos das inundações. *Raciocínio crítico:* Dessas soluções, cite duas que você considera mais importantes e justifique sua resposta.

Topo: allensima/Shutterstock.com. Abaixo: Zeljko Radojko/Shutterstock.com.

11.4 COMO PODEMOS REDUZIR A POLUIÇÃO DA ÁGUA?

CONCEITO 11.4 Para reduzir a poluição da água, devemos adotar mecanismos de prevenção, trabalhar com a natureza para tratar o esgoto, cortar o uso e o desperdício de recursos, reduzir a pobreza e diminuir o crescimento populacional.

Fontes pontuais e não pontuais de poluição da água

A **poluição da água** é qualquer mudança na qualidade da água que pode prejudicar organismos vivos ou torná-la imprópria para o ser humano, como consumo, irrigação e recreação. Pode vir de uma única fonte (pontual) ou de fontes (não pontuais) maiores e dispersas. As **fontes pontuais** descarregam poluentes em corpos de água de superfície, em localizações específicas, por meio de canos de drenagem, valas ou linhas de esgoto. Entre os exemplos de fontes pontuais, estão fábricas (Figura 11.23), usinas de tratamento de esgoto (que retiram alguns, mas não todos os poluentes), minas subterrâneas, poços e navios-petroleiros.

As fontes pontuais são relativamente fáceis de identificar, monitorar e regulamentar. A maioria dos países mais desenvolvidos tem leis que ajudam a controlar as descargas de produtos químicos nocivos em sistemas aquáticos. Na maioria dos países menos desenvolvidos, há poucos controles sobre essas descargas.

FIGURA 11.23 Fonte pontual de poluição de água de uma indústria.

As **fontes não pontuais** são áreas amplas e difusas em que água de chuva ou degelo retira os poluentes da terra e leva para corpos de água superficial. Entre os exemplos estão o escoamento do solo erodido (Figura 10.12) e de produtos químicos, como fertilizantes e pesticidas, de plantações, confinamentos de animais, florestas desmatadas, ruas, estacionamentos, gramados e campos de golfe. O controle da poluição da água por fontes não pontuais é um desafio. Identificar e controlar as descargas de tantas fontes difusas é um processo difícil e caro. Segundo a Agência de Proteção Ambiental dos Estados Unidos (U.S. Environmental Protection Agency – EPA), a poluição por fontes não pontuais é o principal motivo para 40% dos rios, lagos e estuários dos Estados Unidos ainda não estarem limpos o suficiente para serem usados em atividades como pesca e natação, apesar da aprovação de importantes leis que controlam a poluição desse recurso existirem há mais de 40 anos.

As *atividades agrícolas* são, de longe, a principal causa de poluição da água. Sedimentos erodidos das terras agrícolas são os poluentes mais comuns. Outros grandes poluentes agrícolas são fertilizantes e pesticidas, bactérias da atividade pecuária e resíduos de processamento de alimentos. As *instalações industriais*, fontes pontuais que emitem uma variedade de produtos químicos prejudiciais, são a segunda maior fonte de poluição de água, e a *mineração* é a terceira. A mineração superficial prejudica a terra, que, por sua vez, causa maior erosão de sedimentos e escoamento de substâncias químicas tóxicas.

Outra forma de poluição da água é criada a partir do uso disseminado de materiais fabricados por humanos, como plásticos, para criar milhões de produtos. Grande parte desses plásticos, que duram mais de mil anos, acaba nos rios, lagos e oceanos.

A Tabela 11.1 apresenta os principais tipos de poluentes da água, além de exemplos, efeitos prejudiciais e origens de cada um deles.

Um grande problema da poluição da água é a exposição a bactérias, vírus e parasitas infecciosos que são transferidos para a água a partir dos resíduos de 2,5 bilhões de pessoas que não têm acesso a banheiros e outras formas de descarte de resíduos, bem como de outros animais. Beber água contaminada por esses poluentes biológicos pode causar doenças dolorosas, debilitantes e que, em geral, ameaçam

PARA REFLETIR

CONEXÕES Aquecimento da atmosfera e poluição de água

O aquecimento atmosférico provavelmente contribuirá para a poluição da água em algumas áreas do globo. Em um mundo mais quente, algumas regiões terão mais precipitação e outras, menos. Chuvas mais intensas liberarão mais produtos químicos nocivos, nutrientes de plantas e microrganismos causadores de doenças em alguns cursos de água. Em outras regiões, a seca prolongada reduzirá os fluxos dos rios que diluem os resíduos.

TABELA 11.1 Principais tipos de poluentes da água, suas fontes e efeitos

Tipo/efeitos	Exemplos	Fontes principais
Agentes infecciosos (patógenos) *Causam doenças*	Bactérias, vírus, protozoários e parasitas	Resíduos humanos e animais
Resíduos que demandam oxigênio *Esgotam o oxigênio dissolvido necessário para as espécies aquáticas*	Resíduos animais biodegradáveis de animais e detritos vegetais	Esgoto, confinamentos de animais, instalações de processamento de alimentos e fábricas de papel
Nutrientes das plantas *Causam crescimento excessivo de algas e outras espécies*	Nitrato (NO_3^-) e fosfato (PO_4^{3-})	Esgotos, resíduos animais e fertilizantes inorgânicos
Produtos químicos orgânicos *Acrescentam toxinas aos sistemas aquáticos*	Petróleo, gasolina, plástico, pesticidas, fertilizantes e solventes de limpeza	Indústria, fazendas e residências
Produtos químicos inorgânicos *Acrescentam toxinas aos sistemas aquáticos.*	Ácidos, bases, sais e compostos de metal	Indústria, residências e escoamento de ruas
Sedimentos *Interrompem fotossíntese, cadeias alimentares e outros processos*	Solo e sedimentos	Erosão da terra
Metais pesados *Causam câncer e interrompem os sistemas imunológico e endócrino*	Chumbo, mercúrio e arsênico	Aterros sanitários não revestidos, produtos químicos domésticos, resíduos de mineração e descargas industriais
Térmico *Torna algumas espécies vulneráveis a doenças*	Calor	Energia elétrica e instalações industriais

a vida, como febre tifoide, cólera, hepatite B, giardíase e criptosporidíase. A OMS estima que, todos os anos, mais de 1,6 milhão de pessoas morrem em decorrência de doenças infecciosas transmitidas pela água, que foram contraídas por terem bebido água contaminada ou porque não tinham água limpa o suficiente para se lavar.

1,6 milhão — Número de pessoas que morrem todos os anos por doenças infecciosas contraídas ao beber água contaminada.

Poluição de rios e córregos

Por estar em movimento, rios e córregos de água conseguem se recuperar de níveis moderados de resíduos biodegradáveis, que são diluídos pela água corrente e decompostos por bactérias. No entanto, esse processo de recuperação natural não funciona quando a corrente tem uma sobrecarga de poluentes biodegradáveis ou quando fenômenos como seca, represas ou desvios de água reduzem seu fluxo (**Conceito 11.4**). Além disso, esse processo não elimina poluentes biodegradáveis lentos nem os não biodegradáveis.

Em um fluxo de água corrente, a decomposição de resíduos degradáveis pelas bactérias esgota o oxigênio dissolvido e cria uma *curva de queda de oxigênio* (Figura 11.24). Esse processo reduz ou elimina populações de organismos com altas exigências de oxigênio até que a corrente esteja livre desses resíduos.

Água residual é aquela que contém esgoto, outros resíduos ou produtos químicos poluentes provenientes de casas e indústrias, podendo ser tratada para remover ou reduzir os poluentes. As leis promulgadas na década de 1970 para controlar a poluição da água aumentaram drasticamente o número de instalações que tratam as águas residuais nos Estados Unidos e na maioria dos outros países mais desenvolvidos. As leis ambientais também exigem que as indústrias reduzam ou eliminem fontes pontuais de descarga de resíduos químicos perigosos em águas superficiais.

Uma história de sucesso é a limpeza do Rio Cuyahoga, em Ohio nos Estados Unidos. Ele estava tão poluído, que já tinha pegado fogo várias vezes e, em 1969, foi fotografado enquanto queimava, com o fogo seguindo para a cidade de Cleveland, em direção ao Lago Erie. A imagem do rio em chamas foi intensamente divulgada e levou as autoridades eleitas a promulgarem leis para limitar a descarga de resíduos industriais no rio, além de fornecer recursos para melhorar as instalações de tratamento de esgoto. Hoje em dia, o rio está mais limpo, não é mais inflamável e é bastante usado por barqueiros e pescadores. Essa conquista ilustra o poder da pressão de baixo para cima dos cidadãos, que incitaram os governantes eleitos a transformar um rio gravemente poluído em um recurso público valioso dos pontos de vista econômico e ecológico.

Na maioria dos países menos desenvolvidos, a poluição dos cursos de água causada por descargas de esgoto não tratado, resíduos industriais e lixo descartado é uma ameaça grave e crescente. De acordo com o Global Water Policy Project, a maioria das cidades de países menos desenvolvidos despeja entre 80% e 90% do esgoto não tratado diretamente em rios, riachos e lagos. Esses corpos de água costumam fornecer água para beber, tomar banho e lavar roupas.

> **80-90%** Porcentagem de esgoto sem tratamento descartada diretamente em rios, cursos de água e lagos na maioria das cidades de países menos desenvolvidos.

De acordo com a Comissão Mundial sobre Água no Século 21, metade dos 500 maiores rios do mundo está bastante poluída; a maioria deles localizados nos países menos desenvolvidos. Muitos desses países não conseguem arcar com os custos da construção de uma estação de tratamento de resíduos e não têm, ou não aplicam, leis para controlar a poluição da água.

Resíduos industriais e esgoto poluem mais de dois terços dos recursos hídricos da Índia, além de 54 dos 78 rios e cursos de água monitorados na China. De acordo com o Ministério da Proteção Ambiental da China, cerca de 380 milhões de chineses bebem água imprópria para o consumo e quase metade dos rios do país contém água tóxica demais para ser tocada, quanto mais para beber.

Poluição de lagos e reservatórios

Em geral, lagos e reservatórios artificiais são menos eficazes na diluição de poluentes do que cursos de água, e há dois motivos para isso. *Primeiro*, em geral, os lagos e reservatórios contêm camadas (veja Figura 7.24) que passam por pouca mistura vertical. *Segundo*, eles têm pouco ou nenhum fluxo. A renovação e a troca da água de lagos e grandes reservatórios artificiais podem levar de um ano a um século, em comparação com vários dias ou várias semanas no caso dos cursos de água.

Esses dois fatores tornam lagos e reservatórios mais vulneráveis que os cursos de água à contaminação por escoamento ou descarga de nutrientes vegetais, petróleo, pesticidas e substâncias tóxicas não degradáveis, como chumbo, mercúrio e arsênico. Muitas substâncias químicas tóxicas também entram nos lagos e reservatórios por meio da atmosfera.

Eutrofização é o enriquecimento de nutrientes naturais de um lago raso, uma área costeira na foz de um rio

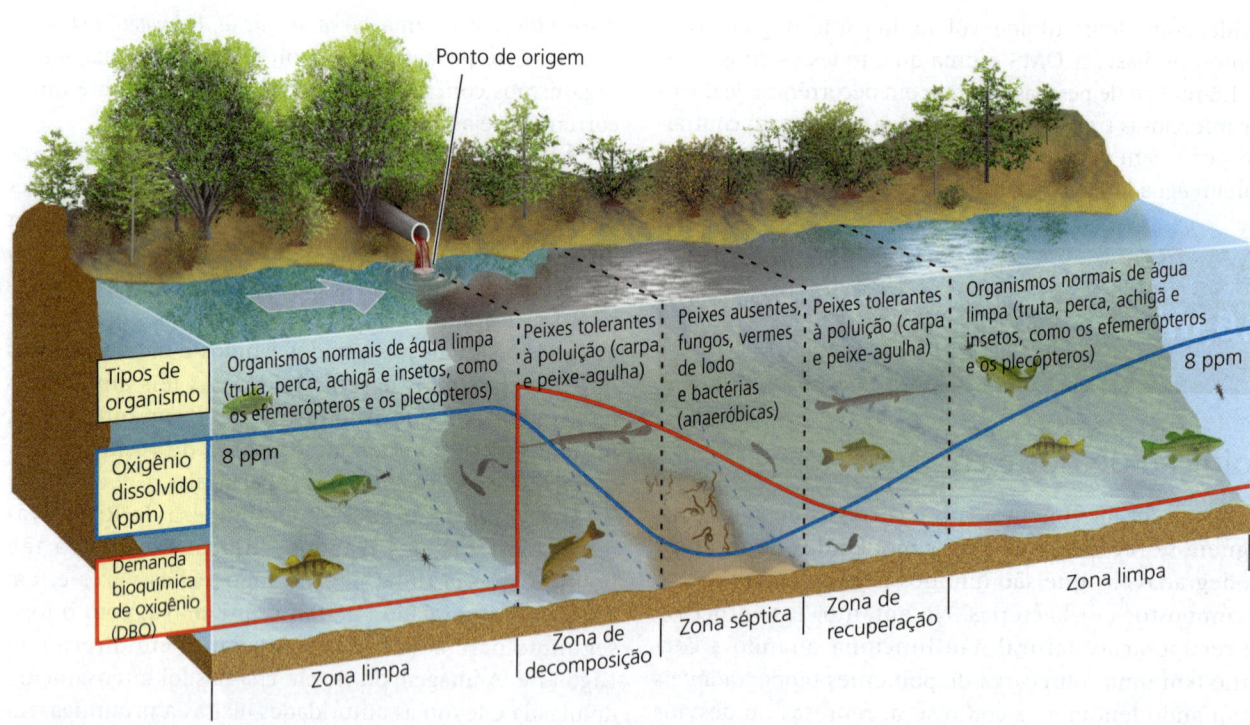

FIGURA 11.24 Capital natural: Um curso de água pode diluir e decompor por meio do oxigênio resíduos degradáveis, além de diluir águas quentes. Essa figura mostra a curva de queda de oxigênio (azul) e a curva de demanda de oxigênio (vermelha). Os cursos de água se recuperam dos resíduos que precisam de oxigênio e da injeção de água quente quando têm tempo suficiente e não estão sobrecarregados. **Raciocínio crítico:** Qual seria o efeito de colocar um outro tubo de descarga emitindo resíduos biodegradáveis no lado direito dessa figura?

(**Estudo de caso principal**) ou um curso de água de movimento lento. Esse enriquecimento é causado principalmente pelo escoamento natural dos nutrientes de plantas, como nitratos e fosfatos, da terra ao redor desses corpos de água. Um *lago oligotrófico* é pobre em nutrientes e suas águas são claras (Figura 7.25). Ao longo do tempo, alguns lagos se tornam mais eutróficos (veja Figura 7.26) à medida que nutrientes de fontes naturais e humanas são acrescentados às bacias hidrográficas vizinhas.

As atividades humanas aumentam a emissão de nutrientes vegetais em lagos perto de áreas urbanas ou agrícolas. Essas emissões incluem principalmente rejeitos que contêm nitrato e fosfato de fontes variadas, como terras agrícolas fertilizadas, confinamentos de animais, ruas e estacionamentos urbanos, gramados fertilizados, campos de mineração e usinas municipais de tratamento de esgoto. Um pouco de nitrogênio também chega aos lagos por meio da deposição da atmosfera. Esse processo de eutrofização acelerado pelas atividades humanas é chamado **eutrofização cultural**.

Durante o calor ou a seca, essa sobrecarga de nutrientes gera grande desenvolvimento ou "florescência" de

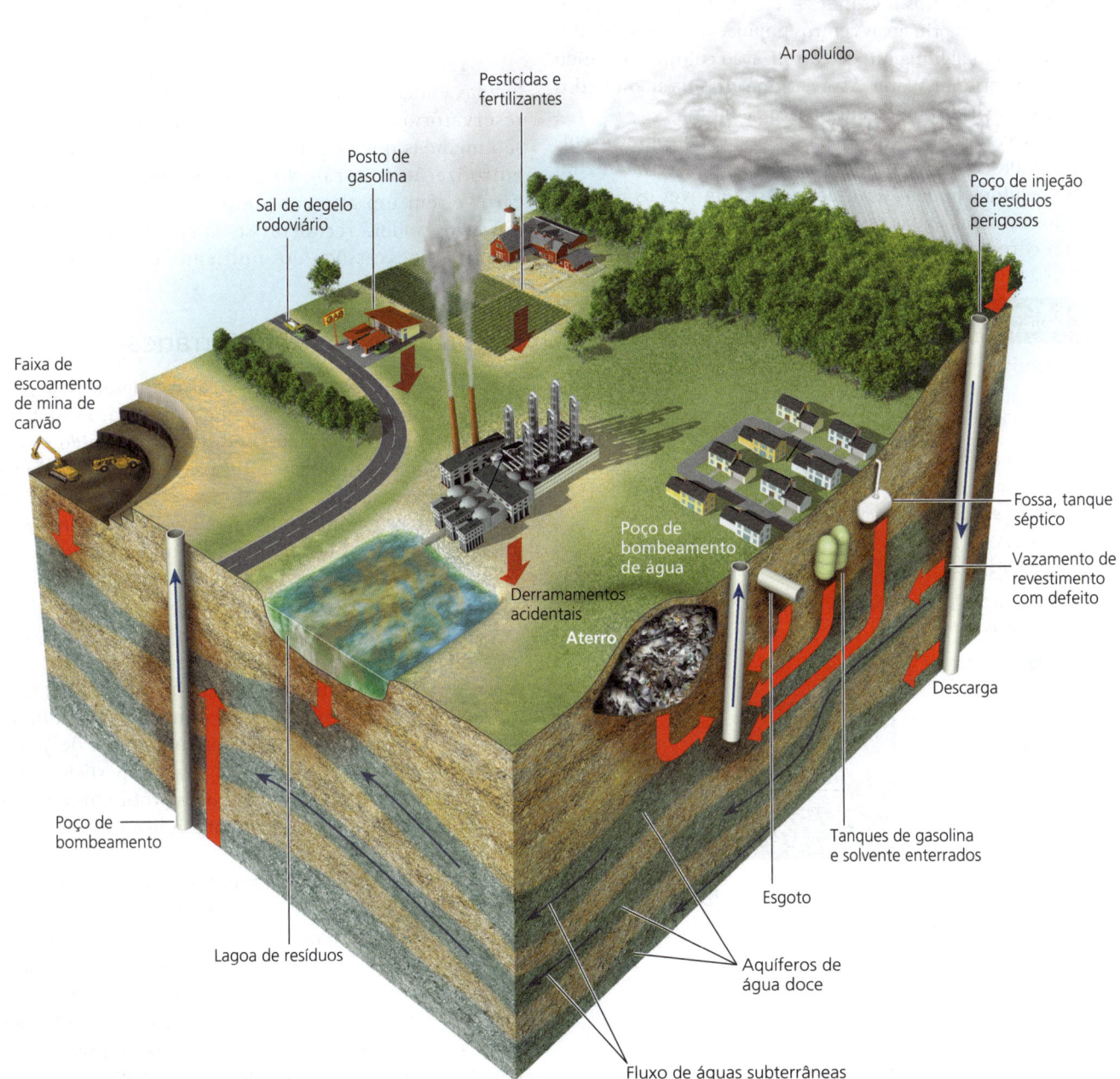

FIGURA 11.25 Degradação do capital natural: Principais fontes de contaminação de água subterrânea nos Estados Unidos. Outra fonte nas áreas costeiras é a intrusão de água salgada a partir da extração de água subterrânea excessiva. (A figura não está desenhada em escala.) **Raciocínio crítico:** Das fontes mostradas nesta figura, quais podem afetar a água subterrânea da sua área? Cite três.

Recursos hídricos e poluição da água

organismos, como algas e cianobactérias (Figura 7.26). Quando as algas morrem, elas são decompostas por populações de bactérias aeróbicas que esgotam o oxigênio dissolvido na camada superficial da água perto da costa e na parte inferior de um lago ou área costeira (Figura 11.1), e essa falta de oxigênio pode matar peixes, moluscos, crustáceos e outros animais aquáticos aeróbicos que não conseguem se mudar para águas mais seguras. Se o excesso de nutrientes continuar a fluir para um lago, as bactérias que não precisam de oxigênio assumirão o controle e produzirão produtos gasosos, como o malcheiroso sulfeto de hidrogênio, altamente tóxico, e o metano inflamável.

De acordo com a EPA, cerca de um terço de 100 mil lagos – de médios a grandes – e 86% de grandes lagos próximos aos principais centros populacionais dos Estados Unidos têm algum grau de eutrofização cultural. Segundo a International Water Association, mais da metade dos lagos chineses sofre de eutrofização cultural.

Há várias formas de *evitar* ou *reduzir* a eutrofização cultural. Processos avançados (mas caros) para o tratamento de resíduos podem ser usados para remover os nitratos e fosfatos das águas residuais antes que elas entrem em um corpo de água. Outras abordagens preventivas são a proibição ou limitação do uso de fosfatos em detergentes caseiros e outros agentes de limpeza. A conservação do solo (Figura 10.24) e o controle do uso da terra também podem reduzir o escoamento de nutrientes.

PARA REFLETIR
APRENDENDO COM A NATUREZA
Cientistas estão encontrando formas de imitar o ciclo natural de nutrientes da Terra, adicionando nutrientes removidos da água residual ao solo (a menos que eles contenham substâncias químicas tóxicas) em vez de bombeá-los em canais.

A remoção de ervas daninhas, a aplicação de herbicidas e algicidas e o bombeamento de ar em lagos e reservatórios para evitar o esgotamento do oxigênio são medidas que podem limpar lagos que sofrem com eutrofização cultural. No entanto, esses métodos são caros e têm um alto consumo de energia. A maioria dos lagos poderá recuperar-se da eutrofização cultural se entradas excessivas dos nutrientes de plantas forem interrompidas.

Poluição da água subterrânea

A poluição das águas subterrâneas é uma ameaça global grave, porém oculta, à saúde humana. Poluentes comuns, como fertilizantes, pesticidas, petróleo e solventes orgânicos, podem infiltrar-se nas águas subterrâneas a partir de inúmeras fontes (Figura 11.25). As pessoas que despejam ou derramam gasolina, petróleo e solventes orgânicos no solo também podem contaminar a água subterrânea.

O *fraturamento hidráulico*, ou *fracking*, usado para extrair petróleo e gás natural de milhares de poços é uma nova e crescente ameaça à água subterrânea em partes dos Estados Unidos. A contaminação da água subterrânea pode ser resultado de vazamentos nas tubulações de poços de petróleo e gás natural, além de águas residuais contaminadas trazidas para a superfície e frequentemente armazenadas em poços profundos de resíduos perigosos. O fraturamento hidráulico será discutido em mais detalhes no Capítulo 13.

Remover agentes contaminantes das águas subterrâneas é difícil e caro. A água subterrânea flui tão lentamente que os contaminantes não são diluídos e dispersos de maneira eficaz; além disso, esse tipo de água costuma ter uma concentração bem menor de oxigênio dissolvido (que ajuda a decompor muitos agentes contaminantes) e populações menores de bactérias decompositoras. A temperatura geralmente fria da água subterrânea também desacelera as reações químicas que decompõem resíduos.

Então, pode levar de dezenas a milhares de anos para a água subterrânea contaminada se autolimpar

Soluções

Poluição das águas subterrâneas

Prevenção	Limpeza
Encontrar substitutos para os poluentes químicos tóxicos	Bombear para a superfície, limpar e devolver ao aquífero (muito caro)
Manter os produtos químicos fora do ambiente	Injetar microrganismos para limpar a contaminação (mais barato, mas ainda é caro)
Exigir detectores de vazamento nos tanques subterrâneos	
Proibir o descarte de resíduos nocivos em aterros sanitários e poços de injeção	Bombear as nanopartículas de compostos inorgânicos para remover poluentes (ainda em desenvolvimento)
Armazenar líquidos nocivos em tanques acima do solo com sistemas de coleta e detecção de vazamento	

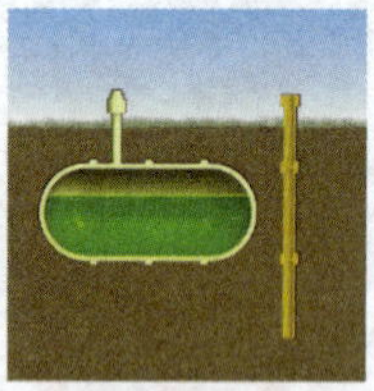

FIGURA 11.26 Há formas de limpar a contaminação da água subterrânea, mas a prevenção é a única abordagem eficaz. *Raciocínio crítico*: Dessas soluções preventivas, cite duas que você considere mais importantes e justifique sua resposta.

de resíduos lentamente degradáveis (como DDT). Em uma escala de tempo humana, os resíduos não degradáveis (como chumbo tóxico e arsênico) ficam na água permanentemente.

Em uma escala global, não sabemos muito sobre a poluição de água subterrânea, porque poucos países arcam com os elevados custos necessários para localizar, rastrear e testar os aquíferos. No entanto, os resultados de estudos científicos realizados em várias partes do mundo são alarmantes.

A água subterrânea fornece cerca de 70% da água potável da China. De acordo com o Ministério de Terras e Recursos da China, cerca de 90% das águas subterrâneas rasas do país estão poluídas com produtos químicos, como metais pesados tóxicos, solventes orgânicos, nitratos, petroquímicos e pesticidas. Cerca de 37% dessas águas subterrâneas estão tão poluídas, que nem mesmo podem ser tratadas para o uso como água potável. Todos os anos, segundo a OMS e o Banco Mundial, aproximadamente 190 milhões de pessoas ficam doentes por consumir água contaminada na China, e cerca de 60 mil acabam morrendo.

Nos Estados Unidos, uma pesquisa da EPA, feita com 26 mil lagoas e açudes de resíduos industriais, descobriu que um terço deles não tinha nenhum revestimento que evitasse a infiltração de resíduos líquidos tóxicos nos aquíferos. Além disso, quase dois terços dos resíduos líquidos perigosos dos Estados Unidos são injetados no solo, em poços de descarte (Figura 11.25). Vazamentos em tubos de injeção e vedações nesses poços podem contaminar aquíferos usados como fontes de água potável.

Até o fim de 2016, a EPA tinha concluído a limpeza de quase 461 mil de mais de 532 mil tanques subterrâneos nos Estados Unidos que estavam vazando gasolina, óleo diesel, óleo para aquecimento doméstico ou solventes tóxicos nas águas subterrâneas. Durante este século, segundo os cientistas, vários milhões desses tanques instalados em todo o mundo serão corroídos, provocarão vazamentos e passarão a ser um grande problema de saúde global. Determinar o alcance do vazamento de um único tanque subterrâneo pode custar entre US$ 25 mil e US$ 250 mil e os custos de limpeza podem ser ainda mais elevados.

Quando os produtos químicos tóxicos chegam a um aquífero, normalmente não é possível (ou é muito caro) realizar uma limpeza eficaz. Embora existam formas de limpar águas subterrâneas contaminadas (Figura 11.26, à direita), esses métodos são caros. A limpeza de um único aquífero contaminado pode custar algo entre 10 milhões a centenas de milhões de dólares, dependendo do tamanho do aquífero e do tipo de contaminante. Por isso, evitar a contaminação das águas subterrâneas (Figura 11.26, à esquerda) é a maneira mais eficaz de lidar com esse grave problema de contaminação da água.

Como purificar a água potável

A maioria dos países mais desenvolvidos tem leis que estabelecem os padrões da água potável; no entanto, a maioria dos países menos desenvolvidos não tem essas leis ou, se tem, não as coloca em prática.

Em países mais desenvolvidos, a água superficial extraída para ser usada como água potável geralmente é armazenada em um reservatório por vários dias. Isso melhora a clareza e o gosto da água ao aumentar o conteúdo de oxigênio dissolvido e permitir que a matéria suspensa seja decantada. A água, então, é bombeada para uma usina de purificação e tratada para atender aos padrões de água potável do governo.

Nas áreas com fontes de águas subterrâneas ou de superfície puras, pouco tratamento é necessário. Várias cidades importantes dos Estados Unidos, como Nova York, Boston, Seattle e Portland, evitaram a construção de caras instalações de tratamento de água. Em vez disso, investiram na proteção de florestas e áreas úmidas nas bacias hidrográficas que fornecem água potável para a cidade.

Já existe tecnologia para converter a água de esgoto em água potável pura. Um processo começa com a microfiltragem para remover bactérias e sólidos suspensos. Em seguida, a água residual passa por osmose reversa para remover minerais, vírus e compostos orgânicos variados. Por fim, são aplicados peróxido de hidrogênio e luz ultravioleta (UV) para remover compostos orgânicos adicionais. Em um mundo onde as pessoas vão enfrentar cada vez mais a falta de água potável, a purificação de águas residuais provavelmente será uma área de negócios em ascensão. **CARREIRA VERDE: Purificação de águas residuais**.

Também podemos usar medidas mais simples para purificar a água potável. Nos países tropicais que não têm sistemas centralizados de tratamento de água, a OMS orienta que as pessoas purifiquem a água potável ao exporem uma garrafa de plástico transparente cheia de água contaminada à luz do sol intensa. O calor do Sol e os raios UV podem matar os micróbios infecciosos em três horas. Pintar um lado da garrafa de preto pode ajudar a melhorar a absorção de calor nesse método simples de desinfecção solar, que aplica o **princípio da sustentabilidade** de energia solar. Nos locais onde essa medida simples foi adotada, a incidência da perigosa diarreia infantil diminuiu de 30% a 40%. Pesquisadores descobriram que é possível acelerar esse processo de desinfecção adicionando suco de limão às garrafas de água.

O inventor dinamarquês Torben Vestergaard Frandsen desenvolveu o LifeStraw™, um filtro de água portátil de baixo custo que elimina muitos vírus e parasitas da água (Figura 11.27). Esse objeto tem sido particularmente útil na África, onde as agências humanitárias os distribuem para a população. Outra opção que está sendo usada por mais e mais pessoas em todo o mundo é a água engarrafada, que criou ou piorou alguns problemas ambientais (ver Estudo de caso a seguir).

FIGURA 11.27 O *LifeStraw*™ é um dispositivo pessoal de purificação de água que garante o acesso de muitas pessoas pobres à água potável. Aqui, quatro jovens de Uganda demonstram como usá-lo. *Raciocínio crítico:* O desenvolvimento de dispositivos desse tipo vai tornar a prevenção de poluição da água menos prioritária? Explique.

Vestergaard Frandsen

ESTUDO DE CASO
A água engarrafada é uma boa opção?

A água engarrafada pode ser uma opção útil, embora cara, em países e regiões em que as pessoas não têm acesso à água potável limpa e segura. Entretanto, especialistas dizem que os Estados Unidos têm uma das águas potáveis mais limpas do mundo. No país, os sistemas de água municipal devem testar a água regularmente quanto ao número de poluentes e disponibilizar os resultados para os cidadãos. Ainda assim, cerca de dois terços dos estadunidenses se preocupam com a possibilidade de contrair doenças de agentes contaminantes encontrados na água encanada, e muitos bebem água engarrafada ou instalam sistemas caros de purificação.

Estudos feitos pelo Conselho de Defesa de Recursos Naturais (Natural Resources Defense Council – NRDC) revelam que, nos Estados Unidos, uma garrafa de água custa entre 240 e 10 mil vezes mais do que o mesmo volume da água de torneira. De acordo com o especialista em água Peter Gleick, mais de 40% das caras garrafas de água consumidas pelos estadunidenses são, na verdade, água encanada engarrafada. Um estudo conduzido pelo NRDC durante quatro anos concluiu que a maior parte da água engarrafada é de boa qualidade, mas os pesquisadores encontraram bactérias e produtos químicos orgânicos sintéticos em 23 das 123 marcas testadas. A água engarrafada é menos regulamentada que a água encanada, e os padrões de contaminação da EPA que se aplicam ao fornecimento público desse recurso não se aplicam às versões engarrafadas.

O uso de água engarrafada também causa problemas ambientais. Nos Estados Unidos, de acordo com o Container Recycling Institute, mais de 67 milhões de garrafas plásticas de água são descartadas todos os dias. Se fossem enfileiradas, as garrafas descartadas em um ano seriam suficientes para dar cerca de 280 voltas no planeta pela linha do Equador. A maioria das garrafas é feita de plástico PET reciclável, mas, nos Estados Unidos, apenas 38% delas são recicladas. Muitas das milhões de garrafas descartadas acabam em aterros sanitários, onde podem permanecer por centenas de anos. Além disso, muitas delas são espalhadas pelo solo e acabam em rios, lagos e oceanos. Por outro lado, na Alemanha, a maior parte da água engarrafada é vendida em garrafas de vidro retornáveis e reutilizáveis.

É preciso uma grande quantidade de energia para fabricar e transportar água engarrafada entre os países do mundo, bem como para refrigerar grande parte dela nas lojas. Gases e líquidos tóxicos são liberados durante a fabricação de garrafas plásticas de água, e gases de efeito estufa e outros poluentes do ar são emitidos pelos combustíveis fósseis queimados para produzi-las e entregar água engarrafada aos fornecedores. De acordo com o Pacific Institute, o petróleo usado parra bombear, processar, engarrafar, transportar e refrigerar as garrafas de água usadas anualmente nos Estados Unidos seria suficiente para abastecer 3 milhões de automóveis por ano.

Além disso, a extração de água subterrânea para colocar em garrafas está ajudando a esgotar alguns aquíferos.

Por causa desses impactos ambientais prejudiciais e do alto custo da água engarrafada, há um movimento crescente de *volta à torneira* para boicotar água engarrafada. Em San Francisco, Nova York e Paris, governos, restaurantes, escolas, grupos religiosos e muitos consumidores têm se recusado a comprar água engarrafada. Em 2015, San Francisco se tornou a primeira cidade a proibir a venda de garrafas plásticas de água. Quem violar essa lei pode ser multado em até US$ 1.000.

Como parte desse movimento, as pessoas estão reabastecendo garrafas reutilizáveis com água encanada e usando filtros simples para melhorar o sabor e a cor da água em locais em que isso é necessário. Algumas autoridades da área da saúde sugerem que, antes de comprar água engarrafada ou purificadores domésticos, ambos caros, a água encanada obtida pelos consumidores deve ser testada por departamentos de saúde locais ou empresas privadas (e não pelas empresas que estão tentando vender equipamentos purificadores).

Usando leis para proteger a qualidade da água potável

Cerca de 54 países, a maioria deles na América do Norte e na Europa, têm padrões legais para a água potável segura. Por exemplo, nos Estados Unidos, a Lei da Água Potável Segura (*U.S. Safe Drinking Water Act*), de 1975 (modificada da 1996), exige que a EPA estabeleça padrões nacionais para a água potável, chamados *níveis máximos de contaminantes*, para todos os poluentes que podem ter efeitos adversos sobre a saúde humana. Hoje em dia, essa lei limita rigidamente os níveis de 91 possíveis contaminantes da água encanada dos Estados Unidos. No entanto, na maioria dos países menos desenvolvidos, esse tipo de lei não existe ou não é aplicado.

Cientistas da saúde recomendam o endurecimento da Lei da Água Potável Segura, mas várias indústrias pressionaram as autoridades eleitas para enfraquecê-la, pois cumprir com os requisitos dela aumenta os custos da produção. Uma proposta é eliminar a testagem nacional da água potável e a exigência de notificação pública sobre violações dos padrões. Outra proposta permitiria que os estados concedessem aos fornecedores de água potável o direito permanente de violar o padrão de um determinado contaminante caso alegassem não conseguir arcar com os custos de cumprir as exigências. Alguns críticos também pressionam por uma redução do já baixo orçamento da EPA para aplicar a Lei da Água Potável Segura.

ESTUDO DE CASO
Chumbo na água potável

Em 2014, muitos moradores de bairros mais antigos e pobres de Flint, Michigan (uma cidade com quase 100 mil pessoas e 40% delas vivendo na pobreza), foram expostos a níveis potencialmente perigosos de chumbo na água encanada. O problema começou quando, ao tentar economizar dinheiro, governantes de Flint passaram a extrair água potável do Rio Flint em vez do Lago Huron.

Os agentes públicos não levaram em consideração que havia pelo menos 20 mil canos de chumbo conectando as tubulações da linha principal de água da cidade (que não contêm chumbo) às casas, muitas delas em bairros mais antigos e pobres. Eles não adicionaram produtos químicos para reduzir a lixiviação de chumbo dos canos expostos ao suprimento de água mais corrosiva e, como resultado, o chumbo começou a se infiltrar no fornecimento de água de muitas casas desses bairros.

Pesquisas mostram que a exposição prolongada a altos níveis de chumbo – muito acima do padrão do nível de ação de 15 partes por bilhão (ppb) da EPA para chumbo na água potável – é prejudicial para o desenvolvimento do cérebro e do sistema nervoso das crianças.

Depois que Flint mudou sua fonte de água potável, a porcentagem de crianças da cidade com níveis elevados de chumbo no sangue aumentou de 2,4% para 4,9%, e 15,7% no bairro mais pobre da cidade. Isso significa que aproximadamente uma em cada seis crianças de Flint e uma em cada três no bairro mais pobre foram expostas a níveis de chumbo no sangue que o Centro de Controle e Prevenção de Doenças (Disease Control and Prevention – DCP) usa como padrão para identificar crianças que precisam de assistência médica. Em 1986, a EPA proibiu o uso de canos, conexões, soldas e outros materiais hidráulicos feitos de chumbo em residências novas. No entanto, a regulamentação não tratou dos milhões de canos e materiais hidráulicos de chumbo das casas mais antigas de Flint e do restante dos Estados Unidos.

Depois de protestos amplamente divulgados na mídia, os governantes mudaram a fonte do suprimento de água da cidade de volta para o Lago Huron, mas as ameaças à saúde continuaram. A solução decisiva é substituir todos os canos de chumbo que ligam as casas às tubulações da linha principal de água da cidade, o que seria caro para as cidades e os donos de casas, e sua implementação levaria décadas.

Agentes de saúde pública dizem que Flint é apenas "a ponta do iceberg". Investigações revelaram que, em 2015, quase 2 mil, ou 20%, dos sistemas hídricos dos Estados Unidos testados não cumpriram o padrão da EPA de 15 ppb de chumbo na água potável. Muitos deles são pequenas empresas de abastecimento que fornecem água para cerca de 4 milhões de estadunidenses. Por falta de dinheiro, muitas dessas concessionárias pulam os testes de segurança da água ou deixam de tratar a água contaminada por chumbo ou outros poluentes. A EPA e os agentes de saúde recomendam que todos os moradores dos Estados Unidos testem a água potável para verificar se contém chumbo.

As soluções para o problema do envenenamento por chumbo do país incluem substituir todos os canos feitos com esse material que levam até as casas ou para dentro delas, a um custo de, no mínimo, US$ 55 bilhões, e fornecer testes de chumbo gratuito para todas as crianças entre 1 e 6 anos. Enquanto isso, em 2012, pressionado pela indústria do chumbo, o Congresso reduziu o financiamento aos testes em crianças, à remoção do chumbo de casas mais antigas e às pesquisas e testes do CDC.

Poluição do oceano

Devemos cuidar dos oceanos, pois eles nos mantêm vivos. Os oceanos ajudam a fornecer e reciclar a água doce do planeta por meio do ciclo da água (ver Figura 3.15). Eles também afetam as condições meteorológicas e o clima, ajudam a regular a temperatura da Terra e absorvem parte das grandes quantidades de dióxido de carbono emitidas pelas atividades humanas na atmosfera.

Como a oceanógrafa e exploradora Sylvia A. Earle (ver Pessoas que fazem a diferença 9.1) destaca: "Mesmo que você nunca tenha a chance de ver ou tocar o oceano, ele tocará você a cada respiração, a cada gota de água que beber, a cada alimento que consumir. Todos, em todos os lugares, estão indissociavelmente ligados ao mar e são totalmente dependentes dele". Apesar dessa importância, tratamos o oceano como o maior depósito do mundo para a quantidade massiva e crescente de resíduos e poluentes que produzimos.

As regiões costeiras – especialmente áreas úmidas, estuários, recifes de coral e pântanos de mangue – recebem grandes quantidades de poluentes e resíduos (Figura 11.28). Aproximadamente 40% das pessoas do mundo (53% nos Estados Unidos) vivem nas áreas costeiras ou perto delas, e esse número deve dobrar até

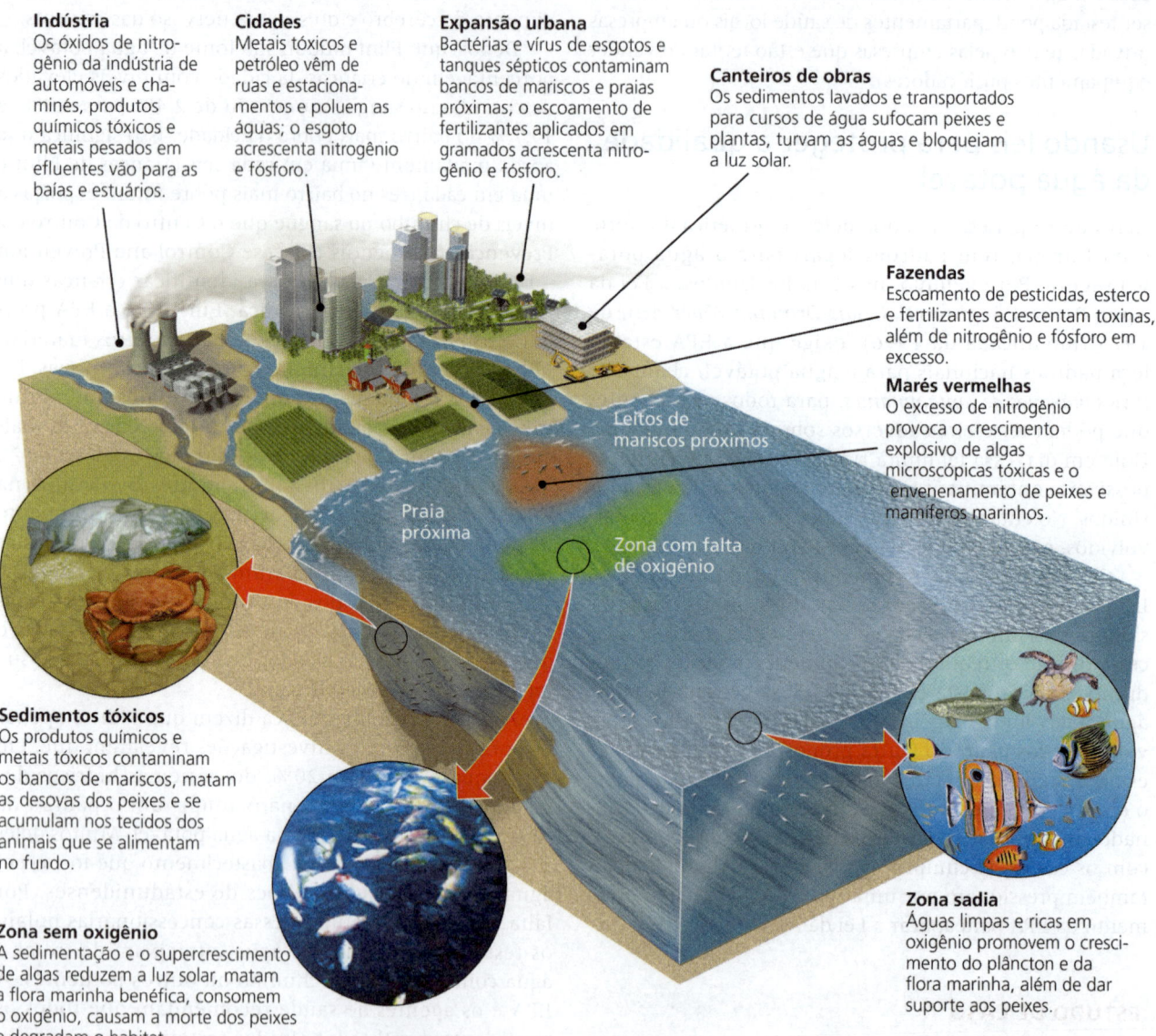

FIGURA 11.28 Degradação do capital natural: Áreas residenciais, fábricas e fazendas contribuem para a poluição das águas costeiras. *Raciocínio crítico:* Quais são os três piores problemas de poluição mostrados aqui? De que maneira cada um deles afeta dois ou mais serviços ecossistêmicos e econômicos apresentados na Figura 7.16?

2050. Isso ajuda a explicar por que 80% da poluição marinha é oriunda das áreas continentais.

De acordo com um estudo realizado pelo Programa das Nações Unidas para o Meio Ambiente (Pnuma), de 80% a 90% do esgoto urbano das áreas costeiras dos países menos desenvolvidos e de algumas áreas costeiras de regiões menos desenvolvidas é despejado nos oceanos sem tratamento, o que, às vezes, supera a capacidade das águas costeiras de biodegradar esses resíduos. O litoral da China, por exemplo, é tão sufocado com as algas que crescem a partir dos nutrientes fornecidos pelo esgoto, que alguns cientistas acreditam que grande parte das águas costeiras do país não pode mais sustentar os ecossistemas marinhos. Despejar resíduos biodegradáveis e vegetais em águas costeiras em vez de reciclar esses nutrientes do solo, fundamentais para as plantas, é uma violação do **princípio da sustentabilidade** da ciclagem química.

Em águas mais profundas, os oceanos podem diluir, dispersar e degradar grandes quantidades de esgoto e outros tipos de poluentes degradáveis sem tratamento. Alguns cientistas sugerem que é mais seguro despejar lama de esgoto, resíduos tóxicos de mineração e a maioria dos outros resíduos prejudiciais no oceano profundo do que queimá-los na terra ou em incineradores. Outros discordam e apontam que o descarte desses resíduos no oceano atrasaria medidas de prevenção urgentes e necessárias, além de promover ainda mais degradação dessa parte essencial do sistema de suporte à vida na Terra.

Estudos recentes de algumas águas costeiras dos Estados Unidos descobriram grandes colônias de vírus que vivem no esgoto bruto e nos efluentes das estações de tratamento de esgoto (que não removem os vírus) e tanques sépticos com vazamento. De acordo com um estudo, um quarto das pessoas que frequentam as praias costeiras estadunidenses desenvolve infecções de ouvido, dor de garganta, irritações nos olhos e doenças respiratórias ou gastrointestinais por nadarem em água do mar que contém vírus infecciosos e bactérias.

Os cientistas também destacam o problema não tão divulgado da poluição decorrente de navios de cruzeiro. Um navio de cruzeiro pode transportar até 6.300 passageiros e 2.400 membros da tripulação, gerando tantos resíduos (tóxicos, produtos químicos, lixo, esgoto e petróleo usado) quanto uma cidade pequena. Muitos navios de cruzeiro despejam esses resíduos no mar. Nas águas dos Estados Unidos, esse despejo é ilegal, mas alguns navios continuam a despejar secretamente, à noite. Alguns turistas ambientalmente conscientes estão se recusando a viajar em navios de cruzeiro que não têm sistemas sofisticados para lidar com os resíduos que produzem.

Os escoamentos de esgoto e resíduos agrícolas em águas costeiras introduzem grandes quantidades de nutrientes vegetais nitrato (NO_3^-) e fosfato (PO_4^{3-}), que podem provocar o crescimento explosivo de algas nocivas e gerar zonas mortas (**Estudo de caso principal** e Figura 11.1). Essa *proliferação de algas nocivas* é chamada maré tóxica vermelha, marrom ou verde. Elas podem liberar toxinas na água e no ar que envenenam frutos do mar, danificam áreas de pesca, matam algumas aves que se alimentam de peixes e reduzem o turismo. Anualmente, essa proliferação provoca o envenenamento de cerca de 60 mil estadunidenses que consomem moluscos contaminados pelas algas.

Todos os anos, por causa da proliferação de algas nocivas, pelo menos 400 *zonas sem oxigênio* nas águas costeiras de todo o mundo são formadas, principalmente em águas costeiras temperadas e em grandes corpos de água com fluxos restritos, como os mares Báltico e Negro. A maior dessas zonas nas águas costeiras dos Estados Unidos é formada todos os anos no Golfo do México (**Estudo de caso principal**). Um estudo conduzido por Luan Weixin, da Universidade Dalain Maritime da China, descobriu que nitratos e fosfatos contaminaram gravemente quase a metade das águas costeiras rasas da China.

Poluição do oceano por causa do petróleo

O *petróleo bruto* (o petróleo que sai do chão) chega ao oceano por infiltrações naturais no solo oceânico e por atividades humanas. As fontes humanas de poluição do oceano por petróleo mais visíveis são acidentes com tanques de petróleo, como o grande vazamento do *Exxon Valdez* no estado do Alasca, em 1989. Outras fontes são as explosões em plataformas de petróleo, como a da plataforma BP Deep Horizon no Golfo do México em 2010 (Figura 11.29), o pior derramamento de óleo em águas estadunidenses da história, cujos gastos com limpeza, prejuízos e multas chegam a US$ 61,6 bilhões (ver foto de abertura do capítulo).

No entanto, estudos mostram que a maior fonte de poluição do oceano por petróleo é o escoamento urbano e industrial da área continental. A maior parte dele vem de vazamentos em tubulações, refinarias e outras instalações de manuseio e armazenamento de petróleo. Outras fontes são o petróleo e seus derivados despejados de maneira intencional ou acidental no solo ou no esgoto por proprietários de imóveis e indústrias.

Os componentes químicos do petróleo, chamados hidrocarbonetos orgânicos voláteis, matam muitos organismos aquáticos imediatamente após o contato. Outros formam massas parecidas com alcatrão, que flutuam na superfície e cobrem as penas das aves (ver foto

FIGURA 11.29 A plataforma de petróleo *Deep-water Horizon*, localizada a 64 quilômetros da costa de Louisiana, explodiu, queimou e afundou no Golfo do México em 20 de abril de 2010. O poço rompido no fundo do oceano liberou 3,1 milhões de barris de petróleo bruto por um período de três meses antes de ser consertado.

de abertura do capítulo) e o pelo de mamíferos marinhos. O petróleo destrói o isolamento térmico natural e a capacidade de flutuação desses animais, provocando afogamento ou morte por perda de calor.

Componentes pesados do petróleo que vazam para o fundo do oceano ou estuários e áreas úmidas litorâneas podem sufocar os organismos que vivem nesses locais, como caranguejos, ostras, mexilhões e mariscos, ou torná-los impróprios para consumo humano. Alguns vazamentos de petróleo já mataram recifes de coral.

As pesquisas mostram que as populações de muitas formas de vida marinha podem se recuperar da exposição a grandes quantidades de *petróleo bruto* em águas quentes com correntes rápidas em um período de três anos, mas em águas frias e calmas a recuperação pode levar décadas. Além disso, a recuperação da exposição ao *petróleo refinado*, como gasolina e diesel, especialmente em estuários e pântanos salgados, pode levar de 10 a 20 anos ou mais. As películas de petróleo arrastadas até a praia podem ter um sério impacto econômico sobre os moradores do litoral, cuja renda proveniente da pesca e de atividades turísticas é prejudicada.

Se não forem muito grandes, os derramamentos de petróleo poderão ser limpos parcialmente por meios mecânicos, como barreiras flutuantes, barcos recolhedores e dispositivos absorventes, como grandes travesseiros cheios de penas ou cabelos. Entretanto, os cientistas estimam que os métodos atuais não conseguirão recuperar mais do que 15% do petróleo de um grande vazamento.

Prevenir a poluição por petróleo é a abordagem mais eficaz e mais barata. Uma das melhores formas de se prevenir os derramamentos dos navios petrolíferos é usar navios com casco duplo. Padrões de segurança mais restritos e inspeções podem ajudar a reduzir as explosões de poços de petróleo no mar. Além disso, empresas, instituições e cidadãos que moram em áreas costeiras devem tomar cuidado para evitar vazamentos e derramamentos mesmo de quantidades menores de petróleo ou produtos derivados, como solventes de tinta e gasolina. A Figura 11.30 apresenta formas de evitar e reduzir a poluição de águas costeiras.

Soluções

Poluição de águas costeiras

Prevenção		Limpeza
Separar tubulações de esgoto e tubulações pluviais	Regular estritamente o desenvolvimento costeiro, a perfuração e o transporte de petróleo	Melhorar a capacidade de limpeza de derramamentos de petróleo
Proibir o despejo de resíduos e esgoto por navios em águas costeiras	Usar áreas úmidas e outros métodos naturais para tratar o esgoto	Utilizar nanopartículas em esgotos e derramamentos de petróleo para dissolver o petróleo ou os dejetos (ainda em desenvolvimento)
Exigir tratamento secundário do esgoto litorâneo	Exigir cascos duplos para os navios-petroleiros	

FIGURA 11.30 Métodos para evitar a poluição excessiva das águas costeiras e para limpá-la (**Conceito 11.4**). *Raciocínio crítico:* Dessas soluções, quais você considera mais importantes? Cite duas e justifique sua resposta.

Topo: Rob Byron/Shutterstock.com. Abaixo: Igor Karasi/Shutterstock.com.

Como reduzir a poluição de águas superficiais por fontes não pontuais

A maior parte das fontes não pontuais de poluição da água vem das práticas agrícolas. Para reduzir esse tipo de poluição, os agricultores devem manter a terra de cultivo coberta com vegetação e usar lavouras de conservação e outros métodos (ver Capítulo 10) para diminuir a erosão do solo. Eles também podem minimizar a quantidade de fertilizantes que escoa para as águas superficiais usando fertilizantes que liberam nutrientes vegetais lentamente, sem utilizar fertilizantes em terrenos íngremes, e plantando zonas-tampão de vegetação entre os campos cultivados e a água superficial próxima.

Dada a importância da bacia do Rio Mississippi para o cultivo agrícola, será difícil evitar a formação anual da zona morta no Golfo do México (**Estudo de caso principal**). No entanto, as entradas de nutrientes podem ser reduzidas com o uso disseminado das práticas de manejo de fertilizantes aqui apresentadas.

A agricultura orgânica (ver Figura 10.5) e outras formas de produção de alimentos mais sustentáveis (ver Figura 10.28) também podem evitar a poluição da água causada pela sobrecarga de nutrientes, pois usam poucos (ou nenhum) fertilizantes inorgânicos sintéticos e pesticidas. Os agricultores podem reduzir o escoamento de pesticidas aplicando essas substâncias somente quando necessário e recorrendo mais ao manejo integrado de pragas (ver Capítulo 10). Além disso, eles também podem controlar o escoamento e a infiltração de esterco do confinamento de animais ao plantarem zonas-tampão e estabelecerem esses locais longe de terrenos íngremes, águas superficiais e zonas de inundação.

Como reduzir a poluição da água de fontes pontuais

A Lei Federal de Controle de Poluição da Água (*Federal Water Pollution Control Act*) 1972 (renomeada quando foi alterada em 1977 para Lei da Água Limpa – *Clean Water Act*) e a Lei da Qualidade da Água (*Water Quality Act*) de 1987 formam a base dos esforços dos Estados Unidos para controlar a poluição das águas de superfície do país. A Lei da Água Limpa define padrões para os níveis permitidos dos cem principais poluentes da água e exige que as indústrias poluidoras obtenham autorizações que limitem a quantidade dos diversos poluentes que podem ser despejados nos sistemas aquáticos.

A EPA também está testando uma *política de comércio de descargas* que usa as forças do mercado para reduzir a poluição da água nos Estados Unidos. Sob esse programa, uma fonte de poluição da água será autorizada a poluir em níveis maiores que os normais se comprar créditos de portadores de autorizações com níveis de poluição abaixo dos níveis a que estão autorizados.

Cientistas ambientais e economistas alertam que a eficácia desse tipo de sistema depende do quão baixos serão os limites para os níveis totais de poluição em uma determinada área e da periodicidade com que eles serão reduzidos. Eles também advertem que o comércio de descargas pode permitir que os poluentes atinjam níveis perigosos nas regiões onde os créditos são comprados. Nem a análise cuidadosa dos níveis dos limites nem a diminuição gradual desses limites fazem parte do sistema de comércio de descargas da EPA.

Alguns cientistas recomendam o endurecimento da Lei da Água Limpa. As melhorias sugeridas incluem:

- Mudando do foco da lei da remoção de poluentes específicos do fim das tubulações para a prevenção à poluição da água.
- Aumento gradual do monitoramento de violações da lei, com multas obrigatórias muito maiores para os infratores.
- Regulamentação da qualidade da água de irrigação.
- Expansão dos direitos dos cidadãos de instaurar ações judiciais para garantir que as leis de poluição da água sejam aplicadas.

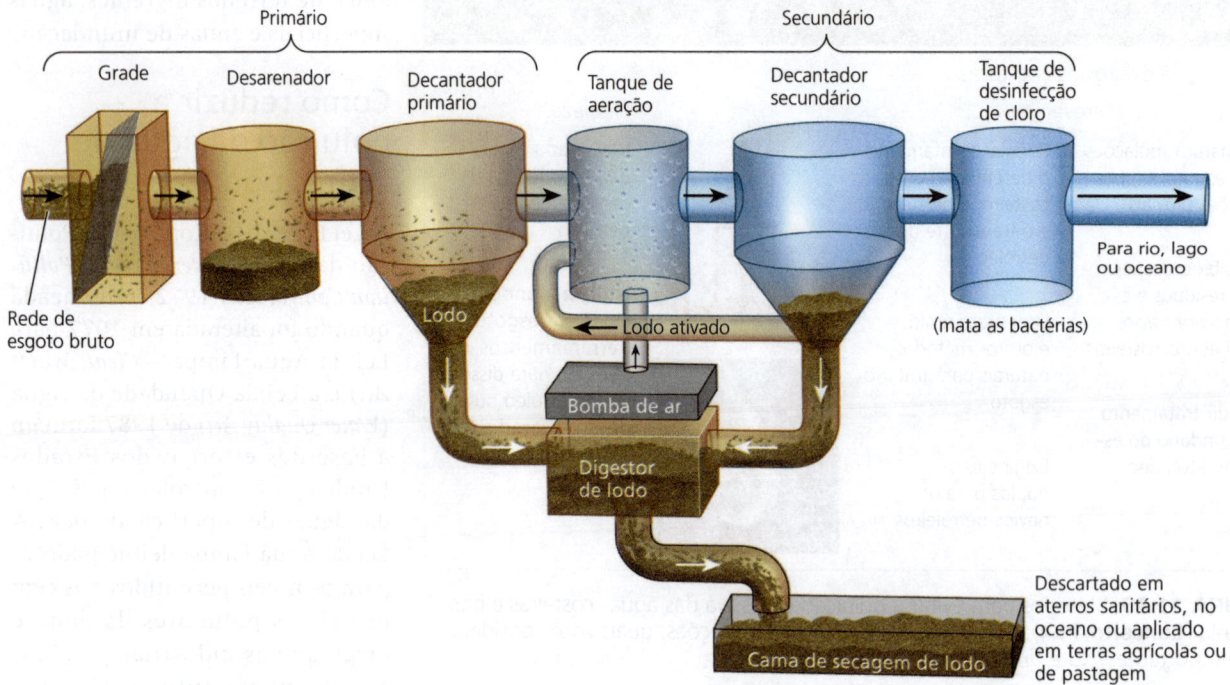

FIGURA 11.31 Soluções: Os sistemas de tratamento de esgoto primário e secundário ajudam a reduzir a poluição da água. *Raciocínio crítico:* O que deve ser feito com o lodo produzido pelas usinas de tratamento de esgoto?

Muitas pessoas se opõem a essas propostas, pois acreditam que as regulamentações da Lei da Água Limpa já são muito restritivas e caras. Alguns estados e autoridades locais argumentam que, em muitas comunidades, é desnecessário e caro demais testar a presença de todos os poluentes da água exigidos pela legislação federal.

Alguns membros do Congresso, pressionados pelas indústrias regulamentadas, vão além e querem enfraquecer seriamente ou revogar a Lei da Água Limpa e outras regulamentações ambientais governamentais, afirmando que elas impedem o crescimento econômico e evitam o aumento do número de empregos. Em 2012, William K. Reilly, antigo chefe da EPA e copresidente de uma comissão presidencial sobre perfurações em alto mar, afirmou: "Se aceitarmos a ideia equivocada de que reduzir a proteção das nossas águas vai, de alguma forma, impulsionar a economia, estaremos enganando nossa saúde, a economia e o meio ambiente".

De acordo com a EPA, a Lei da Água Limpa, de 1972, e outras leis sobre a qualidade da água causaram diversas melhorias na qualidade da água dos Estados Unidos, entre elas:

- 60% dos rios, lagos e estuários testados podem ser usados com segurança para pescar e nadar, em comparação com 33% em 1972.
- As usinas de tratamento de esgoto atendem 75% da população do país.
- As perdas anuais de áreas úmidas dos Estados Unidos, que absorvem e purificam a água, foram reduzidas em 80% desde 1992.

Esses são feitos impressionantes, dados os aumentos na população estadunidense e no consumo *per capita* de água e outros recursos desde 1972.

Tratamento de esgoto

Nas áreas urbanas e rurais com solos disponíveis, o esgoto de cada casa geralmente é descarregado em um **tanque séptico** com um grande campo de drenagem. Nesse sistema, o esgoto doméstico e os resíduos são bombeados em um decantador, onde a graxa e o óleo sobem até o topo e os sólidos, chamados de *lodo*, caem no fundo, onde são decompostos por bactérias. A água residual parcialmente tratada resultante é descarregada em um campo grande de drenagem (absorção) por meio de pequenos buracos em tubos perfurados inseridos em cascalho poroso ou pedra britada logo abaixo da superfície do solo. Como esses resíduos são drenados das tubulações e escoam para baixo, o solo filtra alguns poluentes em potencial, e as bactérias do solo decompõem os materiais biodegradáveis. Quase um quarto de todas as casas nos Estados Unidos tem tanques sépticos. Eles funcionam bem, desde que não estejam sobrecarregados e que o lodo dos tanques seja retirado regularmente.

Nas áreas urbanas dos Estados Unidos e em outros países mais desenvolvidos, a maioria dos resíduos transportado por água de residências, empresas e tempestades flui por uma rede de tubulações de esgoto para *usinas de tratamento*. O esgoto bruto que chega a uma usina de tratamento normalmente passa por um ou dois níveis de tratamento de resíduos de água. O primeiro é o **tratamento de esgoto primário** – um processo *físico*, que usa grades e um tanque desarenador que removem grandes objetos flutuantes e permite que sólidos como areia e rocha sejam assentados. Em seguida, o fluxo de resíduos vai para um tanque decantador primário, onde os sólidos em suspensão são assentados como lodo (Figura 11.31, à esquerda).

O segundo nível é o **tratamento de esgoto secundário** – é um processo *biológico*, no qual bactérias aeróbicas removem até 90% dos resíduos orgânicos que demandam oxigênio dissolvidos e biodegradáveis (Figura 11.31, à direita). Uma combinação do tratamento primário e do secundário remove de 95% a 97% dos sólidos suspensos e resíduos orgânicos com demanda de oxigênio, 70% da maioria dos compostos de metal tóxicos e produtos orgânicos sintéticos degradáveis, 70% de fósforo e 50% de nitrogênio. No entanto, esse processo de tratamento remove apenas uma pequena fração de substâncias orgânicas persistentes e potencialmente tóxicas encontradas em alguns pesticidas e em medicamentos descartados. Além disso, o processo de tratamento não mata vírus, bactérias e outros agentes causadores de doenças.

Antes da descarga, as águas das usinas de tratamento geralmente passam por *branqueamento*, para remover a coloração da água, e por *desinfecção*, para matar as bactérias que carregam doenças e alguns (não todos) vírus. O método usual para fazer isso é a *cloração*, mas o cloro pode reagir com materiais orgânicos na água para formar pequenas porções de hidrocarbonetos clorados. Algumas dessas substâncias químicas provocam câncer em cobaias, podem aumentar o risco de abortos e danificar os sistemas nervoso, imunológico e endocrinológico do ser humano. O uso de outros desinfetantes, como ozônio e luz ultravioleta, está aumentando, mas eles custam mais e os efeitos não duram tanto quanto o da cloração.

Como melhorar o tratamento de esgoto

Um problema sério é que os regulamentos da EPA permitem que o lodo das usinas de tratamento de resíduos seja aplicado como fertilizante em terras agrícolas, parques públicos e outros terrenos usados pela população. No entanto, a EPA permite que indústrias e proprietários de imóveis enviem águas residuais que contêm metais pesados tóxicos, substâncias químicas orgânicas, pesticidas e fármacos para usinas de tratamento de esgoto, e muitos desses produtos químicos nocivos acabam indo para o lodo tóxico aplicado nas terras.

Cientistas das áreas de saúde e meio ambiente sugerem diversas formas de evitar que os poluentes acabem no lodo do esgoto aplicado nos terrenos e nas águas residuais de usinas de tratamento de esgoto. Uma delas é exigir que indústrias e empresas removam os resíduos tóxicos e perigosos da água enviada para as usinas municipais de tratamento de esgoto, o que ajudaria a implementar o **princípio da sustentabilidade** da precificação de custo total, aumentando o custo da criação de resíduos e poluição. As indústrias também seriam encorajadas ou receberiam subsídios para reduzir ou eliminar o uso e o descarte de substâncias químicas tóxicas, reduzindo os gastos dessas empresas para cumprir com as leis de controle à poluição da água.

Outra abordagem é considerar os nitratos e fosfatos do lodo e das águas residuais das usinas de tratamento de esgoto como nutrientes do solo com valor ecológico e financeiro. Dessa forma, eles deveriam ser removidos do esgoto, vendidos como ativos para ajudar a pagar pelo processo de remoção e, posteriormente, reciclados na terra, como na Suécia e nos Países Baixos. Essa prática implementa o **princípio da sustentabilidade** da ciclagem química.

Outra opção é exigir ou incentivar que mais residências, prédios e escritórios eliminem a emissão de esgoto, passando para sistemas de banheiro seco (com compostagem), sem água e sem odor, que devem ser instalados, mantidos e gerenciados por profissionais. Diferentemente de um banheiro convencional, um banheiro seco não usa água e os resíduos não são eliminados. Em vez disso, bactérias aeróbicas de ocorrência natural decompõem os resíduos com o auxílio do ar e do calor. Banheiros secos não exigem o uso de nenhuma substância química.

Em larga escala, tais sistemas seriam mais baratos para instalar e manter do que os sistemas de esgoto atuais, pois não requerem amplas redes de encanamento subterrâneo conectadas às usinas de tratamento. Também economizam grandes quantidades de água, reduzem as contas de água e diminuem a quantidade de energia usada para bombear e purificar a água. Essa substituição mais ambientalmente sustentável para banheiros convencionais e usinas de tratamento de esgoto está sendo usada atualmente em mais de dez países, incluindo China, Índia, México, Síria e África do Sul.

Um empresário sueco desenvolveu um saco plástico biodegradável de uso único, que pode ser usado como vaso sanitário em favelas urbanas e em outras áreas em que muitas pessoas não têm acesso a banheiros. Depois de usado, o saco é amarrado e enterrado. Uma fina camada de ureia contida nesse saco mata os patógenos causadores de doenças nas fezes e ajuda a transformar os resíduos em nutrientes vegetais, que depois são reciclados – uma aplicação simples, de baixo custo e com pouca tecnologia do **princípio da sustentabilidade** da ciclagem química.

Algumas comunidades também estão usando sistemas não convencionais, mas altamente eficazes: os *sistemas de tratamento de esgoto ecológicos*, que trabalham com a natureza (Foco na ciência 11.1).

Como evitar a poluição da água

É animador que, desde os anos 1970, a maioria dos países mais desenvolvidos do mundo tenham decretado leis e regulamentações que reduziram significativamente a poluição da água derivada de fontes pontuais. Essas melhorias foram, em grande parte, resultado da pressão política *ascendente*, exercida por pessoas e grupos sobre os representantes eleitos. Por outro lado, poucas medidas foram tomadas para reduzir a poluição na maior parte dos países menos desenvolvidos.

Para muitos cientistas das áreas de saúde e meio ambiente, a próxima etapa seria aumentar os esforços para reduzir e evitar a poluição da água nos países mais e menos desenvolvidos como uma importante maneira de melhorar a saúde humana e aumentar nosso impacto ambiental benéfico. Eles começariam questionando "Em *primeiro lugar, como evitar a produção de poluentes da água?*" (**Conceito 11.4**). A Figura 11.32 apresenta formas de alcançar esse objetivo durante as próximas décadas.

Essa mudança para a prevenção da poluição não acontecerá a menos que os cidadãos exerçam pressão política sobre os candidatos eleitos e tomem medidas para reduzir as suas próprias contribuições diárias para a poluição da água. A Figura 11.33 apresenta alguns procedimentos que podemos adotar para ajudar a reduzir a poluição da água.

O que você pode fazer?

Como reduzir a poluição da água

- Fertilizar as plantas de seu jardim e quintal com esterco ou compostagem, em vez de fertilizantes comerciais inorgânicos
- Minimizar o uso de pesticidas, especialmente perto de corpos de água
- Evitar que os resíduos de quintais entrem nos bueiros
- Não usar aromatizantes de água em vasos sanitários
- Não despejar medicamentos indesejados em vasos sanitários
- Não jogar pesticidas, tintas, solventes, óleo, anticongelantes ou outros produtos que contenham substâncias químicas nocivas no ralo ou na terra

FIGURA 11.33 Pessoas que fazem a diferença: Você pode ajudar a reduzir a poluição da água. *Raciocínio crítico:* Dessas ações, cite três que você considere mais importantes e justifique sua resposta.

Soluções

Poluição da água

- Evitar a contaminação da água subterrânea
- Reduzir o escoamento não pontual
- Encontrar substitutos para os poluentes tóxicos
- Trabalhar com a natureza para tratar o esgoto
- Praticar os três Rs do uso de recursos (reduzir, reutilizar e reciclar)
- Reduzir a poluição do ar
- Reduzir a pobreza
- Reduzir o crescimento populacional

FIGURA 11.32 Várias formas de evitar ou reduzir a poluição da água. (**Conceito 11.4**). *Raciocínio crítico:* Dessas soluções, cite duas que você considere mais importantes e justifique sua resposta.

GRANDES IDEIAS

- Um dos principais problemas ambientais globais é a crescente escassez de água doce em muitas partes do mundo.
- Podemos usar a água de maneira mais sustentável, reduzindo seu uso, usando-a de forma mais eficiente, reduzindo as perdas, aumentando os preços e protegendo aquíferos, florestas e outros ecossistemas que armazenam e liberam água.
- Reduzir a poluição da água exige prevenção, trabalhar com a natureza para tratar o esgoto e cortar o uso e o desperdício de recursos.

FOCO NA CIÊNCIA 11.1

Como tratar o esgoto aprendendo com a natureza

Algumas comunidades e pessoas estão procurando melhores formas de purificar o esgoto aprendendo como a natureza purifica água usando luz solar, plantas, organismos aquáticos e filtragem natural por meio do solo, areia e cascalho (**Conceito 11.4**). O biólogo John Todd desenvolveu uma abordagem ecológica para o tratamento de esgoto chamada *máquinas vivas* (Figura 11.A).

Esse processo de purificação começa quando o esgoto flui para uma estufa solar passiva ou locais ao ar livre contendo filas de grandes tanques abertos povoados com séries cada vez mais complexas de organismos. No primeiro conjunto de tanques, algas e microrganismos decompõem resíduos orgânicos, com a luz solar acelerando o processo. Jacintos, amentilhos, juncos e outras plantas aquáticas que crescem nos tanques absorvem os nutrientes resultantes.

Depois de fluir por meio de vários desses tanques de purificação naturais, a água passa por uma rede artificial feita de areia, granito e juncos que filtra as algas e os resíduos orgânicos remanescentes. Algumas das plantas também absorvem ou sequestram metais tóxicos, como chumbo e mercúrio, e segregam compostos antibióticos naturais que matam patógenos.

Em seguida, a água flui em tanques de aquário, onde lesmas e zooplânctons consomem os microrganismos, que são, por sua vez, consumidos por camarões de água doce, tilápias e outros peixes que podem ser consumidos ou vendidos como isca. Após dez dias, a água limpa flui para um segundo pântano artificial para filtragem e limpeza final. Depois de passar por um tratamento com luz ultravioleta ou por um gerador de ozônio, geralmente imerso discretamente em uma lagoa ou habitat de área úmida atraente, a água pode tornar-se pura o suficiente para ser ingerida.

Os custos operacionais são os mesmos de uma usina de tratamento de esgoto convencional. Esses sistemas, amplamente usados em pequena escala, são difíceis de ser mantidos em uma escala grande o bastante para lidar com a variedade típica de substâncias químicas dos resíduos de esgoto de grandes áreas urbanas.

Mais de 800 cidades do mundo (150 nos Estados Unidos) imitam a natureza usando áreas úmidas naturais ou criadas artificialmente para tratar esgoto, como uma alternativa de baixo custo às caras usinas de tratamento de esgoto. Por exemplo, em Arcata, na Califórnia – uma cidade costeira de 18 mil habitantes –, cientistas e trabalhadores criaram 65 hectares de áreas úmidas entre o município e a baía de Humboldt adjacente. Os pântanos e lagoas, desenvolvidos em um terreno que havia sido um lixão, atuam como uma usina de tratamento natural de resíduos. O projeto custa menos que a metade do preço estimado de uma usina de tratamento convencional.

Esse sistema purificou a água da baía de Humboldt, e o lodo foi removido e processado para ser usado como fertilizante. Os pântanos e as lagoas também servem de santuário de aves da Audubon Society e fornecem habitat para milhares de aves marinhas, lontras e animais marinhos. A cidade

FIGURA 11.A Soluções: A usina solar de tratamento de esgoto da cidade estadunidense de Providence, em Rhode Island, é um sistema ecológico de purificação de águas residuais, também chamado *máquina viva*. O biólogo John Todd está demonstrando o processo ecológico que ele inventou para purificar águas residuais usando o sol e vários tanques contendo organismos vivos.

até comemora seu sistema natural de tratamento de esgoto com o festival anual "Flush with pride" ("Dê descarga com orgulho").

Essa abordagem e o sistema de máquina viva desenvolvidos por John Todd aplicam todos os três **princípios da sustentabilidade**: usar energia solar, empregar processos naturais para remover e reciclar nutrientes e outros produtos químicos e confiar na diversidade de organismos e nos processos naturais.

RACIOCÍNIO CRÍTICO

Há desvantagens em usar um sistema com base na natureza, em vez de uma usina de tratamento de esgoto convencional? Essas desvantagens superam as vantagens? Justifique.

Revisitando
Zonas mortas e sustentabilidade

O **Estudo de caso principal** que abre este capítulo explica como os fertilizantes de fazendas da bacia do Rio Mississippi acabam causando excesso de fertilização em uma região do Golfo do México. Essa forma de poluição da água cria uma imensa zona morta ao esgotar o oxigênio dissolvido, reduzindo a produção de frutos do mar e a biodiversidade nessas águas costeiras.

O capítulo também discutiu como estamos usando recursos hídricos de maneira insustentável e como podemos usar esse recurso insubstituível mais sustentavelmente. Discutimos, ainda, vários tipos de poluentes da água e como evitar e reduzir a poluição desse recurso.

Os três **princípios científicos da sustentabilidade** podem nos guiar no processo de uso mais sustentável da água, além de ajudar a reduzir e evitar a poluição desse recurso. Podemos usar a energia solar para dessalinizar a água, ampliar o suprimento de água doce e purificar grande parte da água que usamos, o que reduzirá o desperdício e a poluição desse importante recurso. A ciclagem química pode ser promovida quando não interrompemos o ciclo natural da água, por meio da conversão do esgoto em água doce e pelo tratamento de esgoto em sistemas de tratamento localizados em áreas úmidas (Foco na ciência 11.1). Por fim, ao evitar a poluição e a degradação de sistemas aquáticos, e dos sistemas terrestres ao redor deles, ajudamos a preservar a biodiversidade, um componente fundamental do sistema de suporte à vida do qual dependemos para manter os suprimentos e a qualidade da água.

Revisão do capítulo
Estudo de caso principal

1. Descreva a natureza e as causas da zona morta (sem oxigênio) anual do Golfo do México.

Seção 11.1

2. Quais são os dois conceitos-chave desta seção? Defina **água doce**. Explique por que o acesso à água é uma questão de saúde, uma questão econômica, uma questão de segurança nacional e global e uma questão ambiental. Qual é a porcentagem de água doce da Terra disponível para nós? Explique como a água é reciclada pelo ciclo hidrológico e como as atividades humanas podem interferir nesse ciclo. Defina **água subterrânea**, **zona de saturação**, **lençol freático**, **aquífero**, **água superficial**, **escoamento superficial** e **bacia hidrográfica** (ou de drenagem).

3. O que é **escoamento de superfície seguro**? Qual porcentagem do escoamento de superfície seguro do mundo estamos usando? Qual é a porcentagem estimada para 2025? Como é usada a maior parte da água do mundo? O que é **pegada hídrica**? Defina e dê dois exemplos de **água virtual**. Descreva a disponibilidade e o uso dos recursos de água doce nos Estados Unidos e a falta d'água que pode ocorrer durante este século. Defina estresse hídrico e explique o quão difundido está esse problema e o quanto ele pode ser agravado até 2050. Qual é a porcentagem de terra do planeta que sofre com secas extremas e como isso pode mudar até 2059? Quantas pessoas no mundo não têm acesso regular à água limpa hoje em dia? Resuma a importância da bacia do Rio Colorado nos Estados Unidos e como as atividades humanas estão pressionando esse sistema. Quais são os três principais problemas resultantes da forma com que as pessoas estão usando a água da bacia do Rio Colorado?

Ciência ambiental

Seção 11.2

4. Quais são os três conceitos-chave desta seção? Quais são as vantagens e as desvantagens da extração de água subterrânea? Resuma o problema do esgotamento de águas subterrâneas no mundo, na Arábia Saudita e nos Estados Unidos (especialmente no aquífero de Ogallala). Cite três problemas resultantes do bombeamento excessivo de aquíferos. Cite algumas formas de evitar ou desacelerar o esgotamento das águas subterrâneas.

5. O que é uma **barragem**? O que é um **reservatório**? Quais são as vantagens e as desvantagens do uso de grandes barragens e reservatórios? De que maneira as mudanças climáticas podem afetar o fornecimento de água no sistema do Rio Colorado e em regiões que dependem das geleiras de montanhas para obter a maior parte de sua água? Explique como as represas do Rio Colorado afetaram seu delta. Cite os prós e os contras do *California State Water Project*. Descreva o desastre ambiental e de saúde causado pelo projeto de transferência de água do Mar Aral. Defina **dessalinização** e diferencie os métodos de destilação e osmose reversa para dessalinizar a água. Cite três problemas que podem limitar o uso da dessalinização.

Seção 11.3

6. Qual é o conceito-chave desta seção? Qual é a porcentagem de água doce disponível perdida por uso ineficiente ou outras causas no mundo e nos Estados Unidos? Quais são os dois principais motivos para essas perdas? Descreva três importantes métodos de irrigação e cite formas de reduzir a perda de água durante o processo de irrigação. Cite quatro formas de reduzir o desperdício de água em indústrias e residências e três métodos para usar menos água para remover resíduos. O que é **água cinza**? Descreva as iniciativas de Sandra Postel para educar as pessoas a respeito dos problemas do fornecimento de água. Cite quatro formas de reduzir seu nível de uso e desperdício de água. O que é uma **planície de inundação**? Cite quatro atividades humanas que aumentam a ameaça de inundação e quatro formas de reduzir nossa contribuição para esse fenômeno.

Seção 11.4

7. Qual é o conceito-chave desta seção? O que é **poluição da água**? Defina e diferencie **fontes pontuais** e **fontes não pontuais** de poluição da água e dê um exemplo de cada. Resuma a relação entre aquecimento atmosférico e poluição da água. Cite sete grandes tipos de poluentes da água e três doenças que podem ser transmitidas aos seres humanos através da água poluída. Quantas pessoas morrem a cada ano em decorrência de doenças infecciosas transmitidas pela água?

8. Explique como os fluxos de água podem eliminar resíduos que demandam oxigênio e como esses processos de limpeza podem ser sobrecarregados. O que é **água residual**? Descreva o estado da poluição dos cursos de água em países mais e menos desenvolvidos. Cite dois motivos para os lagos e reservatórios não conseguirem se limpar tão bem dos poluentes por conta própria. Defina e diferencie **eutrofização** e **eutrofização cultural**. Cite três formas de evitar ou reduzir a eutrofização cultural. Quais são as três maiores fontes de contaminação da água subterrânea nos Estados Unidos? Explique por que a água subterrânea não consegue se limpar tão bem por conta própria. Cite três formas de evitar ou remover a contaminação da água subterrânea. Cite algumas formas de purificar a água potável. Descreva a purificação da água potável em países mais e menos desenvolvidos. Descreva os problemas ambientais causados pelo uso generalizado de água engarrafada. Como as leis são usadas para proteger a água potável nos Estados Unidos? Cite três formas de fortalecer a Lei da Água Potável Segura dos Estados Unidos. Como o chumbo ameaça a água potável nos Estados Unidos?

9. Por que devemos nos preocupar com os oceanos? Como as águas costeiras e as águas oceânicas mais profundas são poluídas normalmente? O que causa a explosão da população de algas e quais são os efeitos prejudiciais desse fenômeno? Quais são os efeitos da poluição dos oceanos por petróleo e o que pode ser feito para reduzi-la? Cite quatro formas de evitar e reduzir a poluição das águas costeiras.

10. Cite formas de reduzir a poluição da água decorrente de **(a)** fontes não pontuais e **(b)** fontes pontuais. Descreva a experiência estadunidense com a redução da poluição da água por fontes pontuais e cite formas de melhorar essas iniciativas. O que é um **tanque séptico** e como ele funciona? Explique como o **tratamento de esgoto primário** e o **tratamento de esgoto secundário** são usados para tratar águas residuais. Cite três formas de melhorar o tratamento de esgoto convencional. O que é um sistema de banheiro seco? Descreva o uso de máquinas vivas de John Todd para tratar esgoto trabalhando com a natureza. Explique como as áreas úmidas podem ser usadas para tratar esgoto. Cite seis maneiras de evitar e reduzir a poluição da água. Cite cinco coisas que você pode fazer para reduzir a poluição da água. Quais são as *três grandes ideias* deste capítulo? Explique como os três **princípios científicos da sustentabilidade** podem nos guiar no uso de recursos hídricos de maneira mais sustentável, além de ajudar na redução e prevenção da poluição da água.

Observação: os principais termos estão em negrito.

Raciocínio crítico

1. De que forma você pode estar contribuindo direta ou indiretamente para a formação da zona morta anual do Golfo do México (**Estudo de caso principal**)? Quais são as três coisas que você pode fazer para reduzir esse impacto?
2. Na sua opinião, quais são as três prioridades mais importantes ao lidar com os problemas de recursos hídricos da bacia do Rio Colorado? Explique seu raciocínio.
3. Explique por que você é a favor ou contra: **(a)** aumentar o preço da água e, ao mesmo tempo, fornecer taxas de linha de vida mais baixas para consumidores pobres, **(b)** eliminar subsídios governamentais que fornecem água a um custo baixo para os agricultores e **(c)** oferecer subsídios governamentais para que os agricultores melhorem a eficiência da irrigação.
4. Calcule quantos litros de água são perdidos em um mês por um vaso sanitário ou uma torneira com vazamento de 2 gotas de água por segundo. Um litro de água é igual a cerca de 3.500 gotas. Quantas banheiras (cada uma com cerca de 151 litros) seriam enchidas com essa água desperdiçada?
5. Cite as três medidas mais importantes que você pode adotar para reduzir seu desperdício de água. Você já aplica alguma dessas medidas? Qual?
6. Como você pode estar contribuindo direta ou indiretamente para a poluição das águas subterrâneas? Cite três coisas que pode fazer para reduzir essa contribuição.
7. Quando você dá descarga no banheiro, para onde vai a água residual? Descreva o fluxo real dessa água na sua comunidade, desde o vaso sanitário, passando pelos canos, até uma usina de tratamento de águas residuais (ou um sistema séptico) e de lá para o meio ambiente. Tente visitar uma usina de tratamento de esgoto local para ver o que é feito com as águas residuais. Compare os processos usados com aqueles mostrados na Figura 11.31. O que acontece com o lodo produzido nessa usina? Quais melhorias, se houver, você sugeriria para essa usina?
8. Parabéns, você é responsável pelo mundo! Cite três medidas que você adotaria para **(a)** reduzir significativamente a poluição da água por fontes pontuais nos países mais desenvolvidos, **(b)** reduzir drasticamente a poluição da água por fontes não pontuais ao redor do mundo, **(c)** reduzir significativamente a poluição das águas subterrâneas ao redor do mundo e **(d)** fornecer água potável segura para os mais pobres e outros habitantes de países menos desenvolvidos.

Fazendo ciência ambiental

Faça uma pesquisa sobre os recursos hídricos da sua comunidade e escreva um relatório que responda às seguintes perguntas:
a. Quais são as principais fontes de água potável da sua comunidade?
b. Como sua água potável é tratada?
c. Quais são as principais fontes não pontuais de contaminação da água de superfície e subterrânea da sua comunidade?
d. Quais problemas relacionados à água potável surgiram na sua comunidade? Que medidas o governo local adotou para resolver esses problemas?
e. A contaminação da água subterrânea é um problema? Em caso positivo, onde e o que foi feito para contornar esse problema?

Análise de dados

Em 2006, cientistas avaliaram as condições gerais dos estuários da costa oeste dos estados de Oregon e Washington nos Estados Unidos. Para isso, eles fizeram medições de várias características da água, inclusive o oxigênio dissolvido (OD), em locais selecionados dentro dos estuários. A concentração de OD em cada local foi medida em termos de miligramas (mg) de oxigênio por litro (L) de água. Os cientistas usaram as seguintes faixas de concentração de OD e categorias de qualidade para classificar as amostras de água: água com mais de 5 mg/L de OD era considerada boa para manter a vida aquática; água com 2–5 mg/L de OD era considerada *satisfatória*; e água com menos de 2 mg/L de OD era classificada como *ruim*.

O gráfico a seguir mostra as medições feitas na água do fundo de 242 locais. Cada marca triangular representa uma ou mais medições. O eixo x do gráfico indica as concentrações de OD em mg/L. O eixo y representa as porcentagens da área total de estuários estudada (área estuarina).

Para ler este gráfico, escolha um dos triângulos e observe os valores dos eixos x e y. Note, por exemplo, que o triângulo circulado está alinhado aproximadamente à marca de 5 mg/L do eixo x e a um valor de cerca de 34% no eixo y. Isso significa que as águas dessa estação (ou estações) de medição específica, juntamente com 34% da área total estudada, têm uma concentração de OD estimada de 5% ou menor.

Use essas informações e o gráfico para responder às seguintes questões:

1. Metade da área estuarina tem águas abaixo de um determinado nível de concentração de OD, e a outra metade está acima deste nível. Qual é o nível (em mg/L)?
2. Faça uma estimativa da maior e da menor concentração de OD medida.
3. Aproximadamente qual porcentagem da área estuarina estudada é considerada uma região com nível baixo de OD? Qual porcentagem tem níveis satisfatórios? E níveis bons?

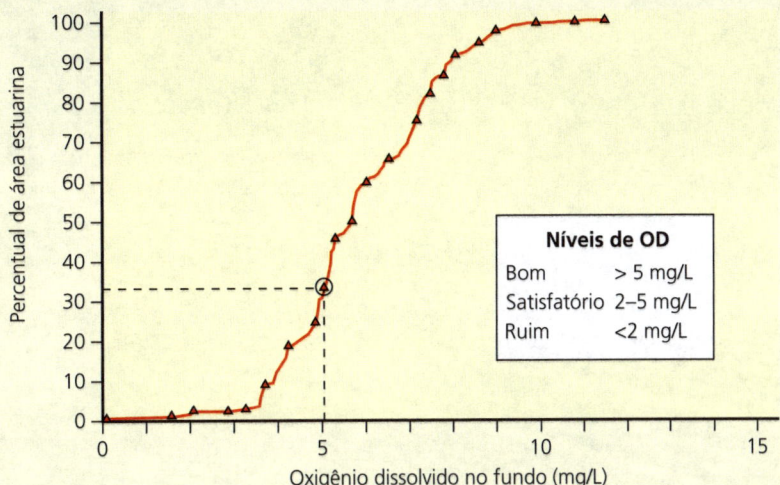

Concentrações de oxigênio dissolvido em águas profundas de estuários em Washington e Oregon.

Recursos hídricos e poluição da água

CAPÍTULO 12

Geologia e recursos minerais não renováveis

"A civilização existe por consentimento geológico, sujeito a mudança sem aviso prévio."
WILL DURANT

Principais questões

12.1 Quais são os principais processos geológicos da Terra e o que são recursos minerais?

12.2 Por quanto tempo durarão os fornecimentos de recursos minerais não renováveis?

12.3 Quais são os efeitos ambientais do uso de recursos minerais não renováveis?

12.4 Como podemos usar os recursos minerais de forma mais sustentável?

12.5 Quais são os maiores riscos geológicos da Terra?

Mina de cobre a céu aberto em Utah. Ela tem quase 5 quilômetros de largura e 1.200 metros de profundidade, e está ficando ainda mais funda.

Lee Prince/Shutterstock.com

Estudo de caso principal

O real custo do ouro

Os recursos minerais são extraídos da crosta terrestre por meio de uma variedade de processos chamados **mineração**. Eles são transformados em uma série surpreendente de produtos que podem facilitar nossas vidas e fornecer benefícios econômicos e emprego. No entanto, extrair minerais do solo e usá-los para fabricar produtos causa muitos efeitos nocivos para o ambiente.

Por exemplo, a mineração de ouro normalmente envolve a escavação de grandes quantidades de rocha (Figura 12.1) que contêm apenas pequenas concentrações de ouro. Muitos recém-casados ficariam surpresos em saber que a extração de ouro suficiente para confeccionar suas alianças produz resíduos de mineração equivalentes ao peso total de mais de três carros de tamanho médio. Em geral, esses resíduos são deixados empilhados próximo à mina e podem poluir o ar e a água superficial das redondezas.

Cerca de 90% das operações de mineração do mundo extraem ouro pulverizando uma solução altamente tóxica de sais de cianeto em pilhas de rocha triturada. A solução reage com o ouro e então drena as rochas, puxando um pouco de ouro com ela, para tanques de sedimentação (Figura 12.1, primeiro plano). Depois que a solução é recirculada várias vezes, o ouro é removido dos tanques.

Até que a luz do Sol decomponha o cianeto, os tanques de sedimentação são extremamente tóxicos para aves e mamíferos que vão até eles em busca de água. Esses tanques também podem vazar ou transbordar, o que representa uma ameaça para o abastecimento subterrâneo de água potável e para os peixes e outras formas de vida nos lagos e córregos das proximidades. Nos tanques de sedimentação, forros especiais podem ajudar a evitar vazamentos, mas alguns falham. De acordo com a EPA, todos esses forros podem vazar.

Em 2000, a neve e as fortes chuvas destruíram uma barragem de terra em uma extremidade de uma lagoa de lixiviação de cianeto, em uma mina de ouro da Romênia. A barragem entrou em colapso, liberando grandes quantidades de água contaminada com cianeto e metais tóxicos nos rios Tisza e Danúbio, que fluem por partes da Romênia e Hungria. Milhares de pessoas que viviam ao longo desses rios foram alertadas para não pescar, não beber nem retirar água desses rios ou de poços adjacentes a eles. Empresas próximas aos rios foram fechadas. Milhares de peixes e outros animais e plantas aquáticos foram mortos. Esse acidente e outro semelhante ocorrido em janeiro de 2001, na Romênia, poderiam ter sido evitados se a empresa de mineração tivesse instalado uma barragem de contenção mais forte e uma bacia de coleta de suporte para evitar o vazamento nas águas de superfície mais próximas.

Depois de extrair ouro de uma mina, algumas empresas mineradoras declaram falência, o que lhes permite livrar-se da limpeza de suas operações de mineração, deixando para trás poços de retenção cheios de água carregada de cianeto. Além disso, milhões de mineradores pobres desmataram ilegalmente áreas de florestas tropicais em partes da Ásia, África e América Latina. Essas operações de mineração em pequena escala e não regulamentadas também têm efeitos graves sobre a saúde e o meio ambiente.

Em 2016, os cinco maiores produtores de ouro do mundo eram, em ordem, China, Austrália, Rússia, Estados Unidos e Peru. Esses países lidam com os impactos ambientais da mineração do ouro de formas variadas. Neste capítulo, estudaremos os processos geológicos dinâmicos da Terra, os minerais valiosos (como ouro) produzidos por alguns desses processos e os possíveis suprimentos desses recursos. Também analisaremos os impactos ambientais da extração e do processamento desses recursos e como as pessoas podem usá-los de maneira mais sustentável. ●

FIGURA 12.1 Localizada em Black Hills, no estado de Dakota do Sul, nos Estados Unidos, essa mina de ouro tem pilhas de lixiviação e tanques de sedimentação de cianeto, em primeiro plano.

12.1 QUAIS SÃO OS PRINCIPAIS PROCESSOS GEOLÓGICOS DA TERRA E O QUE SÃO RECURSOS MINERAIS?

CONCEITO 12.1A Os processos dinâmicos dentro da Terra e em sua superfície produzem os recursos minerais dos quais somos dependentes.

CONCEITO 12.1B Os recursos minerais não são renováveis, pois são necessários milhões de anos para que o ciclo das rochas da Terra os produza ou renove.

A Terra é um planeta dinâmico

Geologia é o estudo científico dos processos dinâmicos que ocorrem na superfície terrestre e em seu interior. A geologia ajuda os cientistas a identificar recursos naturais em potencial e a entender riscos geológicos naturais, como vulcões e terremotos.

Evidências científicas indicam que a Terra se formou há cerca de 4,6 bilhões de anos. Enquanto a Terra primitiva se resfriava ao longo de milhões de anos, o interior dela se separou em três grandes camadas: o *núcleo*, o *manto* e a *crosta* (Figura 12.2).

O **núcleo** é a zona mais interna do planeta e é composto principalmente de ferro. É um local extremamente quente, cuja parte interna sólida é circundada por uma camada espessa de *rocha fundida*, ou rocha quente líquida, e um material semissólido. Ao redor do núcleo, há uma zona espessa chamada **manto**. A parte externa do manto é composta de rocha sólida, debaixo da qual fica a **astenosfera** – um volume de rocha quente parcialmente fundida que flui.

O enorme calor dentro do núcleo e do manto gera *células* ou *correntes de convecção*, que deslocam grandes

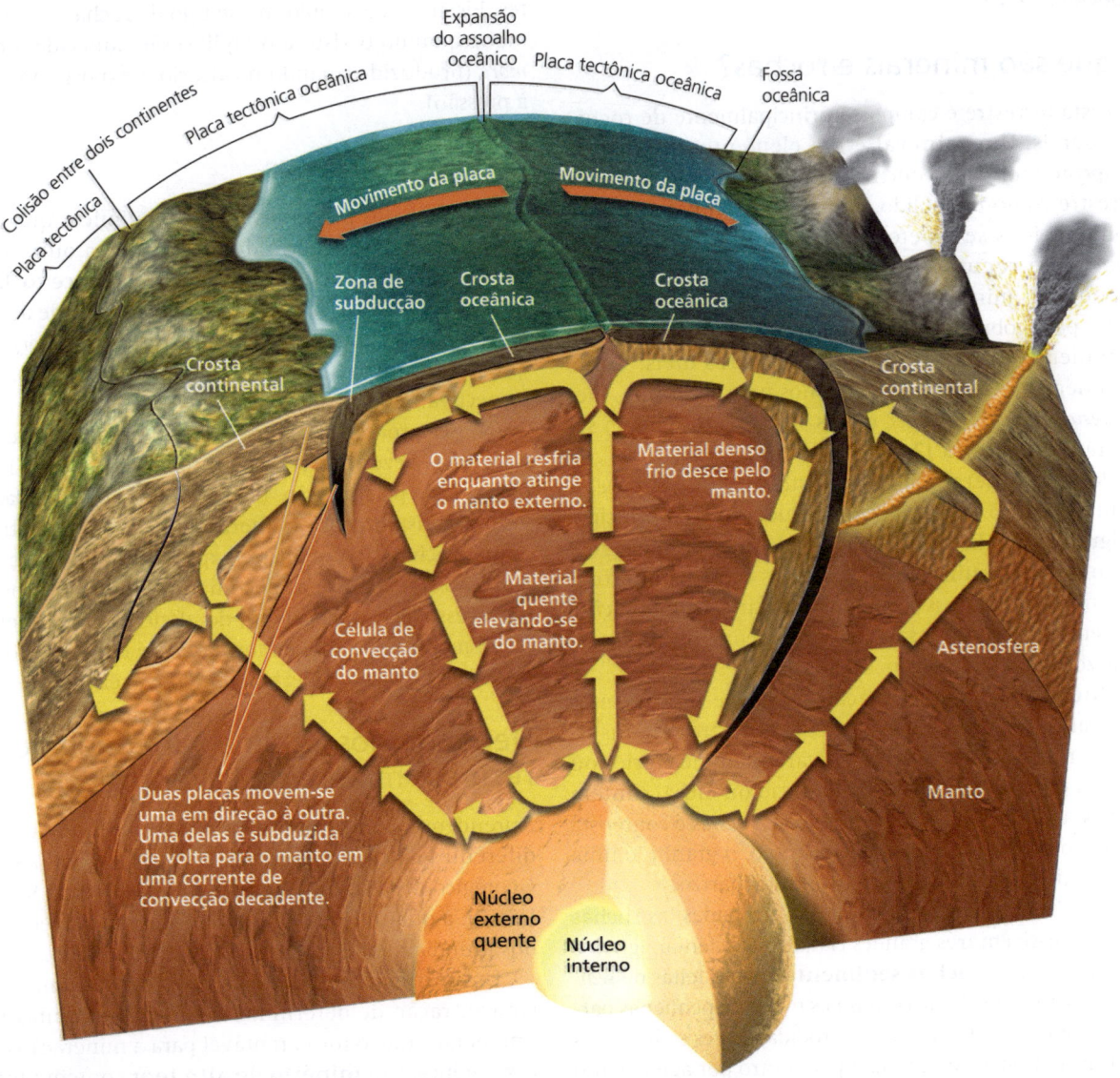

FIGURA 12.2 A Terra tem um núcleo, um manto e uma crosta. Dentro do núcleo e do manto, forças dinâmicas têm um grande impacto sobre o que acontece na crosta e na superfície.

Geologia e recursos minerais não renováveis • **307**

volumes de rocha e calor em círculos dentro do manto, como gigantes correias transportadoras (Figura 12.2). O material mais interno se aquece, sobe e começa a resfriar. Enquanto resfria, ele fica mais denso e volta a afundar em direção ao núcleo, onde é aquecido de novo em um ciclo de convecção. Parte das rochas fundidas da astenosfera flui para cima na crosta, onde recebe o nome de *magma*. O magma que chega à superfície da Terra é chamado *lava*. Essas células de convecção movem rochas e minerais, além de transferir calor e energia ao longo do núcleo e do manto da Terra.

A zona mais externa e mais fina é a **crosta terrestre**, composta de *crosta continental*, que fica abaixo dos continentes e inclui as plataformas continentais que se estendem nos oceanos, e de *crosta oceânica*, localizada sob as bacias oceânicas e que cobre 71% da superfície terrestre. A combinação da crosta e da parte mais externa e rígida do manto é chamada **litosfera**. Essa zona contém os recursos minerais dos quais a sociedade depende (**Conceito 12.1A**).

O que são minerais e rochas?

A crosta terrestre é composta principalmente de rochas e minerais. Um **mineral** é um elemento químico ou composto inorgânico que ocorre naturalmente na crosta terrestre como um sólido, cujo arranjo interno de seus átomos e íons se repete regularmente (um *sólido cristalino*). Um **recurso mineral** é uma concentração de um ou mais minerais na crosta terrestre grande o suficiente para cobrir os custos da extração e transformação do mineral em matéria-prima e produtos úteis. Como os minerais levam milhões de anos para se formar, eles são *recursos não renováveis*, e seus suprimentos podem ser esgotados (**Conceito 12.1B**).

Poucos minerais são compostos de um único elemento químico, como o ouro (**Estudo de caso principal** e Figura 2.3, à direita). Porém, a maioria dos mais de 2 mil minerais identificados que usamos ocorre como componentes inorgânicos formados por várias combinações de elementos, como o sal (cloreto de sódio, ou NaCl) e o quartzo (dióxido de silício, ou SiO_2).

Rocha é uma combinação sólida de um ou mais minerais que fazem parte da crosta terrestre. Alguns tipos de rocha, como o calcário (carbonato de cálcio, ou $CaCO_3$) e o quartzo (dióxido de silício ou SiO_2), contêm apenas um mineral. Mas a maioria das rochas é composta de dois ou mais minerais. Por exemplo, o granito é uma mistura de mica, feldspato e cristais de quartzo.

Com base na maneira como são formadas, as rochas classificam-se em três grandes classes: sedimentar, ígnea e metamórfica. As **rochas sedimentares** são feitas de *sedimentos* – restos de plantas e animais mortos e pequenas partículas de rochas desgastadas e erodidas. Esses sedimentos são transportados de um lugar para outro por água, vento ou gravidade e se acumulam em camadas. Com o tempo, o aumento do peso e do número de camadas subjacentes, além de certos processos químicos, converte as camadas sedimentares em rocha. Eis alguns exemplos desse tipo de rocha: *arenito* e *xisto* (formados principalmente de areia e silte, respectivamente), *dolomita* e *calcário* (formados por conchas compactadas, esqueletos e outros restos de organismos aquáticos mortos) e *linhita* e *carvão betuminoso* (derivados de restos de vegetais compactados).

As **rochas ígneas** formam-se abaixo ou na superfície terrestre sob intenso calor e pressão quando o magma brota do manto da Terra e depois se resfria e endurece. Eis alguns exemplos desse tipo de rocha: *granito* (formado no subsuperfície) e *basalto* (formado na superfície). As rochas ígneas formam a maior parte da crosta terrestre, mas são geralmente cobertas por rochas sedimentares.

As **rochas metamórficas** formam-se quando uma rocha existente é sujeita a altas temperaturas (o que pode levá-la a se fundir de modo parcial) e pressões, fluidos quimicamente ativos ou a uma combinação desses agentes. Eis alguns exemplos desse tipo de rocha: *ardósia* (formada quando o xisto e o argilito são aquecidos) e *mármore* (produzido quando o calcário é exposto ao calor e à pressão).

O ciclo das rochas

A interação dos processos físicos e químicos que modificam as rochas da Terra de um tipo para outro é chamada **ciclo das rochas** (Figura 12.3 e **Conceito 12.1B**). As rochas são recicladas ao longo de milhões de anos por meio de três processos – *erosão*, *fusão* e *metamorfismo* –, que produzem rochas *sedimentares*, *ígneas* e *metamórficas*, respectivamente.

Nesses processos, as rochas são quebradas, enterradas e algumas vezes derretidas e fundidas em novas formas pelo calor e pela pressão. Elas também são resfriadas e, às vezes, recristalizadas no interior e na crosta terrestre. Algumas rochas são erguidas e expostas na superfície, onde a erosão novamente as decompõe. O ciclo das rochas é o processo cíclico mais lento do planeta e desempenha o papel mais importante da formação de depósitos concentrados de recursos minerais não renováveis.

Dependemos de uma variedade de recursos minerais não renováveis

Aprendemos a encontrar e extrair mais de cem minerais diferentes da crosta terrestre. De acordo com o Serviço Geológico dos Estados Unidos (U. S. Geological Survey – USGS), a quantidade de minerais não renováveis extraídos mundialmente triplicou entre 1995 e 2016.

Um **minério** é uma rocha que contém uma grande concentração de determinado mineral – muitas vezes um metal – que o torna rentável para a mineração e processamento. Um **minério de alto teor** contém uma alta concentração do mineral desejado, ao passo que um **minério de baixo teor** contém uma concentração menor.

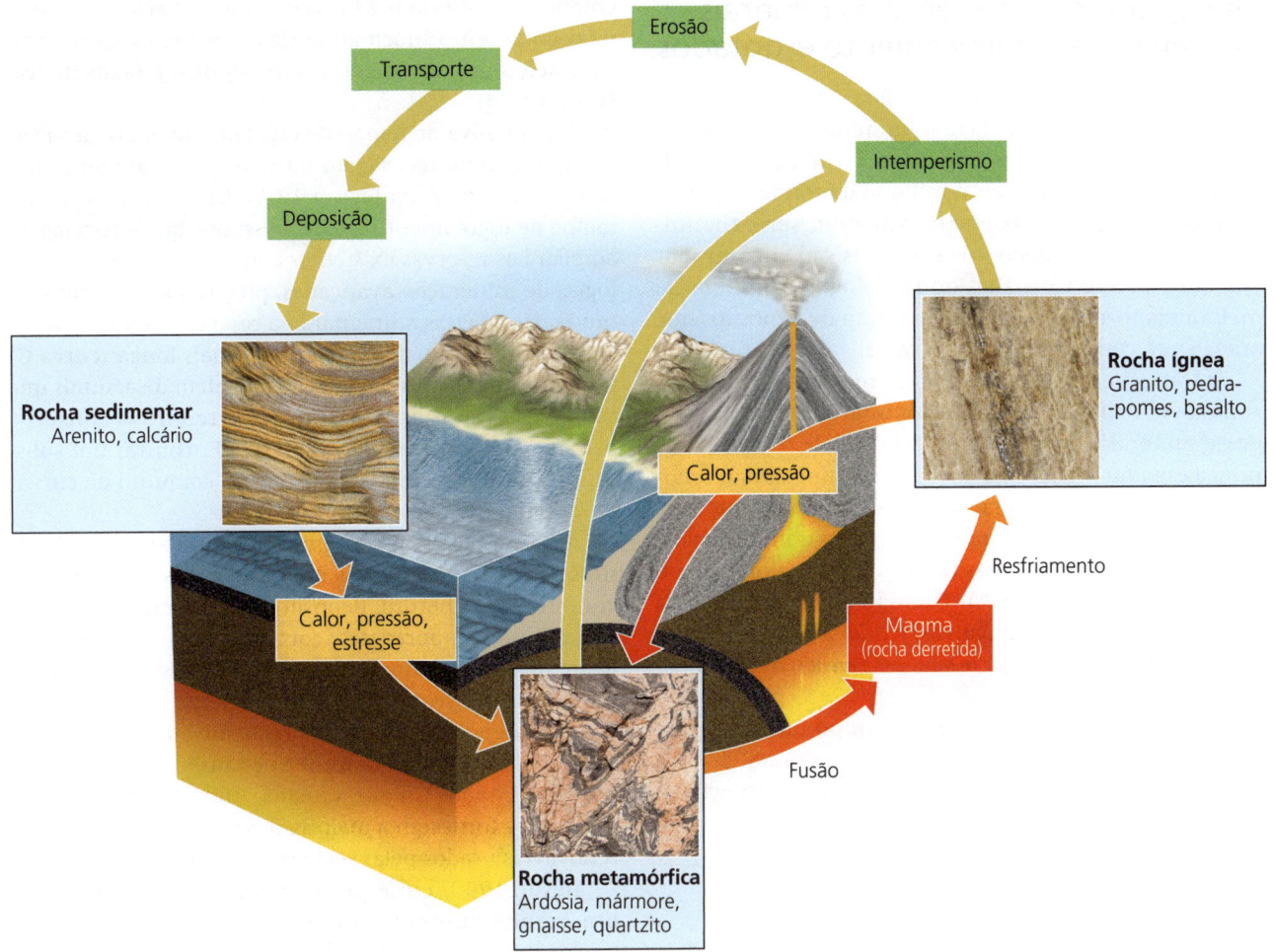

FIGURA 12.3 Capital natural: O ciclo das rochas é o processo cíclico mais lento da Terra.
À esquerda: Dwight Smith/Shutterstock.com. Centro: LesPalenik/Shutterstock.com. À direita: Bragin Alexey/Shutterstock.com.

Os recursos minerais são usados para muitas finalidades. Hoje, cerca de 60 dos 118 elementos químicos da tabela periódica são usados para a fabricação de *chips* de computador. O *alumínio* (Al) é usado para embalagens e latas de bebidas e como material de estrutura em veículos automotores, aviões e edifícios. O *aço*, um material essencial utilizado em edifícios, máquinas e veículos a motor, é uma mistura ou *liga* de *ferro* (Fe) e outros elementos que fornecem determinadas propriedades físicas. O *manganês* (Mn), *cobalto* (Co) e *cromo* (Cr) são amplamente utilizados em ligas de aço. O *cobre* (Cu), um bom condutor de eletricidade, é usado para a fiação elétrica e comunicações, bem como para tubulação. O *ouro* (Au) é usado em equipamentos elétricos, obturações dentárias, joias, moedas e alguns implantes médicos.

Existem diversos recursos minerais não metálicos amplamente utilizados. A *areia*, que é basicamente dióxido de silício (SiO_2), é usada para fazer vidro, tijolos e concreto para a construção de estradas e edificações. O *cascalho* é usado para leito de estrada e para fazer concreto. Outro mineral não metálico comum é o *calcário*, que é esmagado para fazer concreto e cimento. Outro exemplo é o *fosfato*, usado para produzir fertilizantes inorgânicos e alguns detergentes.

12.2 POR QUANTO TEMPO DURARÃO OS FORNECIMENTOS DE RECURSOS MINERAIS NÃO RENOVÁVEIS?

CONCEITO 12.2A Os recursos minerais existem em quantidades finitas e podem ser economicamente esgotados quando o custo de encontrar, extrair e processar os depósitos restantes ultrapassa o valor dos recursos.

CONCEITO 12.2B Existem diversas formas de ampliar o fornecimento de recursos minerais, mas todas elas são limitadas por fatores econômicos e ambientais.

Geologia e recursos minerais não renováveis

Os suprimentos de recursos minerais podem ser economicamente esgotados

A maioria das estimativas publicadas sobre o fornecimento de determinado recurso mineral não renovável refere-se a suas **reservas**: depósitos identificados a partir dos quais podemos extrair o mineral de forma lucrativa a preços correntes. As reservas podem ser expandidas quando novos depósitos rentáveis são encontrados e quando preços mais altos ou tecnologia de mineração melhorada tornam lucrativa a extração de depósitos que antes eram considerados muito caros.

O fornecimento futuro de todo recurso mineral não renovável depende do suprimento atual ou potencial desse mineral e da taxa de utilização dele. A sociedade nunca esgotou totalmente um recurso mineral não renovável. Porém, um mineral se torna *economicamente esgotado* quando os custos para encontrar, extrair, transportar e processar os depósitos restantes são maiores que o seu valor (**Conceito 12.2A**). Quando o mineral chega a esse ponto, há cinco alternativas: *reciclar ou reusar os suprimentos existentes, desperdiçar menos, usar menos, encontrar um substituto* ou *seguir sem ele*.

Tempo de esgotamento é o tempo que leva para usar uma determinada proporção (em geral, 80%) das reservas de um mineral a uma taxa de uso específica. Quando os especialistas divergem em relação ao tempo de esgotamento, normalmente é porque estão usando suposições diferentes sobre suprimentos e taxas de uso (Figura 12.4).

A estimativa de tempo de esgotamento mais curta supõe que não há reciclagem ou reúso, nem aumento nas reservas (curva A da Figura 12.4). Uma estimativa com tempo de esgotamento maior pressupõe que a reciclagem ampliará as reservas existentes e que fatores como tecnologias de mineração avançadas, preços mais elevados ou novas descobertas aumentarão a reserva (curva B). A estimativa de tempo de esgotamento mais longa (curva C) faz as mesmas suposições que A e B, além de assumir que as pessoas vão reusar os recursos e reduzir o consumo para expandir ainda mais a reserva. Encontrar um substituto para um recurso cria um novo conjunto de curvas de esgotamento para o novo mineral.

A crosta terrestre contém uma abundância de depósitos de recursos minerais não renováveis, como ferro e alumínio. No entanto, depósitos concentrados de recursos minerais importantes, como manganês, cromo, cobalto, platina e alguns dos metais de terras-raras (ver Estudo de caso a seguir), são relativamente escassos. Além disso, os depósitos de muitos recursos minerais não são distribuídos de maneira uniforme entre os países. Cinco nações – Estados Unidos, Canadá, Rússia, África do Sul e Austrália – fornecem a maioria dos recursos minerais não renováveis usados pelas sociedades modernas.

Desde 1900, em especial a década de 1950, houve um grande aumento no uso total e *per capita* de recursos minerais nos Estados Unidos. De acordo com o USGS, cada habitante do país usa, em média, 18 toneladas métricas (cerca de 20 toneladas) de recursos minerais por ano.

Os Estados Unidos causaram o esgotamento econômico de seus depósitos de metais, como chumbo, alumínio e ferro, antes fartos. Hoje em dia, o país importa todo o suprimento de 24 importantes recursos minerais não renováveis e conta com as importações para obter mais de 50% de outros 43 minerais. A maioria dessas importações de minerais vem de países confiáveis e politicamente estáveis. Porém, há uma grande preocupação em relação ao acesso a suprimentos adequados de quatro *recursos metálicos estratégicos* – manganês, cobalto, cromo e platina –, que são essenciais para a força econômica e militar do país. Os Estados Unidos têm pouca ou nenhuma reserva desses metais.

O lítio (Li), metal mais leve do mundo, é um componente fundamental das baterias de íon de lítio, usadas em telefones celulares, iPads, notebooks, carros elétricos e em um número crescente de outros produtos. O problema é que alguns países, inclusive os Estados Unidos, não têm um grande estoque de lítio. A Bolívia tem cerca de 50% dessas reservas, enquanto os Estados Unidos têm apenas 3%.

Japão, China, Coreia do Sul e Emirados Árabes Unidos estão adquirindo acesso às reservas globais de lítio

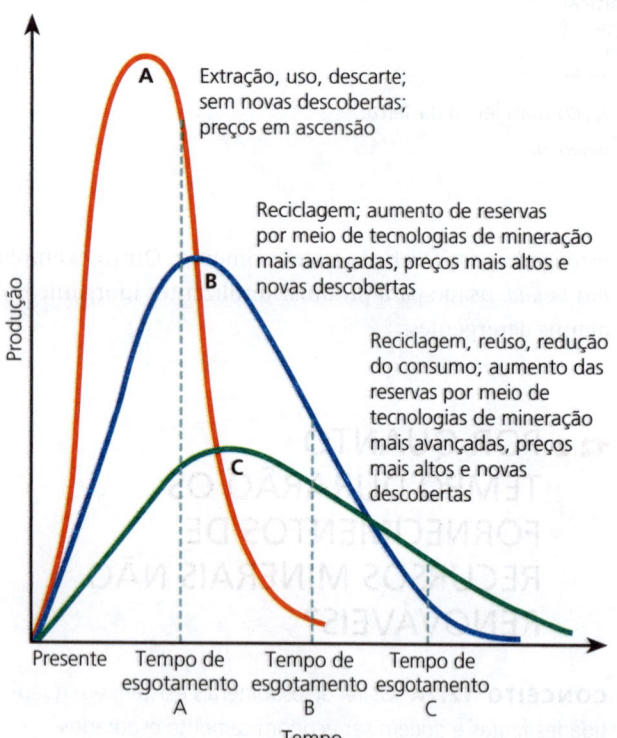

FIGURA 12.4 *Esgotamento do capital natural:* Cada uma dessas *curvas de esgotamento* de um recurso mineral se baseia em um conjunto diferente de suposições. As linhas verticais pontilhadas representam o momento em que ocorre 80% de esgotamento.

para garantir a disponibilidade desse material e vender baterias de lítio e de íon de lítio para o resto do mundo. Em algumas décadas, os Estados Unidos podem passar a ser altamente dependentes de importações caras de lítio e de baterias de íon de lítio.

ESTUDO DE CASO
A importância dos metais de terras-raras

Alguns recursos minerais são familiares para nós, como ouro, cobre, alumínio, areia e cascalho. Os *metais* e *óxidos de terras-raras*, fundamentais para muitas tecnologias que mantêm estilos de vida e economias modernas, são menos conhecidos.

Os 17 metais de terras-raras, também conhecidos como *terras-raras*, incluem escândio, ítrio e 15 elementos químicos lantanídeos, como o lantânio. Graças à resistência magnética superior e outras propriedades únicas, esses elementos e os seus compostos são importantes para as tecnologias modernas amplamente utilizadas.

Os metais de terras-raras são usados para fabricar telas de cristal líquido (LCD) para computadores e televisores, lâmpadas de diodo emissor de luz (LED) com eficiência energética, células solares, cabos de fibra óptica, telefones celulares e câmeras digitais. Eles também fazem parte de baterias e motores para carros elétricos e híbridos (Figura 12.5), células solares, catalisadores de sistemas de exaustão de automóveis, motores a jato e poderosos ímãs em geradores de turbinas eólicas. Além disso, são empregados em sistemas de orientação de mísseis, motores a jato, bombas inteligentes, equipamentos eletrônicos de aeronaves e satélites.

Sem fontes acessíveis desses metais, as nações industrializadas não poderiam desenvolver as versões atuais da tecnologia energética mais limpa e outros produtos de alta tecnologia que serão as principais fontes de crescimento econômico durante este século. As nações também precisam desses metais para manter sua força militar.

A maioria dos elementos de terras-raras não é realmente rara, mas eles são difíceis de encontrar em concentrações elevadas o suficiente para serem extraídos e processados por um preço acessível. Segundo o USGS, em 2014, a China detinha aproximadamente 25% das reservas conhecidas de terras-raras. O Brasil tinha a segunda maior porção, com 17%, e os Estados Unidos ficavam em quinto lugar, com apenas 1,4% das reservas globais.

Em 2016, a China produziu cerca de 95% dos metais e óxidos de terras-raras do mundo, enquanto a Austrália e o Chile estão aumentando sua participação na produção global. A China continua liderando, em parte porque não regulamenta estritamente a mineração e o processamento de terras-raras prejudiciais ao ambiente, o que significa que as empresas chinesas têm custos de produção mais baixos que as empresas de países com regulamentações mais rígidas. Porém, desde 2012, um excesso de terras-raras fez o preço mundial cair, fechando algumas minas na China e em outros locais.

Os Estados Unidos e o Japão são extremamente dependentes de terras-raras e seus óxidos. O Japão não tem nenhuma reserva desse tipo de mineral. Nos Estados Unidos, a única mina de terras-raras, localizada na Califórnia, já foi a maior fornecedora mundial de metais de terras-raras, mas ela foi fechada devido aos gastos necessários para atender às regulamentações de poluição e porque a China derrubou os preços desses materiais até um ponto em que continuar a operação seria caro demais. Em 2015, a empresa que detém a mina declarou falência.

Uma forma de aumentar o suprimento de terras-raras é extrair e reciclar esses materiais das enormes quantidades de lixo eletrônico produzidas atualmente. Até agora, porém, menos de 1% dos metais de terras-raras são recuperados e reciclados. Outra abordagem é encontrar substitutos para eles. Em 2016, a Honda produziu um motor para carros elétricos híbridos com ímãs que não precisavam de metais de terras-raras pesados. Esses produtos eram 10% mais baratos e 8% mais leves.

Os preços de mercado afetam os abastecimentos de recursos minerais

Os processos geológicos determinam a quantidade e a localização de um recurso mineral não renovável na crosta terrestre, mas a economia determina qual porção do suprimento conhecido é realmente extraída e utilizada. De acordo com a teoria econômica padrão, em um

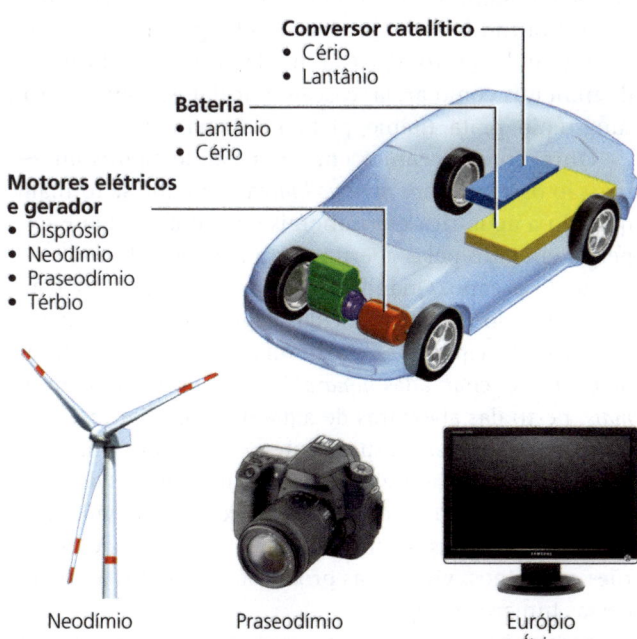

FIGURA 12.5 Fabricantes de carros elétricos e híbridos usam uma variedade de metais de terras-raras.

sistema de mercado competitivo, quando um recurso se torna escasso, o preço dele aumenta. Isso pode encorajar a exploração de novos depósitos, estimular o desenvolvimento de melhores tecnologias de mineração e tornar rentável a extração de minérios de teor menos elevado. Além disso, pode promover a preservação de recursos e a busca por substitutos.

> **PARA REFLETIR**
> **CONEXÕES** Os preços dos metais e os roubos
> A escassez de um recurso também provoca roubos. Por exemplo, os preços do cobre subiram acentuadamente nos últimos anos; como resultado, em diversas comunidades estadunidenses, as pessoas têm roubado cobre para vender. Os ladrões invadem casas abandonadas para roubar tubos e fios de cobre, além de unidades de ar-condicionado externas para extrair as bobinas feitas com esse material. Eles também roubam a fiação elétrica das ruas e as tubulações de cobre dos sistemas de irrigação agrícola. Em 2015, ladrões roubaram os fios de cobre do sistema de metrô de Nova York, causando o fechamento temporário de duas das linhas mais movimentadas da cidade.

Segundo alguns economistas, é possível que esse efeito no preço não se aplique à maioria dos países desenvolvidos, cujos governos costumam usar subsídios, incentivos fiscais e tarifas de importação para ajudar a controlar o fornecimento, a demanda e os preços dos principais recursos minerais. Nos Estados Unidos, por exemplo, as empresas de mineração obtêm vários tipos de subsídio do governo, incluindo as *concessões de esgotamento*, que lhes permitem deduzir de seus rendimentos tributáveis os custos de desenvolvimento e extração de recursos minerais. Essas concessões variam de 5% a 22% da renda bruta obtida com a venda dos recursos minerais.

Em geral, a indústria de mineração afirma que precisa desses subsídios e incentivos fiscais para manter os preços dos minerais baixos para o consumidor. Afirmam ainda que, sem esses incentivos, as empresas podem mudar as operações para outros países, onde não terão de pagar impostos ou cumprir as rigorosas regulamentações de extração e controle de poluição.

Como ampliar as reservas de minerais

Alguns analistas argumentam que podemos aumentar o suprimento de um mineral extraindo minérios de teor menos elevado. Eles indicam o desenvolvimento de novos equipamentos para movimentar a terra, técnicas aperfeiçoadas para remoção das impurezas dos minérios e outros avanços tecnológicos de extração e processamento de minerais que poderiam tornar acessíveis os minérios de teor menos elevado, algumas vezes a custos menores. Por exemplo, em 1900, a média de minério de cobre extraído nos Estados Unidos foi cerca de 5% de cobre por peso total da rocha. Hoje, a proporção é de 0,5%, e o cobre custa menos (quando ajustado ao nível da inflação).

Vários fatores podem limitar a extração de minérios de baixo teor (**Conceito 12.2B**). Um desses fatores é que tal atividade requer, por exemplo, a mineração e o processamento de volumes maiores de minério, o que, por sua vez, exige muito mais energia e dinheiro. Outro fator é a diminuição do suprimento de água doce, necessária para a mineração e o processamento de alguns minerais, especialmente em áreas secas. Um terceiro fator limitante é o crescente impacto ambiental da ruptura da terra, juntamente com os resíduos e a poluição produzidos durante a mineração e o processamento.

Uma forma de melhorar a tecnologia de mineração e reduzir seu impacto ambiental é a utilização de uma abordagem biológica, às vezes chamada *biomineração*. Os mineiros usam bactérias naturais ou geneticamente modificadas para remover os metais desejados dos minérios por meio de poços furados nos depósitos. Esse processo deixa o ambiente ao redor intacto e reduz a poluição do ar associada à remoção dos metais dos minérios. Uma desvantagem é que a biomineração é lenta; pode levar décadas para remover a mesma quantidade de material que os métodos convencionais removem em meses ou anos. Por enquanto, os métodos de biomineração são viáveis apenas para a extração de minérios de teor menos elevado, para a qual as técnicas convencionais são caras demais.

Minerais dos oceanos

A maioria dos minerais encontrados na água do mar ocorre em concentrações tão baixas, que a recuperação desses recursos consumiria mais energia e dinheiro do que valem. Atualmente, apenas o magnésio, o bromo e o cloreto de sódio estão presentes no mar em quantidades abundantes para serem extraídos de maneira rentável. Contudo, em sedimentos ao longo da plataforma continental e perto da costa, há depósitos significativos de minerais como areia, cascalho, fosfatos, cobre, ferro, tungstênio, prata, titânio, platina e diamantes.

Outra fonte oceânica em potencial de alguns minerais são os *depósitos de minério hidrotermais* que se formam quando a água rica em minerais é superaquecida e expelida em jatos pelas aberturas em regiões vulcânicas do fundo do oceano. Quando a água quente se mistura com a água fria do mar, as partículas negras de vários sulfetos metálicos precipitam-se e acumulam-se como estruturas de chaminé, chamadas *fumarolas negras* ou *fontes hidrotermais*, perto das aberturas de água quente (Figura 12.6). Esses depósitos são especialmente ricos em minerais como cobre, chumbo, zinco, prata, ouro e alguns dos metais de terras-raras. Comunidades exóticas de vida marinha, como ostras-gigantes, poliquetas gigantes e camarões sem olhos, vivem nas profundezas escuras ao redor dessas fumarolas negras.

Em razão do rápido aumento dos preços de muitos desses metais, há um interesse crescente na mineração em alto mar. Empresas de países como Austrália, Estados Unidos e China estão explorando a possibilidade de

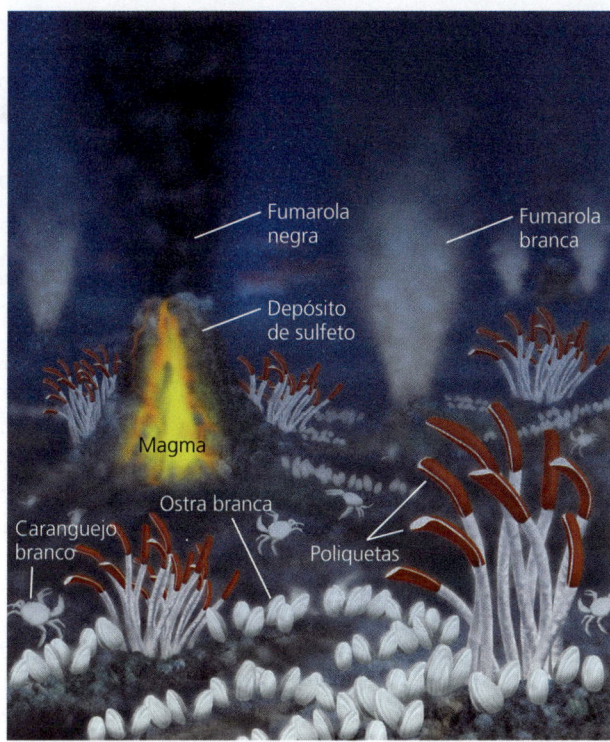

FIGURA 12.6 Capital natural: Depósitos hidrotermais, ou fumarolas negras, são ricos em minerais variados.

grandes áreas do chão do Oceano Pacífico e áreas menores do fundo do Atlântico e do Índico. Eles também contêm baixas concentrações de minerais de terras-raras diversos. Esses nódulos poderiam ser sugados por tubulações gigantes de aspiração ou capturados por máquinas de mineração subaquática.

Até hoje, a mineração no fundo do mar tem sido prejudicada por fatores como os altos custos envolvidos, as possíveis ameaças aos ecossistemas marinhos e as discussões a respeito dos direitos compartilhados sobre os minerais de áreas do fundo do oceano que não pertencem a nenhum país específico.

12.3 QUAIS SÃO OS EFEITOS AMBIENTAIS DO USO DE RECURSOS MINERAIS NÃO RENOVÁVEIS?

CONCEITO 12.3 A extração de minerais da crosta terrestre e a conversão desses recursos em produtos úteis pode prejudicar a terra, causar erosão dos solos, produzir grandes quantidades de resíduos sólidos e poluir o ar, a água e o solo.

A extração de minerais pode ter efeitos ambientais prejudiciais

Todo metal tem um *ciclo de vida*, que inclui a mineração do material, o processamento, a fabricação do produto e o descarte ou a reciclagem dele (Figura 12.7). Este processo exige grandes quantidades de energia e água e pode perturbar a terra, causar a erosão do solo e produzir grandes quantidades de poluição e resíduos de mineração (**Conceito 12.3**).

Os impactos ambientais da extração de um minério são parcialmente determinados pela porcentagem de conteúdo metálico ou *teor*. Os minérios mais acessíveis e de mais alto teor geralmente são explorados primeiro. A mineração de produtos de teor mais baixo demanda mais dinheiro, energia, água e outros recursos, além de

minerar esses locais em diversas regiões. Em 2011, a *International Seabed Authority*, agência da Organização das Nações Unidas estabelecida para gerenciar a mineração do fundo do mar em águas internacionais, começou a emitir permissões de mineração.

De acordo com alguns analistas, a mineração no fundo do mar é menos nociva para o ambiente do que a mineração em terra. No entanto, outros cientistas estão preocupados que o sedimento agitado por tal mineração possa ferir ou matar os organismos que se alimentam filtrando a água do mar. Segundo os defensores da mineração, o número de possíveis locais a serem minerados é muito pequeno e, consequentemente, o impacto ambiental geral também será.

Outra possível fonte de metais do oceano são os *nódulos de manganês* do tamanho de uma batata que cobrem

FIGURA 12.7 Cada recurso de metal que usamos tem um *ciclo de vida*.

À esquerda: kaband/Shutterstock.com. Segunda à esquerda: Andrey N Bannov/Shutterstock.com. No centro, à esquerda: Vladimir Melnik/Shutterstock.com. No centro: mares/Shutterstock.com. No centro, à direita: zhu difeng/Shutterstock.com. Segunda à direita: Michael Shake/Shutterstock.com. À direita: Pakhnyushchy/Shutterstock.com.

aumentar a superfície de terra perturbada, os resíduos de mineração e a poluição.

Várias técnicas de mineração diferentes são usadas para remover depósitos minerais. Depósitos minerais superficiais são removidos por **mineração de superfície**, na qual a vegetação, o solo e as rochas que se encontram sobre um depósito são removidos. Esse material, chamado **estéril**, geralmente é depositado em pilhas de resíduos chamados **rejeitos** (Figura 12.8). A mineração de superfície é usada para extrair cerca de 90% dos recursos minerais e de rocha não combustíveis e 60% do carvão que é utilizado nos Estados Unidos.

O tipo de mineração de superfície utilizado depende de dois fatores: o recurso a ser procurado e a topografia do local. Em **mineração a céu aberto**, máquinas cavam grandes buracos e removem minérios de metal que contêm cobre (ver foto de abertura do capítulo), ouro (Estudo de caso principal) ou outros metais, bem como areia, cascalho e rochas.

9 milhões Número de pessoas que poderiam se sentar na mina de cobre de Bingham (ver foto de abertura do capítulo) se ela fosse um estádio.

A **mineração a céu aberto em faixas** envolve a extração de depósitos minerais que se encontram em grandes leitos horizontais, perto da superfície da Terra. Na **mineração a céu aberto por áreas**, utilizada onde o terreno é bastante plano, um gigantesco removedor de terra desnuda a camada estéril de terra, e uma escavadeira – que pode ser tão alta quanto um prédio de 20 andares – remove o depósito mineral, como ouro (Figura 12.9), ou um recurso energético, como carvão. A vala resultante é preenchida com o material estéril, e um novo corte, paralelo ao anterior, é feito. Esse processo é repetido sobre todo o local.

A **mineração a céu aberto de encosta** (Figura 12.10) é utilizada em terrenos íngremes ou montanhosos para mineração de carvão e outros recursos minerais. Escavadeiras gigantescas e tratores abrem uma série de terraços na encosta de uma colina. Em seguida, escavadeiras removem o material estéril, uma escavadeira extrai o carvão, e o material estéril de cada novo terraço é depositado no corte anterior. A menos que a terra seja restaurada, o que resta é uma série de bancos de terra e um banco de terra suscetível à erosão chamado *paredão*.

Outro método de mineração de superfície é a **remoção do topo das montanhas**, em que são usados explosivos para remover o topo de uma montanha e expor as camadas de carvão que são extraídas posteriormente (Figura 12.11). Máquinas enormes removem os resíduos de rocha e poeira, levando-os para vales abaixo do topo das montanhas. Isso destrói as florestas, enterra córregos de montanha e aumenta os riscos de inundação. As águas residuais e a lama tóxica, produzidas quando o carvão é processado, são frequentemente armazenadas atrás de barragens nesses vales, as quais podem transbordar ou entrar em colapso e liberar substâncias tóxicas, como arsênico e mercúrio.

Nos Estados Unidos, mais de 500 topos de montanhas da Virgínia Ocidental e de outros estados Apalaches foram removidos para a extração de carvão (Figura 12.11 e Pessoas que fazem a diferença 12.1). De acordo com a EPA, os rejeitos resultantes enterraram mais de 1.100 quilômetros de córregos – um comprimento total aproximadamente igual à distância entre as duas cidades estadunidenses de Nova York e Chicago.

O Departamento do Interior dos Estados Unidos (Department of the Interior – DOI) estima que pelo menos 500 mil locais de mineração de superfície estejam inseridos na paisagem estadunidense, principalmente no oeste. Esses locais podem ser limpos e restaurados, mas o processo é caro. A lei de Controle e Recuperação de Mineração de Superfície dos Estados Unidos (*U.S. Surface Mining Control and Reclamation Act*) de 1977 exige a restauração de áreas de mineração a céu aberto. O governo, por meio dos contribuintes, é obrigado a restaurar minas abandonadas antes de 1977, enquanto as empresas devem restaurar minas ativas e abandonadas depois de 1977. No entanto, o programa recebe poucos recursos e muitas minas não foram recuperadas. Diversas empresas de carvão entraram em falência devido à diminuição do uso desse material nos Estados Unidos. Provavelmente, elas não conseguirão atender à obrigação legal de restaurar os locais de mineração, os quais acabarão por ser restaurados com o dinheiro dos contribuintes.

FIGURA 12.8 Degradação do capital natural: Essa pilha de rejeito em Zielitz, na Alemanha, é composta de materiais residuais da mineração de sais de potássio usados para fabricar fertilizantes.

FIGURA 12.9 Degradação do capital natural: Mineração a céu aberto por áreas para extração de ouro no território de Yukon, Canadá.

Paul Nicklen/National Geographic Creative

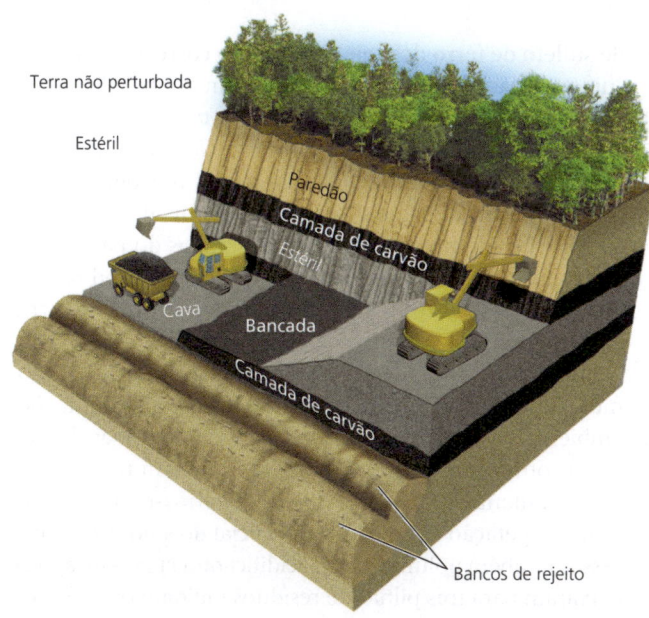

FIGURA 12.10 Degradação do capital natural: A *mineração a céu aberto de encosta* é usada em terrenos acidentados ou montanhosos.

Depósitos profundos de minerais são extraídos pela **mineração de subsolo**, na qual os recursos minerais subterrâneos são removidos por meio de túneis e poços. Esse método é usado para remover o carvão e os minérios de metal que estão muito profundos e, por isso, não podem ser extraídos pela mineração de superfície. Os mineradores cavam túneis e câmaras profundas, por eixo vertical e explosões, para alcançar o depósito, e utilizam máquinas para remover o recurso e transportá-lo para a superfície.

A mineração de subsolo perturba menos de um décimo da terra que é perturbada pela mineração de superfície e, geralmente, produz menos resíduos. No entanto,

Geologia e recursos minerais não renováveis

FIGURA 12.11 Degradação do capital natural: Mina de remoção de carvão no topo de uma montanha perto de Whitesville, Virgínia Ocidental.

Jim West/AGE Fotostock

os danos ambientais são significativos e essas minas podem criar outros riscos, como desmoronamentos, explosões e incêndios. Os mineiros frequentemente contraem doenças causadas pela inalação prolongada de pó mineral ou de carvão em minas de subsolo. Outro problema é a *subsidência* – o colapso da terra acima de minas subterrâneas – que pode danificar casas, romper tubulações de esgoto e gás e interromper sistemas de águas subterrâneas. A mineração de subsolo também exige grandes quantidades de água e energia para processar e transportar o material extraído.

Coletivamente, as operações de mineração a céu aberto e de subsolo produzem três quartos dos resíduos sólidos dos Estados Unidos e são a principal causa de poluição da água e do ar. Por exemplo, a *drenagem ácida de uma mina* ocorre quando a água da chuva que se infiltra na mina ou nos resíduos carrega ácido sulfúrico (H_2SO_4, produzido quando bactérias aeróbicas agem nos minerais de sulfeto de ferro dos rejeitos) para os córregos e as águas subterrâneas das redondezas. Esse é um dos problemas associados à mineração do ouro (**Estudo de caso principal**).

De acordo com a EPA, a mineração poluiu rios de montanha em cerca de 40% das bacias hidrográficas do oeste estadunidense e é responsável por 50% de todas as emissões de produtos químicos tóxicos do país para a atmosfera. De fato, a indústria de mineração produz mais dessas emissões tóxicas que qualquer outra indústria estadunidense.

A mineração pode ser ainda mais prejudicial para o meio ambiente em países que não têm regulamentações ambientais ou em que essas leis não são aplicadas de maneira confiável. Na China, por exemplo, a mineração e o processamento de metais e óxidos de terras-raras eliminaram a vegetação e a porção superficial do solo. Esses processos também poluíram o ar, acidificaram cursos de água e deixaram para trás pilhas de resíduos radioativos e tóxicos.

PESSOAS QUE FAZEM A DIFERENÇA 12.1

Maria Gunnoe: lutando para salvar as montanhas

Fundação Ambiental Goldman

Em meados de 1800, os ancestrais cheroquis de Maria Gunnoe chegaram ao local que hoje é conhecido como Condado de Boone, na Virgínia Ocidental. O avô de Maria comprou o terreno em que ela vive hoje. No ano 2000, mineradores explodiram o topo da montanha acima desse terreno para extrair carvão (Figura 12.11). O terreno dela hoje fica próximo a uma pilha de dez andares de resíduos de mineração.

Com o solo e a vegetação perdidos, a chuva que escoa da cadeia de montanhas inundou o terreno dela sete vezes desde 2000. Essas chuvas cobriram o solo com lama tóxica, contaminaram o poço e o solo usados por Gunnoe para cultivar alimentos e derrubaram duas pequenas pontes que a conectavam à estrada. Ela precisou caminhar até a estrada durante anos. Quando reclamou com os responsáveis pela empresa de carvão, eles disseram que as chuvas foram "obras de Deus".

Gunnoe, mãe de dois filhos, recusou-se a deixar sua casa e decidiu lutar contra as poderosas carvoarias, tentando acabar com a mineração de carvão no topo das montanhas. As mineradoras e os mineiros, preocupados com a possibilidade de perderem seus empregos, passaram a considerá-la uma inimiga. Gunnoe e seus filhos receberam ameaças de morte e dois cães da família foram assassinados. Algumas pessoas tentaram tirá-la da estrada e dispararam tiros perto da casa dela. Por muitos anos, Gunnoe usava colete à prova de balas quando saía de casa, mas não parou de lutar.

Gunnoe, que tinha estudado somente até o ensino médio, aprendeu sobre as complexas regulamentações de mineração e poluição da água, além dos produtos químicos prejudiciais encontrados em cursos de água e fontes de água subterrânea perto de minas. Ela organizou comunidades, defendeu a causa no tribunal e testemunhou para o Congresso, afirmando que o "preenchimento de vales" decorrente da mineração no topo das montanhas era uma violação da Lei da Água Limpa, pois enterrava fluxos de água e destruía habitats aquáticos e dos animais. A EPA concordou e multou algumas empresas várias vezes. Ela também pressionou o presidente e o governo federal para proibir esse tipo de mineração por seus efeitos prejudiciais para a saúde.

Em 2009, essa mulher corajosa e inspiradora ganhou um Prêmio Goldman de Meio Ambiental, considerado o equivalente ao Prêmio Nobel para líderes ambientais da sociedade civil de todo o mundo.

O processamento de minérios tem efeitos prejudiciais ao ambiente

O minério extraído pela mineração normalmente tem dois componentes: o *mineral-minério*, que contém o metal desejado, e os *resíduos*. A remoção dos resíduos dos minérios produz **rejeitos**, ou seja, resíduos de rochas que são deixados em pilhas ou colocados em tanques para assentar. As partículas de metais tóxicos contidas nos rejeitos podem ser sopradas pelo vento, lixiviadas pelas chuvas ou vazar dos tanques de armazenamento, contaminando as águas superficiais e subterrâneas.

Depois que o material residual é removido, os processadores usam o calor ou solventes químicos para extrair metais dos minérios. O processo de aquecer os minérios para liberar metais é chamado **fundição** (Figura 12.7). Sem equipamentos de controle de poluição efetiva, as fundições emitem enormes quantidades de poluentes no ar, incluindo dióxido de enxofre e partículas tóxicas em suspensão, que danificam a vegetação e acidificam os solos na área circundante. As fundições também causam poluição da água e produzem resíduos líquidos e sólidos perigosos, que necessitam de descarte seguro. Um estudo de 2012 revelou que a fundição é a segunda atividade industrial mais tóxica do mundo, atrás apenas da reciclagem de baterias de chumbo ácido.

O uso de produtos químicos para extrair metais dos minérios também pode criar inúmeros problemas, como vimos no caso do uso de cianeto para remover ouro (**Estudo de caso principal**). Mesmo em pequena escala, isso acontece. Por exemplo, milhões de mineiros pobres de países menos desenvolvidos entraram em florestas tropicais em busca de ouro (Figura 12.12). Eles derrubaram árvores para ter acesso ao ouro e esse desmatamento ilegal aumentou rapidamente, especialmente em partes da Bacia Amazônica. Eles cavaram e examinaram toneladas de solo para encontrar pequenos grãos de ouro. Os mineiros usaram mercúrio tóxico para separar o ouro do minério: eles aqueciam uma mistura de ouro e mercúrio, que evaporava, restando apenas o ouro e uma poluição perigosa no ar e na água. Os mineiros deixaram para trás terras sem vegetação e com a porção superior do solo carregado de mercúrio. Muitos desses mineiros e os moradores de vilarejos próximos às minas acabaram inalando vapor de mercúrio tóxico, bebendo água ou comendo peixes contaminados com essa substância.

Geologia e recursos minerais não renováveis

FIGURA 12.12 Mineração ilegal de ouro nas margens do Rio Pra, em Gana, na África.

Randy Olson/National Geographic Creative

12.4 COMO PODEMOS USAR OS RECURSOS MINERAIS DE FORMA MAIS SUSTENTÁVEL?

CONCEITO 12.4 Podemos tentar encontrar substitutos para os recursos escassos, reduzir o desperdício de recursos além de reciclar e reutilizar minerais.

Como encontrar substitutos para recursos minerais escassos

Alguns analistas acreditam que, se os suprimentos de minerais fundamentais se tornarem muito caros ou escassos devido ao uso não sustentável, a engenhosidade do homem encontrará substitutos. Eles mencionam a atual *revolução dos materiais*, em que o silício e outros materiais estão substituindo alguns metais em usos comuns. Também indicam as possibilidades de encontrar substitutos para os minerais escassos por meio da nanotecnologia (Foco na ciência 12.1) e outras tecnologias emergentes.

Por exemplo, os cabos de fibra óptica de vidro que transmitem impulsos de luz estão substituindo os fios de cobre e alumínio em cabos telefônicos. No futuro, os nanofios poderão substituir os cabos de fibra óptica de vidro. Plásticos de alta resistência e materiais compostos endurecidos por carbono leve, cânhamo e fibras de vidro estão começando a transformar as indústrias aeronáutica e automobilística. Esses novos materiais não precisam de pintura (o que reduz a poluição e os custos) e podem ser moldados em qualquer formato. O uso desses materiais na fabricação de veículos automotivos e aeronaves pode aumentar a eficiência dos combustíveis desses veículos, pois reduz o seu peso.

> **PARA REFLETIR**
>
> **APRENDENDO COM A NATUREZA**
>
> Sem usar produtos químicos tóxicos, as aranhas constroem suas teias rapidamente, produzindo fios de seda resistentes o bastante para capturar insetos que voam em alta velocidade. Aprender como as aranhas fazem isso poderia revolucionar a produção de fibras altamente resistentes com um impacto ambiental muito baixo.

FOCO NA CIÊNCIA 12.1

A revolução da nanotecnologia

A **nanotecnologia** usa a ciência e a engenharia para manipular e criar materiais a partir de átomos e moléculas em escala ultrapequena de menos de 100 nanômetros. O ponto final desta frase tem um diâmetro de cerca de meio milhão de nanômetros.

Atualmente, os nanomateriais são usados em mais de 1.300 produtos de consumo, e o número está crescendo rapidamente. Esses produtos incluem certas baterias, tecidos resistentes a manchas e que não amassam em roupas, revestimentos de vidro autolimpantes, pias e banheiros autolimpantes, protetores solares, revestimentos à prova d'água para celulares, alguns cosméticos, alimentos e embalagens de alimentos que liberam nanoíons de prata para matar bactérias, leveduras e fungos.

O grafeno, um nanomaterial feito de camadas únicas de átomos de carbono (Figura 12.A), é o material mais fino e mais resistente do mundo, além de ser leve, flexível e elástico. Uma única camada de grafeno é 150 mil vezes mais leve que um fio de cabelo humano. Uma única camada esticada sobre uma xícara de café poderia suportar o peso de um carro. Esse material também é um bom condutor de eletricidade (melhor que o cobre) e conduz calor melhor do que qualquer material conhecido.

Os nanotecnólogos vislumbram inovações tecnológicas como um supercomputador menor que um grão de arroz, filmes de células solares finos e flexíveis, que poderiam ser adicionados ou aplicados em praticamente todas as superfícies, e materiais biocompatíveis, que tornariam nossos ossos e tendões super-resistentes. Algumas nanomoléculas poderiam ser desenvolvidas especificamente para identificar e matar células cancerígenas, ou eliminar a necessidade de tomar injeções contra alergias. Os cientistas estão trabalhando em um adesivo de grafeno que ajudaria diabéticos a controlar melhor os níveis de glicemia do sangue. Esse dispositivo mediria os níveis de açúcar no sangue através do suor e manteria níveis adequados aplicando uma dose de medicamento por meio da pele, sem usar agulhas. A nanotecnologia nos permite criar materiais do zero, usando átomos de elementos abundantes (principalmente hidrogênio, oxigênio, nitrogênio, carbono, silício e alumínio) como substitutos para elementos mais escassos, como cobre, cobalto e estanho.

A nanotecnologia tem muitos benefícios potenciais para o meio ambiente. Desenvolver e criar produtos em nível molecular reduziria drasticamente a necessidade de minerar muitos materiais. Esse processo também exige menos matéria e energia, além de diminuir a produção de resíduos. Talvez possamos usar nanopartículas para remover poluentes industriais do ar, do solo e de águas subterrâneas contaminadas. Algum dia, os nanofiltros poderão ser usados para dessalinizar e purificar a água do mar por um preço acessível, aumentando, assim, o suprimento de água potável. **CARREIRA VERDE: Nanotecnologia ambiental.**

Então, qual é a dificuldade? Devido ao tamanho minúsculo, as nanopartículas são potencialmente mais tóxicas que muitos materiais convencionais. Estudos laboratoriais que envolvem ratos e outros animais usados em testes revelam que as nanopartículas podem ser inaladas mais profundamente pelos pulmões e absorvidas pela corrente sanguínea. Isso pode resultar em danos pulmonares semelhantes àqueles ocasionados pelo mesotelioma, um câncer mortal causado pela inalação de partículas de amianto. As nanopartículas também podem penetrar nas membranas celulares, incluindo as do cérebro, e se mover pela placenta da mãe para o bebê.

Um grupo de especialistas da Academia Nacional de Ciências dos Estados Unidos revelou que o governo estadunidense não está tomando medidas suficientes para avaliar os possíveis

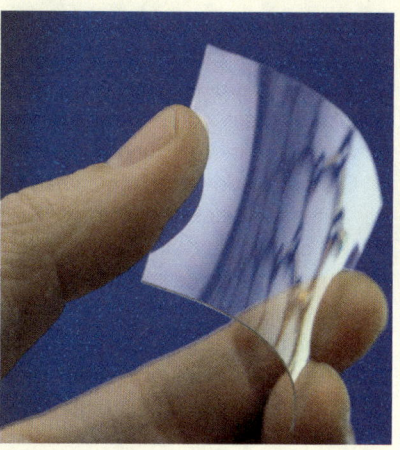

FIGURA 12.A O grafeno, formado por camadas de átomos de carbono unidas em uma estrutura hexagonal, é um novo material revolucionário.

riscos do uso de nanomateriais para a saúde e o meio ambiente. Por exemplo, a U.S. Food and Drug Administration não mantém uma lista de produtos alimentícios e cosméticos que contêm nanomateriais. Em contrapartida, a União Europeia adota uma abordagem de precaução em relação ao uso desses materiais e exige que os fabricantes demonstrem a segurança dos produtos antes que eles entrem no mercado.

A nanotecnologia é capaz de transformar a maneira como fabricamos e usamos produtos. Contudo, antes de usá-la mais amplamente, muitos analistas recomendam um aumento no número de pesquisas sobre os possíveis efeitos prejudiciais das nanopartículas para a saúde, além do desenvolvimento de normas para controlar as aplicações cada vez maiores até que saibamos mais sobre esses efeitos. Muitos pesquisadores também exigem que os produtos que contêm nanopartículas tragam essa informação no rótulo.

RACIOCÍNIO CRÍTICO

Você acha que os potenciais benefícios dos produtos feitos com nanotecnologia ultrapassam os possíveis efeitos prejudiciais? Explique.

Geologia e recursos minerais não renováveis

PESSOAS QUE FAZEM A DIFERENÇA 12.2

Yu-Guo Guo: designer de baterias com nanotecnologia e explorador da National Geographic

Yu-Guo Guo é professor de química e pesquisador de nanotecnologia na Academia Chinesa de Ciências, em Pequim. Ele inventou nanomateriais que podem ser usados para fabricar baterias de íons de lítio menores, mais poderosas e mais baratas, tornando-as mais úteis para veículos elétricos, como carros e bicicletas. Esse é um avanço científico significativo, já que a bateria é a parte mais importante e mais cara de um veículo elétrico.

O uso inovador de nanomateriais por parte de Guo aumentou substancialmente o poder das baterias de íons de lítio ao possibilitar que a corrente elétrica flua com mais eficiência através do que ele chama de "nanorredes condutoras 3D". Com essa tecnologia promissora, as baterias de íons de lítio de veículos elétricos podem ser totalmente carregadas em alguns minutos, um processo tão fácil e rápido quanto encher o tanque de gasolina. Elas também têm uma capacidade de armazenamento de energia duas vezes maior que a das baterias atuais e, consequentemente, ampliarão o alcance dos veículos elétricos, permitindo que eles funcionem por mais tempo. Guo também está interessado em desenvolver nanomateriais para aplicar em células solares e células de combustível, que poderiam ser usadas para gerar eletricidade e abastecer veículos.

© Jinsong H

Também podemos encontrar substitutos para terras-raras (**Conceito 12.4**). Por exemplo, fabricantes de baterias para carros elétricos estão começando a mudar da produção de baterias de níquel-hidreto metálico, que precisam do metal de terras-raras lantânio, para a fabricação de baterias de íons de lítio, mais leves, e que estão sendo aprimoradas por pesquisadores (Pessoas que fazem a diferença 12.2).

Apesar de todo o potencial, a substituição de recursos não serve para tudo. Por exemplo, a platina é atualmente incomparável como um catalisador e utilizada em processos industriais para acelerar as reações químicas, e o cromo é um ingrediente essencial do aço inoxidável. Nem sempre é possível encontrar substitutos aceitáveis e acessíveis para recursos escassos.

Como usar recursos minerais de forma mais sustentável

A Figura 12.13 lista diversas estratégias para usar recursos minerais de forma mais sustentável (**Conceito 12.4**). Uma delas é focar na reciclagem e reutilização de recursos minerais não renováveis, especialmente metais valiosos ou escassos como ouro (**Estudo de caso principal**), ferro, cobre, alumínio e platina. A reciclagem, uma aplicação do **princípio da sustentabilidade** da ciclagem química, tem um impacto ambiental muito menor que a mineração e o processamento de metais a partir dos minérios.

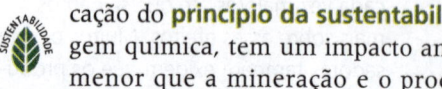

Por exemplo, a reciclagem de latas de bebidas e sucata de alumínio produz 95% menos poluição do ar e 97% menos poluição da água que a extração e o processamento de minério de alumínio, além de usar 95% menos energia. Também podemos extrair e reciclar ouro valioso (**Estudo de caso principal**) de telefones celulares descartados. A limpeza e a reutilização de itens, em vez de reciclá-los, têm um impacto ambiental ainda menor.

12.5 QUAIS SÃO OS MAIORES PERIGOS GEOLÓGICOS DA TERRA?

CONCEITO 12.5 Processos dinâmicos movem a matéria dentro da Terra e na superfície do planeta, causando erupções vulcânicas, terremotos, tsunamis, erosão e deslizamentos de terra.

A terra está se movendo debaixo dos nossos pés

Temos a tendência de imaginar a crosta terrestre como um material sólido e imóvel. No entanto, de acordo com os geólogos, os fluxos de energia e material quente dentro das células de convecção da Terra (Figura 12.2) são tão poderosos, que fizeram a litosfera se partir em muitas placas rígidas, chamadas **placas tectônicas**, que se

---

Soluções

Uso sustentável de minerais não renováveis

- Reusar ou reciclar produtos de metal sempre que possível
- Redesenhar os processos de fabricação para usar menos recursos minerais
- Reduzir os subsídios à mineração
- Aumentar os subsídios para processos de reutilização, reciclagem e para encontrar substitutos

---

FIGURA 12.13 Podemos usar os recursos minerais não renováveis de forma mais sustentável (**Conceito 12.4**). *Raciocínio crítico* Dessas soluções, quais são as mais importantes? Cite duas e justifique sua resposta.

movem lentamente sobre a astenosfera (Figura 12.14). Hoje em dia, existem sete grandes placas e dezenas de placas menores.

Essas placas gigantes são mais ou menos como as maiores e mais lentas pranchas de surfe do mundo, sobre as quais navegamos sem perceber seu movimento. A velocidade típica dessas placas é igual à taxa de crescimento das unhas. Ao longo da história da Terra, os continentes se separaram e se juntaram à medida que as placas tectônicas se deslocavam acima da astenosfera (Figura 4.C). O movimento lento dos continentes através da superfície terrestre é chamado **deriva continental**.

Grande parte das atividades geológicas que acontecem na superfície terrestre ocorre nas bordas das placas tectônicas, à medida que elas se separam, colidem ou deslizam umas sobre as outras (Figura 12.14, parte inferior, e Figura 12.15). As forças extraordinárias produzidas nessas bordas das placas podem provocar a formação de montanhas ou fendas profundas, terremotos que abalam partes da crosta e a erupção de vulcões. O cientista Bob Ballard (Pessoas que fazem a diferença 12.3) teve um papel fundamental ao nos ajudar a entender melhor as placas tectônicas. Durante o processo, ele e outros pesquisadores descobriram fumarolas negras ricas em minerais (Figura 12.6).

Os vulcões liberam rocha derretida do interior da Terra

Um **vulcão** é ativo quando o magma sobe em uma coluna através da litosfera e atinge a superfície da Terra por meio de uma fenda central ou uma longa rachadura, chamada *fissura* (Figura 12.16). O magma que atinge a superfície da Terra é chamado *lava* e muitas vezes forma um cone.

Muitos vulcões formam-se ao longo das bordas das placas tectônicas da Terra, quando uma placa desliza para baixo ou se afasta de outra placa (Figura 12.14, parte inferior). Uma erupção vulcânica libera grandes pedaços de rocha de lava, cinza quente brilhante, lava líquida e gases (incluindo vapor de água, dióxido de carbono e dióxido de enxofre) para o ambiente (**Conceito 12.5**). As erupções podem ser explosivas e extremamente destrutivas, causando perda de vidas e destruindo ecossistemas e comunidades humanas. Elas também podem ser lentas e muito menos destrutivas, com a lava borbulhando e se espalhando vagarosamente sobre a terra ou o fundo do mar. É essa forma mais lenta de erupção que constrói as montanhas com formato de cone, tão comumente associadas aos vulcões, bem como as camadas de rocha feitas de lava resfriada na superfície terrestre.

Embora as erupções vulcânicas possam ser destrutivas, elas também podem formar montanhas majestosas e lagos, e o intemperismo de lava contribui para solos férteis. Centenas de vulcões entraram em erupção no fundo dos oceanos, criando cones que chegaram à superfície, e, com o tempo, formaram ilhas que se tornaram adequadas para o estabelecimento de comunidades humanas, como as ilhas havaianas.

Podemos reduzir a perda de vidas humanas e alguns danos materiais causados por erupções vulcânicas usando registros históricos e medições geológicas para identificar áreas de alto risco, para que as pessoas possam evitar viver nessas regiões. Cientistas e engenheiros também estão desenvolvendo dispositivos de monitoramento que nos avisam quando os vulcões podem entrar em erupção. Em algumas áreas que são propensas a atividades vulcânicas, planos de evacuação foram desenvolvidos.

Terremotos são eventos geológicos "rock-and-roll"

Forças dentro do manto da Terra exercem grande pressão sobre as rochas dentro da crosta. Essas pressões podem ser fortes o bastante para causar rompimentos ou mudanças de posição repentinas, produzindo uma *falha* ou fratura na crosta terrestre (Figura 12.15, à direita). Quando se forma uma falha ou há um movimento abrupto em uma falha existente, a energia que se acumulou ao longo do tempo é liberada na forma de vibrações, chamadas *ondas sísmicas*, que se movem em todas as direções através da rocha circundante, em um evento chamado **terremoto** (Figura 12.17 e **Conceito 12.5**). A maioria dos terremotos ocorre nas bordas das placas tectônicas (Figura 12.14).

As ondas sísmicas movem-se para cima e para fora do centro, ou *foco*, do terremoto como ondulações em uma poça d'água. Os cientistas medem a gravidade de um terremoto com base na *magnitude* das ondas sísmicas. A magnitude é uma medida do movimento do solo (agitação) causado pelo terremoto, como indicado pela *amplitude*, ou da dimensão das ondas sísmicas quando estas atingem um instrumento de gravação denominado *sismógrafo*.

Os cientistas usam a *escala Richter*, em que cada unidade tem uma amplitude dez vezes maior do que a próxima unidade menor. Os sismólogos classificam os terremotos como *pequenos* (menos de 4,0 graus na escala Richter), *ligeiros* (4,0–4,9), *moderados* (5,0–5,9), *destrutivos* (6,0–6,9), *grandes* (7,0–7,9) e *extremos* (acima de 8,0). O maior terremoto registrado ocorreu no Chile, em 22 de maio de 1960, e mediu 9,5 na escala Richter. Todos os anos, os cientistas registram a magnitude de mais de um milhão de terremotos, a maioria pequenos demais para serem sentidos.

Os principais efeitos dos terremotos são agitação e, às vezes, um deslocamento vertical ou horizontal permanente de parte da crosta terrestre. Esses efeitos podem ter consequências graves para pessoas, edifícios, pontes,

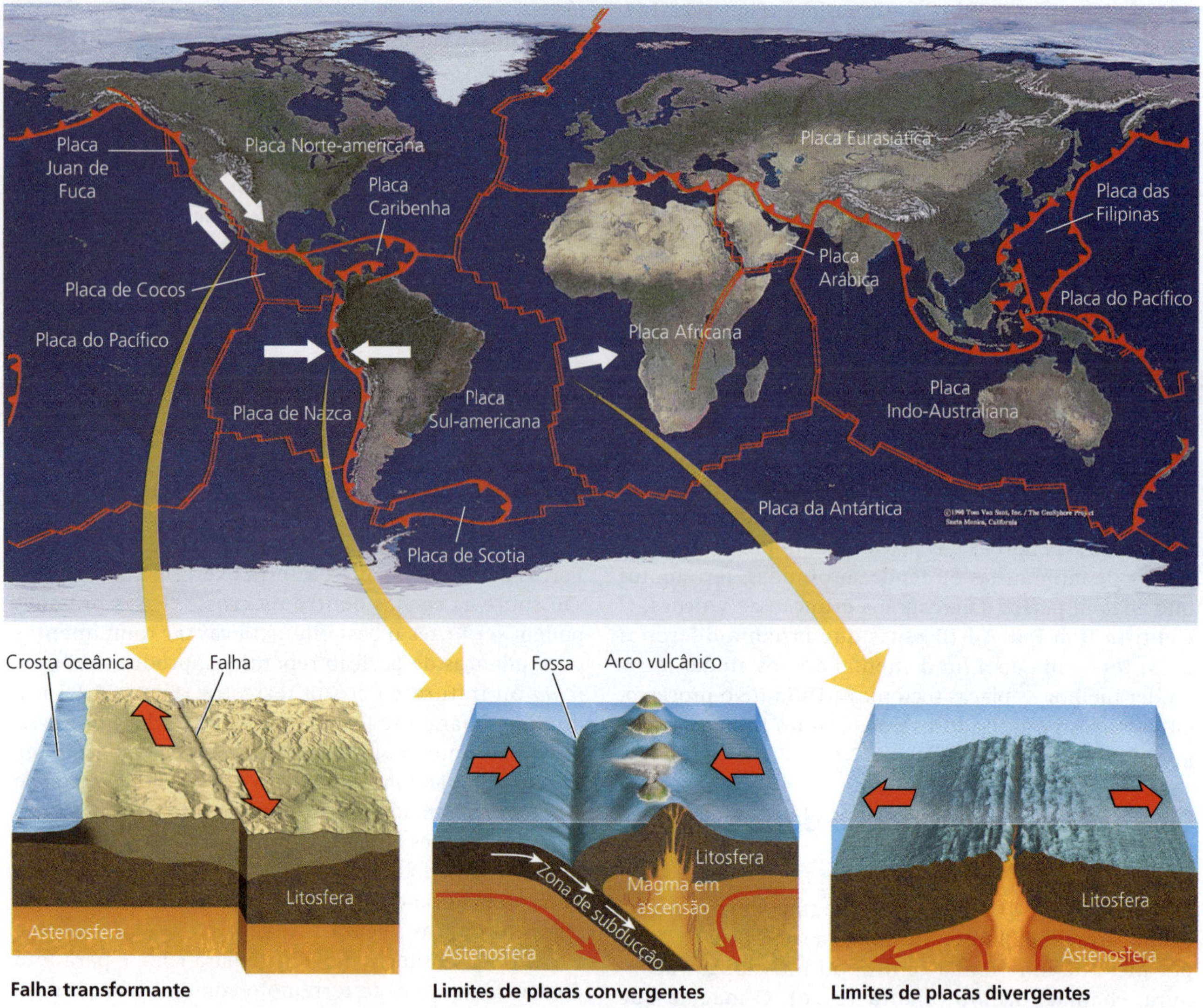

FIGURA 12.14 A crosta terrestre se rompeu em várias placas tectônicas. *Pergunta:* Sobre qual placa você está?

FIGURA 12.15 A Placa Norte-americana e a Placa do Pacífico (ver mapa) deslizam lentamente em direções opostas ao longo da Falha de San Andreas (ver foto), que se estende por praticamente toda a Califórnia. O local já passou por inúmeros terremotos de diversas magnitudes.

322 • Ciência ambiental

PESSOAS QUE FAZEM A DIFERENÇA 12.2

Robert Ballard, explorador do oceano

Em 1977, o oceanógrafo Bob Ballard e uma equipe de cientistas pilotaram uma embarcação submergível até o fundo do oceano perto das Ilhas Galápagos. Lá, fizeram uma descoberta impressionante: jatos de água fervente vindos do fundo do oceano tinham formado grandes estruturas parecidas com chaminés que eram repletas de vida. As chaminés, ou fontes hidrotermais, eram formadas a partir das substâncias químicas dos jatos de água quente que se misturavam com a água do mar (Figura 12.6). Quando o magma quente esfria, ele se contrai e racha. A água do mar penetra nas rachaduras, escorre para baixo da superfície terrestre e interage com a rocha quente, por vezes derretida. A água retira substâncias químicas e minerais das rochas e os leva de volta para a superfície ao subir pelas fontes hidrotermais. São esses minerais que dão ao oceano sua composição química e o tornam salgado.

Outra grande descoberta relacionada com as fontes hidrotermais foram as comunidades biológicas. As fendas ficavam em locais muito profundos, que não eram alcançados pela luz solar. Até a descoberta de vermes tubulares gigantes (poliquetas), ostras enormes e camarões e peixes sem olhos, todos vivendo em condições extremas de profundidade, pressão e temperatura, os cientistas pensavam que todas as formas de vida dependiam da luz solar. A descoberta desses organismos provou que algumas formas de vida conseguem sobreviver sem a luz do Sol. Em vez de usar a luz solar para fazer a fotossíntese, os organismos dependem de substâncias químicas com enxofre, produzidas ao redor dos centros hidrotermais, como fontes de energia.

Ballard é explorador da National Geographic e fundador da JASON, uma organização que leva a ciência da vida real para estudantes de todo o mundo por meio de um currículo de ciências guiado por cientistas praticantes.

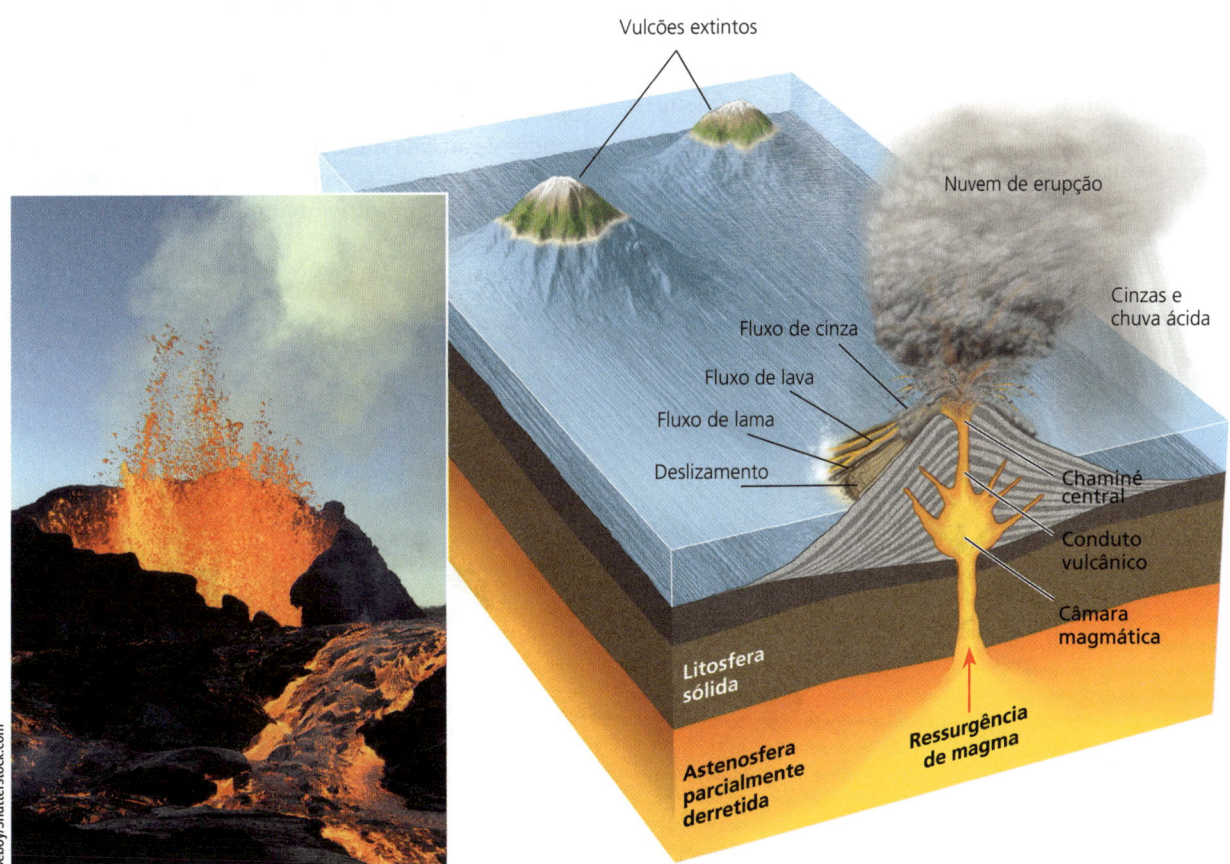

FIGURA 12.16 Às vezes, a pressão interna de um vulcão é suficientemente elevada para provocar a ejeção de lava, cinzas e gases para a atmosfera (foto) ou a vazão destes ao longo do terreno, o que causa danos consideráveis.

FIGURA 12.17 Um *terremoto* (à esquerda) é um dos mais poderosos eventos da natureza. A foto mostra os danos causados por um terremoto em Porto Príncipe, no Haiti, em 2010.

viadutos, barragens e oleodutos. Um terremoto intenso é um grande evento de "*rock-and-roll*" geológico.

Uma maneira de reduzir a perda de vidas e os danos materiais causados por terremotos é examinar os registros históricos e fazer medições geológicas para localizar zonas de falhas ativas. Os cientistas podem, então, mapear as áreas de alto risco (Figura 12.18) e estabelecer códigos de construção que regulam o posicionamento e o projeto de edifícios nessas regiões. Assim, as pessoas podem avaliar o risco e incluí-lo em suas decisões sobre onde morar. Além disso, os engenheiros sabem como fazer casas, construções, pontes e rodovias mais resistentes a terremotos, embora isso seja caro.

Terremotos no fundo do oceano podem provocar tsunamis

Um **tsunami** é uma série de grandes ondas geradas quando, de repente, uma parte do fundo do oceano sobe ou desce (Figura 12.19). A maioria dos tsunamis grandes é causada quando certos tipos de falha no fundo do oceano movem-se verticalmente, como resultado de um grande terremoto subaquático. Outras causas são

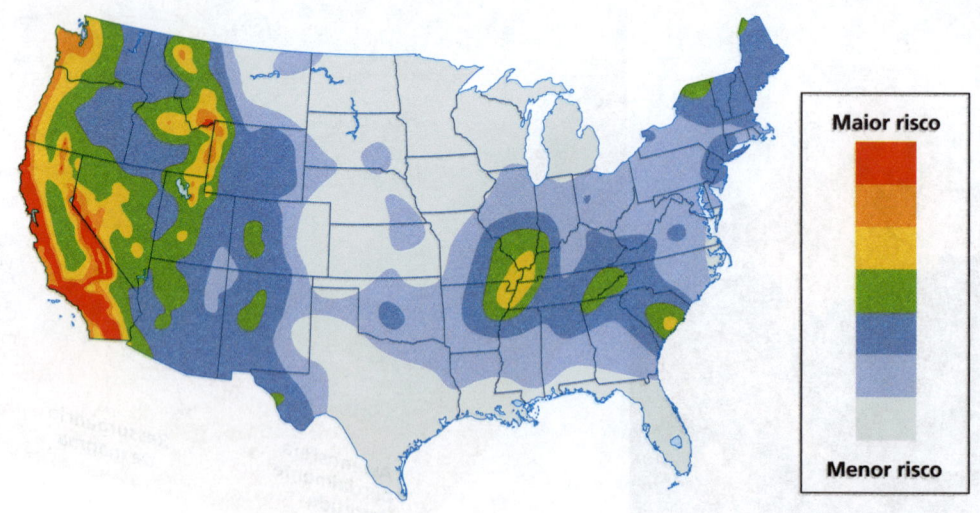

FIGURA 12.18 Comparação dos graus de risco sísmico na parte continental dos Estados Unidos. *Pergunta:* Qual é o risco sísmico do local em que você mora ou estuda?

Informações compiladas pelos autores com base em dados do Serviço Geológico dos Estados Unidos.

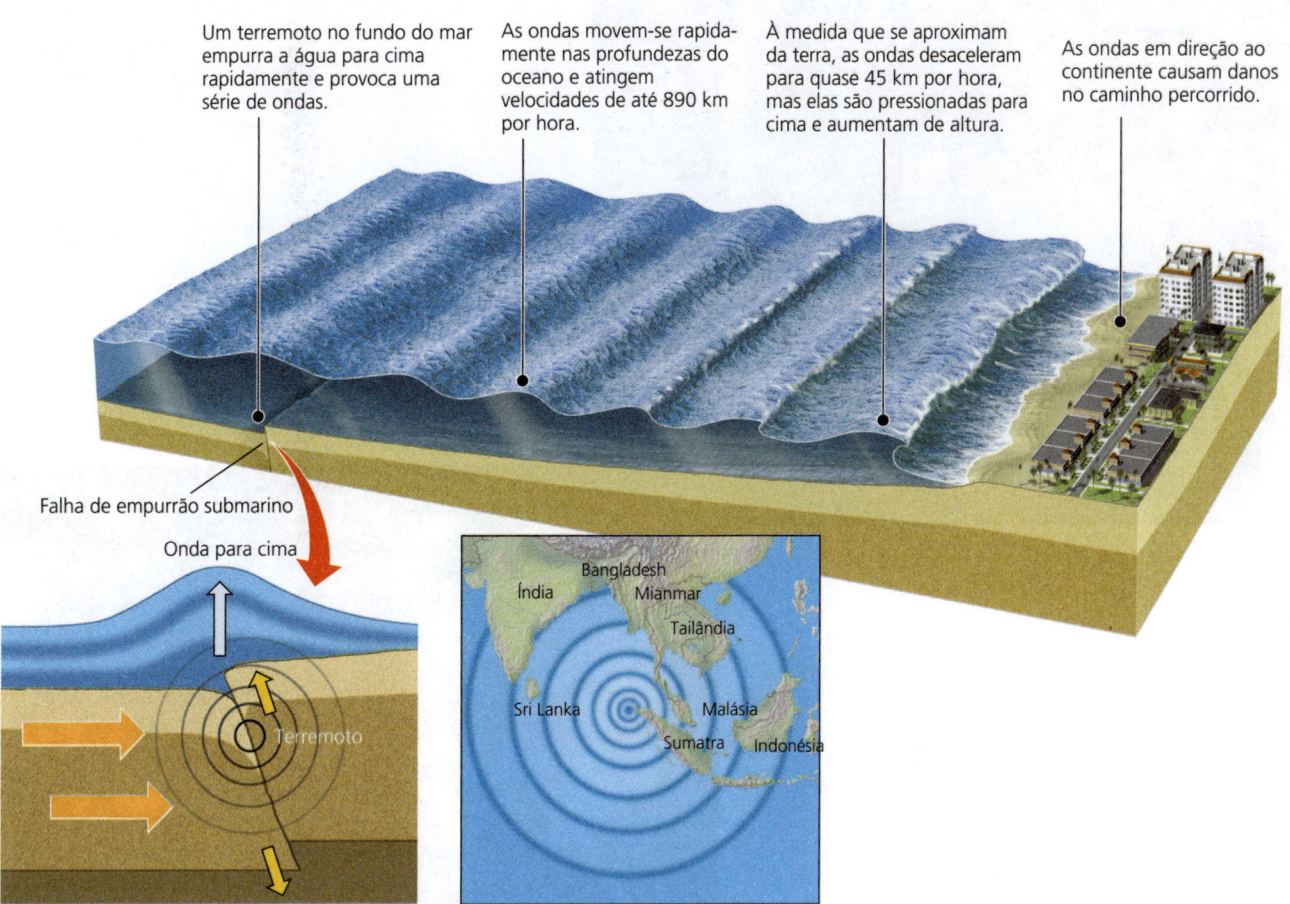

FIGURA 12.19 Formação de um tsunami. O mapa mostra a área afetada por um grande *tsunami* em dezembro de 2004 – um dos maiores já registrados.

deslizamentos causados por terremotos e erupções vulcânicas (**Conceito 12.5**).

Muitas vezes, os tsunamis são chamados *ondas de maré*, embora não tenham nada a ver com as marés. Eles podem viajar para o outro lado do oceano com a mesma velocidade de um avião a jato. Em águas profundas, as ondas são muito distantes umas das outras, às vezes centenas de quilômetros, e suas cristas não são muito elevadas. À medida que um tsunami se aproxima de uma costa com suas águas mais rasas, ele desacelera, as cristas das ondas se comprimem (ficam mais juntas) e suas alturas aumentam rapidamente. O tsunami pode atingir a costa como uma série de enormes paredes de água, que podem chegar à altura de um prédio.

A maior perda de vidas causada por um tsunami ocorreu em dezembro de 2004, quando um grande terremoto submarino no Oceano Índico, com uma magnitude de 9,15, causou um tsunami que matou cerca de 230 mil pessoas. Ele também devastou muitas áreas costeiras da Indonésia (Figuras 12.19 e 12.20), da Tailândia, do Sri Lanka, do sul da Índia e da África Oriental. Também desabrigou quase 1,7 milhão de pessoas (1,3 milhão delas na Índia e na Indonésia) e destruiu ou danificou cerca de 470 mil edifícios e casas. Não havia nenhum dispositivo medidor no local para fornecer um aviso antecipado para esse tsunami.

Em 2011, um grande tsunami causado por um poderoso terremoto fora da costa do Japão gerou ondas com a altura de um prédio de três andares, que mataram quase 19 mil pessoas, deixaram mais de 300 mil desabrigados e destruíram ou danificaram 125 mil construções. O tsunami também danificou profundamente três reatores nucleares, que liberaram radioatividade perigosa nos arredores do local. Esse acidente nuclear fez com que o Japão desativasse todos os seus reatores nucleares.

Em algumas áreas, cientistas e engenheiros construíram redes de boias oceânicas e medidores de pressão no solo do oceano para coletar dados que podem ser transmitidos para centros de alerta de tsunamis. No entanto, essas redes estão longe de serem concluídas.

FIGURA 12.20 A Praia de Banda Aceh, perto de Gleebruk, na Indonésia, em 23 de junho de 2004 (à esquerda) e em 28 de dezembro de 2004 (à direita), depois de ser atingida por um tsunami.

New York Public Library/Science Source

GRANDES IDEIAS

- As forças dinâmicas que movem a matéria no interior da Terra e em sua superfície reciclam rochas, formam depósitos de recursos minerais e provocam erupções vulcânicas, terremotos e *tsunamis*.

- O fornecimento disponível de um recurso mineral depende de quanto há dele na crosta terrestre, da velocidade com que o usamos, da tecnologia de mineração usada para obtê-lo, de seus preços de mercado e dos efeitos ambientais nocivos de sua extração e uso.

- Podemos usar os recursos minerais de forma mais sustentável encontrando substitutos para os recursos escassos, reduzindo o desperdício e reutilizando e reciclando minerais não renováveis.

Revisitando

O real custo do ouro e a sustentabilidade

No Estudo de caso principal deste capítulo, consideramos os efeitos prejudiciais da mineração de ouro como um exemplo dos impactos de extração e uso de recursos minerais pelos seres humanos. Vimos que esses efeitos tornam o ouro muito mais caro, em termos de custos para a saúde do ambiente e dos seres humanos, do que o preço do ouro reflete.

Ao longo do capítulo, também analisamos avanços tecnológicos que podem nos ajudar a ampliar os suprimentos de recursos minerais e a usá-los de maneira mais sustentável. Por exemplo, se desenvolvida com segurança, a nanotecnologia poderá ser usada para fabricar novos materiais para substituir recursos minerais escassos, reduzindo substancialmente os impactos ambientais da mineração e do processamento desses recursos. Poderíamos usar o grafeno, por exemplo, para produzir células solares mais eficientes e acessíveis para gerar eletricidade, uma aplicação do **princípio de sustentabilidade** da energia solar.

Também podemos usar recursos minerais de forma mais sustentável por meio da reutilização, reciclagem e redução do uso desnecessário e do desperdício de recursos, uma aplicação do **princípio da sustentabilidade** da ciclagem química. Além disso, as indústrias podem imitar a natureza e usar uma infinidade de métodos para reduzir os impactos ambientais prejudiciais da mineração e do processamento de recursos minerais, aplicando, assim, o **princípio de sustentabilidade** da biodiversidade.

Revisão do capítulo

Estudo de caso principal

1. O que é **mineração**? Explique por que o custo real do ouro é maior que o valor que muitas pessoas pagam por ele. Cite alguns exemplos de custos que não são levados em consideração.

Seção 12.1

2. Quais são os dois conceitos-chave desta seção? Defina **geologia**. Defina e diferencie **núcleo**, **manto**, **astenosfera**, **crosta** e **litosfera**. Defina **mineral**, **recurso mineral** e **rocha**. Defina e diferencie **rocha sedimentar**, **rocha ígnea** e **rocha metamórfica** e dê um exemplo de cada uma delas. O que é o **ciclo das rochas** e qual é a importância desse processo? Defina **minério** e diferencie um **minério de alto teor** de um **minério de baixo teor**. Cite cinco recursos minerais não renováveis importantes e suas aplicações.

Seção 12.2

3. Quais são os dois conceitos-chave desta seção? O que são as **reservas** de um recurso mineral e como elas podem ser ampliadas? Quais são os dois fatores que determinam o suprimento futuro de um recurso mineral não renovável? Explique como o suprimento de um recurso mineral não renovável pode ser economicamente esgotado e cite as cinco opções que temos quando isso acontece. O que é **tempo de esgotamento** e quais fatores o influenciam?

4. Quais são os cinco países que fornecem a maior parte dos recursos minerais não renováveis do mundo? Os Estados Unidos dependem de outros países para obter recursos minerais não renováveis importantes? Explique por que a distribuição desigual das reservas de lítio entre vários países é uma preocupação, especialmente para os Estados Unidos. Resuma a importância dos metais de terras-raras. Explique a preocupação acerca do acesso dos Estados Unidos a recursos minerais de terras-raras e como o país poderia resolver este problema. Descreva a visão convencional da relação entre a oferta de um recurso mineral e seu preço de mercado. Explique por que alguns economistas acreditam que essa relação não se aplica mais. Resuma os prós e os contras do fornecimento de subsídios e isenções fiscais para empresas mineradoras nos Estados Unidos e em outros países.

5. Resuma as oportunidades e limitações da expansão dos suprimentos minerais por meio da extração de minérios de baixo teor. Quais são as vantagens e as desvantagens da biomineração? Descreva as oportunidades e os possíveis problemas que podem resultar da mineração em alto mar.

Seção 12.3

6. Qual é o conceito-chave desta seção? Resuma o ciclo de vida de um produto metálico. Qual é a relação entre o teor de um minério de metal e os efeitos ambientais da extração desse minério?
7. O que é **mineração de superfície**? Defina **estéril** e **rejeitos**. Defina **mineração a céu aberto** e **mineração a céu aberto em faixas**. Diferencie **mineração a céu aberto por áreas**, **mineração a céu aberto de encosta** e **mineração por remoção do topo das montanhas**. Descreva três efeitos ambientais prejudiciais da mineração de superfície. Explique por que nem todas as áreas de mineração de superfície são limpas e restauradas após o término da extração. O que é **mineração de subsolo**? Resuma os efeitos prejudiciais da mineração de subsolo para a saúde e o ambiente. Defina **rejeitos** e explique por que podem ser perigosos. O que é **fundição** e quais são os principais efeitos nocivos desse processo?

Seção 12.4

8. Qual é o conceito-chave desta seção? Dê dois exemplos de substitutos promissores para recursos minerais importantes. O que é **nanotecnologia** e quais são alguns de seus possíveis benefícios ambientais e em outras áreas? Cite alguns problemas que podem surgir em decorrência do uso generalizado de nanotecnologia. Descreva as contribuições científicas de Yu-Guo Guo para a nanotecnologia. Qual é o potencial de uso do grafeno como um novo recurso? Explique os benefícios da reciclagem e reutilização de metais valiosos. Cite cinco formas de usar recursos minerais não renováveis de maneira mais sustentável.

Seção 12.5

9. Qual é o conceito-chave desta seção? O que são **placas tectônicas** e o que acontece normalmente quando elas colidem, se separam ou encostam umas nas outras? O que é **deriva continental**? O que é um **vulcão** e quais são os três principais efeitos de uma erupção vulcânica? O que é um **terremoto** e quais são seus maiores efeitos? O que é um **tsunami** e quais são seus principais efeitos?
10. Quais são as três grandes ideias deste capítulo? Explique como podemos aplicar os três **princípios científicos da sustentabilidade** para obter e usar ouro e outros recursos minerais não renováveis de maneiras mais sustentáveis.

Observação: os principais termos estão em negrito.

Raciocínio crítico

1. Você acha que os benefícios que obtemos com o ouro (a aplicação desse material em joias, na odontologia, em eletrônicos etc.) valem o custo real desse mineral (**Estudo de caso principal**)? Em caso positivo, explique seu raciocínio. Se a resposta for não, explique seus argumentos para reduzir ou interromper a mineração do ouro.
2. Você é uma rocha ígnea. Descreva o que vivenciou enquanto passava pelo ciclo das rochas. Repita esse exercício supondo que você seja uma rocha sedimentar e depois uma rocha metamórfica.
3. Cite três benefícios que você pode ter com o ciclo das rochas.
4. Suponha que o suprimento de metais de terras-raras do seu país seja cortado amanhã. Como isso afetaria sua vida? Dê pelo menos três exemplos. Como você se adaptaria a essas mudanças? Explique.
5. Use a segunda lei da termodinâmica (ver Capítulo 2) para analisar a viabilidade científica e econômica de cada um dos processos a seguir:
   a. Extração de certos minerais da água do mar.
   b. Mineração de depósitos de minério com teor de minerais cada vez mais baixos.
   c. Continuar minerando, usando e reciclando minerais em velocidades crescentes.
6. Suponha que alguém lhe tenha dito que a extração de recursos minerais no mar profundo causa a degradação severa de habitat do fundo do oceano e de formas de vida como poliquetas e ostras gigantes. Você acha que essa informação deve ser usada para evitar a mineração no fundo do mar? Justifique.
7. Cite três formas pelas quais a revolução da nanotecnologia pode beneficiar e três formas que ela pode prejudicar você. Na sua opinião, as vantagens superam os danos? Explique.
8. Cite três maneiras de reduzir os impactos ambientais negativos da mineração e do processamento de recursos minerais não renováveis. Aponte três aspectos do seu estilo de vida que contribuem para esses impactos prejudiciais.

Fazendo ciência ambiental

Faça uma pesquisa para determinar quais recursos minerais são usados na fabricação de cada um dos itens a seguir e quanto de cada um deles é usado: **(a)** telefone celular, **(b)** TV de tela plana e **(c)** caminhonete grande. Escolha três entre os materiais minerais menos conhecidos que você aprendeu neste exercício e faça mais pesquisas para descobrir de qual parte do mundo vem a maioria desses materiais. Para cada um dos minerais escolhidos, tente descobrir os tipos de efeitos ambientais resultantes da mineração deles em pelo menos um dos locais em que são extraídos. Você também pode descobrir quais foram as medidas adotadas para lidar com esses efeitos. Escreva um relatório resumindo suas descobertas.

Análise de dados

Os metais de terras-raras são amplamente usados em uma variedade de produtos importantes. De acordo com o USGS, a China detém cerca de 50% das reservas mundiais de metais de terras-raras. Use essas informações para responder às perguntas a seguir.

1. Em 2014, a China tinha 55 milhões de toneladas métricas de metais de terras-raras em suas reservas e produziu 95 mil toneladas métricas desses metais. Com essa taxa de produção, por quanto tempo as reservas de terras-raras da China durariam?

2. Em 2014, a demanda global por metais de terras-raras foi de aproximadamente 133.600 toneladas. Com essa taxa de uso anual, se a China produzisse todos os metais de terras-raras do mundo, por quanto tempo suas reservas durariam?

3. Suponhamos que a demanda global anual por metais de terras-raras aumente para, no mínimo, 185 mil toneladas em dois anos. Com essa taxa, se a China produzisse todos os metais de terras-raras do mundo, por quanto tempo suas reservas durariam?

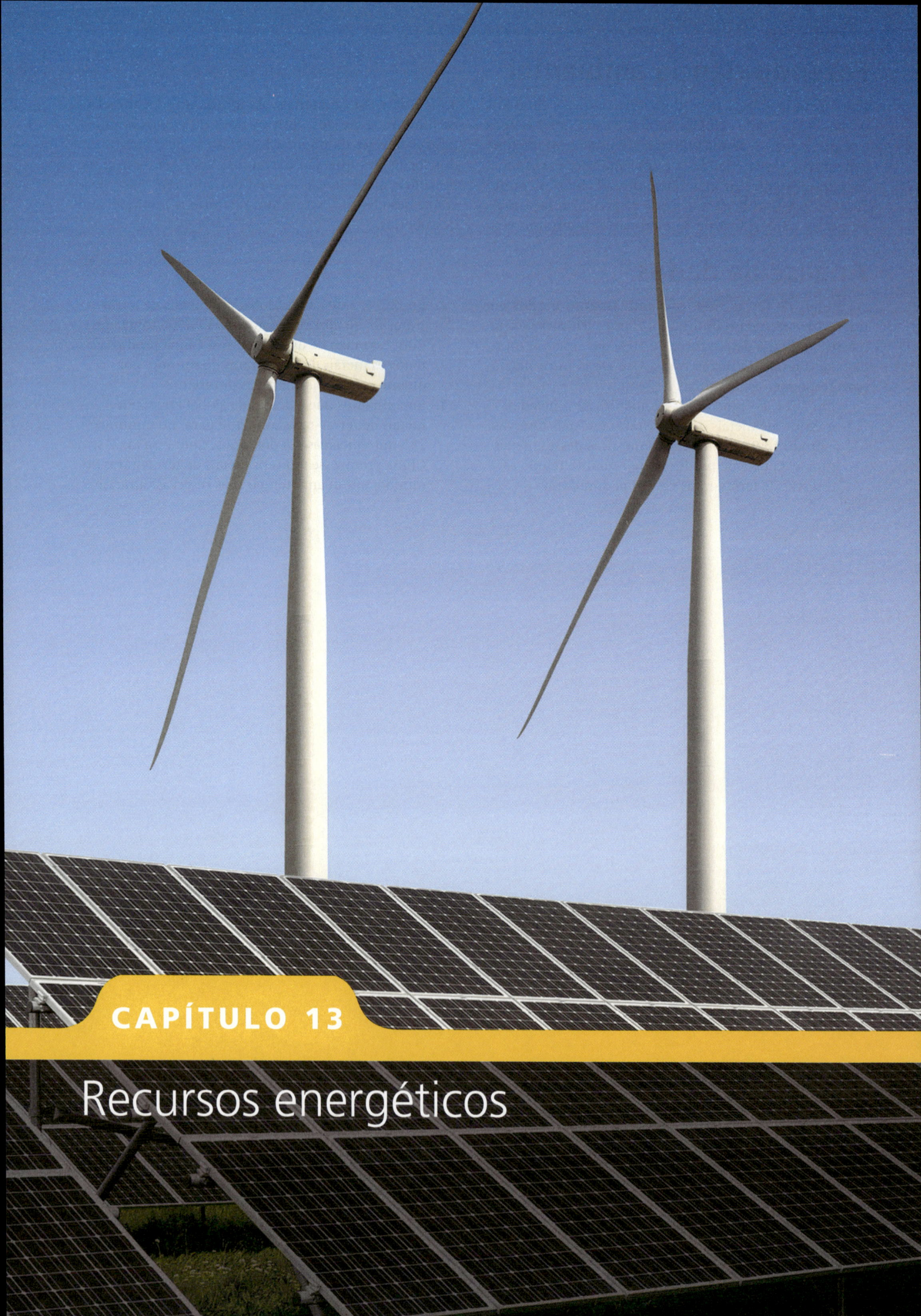

CAPÍTULO 13

Recursos energéticos

> "Assim como no século XIX predominou carvão e no XX o petróleo, o século XXI privilegiará o Sol, o vento e a energia contida na Terra."
> LESTER R. BROWN

Principais questões

13.1 O que é energia líquida e por que ela é importante?

13.2 Quais são as vantagens e desvantagens de utilizar combustíveis fósseis?

13.3 Quais são as vantagens e desvantagens de utilizar energia nuclear?

13.4 Por que a eficiência energética é um recurso importante de energia?

13.5 Quais são as vantagens e desvantagens de utilizar recursos de energia renovável?

13.6 Como podemos fazer a transição para um futuro energético mais sustentável?

Turbinas eólicas e painéis de células solares.
Vaclav Volrab/Shutterstock.com

331

Estudo de caso principal

Uso de fraturamento hidráulico para produzir petróleo e gás natural

Os geólogos conhecem há décadas os vastos depósitos de petróleo e gás natural que estão dispersos e presos entre camadas comprimidas de formações rochosas de xisto. Esses depósitos são encontrados nas profundezas subterrâneas de muitas regiões dos Estados Unidos, como Dakota do Norte, Texas e Pensilvânia.

Por muitos anos, a extração de petróleo (chamado *petróleo não convencional*) e gás natural das rochas de xisto era um processo demasiadamente caro. Isso mudou no fim da década de 1990, quando produtores de petróleo e gás combinaram duas tecnologias de extração existentes (Figura 13.1). Uma delas é a **perfuração horizontal**, que envolve a perfuração de um poço vertical profundo na terra, girando o eixo flexível da broca para depois perfurar horizontalmente e ter acesso a vários depósitos de petróleo e gás natural que ficam presos entre as camadas de formações rochosas de xisto. Em geral, os poços são escavados na vertical por 1,6 a 2,4 quilômetros e depois na direção horizontal por até 1,6 quilômetro. Normalmente, dois ou três poços perfurados na horizontal conseguem produzir a mesma quantidade de petróleo que 20 poços verticais, o que reduz a área de terra danificada pelas operações de perfuração.

A segunda tecnologia, o **fraturamento hidráulico**, é usada para liberar o petróleo e o gás natural que estão presos na rocha de xisto. Bombas de alta pressão aplicam uma mistura (ou *lama*) de água, areia e um coquetel de substâncias químicas nos buracos da tubulação do poço subterrâneo para fraturar a rocha de xisto e criar rachaduras. A areia fica presa nas rachaduras e as mantém abertas. Quando a pressão é liberada, uma mistura de petróleo ou gás natural e, aproximadamente, metade da lama sai das rachaduras e é bombeada para a superfície por meio das tubulações do poço (Figura 13.1).

A lama resultante contém uma mistura de sais naturais, metais pesados tóxicos e materiais radioativos lixiviados da rocha, além de algumas substâncias químicas de perfuração potencialmente nocivas que as empresas de petróleo e gás natural não são obrigadas a identificar. A lama perigosa é injetada sob alta pressão em profundos poços subterrâneos de resíduos perigosos (a opção mais usada), enviada para usinas de tratamento de esgoto que, em geral, não conseguem lidar com os resíduos, armazenada em poços de retenção que podem vazar ou entrar em colapso, ou limpa e reusada no processo de fraturamento hidráulico. Essa última é a melhor opção, mas a menos utilizada em razão do custo elevado.

Empresas de energia perfuram um poço horizontalmente e realizam o fraturamento várias vezes. Depois, perfuram um novo poço e repetem o processo. O uso dessas duas tecnologias de extração em pelo menos 25 estados, entre 1990 e 2015, criou uma nova era de maior produção de petróleo e gás natural nos Estados Unidos. Essa nova era vai durar enquanto os preços de mercado do petróleo e do gás natural forem altos o suficiente para que as operações de perfuração sejam lucrativas. Assim como qualquer tecnologia, essa abordagem tem vantagens e desvantagens, que discutiremos mais adiante.

Neste capítulo, vamos estudar e comparar os benefícios e inconvenientes do uso de *recursos não renováveis*, como petróleo, gás natural, carvão e energia nuclear, em relação às melhorias na eficiência energética, com o uso de *recursos renováveis*, como vento, energia solar, água corrente e o calor interno da Terra.

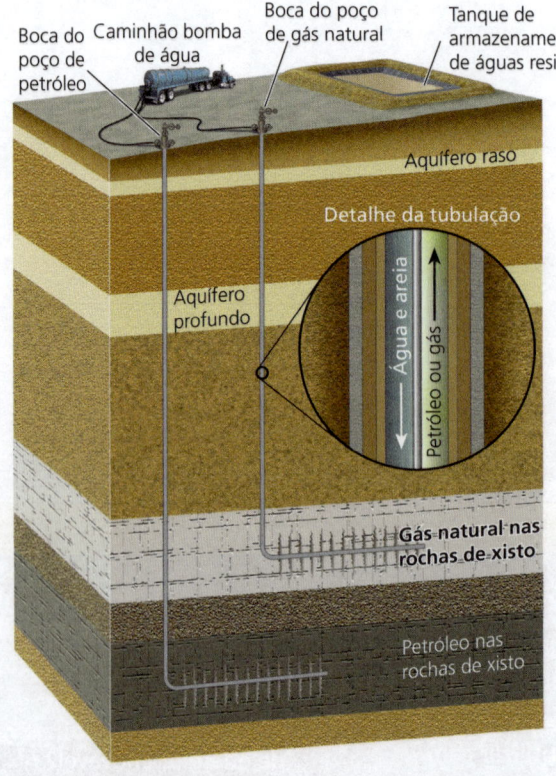

FIGURA 13.1 Perfuração horizontal e fraturamento hidráulico são processos usados para liberar grandes quantidades de petróleo e gás natural que ficam presas firmemente em formações rochosas subterrâneas de xisto

13.1 O QUE É ENERGIA LÍQUIDA E POR QUE É IMPORTANTE?

CONCEITO 13.1A Cerca de 90% da energia comercial usada no mundo vem de recursos energéticos não renováveis (principalmente petróleo, gás natural e carvão) e 10% é proveniente de recursos renováveis.

CONCEITO 13.1B Os recursos energéticos variam muito em seus rendimentos de *energia líquida*, que é a quantidade de energia disponível de um recurso menos a quantidade de energia usada para disponibilizá-la.

De onde vem a energia que usamos?

A energia que aquece a Terra e torna possível a existência da vida vem do sol, de acordo com o **princípio de sustentabilidade** da energia solar. Sem essa entrada gratuita e basicamente inesgotável de energia solar, a temperatura média do planeta seria de –240 °C e a vida como conhecemos hoje não existiria.

Para complementar a energia solar que mantém a vida, usamos *energia comercial*, produzida a partir de uma variedade de recursos energéticos renováveis e não renováveis e vendida no mercado. Esse tipo comercial fornece 99% da energia da Terra. Os *recursos energéticos não renováveis* são encontrados em quantidades fixas, que levam milhões de anos para serem formadas. Exemplos incluem combustíveis fósseis (petróleo, gás natural, carvão) e o núcleo de determinados elementos (energia nuclear). *Recursos energéticos renováveis* são reabastecidos por processos naturais e incluem a energia proveniente do Sol, do vento, da água corrente (energia hídrica), a biomassa (energia armazenada nas plantas) e o calor do interior da Terra (energia geotérmica).

Em 2015, 90% da energia comercial usada no mundo e nos Estados Unidos vinha de recursos não renováveis (principalmente petróleo, carvão e gás natural), enquanto 10% era proveniente de recursos renováveis (Figura 13.2) (**Conceito 13.1A**).

90% Porcentagem de energia comercial usada no mundo e nos Estados Unidos proveniente de recursos não renováveis (principalmente combustíveis fósseis).

Energia líquida: é preciso energia para obter energia

Para produzir energia de alta qualidade a partir de qualquer recurso energético são necessárias entradas de energia de alta qualidade. Por exemplo, antes de o petróleo poder ser usado, ele precisa ser localizado, extraído por bombas da parte inferior do solo oceânico, transferido para uma refinaria, convertido em gasolina e outros combustíveis para, por fim, ser entregue aos consumidores. Cada uma dessas etapas consome energia de alta qualidade, obtida principalmente pela queima de combustíveis fósseis, em especial gasolina e diesel produzidos com petróleo. Conforme a segunda lei da termodinâmica (Capítulo 2), parte da energia de alta qualidade usada nessas etapas é degradada e se transforma em energia de qualidade inferior, que normalmente flui para o ambiente em forma de calor.

A **energia líquida** é a quantidade de energia de alta qualidade disponível de um recurso energético menos a

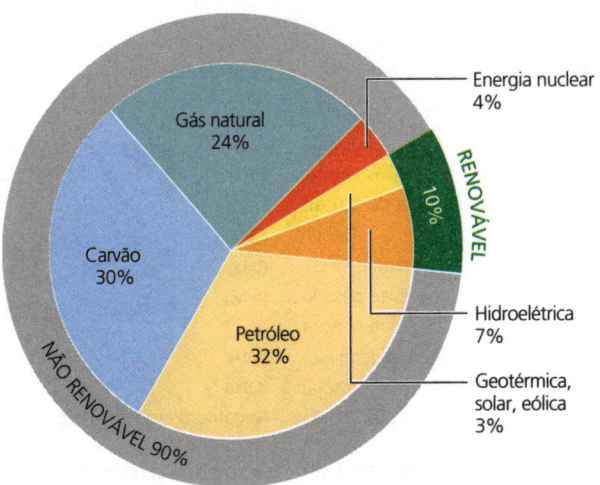
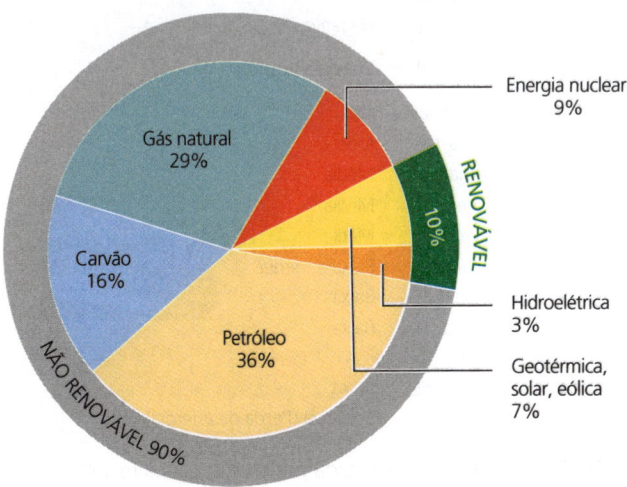

FIGURA 13.2 Uso de energia por fonte no mundo todo (à esquerda) e nos Estados Unidos (à direita) em 2015.

Informações compiladas pelos autores com base em dados de British Petroleum, Administração de Informação de Energia dos Estados Unidos (Energy Information Administration – EIA) e Agência Internacional de Energia (International Energy Agency – IEA).

energia de alta qualidade necessária para disponibilizá-la (**Conceito 13.1B**).

Energia líquida = entrada de energia – saída de energia

Suponha que sejam necessárias nove unidades de energia de alta qualidade para produzir dez unidades de energia de alta qualidade com um recurso energético. Assim, a energia líquida desse recurso é de uma unidade de energia (10 – 9 = 1), um valor baixo. A energia líquida é como o lucro líquido obtido por uma empresa após a dedução das despesas. Se a empresa fatura US$ 1 milhão em vendas e tem US$ 900 mil em despesas, o lucro líquido dela é de US$ 100 mil.

A Figura 13.3 mostra de forma generalizada a energia líquida dos principais recursos e sistemas energéticos. Muitos analistas consideram a energia líquida uma importante medida para avaliar a utilidade econômica de diferentes recursos energéticos em longo prazo.

Parte dos recursos energéticos precisa de subsídios

Levar recursos com baixa energia líquida para o mercado é um processo caro. Isso dificulta a competição desses recursos no mercado com aqueles que têm energia líquida mais alta, a menos que recebam subsídios e isenções fiscais do governo (por meio dos contribuintes) ou de outras fontes externas.

Por exemplo, a eletricidade produzida pela energia nuclear tem um baixo rendimento de energia líquida porque são necessárias grandes quantidades de energia de alta qualidade para cada etapa do *ciclo de combustível de energia nuclear*: extrair e processar minério de urânio, convertê-lo em combustível nuclear, construir e operar usinas nucleares, desmontar cada uma das usinas radioativas após seu tempo de vida útil (geralmente de 40 a 60 anos) e armazenar com segurança por milhares de anos os resíduos radioativos de alto nível criados durante as operações e a desativação de cada usina.

A baixa energia líquida e o alto custo de todo o ciclo resultante (discutido posteriormente neste capítulo) é um dos motivos para governos de todo o mundo fornecerem subsídios elevados para disponibilizar a eletricidade gerada por fontes nucleares aos consumidores por um preço acessível. No entanto, esses subsídios ocultam os custos reais do ciclo de combustível de energia nuclear, violando, assim, o **princípio de sustentabilidade** da precificação de custo total.

Eletricidade	Energia líquida
Eficiência energética	Alta
Energia hidrelétrica	Alta
Energia eólica	Alta
Carvão	Alta
Gás natural	Média
Energia geotérmica	Média
Células solares	Baixa a média
Ciclo de combustível nuclear	Baixa
Hidrogênio	Negativa (Perda de energia)

Calor industrial de alta temperatura	Energia líquida
Eficiência energética (cogeração)	Alta
Carvão	Alta
Gás natural	Média
Petróleo	Média
Petróleo pesado de xisto	Baixa
Petróleo pesado de areia betuminosa	Baixa
Energia solar direta (concentrada)	Baixa
Hidrogênio	Negativa (Perda de energia)

Aquecimento espacial	Energia líquida
Eficiência energética	Alta
Energia solar passiva	Média
Gás natural	Média
Energia geotérmica	Média
Petróleo	Média
Energia solar ativa	Baixa a média
Petróleo pesado de xisto	Baixa
Petróleo pesado de areia betuminosa	Baixa
Eletricidade	Baixa
Hidrogênio	Negativa (Perda de energia)

Transporte	Energia líquida
Eficiência energética	Alta
Gasolina	Alta
Gás natural	Média
Etanol (de cana-de-açúcar)	Média
Diesel	Média
Gasolina do petróleo pesado de xisto	Baixa
Gasolina do petróleo pesado de areia betuminosa	Baixa
Etanol (de milho)	Baixa
Biodiesel (de soja)	Baixa
Hidrogênio	Negativa (Perda de energia)

FIGURA 13.3 Energia líquida padrão de vários recursos e sistemas energéticos (**Conceito 13.1**). *Raciocínio crítico:* Com base apenas nesses dados, quais recursos de cada categoria deveríamos usar? Cite dois de cada.

Informações compiladas pelos autores com base em dados de Departamentos de Energia e Agricultura dos Estados Unidos; Colorado Energy Research Institute, *Net Energy Analysis*, 1976; Howard T. Odum e Elisabeth C. Odum, *Energy Basis for Man and Nature*, 3. ed., Nova York: McGraw-Hill, 1981; e Charles A. S. Hall e Kent A. Klitgaard, *Energy and the Wealth of Nations*, Nova York: Springer, 2012.
Topo, à esquerda: racorn/Shutterstock.com. Abaixo, à esquerda: Donald Aitken/National Renewable Energy Laboratory. Topo, à direita: Serdar Tibet/Shutterstock.com. Topo, à esquerda: racorn/Shutterstock.com. Abaixo, à esquerda: Donald Aitken/National Renewable Energy Laboratory. Topo, à direita: Serdar Tibet/Shutterstock.com. Abaixo, à direita: Michel Stevelmans/Shutterstock.com.

13.2 QUAIS SÃO AS VANTAGENS E DESVANTAGENS DE UTILIZAR COMBUSTÍVEIS FÓSSEIS?

CONCEITO 13.2 Hoje, petróleo, gás natural e carvão são abundantes e relativamente baratos, mas usá-los causa poluição do ar e da água e libera gases de efeito estufa na atmosfera.

Dependemos muito do petróleo

O **petróleo bruto** ou **petróleo** é um líquido preto e viscoso que inclui uma mistura de hidrocarbonetos combustíveis (compostos que contêm átomos de hidrogênio e carbono), além de pequenas quantidades de enxofre, oxigênio e impurezas de nitrogênio. Também é conhecido como *petróleo convencional* ou *petróleo bruto leve* ou *doce*. O petróleo bruto é formado ao longo de milhões de anos a partir dos restos decompostos de organismos antigos, esmagados debaixo de camadas de rochas, e sujeitos a intensa pressão e calor. O petróleo é o recurso energético comercial mais usado no mundo (Figura 13.2, à esquerda) e nos Estados Unidos (Figura 13.2, à direita).

Depósitos de petróleo bruto convencional normalmente ficam presos debaixo de camadas de rochas não porosas na crosta terrestre no solo ou sob o fundo do mar. O petróleo bruto desses depósitos encontra-se disperso em poros e rachaduras microscópicos das formações rochosas subterrâneas, algo como a água saturando uma esponja.

Os geólogos identificam possíveis depósitos de petróleo usando grandes máquinas para socar a terra e enviar ondas de choque para o subsolo, medindo quanto tempo as ondas levam para serem refletidas de volta. Essas informações são inseridas em computadores para produzir *mapas sísmicos tridimensionais*, que mostram a localização e o tamanho de várias formações rochosas subterrâneas, inclusive aquelas que contêm petróleo.

Depois de identificar a possível localização de um depósito, as empresas petrolíferas escavam buracos e removem núcleos de rochas para determinar se há petróleo o bastante para garantir uma extração lucrativa. Se a quantidade for suficiente, os poços serão perfurados e o petróleo, extraído dos poros das rochas pela gravidade, fluirá para o fundo do poço e será bombeado até a superfície.

Após cerca de uma década de bombeamento, a pressão em um poço normalmente cai e a taxa de produção de petróleo bruto começa a diminuir. Este momento é chamado **pico de produção** do poço. O mesmo declínio na produção também pode ocorrer em um campo de petróleo com vários poços.

O petróleo bruto de um poço não pode ser usado na forma como é extraído. Ele é transportado para uma refinaria por meio de oleodutos, caminhões, trens ou navios-petroleiros. Lá, esse material é aquecido para ser separado em combustíveis variados e outros componentes com diferentes pontos de ebulição (Figura 13.4), em um processo chamado **refino**. O ciclo do refino exige uma grande quantidade de energia de alta qualidade e reduz a energia líquida do petróleo. Cerca de 2% dos produtos do refino, chamados **petroquímicos**, são usados como matéria-prima para a fabricação de substâncias químicas orgânicas industriais, fluidos de limpeza, pesticidas, plásticos, fibras sintéticas, tintas, medicamentos, cosméticos e muitos outros produtos.

O mundo está ficando sem petróleo bruto?

Somos extremamente dependentes do petróleo bruto. Em 2016, o mundo usou 34,7 bilhões de barris dessa substância. Um barril de petróleo contém 159 litros. Enfileirados, os barris utilizados se estenderiam por aproximadamente 31,7 milhões de quilômetros, distância suficiente para ir até a Lua e voltar quase 41 vezes.

Quanto petróleo bruto existe na Terra? Ninguém sabe a verdadeira resposta, mas os geólogos estimaram a quantidade existente nos depósitos identificados. **Reservas comprovadas de petróleo** são depósitos conhecidos nos quais o petróleo bruto pode ser extraído de maneira rentável por preços correntes usando a tecnologia atual. As reservas comprovadas de petróleo não são fixas; elas surgem quando novos depósitos são encontrados ou quando novas tecnologias de extração, como a perfuração horizontal e o fraturamento hidráulico (Estudo de caso principal), tornam possível e lucrativa a produção de petróleo de depósitos em que a exploração era cara demais anteriormente.

A energia líquida do petróleo bruto continua alta em locais como a Arábia Saudita, em que imensos depósitos perto da superfície terrestre produzem petróleo a um custo de US$ 3 a US$ 10 por barril. No entanto, desde 1999, produtores de petróleo precisam gastar mais dinheiro e usar mais energia para perfurar poços mais profundos na terra e no mar, além de transportar o material de áreas mais remotas e difíceis, como o Ártico. Como resultado, o petróleo fica com um rendimento de energia líquida mediano. Não há uma escassez global de petróleo, e sim uma escassez crescente de petróleo barato, já que os depósitos de petróleo bruto concentrado de fácil acesso estão sendo esgotados.

Os 12 países que compõem a Organização dos Países Exportadores de Petróleo (Opep) detêm cerca de 81% das reservas comprovadas de petróleo bruto do mundo e, portanto, provavelmente controlarão a maior parte do fornecimento de petróleo convencional do planeta por décadas. Os países membros da Opep são Argélia, Angola, Equador, Irã, Iraque, Kuwait, Líbia, Nigéria, Catar, Arábia Saudita, Emirados Árabes Unidos e

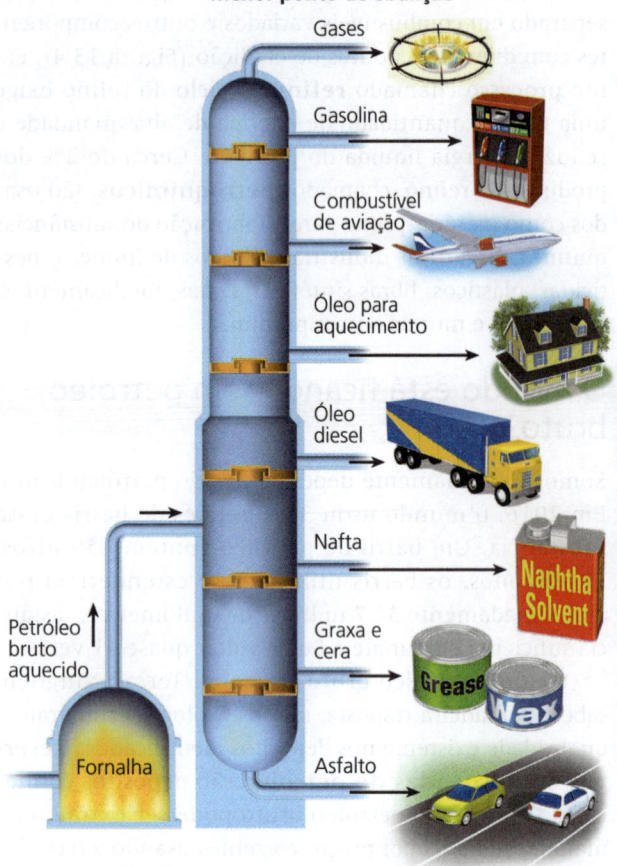

FIGURA 13.4 Quando o petróleo bruto é refinado, muitos de seus componentes são removidos em vários níveis, dependendo de seus pontos de ebulição. Os componentes mais voláteis com os menores pontos de ebulição são removidos no topo da coluna, que pode ser tão alta quanto um prédio de nove andares. A foto mostra uma refinaria de petróleo no Texas.

Venezuela. Porém, o aumento recente na produção de petróleo nos Estados Unidos (**Estudo de caso principal**) enfraqueceu a capacidade que os países da Opep têm de controlar os preços globais do petróleo.

Em 2015, os três países com as maiores reservas comprovadas de petróleo bruto eram Venezuela, Arábia Saudita e Canadá (incluindo petróleo pesado de areias betuminosas, abordado mais adiante no capítulo). Os três maiores produtores de petróleo bruto em 2015 foram Estados Unidos, Arábia Saudita e Rússia. Naquele mesmo ano, os três maiores consumidores desse material, Estados Unidos, China e Japão, tinham, respectivamente, apenas 3,2%, 1,1% e 0,003% das reservas comprovadas de petróleo bruto do mundo.

81% Porcentagem das reservas comprovadas de petróleo do mundo controladas pelos 12 países membros da Opep.

ESTUDO DE CASO

Produção e consumo de petróleo nos Estados Unidos

Em 2015, os Estados Unidos obtiveram 81% de sua energia comercial de combustíveis fósseis com a maior porcentagem proveniente do petróleo bruto (Figura 13.2, à direita).

Desde 1982, os Estados Unidos importam parte do petróleo usado, porque o consumo do produto ultrapassou a produção interna. Em 2015, o país importou 24% do seu petróleo bruto, em comparação com 60% em 2005, principalmente devido ao aumento na produção interna de petróleo não convencional a partir de rochas de xisto (**Estudo de caso principal**). Em 2015, os cinco maiores fornecedores de petróleo importado para os Estados Unidos eram, em ordem, Canadá, Arábia Saudita, Venezuela, México e Colômbia.

Os Estados Unidos conseguirão continuar reduzindo sua dependência da importação de petróleo ao aumentar a produção local? Alguns dizem que sim e estimam que a produção interna de petróleo aumentará intensamente nas próximas décadas, especialmente graças ao petróleo encontrado em camadas de rochas de xisto (**Estudo de caso principal**).

Outros analistas questionam a disponibilidade dessa fonte de petróleo em longo prazo por dois motivos. *Primeiro*, a perfuração de um poço horizontal de petróleo custa mais que a perfuração de um poço vertical. Portanto, se o preço do petróleo cair demais (para menos de US$ 50 a US$ 60 o barril), o uso da perfuração horizontal e do fraturamento hidráulico para desenvolver novos poços deixará de ser lucrativo e o número de novos poços diminuirá drasticamente, como aconteceu nos Estados Unidos entre 2014 e 2016, a menos que a produção seja transformada com um processo mais eficiente e menos custoso. *Segundo*, a produção de petróleo bruto de rochas de xisto cai cerca de duas vezes mais rápido do que na maioria dos campos convencionais de petróleo.

Segundo a Agência Internacional de Energia (International Energy Agency – IEA), é provável que o petróleo produzido a partir de rochas de xisto nos Estados Unidos chegue ao pico em 2020 e passe por um declínio por duas ou três décadas, à medida que os depósitos mais ricos forem esgotados. Se essa projeção estiver correta, a explosão atual da produção estadunidense de petróleo a partir de rochas de xisto é uma bolha temporária, e não uma fonte de petróleo em longo prazo. O problema de longo prazo dos Estados Unidos é que o país consome cerca de 20% da produção de petróleo global enquanto produz 13% e tem apenas 3,2% das reservas comprovadas de petróleo bruto do mundo.

O uso do petróleo bruto tem vantagens e desvantagens

A Figura 13.5 lista as principais vantagens e desvantagens de utilizar o petróleo bruto como recurso energético. Um problema crítico é que a queima de petróleo ou de qualquer combustível fóssil que contém carbono libera CO_2, gás causador do efeito estufa na atmosfera. De acordo com décadas de pesquisas e pelo menos 90% dos maiores cientistas especializados em clima do mundo, esse fenômeno desempenha um papel importante no aquecimento da atmosfera e nas alterações do clima da Terra, conforme discutiremos no Capítulo 15.

O petróleo pesado tem um alto impacto ambiental

Uma alternativa ao petróleo convencional ou leve é o petróleo bruto pesado, que é mais denso e mais pegajoso. Duas fontes de petróleo pesado são rochas de xisto e areias betuminosas.

O petróleo pesado extraído de rochas de xisto betuminoso é chamado **petróleo de xisto**. Esse tipo de petróleo fica *disperso dentro* dos corpos rochosos, enquanto o petróleo mais leve fica *preso entre* camadas de rochas de xisto (**Estudo de caso principal**). A produção do petróleo de xisto envolve processos para minerar, triturar e aquecer as rochas betuminosas (Figura 13.6, à esquerda) com o objetivo de extrair uma mistura de hidrocarbonetos chamada *querogênio*, que pode ser destilada para produzir o petróleo de xisto (Figura 13.6, à direita). Antes que essa substância densa possa ser bombeada por um oleoduto pressurizado até uma refinaria, ela precisa ser aquecida para aumentar sua taxa de vazão e processada para remover o enxofre, o nitrogênio e outras impurezas, processos que reduzem sua energia líquida.

Quase 72% das reservas de xisto betuminoso estimadas no mundo estão enterradas nas profundezas das formações rochosas localizadas principalmente em terras de propriedade do governo nos estados do Colorado, Wyoming e Utah (Estados Unidos). O suprimento em potencial é enorme, mas o rendimento de energia líquida é baixo (Figura 13.3), o que significa que o

Vantagens e desvantagens

Petróleo convencional

Vantagens	Desvantagens
Amplo suprimento por várias décadas	Poluição da água provocada por derramamentos e vazamentos de petróleo
Rendimento de energia líquida é médio, mas está diminuindo	Custos ambientais não incluídos no preço de mercado
Baixa destruição da terra	Libera CO_2 e poluentes do ar quando queimado
Sistema de distribuição eficiente	Vulnerável a interrupções internacionais de suprimento

FIGURA 13.5 O uso de petróleo leve convencional como recurso energético tem vantagens e desvantagens. ***Raciocínio crítico:*** Qual vantagem e qual desvantagem você considera as mais importantes? Por quê? As vantagens superam as desvantagens? Justifique sua resposta.

FIGURA 13.6 O petróleo de xisto (à direita) pode ser extraído de uma rocha de xisto betuminoso (à esquerda).

desenvolvimento desses depósitos é caro demais. O processo também tem um grande impacto ambiental prejudicial, que inclui a produção de resíduos de rocha e água residual, o possível vazamento do querogênio extraído em águas subterrâneas e o elevado uso de água. Se o preço da produção diminuir ou o preço do petróleo convencional aumentar drasticamente, e se esses efeitos ambientais prejudiciais forem reduzidos, o petróleo de xisto poderá se tornar uma fonte de energia importante. Caso contrário, continuará no subsolo.

Uma fonte crescente de petróleo pesado são as **areias betuminosas**, uma mistura de argila, areia, água e *betume* (um óleo denso e viscoso como o alcatrão, com um grande conteúdo de enxofre). Grande parte das reservas comprovadas de petróleo pesado de areia betuminosa do mundo é encontrada debaixo do solo arenoso de uma área ampla de floresta boreal remota em Alberta, no Canadá. Se incluirmos o petróleo leve convencional e o petróleo pesado de areia betuminosa, podemos dizer que o Canadá tem a terceira maior reserva comprovada de petróleo do mundo. Os Estados Unidos também têm grandes depósitos de areia betuminosa em Utah, Wyoming e Colorado.

As duas grandes desvantagens da produção de petróleo de areia betuminosa são a baixa energia líquida (Figura 13.2) e os grandes impactos ambientais negativos sobre o solo (Figura 13.7), o ar, a água, a vida selvagem e o clima. Para produzir um barril desse petróleo sintético pesado, são necessárias de duas a quatro toneladas de areia betuminosa e de dois a cinco barris de água. De acordo com um estudo conduzido pelo Departamento de Energia dos Estados Unidos (U.S. Department of Energy – DOE) em 2015, o processo também emite grandes quantidades de poluentes do ar e 20% mais CO_2 causador de mudanças climáticas, do que a produção de petróleo bruto convencional. Um estudo realizado por Shao-Meng Li e outros cientistas canadenses em 2016 revelou que a produção de petróleo de areia betuminosa no Canadá também é uma grande fonte de poluição do ar por partículas finas (aerossol), que pode aumentar o risco de doenças cardíacas e pulmonares.

A produção do petróleo pesado é cara. Entre 2014 e julho de 2017, o preço global do petróleo bruto leve estava bem abaixo do custo médio da produção de petróleo pesado de areia betuminosa. Como consequência, a nova produção diminuiu. A Figura 13.8 lista as principais vantagens e desvantagens de produzir petróleo pesado de rochas de xisto e areia betuminosa.

Gás natural é um recurso energético importante

O **gás natural** é uma mistura de gases, dos quais de 50% a 90% são metano (CH_4). Também contém pequenas quantidades de hidrocarbonetos gasosos, como propano (C_3H_8) e butano (C_4H_{10}), e de sulfeto de hidrogênio (H_2S) altamente tóxico. O gás natural tem um rendimento de energia líquida médio (Figura 13.3) e é amplamente usado para cozinhar, em sistemas de aquecimento e em processos industriais. Também é utilizado para abastecer frotas de caminhões e carros, além de turbinas de energia que produzem eletricidade nas usinas.

Essa versatilidade e o uso de técnicas como perfuração horizontal e fraturamento hidráulico (**Estudo de caso principal**) ajudam a explicar por que o gás natural forneceu cerca de 29% da energia (Figura 13.3, à direita) e 34% da eletricidade consumida nos Estados Unidos em 2016 (de 17% em 2003). As usinas de gás natural custam menos e são construídas muito mais rapidamente que as usinas nucleares e as unidades movidas a carvão. A queima do gás natural é mais limpa que a do petróleo, e muito mais que a do carvão. Quando queimado totalmente, ele emite cerca de 30% menos CO_2 que o petróleo e quase 50% menos que o carvão, produzindo a mesma quantidade de energia. Isso explica por que a produção e o consumo de gás natural cresceram e devem crescer ainda mais nas próximas décadas. O aumento da produção de gás natural nos Estados Unidos reduziu o preço de mercado desse produto.

Em geral, o gás natural é encontrado em depósitos acima dos depósitos de petróleo bruto. Essa substância também pode ser encontrada em depósitos fixos entre camadas de rochas de xisto. Nesse caso, são extraídos por meio de processos como perfuração horizontal e fraturamento hidráulico (**Estudo de caso principal**).

Quando um depósito de gás natural é explorado, os gases propano e butano podem ser liquefeitos e removidos em forma de **gás liquefeito de petróleo (GLP)**. O GLP é armazenado em tanques pressurizados e usado principalmente em áreas rurais que não são atendidas por tubulações de gás natural. O restante do gás (em sua maioria metano) é purificado e bombeado em gasodutos pressurizados para distribuição em áreas terrestres. Os Estados Unidos exportam gás natural, principalmente por gasodutos, para o México e o Canadá.

O gás natural também pode ser transportado pelo oceano, após a conversão para **gás natural liquefeito (GNL)** sob alta pressão e temperatura muito baixa. O líquido altamente inflamável é transportado em navios-tanque. Quando chega ao porto de destino, ele é aquecido e convertido novamente em seu estado gasoso para a distribuição por gasodutos. O GNL tem menor rendimento de energia líquida que o gás natural, porque mais de um terço de seu conteúdo energético é usado nos processos de liquefação, processamento, entrega aos usuários por navio e para convertê-lo de volta a gás natural. Até 2020, o DOE estima que os Estados Unidos serão o terceiro maior exportador mundial de GNL.

Em 2015, os três países com as maiores reservas comprovadas de gás natural do mundo eram, em ordem, Irã, Rússia e Catar. Os três maiores produtores de gás natural eram Estados Unidos, Rússia e China. Já os três maiores consumidores eram Estados Unidos, Rússia e Irã.

FIGURA 13.7 A operação de mineração de superfície de areia betuminosa em Alberta, no Canadá, envolve a remoção de floresta boreal e a mineração do terreno por faixas para extrair a areia betuminosa.

Christopher Kolaczan /Shutterstock.com

Vantagens e desvantagens

Petróleo pesado de areia betuminosa

Vantagens	Desvantagens
Grande potencial de fornecimento	Baixo rendimento de energia líquida
Facilmente transportado nos países e entre eles	Libera CO_2 e outros poluentes do ar
	Caro
Sistema de distribuição eficiente já implementado	Grave destruição do solo
	Poluição da água e exige alto uso desse recurso

Christopher Kolaczan /Shutterstock.com

FIGURA 13.8 O uso de petróleo pesado de areia betuminosa e rochas de xisto como recurso energético tem vantagens e desvantagens (**Conceito 13.2**). *Raciocínio crítico:* Qual vantagem e qual desvantagem você considera as mais importantes? Por quê? As vantagens superam as desvantagens? Justifique.

Hoje em dia, os Estados Unidos não precisam recorrer a importações de gás natural, porque a produção interna está crescendo rapidamente, principalmente devido ao uso cada vez mais generalizado de técnicas como perfuração horizontal e fraturamento hidráulico para extrair a substância de leitos de rochas de xisto (**Estudo de caso principal**). A maior oferta reduziu o preço desse recurso, que acelerou a transição do carvão para o gás natural na geração de eletricidade nos Estados Unidos.

Recursos energéticos

FOCO NA CIÊNCIA 13.1

Efeitos ambientais da produção de gás natural e do fraturamento hidráulico no Estados Unidos

A U.S. Energy Information Administration estima que, nas próximas uma ou duas décadas, pelo menos 100 mil poços de gás natural adicionais serão perfurados e passarão por processos de fraturamento hidráulico nos Estados Unidos (**Estudo de caso principal**).

Estudos científicos indicam que, sem mais medidas de monitoramento e regulamentações aplicáveis a todo o processo de produção e distribuição de gás natural (inclusive o fraturamento hidráulico), o grande aumento da produção de gás natural (e petróleo) de rochas de xisto poderá ter vários efeitos ambientais nocivos:

- O fraturamento hidráulico requer volumes enormes de água, de 10 a 100 vezes mais que um poço vertical convencional. Em áreas com pouca água, esse processo pode esgotar aquíferos, degradar habitats aquáticos e reduzir a disponibilidade de água para irrigação e outros fins.
- Cada poço fraturado produz grandes volumes de águas residuais perigosas, bombeadas para a superfície juntamente com o gás natural (ou petróleo) liberado.
- Para fornecer as quantidades massivas de areia usadas no fraturamento hidráulico, grandes áreas de terras agrícolas estão sendo destruídas em estados como Illinois, Wisconsin e Minnesota.
- Para evitar vazamentos de gás natural (ou petróleo) de poços convencionais e obtidos com fraturamento hidráulico, bem como da água residual perigosa que volta para a superfície, um cano de aço chamado tubo de revestimento é inserido no poço perfurado e preso com cimento bombeado em um pequeno espaço entre o cano e as rochas circundantes (Figura 13.1). Falhas nesse revestimento do poço ou problemas na cimentação podem liberar metano (ou petróleo) e substâncias contaminantes das águas residuais nos lençóis freáticos e poços de água potável bem acima do local de fraturamento. Quando a água contaminada sai por uma torneira, o gás natural pode pegar fogo (Figura 13.9). Experiências mostram que a cimentação do tubo de revestimento de aço no poço é o elo mais fraco da produção de gás natural (e petróleo) e da prevenção de vazamentos de poços ativos e abandonados.
- De acordo com estudos recentes conduzidos pela Academia Nacional de Ciências (National Academy of Sciences) e do Serviço Geológico dos Estados Unidos (U.S. Geological Survey), uma das causas de centenas de pequenos terremotos, e alguns com intensidade média, em 13 estados estadunidenses, especialmente em Oklahoma, nos últimos anos foi a movimentação de leitos de rocha resultante da injeção de alta pressão de águas residuais do fraturamento hidráulico em um número cada vez maior de poços subterrâneos de resíduos perigosos. Geólogos estão preocupados, pois esses terremotos podem liberar água residual perigosa em aquíferos e causar rupturas nos revestimentos de aço e nas vedações de cimento das tubulações de poços de petróleo e gás.

FIGURA 13.9 As partículas de gás natural dessa torneira em uma casa na Pensilvânia podem ser acesas como um fogão a gás. Esse fenômeno começou a acontecer na região depois que uma empresa de energia perfurou um poço de fraturamento hidráulico, mas a companhia nega ser responsável por isso. Os moradores precisam manter as janelas parcialmente abertas durante todo o ano para evitar que o gás letal e explosivo se acumule em suas casas.

Em 2016, um estudo da EPA com duração de cinco anos concluiu que entre as maiores ameaças impostas pelo fraturamento hidráulico incluem a contaminação potencial das águas subterrâneas decorrente de falhas nos revestimentos e nas vedações de cimento dos poços, a má gestão das águas residuais contaminadas resultantes do processo e dos vazamentos químicos nos locais de perfuração.

Atualmente, há pouca proteção contra os impactos ambientais prejudiciais do fraturamento hidráulico de gás natural sobre as pessoas e o meio ambiente. Isso acontece porque, em 2015, sob pressão política dos fornecedores de gás natural, o Congresso estadunidense excluiu o fraturamento hidráulico de gás natural das regulamentações da EPA em sete grandes leis ambientais federais. A preocupação dos analistas é que, sem regulamentações e sistemas de monitoramento mais rigorosos, a perfuração de mais 100 mil poços de gás natural nos próximos 10 a 20 anos

FOCO NA CIÊNCIA 13.1 (continuação)

poderá aumentar o risco de poluição do ar e da água decorrente do processo de produção de gás natural e levar a um movimento político contra essa tecnologia. Para evitar isso, alguns recomendam a adoção das seguintes medidas:

- Eliminar todas as exclusões de leis ambientais para a indústria de gás natural.
- Impor um limite sobre o número de poços de injeção de resíduos perigosos em uma região com poços de gás natural (ou petróleo), como foi feito em Oklahoma.
- Aumentar o monitoramento e a regulamentação de todo o sistema de produção e distribuição de gás natural.
- Consertar os vazamentos de gás natural existentes.

No entanto, há uma forte oposição política a essas mudanças por parte da indústria do gás natural.

RACIOCÍNIO CRÍTICO

Como a sua vida seria afetada se as mudanças de políticas mencionadas não forem implementadas?

Contudo, a produção de gás natural de rochas de xisto tende a alcançar um pico e cair muito mais rápido do que a produção de poços de gás natural convencionais. Além disso, a extração e produção de gás natural de rochas de xisto reduz seu rendimento de energia líquida e, sem regulamentações eficazes, pode aumentar os impactos ambientais prejudiciais da produção desse recurso (Foco na ciência 13.1).

Gás natural e mudanças climáticas

Algumas pessoas consideram o maior uso de gás natural uma maneira de retardar as mudanças climáticas, pois ele emite muito menos CO_2 por unidade de energia que o carvão. Os críticos destacam dois problemas dessa visão. Primeiro, o gás natural abundante e barato pode reduzir o uso do carvão, prejudicial para o meio ambiente, mas o preço baixo também pode atrasar a transição para a eficiência energética e as fontes de energia renováveis (conforme discutiremos mais adiante, nesse capítulo). Outro problema é que o metano (CH_4) é um gás de efeito estufa muito mais potente por molécula que o CO_2. Pesquisas indicam que os processos de perfuração, produção e distribuição de gás natural liberam grandes quantidades de CH_4 na atmosfera. A menos que essa liberação seja impedida, a maior dependência do gás natural poderá apressar, e não retardar, as mudanças climáticas.

A Figura 13.10 lista as vantagens e desvantagens do uso de gás natural convencional como um recurso energético.

Carvão é um combustível abundante, mas sujo

O **carvão** é um combustível fóssil sólido, formado por restos de plantas terrestres enterrados e expostos ao calor e à pressão intensos por 300 a 400 milhões de anos. A Figura 13.11 identifica os principais tipos de carvão formados a partir desse processo.

Vantagens e desvantagens

Gás natural convencional

Vantagens	Desvantagens
Suprimentos amplos	Baixo rendimento de energia líquida para GNL
Combustível versátil	A produção e a entrega podem emitir mais CO_2 e CH_4 por unidade de energia produzida do que o carvão
Rendimento de energia líquida médio	
Emite menos CO_2 e poluentes do ar do que outros combustíveis fósseis quando queimado	O fraturamento hidráulico usa e polui grandes volumes de água
	Potencial poluição das águas subterrâneas pelo fraturamento hidráulico

Werner Muenzker/Shutterstock.com

FIGURA 13.10 O uso de gás natural convencional como recurso energético tem vantagens e desvantagens. *Raciocínio crítico:* Qual vantagem e qual desvantagem você considera mais importantes? Por quê? Você acha que as vantagens superam as desvantagens? Justifique.

O carvão é queimado em usinas (Figura 13.12) para gerar energia elétrica. Em 2016, o carvão gerou cerca de 40% da eletricidade do mundo, 33% da eletricidade usada nos Estados Unidos (menos de 30% em 2003), 75% na China e 62% na Índia. O carvão também é queimado em plantas industriais para fabricar aço, cimento e outros produtos.

Em 2015, os três países com as maiores reservas comprovadas de carvão eram, em ordem, Estados Unidos, Rússia e China. Os três maiores produtores desse recurso

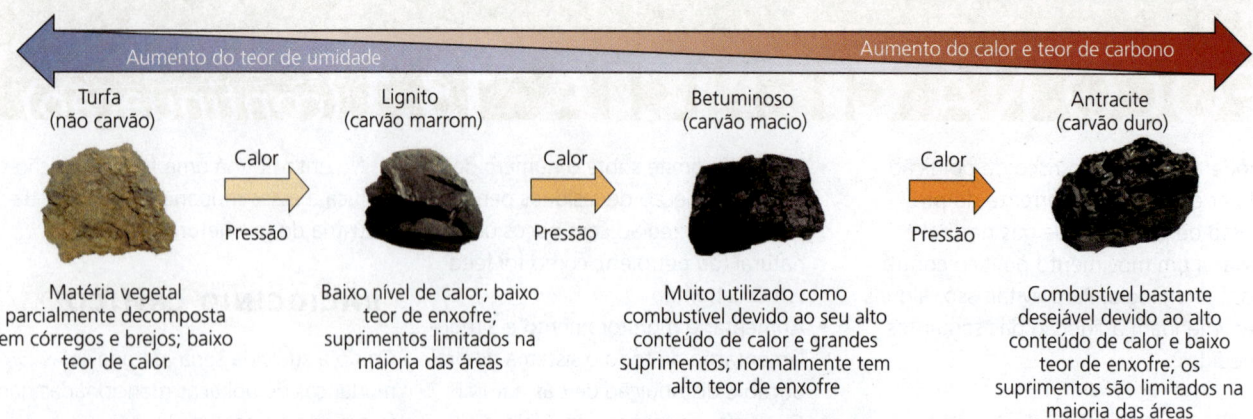

FIGURE 13.11 Durante milhões de anos, formaram-se diferentes tipos de carvão. A turfa é um material do solo feito de matéria orgânica parcialmente decomposta, semelhante ao carvão mas não é classificada como tal, embora também seja utilizada como combustível. Os principais tipos de carvão variam em quantidade de calor, dióxido de carbono e dióxido de enxofre liberados por unidade de massa quando são queimados.

eram China, Estados Unidos e Austrália, enquanto os três maiores consumidores foram China, Índia e Estados Unidos. Em 2015, a China consumiu praticamente a mesma quantidade de carvão que o restante do mundo junto.

O carvão é o combustível fóssil mais abundante do planeta. Porém, ele é, de longe, o mais sujo de todos os combustíveis fósseis, pois a extração desse material degrada o solo (ver Figura 12.11) e a queima polui o ar e a água. O carvão é composto principalmente de carbono, mas contém pequenas quantidades de enxofre, convertido no poluente do ar dióxido de enxofre (SO_2) durante a queima. Essas emissões contribuem para causar chuva ácida e graves problemas de saúde para os seres humanos.

A queima de carvão também libera grandes quantidades de partículas de carbono negro, ou fuligem, e partículas finas muito menores de poluentes do ar, como mercúrio tóxico. As partículas finas podem entrar em nossos pulmões, e a exposição prolongada a essas substâncias pode causar doenças, como enfisema e câncer de pulmão, e contribuir para a ocorrência de doenças cardíacas e derrames cerebrais. De acordo com um estudo conduzido pela Clean Air Task Force, a poluição causada por partículas finas nos Estados Unidos, em sua maioria proveniente de antigas usinas de carvão que não contam com as tecnologias de controle de poluição do ar mais recentes, mata pelo menos 13 mil pessoas por ano. Na China, a poluição do ar decorrente da queima de carvão contribui para 336 mil mortes prematuras por ano (uma média de 921 mortes por dia), segundo um estudo de Teng Fei na Universidade Tsinghua.

A energia da queima do carvão e as plantas industriais estão entre os maiores emissores de CO_2 (Figura 13.13), o que contribui para o aquecimento atmosférico, as mudanças climáticas e a acidificação oceânica (Foco na ciência 9.2). Já que o carvão é composto principalmente de carbono, a queima dessa substância emite o dobro de CO_2 por unidade de energia que o gás natural e produz cerca de 42% das emissões globais de dióxido de carbono. A China é a líder mundial nessas emissões, seguida pelos Estados Unidos. O uso de carvão na China produz mais emissões de gases de efeito estufa do que todo o carvão, gás natural e petróleo consumidos nos Estados Unidos. A consultoria HIS Energy estima que a produção de carvão da China não alcançará o pico até 2026. A combustão de carvão também emite traços de materiais radioativos, bem como mercúrio tóxico, na atmosfera. De lá, essas substâncias nocivas vão para os lagos, onde podem se acumular em altos níveis nos peixes consumidos pelas pessoas.

Devido às leis de combate à poluição do ar, muitas usinas de carvão de países mais desenvolvidos instalam purificadores para remover parte desses poluentes antes que eles saiam pelas chaminés. Isso reduz a poluição do ar, mas produz um material em pó chamado *cinza de carvão* (Figura 13.12), que pode conter elementos químicos nocivos e indestrutíveis, como arsênico, chumbo, mercúrio, cádmio e rádio radioativo. Essas cinzas precisam ser armazenadas em segurança, praticamente para sempre. Porém, pressões políticas da indústria estadunidense de carvão impediram que essa substância fosse classificada como um resíduo perigoso.

Desde a década de 1980, houve uma grande redução no número de empregos relacionados com a mineração de carvão nos Estados Unidos. Esse fenômeno é resultado de dois fatores principais. O primeiro é a automação, que envolve uma transição para a tecnologia de mineração que conta amplamente com máquinas em vez de mineradores, reduzindo os custos da produção de carvão para as empresas. O outro fator é que o uso de carvão para produzir eletricidade nos Estados Unidos está diminuindo, visto que o gás natural é abundante e representa uma maneira mais limpa e mais barata de produzir energia elétrica. Em algumas regiões, os parques eólicos também conseguem produzir eletricidade por um custo mais baixo que o carvão. Portanto, a força motriz por trás da redução do uso de carvão e do número de empregos na área de mineração desse material é a economia, e não as regulamentações ambientais.

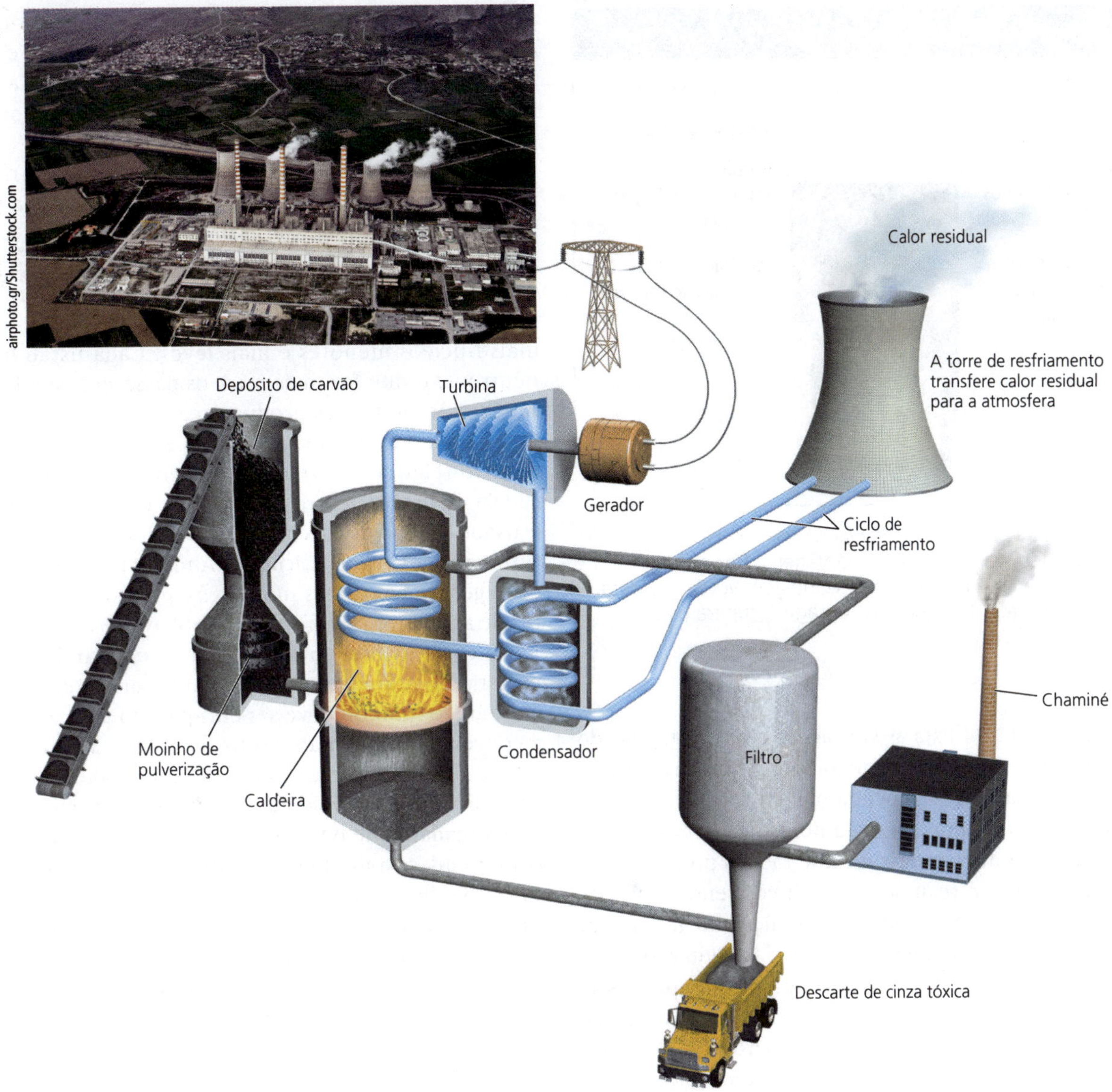

FIGURA 13.12 Esta usina queima carvão pulverizado para ferver água e produzir vapor que gira uma turbina que gerará eletricidade. Cerca de 65% da energia liberada pela queima do carvão em uma usina como essa é desperdiçada e acaba na forma de calor que flui para a atmosfera ou a água usada para resfriar a usina. *Raciocínio crítico:* A eletricidade que você usa vem de uma usina de queima de carvão?

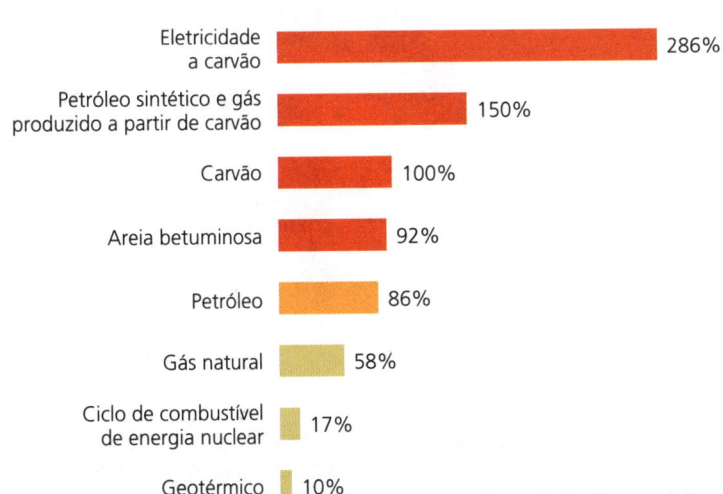

FIGURA 13.13 As emissões de CO_2, expressas em porcentagem de emissões liberadas da queima direta do carvão, variam de acordo com os diferentes recursos energéticos. *Raciocínio crítico:* O que produz mais emissões de CO_2 por quilo: Queimar do carvão para aquecer a casa ou aquecer com eletricidade gerada pelo carvão?

Dados do Departamento de Energia dos Estados Unidos.

Recursos energéticos

Vantagens e desvantagens

Carvão

Vantagens	Desvantagens
Fornecimento amplo em muitos países	Perturbação grave da terra e poluição da água
Rendimento de energia líquida médio a alto	Partículas finas e emissões de mercúrio tóxico ameaçam a saúde humana
Custo baixo quando os custos ambientais não estão incluídos	Emite grandes quantidades de CO_2 e outros poluentes do ar quando produzido e queimado

FIGURA 13.14 O uso do carvão como recurso energético tem vantagens e desvantagens. *Raciocínio crítico:* Qual vantagem e qual desvantagem você considera mais importantes? Por quê? As vantagens superam as desvantagens? Justifique.

A Figura 13.14 lista as vantagens e desvantagens do uso de carvão como um recurso energético. Cientistas e muitos especialistas recomendam a redução do desperdício de energia e uma transição do uso do carvão, substância abundante, para gás natural menos prejudicial ao meio ambiente, e recursos energéticos renováveis nas próximas décadas para reduzir a poluição do ar e ajudar a desacelerar as mudanças climáticas. No entanto, cientistas especializados em clima estimam que, para isso, teríamos de deixar 82% das reservas atuais de carvão do mundo e 92% das reservas estadunidenses no solo. Esse é um desafio econômico, político e ético controverso e difícil para países como Estados Unidos, China e Índia, que detêm grandes reservas de carvão.

13.3 QUAIS SÃO AS VANTAGENS E DESVANTAGENS DE UTILIZAR ENERGIA NUCLEAR?

CONCEITO 13.3 A energia nuclear tem baixo impacto ambiental e pouco risco de acidente, mas o uso foi limitado por rendimento muito baixo de energia líquida, alto custo, medo de acidentes, resíduos radioativos duradouros e potencial para espalhar a tecnologia de armas nucleares.

Como funciona um reator de fissão nuclear?

Para avaliarmos as vantagens e desvantagens da energia nuclear não renovável, precisamos saber como funcionam uma usina nuclear e o ciclo do combustível nuclear que a acompanha. Uma usina nuclear é um sistema caro e altamente complexo, projetado para realizar uma tarefa relativamente simples: ferver água para produzir vapor que gira uma turbina e gera eletricidade.

O que torna a usina nuclear complexa e cara é o uso de uma reação de fissão nuclear controlada para fornecer o calor necessário para ferver a água. A **fissão nuclear** ocorre quando um nêutron é usado para dividir os núcleos de determinados isótopos com números de massa elevados (como urânio-235) em dois ou mais núcleos menores e mais leves. Cada fissão libera nêutrons, o que faz mais núcleos passarem pela fissão. A sucessão de fissões produz uma *reação em cadeia* que libera uma enorme quantidade de energia em um curto período (Figura 13.15). O calor liberado pela reação em cadeia de fissões dentro do reator de uma usina nuclear é usado para converter água em vapor, que gira uma turbina para gerar eletricidade. A maior parte da eletricidade gerada em usinas nucleares é produzida por reatores de água leve (Figura 13.16).

O combustível para um reator nuclear é feito de minério de urânio extraído da crosta terrestre. Após ser extraído, o minério deve ser enriquecido para aumentar a concentração de material físsil (urânio-235) de 1% a 5%. O urânio-235 enriquecido é processado em pequenas pastilhas de dióxido de urânio. Cada pastilha, com aproximadamente o tamanho de uma borracha de lápis, contém quase a mesma quantidade de energia que uma tonelada de carvão. Grandes quantidades dessas pastilhas são embaladas em tubos fechados, chamados *varetas de combustível,* que são então agrupados em *conjuntos*

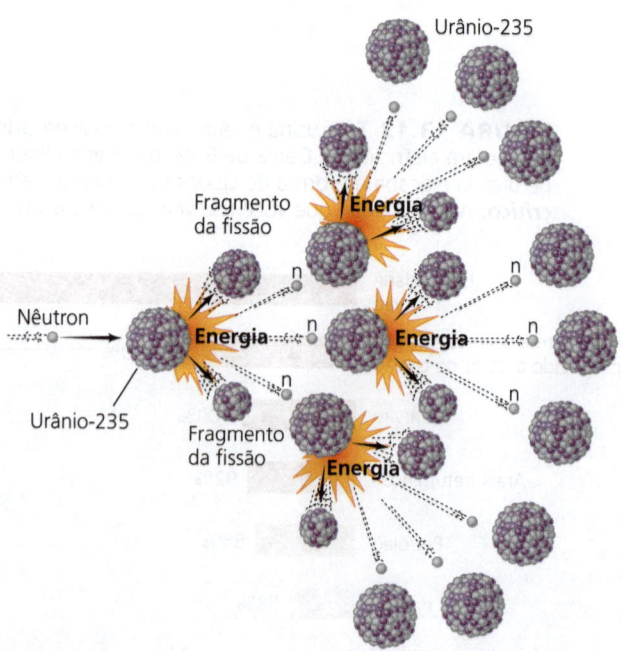

FIGURA 13.15 Uma reação em cadeia de fissão nuclear libera uma grande quantidade de energia dentro do reator de uma usina nuclear.

de combustível, de modo que possam ser colocados no núcleo do reator.

Os operadores da usina movem *hastes de controle* para dentro e para fora do núcleo do reator, com o objetivo de absorver mais ou menos nêutrons da reação em cadeia de fissão nuclear e regular a quantidade de energia produzida. Um *líquido de refrigeração*, geralmente água, circula por todo o núcleo do reator para eliminar o calor, evitando que as

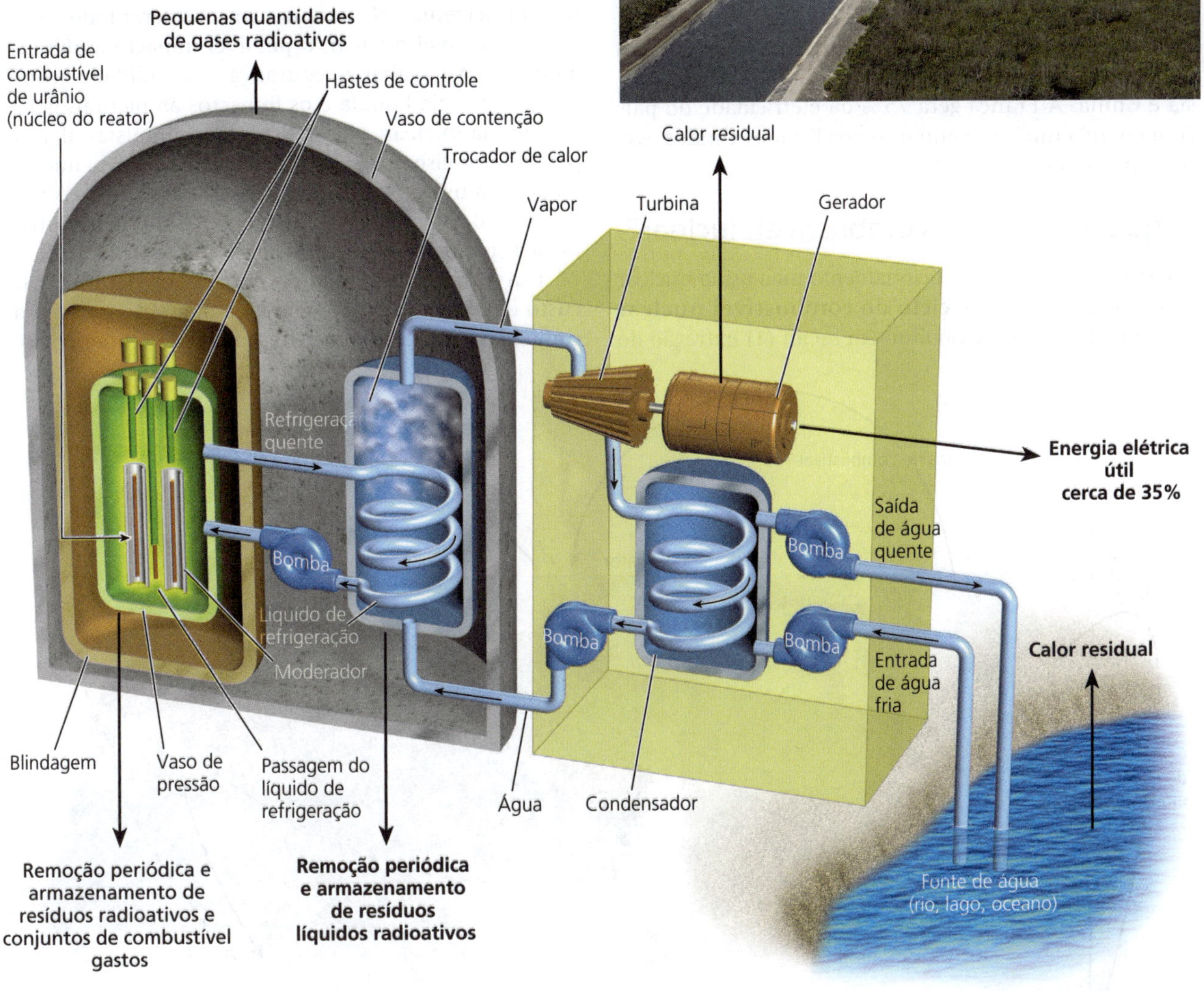

FIGURA 13.16 Essa usina nuclear refrigerada a água, com um reator de água pressurizada, produz um calor intenso, que é usado para converter água em vapor, que gira uma turbina para gerar eletricidade. Cerca de 65% da energia liberada pela fissão nuclear do combustível de urânio da usina é desperdiçada. Ela acaba sendo liberada na forma de calor que flui para a atmosfera, em geral por meio de grandes torres de resfriamento ou em uma fonte de água próxima, utilizada para resfriar a usina. **Raciocínio crítico:** Quais são as diferenças entre essa usina e a usina de carvão mostrada na Figura 13.12?

varetas de combustível e outros componentes do reator derretam e liberem enormes quantidades de radioatividade no ambiente. Um sistema de refrigeração de núcleo de emergência pode inundar o núcleo do reator com água para ajudar a impedir o derretimento do núcleo altamente radioativo devido à perda de água de resfriamento.

Um reator nuclear não explode como uma bomba atômica, causando danos imensos. O perigo de um reator nuclear vem de explosões menores ou derretimentos do núcleo devido a uma perda de água de refrigeração, o que pode liberar materiais radioativos no ambiente.

Recursos energéticos

Um *vaso de contenção* com paredes espessas de concreto reforçado com aço envolve o núcleo do reator. Esse dispositivo é projetado para evitar que os materiais radioativos escapem para o ambiente, caso haja uma explosão interna ou derretimento do núcleo. Também protege o núcleo de algumas ameaças externas, como tornados e quedas de avião. Esses recursos essenciais de segurança e os dez anos ou mais necessários para se construir uma usina nuclear reduzem o rendimento geral de energia líquida da energia nuclear e ajudam a explicar por que uma nova usina pode custar entre US$ 9 e US$ 11 bilhões.

Em 2016, os quatro maiores produtores de energia nuclear eram, em ordem, Estados Unidos, França, Rússia e China. A França gera 75% da eletricidade do país com energia nuclear, enquanto nos Estados Unidos essa porcentagem chega a 20%.

O que é o ciclo do combustível nuclear?

Construir e colocar em funcionamento uma usina nuclear é apenas uma parte do **ciclo do combustível nuclear** (Figura 13.17). Este ciclo também inclui (1) extração do urânio; (2) processamento e enriquecimento do urânio para produzir combustível nuclear; (3) utilização desse elemento no reator; (4) armazenamento seguro das hastes de combustível altamente radioativas resultantes de milhares de anos, até que a radioatividade caia a níveis seguros; e (5) desativação da usina esgotada, desmontando-as e armazenando o material radioativo de nível alto e moderado por milhares de anos.

Desde que o reator esteja operando em segurança, a usina em si terá um baixo impacto ambiental e pouco risco de acidentes. No entanto, ao considerar todo o ciclo do combustível nuclear, o possível impacto ambiental aumenta. Ao avaliar a segurança, a viabilidade econômica, a energia líquida e os impactos ambientais gerais da energia nuclear, especialistas e economistas alertam para que analisemos todo o ciclo do combustível nuclear, e não só a usina. A Figura 13.18 lista as principais vantagens e desvantagens do uso do ciclo do combustível nuclear para produzir eletricidade (**Conceito 13.3**).

Um grande problema da energia nuclear é o alto custo da construção da usina e da operação do ciclo do combustível nuclear, que causa um baixo rendimento de

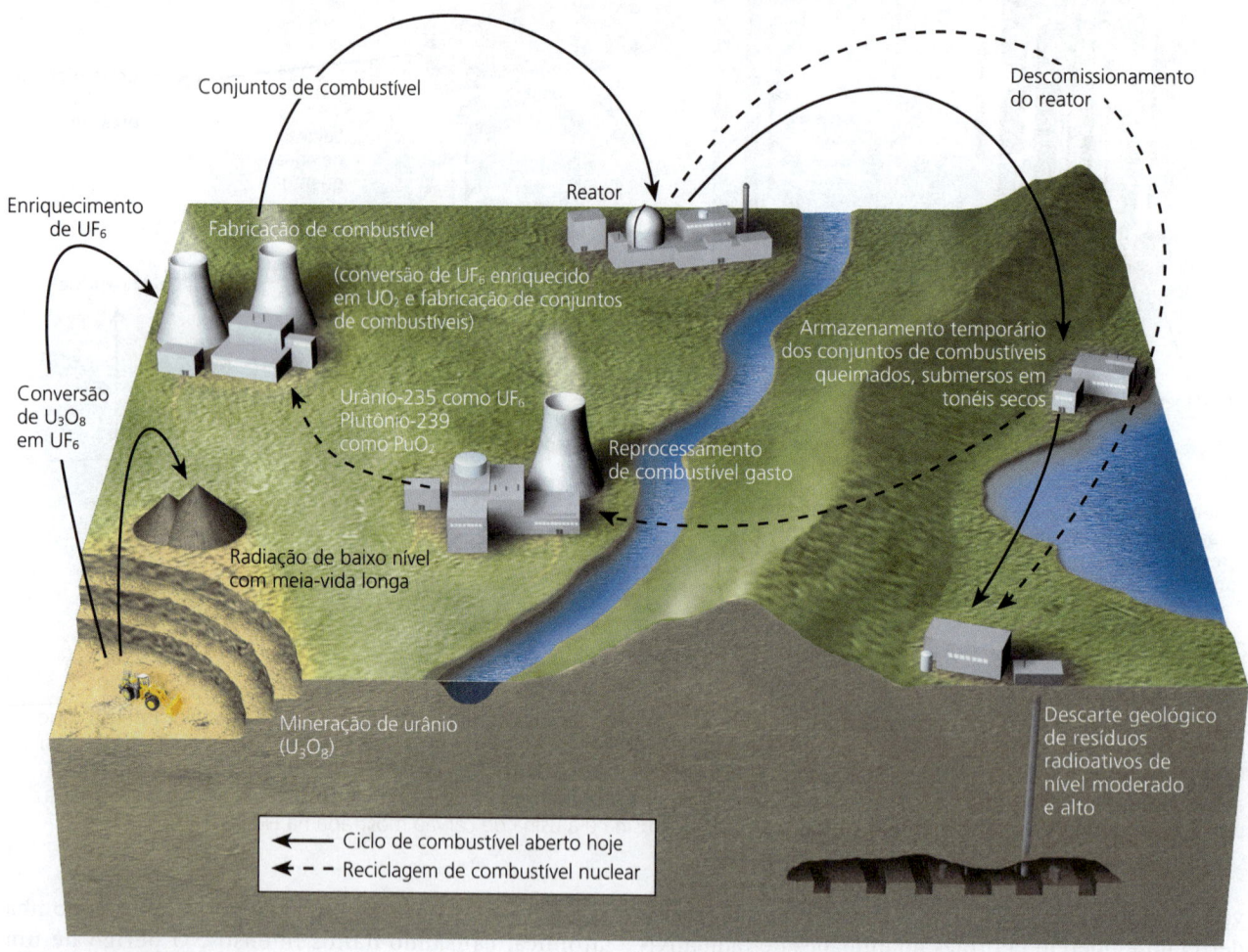

FIGURA 13.17 Usar a energia nuclear para produzir eletricidade envolve uma sequência de etapas e tecnologias que, em conjunto, são chamadas *ciclo de combustível nuclear*. **Raciocínio crítico:** Você acha que o preço de mercado da eletricidade nuclear deveria incluir todos os custos do ciclo do combustível nuclear, conforme o **princípio de sustentabilidade** da precificação de custo total? Explique.

> **Vantagens e desvantagens**
>
> **Ciclo do combustível nuclear convencional**
>
> | Vantagens | Desvantagens |
> |---|---|
> | Baixo impacto ambiental (sem acidentes) | Rendimento baixo de energia líquida |
> | Emite um sexto de CO_2 em comparação ao carvão | Custo geral alto |
> | Baixo risco de acidentes em usinas modernas | Produz resíduos radioativos prejudiciais duradouros |
> | | Promove a disseminação de armas nucleares |

FIGURA 13.18 O uso do ciclo do combustível nuclear (Figura 13.17) para produzir eletricidade tem vantagens e desvantagens. *Raciocínio crítico*: Qual vantagem e qual desvantagem você considera mais importantes? Por quê? Você acha que as vantagens superam as desvantagens? Justifique.

energia líquida. Consequentemente, a energia nuclear não consegue competir no mercado com outros recursos energéticos, como gás natural, vento e células solares, a menos que receba grandes subsídios governamentais e isenções fiscais. Cada vez mais usinas nucleares dos Estados Unidos estão sendo fechadas, já que a eletricidade pode ser produzida de maneira mais barata por meio da queima de gás natural e, em algumas regiões, por fontes de energia eólica e solar.

Como lidar com resíduos nucleares radioativos

Depois de três a quatro anos, o combustível de urânio enriquecido de um reator nuclear comum torna-se *queimado*, ou inútil, e precisa ser substituído. As varetas de combustível queimado são tão quentes e com um nível radioativo tão alto, que não podem ser descartadas. Pesquisadores descobriram que, dez anos depois de ter sido removida de um reator, uma única haste de combustível queimado ainda consegue emitir radiação suficiente para matar, em menos de três minutos, uma pessoa que fica a um metro de distância dela.

Após serem removidas dos reatores, as varetas de combustível queimado são armazenadas em *piscinas cheias de água* (Figura 13.19, à esquerda). Após vários anos de resfriamento e decaimento de parte da radioatividade, elas podem ser transferidas para *tonéis secos*, feitos de ligas metálicas resistentes ao calor e concreto, preenchidos com gás hélio inerte (Figura 13.19, à direita). Esses tonéis são licenciados por 20 anos e podem durar por 100 anos ou mais. Ainda assim, essa é uma pequena fração dos milhares de anos necessários para armazenar de modo seguro resíduos com alto nível de radioatividade.

As varetas de combustível usadas também podem ser processadas para a remoção do plutônio radioativo, que pode ser utilizado posteriormente como combustível nuclear ou na fabricação de armas nucleares, fechando, assim, o ciclo do combustível nuclear (Figura 13.17). Esse reprocessamento reduz o tempo de armazenamento dos resíduos restantes de até 240 mil anos para cerca de 10 mil anos. Para comparar, os seres humanos modernos surgiram há aproximadamente 200 mil anos.

No entanto, esse processamento é caro. Além disso, produz plutônio em um grau que pode ser usado para fabricar armas nucleares, como a Índia fez em 1974. Esse é o principal motivo para o governo estadunidense ter abandonado as iniciativas de reciclagem de combustível nuclear em 1977, depois de gastar bilhões de dólares. Nos últimos anos, França, Rússia, Japão, Índia, Reino Unido e China reprocessaram parte de seu combustível nuclear.

A princípio, a maioria dos cientistas e engenheiros concorda que enterrar é a maneira mais segura de armazenar resíduos com alto nível de radioatividade. Entre 1987 e 2009, o DOE gastou US$ 12 bilhões em pesquisas e testes realizados em um antigo local de armazenamento subterrâneo de resíduos nucleares na região desértica da Montanha Yucca, em Nevada. Em 2010, esse projeto financiado pelos contribuintes foi abandonado por motivos científicos, econômicos e políticos. Um grupo do governo está buscando soluções e locais alternativos, enquanto outros recomendam a conclusão do processo na Montanha Yucca. Enquanto isso, resíduos nucleares altamente radioativos estão sendo acumulados, com 78% deles armazenados em piscinas e 22% em tonéis secos (Figura 13.19, à direita), que protegem os materiais por, no máximo 100 anos. Assim, depois de 60 anos, os Estados Unidos ainda não desenvolveram uma solução aceitável dos pontos de vista científico, econômico e político para armazenar esses resíduos com alto nível de radioatividade por milhares de anos.

Outro problema caro relacionado aos resíduos radioativos surge quando uma usina nuclear chega ao fim de sua vida útil, depois de 40 a 60 anos. Neste ponto, a planta precisa ser *descomissionada* ou descontinuada. Em todo o mundo, 285 dos 448 reatores nucleares comerciais em funcionamento em 2016 precisarão ser descomissionados até 2025.

Cientistas e engenheiros propuseram três formas para descomissionar usinas de energia nuclear: **(1)** remover e armazenar as partes altamente radioativas em um repositório permanente e seguro (que ainda não existe); **(2)** instalar uma barreira física ao redor da usina e configurar a segurança em tempo integral por 30 a 100 anos antes de desmontá-la e armazenar as partes radioativas em um repositório; e **(3)** envolver toda a usina em uma estrutura de contenção de concreto reforçada com aço.

A última opção foi usada em um reator da usina nuclear de Chernobyl, na Ucrânia, em 1986, depois que

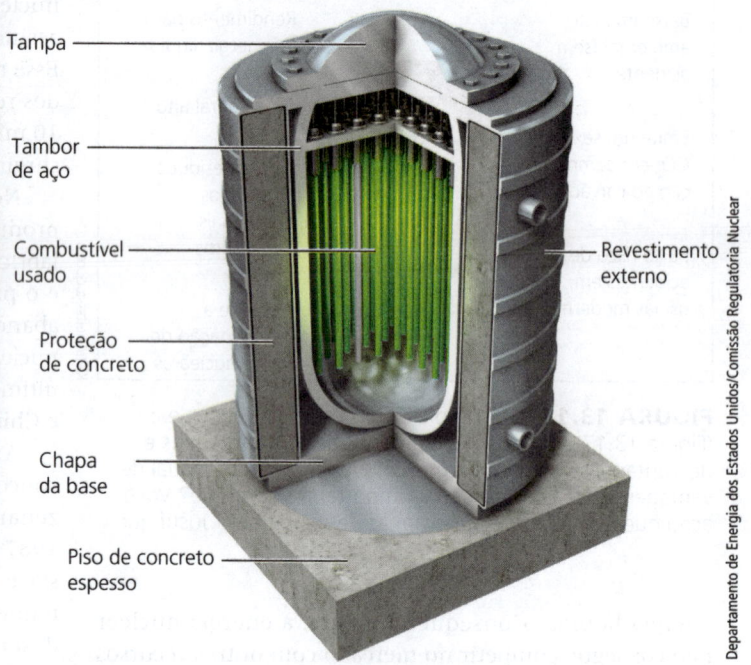

FIGURA 13.19 Depois de três a quatro anos no reator, as varetas de combustível queimado são removidas e armazenadas em uma piscina profunda de água, em uma base de concreto revestida de aço (à esquerda) para resfriamento. Após cerca de cinco anos de resfriamento, elas podem ser armazenadas na vertical, em bases de concreto (à direita) de tonéis de armazenamento seco feitos de ligas de metais resistentes ao calor e camadas grossas de concreto. **Raciocínio crítico:** Você estaria disposto a viver a uma ou duas quadras desses tonéis ou transportá-los pela área onde mora no caso de eles serem transferidos para um local de armazenagem de longo prazo? Explique. Quais são as alternativas?

ele explodiu e quase derreteu devido a uma combinação de design inadequado do reator e erro humano. A explosão e a radiação liberada em grandes áreas mataram centenas (talvez milhares) de pessoas e contaminaram uma grande área de terra com uma precipitação radioativa prolongada. Alguns anos depois da construção da estrutura de contenção, ela começou a desmoronar, causando vazamento de resíduos radioativos. A estrutura está sendo reconstruída a um custo elevado e, em 2016, foi cercada por uma construção semelhante a um hangar gigante, que provavelmente não vai durar mais que um século. Trinta anos depois do acidente, uma região ao redor do reator, aproximadamente do tamanho de Rhode Island, permanece inacessível devido à precipitação radioativa.

O alto custo da descontinuação do uso de usinas nucleares é somado ao custo enorme do ciclo do combustível nuclear e reduz o já baixo rendimento de energia líquida desse recurso. Mesmo que todas as usinas de energia nuclear do mundo fossem fechadas amanhã, os resíduos e componentes com alto nível de radioatividade desses locais ainda precisariam ser armazenados em segurança por milhares de anos.

A energia nuclear pode retardar o aquecimento global?

Os defensores da energia nuclear afirmam que o elevado uso desse tipo de energia poderia reduzir as emissões de CO_2 que contribuem para as mudanças climáticas, porque, segundo eles, a energia nuclear é um recurso energético livre de carbono. Os cientistas apontam que esse argumento é parcialmente correto. Enquanto as usinas nucleares estão operando, não emitem CO_2, porém, o processo de construção da usina, que dura dez anos, e todas as outras etapas do ciclo do combustível nuclear (Figura 13.17) envolvem emissões de CO_2. Tais emissões são muito menores do que as de usinas elétricas que queimam carvão, mas ainda contribuem para o aquecimento atmosférico e as mudanças climáticas. Em outras palavras, o ciclo do combustível nuclear não é uma fonte de eletricidade livre de carbono.

O futuro da energia nuclear é incerto

Depois de mais de 60 anos de desenvolvimento, um enorme investimento financeiro e grandes subsídios governamentais, em 2016, 448 reatores nucleares de

30 países produziram apenas 4% da energia comercial e 11% da eletricidade do mundo. Nos Estados Unidos, 99 reatores de energia nuclear comerciais licenciados pelo governo em 30 estados produziram cerca de 8% da energia total do país e 20% da eletricidade naquele mesmo ano.

No mundo todo, 61 novos reatores nucleares estavam em construção em 2016, 20 deles na China. Outros 156 reatores são planejados, a maioria também na China, mas mesmo se forem concluídos após uma década ou duas, eles não substituirão os 285 reatores do mundo com descomissionamento programado para 2025. Isso ajuda a explicar por que a produção global de eletricidade com energia nuclear é a forma de energia comercial com menor crescimento do mundo (Figura 13.20), e a previsão é que cresça menos ainda entre 2016 e 2035, segundo a IEA. Nos Estados Unidos, a eletricidade produzida com energia nuclear não aumentou desde o ano 2000 e não há previsão de aumento entre 2016 e 2035 em razão dos custos envolvidos e porque a eletricidade pode ser produzida de maneira muito mais rápida e barata a partir de recursos como gás natural, vento e células solares.

Há controvérsias quanto ao futuro da energia nuclear. Críticos apontam que os três maiores problemas desse tipo de energia são o alto custo, o baixo rendimento de energia líquida do ciclo do combustível nuclear e as contribuições para a disseminação de tecnologias que podem ser usadas para fabricar armas nucleares. Eles afirmam que a indústria de energia nuclear não existiria sem os grandes níveis de apoio financeiro do governo e dos contribuintes por conta do alto custo necessário para garantir a segurança e do baixo nível de energia líquida do ciclo do combustível nuclear (Figura 13.18).

Por exemplo, o governo dos Estados Unidos forneceu grandes subsídios, isenções fiscais e garantias de crédito para pesquisa e desenvolvimento na indústria de energia nuclear (com os contribuintes assumindo o risco de inadimplência) por mais de 50 anos. Além disso, o governo oferece garantias de seguro contra acidentes (segundo a lei Price-Anderson, aprovada pelo Congresso em 1957), porque as seguradoras se recusaram a dar cobertura total contra os efeitos de um acidente catastrófico em reatores nucleares nos Estados Unidos.

De acordo com a organização apartidária Congressional Research Service, desde 1948, o governo dos Estados Unidos gastou mais de US$ 95 bilhões (em dólares de 2011) em pesquisa e desenvolvimento (P&D) de energia nuclear. Esse valor é mais que quatro vezes superior à quantia gasta em P&D de energia solar, eólica, geotérmica, hídrica, biomassa e biocombustíveis juntas. Muitas pessoas questionam a necessidade de continuar com esse apoio dos contribuintes à energia nuclear, especialmente porque a produção energética não aumenta há várias décadas. É pouco provável que ela aumente significativamente nas próximas décadas, já que, segundo a IEA e o DOE, a eletricidade pode ser produzida de forma mais barata usando gás natural, energia eólica e células solares.

Um grave problema de segurança nacional e mundial relacionado com a energia nuclear comercial é a disseminação das tecnologias para produção de armas nucleares. Os Estados Unidos e outros oito países vendem reatores nucleares comerciais e experimentais, além de tecnologia de enriquecimento de urânio combustível e reprocessamento de resíduos, para outros países há décadas. Segundo o especialista em energia John Holdren, os 60 países que têm armas nucleares ou conhecimento para desenvolvê-las obtiveram a maior parte dessas informações por meio da tecnologia de energia nuclear civil. Alguns críticos consideram essa ameaça à segurança global a razão mais importante para não construir mais usinas nucleares que usam os isótopos fissionáveis urânio-235 ou plutônio-239 como combustível ou que produzem plutônio-239, materiais que podem ser usados para fabricar armas nucleares.

Graças aos vários recursos de segurança integrados, o risco de exposição à radioatividade em usinas nucleares dos Estados Unidos e da maioria dos outros países mais desenvolvidos é extremamente baixo. No entanto, entre 1952 e 2016, ocorreram muitos acidentes nucleares graves. Alguns deles inclusive envolveram explosões e fusão total ou parcial do núcleo dos reatores. Entre eles, os graves acidentes nas usinas nucleares Three Mile Island,

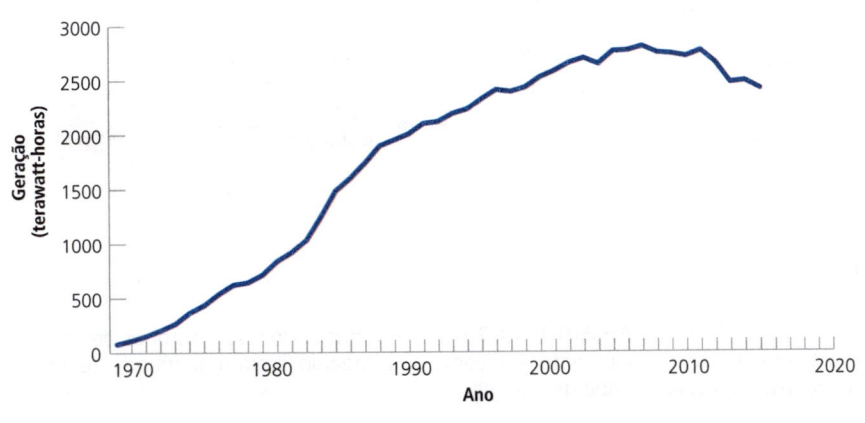

FIGURA 13.20 Geração de eletricidade com energia nuclear no mundo, 1970-2015. *Análise de dados:* Qual foi a porcentagem de queda na eletricidade produzida a partir da energia nuclear entre 2006 e 2015?

Informações compiladas pelos autores com base nos dados da Agência Internacional de Energia, BP, Worldwatch Institute e *Earth Policy Institute*.

na Pensilvânia, em 1979, Chernobyl, na Ucrânia, em 1986, e Fukushima Daiichi, no Japão, em 2011. Esses e outros acidentes diminuíram a confiança da população, dos governos e dos investidores na energia nuclear. O acidente nuclear de 2011 no Japão, por exemplo, incentivou países como Alemanha, Suíça e Bélgica a anunciarem planos para abandonar o uso desse tipo de energia.

Os defensores da energia nuclear afirmam que os governos devem continuar financiando projetos de pesquisa, desenvolvimento e testes de novos tipos de reatores mais seguros e mais baratos em plantas-piloto. A indústria nuclear alega que centenas de novos *reatores de água-leve avançados* (*advanced light-water reactors*, ou ALWRs) poderiam ser construídos em apenas alguns anos. Os ALWRs têm dispositivos de segurança integrados, projetados para tornar quase impossíveis derretimentos e liberações de emissões radioativas e, por isso, não precisam dos caros sistemas de resfriamento automático. A indústria também está analisando o desenvolvimento de reatores de água-leve modulares menores, com aproximadamente o tamanho de um ônibus escolar, que poderiam ser construídos em uma fábrica, entregues em um local e instalados no subsolo. Até 2016, nenhuma versão comercial dos reatores de nova geração propostos tinha sido construída ou avaliada.

Alguns cientistas exigem a substituição dos reatores atuais com base de urânio por novos, à base do elemento tório. Eles argumentam que tais reatores custariam muito menos e seriam mais seguros, pois não podem se fundir. Além disso, os resíduos nucleares produzidos por eles não contêm isótopos fissionáveis que podem ser usados para fabricar armas nucleares. A China planeja explorar essa opção.

A fusão nuclear é a resposta?

Alguns defensores da energia nuclear esperam desenvolver a fusão nuclear. Na **fusão nuclear**, os núcleos de dois isótopos de um elemento leve, como hidrogênio, são forçados a se unir em temperaturas extremamente altas, até que se fundam para formar um núcleo mais pesado, liberando energia durante o processo (Figura 13.21).

Com a fusão nuclear, não haveria risco de um derretimento ou de uma liberação de grandes quantidades de materiais radioativos, e pouco risco de uma disseminação adicional de armas nucleares. Não seriam necessários combustíveis fósseis para produzir eletricidade, eliminando, assim, a maior parte da poluição do ar e das emissões de CO_2, causador de mudanças climáticas, das usinas elétricas. A energia da fusão também poderia ser usada para destruir resíduos tóxicos e fornecer eletricidade para dessalinizar e decompor a água para produzir combustível hidrogênio de queima limpa.

No entanto, nos Estados Unidos, após mais de 50 anos de pesquisa e um investimento de US$ 25 bilhões (especialmente por parte do governo), a fusão nuclear controlada ainda está no estágio inicial. Nenhuma das abordagens testadas até o momento produziu mais energia do que consumiu.

Em 2006, Estados Unidos, China, Rússia, Japão, Coreia do Sul, Índia e União Europeia concordaram em gastar pelo menos US$ 12,8 bilhões em um esforço conjunto para construir um reator de fusão nuclear experimental em grande escala até 2026. O objetivo é determinar se a fusão nuclear pode ter um alto rendimento de energia líquida por um preço acessível. Até 2014, o custo estimado desse projeto tinha dobrado e ele estava muito atrasado. Para alguns céticos, a menos que haja um avanço científico inesperado, "a fusão nuclear é a energia do futuro e sempre será".

13.4 POR QUE A EFICIÊNCIA ENERGÉTICA É UM RECURSO IMPORTANTE DE ENERGIA?

CONCEITO 13.4A O aumento da eficiência energética e a redução do desperdício de energia podem economizar pelo menos um terço da energia usada no mundo e até 43% da utilizada pelos estadunidenses.

CONCEITO 13.4B Temos uma variedade de tecnologias para aumentar significativamente a eficiência energética de operações industriais, veículos automotivos, eletrodomésticos e construções.

Desperdiçamos grandes quantidades de energia e dinheiro

Aumentar a eficiência energética e conservar energia são estratégias-chave para reduzir o desperdício de energia. **Eficiência energética** é uma medida de quanto trabalho útil podemos obter com cada unidade de energia. Aumentar a eficiência energética significa usar menos energia para possibilitar a mesma quantidade

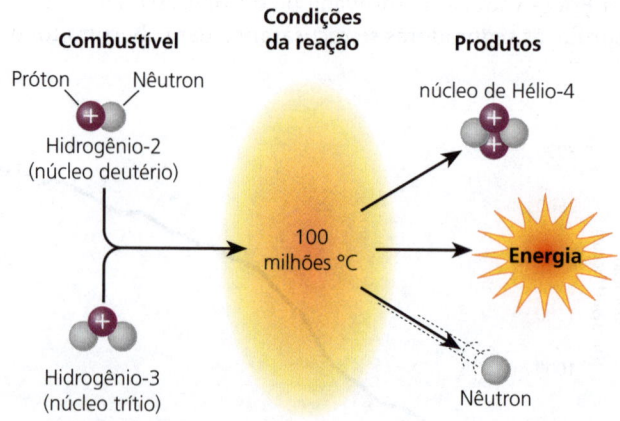

FIGURA 13.21 A fusão nuclear de dois isótopos de um elemento leve como o hidrogênio libera uma grande quantidade de energia.

de trabalho. As pessoas podem fazer isso usando carros, lâmpadas (como as de LED), eletrodomésticos, computadores e processos industriais mais econômicos.

Nenhum dispositivo que usa energia opera com 100% de eficiência, porque parte dessa energia sempre é perdida para o ambiente na forma de calor de baixa qualidade, conforme expressa a segunda lei da termodinâmica (Capítulo 2). Quase 84% de toda a energia comercial usada nos Estados Unidos é desperdiçada (Figura 13.22). Aproximadamente 41% dessa energia é inevitavelmente perdida em função da degradação da qualidade da energia imposta pela segunda lei da termodinâmica. Os outros 43% são desperdiçados principalmente devido à ineficiência de motores industriais, a maioria dos veículos automotivos, usinas de energia, lâmpadas e diversos outros dispositivos que consomem energia (**Conceito 13.4A**). Essa energia desperdiçada é a maior fonte inexplorada de energia do país, e a redução desse enorme desperdício faria os consumidores economizarem dinheiro.

Desperdiçamos grandes quantidades de energia de alta qualidade e dinheiro ao recorrer a vários dispositivos ineficientes do ponto de vista energético. Um exemplo são os enormes *data centers* que processam todas as informações on-line (como dados de redes sociais) e fornecem armazenamento na nuvem para os usuários. A maior parte dos *data centers* funciona 24 horas por dia na capacidade máxima, independentemente da demanda. Eles também exigem grandes quantidades de energia para alimentar sistemas de resfriamento, que evitam que os servidores de dados superaqueçam.

A maioria dos motores de automóveis também não é eficiente e usa apenas cerca de 25% da energia da gasolina para manter o carro em movimento. Os outros 75% da energia liberada pela queima da gasolina acabam na forma de calor residual na atmosfera. Em outras palavras, somente cerca de 25% do dinheiro que os motoristas gastam com gasolina realmente os leva a algum lugar.

As pessoas também podem reduzir o desperdício de energia mudando de comportamento. **Conservação de energia** significa reduzir ou eliminar o desperdício de energia. Se você vai para a escola ou o trabalho de bicicleta em vez de usar o carro, está praticando uma medida de conservação de energia. Também é possível conservar energia apagando as luzes e desligando dispositivos eletrônicos quando não os estiver usando.

Muitas pessoas desperdiçam energia e dinheiro ao viver e trabalhar em casas e edifícios com vazamentos e pouco isolamento, que precisam de aquecimento extra no frio e resfriamento no calor. Três em cada quatro estadunidenses deslocam-se para o trabalho em veículos com baixa eficiência energética e apenas 5% dos trabalhadores usam meios de transporte público mais eficientes do ponto de vista energético.

O aumento da eficiência energética e da conservação da energia tem inúmeros benefícios econômicos, ambientais e para a saúde (Figura 13.23). Em 2017, empregos relacionados à eficiência energética nos Estados Unidos chegaram a 2,2 milhões – mais de 12 vezes o número de empregos fornecidos pela indústria estadunidense de carvão. Para a maioria dos analistas de energia, *essa é a maneira mais rápida, mais limpa e mais barata de fornecer mais energia, reduzir a poluição e a degradação ambiental e desacelerar as mudanças climáticas e a acidificação oceânica* (**Conceito 13.4B**).

Como melhorar a eficiência energética nas indústrias e nos serviços públicos

A indústria contabiliza cerca de 30% do consumo de energia do mundo e 33% dos Estados Unidos. As indústrias que mais usam energia são aquelas que produzem petróleo, substâncias químicas, cimento, aço, alumínio e produtos de papel e madeira.

As indústrias e empresas de serviços públicos podem economizar energia usando a **cogeração** para produzir duas formas úteis de energia a partir da mesma fonte de combustível. Por exemplo, o vapor usado para gerar eletricidade em uma planta industrial ou energética pode ser coletado e usado para aquecer a unidade ou os edifícios da

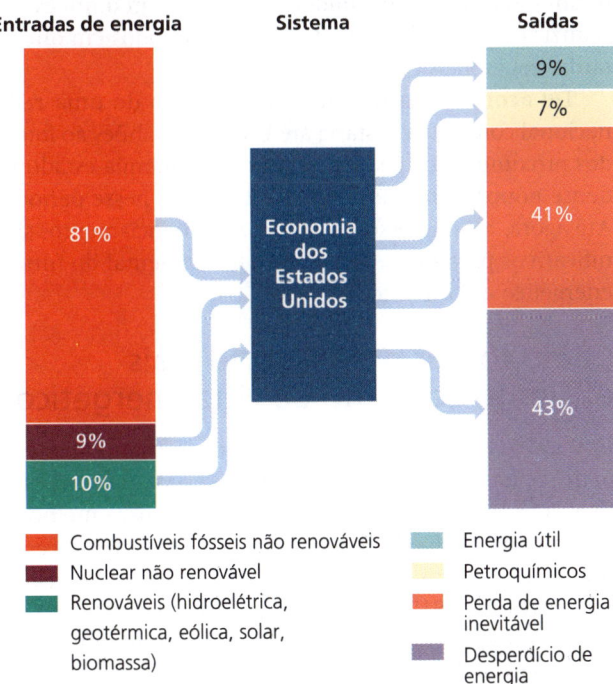

FIGURA 13.22 Este diagrama mostra como a energia comercial flui pela economia estadunidense. Nos Estados Unidos, apenas 16% da energia de alta qualidade é destinada a tarefas úteis. *Raciocínio crítico*: Quais são os dois exemplos de desperdício de energia?

Dados do Departamento de Energia dos Estados Unidos.

Soluções

Aumento da eficiência energética

- Prolongamento de fornecimentos de combustíveis fósseis
- Diminuição da importação de petróleo e melhora da segurança energética
- Alto rendimento de energia líquida
- Baixo custo
- Redução da poluição e degradação ambiental
- Tempo maior para a introdução de energia renovável
- Geração de empregos locais

FIGURA 13.23 O aumento da eficiência energética e da conservação da energia pode ter benefícios importantes. *Raciocínio crítico:* Desses benefícios, quais são os mais importantes? Cite dois e justifique sua resposta.

De cima para baixo: Dmitriy Raykin/Shutterstock.com; V. J. Matthew/Shutterstock.com; andrea lehmkuhl/Shutterstock.com.

região. A eficiência energética desses sistemas é de 60% a 80%, comparada com 25% a 35% das usinas de queima de carvão e nucleares. A Dinamarca usa cogeração para produzir 53% de sua eletricidade, já nos Estados Unidos esse número chega a apenas 12%.

As indústrias também podem economizar energia e dinheiro usando motores elétricos de velocidade variável, mais eficientes do ponto de vista energético. Em comparação, os motores elétricos padrão funcionam a toda velocidade com a produtividade sufocada para corresponder às tarefas, algo como manter um pé no acelerador do seu carro e o outro no freio para controlar a velocidade.

Reciclar materiais, como aço e outros metais, também pode ajudar a indústria a economizar energia e dinheiro, bem como a reduzir os impactos ambientais nocivos. Por exemplo, a produção de aço de sucata de ferro usa 75% menos energia de alta qualidade do que a produção de aço a partir de minério de ferro virgem, além de emitir 40% menos CO_2. As indústrias também podem economizar energia usando lâmpadas de LED com eficiência energética e desligando computadores, impressoras e luzes quando esses dispositivos não estiverem em uso.

Um crescente número de grandes corporações está economizando dinheiro aumentando a eficiência de energia. Por exemplo, a Dow Chemical, que opera 165 fábricas em 37 países, economizou, entre 1990 e 2014, US$ 27 bilhões em um programa para melhorar a eficiência energética. A Ford Motor Company economiza US$ 1 milhão por ano ao desligar computadores que não estão sendo usados.

Criando uma rede elétrica mais inteligente e eficiente do ponto de vista energético

Nos Estados Unidos, a eletricidade é entregue aos consumidores por meio de uma *rede elétrica* composta de uma rede de linhas de transmissão e distribuição. O sistema de rede elétrica estadunidense foi projetado há mais de 100 anos e é pouco eficiente e antiquado. Como observou o ex-secretário de energia do país, Bill Richardson, "o país é uma superpotência com um sistema de rede elétrica de terceiro mundo".

Cada vez mais, há uma pressão para expandir a rede elétrica estadunidense atual e transformá-la em uma *rede inteligente* (*smart grid*). Essa nova rede será controlada digitalmente, transmitirá voltagem ultra alta e terá linhas de transmissão eficientes. Esse sistema é menos vulnerável à falta de energia, pois se ajusta rapidamente a uma grande perda de energia em uma região redirecionando a eletricidade disponível de outras partes do país de maneira automática. Uma rede nacional de parques eólicos e usinas de células solares conectadas a uma rede inteligente transformaria o sol e o vento em fontes confiáveis de eletricidade todos os dias. Os medidores de eletricidade inteligentes permitem que os consumidores economizem dinheiro ao reduzir o uso de eletricidade durante períodos em que as tarifas estão mais caras.

De acordo com o DOE, a construção de uma rede nacional como essa custaria até US$ 800 milhões ao longo dos próximos 20 anos. No entanto, a economia estadunidense pouparia no mínimo US$ 2 trilhões nesse período. Até agora, o Congresso não autorizou financiamentos significativos para esse componente fundamental do futuro energético e econômico do país.

Como tornar o transporte mais eficiente do ponto de vista energético

Em 1975, o Congresso estadunidense estabeleceu os padrões de Economia de Combustível Média Corporativa (*Corporate average fuel economy* – Cafe) para melhorar a economia média de combustível de novos carros, caminhões leves, vans e veículos utilitários esportivos (*sport utility vehicles* – SUVs) nos Estados Unidos. Entre 1973 e 2015, esses padrões aumentaram a economia média de combustível desses veículos de 5 quilômetros por litro (*km/l*) para 10,6 km/l. A meta de economia média de combustível do governo para esses veículos é chegar a 23,3 km/l até 2025, o que, de acordo com a EPA, forneceria US$ 100 bilhões em benefícios provenientes da redução da poluição do ar, das emissões de dióxido de carbono e das importações de petróleo. No entanto, desde 2017, as montadoras de automóveis têm pressionado a EPA e o Congresso para diminuir esses padrões de eficiência de combustível.

Especialistas em energia estimam que, até 2040, todos os carros e caminhões leves novos vendidos nos Estados Unidos conseguirão percorrer mais de 43 km/l usando as tecnologias disponíveis (**Conceito 13.4B**). Alcançar este nível de eficiência de combustível é uma maneira importante de reduzir o desperdício de energia, economizar dinheiro dos consumidores, diminuir a poluição do ar e retardar as mudanças climáticas e a acidificação dos oceanos.

Porém, muitos consumidores compram SUVs, minivans e caminhonetes com baixa eficiência energética, que são mais lucrativos para as montadoras, especialmente quando o preço da gasolina cai. Um motivo para isso é que os consumidores não percebem que a gasolina custa muito mais para eles do que o valor mostrado na bomba de combustível. Existem inúmeros *custos ocultos* que não são incluídos no preço de mercado da gasolina, entre eles, subsídios governamentais e isenções fiscais para companhias petrolíferas, fabricantes de carros e construtoras de estradas. Eles também incluem custos relacionados ao controle da poluição e à limpeza, bem como às contas médicas mais caras e às indenizações de seguro saúde resultantes de doenças causadas pela poluição decorrente da produção e do uso de veículos automotivos.

O International Center for Technology Assessment estima que os custos ocultos da gasolina para os consumidores estadunidenses chegam a até US$ 3,18 por litro. Se as pessoas tivessem mais consciência desses custos, talvez ficassem mais motivadas a economizar dinheiro e aumentar a qualidade do ambiente, comprando veículos com eficiência de combustível.

Uma maneira de incluir mais esses custos ocultos no preço de mercado é com tributos mais elevados sobre a gasolina, uma aplicação do **princípio de sustentabilidade** da precificação de custo total. Entretanto, o aumento da tributação da gasolina é uma medida politicamente impopular, em especial nos Estados Unidos. Alguns analistas recomendam um aumento nesses tributos combinado com a redução nos impostos sobre renda e folha de pagamento, para equilibrar os encargos financeiros adicionais para os consumidores. Outra forma dos governos encorajarem a maior eficiência energética é concedendo isenções fiscais significativas ou outros incentivos econômicos para os consumidores, incentivando-os a comprar veículos mais eficientes.

Outras formas de economizar energia e dinheiro na área de transportes incluem a construção ou a expansão dos sistemas de transporte público nas cidades, a construção de ferrovias de alta velocidade entre as cidades (como foi feito no Japão, em grande parte da Europa e na China) e o transporte de mais mercadorias em trens, em vez de caminhões pesados. Outra abordagem é incentivar o uso de bicicletas, construindo ciclovias em estradas e ruas das cidades.

Adoção de veículos com eficiência energética

Existem veículos energeticamente eficientes disponíveis (**Conceito 13.4B**). Um exemplo é o *carro híbrido* (Figura 13.24, à esquerda), movido a gasolina e eletricidade. Ele tem um pequeno motor alimentado por gasolina e um motor elétrico com bateria, que fornece a energia necessária para aceleração e subidas. Os modelos mais eficientes têm uma quilometragem combinada na cidade/estrada de até 23 km/l e emitem cerca de 65% menos CO_2 por quilômetro rodado que os veículos convencionais comparáveis.

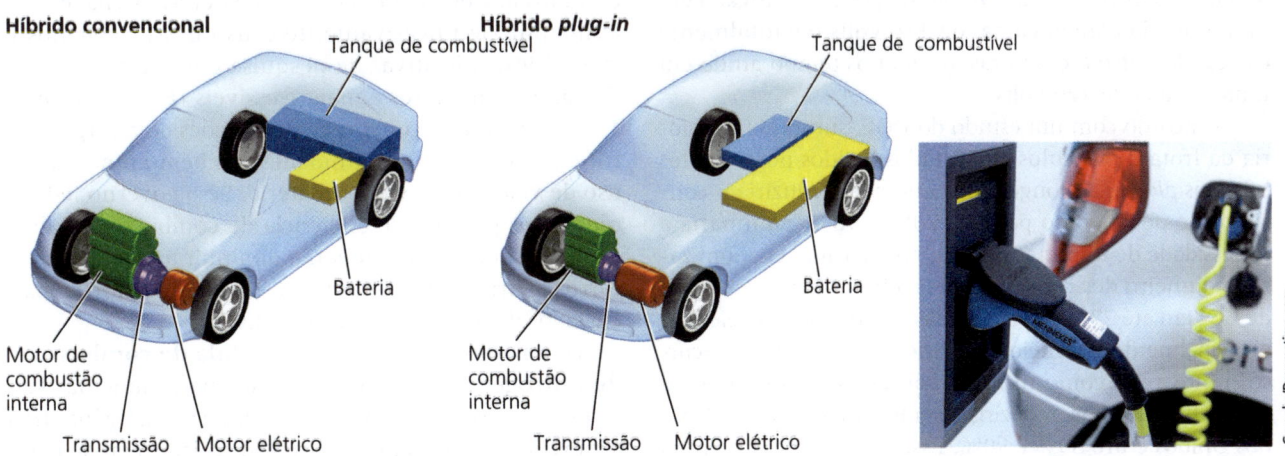

FIGURA 13.24 Soluções: Um *veículo híbrido convencional elétrico/gasolina* (à esquerda) tem um motor de combustão interna e uma bateria forte. Um *veículo híbrido plug-in* (centro) tem um motor interno menor com uma segunda e mais potente bateria que pode ser plugada a uma tomada de 110 volts ou 220 volts e recarregada (à direita). Um veículo elétrico (não mostrado) é alimentado totalmente por uma bateria recarregável. ***Raciocínio crítico:*** Você compraria algum desses veículos? Justifique sua resposta.

Recursos energéticos

FOCO NA CIÊNCIA 13.2

A busca por baterias melhores

O maior obstáculo no caminho do uso generalizado de veículos elétricos e híbridos-elétricos *plug-in* é a necessidade de encontrar uma bateria acessível, pequena, leve e facilmente recarregável para os carros, que consiga armazenar energia suficiente para alimentar um veículo por longas distâncias.

As baterias de íons de lítio são leves (porque o lítio é o elemento químico sólido mais leve) e podem armazenar uma grande quantidade de energia em um pequeno volume. Muitas delas são ligadas e usadas para alimentar veículos automotivos híbridos, híbridos *plug-in* e elétricos. No entanto, o tempo de carregamento é longo e elas precisam ser substituídas depois de alguns anos. As baterias de íons de lítio também são caras, mas os preços caíram 50% entre 2010 e 2015.

Pesquisadores do Instituto de Tecnologia de Massachusetts (Massachusetts Institute of Technology – MIT) desenvolveram um novo tipo de bateria de íons de lítio usando nanotecnologia (Foco na ciência 12.2). Essa nova bateria é mais barata e pode ser carregada 40 vezes mais rápido que os modelos usados para alimentar muitos dos veículos híbridos de hoje em dia. Pesquisadores da Universidade da Califórnia em Irvine estão usando nanofios para desenvolver uma bateria de íons de lítio com vida útil média de 300 a 400 anos. Para fins de comparação, a vida útil atual das baterias é de três anos.

Os cientistas também desenvolveram *ultracapacitores*, que são pequenas baterias mecânicas compostas de duas superfícies metálicas separadas por um isolante elétrico. Elas armazenam e liberam rapidamente grandes quantidades de energia elétrica para fornecer a potência necessária para a aceleração rápida e as subidas. Esses dispositivos podem ser recarregados em minutos, mantêm a carga por muito mais tempo que as baterias convencionais e não precisam ser substituídos com tanta frequência.

Se alguma dessas novas tecnologias de baterias ou uma combinação delas puder ser produzida em massa por um preço acessível, veículos híbridos *plug-in* e elétricos conseguirão dominar o mercado de carros e caminhões em algumas décadas. Isso reduziria substancialmente três dos problemas ambientais mais graves do mundo: poluição do ar, emissões de CO_2 causador de mudanças climáticas e acidificação dos oceanos. **CARREIRA VERDE: Engenheiro de baterias.**

RACIOCÍNIO CRÍTICO

Se as tecnologias de baterias melhores e mais baratas se tornassem uma realidade, como sua vida seria afetada?

Outra opção são os *veículos elétricos híbridos plug-in* (Figura 13.24, à direita). Os modelos disponíveis podem rodar entre 21 e 33 quilômetros apenas com a eletricidade. Depois, o pequeno motor a gasolina entra em ação, recarrega a bateria e aumenta a autonomia para 600 quilômetros ou mais. A bateria pode ser plugada em uma tomada convencional de 110 volts e é totalmente carregada entre 6 e 8 horas, ou menos tempo ainda em uma tomada de 220 volts.

De acordo com um estudo do DOE, substituir a maioria da frota de veículos dos Estados Unidos por veículos híbridos *plug-in* ao longo de três décadas reduziria o consumo de petróleo do país em 70% a 90%, eliminaria a necessidade de importações de petróleo caras, economizaria o dinheiro dos consumidores e diminuiria as emissões de CO_2 em até 27%. A recarga das baterias desses veículos, principalmente por meio de eletricidade gerada por recursos renováveis como turbinas eólicas, células solares ou usinas hidrelétricas, reduziria as emissões de CO_2 dos Estados Unidos entre 80% e 90%. Esse processo desaceleraria as mudanças climáticas e a acidificação oceânica, e salvaria milhares de vidas ao reduzir a poluição do ar proveniente de veículos automotivos e usinas de queima de carvão.

Outra opção é o *veículo 100% elétrico*, movido apenas com uma bateria. Em 2015, o veículo elétrico típico rodava 161 quilômetros com uma única carga da bateria. Em 2017, alguns desses veículos tinham autonomia de até 322 quilômetros por carga.

O problema para o consumidor médio é que os preços de carros híbridos, híbridos *plug-in* e elétricos são elevados devido ao alto custo das baterias. A chave para aumentar significativamente o uso desses veículos é intensificar iniciativas de pesquisa e desenvolvimento de baterias melhores e mais acessíveis (Foco na ciência 13.2). A criação de uma rede de estações de recarga dentro e ao redor das comunidades também aumentará o uso de veículos movidos a bateria. Se o governo federal reduzir os padrões de eficiência de combustível, fabricantes de automóveis poderão diminuir a introdução de carros elétricos, que os ajuda a manter os padrões mais elevados de eficiência de combustível.

Outra possível alternativa é a **célula de combustível de hidrogênio**, que pode ser usada para alimentar veículos elétricos. Esse dispositivo utiliza gás hidrogênio (H_2) como combustível para produzir eletricidade quando reage com o gás oxigênio (O_2) da atmosfera e emite vapor de água inofensivo. Uma célula de combustível é muito mais eficiente do ponto de vista energético do que um motor de combustão interna, não tem peças móveis e exige pouca manutenção. O combustível H_2 normalmente é produzido

FIGURA 13.25 Telhado verde na Prefeitura de Chicago.

Diane Cook/Len Jenshel/National Geography Creative

pela passagem de eletricidade pela água. Também pode ser produzido a partir do metano armazenado em um veículo. Dois grandes problemas das células de combustíveis são o preço elevado e o fato de o H_2 ter um rendimento de energia líquida negativo, o que significa que a produção consome mais energia do que ele consegue fornecer, conforme discutiremos mais adiante neste capítulo. **CARREIRA VERDE: Tecnologia de célula de combustível.**

> **PARA REFLETIR**
> **APRENDENDO COM A NATUREZA**
>
> As cianobactérias usam luz solar e enzimas para produzir hidrogênio a partir da água. Cientistas estão analisando esse fenômeno como uma maneira de produzir combustível de hidrogênio para veículos automotivos e sistemas de aquecimento doméstico sem o uso de processos caros com alta temperatura ou eletricidade. Se tiverem sucesso, isso reduzirá substancialmente as emissões de CO_2 e outros poluentes do ar.

Reduzir o peso de um veículo é outra forma de aumentar a eficiência de combustível. As carrocerias dos carros podem ser feitas de materiais compósitos *ultraleves* e *ultrarresistentes*, como fibra de vidro, fibra de carbono, fibra de cânhamo e grafeno (Foco na ciência 12.1). Essas carrocerias também são mais seguras que os modelos convencionais em caso de batida. O custo atual da fabricação de carrocerias mais leves é alto, mas as inovações tecnológicas e a produção em massa provavelmente baixariam esse valor.

A conservação da energia também pode desempenhar um papel importante. Como os carros são o principal consumidor de energia para a maioria dos estadunidenses, mudar para um carro com maior eficiência de combustível, que roda, no mínimo, 17 km/l, é uma das melhores formas que as pessoas têm de economizar dinheiro e reduzir o impacto ambiental prejudicial.

Podemos projetar edifícios que economizam energia e dinheiro

Em todo o mundo, os edifícios são responsáveis por mais de 40% do uso de energia e até um terço das emissões de gases de efeito estufa, segundo um estudo do Programa das Nações Unidas para o Meio Ambiente (Pnuma) realizado em 2015. A arquitetura verde é uma nova área em rápido crescimento. Ela se concentra no projeto de construções com eficiência energética, de recursos e de custos (**Conceito 13.4B**). A arquitetura verde usa iluminação natural, aquecimento solar direto, janelas com isolamento térmico, termostatos inteligentes e eletrodomésticos e sistemas de iluminação eficientes do ponto de vista energético. Além disso, também prioriza o uso de materiais de construção não tóxicos e reciclados de demolições. Algumas construções verdes usam aquecedores solares de água e obtêm a maior parte da eletricidade com células solares.

Algumas casas e construções urbanas incluem *telhados* ou *coberturas verdes* (Figura 13.25), cobertos com solo

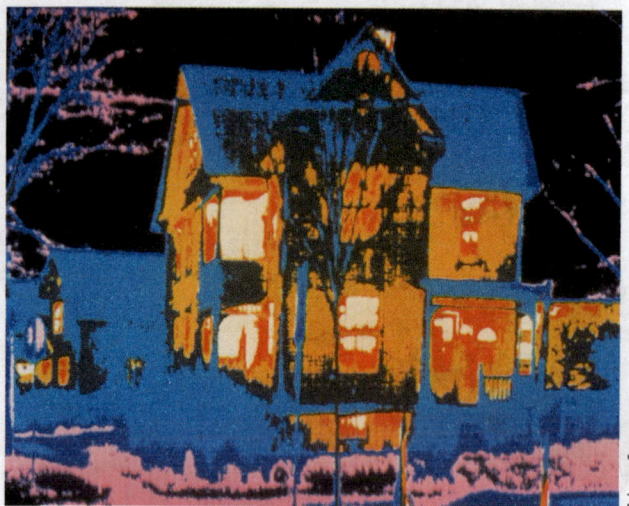

FIGURA 13.26 Um termograma, ou foto infravermelha, de uma casa com pouco isolamento e vedação. Isso causa perda de calor (áreas avermelhadas) e desperdício de dinheiro. *Raciocínio crítico:* Na sua opinião, como o local em que você mora se compara a essa casa em termos de perda de calor?

térmicas, que podem revelar o fluxo de calor saindo de uma casa (Figura 13.26), o isolamento e a pistola de calafetagem, usada para selar vazamentos de ar, reduzindo, assim, as perdas de calor. O *superisolamento* é importante para projetos com eficiência energética. Uma casa pode ser tão bem isolada e hermética, que o calor da luz solar direta, de eletrodomésticos e corpos humanos consegue aquecê-la com pouca ou nenhuma necessidade de um sistema de aquecimento de apoio, mesmo em climas extremamente frios. Casas superisoladas na Suécia usam 90% menos energia para aquecimento e resfriamento do que as residências estadunidenses típicas do mesmo tamanho.

Um exemplo de superisolamento são as construções com fardos de palha, em que as paredes das casas são feitas com fardos de palha cobertos interna e externamente por adobe (Figura 13.27). Esse tipo de parede pode ter um valor de isolamento de duas a seis vezes maior que as paredes convencionais.

O World Green Building Council e a Leadership in Energy and Environmental Design (LEED) do Conselho de Construção Verde dos Estados Unidos desenvolveram padrões para certificar que uma construção atende a determinados padrões ambientais e de eficiência energética. **CARREIRA VERDE: Design e arquitetura ambiental sustentável.**

e vegetação projetados especialmente para esses locais e com um sistema de irrigação por gotejamento inteligente. Os telhados verdes reduzem os custos de aquecimento e resfriamento de um edifício, porque absorvem o calor do Sol do verão e ajudam a isolar a estrutura e manter o calor no inverno. Telhados pintados de branco em casas, fábricas e outros edifícios refletem a energia solar e diminuem o uso de ar-condicionado e os custos relacionados.

Um dos principais objetivos de muitas construções verdes é produzir a quantidade de energia usada por eles todos os anos, um conceito conhecido como energia líquida zero. Outros objetivos são perda zero de água e neutralidade de carbono.

As três melhores ferramentas para reduzir o desperdício de energia e dinheiro nas casas são câmeras de imagens

Podemos economizar dinheiro e energia nos edifícios existentes

Essas são algumas formas de economizar energia e dinheiro em casas e outras construções já existentes (**Conceito 13.4B**):

- *Usar uma auditoria de energia para detectar vazamentos de ar.*
- *Usar janelas com eficiência energética.*
- *Vedar vazamentos de dutos de aquecimento e resfriamento em sótãos e porões sem calefação.*

FIGURA 13.27 Soluções: Casas de fardos de palha com eficiência energética em Crested Buttle, Colorado, durante a construção (à esquerda) e depois de pronta (à direita). *Pergunta:* Você gostaria de viver em uma casa como essa? Justifique sua resposta.

- *Isolar o edifício e vedar as saídas de ar.* Cerca de um terço do ar aquecido em casas e outras construções convencionais dos Estados Unidos escapa por buracos, rachaduras e janelas simples (Figura 13.26). Em períodos quentes, essas janelas e rachaduras deixam o calor entrar, aumentando a necessidade de usar equipamentos como ar-condicionado.
- *Aquecer os espaços internos com mais eficiência.* As maneiras mais eficientes de aquecer um ambiente interno são, nesta ordem: superisolamento (incluindo a vedação de saídas de ar); bomba de calor geotérmico, que transfere o calor armazenado na terra para uma casa; aquecimento solar passivo; bomba de calor convencional de alta eficiência (apenas para climas quentes); e fornalha de gás natural de alta eficiência.
- *Aquecer a água com mais eficiência.* Uma opção é usar o aquecedor solar de água montado no telhado, e outra é usar o *aquecedor de água instantâneo sem tanque*. Esse dispositivo tem praticamente o tamanho de uma maleta e é aceso por gás natural ou GLP (mas não um aquecedor elétrico, que não é eficiente) para fornecer água quente quando necessário, em vez de manter a água em um tanque quente o tempo todo. Ele é usado há décadas em muitos países europeus.
- *Utilizar eletrodomésticos eficientes em energia.* Um refrigerador com o congelador localizado na parte de baixo usa praticamente a metade da energia que um modelo convencional com o congelador em cima ou na lateral, que permite que o ar frio denso flua rapidamente para fora quando a porta é aberta. Fornos de micro-ondas usam de 25% a 50% menos eletricidade do que fornos elétricos. As lavadoras de roupa com porta frontal usam 55% menos energia e 30% menos água do que os modelos com porta superior e reduzem os custos operacionais pela metade.
- *Utilizar computadores com eficiência energética.* De acordo com a EPA, se todos os computadores vendidos nos Estados Unidos atendessem aos requisitos da Energy Star, os consumidores pouparam US$ 1,8 bilhão por ano em custos de energia e reduziriam as emissões de gases de efeito estufa em uma quantidade equivalente à de tirar cerca de 2 milhões de carros das ruas.
- *Utilizar iluminação eficiente em energia.* O DOE estima que a transição para lâmpadas de LED energeticamente eficientes nos próximos 20 anos nos Estados Unidos faria os consumidores economizarem grandes quantidades de dinheiro e eliminaria a necessidade de construir 40 novas usinas de energia. Nos últimos anos, o custo das lâmpadas de LED caiu 90%. Elas duram 25 vezes mais que as lâmpadas incandescentes tradicionais e 2,5 vezes mais que as lâmpadas fluorescentes compactas.
- *Parar de usar o modo de espera.* Os consumidores podem reduzir o consumo de energia e a conta mensal plugando seus dispositivos eletrônicos em um filtro de linha inteligente, que corta a energia do dispositivo quando detecta que ele foi desligado, desativando o modo de espera.

A Figura 13.28 lista as formas de economizar energia e dinheiro onde você mora.

Por que ainda estamos desperdiçando tanta energia e dinheiro?

Considerando a impressionante variedade de benefícios (Figura 13.23), por que damos tão pouca ênfase à melhoria da eficiência energética e à conservação da energia? Um motivo é que recursos energéticos, como combustíveis fósseis e energia nuclear, são artificialmente baratos graças aos subsídios governamentais e incentivos fiscais que recebem e porque os preços de mercado não incluem os custos prejudiciais para a saúde e o meio ambiente derivados de sua produção e uso.

Outra razão é que há poucos incentivos fiscais governamentais significativos, descontos e empréstimos com juros baixos e outros incentivos econômicos para os consumidores e as empresas investirem na melhoria da eficiência energética. Um terceiro motivo é que a maior parte dos governos e empresas de serviços públicos não priorizou a conscientização da população a respeito das vantagens ambientais e econômicas da melhoria da eficiência energética e da conservação de energia.

Tivemos alguns progressos. Em 2016, o Conselho Americano para uma Economia Eficiente de Energia classificou o desempenho de eficiência energética dos 23 países que mais consomem energia em termos de construções, indústrias e transportes. Em ordem, os três países com maior eficiência energética eram Alemanha, Itália e Japão. Os Estados Unidos ficaram em oitavo.

13.5 QUAIS SÃO AS VANTAGENS E DESVANTAGENS DE UTILIZAR RECURSOS DE ENERGIA RENOVÁVEL?

CONCEITO 13.5 Podemos usar uma mistura de recursos de energia renovável para atender às nossas necessidades energéticas e reduzir drasticamente a poluição, as emissões de gases de efeito estufa, as mudanças climáticas e a acidificação oceânica.

Contando mais com a energia renovável

Podemos usar a energia renovável do Sol, do vento, da água corrente, da biomassa e do calor do interior da Terra (energia geotérmica) para produzir eletricidade. Estudos mostram que, com o apoio governamental consistente na

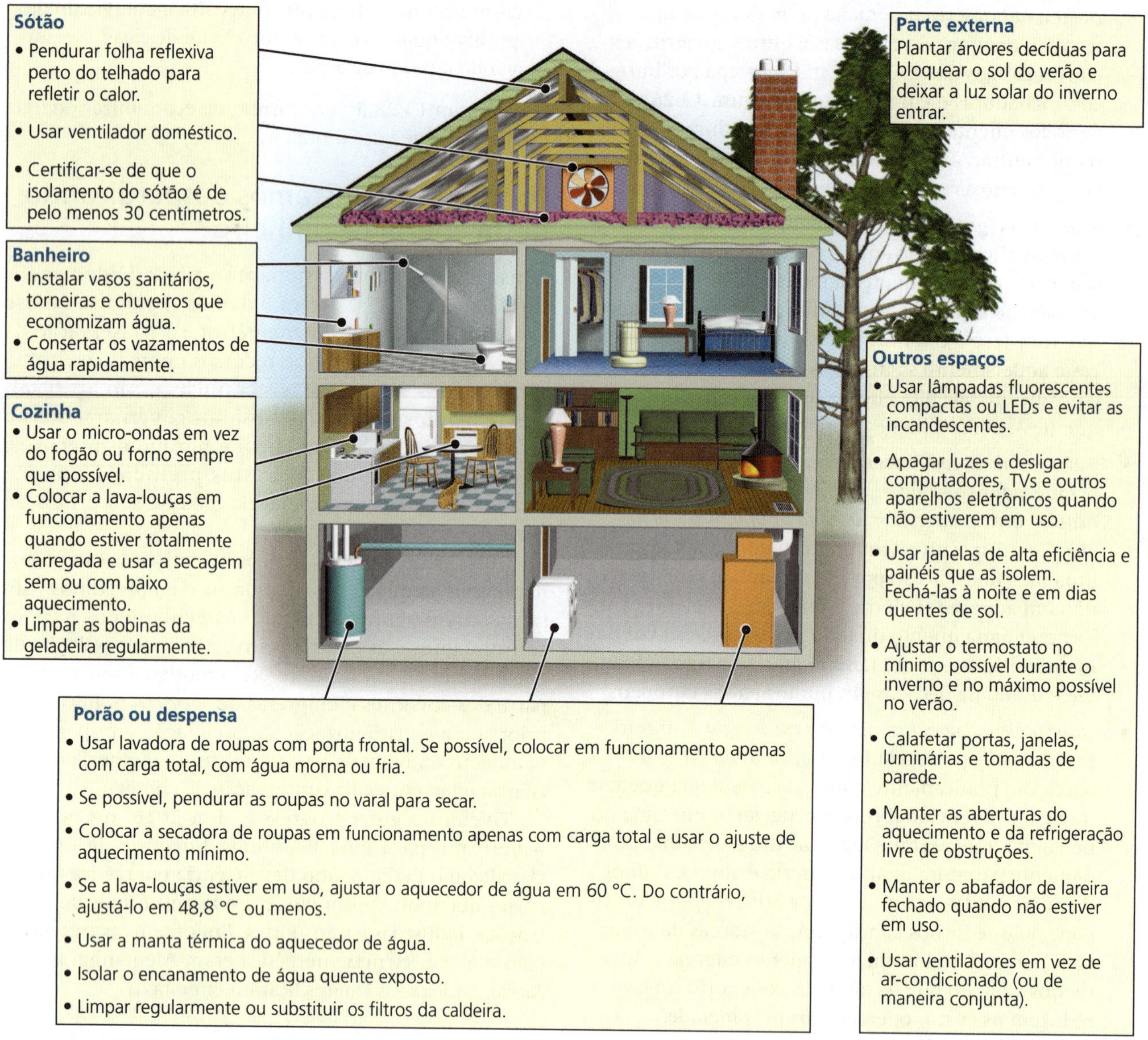

Sótão
- Pendurar folha reflexiva perto do telhado para refletir o calor.
- Usar ventilador doméstico.
- Certificar-se de que o isolamento do sótão é de pelo menos 30 centímetros.

Banheiro
- Instalar vasos sanitários, torneiras e chuveiros que economizam água.
- Consertar os vazamentos de água rapidamente.

Cozinha
- Usar o micro-ondas em vez do fogão ou forno sempre que possível.
- Colocar a lava-louças em funcionamento apenas quando estiver totalmente carregada e usar a secagem sem ou com baixo aquecimento.
- Limpar as bobinas da geladeira regularmente.

Parte externa
Plantar árvores decíduas para bloquear o sol do verão e deixar a luz solar do inverno entrar.

Outros espaços
- Usar lâmpadas fluorescentes compactas ou LEDs e evitar as incandescentes.
- Apagar luzes e desligar computadores, TVs e outros aparelhos eletrônicos quando não estiverem em uso.
- Usar janelas de alta eficiência e painéis que as isolem. Fechá-las à noite e em dias quentes de sol.
- Ajustar o termostato no mínimo possível durante o inverno e no máximo possível no verão.
- Calafetar portas, janelas, luminárias e tomadas de parede.
- Manter as aberturas do aquecimento e da refrigeração livre de obstruções.
- Manter o abafador de lareira fechado quando não estiver em uso.
- Usar ventiladores em vez de ar-condicionado (ou de maneira conjunta).

Porão ou despensa
- Usar lavadora de roupas com porta frontal. Se possível, colocar em funcionamento apenas com carga total, com água morna ou fria.
- Se possível, pendurar as roupas no varal para secar.
- Colocar a secadora de roupas em funcionamento apenas com carga total e usar o ajuste de aquecimento mínimo.
- Se a lava-louças estiver em uso, ajustar o aquecedor de água em 60 °C. Do contrário, ajustá-lo em 48,8 °C ou menos.
- Usar a manta térmica do aquecedor de água.
- Isolar o encanamento de água quente exposto.
- Limpar regularmente ou substituir os filtros da caldeira.

FIGURA 13.28 Pessoas que fazem a diferença: Você pode economizar energia e dinheiro onde mora. *Raciocínio crítico*: Quais dessas medidas você já adotou? Quais planeja adotar?

forma de fundos para pesquisa e desenvolvimento, subsídios e isenções fiscais, a energia renovável poderia fornecer 20% da eletricidade até 2025 e 50% até 2050. A IEA estima que, entre 2016 e 2040, 60% da nova produção de energia elétrica será proveniente de fontes de energia renovável, principalmente eólica e solar. A IEA também estimou que, em 2040, as formas renováveis de energia serão competitivas com outras fontes de energia sem subsídios na maior parte do mundo. O Laboratório Nacional de Energia Renovável dos Estados Unidos (NREL) prevê que, com um programa intensivo, os Estados Unidos poderiam obter 50% de sua eletricidade com fontes de energia renováveis (predominantemente eólica e solar) até 2050 devido à redução dos custos de produção de eletricidade a partir dessas duas fontes. Segundo o DOE, entre 2008 e 2015, o custo da produção de eletricidade a partir da energia eólica caiu 41%, já o da energia solar caiu 64%. Isso ajuda a explicar por que as pesquisas mostram que mais de 70% dos consumidores estadunidenses querem que o governo invista em energia renovável.

De acordo com a IEA, o sol e o vento são os recursos energéticos que mais crescem no mundo, enquanto a energia nuclear é a que menos cresce (Figura 13.20). A China tem a maior capacidade instalada de parques eólicos e solares e pretende se tornar o maior usuário e comerciante de turbinas eólicas e células solares do mundo. Esses devem ser os setores com maior crescimento nas próximas décadas. O objetivo da China é expandir substancialmente a produção de eletricidade a partir de recursos renováveis como vento, sol e água corrente (energia hídrica) para ajudar a reduzir o uso de carvão e a poluição do ar resultante, que mata cerca de 1,2 milhão de chineses todos os anos.

Em 2015, a China era o maior investidor em energia renovável do mundo, com investimentos de US$ 102 bilhões, comparados com US$ 44 bilhões dos Estados Unidos. No entanto, em 2016, a China reduziu suas metas de energia eólica e solar até 2020, porque diversas usinas solares e parques eólicos não tinham acesso à rede de eletricidade do país, que passa por uma expansão lenta.

Se a energia renovável é tão boa, por que ela fornece apenas 10% da energia mundial (Figura 13.2, à esquerda) e 10% da energia usada nos Estados Unidos (Figura 13.2, à direita)? Existem vários motivos. *Primeiro*, as pessoas tendem a pensar em energia solar e eólica como fontes difusas, intermitentes e pouco confiáveis, além de caras demais para serem utilizadas em grande escala. Essas percepções estão ultrapassadas.

Segundo, desde 1950, os incentivos fiscais, subsídios e financiamentos do governo estadunidense para pesquisa e desenvolvimento de recursos de energia renovável têm sido muito inferiores do que para combustíveis fósseis e energia nuclear. De acordo com a IEA, os subsídios globais para combustíveis fósseis são praticamente dez vezes maiores do que para fontes de energia renovável.

Terceiro, os programas de subsídios e isenções fiscais para energia renovável do governo dos Estados Unidos estão aumentando, mas o Congresso exige que eles sejam renovados depois de alguns anos, o que inibe os investimentos em energia renovável, enquanto os alinhamentos políticos variáveis podem colocar esses subsídios federais em dúvida. Em contrapartida, bilhões de dólares de subsídios anuais para combustíveis fósseis e energia nuclear são garantidos por muitas décadas, em grande parte devido à pressão política dessas indústrias.

Quarto, os preços pagos pelos combustíveis fósseis não renováveis e pela energia nuclear não incluem os custos de danos à saúde humana e ao ambiente envolvidos nos processos de produção e utilização desses recursos. Como resultado, eles ficam parcialmente protegidos da concorrência no livre mercado com fontes de energia renováveis mais limpas.

Podemos aquecer edifícios e água com energia solar

Uma construção com acesso suficiente à luz solar pode obter a maior parte do calor de que precisa por meio dos **sistemas de aquecimento solar passivo** (Figura 13.29, à esquerda e a Figura 13.30). Sistemas desse tipo absorvem e armazenam o calor do Sol diretamente em uma estrutura bem isolada e hermética. Tanques de água, paredes e pisos de concreto, adobe, tijolo ou pedra podem armazenar muito da energia solar coletada como calor e liberá-la lentamente.

Um **sistema de aquecimento solar ativo** (Figura 13.29, à direita) capta a energia do Sol bombeando um fluido que absorve calor (como água ou uma solução anticongelante) por meio de coletores especiais, geralmente montados sobre o telhado ou em suportes especiais para que estejam voltados para o Sol. Parte do calor coletado pode ser utilizada diretamente. O restante pode ser armazenado em um grande contêiner isolado, preenchido com cascalho, água, argila ou um elemento químico que absorva calor para liberá-lo conforme necessário.

Coletores solares ativos no telhado também são utilizados para aquecer a água em muitas casas e edifícios de apartamentos. Uma em cada dez casas e prédios de apartamentos da China usa o Sol para aquecer a água, com sistemas que custam o equivalente a US$ 200 – depois que o custo inicial é pago, a água é aquecida gratuitamente. De acordo com o Programa das Nações Unidas para o Desenvolvimento, os aquecedores de água solares podem fornecer metade da água quente do mundo.

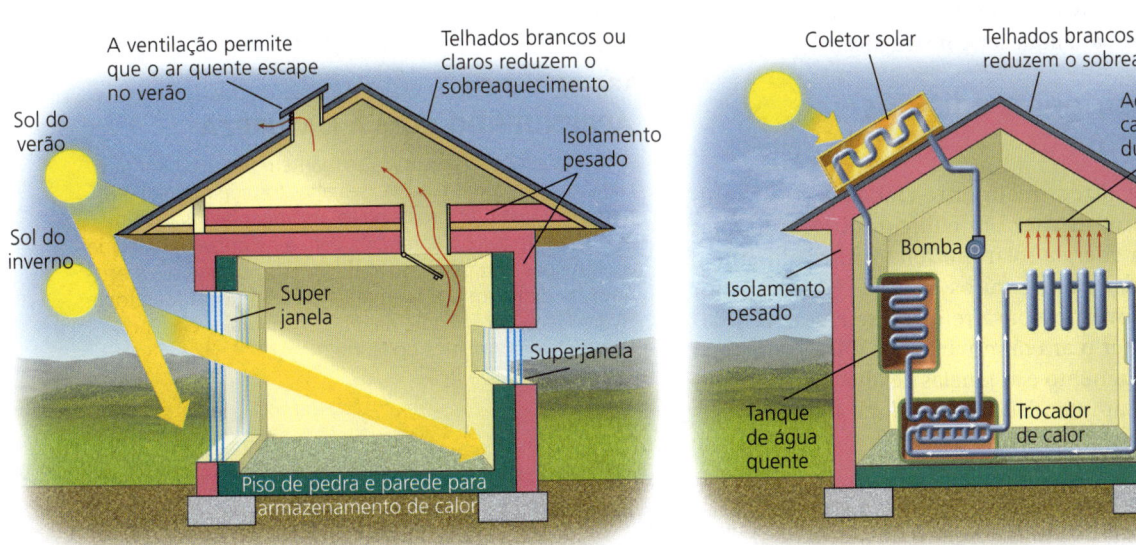

FIGURA 13.29 Soluções: Sistemas de aquecimento doméstico passivo (à esquerda) e ativo (à direita).

FIGURA 13.30 Essa casa com sistema solar passivo em Golden, Colorado, coleta e armazena a energia solar recebida para fornecer grande parte do calor usado em um clima com invernos rigorosos. Observe os painéis de aquecimento de água no jardim. Algumas casas com esse tipo de sistema têm solários (ver foto em destaque) para ajudar a coletar energia do sol.

Alan Ford/National Renewable Energy Laboratory

Sistemas solares passivos e ativos podem ser usados para aquecer novas casas em áreas com luz do Sol adequada, desde que árvores e outras construções não bloqueiem o acesso solar. A Figura 13.31 mostra a disponibilidade de energia solar na parte continental dos Estados Unidos e no Canadá. A Figura 13.32 lista as principais vantagens e desvantagens do uso de sistemas solares passivos e ativos para aquecer construções.

Podemos refrigerar edifícios naturalmente

A energia solar direta realmente trabalha contra nós quando queremos manter um edifício refrigerado, mas podemos usar a energia solar indireta (principalmente o vento) para ajudar a refrigerar os edifícios. Podemos abrir janelas para aproveitar a brisa refrescante e usar ventiladores para manter o ar em movimento. Quando não há brisa, o superisolamento e as janelas de alta eficiência ajudam a manter o ar quente do lado de fora. Eis outras formas de manter a refrigeração:

- Bloquear o Sol do alto do verão com sombra de árvores, beirais profundos, toldos de janela ou venezianas.
- Em climas quentes, utilizar um telhado de cor clara para refletir até 90% do calor do Sol (em comparação com apenas 10% a 15% no caso de um telhado de cor escura). Também é possível usar um telhado vivo ou verde.
- Usar bombas de aquecimento geotérmico para bombear ar frio do subsolo para um edifício durante o verão.

> **PARA REFLETIR**
> ### APRENDENDO COM A NATUREZA
> Algumas espécies de cupins se mantêm frescas durante o clima quente construindo casas altas (os cupinzeiros) que permitem que o ar circule nelas. Os engenheiros usaram essa lição de design aprendida com a natureza para resfriar construções naturalmente, reduzir o uso de energia e economizar dinheiro. Um exemplo é o escritório da Manitoba Hydro Place, no Canadá, o edifício com maior eficiência energética da América do Norte.

Podemos concentrar a luz do Sol para produzir aquecimento de alta temperatura e eletricidade

Um problema da energia solar direta é que ela se dispersa. Os **sistemas termossolares**, também conhecidos

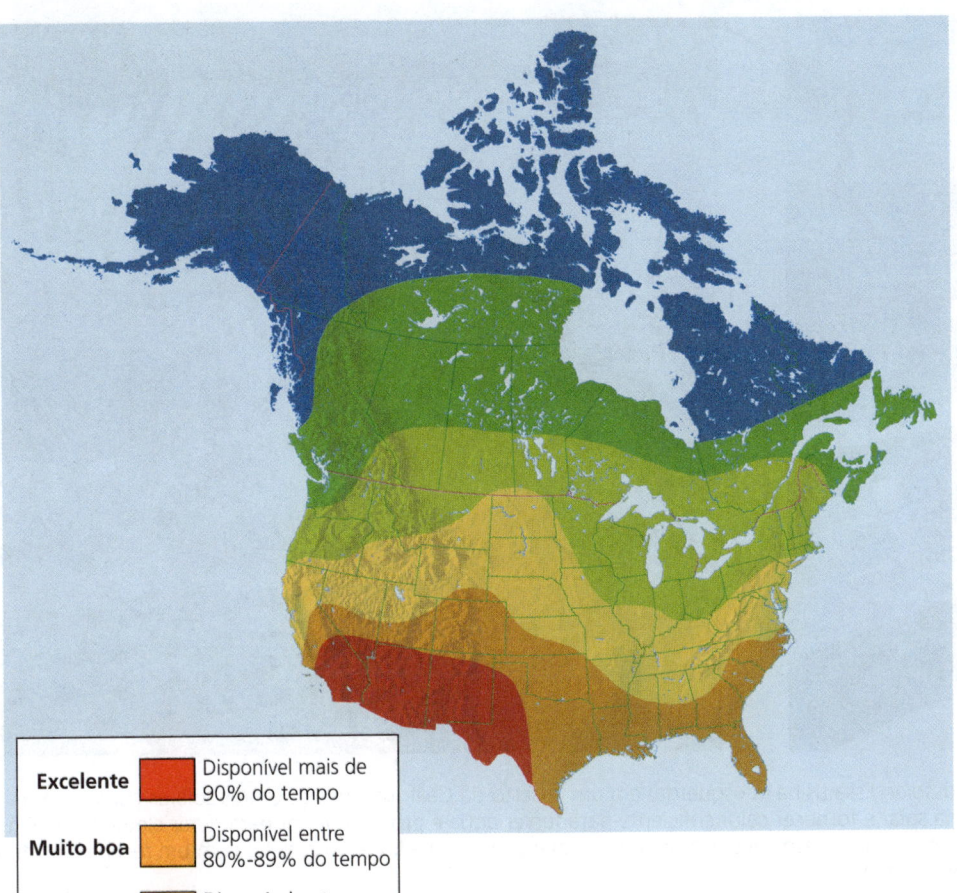

FIGURA 13.31 Disponibilidade de energia solar direta na área continental dos Estados Unidos e no Canadá.

Informações compiladas pelos autores usando dados da Sociedade Americana de Geologia e do Departamento de Energia dos Estados Unidos.

Excelente		Disponível mais de 90% do tempo
Muito boa		Disponível entre 80%-89% do tempo
Boa		Disponível entre 70%-79% do tempo
Moderada		Disponível entre 60%-69% do tempo
Razoável		Disponível entre 50%-59% do tempo
Baixa		Disponível menos de 50% do tempo

como sistemas de *energia solar concentrada* (*concentrating solarpower* – SP), coletam e concentram a energia solar para ferver água e produzir vapor para gerar eletricidade. Esses sistemas podem ser usados em desertos e outras áreas abertas com alta incidência de luz solar.

Um sistema desse tipo usa fileiras de espelhos altamente curvos, chamados *calhas parabólicas*, para coletar e concentrar energia solar. Cada calha concentra a luz do Sol que entra em um tubo que passa pelo seu centro e é preenchido com óleo sintético (Figura 13.33, à esquerda) que vai para uma usina de produção de energia. O calor concentrado é usado para ferver água e produzir vapor para alimentar uma turbina e acionar um gerador para produzir eletricidade.

Outro sistema termossolar (Figura 13.33, à direita) usa uma série de espelhos controlados por computador para rastrear o sol e concentrar sua energia em uma torre de energia central. O calor concentrado é usado para ferver água e produzir vapor que aciona turbinas e

Vantagens e desvantagens

Aquecimento solar ativo ou passivo

Vantagens
- Energia líquida média
- Emissões muito baixas de CO_2 e de outros poluentes do ar
- Perturbação muito baixa da terra
- Custo moderado (passivo)

Desvantagens
- Precisa de acesso ao Sol durante 60% do tempo durante o dia
- Bloqueio do Sol por árvores e outras estruturas
- Altos custos de instalação e manutenção para os sistemas ativos
- Necessidade de sistema de reserva para dias nublados

FIGURA 13.32 Aquecer uma casa com sistema de energia solar ativo ou passivo tem vantagens e desvantagens. ***Raciocínio crítico***: Qual vantagem e qual desvantagem você considera mais importantes? Por quê? Você acha que as vantagens superam as desvantagens?

Recursos energéticos

FIGURA 13.33 *Energia termossolar*: Essa usina (à esquerda) em um deserto da Califórnia usa coletores solares curvos (parabólicos) para concentrar a energia solar e fornecer calor suficiente para ferver água e produzir vapor para gerar eletricidade. Em outro tipo de sistema (à direita), uma série de espelhos acompanha o Sol e concentra a luz solar refletida em um receptor central para ferver a água e produzir eletricidade.

gera eletricidade. O calor produzido por esses dois tipos de sistemas pode ser usado para derreter um certo tipo de sal armazenado em um grande recipiente isolado. O calor armazenado neste sal fundido pode ser liberado conforme necessário para produzir eletricidade à noite ou em dias nublados.

Em 2014, a maior usina termossolar com espelhos do mundo foi inaugurada no Deserto de Mojave, na Califórnia. Essa instalação de US$ 2,2 bilhões tem 350 mil espelhos concentrados em três torres de energia de 40 andares. Ela consegue produzir energia suficiente para abastecer 140 mil residências e eliminar emissões anuais de CO_2 equivalentes à remoção de 88 mil carros das ruas.

Como os sistemas termossolares têm baixo rendimento de energia líquida, eles precisam de altos subsídios governamentais ou isenções fiscais para serem competitivos no mercado. A Figura 13.34 lista as principais vantagens e desvantagens dos sistemas termossolares.

As pessoas podem concentrar energia solar em menor escala. Em algumas regiões ensolaradas, os moradores usam *fornos solares* baratos para concentrar a luz do Sol para ferver e esterilizar água e cozinhar (Figura 13.35). Os fornos solares podem substituir fogões à lenha e carvão e reduzir a poluição do ar em ambientes fechados, uma importante causa de morte em países menos desenvolvidos. Eles também reduzem o desmatamento, pois diminuem a necessidade de utilização de lenha e carvão feitos de madeira.

Vantagens e desvantagens

Sistemas termossolares

Vantagens	Desvantagens
Alto potencial de crescimento	Baixa energia líquida e altos custos
Nenhuma emissão direta de CO_2 e de outros poluentes do ar	Necessidade de sistema de reserva ou armazenamento em dias nublados
Custos reduzidos com turbina de reserva de gás natural	Requer alto uso de água
Fonte de novos empregos	Pode prejudicar ecossistemas desérticos

FIGURA 13.34 Usar energia solar para gerar aquecimento de alta temperatura e eletricidade tem vantagens e desvantagens (**Conceito 13.5**). *Raciocínio crítico*: Qual vantagem e qual desvantagem você considera mais importantes? Por quê? As vantagens de utilizar essas tecnologias superam as desvantagens?

Abaixo: National Renewable Energy Laboratory (NREL). Topo: Sandia National Laboratories/National Renewable Energy Laboratory.

FIGURA 13.35 Soluções: Forno solar simples.

Usando células solares para produzir eletricidade

Podemos converter a energia solar diretamente em energia elétrica pelas **células fotovoltaicas (FV)**, denominadas **células solares.** As células solares são a tecnologia produtora de eletricidade que mais cresce no mundo. Entre 2011 e 2015, o custo por watt da eletricidade produzida por células solares caiu 83% e deve continuar caindo, já que os preços são determinados por avanços tecnológicos.

A maioria das células solares são *wafers* de silício (Si) purificado fino e transparente ou silício policristalino com traços de metais que permitem a produção de eletricidade quando o sol entra em contato com eles. As células solares são unidas em um painel, e muitos painéis podem ser conectados para produzir eletricidade para uma casa ou uma grande usina de energia solar (ver Figura 13.36 e foto de abertura do capítulo). Esses sistemas podem ser conectados a redes elétricas ou baterias que armazenam a eletricidade enquanto for preciso. Grandes usinas de energia solar estão em atividade na Alemanha, Espanha, Portugal, Coreia do Sul, China e no sudoeste dos Estados Unidos.

É possível montar conjuntos de células solares em telhados ou incorporá-los em quase todos os tipos de materiais de cobertura. É provável que a nanotecnologia e outras tecnologias emergentes permitam a fabricação de células solares em lâminas da grossura de uma folha de papel, rígidas ou flexíveis (ver Figura 12.A), que poderão ser impressas como jornais e anexadas ou incorporadas a uma variedade de superfícies, como paredes externas, janelas e roupas (para recarregar telefones celulares). Empresas fornecedoras de energia solar no Japão, na Grã-Bretanha, na Índia, na Itália e na Austrália estão usando conjuntos flutuantes de painéis de células solares na superfície de lagos, reservatórios, tanques e canais. Engenheiros também estão desenvolvendo revestimentos que evitam poeira e umidade para manter esses dispositivos limpos sem a necessidade de usar água.

CARREIRA VERDE: Tecnologia de célula solar.

Aproximadamente 1,3 bilhão de pessoas, a maioria de áreas rurais de países menos desenvolvidos, não estão conectadas a uma rede elétrica. Um número crescente delas está usando painéis solares no telhado (Figura 13.37) para alimentar lâmpadas de LED eficientes, que substituem as lâmpadas de querosene pouco eficientes e que poluem o ar de áreas internas. A expansão dos sistemas de células solares autônomos para outros vilarejos rurais ajudará centenas de milhões de pessoas a sair da pobreza e reduzir a exposição à poluição mortal do ar em ambientes internos.

As células solares não têm peças móveis, não precisam de água para resfriamento e funcionam de maneira segura e silenciosa. Elas não emitem gases de efeito estufa nem outros poluentes do ar, mas não são uma opção livre de carbono, porque são usados combustíveis fósseis para produzir e transportar os painéis. No entanto, essas emissões por unidade de eletricidade são muito menores que as emissões liberadas pelo uso de combustíveis fósseis ou pelo ciclo do combustível nuclear para produzir eletricidade. As células solares convencionais também contêm materiais tóxicos que precisam ser recuperados quando as células se desgastam, depois de 20 a 25 anos de uso, ou quando elas são substituídas por novos sistemas.

Um problema das células solares é a baixa eficiência energética. Em geral, elas convertem apenas 20% da energia solar recebida em eletricidade, embora essa eficiência esteja sendo aprimorada rapidamente. Em 2014, pesquisadores do Instituto Fraunhofer para Sistema de Energia Solar da Alemanha desenvolveram uma célula solar com eficiência de 45%, em comparação com uma eficiência de 35% de combustíveis fósseis e usinas nucleares. Eles estão trabalhando para disponibilizar esse protótipo para uso comercial. A Figura 13.38 lista as principais vantagens e desvantagens do uso de células solares.

Algumas empresas e proprietários de casas estão dividindo o custo dos sistemas de energia solar nos telhados por décadas, incluindo-os na hipoteca. Outros estão alugando sistemas de células solares de empresas que realizam a instalação e a manutenção.

Algumas comunidades e bairros usam sistemas solares comunitários ou compartilhados para fornecer eletricidade para pessoas que alugam ou moram em apartamentos, ou que têm o acesso à luz do Sol bloqueado por construções ou árvores. Os consumidores compram energia de uma usina solar pequena e central, e ela é entregue pela empresa de serviço público local.

A produção de eletricidade a partir de células solares é a forma de produção que mais cresce no mundo (Figura 13.39). Espera-se que ela continue crescendo rapidamente, porque a energia solar é ilimitada e está disponível em todo o mundo. Além disso, trata-se de

FIGURA 13.36 *Usina de energia de células solares:* Grandes conjuntos de células solares podem ser conectados para produzir eletricidade.

Ollyy/Shutterstock.com

uma tecnologia, e não um combustível esgotável como carvão ou gás natural, cujos preços são controlados pelos suprimentos disponíveis. **CARREIRA VERDE: Tecnologia de célula solar.**

Se for intensificada e auxiliada por subsídios governamentais equivalentes ou maiores que os subsídios aos combustíveis fósseis, a energia solar poderá fornecer até 23% da eletricidade dos Estados Unidos até 2050, segundo projeções do NREL. Após 2050, é provável que a energia solar seja uma das principais fontes de eletricidade nos Estados Unidos e em grande parte do mundo. Se acontecer, esse fenômeno representará uma aplicação global do **princípio de sustentabilidade** da energia solar.

FIGURA 13.37 *Soluções:* Um painel de célula solar fornece eletricidade para iluminar essa cabana na região rural de Bengala Ocidental, na Índia. *Raciocínio crítico:* Você acha que o governo deveria oferecer auxílio para que países pobres conseguissem sistemas de células solares? Explique.

Ciência ambiental

Vantagens e desvantagens

Células solares

Vantagens	Desvantagens
Pouca ou nenhuma emissão de CO_2 e de outros poluentes do ar	Necessita de acesso ao Sol
Facilidade para instalar, mover e expandir, se necessário	Necessita de sistema de armazenamento de eletricidade ou de reserva
Custo competitivo para as células mais novas	Energia líquida baixa, mas com probabilidade de melhorar
	Usinas elétricas de células solares podem destruir ecossistemas desérticos

FIGURA 13.38 Usar energia solar para produzir eletricidade tem vantagens e desvantagens (**Conceito 13.5**). *Raciocínio crítico:* Qual vantagem e qual desvantagem você considera mais importantes? Por quê? Você acha que as vantagens superam as desvantagens? Justifique.

Topo: Martin D. Vonka/Shutterstock.com. Abaixo: pedrosala/Shutterstock.com.

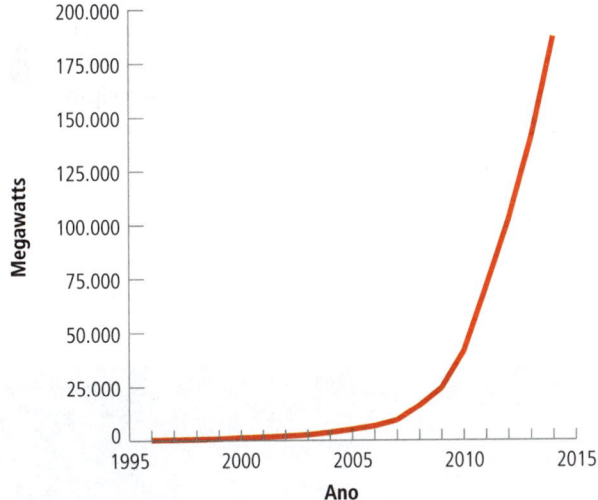

FIGURA 13.39 Capacidade de eletricidade instalada global das células solares, 1996-2015. *Análise de dados:* Qual foi o fator e a porcentagem de aumento da capacidade de células solares instaladas entre 1996 e 2015?

Informações compiladas pelos autores usando dados do U.S. Energy Information Administration, Agência Internacional de Energia, Worldwatch Institute e Earth Policy Institute.

Podemos produzir eletricidade a partir da queda ou de correntes de água

Energia hídrica é qualquer tecnologia que usa a energia cinética da água corrente ou em queda para produzir eletricidade. Esse recurso energético renovável é uma forma indireta de energia solar, pois depende do calor do Sol para evaporar a água superficial como parte do ciclo da água da Terra movido pelo Sol (ver Figura 3.15).

A energia hídrica é o recurso energético renovável mais usado do mundo. Em 2015, ela produzia mais de 16% da eletricidade do mundo em 159 países, segundo a IEA. Naquele ano, os quatro maiores consumidores de energia hídrica do mundo foram, em ordem, China, Canadá, Brasil e Estados Unidos. No mesmo ano, a energia hídrica forneceu cerca de 6% da eletricidade usada nos Estados Unidos e aproximadamente a metade da eletricidade usada na costa oeste, em especial em Washington e na Califórnia.

A maneira mais comum de aproveitar a energia hídrica é construir uma barragem alta de lado a lado em um grande rio para criar um reservatório. Parte da água armazenada no reservatório é liberada para passar por enormes tubulações a velocidades controladas, girando as pás de uma turbina que produz eletricidade (ver Figura 11.14) que é distribuída pela rede elétrica.

De acordo com a ONU, apenas 13% do potencial mundial para energia hídrica foi desenvolvido. Grande parte desse potencial está na China, na Índia, na América do Sul e na África Central. A China, com a maior produção de energia hídrica do mundo, planeja dobrar esse valor durante a próxima década, além de construir ou financiar mais de 200 barragens ao redor do mundo.

A energia hídrica é o recurso energético renovável mais barato. A construção da barragem é cara, mas depois que ela está em funcionamento, a fonte de energia usada (água corrente) é gratuita e normalmente renovada anualmente por neve e precipitações. Apesar desse potencial, alguns analistas esperam que o uso de usinas hidrelétricas de grande escala caia lentamente nas próximas décadas, à medida que muitos reservatórios existentes ficarem cheios de silte e se tornarem inúteis mais rapidamente que a construção de novos sistemas.

Também há uma preocupação sobre as emissões de metano, um gás de efeito estufa potente, da decomposição da vegetação submersa nos reservatórios das usinas de energia hídrica, especialmente em climas quentes. Cientistas do Instituto Nacional de Pesquisas Espaciais do Brasil estimam que as maiores barragens do mundo juntas representam a maior fonte de metano, causador de mudanças climáticas, produzida por seres humanos. A produção de eletricidade das usinas hidrelétricas também pode cair caso as temperaturas atmosféricas continuem aumentando e derretendo geleiras de montanhas, que são a principal fonte de água para essas usinas.

É pouco provável que novas barragens hidrelétricas sejam construídas nos Estados Unidos, porque a maioria dos melhores locais já conta com barragens e por causa das controvérsias sobre o controle dos fluxos de rios e o alto custo da construção de novas barragens. No entanto, as turbinas de muitas hidrelétricas existentes nos Estados Unidos poderiam ser modernizadas e aprimoradas para aumentar a produção de eletricidade. A Figura 13.40 lista as principais vantagens e desvantagens do uso de usinas hidrelétricas de grande escala para produzir eletricidade.

Recursos energéticos • **365**

Vantagens e desvantagens

Hidrelétrica de grande escala

Vantagens	Desvantagens
Energia líquida alta	Grande perturbação da terra e deslocamento de pessoas
Grande potencial não aproveitado	
Eletricidade de baixo custo	Altas emissões de CH_4 da rápida decomposição de biomassa nos reservatórios tropicais rasos
Baixas emissões de CO_2 e de outros poluentes em áreas temperadas	
	Destruição dos ecossistemas aquáticos a jusante

Andrew Zarivny/Shutterstock.com

FIGURA 13.40 Usar grandes barragens e reservatórios para produzir eletricidade tem vantagens e desvantagens (**Conceito 13.5**). *Raciocínio crítico:* Qual vantagem e qual desvantagem você considera mais importantes? Por quê? Você acha que as vantagens superam as desvantagens? Justifique.

Outra forma de produzir eletricidade a partir da água corrente é aproveitar a energia de *marés* e *ondas*. Em algumas baías costeiras e estuários, os níveis de água podem se elevar ou cair até seis metros ou mais entre a alta e a baixa da maré diariamente. Barragens têm sido construídas nas entradas de algumas baías e estuários para captar a energia nessas correntezas para hidrelétricas. De acordo com especialistas em energia, a energia das marés fará apenas uma pequena contribuição para a produção futura de eletricidade, porque locais com altos fluxos de maré são raros.

Há décadas, cientistas e engenheiros estão tentando produzir eletricidade aproveitando a energia das ondas nas costas que têm ondas contínuas. No entanto, a produção de eletricidade com sistemas de marés e ondas é limitada por causa da falta de locais adequados, da oposição dos cidadãos em alguns lugares, dos altos custos e dos danos nos equipamentos provocados pela corrosão causada pela água salgada e pelas tempestades.

A China está desenvolvendo um plano piloto para avaliar a viabilidade de se produzir eletricidade usando a diferença de temperatura entre a água superficial morna e a água profunda fria de partes dos oceanos tropicais do mundo para gerar um fluxo de elétrons. Os Estados Unidos testaram essa técnica, chamada *conversão de energia térmica oceânica* (*ocean thermal-energy conversion* – Otec) na década de 1980, mas abandonaram os experimentos devido ao alto custo.

Podemos usar o vento para produzir eletricidade

Territórios perto da linha do Equador absorvem mais energia solar do que áreas próximas aos polos da Terra. Esse aquecimento desigual da superfície e atmosfera terrestres, combinado com a rotação do planeta, causa a ocorrência de ventos dominantes (Figura 7.4). Como o vento é uma forma indireta de energia solar, usá-lo é uma maneira de aplicar o **princípio de sustentabilidade** da energia solar.

A energia cinética do vento pode ser coletada e transformada em energia elétrica por *turbinas eólicas*. À medida que as lâminas da turbina giram, elas acionam um gerador elétrico que produz eletricidade (Figura 13.41, à esquerda). Grupos de turbinas eólicas, chamados *parques*

FIGURA 13.41 As turbinas eólicas transformam a energia cinética do vento em eletricidade, outra forma de energia cinética (movimento de elétrons). A energia eólica é uma forma indireta de energia solar.

eólicos, transmitem energia para redes elétricas. Os parques eólicos podem ser instalados no solo (foto de abertura do capítulo) e no mar (Figura 13.41, à direita).

Hoje, as turbinas eólicas podem ter a altura de um prédio de 60 andares e lâminas de até 70 metros (o comprimento de seis ônibus escolares juntos). A altura das turbinas permite que elas aproveitem ventos mais fortes e constantes em altitudes elevadas e produzam mais eletricidade por um custo mais baixo. Uma turbina eólica típica é capaz de gerar eletricidade suficiente para alimentar mais de mil casas.

O pesquisador da Universidade de Harvard Xi Lu estima que a energia eólica tem potencial para produzir 40 vezes a demanda atual de eletricidade do mundo. A maioria dos parques eólicos do mundo foi construída em terrenos de partes da Europa, China e Estados Unidos. Entretanto, a vanguarda da energia eólica são os parques eólicos construídos em alto mar (Figura 13.41, à direita), pois os ventos geralmente são muito mais fortes e estáveis em águas costeiras do que na terra. Quando localizados em alto mar, os parques eólicos não podem ser vistos do continente. A construção em alto mar custa mais, mas evita a necessidade de negociações entre vários proprietários de terras sobre a localização de turbinas e linhas de transmissão elétrica. Parques eólicos em alto mar foram construídos na China, no Japão e em dez países europeus. O mapa da Figura 13.42 mostra a possível disponibilidade de vento em áreas terrestres e no oceano nos Estados Unidos.

Desde a década de 1990, a energia eólica é a segunda fonte de eletricidade que mais cresce no mundo (Figura 13.43) depois das células solares (Figura 13.39). Em 2015, os Estados Unidos lideraram o mundo na produção de eletricidade a partir do vento, seguidos por China, Alemanha e Espanha. Muitas das turbinas eólicas da China estão inativas, porque não ficam perto de grandes cidades e não estão conectadas à rede elétrica do país.

Em 2015, 315 mil turbinas eólicas de mais de 85 países produziram cerca de 3,7% da eletricidade do mundo. A IEA estima que, até 2050, essa porcentagem deve aumentar para 18%. Em todo o mundo, mais de 400 mil pessoas estão empregadas na produção, instalação e manutenção das turbinas eólicas, e esse número de empregos crescerá à medida que a energia eólica continue em rápida expansão. Ao longo da próxima década, a carreira de técnico de parque eólico deverá ser uma das ocupações com maior crescimento nos Estados Unidos.

Também em 2015, a energia eólica produziu 45% da eletricidade da Dinamarca, e o país planeja aumentar esse número para 85% até 2035. Ainda em 2015, as turbinas eólicas dos Estados Unidos produziram 4,7% da eletricidade do país, uma quantidade equivalente à que

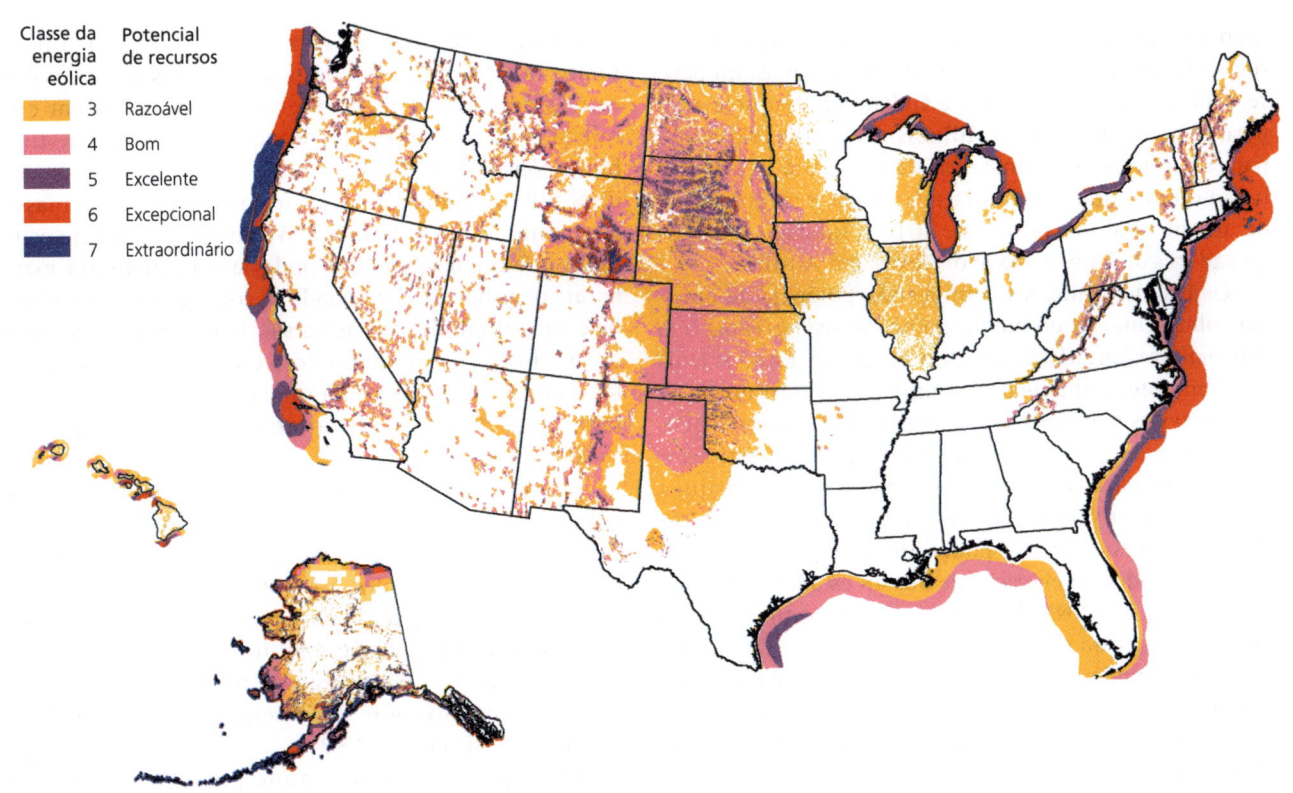

FIGURA 13.42 Possível suprimento de energia eólica em áreas terrestres e no oceano nos Estados Unidos.

Informações compiladas pelos autores usando dados U.S. Geological Survey e U.S. Department of Energy.

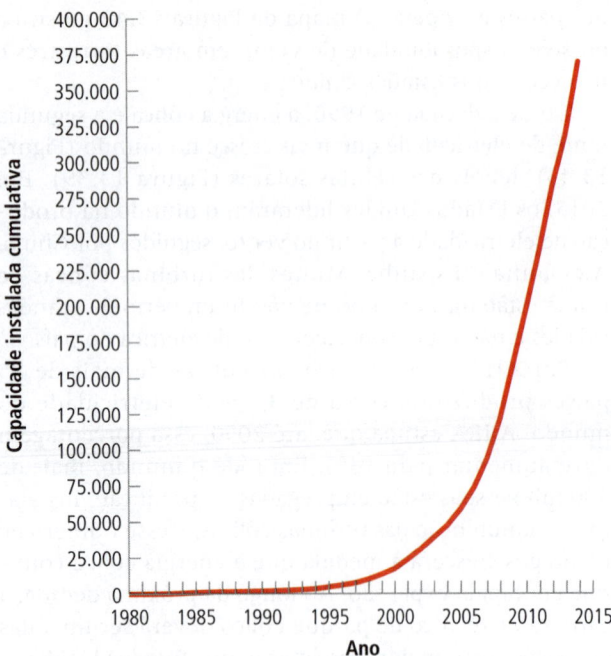

FIGURA 13.43 Capacidade global instalada para geração de eletricidade por energia eólica, 1980-2014. **Análise de dados:** Em 2014, a capacidade para geração de eletricidade por energia eólica instalada no mundo era cerca de quantas vezes maior do que em 2005?

Informações compiladas pelos autores usando dados do Global Wind Energy Council, European Wind Energy Association, American Wind Energy Association, Worldwatch Institute, World Wind Energy Association e Earth Policy Institute.

foi produzida por 64 grandes reatores de usinas nucleares. O Texas lidera a produção de energia eólica do país, seguido por Iowa, Califórnia e Oklahoma. Naquele ano, parques eólicos de Iowa, Illinois, Nebraska, Kansas e partes do Texas geraram eletricidade por um custo mais baixo do que qualquer outra tecnologia, sem subsídios, de acordo com um estudo de 2016 conduzido por pesquisadores da Universidade de Texas, em Austin.

Os Estados Unidos são uma superpotência da energia eólica. Um estudo publicado no *Proceedings of the U.S. National Academy of Sciences* estimou que os Estados Unidos têm potencial eólico suficiente para suprir entre 16 e 22 vezes as necessidades de eletricidade atuais. O DOE estima que, se uma rede elétrica inteligente estivesse disponível para distribuir a eletricidade, os parques eólicos de locais favoráveis de três estados – Dakota do Norte, Kansas e Texas – poderiam satisfazer e superar as necessidades de eletricidade dos 48 estados contíguos dos Estados Unidos. Além disso, o NREL estima que os ventos – na costa do Atlântico, do Pacífico e dos Grandes Lagos – podem gerar nove vezes a eletricidade usada hoje em dia nos 48 estados contíguos – mais que o suficiente para substituir todas as usinas de queima de carvão do país.

No entanto, o desenvolvimento de parques eólicos em alto mar nos Estados Unidos é impedido, porque precisa competir com fontes de eletricidade mais baratas em terra firme, como gás natural, usinas hidroelétricas e usinas solares em algumas regiões.

De acordo com um estudo de 2015 realizado pelo DOE, se os subsídios governamentais continuarem, os Estados Unidos poderão obter 30% da eletricidade usada no país com a energia eólica até 2030. Esse processo criaria até 600 mil empregos – ante 73 mil empregos em 2015 – e reduziria as contas de eletricidade. Além disso, reduziria a poluição do ar e retardaria as mudanças climáticas e a acidificação oceânica por meio da diminuição do uso de carbono para produzir eletricidade (**Conceito 13.5**).

O vento é abundante, amplamente distribuído e inesgotável, e a energia eólica é, basicamente, livre de carbono e de poluição. Um parque eólico pode ser construído entre 9 e 12 meses e expandido conforme o necessário. Embora os parques eólicos possam cobrir grandes áreas de terra, as turbinas ocupam apenas um pequeno espaço.

Muitos proprietários de terra estadunidenses em áreas de ventos favoráveis estão investindo em parques eólicos. Em geral, eles recebem entre US$ 3.000 e US$ 10.000 por ano em *royalties* por cada turbina eólica em seus terrenos. Um acre de terra com uma plantação de milho no norte do Iowa produz cerca de US$ 1.000 em combustível etanol por ano. O mesmo local usado para sediar uma única turbina eólica pode produzir até US$ 300.000 em eletricidade por ano, e a área em torno das torres da turbina ainda pode ser usada para o cultivo e a criação de gado.

Desde 1990, os preços da eletricidade gerada pelo vento nos Estados Unidos (e em outros países) vêm caindo drasticamente. Os preços devem continuar em queda, pois os avanços tecnológicos no design de turbinas eólicas aumentarão a eficiência energética desses dispositivos e reduzirão os custos de produção em massa e a manutenção. O DOE e o Worldwatch Institute estimam que a energia eólica poderia ser a maneira mais barata de produzir eletricidade se conseguíssemos incluir os custos prejudiciais para a saúde e o meio ambiente dos vários recursos energéticos em estimativas de custos comparativas. Essa seria uma aplicação importante do **princípio de sustentabilidade** da precificação de custo total.

Assim como qualquer fonte de energia, a energia eólica tem algumas desvantagens. As áreas terrestres com maior potencial para energia eólica normalmente ficam longe das cidades; portanto, é preciso construir estradas para entregar as enormes lâminas e outras peças das turbinas nessas regiões. As turbinas eólicas também podem matar aves e morcegos, um problema que cientistas e desenvolvedores de energia eólica estão abordando (Foco na ciência 13.3).

Para aproveitar esse grande potencial de uso da energia eólica, os Estados Unidos precisarão investir na substituição da rede elétrica antiquada por um sistema inteligente, que conectaria cidades ao número cada vez

FOCO NA CIÊNCIA 13.3

Criando turbinas eólicas mais seguras para aves e morcegos

Ecólogos da vida selvagem e especialistas em aves estimam que as colisões com turbinas eólicas matam até 234 mil aves e 600 mil morcegos por ano nos Estados Unidos. Essas mortes são uma preocupação legítima.

No entanto, de acordo com estudos realizados pela organização Defenders of Wildlife, o Serviço de Vida Selvagem e Pesca dos Estados Unidos e o Smithsonian Conservation Biology Institute, as turbinas eólicas são uma fonte secundária de mortes de aves e morcegos quando comparadas com outras fontes relacionadas com humanos e correspondem a apenas 0,003% dessas mortes. Todos os anos, gatos domésticos e selvagens são responsáveis pela morte de 1,4 bilhão a 3,7 bilhões de aves; colisões com janelas por 1 bilhão; carros e caminhões por 89 milhões a 340 milhões; fios de alta tensão por 174 milhões; e pesticidas por 72 milhões. A maioria das turbinas eólicas envolvidas em mortes de aves e morcegos foi construída há anos, com designs ultrapassados. Algumas delas foram construídas em corredores de migração de aves e em áreas próximas a grandes populações de morcegos.

Desenvolvedores de novos parques eólicos evitam corredores de migração de aves e áreas com grandes colônias de morcegos. Os designs de turbinas mais recentes reduzem as mortes desses animais usando lâminas que giram mais lentamente e que não têm espaços para que as aves pousem ou construam ninhos. Pesquisadores também estão avaliando o uso de luzes ultravioleta para desviar aves e morcegos das turbinas. Dispositivos ultrassônicos anexados às lâminas das turbinas podem afastar morcegos ao emitir sons em alta frequência que nós não conseguimos ouvir. Outro método é usar radares para monitorar a chegada de grandes grupos de aves migratórias e desativar as turbinas enquanto eles passam.

RACIOCÍNIO CRÍTICO

O que você diria para alguém que dissesse que não devemos depender da energia eólica porque as turbinas podem matar aves e morcegos?

Vantagens e desvantagens

Energia eólica

Vantagens
- Alto rendimento de energia líquida
- Amplamente disponível
- Baixo custo de eletricidade
- Pouca ou nenhuma emissão direta de CO_2 ou poluentes do ar
- Fácil de construir e expandir

Desvantagens
- Precisa de armazenamento ou sistema de reserva quando os ventos diminuem, a menos que esteja conectada a uma rede elétrica nacional
- Representa poluição visual para algumas pessoas
- Ruído incomoda algumas pessoas
- Pode matar pássaros e morcegos se não forem projetadas e localizadas adequadamente

FIGURA 13.44 Usar o vento para produzir eletricidade tem vantagens e desvantagens (**Conceito 13.5**). *Raciocínio crítico:* Qual vantagem e qual desvantagem você considera mais importantes? Por quê? Você acha que as vantagens superam as desvantagens? Justifique.
Acima: TebNad/Shutterstock.com. Abaixo: T.W. van Urk/Shutterstock.com

---

maior de parques eólicos (e usinas solares) do país. Um grande número de parques eólicos de diferentes áreas conectados a uma rede inteligente poderia assumir o controle quando os ventos abrandassem em uma região, enviando energia de áreas com maior incidência de ventos.

A Figura 13.44 lista as principais vantagens e desvantagens de usar o vento para produzir eletricidade. De acordo com muitos analistas de energia, a energia eólica tem mais benefícios e menos desvantagens sérias do que qualquer outro recurso energético, exceto pelo aumento da eficiência energética e a redução do desperdício (Figura 13.23). **CARREIRA VERDE: Engenharia de energia eólica.**

Podemos produzir energia por meio da queima de biomassa sólida

É possível produzir energia pela queima de **biomassa**, a matéria orgânica encontrada em plantas, resíduos de plantas e animais e produtos vegetais, como fragmentos de madeira. A biomassa pode ser queimada como um combustível sólido ou transformada em biocombustíveis líquidos. Exemplos de combustíveis de biomassa incluem madeira, resíduos de madeira, carvão feito de madeira e descartes agrícolas, como talos de cana-de-açúcar, cascas de arroz e espigas de milho.

A maior parte da biomassa sólida é queimada para aquecer e cozinhar. Ela também pode ser usada para for-

Vantagens e desvantagens

Biomassa sólida

Vantagens	Desvantagens
Amplamente disponível em algumas áreas	Contribui para o desmatamento
Custos moderados	O corte raso pode causar erosão do solo, poluição da água e perda do habitat da vida selvagem
Rendimento de energia líquida médio	
Nenhum aumento líquido de CO_2 se colhida, queimada e replantada de forma sustentável	Pode abrir ecossistemas para espécies invasoras
Plantações podem ajudar a restaurar as terras degradadas	Aumenta as emissões de CO_2 se colhida e queimada de forma insustentável

FIGURA 13.45 Queimar biomassa sólida como combustível tem vantagens e desvantagens (**Conceito 13.5**). *Raciocínio crítico:* Qual vantagem e qual desvantagem você considera mais importantes? Por quê? Você acha que as vantagens superam as desvantagens? Justifique.

Acima: Fir4ik/Shutterstock.com. Abaixo: Eppic/Dreamstime.com.

necer calor para processos industriais e para gerar eletricidade. A biomassa usada parra aquecer e cozinhar fornece 10% da energia mundial, 35% da energia usada em países menos desenvolvidos e 95% da energia usada nos países mais pobres.

A madeira só é considerada um combustível renovável quando não é extraída em uma velocidade maior que a de seu reabastecimento. O problema é que cerca de 2,7 bilhões de pessoas em 77 países menos desenvolvidos enfrentam uma *crise da lenha*. Para sobreviver, elas normalmente cortam árvores mais rápido do que as novas conseguem crescer para atender às suas necessidades de combustível.

Uma solução é plantar árvores que crescem rapidamente, arbustos e gramíneas perenes em *plantações de biomassa*. Porém, os ciclos repetidos de crescimento e extração dessas plantações podem esgotar os principais nutrientes do solo. Desmatar florestas e pastagens para gerar combustível também reduz a biodiversidade e a quantidade de vegetação que poderia absorver o CO_2 causador das mudanças climáticas.

A queima de madeira e de outras formas de biomassa produz CO_2 e outros poluentes do ar, como partículas finas na fumaça. A Figura 13.45 lista as principais vantagens e desvantagens de queimar biomassa sólida como combustível.

Podemos usar biocombustíveis líquidos para abastecer veículos

A biomassa pode ser convertida em biocombustíveis líquidos usados em veículos automotivos. Os dois biocombustíveis líquidos mais comuns são *etanol* (álcool etílico produzido a partir de plantas e resíduos vegetais) e *biodiesel* (produzido a partir de óleos vegetais). Os três maiores produtores de biocombustível são, em ordem, Estados Unidos (etanol de milho), Brasil (etanol de resíduos de cana-de-açúcar) e União Europeia (biodiesel de óleos vegetais).

Os biocombustíveis têm três principais vantagens sobre a gasolina e o diesel produzidos do petróleo. *Em primeiro lugar*, a produção de biocombustível pode ser cultivada praticamente em qualquer lugar e, assim, ajudar os países a reduzir sua dependência de petróleo importado. *Em segundo lugar*, se esses cultivos não forem utilizados tão rápido quanto forem substituídos por novo crescimento de plantas, não haverá aumento líquido nas emissões de CO_2, a menos que as pastagens ou florestas existentes sejam desmatadas para plantar cultivos de biocombustível. *Em terceiro lugar*, os biocombustíveis são facilmente armazenados e transportados por meio das redes de combustível existentes e podem ser usados em veículos motorizados modificados a um baixo custo adicional.

Desde 1975, a produção global de etanol aumentou substancialmente, em especial nos Estados Unidos e no Brasil. O Brasil fabrica etanol a partir do *bagaço*, um resíduo produzido quando a cana-de-açúcar é triturada. O etanol de cana tem um rendimento de energia líquida médio, aproximadamente oito vezes superior ao do etanol à base de milho. Cerca de 70% dos carros e caminhões leves do Brasil são abastecidos com etanol ou misturas de etanol e gasolina, produzidos a partir da cana-de-açúcar cultivada em apenas 1% das terras aráveis do país. Isso reduziu drasticamente a dependência do Brasil de petróleo importado.

Em 2016, cerca de 29% do milho produzido nos Estados Unidos era usado para fabricar etanol, que é misturado com gasolina para abastecer carros. Nos Estados Unidos, a gasolina pode conter, no máximo, 10% de seu volume de etanol (conhecida como mistura E10).

Estudos indicam que o etanol de milho tem um baixo rendimento de energia líquida devido ao uso de combustíveis fósseis em grande escala para produzir fertilizantes, cultivar o milho e transformá-lo em etanol. Existem controvérsias em relação às emissões de gases de efeito estufa na atmosfera decorrentes da produção e do uso do etanol de milho. Algumas pesquisas indicam que a queima de combustível com etanol pode liberar menos gases de efeito estufa do que a queima de gasolina pura. Entretanto, outras pesquisas indicam um aumento nas emissões de gases de efeito estufa quando são contabilizadas as emissões durante a produção do milho.

De acordo com um estudo conduzido pelo Environmental Working Group, o programa de etanol à base de milho, altamente subsidiado pelo governo dos Estados Unidos, ocupou mais de 2 milhões de hectares de terra de uma reserva de conservação do solo, uma importante iniciativa de preservação da porção superior do solo. O cultivo de milho também exige quantidades significativas de água e terra, recursos que são escassos em algumas regiões.

Além disso, cientistas alertam que a agricultura de biocombustíveis em grande escala pode reduzir a biodiversidade, degradar a qualidade do solo e aumentar a erosão. Consequentemente, inúmeros cientistas e economistas recomendam a interrupção dos subsídios governamentais para a produção de etanol à base de milho e a redução do limite atual de 10% de etanol na gasolina dos Estados Unidos. Por outro lado, os produtores de milho e as destilarias de etanol propuseram permitir até 30% de etanol na gasolina. Eles afirmam que os efeitos ambientais nocivos do etanol de milho são exagerados e que esse biocombustível tem muitos benefícios ambientais e econômicos.

> **PARA REFLETIR**
>
> **CONEXÕES** Biocombustíveis e mudanças climáticas
>
> O químico ganhador do Prêmio Nobel Paul Crutzen alertou que o cultivo intensivo de safras para a produção de biocombustíveis pode acelerar o aquecimento atmosférico e as mudanças climáticas ao produzir mais gases de efeito estufa do que a queima de combustíveis fósseis em vez de biocombustíveis.

Uma alternativa ao etanol de milho é o *etanol celulósico*, produzido da celulose não comestível que compõe quase toda a biomassa das plantas na forma de folhas, talos e aparas de madeira. O etanol celulósico pode ser fabricado a partir de gramíneas altas e que crescem rápido, como *switchgrass* e *miscanthus*, que não necessitam de fertilizantes e pesticidas de nitrogênio. Elas também não precisam ser replantadas, porque são plantas perenes e podem ser cultivadas em terras agrícolas degradadas e abandonadas. O ecólogo David Tilman estima que o rendimento de energia líquida do etanol celulósico seja quase cinco vezes o do etanol à base de milho. No entanto, a produção desse combustível ainda não é acessível e são necessárias pesquisas adicionais para determinar os possíveis efeitos ambientais.

Outra possível alternativa ao etanol de milho envolve o uso de *algas* para produzir biocombustíveis. Assim como uma plantação, as algas podem crescer rapidamente em vários ambientes aquáticos. As algas armazenam energia em forma de óleos naturais em suas células e esse óleo pode ser extraído e refinado para fabricar um produto semelhante à gasolina. Hoje em dia, a extração e o refinamento do óleo das algas são processos caros demais. São necessárias mais pesquisas para avaliar o potencial dessa possível opção de biocombustível.

A Figura 13.46 lista as principais vantagens e desvantagens do uso dos biocombustíveis etanol e biodiesel.

Vantagens e desvantagens

Biocombustíveis líquidos

Vantagens
- Emissões de CO_2 reduzidas para algumas culturas
- Rendimento de energia líquida médio para biodiesel de óleo de palma
- Rendimento de energia líquida médio para etanol da cana-de-açúcar

Desvantagens
- Culturas de combustível competem com as de alimento por terra e aumentam o preço dos alimentos
- Culturas de combustível podem ser espécies invasoras
- Rendimento de energia líquida baixo para etanol de milho e para biodiesel de soja
- Emissões de CO_2 mais altas a partir do etanol de milho

FIGURA 13.46 Os biocombustíveis etanol e biodiesel têm vantagens e desvantagens (**Conceito 13.5**). *Raciocínio crítico:* Qual vantagem e qual desvantagem você considera mais importantes? Por quê? Você acha que as vantagens superam as desvantagens? Justifique.

Acima: tristan tan/Shutterstock.com

Podemos aproveitar o calor interno da Terra

A **energia geotérmica** é o calor armazenado no solo, nas rochas subterrâneas e nos fluidos do manto da Terra. Ela é usada para aquecer e refrigerar edifícios, aquecer água e para produzir eletricidade. A energia geotérmica está disponível o tempo todo, mas só é um recurso prático em locais com concentrações altas o suficiente de calor subterrâneo.

Um *sistema de bombeamento de calor geotérmico* (Figura 13.47) pode aquecer e resfriar uma casa em praticamente qualquer lugar do mundo. Esse sistema explora a diferença de temperatura entre a superfície e o subterrâneo da Terra, em uma profundidade de três a seis metros, onde a temperatura do planeta varia de 10 °C a 20 °C durante todo o ano. No inverno, um circuito fechado de tubulações subterrâneas transporta um fluido que extrai calor do solo e o leva a uma bomba de calor, que transfere o calor para o sistema de distribuição de aquecimento de uma casa. No verão, esse sistema funciona no sentido reverso, removendo o calor do interior da casa e armazenando-o no subterrâneo.

Recursos energéticos **371**

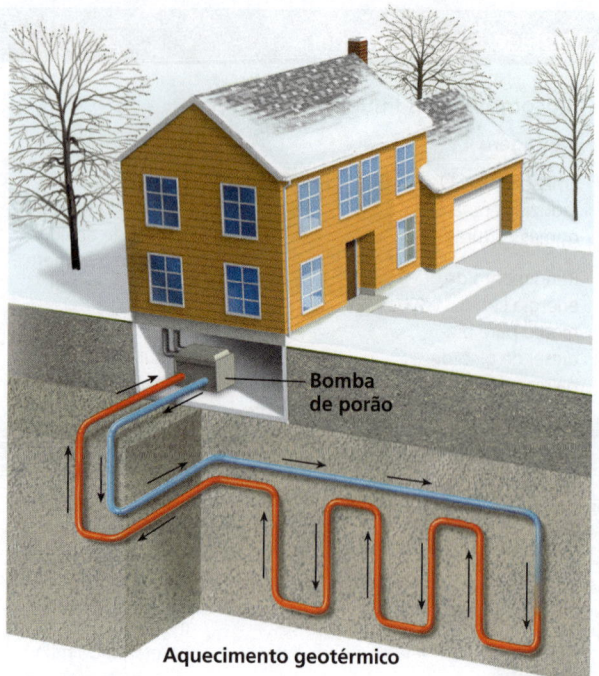 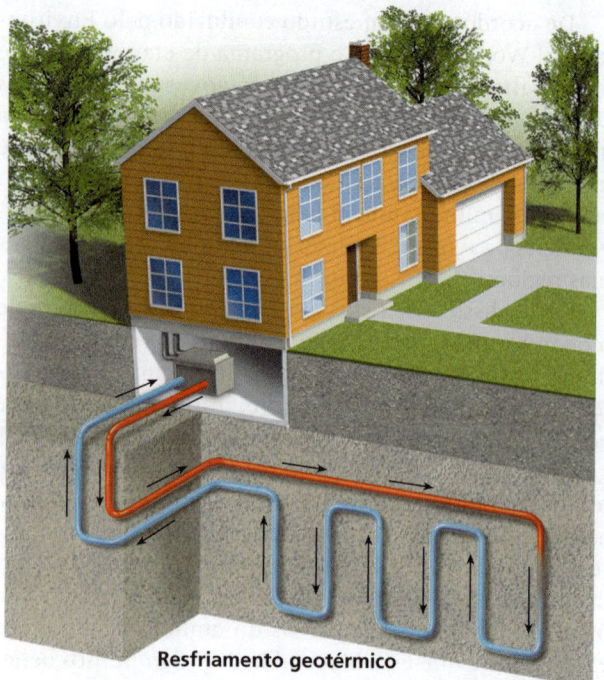

FIGURA 13.47 Capital natural: Um sistema de bombeamento de calor geotérmico pode aquecer ou refrigerar uma casa em quase qualquer lugar.

De acordo com a EPA, um sistema de bombeamento de calor bem projetado é o modo mais eficiente em termos de energia, confiável, limpo para o meio ambiente e econômico para aquecer e resfriar um ambiente. Os custos de instalação podem ser altos, mas geralmente são recuperados entre três e cinco anos, após os quais os proprietários passam a economizar dinheiro. Os custos iniciais podem ser incorporados à hipoteca da casa para dividir os encargos financeiros em duas ou mais décadas.

Os engenheiros também aprenderam como explorar os *reservatórios hidrotérmicos* mais profundos e concentrados de energia geotérmica. Para tanto, é necessário perfurar poços em reservatórios para extrair vapor seco (com baixo teor de água), vapor úmido (com alto teor de água) ou água quente, que são então usados para aquecer casas e edifícios, fornecer água quente, cultivar vegetais em estufas, criar peixes em viveiros de aquicultura e girar turbinas para produzir eletricidade.

Em 2015, a energia geotérmica foi usada para gerar eletricidade em 24 países, e 70 países usaram o aquecimento geotérmico. Os Estados Unidos são os maiores produtores de eletricidade geotérmica a partir de reservatórios hidrotérmicos. A Islândia obtém a maior parte da sua eletricidade com usinas de energia hidrelétrica renovável (69%) e geotérmica (29%), e cerca de 90% do aquecimento de espaços e de água das residências é feito por energia geotérmica. No Peru, um explorador da National Geographic está conduzindo pesquisas para desenvolver os recursos geotérmicos do país (Pessoas que fazem a diferença 13.1).

Outra fonte de energia geotérmica é a rocha *quente e seca* encontrada a cinco ou mais quilômetros no subsolo de quase qualquer lugar. A água pode ser injetada por meio de poços perfurados nessas rochas. Uma parcela dessa água absorve calor e transforma-se em vapor que é trazido para a superfície e usado para girar as turbinas que gerarão eletricidade. De acordo com o Serviço Geológico dos Estados Unidos, aproveitar apenas 2% desse recurso de energia geotérmica poderia produzir mais de 2 mil vezes o uso de eletricidade atual do país. O fator limitante é o alto custo, que poderia ser reduzido com mais pesquisas e tecnologias aprimoradas. **CARREIRA VERDE: Engenheiro geotérmico.**

A Figura 13.48 lista as principais vantagens e desvantagens de utilizar energia geotérmica. Os principais fatores que limitam o uso generalizado da energia geotérmica são o alto custo da perfuração dos poços e da construção das usinas e a falta de locais hidrotérmicos com concentrações de calor altas o suficiente para torná-los acessíveis.

O hidrogênio nos salvará?

Alguns cientistas dizem que o combustível do futuro é o gás hidrogênio (H_2). A maioria das pesquisas tem se concentrado no uso de células de combustível que combinam H_2 e gás oxigênio (O_2) para produzir eletricidade e vapor de água ($2\ H_2 + O_2 \rightarrow H_2O$ + energia), que é emitido na atmosfera.

O uso generalizado do hidrogênio como combustível para abastecer veículos automotivos, aquecer edifícios e

PESSOAS QUE FAZEM A DIFERENÇA 13.1

Andrés Ruzo, investigador de energia geotérmica e explorador da National Geographic

Andrés Ruzo é um geofísico apaixonado por aprender sobre energia geotérmica e mostrar como esse recurso energético renovável e limpo pode nos ajudar a resolver alguns dos problemas de energia do mundo. Nascido no Peru, ele sempre ouviu falar sobre um "rio em ebulição" e não acreditava. No entanto, em 2011, quando começou a trabalhar em seu ph.D. em geologia para determinar o potencial geotérmico do país, descobriu que esse rio existia. As pesquisas de Ruzo indicam que ele é resultado do magma que sobe para a crosta terrestre e aquece a água do rio.

Ruzo e sua esposa (e assistente de campo), Sofia, estão coletando dados para desenvolver o primeiro mapa detalhado dos recursos de energia geotérmica do norte do Peru. Ele acredita que a energia geotérmica é um gigante adormecido que pode ser aproveitado como uma importante fonte renovável de calor e eletricidade. Segundo ele, seu objetivo de vida é "ser um agente de mudança positiva no mundo".

Vantagens e desvantagens

Energia geotérmica

Vantagens
- Energia líquida moderada e alta eficiência em locais acessíveis
- Menores emissões de CO_2 do que combustíveis fósseis
- Custo baixo em locais favoráveis

Desvantagens
- Custo alto exceto em locais concentrados e acessíveis
- Escassez de locais adequados
- Ruído e emissões de CO_2

FIGURA 13.48 Usar a energia geotérmica para aquecer o ambiente e produzir eletricidade ou calor de alta temperatura para processos industriais tem vantagens e desvantagens (**Conceito 13.5**). *Raciocínio crítico*: Qual vantagem e qual desvantagem você considera mais importantes? Por quê? Você acha que as vantagens superam as desvantagens? Justifique.

---

produzir eletricidade eliminaria a maioria de nossos problemas de poluição do ar externo causada pela queima de combustíveis fósseis. Também reduziria significativamente as mudanças climáticas e a acidificação oceânica, porque seu uso não aumenta as emissões de CO_2 na atmosfera desde que o H_2 não seja produzido com a ajuda de combustíveis fósseis ou energia nuclear.

A adoção do hidrogênio como uma grande fonte de combustível é um desafio por diversos motivos. *Primeiro*, quase não há gás hidrogênio (H_2) na atmosfera. Ele pode ser produzido a partir do aquecimento da água ou da transmissão de eletricidade através dele; extraindo-o do metano (CH_4) encontrado nas moléculas de gás natural e gasolina; e por uma reação química que envolve carvão, oxigênio e vapor. *Segundo*, o hidrogênio tem uma *energia líquida negativa*, porque a produção de H_2 usando esses métodos consome mais energia de alta qualidade do que a quantidade produzida pela queima dele.

Terceiro, as células de combustível são a melhor maneira de usar o H_2, mas as versões atuais das células de combustíveis são caras. No entanto, o progresso no desenvolvimento da nanotecnologia (Foco na ciência 12.1) aliado à produção em massa poderiam gerar células de combustíveis mais baratas.

Quarto, saber se um sistema energético à base de hidrogênio produz ou não menos CO_2 e outros poluentes do ar que um sistema com base na queima de combustíveis fósseis depende de como o combustível H_2 foi produzido. A eletricidade de usinas nucleares e de queima de carvão pode ser usada para decompor água em H_2 e O_2, mas essa abordagem não evita os efeitos prejudiciais para o meio ambiente associados ao uso da energia nuclear e do carvão. Pesquisas indicam que produzir H_2 a partir do carvão ou extrair esse elemento do metano ou da gasolina adiciona mais CO_2 na atmosfera por unidade de calor gerado do que a queima direta de carvão ou metano.

A energia líquida negativa do hidrogênio é uma limitação grave, que significa que esse combustível precisará ser altamente subsidiado para competir no mercado aberto. Entretanto, isso pode mudar. O químico Daniel Nocera está aprendendo com a natureza ao estudar como uma folha usa a fotossíntese para produzir a energia química usada pelas plantas e desenvolveu uma "folha artificial". Essas *lâminas* de silício do tamanho de um cartão de crédito produzem H_2 e O_2 quando são colocadas em um copo de água e exposto à luz do Sol, podendo o hidrogênio ser extraído e usado para alimentar células de combustível. A ampliação desse ou de outros processos semelhantes para produzir grandes quantidades de H_2 por um preço acessível e com um rendimento de energia líquida aceitável poderia representar

Vantagens e desvantagens	
Hidrogênio	
Vantagens	Desvantagens
Pode ser produzido a partir de água abundante em alguns locais 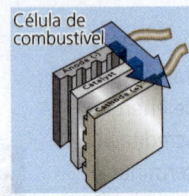	Rendimento de energia líquida negativo
Sem emissões de CO_2 diretas se produzido com o uso de energias renováveis	Emissões de CO_2 se produzido a partir de compostos que contenham carbono
Bom substituto para o petróleo 	Custo alto cria a necessidade de subsídios
Alta eficiência em células de combustível	Precisa de armazenamento de H_2 e sistema de distribuição

FIGURA 13.49 O uso do hidrogênio como combustível para veículos e para fornecer calor e eletricidade tem vantagens e desvantagens (**Conceito 13.5**). *Raciocínio crítico:* Qual vantagem e qual desvantagem você considera mais importantes? Por quê? Você acha que as vantagens superam as desvantagens? Justifique.

um ponto de virada para o uso de energia solar e combustível de hidrogênio. Isso ajudaria a implementar o **princípio de sustentabilidade** da energia solar em escala global.

A Figura 13.49 lista as principais vantagens e desvantagens do uso de hidrogênio como um recurso energético. **CARREIRA VERDE: Desenvolvimento de energia de hidrogênio.**

13.6 COMO PODEMOS FAZER A TRANSIÇÃO PARA UM FUTURO ENERGÉTICO MAIS SUSTENTÁVEL?

CONCEITO 13.6 Podemos fazer a transição para um futuro energético mais sustentável aumentando a eficiência energética, reduzindo o desperdício de energia, usando uma mistura de recursos energéticos renováveis e incluindo os efeitos prejudiciais desses recursos para a saúde e o meio ambiente no preço de mercado.

Estabelecendo novas prioridades energéticas

A transição de um importante recurso energético para outro não é coisa nova. O mundo passou da madeira para o carvão, do carvão para o petróleo e depois para a nossa dependência atual de petróleo, gás natural e carvão, à medida que novas tecnologias tornaram esses recursos mais disponíveis e acessíveis. Cada uma dessas transições aos principais recursos energéticos levou cerca de 50 a 60 anos. Assim como no passado, são necessários grandes investimentos em pesquisa científica, engenharia, tecnologia e infraestrutura para desenvolver e disseminar o uso de novos recursos energéticos.

Hoje em dia, o mundo obtém 86% da energia comercial usada de combustíveis fósseis que contêm carbono, como petróleo, carvão e gás natural (Figura 13.2). Nos Estados Unidos, esse número chega a 81%. Esses combustíveis contribuíram para um enorme crescimento econômico e melhoraram a vida de muitas pessoas.

Porém, a sociedade está acordando para o fato de que a queima de combustíveis fósseis, em especial o carvão, é amplamente responsável pelos três problemas ambientais mais graves do mundo: poluição do ar, mudanças climáticas e acidificação oceânica. Os combustíveis fósseis são acessíveis porque os preços de mercado desses produtos não incluem esses e outros efeitos nocivos para a saúde e o ambiente.

De acordo com muitos cientistas, especialistas em energia e economistas, nos próximos 50 a 60 anos, e depois deles, precisaremos fazer uma nova transição energética. Essa transição inclui: **(1)** melhorar a eficiência energética e reduzir o desperdício de energia, **(2)** diminuir nossa dependência de combustíveis fósseis não renováveis, e **(3)** recorrer mais a uma mistura de energia renovável proveniente do Sol, da água corrente (energia hídrica), do vento, da biomassa, dos biocombustíveis, da energia geotérmica e talvez do hidrogênio. Os países também precisam desenvolver redes elétricas inteligentes para distribuir a eletricidade produzida a partir desses recursos.

O uso de combustíveis fósseis pode ser reduzido, mas eles não vão desaparecer, como mostra a Figura 13.50 para o caso dos Estados Unidos. De acordo com a IEA e o British Petroleum (BP), entre 2015 e 2035 as taxas mundiais de consumo de energia devem cair para derivados de petróleo e carvão, permanecer praticamente as mesmas para energia nuclear e hídrica e aumentar para solar, eólica e de gás natural. A IEA estima que, em 2065, os combustíveis fósseis fornecerão pelo menos 50% da energia do mundo, comparado com o número atual de 86%. É provável que o uso de carvão diminua ainda mais devido aos efeitos ambientais nocivos e seu papel importante na aceleração de processos de mudanças climáticas e acidificação oceânica. Além disso, em muitos locais é mais barato produzir eletricidade queimando gás natural ou usando parques eólicos. Como consequência, cientistas e economistas recomendam um aumento substancial nas pesquisas e nos subsídios governamentais para reduzir os efeitos nocivos do uso de combustíveis fósseis para a saúde e o ambiente.

Essa reestruturação do sistema global de energia e economia ao longo dos próximos 50 a 60 anos (ou mais)

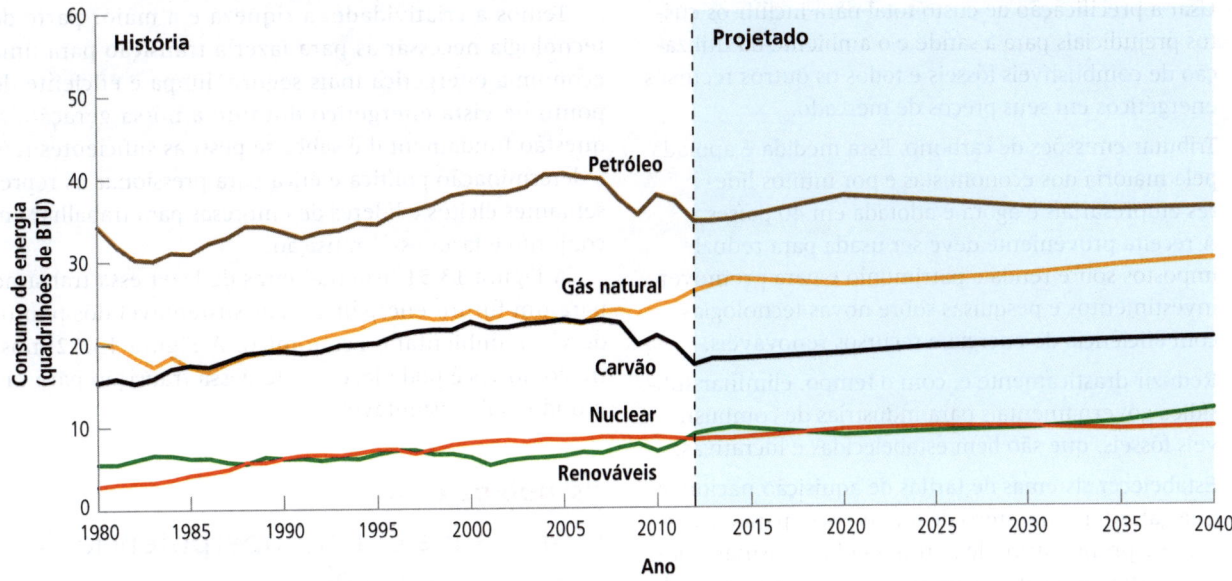

FIGURA 13.50 Consumo de energia por fonte nos Estados Unidos, 1980-2014, com projeções para 2040.
Informações compiladas pelos autores usando dados da U.S. Energy Information Administration.

vai economizar dinheiro, criar empresas e oportunidades de investimento lucrativas e gerar empregos. Ela também vai salvar vidas ao reduzir drasticamente a poluição do ar, ajudar a retardar o aumento da acidez dos oceanos e impedir que as mudanças climáticas saiam do controle e criem um caos ecológico e econômico. Por fim, ela vai aumentar nosso impacto ambiental positivo e deixar o mundo em melhores condições para as gerações futuras, de acordo com o **princípio de sustentabilidade** ético.

Essa transição energética está sendo conduzida pela disponibilidade de suprimentos contínuos de energia solar e eólica limpa e cada vez mais barata ao redor do mundo. Avanços nas tecnologias de células solares e turbinas eólicas têm reduzido gradualmente o custo do uso de energia eólica e solar para produzir eletricidade. Isso em comparação com os combustíveis fósseis, que dependem de suprimentos finitos de petróleo, carvão e gás natural não renováveis, que não são distribuídos de forma igual, são controlados por alguns países e estão sujeitos a flutuações de preços baseadas na oferta e na demanda.

Nessa nova economia energética orientada por tecnologia, uma porcentagem cada vez maior da eletricidade do mundo será produzida localmente, a partir do sol e do vento, e regionalmente, com usinas solares e parques eólicos. Ela será transmitida aos consumidores por redes elétricas inteligentes modernas e interativas. Proprietários de imóveis e empresas com painéis solares no quintal ou no telhado (ou coberturas tradicionais de telhados que contêm células solares) podem se tornar produtores independentes de eletricidade. Eles serão capazes de aquecer e resfriar suas casas e empresas, alimentar dispositivos elétricos, carregar carros híbridos ou elétricos e vender a eletricidade excedente que produzirem. Os Estados Unidos poderão ter benefícios econômicos, visto que essa transição pode iniciar uma explosão de inovações nas áreas de eficiência energética, energia renovável e tecnologias de baterias ao utilizar a capacidade de inovação do país.

Assim como qualquer mudança social importante, fazer essa transição não será fácil. No entanto, para muitos analistas, os benefícios dessa mudança em termos ambientais, econômicos e de saúde superam, e muito, os efeitos prejudiciais de não mudar.

Essa mudança está a caminho e ganhando força à medida que o custo da eletricidade produzida por recursos como sol e vento continua em queda rápida e os investidores enxergam uma forma de ganhar dinheiro com duas das indústrias que mais crescem no mundo. Alemanha (ver Estudo de caso a seguir), Suécia, Dinamarca e Costa Rica são os países que fizeram mais progresso nessa transição. A Costa Rica, por exemplo, obtém mais de 90% de sua eletricidade a partir de fontes renováveis, principalmente energia hídrica, geotérmica e eólica, e tem como objetivo gerar toda a eletricidade com fontes renováveis até 2021. Em 2017, enquanto o governo estadunidense começava a se afastar do compromisso com eficiência energética e fontes de energia renovável, o governo chinês planejou um investimento de US$ 360 bilhões nessas tecnologias, que deverá criar 13 milhões de empregos na China.

De acordo com muitos cientistas e economistas, a transição para uma nova economia energética pode ser acelerada se os cidadãos, os líderes de novas empresas de energia e os investidores desse setor exigirem as seguintes medidas de seus representantes eleitos:

Recursos energéticos

- Usar a precificação de custo total para incluir os custos prejudiciais para a saúde e o ambiente da utilização de combustíveis fósseis e todos os outros recursos energéticos em seus preços de mercado.
- Tributar emissões de carbono. Essa medida é apoiada pela maioria dos economistas e por muitos líderes empresariais e agora é adotada em 40 países. A receita proveniente deve ser usada para reduzir impostos sobre renda e patrimônio e para promover investimentos e pesquisas sobre novas tecnologias com eficiência de energia e recursos renováveis.
- Reduzir drasticamente e, com o tempo, eliminar subsídios governamentais para indústrias de combustíveis fósseis, que são bem estabelecidas e lucrativas.
- Estabelecer sistemas de tarifas de aquisição nacionais que garantem um preço de longo prazo para a energia que proprietários de parques eólicos, usinas solares e sistemas solares domésticos introduzem na rede elétrica (como é feito em mais de 50 países, muitos deles na Europa).
- Determinar que uma certa porcentagem (em geral 20% a 40%) da eletricidade gerada pelas empresas públicas seja proveniente de recursos renováveis (como é feito em 24 países e 29 estados estadunidenses).
- Aumentar os padrões governamentais de eficiência de combustível para novos veículos para 43 quilômetros por litro até 2040.

Temos a criatividade, a riqueza e a maior parte da tecnologia necessárias para fazer a transição para uma economia energética mais segura, limpa e eficiente do ponto de vista energético durante a nossa geração. A questão fundamental é saber se pessoas suficientes têm a determinação política e ética para pressionar os representantes eleitos e líderes de empresas para trabalhar em conjunto e fazer essa transição.

A Figura 13.51 lista maneiras de fazer essa transição para um futuro energético mais sustentável dos pontos de vista ambiental e econômico. A Figura 13.52 mostra como você pode fazer parte dessa transição para um mundo mais sustentável.

ESTUDO DE CASO
A Alemanha é uma superpotência da energia renovável

A Alemanha está deixando de usar energia nuclear e, entre 2006 e 2015, aumentou o percentual de eletricidade produzida por meio de energia renovável, principalmente solar e eólica, de 6% para 31%. Os objetivos do país até 2050 são: obter mais de 80% da eletricidade de fontes renováveis; aumentar a eficiência energética em 50%; reduzir 80% das emissões de CO_2 para chegar a 95% dos níveis de 1990; e diminuir drasticamente o uso de carvão, que, em 2015, produziu 44% da eletricidade do país.

Soluções

Fazer a transição para um futuro mais sustentável em relação ao uso de energia

Melhorar a eficiência energética

Melhorar os padrões de eficiência dos combustíveis para veículos, edificações e aparelhos

Conceder grandes créditos fiscais para compra de carros, casas e eletrodomésticos eficientes

Recompensar as companhias públicas por reduzirem a demanda de eletricidade

Aumentar significativamente as pesquisas sobre eficiência energética e o desenvolvimento dela

Mais energia renovável

Aumentar significativamente o uso de energia renovável

Fornecer grandes subsídios e créditos fiscais para uso de energias renováveis

Aumentar significativamente as pesquisas sobre eficiência energética renovável e o desenvolvimento dela

Reduzir a poluição e o risco à saúde

Eliminar gradualmente os subsídios e incentivos fiscais sobre o carvão

Cobrar impostos sobre o uso de carvão e petróleo

Eliminar gradualmente os subsídios de energia nuclear, incentivos fiscais e garantias de empréstimos

FIGURA 13.51 Os analistas de energia apresentam uma série de sugestões para nos ajudar a fazer a transição para um futuro energético mais sustentável (**Conceito 13.6**). *Raciocínio crítico:* Dessas soluções, quais são as mais importantes? Cite cinco e justifique sua resposta.

Acima: andrea lehmkuhl/Shutterstock.com. Abaixo: pedrosala/Shutterstock.com.

> **O que você pode fazer?**
>
> **Mudando para um uso mais sustentável da energia**
>
> - Ir trabalhar ou estudar a pé, de bicicleta ou usando transporte coletivo
> - Dirigir apenas veículos que rendam, no mínimo, 17 km/l
> - Realizar uma auditoria de energia no local em que vive
> - Reforçar o isolamento da sua casa e consertar todos os vazamentos de ar
> - Usar aquecimento solar passivo
> - Para resfriar, abrir as janelas e usar ventiladores
> - Utilizar um termostato programável e sistemas de aquecimento/resfriamento, iluminação e eletrodomésticos eficientes do ponto de vista energético
> - Reduzir o termostato do aquecedor de água para 43 °C a 49 °C e isolar canos de água quente
> - Apagar luzes e desligar televisores, computadores e outros eletrônicos quando eles não estiverem em uso
> - Lavar roupas com água fria e secar no varal

FIGURA 13.52 Pessoas que fazem a diferença: Como você pode usar a energia de maneira mais sustentável. ***Raciocínio crítico:*** Dessas medidas, cite três que você considera mais importantes e justifique. Qual delas você já adotou e qual planeja adotar?

O maior fator contribuinte para essa mudança na Alemanha é o uso de **tarifas de aquisição** (também usadas pela Grã-Bretanha e por outros 47 países). Sob um contrato de longo prazo, o governo exige que as empresas públicas comprem eletricidade produzida por proprietários de imóveis e empresas a partir de recursos energéticos renováveis por um preço que garanta um bom retorno. Além disso, as empresas devem inserir essa eletricidade na rede elétrica. Em 2016, o parlamento alemão aprovou uma resolução recomendando a eliminação de veículos movidos a gasolina ou diesel até 2030.

As residências alemãs possuem aproximadamente 80% das instalações de células solares do país e ganham dinheiro com isso. O programa, que é financiado por todos os usuários de eletricidade e custa menos de US$ 5 ao mês por domicílio, criou mais de 370 mil novos empregos na área de energia renovável. Além disso, o governo alemão e investidores privados subsidiaram pesquisas sobre melhorias tecnológicas na energia solar e eólica, além de sistemas de armazenamento de energia de apoio, os quais podem reduzir ainda mais os custos. No entanto, a oposição política por parte da indústria de carvão e de algumas empresas de eletricidade, bem como a necessidade de instalar sistemas de apoio caros, pode reduzir o nível das tarifas de aquisição e atrasar a transição do país para uma maior dependência da energia solar e eólica.

> **GRANDES IDEIAS**
>
> - É imprescindível que avaliemos os recursos energéticos com base em seus potenciais abastecimentos, na quantidade de energia líquida que fornecem e nos impactos do seu uso sobre o ambiente e a saúde.
>
> - Ao usar uma mistura de fontes de energias renováveis, especialmente luz solar, vento, água corrente, biomassa e energia geotérmica, podemos reduzir drasticamente a poluição, as emissões de gases de efeito estufa, a acidificação oceânica e as perdas da biodiversidade.
>
> - A transição para um futuro energético mais sustentável exigirá aumentos substanciais na eficiência energética, redução do desperdício de energia, utilização de uma mistura de recursos energéticos renováveis e a inclusão dos custos nocivos para a saúde e o ambiente dos recursos energéticos em seu preço de mercado.

Revisitando

Recursos energéticos e sustentabilidade

No Estudo de caso principal que abre este capítulo, analisamos como a perfuração horizontal e o fraturamento hidráulico aumentaram significativamente a produção de petróleo e gás natural nos Estados Unidos. Depois, investigamos os prós e os contras dos processos de fraturamento hidráulico. Avaliamos as vantagens e desvantagens de uma série de recursos energéticos renováveis e não renováveis.

Ao depender principalmente de combustíveis fósseis não renováveis, violamos os três **princípios científicos da sustentabilidade**. As tecnologias que usamos para obter energia a partir desses recursos interrompem os ciclos químicos da Terra ao desviar quantidades imensas de água, degradar ou destruir ecossistemas terrestres e aquáticos e emitir grandes quantidades de gases de efeito estufa e outros poluentes do ar. O uso dessas tecnologias também destrói e degrada a biodiversidade e os serviços ecossistêmicos.

Ao contar com uma diversidade de formas diretas e indiretas de energia solar renovável, melhorar significativamente a eficiência energética e reduzir o desperdício de energia, poderemos implementar os **três princípios da sustentabilidade** durante este século e aumentar bastante nosso impacto ambiental benéfico. Essa transição também está de acordo com os três **princípios da sustentabilidade** econômicos, políticos e éticos. Se incluísse os custos prejudiciais dos combustíveis fósseis, da energia nuclear e de outros recursos energéticos para a saúde e o ambiente em seus preços de mercado, a sociedade estaria aplicando o *princípio da precificação de custo total*. Isso

poderia ser realizado com o auxílio de concessões e alternativas na arena política, aplicando o *princípio das soluções de ganhos mútuos*. Diversos analistas também argumentam que essas soluções beneficiariam muito a vida na Terra, hoje e em longo prazo – uma aplicação do princípio ético da *responsabilidade com as gerações atuais e futuras*.

Revisão do capítulo

Estudo de caso principal

1. Descreva o processo de extração de petróleo e gás natural realizado por meio de **perfuração horizontal** e **fraturamento hidráulico** e o papel dessas tecnologias no grande aumento da produção de petróleo e gás natural nos Estados Unidos.

Seção 13.1

2. Quais são os dois conceitos-chave desta seção? Qual é a principal fonte de energia da Terra? O que é energia comercial e de onde vem a maior parte dela no mundo e nos Estados Unidos? Qual é a porcentagem de energia comercial utilizada no mundo e nos Estados Unidos proveniente de combustíveis fósseis não renováveis? O que é **energia líquida** e por que ela é importante para avaliar recursos energéticos? Use o conceito de energia líquida para explicar por que alguns recursos energéticos precisam ser subsidiados e dê um exemplo desse tipo de recurso.

Seção 13.2

3. Qual é o conceito-chave desta seção? O que é **petróleo bruto (petróleo)** e como ele é extraído da Terra? Defina **pico de produção** de um poço ou campo de petróleo. O que é **refino**? O que são petroquímicos e por que eles são importantes? O que são **reservas comprovadas** de petróleo? Quais são os três países com as maiores reservas comprovadas de petróleo bruto do mundo? Quais são os três maiores produtores de petróleo bruto do mundo? E os três maiores consumidores? Resuma a produção e o consumo de petróleo nos Estados Unidos e discuta a controvérsia a respeito da

produção no futuro. Quais são as principais vantagens e desvantagens do uso de petróleo bruto como recurso energético? O que é **petróleo de xisto** e como esse petróleo pesado é produzido? O que são **areias betuminosas**? O que é betume e como ele é extraído e transformado em petróleo pesado? Quais são as principais vantagens e desvantagens do uso de petróleo pesado de xisto e de areias betuminosas como recursos energéticos?

4. Defina **gás natural**, **gás liquefeito de petróleo (GLP)** e **gás natural liquefeito (GNL)**. Quais são os três países com as maiores reservas comprovadas de gás natural? Cite os três países que mais produzem e os três que mais consomem o gás natural do planeta. Descreva o potencial para aumentar significativamente a produção de gás natural nos Estados Unidos e cite alguns prós e contras do fraturamento hidráulico. Cite quatro maneiras de reduzir o impacto ambiental da produção de gás natural nos Estados Unidos. Quais são as principais vantagens e desvantagens do uso de gás natural como um recurso energético? O que é **carvão**, como ele é formado e quais são as diferenças entre os vários tipos dessa substância? Como funciona uma usina de queima de carvão? Quais são os três países com as maiores reservas comprovadas de carvão do mundo? Quais são os três maiores produtores de carvão do mundo? E os três maiores consumidores? Resuma os principais problemas para a saúde e o meio ambiente causados pelo uso de carvão. Como a sociedade poderia usar a precificação de custo total para reduzir os impactos ambientais nocivos do carvão? Quais são as principais vantagens e desvantagens do uso do carvão como um recurso energético?

Seção 13.3

5. Qual é o conceito-chave desta seção? O que é **fissão nuclear**? Como funciona um reator de fissão nuclear e quais são os principais recursos de segurança desse dispositivo. Descreva o **ciclo do combustível nuclear**. Explique como varetas queimadas de combustível altamente radioativas são armazenadas e quais são os riscos que elas representam. Como os Estados Unidos lidam com o problema do descarte de varetas de combustível usadas com alto nível de radioatividade? O que pode ser feito com usinas nucleares esgotadas? Resuma os argumentos sobre o uso generalizado de energia nuclear ajudar ou não a retardar as mudanças climáticas projetadas para este século. Sintetize os argumentos de especialistas que discordam a respeito do futuro da energia nuclear. Qual é a relação entre usinas nucleares e a difusão de armas nucleares? O que é **fusão nuclear** e qual é o potencial desse processo como recurso energético?

Seção 13.4

6. Quais são os dois conceitos-chave desta seção? O que é **eficiência energética**? O que é **conservação da energia**? Qual porcentagem da energia usada nos Estados Unidos é desperdiçada? Descreva duas tecnologias ineficientes do ponto de vista energético amplamente usadas. Quais são os principais benefícios do aumento da eficiência energética? Defina e dê um exemplo de **cogeração**. Cite outras três formas de economizar energia e dinheiro na indústria. O que é uma rede elétrica inteligente e eficiente e como ela consegue economizar energia e dinheiro? Cite três formas de economizar energia e dinheiro nos transportes. Explique por que o custo real da gasolina é muito maior do que o valor que os consumidores pagam no posto. Diferencie veículos automotivos híbridos, híbridos *plug-in*, elétricos e com célula de combustível. O que é uma **célula de combustível de hidrogênio**? Cite quatro formas de economizar energia e dinheiro **(a)** em novas construções e **(b)** em construções existentes. Cite três medidas que você pode adotar para economizar energia e dinheiro. Cite três motivos para ainda desperdiçarmos tanta energia e dinheiro durante a produção e o uso de energia.

Seção 13.5

7. Qual é o conceito-chave desta seção? Cite quatro motivos para a energia renovável não ser tão amplamente utilizada. Diferencie um **sistema de aquecimento solar passivo** de um **sistema de aquecimento solar ativo** e discuta as principais vantagens e desvantagens do uso desses sistemas para aquecer edifícios. Cite três maneiras de resfriar edifícios naturalmente. Defina e dê dois exemplos de **sistemas termossolares**. Cite as principais vantagens e desvantagens do uso de sistemas centralizados. O que é uma **célula solar** (**fotovoltaica** ou **FV**) e quais são as principais vantagens e desvantagens do uso desse dispositivo para produzir eletricidade?

8. Defina **energia hídrica** e resuma quais são os potenciais de expansão desse recurso. Quais são as principais vantagens e desvantagens do uso de energia hídrica para produzir eletricidade? Qual é o potencial de uso das marés e ondas para produzir eletricidade? Resuma o potencial de uso da energia eólica **(a)** globalmente e **(b)** nos Estados Unidos. Quais são as principais vantagens e desvantagens do uso do vento para produzir eletricidade? O que é **biomassa** e quais são as principais vantagens e

desvantagens do uso de biomassa sólida para fornecer calor e eletricidade? O que é a crise da lenha? Quais são as principais vantagens e desvantagens do uso de biocombustíveis líquidos, como etanol e biodiesel, para abastecer veículos automotivos? Descreva a controvérsia em relação ao uso de etanol como biocombustível nos Estados Unidos. O que é **energia geotérmica** e quais são as três maiores fontes desse recurso energético? Quais são as principais vantagens e desvantagens do uso de energia geotérmica como fonte de calor e para produzir eletricidade? Cite as principais vantagens e desvantagens do uso de hidrogênio como combustível.

Seção 13.6

9. Qual é o conceito-chave desta seção? Explique a necessidade de fazermos uma transição para um futuro energético novo e mais sustentável e cite três componentes dessa transição propostos por especialistas em energia.
10. Quais são as *três grandes ideias* deste capítulo? Explique como podemos aplicar cada um dos **seis princípios da sustentabilidade** para fazer a transição para um futuro energético mais sustentável.

Observação: os principais termos estão em negrito.

Raciocínio crítico

1. Você é a favor ou contra o aumento no uso de perfuração horizontal e fraturamento hidráulico (Estudo de caso principal) para produzir petróleo e gás natural nos Estados Unidos? Justifique sua resposta. Quais são as alternativas?
2. Você acha que os custos ocultos estimados da gasolina devem ser incluídos no preço deste produto nos postos? Explique. Você concordaria com uma maior tributação da gasolina para incluir esses custos, caso os impostos sobre a renda e a folha de pagamento fossem reduzidos para equilibrar os aumentos, sem custos adicionais líquidos para os consumidores? Justifique.
3. Cite três medidas que você pode adotar para reduzir sua dependência de petróleo e gasolina. Qual dessas medidas você já adotou ou planeja adotar?
4. Cite cinco atitudes suas que desperdiçam energia durante um dia típico e explique como essas ações violam cada um dos três **princípios científicos da sustentabilidade**.
5. Na sua opinião, quais deveriam ser os três maiores recursos energéticos? Por quê? Quais deveriam ser os recursos energéticos menos usados? Justifique.
6. Explique por que você seria a favor ou contra cada uma das propostas a seguir, feitas por vários analistas de energia:
    a. Os subsídios governamentais para todas as alternativas energéticas devem ser eliminados, assim todas as opções de energia poderão competir igualmente no mercado.
    b. Todas as isenções fiscais e outros subsídios do governo para combustíveis fósseis convencionais, gás natural e petróleo sintéticos e energia nuclear (fissão e fusão) devem ser eliminados. Esses benefícios precisam ser substituídos por subsídios e isenções fiscais para aumentar a eficiência energética e desenvolver recursos de energia renováveis.
    c. O desenvolvimento de recursos energéticos renováveis deve ser atribuído a empresas privadas e receber pouco ou nenhum auxílio do governo federal, mas as indústrias de energia nuclear e combustíveis fósseis devem continuar recebendo grandes subsídios do governo federal e isenções fiscais.
7. Qual é a importância da transição para um novo futuro energético? Você acha que ela pode ser realizada? Explique. Como essa transição afetaria a sua vida e a de seus filhos e netos? Se não fizermos essa transição, como a sua vida e a de seus filhos e netos seriam afetadas?
8. Parabéns! Você é responsável pelo mundo. Cite as cinco características mais relevantes da sua política energética e explique por que cada item é importante e como eles se relacionam uns com os outros.

Fazendo ciência ambiental

Faça uma pesquisa sobre o uso de energia em sua instituição de ensino com base nas questões a seguir: Como a eletricidade é gerada? Como a maioria dos prédios é aquecida? Como a água é aquecida? Como a maioria dos veículos é abastecida? Como a rede de computadores é alimentada? A eficiência energética pode ser melhorada nessas áreas? Em caso positivo, de que forma? Caso ainda não utilize, como sua instituição de ensino poderia aproveitar outras fontes de energia renovável, como sol, vento e biomassa? Escreva uma proposta para usar a energia de maneira mais eficiente e sustentável e envie para os representantes da instituição.

Análise da pegada ecológica

Analise a tabela a seguir e responda às perguntas preenchendo as lacunas da tabela.

1. Converta os dados de milhas por galão (mpg) para quilômetros por litro (km/l).
2. Quantos litros (e quantos galões) de gasolina cada tipo de veículo usaria anualmente se rodasse 19.300 quilômetros (12.000 milhas) por ano?
3. Quantos quilogramas (e quantas libras) de dióxido de carbono seriam liberados na atmosfera anualmente por cada veículo de acordo com o consumo de combustível calculado na questão 2? Suponha que a combustão da gasolina libere 2,3 kg de CO_2 por litro (19 libras por galão).

EFICIÊNCIA DE COMBUSTÍVEL COMBINADA NA CIDADE/NA ESTRADA PARA MODELOS DE 2017				
Modelo	Milhas por galão (mpg)	Quilômetros por litro (km/l)	Litros (galões) de gasolina por ano	Emissões de CO_2 por ano
Chevrolet All-Electric Volt	106			
Nissan All-Electric Leaf	112			
Toyota Prius Prime Plug-in Hybrid	54			
Toyota Prius – Hybrid	52			
Chevrolet Cruze	34			
Honda Accord	29			
Jeep Patriot 4WD	24			
Ford F150 Pickup	22			
Chevrolet Camaro 8 cyl	20			
Ferrari F12	12			

Informações compiladas pelos autores usando dados do Fuel Economy Report da U.S. Environmental Protection Agency.

CAPÍTULO 14

Perigos ambientais e saúde humana

"A dose faz o veneno."
PARACELSUS, 1540

Principais questões

14.1 Quais são os principais perigos à saúde que enfrentamos?

14.2 Como os perigos biológicos ameaçam a saúde humana?

14.3 Como os perigos químicos ameaçam a saúde humana?

14.4 Como avaliar os riscos dos perigos químicos?

14.5 Como perceber e evitar os riscos?

Sem um controle eficaz da poluição do ar, as usinas industriais e energéticas de queima de carvão liberam mercúrio tóxico e outros poluentes atmosféricos.

Dudarev Mikhail/Shutterstock.com

Estudo de caso principal

Efeitos tóxicos do mercúrio

O mercúrio metálico (Hg) e seus componentes são tóxicos para os seres humanos. Pesquisas indicam que a exposição prolongada a altos níveis de mercúrio pode prejudicar permanentemente o sistema nervoso, o cérebro, os rins e os pulmões humanos. Níveis muito baixos de mercúrio também podem causar defeitos congênitos e danos cerebrais em fetos e crianças pequenas. Mulheres grávidas, lactantes e bebês, mulheres em idade reprodutiva e crianças pequenas são especialmente vulneráveis aos efeitos nocivos do mercúrio.

Esse metal tóxico é liberado naturalmente na atmosfera por rochas, solo, vulcões e pela vaporização dos oceanos. Essas fontes naturais são responsáveis por cerca de um terço do mercúrio lançado na atmosfera a cada ano. Os outros dois terços vêm das atividades humanas.

Milhares de minas ilegais na Ásia, América Latina e África são as maiores fontes de poluição do ar por mercúrio. Os mineradores usam mercúrio para separar o ouro de seu minério. Eles aquecem a mistura de ouro e mercúrio para liberar o ouro. Outras grandes fontes de mercúrio na atmosfera incluem emissões de usinas de queima de carvão e indústrias (foto de abertura do capítulo), fornos de cimento, fundições e incineradores de resíduos sólidos.

O mercúrio elementar não pode ser dividido ou degradado; portanto, esse poluente se acumula no solo, na água e nos tecidos de seres humanos e outros animais. Na atmosfera, um pouco de mercúrio elementar é convertido em compostos de mercúrio orgânico e inorgânico mais tóxicos, que podem ser depositados em lagos, em outros ambientes aquáticos e no solo.

Sob certas condições nos sistemas aquáticos, as bactérias convertem os compostos de mercúrio inorgânico em metilmercúrio (CH_3Hg^+) altamente tóxico. Esses compostos inorgânicos de mercúrio normalmente são depositados do ar ou despejados em cursos de água por pequenas mineradoras de ouro. Assim como o DDT (ver Figura 8.12), o metilmercúrio pode passar por magnificação trófica nas cadeias e teias alimentares.

Em geral, altos níveis de metilmercúrio são encontrados nos tecidos de grandes peixes, como atum, peixe-espada, tubarão e marlim, que se alimentam em níveis tróficos elevados. No entanto, camarão e salmão costumam ter níveis mais baixos de mercúrio.

Os seres humanos são expostos ao mercúrio de duas grandes formas: podemos comer peixes ou crustáceos contaminados com metilmercúrio (Figura 14.1) – esse processo corresponde a 75% das exposições humanas ao mercúrio –, e também podemos inalar vapor de mercúrio ou partículas inorgânicas presentes no ar, especialmente na direção do vento de muitas usinas industriais e de queima de carvão (ver foto de abertura do capítulo) e incineradores de resíduos sólidos.

O maior risco da exposição a baixos níveis de metilmercúrio é o dano cerebral em fetos e crianças pequenas. De acordo com os estudos realizados, é provável que de 30 mil a 60 mil crianças nascidas todos os anos nos Estados Unidos tenham QI reduzido e possíveis danos no sistema nervoso em razão dessa exposição. Entre os outros efeitos para a saúde estão baixos equilíbrio e coordenação motora, tremores, perda de memória, insônia, redução da audição, queda de cabelo e perda de visão periférica.

Este problema levanta duas questões importantes: Como os cientistas determinam os possíveis danos da exposição ao mercúrio e a outras substâncias químicas? E qual é a gravidade do risco de uma determinada substância química quando comparada a outros riscos?

Neste capítulo, você descobrirá como os cientistas tentam responder a essas e outras questões sobre a exposição humana a substâncias químicas. Você também vai aprender sobre as ameaças para a saúde de bactérias, vírus e protozoários causadores de doenças, além de outros perigos ambientais que matam milhões de pessoas todos os anos. Por fim, estudaremos formas de avaliar e evitar alguns riscos.

FIGURA 14.1 Os peixes estão contaminados com mercúrio em muitos lagos, incluindo este em Wisconsin.

14.1 QUAIS SÃO OS PRINCIPAIS PERIGOS À SAÚDE QUE ENFRENTAMOS?

CONCEITO 14.1 Os perigos à saúde estão relacionados a fatores biológicos, químicos, físicos e culturais e ao estilo de vida de cada indivíduo.

Enfrentamos muitos tipos de perigos

Um **risco** é a probabilidade de sofrermos um dano causado por um perigo que pode provocar lesão, doença, morte, perda econômica ou prejuízos. Os cientistas normalmente descrevem um risco em termos da probabilidade que ele tem de causar danos em termos como: "A probabilidade de um indivíduo desenvolver câncer pulmonar por fumar um maço de cigarros por dia é de 1 em 250". Isso significa que 1 em cada 250 pessoas que fumam um maço de cigarros todos os dias provavelmente desenvolverá câncer pulmonar durante um tempo de vida típico (geralmente considerado como 70 anos). A probabilidade também pode ser expressa como porcentagem, como em uma chance de 30% de desenvolver um certo tipo de câncer.

A **avaliação de risco** é o processo de usar métodos estatísticos para estimar quanto dano um perigo em particular pode causar à saúde humana ou ao ambiente. O **gerenciamento de risco** envolve a decisão de reduzir um risco em particular a certo nível e custo e como fazer isso. A Figura 14.2 resume como os riscos são avaliados e gerenciados.

A maioria das pessoas enfrenta riscos evitáveis todos os dias. Por exemplo, elas podem escolher andar de carro sem cinto de segurança ou enviar mensagens no celular enquanto dirigem. Também podem optar por ingerir alimentos com alto nível de colesterol e açúcar, consumir bebidas alcoólicas em excesso ou fumar.

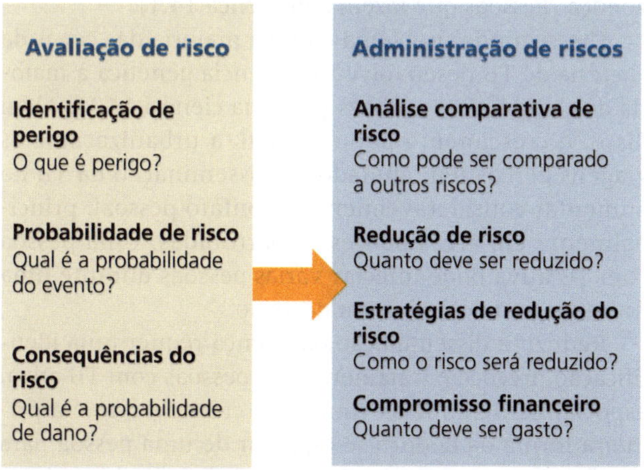

Cinco grandes tipos de riscos são perigosos para a saúde humana (**Conceito 14.1**):

- *Perigos biológicos* de mais de 1.400 **patógenos**, ou microrganismos, que podem causar doenças em outros organismos. Por exemplo: bactérias, vírus, parasitas, protozoários e fungos.
- *Perigos químicos* de certas substâncias químicas perigosas contidas no ar, na água, no solo, nos alimentos e nos produtos produzidos pelo homem (**Estudo de caso principal**).
- *Perigos naturais*, como incêndio, terremotos, erupções vulcânicas, inundações, tornados e furacões.
- *Perigos culturais*, como condições de trabalho sem segurança, agressão criminosa e pobreza.
- *Escolhas de estilo de vida*, como fumar, fazer escolhas alimentares ruins e ser sedentário.

14.2 COMO OS PERIGOS BIOLÓGICOS AMEAÇAM A SAÚDE HUMANA?

CONCEITO 14.2 Os perigos biológicos mais graves enfrentados pelo ser humano são as doenças infecciosas, como gripe, síndrome da imunodeficiência adquirida (aids), tuberculose, doenças diarreicas e malária.

Algumas doenças podem ser transmitidas de uma pessoa para outra

Uma **doença infecciosa** é causada quando um patógeno, como bactéria, vírus ou parasita, invade o corpo e se multiplica nas células e nos tecidos. As **bactérias** são organismos de uma única célula que podem ser encontrados em todos os lugares e se multiplicam rapidamente por conta própria. A maioria das bactérias é inofensiva e algumas delas são benéficas. No entanto, aquelas que causam doenças como faringite estreptocócica ou tuberculose são nocivas.

Os **vírus** são patógenos que invadem uma célula e dominam seu mecanismo genético para se multiplicar e se espalhar pelo corpo. Os vírus podem causar doenças infecciosas, como gripe e aids. Um **parasita** é um organismo que vive em outro organismo e se alimenta dele. Os parasitas têm tamanhos variados, de organismos unicelulares chamados protozoários a vermes visíveis a olho nu. Eles podem causar doenças infecciosas, como a malária.

Uma **doença transmissível** (também chamada *contagiosa*) é uma doença infecciosa que pode ser transmitida de uma pessoa para outra. Algumas são doenças bacterianas, como tuberculose, gonorreia e infecções no ouvido, enquanto outras são doenças virais, como resfriado comum, gripe e aids. As doenças contagiosas podem se espalhar pelo ar, pela água e pelos alimentos, e

Avaliação de risco	Administração de riscos
Identificação de perigo O que é perigo?	**Análise comparativa de risco** Como pode ser comparado a outros riscos?
Probabilidade de risco Qual é a probabilidade do evento?	**Redução de risco** Quanto deve ser reduzido?
Consequências do risco Qual é a probabilidade de dano?	**Estratégias de redução do risco** Como o risco será reduzido?
	Compromisso financeiro Quanto deve ser gasto?

FIGURA 14.2 A avaliação e o gerenciamento de risco são aplicados para estimar a gravidade de vários riscos e como reduzi-los. *Raciocínio crítico:* Dê um exemplo de como você tem aplicado esse processo em sua vida diária.

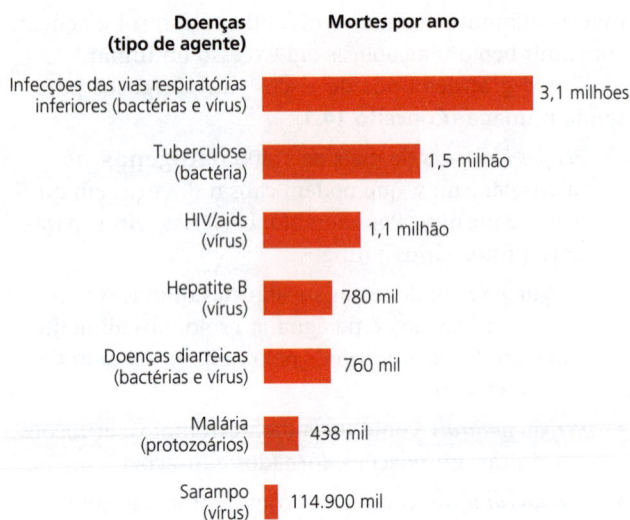

FIGURA 14.3 Principais causas de morte por doenças infecciosas no mundo. *Análise de dados:* Quantas pessoas morrem por ano em decorrência dessas sete doenças infecciosas por ano? E por dia?

Dados da Organização Mundial da Saúde (OMS) e do U.S. Centers for Disease Control and Prevention

também podem ser transmitidas por insetos, como mosquitos, e por fluidos corporais, como fezes, urina, sangue, sêmen e gotículas expelidas ao tossir ou espirrar.

Uma **doença não transmissível** é causada por outros fatores, não por um organismo vivo, e não é transmitida de uma pessoa para outra. Entre elas estão as doenças cardiovasculares (coração e vaso sanguíneo), a maioria dos cânceres, além de asma e diabetes.

Em 1900, as doenças infecciosas foram a principal causa de morte no mundo. Desde então, e especialmente desde 1950, a incidência de doenças infecciosas e as taxas de mortalidade de tais doenças sofreram uma redução considerável. Isso foi possível graças a uma combinação de melhor atendimento médico e saneamento básico, uso de antibióticos para tratar doenças bacterianas e desenvolvimento de vacinas para prevenir a proliferação de algumas doenças virais.

Apesar da diminuição do risco de danos por doenças infecciosas, elas continuam sendo uma grave ameaça à saúde, especialmente em países menos desenvolvidos. Um grande surto de uma doença infecciosa em uma região ou país é chamado *epidemia*. Uma epidemia global, como tuberculose (ver Estudo de caso a seguir) ou aids, é chamada *pandemia*. A Figura 14.3 mostra o número de mortes anuais decorrentes das sete doenças infecciosas mais mortais do mundo (**Conceito 14.2**).

> **PARA REFLETIR**
> **APRENDENDO COM A NATUREZA**
> A pele dos tubarões é coberta por pequenas protuberâncias que ajudam o animal a evitar infecções bacterianas. Os cientistas esperam usar essas informações para criar filmes antibacterianos com uma estrutura irregular, que possam reduzir as infecções da pele humana.

Uma razão pela qual a doença infecciosa ainda é uma grave ameaça é que muitas bactérias portadoras de doenças desenvolveram imunidade genética aos antibióticos amplamente utilizados (Foco na ciência 14.1). Além disso, várias espécies de insetos transmissores de doenças, como os mosquitos, tornaram-se imunes aos pesticidas mais usados, como o DDT, que já chegaram a controlar suas populações. No entanto, os produtores de inseticidas não estão desenvolvendo novos produtos para matar mosquitos, e isso acontece porque o custo de desenvolver e comercializar cada inseticida para os produtores é de cerca de US$ 250 milhões, e as vendas anuais desses produtos nos Estados Unidos chegam a somente US$ 100 milhões.

ESTUDO DE CASO
A ameaça global da tuberculose

A tuberculose (TB) é uma infecção bacteriana antiga e extremamente contagiosa, que destrói o tecido pulmonar e, sem tratamento, pode levar à morte. Muitas pessoas infectadas pela TB não parecem estar doentes e cerca da metade delas não sabe que está infectada. Sem tratamento, cada pessoa com TB ativa costuma infectar várias outras pessoas e cerca de metade da população com TB ativa morre devido à destruição bacteriana do tecido pulmonar (Figura 14.4). De acordo com a Organização Mundial de Saúde (OMS), a TB atinge quase 10,4 milhões de pessoas por ano e mata 1,5 milhão. Segundo a OMS, em 2015, a Índia teve mais novas infecções (2,8 milhões) e mortes (480 mil) por tuberculose do que qualquer outro país.

Vários fatores são responsáveis pela disseminação da TB desde a década de 1990. Um deles é a falta de programas de rastreamento e controle da doença, especialmente em países menos desenvolvidos, onde ocorrem mais de 90% dos novos casos. No entanto, os pesquisadores estão desenvolvendo maneiras novas e mais fáceis de detectar a tuberculose e monitorar os efeitos da doença (Pessoas que fazem a diferença 14.1).

Um segundo problema é que a maioria das cepas da bactéria de TB desenvolveu resistência genética à maioria dos antibióticos eficazes (Foco na ciência 14.1). Além disso, o crescimento populacional, a urbanização e as viagens aéreas têm ajudado na disseminação da TB ao aumentar consideravelmente o contato pessoal, principalmente em áreas pobres e abarrotadas. Uma pessoa com TB ativa pode infectar várias pessoas durante uma única viagem de ônibus ou de avião.

Reduzir a disseminação da doença requer uma identificação precoce e tratamento das pessoas com TB ativa, especialmente aquelas com tosse crônica, que é a primeira forma da doença se espalhar de uma pessoa para a outra. Porém, como muitas pessoas não exibem sintomas de TB, elas não sabem que estão infectadas e podem infectar os outros. O tratamento com uma combinação de quatro medicamentos pode curar 90% dos indivíduos com TB ativa. Para serem eficazes, os medicamentos

FOCO NA CIÊNCIA 14.1

Resistência genética aos antibióticos

Os *antibióticos* são substâncias químicas que podem matar as bactérias. Eles tiveram um papel importante no aumento da expectativa de vida desde os anos 1950 nos Estados Unidos e em muitos outros países.

Em 2014, a Organização Mundial da Saúde (OMS) emitiu um relatório alertando que a era dos antibióticos pode estar chegando ao fim, porque muitas bactérias causadoras de doenças estão se tornando geneticamente resistentes aos antibióticos usados há tempos para matá-las. O motivo para esse fenômeno é a impressionante taxa de reprodução das bactérias, algumas das quais consegue passar de uma população de 1 para bem mais de 16 milhões de indivíduos em 24 horas. Consequentemente, elas podem desenvolver resistência genética rapidamente a um número cada vez maior de antibióticos por meio da seleção natural (Figura 4.9). Elas transmitem essa resistência genética aos descendentes, e algumas pesquisas indicam que parte das bactérias é capaz de transferir a resistência a outros membros da mesma cepa ou de outras.

Um grande fator para a promoção da resistência genética, também chamado *resistência aos antibióticos*, é o uso disseminado desses medicamentos em animais criados em fazendas de confinamento (ver Figura 10.7) e em operações concentradas de alimentação animal, ou Cafos (ver Figura 10.8). Os antibióticos são usados para controlar doenças e promover o crescimento do gado leiteiro e de corte, de aves e porcos criados em grandes quantidades e espaços restritos. A Food and Drug Administration (FDA) estimou que cerca de 80% dos antibióticos usados nos Estados Unidos e 50% da quantidade usada no mundo são adicionados aos alimentos de animais saudáveis. De acordo com o Centro de Controle e Prevenção de Doenças 22% das doenças resistentes a antibióticos nos seres humanos estão ligadas à comida, especialmente carne de animais tratados com antibióticos.

Outro fator que pode ajudar a promover resistência genética aos antibióticos é o uso excessivo desses medicamentos para tratar gripes, resfriados e dores de garganta, doenças em sua maioria causadas por vírus que não respondem a esse tipo de tratamento. Em muitos países, os antibióticos estão disponíveis sem prescrição, o que promove o uso excessivo e desnecessário. Outro fator é a disseminação de bactérias ao redor do mundo por meio de viagens e do comércio internacional. O uso crescente de sabonetes antibacterianos e outros limpadores com essa propriedade também pode estar promovendo resistência nas bactérias. Esses limpadores, segundo a FDA, não necessariamente funcionam melhor que uma boa lavagem das mãos com sabonete comum.

Todas as principais bactérias causadoras de doenças desenvolveram cepas que resistem a pelo menos um dos quase 200 antibióticos em uso. Além disso, estão surgindo as chamadas superbactérias, que resistem a praticamente todos os antibióticos. O CDC estima que, todos os anos, pelo menos 2 milhões de estadunidenses contraem doenças infecciosas de superbactérias e pelo menos 23 mil deles morrem. Um em cada 25 pacientes de hospitais nos Estados Unidos contrai alguma dessas infecções durante a internação. Um estudo realizado pelo governo britânico durante dois anos e liderado pelo economista Jim O'Neil estimou que as superbactérias resistentes a medicamentos matam pelo menos 700 mil pessoas por ano em todo o mundo. Até 2050, esse número deve chegar a 10 milhões.

Por exemplo, uma bactéria conhecida como *Staphylococcus aureus resistente à meticilina* (normalmente chamada SARM, MRSA ou "mersa") tornou-se resistente aos antibióticos mais comuns. Ela pode causar pneumonia grave, erupções cutâneas severas e morte rápida se chegar à corrente sanguínea.

A SARM pode ser encontrada em hospitais, casas de repouso, escolas, academias e dormitórios universitários. Ela é transmitida pelo contato com a pele, uso não higiênico de agulhas para tatuagens e contato com roupas e itens compartilhados mal lavados, como toalhas, lençóis, equipamentos esportivos e lâminas de barbear. Outra superbactéria encontrada em hospitais é a *Clostridium difficile*, ou *C. diff*. Ela provoca diarreia grave e pode viver em superfícies como grades da cama e equipamentos médicos. De acordo com o CDC, essa bactéria causa cerca de 250 mil infecções e 14 mil mortes por ano nos Estados Unidos.

Agentes de saúde alertam que podemos estar entrando em uma era pós-antibióticos, com taxas de mortalidade mais elevadas. Nos últimos anos, nenhum novo antibiótico foi desenvolvido, principalmente porque as empresas farmacêuticas precisam gastar milhões de dólares para desenvolver novas substâncias que serão usadas por apenas um curto período para tratar infecções. Elas ganham mais dinheiro com medicamentos que os usuários tomam diariamente por muitos anos para tratar doenças como diabetes e hipertensão. Como resultado, em 2016, apenas 5 das 50 maiores companhias farmacêuticas do mundo estavam desenvolvendo novos antibióticos. No entanto, alguns governos e grupos privados estão se esforçando para desenvolver antibióticos e vacinas mais eficazes.

RACIOCÍNIO CRÍTICO

Quais são os três passos que poderíamos seguir para diminuir a taxa na qual as bactérias causadoras de doenças estão desenvolvendo resistência aos antibióticos?

2 milhões — Número anual de estadunidenses que contraem infecções que não podem ser tratadas com nenhum antibiótico conhecido.

PESSOAS QUE FAZEM A DIFERENÇA 14.1

Hayat Sindi, empreendedora das ciências da saúde

Hayat Sindi/National Geographic Creative

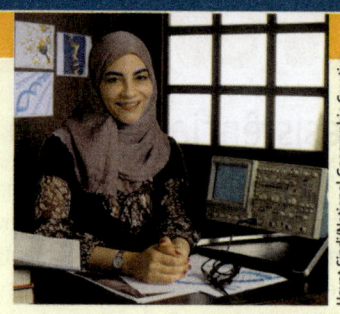

Durante sua infância em um lar modesto na Arábia Saudita, Hayat Sindi estava determinada a estudar, ser uma cientista e fazer algo pela humanidade. Ela foi a primeira mulher saudita a ser aceita na Universidade de Cambridge e a primeira mulher a conseguir um ph.D. em biotecnologia na mesma instituição. Além disso, lecionou no programa médico internacional de Cambridge. Sindi foi nomeada Embaixadora da Boa Vontade da Unesco para a ciência e a educação e exploradora da National Geographic.

Como pesquisadora visitante, Sindi trabalhou com uma equipe de cientistas na Universidade de Harvard para fundar uma empresa sem fins lucrativos chamada *Diagnostics for All*, que tem como objetivo levar monitoramento de saúde de baixo custo a áreas remotas e pobres do mundo. A equipe de Harvard tentou desenvolver ferramentas de diagnóstico simples e baratas que pudessem ser usadas para detectar certas doenças e problemas de saúde em áreas remotas.

Uma dessas ferramentas é um pedaço de papel do tamanho de um selo, com pequenos canais e protuberâncias gravados nele. Um técnico carrega os canais com substâncias químicas para diagnóstico e coloca uma gota de sangue, urina ou saliva do paciente sobre o papel. O fluido viaja pelos canais, reage com as substâncias químicas e muda de cor. O resultado é exibido em menos de um minuto e pode ser lido facilmente para diagnosticar infecções e condições médicas diferentes, como queda no funcionamento do fígado, que pode resultar do consumo de medicamentos para combater TB, hepatite e HIV/aids. O teste pode ser conduzido por um técnico com treinamento mínimo e não requer eletricidade, água limpa ou equipamentos especiais. Depois que o papel é usado, ele pode ser queimado no local para evitar a disseminação de agentes infecciosos.

Uma das paixões da doutora Sindi é inspirar mulheres e meninas, especialmente no Oriente Médio, a seguir o caminho da ciência. "Quero que todas as mulheres acreditem em si mesmas e saibam que são capazes de transformar a sociedade", diz.

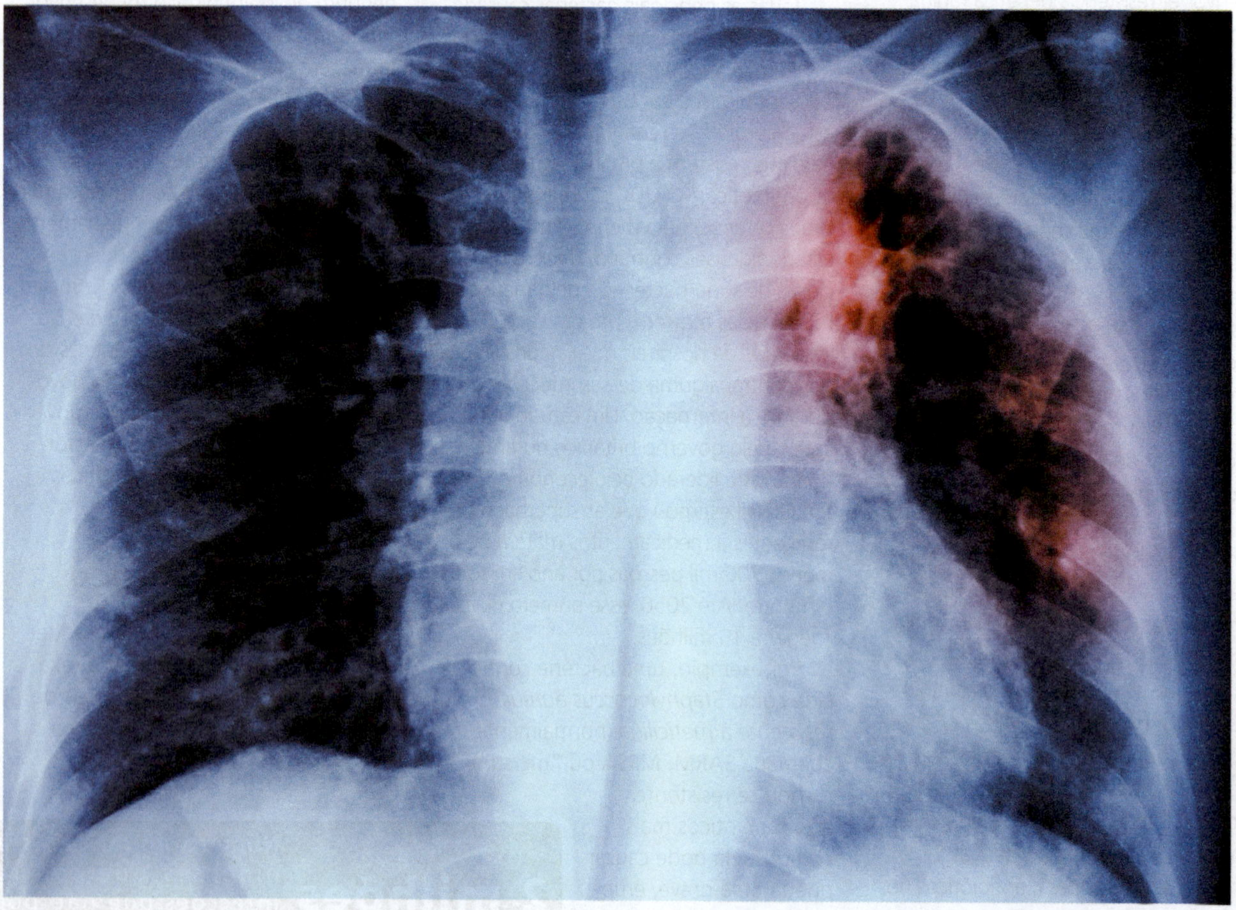

Puwadol Jaturawutthichai/Shutterstock.com

FIGURA 14.4 As áreas vermelhas neste raio X mostram onde a bactéria da TB destruiu o tecido da parte superior do pulmão esquerdo.

devem ser tomados todos os dias durante seis a nove meses. Como os sintomas desaparecem após algumas semanas, muitos pacientes, por entenderem que estão curados, param de tomar os medicamentos, permitindo a recorrência da doença em formas resistentes aos medicamentos e o contágio.

Uma forma mortal da doença, conhecida como *tuberculose multirresistente*, está avançando. Segundo a OMS, cerca de 480 mil novos casos ocorrem todos os anos. Menos da metade desses casos são curados por ano, e isso só é possível com os melhores tratamentos médicos disponíveis, que custam, em média, mais de US$ 500 mil por pessoa. Essa forma de TB mata aproximadamente 150 mil pessoas por ano. Como a doença não pode ser tratada de maneira eficaz com antibióticos, as vítimas precisam ser isoladas do restante da sociedade, algumas de modo permanente. Esses pacientes também representam uma ameaça aos profissionais da saúde.

Alguns vírus e parasitas são mortais

Os antibióticos não afetam vírus, alguns dos quais podem ser mortais. O vírus mais mortal é o da *gripe* ou *influenza* (**Conceito 14.2**), porque ele frequentemente causa pneumonia fatal. O vírus da gripe é transmitido pelos fluidos corporais ou pelas gotículas expelidas no ar quando uma pessoa infectada tosse ou espirra. Os vírus da gripe são transmitidos com tanta facilidade, que uma cepa especialmente poderosa poderia se espalhar pelo mundo em apenas alguns meses, podendo causar uma pandemia capaz de matar milhões de pessoas.

O segundo vírus mais mortal é o *vírus da imunodeficiência humana* ou HIV (ver Estudo de caso a seguir). De acordo com o Programa das Nações Unidas para o HIV, em 2015, esse vírus infectou cerca de 2,1 milhões de pessoas e causou 1,1 milhão de mortes decorrentes de doenças relacionadas à aids (uma queda em relação a 2 milhões em 2005). O HIV é transmitido por relações sexuais desprotegidas, compartilhamento de agulhas por usuários de drogas, transmissão da mãe contaminada para o bebê antes ou durante o parto e exposição a sangue infectado.

O terceiro vírus que causa o maior número de mortes é o da *hepatite B* (HBV), que danifica o fígado. De acordo com a OMS, ele mata mais de 780 mil pessoas por ano. Esse vírus é transmitido da mesma forma que o HIV.

Outra doença viral mortal é o ebola. Em 2014, um surto de ebola em vários países da África Ocidental infectou 28.500 pessoas e matou 11.300 delas. De acordo com a OMS, o vírus ebola mata em média 50% dos infectados em oito dias. Em 2016, foi desenvolvida uma vacina experimental que garante 100% de proteção contra a doença; essa vacina está sendo avaliada pelas agências regulatórias. As chances de o ebola se espalhar pelos Estados Unidos ou outros países mais desenvolvidos são baixas, pois há maior disponibilidade de hospitais, medidas de controle de infecções e procedimentos de funerais seguros do que em países menos desenvolvidos.

Outro vírus mortal é o *vírus do Nilo Ocidental*, transmitido aos seres humanos através da picada de um mosquito comum que passa a estar infectado quando se alimenta de aves portadoras do vírus. Entre 1999 e 2015, o vírus causou doenças graves em cerca de 43.900 pessoas e matou aproximadamente 1.750 indivíduos nos Estados Unidos, de acordo com o CDC.

Entre 2010 e 2016, o *Zika vírus* se espalhou rapidamente em 42 países, a maioria na América Latina. Em 2015, afetou mais de 1 milhão de pessoas no Brasil. Ele é transmitido pela picada de uma espécie de mosquito que também transmite doenças como febre amarela e dengue. O vírus também pode ser transmitido sexualmente, através do sêmen de um homem infectado. A espécie é comum na América Latina e, em 2016, foi encontrada em 30 estados estadunidenses, a maioria na região mais quente do sul. As pessoas mais suscetíveis vivem em partes do Texas, Louisiana e Flórida, onde a espécie de mosquito que transmite o vírus é encontrada. A doença pode se espalhar rapidamente em países menos desenvolvidos com climas quentes, em que muitas casas não têm telas nas janelas ou nas portas. Os mosquitos se reproduzem em fontes de água parada perto dessas casas.

O Zika vírus tem poucos efeitos para a maioria dos adultos. A principal preocupação é uma ligação entre mulheres grávidas portadoras do vírus e nascimentos prematuros ou defeitos congênitos em alguns dos bebês, como cabeça e cérebro reduzidos e cegueira. Cientistas e agentes de saúde dos Estados Unidos dizem que há pouco risco de um grande surto da doença no país devido ao uso disseminado de telas nas portas e janelas, instalações de ar-condicionado e programas de controle de mosquitos. Grávidas ou mulheres que estão tentando engravidar são aconselhadas a não viajar para países em que há ocorrência e propagação do vírus.

Os cientistas estimam que, ao longo da história, mais da metade das doenças infecciosas foi transmitida originalmente para os seres humanos por animais selvagens ou domésticos. O desenvolvimento dessas doenças estimulou o crescimento do campo relativamente novo da *medicina ecológica*, dedicada a identificar conexões de doenças entre animais e humanos. Os cientistas dessa área identificaram várias práticas humanas que promovem a propagação de doenças entre animais e pessoas:

- Desmatamento ou fragmentação de florestas para abrir caminho para povoados, fazendas e cidades em expansão.
- Caça de animais selvagens para comer. Em partes da África e da Ásia, os habitantes que matam macacos e outros animais para se alimentar (ver Figura 8.16) entram em contato regularmente com o sangue de primatas e podem ser expostos a uma cepa de HIV símia (chimpanzés e macacos), que causa a aids.
- Comércio internacional ilegal de espécies selvagens.
- Produção industrializada de carne. Por exemplo, às vezes, uma forma mortal da bactéria *E. coli* é

transmitida do gado para os seres humanos quando as pessoas ingerem carne contaminada por fezes de animais. A bactéria salmonela, encontrada na pele dos animais e em carnes contaminadas mal processadas, também pode causar doenças com origem alimentar.

É possível reduzir consideravelmente as chances de contrair doenças infecciosas lavando bem as mãos e com frequência, usando água e sabão comum (por pelo menos 20 segundos). Outras medidas para impedir a propagação dessas doenças incluem o não compartilhamento de itens pessoais, como lâminas de barbear ou toalhas, e manter cortes e arranhões cobertos com ataduras até que estejam curados. Também é útil evitar contato com pessoas que estejam com gripe ou outras doenças virais e tentar não tocar nos olhos, nariz e boca.

Outro perigo crescente à saúde são as doenças infecciosas causadas por parasitas, especialmente a malária (ver o segundo Estudo de caso a seguir).

ESTUDO DE CASO
A epidemia global do HIV/aids

A disseminação da aids, causada pela infecção por HIV, é uma grande ameaça à saúde global. Esse vírus debilita o sistema imunológico e deixa o corpo vulnerável a infecções como a TB e raras formas de câncer, como o *sarcoma de Kaposi*. Uma pessoa infectada com o HIV pode viver uma vida normal, especialmente se receber o tratamento adequado, que custa caro. Com o tempo, no entanto, o HIV pode se desenvolver e causar a aids, que pode ser fatal. Estima-se que 20% das pessoas infectadas com HIV não saibam da infecção e acabem transmitindo o vírus durante anos até serem diagnosticadas.

Desde que o vírus HIV foi identificado em 1981, essa infecção viral se disseminou pelo planeta. De acordo com a OMS, em 2015, aproximadamente 36,7 milhões de pessoas no mundo todo (quase 1,1 milhão nos Estados Unidos) estavam vivendo com HIV e havia quase 2,1 milhões de novos casos de aids (cerca de 39.500 nos Estados Unidos) – metade deles em pessoas de 15 a 24 anos

Entre 1981 e 2015, quase 36 milhões de pessoas morreram de doenças relacionadas à aids, segundo a Unaids. De acordo com o CDC, o número de mortos por aids nos Estados Unidos no mesmo período foi de mais de 698 mil pessoas. Em 2015, a aids matou cerca de 1,1 milhão de pessoas (quase 7 mil nos Estados Unidos), uma redução do pico de 2,3 milhões em 2005. A aids reduziu a expectativa de vida de 750 milhões de pessoas que vivem na África Subsaariana, passando de 62 anos para 47 anos, em média, e para 40 anos nos sete países mais afetados pela doença.

Em todo o mundo, a aids é a principal causa de morte de pessoas entre 15 anos e 49 anos. Esse fenômeno afeta a estrutura etária da população de vários países africanos, como a Botsuana (Figura 14.5), onde 25% da população entre 15 anos e 49 anos estava infectada por HIV em 2014, a terceira maior taxa de infecção do mundo. A morte prematura de muitos professores, profissionais da saúde, fazendeiros e outros adultos jovens e produtivos nesses países contribuiu para reduções nos níveis de escolaridade, assistência médica, produção de alimentos, desenvolvimento econômico e estabilidade política. Além disso, também causou a desintegração de muitas famílias e deixou um grande número de crianças órfãs.

O tratamento para a infecção por HIV inclui uma combinação de medicamentos antivirais que conseguem retardar o progresso do vírus, mas esses medicamentos são caros demais para serem utilizados amplamente em países menos desenvolvidos, onde as infecções são comuns.

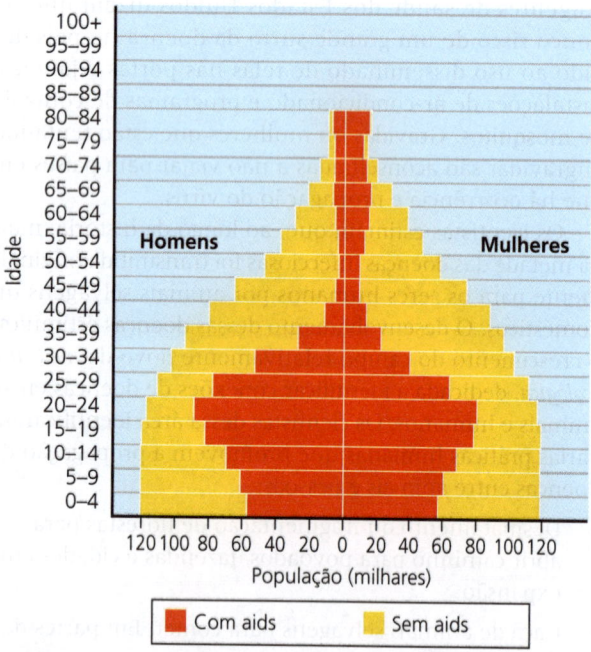

FIGURA 14.5 Em Botsuana, mais de 25% das pessoas com idade entre 15 e 49 anos estavam infectadas com HIV em 2014. Este gráfico mostra duas estruturas etárias projetadas para a população do país em 2020: uma incluindo os possíveis efeitos da epidemia de aids (barras vermelhas) e a outra sem incluir esses efeitos (barras amarelas). ***Raciocínio crítico:*** De que forma isso pode afetar o desenvolvimento econômico da Botsuana?

Dados do Censo dos EUA, da Divisão de Populações da ONU e da Organização Mundial da Saúde.

ESTUDO DE CASO
Malária: a disseminação de um parasita mortal

Aproximadamente 3,2 bilhões de pessoas (44% da população mundial) estão em risco de contrair malária (Figura 14.6). A maioria delas vive em países africanos pobres. As pessoas que viajam para países propensos à malária também estão em risco, porque ainda não há vacina para prevenir essa doença.

A malária é causada por um parasita transmitido pelas picadas de certas espécies de mosquitos. Quando o

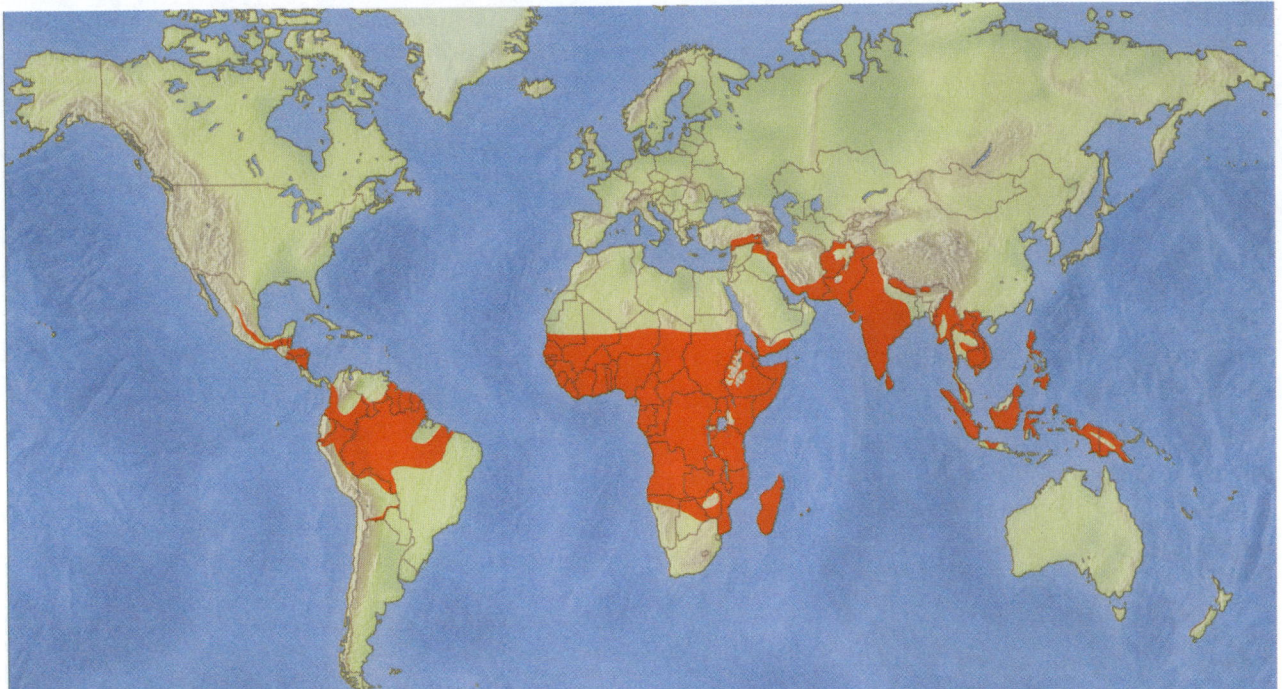

FIGURA 14.6 Cerca de 44% da população mundial vive em áreas nas quais a malária é dominante. À medida que a Terra aquece, a malária pode se espalhar para algumas áreas temperadas, como a região sul dos Estados Unidos.

Dados da Organização Mundial da Saúde e dos Centros de Controle e Prevenção de Doenças.

mosquito pica uma pessoa, ele capta o parasita do sangue dela e o transmite para a próxima pessoa picada. Esse parasita infecta e destrói as células vermelhas do sangue, provocando febre intensa, calafrios, suores excessivos, forte dor abdominal, vômito, dores de cabeça e alta suscetibilidade a outras doenças.

De acordo com a OMS e a Unicef, a malária matou quase 438 mil pessoas em 2015 e infectou 214 milhões. Alguns especialistas afirmam que esse total pode ser muito maior, pois os registros de saúde pública são incompletos em muitas regiões. Mais de 90% dos casos de malária ocorrem na África Subsaariana, a região ao sul do Deserto do Saara. A maioria dos casos envolve crianças com menos de 5 anos de idade. A cada minuto, aproximadamente, uma criança com menos de 5 anos morre de malária. Muitas crianças que sobrevivem à doença sofrem danos cerebrais ou têm a capacidade de aprendizado prejudicada.

Ao longo da história humana, os parasitas da malária provavelmente mataram mais pessoas do que todas as guerras já travadas. A propagação da malária diminuiu durante as décadas de 1950 e 1960, uma época em que a drenagem generalizada de pântanos e brejos reduziu drasticamente as áreas de reprodução do mosquito. Essas áreas também foram pulverizadas com inseticidas e medicamentos foram desenvolvidos para matar os parasitas na corrente sanguínea das pessoas.

Desde 1970, no entanto, a malária voltou com força total. A maioria das espécies de mosquitos que transmitem a malária desenvolveu resistência genética aos principais inseticidas e os parasitas se tornaram geneticamente resistentes aos medicamentos antimaláricos mais comuns.

> **PARA REFLETIR**
> **CONEXÕES:** Água potável, vasos sanitários e doenças infecciosas
> Mais de um terço da população mundial – 2,6 bilhões de pessoas – não tem banheiro com instalações sanitárias, e mais de 1 bilhão obtém água para beber, lavar e cozinhar de fontes poluídas por fezes humanas ou de animais. Uma chave para reduzir enfermidades e a morte prematura por doenças infecciosas é focar no fornecimento de simples vasos sanitários e acesso à água potável segura para essas pessoas.

As mudanças climáticas devem ajudar na disseminação da malária, permitindo que os mosquitos contaminados se espalhem de áreas tropicais para as regiões temperadas, que estão ficando mais quentes.

Os cientistas fizeram progresso no desenvolvimento de uma vacina, mas até hoje nenhuma vacina eficaz está disponível. Outra abordagem é o fornecimento de dispositivos baratos e tratados com inseticidas, como mosquiteiros para camas (Figura 14.7) e telas para janelas, para as pessoas mais pobres que vivem em regiões propensas à malária. Entre 2000 e 2014, a porcentagem da população africana que dormia com mosquiteiros aumentou de 2% para mais de 50%, salvando 6,2 milhões de vidas, segundo a OMS.

Podemos reduzir a incidência de doenças infecciosas

De acordo com a OMS, a porcentagem de todas as mortes no mundo inteiro decorrentes das doenças infecciosas

Perigos ambientais e saúde humana

FIGURA 14.7 Este bebê do Senegal, na África, está dormindo sob um mosquiteiro tratado com inseticida para reduzir o risco de ser picado por mosquitos transmissores da malária.

Olivier Asselin/Alamy Stock Photo

Soluções

Doenças Infecciosas

- Aumentar a pesquisa sobre doenças tropicais e vacinas
- Reduzir a pobreza e a desnutrição
- Melhorar a qualidade da água potável
- Reduzir o uso desnecessário de antibióticos
- Reduzir significativamente o uso de antibióticos no gado
- Imunizar as crianças contra as principais doenças virais
- Fornecer reidratação oral para vítimas de diarreia
- Conduzir uma campanha global para reduzir o HIV/aids

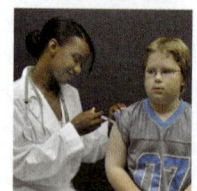

FIGURA 14.8 Há várias maneiras de se evitar ou reduzir a incidência de doenças infecciosas, especialmente em países menos desenvolvidos. *Raciocínio crítico:* Dessas soluções, quais você considera mais importantes? Cite três e justifique sua resposta.

Acima: Omer N Raja/Shutterstock.com. Abaixo: Rob Byron/Shutterstock.com.

diminuiu de 35% para 16% entre 1970 e 2015, principalmente porque um número crescente de crianças foi imunizado contra as principais doenças infecciosas. Entre 1990 e 2015, o número estimado de crianças com menos de 5 anos que morreram de doenças infecciosas caiu de quase 12 milhões para 4,9 milhões.

A Figura 14.8 cita medidas que podem ajudar a prevenir ou reduzir a incidência de doenças infecciosas – especialmente em países menos desenvolvidos. A OMS estima que a implementação das soluções listadas na Figura 14.8 pode salvar a vida de até 4 milhões de crianças menores de 5 anos anualmente. **CARREIRA VERDE: Prevenção a doenças infecciosas.**

14.3 COMO OS PERIGOS QUÍMICOS AMEAÇAM A SAÚDE HUMANA?

CONCEITO 14.3 Certas substâncias químicas no ambiente podem causar cânceres e defeitos de nascimento e destruir os sistemas imunológico, nervoso e endócrino humanos.

Há uma crescente preocupação com os efeitos de substâncias químicas tóxicas sobre a saúde humana. Uma **substância química tóxica** é um elemento ou composto capaz de causar um dano temporário ou permanente e a morte de humanos e animais. A Agência de Proteção Ambiental dos Estados Unidos (EPA) listou arsênico, chumbo, mercúrio (**Estudo de caso principal**), cloreto de vinila (usado para fazer plásticos PVC) e bifenilos policlorados (*polychlorinated biphenyls* – PCBs) como as cinco substâncias tóxicas mais prejudiciais para a saúde humana.

Existem três tipos principais de agentes potencialmente tóxicos. Os **carcinógenos** (ou **carcinogênicos**) são substâncias químicas, alguns tipos de radiação e certos vírus que podem causar ou promover o *câncer* – uma doença na qual as células malignas se multiplicam incontrolavelmente e criam tumores ou massas de células anormais. Os tumores podem danificar o corpo e geralmente levar à morte prematura. Exemplos de carcinógenos são arsênico, benzeno, formaldeído, radiação gama, PCBs, radônio, radiação ultravioleta (UV), certas substâncias químicas na fumaça do tabaco e cloreto de vinila.

Geralmente, é possível transcorrer de 10 a 40 anos entre a exposição inicial a um carcinógeno e o aparecimento de sintomas detectáveis de câncer. Essa defasagem ajuda a explicar por que muitos adolescentes e adultos sadios não acreditam que hábitos como fumar e manter uma dieta inadequada podem levar a algum tipo de câncer antes dos 50 anos.

O segundo tipo principal de agente tóxico são os **mutagênicos**, que incluem substâncias químicas ou formas de radiação que causam ou aumentam a frequência de *mutações* ou alterações nas moléculas de DNA encontradas nas células. A maioria das mutações não causa danos, mas algumas podem levar a cânceres e a outros distúrbios. Por exemplo, o ácido nitroso (HNO_2), formado pela digestão de conservantes de nitrito (NO_2^-) nos alimentos, pode causar mutações ligadas ao aumento de câncer no estômago, em pessoas que consomem grandes quantidades de alimentos processados e vinhos que contêm tais conservantes. Mutações prejudiciais que ocorrem nas células reprodutivas podem ser transmitidas aos descendentes e às futuras gerações.

Os **teratogênicos**, um terceiro tipo de agente tóxico, são substâncias químicas que prejudicam ou causam defeitos congênitos em fetos ou embriões. O álcool etílico é um teratogênico. Mulheres que ingerem bebidas alcoólicas durante a gravidez aumentam o risco de ter bebês com baixo peso ao nascer e com uma série de problemas físicos, comportamentais, mentais e de desenvolvimento. Outros teratogênicos são mercúrio (**Estudo de caso principal**), chumbo, PCBs, formaldeído, benzeno, ftalatos e PCP (pó de anjo).

Algumas substâncias químicas podem afetar nossos sistemas nervoso e imunológico

Desde a década de 1970, uma pesquisa sobre animais selvagens e de laboratório e alguns estudos realizados com humanos constataram que a exposição prolongada a algumas substâncias químicas no ambiente pode destruir os sistemas imunológico e nervoso (**Conceito 14.3**).

O *sistema imunológico* é composto de células e tecidos especializados que protegem o corpo contra doenças e substâncias prejudiciais, por meio, por exemplo, da formação de *anticorpos* ou proteínas especializadas que eliminam os agentes invasores do organismo. Algumas substâncias químicas, como arsênico e metilmercúrio (**Estudo de caso principal**) enfraquecem o sistema imunológico humano, deixando o corpo vulnerável a ataques de alergênios e bactérias, vírus e protozoários infecciosos.

As *neurotoxinas* são substâncias químicas naturais e sintéticas que podem prejudicar o *sistema nervoso* humano, o qual é composto de cérebro, a medula espinhal e os nervos periféricos. Os principais efeitos são alterações comportamentais, dificuldade de aprendizado, transtorno de déficit de atenção, paralisia e morte. Entre os exemplos de neurotoxinas, podem-se citar os PCBs, o arsênico, o chumbo e certos pesticidas.

O metilmercúrio (**Estudo de caso principal**) é uma neurotoxina especialmente perigosa, porque permanece no ambiente e, assim como o DDT, pode passar por magnificação trófica nas cadeias e redes alimentares (Figura 14.9). De acordo com o Natural Resources Defense Council, peixes predadores, como atum, marlim, peixe-relógio, peixe-espada, cavalinha, garoupa e tubarões, podem ter concentrações de mercúrio em seus corpos 10 mil vezes maiores do que os níveis da água ao redor deles.

Em um estudo, a EPA descobriu que quase a metade dos peixes testados de 500 lagos e reservatórios nos Estados Unidos tinha níveis de mercúrio acima dos limites seguros (Figura 14.1). Da mesma forma, um estudo conduzido pelo Serviço Geológico dos Estados Unidos com quase 300 cursos de água dos Estados Unidos encontrou peixes contaminados com mercúrio em todas as amostras testadas, com um quarto dos peixes ultrapassando os níveis seguros determinados pela EPA.

A EPA estima que cerca de 1 em cada 12 mulheres em idade reprodutiva dos Estados Unidos tenha mercúrio suficiente no organismo para prejudicar um feto em desenvolvimento em seu corpo. A Figura 14.10 apresenta formas de evitar ou reduzir as emissões de mercúrio (**Estudo de caso principal**) no ambiente.

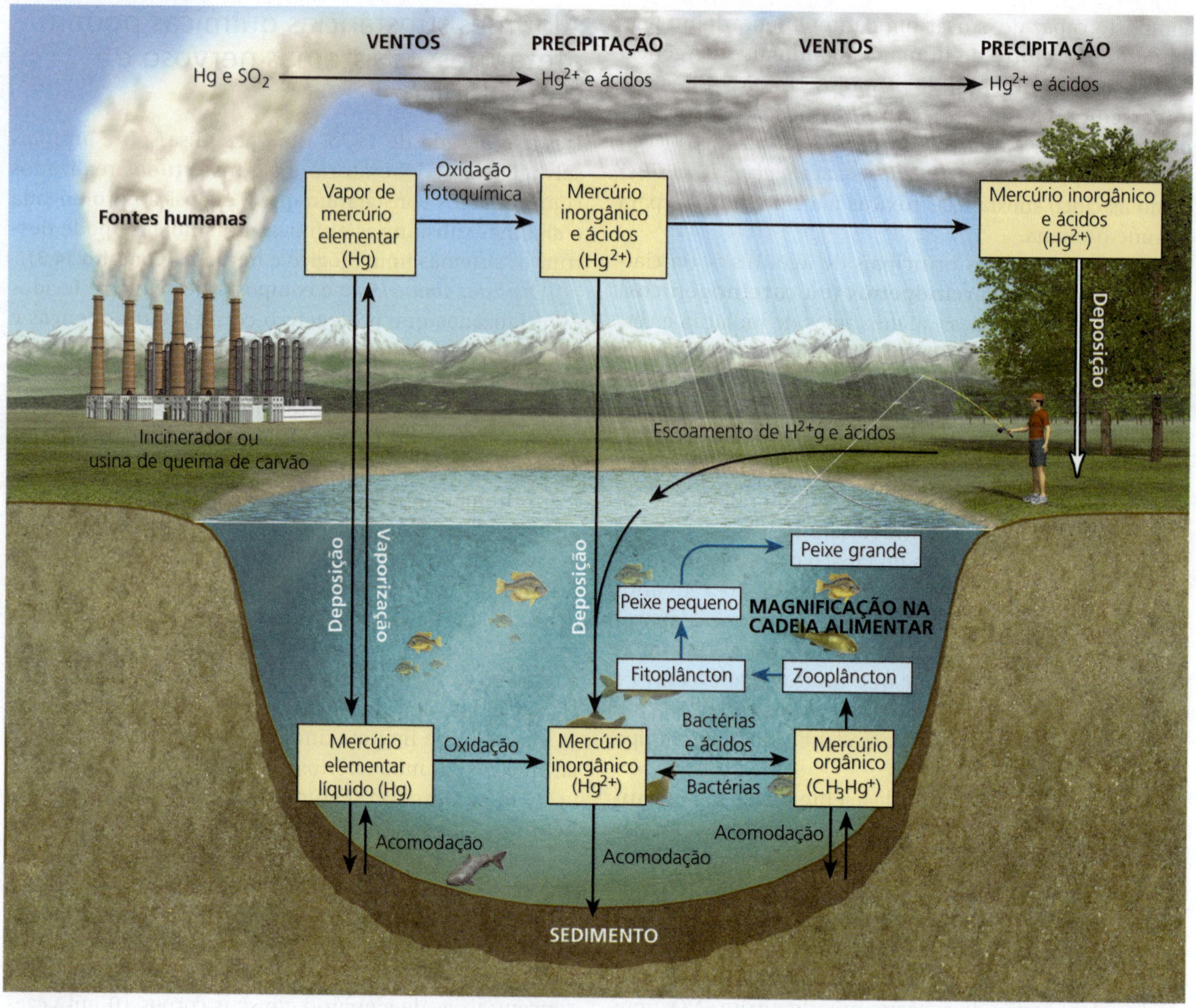

FIGURA 14.9 Movimento de diferentes formas de mercúrio tóxico da atmosfera para um ecossistema aquático, onde passa por magnificação trófica em uma cadeia alimentar. *Raciocínio crítico:* A que tipo de exposição de mercúrio você está mais exposto?

Soluções

Poluição por mercúrio

Prevenção

Eliminar a incineração de resíduos

Remover o mercúrio do carvão antes que ele seja queimado

Substituir o carvão por gás natural e fontes de energia renováveis

Controle

Reduzir significativamente as emissões de mercúrio de usinas de queima de carvão e incineradores

Colocar rótulos em todos os produtos que contenham mercúrio

Coletar e reciclar baterias e outros produtos que contêm mercúrio

FIGURA 14.10 Maneiras de prevenir ou controlar a entrada de mercúrio (**Estudo de caso principal**) no ambiente a partir de fontes humanas – principalmente usinas a carvão e incineradores. *Raciocínio crítico:* Dessas soluções, quais você considera mais importantes? Cite quatro e justifique sua resposta.

Acima: Mark Smith/Shutterstock.com. Abaixo: tuulijumala/Shutterstock.com.

Algumas substâncias químicas afetam o sistema endócrino

O *sistema endócrino* é uma complexa rede de glândulas que liberam pequenas quantidades de *hormônios* na corrente sanguínea dos seres humanos e de outros animais vertebrados. Níveis muito baixos desses mensageiros químicos (medidos com frequência em partes por bilhão ou trilhão) regulam os sistemas corporais que controlam a reprodução sexual, o

FOCO NA CIÊNCIA 14.2

A controvérsia do BPA

O imitador de estrogênio *bisfenol A* (BPA) atua como agente endurecedor de certos plásticos usados em uma variedade de produtos. Entre esses produtos estão algumas mamadeiras, copos para bebês e chupetas, além de garrafas de água reutilizáveis, garrafas de bebidas esportivas e de sucos, pratos para micro-ondas e recipientes para armazenamento de comida. O BPA também é utilizado na produção de alguns selantes dentais e da resina plástica que reveste quase todas as latas de refrigerantes, de alimentos e de produtos alimentícios infantis. Esse tipo de revestimento permite que o recipiente suporte temperaturas extremas, impede que o alimento interaja com o metal da lata, evita a ferrugem e ajuda a preservar o alimento enlatado. As pessoas também podem ser expostas ao BPA tocando no papel térmico usado para produzir alguns recibos de caixa registradora.

Um estudo do CDC revelou que 93% dos estadunidenses com mais de 6 anos de idade tinham traços de BPA na urina. Crianças e adolescentes geralmente apresentam níveis urinários de BPA mais elevados do que os adultos. Esses níveis estavam bem abaixo do limite aceitável definido pela EPA. Entretanto, esse limite foi estabelecido no final dos anos 1980, quando se sabia pouco sobre os possíveis efeitos do BPA sobre a saúde humana.

Pesquisas indicam que o BPA dos plásticos pode ser lixiviado na água ou nos alimentos quando o plástico é aquecido a altas temperaturas, levado ao micro-ondas ou exposto a líquidos ácidos. Pesquisadores da Faculdade de Medicina da Universidade de Harvard encontraram um aumento de 66% nos níveis de BPA na urina dos participantes que beberam regularmente em garrafas de policarbonato por uma semana.

Em 2013, mais de 90 estudos publicados por laboratórios independentes registraram inúmeros efeitos adversos significativos da exposição de animais de teste a níveis muito baixos de BPA. Os efeitos identificados nos animais testados incluem danos cerebrais, puberdade precoce, redução na qualidade do esperma, câncer cerebral, doenças cardíacas, obesidade, danos no fígado, função imunológica prejudicada, diabetes tipo 2, hiperatividade, dificuldades de aprendizagem, impotência em homens e obesidade.

Por outro lado, 12 estudos financiados pela indústria química não encontraram evidências (ou apenas evidências fracas) de efeitos adversos da exposição a baixos níveis de BPA nos animais testados. Em 2008, a FDA concluiu que o BPA em recipientes de comidas e bebidas não era um risco para a saúde. Em 2015, a Autoridade Europeia para a Segurança Alimentar concordou, concluindo que o BPA não era encontrado no sistema corporal das pessoas em níveis suficientes para causar danos. Porém, a França proibiu o revestimento de BPA em todas as latas de alimentos.

A maioria dos fabricantes oferece alternativas livres de BPA para produtos como mamadeiras, copos para bebês e garrafas de água reutilizáveis.

Muitos consumidores estão evitando recipientes plásticos com o código de reciclagem #7 (que indica que o BPA pode estar presente). As pessoas também estão usando fórmula em pó para alimentar os bebês, em vez da versão líquida vendida em latas de metal revestidas. Algumas também optam por usar mamadeiras e recipientes de vidro no lugar de materiais plásticos ou revestidos com resinas plásticas. Além disso, outras usam canecas de vidro, de cerâmica ou de aço inoxidável em vez de copos plásticos.

Muitos fabricantes substituíram o BPA pelo bisfenol S (BPS). No entanto, estudos indicam que o BPS pode ter efeitos parecidos com os do BPA sobre a saúde. Essa substância está sendo encontrada na urina humana em níveis semelhantes aos do BPA.

Existem substitutos para as resinas plásticas que contêm BPA ou BPS para revestir a maioria das latas de alimentos usadas nos Estados Unidos. No entanto, essas alternativas são mais caras e os efeitos potenciais para a saúde humana de alguns produtos químicos que elas contêm também precisam ser avaliados.

RACIOCÍNIO CRÍTICO

Na sua opinião, o uso de plásticos que contêm BPA ou BPS em produtos infantis deve ser proibido? Explique. O uso desses plásticos para revestir recipientes de produtos enlatados deve ser proibido? Justifique sua resposta. Quais são as alternativas?

---

crescimento, o desenvolvimento, a capacidade de aprendizado e o comportamento. Cada tipo de hormônio tem uma forma molecular única, que permite que se anexe a regiões específicas das células chamadas *receptores* e transmita sua mensagem química.

As moléculas de certos pesticidas e outras substâncias químicas sintéticas têm formas semelhantes àquelas dos hormônios naturais e isso permite que essas moléculas se anexem às moléculas dos hormônios naturais e destruam os sistemas endócrinos nos humanos e em alguns outros animais (**Conceito 14.3**). Essas moléculas são chamadas *agentes hormonalmente ativos* (AHA) ou *disruptores endócrinos*.

Entre os exemplos de AHAs estão alguns herbicidas, pesticidas de organofosfato, dioxinas, chumbo, ftalatos, vários retardantes de chamas e mercúrio (**Estudo de caso principal**). Alguns AHAs, inclusive o BPA (Foco na ciência 14.2), atuam como *imitadores de hormônios*. Eles são

> **O que você pode fazer?**
>
> **Exposição a disruptores hormonais**
>
> - Coma carnes e produtos orgânicos certificados
> - Evite alimentos processados, pré-embalados e enlatados
> - Use panelas de vidro e cerâmica
> - Armazene alimentos e bebidas em recipientes de vidro
> - Use apenas produtos naturais para limpeza e cuidados pessoais
> - Use cortinas de chuveiro de tecido natural, não de vinil
> - Evite ambientadores artificiais, amaciantes de roupas e secadores de roupa
> - Use apenas mamadeiras de vidro e copos, chupetas e brinquedos sem BPA e sem ftalato

FIGURA 14.11 Pessoas que fazem a diferença: Formas de reduzir sua exposição a disruptores hormonais. *Raciocínio crítico:* Desses procedimentos, quais são os três que você considera mais importantes? Por quê?

quimicamente parecidos com estrogênios (hormônios sexuais femininos) e podem prejudicar o sistema endócrino, unindo-se às moléculas receptoras de estrogênio. Outros, chamados *bloqueadores hormonais*, perturbam o sistema endócrino ao impedir que hormônios naturais como os andrógenos (hormônios sexuais masculinos) se anexem aos seus receptores.

Os imitadores de estrogênio e bloqueadores hormonais podem ter inúmeros efeitos sobre o desenvolvimento sexual e a reprodução. Vários estudos realizados em animais selvagens, animais de laboratório e humanos sugerem que os machos das espécies que são expostos a disruptores hormonais geralmente se tornam mais femininos.

Também há uma preocupação crescente com outro grupo de AHAs que afetam os hormônios gerados pela glândula tireoide. Esses poluentes, chamados *disruptores de tireoide*, podem causar distúrbios de crescimento e de peso, além de distúrbios cerebrais e comportamentais. Algumas dessas substâncias químicas são encontradas em superfícies antiaderentes de utensílios para cozinha e são usadas como retardantes de chamas adicionados a certos tecidos, móveis, plásticos e colchões.

Os cientistas também estão cada vez mais preocupados com alguns AHAs chamados *ftalatos*. Essas substâncias químicas são usadas para deixar os plásticos mais flexíveis e para fabricar cosméticos mais fáceis de se aplicar na pele. Eles são encontrados em uma variedade de produtos, como muitos detergentes, perfumes, cosméticos, talcos para bebês, loções corporais para adultos e crianças, protetores solares, *sprays* para cabelo, desodorantes, sabonetes, esmaltes, xampus para adultos e bebês e no revestimento de muitos medicamentos com liberação programada. Eles também são encontrados nos produtos de plástico de policloreto de vinila (PVC), como brinquedos de vinil macios, mordedores, bolsas de sangue e de gotejamento intravenoso (IV) de medicamentos, cortinas para chuveiro e algumas embalagens plásticas de comidas e bebidas.

A exposição de animais de laboratório a altas doses de ftalatos variados causou defeitos congênitos, doenças renais e hepáticas, supressão do sistema imunológico e desenvolvimento sexual anormal desses animais. Estudos ligaram a exposição de bebês humanos a ftalatos com a puberdade precoce em meninas e danos no esperma de homens. A União Europeia e pelo menos outros 14 países proibiram vários ftalatos. No entanto, cientistas, agências regulatórias governamentais e fabricantes dos Estados Unidos têm opiniões divididas sobre os riscos dessas substâncias para a saúde humana e o sistema reprodutivo.

As preocupações com BPA, ftalatos e outros AHAs mostram a dificuldade de avaliar os possíveis efeitos prejudiciais da exposição a níveis muito baixos de diversas substâncias químicas para a saúde. A definição dessas incertezas levará décadas de pesquisas. Alguns cientistas afirmam que, como precaução, durante esse período de pesquisas, as pessoas devem reduzir drasticamente a exposição a produtos que contenham disruptores hormonais potencialmente nocivos, em especial em produtos usados com frequência por gestantes, bebês, crianças pequenas e adolescentes (Figura 14.11).

14.4 COMO AVALIAR OS RISCOS DOS PERIGOS QUÍMICOS?

CONCEITO 14.4A Os cientistas usam animais vivos em laboratório, relatórios de casos de envenenamentos e estudos epidemiológicos para estimar a toxicidade das substâncias químicas; no entanto, esses métodos têm limitações.

CONCEITO 14.4B Muitos cientistas da saúde enfatizam a prevenção da poluição para reduzir nossa exposição às substâncias químicas potencialmente prejudiciais.

Muitos fatores determinam a toxicidade das substâncias químicas

Toxicologia é o estudo dos efeitos nocivos de substâncias químicas em seres humanos e em outros organismos. A **toxicidade** é uma medida da capacidade de uma substância causar lesão, enfermidade ou morte a um organismo vivo. Um princípio básico da toxicologia é que qualquer substância química sintética ou natural pode ser prejudicial se ingerida em quantidade grande o suficiente. Mas a questão crítica é a seguinte: Qual nível de exposição a um determinado produto químico tóxico causará danos?.

Essa é uma questão difícil de ser respondida, pois há muitas variáveis envolvidas na estimativa dos efeitos da exposição humana às substâncias químicas. Um fator-chave é a **dose**, a quantidade de uma substância

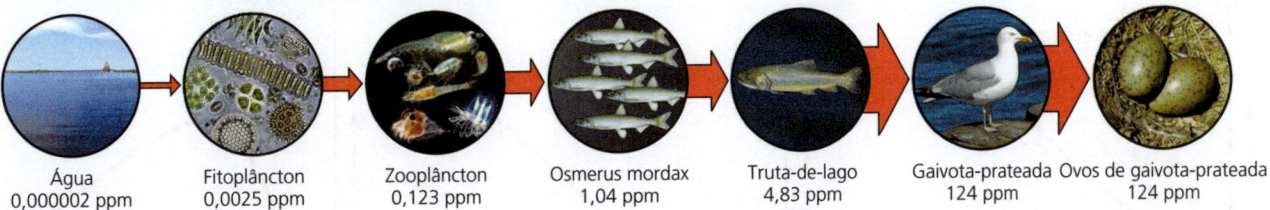

FIGURA 14.12 Biomagnificação de bifenilos policlorados (PCBs) em uma cadeia alimentar aquática dos Grandes Lagos.

química nociva que uma pessoa ingeriu, inalou ou absorveu pela pele de uma única vez.

A idade é outra variável que influencia a maneira pela qual uma pessoa é afetada pela exposição a uma determinada substância química. Por exemplo, as substâncias químicas tóxicas geralmente têm um efeito maior em idosos. Fetos, bebês e crianças também são mais vulneráveis à exposição a substâncias tóxicas do que adultos. Pesquisas atuais sugerem que a exposição a poluentes químicos no útero pode estar ligada ao aumento nas taxas de autismo, asma infantil e transtornos de aprendizado.

Bebês e crianças pequenas são mais suscetíveis aos efeitos das substâncias tóxicas do que adultos por três grandes motivos. *Primeiro*, em geral elas respiram mais ar, bebem mais água e comem mais comida por unidade de peso corporal que os adultos. *Segundo*, elas são expostas a toxinas na poeira e no solo quando colocam dedos, brinquedos e outros objetos na boca. *Terceiro*, as crianças normalmente têm o sistema imunológico e os processos de desintoxicação corporal menos desenvolvidos que os adultos.

A EPA propõe que, ao determinar algum risco, as agências regulatórias devem assumir que o fator de risco para crianças é dez vezes maior do que para os adultos. Alguns cientistas da área da saúde afirmam que, por segurança, as agências regulatórias deveriam considerar que o risco para as crianças é cem vezes maior do que para os adultos.

A toxicidade também depende da *composição genética*, que determina a sensibilidade de um indivíduo a uma determinada toxina. Algumas pessoas são sensíveis a várias toxinas, uma condição conhecida como *sensibilidade química múltipla* (SQM). Outro fator é a qualidade do funcionamento dos sistemas de desintoxicação do corpo, incluindo fígado, pulmões e rins.

Muitas outras variáveis podem afetar o nível de dano causado por uma substância química. Uma delas é a *solubilidade*. As toxinas solúveis em água podem mover-se pelo ambiente e atingir a rede de abastecimento de água e soluções aquosas que envolvem as células do nosso corpo. As toxinas solúveis em óleo ou gordura podem penetrar nas membranas que envolvem as células; portanto, elas podem se acumular nos tecidos e nas células do corpo.

Outro fator é a *persistência* da substância ou sua resistência à decomposição. Muitas substâncias químicas como DDT e PCBs, têm sido amplamente usadas, pois não são facilmente decompostas no ambiente. Isso significa que elas têm maior probabilidade de permanecer no corpo e causar efeitos prejudiciais duradouros para a saúde.

A bioacumulação e a biomagnificação (ver Figura 8.12) também podem desempenhar um papel na toxicidade. Os animais que estão mais no topo da cadeia alimentar são mais suscetíveis aos efeitos das substâncias químicas tóxicas solúveis em gordura por causa das grandes concentrações das toxinas em seus organismos. Exemplos de substâncias químicas que podem ser bioampliadas incluem DDT, PCBs (Figura 14.12) e metilmercúrio (**Estudo de caso principal**).

Os danos à saúde resultantes da exposição a uma substância química são chamados **resposta**. Um *efeito agudo* é uma reação nociva rápida ou imediata que varia de tontura a morte. Um *efeito crônico* é uma consequência permanente ou de longa duração em resposta à exposição a uma única dose ou a pequenas doses repetidas de uma substância prejudicial. Danos nos rins ou no fígado são exemplos de efeitos crônicos.

As substâncias químicas naturais e sintéticas podem ser seguras ou tóxicas. Na verdade, muitas substâncias químicas sintéticas, incluindo vários medicamentos que tomamos, são bem seguras se usadas adequadamente, ao passo que substâncias químicas naturais como mercúrio (**Estudo de caso principal**) e chumbo são mortais.

Os cientistas usam vários métodos para estimar a toxicidade

O método mais amplamente utilizado para determinar a toxicidade é expor uma população de animais de laboratório vivos a doses medidas de uma substância específica sob condições controladas. Camundongos e ratos de laboratório são muito usados, pois, como mamíferos, seus sistemas funcionam, em certo grau, similarmente aos sistemas dos seres humanos. Além disso, são pequenos e podem se reproduzir rapidamente sob condições controladas em laboratório.

Para estimar a toxicidade de uma substância química, os cientistas determinam os efeitos de várias doses da substância química em organismos de teste e imprimem os resultados em uma **curva dose-resposta** (Figura 14.13). Uma abordagem é determinar a *dose letal* – aquela que mataria um animal. A *dose letal mediana*

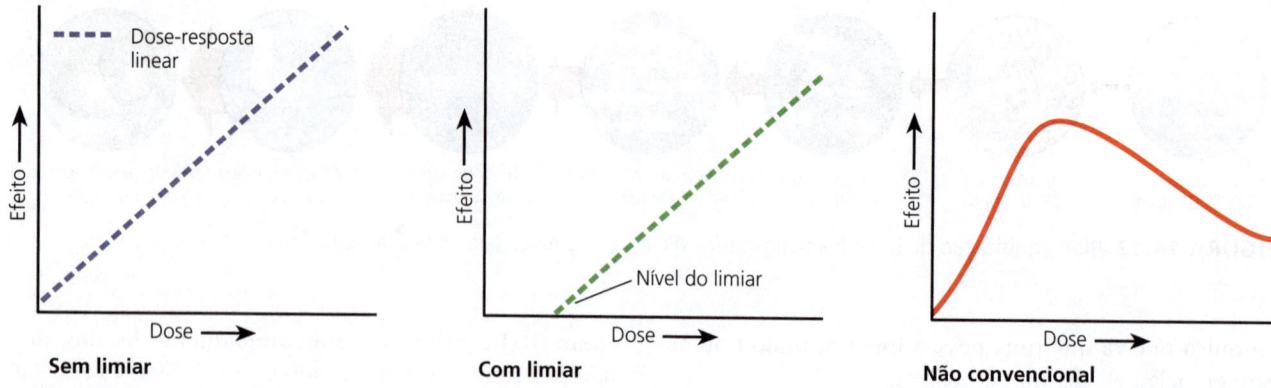

FIGURA 14.13 *Curvas de dose-resposta.* Os cientistas estimam a toxicidade de várias substâncias químicas determinando as alterações de seus efeitos prejudiciais à medida que a dose aumenta. Algumas substâncias comportam-se de acordo com o *modelo sem limiar* (curva à esquerda). Outras, seguem o *modelo com limiar* (curva do centro). Um terceiro grupo é formado por substâncias com comportamento não convencional (curva à direita). Para todos esses gráficos, as curvas normalmente variam entre ser exatamente lineares ou retas. ***Raciocínio crítico:*** Você consegue lembrar-se de substâncias químicas comuns que se enquadrem em cada um desses modelos? Quais?

(DL50) de uma substância química é a dose que pode matar 50% dos animais (geralmente ratos e camundongos) em uma população de teste, em um determinado período. Normalmente, ela é expressa em miligramas da substância química por quilograma de peso corporal (mg/kg). Depois, os cientistas usam modelos matemáticos para *extrapolar*, ou estimar, os efeitos dessa substância em seres humanos com base nos resultados dos testes com animais de laboratório.

As substâncias químicas variam amplamente em sua toxicidade (Tabela 14.1). Algumas podem causar graves danos ou morte após uma única exposição a doses muito baixas. Por exemplo, engolir algumas gotas de nicotina pura (encontrada em cigarros eletrônicos) faria você se sentir muito mal, e uma colher de chá dessa substância poderia levar à morte. Outras substâncias químicas, como água ou açúcar, causam danos apenas em quantidades tão grandes, que é praticamente impossível introduzir no corpo uma quantidade suficiente para causar danos ou morte. A maioria das substâncias químicas está entre esses dois extremos.

Os testes em animais têm suas desvantagens. Em geral, eles levam entre dois e cinco anos para serem concluídos e envolvem de centenas a milhares de animais – o custo desse processo pode ser de até US$ 2 milhões por substância testada. Alguns testes podem ser dolorosos para os animais, podendo feri-los ou matá-los. Grupos de proteção animal querem limitar ou proibir o uso de animais de teste e garantir que eles sejam tratados com humanidade.

Alguns cientistas contestam a validade da extrapolação de dados de animais de testes para humanos sob o argumento de que existem diferenças relevantes entre seres humanos e animais de teste. Outros cientistas afirmam que tais testes e modelos funcionam muito bem (especialmente para revelar riscos de câncer) quando o animal experimental correto é escolhido ou quando uma substância química é tóxica para várias espécies diferentes de animais de testes.

Métodos mais humanos para testes de toxicidade estão sendo utilizados para substituir os testes em animais vivos. Por exemplo, fazer simulações computadorizadas e usar células animais individuais em vez dos animais vivos inteiros. Dispositivos robóticos de teste de alta velocidade podem agora testar a atividade biológica de mais de 1 milhão de compostos por dia para ajudar a determinar seus possíveis efeitos tóxicos.

Os problemas com as toxicidades estimadas por meio de experimentos de laboratório ficam ainda mais complicados (**Conceito 14.4A**). Na vida real, cada um de nós é exposto a várias substâncias químicas, algumas das quais interagem de forma a diminuir ou a aumentar seus efeitos individuais. Os toxicologistas têm muita dificuldade para estimar a toxicidade de uma única substância. Avaliar misturas de substâncias potencialmente tóxicas, separar quais delas são maléficas e determinar como podem interagir umas com as outras é difícil do ponto de vista científico e econômico. Por exemplo, apenas o estudo das interações entre 3 das 500 substâncias químicas amplamente usadas exigiria US$ 20,7 milhões em experimentos – uma impossibilidade física e financeira.

Os cientistas usam vários outros métodos para obter informações sobre os efeitos nocivos das substâncias químicas na saúde humana. Por exemplo, os *relatos de caso*, geralmente feitos por médicos, fornecem informações sobre pessoas que sofrem de alguns efeitos adversos à saúde ou que morrem após a exposição a uma substância química.

A maioria dos relatos de caso não são fontes confiáveis para estimar a toxicidade, pois a dosagem real e a condição de saúde da pessoa exposta geralmente são desconhecidas. Esses relatos, porém, podem fornecer pistas sobre os perigos ambientais e sugerir a necessidade de investigações laboratoriais.

TABELA 14.1 Classificação de toxicidade e dose letal média para os humanos

Classificação de toxicidade	LD50 (miligramas por quilo de peso corporal)*	Dose letal média**	Exemplos
Supertóxico	Menos que 5	Menos de sete gotas	Gases nervosos, toxina do botulismo, toxina do cogumelo, dioxina (TCDD)
Extremamente tóxico	5–50	Sete gotas em uma colher de chá	Cianeto de potássio, heroína, atropina, paration, nicotina
Muito tóxico	50–500	Uma colher de chá a 29,573 ml	Sais de mercúrio, morfina, codeína
Moderadamente tóxico	500–5.000	29,573 ml a 473,176 ml	Sais de chumbo, DDT, hidróxido de sódio, fluoreto de sódio, ácido sulfúrico, cafeína, tetracloreto de carbono
Levemente tóxico	5.000–15.000	473,176 ml a 946,352 ml	Álcool etílico, Lisol, sabonetes
Essencialmente atóxico	15.000 ou mais	Mais de 946,352 ml	Água, glicerina, açúcar

*Dosagem que mata 50% dos indivíduos expostos.

**Quantidade de substâncias em forma líquida e em temperatura ambiente que são letais quando dadas a um ser humano de 70 quilos.

Estudos epidemiológicos também podem ser úteis. Esses estudos comparam a saúde de pessoas expostas a uma substância química em particular (*grupo experimental*) com a saúde de um grupo semelhante de pessoas que não foram expostas ao agente (*grupo de controle*). O objetivo é determinar se a associação estatística entre a exposição a uma substância química tóxica e um problema de saúde é forte, moderada, fraca ou impossível de ser detectada.

Quatro fatores podem limitar a utilidade dos estudos epidemiológicos. *Primeiro*, em muitos casos, como poucas pessoas foram expostas a altos níveis de um agente tóxico, nem sempre é possível obter diferenças significativas. *Segundo*, os estudos geralmente exigem muito tempo. *Terceiro*, ligar intimamente um efeito observado com a exposição a uma substância química em particular é difícil, porque as pessoas têm diferentes sensibilidades e são expostas a muitos agentes tóxicos diferentes no decorrer da vida. *Quarto*, não podemos usar estudos epidemiológicos para avaliar os perigos de novas tecnologias ou substâncias químicas às quais as pessoas ainda não foram expostas.

Substâncias químicas tóxicas em níveis traços são prejudiciais?

Quase todas as pessoas que vivem em um país mais desenvolvido estão expostas a substâncias químicas potencialmente nocivas (Figura 14.14) em seu ambiente. Muitas dessas substâncias construíram níveis traços em seu sangue e em outras partes de seus corpos. Estudos do CDC descobriram que o sangue do estadunidense médio contém traços de 212 substâncias químicas diferentes, inclusive algumas potencialmente prejudiciais, como arsênico e BPA.

Devemos nos preocupar com os traços de várias substâncias químicas sintéticas contidas no ar, na água, nos alimentos e nos nossos corpos? Na maioria dos casos, simplesmente não sabemos, pois há pouquíssimos dados para determinar os efeitos das exposições a baixos níveis dessas substâncias químicas (**Conceito 14.4A**).

Alguns cientistas veem esses traços de tais substâncias químicas com preocupação, especialmente em razão dos efeitos potenciais de longa duração no corpo humano. Outros núcleos científicos consideram essa exposição uma ameaça menor; esses cientistas afirmam que as concentrações dessas substâncias são tão baixas, que se tornam inofensivas.

Por que sabemos tão pouco sobre os efeitos nocivos das substâncias químicas?

Todos os métodos para estimar os riscos e os níveis de toxicidade apresentam sérias limitações (**Conceito 14.4A**), mas eles são tudo o que temos. De acordo com a avaliação de risco do especialista Joseph V. Rodricks, "os toxicologistas sabem muita coisa sobre algumas substâncias químicas, um pouco sobre muitas e quase nada sobre a maioria".

Segundo a Academia Nacional de Ciências dos Estados Unidos apenas 10% das mais de 85 mil substâncias químicas sintéticas registradas em uso comercial foram completamente testadas para toxicidade, apenas 2% foram testadas adequadamente para determinar se são carcinogênicas, mutagênicas ou teratogênicas, e quase nenhuma foi examinada quanto aos possíveis danos aos sistemas nervoso, endócrino e imunológico humanos.

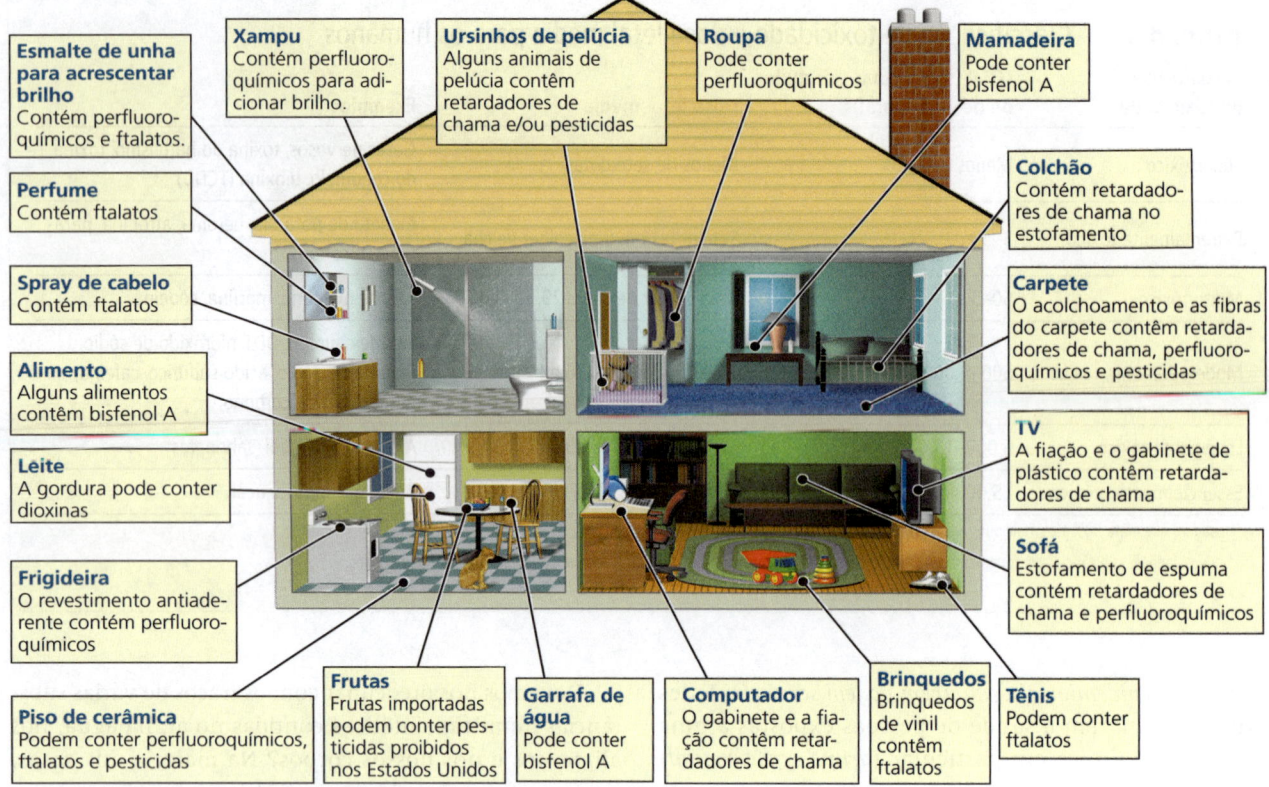

FIGURA 14.14 Uma variedade de substâncias químicas potencialmente nocivas é encontrada em muitas casas. **Raciocínio crítico:** O fato de não sabermos muito sobre os efeitos prejudiciais a longo prazo desses produtos químicos o torna mais ou menos propenso a minimizar sua exposição a eles? Por quê?

Informações compiladas pelos autores usando dados da U.S. Environmental Protection Agency, Centers for Disease Control and Prevention, e New York State Department of Health.

A falta de dados e os altos custos tornam a regulamentação difícil. Na verdade, os governos federal e estadual não supervisionam o uso de praticamente 99,5% das substâncias químicas disponíveis comercialmente nos Estados Unidos. O problema é muito pior em países menos desenvolvidos.

A maioria dos cientistas recomenda mais pesquisas sobre os efeitos dos níveis traços de substâncias químicas sobre a saúde. Para minimizar os danos e levar em conta as incertezas em relação aos efeitos sobre a saúde, cientistas e agências regulatórias normalmente definem os níveis permitidos de exposição a substâncias tóxicas como 1/100 ou até 1/1000 dos níveis prejudiciais estimados.

Prevenção da poluição e princípio de precaução

Não sabemos muito sobre as substâncias químicas potencialmente tóxicas que estão ao nosso redor e em nosso corpo, e estimar seus efeitos é difícil, demorado e custoso. Então, para onde isso nos leva?

Alguns cientistas e órgãos de saúde, especialmente nos países europeus, estão pressionando para que se dê muito mais ênfase à *prevenção da poluição* para proteger a saúde humana (**Conceito 14.4B**). Segundo eles, produtos químicos suspeitos de causar danos significativos não devem ser liberados no meio ambiente em níveis poluentes. Prevenir tal poluição requer que se encontrem substitutos inofensivos ou menos nocivos para substâncias químicas perigosas e tóxicas. Isso também exige a reciclagem de substâncias químicas tóxicas dentro dos processos de produção para evitar que cheguem ao ambiente, como fizeram empresas como DuPont e 3M (ver Estudo de caso a seguir).

A prevenção da poluição é uma estratégia para implementar o **princípio de precaução**. De acordo com esse princípio, quando há evidência preliminar substancial de que uma atividade, tecnologia ou substância química podem prejudicar seres humanos ou o ambiente, devemos tomar medidas de precaução para evitar ou reduzir tal dano, em vez de esperar evidências científicas mais conclusivas.

Há uma controvérsia sobre até onde devemos ir na prevenção da poluição com base no princípio de precaução. Com essa abordagem, aqueles que propõem a introdução de uma nova substância química ou tecnologia deveriam arcar com a carga de estabelecer sua segurança, o que requer duas grandes mudanças no modo como avaliamos os riscos. *Primeiro*, assumiríamos que as novas substâncias químicas e tecnologias são nocivas até que estudos científicos possam mostrar o contrário.

Segundo, substâncias químicas e tecnologias existentes que parecem ter grandes chances de causar danos relevantes seriam retiradas do mercado até que a segurança delas pudesse ser estabelecida.

Muitos fabricantes e empresas afirmam que a aplicação generalizada da abordagem de precaução e a exigência de medidas de prevenção à poluição tornariam a introdução de uma nova substância química muito cara e praticamente impossível. Eles destacam que toda avaliação científica de risco sempre tem um grau de incerteza.

No entanto, a aplicação do princípio de precaução pode ser boa para as empresas. Ele reduz os riscos para a saúde de funcionários e da sociedade como um todo, libera as empresas de ter de lidar com as regulamentações de poluição e reduz a ameaça de processos jurídicos das partes lesadas. Além disso, também leva as empresas a se concentrarem na busca de soluções para problemas de poluição baseados em prevenção, e não em limpeza. As empresas podem aumentar os lucros com a venda de produtos mais seguros e tecnologias inovadoras, e também podem melhorar sua imagem operando dessa maneira.

Por fim, os proponentes argumentam que a sociedade tem a responsabilidade ética de reduzir riscos conhecidos ou potencialmente graves para a saúde humana, para o meio ambiente e para as gerações futuras, atitude que está de acordo com o **princípio da sustentabilidade** derivado da ética.

ESTUDO DE CASO
A prevenção à poluição vale a pena: 3M Company

A 3M Company, com sede nos Estados Unidos, fabrica 60 mil produtos diferentes em cem unidades fabris ao redor do mundo. Em 1975, a 3M iniciou o programa *"Pollution Prevention Pays"* (Prevenção à poluição vale a pena), ou 3P. Desde então, reformulou parte dos produtos, reprojetou equipamentos e processos e diminuiu o uso de matérias-primas perigosas. Ela também reciclou e reutilizou mais materiais residuais e vendeu parte dos resíduos potencialmente perigosos, mas ainda úteis, como matérias-primas para outras empresas. Em 2015, esse programa evitou que mais de 1,8 milhão de toneladas de poluentes chegassem ao ambiente, além de economizar US$ 1,9 bilhão para a empresa.

O programa 3P da 3M vem tendo sucesso principalmente porque os funcionários são recompensados quando os projetos desenvolvidos por eles eliminam ou reduzem um poluente; diminuem a quantidade de energia, de materiais ou de outros recursos usados na produção; ou economizam dinheiro por meio da redução dos custos operacionais ou de controle de produção ou do aumento nas vendas de um produto novo ou existente. Os funcionários da 3M já concluíram mais de 10 mil projetos do 3P. Desde 1990, um número crescente de empresas adotaram programas de prevenção à poluição e ao desperdício parecidos, que levam a um processo de produção mais limpo.

Implementando a prevenção à poluição

Os programas de prevenção à poluição adotados pela 3M e por outras empresas estão abrindo o caminho, mas a aplicação mais ampla do princípio da precaução nos Estados Unidos enfrenta grandes desafios. Uma chave para a prevenção da poluição é proibir ou regulamentar o uso de substâncias químicas nocivas.

Em 2009, durante audiências no Congresso estadunidense, especialistas declararam que o sistema regulatório atual dos Estados Unidos torna praticamente impossível para o governo limitar ou proibir o uso de substâncias químicas tóxicas. Com esse sistema, a EPA solicitou testes de apenas 200 das mais de 85 mil substâncias químicas registradas para uso nos Estados Unidos. Além disso, emitiu regulamentações para controlar menos de 12 delas.

Porém, tivemos alguns progressos. Em 2011, depois de um atraso de 35 anos promovido por poderosas mineradoras de carvão e empresas de serviço público que queimam carvão para produzir eletricidade, a EPA deu um passo nessa direção, emitindo uma norma para controlar as emissões de mercúrio (**Estudo de caso principal**) e a poluição por partículas finas de antigas usinas de queima de carvão em 28 estados. Muitos estados do leste têm altos níveis de deposição de mercúrio e de partículas prejudiciais produzidos por usinas elétricas e de queima de carvão no meio oeste, sopradas para o leste pelos ventos dominantes (Figura 14.15). Esses novos padrões de poluição do ar podem evitar até 11 mil mortes prematuras, 200 mil ataques cardíacos não fatais e 2,5 milhões de crises de asma. Em 2014, a Suprema Corte dos Estados Unidos manteve essas novas regulamentações da EPA, mas houve esforços no Congresso para atrasar a implementação ou isentar da regulamentação as usinas elétricas de queima de carvão e as grandes indústrias.

A prevenção à poluição também está ocorrendo em escala internacional. A Convenção de Estocolmo de 2000 é um acordo internacional para proibir ou descontinuar o uso de 12 dos *poluentes orgânicos persistentes* (POPs) mais famosos, também chamados *dúzia suja*. Foi comprovado que essas substâncias químicas altamente tóxicas produzem diversos efeitos prejudiciais, como câncer, defeitos congênitos, comprometimento do sistema imunológico e diminuição da contagem de espermatozoides e da qualidade do esperma de homens de vários países. A lista inclui DDT e outros oito pesticidas, PCBs e dioxinas. Em 2009, mais nove POPs foram adicionados, alguns deles amplamente usados em pesticidas e retardantes de chamas aplicados em roupas, móveis e outros bens de consumo. O tratado entrou em vigor em 2004, mas ainda não foi formalmente aprovado ou implementado pelos Estados Unidos.

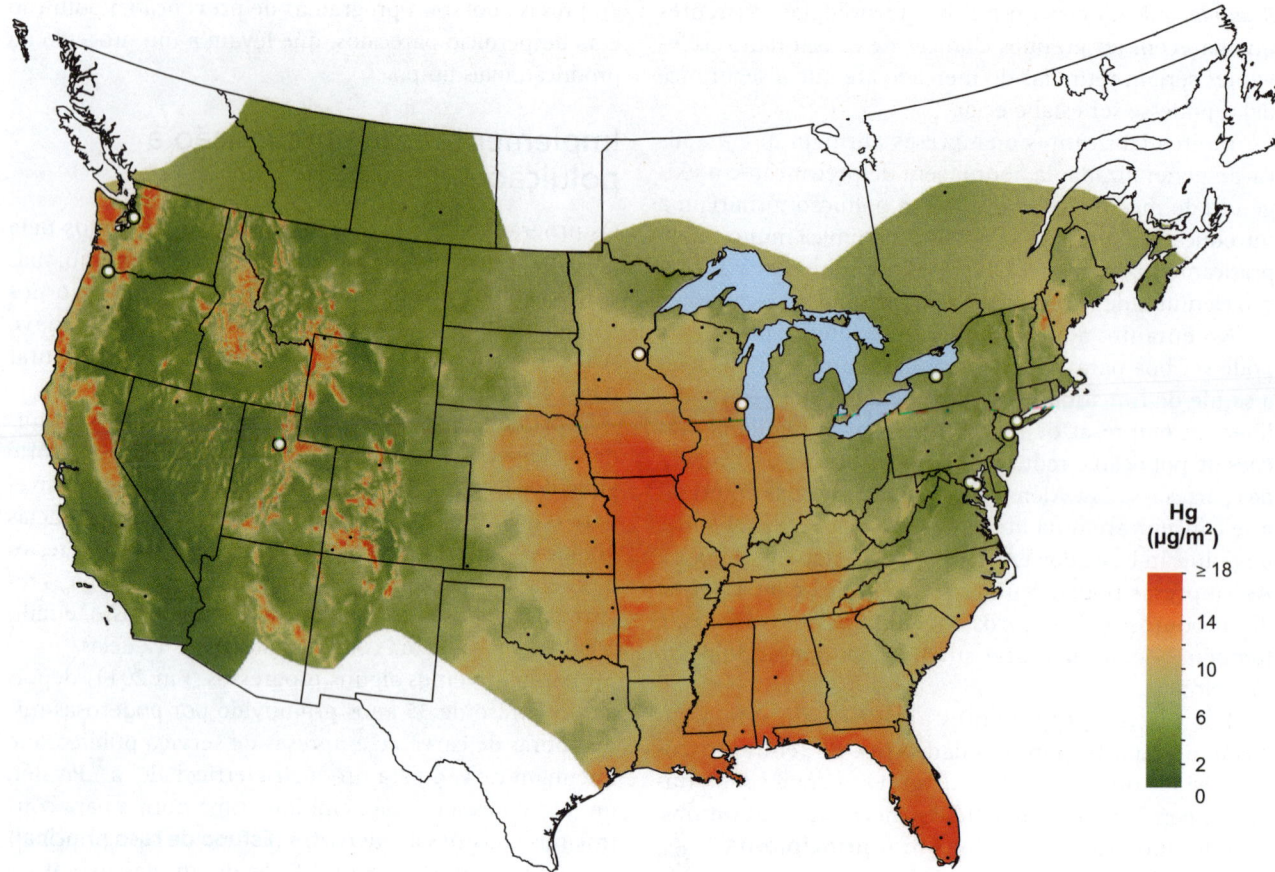

FIGURA 14.15 Deposição úmida de mercúrio na atmosfera em 48 estados contíguos dos Estados Unidos em 2010. *Raciocínio crítico:* Por que os níveis mais altos são observados principalmente na porção oriental dos Estados Unidos?

Dados da Agência de Proteção Ambiental e do National Atmospheric Deposition Program. Programa Nacional de Deposição Atmosférica.

Um tratado da Organização das Nações Unidas conhecido como Convenção de Minamata visa restringir a maior parte das emissões no ambiente de mercúrio relacionadas a atividades humanas (**Estudo de caso principal**). O objetivo geral é diminuir as emissões globais de mercúrio em 15% a 35% nas próximas décadas. Até janeiro de 2016, 128 países tinham assinado e 22 deles tinham aprovado formalmente o tratado, entre eles os Estados Unidos. Esse acordo entrará em vigor após a aprovação formal por 50 países. Depois disso, os países participantes precisarão implementar as melhores tecnologias de controle de emissões de mercúrio disponíveis, em cinco anos. O tratado também restringe o uso de mercúrio em produtos domésticos comuns e dispositivos de medição, como termômetros.

14.5 COMO PERCEBER E EVITAR OS RISCOS?

CONCEITO 14.5 Para que possamos reduzir os principais riscos que enfrentamos, devemos buscar informações, pensar criticamente sobre eles e fazer escolhas de forma cuidadosa.

Os maiores riscos de saúde vêm da pobreza, do gênero e da escolha de estilo de vida

A **análise de risco** envolve identificação dos perigos e avaliação dos riscos associados (*avaliação de risco*; Figura 14.2, à esquerda), classificação de riscos (*análise comparativa de risco*), estabelecimento de opções e tomada de decisões sobre reduzir ou eliminar os riscos (*gerenciamento de riscos*; Figura 14.2, à direita) e informação aos tomadores de decisão e ao público sobre os riscos (*comunicação de riscos*).

Probabilidades estatísticas com base em experiência anterior, teste em animais e outras avaliações são usadas para estimar os riscos de tecnologias mais antigas e substâncias químicas. Para avaliar novas tecnologias e produtos, os avaliadores de risco usam probabilidades estatísticas incertas, com base em modelos e não em experiências reais e testes.

Em termos do número de mortes por ano (Figura 14.16), *o maior risco é, de longe, a pobreza*. Muitas mortes decorrentes da pobreza são causadas por desnutrição, maior suscetibilidade a doenças infecciosas, normalmente não fatais, e doenças infecciosas, muitas vezes fatais, transmitidas por água não potável.

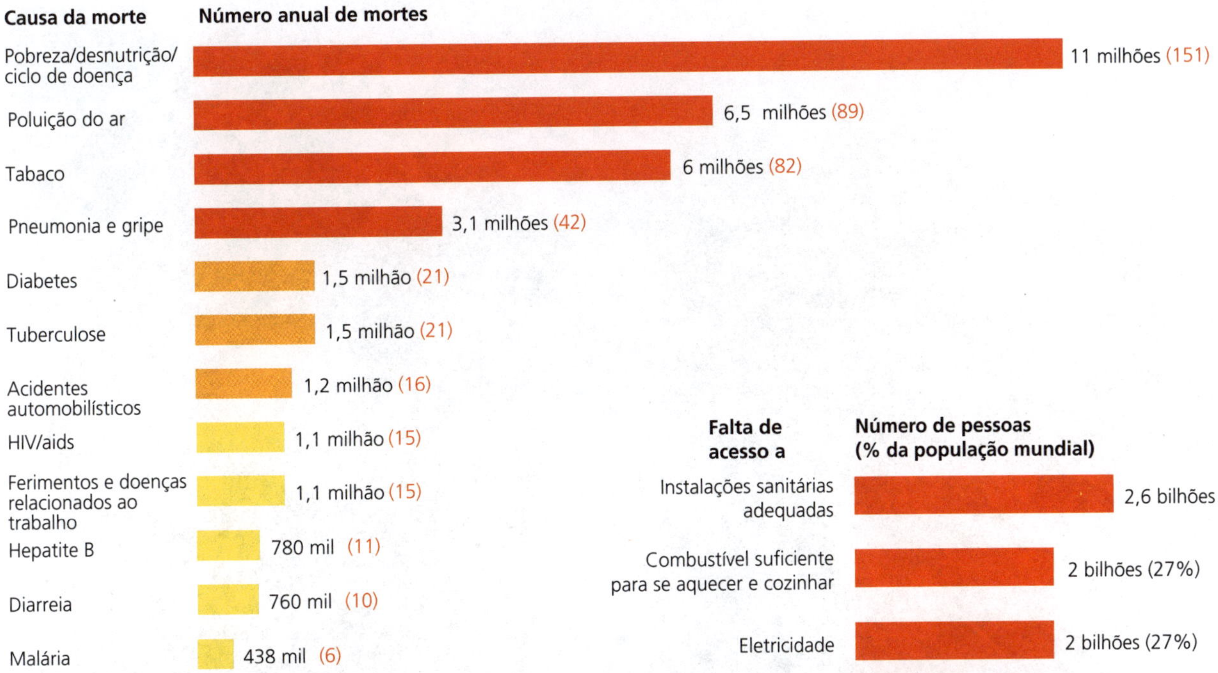

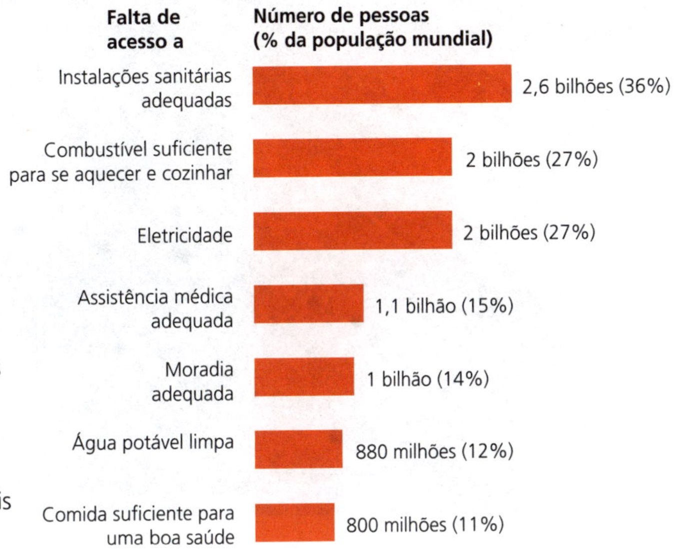

FIGURA 14.16 Mortes estimadas por ano no mundo por várias causas (gráfico à esquerda). Os números entre parênteses representam o total de mortes em termos de números de aviões cheios com 200 passageiros caindo *todos os dias do ano* sem sobreviventes. A pobreza tem inúmeros efeitos prejudiciais (gráfico à direita) que fazem dela a principal causa de morte prematura. **Raciocínio crítico:** Das causas apresentadas (gráfico à esquerda), quais você considera mais ameaçadoras?

Dados da Organização Mundial da Saúde, da Agência de Proteção Ambiental e do U.S. Centers for Disease Control and Prevention.

Estudos mostram que os quatro grandes riscos que encurtam a vida das pessoas são viver na pobreza, ser do gênero masculino, fumar (ver Estudo de caso a seguir) e ser obeso. Alguns dos riscos com maior probabilidade de causar morte prematura resultam de escolhas do estilo de vida das pessoas (Figura 14.17) (**Conceito 14.1**). Por exemplo, comer em excesso e não praticar exercícios são atitudes que podem causar obesidade e diabetes tipo 2, enquanto o tabagismo prolongado pode aumentar o risco de desenvolver câncer de pulmão.

ESTUDO DE CASO
Cigarros e cigarros eletrônicos

O tabagismo é a maior causa de sofrimento e morte prematura entre adultos, e também é a mais evitável. A OMS estima que o fumo contribuiu para a morte de 100 milhões de pessoas no século 20 e pode matar 1 bilhão neste século, a menos que governos e indivíduos tomem atitudes para reduzir substancialmente esse hábito.

FIGURA 14.17 Principais causas de morte nos Estados Unidos. Algumas resultam de escolhas do estilo de vida e podem ser evitadas. **Raciocínio crítico:** O número de mortes por tabagismo é quantas vezes superior ao número de mortes por gripe/pneumonia?

Dados do U.S. Centers for Disease Control and Prevention.

Perigos ambientais e saúde humana

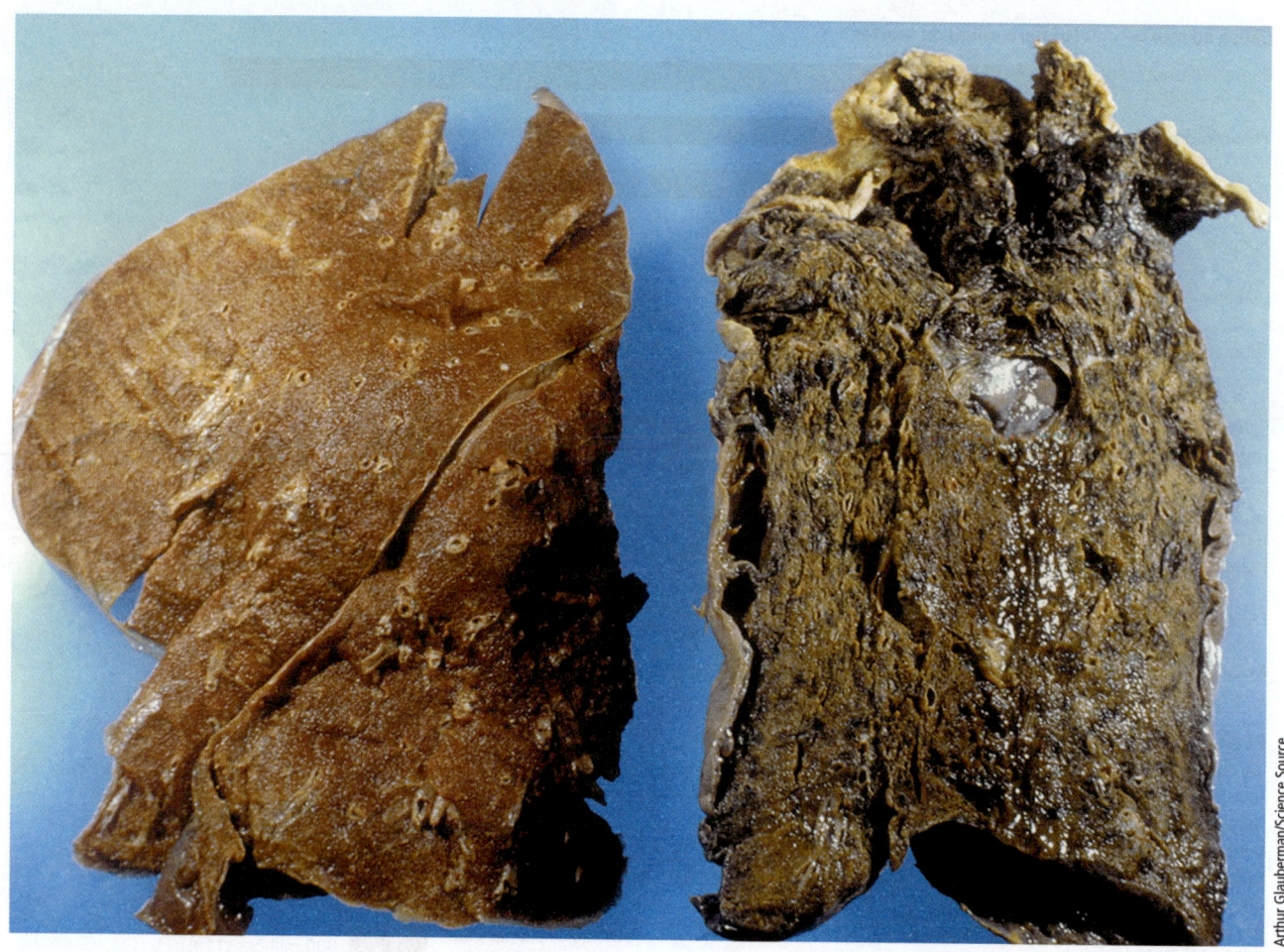

FIGURA 14.18 Há uma alarmante diferença entre os pulmões humanos normais (à esquerda) e os de uma pessoa que morreu de enfisema (à direita). As principais causas são o tabagismo prolongado e a exposição aos poluentes do ar.

A OMS e o Cirurgião-Geral dos Estados Unidos estimaram que, todos os anos, o tabaco contribui para a morte prematura de aproximadamente 6 milhões de pessoas, em decorrência de 25 doenças, entre elas, doenças cardíacas, derrame cerebral, diabetes tipo 2, câncer de pulmão e de outros tipos, problemas de memória, bronquite e enfisema (Figura 14.18). Isso corresponde a uma média de mais de 16.400 mortes por dia, ou uma a cada cinco segundos.

Em 2030, o número anual de mortes por doenças relacionadas com o tabagismo deve ultrapassar 8 milhões, uma média de 21.900 mortes evitáveis por dia, segundo o CDC e a OMS. Estima-se que cerca de 80% dessas mortes ocorram em países menos desenvolvidos, especialmente na China, que tem 350 milhões de fumantes. O número de mortes anuais decorrentes do fumo na China é de quase 1,2 milhão, uma média de cerca de 137 mortes por hora. Até 2050, esse número pode chegar a 3 milhões. Existem poucos esforços para reduzir o tabagismo na China, principalmente porque os impostos do cigarro fornecem até 10% da receita anual do governo.

De acordo com o CDC, o fumo mata mais de 480 mil estadunidenses por ano, uma média de 1.315 mortes por dia ou praticamente uma por minuto (Figura 14.17). Esse número de mortes é equivalente a mais de seis aviões com 200 passageiros caindo *todos os dias do ano* sem nenhum sobrevivente. O fumo também causa cerca de 8,6 milhões de doenças todos os anos nos Estados Unidos.

O grande consenso científico é que a nicotina inalada na fumaça do tabaco é altamente viciante. Um estudo do governo britânico demonstrou que adolescentes que fumam mais de um cigarro têm 85% de chance de se tornarem fumantes em longo prazo.

Estudos indicam que fumantes morrem, em média, dez anos mais cedo que os não fumantes. Se as pessoas pararem de fumar até os 30 anos, podem evitar praticamente todos os riscos de morte prematura.

Um estudo conduzido por pesquisadores britânicos revelou que, no mundo todo, a exposição ao fumo passivo contribui para cerca de 600 mil mortes por ano. Em 2015, o CDC estimou que, nos Estados Unidos, a exposição diária ao fumo passivo é responsável por quase 42 mil mortes anuais.

FIGURA 14.19 Um cigarro eletrônico que pode ser abastecido com uma solução de nicotina (*e-juice*).

Nos Estados Unidos, a porcentagem de adultos fumantes caiu de mais de 50% na década de 1950 para 15% em 2015, segundo o CDC, e o objetivo é reduzir esse número para menos de 10% até 2025. Essa redução pode ser atribuída à cobertura midiática dos efeitos prejudiciais do fumo, ao grande aumento dos impostos sobre o cigarro em muitos estados, à proibição da venda de cigarros para menores de idade, aos avisos de saúde obrigatórios nas embalagens e à proibição de fumar em locais de trabalho, bares, restaurantes e prédios públicos.

Algumas pessoas estão usando várias formas de *cigarros eletrônicos* ou *vapes* (Figura 14.19) para substituir cigarros de tabaco. Esses dispositivos contêm nicotina pura dissolvida em um solvente com uma ou mais de 7 mil substâncias químicas para aprimorar o aroma e o sabor. Uma bateria de íon de lítio aquece a solução de nicotina, transformando-a em um vapor que contém partículas líquidas inaladas pelo usuário. O ato de fumar cigarros eletrônicos é chamado *vaping*. Esses dispositivos podem ser reabastecidos com soluções com concentrações que variam de 2% a 10% de nicotina, que é um veneno (Tabela 14.1).

Os cigarros eletrônicos são seguros? Ninguém sabe, pois eles ainda não foram totalmente avaliados, já que são dispositivos recentes. Os cigarros eletrônicos reduzem ou eliminam a inalação de alcatrão e de várias outras substâncias químicas nocivas encontradas na fumaça dos cigarros comuns. No entanto, eles ainda expõem os usuários à nicotina, altamente viciante, e, não raro, em níveis até cinco vezes mais altos (10%) do que a concentração encontrada nos cigarros comuns (2%).

Pesquisas preliminares indicam que o vapor dos cigarros eletrônicos contém traços de cádmio, níquel, chumbo e várias substâncias tóxicas que podem causar câncer nos animais de teste. Algumas dessas toxinas, não encontradas na fumaça do cigarro comum, são nanopartículas tóxicas pequenas o bastante para ultrapassar os sistemas de defesa do corpo e chegar aos pulmões. Assim como a fumaça do cigarro, essas toxinas, que provavelmente vêm dos aromatizantes e outros aditivos, podem ser inaladas de maneira passiva por não usuários. Entretanto, ainda são necessárias muitas pesquisas adicionais para estabelecer uma ligação direta entre cigarros eletrônicos e câncer. Outro perigo potencial para a boca, o rosto e as mãos dos usuários de cigarros eletrônicos é que as baterias de íon de lítio não regulamentadas e de fabricação barata que alimentam os cigarros às vezes explodem ou pegam fogo.

Estimando os riscos das tecnologias

Quanto mais complexo for um sistema tecnológico, e maior o número de pessoas necessárias para projetá-lo e executá-lo, mais difícil será estimar os riscos do uso desse sistema. A *confiabilidade* geral – a probabilidade (expressa em porcentagem) de que um sistema completará uma tarefa sem falhar – é o produto de dois fatores:

Confiabilidade do sistema (%) = Confiabilidade tecnológica (%) × Confiabilidade humana (%)

Com um projeto cuidadoso, controle de qualidade, manutenção e monitoramento, um sistema altamente complexo, como uma usina nuclear ou uma plataforma de perfuração de petróleo em alto mar, pode alcançar um alto grau de confiabilidade tecnológica. No entanto, a confiabilidade humana geralmente é muito menor do que a confiabilidade tecnológica e é quase impossível de prever.

Suponha que a confiabilidade tecnológica de uma usina nuclear seja de 95% (0,95) e a confiabilidade humana, de 75% (0,75). Então, a confiabilidade geral do sistema é 71% (0,95 × 0,75 = 71%). Mesmo se pudermos fazer a tecnologia 100% confiável (1,0), a confiabilidade total do sistema ainda será de apenas 75% (1,0 × 0,75 = 75%).

Uma forma de tornar um sistema mais infalível ou seguro contra falhas é mudar mais dos elementos potencialmente falíveis do lado humano para o lado tecnológico. Entretanto, os eventos casuais, como um relâmpago, podem derrubar um sistema de controle automático, e nenhuma máquina ou programa de computador pode substituir completamente o julgamento humano. Além disso, as peças do sistema de controle automático (como os protetores de explosão para o poço de petróleo da BP que rompeu no Golfo do México em 2010, ver Figura 11.29) são fabricadas, montadas, testadas, certificadas, inspecionadas e mantidas por seres humanos falíveis. Os programas de computadores usados para monitorar e controlar sistemas complexos podem falhar por causa de erros humanos no projeto ou ser deliberadamente sabotados para causar o mau funcionamento.

A maioria das pessoas não faz um bom trabalho ao avaliar os riscos

A maioria das pessoas não sabe avaliar os riscos relativos dos perigos que enfrentam. Muitas pessoas negam as chances de altos riscos de morte (ou ferimentos) decorrente de atividades voluntárias que elas apreciam. Isso inclui *fumar* (1 em cada 250 até os 70 anos para fumantes de um maço por dia), *voar de asa delta* (1 em 1.250) e *dirigir* (1 em 3.300 sem cinto de segurança e 1 em 6.070 com cinto de segurança).

Na verdade, o carro é o maior perigo enfrentado diariamente por muitas pessoas do mundo. Porém, algumas dessas mesmas pessoas podem estar mais preocupadas com outras possibilidades de morte: *gripe* (chance 1 em 130 mil), *acidente provocado por uma usina nuclear* (1 em 200 mil), *vírus do Nilo Ocidental* (1 em 1 milhão), *raio* (1 em 3 milhões), *vírus ebola* (1 em 4 milhões), *queda de um avião comercial* (1 em 9 milhões), *picada de cobra* (1 em 36 milhões) ou *ataque de tubarão* (1 em 281 milhões).

Cinco fatores podem levar as pessoas a considerar a tecnologia ou um produto mais ou menos arriscado do que os especialistas julgam ser. O primeiro deles é o *medo*. De acordo com pesquisas realizadas há três décadas, o medo leva as pessoas a superestimar os riscos e a se preocupar mais com os riscos incomuns do que com aqueles mais cotidianos. Os estudos mostram que as pessoas tendem a superestimar os números de mortes causadas por tornados, inundações, incêndios, homicídios, câncer e ataques terroristas e a subestimar números de mortes por gripe, diabetes, asma, ataques cardíacos, AVCs e acidentes automobilísticos.

O segundo fator, em nossa estimativa de risco, refere-se ao *grau de controle* que temos em dada situação. A maioria de nós tem muito medo de coisas sobre as quais não tem controle pessoal. Por exemplo, alguns indivíduos, por se sentirem mais seguros, preferem dirigir o próprio carro em longas distâncias, em um trânsito pesado, a viajar a mesma distância de avião. Mas os números não mentem. O risco de morrer em um acidente de carro nos Estados Unidos usando o cinto de segurança é de 1 em 6.070, ao passo que o risco de morrer em uma queda de avião comercial nos Estados Unidos é de quase 1 em 9 milhões.

O terceiro fator está relacionado ao fato de *um risco ser catastrófico ou crônico*. As pessoas costumam ter mais medo de acidentes catastróficos, como a queda de avião, do que de uma morte causada, por exemplo, pelo tabagismo, cuja taxa de mortalidade é muito maior ao longo do tempo.

O quarto fator refere-se às pessoas que sofrem de *tendências otimistas*, ou seja, a crença de que os riscos se aplicam a outras pessoas, mas não a elas. Elas podem ficar chateadas quando veem outros dirigindo de forma irregular enquanto falam ao celular ou enviam mensagens de texto, mas acreditam que podem fazer isso sem que sua capacidade de dirigir seja prejudicada.

Um quinto fator é que muitas das coisas arriscadas que fazemos são altamente prazerosas e dão *gratificação instantânea*, ao passo que o dano potencial de tais atividades vem depois, como fumar ou comer demais.

Diretrizes para avaliar e reduzir os riscos

A seguir, apresentamos as quatro orientações para avaliar e reduzir riscos e fazer melhores escolhas de estilo de vida (**Conceito 14.5**):

- *Compare os riscos*. Ao avaliar um risco, a principal pergunta não é "É seguro?", mas "Quão arriscado é isso em comparação aos outros riscos?".

- *Determinar o quanto de risco você está disposto a aceitar*. Para a maioria das pessoas, uma chance em 100 mil de morrer ou sofrer um grave dano da exposição a um perigo ambiental é um limite para mudar o comportamento. No entanto, ao estabelecer padrões e reduzir o risco, a EPA dos Estados Unidos geralmente assume que uma chance em 1 milhão de morrer de um perigo ambiental é aceitável.

- *Avaliar o risco atual envolvido*. As notícias geralmente exageram nos riscos diários que enfrentamos com o propósito de captar nosso interesse e vender jornais e revistas ou ganhar audiência na TV. Como resultado disso, a maioria das pessoas que está exposta diariamente a tais relatórios exagerados acredita que o mundo é muito mais cheio de riscos do que realmente é.

- *Concentrar-se na avaliação e fazer importantes escolhas de estilo de vida com cuidado*. Ao avaliar um risco, é importante questionar: "Tenho algum controle sobre isso?". Não faz sentido se preocupar com riscos sobre os quais você tem pouco ou nenhum controle. Entre os fatores sobre os quais os indivíduos têm pelo menos algum controle estão as formas de reduzir o risco de ataques cardíacos, AVCs e determinados tipos de câncer e decisões sobre fumar ou não fumar, o que comer, quanto de álcool consumir, praticar exercícios e dirigir com segurança.

> **GRANDES IDEIAS**
>
> - Enfrentamos perigos significativos de doenças infecciosas, como gripe, aids, tuberculose, doenças diarreicas e malária. Além disso, a exposição a substâncias químicas pode causar cânceres e defeitos de nascimento, bem como destruir nossos sistemas imunológico, nervoso e endócrino.
>
> - Por causa da dificuldade de avaliar os danos causados pela exposição a substâncias químicas, muitos cientistas pedem muita ênfase à prevenção da poluição.
>
> - Ao nos informarmos, pensando criticamente sobre os riscos e fazendo escolhas cuidadosas, podemos reduzir os principais riscos que enfrentamos.

Revisitando

Efeitos tóxicos do mercúrio e sustentabilidade

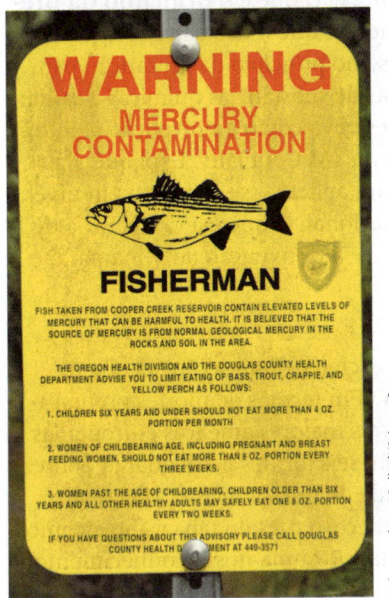

No Estudo de caso principal que abre este capítulo, vimos que o mercúrio (Hg) e seus compostos que estão presentes regularmente no meio ambiente podem causar danos permanentes ao sistema nervoso, aos rins e aos pulmões dos seres humanos, além de prejudicar fetos e provocar defeitos congênitos. Neste capítulo, também aprendemos sobre muitas outras substâncias químicas perigosas no ambiente, bem como sobre riscos biológicos, físicos, culturais e relacionados com o estilo de vida. Além disso, vimos como é difícil avaliar a natureza e a gravidade das ameaças desses riscos diversos.

Um dos fatos importantes discutidos no capítulo é que, em uma base global, a maior ameaça para a saúde humana é a pobreza (que normalmente causa desnutrição e doenças), seguida pelas ameaças de tabagismo, poluição do ar, pneumonia, gripe e HIV/aids.

Existem algumas ameaças que não conseguimos evitar, mas outras podem ser reduzidas parcialmente aplicando-se os três **princípios científicos da sustentabilidade**. Por exemplo, podemos reduzir significativamente nossa exposição ao mercúrio e a outros poluentes fazendo a transição do uso de combustíveis fósseis não renováveis (especialmente carvão) para um maior aproveitamento de recursos energéticos renováveis variados, como energia solar e eólica. Podemos reduzir nossa exposição a substâncias químicas nocivas usadas na fabricação de várias mercadorias diminuindo o uso e o desperdício de recursos, além de reutilizar e reciclar recursos materiais. Também podemos imitar a biodiversidade usando estratégias diversas para resolver problemas ambientais e de saúde, especialmente para reduzir a pobreza e controlar o aumento populacional. Fazendo isso, também ajudamos a preservar a biodiversidade da Terra e a aumentar nosso impacto ambiental benéfico.

Revisão do capítulo

Estudo de caso principal

1. Descreva os efeitos tóxicos do mercúrio e de seus compostos. Explique como somos expostos a essas toxinas.

Seção 14.1

2. Qual é o conceito-chave desta seção? Defina e diferencie **risco**, **avaliação de risco** e **gerenciamento de risco**. Dê um exemplo de como os cientistas expressam probabilidades. Dê um exemplo de risco das categorias a seguir: riscos biológicos, riscos químicos, riscos naturais, riscos culturais e escolhas de estilo de vida. O que é um **patógeno**?

Seção 14.2

3. Qual é o conceito-chave desta seção? Defina **doença infecciosa**. Defina e diferencie **bactérias**, **vírus** e **parasitas** e dê exemplos de doenças causadas por cada um desses organismos. Defina e diferencie **doença transmissível** e **doença não transmissível** e dê um exemplo de cada. Em termos de taxa de mortalidade, quais são as quatro doenças infecciosas mais graves do mundo? Cite cinco fatores que contribuíram para a resistência genética das bactérias aos antibióticos usados normalmente. O que é SARM (ou MRSA) e por que ela é tão perigosa?

4. Descreva a ameaça global da tuberculose e cite três fatores que ajudaram a espalhar essa doença. Qual é o maior vírus mortal e como ele é disseminado? Resuma as ameaças dos vírus de hepatite B, ebola, Nilo Ocidental e Zika. Qual é a melhor forma de reduzir as chances de contrair uma doença infecciosa? Qual é o foco da medicina ecológica e quais são algumas das descobertas relacionadas com a propagação de doenças? Resuma as ameaças da pandemia de HIV/aids para a saúde e os efeitos dela sobre a estrutura etária da população da Botsuana.

Perigos ambientais e saúde humana

5. O que é malária e como ela é transmitida? Qual é a porcentagem da população humana sujeita a essa ameaça? Cite seis formas de se reduzir a ameaça global de doenças infecciosas.

Seção 14.3

6. Qual é o conceito-chave desta seção? O que é uma **substância química tóxica**? Defina e diferencie **carcinógenos**, **mutagênicos** e **teratogênicos** e dê um exemplo de cada. Descreva os sistemas imunológico, nervoso e endócrino dos seres humanos e dê um exemplo de substância química capaz de ameaçar cada um deles. O que é uma neurotoxina e por que o metilmercúrio (Estudo de caso principal) é uma substância especialmente perigosa? Descreva o processo de magnificação trófica de substâncias químicas em cadeias e redes alimentares. Quais são as seis maneiras de evitar ou controlar as emissões ambientais de mercúrio? O que são agentes hormonalmente ativos (AHAs), quais são os riscos impostos por eles e como evitá-los? Resuma as preocupações dos cientistas da área da saúde com a exposição ao bisfenol A (BPA) e a controvérsia sobre o que fazer em relação a essa exposição. Resuma as preocupações relacionadas com a exposição aos ftalatos. Cite seis formas de reduzir sua exposição aos AHAs.

Seção 14.4

7. Quais são os dois conceitos-chave desta seção? Defina **toxicologia**, **toxicidade**, **dose** e **resposta**. Quais são os três fatores que afetam o nível de dano causado por uma substância química? Cite três motivos para as crianças serem especialmente vulneráveis aos danos causados por substâncias químicas tóxicas. Descreva como a toxicidade de uma substância pode ser estimada por meio de testes com animais de laboratórios e explique as limitações dessa abordagem. O que é uma **curva dose-resposta**? Explique como a toxicidade é estimada por meio de relatos de casos e estudos epidemiológicos e discuta as limitações desses métodos.

8. Resuma a controvérsia a respeito dos efeitos dos níveis traços de substâncias químicas. Por que sabemos tão pouco sobre os efeitos prejudiciais das substâncias químicas? O que é o **princípio da precaução**? Explique por que o uso da prevenção à poluição com base no princípio da precaução para lidar com ameaças de substâncias químicas à saúde é controverso. Descreva como a prevenção à poluição valeu a pena na 3M Company. Explique algumas iniciativas para aplicar esse princípio em nível nacional e internacional. O que é a Convenção de Estocolmo? O que é a Convenção de Minamata?

Seção 14.5

9. Qual é o conceitos-chave desta seção? O que é **análise de risco**? Em termos de mortes prematuras, quais são as três maiores ameaças enfrentadas pelas pessoas? Cite seis formas pelas quais a pobreza pode afetar a saúde de um indivíduo. Descreva as ameaças à saúde decorrentes do tabagismo e como podemos reduzi-las. Resuma nosso conhecimento sobre o efeito do uso de cigarros eletrônicos sobre a saúde. Como reduzir as ameaças resultantes do uso de várias tecnologias? Cite cinco fatores que podem fazer as pessoas avaliarem mal os riscos. Cite quatro diretrizes para avaliar e reduzir os riscos.

10. Quais são as *três grandes ideias* deste capítulo? Explique como é possível reduzir as ameaças de danos do mercúrio no ambiente aplicando os três **princípios científicos da sustentabilidade**.

Observação: os principais termos estão em negrito.

Raciocínio crítico

1. Suponha que você seja um agente público nacional responsável por definir políticas para controlar a poluição do ambiente por mercúrio derivada de atividades humanas (Estudo de caso principal). Cite os objetivos da sua política e trace um plano para alcançar essas metas. Cite três ou mais problemas que podem resultar da implementação da sua política.

2. Quais são as três medidas que você adotaria para reduzir estas ameaças globais para a saúde e a vida humana: (a) tuberculose; (b) HIV/aids; (c) malária?

3. Explique por que você concorda ou discorda de cada uma das afirmações a seguir:
   a. Não devemos nos preocupar muito com a exposição a substâncias químicas tóxicas porque quase todas, em uma dosagem alta o bastante, podem causar danos.
   b. Não devemos nos preocupar muito com a exposição a substâncias químicas tóxicas porque, por meio da adaptação genética, podemos desenvolver imunidade a elas.
   c. Não devemos nos preocupar muito com a exposição a substâncias químicas tóxicas porque podemos usar a engenharia genética para reduzir nossa suscetibilidade aos seus efeitos.
   d. Não devemos nos preocupar muito com a exposição a substâncias químicas tóxicas, como o bisfenol A (BPA), porque ainda não foi cientificamente comprovado que o BPA causou a morte de ninguém.

4. Você acha que devemos proibir o uso de imitadores hormonais, como o BPA, na fabricação de produtos voltados para crianças menores de 5 anos? Esse tipo de proibição deve ser ampliada para todos os produtos? Justifique sua resposta.

5. Trabalhadores de várias indústrias são expostos a níveis mais altos de substâncias tóxicas do que o

público geral. Devemos reduzir os níveis permitidos dessas substâncias químicas nos ambientes de trabalho? Que efeitos econômicos uma medida como essa poderia ter?

6. Você acha que os cigarros eletrônicos devem ser tributados e regulamentados como os cigarros convencionais? Explique.
7. Quais são os três principais riscos que você enfrenta: (a) com o seu estilo de vida; (b) no local onde vive e (c) na sua profissão? Quais desses riscos são voluntários e quais são involuntários? Cite três medidas que você poderia adotar para reduzir cada um deles. Quais medidas já adotou ou planeja adotar?
8. Ao decidir o que fazer quanto aos riscos de substâncias químicas na região em que mora, você seria a favor de uma legislação que exigisse o uso de medidas de prevenção à poluição baseadas no princípio da precaução e no pressuposto de que as substâncias químicas são potencialmente nocivas até que se prove o contrário? Justifique.

Fazendo ciência ambiental

Escolha uma substância química bastante usada e potencialmente nociva e use a biblioteca ou a internet para descobrir (a) para que ela é usada e qual é o grau de utilização, (b) quais são os possíveis danos causados por ela, (c) quais são as evidências científicas para essas afirmações e (d) quais são as soluções propostas para lidar com essa ameaça. Escolha uma área de estudos, como o prédio, o quarteirão, o bairro ou a cidade onde você mora. Na área escolhida, tente determinar o nível de presença da substância química que estiver estudando. Você pode fazer isso encontrando quatro ou cinco exemplos de itens ou locais que contenham a substância e estimando a quantidade total com base na sua amostra. Escreva um relatório resumindo suas descobertas.

Análise de dados

O gráfico abaixo mostra os efeitos da aids sobre a expectativa de vida ao nascer na Botsuana entre 1950-2000 e projeta esses efeitos até 2050. Analise o gráfico e responda às questões a seguir.

1. Qual foi a porcentagem de aumento na expectativa de vida da Botsuana entre 1950 e 1995?
2. Qual foi a porcentagem de queda na expectativa de vida da Botsuana entre 1995 e 2015?
3. Qual é a porcentagem de aumento na expectativa de vida estimada para o período entre 2015 e 2050 na Botsuana?

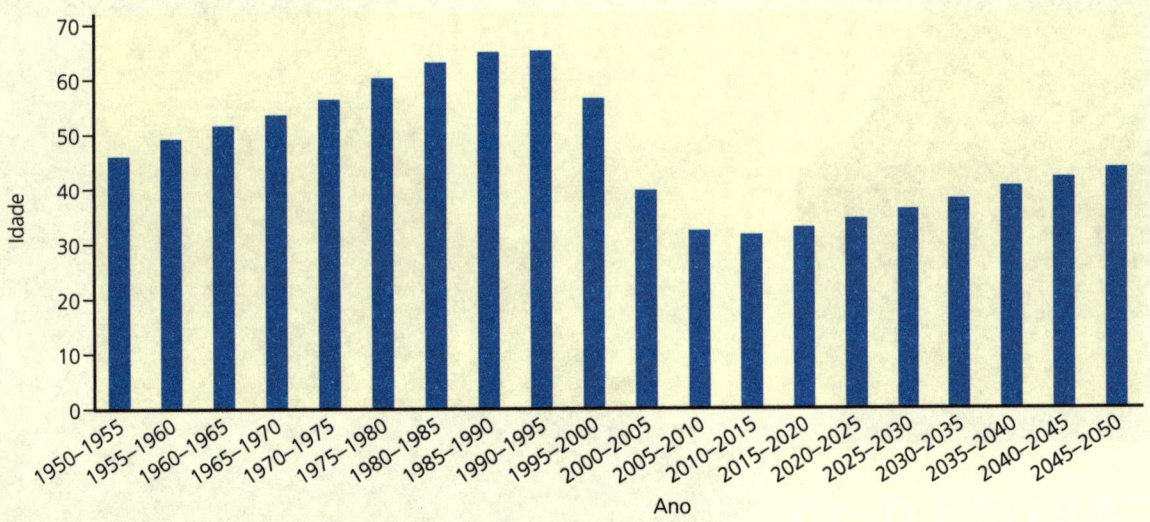

Dados da Organização das Nações Unidas e do U.S. Census Bureau.

CAPÍTULO 15

Poluição do ar, mudanças climáticas e redução da camada de ozônio

"A civilização evoluiu durante um período notável de estabilidade climática, mas essa era está chegando ao fim. Entraremos em uma nova era, um período de mudanças climáticas rápidas e, muitas vezes, imprevisíveis."

LESTER R. BROWN

Regiões que podem ser inundadas até o fim deste século (em vermelho) devido ao aumento de 1 metro no nível do mar como resultado das mudanças climáticas projetadas.

NASA

Principais questões

15.1 Qual é a natureza da atmosfera?

15.2 Quais são os principais problemas de poluição do ar?

15.3 Como podemos tratar a poluição do ar?

15.4 Como e por que o clima da Terra está mudando?

15.5 Quais são os possíveis efeitos das mudanças climáticas?

15.6 Como podemos retardar as mudanças climáticas?

15.7 Como esgotamos o ozônio na estratosfera e o que podemos fazer com relação a isso?

Estudo de caso principal
Derretimento de gelo na Groenlândia

A Groenlândia é a maior ilha do mundo, com uma população de 59 mil habitantes. O gelo que cobre a maior parte dessa ilha montanhosa fica em geleiras de até 3,2 quilômetros de espessura.

Áreas de gelo da ilha estão derretendo em uma velocidade acelerada durante o verão (Figura 15.1). Parte desse gelo é substituída por neve durante o inverno, mas a perda anual líquida de gelo do local aumentou nos últimos anos.

Por que devemos nos preocupar com o derretimento do gelo da Groenlândia? Porque evidências científicas consideráveis indicam que o aquecimento da atmosfera é o principal fator por trás desse derretimento. **Aquecimento global** é o aumento gradual da temperatura média da atmosfera perto da superfície terrestre ao longo de 30 anos ou mais. Neste século, as projeções indicam que o aquecimento global vai continuar e causar **mudanças climáticas** drásticas – alterações mensuráveis nos padrões globais de clima com base principalmente nas mudanças da *média da temperatura atmosférica da Terra nos últimos 30 anos, no mínimo*. Cientistas do clima alertam que, se não tomarmos nenhuma atitude, o sistema climático da Terra poderá alcançar pontos de virada que vão alterar o clima do planeta por centenas a milhares de anos.

As geleiras da Groenlândia contêm água suficiente para aumentar o nível global do mar em até 7 metros se todas elas derretessem e escoassem para o oceano. É bem improvável que isso aconteça; porém, até mesmo uma perda moderada desse gelo durante um século ou mais poderia aumentar consideravelmente o nível do mar (ver foto de abertura do capítulo). Pesquisas indicam que o derretimento do gelo da Groenlândia foi responsável por quase um sexto do aumento global do nível do mar nos últimos 20 anos. Cientistas da área climática consideram o derretimento do gelo da Groenlândia um sinal de alerta

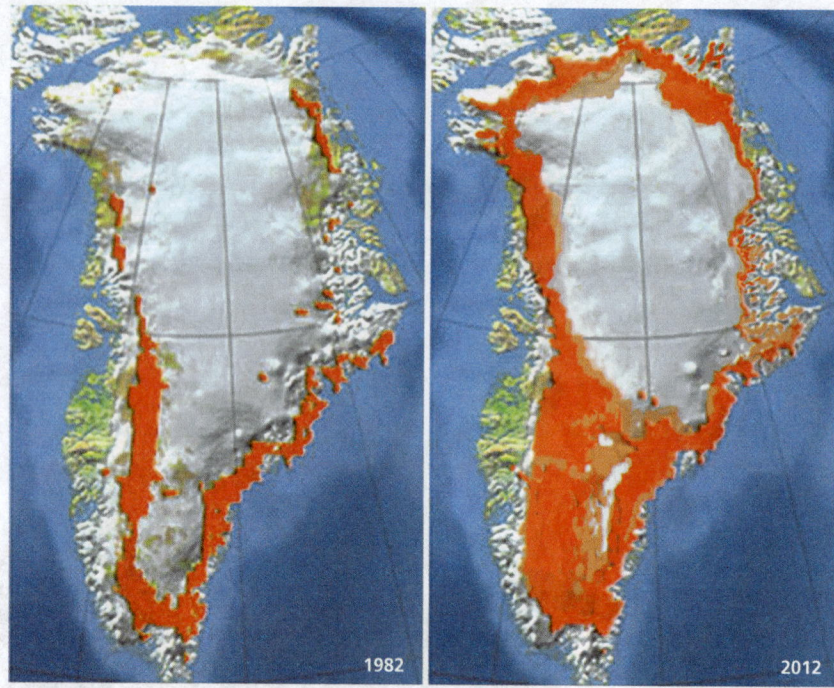

FIGURA 15.1 A área total do gelo glacial da Groenlândia que derreteu durante os meses de verão de 2012 (área vermelha na imagem à direita) foi muito maior do que a quantidade que derreteu durante o verão de 1982 (à esquerda). Essa tendência continua desde 2012.

Dados de Konrad Steffen e Russell Huff, Universidade do Colorado, Boulder.

para o fato de que as atividades humanas estão prestes a abalar o clima da Terra e nossas economias de formas que podem ameaçar a vida como conhecemos, especialmente durante a segunda metade do século.

Em 1988, a Organização Meteorológica Mundial e o **Programa das Nações Unidas para o Meio Ambiente** (Pnuma) estabeleceram o Painel Intergovernamental sobre Mudanças Climáticas (Intergovernmental Panel on Climate Change – IPCC) para documentar mudanças climáticas anteriores e prever as mudanças futuras. A rede do IPCC inclui mais de 2.500 cientistas que trabalham em estudos climáticos e disciplinas relacionadas em mais de 130 países.

Depois de revisar dezenas de milhares de pesquisas por mais de 25 anos, o IPCC e a maioria dos principais corpos científicos do mundo, como a U.S. National Academy of Sciences – NAS [Academia Nacional de Ciências dos Estados Unidos] e a British Royal Society, chegaram a três grandes conclusões sobre as mudanças climáticas: **(1)** elas são reais e estão acontecendo agora, **(2)** as atividades humanas, como a queima de combustíveis fósseis e o desmatamento, desempenham um papel importante nesse fenômeno, e **(3)** a previsão é que elas acelerem e tenham efeitos prejudiciais, como aumento do nível do mar, acidificação oceânica, extinção de espécies e condições meteorológicas mais extremas, como ondas de calor mais intensas e longas, a menos que a população tome atitudes para retardá-las.

Neste capítulo, examinaremos a natureza da atmosfera, a poluição do ar, as causas e os efeitos prováveis das mudanças climáticas projetadas e o esgotamento do ozônio na estratosfera. Também avaliaremos algumas possíveis formas de lidar com esses graves desafios ambientais, econômicos e políticos.

15.1 QUAL É A NATUREZA DA ATMOSFERA?

CONCEITO 15.1 As duas camadas mais internas da atmosfera são a troposfera, que dá suporte à vida, e a estratosfera, que contém a camada protetora de ozônio.

A atmosfera é composta de muitas camadas

Vivemos sob um cobertor de gases que envolve toda a Terra, chamado **atmosfera**, o qual é dividido em várias camadas esféricas definidas principalmente pelas diferenças de temperatura (Figura 15.2).

De 75% a 80% da massa de ar do planeta é encontrada na **troposfera**, camada atmosférica mais próxima da superfície da Terra. Essa camada estende-se somente a 17 quilômetros acima do nível do mar no Equador e 6 quilômetros acima do nível do mar sobre os polos. Se a Terra fosse do tamanho de uma maçã, essa camada inferior que contém o ar que respiramos teria não mais que a espessura da casca da fruta.

Respire fundo. Aproximadamente 99% do volume de ar inalado é composto de dois gases: nitrogênio (78%) e oxigênio (21%). O restante é 0,93% argônio (Ar), 0,04% dióxido de carbono (CO_2) e pequenas quantidades de vapor de água (H_2O, que variam do Equador aos polos), e partículas de poeira e fuligem, além de outros gases, como metano (CH_4), ozônio (O_3) e óxido nitroso (N_2O). Vários gases da troposfera, como H_2O, CO_2, CH_4 e N_2O, são chamados **gases de efeito estufa**, porque absorvem e liberam a energia que aquece a troposfera e a superfície terrestre. Sem esse efeito de estufa natural, a Terra seria fria demais para abrigar a vida do modo que conhecemos.

A segunda camada da atmosfera é a **estratosfera**, que se estende de 17 a quase 48 quilômetros acima da superfície da Terra (Figura 15.2). Embora a estratosfera contenha menos matéria que a troposfera, a composição é similar, com duas exceções notáveis: o volume de vapor de água é muito menor e a concentração de ozônio (O_3) é muito maior.

Grande parte da pequena quantidade de ozônio (O_3) da atmosfera está concentrada em uma parte da estratosfera chamada **camada de ozônio**, encontrada em uma extensão que varia de 17 a 26 quilômetros acima do nível do mar. Esse efeito de filtragem da radiação UV do ozônio na parte inferior da estratosfera atua como um "protetor solar" global, que evita que 95% da radiação ultravioleta prejudicial do Sol chegue à superfície terrestre. A camada de ozônio possibilita a existência de vida na Terra e ajuda a nos proteger de queimaduras solares, câncer de pele e nos olhos, catarata e danos ao nosso sistema imunológico. Ela também impede que grande parte do oxigênio da troposfera seja convertido em ozônio ao nível do solo, um poluente do ar nocivo. Em outras palavras, preservar a camada de ozônio da estratosfera deveria ser uma das maiores prioridades da humanidade.

15.2 QUAIS SÃO OS PRINCIPAIS PROBLEMAS DE POLUIÇÃO DO AR?

CONCEITO 15.2A Os três principais problemas de poluição do ar externo são as *fumaças industriais*, principalmente da queima de carvão, a *poluição fotoquímica* dos veículos automotores e das emissões industriais e a *deposição ácida*, causada principalmente por usinas de queima de carvão, plantas industriais e emissões de veículos.

CONCEITO 15.2B Os poluentes de ar interno mais ameaçadores são a fumaça e a fuligem da queima de carvão e de madeira (principalmente nos países menos desenvolvidos), a fumaça de cigarro e os elementos químicos contidos em materiais de construção e produtos de limpeza.

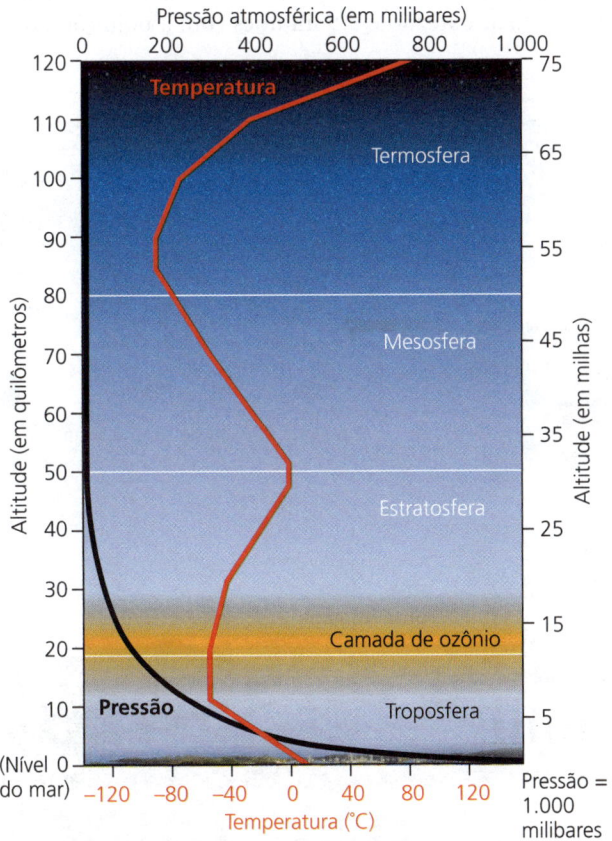

FIGURA 15.2 Capital natural: A atmosfera da Terra é um sistema dinâmico que inclui quatro camadas. A temperatura média da atmosfera varia de acordo com a altitude (linha vermelha) e as diferenças na absorção da energia solar recebida. *Raciocínio crítico:* Por que a maior parte do ar do planeta está na troposfera?

Poluição do ar, mudanças climáticas e redução da camada de ozônio • **413**

A poluição do ar vem das fontes naturais e humanas

A **poluição do ar** é a presença de produtos químicos na atmosfera em concentrações altas o suficiente para prejudicar organismos, ecossistemas ou materiais feitos por seres humanos ou para alterar o clima. Quase toda substância química na atmosfera pode se tornar um poluente se ocorrer em uma concentração alta o suficiente. Os efeitos da poluição do ar variam de incômodos à morte.

Os poluentes do ar vêm de fontes naturais e humanas. As fontes naturais incluem poeira levada pelo vento, poluentes sólidos e gasosos de incêndio e erupções vulcânicas e produtos químicos orgânicos voláteis liberados por algumas plantas. A maioria dos poluentes do ar naturais é espalhada em todo o planeta e se dilui ou é removida por ciclos de produtos químicos, precipitação e gravidade. No entanto, os poluentes emitidos por grandes erupções vulcânicas ou incêndios florestais podem alcançar temporariamente níveis nocivos.

A maioria das emissões humanas de poluentes do ar ocorre em áreas industrializadas e urbanas, onde se concentram pessoas, carros e fábricas. Esses poluentes são gerados principalmente pela queima de combustíveis fósseis em usinas e instalações industriais (*fontes estacionárias*) e veículos automotores (*fontes móveis*).

De acordo com os cientistas, há dois tipos de poluente do ar exterior (Figura 15.3). Os **poluentes primários** são produtos químicos ou substâncias emitidos diretamente no ar por meio de processos naturais e das atividades humanas, em concentrações altas o suficiente para causar danos. Já na atmosfera, alguns poluentes primários podem reagir entre si ou com os componentes naturais do ar para formar novos produtos químicos nocivos, chamados **poluentes secundários**.

Com a alta concentração de carros e fábricas, as áreas urbanas normalmente têm níveis mais elevados de poluição do ar externo do que as áreas rurais. No entanto, os ventos dominantes podem espalhar poluentes do ar primários e secundários de vida longa de áreas industriais e urbanas para o campo e outras regiões urbanas.

Nos últimos 40 anos, a qualidade do ar externo na maioria dos países mais desenvolvidos melhorou, principalmente em razão da pressão de base dos cidadãos nos anos 1960 e 1970. Isso fez com que governos dos Estados Unidos e de países europeus aprovassem e aplicassem leis de controle da poluição.

Apesar dessas iniciativas, a poluição do ar é um dos problemas ambientais mais graves do mundo. A OMS estima que a poluição do ar contribuiu para a morte de 6,5 milhões de pessoas em 2015 (3 milhões com a poluição do ar externo e 3,5 milhões com a poluição do ar

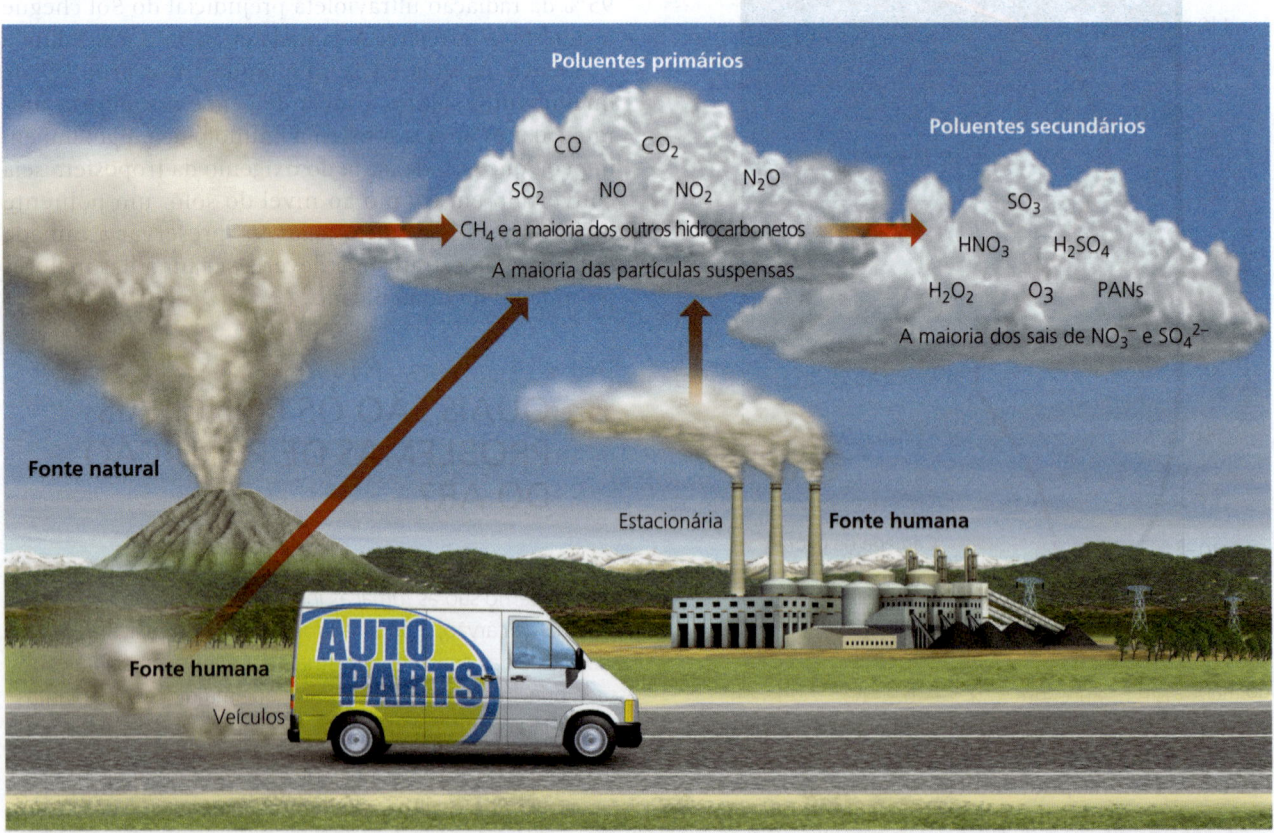

FIGURA 15.3 As emissões humanas de poluentes do ar são provenientes das *fontes móveis* (como carros) e *estacionárias* (como usinas industriais de energia e de cimento). Alguns *poluentes de ar primários* reagem entre si e com outros produtos químicos do ar para formar *poluentes de ar secundários*.

em ambientes internos). A maioria das pessoas expostas a níveis perigosos de poluentes do ar vive em cidades densamente povoadas de países menos desenvolvidos, onde não existem leis de controle de poluição do ar ou elas não são bem aplicadas.

Principais poluentes do ar externo

Óxidos de carbono. O *monóxido de carbono* (CO) é um gás incolor, inodoro e altamente tóxico que se forma durante a combustão incompleta dos materiais que contêm carbono. As principais fontes são as descargas de veículos automotivos, a queima de florestas e pradarias, as chaminés das usinas de queima de combustíveis fósseis e indústrias, fumaça de tabaco e os fornos ineficientes usados para cozinhar ou se aquecer.

No corpo, o CO pode combinar com a hemoglobina nas células vermelhas do sangue e reduzir a capacidade deste de transportar oxigênio para as células e os tecidos do corpo. A exposição de longo prazo pode desencadear infartos e agravar as doenças pulmonares, como asma e enfisema. Em altos níveis, o CO pode causar enxaqueca, náuseas, sonolência, confusão, colapso, coma e morte. Por isso é importante ter detectores de CO em casa.

O *dióxido de carbono* (CO_2) é um gás incolor e inodoro. Quase 93% do CO_2 contido na atmosfera é o resultado do ciclo natural do carbono (ver Figura 3.16). O restante é proveniente das atividades humanas, principalmente da queima de combustíveis fósseis, que adiciona CO_2 à atmosfera, e da redução do número de florestas e pradarias que ajudam a remover o excesso dessa substância da atmosfera. O dióxido de carbono é classificado como poluente do ar porque alcançou níveis suficientes para aquecer a atmosfera e causar mudanças climáticas, afetando a saúde humana. No entanto, há pressões políticas da indústria estadunidense de combustíveis fósseis para reverter a decisão da Agência de Proteção Ambiental (Environmental Protection Agency – EPA) que classifica o CO_2 como poluente do ar, apesar das claras evidências científicas que provam que ele é.

Óxidos de nitrogênio e ácido nítrico. O *óxido nítrico* (NO) é um gás incolor que se forma quando os gases nitrogênio e oxigênio reagem em altas temperaturas em motores de automóveis e usinas industriais e de queima de carvão. Raios e certas bactérias no solo e na água também produzem NO como parte do ciclo do nitrogênio (veja Figura 3.17).

No ar, o NO reage com o oxigênio para formar o *dióxido de nitrogênio* (NO_2), um gás castanho-avermelhado. Juntos, NO e NO_2 são chamados *óxidos de nitrogênio* (NO_x). Partes do NO_2 reagem com vapor de água no ar para formar *ácido nítrico* (HNO_3) e sais de nitrato (NO_3^-), componentes de *deposição ácida* nociva, assunto a ser abordado mais adiante. Tanto o NO quanto o NO_2 têm uma função na formação de *poluição fotoquímica* – uma mistura de poluentes formada sob a influência da luz solar nas cidades com trânsito pesado. O *óxido nitroso* (N_2O) é um gás de efeito estufa emitido a partir dos fertilizantes e resíduos animais e produzido pela queima de combustíveis fósseis.

Em níveis altos, os óxidos de nitrogênio podem irritar os olhos, o nariz e a garganta, agravar doenças pulmonares, como asma e bronquite, suprimir o crescimento de plantas e reduzir a visibilidade quando são convertidos em ácido nítrico e sais de nitrato.

Dióxido de enxofre e ácido sulfúrico. O *dióxido de enxofre* (SO_2) é um gás incolor com odor irritante. Cerca de um terço do SO_2 contido na atmosfera é proveniente de fontes naturais, como vulcões. Os outros dois terços (e quase 90% em algumas áreas urbanas altamente industrializadas) provêm de fontes humanas, principalmente combustão de carvão com enxofre em usinas de energia e industriais, refinarias de petróleo e fundições de minérios de sulfeto.

Na atmosfera, o SO_2 pode ser convertido em *aerossóis*, compostos de gotas microscópicas suspensas de *ácido sulfúrico* (H_2SO_4) e partículas suspensas de sais de sulfato (SO_4^{2-}) que voltam para a Terra como componentes da deposição ácida. O dióxido de enxofre, as gotas de ácido sulfúrico e as partículas de sulfato reduzem a visibilidade e agravam os problemas de respiração. Essas substâncias químicas também podem danificar safras, árvores, solos e a vida aquática em lagos. Além disso, corroem metais e danificam pinturas, papéis, couro e pedras usadas para construir muros, estátuas e monumentos.

Partículas. O *material particulado em suspensão* (MPS) é composto de uma variedade de partículas sólidas e gotas líquidas que são pequenas e leves o suficiente para permanecer suspensas no ar por longos períodos. A EPA classifica as partículas como finas ou PM-10 (com diâmetros menores do que 10 micrômetros) e ultrafinas ou PM-2,5 (com diâmetros menores do que 2,5 micrômetros). Aproximadamente 62% do MPS contido no ar externo é proveniente de fontes naturais, como pó, queimadas e sal marinho. Os 38% restantes provêm de fontes humanas como energia a carvão e plantas industriais, veículos automotores, erosão eólica do solo exposto e construção de estradas.

Essas partículas podem irritar o nariz e a garganta, danificar os pulmões, agravar a asma e a bronquite e diminuir a expectativa de vida. As partículas também reduzem a visibilidade, corroem metais e descolorem roupas e tintas.

Ozônio. O *ozônio* (O_3), um gás incolor e altamente reativo, é o ingrediente principal da poluição fotoquímica. Esta poluição pode causar tosse e problemas respiratórios, agravar doenças pulmonares e cardíacas, reduzir a resistência a resfriados e pneumonia e irritar olhos, nariz e garganta. Também danifica as plantas, a borracha dos pneus, bem como tecidos e tintas.

Medições científicas mostram que as atividades humanas reduziram a quantidade de O_3 benéfico da estratosfera e aumentaram a quantidade de ozônio prejudicial ao nível do solo, especialmente em algumas áreas urbanas. O ozônio nocivo na troposfera é um gás de efeito estufa que contribui para o aquecimento global e as mudanças climáticas. Ele também reduz a fotossíntese realizada por árvores e outros vegetais, fator que contribui para o aquecimento global ao diminuir a quantidade de CO_2 em excesso removida da troposfera por esses organismos. Analisaremos o grave problema da diminuição do ozônio na estratosfera na seção final desde capítulo.

Compostos orgânicos voláteis (*volatile organic compounds* – VOCs). Os compostos orgânicos que existem como gases na atmosfera ou que evaporaram de fontes da Terra para a atmosfera são chamados *compostos orgânicos voláteis* (VOCs). Eis alguns exemplos desses compostos: os hidrocarbonetos, emitidos pelas folhas de muitas plantas, e o *metano* (CH_4), um gás de efeito estufa que é aproximadamente 25 vezes mais eficaz por molécula do que o CO_2 para aquecer a atmosfera. Cerca de um terço das emissões globais de metano vem de fontes naturais, a maioria plantas, áreas úmidas e cupins. O restante vem de fontes humanas, principalmente arrozais, aterros sanitários, vazamentos de poços de petróleo e tubulações de gás natural, e vacas (principalmente do arroto desses animais).

Outros VOCs são líquidos que evaporam rapidamente na atmosfera, como benzeno e outros líquidos usados como solventes industriais, fluidos para limpeza a seco e vários componentes de gasolina, plástico e outros produtos.

A queima do carvão produz fumaça industrial

Há 75 anos, cidades como Londres, Chicago, Illinois, Pittsburgh e Pensilvânia queimavam grandes quantidades de carvão em usinas e fábricas. O carvão também era queimado para aquecer residências e, com frequência, para cozinhar. As pessoas que viviam nessas cidades, especialmente durante o inverno, estavam expostas à **poluição industrial**, que consiste principalmente de uma mistura não saudável de dióxido de carbono, gotas suspensas de ácido sulfúrico e uma variedade de partículas de sólido no ar externo. Os indivíduos que queimavam carvão dentro de suas casas eram expostos a níveis perigosos de partículas e outros poluentes do ar em ambientes fechados.

Hoje, a fumaça industrial urbana raramente é um problema na maioria dos países mais desenvolvidos, nos quais o carvão só é queimado em grandes centrais elétricas e industriais com controle de poluição do ar razoavelmente bom. Porém, a poluição industrial ainda é um problema nas áreas industrializadas da China, da Índia, da Ucrânia, da República Tcheca (Figura 15.4) e de outros países, onde grandes quantidades de carvão ainda são queimadas em usinas de energia, fábricas e casas com sistemas de controle de poluição inadequados. Devido à alta dependência do carvão, a China tem um dos níveis de fumaça industrial mais altos do mundo e 16 das 20 cidades mais poluídas do mundo.

Luz solar mais carros é igual à poluição fotoquímica

Outro tipo de poluição é a **poluição fotoquímica**, uma mistura de poluentes primários e secundários formada sob a influência da radiação UV do Sol. Em termos bem simplificados,

VOCs + NO_x + calor + luz solar → ozônio ao nível do solo (O_3)
+ outros fotoquímicos oxidantes
+ aldeídos
+ outros poluentes secundários

A formação da poluição fotoquímica começa logo pela manhã, quando os veículos liberam grandes quantidades de NO e VOCs sobre a cidade. O NO é convertido em NO_2 marrom-avermelhado, o que explica por que a poluição fotoquímica às vezes é chamada *poluição de ar marrom*. Quando expostos à radiação ultravioleta do Sol, alguns dos NO_2 reagem de maneiras complexas com VOCs liberados por certas árvores, veículos motorizados e empresas (como padarias e tinturarias). A mistura resultante dos poluentes, dominada pelo ozônio ao nível do solo, geralmente se acumula em níveis de pico no final da manhã, irritando os olhos e o aparelho respiratório das pessoas. Alguns dos poluentes, conhecidos como *oxidantes fotoquímicos*, podem danificar o tecido pulmonar.

Todas as cidades modernas têm poluição fotoquímica, mas ela é muito mais comum naquelas em que o clima é ensolarado e quente, e há um número grande de

FIGURA 15.4 Poluição industrial grave de uma fábrica de ferro e aço na República Tcheca.

FIGURA 15.5 A poluição fotoquímica é um problema grave em Los Angeles, na Califórnia, embora as leis de poluição do ar tenham ajudado a reduzir o número médio de dias com poluição grave no ano. **Pergunta:** Qual é a gravidade da poluição fotoquímica no lugar em que você mora?

iStock.com/Lee Pettet

veículos motorizados, como Los Angeles, na Califórnia (Figura 15.5), Salt Lake City, em Utah (Estados Unidos), Sydney (Austrália), São Paulo (Brasil), Bangcoc (Tailândia) e Cidade do México (México).

Diversos fatores afetam a poluição do ar

Cinco fatores naturais ajudam a *reduzir* a poluição do ar externo. Primeiro, partículas mais pesadas que o ar se depositam na atmosfera. Segundo, *a chuva e a neve* retiram parcialmente os poluentes do ar. Terceiro, as *rajadas de gotículas vindas dos oceanos* lavam muitos poluentes do ar que fluem da terra para os oceanos. Quarto, o *vento* varre os poluentes e os dilui, misturando-os com um ar mais limpo. Quinto, alguns poluentes são removidos por *reações químicas*. Por exemplo, SO_2 pode reagir com O_2 na atmosfera para formar SO_3, que reage com o vapor da água para formar gotas de H_2SO_4 que caem da atmosfera como precipitação ácida.

Mais seis fatores podem *aumentar* a poluição do ar exterior. Primeiro, as *construções urbanas* diminuem a velocidade do vento e reduzem a diluição e a remoção dos poluentes. Segundo, *colinas e montanhas* reduzem o fluxo de ar nos vales abaixo delas e permitem que os níveis de poluentes se acumulem no nível do solo. Terceiro, *altas temperaturas* promovem reações químicas que levam à formação da poluição fotoquímica. Quarto, *emissões de VOCs* de determinadas árvores e plantas localizadas em áreas urbanas podem promover a formação de poluição fotoquímica.

O quinto fator que aumenta a poluição do ar está relacionado com o *movimento vertical do ar*. Durante o dia, o Sol aquece o ar próximo da superfície da Terra. Normalmente, esse ar quente e a maioria dos poluentes nele contidos elevam-se para misturar-se com o ar mais frio acima dele e são dispersados. Em certas condições atmosféricas, entretanto, uma camada de ar quente pode ficar sobre uma camada de ar frio perto do chão, criando a *inversão térmica*. Como o ar frio é mais denso que o ar quente acima dele, o ar próximo da superfície não se eleva nem se mistura com o ar acima dele. Se essa condição persistir, os poluentes poderão acumular-se com concentrações nocivas e até mesmo letais na camada estagnada de ar fresco próximo ao solo.

O sexto fator é que a *poluição do ar pode se mover de um país para outro*. Desde 1992, os níveis dos principais poluentes do ar nos Estados Unidos vinham caindo graças às leis de controle da poluição do ar. No entanto, um estudo de 2017 conduzido por Lin Melyun e outros cientistas especializados em atmosfera descobriu que, desde 1980, e especialmente a partir de 1992, os níveis de poluição fotoquímica no oeste dos Estados Unidos aumentaram porque poluentes de vida longa liberados na China, na Índia e em outros países asiáticos tinham atravessado o oceano Pacífico. Esse fenômeno aumentou os níveis de ozônio derivados da poluição fotoquímica em partes do oeste dos Estados Unidos em até 65%.

Deposição ácida

A maioria das centrais de energia com queima de carvão, fundições de minério, refinarias de petróleo e outras instalações industriais emitem dióxido de enxofre (SO_2), partículas suspensas e óxidos de nitrogênio (NO_x) na atmosfera. Em países mais desenvolvidos, essas instalações costumam usar chaminés altas para dar vazão às descargas emitidas na atmosfera, de modo que o vento possa diluir e dispersar esses poluentes. Esse método reduz a poluição do ar *local*, mas aumenta a poluição do ar *regional* a favor do vento. Os ventos predominantes podem transportar os poluentes primários de SO_2 e NO_x, por quase mil quilômetros. Durante a viagem, esses compostos formam os poluentes secundários, como gotas de ácido sulfúrico (H_2SO_4), vapor de ácido nítrico (HNO_3) e partículas de sulfato formador de ácido (SO_4^{2-}) e sais de nitrato (NO_3^-) (Figura 15.3).

Essas substâncias ácidas permanecem na atmosfera de 2 a 14 dias. Durante esse período, elas descem para a superfície da Terra de duas formas: *deposição úmida*, composta de chuva ácida, neve, nevoeiro e vapor de nuvem, e *deposição seca*, composta de partículas ácidas. A mistura resultante é chamada *deposição ácida* (Figura 15.6) – algumas vezes chamada também de *chuva ácida*.

A deposição ácida é um problema de poluição do ar *regional* (**Conceito 15.2A**) nas áreas que ficam na direção do vento proveniente de instalações que queimam carvão e em áreas urbanas com um grande número de carros. O mapa da Figura 15.7 mostra partes do mundo em que a deposição ácida é ou deverá ser um problema. Em algumas áreas, o solo contém compostos que podem reagir e neutralizar ou *proteger* algumas entradas de ácidos. As áreas mais sensíveis à deposição ácida são aquelas que

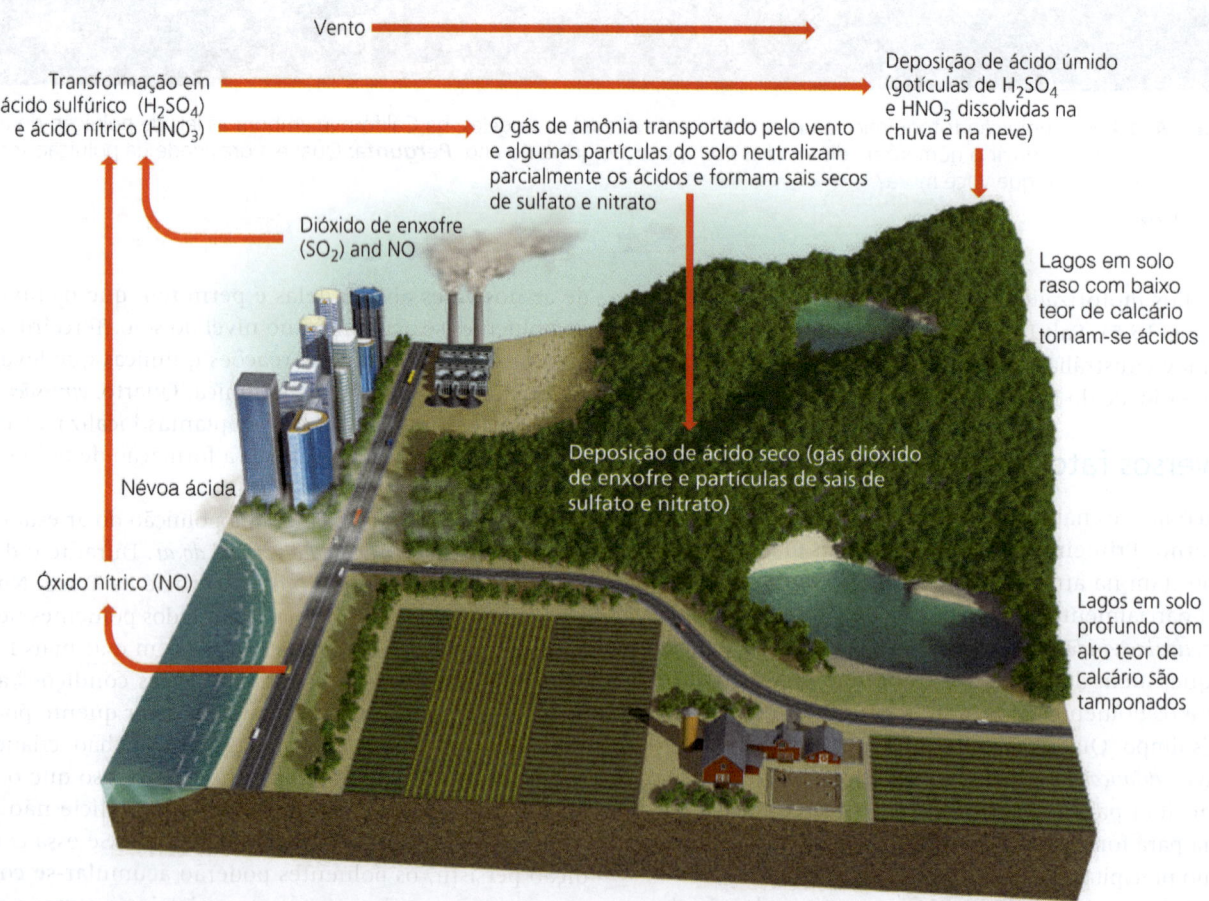

FIGURA 15.6 Degradação do capital natural: A *deposição ácida*, que consiste de chuva, neve, poeira e outras partículas com pH inferior a 5,6, normalmente é chamada chuva ácida. *Raciocínio crítico:* Como suas atividades diárias podem contribuir para a deposição ácida? Cite três exemplos.

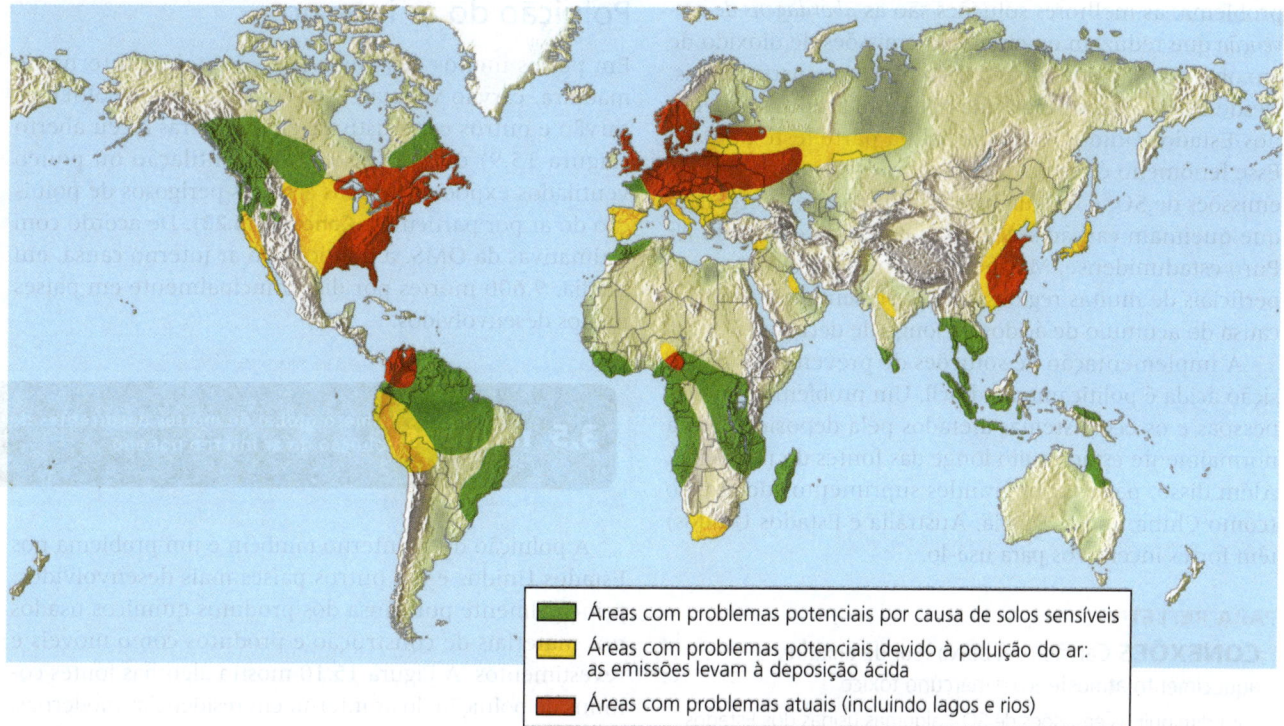

FIGURA 15.7 Este mapa mostra as regiões onde a deposição ácida é um problema e as regiões com potencial para desenvolver esse problema. Essas regiões têm grandes entradas de poluição do ar (principalmente de usinas de energia, instalações industriais e fundições de minério) ou são áreas sensíveis com solos naturalmente ácidos e leitos de rochas que não podem neutralizar (tamponar) entradas adicionais de compostos ácidos. **Pergunta:** A área em que você mora – ou perto dela – já foi afetada por deposição ácida ou será no futuro?

Informações compiladas pelos autores usando dados do World Resources Institute e da U.S. Environmental Protection Angency.

contêm solos rasos e ácidos sem essa proteção natural (Figura 15.7, todas as áreas verdes e a maioria das vermelhas) e aquelas em que a capacidade de proteção do solo foi esgotada em razão de décadas de deposição ácida.

Uma combinação de deposição ácida e outros poluentes pode prejudicar plantações e reduzir a produtividade vegetal ao remover nutrientes essenciais às plantas, como cálcio e magnésio, do solo das florestas. Essa combinação também faz o solo liberar íons de alumínio, chumbo, cádmio e mercúrio, substâncias tóxicas para as árvores. Esses efeitos raramente matam as árvores de maneira direta, mas podem enfraquecê-las e deixá-las vulneráveis a tensões, como frio extremo, doenças, ataque de insetos e seca.

A deposição ácida também danifica estátuas e construções, contribui para doenças respiratórias nos seres humanos e pode lixiviar metais tóxicos, como chumbo e mercúrio, do solo e de rochas para lagos usados como fontes de água potável. Esses metais tóxicos podem se acumular nos tecidos de peixes consumidos pelas pessoas (ver Capítulo 14, **Estudo de caso principal**). Devido à acidez excessiva decorrente da deposição ácida, milhares de lagos da Noruega e da Suécia e 1.200 lagos de Ontário, no Canadá, contêm poucos peixes (ou nenhum). Nos Estados Unidos, centenas de lagos (a maioria no nordeste do país) estão ameaçados dessa forma.

Nos Estados Unidos, plantas industriais e de queima de carvão mais antigas sem controles adequados de poluição, principalmente aquelas localizadas no centro-oeste, emitem grandes quantidades de SO_2, partículas e outros poluentes que causam deposição ácida. Os ventos predominantes dos Estados Unidos carregam esses poluentes para o leste. Como resultado, a precipitação em partes dos Estados Unidos é, no mínimo, dez vezes mais ácida que a precipitação natural. Algumas florestas de topo de montanha no leste dos Estados Unidos, bem como o leste de grandes cidades da região oeste, são inundadas por nevoeiro e orvalho que são cerca de mil vezes mais ácidos que a precipitação normal.

A deposição ácida também se torna um problema internacional quando as emissões ácidas de um país são transportadas para outros países pelos ventos predominantes. A pior deposição ácida ocorre na Ásia, especialmente na China, que obtém aproximadamente dois terços da energia e da eletricidade usadas no país com a queima de carvão, segundo a Energy Information Administration dos Estados Unidos [agência responsável pelas coleta e análise de informações sobre energia].

Como reduzir a deposição ácida

A Figura 15.8 apresenta formas de reduzir a deposição ácida. De acordo com vários cientistas que estudam o problema, as melhores soluções são as *abordagens de prevenção* que reduzem ou eliminam emissões de dióxido de enxofre (SO_2), óxidos de nitrogênio (NO_x) e particulados. Desde 1994, a deposição ácida diminuiu acentuadamente nos Estados Unidos, em especial na parte leste do país. Esse fenômeno é resultado de reduções significativas nas emissões de SO_2 e NO_x de usinas industriais e energéticas que queimam carvão segundo as emendas da Lei do Ar Puro estadunidense. Mesmo assim, o solo e as águas superficiais de muitas regiões ainda apresentam acidez por causa do acúmulo de ácidos ao longo de décadas.

A implementação de soluções de prevenção à deposição ácida é politicamente difícil. Um problema é que as pessoas e os ecossistemas afetados pela deposição ácida normalmente estão muito longe das fontes do problema. Além disso, países com grandes suprimentos de carvão (como China, Índia, Rússia, Austrália e Estados Unidos) têm fortes incentivos para usá-lo.

Poluição do ar interno

Em países menos desenvolvidos, a queima interna de madeira, carvão vegetal, esterco, resíduos de colheitas, carvão e outros combustíveis em fogueiras a céu aberto (Figura 15.9) ou em fogões sem ventilação ou pouco ventilados expõe as pessoas a níveis perigosos de poluição do ar por partículas (**Conceito 15.2B**). De acordo com estimativas da OMS, a poluição do ar interno causa, em média, 9.600 mortes por dia, principalmente em países menos desenvolvidos.

3,5 milhões Número global de mortes decorrentes da poluição do ar interno por ano.

A poluição do ar interno também é um problema nos Estados Unidos e em outros países mais desenvolvidos, principalmente por causa dos produtos químicos usados nos materiais de construção e produtos como móveis e revestimentos. A Figura 15.10 mostra algumas fontes comuns de poluição do ar interno em residências modernas.

Os estudos da EPA revelaram fatos alarmantes sobre a poluição do ar em ambientes fechados. *Primeiro*, os níveis de vários poluentes atmosféricos comuns geralmente são duas a cinco vezes maiores dentro de residências e edifícios comerciais dos Estados Unidos do que ao ar livre. Em alguns casos, eles são até 100 vezes maiores. *Segundo*, o nível de poluição dentro dos carros em áreas urbanas congestionadas pode ser 18 vezes maior que os níveis externos. *Terceiro*, os riscos à saúde que a exposição a tais

PARA REFLETIR

CONEXÕES Carvão com baixo teor de enxofre, aquecimento atmosférico e mercúrio tóxico

Para diminuir as emissões de SO_2, algumas usinas dos Estados Unidos substituíram carvões com alto teor de enxofre por aqueles com baixo teor de enxofre, como lignito (ver Figura 13.11). Porém, isso tem aumentado as emissões de CO_2 que contribuem para o aquecimento atmosférico e as mudanças climáticas previstas, porque o carvão com baixo teor de enxofre tem um valor de aquecimento inferior, o que significa que mais carvão deve ser queimado para gerar uma quantidade determinada de eletricidade. Carvão com baixo teor de enxofre também tem níveis mais elevados de mercúrio tóxico e outros traços de metais, portanto, queimá-lo resulta na emissão de mais desses produtos químicos nocivos na atmosfera.

Soluções

Deposição ácida

Prevenção	Limpeza
Reduzir o uso do carvão	Acrescentar cal para neutralizar lagos e solos acidificados
Usar gás natural e fontes de energia renováveis em vez de carvão	
Remover as partículas de SO_2 e NO_x dos gases das chaminés e o NO_x das descargas dos escapamentos dos veículos motores	Adicionar fertilizante de fosfato para neutralizar os lagos acidificados
Tributar as emissões de SO_2	

FIGURA 15.8 Formas de reduzir a deposição ácida e seus danos. *Raciocínio crítico:* Dessas soluções, quais você considera as melhores? Por quê?

Acima: Brittany Courville/Shutterstock.com. Abaixo: racorn/Shutterstock.com.

FIGURA 15.9 A lenha queimada para cozinhar dentro dessa residência no Nepal expõe essa mulher e os outros ocupantes da casa a níveis perigosos de poluição do ar interno.

Alain Lauga/Shutterstock.com

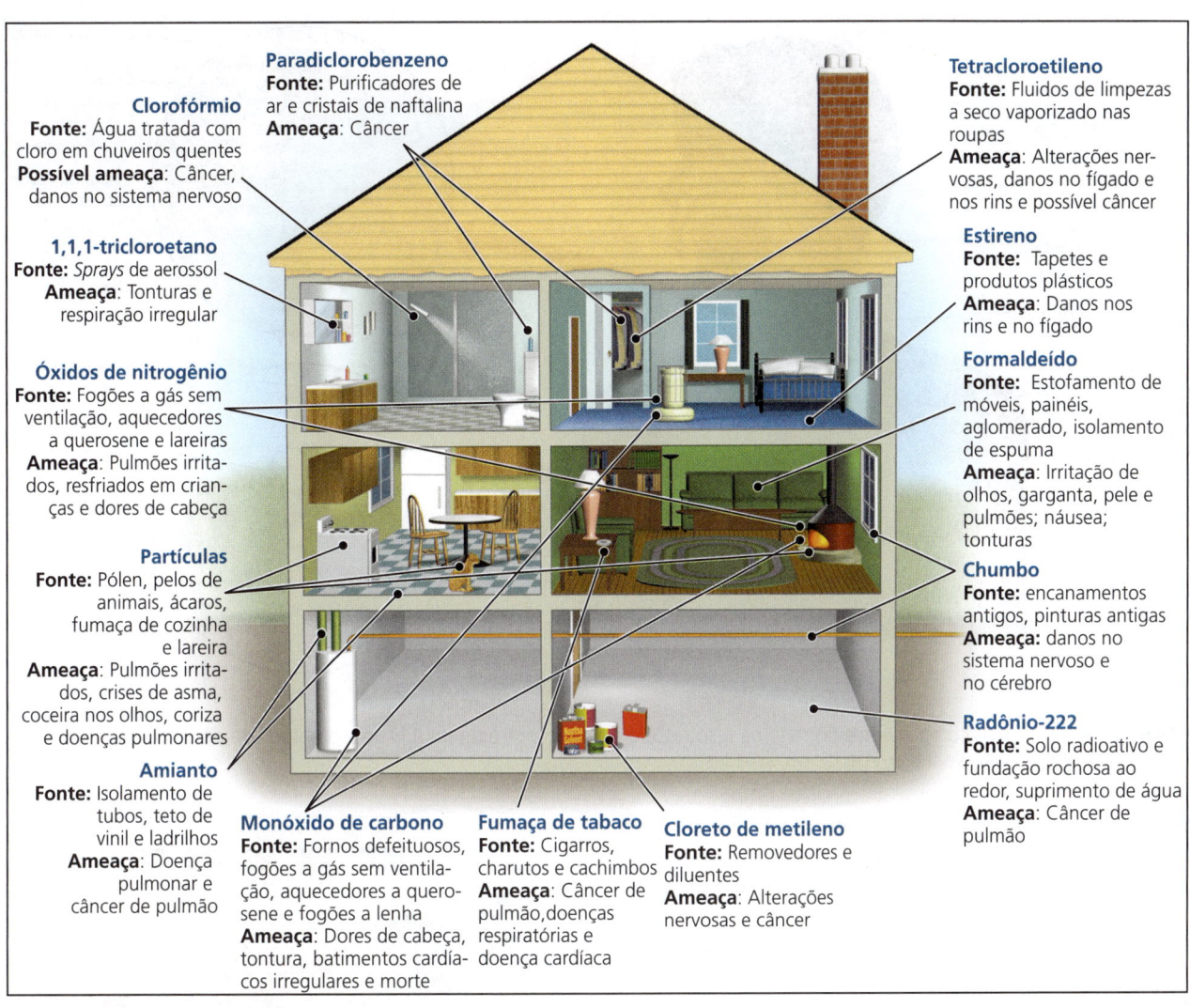

FIGURA 15.10 Inúmeros poluentes de ar interno são encontrados na maioria das casas modernas (**Conceito 15.2B**). *Raciocínio crítico:* Você está exposto a qual desses poluentes?

(Dados da U.S. Environmental Protection Agency.)

substâncias químicas oferece são aumentados, porque a maioria das pessoas em áreas urbanas mais desenvolvidas gasta entre 70% e 98% de seu tempo em ambientes internos ou em veículos. Fumantes, crianças mais novas do que 5 anos, idosos, pessoas doentes, mulheres grávidas, pessoas com problemas respiratórios ou cardíacos e trabalhadores de fábricas estão especialmente em risco com a poluição do ar interno. **CARREIRA VERDE: Especialista em poluição do ar interno.**

De acordo com a EPA e os agentes de saúde pública dos Estados Unidos, os quatro poluentes de ar interno mais perigosos em países mais desenvolvidos são *fumaça do tabaco* (ver Capítulo 14); o *formaldeído* emitido por muitos materiais de construção e vários produtos domésticos; *gás radônio-222 radioativo*, que pode se infiltrar nas casas a partir de depósitos de rochas subterrâneas; e as *partículas muito pequenas* (*ultrafinas*) de várias substâncias contidas em emissões de veículos motorizados, instalações de queima do carvão e queima de madeira e de floresta e grama.

A poluição do ar é uma grande assassina

Seu sistema respiratório (Figura 15.11) ajuda a protegê-lo da poluição do ar. Os pelos do nariz filtram partículas grandes. O muco pegajoso contido no revestimento das vias respiratórias superiores captura partículas pequenas (mas não as menores) e dissolve alguns poluentes gasosos. Centenas de milhares de estruturas semelhantes a minúsculos pelos revestidos de muco, chamados *cílios*, forram o trato respiratório superior. Eles se movem continuamente para a frente e para trás e transportam o muco e os poluentes presos para a garganta, onde são engolidos ou expelidos por meio de tosse ou espirro.

A exposição prolongada ou aguda a poluentes do ar pode sobrecarregar ou eliminar essas defesas naturais. Partículas finas e ultrafinas ficam alojadas no fundo dos pulmões, o que pode provocar câncer de pulmão, asma, ataque cardíaco e derrame. Anos de tabagismo ou inalação de ar poluído podem levar a outras doenças

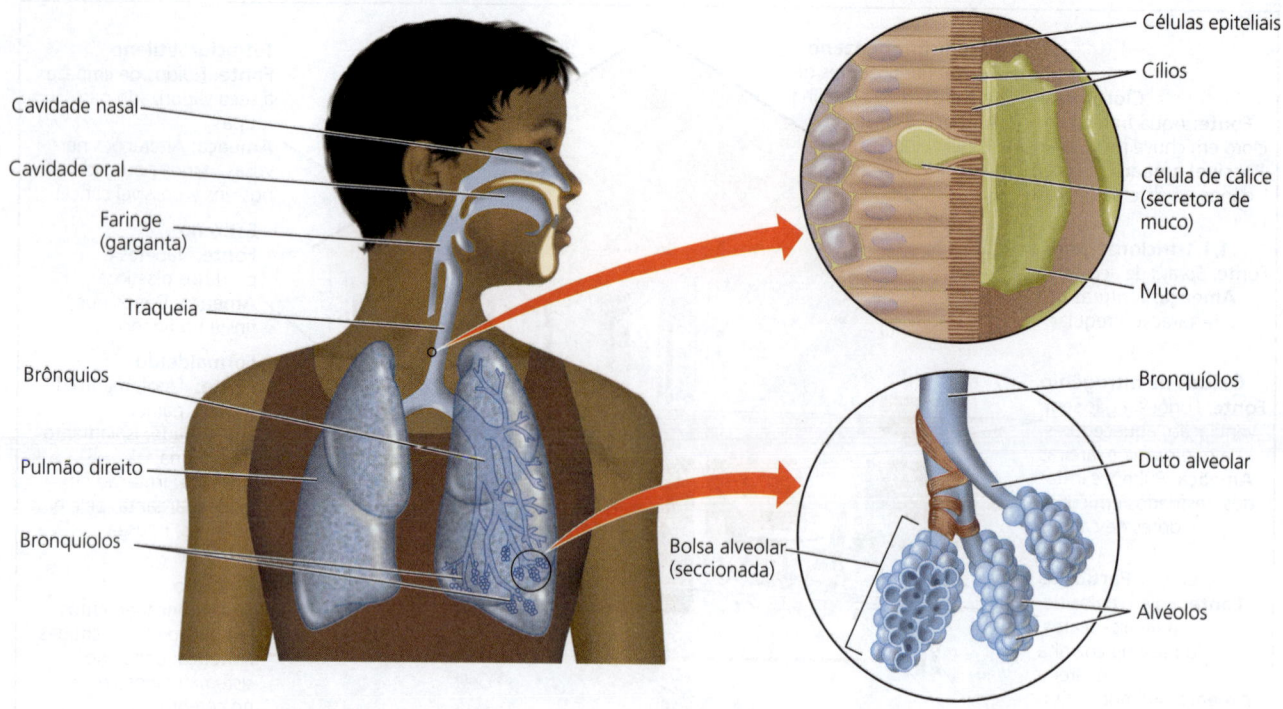

FIGURA 15.11 Certos componentes do sistema respiratório humano nos ajudam a ficar protegidos da poluição do ar, mas essas defesas podem ser sobrecarregadas ou violadas.

pulmonares, como bronquite crônica e enfisema, que causam falta de respiração aguda.

A OMS estima que, todos os anos, a poluição do ar interno e externo mate aproximadamente 6,5 milhões de pessoas – uma média de 17.808 mortes por dia. Isso mostra por que a poluição do ar causada principalmente por atividades humanas é um dos problemas ambientais mais graves do mundo. Na China, a poluição do ar mata 1,5 milhão de pessoas por ano, o que dá uma média de 4.110 mortes por dia. Isso acontece principalmente porque a China queima tanto carvão quanto os outros países do mundo juntos, com sistemas de controle de poluição inadequados, e tem milhões de veículos automotores (5 milhões só em Pequim). As principais causas de morte relacionadas com a poluição do ar na China são ataques cardíacos, derrame cerebral, doenças pulmonares obstrutivas crônicas (DPOC) e câncer de pulmão. No entanto, a crescente industrialização na Índia aumentou a poluição do ar no país, fazendo com que ele chegasse ao nível da China.

6,5 Milhões Número global de mortes decorrentes da poluição do ar interno e externo por ano.

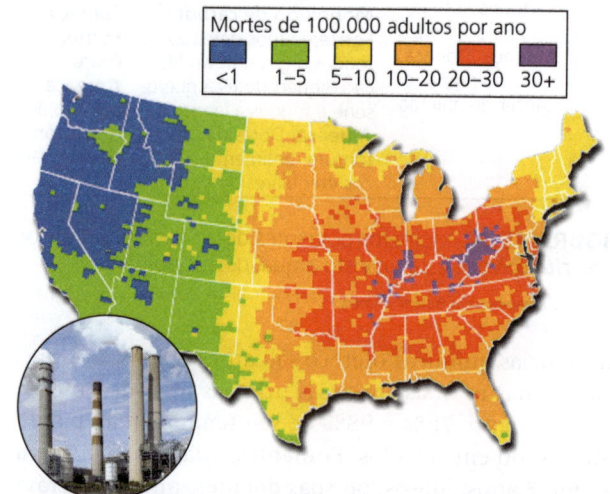

FIGURA 15.12 Distribuição de mortes prematuras decorrentes da poluição do ar nos Estados Unidos, principalmente de partículas pequenas, finas e ultrafinas acrescentadas à atmosfera pelas usinas de carvão. ***Raciocínio crítico:*** Por que as mais altas taxas de mortalidade ocorrem na metade leste dos Estados Unidos? Se você mora nos Estados Unidos, qual é o risco de exposição a essa poluição em sua casa ou onde você estuda?

Brittany Courville/Shutterstock.com

Steven Barrett e outros pesquisadores do Instituto de Tecnologia de Massachusetts (Massachusetts Institute of Technology – MIT) estimam que a poluição do ar externo, em sua maioria poluição por partículas finas, contribui para a morte de quase 200 mil estadunidenses todos os anos. Quase a metade dessas mortes é atribuída às emissões de carros e caminhões, enquanto a outra metade se deve às usinas industriais e de queima de carvão (Figura 15.12). Esse número de mortes equivale à queda de dois aviões com 275 passageiros *todos os dias*, sem sobreviventes. Outras milhões de pessoas sofrem com crises de asma e distúrbios respiratórios causados pela poluição do ar interno e externo.

De acordo com os estudos da EPA, todos os anos, mais de 125 mil estadunidenses adquirem câncer respirando as fumaças carregadas de fuligem de diesel emitidas por ônibus, caminhões, tratores, escavadeiras e outros equipamentos de construção, trens e navios. Um caminhão grande a diesel emite a mesma quantidade de material particulado que 150 carros. Um estudo liderado por Daniel Lack revelou que os 100 mil (ou mais) navios movidos a diesel do mundo emitem metade da poluição de partículas emitida por 1 bilhão de veículos automotores existentes no mundo.

15.3 COMO PODEMOS TRATAR A POLUIÇÃO DO AR?

CONCEITO 15.3 Ferramentas jurídicas, econômicas e tecnológicas podem nos ajudar a reduzir a poluição do ar, mas a melhor solução é evitá-la.

Leis e regulamentações podem reduzir a poluição do ar exterior

Os Estados Unidos oferecem um exemplo excelente de como os governos podem reduzir a poluição do ar (**Conceito 15.3**). O Congresso estadunidense aprovou as (*Clear Air Acts*) em 1970, 1977 e 1990, por meio das quais o governo federal estabeleceu regulamentações para a poluição do ar para os principais poluentes aplicadas pelos estados e pelas principais cidades.

Conforme decisão do Congresso, coube à EPA o estabelecimento de padrões de qualidade do ar para os seis principais poluentes exteriores: monóxido de carbono (CO), dióxido de nitrogênio (NO_2), dióxido de enxofre (SO_2), material particulado suspenso (*suspended particulate matter* – SPM, menor do que o PM-10), ozônio (O_3) e chumbo (Pb). Cada padrão especifica o nível máximo permitido para um poluente, em média, durante um período determinado. A EPA também estabeleceu padrões nacionais para emissões de mais de 188 *poluentes perigosos do ar* (*hazardous air pollutants* – HAPs), que podem causar ou contribuir para o surgimento de efeitos graves para a saúde.

De acordo com um relatório de 2016 da EPA, emissões agregadas de seis importantes poluentes do ar diminuíram 65% entre 1980 e 2015, mesmo com os aumentos significativos no mesmo período do produto interno bruto, dos quilômetros percorridos por veículos, do consumo de energia e da população (Figura 15.13).

Nos Estados Unidos, a redução significativa da poluição do ar exterior tem sido, desde 1970, uma notável história de sucesso, principalmente por causa de dois fatores. *Primeiro*, os cidadãos estadunidenses insistiram que as leis fossem aprovadas e impostas para melhorar a qualidade do ar. Antes de 1970, quando o Congresso aprovou a Lei do Ar Puro, não existiam equipamentos de controle da poluição do ar para fábricas, usinas de energia e veículos automotores. *Segundo*, o país tinha recursos financeiros suficientes para custear controles e melhorias. Graças a

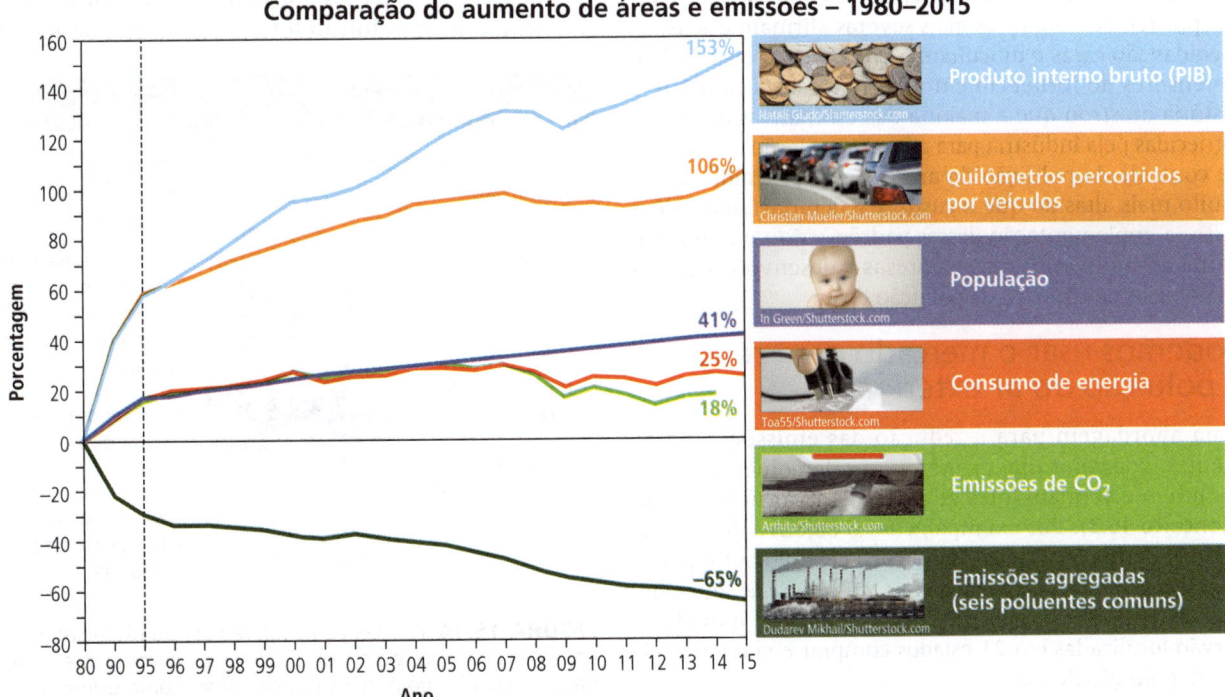

FIGURA 15.13 Os níveis de poluentes do ar caíram significativamente entre 1980 e 2015, apesar do aumento em outros fatores.

Dados e gráfico da Agência de Proteção Ambiental dos Estados Unidos.

esses fatores, por exemplo, um novo automóvel emite hoje 75% menos poluição que um carro de 1970.

Cientistas ambientais celebram esse importante sucesso, mas recomendam que as leis estadunidenses relacionadas com a poluição do ar sejam reforçadas com ações como:

- Enfatizar a prevenção da poluição do ar. O poder da prevenção (**Conceito 15.3**) ficou claro pela queda de 99% nos níveis de chumbo na atmosfera depois que o chumbo na gasolina foi proibido em 1976.
- Reduzir drasticamente as emissões das aproximadamente 20 mil antigas usinas industriais e de energia, usinas de cimento, refinarias de petróleo e incineradores de resíduos que não foram obrigadas a cumprir com os padrões de poluição do ar para novas instalações sob as Leis do Ar Puro.
- Reduzir as emissões de poluentes tóxicos, como mercúrio, na atmosfera.
- Continuar melhorando os padrões de eficiência de combustível para veículos automotores, uma das etapas mais importantes para desacelerar as mudanças climáticas.
- Aumentar a rigidez das regulamentações de emissões de motocicletas e motores a gasolina de dois tempos usados em dispositivos como motosserras, cortadores de grama, geradores, scooters e veículos para neve.
- Definir regulamentações para a poluição do ar mais rígidas para aeroportos e navios.
- Diminuir significativamente a poluição do ar em ambientes fechados.

No entanto, existem pressões políticas com a intenção de enfraquecer – e não fortalecer – as leis de controle da poluição do ar. Executivos de empresas que seriam afetadas por regulamentações mais severas afirmam que essas medidas são caras e dificultam o crescimento econômico. Defensores do fortalecimento das normas alegam que a história mostrou que a maioria das estimativas de custos fornecidas pela indústria para a implementação de padrões de controle da poluição do ar nos Estados Unidos eram muito mais altas do que o custo real demonstrado. Além disso, a implementação desses padrões criou empregos e renda ao motivar muitas empresas a desenvolver novas tecnologias de controle da poluição do ar.

Podemos usar o mercado para reduzir a poluição do ar exterior

Uma abordagem para a redução das emissões de poluentes é permitir que os produtores de poluentes do ar comprem e vendam lotes de poluição do ar no mercado (**Conceito 15.3**). Por exemplo, com o objetivo de reduzir as emissões de SO_2, a Lei do Ar Puro de 1990 autorizou o *comércio de emissões* ou *programa de cap-and-trade*[1], que permite às 110 usinas mais poluentes de energia movidas a carvão localizadas em 21 estados comprar e vender direitos de poluição de SO_2.

1 O Sistema *Cap-and-trade* fixa um limite as emissões (cap), que vai diminuindo no longo do tempo. As empresas podem negociar (trade) permissões para emitir determinadas quantidades de poluentes. Oferta e demanda vão definir o preço dessas permissões como no mercado em geral.

Nesse sistema, cada usina recebe anualmente uma quantidade de créditos de poluição, que permite emitir uma quantidade determinada de SO_2. Uma concessionária que emite menos do que o montante atribuído tem um excedente de créditos de poluição e pode usá-los para compensar as emissões de SO_2 em suas outras usinas, mantê-los para futuras expansões ou vendê-los para outras concessionárias, cidadãos ou entidades privadas. Segundo a EPA, entre 1990 e 2012, o programa de comércio de emissões ajudou a reduzir em 76% as emissões de SO_2 de usinas energéticas dos Estados Unidos, por um custo de menos de um décimo do que havia sido previsto pelas concessionárias.

De acordo com defensores, essa abordagem é mais barata e mais eficiente do que a regulamentação do governo da poluição do ar. Por sua vez, os críticos afirmam que essa abordagem permite que concessionárias com usinas elétricas mais sujas e antigas comprem uma solução para suas responsabilidades ambientais e continuem a poluir. O sucesso de qualquer abordagem de comércio de emissões depende de dois fatores: quão baixo é o limite inicial e com que frequência ele será reduzido para promover inovações contínuas nas áreas de prevenção e controle da poluição do ar.

Outras formas de reduzir a poluição do ar exterior

A Figura 15.14 apresenta um resumo das formas de diminuir as emissões de óxidos de enxofre, óxidos de nitrogênio e matérias particuladas de origens estacionárias, como usinas de queima de carvão e instalações industriais, os principais causadores da poluição industrial.

A Figura 15.15 lista várias formas de evitar ou reduzir emissões de veículos automotores, o fator principal na formação da poluição fotoquímica. Em países mais

Soluções

Poluição do ar oriunda de fontes estacionárias

Prevenção	Redução ou dispersão
Remover o enxofre do carvão	Dispersar as emissões (que podem aumentar a poluição a favor do vento) com chaminés altas
Converter o carvão em combustível líquido ou gasoso	Remover os poluentes dos gases das chaminés
Mudar de carvão para gás natural e fontes renováveis	Tributar cada unidade de poluição produzida

FIGURA 15.14 Formas de evitar, reduzir ou dispersar as emissões de óxidos de enxofre, óxidos de nitrogênio e matérias particuladas de origens estacionárias, como usinas de queima de carvão e instalações industriais (**Conceito 15.3**). *Raciocínio crítico:* Dessas soluções, quais você considera as melhores? Cite duas e justifique sua resposta.

Acima: Brittany Courville/Shutterstock.com. Abaixo: racorn/Shutterstock.com.

Soluções

Poluição do ar oriunda de veículo motor

Prevenção
- Caminhar, andar de bicicleta ou usar transporte público
- Melhorar a eficiência do combustível
- Retirar carros antigos das ruas

Redução
- Exigir dispositivos de controle de emissões
- Inspecionar os sistemas de exaustão dos carros duas vezes por ano
- Definir padrões rigorosos de emissão

FIGURA 15.15 Maneiras de evitar ou reduzir as emissões dos veículos a motor. (**Conceito 15.3**). *Raciocínio crítico:* Dessas soluções, quais são as duas que você considera as melhores? Por quê?

Acima: egd/Shutterstock.com. Abaixo: Tyler Olson/Shutterstock.com.

Soluções

Poluição do ar interior

Prevenção
- Proibir o fumo em ambientes fechados
- Definir padrões mais rígidos para as emissões de formaldeídos de tapetes, móveis e materiais de construção
- Evitar a infiltração de radônio
- Usar agentes de limpeza, tintas e outros produtos à base de substâncias naturais

Limpeza e diluição
- Usar saídas de ar fresco ajustáveis para espaços de trabalho
- Circular o ar com mais frequência
- Circular o ar de edifícios por meio de estufas nos telhados
- Utilizar fornos solares e sistemas de fogões a lenha eficientes e ventilados

FIGURA 15.16 Formas de evitar ou reduzir a poluição do ar interior (**Conceito 15.3**). *Raciocínio crítico:* Dessas soluções, quais são as duas que você considera as melhores? Por quê?

Acima: Tribalium/Shutterstock.com. Abaixo: PATSTOCK/AGE Fotostock.

desenvolvidos, muitas dessas soluções tiveram sucesso. Porém, a baixa qualidade do ar em áreas urbanas de muitos países menos desenvolvidos está piorando ainda mais devido ao aumento no número de veículos automotores sem a tecnologia adequada de controle da poluição. Nos próximos 10 a 20 anos, a tecnologia poderá ajudar todos os países a limpar o ar por meio de motores e sistemas de emissão aprimorados e de veículos totalmente elétricos, híbridos e *plug-in* (ver Figura 13.24) (**Conceito 15.3**).

Podemos reduzir a poluição do ar em ambientes fechados

Pouco esforço tem sido dedicado para reduzir a poluição do ar interno, mesmo que isso represente uma ameaça muito maior para a saúde humana do que a poluição do ar exterior (**Conceito 15.2B**). Especialistas em poluição do ar sugerem várias maneiras de evitar ou reduzir a poluição do ar interno, conforme mostra a Figura 15.16.

Em países menos desenvolvidos, a poluição do ar interno por fogueiras (Figura 15.9) e fogões ineficientes pode ser reduzida. Mais pessoas poderiam usar fogões de barro ou de metal baratos que queimam combustíveis de forma mais eficiente e expelem as descargas para o exterior. Em regiões ensolaradas, também é possível usar fornos solares (ver Figura 13.35). A Figura 15.17 lista algumas formas de reduzir sua exposição à poluição do ar em áreas internas.

O que você pode fazer

Poluição do ar interno

- Teste o radônio e o formaldeído em sua casa e tome medidas corretivas quando necessário
- Não compre móveis e outros produtos que contenham formaldeído
- Teste sua casa ou seu local de trabalho quanto aos níveis de fibras de amianto e verifique se há algum material de amianto esfarelado
- Se você é tabagista, fume fora de casa ou em um quarto com ventilação para fora
- Certifique-se de que fogões a lenha, lareiras e aquecedores a querosene e de queima de gás estejam corretamente instalados, ventilados e conservados
- Instale detectores de monóxido de carbono em todos os dormitórios
- Use ventiladores para circular o ar interno
- Cultive plantas dentro de casa; quanto mais, melhor
- Não armazene gasolina, solventes ou outras substâncias químicas voláteis perigosas dentro de casa ou na garagem anexa
- Tire os sapatos antes de entrar em casa para reduzir a entrada de poeira, chumbo e pesticidas

FIGURA 15.17 Pessoas que fazem a diferença: Você pode reduzir sua exposição à poluição do ar interno. *Raciocínio crítico:* Dessas ações, quais são as três que você considera mais importantes? Por quê?

Poluição do ar, mudanças climáticas e redução da camada de ozônio

15.4 COMO E POR QUE O CLIMA DA TERRA ESTÁ MUDANDO?

CONCEITO 15.4 Um número considerável de evidências científicas indica que a atmosfera da Terra tem esquentado e mudado o clima da Terra principalmente por causa das atividades humanas.

Condições meteorológicas e clima não são a mesma coisa

Ao pensar em mudanças climáticas é muito importante diferenciar condições meteorológicas de clima. O termo **condições meteorológicas** refere-se às mudanças de curto prazo que ocorrem nas variáveis atmosféricas, como temperatura e precipitação em uma área determinada, em um período de horas ou dias. Por sua vez, **clima**, conforme definido pela World Meteorological Society, é determinado pelas condições meteorológicas *médias* da Terra ou de uma área em particular, especialmente a temperatura atmosférica, durante períodos de, pelo menos, três décadas. Os cientistas usaram essas medições de longo prazo para dividir a Terra em várias zonas climáticas (ver Figura 7.2).

Aquecimento global (**Estudo de caso principal**) não significa que todas as regiões do planeta estão ficando mais quentes. Em vez disso, significa que, à medida que a temperatura atmosférica média da Terra sobe, algumas áreas ficam mais quentes e outras mais frias por causa das interações do complexo sistema climático do planeta. Entretanto, quando a temperatura atmosférica *média global* aumenta ou diminui durante um período de pelo menos três décadas, pode-se dizer que o clima da Terra está mudando.

A mudança climática não é um fenômeno novo, mas tem acelerado recentemente

A mudança climática não é nova nem incomum. Durantes os últimos 3,5 bilhões de anos, muitos fatores naturais foram importantes para as mudanças climáticas do passado, entre eles: **(1)** grandes erupções vulcânicas e impactos de meteoros e asteroides que resfriaram a Terra, injetando grandes quantidades de detritos na atmosfera; **(2)** mudanças nas emissões solares que podem aquecer ou resfriar a Terra; **(3)** pequenas alterações no formato da órbita do planeta ao redor do Sol, de mais redonda para mais elíptica, em um ciclo de 100 mil anos; **(4)** leves variações na inclinação do eixo da Terra em um ciclo de 41 mil anos; **(5)** e pequenas alterações na órbita variável da Terra ao redor do Sol em um ciclo de 20 mil anos. Juntos, os fatores 3, 4 e 5 são conhecidos como *ciclos de Milankovitch*. O clima da Terra também é afetado por **(6)** padrões globais de circulação do ar (ver Figura 7.4); **(7)** mudanças nos tamanhos das áreas de gelo (**Estudo de caso principal**), que refletem a entrada de energia solar e resfriam a atmosfera, **(8)** alterações na concentração de gases de efeito estufa e **(9)** mudanças ocasionais nas correntes oceânicas.

Pesquisas científicas revelam que o clima da Terra variou nos últimos 900 mil anos, alternando lentamente entre longos períodos de aquecimento e resfriamento atmosférico, que levaram às eras do gelo (Figura 15.18, parte superior esquerda). Esses ciclos alternados de congelamento e degelo são conhecidos como *períodos glacial* e *interglacial*.

Durante cerca de 10 mil anos, a Terra passou por um período interglacial, com temperatura global média na superfície geralmente estável (Figura 15.18, parte inferior à esquerda). O clima majoritariamente estável resultante permitiu que a população humana crescesse com o desenvolvimento da agricultura e, mais tarde, com o crescimento das cidades. Nos últimos mil anos, a temperatura média da atmosfera perto da superfície terrestre permaneceu praticamente estável (Figura 15.18, parte inferior à direita). No entanto, desde 1975, as temperaturas atmosféricas médias da Terra estão aumentando (Figura 15.18, parte superior à direita). Em outras palavras, estamos acentuando o efeito estufa natural (Figura 3.3), que sustenta a vida na Terra e as economias humanas. À medida que os níveis de CO_2 na atmosfera aumentam, o gás se torna um poluente importante para as mudanças climáticas e seus efeitos prejudiciais para o ambiente, a saúde e a economia.

Evidências científicas consideráveis indicam que aumentos nas emissões de CO_2 provenientes de atividades humanas, como a queima de combustíveis fósseis, elevaram a temperatura atmosférica média do planeta e desempenharam um papel importante no avanço das mudanças climáticas que ocorrem desde 1975 (Figura 15.18, parte superior à direita). Esse fenômeno foi muitas vezes mais rápido que as mudanças climáticas anteriores, causadas por fatores naturais, que levaram de centenas a milhares de anos para acontecer (Figura 15.18, parte superior à esquerda).

Cientistas estimam mudanças de temperatura anteriores, como aquelas retratadas na Figura 15.18, analisando evidências de inúmeras fontes, como: radioisótopos em rochas e fósseis; plâncton e radioisótopos em sedimentos do oceano; pequenas bolhas, camadas de fuligem e outros materiais presos em diferentes camadas de ar antigo encontradas em núcleos de gelo das geleiras (Figura 15.19); pólen do fundo de lagos e pântanos; anéis de árvores; e medições da temperatura atmosférica registradas regularmente desde 1861. Hoje, essas medições de temperatura incluem dados de mais de 40 mil estações em todo o mundo, além de satélites.

Entre 2007 e 2015, as principais organizações científicas do mundo, como IPCC, NAS, British Royal Society, U.S. National Atmospheric and Oceanic Administration (NOAA), U.S. National Aeronautic and Space Administration (NASA) e American Association for the Advancement of Science (AAAS), e pelo menos 90% dos cientistas especializados em clima do mundo chegaram a quatro grandes conclusões:

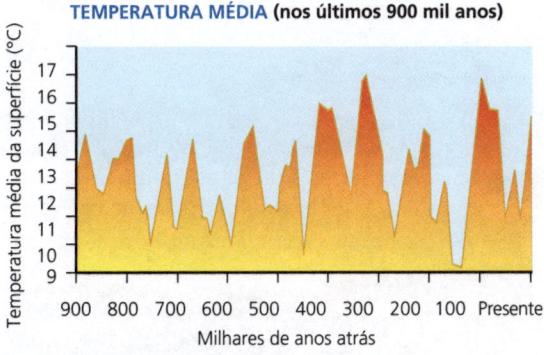
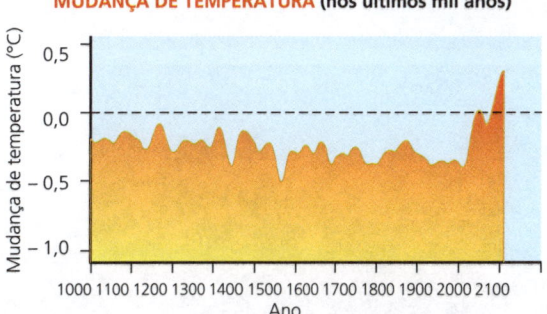
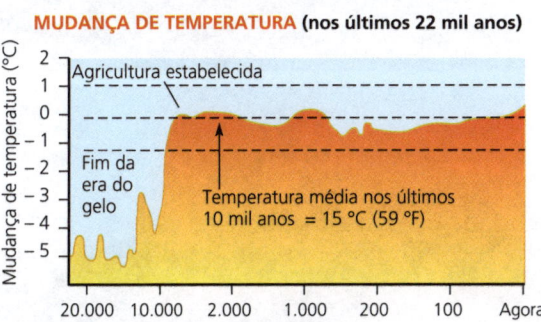

FIGURA 15.18 A temperatura média global da atmosfera perto da superfície terrestre mudou significativamente em períodos diferentes. Os dois gráficos da parte superior desta figura mostram estimativas das temperaturas globais médias e os dois gráficos da parte inferior estimam as mudanças na temperatura média ao longo de períodos diferentes. *Raciocínio crítico:* Cite duas conclusões que você pode extrair desses diagramas.

Dados do Goddard Institute for Space Studies, Intergovernmental Panel on Climate Change, National Academy of Sciences, National Aeronautics and Space Administration, National Center for Atmospheric Research e National Oceanic and Atmospheric Administration.

1. O clima da Terra está mudando, e muito provavelmente essas mudanças se acelerarão, a menos que a tomemos atitudes para retardá-las.

2. Atividades humanas, como a queima de combustíveis fósseis (que adiciona CO_2 na atmosfera) e o desmatamento de florestas (que removem CO_2 da atmosfera), são fatores importantes para a ocorrência das mudanças climáticas atuais.

3. É provável que a temperatura atmosférica média aumente e cause mais mudanças climáticas, a menos que a humanidade adote medidas para desacelerá-las.

4. Ações imediatas e prolongadas para controlar as mudanças climáticas são possíveis e acessíveis. Elas trariam grandes benefícios para a saúde humana, as economias e o meio ambiente.

Dados de milhares de estudos científicos revisados por especialistas confirmam a conclusão de que as mudanças climáticas influenciadas pelos seres humanos estão acontecendo agora. Algumas dessas evidências são apontadas a seguir:

- Entre 1906 e 2016, a temperatura global média da superfície da Terra aumentou 0,94 °C (1,7 °F), e grande parte desse aumento ocorreu a partir de 1975 (Figura 15.18, parte superior à direita). Por definição,

FIGURA 15.19 Os *núcleos de gelo* são extraídos por meio da perfuração de buracos profundos em geleiras antigas, em vários locais, como esse que fica perto do Polo Sul, na Antártica. A análise dos núcleos de gelo fornece informações sobre a composição passada da atmosfera mais baixa, as tendências de temperatura, como mostrado na Figura 15.2 (parte superior à direita), atividade solar, queda de neve e frequência de incêndios florestais.

Poluição do ar, mudanças climáticas e redução da camada de ozônio

FIGURA 15.20 Entre 1913 (superior) e 2008 (inferior), grande parte do gelo que cobria a Geleira Sperry, no Parque Nacional Glacier, em Montana, derreteu.

De cima para baixo: W. C. Alden/GNP Archives/US Geological Survey; Lisa McKeon/US Geological Survey.

esse aumento geral na temperatura atmosférica do planeta nesses mais de 40 anos, indica que houve uma mudança climática.

- Os dez anos mais quentes registrados desde 1861 ocorreram desde 2005.
- No Ártico, o gelo marinho flutuante no verão tem derretido e diminuído na maioria dos anos desde 1979.
- Em algumas partes do mundo, geleiras que existiam há milhares de anos (Figura 15.20) estão derretendo, entre elas as placas de gelo da Groenlândia (**Estudo de caso principal**).
- No Alasca, as geleiras e o solo congelado (permafrost) estão derretendo. A perda de gelo marinho e o aumento do nível do mar estão engolindo litorais e algumas comunidades precisarão ser realocadas.
- O nível médio do mar do mundo tem subido a uma taxa acelerada, especialmente desde 1975. Esse aumento se deve em grande parte à expansão da água dos oceanos, que absorveu calor da atmosfera, e ao maior escoamento de gelo terrestre derretido.
- Os níveis atmosféricos de CO_2, CH_4 e outros gases de efeito estufa que aquecem a troposfera têm aumentado significativamente.
- À medida que as temperaturas subiram, muitas espécies terrestres, marinhas e de água doce migraram em direção aos polos e, no continente, para áreas elevadas mais frescas. As espécies que não podem migrar enfrentam a extinção.

Talvez você já tenha ouvido falar ou lido nos jornais a respeito do *debate sobre mudanças climáticas* entre cientistas. Esse é um termo equivocado, porque, depois de várias décadas de discussão e de pesquisas revisadas por especialistas, não há grandes debates ou controvérsias sobre as mudanças climáticas atuais e suas causas entre pelo menos 90% dos mais de 2.500 cientistas da área climática do mundo. Como os cientistas são bastante céticos e questionam os resultados de todas as pesquisas, esse nível de concordância em qualquer área é raro.

No entanto, na arena política, esses debates e controvérsias sobre as mudanças climáticas são intensos entre cidadãos, representantes eleitos e membros de empresas que produzem ou queimam combustíveis fósseis que adicionam CO_2 na atmosfera. Por mais de 40 anos, o setor de combustíveis fósseis financiou iniciativas para lançar dúvidas sobre a existência de mudanças climáticas e se as atividades humanas (principalmente emissões de CO_2 a partir da queima de combustíveis fósseis)

desempenhavam um papel significativo nesse processo. Esses debates se concentram nas ações políticas e econômicas que deveriam ser adotadas para lidar com a mudança climática. Trata-se de uma difícil e importante questão política, econômica e ética, pois as economias e os estilos de vida modernos se baseiam na queima de combustíveis fósseis, que fornecem 90% da energia comercial do mundo e adicionam quantidades imensas de CO_2, causador de mudanças climáticas, na atmosfera.

Clima e efeito estufa

O **efeito estufa** (ver Figura 3.3) é um processo natural muito importante para a determinação da temperatura atmosférica média da Terra e, consequentemente, seu clima. Ele ocorre quando parte da energia solar absorvida pela Terra é irradiada para dentro da atmosfera como radiação infravermelha (calor). Quando essa radiação interage com moléculas de diversos *gases de efeito estufa* do ar, como vapor de água (H_2O), dióxido de carbono (CO_2), metano (CH_4) e óxido nitroso (N_2O), ela aumenta sua energia cinética e aquece a atmosfera inferior e a superfície terrestre.

Vários experimentos laboratoriais e medições de temperaturas em diferentes altitudes confirmaram o efeito estufa, hoje uma das teorias científicas mais aceitas das ciências atmosféricas. A vida na Terra e nossos sistemas econômicos dependem do efeito estufa natural, porque ele mantém o planeta com uma temperatura média de aproximadamente 15 °C (58 °F). Sem ele, o planeta seria um local congelado e, em sua maior parte, inabitável.

A concentração atmosférica de CO_2, como parte do ciclo do carbono (Figura 3.16, p. 59), tem um papel importante na determinação da temperatura média da atmosfera. Medições de CO_2 em bolhas de núcleos de gelo (Figura 15.19) em várias profundidades no gelo glacial antigo indicam que alterações nos níveis desse gás na atmosfera inferior tiveram uma forte correlação com mudanças na temperatura média global perto da superfície da Terra nos últimos 400 mil anos (Figura 15.21). Cientistas notaram uma correlação semelhante entre as temperaturas da atmosfera e as emissões de metano (CH_4).

As atividades humanas desempenham um papel importante no aquecimento atmosférico atual

Pesquisas revelam que as mudanças anteriores no clima da Terra foram ocasionadas por fatores naturais. No entanto, desde o início da Revolução Industrial, em meados de 1700, ações humanas – principalmente a queima de combustíveis fósseis, o desmatamento e a agricultura – causaram aumentos significativos na concentração de vários gases de efeito estufa, em especial CO_2, na atmosfera inferior (Figura 15.22). Este aumento é persistente porque cerca de 80% do CO_2 emitido normalmente pelas atividades

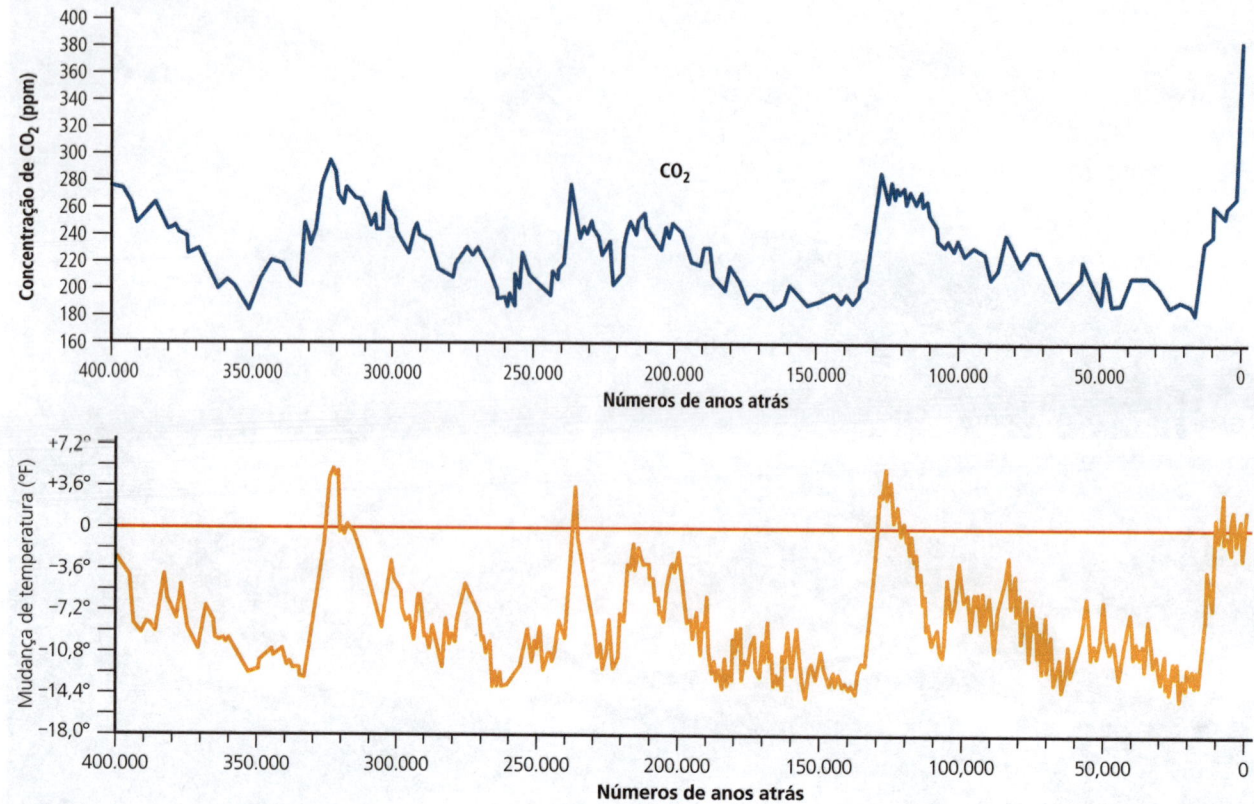

FIGURA 15.21 Níveis de dióxido de carbono (CO_2) na atmosfera e mudanças na temperatura global média da atmosfera perto da superfície terrestre nos últimos 400 mil anos. Esses dados foram obtidos a partir de análises de núcleos de gelo removidos na estação de pesquisas russa Vostok, na Antártica.

Dados do Painel Intergovernamental sobre Mudanças Climáticas, do Centro Nacional de Pesquisas Atmosféricas dos EUA e de F. Vimeux, et al. *Earth and Planetary Science Letters*, 2002, v. 203, p. 829-843.

humanas permanece na atmosfera por 100 anos ou mais, e aproximadamente 20% dele permanece por até mil anos. Depois de oscilar entre 180 e 280 partes por milhão (ppm) por 400 mil anos, os níveis atmosféricos médios de CO_2 chegaram a 404 ppm em 2016, valor mais alto dos últimos 4,5 milhões de anos, segundo cientistas da NOAA.

110 milhões Número médio de toneladas de CO_2 lançadas na atmosfera todos os dias por atividades humanas

Os níveis atmosféricos de metano (CH_4), outro gás de efeito estufa, também aumentaram significativamente desde meados da década de 1970. Análises de núcleos de gelo revelam que cerca de 70% das emissões globais de metano dos últimos 275 anos foram, provavelmente, causadas por atividades humanas, como produção agropecuária, cultivo de arroz, produção de gás natural, uso de aterros sanitários e inundação de terras ao redor de grandes barragens. Os outros 30% são provenientes de fontes naturais. O metano permanece na atmosfera por quase 12 anos, em comparação com os pelo menos 100 anos do CO_2. No entanto, cada molécula de metano aquece o ar 25 vezes mais do que uma molécula de CO_2.

Em 2016, os três maiores emissores de CO_2 relacionado com energia foram, em ordem, China, Estados Unidos e Índia, segundo dados da Divisão de Estatística das Nações Unidas. Ao comparar fontes de emissões de CO_2, os cientistas usam o conceito de **pegada de carbono**, que se refere à quantidade de CO_2 gerada por um indivíduo, país, cidade ou qualquer outra entidade em um determinado período. A **pegada de carbono** *per capita* é a pegada média por pessoa em uma população. A China tem a maior pegada de carbono nacional do mundo, seguida pelos Estados Unidos e a Índia. Os Estados Unidos têm a maior pegada de carbono *per capita* do mundo e, desde 1850, emitiram muito mais CO_2 do que qualquer outro país.

A maioria das evidências que os cientistas usam para prever a temperatura atmosférica do futuro e, portanto, as mudanças climáticas, envolvem o uso de modelos climáticos (Foco na ciência 15.1).

Papel do Sol no aquecimento atmosférico atual

A emissão de energia do Sol tem um papel-chave na temperatura da Terra, e essa emissão tem variado durante milhões de anos. No entanto, os pesquisadores climáticos

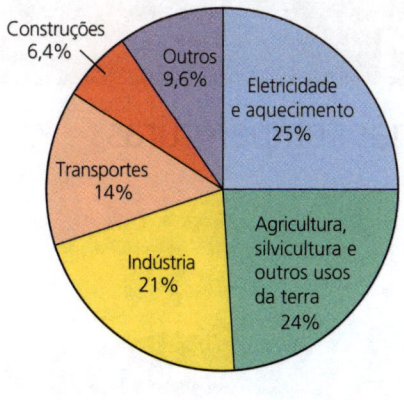
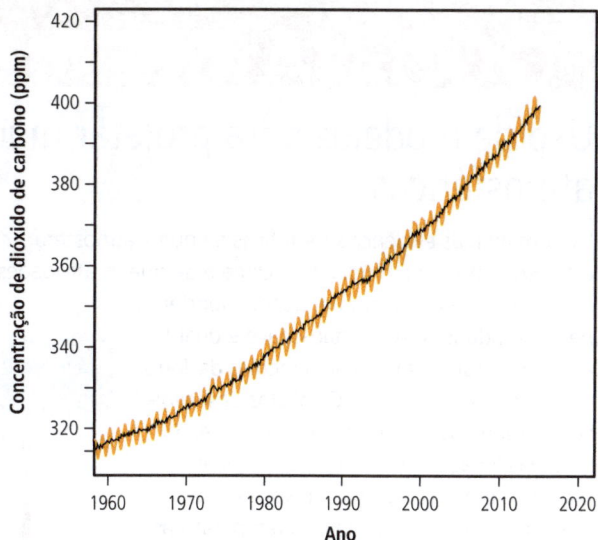

FIGURA 15.22 As emissões anuais de dióxido de carbono (CO_2) de várias fontes (à esquerda) contribuíram para o aumento dos níveis globais dessa substância na atmosfera (à direita), 1880-2015.

Dados da Agência Internacional de Energia e U.S. Department of Energy, Carbon Dioxide Information Analysis Center (à esquerda); Earth Policy Institute BP, *Statistical Review of World Energy*, 2016, Painel Intergovernamental sobre Mudanças Climáticas e Centro Nacional de Pesquisas Atmosféricas dos EUA (à direita).

Claus Froelich, Mike Lockwood e Ben Santer concluíram, em estudos separados, que a maior parte do aumento das temperaturas atmosféricas globais médias desde 1975 (Figura 15.18, parte superior à direita) não pode ser o resultado de aumentos nas emissões solares. Em vez disso, eles determinaram que a emissão de energia do Sol tem caído levemente durante as últimas décadas. Uma análise de dados detalhada conduzida pelo físico Richard Muller e seus colaboradores confirmou essa conclusão.

Froehlich observou que, de acordo com as medições por satélite e por balão meteorológico desde 1975, a troposfera tem aquecido, enquanto a estratosfera esfriou. Isso é o oposto do que um Sol mais quente faria, pois ele aqueceria a atmosfera de cima para baixo. Em vez disso, os dados mostram que a atmosfera está aquecendo de baixo para cima, o que indica que as entradas na superfície da Terra (provavelmente oriundas das atividades humanas) desempenham o papel mais importante no aquecimento da atmosfera.

Efeitos dos oceanos sobre o aquecimento atmosférico atual

Os oceanos do mundo tiveram um papel importante na redução da velocidade do aquecimento atmosférico e das mudanças climáticas recentes. Pesquisas indicam que os oceanos removem quase 25% do CO_2 lançado na atmosfera inferior por atividades humanas. A maior parte desse CO_2 fica armazenada na forma de compostos de carbono em algas marinhas, vegetações e recifes de corais e, por fim, é armazenada por centenas de milhões de anos em compostos de carbono nos sedimentos do fundo do oceano.

Os oceanos também absorvem calor da atmosfera inferior. De acordo com um estudo de 2016 realizado por pesquisadores do Lawrence Livermore National Laboratory, mais de 90% do calor liberado na atmosfera pela poluição gerada por gases de efeito estufa desde 1970 acabou nos oceanos. Por isso, a temperatura média dos oceanos também aumentou desde a década de 1970.

A absorção de CO_2 e de calor pelos oceanos do mundo reduziu a velocidade do aquecimento da atmosfera e das mudanças climáticas. No entanto, resultou no problema cada vez mais grave da acidificação oceânica, que pode ter efeitos prejudiciais sobre os ecossistemas marinhos (Foco na ciência 9.3).

Efeitos da cobertura de nuvens sobre o aquecimento atmosférico

Temperaturas mais elevadas aumentam a evaporação de água superficial, que aumenta a umidade relativa da atmosfera em várias partes do mundo. Isso cria mais nuvens, que podem resfriar ou aquecer a atmosfera. Um aumento na quantidade de *nuvens cumulus* espessas e contínuas em baixas altitudes teria um efeito de resfriamento, refletindo mais luz do Sol de volta para o espaço. Já um aumento na quantidade de *nuvens cirrus* finas e frágeis em grandes altitudes, aqueceria a atmosfera inferior, permitindo que mais luz do Sol atingisse a superfície da Terra e evitando que algum calor escapasse para o espaço.

De acordo com um relatório da NAS de 2014 sobre clima, as pesquisas científicas mais recentes indicam que o efeito global líquido das mudanças na cobertura de nuvens provavelmente aumentará o aquecimento da atmosfera. Mais pesquisas são necessárias para avaliar esse efeito e prever como ele afetará as temperaturas atmosféricas futuras.

FOCO NA CIÊNCIA 15.1

Uso de modelos para projetar mudanças futuras nas temperaturas atmosféricas

Existem amplas evidências científicas de que a atmosfera está esquentando e mudando o clima e de que as atividades humanas desempenham um papel importante nessas mudanças. A questão-chave é quanto as temperaturas atmosféricas médias da Terra devem mudar no futuro. Cientistas desenvolveram modelos matemáticos do complexo sistema climático do planeta para ajudar a prever os efeitos dos níveis crescentes de gases de efeito estufa sobre as temperaturas atmosféricas médias do futuro. Esses modelos simulam interações entre luz do Sol recebida, os três ciclos naturais de Milankovitch, nuvens, massas de terra, geleiras, gelo marinho flutuante, correntes oceânicas, gases de efeito estufa, poluentes do ar e outros fatores que fazem parte desse complexo sistema climático.

Os cientistas executam esses modelos em constante evolução em supercomputadores. Depois, comparam os resultados com temperaturas atmosféricas médias conhecidas de períodos anteriores. Eles usam esses dados para projetar mudanças futuras na temperatura média da atmosfera da Terra. A Figura 15.A traz um resumo simplificado de algumas das principais interações do sistema climático global usadas em modelos climáticos.

Esses modelos fornecem *projeções* do que provavelmente acontecerá com a temperatura média da atmosfera inferior com base em dados disponíveis e diferentes suposições a respeito de mudanças futuras, como níveis de CO_2 e CH_4 na atmosfera. O grau de correspondência das projeções com o que realmente vai acontecer depende da validade das suposições, das variáveis inseridas nos modelos (Figura 15.A) e da precisão dos dados utilizados.

Lembre-se de que pesquisas científicas não fornecem provas absolutas de certeza; em vez disso, a ciência nos oferece níveis variados de certeza. De acordo com um relatório do IPCC de 2014, com base na análise de dados climáticos antigos e no uso de mais de 20 modelos climáticos, é *extremamente provável* que as atividades humanas, em especial a queima de combustíveis fósseis, tenham desempenhado um papel importante no aquecimento atmosférico observado desde 1975 (Figura 15.18, parte superior à direita). Os pesquisadores basearam essa conclusão em milhares de estudos e pesquisas revisados por especialistas e no fato de que, depois de executar os modelos várias vezes, a única maneira de fazer os resultados se igualarem às medições de temperaturas reais do passado era incluir o fator de atividades humanas (Figura 15.B).

No entanto, há um alto grau de incerteza científica em relação às mudanças projetadas para a temperatura atmosférica média da Terra. De acordo com os modelos climáticos atuais, até o fim do século, a temperatura da atmosfera deve aumentar

FIGURA 15.A Modelo simplificado de alguns processos principais que interagem para determinar a temperatura média e o conteúdo de gases de efeito estufa da atmosfera inferior. As setas vermelhas mostram os processos que aquecem a atmosfera, e as azuis, aqueles que a resfriam. ***Raciocínio crítico:*** Por que uma diminuição na cobertura de neve e gelo está contribuindo para o aquecimento da atmosfera?

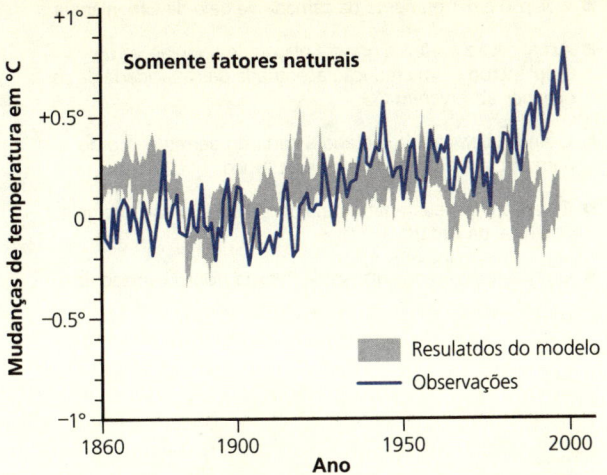
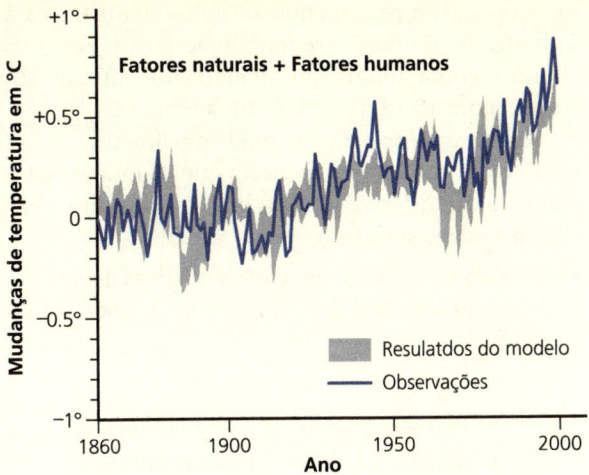

FIGURA 15.B Comparação de dados climáticos reais com projeções modeladas para o período entre 1860 e 2000 usando somente fatores naturais (à esquerda) e uma combinação de fatores naturais e humanos (à direita). Os cientistas descobriram que os dados reais se aproximam muito mais das projeções quando fatores humanos são incluídos nos modelos.

Dados do Painel Intergovernamental sobre Mudanças Climáticas.

entre 1,5 °C a 4,5 °C. Apesar das limitações, esses modelos são as melhores (e únicas) ferramentas que temos para projetar a temperatura atmosférica provável das próximas décadas. Esse fator também mostra a necessidade urgente de se aumentar o número de dados e pesquisas sobre mudanças climáticas, além de melhorar os modelos climáticos.

> **RACIOCÍNIO CRÍTICO**
>
> Caso o maior aumento de temperatura previsto (4,5 °C) se concretizasse, de que modo isso afetaria o seu estilo de vida e o de seus filhos e netos? Cite três exemplos.

Efeitos da poluição do ar externo sobre o aquecimento da atmosfera

De acordo com um relatório do IPCC de 2014, a poluição do ar na forma de *aerossóis* (gotículas e partículas sólidas microscópicas suspensas) proveniente de atividades humanas pode impedir ou aumentar o efeito estufa e a formação de nuvens, dependendo de fatores como tamanho e refletividade.

A maioria dos aerossóis, como partículas de sulfato de cor clara produzidas pela queima de combustíveis fósseis, tende a refletir a luz do Sol recebida e resfriar a atmosfera inferior. No entanto, partículas de carbono negro ou *fuligem*, emitidas no ar pela queima de combustíveis fósseis, emissões de diesel, fogões e incêndios florestais, absorvem a energia solar e aquecem a atmosfera inferior.

Cientistas especializados em clima não esperam que aerossóis e partículas de fuligem afetem muito a temperatura atmosférica média da Terra nos próximos 50 anos por dois motivos. *Primeiro*, aerossóis e fuligem voltam para a Terra ou são removidos da atmosfera inferior depois de semanas ou meses, enquanto o CO_2 normalmente permanece lá por cem anos ou mais. *Segundo*, as emissões de aerossóis e fuligem estão sendo reduzidas por normas de controle da poluição do ar, especialmente em países mais desenvolvidos, por causa de seus impactos prejudiciais sobre as plantas e os seres humanos.

15.5 QUAIS SÃO OS POSSÍVEIS EFEITOS DAS MUDANÇAS CLIMÁTICAS?

CONCEITO 15.5 A mudança atual e projetada na temperatura da atmosfera e a mudança climática resultante podem ter consequências graves e com longa duração, como o aumento dos níveis do mar, mudanças na localização de áreas de cultivo e habitat da vida selvagem e condições climáticas mais extremas.

O aquecimento rápido da atmosfera pode ter consequências graves

As principais mudanças climáticas na temperatura da atmosfera inferior aconteceram ao longo de milhares de anos (Figura 15.18, parte superior à esquerda). O que torna o problema atual mais urgente é que a humanidade está enfrentando *um rápido crescimento projetado na temperatura média da atmosfera inferior durante este século*. De acordo com pelo menos 90% dos cientistas da área climática do mundo, esse fenômeno provavelmente vai alterar o clima ameno que tivemos nos últimos 10 mil anos (Figura 15.18, parte inferior à esquerda).

Pesquisas e projeções de modelos climáticos, considerando os piores cenários, indicam que o aumento da temperatura atmosférica provavelmente causará os efeitos abaixo ainda neste século:

- Inundações em cidades costeiras baixas devido ao aumento do nível do mar (ver foto de abertura do capítulo).
- Secas mais severas.
- Ondas de calor mais intensas e duradouras.
- Tempestades e inundações mais destrutivas.
- Perda de florestas e mais incêndios florestais.
- Extinção de espécies.
- Mudanças nos locais em que poderemos cultivar alimentos.

Esses efeitos devem reduzir a segurança alimentar e aumentar a pobreza e os conflitos sociais em muitos países mais pobres, que são menos responsáveis pelo aquecimento global e menos capazes de lidar com suas consequências prejudiciais. Os modelos indicam que precisaremos lidar simultaneamente com muitos dos efeitos turbulentos das mudanças climáticas neste século, um período incrivelmente curto para provocar uma grande mudança na maneira como vivemos e interagimos com nosso sistema de suporte à vida.

Cientistas identificaram vários componentes do sistema climático da Terra que podem ultrapassar **pontos de virada das mudanças climáticas**, limites além dos quais as mudanças climáticas podem durar de centenas a milhares de anos. A Figura 15.23 lista vários desses pontos.

Vamos analisar melhor algumas das consequências projetadas para o caso de a humanidade não tomar atitudes logo para desacelerar as mudanças climáticas, segundo os modelos climáticos mais recentes.

Maior derretimento de gelo e neve

Os modelos preveem que as mudanças climáticas serão mais graves nas regiões polares do mundo. Nos últimos 50 anos, as medições de temperatura indicaram que a atmosfera acima dos polos aqueceu muito mais que a atmosfera no resto do mundo.

À medida que o aquecimento das regiões polares aumentar, mais gelo e neve derreterão, expondo terras e águas oceânicas mais escuras e menos refletivas. Isso aumentará ainda mais o aquecimento atmosférico acima dos polos, derreterá mais gelo e neve e elevará a temperatura dos oceanos polares em um ciclo de retroalimentação positiva descontrolado (ver Figura 2.12).

- Nível de 450 ppm de carbono na atmosfera
- Derretimento de todo o gelo marinho do Ártico no verão
- Colapso e derretimento da camada de gelo da Groenlândia
- Acidificação oceânica grave, colapso de populações de fitoplâncton e uma redução acentuada da capacidade de os oceanos absorverem CO_2
- Grande liberação de metano a partir do derretimento do permafrost e do fundo do mar do Ártico
- Colapso e derretimento da maior parte da camada de gelo ocidental da Antártica
- Grande redução ou colapso da floresta tropical amazônica

FIGURA 15.23 Cientistas especializados em clima desenvolveram essa lista de possíveis pontos de virada para as mudanças climáticas.

Principalmente por causa do aumento da temperatura da atmosfera e das águas oceânicas do Ártico, a região coberta por gelo flutuante marinho e o volume de gelo marinho no verão, medido a cada ano no mês de outubro, diminuíram (ver gráficos da Figura 15.24). Em outubro de 2016, a área de gelo marinho do Ártico era a menor desde 1981, quando os cientistas começaram a monitorar a cobertura de gelo por satélite. Devido às mudanças anuais nas condições meteorológicas de curto prazo, é provável que a cobertura de gelo marinho no Ártico varie. No entanto, as tendências gerais projetadas para longo prazo mostram que o Ártico deve continuar esquentando, a cobertura de gelo marinho no verão diminuindo e a camada de gelo ficando mais fina.

Um dos pontos de virada das mudanças climáticas que preocupam os cientistas é o derretimento total do gelo marinho do Ártico no verão. Se a tendência atual se mantiver, o gelo marinho do Ártico no verão poderá ter acabado em 2050, segundo um relatório do IPCC de 2014. Isso causaria mudanças drásticas e duradouras nas condições meteorológicas e no clima de todo o planeta.

Outro efeito do aquecimento do Ártico é o derretimento mais rápido de gelo polar terrestre, incluindo o da Groenlândia (**Estudo de caso principal**). Esse derretimento está adicionando água doce aos mares do norte e deve contribuir para o aumento previsto do nível do mar durante este século. O fotógrafo da natureza James Balog (Pessoas que fazem a diferença, 15.1) criou um registro visual convincente do derretimento impressionante das geleiras ao redor do mundo.

Outro grande depósito de gelo são as geleiras das montanhas da Terra. Nos últimos 25 anos, muitas dessas geleiras

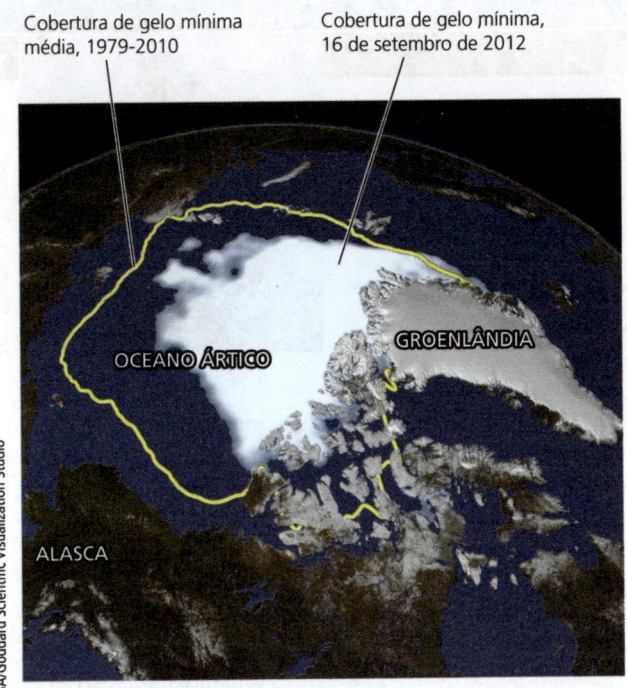
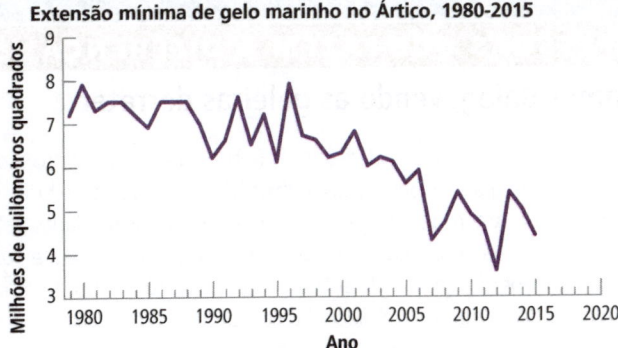
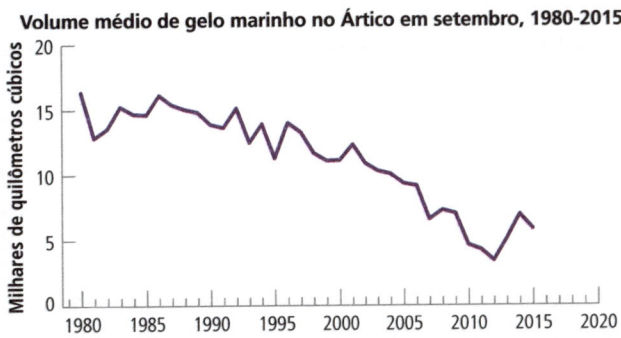

FIGURA 15.24 *O grande derretimento:* A elevação das temperaturas médias da atmosfera e do oceano fez a quantidade de gelo marinho do Ártico derretido durante os meses de verão aumentar cada vez mais. A linha amarela na imagem de satélite (à esquerda) mostra a área mínima de gelo no verão (média) no período entre 1979-2010, em comparação com a área mínima coberta por gelo (branca) em 2012. Os gráficos (à direita) mostram que o derretimento de gelo marinho tem aumentado.
Raciocínio crítico: O que está diminuindo mais rápido: A área ou o volume de gelo marinho no verão?

Dados do U.S. Goddard Space Flight Center, National Aeronautics and Space Administration e National Snow and Ice Data Center.

têm diminuído sempre que o derretimento no verão supera a adição de gelo da precipitação no inverno. As geleiras das montanhas desempenham um papel fundamental no ciclo da água (ver Figura 3.15, p. 58) ao armazená-la em forma de gelo durante as estações frias e liberá-la lentamente para os rios nas estações mais quentes.

Cerca de 80% das geleiras das montanhas da Cordilheira dos Andes, na América do Sul, estão diminuindo lentamente. Se esse processo continuar, 59 milhões de pessoas de países como Bolívia, Peru e Equador, que contam com a água do derretimento das geleiras para irrigação e produção de energia, poderão enfrentar uma grave escassez de água, energia e alimentos. Nos Estados Unidos, de acordo com modelos climáticos, habitantes das bacias dos Rios Columbia, Sacramento e Colorado podem enfrentar ameaças semelhantes, pois a cobertura de neve do inverno que alimenta esses rios deve diminuir até 70% em 2050. O Parque Nacional Glacier, no estado de Montana, nos Estados Unidos, já teve 150 geleiras. Em 2016, entretanto, restavam apenas 25 delas (Figura 15.20).

Emissões de metano pelo descongelamento de permafrost

O permafrost existe em solos encontrados abaixo de cerca de 25% da área exposta no Alasca, no Canadá e na Sibéria, no Hemisfério Norte. Enormes quantidades de carbono estão presas no material orgânico sob esses solos de permafrost. Quando exposto a temperaturas mais altas, o permafrost descongela e amolece, mas não derrete.

Esse degelo já está acontecendo em partes do Alasca e da Sibéria. Se a tendência continuar, uma quantidade significativa do material orgânico encontrado sob o permafrost será decomposta por micro-organismos, liberando grandes quantidades de CH_4 e CO_2 na atmosfera. Pesquisas conduzidas por Ted Schuur e outros cientistas indicam que é provável que entre 5% e 15% do carbono armazenado no permafrost do mundo, basicamente CO_2, seja liberado ainda neste século. Este processo pode acelerar o aquecimento atmosférico, degelar mais permafrost e causar ainda mais aquecimento atmosférico e mudanças climáticas, em outro ciclo de retroalimentação positiva descontrolado que pode levar a um ponto de virada das mudanças climáticas (Figura 15.23). Alguns cientistas também se preocupam com a liberação do gás de efeito estufa CH_4 a partir do degelo de uma camada de permafrost do fundo do mar e de lagos do Ártico (Figura 15.25).

Aumento do nível do mar

Boa notícia: Os oceanos do mundo ajudaram a desacelerar as mudanças climáticas absorvendo cerca de 90% do calor adicional lançado na atmosfera como resultado do aumento das emissões de gases de efeito estufa a partir da

PESSOAS QUE FAZEM A DIFERENÇA 15.1

James Balog: vendo as geleiras derreter

James Balog usou a criatividade e suas habilidades de fotógrafo renomado para alertar a humanidade sobre grandes problemas ambientais, como perda de biodiversidade, ameaças a florestas primárias da América do Norte e mudanças climáticas reveladas pelo derretimento de geleiras.

Em 2007, ele começou a trabalhar no projeto *Extreme Ice Survey*, o estudo fotográfico mais abrangente do mundo sobre o derretimento rápido de muitas geleiras. Para capturar imagens do derretimento glacial, Balog desenvolveu sistemas de câmeras que tiravam fotos de 22 geleiras ao redor do mundo a cada 30 minutos ou uma hora durante o dia. Balog usou as imagens resultantes para criar vídeos impressionantes de *time-lapse* do derretimento das geleiras, em que imensos volumes de gelo podem desaparecer em horas ou dias. Essas imagens forneceram dados importantes para especialistas em geleiras e outros cientistas, além de mostrar de maneira clara e dramática para o público geral que as mudanças climáticas resultantes do aquecimento da atmosfera estão causando um grande impacto atualmente.

O trabalho de Balog foi apresentado na *National Geographic*, no documentário chamado *Extreme Ice*, da NOVA, e no *Chasing Ice*, um longa-metragem premiado e aclamado internacionalmente. Seu livro, *Ice: Portraits of the World's Vanishing Ice*, descreve a estarrecedora perda de gelo de várias geleiras em 2012.

A Earth Vision Trust, organização sem fins lucrativos de Balog, tem a missão de divulgar a mensagem visual das mudanças climáticas, financiar estudos sobre o derretimento das geleiras e estimular as pessoas a entrar em ação. Ele diz, "É preciso ver para crer. Eu era cético em relação às mudanças climáticas até ver as evidências no gelo. As mudanças climáticas são reais e o momento de agir é agora".

FIGURA 15.25 Cientistas acendem uma grande bolha de gás metano liberada do fundo de um lago ártico no Alasca.

queima de combustíveis fósseis e de outras atividades humanas. **Má notícia:** Os oceanos expandem à medida que armazenam mais calor. Isso, juntamente com a água do derretimento de geleiras terrestres que flui para o oceano, aumenta o nível médio do mar no mundo. Pesquisas científicas indicam que, ao longo da última década, a expansão térmica da água dos oceanos causou cerca de um terço do aumento observado no nível do mar do planeta.

Em 2014, o IPCC projetou que, de acordo com modelos climáticos, o nível médio do mar no mundo deverá aumentar entre 0,4 metro e 0,6 metro até o fim deste século, cerca de dez vezes o aumento que ocorreu no século 20. Um estudo de 2016 realizado por uma equipe de cientistas liderados por Benjamin Strauss na Climate Central e com um grande conjunto de dados estimou que os níveis do mar podem aumentar entre 1,1 metro e 1,2 metro até 2100, com 50% a 60% desse aumento causado pelo derretimento de gelo da Groenlândia (**Estudo de caso principal**). No entanto, de acordo com uma projeção do pior cenário realizada em 2017 pela National Oceanic and Atmospheric Administration [Administração Nacional Oceânica e Atmosférica], o derretimento acelerado pode fazer o mar aumentar até 2,4 metros, dependendo de quanto do gelo terrestre da Groenlândia e talvez do oeste da Antártica derreta enquanto a temperatura atmosférica continua a aumentar durante este século.

Segundo modelos climáticos, o aumento do nível do mar não será uniforme em todo o mundo por causa de fatores como correntes oceânicas e ventos. Por exemplo, o cientista costeiro John Pethick estima que, até 2100, o nível do mar em Bangladesh pode aumentar até 4 metros, muitas vezes mais que o aumento médio previsto para o nível do mar global. Além disso, de acordo com o U.S. Geological Survey [Departamento Geológico dos Estados Unidos], o nível do mar está subindo até quatro vezes mais rápido que a média global em partes da costa atlântica dos Estados Unidos.

De acordo com relatórios sobre mudanças climáticas do IPCC e do NAS de 2014, um aumento de 1 metro no nível do mar durante este século pode causar os seguintes efeitos graves (excluindo-se os efeitos adicionais resultantes das marés meteorológicas):

- Degradação ou destruição de pelo menos um terço dos estuários, áreas úmidas, recifes de coral e deltas costeiros, onde grande parte do arroz do mundo é cultivada.
- Perturbação de muitas áreas de pesca costeiras do mundo.

FIGURA 15.26 Se o nível médio do mar aumentar 1 metro, as áreas mostradas em vermelho, localizadas na Flórida, serão inundadas.

Dados de Jonathan Overpeck e Jeremy Weiss baseados nos dados do U. S. Geological Survey.

- Contaminação de aquíferos de água doce costeiros com água salgada, causando redução dos suprimentos de água subterrânea usada para o consumo e irrigação.
- Inundação em grandes áreas de países baixos, como Bangladesh, um dos países mais pobres e mais populosos do mundo.
- Inundação e erosão de ilhas-barreiras baixas e litorais com declives suaves, especialmente em estados litorâneos dos Estados Unidos, como Flórida (Figura 15.26), Texas, Louisiana, Nova Jersey, Carolina do Sul e Carolina do Norte.
- Inundação de algumas das maiores cidades costeiras do mundo (ver áreas vermelhas da foto de abertura do capítulo), como Veneza, Londres e Nova Orleans, e deslocamento de pelo menos 150 milhões de pessoas, um número quase igual à metade da população atual dos Estados Unidos.
- Desaparecimento de países insulares baixos, como as Maldivas (Figura 15.27) e Fiji.

Secas mais severas

As secas ocorrem quando a evaporação decorrente do aumento da temperatura atmosférica ultrapassa o nível de precipitação por um período prolongado. Um estudo realizado pelo cientista Aiguo Dai e outros colaboradores do National Center for Atmospheric Research [Centro Nacional de Pesquisas Atmosféricas] revelou que secas severas e prolongadas tinham afetado pelo menos 30% do território do planeta (excluindo a Antártica), uma área do tamanho da Ásia. Segundo um estudo de pesquisadores do clima da Nasa, até 45% da área terrestre do mundo poderá passar por períodos de seca extrema até 2059.

Não é possível associar uma seca severa específica ao aquecimento da atmosfera, porque processos cíclicos naturais também podem causar esse fenômeno; no entanto, o calor adicional na atmosfera evapora água dos solos. De acordo com um estudo conduzido por Richard Seager e Martin Hoerling, cientistas especializados em clima, o esgotamento da umidade do solo em regiões mais áridas prolonga a seca, além de torná-la mais severa, independentemente das causas.

A seca prolongada pode diminuir o crescimento de árvores e outros vegetais, o que reduz a remoção de CO_2 da atmosfera. A seca também destrói florestas e pastagens, e isso pode aumentar a frequência de incêndios florestais, que acrescentam CO_2 à atmosfera. Cientistas da área climática estimam que esses efeitos de períodos de seca mais prolongados e intensos podem acelerar o aquecimento atmosférico e causar ainda mais seca, condições mais áridas e mais incêndios florestais. Este é outro exemplo de ciclo de realimentação positiva descontrolado que pode ultrapassar um ou mais pontos de virada de mudanças climáticas (Figura 15.23).

Condições meteorológicas mais extremas

Não existem evidências suficientes para associar algum evento meteorológico extremo, como ondas de calor, inundações ou furacões, às mudanças climáticas. No entanto, com mais calor na atmosfera, os cientistas especializados em clima estimam que as mudanças climáticas devem aumentar as chances gerais e a intensidade desse tipo de evento extremo. Por exemplo, as tempestades ficarão mais fortes e as ondas de calor, mais quentes. Além disso, modelos climáticos preveem que um ciclo da água mais acentuado, com mais vapor de água na atmosfera, causará níveis mais altos de inundação em algumas regiões devido às precipitações de chuva e neve mais intensas.

Desde 1950, as ondas de calor passaram a ser mais longas, mais frequentes e, em alguns casos, mais intensas. Como o aquecimento atmosférico aumenta a energia cinética das moléculas de gases na atmosfera, é provável que essa tendência continue em algumas regiões. Isso pode aumentar o número de mortes relacionadas ao calor, reduzir a produção agrícola e expandir desertos. Por exemplo, em 2013, uma onda de calor na Europa causou 70 mil mortes prematuras. Ao mesmo tempo, como uma atmosfera mais quente consegue armazenar mais vapor de água, outras regiões, como o leste dos Estados Unidos, provavelmente sofrerão com níveis mais altos de inundações resultantes das chuvas e nevascas intensas e prolongadas. Em 2010, um painel de especialistas da Organização Meteorológica Mundial concluiu que as águas oceânicas mais quentes provavelmente causarão menos furacões e tufões, porém, eles serão mais fortes e poderão causar mais danos em muitas áreas costeiras densamente povoadas.

FIGURA 15.27 Em países insulares baixos, como as Maldivas (população: 295 mil habitantes), no Oceano Índico, o aumento do nível do mar pode causar desastres.

Malbert/Dreamstime.com

Ameaças à biodiversidade

De acordo com os relatórios mais recentes do IPCC, as mudanças climáticas projetadas devem alterar os ecossistemas e prejudicar a biodiversidade em todos os continentes. Um estudo liderado pelo cientista do clima Chris Jones mostra que, até 85% da floresta tropical Amazônica – um dos maiores centros de biodiversidade do mundo – pode ser perdida ou transformada em savana se a temperatura atmosférica global aumentar conforme o valor mais alto projetado (Foco na ciência 15.1).

Pesquisas indicam que os ecossistemas mais vulneráveis são recifes de coral, mares polares, áreas úmidas costeiras, florestas em altitudes elevadas e a tundra alpina e ártica. À medida que a atmosfera aquece, pelo menos 17% das espécies do mundo poderão enfrentar a extinção até 2100. As espécies mais afetadas serão:

- Espécies animais e vegetais de climas frios, como ursos polares e morsas do Ártico e pinguins da Antártica.
- Espécies que vivem em altitudes elevadas.
- Espécies com alcance limitado.
- Espécies com tolerância limitada a mudanças de temperatura, como corais.

A principal causa dessas extinções será a perda de habitat. Por outro lado, as populações de espécies de plantas e animais que sobrevivem em climas mais quentes podem aumentar.

O clima mais quente também está aumentando as populações de insetos e fungos que prejudicam árvores, especialmente em áreas em que o inverno já não é frio o bastante para controlar essas populações. De acordo com cientistas, esse fenômeno ajuda a explicar os recentes danos graves causados por insetos em grandes áreas de florestas de pinheiros no Canadá e no oeste dos Estados Unidos e de florestas de abetos no Alasca (ver Estudo de caso a seguir). As mudanças climáticas ameaçam, ainda, a biodiversidade encontrada em muitos parques estaduais e nacionais, reservas ecológicas, florestas selvagens e áreas úmidas.

Elas também ameaçam os ecossistemas marinhos. Recifes de coral são especialmente vulneráveis, porque têm pouca tolerância a aumentos na temperatura da água, que branqueiam recifes de coral coloridos quando o excesso de calor expele as algas que ajudam a fornecer alimentos para os pequenos pólipos criadores dos recifes. Muitos recifes de coral estão morrendo por esse motivo, inclusive uma área crescente do Grande Barreira de Corais (também conhecida como Grande Barreira de Recifes), na Austrália, de acordo com um estudo de 2017 realizado pelo especialista Terry Hughes.

ESTUDO DE CASO

Alasca: uma prévia dos efeitos das mudanças climáticas

O Alasca é um grande indicador da maioria dos efeitos das mudanças climáticas. Ele está aquecendo a uma velocidade média duas vezes maior que o restante dos Estados Unidos, e o ritmo está em aceleração.

Consequentemente, todas as geleiras do Alasca estavam encolhendo em 2015, exceto cinco delas. Nos últimos anos, o gelo marinho da costa está derretendo mais cedo no verão e demorando mais tempo para congelar de novo no outono. À medida que o gelo marinho diminui, os vilarejos costeiros sofrem com erosão, mais inundações e danos por causa das tempestades.

O governo identificou pelo menos 31 vilarejos e cidades da costa do Alasca em perigo de inundação devido ao aumento do nível do mar. Parte desses vilarejos abriga povos inuítes e outros grupos aborígenes. As autoridades planejam transferir alguns deles para o interior ou áreas mais altas, se conseguirem encontrar locais adequados e dispor do dinheiro necessário para isso; a transferência, no entanto, pode levar anos. Enquanto isso, uma grande tempestade de inverno pode inundar um desses vilarejos.

O maior descongelamento do solo de permafrost que cobre 85% do Alasca está liberando gases de efeito estufa CH_4 e CO_2 na atmosfera. O solo mais macio facilita o desenraizamento das árvores, bem como o deslizamento e o afundamento de estradas e construções. Lagos e pântanos foram drenados em algumas áreas em que o permafrost derreteu. Essas mudanças estão obrigando algumas espécies de aves, peixes, mamíferos e árvores a mudar para novos habitats ou enfrentar a extinção.

O clima mais quente do Alasca levou a explosões nas populações de besouros que destruíram grandes áreas de florestas de pinheiro-do-canadá e também secou as florestas, processo que, com os danos causados pelos insetos, está contribuindo para o aumento dos incêndios.

Ameaças à produção de alimentos

Os agricultores enfrentarão mudanças drásticas decorrentes das mudanças climáticas e do ciclo hidrológico intensificado se a atmosfera continuar esquentando conforme o previsto. De acordo com o IPCC, a produtividade agrícola deve aumentar levemente com o aquecimento moderado em latitudes médias a elevadas de áreas como o centro-oeste do Canadá, Rússia e Ucrânia. Entretanto, o aumento previsto para a produtividade agrícola pode ser limitado, pois os solos dessas regiões ao norte normalmente não têm nutrientes vegetais suficientes. Se o aquecimento for muito intenso, a produção agrícola poderá diminuir.

Temperaturas mais altas, secas mais intensas e chuvas mais fortes podem reduzir a produção agrícola em algumas regiões. A diminuição do suprimento de água para irrigação e o aumento das populações de pragas em um mundo mais quente também podem reduzir a produção em algumas áreas.

Os modelos de mudanças climáticas preveem um declínio na produtividade agrícola e na segurança alimentar nas regiões tropicais e subtropicais, especialmente no Sudeste Asiático e na América Central, principalmente por causa do calor excessivo. Além disso, a inundação dos deltas de rios decorrente do aumento dos níveis do mar pode reduzir a produção agrícola, em parte porque alguns aquíferos que fornecem água para irrigação sofrerão infiltração de água do mar. Essa inundação também afetaria a produção de peixes em viveiros de aquicultura costeiros. A produção de alimentos em regiões agrícolas que dependem de rios alimentados pelo derretimento das geleiras diminuirá. Em regiões áridas e semiáridas, a produção será reduzida por períodos de seca mais longos e intensos.

De acordo com o IPCC, é provável que os alimentos sejam abundantes por um tempo em um mundo mais quente, devido à temporada de cultivo mais longa nas regiões do norte. No entanto, os cientistas alertam que, durante a segunda metade deste século, a produção de alimentos deverá diminuir à medida que as temperaturas continuarem aumentando. Como resultado, centenas de milhões de pessoas mais pobres do mundo podem passar fome e sofrer com desnutrição por causa da queda na produção de alimentos causada pelas mudanças climáticas.

Ameaças à saúde humana, segurança nacional e economias

Segundo o IPCC e outros relatórios, ondas de calor mais frequentes e prolongadas em algumas áreas podem aumentar a quantidade de mortes e doenças, especialmente entre as pessoas mais velhas, os indivíduos com saúde debilitada e a população urbana pobre que não tem acesso a equipamentos de ar-condicionado. Por outro lado, menos pessoas morrerão por causa do tempo frio. No entanto, pesquisas da Escola de Saúde Pública da Universidade de Harvard sugerem que, durante a segunda metade do século, o aumento projetado no número de mortes relacionadas ao calor provavelmente irá superar a queda prevista para o número de mortes relacionadas com o frio.

Uma atmosfera mais quente e rica em CO_2 favorecerá a rápida multiplicação de insetos, incluindo mosquitos e carrapatos, transmissores de doenças como o vírus do Nilo Ocidental, doença de Lyme e dengue (que aumentou dez vezes desde 1973). O aquecimento também favorece micróbios, lamas tóxicas e fungos, além de plantas produtoras de pólen, que causam alergias e crises de asma. Além disso, pragas de insetos e ervas daninhas provavelmente vão se multiplicar, espalhar e reduzir a produção agrícola.

Temperaturas atmosféricas e níveis de vapor de água mais elevados contribuirão para o aumento da poluição fotoquímica em muitas áreas urbanas. Isso pode aumentar o número de mortes relacionadas à poluição e às doenças decorrentes de problemas cardíacos e respiratórios.

Estudos recentes do Departamento de Defesa dos Estados Unidos e do NAS alertam que os efeitos das mudanças climáticas podem afetar a segurança nacional estadunidense. Entre esses efeitos estão maior escassez de água e alimentos, pobreza, degradação ambiental, desemprego, agitação social, migração em massa de milhões de refugiados ambientais, instabilidade política e enfraquecimento de governos frágeis. Todos esses fatores podem aumentar o terrorismo, de acordo com o Departamento de Defesa dos Estados Unidos, que inclui as mudanças climáticas como um fator importante em seu planejamento.

As mudanças climáticas também prejudicarão as economias humanas. Segundo uma pesquisa de 2015 conduzida pelo Fórum Econômico Mundial e com a participação de 750 especialistas em risco, não conseguir desacelerar e se adaptar às mudanças climáticas lidera a lista de ameaças à economia global, e os riscos estão aumentando. Por exemplo, a região que provavelmente será inundada no Golfo do México, por causa do aumento de 1 metro nas águas do Golfo, abriga 90% da produção de energia em alto-mar dos Estados Unidos, 30% do suprimento de petróleo e gás natural do país e um porto que atende 31 estados e 2 milhões de pessoas. Portanto, a inundação dessa área é uma ameaça ao fornecimento de energia, à segurança econômica e à segurança nacional do país.

Um número cada vez maior de economistas e grandes empresas multinacionais estão reconhecendo que secas mais intensas, inundações e eventos meteorológicos extremos contribuirão para a redução da produtividade econômica, a interrupção de cadeias de suprimento, a elevação dos custos de alimentos e outras *commodities* e o aumento do risco para empresas e investidores. Esses efeitos prejudiciais das mudanças climáticas também vão afetar vidas e economias ao forçar milhões de pessoas a migrar para outras regiões.

15.6 COMO PODEMOS RETARDAR AS MUDANÇAS CLIMÁTICAS?

CONCEITO 15.6 Podemos reduzir as emissões de gases de efeito estufa e a ameaça das mudanças climáticas ao mesmo tempo em que economizamos dinheiro e melhoramos a saúde humana se reduzirmos o desperdício de energia e confiarmos mais em recursos energéticos renováveis mais limpos.

Lidar com as mudanças climáticas é difícil

De acordo com pelo menos 90% dos cientistas especializados em clima do mundo e vários outros analistas, reduzir a ameaça das mudanças climáticas projetadas é uma das questões científicas, políticas, econômicas e éticas mais urgentes enfrentadas pela humanidade. Porém, as características listadas a seguir tornam esse problema complexo ainda mais difícil de ser resolvido:

- *O problema é global*. Para lidar com essa ameaça, é necessário haver uma cooperação internacional prolongada e sem precedentes.
- *O problema é uma questão política de longo prazo*. As mudanças climáticas estão acontecendo agora e já têm impactos prejudiciais, mas a maioria dos eleitores e representantes eleitos não considera essa questão um problema urgente. Os políticos de hoje tendem a se concentrar em problemas de curto prazo, e não estarão ocupando seus cargos quando os efeitos mais prejudiciais das mudanças climáticas entrarem em ação, na última metade deste século. Além disso, a maioria das pessoas que sofrerão com os danos mais graves causados pelas mudanças climáticas projetadas na segunda metade do século ainda não nasceram.
- *Os impactos prejudiciais e benéficos das mudanças climáticas não estão divididos igualmente*. Países com altitudes mais elevadas, como Canadá, Rússia e Nova Zelândia, podem sentir, temporariamente, efeitos como maior produção de alimentos, menos mortes no inverno e contas de aquecimento mais baratas. Enquanto isso, outros países, principalmente os mais pobres, como Bangladesh, podem enfrentar mais inundações e um maior número de mortes.
- *As soluções propostas, como redução drástica do uso de combustíveis fósseis, são controversas*. Elas podem atrapalhar economias e estilos de vida, além de ameaçar os lucros de empresas econômica e politicamente poderosas de combustíveis fósseis e concessionárias de serviços públicos.
- *As mudanças de temperatura e os efeitos previstos são incertos*. Os modelos climáticos atuais mostram uma faixa ampla de aumento projetado da temperatura (Foco na ciência 15.1) e do nível do mar. Portanto, não se sabe ao certo se os efeitos prejudiciais das mudanças climáticas serão moderados ou catastróficos, o que dificulta o planejamento para evitar ou gerenciar os riscos. Além disso, ressalta a necessidade urgente de mais pesquisas científicas para reduzir o grau de incerteza dos modelos climáticos. No entanto, nos Estados Unidos, há uma pressão política para reduzir os financiamentos governamentais para pesquisas sobre mudanças climáticas e medições atmosféricas.

Quais são as nossas opções?

Existem duas formas de lidar com as mudanças climáticas globais. Uma delas, chamada *mitigação*, envolve desacelerar as mudanças climáticas para reduzir ou evitar seus efeitos mais prejudiciais. A outra abordagem, a *adaptação*, reconhece que certas mudanças climáticas serão inevitáveis, porque esperamos tempo demais para agir, por isso, as pessoas precisarão se adaptar a alguns de seus efeitos prejudiciais. A maioria dos analistas recomenda uma combinação das duas abordagens.

Independentemente da abordagem escolhida, a maioria dos cientistas especializados em clima afirma que a prioridade mais urgente é evitar todo e qualquer ponto de virada de mudanças climáticas (Figura 15.23). Por exemplo, se continuarmos adicionando CO_2 à atmosfera no ritmo atual, é muito provável que ultrapassemos o ponto de virada estimado de 450 ppm de CO_2 atmosférico em algumas décadas, podendo chegar a 900 ppm até 2050, segundo um estudo conduzido por Gavin Foster e outros cientistas em 2017. Os modelos climáticos estimam que esse processo deve garantir mudanças climáticas significativas por centenas ou talvez milhares de anos.

Reduzindo as emissões de gases de efeito estufa

Os cientistas da área climática geralmente concordam que, para evitar parte dos efeitos prejudiciais mais severos das mudanças climáticas, precisamos limitar o aumento da temperatura média global a 2 °C acima da temperatura global média pré-industrial. Para ficarmos abaixo desse limite de temperatura, é necessário diminuir significativamente as emissões de CO_2 por meio da redução do uso de combustíveis fósseis (principalmente carvão), de um grande aumento da eficiência energética e da transição para uma maior dependência de recursos

> ### Soluções
>
> **Desacelerando as mudanças climáticas**
>
> | Prevenção | Limpeza |
> |---|---|
> | Cortar o uso de combustível fóssil (especialmente carvão) | Capturar o CO_2 por meio do plantio de árvores e da preservação de florestas e áreas úmidas |
> | Substituir carvão por gás natural | |
> | Consertar vazamentos de gasodutos e instalações de gás natural | Sequestrar o CO_2 no solo usando biochar |
> | Melhorar a eficiência energética | Sequestrar o CO_2 no subsolo profundo (sem vazamentos permitidos) |
> | Adotar recursos renováveis de energia | |
> | Reduzir o desmatamento | Sequestrar o CO_2 no oceano profundo (sem vazamentos permitidos) |
> | Usar mais agricultura sustentável e silvicultura | |
> | Precificar as emissões dos gases de efeito estufa | Remover o CO_2 das emissões de chaminés e veículos |

FIGURA 15.28 Formas de desacelerar o aquecimento atmosférico e as mudanças climáticas resultantes (**Conceito 15.6**). *Raciocínio crítico:* Dessas soluções, cite cinco que você considera mais importantes e justifique sua resposta.

Acima: Mark Smith/Shutterstock.com. No centro: racorn/Shutterstock.com. Abaixo: pedrosala/Shutterstock.com.

energéticos limpos e com baixo teor de carbono, como energia solar, eólica e geotérmica (**Conceito 15.6**).

O problema é que os países e as empresas energéticas do mundo mantêm reservas de combustíveis fósseis que, se queimadas, emitiriam até cinco vezes a quantidade de CO_2 que os cientistas estimam que pode ser emitida com segurança. Reduzir uso de combustíveis fósseis para não ultrapassar esse ponto de virada da temperatura significa deixar 82% das reservas de carbono do mundo e 50% das reservas de gás natural e petróleo do Ártico no subsolo. Hoje em dia, o bem-estar econômico das empresas de combustíveis fósseis politicamente poderosas e da maior parte das economias nacionais do mundo depende do uso de todas essas reservas (ou grande parte delas). Essa questão gera intensos debates políticos, econômicos e éticos sobre a desaceleração das mudanças climáticas e como fazer isso.

Um número cada vez maior de cientistas e outros analistas reconhecem que reduzir a dependência humana de combustíveis fósseis será um trabalho difícil, mas afirmam que isso pode ser feito nos próximos 50 anos. Eles destacam que os seres humanos já passaram por transições de recursos energéticos antes – primeiro da madeira para o carvão, depois para o petróleo e agora para o gás natural –, com cada uma delas levando cerca de 50 anos. As pessoas têm o conhecimento e as habilidades necessárias para contar com a eficiência energética e energia renovável nos próximos 50 anos.

A Figura 15.28 lista formas de retardar as mudanças climáticas causadas por atividades humanas nos próximos 50 anos (**Conceito 15.6**). Os itens da coluna à esquerda são abordagens de prevenção para reduzir as emissões de CO_2, enquanto os da direita são soluções de limpeza para remover o excesso dessa substância da atmosfera.

De acordo com um relatório do IPCC de 2014, temos boas notícias sobre como enfrentar a ameaça das mudanças climáticas reduzindo nossas emissões de CO_2:

- Podemos adotar carros híbridos, *plug-in* e elétricos nos próximos 20 a 30 anos e carregar as baterias desses veículos com eletricidade produzida por fontes de energia renováveis com baixo teor de carbono, como a solar e a eólica.

- A mudança para a energia renovável está acelerando à medida que os preços da eletricidade gerada por turbinas eólicas e células solares com baixo teor de carbono estão caindo rapidamente e os investimentos nessas tecnologias estão crescendo. Entre 2008 e 2015, o custo da produção de eletricidade com células solares caiu mais de 80%, enquanto o custo de produção de eletricidade com vento caiu mais de 50%, e o das baterias, mais de 70%. Nos Estados Unidos, o Texas produz mais eletricidade com energia eólica e solar do que todos os outros países do mundo, exceto cinco eles.

- Engenheiros desenvolveram construções acessíveis com zero emissões líquidas de carbono e sabem como reduzir a pegada de carbono de construções existentes.

- O processo de lidar com as mudanças climáticas criará empregos e empresas lucrativas.

- Muitos líderes de empresas veem a desaceleração das mudanças climáticas como uma oportunidade de investimento global.

Removendo CO_2 da atmosfera

Alguns cientistas e engenheiros estão desenvolvendo estratégias de limpeza para remover parte do CO_2 da atmosfera ou das emissões de chaminés e *sequestrá-lo*, ou armazená-lo, em outras partes do ambiente (Figura 15.28, à direita). Uma estratégia, conhecida como **captura e armazenamento de carbono** (*carbon capture and storage* – CCS), remove parte do gás CO_2 das emissões de chaminés de usinas industriais e de queima de carvão, convertendo-o em um líquido que é bombeado sob pressão para locais de armazenamento subterrâneos (Figura 15.29).

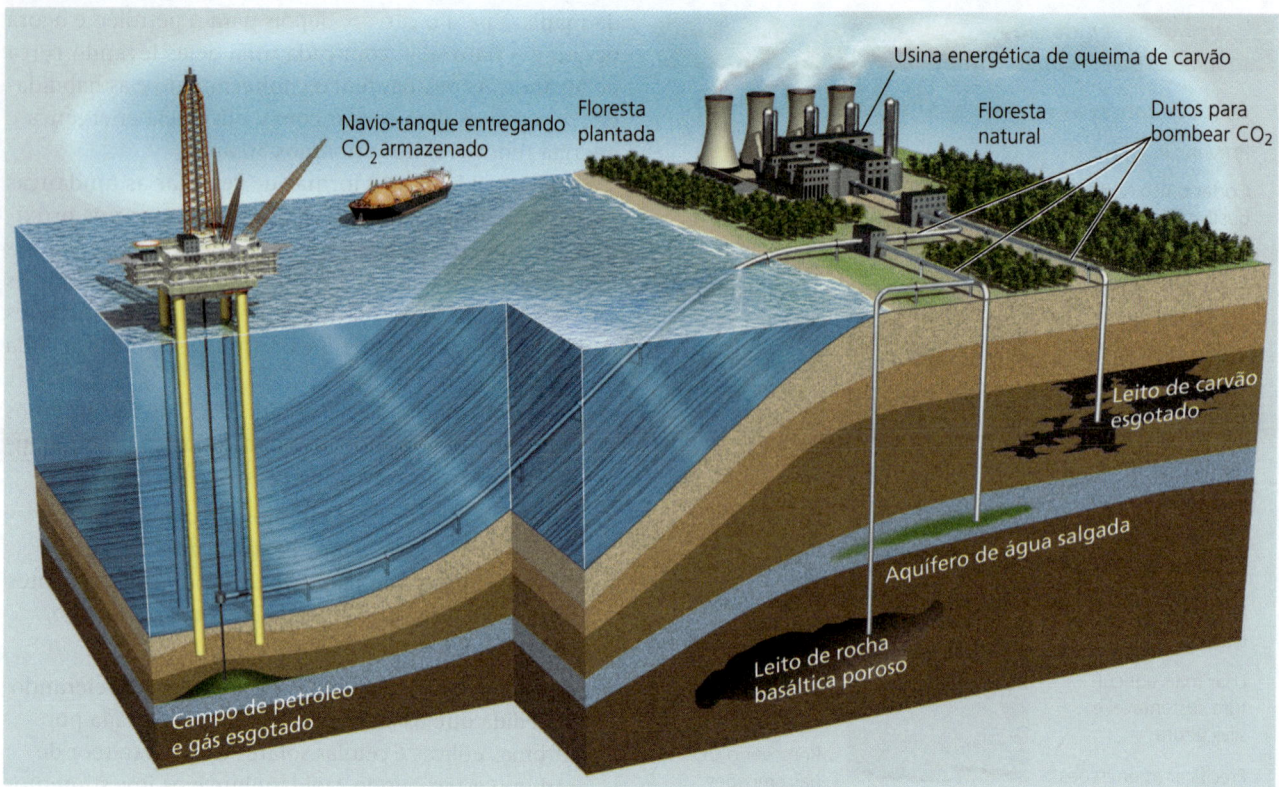

FIGURA 15.29 Alguns esquemas de captura e armazenamento de carbono (CCS) propostos para remover parte do dióxido de carbono de emissões de chaminés e da atmosfera e armazená-lo (sequestrar) no solo, nas plantas, em reservatórios subterrâneos profundos e em sedimentos debaixo do solo oceânico. **Raciocínio crítico:** Na sua opinião, qual dessas estratégias propostas seria a mais eficaz? E a menos eficaz? Justifique sua resposta.

Outra abordagem que está sendo testada na Islândia é dissolver o CO_2 extraído em água e bombeá-lo em rochas porosas, como basalto. Lá, ele reage com cálcio, magnésio ou ferro da rocha para formar um mineral chamado calcita. Esse processo retém o CO_2 para sempre, mas usa muita água e requer o transporte da mistura de água e CO_2 para o tipo certo de depósito de rochas.

Quatro grandes problemas dos esquemas de CCS são que, com a tecnologia atual:

- eles só conseguem remover e armazenar parte do CO_2 das emissões de chaminés, e por um custo elevado;
- eles não tratam das enormes quantidades de emissões de CO_2 provenientes de veículos automotivos, da produção de alimentos e da queima deliberada de florestas para desocupar terras para o cultivo de alimentos;
- eles exigem muita energia, o que pode levar a um maior uso de combustíveis fósseis e a mais emissões de CO_2 e outros poluentes do ar;
- o CO_2 removido teria de permanecer isolado da atmosfera para sempre, pois vazamentos em grande escala ou menores e contínuos em locais de armazenamento de CO_2 podem aumentar drasticamente o aquecimento atmosférico e as mudanças climáticas em um curto período.

Até hoje, os projetos experimentais para capturar e armazenar CO_2 foram bem caros e não muito eficazes. O alto custo faz com que empresas de serviços públicos dos Estados Unidos não se animem a construir usinas de CCS, já que isso aumentaria consideravelmente os custos da eletricidade para os consumidores.

Outras abordagens para remover CO_2 incluem plantar grandes áreas de árvores e fertilizar o oceano com bolinhas de ferro para aumentar a população de fitoplâncton, que remove CO_2 da atmosfera. Experimentos preliminares indicam que esse método talvez não funcione e possa prejudicar ecossistemas marinhos.

De acordo com alguns cientistas ambientais, a maioria das formas de CSS são *soluções de limpeza* (Figura 15.28, à direita) caras, arriscadas e ineficazes para um problema grave que pode ser resolvido mais efetivamente com técnicas de *prevenção* mais baratas, rápidas e seguras (Figura 15.28, à esquerda).

Soluções de geoengenharia

Outras soluções propostas estão sob a égide da **geoengenharia** ou tentando manipular determinadas condições naturais para ajudar a combater a intensificação humana do efeito estufa da Terra. Algumas dessas propostas são exibidas na Figura 15.30. Uma delas prevê a injeção de grandes quantidades de partículas de sulfato

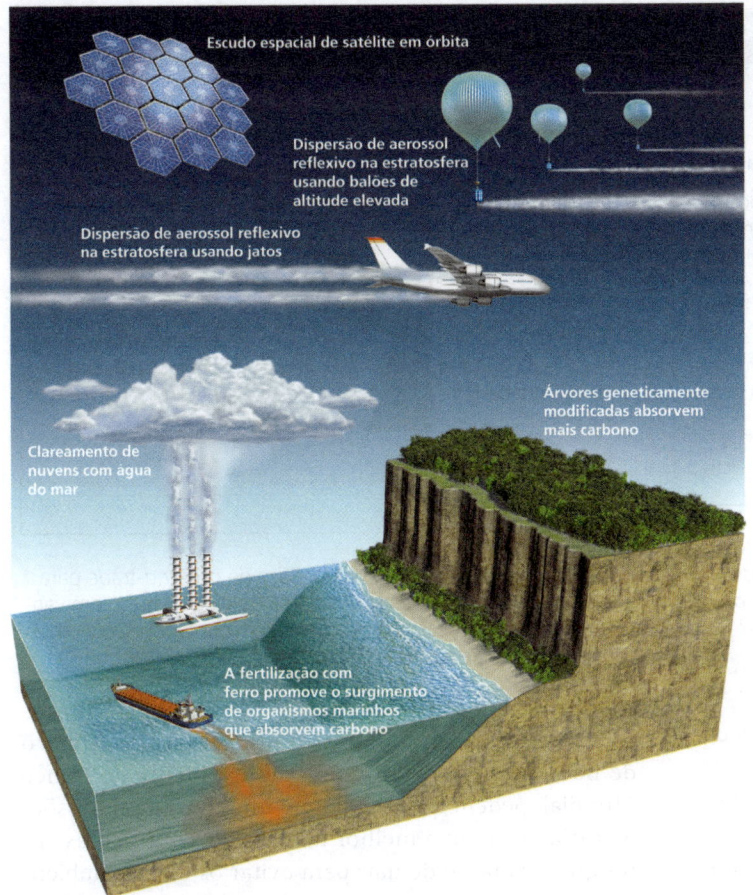

FIGURA 15.30 Esquemas de geoengenharia incluem formas de refletir mais luz do Sol para o espaço. *Raciocínio crítico:* Entre as abordagens mostradas aqui, quais são as três que você considera mais viáveis? Por quê?

na estratosfera para refletir parte da luz solar recebida para o espaço, a fim de retardar o aquecimento da troposfera. Outros cientistas recomendaram a instalação de uma série de espelhos gigantes em órbita acima da Terra para refletir a luz solar recebida com a mesma finalidade. Outro esquema é implantar uma grande frota de navios controlados por computadores para pulverizar água salgada em altitudes elevadas no céu, deixando as nuvens mais brancas e mais refletivas.

Alguns cientistas da área climática rejeitam a ideia de lançar sulfatos na estratosfera por ser um processo muito arriscado devido aos possíveis efeitos desconhecidos. Por exemplo, se os sulfatos refletirem muita luz solar, podem reduzir a evaporação em um nível suficiente para alterar padrões globais de precipitação e piorar as já perigosas secas em determinadas áreas. Além disso, um estudo da cientista atmosférica Simone Tilmes indica que o cloro liberado pelas reações envolvidas nesse esquema poderia acelerar a diminuição da camada de ozônio da estratosfera, essencial para a Terra, um problema discutido na Seção 15.7.

De acordo com alguns cientistas, um grande problema da maioria dessas correções tecnológicas é que, se elas tiverem sucesso, poderão ser usadas para justificar o uso desenfreado e contínuo de combustíveis fósseis. Isso permitiria que os níveis de CO_2 na atmosfera inferior continuassem crescendo, contribuindo para o grave problema da acidificação oceânica.

Além disso, pensar que podemos usar esquemas de geoengenharia para retardar ou evitar as mudanças climáticas pode atrasar gravemente a transição do uso de combustíveis fósseis para grandes melhorias na eficiência energética e a dependência de uma mistura de recursos energéticos renováveis com baixo teor de carbono nos próximos 50 anos. A maioria dos cientistas e economistas da área climática diz que não podemos permitir esse atraso.

Ações do governo para reduzir as emissões de gases de efeito estufa

Os governos podem usar sete grandes estratégias para promover as soluções listadas na Figura 15.28 (**Conceito 15.6**):

- Regular o dióxido de carbono (CO_2) e o metano (CH_4) como poluentes do ar causadores de mudanças climáticas que podem prejudicar a saúde e o bem-estar da população com base em uma decisão de 2014 da Suprema Corte dos Estados Unidos, que confirma o direito de a EPA regulamentar as emissões de gases de efeito estufa. Os críticos estão tentando postergar ou enfraquecer essas regulamentações. Eles também tentam fazer com que o Congresso mude a Lei do Ar Puro para impedir a regulamentação dos gases de efeito estufa e reverter a classificação do CO_2 como poluente do ar por parte da EPA.

- Eliminar progressivamente as usinas a carvão mais poluentes ao longo dos próximos 50 anos e substituí-las por alternativas de gás natural e de energia renovável mais eficientes e limpas, como a eólica e a solar.

- Colocar um preço nas emissões de carbono por meio da aplicação progressiva de impostos sobre cada unidade de CO_2 ou CH_4 emitida, ou impostos sobre a energia em cada unidade de combustível fóssil queimado (Figura 15.31). Esses aumentos nos tributos poderiam ser compensados com reduções nos impostos sobre renda, salários e lucros, ou com reduções fiscais trimestrais diretas para consumidores estadunidenses. Em outras palavras, *tributar a poluição e o desperdício de energia, e não a folha de pagamento e os lucros*. Irlanda, Suécia e Colúmbia Britânica já adotaram taxas de carbono. Em 2014, a China e outros 72 países, o Banco Mundial e mais de mil corporações exigiram a determinação de um preço para as emissões de carbono. No entanto, as

Vantagems e desvantagens	
Impostos sobre carbono e energia	
Vantagens	Desvantagens
São fáceis de administrar	As leis de impostos podem se tornar complexas
Estabelecem um preço claro para o carbono	Taxação vulnerável a brechas
Todos os emissores serão tributados	Não garantem emissões inferiores
As receitas são previsíveis	São politicamente impopulares

FIGURA 15.31 O uso de impostos ou taxas sobre carbono e energia para ajudar a reduzir as emissões dos gases de efeito estufa tem suas vantagens e desvantagens. *Raciocínio crítico:* Quais são as duas vantagens mais importantes? E as desvantagens? Por quê?

Vantagens e desvantagens	
Política de *cap-and-trade*	
Vantagens	Desvantagens
Impõem limites legais claros para as emissões	As receitas não são previsíveis
Recompensam os cortes nas emissões	São vulneráveis à fraude
Há registro de sucesso	Poluidores ricos podem continuar poluindo
O custo para os consumidores é menor	Colocam preço variável no carbono

FIGURA 15.32 O uso de uma política de *cap-and-trade* para ajudar a reduzir as emissões dos gases de efeito estufa tem vantagens e desvantagens. *Raciocínio crítico:* Quais são as duas vantagens mais importantes? E as desvantagens? Por quê?

taxas de carbono não serão eficientes se o nível do imposto não for alto o bastante e seu nível não for aumentado conforme o necessário para atender às metas de redução das emissões de CO_2.

- Adotar um sistema de *cap-and-trade* (Figura 15.32) que usa o mercado para ajudar a reduzir as emissões de CO_2 e CH_4. O governo poderia atribuir um limite para as emissões de um país ou região, emitiria licenças para a emissão de determinados níveis desses poluentes e permitiria que os poluidores comercializassem permissões no mercado. Essa abordagem só vai funcionar se os limites originais forem definidos em níveis baixos o bastante para estimular uma redução drástica nas emissões e se forem sendo reduzidos regularmente, para promover o desenvolvimento de tecnologias mais eficientes para diminuir as emissões de dióxido de carbono.

- Ao longo de 10 a 20 anos, eliminar progressivamente os subsídios e as isenções fiscais para a indústria de combustíveis fósseis e a produção de alimentos industrializada não sustentável. Introduzir subsídios e isenções fiscais para tecnologias com eficiência energética, energia renovável com baixo teor de carbono e produção de alimentos mais sustentável (Figura 10.28).

- Concentrar os esforços de pesquisa e desenvolvimento em inovações que diminuam o custo de alternativas de energia limpa.

- Estabelecer acordos de trabalho para financiar e monitorar os esforços para reduzir o desmatamento – que corresponde de 12% a 17% das emissões dos gases de efeito estufa global – e promover os esforços de plantio global de árvores (no Capítulo 9, **Estudo de caso principal**).

Economistas ambientais e um crescente número de líderes empresariais, além do presidente do Banco Mundial, pedem que se coloque um preço nas emissões de carbono como a melhor maneira de controlá-las antes que seja tarde demais para evitar os efeitos ambientais e econômicos catastróficos das mudanças climáticas. Isso promoveria a inclusão dos custos prejudiciais estimados para a saúde e o meio ambiente provenientes do uso de combustíveis fósseis no próprio preço dos combustíveis, uma solução que está de acordo com o **princípio da sustentabilidade** da precificação de custo total.

No entanto, o estabelecimento de leis e regulamentações que aumentam os preços de combustíveis fósseis é uma atitude politicamente controversa e difícil devido ao imenso poder econômico e político das indústrias de combustíveis fósseis e de serviços de eletricidade, bem como à dependência da sociedade, que usa combustíveis fósseis para produzir 90% de sua energia comercial. Os oponentes também argumentam que o aumento do preço dos combustíveis fósseis prejudicaria economias e consumidores.

Entretanto, economistas e outros defensores dessa abordagem afirmam que os benefícios econômicos do aumento dos preços dos combustíveis fósseis em um nível suficiente para desacelerar as mudanças climáticas superam, e muito, as desvantagens econômicas e apontam dois grandes motivos. Primeiro, economia de custos para consumidores e governos devido aos benefícios resultantes da saúde e o ambiente. Segundo, os preços mais altos dos combustíveis fósseis poderiam ajudar as economias, estimulando a inovação para encontrar formas de reduzir as emissões de carbono, aumentar a eficiência energética

FIGURA 15.33 Registro dos benefícios da desaceleração das mudanças climáticas.

Tirinha de Joel Pett Editorial usada com permissão de Joel Pett e do Cartoonist Group. Todos os direitos reservados.

e implantar uma mistura de recursos energéticos renováveis acessíveis e com baixo teor de carbono.

Tratados internacionais sobre mudanças climáticas

Os governos iniciaram negociações internacionais sobre o clima. Em dezembro de 1997, representantes de 161 nações se reuniram em Kyoto, no Japão, para negociar um tratado cujo objetivo era desacelerar o aquecimento global e as mudanças climáticas. A primeira fase resultante do *Protocolo de Kyoto* entrou em vigor em fevereiro de 2005 com 187 dos 194 países (não incluindo os Estados Unidos) ratificando o acordo ao final de 2009.

Os 37 países mais desenvolvidos participantes concordaram em reduzir as emissões de CO_2, CH_4 e NO_2 até 2012, quando o tratado terminaria. No entanto, 16 países fracassaram. Países menos desenvolvidos, inclusive a China, foram liberados desse requisito, já que tais reduções prejudicariam seu crescimento econômico.

Em 2015, representantes de 195 países se reuniram em Paris, na França, em outra tentativa de chegar a um acordo global sobre mudanças climáticas. Em um acordo histórico, os governos decidiram:

- Aceitar a meta de manter o aumento das temperaturas médias globais abaixo de 2 °C.
- Comprometer-se com a redução de uma quantidade definida das emissões de gases de efeito estufa.
- Encontrar-se a cada cinco anos para avaliar o progresso e aumentar as metas.

O acordo entrou em vigor em novembro de 2016, depois que mais de 55 países (sem incluir os Estados Unidos) o ratificaram.

Alemanha, China e Índia estão no caminho certo para ultrapassar suas metas de redução de emissões. Esses países estão diminuindo o uso de carvão e investindo pesado em energia eólica e solar.

Mais de 365 empresas estadunidenses grandes e pequenas reafirmaram seu compromisso com o acordo e se opuseram à retirada do país. Essas empresas também exigem que o governo dos Estados Unidos cumpra as metas prometidas de redução de emissões de gases de efeito estufa e que o país continue sendo um líder global no enfrentamento das graves e crescentes ameaças ambientais e econômicas das mudanças climáticas. Entretanto, devido aos esforços para reverter as medidas do governo estadunidense para lidar com as mudanças climáticas desde 2017, os Estados Unidos provavelmente não alcançarão as metas de redução de gases de efeito estufa prometidas. Isso pode estimular outros países a descumprir suas metas, enfraquecendo significativamente os esforços globais para reduzir as ameaças das mudanças climáticas. Além disso, pode transformar a China em líder mundial no combate às mudanças climáticas.

Cientistas especializados em clima celebram o acordo climático de Paris, alcançado após 18 anos de negociações internacionais. Alguns deles, porém, consideram esse acordo internacional uma resposta fraca, lenta e inadequada para um problema ambiental e econômico global e urgente. Os países não são legalmente obrigados a cumprir as metas. Além disso, não foi firmado nenhum compromisso para que os países mais ricos, cujas economias foram as maiores causadoras das mudanças climáticas, arrecadassem um valor proposto de US$ 500 bilhões até 2020 para ajudar os países mais pobres a cumprirem suas metas. Os cientistas climáticos estimam que, mesmo que todos os compromissos do tratado sejam totalmente cumpridos, a temperatura atmosférica não será reduzida o bastante para evitar graves problemas ambientais e econômicos durante este século.

Conforme mencionado no início desta seção, desacelerar as mudanças climáticas é uma tarefa difícil e controversa. No entanto, de acordo com um número grande e crescente de cientistas das áreas climática e ambiental, economistas e líderes de empresas, os benefícios da desaceleração das mudanças climáticas (Figura 15.33) superam em muito os riscos econômicos e ambientais de não fazer isso em longo prazo.

Alguns países, estados, cidades e empresas estão reduzindo suas pegadas de carbono

Algumas nações estão liderando outras no enfrentamento dos desafios das mudanças climáticas projetadas. A Costa Rica pretende ser o primeiro país a se tornar *neutro em carbono*, reduzindo suas emissões líquidas de carbono a zero até 2030. O país gera 78% de sua eletricidade por meio de usina hidrelétrica renovável e os outros 18% por energias eólica e geotérmica.

Embora a China emita mais CO_2 na atmosfera do que qualquer outro país, ela também está se tornando rapidamente o líder mundial em desenvolvimento e venda de células solares com baixo teor de carbono, aquecedores solares de água, turbinas eólicas, baterias avançadas e carros plug-in e totalmente elétricos. A China vê esse processo como uma forma de ajudar a reduzir suas emissões de gases de efeito estufa e sua dependência de carvão, e impulsionar sua economia, tornando-se líder em alguns negócios de crescimento mais rápido deste século.

Alguns governos estaduais e locais dos Estados Unidos estão avançando no combate às mudanças climáticas. Em 2016, pelo menos 32 estados tinham definido metas para a redução das emissões de gases de efeito estufa ou estavam envolvidos em programas interestaduais. A Califórnia pretende obter 33% da sua eletricidade a partir de fontes de energia renováveis com baixo teor de carbono até 2030. O estado está mostrando que é possível implementar políticas que reduzem as emissões de carbono e criar empregos. Desde 1990, os governos de mais de 650 cidades do mundo (incluindo 450 cidades dos Estados Unidos) têm estabelecido programas para reduzir suas emissões de gases de efeito estufa.

Líderes de algumas das mais proeminentes empresas estadunidenses, como Alcoa, DuPont, Ford Motor Company, General Electric e Shell Oil, juntaram-se com organizações ambientais para formar a U.S. Action Partnership [Parceria de Ação Climática dos Estados Unidos]. Para convencer o governo a promulgar a legislação de mudança climática nacional, essas empresas apresentaram o seguinte argumento: "em nossa visão, o desafio das mudanças climáticas criará mais oportunidades econômicas do que riscos para a economia dos Estados Unidos". Cada empresa está trabalhando para reduzir a sua pegada de carbono como uma maneira de ajudar a desacelerar as mudanças climáticas e economizar dinheiro. Hoje, muitas empresas reconhecem que atitudes ecológicas têm suas vantagens.

Faculdades e universidades estão reduzindo suas pegadas de carbono

Muitas faculdades e universidades também têm aderido a esse movimento. A Universidade Estadual do Arizona tem a maior coleção de painéis solares de qualquer universidade estadunidense. A College of the Atlantic, no Maine, nos Estados Unidos, é neutra em carbono desde 2007 e recebe toda a sua eletricidade de fontes renováveis. Alguns alunos construíram uma turbina eólica que alimenta uma fazenda orgânica nas proximidades, que oferece produtos orgânicos ao campus, às escolas locais e aos bancos de alimentos.

A Universidade da Califórnia, em Irvine, reduziu o consumo de energia em 24% entre 2008 e 2015. Alunos da Universidade de Washington, em Seattle, concordaram com um aumento na mensalidade para ajudar a instituição a comprar eletricidade de fontes de energia renováveis. Um número crescente de grupos estudantis está exigindo que os administradores das instituições de ensino ajudem a desacelerar as mudanças climáticas encerrando os investimentos de seus fundos de doações em empresas de combustíveis fósseis.

PARA REFLETIR

PENSANDO A SOBRE O que a sua escola pode fazer?
Quais são as três medidas que a sua escola deveria adotar para ajudar a reduzir as emissões de CO_2? Quais etapas, se houver, já estão em vigor?

Cada pessoa pode fazer a diferença

Cada um de nós tem um papel importante no aquecimento atmosférico e nas mudanças climáticas previstas para este século. Sempre que usamos energia gerada por combustíveis fósseis, por exemplo, acrescentamos CO_2 à atmosfera. No entanto, quase dois terços da pegada de carbono estadunidense médio vêm do carbono liberado durante a fabricação e a entrega de alimentos, abrigo, roupas, carros, computadores e todos os outros bens de consumo e serviços.

Um aspecto importante da sua pegada de carbono é a sua dieta. Os alimentos têm níveis variados de emissão de gases de efeito estufa resultantes dos processos de produção e entrega. Por exemplo, alimentos processados precisam de muito mais energia para a produção e, portanto, liberam mais emissões de gases de efeito estufa do que alimentos como frutas e vegetais frescos. A produção de carne, especialmente em fazendas industriais, envolve muito mais emissões de gases de efeito estufa do que a produção de grãos e vegetais. Além disso, as emissões de gases de efeito estufa provenientes da produção e do consumo de carne bovina são 12 vezes maiores do que aquelas associadas à produção e ao consumo da mesma quantidade de frango. Ao escolher seus alimentos com atenção, é possível reduzir sua pegada de carbono.

Você pode saber mais sobre sua pegada de carbono usando uma das várias calculadoras disponíveis on-line. A Figura 15.34 lista algumas formas de reduzir suas emissões de CO_2. Uma pessoa que adota essas medidas faz uma pequena contribuição para reduzir as emissões de gases de efeito estufa, mas quando milhões de pessoas fazem isso, a mudança global pode acontecer.

Preparação para as mudanças climáticas

De acordo com os modelos climáticos globais, o mundo precisa fazer um corte de 50% a 85% das emissões dos gases de efeito estufa até 2050 para estabilizar as concentrações desses gases na atmosfera. Isso ajudaria a evitar que o planeta aquecesse mais de 2 °C e a afastar as mudanças rápidas e duradouras projetadas para o clima do

> ### O que você pode fazer
>
> **Redução das emissões de CO_2**
>
> - Calcular a sua pegada de carbono (há muitos sites úteis)
> - Caminhar, andar de bicicleta, pegar carona, usar transporte público ou utilizar carros com combustível eficiente
> - Reduzir o lixo diminuindo o consumo, reciclando e reutilizando mais itens
> - Usar aparelhos com energia mais eficiente e lâmpadas de LED
> - Lavar roupa com água morna ou fria e pendurá-las no varal para secar
> - Fechar cortinas e janelas para manter o calor dentro ou fora do ambiente
> - Usar chuveiros de baixo fluxo
> - Comer menos carne ou não comê-la
> - Superisolar a casa e vedar todos os vazamentos de ar
> - Utilizar janelas eficientes em energia
> - Configurar o aquecedor de água para 49 °C
> - Plantar árvores
> - Comprar de empresas que trabalham para reduzir as emissões

FIGURA 15.34 Você pode reduzir as emissões anuais de CO_2. *Raciocínio crítico:* Quais dessas medidas você já adota ou planeja adotar no futuro?

mundo, além dos efeitos previstos para o ambiente, a economia e a saúde.

Porém, devido à dificuldade política de fazer essas grandes reduções, muitos analistas acreditam que, além de trabalharmos para eliminar as emissões de gases de efeito estufa, deveríamos também nos preparar para os prováveis efeitos nocivos das mudanças climáticas previstas. A Figura 15.35 mostra algumas formas de fazer isso.

Por exemplo, as organizações estão colocando em prática projetos como a expansão de mangues como proteção contra marés de tempestade. Também estão construindo abrigos em terrenos elevados e plantando árvores em encostas para ajudar a evitar deslizamentos de terra em face do aumento previsto dos níveis de precipitação e do mar. Países de baixa altitude, como Bangladesh, estão planejando o que fazer com os milhões de refugiados ambientais que verão suas terras inundadas devido ao aumento do nível do mar e às tempestades mais intensas.

Algumas comunidades litorâneas dos Estados Unidos exigem que novas casas e outros edifícios sejam construídos a uma determinada altura ou distância da costa atual, suficiente para resistir a esses perigos. Após as inundações causadas pelo Furacão Sandy, em 2012, a cidade de Nova York está planejando construir novos muros de contenção e comportas para o sistema de metrô. Antecipando-se ao aumento do nível do mar, Boston elevou uma de suas usinas de tratamento de esgoto. Algumas

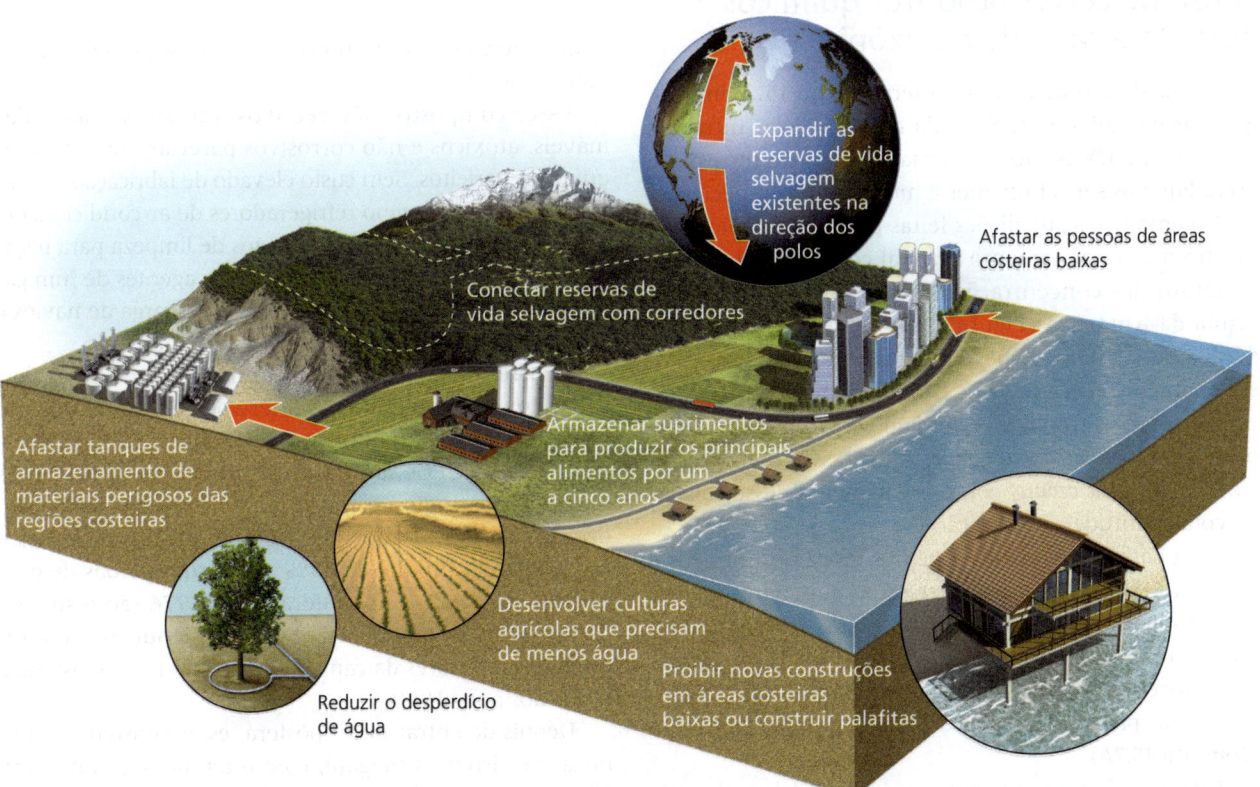

FIGURA 15.35 Soluções: Formas de nos prepararmos para os possíveis efeitos prejudiciais e duradouros das mudanças climáticas. *Raciocínio crítico:* Quais dessas medidas adaptativas você considera mais importantes? Cite três e justifique sua resposta.

Poluição do ar, mudanças climáticas e redução da camada de ozônio

cidades planejam construir centros de resfriamento para abrigar os moradores durante as ondas de calor cada vez mais intensas.

Os Países Baixos, com a maioria da população vivendo abaixo do nível do mar, são famosos pela construção de diques para conter o aumento do Mar do Norte por mais de 800 anos. O governo e os cidadãos do país estão formulando um plano de 200 anos para lidar com as mudanças climáticas.

15.7 COMO ESGOTAMOS O OZÔNIO NA ESTRATOSFERA E O QUE PODEMOS FAZER COM RELAÇÃO A ISSO?

CONCEITO 15.7A O uso generalizado de certos produtos químicos reduziu os níveis de ozônio na estratosfera e permitiu que a radiação ultravioleta (UV) mais prejudicial atingisse a superfície da Terra.

CONCEITO 15.7B Para reverter a destruição da camada de ozônio, devemos interromper a fabricação de produtos químicos que afetam a camada de ozônio e aderir aos tratados internacionais que determinam a proibição desses produtos.

O uso de certos produtos químicos ameaça a camada de ozônio

A camada de ozônio na estratosfera (Figura 15.2) impede que aproximadamente 95% da radiação solar ultravioleta (UV-A e UV-B) nociva atinja a superfície terrestre e prejudique os seres humanos e muitas outras espécies.

No entanto, as medições feitas pelos meteorologistas mostram um esgotamento sazonal considerável (estreitamento) das concentrações de ozônio na estratosfera acima da Antártica (Figura 15.36) e do Ártico desde a década de 1970. Medições similares revelaram um baixo estreitamento na camada de ozônio em todos os lugares, exceto sobre os trópicos. A perda desse ozônio na Antártica é chamada *buraco de ozônio*. A expressão mais precisa é *estreitamento de ozônio*, pois o esgotamento desse gás varia com a altitude e localização.

Com base nessas medições e nos modelos químicos e matemáticos, há consenso entre os pesquisadores de que o esgotamento do ozônio na estratosfera representa uma séria ameaça aos humanos, a outros animais e a alguns produtores primários (na maioria plantas) que usam a luz solar para dar suporte à cadeia alimentar da Terra (**Conceito 15.7A**).

Esse problema começou com a descoberta do primeiro clorofluorocarboneto (CFC) em 1930 – um composto que contém carbono, cloro e flúor. Os cientistas logo desenvolveram compostos similares para criar uma

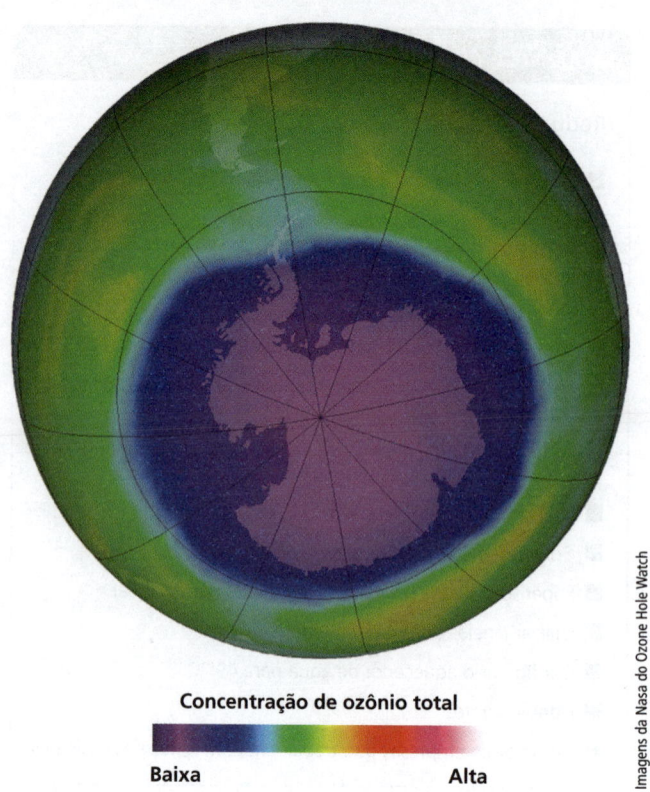

FIGURA 15.36 Degradação do capital natural: Esta imagem de satélite colorida mostra o estreitamento de ozônio sobre a Antártica durante setembro de 2016. Na área azul mais escura, ocorreu o esgotamento de mais de 50% do ozônio.

família de CFCs muito úteis, conhecidos pelo nome comercial de Freons.

Esses compostos não reativos, inodoros, não inflamáveis, atóxicos e não corrosivos pareciam ser produtos químicos perfeitos. Sem custo elevado de fabricação, tornaram-se populares como refrigeradores de ar-condicionado, propulsores de aerossóis, compostos de limpeza para peças eletrônicas como *chips* de computador, agentes de fumigação para armazéns e compartimentos de carga de navios e gases utilizados para isolamento e empacotamento.

Ocorre que os CFCs eram muito bons para ser verdade. Em 1974, os químicos Sherwood Rowland e Mario Molina (Pessoas que fazem a diferença 15.2) demonstram que os CFCs são produtos químicos persistentes que podem atingir a estratosfera e destruir parte de seu ozônio protetor. Dados de satélite e outras medições e modelos indicam que de 75% a 85% das perdas de ozônio observadas na estratosfera desde 1976 são resultado da liberação, pela população, de CFCs e outros produtos químicos redutores da camada de ozônio na troposfera, a partir dos anos 1950.

Depois de entrar na troposfera, essas substâncias químicas persistentes chegam, com o tempo, à estratosfera. Lá, elas começam a destruir o ozônio mais rapidamente do que ele consegue se formar. Esse esgotamento de ozônio é uma interrupção de uma das formas de capital natural mais importantes da Terra, que nos ajuda a manter a vida

Degradação do capital natural	
Efeitos do esgotamento do ozônio	
Saúde humana	**Vida selvagem**
■ Queimaduras solares piores	■ Aumento de cataratas em algumas espécies
■ Maior incidência de catarata e câncer de pele	■ Diminuição das populações de espécies aquáticas sensíveis à radiação UV
■ Supressão do sistema imunológico	■ Redes de alimento aquático prejudicadas por causa da redução da população de fitoplâncton
Alimento e florestas	**Poluição do ar e mudanças climáticas**
■ Rendimentos reduzidos para alguns cultivos	■ Deposição ácida aumentada
■ Suprimentos reduzidos de frutos do mar devido à redução da população de fitoplâncton	■ Poluição fotoquímica aumentada
	■ Degradação de pinturas externas, plásticos e materiais de construção
■ Produtividade da floresta diminuída para espécies de árvores sensíveis ao UV	■ Enquanto estão na troposfera, os CFCs agem como gases de efeito estufa

FIGURA 15.37 Níveis diminuídos de ozônio da estratosfera podem ter diversos efeitos nocivos (**Conceito 15.7A**). *Raciocínio crítico:* Cite três desses efeitos que você considera mais ameaçadores e justifique sua resposta.

e as economias do mundo. Durante o movimento ascendente pela troposfera, os CFCs também agem como gases de efeito estufa, ajudando a aquecer a troposfera inferior.

Por que devemos nos preocupar com a redução da camada de ozônio?

Por que devemos nos preocupar com o esgotamento de ozônio? A Figura 15.37 lista alguns dos efeitos prejudiciais da redução do ozônio da estratosfera. Um deles é que mais radiação biologicamente nociva UV-A e UV-B está alcançando a superfície da Terra (**Conceito 15.7A**). Esse aumento na radiação provavelmente contribuiu para o maior número de casos de catarata, queimaduras solares e câncer de pele. A Figura 15.38 apresenta maneiras de se proteger contra a radiação ultravioleta nociva.

Outra ameaça séria do esgotamento de ozônio refere-se ao fato de que o aumento resultante da radiação UV prejudicaria ou destruiria o fitoplâncton, especialmente nas águas da Antártica. Essas minúsculas plantas marinhas têm um papel fundamental na remoção de CO_2 da atmosfera e formam a base de muitas redes alimentares oceânicas. Destruir os plânctons significa eliminar os serviços ecológicos vitais que eles fornecem. Também pode acelerar o aquecimento atmosférico e as mudanças climáticas ao reduzir a capacidade de os oceanos removerem grandes quantidades do CO_2 adicionado à atmosfera pelos seres humanos.

Podemos reverter o esgotamento do ozônio estratosférico

De acordo com pesquisadores que atuam nesse campo, deveríamos parar imediatamente de produzir todas as substâncias que provocam o esgotamento de ozônio (**Conceito 15.7B**). No entanto, os modelos indicam que, mesmo com ação imediata e sustentada, serão necessários cerca de 60 anos para a camada de ozônio da Terra recuperar os níveis de ozônio que tinha nos anos 1960 e até 100 anos para recuperar os níveis anteriores a 1950.

Em 1987, representantes de 36 nações reuniram-se em Montreal, no Canadá, e desenvolveram o *Protocolo de Montreal*, cujo objetivo era reduzir as emissões de CFC (mas não de outros produtos químicos que esgotam o ozônio) em 35% entre 1989 e 2000. Depois de ouvirem mais notícias ruins sobre a redução sazonal da camada de ozônio sobre a Antártica em 1989, representantes de

O que você pode fazer
Reduzir a exposição à radiação de UV
■ Não se exponha ao Sol, especialmente das 10 às 15 horas
■ Não frequente salões de bronzeamento nem use lâmpadas solares
■ Quando estiver exposto ao Sol, use roupa de proteção e óculos de Sol para se proteger da radiação UV-A e UV-B
■ Não se esqueça de que o céu nublado não protege você
■ Não se exponha ao Sol se estiver tomando antibióticos ou anticoncepcional
■ Quando estiver exposto ao Sol, use protetor solar com fator de proteção 15, pelo menos
■ Compre de empresas que trabalham para reduzir as emissões de CFC

FIGURA 15.38 Você pode reduzir sua exposição à radiação UV nociva. Quais dessas precauções você já toma?

PESSOAS QUE FAZEM A DIFERENÇA 15.2

Sherwood Rowland e Mario Molina: uma história científica de especialização, coragem e persistência

Em 1974, os cálculos de Sherwood Rowland (à esquerda) e Mario Molina (à direita), químicos da Universidade da Califórnia em Irvine, revelaram que os CFCs estavam baixando a concentração média de ozônio na estratosfera. Esses cientistas chegaram à conclusão de que tinham a obrigação ética de publicar os resultados de suas pesquisas. Eles chocaram tanto a comunidade científica quanto a indústria, que faturava US$ 28 bilhões por ano, clamando por uma proibição imediata dos CFCs em latas de *spray* (para os quais havia substitutos disponíveis).

A pesquisa feita por esses dois cientistas os levou a quatro conclusões principais. *Primeira*, uma vez que os CFCs são colocados na troposfera, esses produtos químicos persistentes permanecem lá por um longo tempo.

Segunda, durante o período de 11 a 20 anos, esses compostos sobem para a estratosfera, principalmente por meio de convecção, deriva aleatória e mistura turbulenta de ar na troposfera.

Terceira, uma vez que atingem a estratosfera, as moléculas de CFC rompem-se sob a influência da radiação UV de alta energia, o que libera átomos de cloro altamente reativos (Cl), bem como átomos de flúor (F) e bromo (Br), que aceleram a quebra de ozônio (O_3) em O_2 e O, em uma cadeia cíclica de reações químicas. Como consequência, o ozônio é destruído mais rapidamente do que se forma em algumas partes da estratosfera.

Quarta, dependendo do tipo, cada molécula de CFC pode durar de 65 anos a 385 anos na estratosfera. Durante esse tempo, cada átomo de cloro liberado durante o rompimento da cadeia de CFC pode converter centenas de moléculas de O_3 em moléculas de O_2.

A indústria de CFC (liderada pela DuPont), um adversário poderoso e bem financiado, com altos lucros e empregos em jogo, atacou os cálculos e as conclusões de Rowland e Molina. Mas os dois pesquisadores se mantiveram firmes, realizaram e expandiram sua pesquisa e explicaram o significado da descoberta para outros cientistas, políticos eleitos e para a mídia. Em 1988, após 14 anos de protelação, os executivos da DuPont reconheceram que os CFCs estavam reduzindo a camada de ozônio. Eles também concordaram em interromper a produção de CFCs e começaram a vender as alternativas mais caras que seus químicos haviam desenvolvido.

Em 1995, Rowland e Molina receberam o Prêmio Nobel de Química por seu trabalho sobre CFCs.

---

93 países tiveram mais reuniões e, em 1992, adotaram o *Protocolo de Copenhague*, que acelerou a exclusão dos CFCs e adicionou ao acordo outras substâncias químicas destruidoras da camada de ozônio.

O Protocolo de Montreal é considerado o acordo ambiental global de maior sucesso do mundo. Ele definiu um importante precedente, porque países e empresas trabalharam em parceria e usaram uma *abordagem de prevenção* para resolver um problema ambiental grave.

Essa abordagem funcionou por três motivos. *Primeiro*, havia evidências científicas convincentes e impressionantes que mostravam um problema grave. *Segundo*, os CFCs eram produzidos por um pequeno número de empresas internacionais, o que significa que houve menos resistência corporativa para encontrar uma solução. *Terceiro*, a certeza de que as vendas do CFC cairiam após alguns anos, visto que as proibições do governo liberaram recursos econômicos e criativos do setor privado para o desenvolvimento de substâncias químicas substitutas ainda mais lucrativas.

Os substitutos mais amplamente usados são os hidrofluorocarbonetos (HFCs), que também atuam como gases de efeito estufa em sua jornada até a estratosfera. Uma molécula de HFC pode ser até 10 mil vezes mais potente

GRANDES IDEIAS

- Precisamos priorizar a prevenção e a redução da poluição do ar externo e interno, além de diminuir o esgotamento do ozônio da estratosfera.

- Para a redução dos efeitos prejudiciais das rápidas mudanças climáticas previstas para este século, é necessário adotar ações emergenciais para reduzir significativamente as emissões de gases de efeito estufa, aumentar a eficiência energética e contar mais com recursos energéticos renováveis e com baixo teor de carbono.

- Podemos nos preparar para algumas mudanças climáticas, mas é possível obter importantes benefícios econômicos, ecológicos e para a saúde ao reduzir drasticamente as emissões de gases de efeito estufa visando a desaceleração das mudanças climáticas.

Revisitando

Derretimento de gelo na Groenlândia e sustentabilidade

Konrad Steffen Universidade do Colorado/CIRES

Neste capítulo, vimos que as atividades humanas, como queima de combustíveis fósseis, desmatamento e queima de florestas para o plantio de culturas e pastagem de gado, têm contribuído para níveis mais elevados de gases de efeito estufa na atmosfera. Esses efeitos contribuíram para o aquecimento global e as mudanças climáticas, que devem aumentar rapidamente durante este século.

Os principais efeitos da mudança climática podem incluir o derretimento rápido do gelo terrestre (**Estudo de caso principal**) e do gelo marinho no Ártico, secas mais longas e intensas, aumento do nível do mar, declínio da biodiversidade e ameaças graves ao fornecimento de alimentos, à saúde humana, às economias e à segurança nacional. Muitos desses efeitos podem acelerar ainda mais as mudanças climáticas, agravando as espirais de mudança.

Vimos também como o uso generalizado de determinados produtos químicos afinou a camada de ozônio estratosférica, o que tem causado problemas de saúde para plantas e animais. É animador que vários países do mundo tenham implementado uma iniciativa internacional para reverter esse efeito.

Podemos aplicar três **princípios da sustentabilidade** para ajudar a reduzir os efeitos nocivos da poluição do ar, as mudanças climáticas e o esgotamento de ozônio estratosférico. Podemos reduzir as emissões de poluentes, gases de efeito estufa e produtos químicos que esgotam o ozônio na atmosfera contando mais com as formas diretas e indiretas de energia solar do que com combustíveis fósseis; reciclar e reutilizar recursos de matéria muito mais amplamente do que fazemos agora; e imitar a biodiversidade usando uma variedade de fontes de energia renováveis de baixo carbono no lugar de combustíveis fósseis e energia nuclear. Podemos avançar no cumprimento dessas metas incluindo os custos prejudiciais para a saúde e o ambiente do uso de combustíveis fósseis nos preços de mercado; buscando soluções de ganhos mútuos para essas ameaças, que beneficiem a economia e o meio ambiente; e deixando para as gerações futuras um ambiente e um sistema de suporte à vida em uma condição tão boa ou melhor do que a que encontramos hoje.

no aquecimento da atmosfera do que a molécula de CO_2. O IPCC alertou que o uso global dos HFCs está aumentando e que eles precisam ser substituídos rapidamente por alternativas que não destruam o ozônio da atmosfera e nem atuem como gases de efeito estufa enquanto estiverem na troposfera. Várias empresas desenvolveram substitutos para os HFCs, mas eles ainda precisam ser avaliados.

Os acordos internacionais para proteção do ozônio da estratosfera estão funcionando. Segundo um estudo de 2016 conduzido por cientistas da Nasa, entre 2000 e 2015, a área de estreitamento do ozônio na atmosfera sobre a Antártica (Figura 15.36), que atinge o pico em setembro e outubro, diminuiu para uma área de cerca de um terço da parte continental dos Estados Unidos. Se esse processo continuar assim, a camada de ozônio poderá retornar aos níveis da década de 1980 em 2050.

Os principais acordos internacionais sobre o ozônio da estratosfera, hoje assinados por todos os 196 países do mundo, são exemplos importantes de cooperação global de sucesso em resposta a um grave problema ambiental mundial (**Conceito 15.7B**). Além disso, também são um exemplo do **princípio de sustentabilidade** de ganhos mútuos em ação.

Revisão do capítulo

Estudo de caso principal

1. Defina **aquecimento global** e **mudanças climáticas**. Resuma a história do derretimento das geleiras da Groenlândia, como esse processo está relacionado com as mudanças climáticas e os possíveis efeitos desses fenômenos sobre o mundo durante este século.

Seção 15.1

2. Qual é o conceito-chave desta seção? Defina e diferencie **atmosfera, troposfera, estratosfera** e **camada de ozônio**. Defina e dê dois exemplos de **gases de efeito estufa**. Por que a camada de ozônio é importante?

Seção 15.2

3. Quais são os dois conceitos-chave desta seção? O que é **poluição do ar**? Diferencie **poluentes primários** e **poluentes secundários** e dê um exemplo de cada. Cite os principais poluentes do ar externo e seus efeitos prejudiciais. Qual é a diferença entre **poluição industrial** e **poluição fotoquímica**? Cite e explique brevemente cinco fatores naturais que ajudam a reduzir a poluição do ar externo e seis fatores naturais que podem piorá-la. O que é **inversão térmica** e como ela pode afetar os níveis de poluição do ar externo? O que é **deposição ácida**, como ela é formada e quais são os principais impactos desse fenômeno sobre a vegetação, lagos, estruturas construídas por seres humanos e a saúde humana? Cite três grandes formas de reduzir a deposição ácida.

4. Qual é o poluente do ar interno mais perigoso em muitos países menos desenvolvidos? Quais são os quatro poluentes do ar interno mais perigosos nos Estados Unidos? Descreva brevemente as defesas do corpo humano contra a poluição, como elas podem ser sobrecarregadas e quais doenças podem ser resultantes. No mundo e nos Estados Unidos, quantas pessoas morrem prematuramente em decorrência da poluição do ar interno e externo a cada ano?

Seção 15.3

5. Qual é o conceito-chave desta seção? Resuma o uso de leis de controle da poluição nos Estados Unidos e como elas poderiam ser melhoradas. Quais são as vantagens e desvantagens do uso de programas de comércio de emissões para reduzir a poluição do ar externo? Cite as principais formas de reduzir as emissões de usinas de energia e veículos automotivos. Cite quatro maneiras de reduzir a poluição do ar interno.

Seção 15.4

6. Qual é o conceito-chave desta seção? Defina e diferencie **condições meteorológicas** e **clima**. Quais foram as tendências de aquecimento e resfriamento atmosférico durante os últimos 900 mil anos, 10 mil anos, mil anos e desde 1975? Como os cientistas conseguem informações sobre a temperatura e o clima do passado? Cite três grandes conclusões do IPCC e outros corpos científicos em relação às mudanças na temperatura da atmosfera da Terra. Cite oito evidências científicas que confirmam a conclusão de que as mudanças climáticas influenciadas pelos seres humanos estão ocorrendo agora. Por que a expressão "debate científico sobre mudanças climáticas" é enganosa?

7. O que é **efeito estufa** e por que ele é tão importante para a vida na Terra? Qual é o papel das emissões de CO_2 para o aquecimento da atmosfera? Cite duas grandes fontes dessas emissões. Defina **pegada de carbono** e **pegada de carbono** *per capita*. Explique como os cientistas usam modelos para prever mudanças futuras nas temperaturas da atmosfera. Explique como cada um desses fatores pode afetar a temperatura atmosférica média e as mudanças climáticas previstas durante este século: **(a)** os oceanos; **(b)** a cobertura de nuvens e **(c)** a poluição do ar externo.

Seção 15.5

8. Qual é o conceito-chave desta seção? Defina **ponto de virada das mudanças climáticas** e cite cinco exemplos possíveis. Resuma as projeções dos cientistas sobre como as mudanças climáticas deverão afetar cada um dos itens a seguir: gelo e cobertura de neve, permafrost, nível do mar, secas intensas, eventos meteorológicos extremos, biodiversidade, produção de alimentos, saúde humana, economias e segurança nacional.

Seção 15.6

9. Qual é o conceito-chave desta seção? Por que lidar com as mudanças climáticas é um problema difícil? Cite três motivos. Quais são duas

abordagens básicas para lidar com as mudanças climáticas? Liste cinco estratégias de prevenção e quatro abordagens de limpeza para desacelerar as mudanças climáticas previstas. Cite cinco boas notícias relacionadas ao combate às mudanças climáticas. O que é **captura e armazenamento de carbono (CCS)**? Cite quatro grandes problemas associados ao processo de capturar e armazenar emissões de dióxido de carbono. Defina **geoengenharia** e descreva duas estratégias propostas para lidar com a ameaça das mudanças climáticas usando essa abordagem. Quais são os principais problemas em potencial associados ao uso de estratégias de geoengenharia? Cite sete medidas que os governos podem adotar para ajudar a desacelerar as mudanças climáticas previstas. Quais são as principais vantagens e desvantagens do uso de (a) impostos sobre carbono ou energia e (b) sistemas de *cap-and-trade* para ajudar a reduzir a ameaça das mudanças climáticas? Resuma o acordo internacional de Paris de 2015 sobre mudanças climáticas e suas limitações. Cite cinco formas de reduzir sua pegada de carbono. Liste cinco formas de nos prepararmos para os possíveis efeitos prejudiciais de longo prazo das mudanças climáticas previstas.

Seção 15.7

10. Quais são os dois conceitos-chave desta seção? De que forma as atividades humanas esgotaram o ozônio da estratosfera? Cite cinco efeitos prejudiciais desse esgotamento. Explique como os cientistas Sherwood Roland e Mario Molina alertaram o mundo a respeito dessa ameaça. O que o mundo fez para reduzir a ameaça do esgotamento do ozônio na estratosfera? Quais são as três grandes ideias deste capítulo? Explique como é possível aplicar os **seis princípios da sustentabilidade** aos problemas de poluição do ar, mudanças climáticas e esgotamento de ozônio.

Observação: os principais termos estão em negrito.

Raciocínio crítico

1. Se houvesse evidências convincentes de que pelo menos metade das geleiras da Groenlândia (**Estudo de caso principal**) fossem derreter neste século, você concordaria com a adoção de medidas drásticas hoje para desacelerar as mudanças climáticas previstas? Resuma seus argumentos a favor ou contra essas medidas.

2. Suponha que alguém diga que o dióxido de carbono (CO_2) não deve ser classificado como poluente do ar, porque é uma substância química natural adicionada à atmosfera toda vez que soltamos o ar dos pulmões. Você considera esse raciocínio equivocado? Explique.

3. A queima de carvão pela China causou problemas sérios e crescentes de poluição do ar para o país e para as nações vizinhas, além de contribuir para as mudanças climáticas previstas. Fora isso, a poluição do ar gerada na China às vezes se espalha pelo Oceano Pacífico até a costa oeste da América do Norte. Você acha que a China tem justificativa para desenvolver seus recursos de carvão de maneira agressiva, como outros países (inclusive os Estados Unidos) fizeram? Explique. Quais são as alternativas do país? Se você acha que a China deve reduzir significativamente sua dependência de carvão, também exigiria o mesmo dos Estados Unidos? Justifique sua resposta.

4. Explique por que você concorda ou discorda de pelo menos 90% dos cientistas da área climática do mundo sobre as seguintes afirmações: (a) as mudanças climáticas estão ocorrendo agora, (b) as atividades humanas têm um papel importante nessas mudanças climáticas, (c) ações humanas podem reduzir a velocidade das mudanças climáticas e evitar ou retardar os efeitos prejudiciais previstos para o ambiente, a saúde e as economias.

5. Explique por que você seria a favor ou contra cada uma das estratégias listadas na Figura 15.28 para retardar as mudanças climáticas previstas causadas pelo aquecimento da atmosfera.

6. Alguns cientistas sugeriram que podemos ajudar a resfriar a atmosfera injetando, todos os anos, grandes quantidades de partículas de sulfato na estratosfera. Esse processo poderia ter o efeito de refletir parte da luz do Sol recebida de volta para o espaço. Explique por que você é a favor ou contra esse esquema de geoengenharia.

7. Cite três padrões de consumo ou outros aspectos do seu estilo de vida que adicionam diretamente gases de efeito estufa na atmosfera. De

qual desses hábitos, se houver, você abriria mão para ajudar a desacelerar as mudanças climáticas previstas?

8. Parabéns, você é responsável pelo mundo! Explique sua estratégia para lidar com cada um dos problemas a seguir: **(a)** poluição do ar externo, **(b)** poluição do ar interno, **(c)** mudanças climáticas e **(d)** esgotamento do ozônio da estratosfera.

Fazendo ciência ambiental

Colete dados sobre tendências de temperaturas anuais médias e níveis de precipitação anual média dos últimos 30 anos na região em que você vive. Entre as possíveis fontes de dados estão sites de previsão do tempo na internet, a biblioteca da sua instituição de ensino, meteorologistas de redes de TV e rádio locais e agências meteorológicas locais ou regionais. Tente encontrar dados sobre o maior número de anos possível. Represente esses dados em um gráfico para determinar se a temperatura e o nível de precipitação médios desse período aumentaram, diminuíram ou ficaram praticamente iguais. Escreva um relatório resumindo sua pesquisa de dados, os resultados e as conclusões.

Análise de dados

Normalmente, o carvão contém enxofre (S) como uma impureza liberada na forma de SO_2 gasoso durante a combustão. O SO_2 é um dos seis poluentes atmosféricos primários monitorados pela EPA. A Lei do Ar Puro dos Estados Unidos limita as emissões de enxofre de grandes caldeiras de carvão a 0,54 quilogramas de enxofre a cada 250 mil quilocalorias de calor gerado.

1. Considerando que o carvão queimado em usinas de energia tem um valor de aquecimento de 6,25 milhões de quilocalorias por tonelada, determine o número de quilogramas de carvão necessário para produzir 250 mil quilocalorias.
2. Se todo o enxofre do carvão for liberado para a atmosfera durante a combustão, qual é a porcentagem máxima de enxofre que o carvão poderá conter e ainda permitir que a empresa atenda aos padrões da Lei do Ar Puro?

CAPÍTULO 16

Resíduos sólidos e perigosos

"Siga o exemplo da natureza, descubra o potencial dos resíduos."
GUNTER PAULI

Principais questões

16.1 Quais são os problemas ambientais relacionados com resíduos sólidos e perigosos?

16.2 Como devemos lidar com o resíduo sólido?

16.3 Por que recusar, reduzir, reusar e reciclar são atitudes tão importantes?

16.4 Quais são as vantagens e as desvantagens de queimar ou enterrar resíduos sólidos?

16.5 Como devemos lidar com resíduos perigosos?

16.6 Como podemos mudar para uma economia com baixa geração de resíduos?

Trabalhadores do Texas removendo tubos de imagem de milhares de monitores de computador para reciclagem e reutilização.

Peter Essick/National Geographic Creative

Estudo de caso principal

Design *cradle-to-cradle*

O ciclo de vida de um produto começa quando ele é fabricado (o berço) e termina quando ele é descartado como resíduo sólido, normalmente em um aterro, ou como lixo (o túmulo).

O designer William McDonough quer que a sociedade abandone essa visão *cradle-to-grave* (do berço ao túmulo) do ciclo de vida dos produtos. Ele defende uma abordagem *cradle-to-cradle* (do berço ao berço), em que consideramos os produtos como partes de um ciclo contínuo, em vez de materiais que se tornam resíduos sólidos que são queimados ou depositados em aterros sanitários ou acabam como lixo. Essa abordagem, explorada pela primeira vez nos anos 1970 pelo analista corporativo Walter Stahel, é a base de grande parte do trabalho de McDonough. Ele imagina uma economia em que todos os produtos ou peças desses produtos serão reutilizados repetidamente em outros produtos. As peças que deixarem de ser úteis seriam degradáveis, assim os ciclos naturais de nutrientes reciclariam os materiais e as substâncias químicas. As partes degradáveis são consideradas *nutrientes biológicos* (Figura 16.1, à esquerda) e aquelas que são reutilizadas são os *nutrientes técnicos* (Figura 16.1, à direita).

Em seus livros, *Cradle to Cradle* e *The Upcycle,* McDonough e o químico Michael Braungart esquematizam essa visão como uma forma de não só reduzir nosso impacto ambiental prejudicial, mas também de termos um impacto ambiental benéfico. Eles recomendam pensar em resíduos sólidos e poluição como materiais e substâncias químicas potencialmente úteis e economicamente valiosos. Em vez de questionar "como vou me livrar desses resíduos?", os especialistas afirmam que precisamos perguntar "quanto dinheiro posso conseguir com esses recursos?" e "como desenvolver produtos que não acabem como resíduos ou poluentes?".

Esse modo de pensar significa desenvolver produtos que possam ser reciclados ou reutilizados, assim como os nutrientes na biosfera. Com essa abordagem, as pessoas poderão pensar em latas e caminhões de lixo como reservatórios de recursos, e em aterros sanitários como minas urbanas repletas de coisas que podemos reciclar, assim como a Terra faz. Além disso, poderão considerar o lixo como materiais economicamente valiosos para serem usados para outros fins, e não algo a se jogar fora.

O design *cradle-to-cradle* é uma forma de biomimética (**Estudo de caso principal** do Capítulo 1) porque ajuda a implementar o **princípio de sustentabilidade** da ciclagem química. Por exemplo, um fabricante de cadeiras que aplica essa abordagem desenvolve e monta cadeiras de modo que, quando uma peça quebrar, a maioria das outras peças poderá ser reutilizada na fabricação de uma nova cadeira. Sempre que possível, são usados apenas materiais biodegradáveis. Dessa forma, peças gastas descartadas serão decompostas no ambiente e passarão a fazer parte dos ciclos de nutrientes da natureza. Como McDonough gosta de dizer, na natureza, resíduos são alimentos.

Existem muitas formas de aplicar essa abordagem. Uma maneira importante é *retirar substâncias tóxicas do design* de produtos e processos. Se um produto requer o uso de um metal pesado tóxico, por exemplo, ele deverá ser reprojetado para utilizar um substituto não tóxico daquele ingrediente. Outra estratégia é *vender serviços em vez de produtos*. Por exemplo, pense nos tapetes como um serviço de cobertura de piso, e não como um produto para ser usado e descartado. A empresa de tapetes é dona dos produtos e os aluga para o usuário. De tempos em tempos, a empresa substitui os tapetes desgastados como parte do serviço e recicla os materiais usados para fabricar novos tapetes.

Neste capítulo, vamos examinar os problemas dos resíduos sólidos e perigosos resultantes de atividades humanas. Também vamos analisar formas de fazer a transição para uma economia mais sustentável e com baixa geração de resíduos, evitando e reduzindo a produção desses resíduos como uma maneira de aplicar a abordagem *cradle-to-cradle*. ●

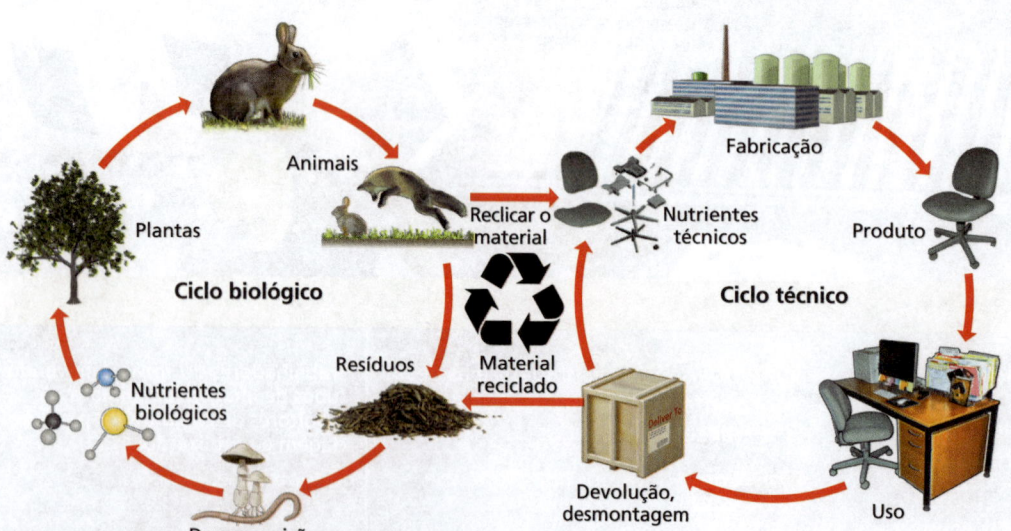

FIGURA 16.1 A abordagem de design e fabricação *cradle-to-cradle* tem como objetivo tornar todos os produtos reutilizáveis, e todos os componentes que precisam ser descartados, biodegradáveis. Ao conectar os ciclos de nutrientes técnicos e biológicos, essa abordagem imita a natureza e praticamente elimina os resíduos ao convertê-los em nutrientes.

16.1 QUAIS SÃO OS PROBLEMAS AMBIENTAIS RELACIONADOS COM RESÍDUOS SÓLIDOS E PERIGOSOS?

CONCEITO 16.1A O resíduo sólido contribui para a poluição e desperdiça recursos valiosos que poderiam ser reaproveitados ou reciclados.

CONCEITO 16.1B Os resíduos perigosos contribuem para a poluição, além de degradar o capital natural, causar problemas de saúde e provocar mortes prematuras.

Os resíduos sólidos estão se acumulando

No mundo natural, basicamente não existe desperdício, pois os resíduos de um organismo se tornam nutrientes ou matérias-primas para outros, em cadeias e redes alimentares. O ciclo natural dos nutrientes é a base do **princípio de sustentabilidade** da ciclagem química.

Os humanos modernos violam esse princípio produzindo enormes quantidades de resíduos sólidos que são queimados, depositados em aterros ou descartados como detritos. Estudos e experiências indicam que, ao imitar a natureza, podemos reduzir esse desperdício de recursos potenciais, dinheiro e o dano ambiental resultante em até 80%.

Uma das principais categorias de resíduo é o *resíduo sólido* – qualquer material não desejado ou descartado que produzimos e que não seja um líquido ou um gás. Existem dois tipos principais de resíduo sólido. O primeiro é o **resíduo sólido industrial** produzido por minas (ver Figura 12.8), fazendas e indústrias que fornecem bens e serviços. Essa categoria também inclui resíduos de construções e demolições. O segundo é o **resíduo sólido urbano (RSU)**, geralmente chamado *lixo*, que consiste em resíduos sólidos produzidos por residências e locais de trabalho, exceto fábricas. Eis alguns exemplos desse tipo de resíduo: papel, papelão, restos de alimento, latas, garrafas, lixo de jardim, móveis, plásticos, metais, vidro, madeira e lixo eletrônico. Muito desse lixo é jogado fora e acaba indo parar em rios, lagos, oceanos (ver o segundo Estudo de caso a seguir) e paisagens naturais (Figura 16.2). Alguns especialistas em recursos acreditam que deveríamos mudar o nome do lixo que produzimos de RSU para RSD, recursos sólidos desperdiçados.

Em países mais desenvolvidos, grande parte do RSU é coletada e enterrada em aterros sanitários ou incinerada. Em muitos países menos desenvolvidos, grande parte dele acaba em lixões a céu aberto, onde as pessoas pobres conseguem ganhar a vida encontrando itens que podem usar ou vender. Os Estados Unidos são o maior produtor de RSU do mundo (ver Estudo de caso a seguir).

FIGURA 16.2 *Resíduos sólidos urbanos:* Vários tipos de resíduos sólidos foram despejados nessa área montanhosa isolada.

ESTUDO DE CASO

Resíduos sólidos nos Estados Unidos

Os Estados Unidos lideram o mundo na produção total de resíduos sólidos industriais e urbanos, e em resíduos sólidos por pessoa. Com apenas 4,3% da população mundial, esse país produz quase 25% dos resíduos sólidos industriais e urbanos do mundo. De acordo com a Agência de Proteção Ambiental (Environmental Protection Agency – EPA) dos Estados Unidos, aproximadamente 98,5% dos resíduos sólidos produzidos nos Estados Unidos são resíduos industriais de mineração (76%), agricultura (13%) e indústria (9,5%). O 1,5% restante é formado por RSU.

A cada ano, os Estados Unidos geram RSU suficiente para encher um comboio de caminhões de lixo capaz de dar a volta no globo quase seis vezes! Veja alguns dos resíduos sólidos que os consumidores jogam fora a cada ano, em média, na economia de alto desperdício dos Estados Unidos:

- Pneus suficientes para circundar a Terra quase três vezes.
- Uma quantidade de fraldas descartáveis que, enfileiradas, cobririam a distância equivalente a sete viagens de ida e volta à Lua, todos os anos.
- Carpete suficiente para cobrir o estado de Delaware.
- Garrafas plásticas não retornáveis suficientes para formar uma pilha que cobriria quase seis vezes a distância da Terra à Lua e vice-versa.
- Cerca de 100 bilhões de sacolas plásticas, ou 274 milhões por dia, uma média de 3.200 por segundo.
- Papel sulfite suficiente para construir um muro de 3,5 metros de altura, atravessando todo o país, de Nova York a São Francisco, na Califórnia.
- 25 bilhões de copos de café descartáveis, que, se alinhados, poderiam circundar a linha do Equador 436 vezes.
- US$ 165 bilhões em alimentos.

A maioria desses resíduos se desintegra muito lentamente, quando se desintegra. Chumbo, mercúrio, vidro e espuma plástica não se desintegram; uma lata de alumínio pode levar 500 anos para se desintegrar; fraldas descartáveis podem demorar 550 anos para se decompor, enquanto uma sacola plástica pode permanecer por até mil anos.

ESTUDO DE CASO
Porções de lixo no oceano: não existe "jogar fora"

Em 1997, o pesquisador de oceanos Charles Moore descobriu duas massas gigantescas de plástico e outros resíduos sólidos em rotação lenta no meio do Oceano Pacífico Norte, perto das ilhas havaianas. Essa massa é conhecida como *Grande Porção de Lixo do Pacífico* (Figura 16.3). Os resíduos são principalmente partículas pequenas flutuantes ou pouco abaixo da superfície do oceano, presos por um vórtice onde se encontram correntes oceânicas rotativas, chamadas de *giros oceânicos*.

Cerca de 80% desses resíduos são arrastados de praias, saem de bueiros e fluem por cursos de água e rios que deságuam no mar. A maior parte do restante vem de resíduos lançados no oceano por navios de carga e cruzeiro.

A Grande Porção de Lixo do Pacífico, vista como o maior depósito de lixo humano do planeta, ocupa uma área estimada de no mínimo o tamanho do estado do

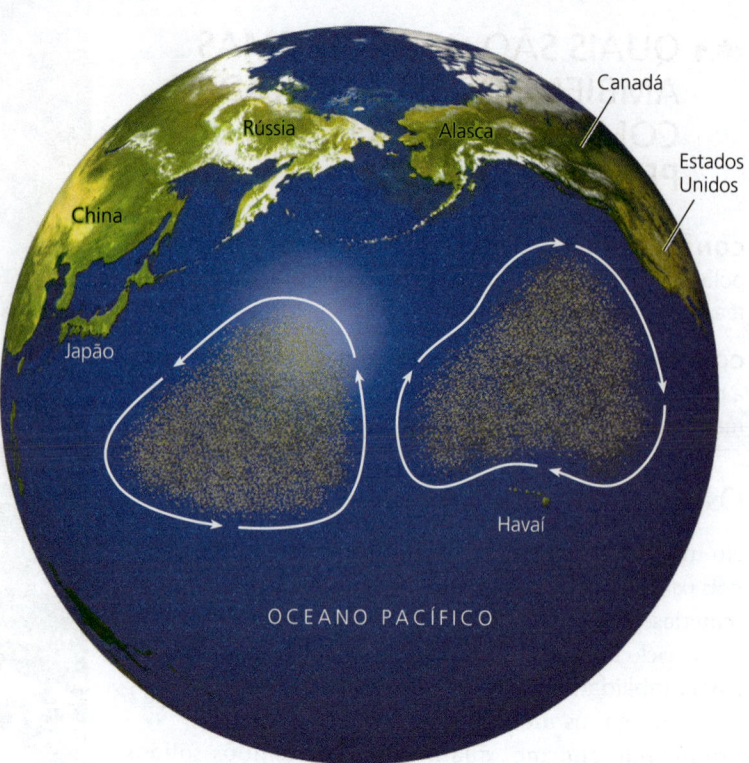

FIGURA 16.3 A Grande Porção de Lixo do Pacífico é formada por duas enormes massas de pequenas partículas de plástico que giram lentamente e flutuam pouco abaixo da superfície. Outras cinco grandes porções de lixo foram descobertas nos principais oceanos do mundo.

Texas, nos Estados Unidos. É difícil verificar essas estimativas, porque essa sopa carregada de plástico que gira constantemente é formada, em sua maioria, por partículas pequenas de plástico, suspensas pouco abaixo da superfície e difíceis de enxergar e medir.

Pesquisas indicam que, com o tempo, as pequenas partículas de plástico se degradam em partículas microscópicas, que podem conter substâncias químicas potencialmente perigosas. Algumas toxinas de vida longa presentes nessas partículas microscópicas podem se acumular em altas concentrações em cadeias e redes alimentares, acabando em sanduíches de peixe e outros pratos de frutos do mar.

Outras pesquisas mostram que as pequenas partículas de plástico podem ser prejudiciais para mamíferos marinhos, albatrozes e outras aves marinhas e peixes que as confundem com alimentos. Como esses animais não conseguem digerir o plástico, ele pode preencher o estômago deles e causar morte por inanição ou envenenamento.

Desde que a Grande Porção de Lixo do Pacífico foi descoberta, cinco outras grandes porções de lixo foram encontradas em giros de outros oceanos do mundo. No total, essas porções cobrem uma área oceânica maior que toda a área terrestre do planeta, o imenso legado de poluição de uma cultura humana baseada no descarte. Cientistas estimam que a quantidade de plástico lançada no oceano deve dobrar em 2050.

Quais substâncias químicas prejudiciais existem na sua casa?

Limpeza
Desinfetantes
Limpadores de ralos, vasos sanitários e vidros
Removedores de manchas
Limpadores de fossas sépticas

Produtos para pintura
Tintas, removedores, vernizes e lacas
Dissolventes, solventes e decapantes
Conservantes de madeira
Tintas para arte ou escrita

Geral
Pilhas secas (mercúrio e cádmio)
Colas e cimentos

Jardinagem
Pesticidas
Produtos para matar ervas daninhas
Produtos para matar formigas e roedores
Veneno para pulga e outros parasitas

Automotivos
Gasolina
Óleo usado de motor
Anticongelante
Ácido de bateria
Fluido de freios de transmissão

FIGURA 16.4 Substâncias químicas perigosas encontradas em muitas casas. O Congresso dos Estados Unidos isentou o descarte desses produtos químicos domésticos e de outros itens de regulação governamental. **Pergunta:** Quais dessas substâncias são encontradas onde você mora?

Acima: tuulijumala/Shutterstock.com. Centro: Katrina Outland/Shutterstock.com. Abaixo: Agencyby/Dreamstime.com.

Cada um de nós corre o risco de contribuir para a formação dessas porções sempre que usa ou descarta um item de plástico. Podemos pensar que o jogamos fora, mas não existe "fora".

Infelizmente, não há uma maneira prática ou acessível de limpar essa gigante quantidade de detritos marinhos. A única estratégia útil é evitar que as porções de lixo aumentem, reduzindo a produção de resíduos sólidos.

Os resíduos perigosos são um problema grave e crescente

Outra categoria importante de resíduo é o **resíduo perigoso** ou **tóxico** – todo material ou substância descartada que ameace a saúde humana ou o ambiente por ser tóxica, corrosiva ou inflamável, passar por reações químicas violentas ou explosivas ou causar doenças. Eis alguns exemplos desse tipo de resíduo: solventes industriais, resíduos hospitalares, baterias de automóveis (que contêm chumbo e ácidos), pesticidas domésticos, baterias de células secas (que contêm mercúrio e cádmio) e cinzas de incineradores e usinas de queima de carvão e industriais. Talvez você se surpreenda ao descobrir que existem substâncias químicas perigosas em muitos produtos domésticos (Figura 16.4).

Outra forma de resíduo muito perigoso é aquele altamente radioativo produzido por usinas de energia nuclear e instalações de armas nucleares (veja Capítulo 13). Esse tipo de resíduo precisa ser armazenado de forma segura por, no mínimo, dez mil anos. Após 60 anos de pesquisa, cientistas e governos ainda não encontraram uma forma científica e politicamente aceitável de isolar com segurança tais resíduos perigosos por esse período.

Segundo o Programa das Nações Unidas para o Meio Ambiente (U.N. Environment Programme – Unep), os países mais desenvolvidos produzem de 80% a 90% dos resíduos perigosos do mundo, e os Estados Unidos são os maiores produtores. A China está chegando perto do primeiro lugar enquanto continua seu processo de industrialização rápida, sem controles de poluição adequados.

ESTUDO DE CASO

Lixo eletrônico, um grave problema de resíduos perigosos

O que acontece com seu celular, computador, televisor e outros dispositivos eletrônicos quando eles não são mais úteis (ver foto de abertura do capítulo) ou quando novos modelos são lançados? Eles passam a ser *lixo eletrônico* – o problema de resíduos sólidos que mais cresce nos Estados Unidos e no restante do mundo. Os dois maiores produtores de lixo eletrônico do mundo são os Estados Unidos e a China.

Entre 2000 e 2014, a reciclagem de lixo eletrônico nos Estados Unidos aumentou de 10% para 29%.

Grande parte dos resíduos eletrônicos restantes acabam em aterros e incineradores, mesmo que contenham ouro, metais de terras-raras e outros materiais valiosos que poderiam ser reciclados ou reutilizados.

Muito do lixo eletrônico dos Estados Unidos que não é reciclado, enterrado ou incinerado é enviado para processamento na China, na Índia e em outros países da Ásia e da África. Nesses países, a mão de obra é barata, e as regulamentações ambientais, fracas. Lá, os trabalhadores (muitos deles crianças) desmontam, queimam e tratam resíduos eletrônicos com ácidos para remover metais valiosos e peças reutilizáveis. Esse processo expõe os trabalhadores a metais tóxicos, como chumbo, mercúrio e outras substâncias químicas perigosas. A sucata restante é despejada em canais e campos ou queimada em fogueiras, que também expõem as pessoas a substâncias químicas tóxicas.

A transferência desses resíduos perigosos de países mais desenvolvidos para os menos desenvolvidos é proibida pela Convenção de Basileia. No entanto, apesar da proibição, grande parte do lixo eletrônico do mundo não é classificada como resíduo perigoso ou é enviada ilegalmente de alguns países. Os Estados Unidos podem exportar lixo eletrônico de maneira legalizada, porque o país não ratificou a Convenção de Basileia.

16.2 COMO DEVEMOS LIDAR COM O RESÍDUO SÓLIDO?

CONCEITO 16.2 Uma abordagem sustentável para resíduos sólidos deve ser, primeiro, produzir menos; depois, reutilizá-los ou reciclá-los; por fim, descartar de forma segura o que sobrar.

Gerenciamento de resíduos

Podemos lidar com os resíduos sólidos que produzimos de duas maneiras. Uma delas é o **gerenciamento de resíduo**, que se concentra em reduzir seus impactos ambientais. Essa abordagem começa com a seguinte questão: "O que fazemos com o resíduo sólido?". Normalmente, envolve a mistura dos resíduos e, em seguida, os processos para enterrá-los, queimá-los ou enviá-los para outro lugar.

A outra abordagem é a **redução de resíduo**, que foca em produzir muito menos resíduos sólidos e reusar, reciclar ou fazer a compostagem da maior quantidade possível (**Conceito 16.2** e **Estudo de caso principal**). Essa abordagem começa com as seguintes perguntas: "Como evitar a produção de tantos resíduos sólidos?" e "Como os resíduos sólidos que produzimos podem ser usados como recursos, assim como a natureza faz?".

Muitos especialistas em resíduos preferem usar o manejo integrado de resíduos – uma variedade de estratégias coordenadas tanto para o gerenciamento quanto para a redução de resíduos. (Figura 16.5). A Figura 16.6 compara as metas de gerenciamento de resíduos baseadas na ciência da EPA e da Academia Nacional de Ciências dos Estados Unidos com as tendências de manejo de resíduos baseadas em dados reais.

Vamos analisar essas opções mais profundamente de acordo com a ordem de prioridades sugerida pelos cientistas.

Os quatro Rs da redução de resíduos

Uma abordagem mais sustentável para lidar com resíduos sólidos é produzir menos, reutilizar ou reciclar e descartar o que restou com segurança (Figura 16.6, à esquerda). Essa abordagem da redução de resíduos (**Conceito 16.2**) se baseia nos quatro Rs, listados a seguir na ordem de prioridades sugerida pelos cientistas:

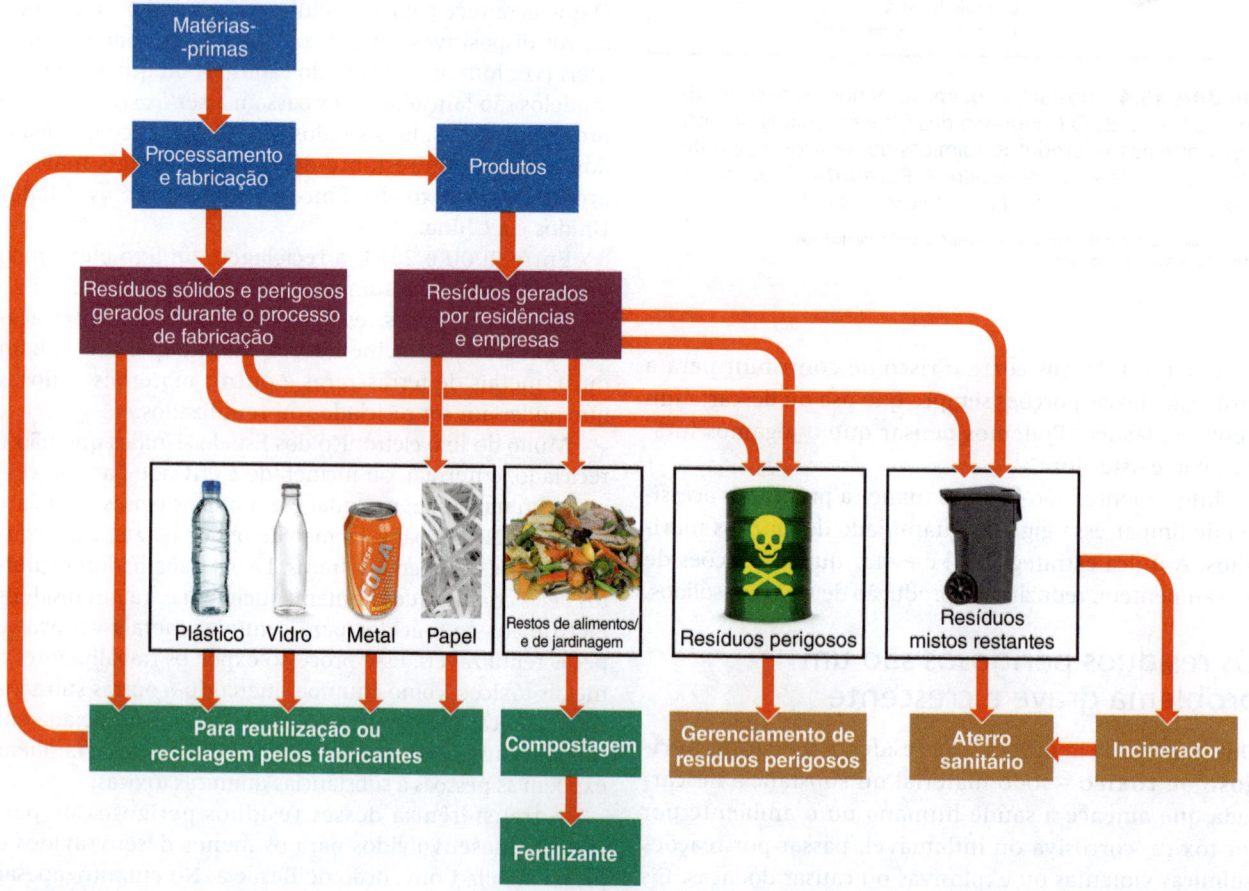

FIGURA 16.5 Podemos *reduzir* os resíduos recusando ou reduzindo o uso de recursos e por meio da reutilização, reciclagem e compostagem do que descartamos. Além disso, podemos *gerenciar* os resíduos, depositando-os em aterros sanitários ou incinerando-os. A maioria dos países conta principalmente com aterros e incineradores. ***Raciocínio crítico:*** O que acontece com os resíduos sólidos que você produz?

Mariyana M/Shutterstock.com; Sopotnicki/Shutterstock.com; Scanrail1/Shutterstock.com; chris kolaczan/Shutterstock.com; vilax/Shutterstock.com; MrGarry/Shutterstock.com; Le Do/Shutterstock.com.

FIGURA 16.6 Prioridades recomendadas pela Academia Nacional de Ciências dos Estados Unidos para lidar com resíduos sólidos urbanos (à esquerda) em comparação com práticas reais do manejo de resíduos no país (à direita). *Raciocínio crítico:* Na sua opinião, por que muitos países não seguem a maioria das prioridades baseadas em evidências científicas listadas à esquerda?

Informações compiladas pelos autores usando dados da Agência de Proteção Ambiental (EPA), da Academia Nacional de Ciências dos Estados Unidos, da Universidade de Columbia e do *BioCycle*.

- **Recusar:** não utilizar.
- **Reduzir:** utilizar menos.
- **Reusar:** utilizar várias vezes.
- **Reciclar:** transformar recursos usados em itens úteis e comprar produtos feitos com materiais reciclados. Uma forma importante de reciclagem é a **compostagem**, que imita a natureza ao utilizar bactérias e outros decompositores para transformar grama, restos de vegetais e outros resíduos orgânicos biodegradáveis em materiais que podem ser usados para aumentar a fertilidade do solo.

Os primeiros três Rs são preferíveis, porque são abordagens de *prevenção*, que enfrentam o problema da produção de resíduos antes de sua ocorrência. A reciclagem é importante, mas trata dos resíduos depois que eles já foram produzidos. Alguns cientistas e economistas estimam que a sociedade pode eliminar até 80% dos resíduos sólidos que produz se seguir a estratégia dos quatro Rs. Esse processo imitaria o **princípio de sustentabilidade** da ciclagem química da Terra. A Figura 16.7 lista formas pelas quais você pode usar os quatro Rs para diminuir sua emissão de resíduos sólidos.

A seguir são apresentadas seis estratégias que algumas indústrias e comunidades usam para reduzir o uso de recursos, os resíduos e a poluição, além de promover a abordagem *cradle-to-cradle* para desenvolver, fabricar e comercializar (**Estudo de caso principal**).

Primeira: *mudar processos industriais para eliminar ou reduzir o uso de substâncias químicas nocivas*. Desde 1975, a 3M Company adota essa abordagem e, no processo, economizou US$ 1,9 bilhão (**Estudo de caso principal**, Capítulo 14).

Segunda: *reprojetar processos de fabricação e produtos para que utilizem menos matérias-primas e energia*. Por exemplo, o peso de um carro comum foi reduzido em cerca de um quarto desde 1960 por meio do uso de aço, alumínio, magnésio, plástico e materiais compostos mais leves.

Terceira: *desenvolver produtos fáceis de reparar, reutilizar, remanufaturar, compostar ou reciclar*. Por exemplo, uma fotocopiadora feita de peças reutilizáveis ou recicláveis que permita uma fácil remanufatura poderia poupar à empresa US$ 1 bilhão em custos de manufatura.

Quarta: *estabelecer leis de responsabilidade "cradle-to-cradle*, que exigem que as empresas recolham vários bens de consumo, como equipamentos eletrônicos, eletrodomésticos e veículos motorizados, como o Japão e muitos países europeus já fazem.

Quinta estratégia: *eliminar ou reduzir embalagens desnecessárias*. Use a seguinte hierarquia para a embalagem de produtos: nenhuma embalagem, embalagem reutilizável e embalagem reciclável.

Sexta: *usar sistemas de coleta de resíduo com taxa por saco*, cobrando dos consumidores a quantidade de resíduos que estão jogando fora, mas fornecendo coleta gratuita de itens recicláveis e reutilizáveis.

O que você pode fazer?

Resíduo sólido

- Siga os quatro Rs do uso dos recursos: recusar, reduzir, reutilizar e reciclar
- Pergunte-se se realmente precisa de determinado item e, quando possível, recuse a embalagem
- Alugue, empreste ou permute bens e serviços quando puder, compre seminovos e doe ou venda itens não utilizados
- Compre produtos reaproveitáveis, recicláveis e compostáveis e certifique-se de reaproveitá-los, reciclá-los e compostá-los
- Não use pratos, copos e outros utensílios e itens de papel e plástico descartáveis quando houver versões reaproveitáveis disponíveis
- Compre produtos com pouca ou nenhuma embalagem e recicle o máximo de embalagens que puder
- Cozinhe com alimentos integrais e frescos, evite alimentos processados e muito embalados e compre produtos a granel sempre que possível
- Suspenda o recebimento de correspondências desnecessárias e leia jornais, revistas e e-books on-line

FIGURA 16.7 Pessoas que fazem a diferença: Você pode economizar recursos ao reduzir sua produção de resíduos sólidos e poluição. *Raciocínio crítico:* Dessas ações, cite três que você considera mais importantes e justifique sua resposta. Quais delas você já pratica?

16.3 POR QUE RECUSAR, REDUZIR, REUSAR E RECICLAR SÃO ATITUDES TÃO IMPORTANTES?

CONCEITO 16.3 Ao recusar e reduzir o uso de recursos, reutilizar e reciclar o que usamos, diminuímos nosso consumo de recursos materiais e energéticos e reduzimos a poluição e a degradação do capital natural, e economizamos dinheiro.

Alternativas à economia do descarte

Os habitantes das sociedades industrializadas atuais têm substituído cada vez mais itens reutilizáveis por descartáveis, resultando em massas crescentes de resíduos sólidos. Ao aplicar os quatro Rs, a sociedade pode desacelerar ou interromper essa tendência. As pessoas podem orientar e reduzir seu consumo de recursos, os níveis de poluição e os resíduos sólidos fazendo perguntas como:

- Eu preciso mesmo disso? (recusar)
- De quantos desses itens eu realmente preciso? (reduzir)
- Isso é algo que poderei usar mais de uma vez? (reusar)
- Quando terminar de usar, isso poderá ser convertido em outra coisa? (reciclar)

O design *cradle-to-cradle* (**Estudo de caso principal**) leva a reutilização para um novo patamar. De acordo com William McDonough (Pessoas que fazem a diferença 16.1), a chave para fazer a transição para uma economia de reutilização é se planejar para isso. Alguns fabricantes de computadores, fotocopiadoras, veículos automotivos e outros artigos desenvolveram produtos de modo que, quando eles já não são mais úteis, podem ser recolhidos junto aos consumidores para consertos ou remanufatura.

> **PARA REFLETIR**
> **Aprendendo com a natureza**
> McDonough e seu sócio, o químico Michael Braungart, recomendam o uso de design ambiental e economicamente sustentável para imitar a natureza, reutilizando e reciclando as substâncias químicas e os produtos que fabricamos, com o objetivo de gerar zero resíduo.

Uma forma de implementar o design *cradle-to-cradle* é os governos proibirem ou restringirem significativamente o descarte de determinados itens. A União Europeia, por exemplo, abriu caminho, proibindo lixo eletrônico em aterros e incineradores, exigindo que os fabricantes recolhessem esses produtos no final da vida útil. Para cobrir os custos desses programas, os consumidores pagam uma taxa de reciclagem de produtos eletrônicos, um exemplo da implementação do **princípio de sustentabilidade** da precificação de custo total. Japão e China também usam a abordagem de devolução. Nos Estados Unidos, não há nenhuma lei federal para isso, mas mais de 20 estados têm regulamentações desse tipo e vários outros estão considerando sua adoção.

Os governos também proibiram o uso de certos itens descartáveis. Por exemplo, a Finlândia proibiu todos os recipientes de bebidas que não podem ser reutilizados; em consequência disso, 95% das embalagens de refrigerantes, cervejas, vinhos e bebidas alcoólicas do país são retornáveis. O uso de baterias recarregáveis está diminuindo os resíduos tóxicos ao reduzir a quantidade de baterias convencionais descartadas. As baterias recarregáveis mais novas vêm totalmente carregadas, mantêm a carga por até dois anos quando não estão em uso e podem ser recarregadas em aproximadamente 15 minutos.

Em muitos países, a paisagem é repleta de sacolas plásticas. Esses objetos levam de 400 a 1.000 anos para se decompor e podem matar animais que tentam comê-los ou que acabam ficando presos entre eles. Enormes quantidades de sacolas e demais produtos feitos de plástico, além de outros resíduos sólidos, acabam no oceano (Figura 16.3). Muitas pessoas estão usando sacolas reutilizáveis de tecido em vez de sacolas descartáveis de plástico ou papel para carregar alimentos e outros itens comprados.

Para incentivar o uso de sacolas reutilizáveis, governos da Dinamarca, da Irlanda, de Taiwan, da Grã-Bretanha e dos Países Baixos impuseram tributos sobre sacolas plásticas de compras. Na Irlanda, um imposto de cerca de 25 centavos de dólar por sacola reduziu o descarte desses itens em 90%, à medida que as pessoas passaram a usar sacolas retornáveis. Em 2014, a União Europeia aprovou uma diretriz com o objetivo de reduzir o uso de sacos plásticos de uso único em 80%.

O estado da Califórnia (Estados Unidos) juntou-se ao Havaí na proibição às sacolas plásticas de uso único em mercados e outras lojas de varejo selecionadas. Elas também foram proibidas em 133 cidades ou condados dos Estados Unidos, apesar do intenso *lobby* da indústria de plástico contra essas proibições. A Figura 16.8 lista outras maneiras de reutilizar itens variados.

Reciclagem

A abordagem *cradle-to-cradle* (**Estudo de caso principal**) prioriza a reutilização, mas também conta com a reciclagem. Itens desgastados do ciclo técnico da fabricação *cradle-to-cradle* são reciclados ou enviados para o ciclo biológico, onde, idealmente, são degradados e se transformam em nutrientes biológicos (Figura 16.1).

McDonough e Braungart dividem a reciclagem em duas categorias: *upcycling* e *downcycling*. Em um mundo ideal, todos os itens descartados passariam por *upcycling* – a

PESSOAS QUE FAZEM A DIFERENÇA 16.1

William McDonough

William McDonough é um arquiteto, designer e visionário, dedicado ao design ecológico de construções, produtos e cidades.

Ele considera resíduos como recursos fora do lugar em razão de falhas no design. Ele também observa que os seres humanos estão liberando um número cada vez maior de substâncias químicas no ambiente, a uma velocidade mais alta do que a da remoção por parte dos ciclos químicos naturais da Terra.

A abordagem de McDonough para o design foi aplicada em diversas construções, inclusive o Adam Joseph Lewis Center for Environmental Studies, na Oberlin College. Arquitetos e designers consideram esse projeto um dos exemplos mais importantes e inspiradores de design ecologicamente correto. A construção usa materiais reciclados e não tóxicos, que podem ser reciclados novamente. O espaço obtém calor do Sol e do interior da Terra, gera eletricidade a partir de células solares e produz 13% de energia a mais do que consome. A estufa do prédio contém um ecossistema de plantas e animais que purificam o esgoto e a água residual do local. A água da chuva é coletada e usada para irrigar os espaços verdes dos arredores, que incluem um pântano restaurado, um pomar e uma horta.

McDonough foi reconhecido pela revista *Time* como "Herói do planeta". Ele também recebeu inúmeros prêmios na área de design e três prêmios presidenciais. Ele acredita que podemos usar o design *cradle-to-cradle* para deixar o mundo melhor do que o encontramos.

O que você pode fazer

Reutilização

- Comprar bebidas em garrafas de vidro retornáveis
- Usar marmitas reutilizáveis
- Armazenar alimentos refrigerados em recipientes reutilizáveis
- Usar pilhas recarregáveis e reciclá-las quando a vida útil estiver esgotada
- Quando comer fora, levar seu próprio recipiente reutilizável para as sobras
- Carregar as compras de supermercados e de outros itens em cestas ou sacolas de tecido reutilizáveis
- Comprar móveis, carros e outros itens usados sempre que possível

FIGURA 16.8 Pessoas que fazem a diferença: Formas de reutilizar as coisas que compramos. **Pergunta:** Quais dessas sugestões você já tentou e funcionaram?

---

reciclagem para uma forma mais útil do que era antes. No *downcycling*, o produto reciclado ainda teria utilidade, mas não seria tão útil ou duradouro quanto o item original.

Residências e locais de trabalho produzem cinco grandes tipos de materiais que podem ser reciclados: produtos de papel, vidro, alumínio, aço e alguns plásticos. Esses materiais podem ser reprocessados e transformados em produtos novos e úteis de duas maneiras: reciclagem primária e reciclagem secundária. A **reciclagem primária** consiste em usar os materiais novamente para a mesma finalidade, como a reciclagem de latas de alumínio usadas para criar novas. A **reciclagem secundária** envolve *downcycling* ou *upcycling* de materiais residuais para gerar produtos diferentes, como pneus usados para produzir sandálias.

A reciclagem envolve três etapas: coleta de materiais; conversão dos materiais reciclados em novos produtos; e compra e venda de produtos que contêm materiais reciclados. A reciclagem só tem sucesso dos pontos de vista ambiental e econômico quando todas as três etapas são realizadas.

A *compostagem*, uma outra forma de reciclagem que imita a reciclagem natural dos nutrientes, consiste no uso de bactérias para decompor aparas de jardim, restos de alimentos vegetais e outros resíduos orgânicos biodegradáveis, transformando-os em húmus. O material orgânico produzido pela compostagem pode ser adicionado ao solo para fornecer nutrientes para plantas, frear a erosão do solo, reter a água e melhorar o rendimento das plantações.

É possível fazer a compostagem desses resíduos em pilhas de compostagem, que precisam ser revolvidas de vez em quando, ou em pequenos tambores de compostagem, que podem ser girados para misturar os resíduos e acelerar o processo de decomposição. Nos Estados Unidos, cerca de 3 mil programas de compostagem municipal reciclam quase 60% dos resíduos de jardinagem do país (Figura 16.9). No entanto, esses programas precisam excluir materiais tóxicos que podem contaminar o material compostado, tornando-o inseguro para o uso como fertilizante de cultivos agrícolas e gramados.

Pesquisas recentes baseadas em dados reais, e não em modelos, indicam que os Estados Unidos fazem reciclagem ou compostagem de aproximadamente 24% de seu RSU, um nível significativamente menor que a estimativa de 34% da EPA. Especialistas dizem que, com medidas educativas e incentivos econômicos adequados, os estadunidenses poderiam praticar a reciclagem e a

FIGURA 16.9 Área de compostagem municipal de grande escala.

imging/Shutterstock.com

compostagem de pelo menos 80% do seu RSU, de acordo com o **princípio de sustentabilidade** da ciclagem química.

Segundo a Organização para a Cooperação e Desenvolvimento Econômico (Organization for Economic Cooperation and Development – OECD), a Alemanha é líder mundial em reciclagem. Ela recicla 65% de seu RSU, com os consumidores separando itens recicláveis em categorias diferentes e depositando-os em lixeiras coloridas espalhadas por todo o país. A Coreia do Sul fica em segundo lugar e recicla 59% de seu RSU. Áustria, Suíça, Suécia, Bélgica e Países Baixos reciclam, no mínimo, 50% do RSU. A Turquia, que recicla apenas 1% dos resíduos, está em último lugar.

Hoje em dia, só 7% de todo o volume de resíduos plásticos dos Estados Unidos são reciclados. Essa porcentagem é baixa porque existem muitos tipos diferentes de resinas plásticas, que são difíceis de serem separadas de produtos que contêm vários tipos de plásticos. No entanto, houve progressos na reciclagem desses materiais e no desenvolvimento de bioplásticos mais degradáveis (Foco na ciência 16.1).

O engenheiro Mike Biddle desenvolveu um processo comercial automatizado em 16 etapas para reciclar plásticos de alto valor. Em resíduos sólidos mistos, ele separa itens plásticos de não plásticos, diferencia os tipos de material e os transforma em bolinhas que podem ser vendidas e usadas para fabricar novos produtos. Por esse trabalho, Biddle foi nomeado Pioneiro em Tecnologia pelo Fórum Econômico Mundial e recebeu alguns dos prêmios ambientais mais importantes do mundo.

A Figura 16.10 lista as vantagens e as desvantagens da reciclagem (**Conceito 16.3**). O sucesso econômico da reciclagem depende de seus benefícios e custos econômicos e ambientais. Críticos dos programas de reciclagem afirmam que o processo é caro e adiciona um encargo aos contribuintes em comunidades em que a reciclagem é financiada por taxas.

Defensores da reciclagem destacam estudos mostrando que os benefícios líquidos da reciclagem para a economia, a saúde e o ambiente (Figura 16.10, à esquerda) superam, e muito, os custos financeiros. A EPA estima que, todos os anos, a reciclagem e a compostagem nos Estados Unidos reduzam as emissões de dióxido de carbono, causador das mudanças climáticas, em uma quantidade quase igual à emitida por 36 milhões de veículos de passeio. Além disso, a indústria de reciclagem do país emprega cerca de 1,1 milhão de pessoas. Se a taxa de reciclagem dos Estados Unidos for dobrada, ela poderia gerar até 1 milhão de novos empregos.

FOCO NA CIÊNCIA 16.1

Bioplásticos

Como os plásticos são feitos parra durar, eles não se decompõem totalmente quando são descartados. Além disso, atualmente, a maioria dos plásticos é feita de polímeros orgânicos, produzidos a partir de substâncias químicas derivadas do petróleo. O processamento dessas substâncias cria resíduos perigosos e causa poluição da água e do ar. No entanto, alguns produtos estão começando a ser fabricados com *bioplásticos*. Esse tipo de plástico normalmente é mais ecológico, porque é feito de substâncias químicas com base biológica.

Henry Ford, que desenvolveu o primeiro automóvel Ford e fundou a Ford Motor Company, apoiava pesquisas sobre o desenvolvimento de um bioplástico feito de soja e outro feito de cânhamo. Uma fotografia de 1914 mostra Ford usando um machado para golpear a carroceria de um carro feito de bioplástico de soja para demonstrar sua força e resistência a amassamentos. No entanto, como o petróleo se tornou amplamente disponível, os plásticos petroquímicos assumiram o mercado.

Agora, com a previsão da mudança climática e de outros problemas ambientais associados ao uso do petróleo, os químicos têm intensificado os esforços para fazer plásticos biodegradáveis e ambientalmente sustentáveis. Esses *bioplásticos* podem ser feitos de milho, soja, cana-de-açúcar, capim, penas de frango e alguns componentes do lixo.

Alguns bioplásticos são mais ecológicos do que outros. Por exemplo, alguns são feitos com milho cultivado com agricultura industrial, que exige grandes quantidades de energia, água e fertilizantes petroquímicos e, consequentemente, tem uma pegada ecológica muito grande. Ao avaliar e escolher bioplásticos, os cientistas recomendam que os consumidores descubram do que eles são feitos, quanto tempo demoram para se decompor e se eles liberam substâncias químicas prejudiciais após a degradação.

RACIOCÍNIO CRÍTICO

De que forma os bioplásticos podem poluir o ambiente?

Vantagens e desvantagens

Reciclagem

Vantagens
- Reduz o uso de energia e minerais e a poluição do ar e da água
- Reduz as emissões de gases causadores do efeito estufa
- Reduz os resíduos sólidos

Desvantagens
- Pode custar mais do que enterrar em áreas com amplo espaço para aterro
- Reduz os lucros para proprietários de aterros e incineradores
- A separação na fonte é inconveniente para algumas pessoas

FIGURA 16.10 A reciclagem de resíduos sólidos tem vantagens e desvantagens (**Conceito 16.3**). *Raciocínio crítico:* Qual é a vantagem mais importante? E a desvantagem? Por quê?

As cidades que ganham dinheiro com a reciclagem e reciclam mais tendem a usar um *sistema de coleta única* para materiais recicláveis e não recicláveis, em vez de um sistema mais caro com dois caminhões de coleta. Os sistemas de sucesso também usam uma abordagem de pagamento conforme o descarte. Eles cobram por peso de lixo coletado, mas não pela coleta de materiais recicláveis ou reutilizáveis, e exigem que cidadãos e empresas separem os resíduos por tipo, assim como na Alemanha. San Francisco, na Califórnia, usa um sistema como esses e faz a reciclagem, compostagem ou reutilização de 80% de seu RSU.

16.4 QUAIS SÃO AS VANTAGENS E AS DESVANTAGENS DE QUEIMAR OU ENTERRAR RESÍDUOS SÓLIDOS?

CONCEITO 16.4 As tecnologias utilizadas para queimar e enterrar resíduos sólidos são bem desenvolvidas, mas a queima contribui para a poluição do ar e da água e para a emissão de gases de efeito estufa, e os resíduos enterrados acabam contribuindo para a poluição da água.

A queima de resíduos sólidos tem vantagens e desvantagens

Globalmente, o RSU é queimado em mais de 800 grandes incineradores produtores de energia, (Figura 16.11), 86 deles nos Estados Unidos. O país incinera cerca de 9% de seu RSU. Uma razão para uma porcentagem tão baixa é que a incineração tem uma má reputação decorrente do uso, no passado, de incineradores altamente poluentes e mal regulados. A Dinamarca, por sua vez, incinera mais da

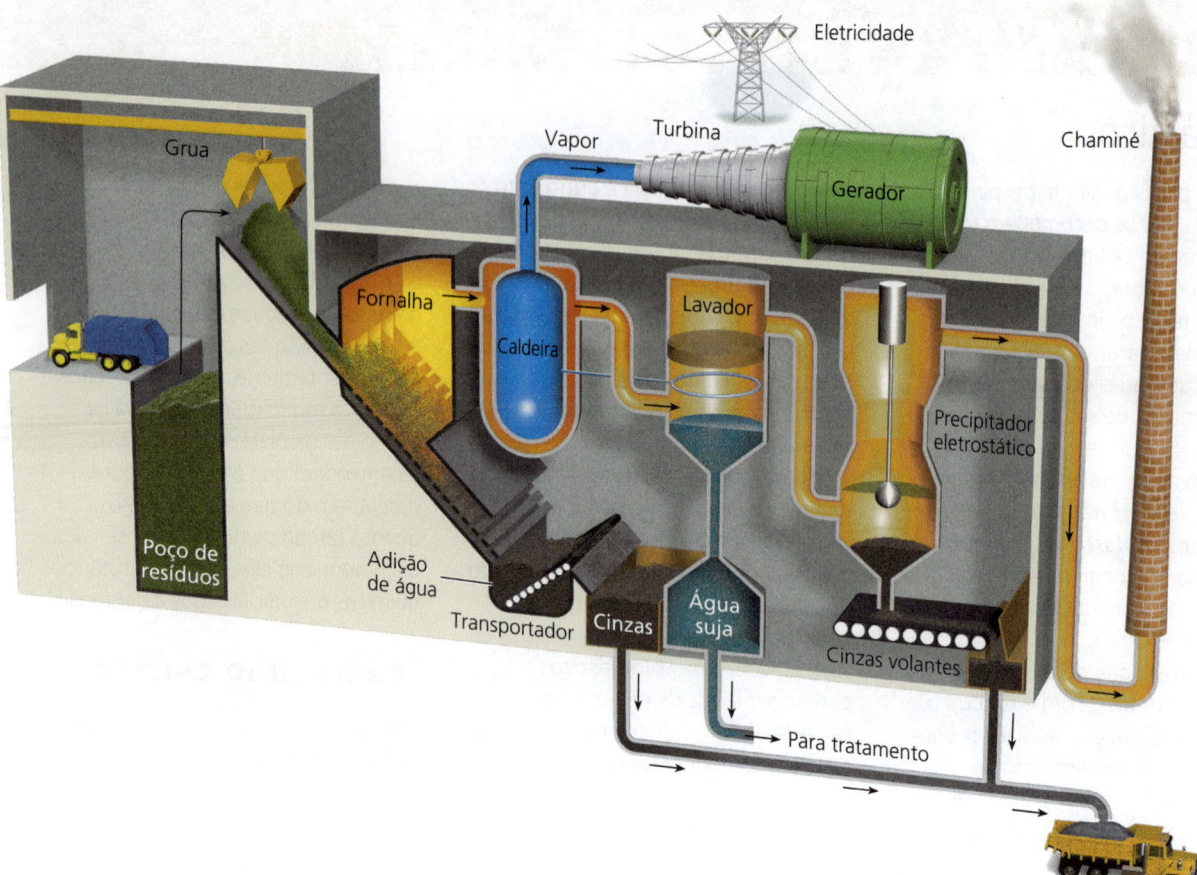

FIGURA 16.11 Soluções: Um incinerador de transformação de resíduos em energia com controle de poluição queima resíduos sólidos mistos e recupera parte da energia para produzir vapor para uso no aquecimento de edifícios ou na produção de eletricidade. *Raciocínio crítico:* Você investiria em um projeto assim? Sim ou não? Por quê?

Cinzas para tratamento, descarte em aterro ou utilização como cobertura de aterros

metade de seu RSU em incineradores produtores de energia modernos e com emissões muito inferiores aos limites de poluição do ar europeu. No entanto, todos os incineradores produzem cinzas que contêm substâncias químicas tóxicas e precisam ser armazenadas em segurança praticamente para sempre.

A Figura 16.12 lista as vantagens e as desvantagens do uso de incineradores para queimar resíduos sólidos. Apesar da disponibilidade de incineradores modernos, muitos cidadãos, governos locais e cientistas ambientais dos Estados Unidos continuam se opondo à incineração de lixo, pois esse processo exige um fluxo grande e contínuo de resíduos para ser lucrativo. Essa alta demanda por resíduos incineráveis prejudica os esforços para reduzir o desperdício e aumentar a reutilização e a reciclagem.

Enterrar resíduos sólidos tem vantagens e desvantagens

Nos Estados Unidos, aproximadamente 53% em peso do RSU é enterrado em aterros sanitários, em comparação com 80% no Canadá, 15% no Japão e 4% na Dinamarca. Existem dois tipos de aterros. Nos aterros mais modernos, chamados **aterros sanitários** (Figura 16.13), os resíduos

Vantagens e desvantagens

Incinerador produtor de energia

Vantagens

Reduz o volume do lixo

Produz energia

Concentra substâncias perigosas em cinzas para serem enterradas

A venda de energia reduz os custos

Desvantagens

É caro para ser construído

Produz um resíduo perigoso

Emite CO_2 e outros poluentes do ar

Incentiva a produção de resíduos

FIGURA 16.12 A incineração de resíduos sólidos tem vantagens e desvantagens (**Conceito 16.4**), as quais também se aplicam à incineração de resíduos perigosos. *Raciocínio crítico:* Qual é a vantagem mais importante? E a desvantagem? Por quê?

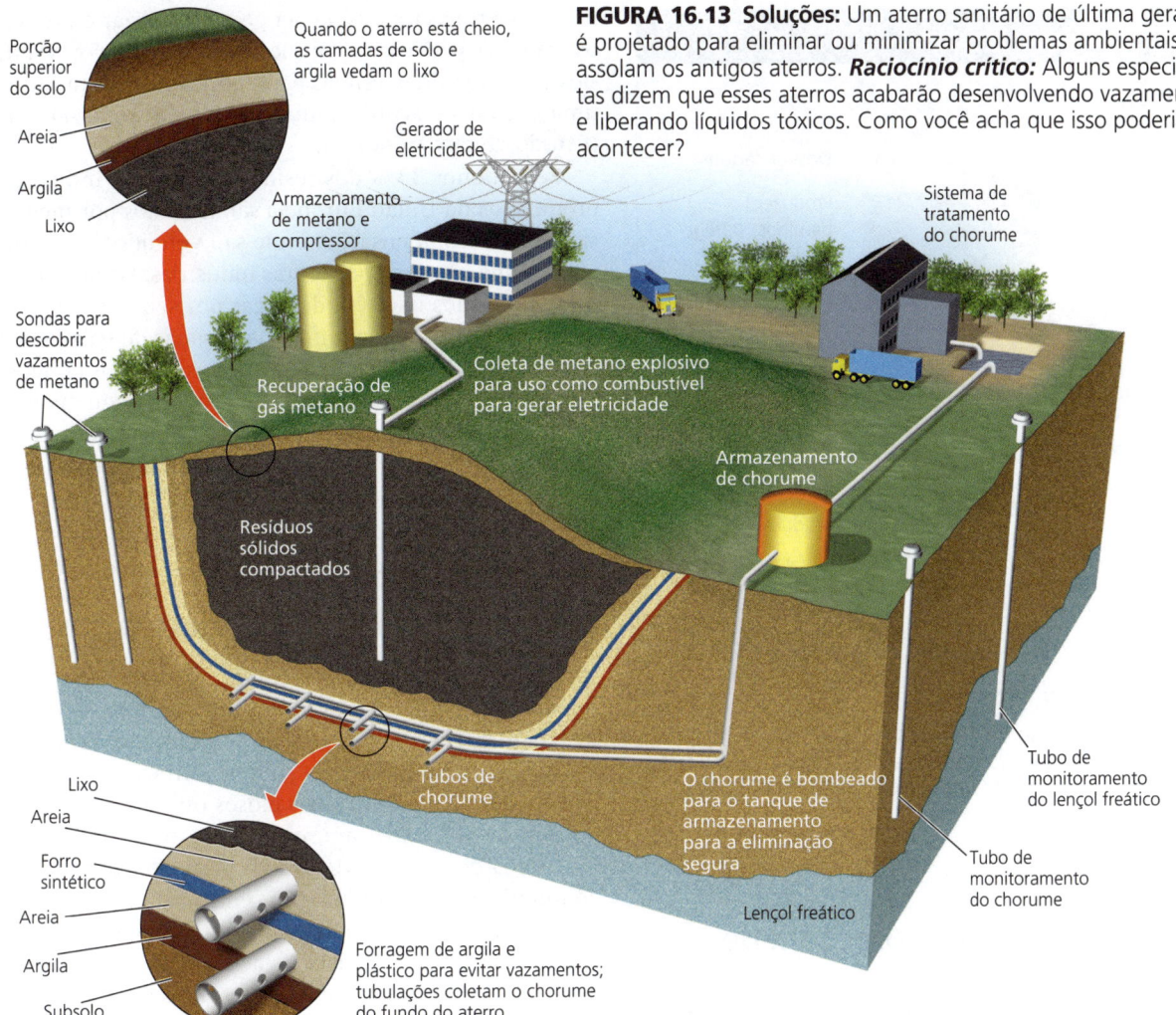

FIGURA 16.13 Soluções: Um aterro sanitário de última geração é projetado para eliminar ou minimizar problemas ambientais que assolam os antigos aterros. *Raciocínio crítico:* Alguns especialistas dizem que esses aterros acabarão desenvolvendo vazamentos e liberando líquidos tóxicos. Como você acha que isso poderia acontecer?

sólidos são espalhados em camadas finas, compactados e cobertos diariamente com uma nova camada de argila ou espuma de plástico. Esse processo ajuda a manter o material seco, diminui os odores, reduz o risco de incêndios e afasta ratos e outras pragas dos resíduos.

O fundo e as laterais de aterros sanitários bem projetados têm forros duplos fortes e sistemas de contenção que recolhem os líquidos que vazam deles. Alguns aterros também têm sistemas de coleta de metano, um potente gás de efeito estufa produzido quando os resíduos se decompõem na ausência de oxigênio. O metano coletado pode ser queimado como combustível para gerar eletricidade, embora isso adicione CO_2, causador de mudanças climáticas, à atmosfera.

Os produtos de papel representam a maior porcentagem de material dos aterros. Outros materiais comuns são aparas de jardins, plásticos, metais, madeira, vidro e restos de alimentos. Certos tipos de resíduos sólidos não são aceitos nos aterros estadunidenses, como pneus, óleo usado, filtros de óleo, itens que contêm mercúrio (como lâmpadas fluorescentes compactas e termômetros), e lixos eletrônicos e hospitalar. Alguns aterros que não estão mais em uso são utilizados como local de instalação de usinas de energia com células solares. A Figura 16.14 lista as vantagens e as desvantagens do uso de aterros sanitários para descartar resíduos sólidos.

O segundo tipo de aterro é o **lixão a céu aberto**, essencialmente um campo ou grande poço onde o lixo é depositado e, por vezes, queimado. São raros nos países mais desenvolvidos, mas amplamente utilizados perto de grandes cidades em muitos países menos desenvolvidos. A China descarta grande parte de suas montanhas crescentes de resíduos sólidos em lixões a céu aberto em áreas rurais ou aterros sanitários mal projetados e pouco regulamentados.

16.5 COMO DEVEMOS LIDAR COM RESÍDUOS PERIGOSOS?

CONCEITO 16.5 Uma abordagem mais sustentável dos resíduos perigosos é, primeiro, produzir menos; depois, reaproveitá-los ou reciclá-los: em seguida, transformá-los em materiais menos perigosos; e, finalmente, armazenar de forma segura o que tiver sobrado.

Resíduos sólidos e perigosos

Vantagens e desvantagens

Aterros sanitários

Vantagens	Desvantagens
Baixo custo de operação	Produzem barulhos, tráfego e poeira
Pode lidar com grandes quantidades de resíduos	Liberam gases de efeito estufa (metano e CO_2), a menos que estes sejam coletados
A área aterrada pode ser utilizada para outros fins	Abordagem que encoraja a produção de resíduos
Em muitas áreas, não há falta de espaço para aterros sanitários	Em algum momento, poderá haver vazamento e contaminação do lençol freático

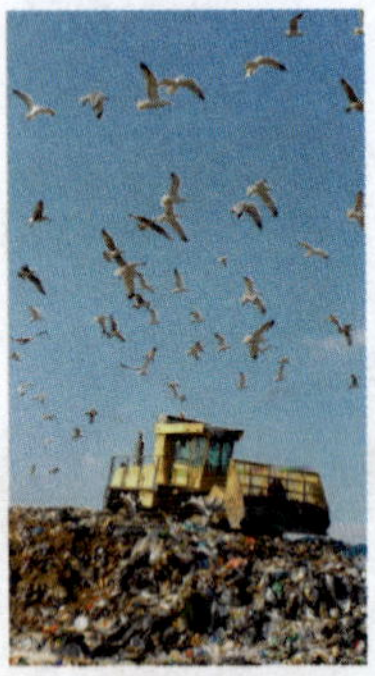

FIGURA 16.14 O uso de aterros sanitários para o descarte de resíduos sólidos tem vantagens e desvantagens (**Conceito 16.4**). *Raciocínio crítico:* Qual é a vantagem mais importante? E a desvantagem? Por quê?

Os resíduos perigosos precisam de tratamento especial

A Figura 16.15 mostra a abordagem de manejo integrado sugerida pela Academia Nacional de Ciências dos Estados Unidos, que estabelece três níveis de prioridade para lidar com resíduos perigosos: produzir menos, converter o máximo possível em substâncias menos perigosas e armazenar o restante em longo prazo e com segurança (**Conceito 16.5**). A Dinamarca tem tomado esses cuidados, diferentemente da maioria dos outros países.

Assim como no caso do resíduo sólido, a prioridade é evitar a poluição e reduzir os resíduos. Com essa abordagem, as indústrias tentam encontrar substitutos para as matérias-primas tóxicas ou perigosas, reutilizar ou reciclar os materiais perigosos nos processos industriais ou vendê-los como matérias-primas para fabricar outros produtos, uma atitude de acordo com a abordagem *cradle-to-cradle* (**Estudo de caso principal**).

Pelo menos 33% dos resíduos perigosos industriais produzidos na União Europeia são trocados por meio de câmaras de compensação, onde são vendidos como matéria-prima para uso por outras indústrias. Os produtores desses resíduos não têm de pagar por seu descarte, e os destinatários conseguem matérias-primas de baixo custo. Nos Estados Unidos, cerca de 10% dos resíduos perigosos são enviados para essas câmaras, proporção que poderia aumentar substancialmente. O lixo eletrônico também pode ser reciclado, porque contém materiais valiosos (ver Estudo de caso a seguir).

ESTUDO DE CASO
Reciclagem de resíduos eletrônicos

Em alguns países, as pessoas que trabalham com a reciclagem dos resíduos eletrônicos – muitas delas são crianças (Figura 16.16) – estão frequentemente expostas a produtos químicos tóxicos ao desmontarem o lixo eletrônico para extrair metais valiosos ou outras peças que possam ser vendidos para reutilização ou reciclagem.

De acordo com a ONU, grande parte do lixo eletrônico do mundo acaba na China. Um centro para tais resíduos é a pequena cidade portuária de Guiyu, onde o ar cheira a plástico queimado e fumaça de ácidos. Nessa cidade, mais de 5.500 pequenas empresas de resíduos eletrônicos empregam mais de 30 mil pessoas (incluindo crianças), as quais trabalham por salários muito baixos e em condições perigosas para extrair metais preciosos como ouro, prata, cobre e vários metais de terras-raras (no Capítulo 12, veja Estudo de caso) de milhões de computadores, televisores e telefones celulares descartados.

Esses trabalhadores geralmente não usam máscaras nem luvas, muitas vezes trabalham em locais sem ventilação e ficam expostos a um coquetel de produtos químicos tóxicos. Eles realizam atividades perigosas, como quebrar os tubos de imagem dos aparelhos de TV com

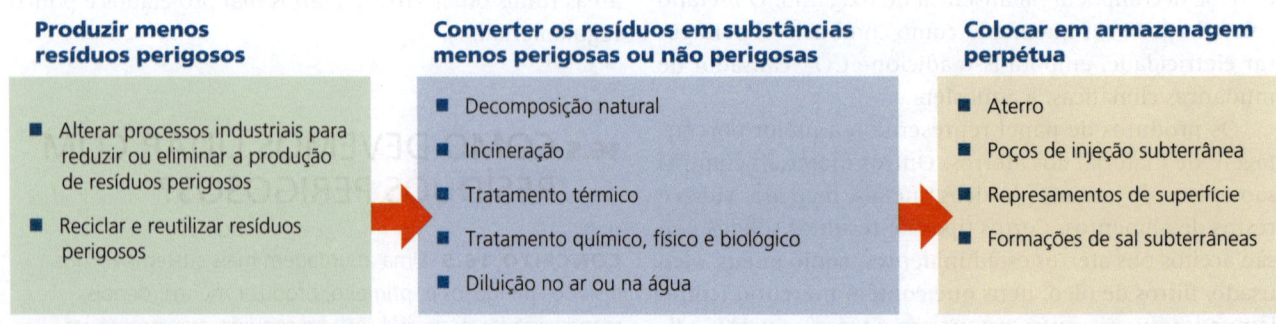

FIGURA 16.15 *Manejo integrado de resíduo perigoso*: A Academia Nacional de Ciências dos Estados Unidos sugeriu essas prioridades para lidar com resíduos perigosos (**Conceito 16.5**).

grandes martelos para recuperar certos componentes – método que libera grandes quantidades de pó de chumbo tóxico no ar. Também queimam fios de computadores para expor o cobre, derretem as placas de circuito em panelas de metal sobre carvão para extrair chumbo e outros metais e encharcam as placas com ácido forte para extrair ouro. Após a retirada dos metais preciosos, as peças que sobram são queimadas ou jogadas em rios ou no solo. Em Guiyu, estima-se que 82% das crianças da região com menos de 6 anos de idade sofram de envenenamento por chumbo.

Os Estados Unidos são os maiores produtores de lixo eletrônico do mundo e, em 2014, reciclaram aproximadamente 29% dos resíduos (um aumento de 19% em 2009), segundo a Associação dos Consumidores de Eletrônicos. Em 2015, um total de 28 estados e o Distrito de Columbia proibiram o descarte de computadores e televisores em aterros e incineradores. Essas medidas prepararam o terreno para uma nova indústria altamente lucrativa – a do *e-cycling*. Naquele mesmo ano, 28 estados e a cidade de Nova York tinham leis que obrigavam fabricantes de eletrônicos a recolher seus produtos de volta para reciclagem. Em 2016, a Apple lançou o Liam, um robô de 29 braços capaz de desmontar 1,2 milhão de iPhones por ano, separando componentes que podem ser reciclados.

Alguns recomendam uma lei federal para instituir uma abordagem *cradle-to-cradle* (**Estudo de caso principal**) nos Estados Unidos, que exigiria que os fabricantes recolhessem todos os dispositivos eletrônicos que produzissem, reciclando-os domesticamente. Poderiam ser impostas leis parecidas com as da União Europeia, em que uma taxa de reciclagem costuma cobrir os custos desses programas. Sem esse tipo de regulamentação, há poucos incentivos para a reciclagem de lixo eletrônico.

Programas de recolhimento são importantes, mas a única solução real em longo prazo é uma abordagem *cradle-to-cradle* (**Estudo de caso principal**), por meio da qual produtos elétricos e eletrônicos seriam projetados e produzidos para ter reparo, remanufatura ou reciclagem fáceis, sem utilizar materiais tóxicos.

PARA REFLETIR

PENSANDO SOBRE Recliclagem de lixo eletrônico
Você apoiaria uma taxa de reciclagem sobre todos os dispositivos eletrônicos? Justifique sua resposta.

Podemos desintoxicar os resíduos perigosos

Na Dinamarca, todos os resíduos perigosos e tóxicos das indústrias e residências são coletados e entregues a estações de transferência de todo o país. Dessas estações, são levados para uma grande instalação de processamento, onde três quartos desses resíduos são desintoxicados por métodos biológicos, físicos e químicos. O restante é enterrado em um aterro cuidadosamente projetado e monitorado.

Os *métodos físicos* para desintoxicar resíduos perigosos podem envolver o uso de carvão vegetal ou resinas para filtrar sólidos perigosos, a destilação de resíduos líquidos para separar substâncias químicas prejudiciais e a precipitação dessas substâncias da solução. Resíduos especialmente mortais, como aqueles contaminados com mercúrio, podem ser envoltos em vidro, cimento ou cerâmicas e colocados em locais de armazenamento seguros. *Métodos químicos* são usados para transformar substâncias químicas perigosas em substâncias inofensivas ou menos prejudiciais por meio de reações químicas.

Alguns cientistas e engenheiros consideram que os *métodos biológicos* de tratamento dos resíduos perigosos serão muito utilizados no futuro. Uma dessas abordagens é a *biorremediação*, na qual bactérias e enzimas ajudam a destruir as substâncias tóxicas ou perigosas ou convertê-las em compostos inofensivos. Essa técnica é usada com frequência em solos contaminados. A biorremediação é um processo um pouco mais lento do que a maioria dos métodos físicos e químicos, mas custa muito menos.

FIGURA 16.16 Essa jovem menina de Dhaka, Bangladesh, está reciclando pilhas, quebrando-as com um martelo para extrair estanho e chumbo. Os trabalhadores dessa área são principalmente mulheres e crianças.

Outra abordagem é a *fitorremediação*, que envolve o uso de plantas naturais ou geneticamente modificadas para absorver, filtrar e remover os contaminantes do solo e da água poluídos. A fitorremediação, que ainda está sendo avaliada, é lenta em comparação com outras alternativas.

Podemos incinerar os resíduos perigosos para fragmentá-los e convertê-los em produtos químicos inofensivos ou menos nocivos. Esse processo tem as mesmas vantagens e desvantagens que a incineração de resíduos sólidos (Figura 16.12).

A *gaseificação plasmática* é outro método térmico que usa arcos de energia elétrica para produzir temperaturas muito altas e vaporizar resíduos perigosos na ausência de oxigênio. O processo reduz o volume de uma determinada quantidade de resíduo em 99%, produz um combustível gasoso sintético e envolve metais e outros materiais tóxicos em pedaços de rocha. Essa técnica não é amplamente utilizada por causa de seu alto custo.

Podemos armazenar resíduos perigosos

Depois de tentar as opções de reduzir, reutilizar e reciclar (Figura 16.15 e **Conceito 16.5**), os resíduos perigosos restantes podem ser enterrados ou armazenados por um longo período em reservatórios seguros. Na verdade, enterrar os resíduos é o método mais usado nos Estados Unidos e na maioria dos países, principalmente por causa do custo reduzido.

A forma mais comum de se enterrar resíduos perigosos líquidos é o *poço profundo de eliminação*, em que esses resíduos são bombeados sob pressão por um tubo para formações rochosas porosas secas bem abaixo de aquíferos aproveitados para abastecimento de água potável e irrigação (ver Figura 11.25). Teoricamente, esses líquidos são absorvidos pelo material da rocha porosa e isolados da água subterrânea por camadas de rocha impermeáveis. O custo é baixo.

No entanto, há poucos locais desse tipo, e o espaço dentro deles é limitado. Às vezes, os resíduos podem vazar para as águas subterrâneas por meio do eixo do poço ou migrar para as águas subterrâneas de formas inesperadas. Além disso, trata-se de uma abordagem que incentiva a produção de resíduos perigosos, e não a sua redução.

Nos Estados Unidos, cerca de dois terços dos resíduos líquidos perigosos são injetados em poços profundos de eliminação. Essa quantidade está aumentando significativamente com o uso de fraturamento hidráulico (Figura 13.1) para produzir gás natural e petróleo presos em rochas de xisto. O fraturamento gera grandes volumes de resíduos perigosos líquidos, que têm potencial de contaminar águas subterrâneas e aumentar o risco de terremotos (Foco na ciência 13.1).

Muitos cientistas acreditam que as atuais regulamentações para esse tipo de descarte nos Estados Unidos são inadequadas (ver Estudo de caso a seguir). A Figura 16.17 lista as vantagens e as desvantagens do uso de poços profundos para descartar resíduos perigosos líquidos.

Determinados resíduos perigosos líquidos são armazenados em tanques, poços ou lagoas alinhadas, chamados *represamentos de superfície*. Às vezes, eles são revestidos para ajudar a conter os resíduos. Quando não há revestimento ou quando eles vazam, os resíduos concentrados podem se infiltrar na água subterrânea. Estudos conduzidos pela EPA revelaram que 70% dos tanques de armazenamento de resíduos perigosos dos Estados Unidos não têm revestimento e podem ameaçar o fornecimento de água subterrânea. A EPA também alerta que, com o tempo, todos os represamentos podem vazar.

Como os represamentos de superfície não são cobertos, substâncias químicas nocivas podem evaporar e poluir o ar. Além disso, a inundação decorrente de chuvas e tempestades pesadas pode fazer com que esses reservatórios transbordem. A Figura 16.18 lista as vantagens e as desvantagens do uso deste método.

Algumas vezes, materiais altamente tóxicos (como o mercúrio, ver **Estudo de caso principal** do Capítulo 14), que não podem ser destruídos, desintoxicados ou queimados de maneira segura, são enterrados em *aterros seguros para resíduos perigosos* projetados e monitorados cuidadosamente (Figura 16.19). Este é o método menos usado por causa dos gastos envolvidos. A Figura 16.20 lista algumas maneiras pelas quais você pode reduzir suas emissões de resíduos perigosos.

ESTUDO DE CASO

Legislação dos Estados Unidos sobre resíduos sólidos

Diversas leis estadunidenses ajudam a regulamentar o manejo e o armazenamento de resíduos perigosos. Cerca de 5% de todos os resíduos perigosos produzidos nos

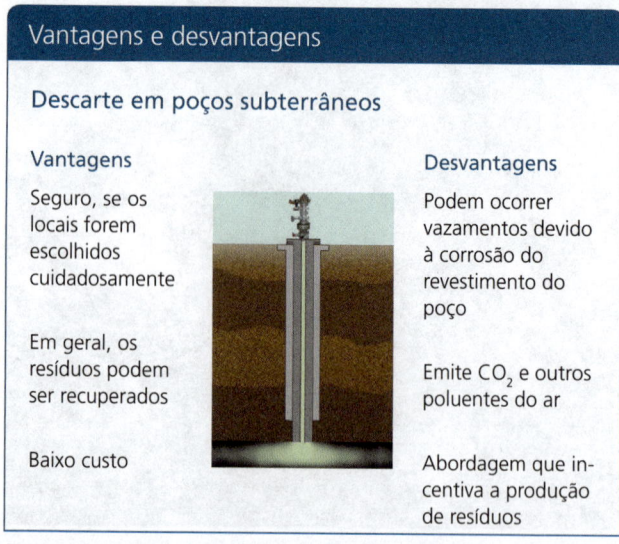

FIGURA 16.17 A injeção de resíduos perigosos líquidos em poços subterrâneos profundos tem vantagens e desvantagens. *Raciocínio crítico:* Qual vantagem você considera mais importante? E desvantagem? Por quê?

Vantagens e desvantagens

Represamentos de superfície

Vantagens
- Baixo custo
- Os resíduos, muitas vezes, podem ser recuperados
- Podem armazenar os resíduos indefinidamente com revestimentos duplos seguros

Desvantagens
- Contaminam a água subterrânea por vazamentos no revestimento e por transbordamentos
- Poluição do ar por compostos orgânicos voláteis
- Abordagem que incentiva a produção de resíduos

FIGURA 16.18 Armazenar resíduos perigosos líquidos em represamento de superfície tem vantagens e desvantagens. *Raciocínio crítico:* Qual é vantagem mais importante? E a desvantagem? Por quê?

O que você pode fazer?

Resíduos perigosos

- Não utilize pesticidas e outras substâncias químicas perigosas ou reduza o uso deles.

- Na limpeza doméstica, em vez de substâncias químicas comerciais, use substâncias menos nocivas. Por exemplo, utilize vinagre para polir os metais, limpar as superfícies e remover manchas e mofo; bicarbonato de sódio para limpar os utensílios domésticos, desinfetar e remover manchas.

- Não descarte pesticidas, tintas, solventes, óleo, anticongelante ou outros produtos que contenham substâncias químicas perigosas no vaso sanitário. Não despeje esses produtos no ralo, não os enterre, não os jogue no lixo nem os elimine no sistema de escoamento de água das chuvas. Em vez disso, utilize os serviços de descarte de resíduos perigosos disponíveis em muitas cidades.

- Não jogue lâmpadas fluorescentes antigas (que contêm mercúrio) no lixo comum. Muitas comunidades e lojas de produtos para a casa oferecem postos de reciclagem gratuita dessas lâmpadas.

FIGURA 16.20 Pessoas que fazem a diferença: Você pode reduzir sua geração de resíduos perigosos (**Conceito 16.5**). *Raciocínio crítico:* Dessas ações, quais você considera mais importantes? Cite duas e justifique sua resposta.

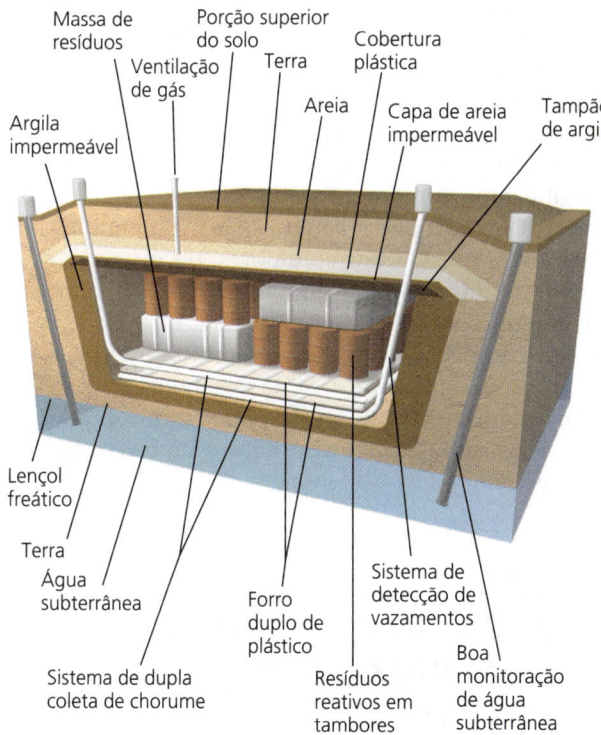

FIGURA 16.19 Soluções: Resíduos perigosos podem ser isolados e armazenados em aterros seguros para resíduos dessa natureza.

Estados Unidos é regulamentado pela Lei de Conservação e Recuperação de Recursos (*Resource Conservation and Recovery Act* – RCRA), aprovada pelo Congresso estadunidense em 1976 e alterada em 1984.

Segundo essa lei, a EPA estabelece normas para o gerenciamento de vários tipos perigosos de resíduo e a emissão de licenças para que empresas possam produzir e descartar certa quantidade desses resíduos por meio de métodos aprovados. Os detentores das licenças devem utilizar o sistema *cradle-to-cradle* para acompanhar o resíduo transferido de um ponto de geração (berço) a uma instalação de depósito aprovada em outro local (túmulo) e enviar provas desse depósito para a EPA. A RCRA é um bom começo, mas quase 95% dos resíduos perigosos e tóxicos, incluindo o lixo eletrônico, produzidos nos Estados Unidos não são fiscalizados.

PARA REFLETIR

PENSANDO SOBRE Resíduo perigoso

Por que 95% dos resíduos perigosos produzidos nos Estados Unidos não são regulamentados? Você é a favor da regulamentação de tais resíduos? Em sua opinião, quais seriam as consequências econômicas disso? Como isso mudaria a maneira como os produtores de resíduos perigosos os manipulam?

A Lei de Controle de Substâncias Tóxicas (*Toxic Substances Control Act* – TSCA) também está em vigor desde 1976 e tem como objetivo regulamentar e garantir a segurança das milhares de substâncias químicas usadas na fabricação ou como ingredientes de muitos produtos. Sob essa lei, as empresas precisam notificar a EPA antes de introduzir uma nova substância química no mercado, mas elas não são obrigadas a fornecer nenhum dado sobre a segurança do material. Em outras palavras, toda substância química nova é vista como segura, a menos que a EPA consiga comprovar que é nociva.

Após intensa pressão dos fabricantes, a TSCA, quando foi aprovada, em 1976, permitiu que as aproximadamente 62 mil substâncias químicas que estavam no mercado na época continuassem sendo usadas sem testes de segurança. A lei também tornou mais difícil para a EPA demonstrar que uma nova substância é perigosa o bastante para ser proibida. Além disso, a EPA limitou os financiamentos para a avaliação da segurança de substâncias químicas novas e antigas.

Consequentemente, desde 1976, a EPA usou essa lei para proibir apenas cinco das cerca de 85 mil substâncias químicas em uso atualmente. Em 2016, o Congresso revisou a TSCA e impôs algumas exigências para a EPA, entre elas:

- Analisar todas as substâncias químicas, novas e existentes, identificando aquelas que representam riscos excessivos com o objetivo de regulamentar ou eliminar esses riscos.
- Analisar rapidamente as substâncias químicas conhecidas por permanecer no ambiente e se acumular no corpo humano.
- Determinar se uma nova substância química atende a determinados padrões de segurança antes de sua entrada no mercado.
- Considerar os efeitos de uma substância química sobre populações vulneráveis, como bebês, crianças, gestantes, trabalhadores da área química e idosos.
- Exigir que as empresas disponibilizem dados sobre suas substâncias químicas.

Essas melhorias são úteis, mas os críticos destacam que a lei não exige financiamento suficiente do setor químico para a EPA avaliar milhares de substâncias. Uma análise do Environmental Working Group estimou que, mesmo com recursos financeiros adequados, a EPA precisaria de 28 anos para avaliar os riscos de 90 substâncias químicas prioritárias, mais 20 anos para finalizar a regulamentação dessas substâncias e mais 35 anos para implementar as normas resultantes. As normas seriam, então, sujeitas a longos processos judiciais dos fabricantes. Em outras palavras, o processo de avaliar e regulamentar apenas 90 das 85 mil substâncias químicas em uso, segundo a atualização de 2016 dessa lei, levaria 83 anos.

Em 1980, o Congresso estadunidense promulgou a Lei Geral sobre Resposta, Compensação e Responsabilidade Ambiental (*Comprehensive Environmental Response, Compensation*, and Liability Act – Cercla), também conhecida como *Programa de Superfundos*, supervisionada pela EPA. Os objetivos dessa lei são identificar os locais, geralmente chamados locais de superfundos, onde os resíduos perigosos contaminaram o ambiente, e recuperá-los, usando métodos aprovados pela EPA. Os locais de superfundos que representam ameaça imediata e grave para a saúde humana são colocados em uma *Lista de Prioridades Nacionais* para serem limpos o mais rapidamente possível.

Em julho de 2017, havia 1.336 locais na lista de superfundos, além de 53 novos locais propostos, enquanto 393 tinham sido limpos e removidos da lista. O *Waste Management Research Institute* estima que pelo menos 10 mil locais deveriam estar na lista de prioridade, e que a limpeza desses espaços custaria cerca de US$ 1,7 trilhão, sem incluir tarifas legais. Esses custos ambientais e econômicos mostram por que é importante enfatizar a redução de resíduos e a prevenção da poluição em vez da abordagem de regulamentação e limpeza "no fim do ciclo" adotada pelos Estados Unidos e a maioria dos países.

Em 1984, o Congresso alterou a Lei dos Superfundos para dar aos cidadãos o direito de saber quais produtos químicos tóxicos estão sendo armazenados ou liberados em suas comunidades. Tal medida exigiu que grandes instalações de fabricação relatassem os lançamentos anuais ao ambiente de qualquer um dos 650 produtos químicos tóxicos. Se você mora nos Estados Unidos, pode descobrir quais produtos químicos tóxicos estão sendo armazenados e liberados em seu bairro no site *Toxic Release Inventory* da EPA.

A Lei dos Superfundos, criada para obrigar os poluidores a pagar pela limpeza de depósitos de resíduos perigosos abandonados, reduziu muito o número de lixões ilegais em todo o país. Também obrigou os produtores de resíduos, que temiam reclamações de responsabilidade, a reduzir sua produção de tais resíduos e a reciclar ou reutilizar muito mais. No entanto, em 1995, sob a pressão dos poluidores, o Congresso estadunidense não renovou o imposto sobre as empresas petrolíferas e químicas, o qual havia financiado a Lei dos Superfundo. Desde então, os contribuintes, não poluidores, estão pagando a conta das limpezas (com um custo médio de US$ 26 milhões por local) quando os responsáveis não são encontrados. Como resultado, o ritmo de limpeza desacelerou.

16.6 COMO PODEMOS MUDAR PARA UMA ECONOMIA COM BAIXA GERAÇÃO DE RESÍDUOS?

CONCEITO 16.6 A mudança para uma sociedade com baixa produção de resíduos exige que os indivíduos e as empresas reduzam o uso de recursos e reutilizem e reciclem os resíduos em âmbitos local, nacional e global.

Os cidadãos podem tomar a iniciativa

Nos Estados Unidos, pessoas e grupos se organizaram para impedir que centenas de incineradores, aterros e usinas para tratamento de resíduos perigosos e radioativos fossem construídos em suas comunidades ou próximos a elas. Essas campanhas organizaram protestos pacíficos, concertos e manifestações. Também coletaram assinaturas em petições e apresentaram aos legisladores.

Os riscos para a saúde provenientes de incineradores e aterros, considerando a média do país, são bastante baixos, mas os riscos para as pessoas que vivem perto de tais instalações são muito maiores. Os fabricantes e as autoridades da indústria de resíduos ressaltam que algo deve ser feito com os resíduos tóxicos e perigosos na manufatura de certos produtos e serviços. Argumentam que, se os cidadãos locais adotarem a abordagem "no meu quintal, não" (*not in my back yard* – NIMBY), o resíduo, ainda assim, terminará no quintal de alguém.

Muitos cidadãos não aceitam esse argumento. Para eles, a melhor forma de lidar com os resíduos perigosos e tóxicos é produzir menos resíduos, concentrando-se em medidas de prevenção à poluição e aos resíduos, conforme sugerido pela Academia Nacional de Ciências dos Estados Unidos (Figura 16.15). Para esses materiais, acreditam que o objetivo deve ser "no quintal de ninguém" (*not in anyone's back yard* – NIABY) ou "não no planeta Terra" (*not on planet Earth* – NOPE).

Tratados internacionais

Durante décadas, alguns países enviavam resíduos perigosos para descarte ou processamento a outros países. No entanto, desde 1992, um tratado internacional conhecido como a Convenção de Basileia proíbe os países signatários de enviar resíduos perigosos (incluindo os resíduos eletrônicos) a outros países sem a permissão destes.

Em 2016, esse acordo foi ratificado (aprovado formalmente e implementado) por 183 países. Os Estados Unidos assinaram, mas não ratificaram a convenção. Em 1995, o tratado foi alterado para proibir todas as transferências de resíduos perigosos dos países industrializados para os menos desenvolvidos. Essa proibição ajuda, mas não elimina o transporte ilegal e altamente lucrativo de resíduos perigosos. Para burlar as leis, os contrabandistas de resíduos perigosos utilizam uma variedade de táticas, como subornos e falsos alvarás. Além desses artifícios, eles costumam rotular resíduos perigosos como materiais recicláveis.

Em 2001, delegados de 122 países concluíram um tratado global denominado Convenção de Estocolmo sobre os Poluentes Orgânicos Persistentes (POPs). POPs são substâncias químicas orgânicas fabricadas por produtores e que persistem no ambiente. O tratado regula o uso de 12 poluentes orgânicos persistentes muito usados e que podem se acumular nos tecidos gordurosos dos seres humanos e de outros animais em níveis tróficos mais altos da rede alimentar. Uma vez que persistem no ambiente, os POPs também podem ser transportados para longas distâncias por meio do vento e da água.

A lista original dos 12 compostos químicos, conhecidos como a *dúzia suja*, inclui o DDT e outros oito pesticidas persistentes que contêm cloro, PCBs, dioxinas e furanos. Desde então, outras substâncias químicas foram adicionadas. Com base em exames de sangue e amostragem estatística, os pesquisadores médicos da Faculdade de Medicina Mount Sinai de Nova York descobriram que, provavelmente, quase todas as pessoas na Terra tenham níveis detectáveis de POPs no corpo. Em 2016, 180 países (sem incluir os Estados Unidos) ratificaram uma versão reforçada do tratado. A lista de POPs regulamentados deve aumentar. No entanto, os efeitos em longo prazo desse experimento químico involuntário mundial para a saúde são desconhecidos.

Em 2000, o Parlamento suíço promulgou uma lei que banirá, até 2020, todas as substâncias químicas persistentes que possam se acumular nos tecidos vivos. Essa lei também exige que a indústria realize avaliações de risco dos produtos químicos que usam e mostrem que são seguros, em vez de exigir que o governo demonstre que eles são perigosos. Em outras palavras, as substâncias químicas são consideradas culpadas até que se prove o contrário, o oposto da atual política adotada pelos Estados Unidos e pela maioria dos países. Há uma forte oposição a essa abordagem nos Estados Unidos, especialmente por parte da maioria das indústrias que produz e utiliza produtos químicos potencialmente perigosos.

Incentivando a reutilização e a reciclagem

Por que reutilizar e reciclar não são mais comuns? *Primeiro*, essas estratégias precisam competir com o uso de produtos descartáveis baratos, que não incluem os custos ocultos prejudiciais para a saúde e o ambiente em seu preço de mercado. Essa é uma violação do **princípio da sustentabilidade** da precificação de custo total.

Segundo, o campo econômico é desigual porque, em muitos países, os setores de extração de recursos recebem mais isenções fiscais e subsídios do governo do que a indústria da reutilização e reciclagem.

Terceiro, a demanda e, portanto, o preço pago pelos materiais reciclados variam, principalmente porque comprar mercadorias feitas com materiais reciclados não é uma grande prioridade para a maioria dos governos, empresas e indivíduos.

Como incentivar a reutilização e a reciclagem? Os governos podem *aumentar* os subsídios e as isenções fiscais para a reutilização e a reciclagem de materiais e *reduzir* esses benefícios para a produção de itens com recursos virgens. Outra estratégia é reforçar o uso do sistema de coleta de resíduos com pagamento por descarte, que cobra das residências pelo lixo que eles jogam fora, mas não pelos resíduos recicláveis e reutilizáveis. Quando a cidade de Fort Worth, no Texas, instituiu um programa como esse, a proporção de residências que reciclavam o lixo passou de 21% para 85%. A cidade saiu da perda de US$ 600 mil em seu programa de reciclagem para um lucro de US$ 1 milhão por ano graças ao aumento das vendas de materiais reciclados para as indústrias.

Os governos também podem aprovar leis para exigir que as empresas coletem e reciclem ou reutilizem embalagens e lixo eletrônico descartado pelos consumidores. O Japão e alguns países da União Europeia têm leis como essas. Outra estratégia é encorajar ou exigir compras governamentais de produtos reciclados para ajudar a aumentar a demanda e reduzir os preços desses produtos.

Com ou sem intervenção governamental, algumas indústrias estão encontrando formas de economizar dinheiro reutilizando e reciclando materiais. Outras estão aprendendo com a natureza e se tornando parte de uma rede de troca de recursos (ver Estudo de caso a seguir).

ESTUDO DE CASO

Biomimética e ecossistemas industriais: copiando a natureza

Um importante objetivo de uma sociedade mais sustentável é tornar os processos de fabricação mais limpos e sustentáveis, reformulando-os para que deem aos resíduos o mesmo tratamento que a natureza oferece a eles, uma abordagem chamada *biomimética* (**Estudo de caso principal**, do Capítulo 1). De acordo com o **princípio da sustentabilidade** da ciclagem química, os resíduos de um organismo se transformam em nutrientes para outro organismo. Isso explica por que não há praticamente nenhum desperdício na natureza.

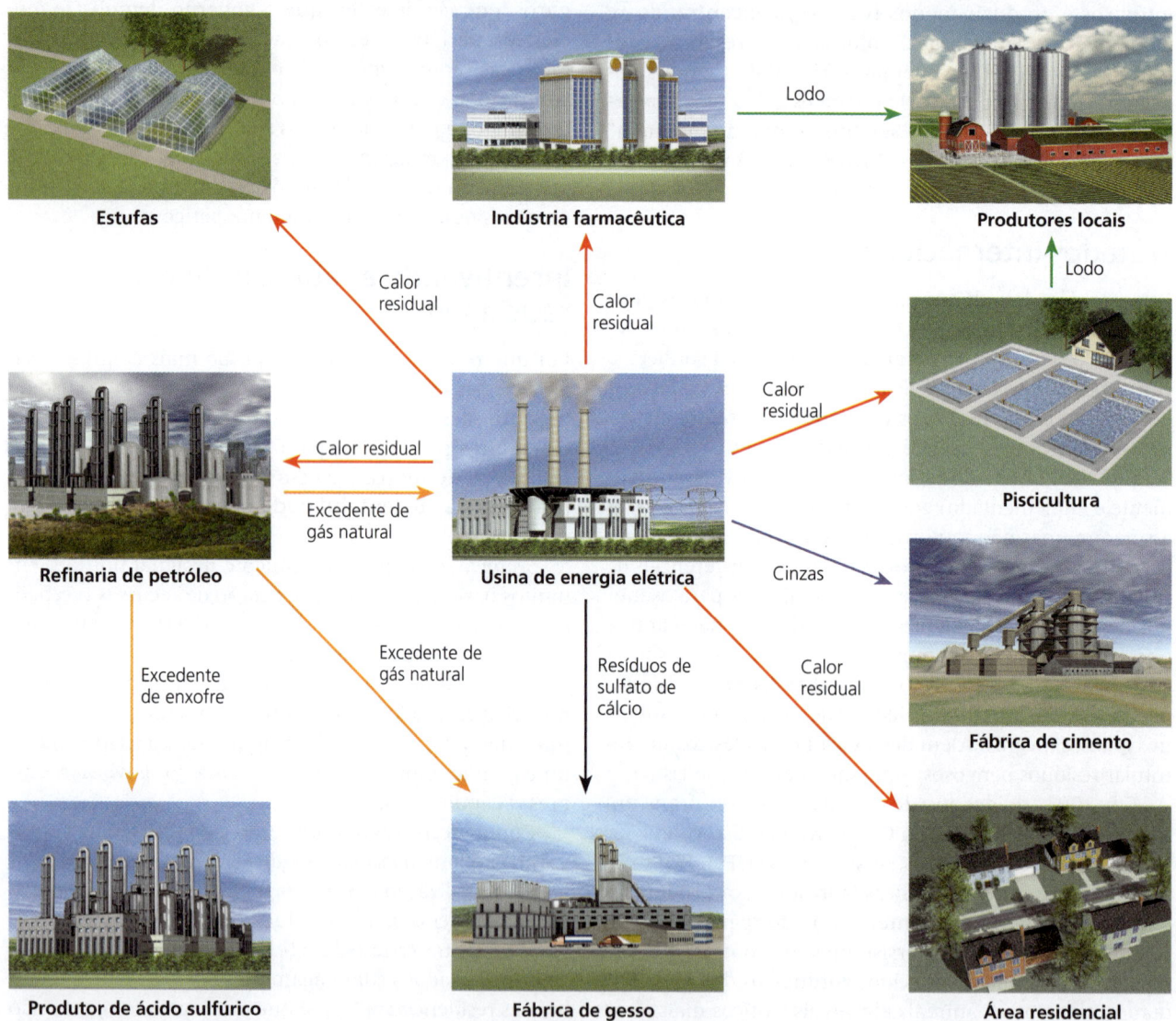

FIGURA 16.21 Soluções: Este *ecossistema industrial* localizado em Kalundborg, na Dinamarca, reduz a produção de resíduos ao imitar uma rede alimentar de um ecossistema natural. Os resíduos de uma empresa se transformam em matéria-prima para outra, imitando assim a forma como a natureza recicla os compostos químicos. **Raciocínio crítico:** Existe um ecossistema industrial perto de onde você mora ou estuda? Se não houver, pense sobre onde e como um sistema como esse poderia ser implantado.

A biomimética envolve duas grandes etapas. A primeira é estudar como os sistemas naturais responderam às mudanças das condições ambientais ao longo de milhões de anos. A segunda é tentar copiar ou adaptar essas respostas aos sistemas humanos com o objetivo de enfrentar desafios ambientais variados.

Uma forma de as indústrias imitarem a natureza é reutilizando ou reciclando a maior parte dos materiais e produtos químicos que utilizam, em vez de enterrá-los, queimá-los ou enviá-los a outro lugar. As indústrias podem definir *redes de troca de recursos*, em que os resíduos de um fabricante se tornem matéria-prima para outra. Esse método é parecido com as redes alimentares em ecossistemas naturais e trata-se de uma aplicação direta do conceito de *cradle-to-cradle* (**Estudo de caso principal**).

É exatamente o que já acontece em Kalundborg, na Dinamarca, onde uma usina de energia elétrica e indústrias, fazendas e casas das imediações estão colaborando para economizar dinheiro e reduzir a produção de lixo e poluição dentro do que é chamado *parque ecoindustrial* ou *ecossistema industrial*. Eles trocam os resíduos gerados e os convertem em recursos, como mostra a Figura 16.21. Isso diminui a poluição e o desperdício, além de reduzir o fluxo de recursos minerais e energéticos não renováveis por meio da economia local.

Os parques ecoindustriais fornecem muitos benefícios econômicos para as empresas. Ao incentivar a reciclagem e a redução de resíduos, eles reduzem os custos do manejo de resíduos sólidos, do controle da poluição e do cumprimento de regulamentações específicas. Elas também reduzem as chances de uma empresa ser processada por danos à população ou ao ambiente causados por suas ações. Além disso, as empresas melhoram a saúde e a segurança dos trabalhadores, reduzindo a exposição deles a materiais tóxicos e perigosos e, consequentemente, os gastos da organização com seguro-saúde. A biomimética também estimula empresas a desenvolver novos compostos químicos, processos e produtos benéficos para o meio ambiente e com menor uso de recursos, que possam ser vendidos em todo o mundo. Hoje, mais de cem parques ecoindustriais estão em funcionamento em vários locais do mundo, incluindo os Estados Unidos e a China, e outros estão sendo construídos ou planejados.

GRANDES IDEIAS

- A ordem de prioridades para o tratamento de resíduos sólidos deve ser: produzir menos, reutilizar e reciclar o máximo possível e, por fim, queimar ou enterrar o restante com segurança.

- A ordem das prioridades para o tratamento de resíduos perigosos deve ser: produzir menos, reutilizar ou reciclar, transformá-lo em materiais menos perigosos e, por fim, armazenar o restante com segurança.

- Podemos ver os resíduos sólidos como recursos desperdiçados e os resíduos perigosos como materiais que, antes de mais nada, queremos evitar a produção.

Revisitando

A abordagem *cradle-to-cradle* e sustentabilidade

A abordagem *cradle-to-cradle* para design, fabricação e uso de materiais é uma estratégia importante para reduzir a quantidade de resíduos sólidos e perigosos que produzimos. Ao imitar a natureza, essa abordagem considera todos os materiais e substâncias descartados como nutrientes que percorrem os ciclos industriais e naturais. Ela também permite que tenhamos a oportunidade de transformar os impactos ambientais prejudiciais em benéficos. O desafio é fazer a transição de uma economia do descarte com alta geração de resíduos para uma economia mais sustentável, com baixa geração de resíduos e baseada em reduzir, reusar e reciclar o quanto antes.

Essa transição exigirá a aplicação dos seis **princípios da sustentabilidade**. Podemos reduzir nossas emissões de resíduos sólidos e perigosos ao depender muito menos de combustíveis fósseis e energia nuclear (que produz resíduos radioativos perigosos e duradouros), optando por alternativas de energia renovável do sol, do vento e da água corrente. Podemos imitar o processo de ciclagem química da natureza reutilizando e reciclando materiais o máximo possível. O manejo integrado de resíduos, que usa uma diversidade de técnicas e enfatiza a redução dos resíduos e a prevenção da poluição, é uma maneira de imitar o uso da biodiversidade pela natureza e implementar a abordagem *cradle-to-cradle*.

A inclusão dos custos prejudiciais para o ambiente e a saúde da economia de consumo nos preços de mercado ajuda a aplicar o **princípio de sustentabilidade** da precificação de custo total, ao mesmo tempo que incentiva as pessoas a recusar, reduzir, reutilizar e reciclar. Essas atitudes beneficiam o ambiente, criam novos empregos e empresas que aproveitam os quatro Rs, além de proporcionar benefícios para nossa saúde e o meio ambiente, encontrando soluções de ganhos mútuos. Elas também podem reduzir os níveis de uso de recursos por pessoa e, consequentemente, os níveis de produção de resíduos sólidos e perigosos. Todas essas medidas nos ajudam a deixar para as próximas gerações um ambiente tão ou mais habitável do que aquele que desfrutamos.

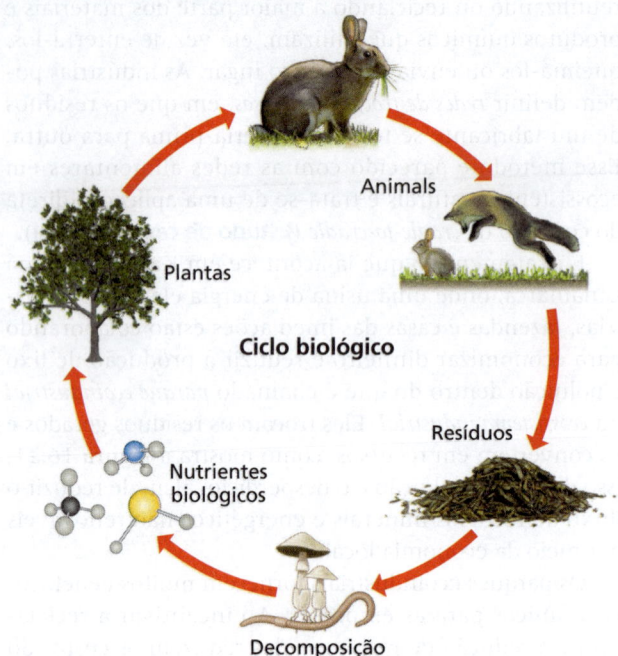

Revisão do capítulo

Estudo de caso principal

1. Explique o conceito do design *cradle-to-cradle*. Por que essa abordagem é uma forma de biomimética? Cite duas estratégias para aplicá-la e as descreva brevemente.

Seção 16.1

2. Quais são os dois conceitos-chave desta seção? Diferencie **resíduos sólidos, resíduos sólidos industriais, resíduos sólidos urbanos (RSU) e resíduos perigosos (tóxicos)** e dê um exemplo de cada. Resuma os tipos e fontes de resíduos sólidos gerados nos Estados Unidos e explique o que acontece com eles. Por que o lixo eletrônico é um problema crescente? O que é a Grande Porção de Lixo do Pacífico e como ela surgiu? De que maneira ela prejudica a vida marinha e como podemos evitar o crescimento dessas massas de lixo?

Seção 16.2

3. Qual é o conceitos-chave desta seção? Defina e diferencie **gerenciamento de resíduos, redução de resíduos** e **manejo integrado de resíduos**. Explique a ordem de prioridades sugerida por cientistas proeminentes que deve ser usada para lidar com resíduos sólidos e compare essa lista com as práticas adotadas nos Estados Unidos. Diferencie as práticas de **recusar, reduzir, reusar, reciclar** e **compostar** para tratar os resíduos sólidos que produzimos. Por que essas práticas são ações preferíveis do ponto de vista ambiental? Cite seis formas pelas quais as indústrias e comunidades podem reduzir o uso de recursos, os resíduos e a poluição.

Seção 16.3

4. Qual é o conceito-chave desta seção? Explique por que recusar, reduzir, reusar e reciclar são ações tão importantes e dê exemplos de cada uma delas. Como o design *cradle-to-cradle* levou a reutilização para um novo patamar? Cite cinco formas de reutilizar itens variados.

5. Qual é a diferença entre *upcycling* e *downcycling*? Diferencie **reciclagem primária** e **reciclagem secundária**. Quais são as três etapas importantes da reciclagem? Por que a reciclagem do lixo eletrônico é um processo atrativo? O que são bioplásticos? Quais são as principais vantagens e desvantagens da reciclagem?

Seção 16.4

6. Qual é o conceito-chave desta seção? Quais são as principais vantagens e desvantagens do uso de incineradores para queimar resíduos sólidos e perigosos? Diferencie **aterros sanitários** e **lixões a céu aberto**. Quais são as principais vantagens e desvantagens de enterrar resíduos sólidos em aterros sanitários?

Seção 16.5

7. Qual é o conceito-chave desta seção? Quais são as prioridades sugeridas pelos cientistas para lidar com resíduos perigosos? Resuma os problemas envolvidos no transporte de lixo eletrônico para a reciclagem em países menos desenvolvidos. Descreva três formas de desintoxicar resíduos perigosos. O que é biorremediação? O que é fitorremediação? Quais são as principais vantagens e desvantagens da queima de resíduos sólidos?

8. Quais são as principais vantagens e desvantagens do armazenamento de resíduos perigosos líquidos em poços subterrâneos profundos e represamentos de superfície? O que é um aterro seguro para resíduos perigosos? Cite quatro maneiras de reduzir suas emissões de resíduos perigosos. Faça um resumo da regulamentação de resíduos perigosos nos Estados Unidos.

Seção 16.6

9. Qual é o conceito-chave desta seção? Como ações de base causaram melhorias no gerenciamento de resíduos sólidos e perigosos nos Estados Unidos? Cite três fatores que desestimulam a reciclagem. Descreva três formas de incentivar a reciclagem e a reutilização. Dê três exemplos de como as pessoas estão economizando ou ganhando dinheiro por meio de práticas de reutilização, reciclagem e compostagem. Descreva a regulamentação de resíduos perigosos em nível global por meio da Convenção da Basileia e do tratado para controlar Poluentes Orgânicos Persistentes (POPs). Como a biomimética está sendo aplicada ao problema dos resíduos? O que é um ecossistema industrial e quais são os benefícios dessa abordagem?

10. Quais são as três grandes ideias deste capítulo? Explique como o design e a fabricação *cradle-to-cradle* (**Estudo de caso principal**) podem nos ajudar a aplicar os seis **princípios da sustentabilidade**.

Observação: os principais termos estão em negrito.

Resíduos sólidos e perigosos

Raciocínio crítico

1. Encontre três produtos que você usa regularmente e que poderiam ser produzidos usando métodos de design e fabricação *cradle-to-cradle* (**Estudo de caso principal**). Para cada um desses produtos, esboce um plano para projetá-los e desenvolvê-los de modo que as peças possam ser reutilizadas muitas vezes ou recicladas sem prejudicar o ambiente.
2. Você acha que fabricantes de computadores, televisores, telefones celulares e outros produtos eletrônicos deveriam ser obrigados a recolher esses artigos ao final da vida útil para processos de reparo, remanufatura ou reciclagem de uma maneira ambientalmente responsável e que não ameace a saúde dos profissionais da reciclagem? Justifique sua resposta. Você estaria disposto a pagar mais por esses produtos para cobrir os custos desse tipo de programa de coleta. Se sim, qual porcentagem a mais por compra você estaria disposto a pagar por esses produtos?
3. Considere três itens que você usa regularmente uma vez e joga fora. Existe algum item reutilizável que você possa usar no lugar desses produtos descartáveis?
4. Você acha que poderia consumir menos ao se recusar a comprar parte das coisas que compra regularmente? Em caso positivo, cite três dessas coisas. Na sua opinião, isso é algo que você precisa fazer? Justifique.
5. Uma empresa chamada Changing World Technologies construiu uma planta piloto para testar um processo desenvolvido para transformar uma mistura de computadores descartados, pneus usados, ossos e penas de peru e outros resíduos em petróleo, imitando e acelerando processos naturais que convertem biomassa em petróleo. Explique como esse processo de reciclagem, se bem-sucedido, poderia levar a um aumento na produção de resíduos.
6. Você seria contra ter **(a)** um aterro sanitário, **(b)** um represamento de superfície para resíduos perigosos, **(c)** um poço subterrâneo de injeção de resíduos perigosos ou **(d)** um incinerador de resíduos sólidos em sua comunidade? Explique sua resposta para cada uma dessas instalações. Caso você seja contra a construção dessas instalações na sua comunidade, como acha que os resíduos sólidos e perigosos gerados no local deveriam ser gerenciados?
7. Como a sua instituição de ensino descarta resíduos sólidos e perigosos? Ela tem algum programa de reciclagem? Como é o desempenho desse programa? A instituição incentiva o reuso? Se sim, como o faz? Ela incentiva a prevenção à geração de resíduos? Se sim, como o faz? Ela tem um sistema de coleta de resíduos perigosos? Se sim, descreva-o. Cite três formas de melhorar os sistemas de redução e gerenciamento de resíduos da sua instituição de ensino.
8. Parabéns, você é responsável pelo mundo! Cite os três componentes mais importantes da sua estratégia para lidar com **(a)** resíduos sólidos e **(b)** resíduos perigosos.

Fazendo ciência ambiental

Colete o lixo (exceto restos de alimentos) que você gera em uma semana comum e calcule o peso total. Classifique-o em categorias, como papel, plástico, metal e vidro. Depois, pese cada categoria e calcule a porcentagem por peso da quantidade total de lixo medida no início. Qual é a porcentagem de materiais que podem ser reciclados? Qual é a porcentagem de materiais que poderiam ter sido substituídos por um item reutilizável, como uma caneca em vez de um copo descartável? Qual é a porcentagem de itens desnecessários e que você poderia não ter usado? Compare suas repostas com as de seus colegas de classe. Juntos, combinem todos os resultados e façam a mesma análise para toda a turma. Use esses resultados para estimar os mesmos valores para a população de alunos da sua instituição de ensino

Análise da pegada ecológica

Pesquisadores estimam que a produção média diária de resíduos sólidos urbanos nos Estados Unidos seja de 2 kg por pessoa. Use os dados do gráfico a seguir (que mostram os dados mais recentes disponíveis da EPA) para ter uma ideia da pegada de RSU anual típica de cada estadunidense, calculando o peso total em quilos gerado em um ano para cada categoria. Use a tabela para inserir suas repostas.

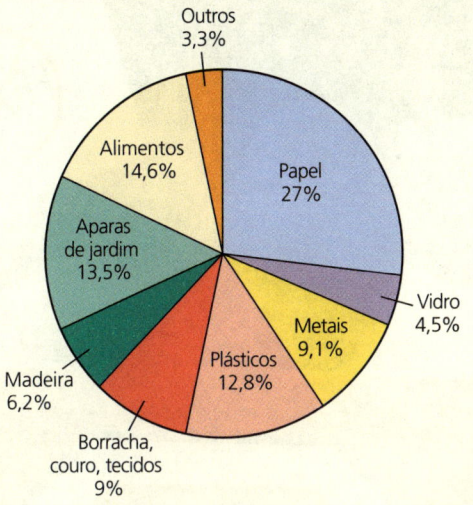

Composição de uma amostra típica de resíduos sólidos urbanos dos Estados Unidos, 2013 (dados mais recentes disponíveis).

Dados da Agência de Proteção Ambiental dos Estados Unidos.

Categoria do resíduo	Pegada de RSU anual por pessoa
Papel e papelão	
Aparas de jardim	
Restos de alimentos	
Plásticos	
Metais	
Madeira	
Borracha, couro e tecidos	
Vidro	
Outros/diversos	

Resíduos sólidos e perigosos

CAPÍTULO 17

Economia, política e visões de mundo ambientais

"Ao questionarmos quais serão os custos da preservação do meio ambiente, devemos perguntar também quanto custará para a nossa civilização se não fizermos isso."
GAYLORD NELSON

Manifestantes em Nova York protestando contra o fraturamento hidráulico de gás natural.
Richard Levine/Alamy Stock Photo

Principais questões

17.1 Como os sistemas econômicos estão relacionados à biosfera?

17.2 Como podemos usar ferramentas econômicas para lidar com problemas ambientais?

17.3 Como podemos implantar políticas ambientais mais sustentáveis e justas?

17.4 Quais são as principais visões de mundo ambientais?

17.5 Como viver de forma mais sustentável?

Estudo de caso principal
A transformação ecológica dos campi estadunidenses

Desde a metade da década de 1980, houve um grande aumento na consciência ambiental nos campi universitários públicos e privados de todo o mundo. Nos Estados Unidos, centenas de faculdades e universidades foram pioneiras em uma jornada para se tornar mais sustentáveis e instruir os alunos sobre **sustentabilidade** – a capacidade que os sistemas naturais da Terra e os sistemas culturais humanos tem de sobreviver, florescer e se adaptar às mudanças das condições ambientais do futuro em longo prazo.

Na Faculdade Oberlin, em Ohio, por exemplo, um grupo de alunos trabalhou com membros do corpo docente e arquitetos para projetar um prédio de estudos ambientais mais sustentável (Figura 17.1), alimentado por painéis solares, que produzem 30% mais eletricidade do que o edifício usa. Poços geotérmicos subterrâneos com circuito fechado geram aquecimento e resfriamento. Na estufa solar, uma série de tanques abertos repletos de plantas e outros organismos purifica a água residual do prédio. A construção coleta água da chuva para irrigar os gramados, jardins e prados vizinhos, que contêm uma diversidade de espécies animais e vegetais.

Em 2016, o Sierra Club classificou a Faculdade de Atlantic, do Maine, como a universidade mais ecológica dos Estados Unidos. Mais de 35% das aulas da instituição estão relacionadas a questões ambientais e 75% dos membros do corpo docente realizam pesquisas sobre sustentabilidade. A universidade obtém toda sua eletricidade a partir de fontes renováveis (93% eólica e 7% solar). Desde 2013, o fundo de doações da instituição não faz nenhum investimento em combustíveis fósseis.

Na Universidade de Washington, em Seattle, mais da metade dos alimentos servidos no campus vem da fazenda da instituição e de outros pequenos produtores locais. Todos os ovos servidos são orgânicos, de galinhas criadas soltas. Essas atitudes economizam dinheiro e reduzem o uso de energia e as emissões de gases de efeito estufa da instituição.

A Universidade da Califórnia em San Diego (UCSD) usa somente plantas nativas tolerantes à seca em seu novo jardim. Isso economiza uma grande quantidade de água no campus, que anteriormente era usada para regar o gramado nessa região afetada pela seca do país. Mais de um terço da frota de veículos da UCSD são elétricos, e a instituição abastece 55 veículos com biocombustíveis.

A Universidade de Wisconsin-Oshkosh usa um biodigestor para transformar esterco das fazendas da região no combustível que fornece 20% da energia usada para aquecer os prédios do campus. A instituição também obtém 20% da eletricidade com energia eólica.

A Universidade de Connecticut oferece quase 600 aulas de sustentabilidade e 40% dos membros do corpo docente conduzem pesquisas relacionadas com a sustentabilidade ambiental. Os alunos administram uma fazenda orgânica, que fornece parte dos alimentos para os refeitórios.

Além de deixar os campi mais verdes, as universidades estão oferecendo cada vez mais cursos e programas sobre sustentabilidade ambiental. Na Universidade Pfeiffer, muitos alunos têm acompanhado o professor Luke Dollar, um pesquisador da National Geographic, em viagens a Madagascar para participar da sua pesquisa sobre os ecossistemas e as espécies ameaçadas do país.

Estes são apenas uns poucos exemplos de alunos de instituições de ensino que se tornarão líderes no trabalho de tornar nossas sociedades e economias mais sustentáveis durante as próximas décadas. Este capítulo é sobre aspectos de problemas ambientais nos campos da economia, política e ética e suas soluções.

FIGURA 17.1 Centro para Estudos Ambientais Adam Joseph Lewis da Faculdade Oberlin, em Oberlin, Ohio.

17.1 COMO OS SISTEMAS ECONÔMICOS ESTÃO RELACIONADOS À BIOSFERA?

CONCEITO 17.1 Economistas ecológicos e a maioria dos especialistas em sustentabilidade consideram os sistemas econômicos humanos como subsistemas da biosfera.

Os sistemas econômicos dependem do capital natural

Economia é a ciência social que lida com produção, distribuição e consumo de bens e serviços para satisfazer as necessidades e os desejos das pessoas. Em um sistema econômico baseado em mercado, compradores e vendedores interagem para tomar decisões econômicas sobre como bens e serviços serão produzidos, distribuídos e consumidos. Em um sistema econômico de *livre mercado*, todas as decisões econômicas são regidas exclusivamente pelas interações competitivas entre *oferta* e *demanda* (Figura 17.2). *Oferta* é a quantidade de um bem ou serviço oferecida pelos produtores para venda por um determinado preço. *Demanda* é a quantidade de um bem ou serviço que as pessoas estão dispostas e conseguem comprar por um determinado preço. Se a demanda por um bem ou serviço for maior do que a oferta, o preço subirá, e, quando a oferta exceder a demanda, o preço cairá.

A maioria dos sistemas econômicos usa três tipos de *capital*, ou recursos, para produzir bens e serviços (Figura 17.3). O **capital natural** (veja Figura 1.3) inclui recursos e serviços ecossistêmicos produzidos pelos processos naturais da Terra, os quais sustentam todas as economias e toda a vida. O **capital humano** inclui talentos físicos e mentais das pessoas que fornecem as habilidades de trabalho, organização, gestão e inovação. O **capital manufaturado** refere-se a equipamentos, materiais e fábricas que as pessoas criam usando recursos naturais.

Modelos de economias

O **crescimento econômico** de uma cidade, estado, país ou empresa é o aumento da sua capacidade de fornecer produtos e serviços para as pessoas. Hoje, um típico país industrializado depende de uma **economia de alto rendimento** que seja capaz de impulsionar o crescimento econômico aumentando o fluxo de matéria natural e de recursos energéticos por meio do sistema econômico para produzir mais bens e serviços (Figura 17.4). Esse tipo de economia produz bens e serviços valiosos. No entanto, também converte grandes quantidades de recursos materiais e energéticos de alta qualidade em lixo, poluição e calor de baixa qualidade, que tende a fluir para os depósitos do planeta (o ar, a água, o solo e os organismos).

O **desenvolvimento econômico** concentra-se na criação de economias que atuam para melhorar o bem-estar humano, atendendo às necessidades básicas dos seres humanos por itens como alimentos, abrigo, boa saúde e segurança física e econômica. Os países do mundo têm níveis bastante variados de crescimento e desenvolvimento econômico.

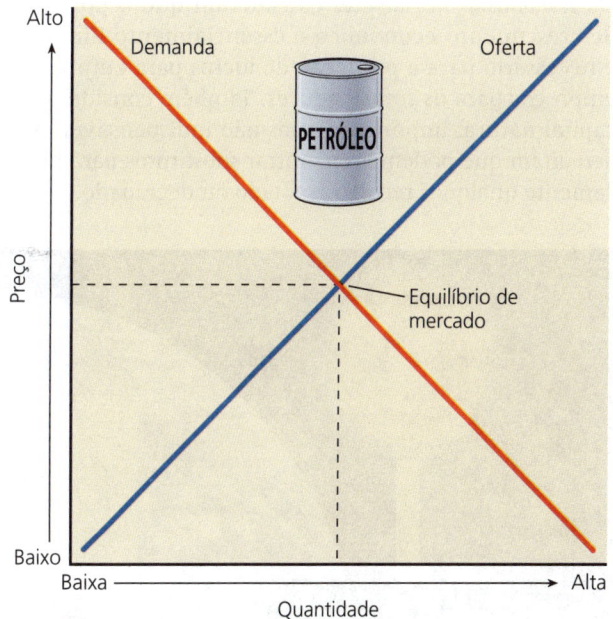

FIGURA 17.2 Curvas de oferta e demanda de um produto à venda em um sistema econômico de livre mercado. Se todos os fatores, exceto oferta, demanda e preço, forem mantidos fixos, ocorrerá o *equilíbrio de mercado* no ponto em que oferta e demanda se cruzam. ***Análise de dados:*** De que forma um aumento na oferta disponível de petróleo deslocaria o ponto de equilíbrio de mercado desse diagrama?

Capital natural   Capital manufaturado   Capital humano   Bens e serviços

FIGURA 17.3 A maioria dos sistemas econômicos usa três tipos de recurso para produzir bens e serviços.

No centro: Elena Elisseeva/Shutterstock.com. No centro, à direita: Michael Shake/Shutterstock.com. À direita: iStock.com/Yuri.

Economia, política e visões de mundo ambientais

FIGURA 17.4 As *economias de alto rendimento* da maioria dos países mais desenvolvidos do mundo confiam no aumento contínuo do fluxo de recursos de energia e matéria para aumentar o crescimento econômico. ***Raciocínio crítico:*** Das atividades que você pratica diariamente, quais contribuem para o aumento da produção de matéria e energia? Cite três.

Há mais de 200 anos, existe um debate sobre a existência ou não de limites para o crescimento econômico. Os *economistas neoclássicos* consideram que o potencial de crescimento econômico é essencialmente ilimitado e necessário para a prestação de lucros para empresas e empregos para os trabalhadores. Também consideram o capital natural importante, mas não indispensável, pois acreditam que podemos encontrar substitutos para praticamente qualquer recurso esgotado ou degradado.

Economistas ecológicos discordam desse modelo. Eles apontam que não há substitutos para muitos recursos naturais vitais, como ar limpo, água limpa, solo fértil e biodiversidade. Eles também não enxergam substitutos para serviços ecossistêmicos fundamentais, como controle de clima, purificação da água e do ar, polinização, renovação da porção superior do solo e ciclagem de nutrientes. Em contraste com os economistas neoclássicos, os ecológicos consideram que os sistemas econômicos humanos são subsistemas da biosfera que dependem muito dos recursos naturais e dos serviços ecossistêmicos que compõem o capital natural insubstituível da Terra (Figura 17.5). (**Conceito 17.1**)

Os economistas ecológicos também acreditam que o crescimento econômico convencional, em algum momento, se tornará insustentável, pois poderá esgotar ou degradar várias formas insubstituíveis de capital natural, das quais dependem todos os sistemas econômicos humanos. Pesquisas indicam que as ações humanas provavelmente ultrapassaram quatro grandes fronteiras planetárias ou pontos de virada ecológica (Foco na ciência 3.3). De acordo com algumas estimativas, a humanidade usa atualmente recursos renováveis de um planeta Terra e meio, e até 2030 poderá usar recursos de dois planetas.

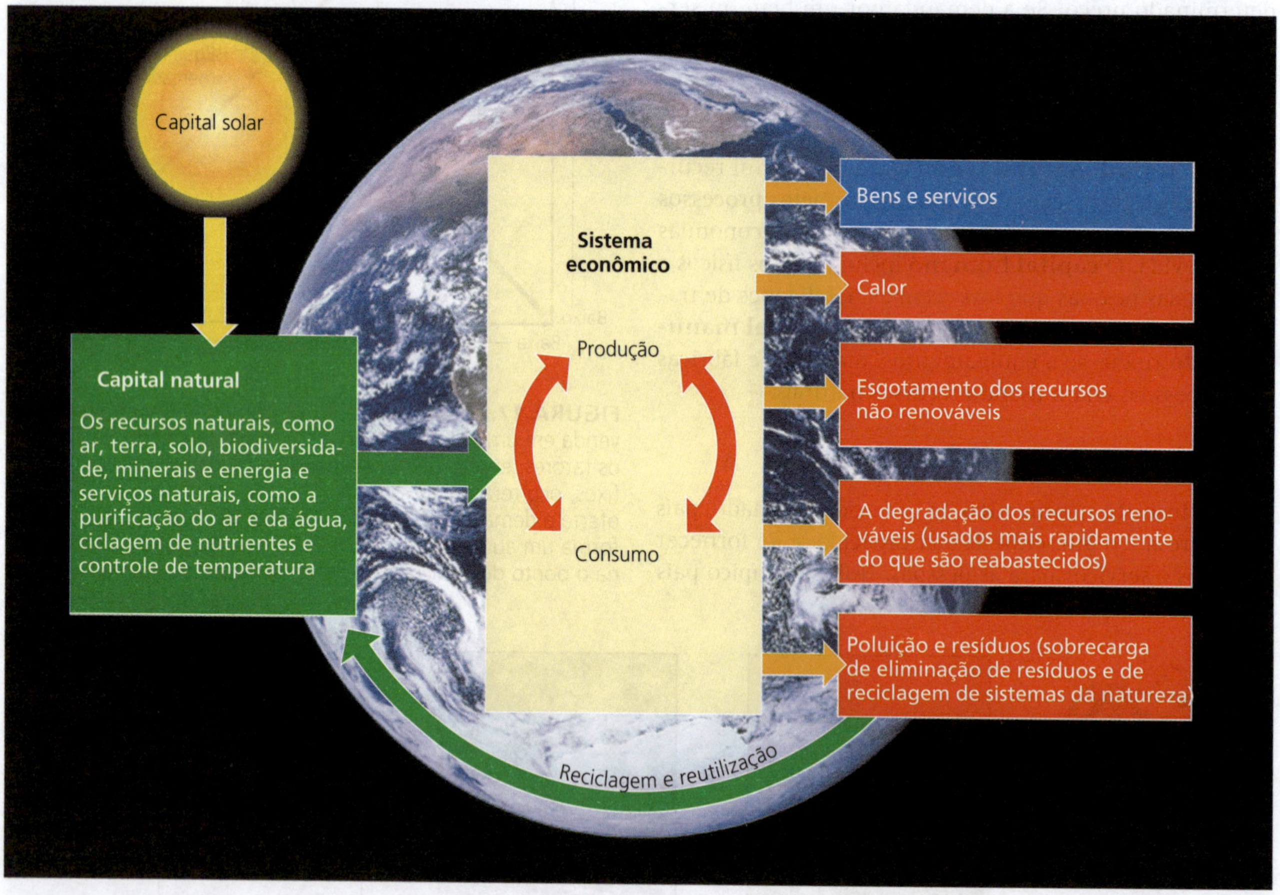

FIGURA 17.5 De acordo com os *economistas ecológicos*, todas as economias humanas são subsistemas da biosfera que dependem dos recursos naturais e dos serviços prestados pelo Sol e pela Terra. ***Raciocínio crítico:*** Você concorda com esse modelo ou discorda dele? Explique.

Photo: Nasa.

Esse processo não será sustentável por muito mais tempo. Em outras palavras, estamos pegando "emprestado" recursos renováveis com as gerações futuras ao usar mais do que aquilo que nos foi designado.

> **2** Número de planetas Terra necessários para manter a população mundial projetada e o uso total de recursos renováveis em 2030.

O economista ecológico Robert Costanza e seus colaboradores estimaram o valor de 17 serviços ecossistêmicos fornecidos pelos principais biomas da Terra como, no mínimo, US$ 125 trilhões por ano, 1,7 vezes mais do que os US$ 75,2 bilhões gastos pelo mundo todo em bens e serviços em 2016. A Figura 17.6 mostra estimativas conservadoras do valor monetário de alguns dos serviços ecossistêmicos do mundo.

A maioria dos economistas ambientais e ecológicos defende o **desenvolvimento econômico ambientalmente sustentável**, que usa sistemas políticos e econômicos para promover formas de crescimento econômico mais sustentáveis e benéficas para o meio ambiente, além de desencorajar formas prejudiciais e que degradam o capital natural.

> **PARA REFLETIR**
> **PENSANDO SOBRE** Crescimento econômico
> a economia do país em que você vive é sustentável ou insustentável? Explique.

Como estimar o valor futuro de um recurso

Uma ferramenta usada por economistas, empresas e investidores para determinar o valor de um recurso é a *taxa de desconto*, uma estimativa do valor econômico futuro de um recurso em comparação com seu valor presente. Essa taxa se baseia na ideia de que o valor atual de um recurso pode ser maior que o valor dele no futuro; portanto, o valor futuro precisa ser descontado. A magnitude da taxa de desconto (normalmente em forma de porcentagem) é um fator importante, que afeta a maneira como um recurso, como uma floresta, é usado ou gerenciado.

Com uma taxa de desconto zero, por exemplo, a madeira de uma floresta de sequoias que vale US$ 1 milhão hoje continuará valendo US$ 1 milhão daqui 50 anos. Entretanto, o Office of Management and Budget norte-americano, o Banco Mundial e a maioria das empresas normalmente utilizam uma taxa de desconto anual de 10% para estimar o valor futuro de um recurso. Com essa taxa, com o passar dos anos, a madeira de uma floresta de sequoias valerá cada vez menos e, em 45 anos, valerá menos de US$ 10 mil. Seguindo essa taxa de desconto, faz sentido, do ponto de vista econômico, o proprietário do recurso cortar essas árvores o quanto antes.

No entanto, essa análise econômica não leva em conta o imenso valor econômico dos serviços ecossistêmicos prestados pelas florestas (ver Figura 9.2, à esquerda, e Figura 17.6). Entre esses serviços estão a absorção da precipitação e a liberação gradual de água e de outros nutrientes, o controle natural de inundações, a purificação da água e do ar, a prevenção da erosão do solo, a remoção e o armazenamento do excesso de dióxido de carbono da atmosfera e a proteção da biodiversidade em uma variedade de habitats florestais.

Uma taxa de desconto elevada dificulta a manutenção desses importantes serviços ecossistêmicos ecológicos e econômicos. Se esses valores econômicos fossem incluídos, faria mais sentido preservar grandes áreas de florestas de sequoias, hoje e no futuro, devido aos serviços ecossistêmicos que elas fornecem, e encontrar

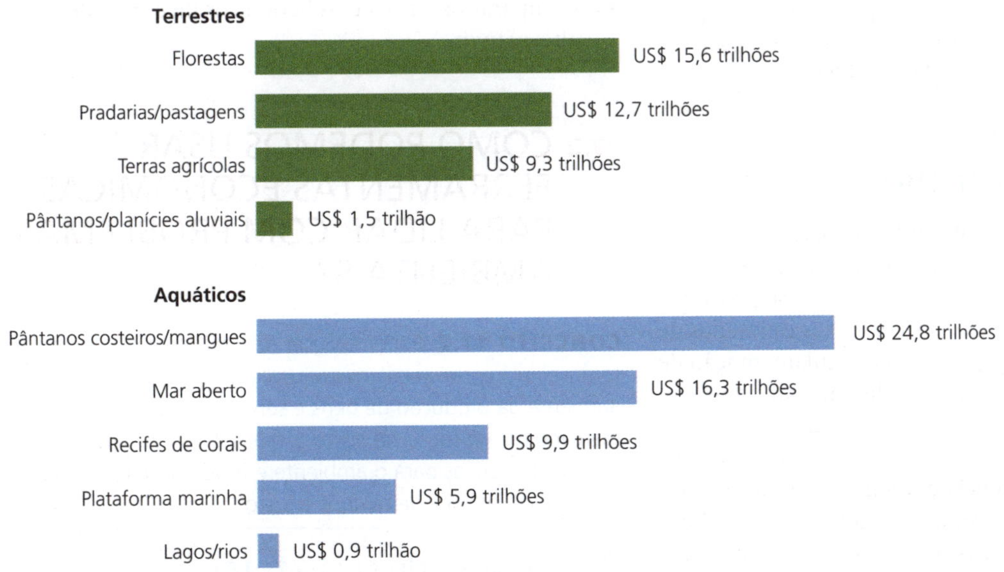

Terrestres
- Florestas: US$ 15,6 trilhões
- Pradarias/pastagens: US$ 12,7 trilhões
- Terras agrícolas: US$ 9,3 trilhões
- Pântanos/planícies aluviais: US$ 1,5 trilhão

Aquáticos
- Pântanos costeiros/mangues: US$ 24,8 trilhões
- Mar aberto: US$ 16,3 trilhões
- Recifes de corais: US$ 9,9 trilhões
- Plataforma marinha: US$ 5,9 trilhões
- Lagos/rios: US$ 0,9 trilhão

FIGURA 17.6 Capital natural: Valor monetário estimado dos serviços ecossistêmicos fornecidos todos os anos pelos principais ecossistemas terrestres e aquáticos.

Dados de Robert Costanza et al., Changes in the Value of Ecosystem Services, *Global Environmental Change*, Elsevier, 2014.

substitutos para os produtos fabricados com essa madeira. Porém, embora esses serviços ecossistêmicos sejam fundamentais para a Terra como um todo e para as futuras gerações, eles não proporcionam retorno monetário ao proprietário atual das sequoias.

A definição de taxas de desconto é um processo difícil e controverso. Os defensores citam vários motivos para aplicar taxas de desconto elevadas (5% a 10%). Um dos argumentos é que a inflação pode reduzir o valor dos ganhos futuros de um recurso. Outro diz que fatores como inovação ou mudanças nas preferências dos consumidores podem tornar obsoleto um produto ou recurso. Por exemplo, compostos plásticos semelhantes à madeira das sequoias podem reduzir o uso e o valor de mercado futuros desse recurso.

Os críticos ressaltam que taxas de desconto elevadas estimulam a exploração rápida dos recursos para a obtenção de ganhos imediatos, o que torna o uso sustentável da maioria dos recursos naturais renováveis praticamente impossível em longo prazo. Eles afirmam que uma taxa de desconto de 0%, ou mesmo negativa, deveria ser usada para proteger recursos escassos, únicos e insubstituíveis, como florestas primárias. Uma taxa de desconto negativa resultaria um *aumento* do valor econômico de uma floresta ou outros recursos ao longo do tempo. Alguns economistas defendem que, se os serviços ecossistêmicos continuarem sendo degradados, eles ficarão mais valiosos, por isso, a taxa de desconto negativa é a única que faz sentido. Eles destacam que taxas de desconto nulas ou negativas (de –1% a –3%) tornariam lucrativo o uso de recursos renováveis e não renováveis de formas mais lentas e sustentáveis.

> **PARA REFLETIR**
> **PENSANDO SOBRE** Taxas de desconto
> Se você fosse o proprietário de uma área florestal, preferiria que a taxa de desconto de recursos como árvores fosse alta, moderada, nula ou negativa? Justifique sua resposta.

Análise de custo-benefício

Outra ferramenta amplamente utilizada para tomar decisões econômicas sobre como controlar a poluição e gerenciar recursos é a *análise de custo-benefício*. Nesse processo, analistas comparam os custos e os benefícios estimados de ações, como a implementação de uma regulamentação de controle da poluição, a construção de uma barragem em um rio e a preservação de uma área florestal.

Para realizar uma análise de custo-benefício, é preciso determinar quem se beneficia e quem é prejudicado por uma determinada regulamentação ou um projeto, bem como estimar os valores (custos) monetários atuais e futuros desses benefícios e prejuízos. Normalmente, é fácil estimar custos diretos que envolvem terras, mão de obra, materiais e tecnologias de controle da poluição. Os analistas podem definir preços estimados para custos indiretos (como vida humana, boa saúde, ar puro e água limpa) e capital natural (como espécies ameaçadas, uma floresta ou uma área úmida). No entanto, essas estimativas de valor monetário variam amplamente de acordo com suposições, juízos de valor e fatores de desconto utilizados pelos avaliadores.

Por causa dessas desvantagens, uma análise de custo-benefício pode fazer que uma ampla variedade de benefícios e custos tenham margem para erro, e isso é fonte de controvérsia. Por exemplo, uma análise de custo-benefício patrocinada por uma indústria estadunidense estimou que os custos necessários para cumprir com uma regulamentação escrita para proteger trabalhadores dos Estados Unidos contra o cloreto de vinila seriam de US$ 65 bilhões a US$ 90 bilhões. No fim das contas, o cumprimento da regulamentação custou menos de US$ 1 bilhão para a indústria. Um estudo conduzido pelo Economic Policy Institute revelou que os custos estimados por indústrias para cumprir com regulamentações ambientais propostas nos Estados Unidos normalmente são inflados, em uma tentativa de impedir ou atrasar a adoção dessas normas.

Quando conduzida de maneira justa e precisa, a análise de custo-benefício pode ser uma ferramenta útil para a tomada de decisões econômicas, mas ela sempre inclui um nível de incerteza. Economistas ambientais defendem o uso das diretrizes a seguir para minimizar possíveis abusos e erros em análises de custo-benefício que incluam alguma parte do meio ambiente:

- Declarar todas as suposições usadas.
- Incluir estimativas dos serviços ecossistêmicos fornecidos pelos ecossistemas envolvidos.
- Estimar os benefícios e os custos, em curto e em longo prazo, para todos os grupos populacionais envolvidos.
- Comparar os custos e os benefícios de cursos de ação alternativos.

17.2 COMO PODEMOS USAR FERRAMENTAS ECONÔMICAS PARA LIDAR COM PROBLEMAS AMBIENTAIS?

CONCEITO 17.2 Podemos usar recursos de modo mais sustentável incluindo os custos prejudiciais para a saúde e o meio ambiente da produção de bens e serviços em seus preços de mercado (*precificação de custo total*), subsidiando produtos e serviços benéficos para o ambiente e tributando a poluição e os resíduos, em vez de salários e lucros.

Precificação de custo total

Em geral, no *preço de mercado* ou *preço direto* que pagamos por um produto ou serviço, não constam todos os custos *indiretos* ou *externos* dos danos ao ambiente e à

FIGURA 17.7 A maioria dos efeitos prejudiciais para o ambiente vindos da mineração e da queima de carvão para produzir eletricidade não estão incluídos nos custos da energia.

Andreas Reinhold/Shutterstock.com

saúde humana associados à sua produção e utilização. Por essa razão, esses custos são muitas vezes chamados *custos ocultos*.

Por exemplo, quando compramos um carro, o preço que pagamos inclui os custos *diretos* ou *internos* de matéria-prima, mão de obra, transporte, além da margem de lucro do revendedor. Ao utilizarmos o carro, pagamos os custos diretos adicionais por gasolina, manutenção, reparos e seguro.

No entanto, para extrair e processar a matéria-prima para fabricar um carro, os fabricantes utilizam energia e recursos minerais, produzem resíduos sólidos e perigosos, prejudicam a terra, poluem o ar e a água e liberam gases de efeito estufa, causadores das mudanças climáticas, na atmosfera. Esses custos externos ocultos têm efeitos nocivos de curto e de longo prazo sobre as pessoas, as economias e os sistemas de suporte à vida na Terra.

Como esses custos não são incluídos no preço de mercado, a maioria das pessoas não os relaciona com a posse do carro. Ainda assim, cedo ou tarde o comprador e a sociedade arcarão com esses custos embutidos na forma de saúde prejudicada, despesas com assistência médica e planos de saúde mais caros, impostos mais altos para controle da poluição e da degradação do capital natural.

Economistas ecológicos e especialistas em meio ambiente recomendam a inclusão dos custos estimados dos danos à saúde e ao ambiente nos preços de mercado de bens e serviços. Essa prática é chamada de **precificação de custo total** e é um dos seis **princípios da sustentabilidade**. A não inclusão desses custos nos preços de mercado de bens e serviços é considerada uma das principais causas dos problemas ambientais que enfrentamos hoje (ver Capítulo 1).

De acordo com os defensores dessa abordagem, a precificação de custo total reduziria o desperdício de recursos, a poluição e a degradação ambiental, além de melhorar a saúde humana. Ela também incentiva os produtores a investir em métodos de produção menos poluentes e com maior eficiência de recursos, e ainda informa os consumidores sobre os efeitos dos bens e serviços que compram para a saúde e o meio ambiente. Por exemplo, se os custos prejudiciais da mineração e da queima de carvão para produzir eletricidade (Figura 17.7) fossem incluídos nos preços de mercado desse tipo de energia, o carvão seria muito mais caro e, provavelmente, substituído por recursos energéticos mais eficientes e menos nocivos para o ambiente, como gás natural e energia solar ou eólica.

Economia, política e visões de mundo ambientais

Colocar a precificação de custo total em prática resultaria o desaparecimento ou a reformulação de algumas indústrias e empresas. Também surgiriam novas empresas. Esse é um processo normal e revitalizante de uma economia capitalista dinâmica e criativa. Mudar para a precificação de custo total ao longo de uma ou duas décadas daria a algumas empresas ambientalmente prejudiciais tempo suficiente para se transformarem em negócios lucrativos e benéficos do ponto de vista ambiental.

Existem três motivos para essa abordagem não ser tão amplamente utilizada. *Primeiro,* muitos produtores de bens e serviços prejudiciais teriam de cobrar mais, e alguns até abandonariam os negócios. Naturalmente, eles se opõem a essa fixação de preço. *Segundo,* muitos custos ambientais e de saúde são difíceis de ser estimados. E, *terceiro,* muitas empresas que prejudicam o ambiente usam seu poder político e econômico para obter subsídios e isenções fiscais do governo, o que as ajuda a obter mais lucros e, em alguns casos, continuar em funcionamento.

Adoção de subsídios benéficos para o meio ambiente

Alguns subsídios, chamados *subsídios perversos,* causam danos ambientais e efeitos prejudiciais para a saúde. Entre eles, podemos citar subsídios para o esgotamento e incentivos fiscais para a extração de minerais e combustíveis fósseis, o corte de madeira em áreas públicas e a irrigação com água de baixo custo.

De acordo com o cientista ambiental Norman Myers, esses *subsídios e incentivos fiscais perversos* custam aos governos do mundo (contribuintes) pelo menos US$ 2 trilhões por ano – em média US$ 3,8 milhões por minuto! Myers também estima que esses incentivos custem em média US$ 2 mil por ano para o contribuinte estadunidense médio.

Cientistas ambientais e economistas ecológicos recomendam a retirada gradual desses incentivos prejudiciais, substituindo-os progressivamente por subsídios e incentivos fiscais benéficos para o meio ambiente. Com essa abordagem, empresas envolvidas em ações de prevenção da poluição e do desperdício, manejo florestal e agricultura sustentáveis, preservação dos suprimentos de água, melhorias de eficiência energética, uso de energia renovável e medidas para desacelerar as mudanças climáticas previstas receberiam maiores subsídios e isenções fiscais.

Fazer essa *transição de subsídios* ao longo de duas ou três décadas não seria algo fácil, visto que as empresas poderosas que recebem subsídios e incentivos fiscais prejudiciais para o meio ambiente gastam muito tempo e dinheiro fazendo *lobby* ou tentando influenciar os governos a manter e, até mesmo, aumentar esses subsídios. Elas também fazem pressão para o governo negar subsídios aos concorrentes mais ecológicos, como energia solar e eólica. Países como Japão, França e Bélgica começaram a fazer essa transição.

PARA REFLETIR
PENSANDO A SOBRE Subsídios

Você é a favor da eliminação progressiva de subsídios governamentais e de incentivos fiscais prejudiciais ao meio ambiente, e da introdução de subsídios ambientalmente benéficos nas próximas duas a três décadas? Explique. Pense em três coisas que você poderia fazer para ajudar na implantação dessa ideia. Como essa mudança de subsídio poderia afetar o seu estilo de vida?

Tributar a poluição e os resíduos em vez de salários e lucros

Para muitos analistas, os sistemas tributários, na maioria dos países, são atrasados. Trata-se de um sistema que *desencoraja* o que mais queremos – empregos, renda e inovação com fins lucrativos – e *incentiva* o que menos queremos – poluição, desperdício de recursos e degradação ambiental. Um sistema econômico e político mais sustentável *reduziria* os impostos sobre o trabalho, a renda e a riqueza e aumentaria os tributos sobre as atividades ambientais que produzem poluição, geram resíduos e degradam o ambiente. Cerca de 2.500 economistas, incluindo oito ganhadores do Prêmio Nobel em economia, endossaram o conceito de *mudança de imposto*.

Os defensores de impostos mais sustentáveis, ou verdes, apontam três requisitos para o sucesso da implantação dessa abordagem:

- Implantar impostos verdes de maneira gradual ao longo de 10 a 20 anos, para permitir que as empresas se planejem para a mudança.
- Reduzir impostos sobre a renda, a folha de pagamento ou outros tributos na mesma proporção que os impostos verdes, para que não haja aumento líquido das taxas.
- Desenvolver uma rede de segurança para membros da classe média e das classes mais pobres, que vão sofrer financeiramente com a criação de novos impostos sobre artigos essenciais, como combustível, água, eletricidade e alimentos.

A Figura 17.8 lista algumas das vantagens e desvantagens da adoção desses tributos.

Na Europa e nos Estados Unidos, pesquisas indicam que, quando a transição fiscal é explicada aos eleitores, 70% deles apoiam a ideia. Costa Rica, Suécia, Alemanha, Dinamarca, Espanha e Países Baixos aumentaram os tributos sobre várias atividades prejudiciais para o meio ambiente ao mesmo tempo em que reduziram os impostos sobre renda, salários, ou ambos.

BOAS NOTÍCIAS

O Congresso estadunidense não promulgou os impostos verdes principalmente por causa da oposição das indústrias automobilística, de combustíveis fósseis, de mineração, química e de outros setores politicamente poderosos. Representantes dessas indústrias afirmam que os impostos verdes prejudicariam a economia e os consumidores, pois forçariam os produtores a aumentarem os

Vantagens e desvantagens	
Impostos e taxas ambientais	
Vantagens	Desvantagens
Ajudam na adoção da precificação de custo total	Os grupos de baixa renda são penalizados, a menos que sejam fornecidas redes de segurança
Encorajam as empresas a desenvolver tecnologias e produtos benéficos para o ambiente	É difícil determinar o nível ideal para tributos e taxas
São facilmente administrados pelas agências fiscais existentes	Quando definidos em níveis muito baixos, poluidores mais ricos podem conseguir absorver os impostos como custos

FIGURA 17.8 O uso de tributos verdes para ajudar a reduzir a poluição e o desperdício de recursos tem vantagens e desvantagens. *Raciocínio crítico:* Qual é a vantagem mais importante? E a desvantagem? Por quê?

Acima: Chuong Vu/Shutterstock.com. Abaixo: EduardSV/Shutterstock.com.

preços dos bens e serviços. Além disso, a maioria dos eleitores foi condicionada a se opor a quaisquer novos impostos e não foi informada sobre os benefícios econômicos e ambientais de uma abordagem de transição tributária, que melhoraria a qualidade ambiental sem nenhum aumento líquido nos impostos pagos por eles.

Indicadores ambientais

O crescimento econômico normalmente é medido pelo percentual de mudança no **produto interno bruto (PIB)** de um país por ano: o valor de mercado anual de todos os bens e serviços produzidos por todas as empresas e organizações, nacionais e estrangeiras, que atuam em um país. O crescimento econômico de um país por pessoa é medido por meio das mudanças no **PIB *per capita***: o PIB dividido pela população total do país no meio do ano.

O PIB e o PIB *per capita* são um método útil e padronizado para mensurar e comparar o rendimento econômico das nações. No entanto, o PIB foi deliberadamente projetado para medir esses rendimentos sem levar em conta os impactos benéficos ou prejudiciais para a saúde e o ambiente. Muitos economistas ecológicos e cientistas ambientais recomendam o desenvolvimento e o uso generalizado de novos indicadores, chamados *indicadores ambientais*, para ajudar a monitorar a qualidade ambiental e o bem-estar humano.

Um desses indicadores é o *indicador de progresso genuíno* (*genuine progress indicator* – GPI): o PIB, mais o valor estimado das transações benéficas que atendem às necessidades básicas, menos os custos prejudiciais estimados para o ambiente, a saúde e a sociedade de todas as transações. Exemplos de transações benéficas incluídas no GPI são: trabalho voluntário não remunerado, cuidados com a saúde prestados por familiares, cuidados com crianças e trabalhos domésticos. Os custos prejudiciais que são subtraídos para se obter o GPI incluem poluição, esgotamento e degradação de recursos e criminalidade.

Outro indicador ambiental é o Índice Global de Economias Verdes (*global green economy index* – GGEI). Ele avalia o desempenho de 60 países em áreas de liderança em mudanças climáticas, eficiência energética, mercados, investimentos e capital natural com base em análises conduzidas por um painel de especialistas. Em 2016, os cinco primeiros países classificados no GGEI foram Suécia, Noruega, Finlândia, Suíça e Alemanha. Os Estados Unidos ficaram em 30º lugar.

Esses e outros indicadores ambientais em desenvolvimento estão longe do ideal. Porém, sem eles, será difícil monitorar os efeitos gerais das atividades humanas sobre a saúde, o meio ambiente e o capital natural do planeta, bem como avaliar a eficácia de soluções para os problemas ambientais enfrentados pela humanidade.

Como usar o mercado para reduzir a poluição e o desperdício de recursos

Os governos podem agir para reduzir a poluição e o desperdício. Em um sistema de regulação baseado em incentivos, o governo decide sobre os níveis aceitáveis de poluição total ou de utilização de recursos, estabelece limites ou *cotas* para manter esses níveis e dá ou vende às empresas determinado número de *direitos legais para poluir e usar recursos* regidos pelas cotas.

Com essa abordagem *cap-and-trade* (limitar e comercializar), o detentor do direito que não usar toda a sua cota poderá economizar créditos para uma futura expansão, usá-los em outras áreas de sua operação ou vendê-los a outras empresas. Os Estados Unidos têm usado a abordagem *cap-and-trade* para reduzir as emissões de dióxido de enxofre (veja Capítulo 15) e de vários outros poluentes atmosféricos. Os direitos comercializáveis também podem ser estabelecidos entre os países para ajudá-los a preservar a biodiversidade e reduzir as emissões de gases de efeito estufa e outros poluentes regionais e globais.

A Figura 17.9 lista as vantagens e as desvantagens do uso de direitos comercializáveis para poluir e usar recursos. A eficácia de tais programas depende de quão alto ou baixo o limite inicial é definido e da taxa à qual a cota é reduzida para estimular a inovação.

Vantagens e desvantagens

Cotas legais para poluir

Vantagens	Desvantagens
São flexíveis e fáceis de administrar	Poluidores e usuários de recursos mais ricos podem se safar
Encorajam a prevenção da poluição e a redução do desperdício	As cotas podem ser muito altas e não reduzidas regularmente para promover o progresso
Os preços são determinados pelas transações de mercado	O automonitoramento das emissões pode dar margem a trapaças

FIGURA 17.9 O uso de direitos comercializáveis para reduzir a poluição e o desperdício de recursos tem vantagens e desvantagens. *Raciocínio crítico:* Quais as duas vantagens e as duas desvantagens mais importantes? Por quê?

M. Shcherbyna/Shutterstock.com

Venda de serviços em vez de produtos

Uma estratégia para trabalhar em busca de economias mais benéficas para o ambiente é vender determinados serviços no lugar de certos produtos que fornecem esses serviços. Com essa abordagem, o fabricante ou prestador de serviço terá mais lucro se a produção do item envolver o uso mínimo de materiais e poluição e se o produto durar, for energeticamente eficiente, gerar o mínimo de poluição possível durante a utilização e tiver fácil manutenção, reparo, reutilização ou reciclagem.

Essa mudança econômica já está em andamento em algumas empresas. Desde 1992, a Xerox tem locado a maioria de suas máquinas fotocopiadoras como parte de sua missão de *fornecer serviços* em vez de vender fotocopiadoras. Quando o contrato de serviço de um cliente acaba, a Xerox recolhe a máquina para reutilizá-la ou remanufaturá-la. O objetivo é não enviar material a aterros ou incineradores. Para economizar dinheiro, a empresa projeta máquinas que tenham poucas peças, sejam eficientes no consumo de energia e emitam o mínimo possível de ruído, calor, ozônio e resíduos químicos.

Na Europa, a Carrier deixou de vender equipamentos de aquecimento e ar-condicionado para fornecer serviços de aquecimento e resfriamento interno. É mais lucrativo locar e instalar equipamentos de aquecimento e ar-condicionado mais energeticamente eficientes, duráveis e fáceis de remanufaturar ou reciclar. A Carrier também ganha dinheiro ajudando seus clientes a economizar energia ao instalar isolamento, eliminar as perdas de calor e aumentar a eficiência energética em seus escritórios e casas.

> **PARA REFLETIR**
> **APRENDENDO COM A NATUREZA**
> Na empresa de serviços para piso, Interface, os engenheiros estudaram o solo de florestas tropicais para desenvolver um padrão de tapete campeão de vendas e baseado na natureza, que reduz o desperdício e o tempo de instalação. O produto se tornou um dos mais vendidos do mercado.

A redução da pobreza ajuda o meio ambiente e a saúde humana

A **pobreza** ocorre quando as pessoas não têm dinheiro suficiente para atender às suas necessidades básicas de alimentação, água, abrigo, assistência médica e educação. De acordo com o Banco Mundial, 2,5 bilhões de pessoas, ou aproximadamente um em cada três habitantes do mundo, vivem na pobreza. Essas pessoas sobrevivem com uma renda inferior a US$ 3,10 por dia. Um quinto da população mundial vive em extrema pobreza (Figura 17.10), lutando para sobreviver com uma renda menor que US$ 1,90 por dia.

Alguns analistas estão preocupados com o aumento da disparidade entre países ricos e pobres, e entre indivíduos milionários e o restante do mundo. Segundo um estudo realizado pela Oxfam, em 2016, as oito pessoas mais ricas do mundo tinham a riqueza equivalente à da metade mais pobre da população mundial. Alguns economistas afirmam que parte dessa riqueza chegará aos pobres e à classe média. Outros destacam que, por quase três décadas, em vez de se espalhar, a maior parte da riqueza tem fluído em uma taxa crescente para indivíduos, empresas e países ricos.

FIGURA 17.10 Esta menina de 3 anos estava dormindo no barraco de sua família em uma favela de Porto Príncipe, no Haiti.

James P. Blair/National Geographic Creative

A pobreza causa inúmeros efeitos prejudiciais para a saúde, como fome, desnutrição, doenças infecciosas e uma expectativa de vida mais curta (ver Figura 14.16, à direita). Ela também foi identificada como uma das cinco maiores causas dos problemas ambientais que enfrentamos hoje. Para reduzir a pobreza e seus efeitos nocivos, governos, empresas, agências internacionais de crédito e indivíduos abastados poderiam:

- Empregar um esforço mundial para combater a desnutrição e as doenças infecciosas que matam milhões de pessoas.
- Fornecer educação primária para todas as crianças e para quase 800 milhões de adultos analfabetos no mundo. O analfabetismo pode promover terrorismo e conflitos nos países ao contribuir para a criação de grandes números de pessoas desempregadas com pouca esperança de melhorar a própria vida ou a de seus filhos.
- Ajudar os países menos desenvolvidos a reduzir o crescimento populacional, por meio, principalmente, da elevação da posição social e econômica das mulheres, da redução da pobreza e do acesso ao planejamento familiar.
- Concentrar-se na redução drástica da pegada ecológica total e *per capita* de países como Estados Unidos e China.
- Fazer grandes investimentos em infraestrutura de pequena escala, como instalações de energia solar para aldeias rurais e projetos de agricultura sustentável para ajudar os países menos desenvolvidos a promover economias mais sustentáveis e energicamente eficientes.
- Incentivar as agências de crédito a fazer pequenos empréstimos com juros baixos a pessoas pobres que queiram aumentar sua renda (ver Estudo de caso a seguir).

A ecóloga e exploradora da National Geographic Sasha Kramer tem trabalhado no Haiti, país pobre e ecologicamente degradado, para combater os problemas de fome, esgotamento do solo e poluição da água de uma só vez. A organização sem fins lucrativos comandada por ela distribuiu banheiros secos pelo país para coletar dejetos humanos e transformá-los em adubo composto, que os agricultores haitianos podem usar para recuperar o solo degradado e aumentar a produção de alimentos. Esse processo também mantém os resíduos humanos fora do suprimento de água do país, reduzindo a perigosa ameaça de doenças infecciosas transmitidas pela água.

ESTUDO DE CASO

Microcrédito

A maioria das pessoas pobres do mundo quer trabalhar e ganhar o suficiente para sair da pobreza, garantindo uma vida melhor para elas e suas famílias. Com pequenos empréstimos, poderiam comprar o que precisam para começar a plantar ou abrir pequenos negócios. Porém, poucas têm registros de crédito ou ativos que possam usar como garantia para obter empréstimos.

Durante quase três décadas, uma inovação chamada *microcrédito* ou *microfinança* tem ajudado um número considerável de pessoas que vivem na pobreza a lidar com esse problema. Em 1983, o economista Muhammad Yunus abriu o Grameen Bank em Bangladesh, um país com alta taxa de pobreza e uma população que cresce rapidamente. Ao contrário dos bancos comerciais, o Grameen Bank pertence e é administrado essencialmente pelos mutuários e o governo do país. Desde que foi fundado, o banco concedeu mais de US$ 8 bilhões em microcréditos de US$ 50 a US$ 500, com baixas taxas de juros, a 7,6 milhões de pessoas pobres do país, que não se qualificariam para a obtenção de empréstimos em bancos tradicionais.

A maioria desses empréstimos foi usada por mulheres para abrir pequenas empresas, começar plantações e comprar bicicletas para o transporte ou pequenas bombas de irrigação, vacas e galinhas para produzir e vender leite e ovos. O microcrédito também é usado para desenvolver creches, clínicas médicas, projetos de reflorestamento, iniciativas para fornecer água potável, programas de alfabetização e sistemas de energia solar e eólica de pequena escala em vilarejos rurais (Figura 17.11).

A taxa de liquidação dos microcréditos do Grameen Bank tem sido de 95% ou mais. O valor é quase o dobro da taxa de pagamento de empréstimos em bancos comerciais convencionais – e o Grameen Bank tem obtido lucros consistentes. Em geral, aproximadamente metade dos mutuários do Grameen ultrapassam a linha da pobreza cinco anos depois de receberem o empréstimo.

Em 2006, Yunus e seus colegas do banco ganharam, em conjunto, o Prêmio Nobel da Paz pelo uso pioneiro do microcrédito, que mudou a vida das pessoas. "Liberar a energia e a criatividade de cada ser humano é a resposta para a pobreza", afirmou. Os bancos baseados no modelo de microcrédito do Grameen se espalharam por 58 países, incluindo os Estados Unidos, com um número estimado de 500 milhões de participantes.

Os Objetivos de Desenvolvimento do Milênio

Em 2000, as nações do mundo definiram objetivos – denominados *Objetivos de Desenvolvimento do Milênio* – para reduzir drasticamente a fome e a pobreza, melhorar a saúde, alcançar a educação primária universal, capacitar as mulheres e caminhar em direção à sustentabilidade ambiental até 2015. Naquele ano, a Organização das Nações Unidas publicou o gráfico de progresso, mostrando os resultados variados em relação às metas. A maioria dos países se saiu bem ao ampliar a educação primária, enquanto a representatividade de mulheres

FIGURA 17.11 Um microcrédito ajudou essas mulheres de uma aldeia rural na Índia a comprar um pequeno painel solar (instalado no telhado atrás delas) para fornecer eletricidade e ajudá-las a viver, aplicando, assim, o **princípio de sustentabilidade** da energia solar.

nos parlamentos nacionais não melhorou na maioria dos locais. Muitos países conseguiram levar água potável limpa para todos os cidadãos, já outros não chegaram nem perto.

Os países mais desenvolvidos prometeram doar 0,7% (ou US$ 7 de cada US$ 1.000) do seu rendimento nacional anual para os países menos desenvolvidos a fim de ajudá-los a alcançar esses objetivos. Até agora, Dinamarca, Luxemburgo, Suécia, Noruega e Países Baixos doaram o que haviam prometido. Os Estados Unidos, país mais rico do mundo, doam apenas 0,16% do seu rendimento nacional, enquanto o Japão, outro país rico, doa apenas 0,18%, em comparação com 0,9% doado pela Suécia.

> **PARA REFLETIR**
> **PENSANDO SOBRE** Os objetivos de desenvolvimento do milênio
> Em sua opinião, o país em que você vive deve dedicar pelo menos 0,7% da renda nacional anual ao cumprimento dos Objetivos de Desenvolvimento do Milênio? Justifique sua resposta.

Mudando para economias mais sustentáveis

As três leis científicas que regem as mudanças de matéria e energia e os seis **princípios da sustentabilidade** sugerem que a melhor solução de longo prazo para os nossos problemas ambientais e de recursos é afastar-se de uma economia de alto rendimento (alta produção de resíduos) e buscar uma economia baseada no crescimento contínuo do fluxo de matéria e energia (Figura 17.3) ao longo das próximas décadas. O objetivo seria desenvolver **economias de baixo rendimento** (**baixa produção de resíduos**) mais sustentáveis, baseadas na melhoria da eficiência energética e na reciclagem e reutilização da matéria (Figura 17.12). A Figura 17.13 mostra alguns componentes dessa forma de desenvolvimento econômico mais sustentável do ponto de vista ambiental.

O impulso para melhorar a qualidade do ambiente e trabalhar em busca de sustentabilidade ambiental criou novas indústrias com alto crescimento, além de gerar lucros e um grande número de novas *carreiras verdes* (Figura 17.14). Segundo o Ecotech Institute, os Estados Unidos tinham 3,8 milhões de carreiras verdes em 2014, principalmente nos setores de energia eólica e solar, em rápida expansão.

Para fazer a transição para economias mais sustentáveis, os governos e as indústrias precisarão aumentar consideravelmente seus gastos com pesquisa e desenvolvimento, em especial nas áreas de eficiência energética e recursos renováveis, como a Alemanha fez nos últimos anos.

Ray Anderson (1934-2011), fundador da companhia estadunidense Interface, maior fabricante comercial de carpetes modulares do mundo, foi pioneiro na criação de empresas mais sustentáveis. Em 1994, ele anunciou planos para desenvolver a primeira corporação realmente sustentável dos Estados Unidos. Depois de 16 anos, a Interface reduziu o uso de água em 74%, as emissões líquidas de gases de efeito estufa em 32%, os resíduos sólidos em 63%, a utilização de combustíveis fósseis em 60% e o consumo de energia em 44%. Essas atitudes fizeram a empresa economizar mais de US$ 433 milhões e os lucros triplicarem. Anderson também criou um grupo de consultoria, como parte da Interface, para ajudar outras empresas a entrarem no caminho para se tornar mais sustentáveis.

17.3 COMO PODEMOS IMPLANTAR POLÍTICAS AMBIENTAIS MAIS SUSTENTÁVEIS E JUSTAS?

CONCEITO 17.3 Os indivíduos devem trabalhar em conjunto para participar de processos políticos que influenciam a forma como as políticas ambientais são criadas e implementadas.

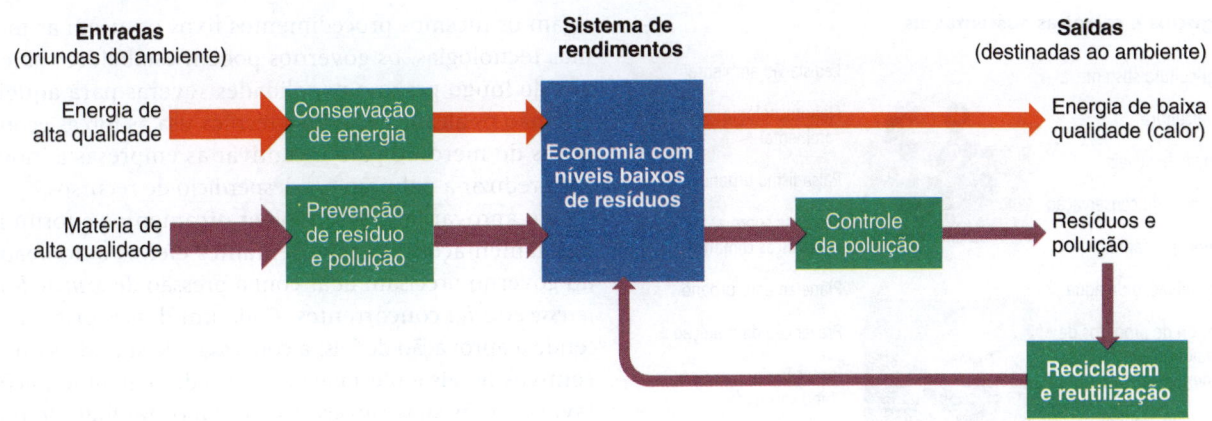

FIGURA 17.12 Soluções: Aprender e aplicar as lições da natureza pode nos ajudar a projetar e gerenciar economias de baixo rendimento mais sustentáveis. *Raciocínio crítico:* De que forma a sua escola poderia promover práticas econômicas e ambientais mais sustentáveis e reduzir aquelas que não seguissem esse modelo? Dê três exemplos de cada.

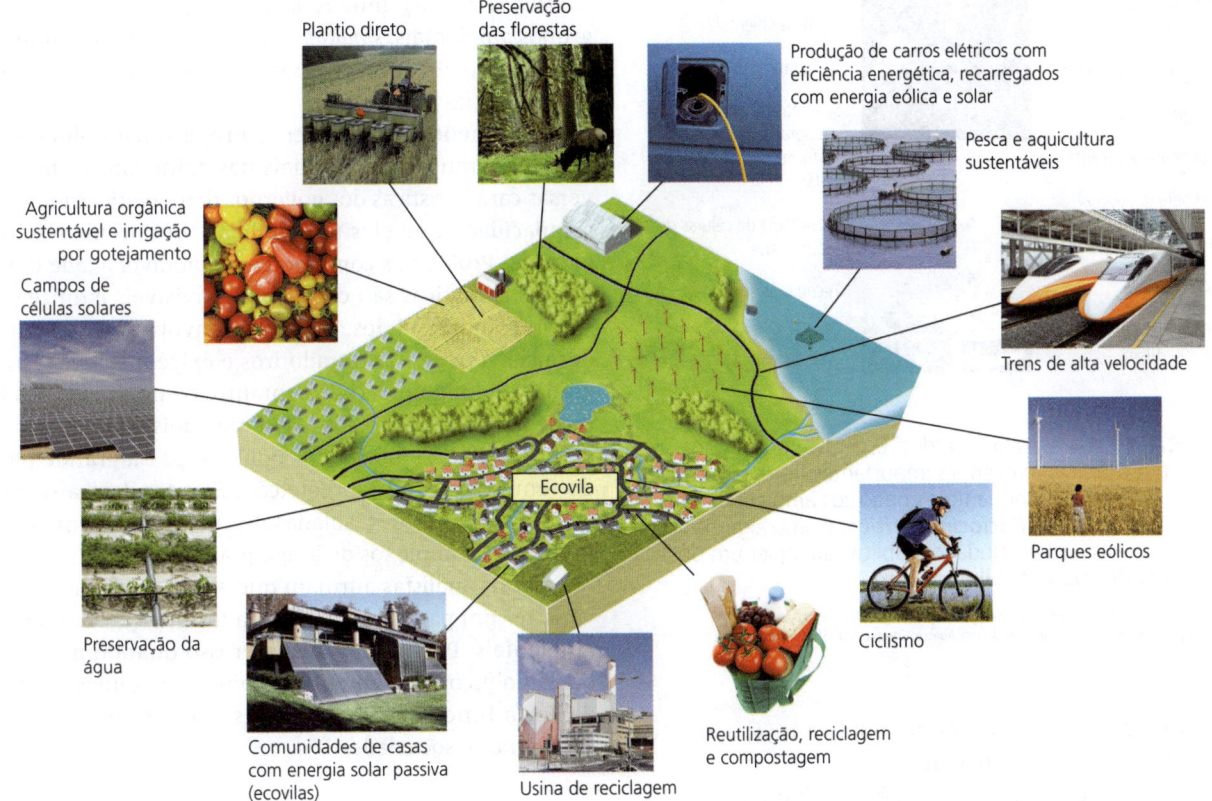

FIGURA 17.13 Soluções: Alguns dos componentes do desenvolvimento econômico mais sustentável do ponto de vista ambiental. *Raciocínio crítico*: Quais são os três novos tipos de empregos que podem ser gerados com esse tipo de economia?

No sentido horário, a partir de "Plantio direto": Jeff Vanuga/National Resource Conservation Service. Natalia Bratslavsky/Shutterstock.com. Pi-Lens/Shutterstock.com. Vladislav Gajic/Shutterstock.com. hxdbzxy/Shutterstock.com. Varina C/Shutterstock.com. Kalmatsuy/Shutterstock.com. Brenda Carson/Shutterstock.com. Alexander Chaikin/Shutterstock.com. National Renewable Energy Laboratory/U.S. Department of Energy. iStock.com/anhong. pedrosala/Shutterstock.com. Robert Kneschke/Shutterstock.com

Leis e regulamentações ambientais

Os governos têm um papel decisivo no enfrentamento de problemas ambientais. Eles desenvolvem **políticas ambientais**, que são leis, regulamentações e programas ambientais desenvolvidos, implementados e aplicados por uma ou mais agências do governo (ver Estudo de caso a seguir). Esse processo envolve a promulgação e a aplicação de leis que estabelecem padrões de poluição, regulam a liberação de substâncias químicas tóxicas no ambiente e protegem determinados recursos com renovação lenta, como florestas, parques e áreas selvagens públicas, do uso não sustentável. O *ciclo de vida de uma política* comum normalmente tem quatro estágios: **(1)** reconhecimento do problema, **(2)** formulação da

Negócios e carreiras sustentáveis

- Agricultura sustentável
- Aquicultura
- Biocombustíveis
- Biologia da conservação
- Cientista marinho
- Conservação da água
- Design de produtos de maior eficiência energética
- Design e arquitetura ambientais
- Economia ambiental
- Educação ambiental
- Empreendedorismo ambiental
- Energia de hidrogênio
- Energia eólica
- Engenharia ambiental
- Geologia geotermal
- Gestão de ecoturismo
- Hidrólogo
- Hidrólogo de bacias hidrográficas
- Legislação ambiental
- Nanotecnologia ambiental
- Paisagismo urbano
- Pesquisa sobre as mudanças climáticas
- Planejamento urbano
- Prevenção da poluição
- Proteção da biodiversidade
- Química ambiental
- Reciclagem e reutilização
- Redução de resíduos
- Saúde ambiental
- Silvicultura sustentável
- Sistemas de informação geográfica (geographic information systems – GIS)
- Tecnologia de células de combustível
- Tecnologia solar
- Venda de serviços em vez de produtos

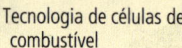

FIGURA 17.14 Carreiras verdes: Espera-se que alguns negócios e carreiras ambientais importantes floresçam durante este século, enquanto os negócios ambientalmente prejudiciais declinem. *Raciocínio crítico:* Como algumas dessas carreiras podem ajudá-lo a aplicar qualquer um dos **princípios de sustentabilidade**?

Acima: goodluz/Shutterstock.com. Segunda a partir do topo: goodluz/Shutterstock.com. Terceira a partir do topo: Dusit/Shutterstock.com. Abaixo: Corepics VOF/Shutterstock.com.

política, **(3)** implementação da política e **(4)** ajuste da política com base na experiência.

A maioria das regulamentações ambientais dos Estados Unidos e de muitos outros países inclui a aprovação de leis que, em geral, são aplicadas por meio de uma abordagem de *comando e controle*. Os críticos alegam que essa estratégia pode aumentar desnecessariamente os custos e desestimular a inovação, porque muitas dessas normas governamentais se concentram na limpeza, e não na prevenção. Algumas delas também definem prazos de conformidade curtos demais para que as empresas encontrem formas inovadoras de reduzir a poluição e o desperdício.

Uma abordagem diferente, preferida por muitos economistas, líderes ambientais e empresários, é usar *regulamentações ambientais baseadas em incentivos*. Em vez de exigir que todas as empresas de um determinado mercado sigam os mesmos procedimentos fixos ou usem as mesmas tecnologias, os governos podem estabelecer objetivos de longo prazo e penalidades severas para aqueles que não os alcançarem. Essa técnica usa as forças econômicas do mercado para incentivar as empresas a inovar para reduzir a poluição e o desperdício de recursos.

Ao aprovar leis, desenvolver orçamentos e formular regulamentações, os representantes eleitos e nomeados do governo precisam lidar com a pressão de *grupos de interesse especial* concorrentes. Cada um desses grupos defende a aprovação de leis, a concessão de subsídios ou incentivos fiscais e o estabelecimento de regulamentações favoráveis às suas causas. Esses grupos também tentam enfraquecer ou revogar leis, subsídios, incentivos fiscais e regulamentações que consideram desfavoráveis. Exemplos de grupos de interesse especial incluem *organizações com fins lucrativos*, como empresas; *organizações não governamentais* (ONGs), muitas delas sem fins lucrativos, como grupos ambientais; *sindicatos*, que representam os interesses dos trabalhadores; e *associações comerciais*, que representam várias indústrias.

É altamente desejável criar projetos para obter estabilidade e mudanças graduais nas democracias, mas diversas características dos governos democráticos reduzem a capacidade que eles têm de lidar com problemas ambientais. Problemas como perda de biodiversidade e mudanças climáticas são complexos, invisíveis e difíceis de serem compreendidos. Eles se desenvolvem ao longo de décadas, têm efeitos duradouros e exigem soluções integradas de longo prazo. No entanto, como as eleições locais e nacionais são realizadas a cada dois anos em muitas democracias, a maioria dos políticos passa grande parte do tempo buscando a reeleição. Eles tendem a se concentrar em questões isoladas de curto prazo, em vez de problemas complexos de longo prazo.

Alguns analistas afirmam que a ciência ambiental deveria ter um papel importante na formulação de políticas ambientais. Porém, é difícil fazer isso quando muitos líderes políticos não entendem como os sistemas naturais da Terra funcionam e como eles mantêm nossas vidas, economias e sociedades.

ESTUDO DE CASO
Leis ambientais dos Estados Unidos

Durante as décadas de 1950 e 1960, os Estados Unidos registraram altos índices de poluição e degradação ambiental, à medida que a economia crescia rapidamente sem leis e regulamentações de controle. Isso mudou no fim dos anos 1960 e início de 1970, quando grandes protestos de cidadãos levaram o Congresso dos Estados Unidos a aprovar várias leis ambientais importantes (Figura 17.15). A maioria delas foi promulgada nos anos 1970, conhecidos como a *década do meio ambiente* nos Estados Unidos. A implementação dessas leis gerou milhões de empregos e lucros provenientes das novas tecnologias desenvolvidas

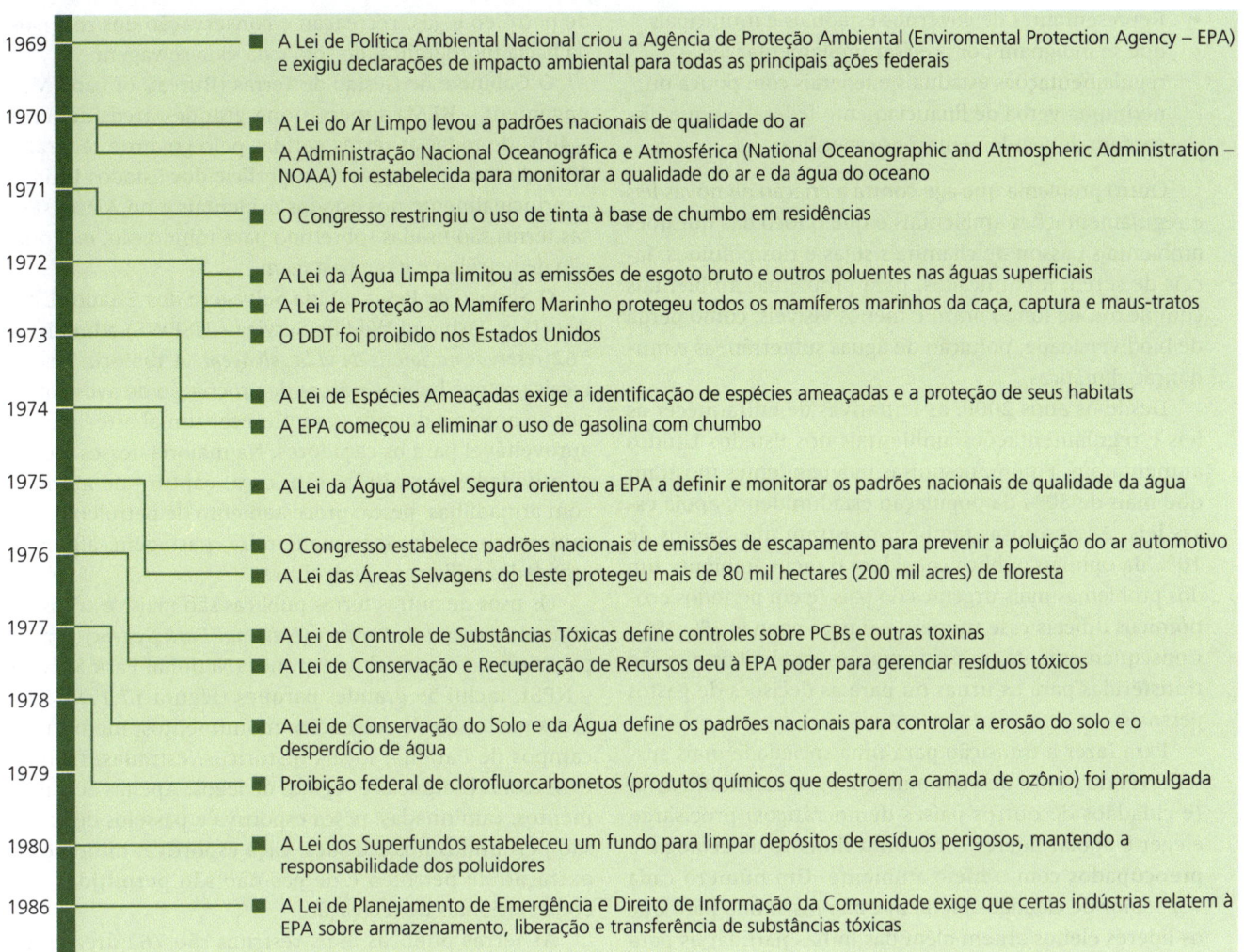

FIGURA 17.15 Algumas das principais leis ambientais promulgadas nos Estados Unidos entre 1969 e 1986 e suas versões alteradas.

para reduzir a poluição e a degradação ambiental. Elas também melhoraram a saúde dos cidadãos estadunidenses.

As leis ambientais dos Estados Unidos normalmente se enquadram em cinco categorias. O primeiro tipo *requer avaliação dos impactos ambientais de certas atividades humanas* e é representado por uma das primeiras e mais abrangentes leis ambientais federais, a Lei de Política Ambiental Nacional (*National Environmental Policy Act* – Nepa), aprovada em 1970. Segundo a Nepa, é preciso desenvolver um *estudo de impacto ambiental* (*environmental impact statement* – EIS) para cada projeto com possibilidade de ter efeitos sobre a qualidade do ambiente. O EIS precisa explicar por que o projeto proposto é necessário, identificar seus impactos ambientais benéficos e prejudiciais, sugerir formas de reduzir os impactos nocivos e apresentar uma avaliação de alternativas para o projeto.

O segundo grande tipo de legislação ambiental *define padrões para os níveis de poluição* (como na Lei do Ar Limpo). O terceiro tipo *separa ou protege determinadas espécies, recursos e ecossistemas* (a Lei das Espécies em Extinção e a Lei de Áreas Selvagens). O quarto tipo *examina novas substâncias para avaliar a segurança e define padrões* (como a Lei da Segurança da Água Potável). O quinto tipo *incentiva a preservação de recursos* (ver Lei de Recuperação e Conservação de Recursos).

As leis ambientais dos Estados Unidos têm sido eficazes, especialmente no controle de algumas formas de poluição. Entretanto, desde os anos 1980, um movimento organizado e bem financiado promoveu uma forte campanha para enfraquecer ou revogar as leis e regulamentações ambientais existentes, acabar com a EPA e mudar a maneira como as terras públicas (ver Estudo de caso a seguir) são usadas.

Três grandes grupos que se opõem fortemente às leis e regulamentações ambientais são:

- Líderes corporativos e outras pessoas poderosas que consideram as leis e regulamentações como ameaças aos seus lucros, riqueza e poder.
- Cidadãos que veem as leis ambientais como ameaças aos seus direitos de propriedade privada e empregos.

Economia, política e visões de mundo ambientais **497**

- Representantes de governos estaduais e municipais que se indignam por precisar implementar leis e regulamentações estaduais e federais com pouca ou nenhuma verba de financiamento federal ou que discordam de regulamentações específicas.

Outro problema que age contra a criação de novas leis e regulamentações ambientais é que o foco das questões ambientais passou de chaminés sujas e rios poluídos, fáceis de serem identificados, para problemas ambientais complexos, de longo prazo e menos visíveis, como perda de biodiversidade, poluição de águas subterrâneas e mudanças climáticas.

Desde os anos 2000, as tentativas de enfraquecer as leis e regulamentações ambientais nos Estados Unidos aumentaram. Porém, pesquisas independentes mostram que mais de 80% da população estadunidense apoia essas leis. As pesquisas também mostram que menos de 10% da opinião pública considera o meio ambiente um dos problemas mais urgentes do país (e em períodos econômicos difíceis esse número cai para apenas 2%-3%). Consequentemente, as preocupações ambientais não são transferidas para as urnas ou para as decisões de gastos pessoais.

Para fazer a transição para uma sociedade mais sustentável do ponto de vista ambiental, os estadunidenses (e cidadãos de outros países democráticos) precisarão eleger e apoiar líderes com conhecimento de ecologia e preocupados com o meio ambiente. Um número cada vez maior de cidadãos também estão insistindo para que os líderes eleitos atuem além das linhas partidárias para acabar com o impasse político que praticamente imobilizou o Congresso dos Estados Unidos desde os anos 1980 em relação a questões ambientais e outras preocupações sociais importantes.

ESTUDO DE CASO

Gerenciamento de terras públicas nos Estados Unidos: política em ação

Nenhuma outra nação reservou tanto de seu território para uso público, extração de recursos naturais, lazer e vida selvagem como os Estados Unidos. O governo federal administra aproximadamente 28% do território do país, que, no final das contas, pertence a todos os estadunidenses. Cerca de três quartos dessas terras públicas federais ficam no Alasca e um quinto nos estados do oeste (Figura 17.16).

Algumas terras públicas federais são usadas para muitos propósitos. Por exemplo, o Sistema Nacional de Florestas (National Forest System) é composto de 155 florestas nacionais e 22 pradarias nacionais. Essas terras, geridas pelo Serviço Florestal dos Estados Unidos (U.S. Forest Service – USFS), são utilizadas para exploração madeireira, mineração, pastagem de gado, agricultura, extração de petróleo e gás, recreação e conservação dos recursos da bacia hidrográfica, do solo e da vida selvagem.

O Gabinete de Gestão de Terras (Bureau of Land Management – BLM) supervisiona grandes áreas de terra – 40% de todas as terras geridas pelo governo federal e 13% do total das terras de superfície dos Estados Unidos –, principalmente nos estados ocidentais e no Alasca. Essas terras são usadas sobretudo para mineração, exploração de petróleo e gás e pastagem.

O Serviço de Pesca e Vida Selvagem dos Estados Unidos (U. S. Fish and Wildlife Service – USFWS) administra 562 *reservas nacionais de vida selvagem*. A maioria desses locais protege habitat e áreas de procriação de aves aquáticas e animais de caça para oferecer um abastecimento aproveitável para os caçadores. Na maioria desses locais, as atividades permitidas são: caça, captura de animais com armadilhas, pesca, processamento de petróleo e gás, mineração, exploração madeireira, pastagem, algumas atividades militares e agricultura.

Os usos de outras terras públicas são mais restritos. O *Sistema Nacional de Parques* (National Park System) gerido pelo Serviço Nacional de Parques (National Park Service – NPS), inclui 59 grandes parques (Figura 17.17) e 358 áreas nacionais de recreação, monumentos, memoriais, campos de batalha, locais históricos, estradas, trilhas, rios, costas litorâneas e regiões de lagos. Apenas acampamentos, caminhadas, pesca esportiva e passeios de barco são permitidos nos parques; caça esportiva, mineração, extração de petróleo e de gás não são permitidas nas áreas nacionais de recreação.

As terras públicas mais restritas são 762 áreas sem estradas que compõem o *Sistema Nacional de Conservação da Região Selvagem (National Wildness Preservation System)*. Essas áreas ficam dentro de outras terras públicas e são geridas pelas agências responsáveis pelas terras ao redor. A maioria desses locais é aberta apenas para atividades recreativas, como caminhadas, pesca esportiva, acampamentos e passeios com barcos não motorizados.

Muitas terras públicas federais contêm recursos valiosos, como petróleo, gás natural, carvão, madeira e minerais. Desde 1800, há uma controvérsia muito grande sobre a forma de usar e gerenciar os recursos dessas terras.

A maioria dos biólogos conservacionistas e economistas ecológicos acreditam que quatro princípios devem orientar o uso das terras públicas:

1. Elas deveriam ser usadas, em primeiro lugar, para a proteção da biodiversidade, da vida selvagem e dos ecossistemas.

2. Ninguém deveria receber subsídios ou isenção de impostos para extrair recursos em terras públicas.

3. Os estadunidenses merecem uma compensação justa pelo uso de sua propriedade.

4. Todos os usuários ou exploradores de recursos de terras públicas deveriam ser responsabilizados por qualquer dano causado ao ambiente.

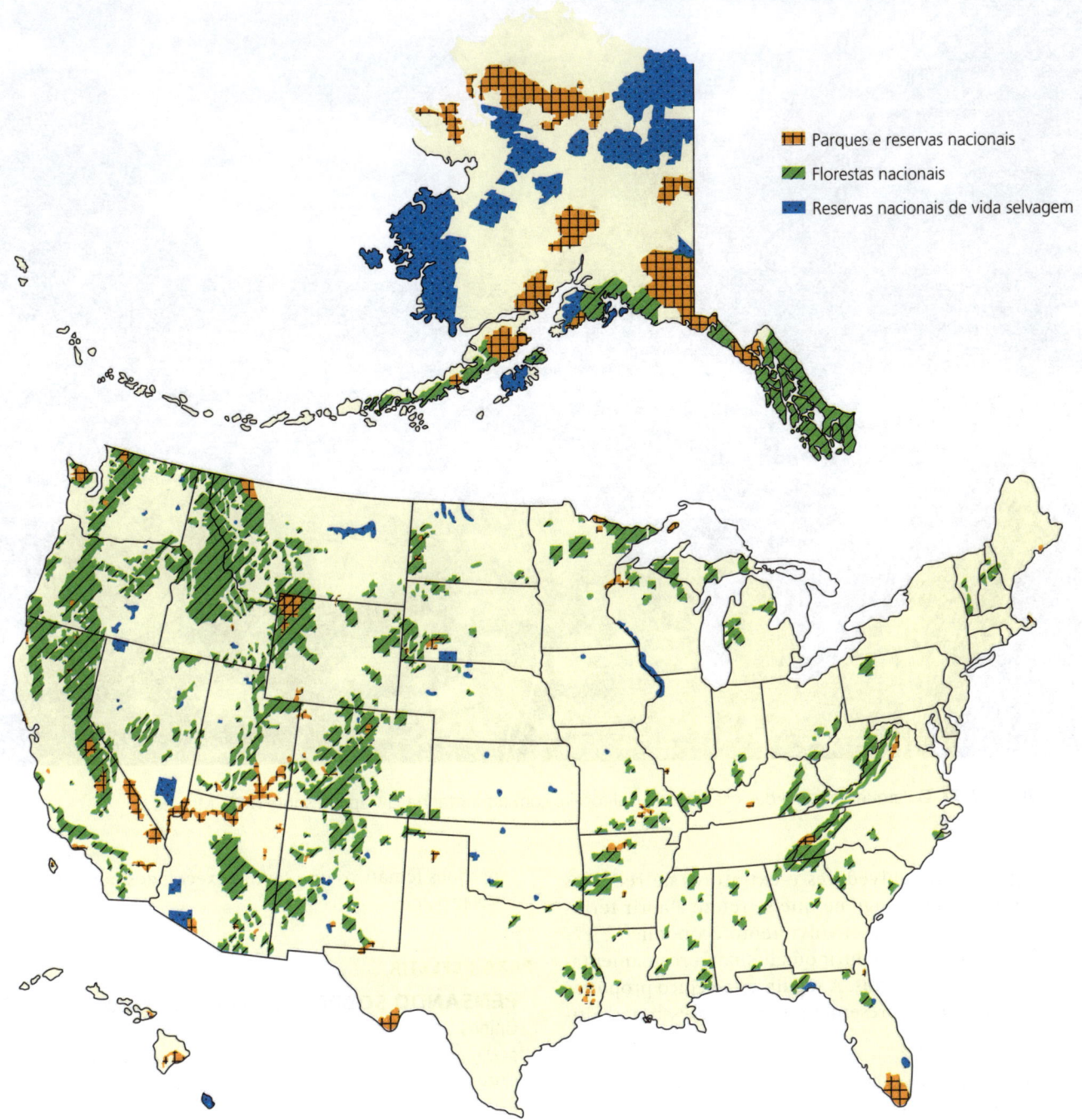

FIGURA 17.16 Capital natural: Este mapa mostra as florestas, os parques e os refúgios nacionais de vida selvagem geridos pelo governo federal dos Estados Unidos. *Raciocínio crítico:* Os cidadãos estadunidenses deveriam possuir, em conjunto, mais ou menos das terras da nação? Justifique sua resposta.

Informações compiladas pelos autores usando dados do Geological Survey e National Park Service dos Estados Unidos.

Há uma forte e efetiva oposição a essas ideias. Muitos economistas, incorporadores, exploradores de recursos naturais e cidadãos tendem a ver as terras públicas quanto à sua utilidade para o fornecimento de minerais, madeira e outros recursos e quanto à sua habilidade em aumentar o crescimento econômico em curto prazo. Essas pessoas conseguiram impedir a implementação dos quatro princípios já mencionados.

Por exemplo, nos últimos anos, análises de orçamentos e apropriações revelaram que o governo concedeu uma média de US$ 1 bilhão por ano – uma média de US$ 2,7 milhões por dia – em subsídios e incentivos fiscais para a iniciativa privada usar as terras públicas estadunidenses para atividades como mineração, extração de combustíveis fósseis, extração de madeira e pastagem.

Economia, política e visões de mundo ambientais

FIGURA 17.17 O Parque Nacional de Yosemite, na Califórnia, com a montanha El Capitan sobre o Rio Merced.

Alguns desenvolvedores e extratores de recursos buscaram ir mais longe no que se refere a abrir terras federais para mais desenvolvimento econômico e extração de recursos e reduzir ou eliminar a regulamentação federal dessas terras. A seguir, estão cinco propostas que esses grupos apresentaram ao Congresso nos últimos anos:

1. Vender terras públicas ou seus recursos para empresas ou indivíduos ou entregar a gestão para os governos estaduais e locais.
2. Cortar os fundos federais para administração reguladora de terras públicas.
3. Usar diversas florestas primárias nas florestas nacionais para a extração de madeira e fabricação de biocombustíveis e substituí-las por plantações de árvores.
4. Abrir todos os parques nacionais, refúgios de animais selvagens e áreas selvagens para a extração de petróleo, mineração, veículos *off-road* e desenvolvimento comercial.
5. Eliminar ou tirar o controle regulatório do National Park Service e lançar um programa de 20 anos nos parques para a construção de novas concessões e parques temáticos que seriam executados por empresas privadas.

PARA REFLETIR

PENSANDO SOBRE Terras públicas dos Estados Unidos

Explique por que você seria a favor ou contra cada uma das cinco propostas listadas acima para mudar a utilização e o gerenciamento de terras públicas estadunidenses.

Justiça ambiental

Justiça ambiental é um ideal segundo o qual todas as pessoas têm direito à proteção contra riscos ambientais, independentemente de raça, gênero, idade, origem nacional, renda, classe social ou qualquer fator político.

Estudos mostram que uma grande parte de fábricas poluentes, depósitos de resíduos perigosos, incineradores e aterros sanitários dos Estados Unidos ficam em comunidades habitadas principalmente por minorias. Outras pesquisas indicam que, em geral, os armazenamentos de resíduos tóxicos de comunidades brancas são limpos de maneira mais rápida e completa do que espaços semelhantes em comunidades habitadas por afro-americanos, latinos e nativos americanos.

Essa discriminação ambiental nos Estados Unidos e em muitas outras partes do mundo gerou uma iniciativa crescente conhecida como *movimento pela justiça ambiental*. Apoiadores desse movimento pressionam governos, empresas e organizações ambientais a se conscientizar sobre a injustiça ambiental e agir para evitá-la. Eles já fizeram progresso em direção aos objetivos do movimento.

Alguns políticos e representantes de empresas sugerem que a economia deve ser o principal fator para orientar a tomada de decisões sobre onde construir novas usinas, estradas, aterros, incineradores e outras instalações potencialmente prejudiciais. Porém, é frequente que essas áreas sejam o lar de pessoas de baixa renda que têm muito menos poder político que as construtoras e corporações. Analistas afirmam que um princípio ético de justiça ambiental deveria ter o mesmo peso que os fatores econômicos durante a tomada dessas decisões. Essa batalha política continua sem solução na maior parte do mundo.

> **PARA REFLETIR**
>
> **PENSANDO SOBRE** Justiça ambiental
>
> Você acha que os princípios da justiça ambiental devem ter um peso maior, menor ou igual durante a tomada de decisões políticas sobre a localização de instalações potencialmente nocivas para o meio ambiente, como incineradores? Explique.

Princípios da política ambiental

Cientistas ambientais, economistas e cientistas políticos sugeriram diversos princípios desenvolvidos para reduzir os danos ambientais e ajudar legisladores e indivíduos a avaliar as políticas ambientais existentes ou propostas.

- *Princípio da reversibilidade*. Evite tomar uma decisão que não possa ser revertida mais tarde, caso seja prejudicial. Duas ações essencialmente irreversíveis que afetam o ambiente são a produção de cinzas tóxicas de carvão em usinas que queimam esse material e a produção de resíduos radioativos mortais em usinas nucleares. Em ambos os casos, os resíduos perigosos resultantes precisam ser armazenados em segurança por milhares de anos.
- *Princípio da precaução*. Quando evidências significativas indicam que uma atividade ameaça a saúde humana ou o ambiente, devemos tomar medidas para evitar ou reduzir tal dano, mesmo que algumas das evidências não sejam conclusivas.
- *Princípio da prevenção*. Tomar decisões que ajudem a evitar a ocorrência ou o agravamento de um problema.
- *Princípio de energia líquida*. Proibir ou limitar a utilização generalizada de recursos energéticos ou tecnologias com baixo rendimento líquido de energia (ver Figura 13.3), que precisam de subsídios do governo e de incentivos fiscais para competir no mercado, como energia nuclear (considerando o ciclo de combustível completo), areias betuminosas, petróleo de xisto, etanol feito de milho e combustível hidrogênio.
- *Princípio do poluidor pagador*. Desenvolver regulamentos e usar ferramentas econômicas, como os impostos verdes, para garantir que os poluidores assumam os custos da manipulação dos poluentes e resíduos que produzem. Esse processo estimula o desenvolvimento de métodos inovadores para reduzir e evitar a poluição e a geração de resíduos.
- *Princípio da justiça ambiental*. Não permitir que nenhum grupo de pessoas assuma uma parte injusta dos encargos criados pela poluição, degradação ambiental ou execução das leis ambientais.
- *Princípio holístico*. Foco em soluções de longo prazo que abordem as causas dos problemas interconectados, e não em correções de curto prazo, frequentemente ineficazes, que tratam os problemas separadamente.
- *Princípio do tripé da sustentabilidade*. Equilibrar necessidades econômicas, ambientais e sociais ao tomar decisões políticas.

A implementação desses princípios não é fácil e exige que os formuladores de políticas de todo o mundo adquiram mais conhecimento sobre o meio ambiente. Além disso, também requer debates sólidos entre políticos e cidadãos, respeito mútuo a diversas crenças e dedicação para enfrentar os problemas ambientais implementando o **princípio de sustentabilidade** dos ganhos mútuos. Essa abordagem substitui a opção mais polarizada em que um ganha e o outro perde, que não reconhece que as soluções para os problemas ambientais urgentes exigirão abertura, inovação e concessões entre políticos e outras pessoas com opiniões divergentes.

> **PARA REFLETIR**
>
> **PENSANDO SOBRE** Princípios da política ambiental
>
> Em sua opinião, quais são os três princípios mais importantes? Por quê? Quais poderiam influenciar os legisladores da sua cidade, estado ou país? Por quê?

Você pode fazer a diferença

Um dos temas principais deste livro é que as *pessoas fazem a diferença*. A história mostra que mudanças significativas geralmente ocorrem *de baixo para cima*, quando os indivíduos se juntam para alcançar essa mudança. Sem essa pressão da sociedade, de cidadãos e de grupos organizados (ver foto de abertura do capítulo), a poluição e a degradação ambiental seriam muito piores hoje em dia (**Conceito 17.3**).

Com o advento da internet, das tecnologias digitais e das redes sociais, as pessoas ganharam mais poder. Em parte, graças às redes sociais, o número de grupos de cidadãos, redes de ações nacionais e globais e ONGs dedicadas ao meio ambiente e a outros problemas relacionados aumentou rapidamente. A Figura 17.18 lista formas pelas quais as pessoas que vivem em sociedades democráticas podem influenciar e mudar políticas governamentais.

É possível ser uma liderança ambiental de diversas maneiras. Em primeiro lugar, podemos ser *exemplo de liderança* ao usarmos nosso próprio estilo de vida e valores para mostrar aos outros que a mudança ambiental benéfica é possível (Pessoas que fazem a diferença 17.1). Podemos comprar somente o necessário, usar menos produtos descartáveis, comer alimentos que tenham sido produzidos de forma sustentável, praticar os 4 Rs do uso de recursos (recusar, reduzir, reusar e reciclar), ajustar nosso estilo de vida para reduzir a pegada de carbono e caminhar, andar de bicicleta ou usar o transporte público para ir ao trabalho ou à escola.

Em segundo lugar, podemos *trabalhar dentro dos sistemas econômicos e políticos existentes para causar melhorias ambientais* por meio de campanhas e votos em candidatos informados e preocupados com o ambiente, além de nos comunicarmos com os representantes eleitos. Como diz o autor e ativista ambiental Bill McKibben, "primeiro mude os políticos, depois pense nas lâmpadas". Também podemos enviar mensagens para as empresas que, porventura, estejam prejudicando o ambiente com seus processos de produção ou produtos. É possível fazer isso com políticas de *voto com a carteira*. Não compre produtos ou serviços dessas empresas e informe a elas o motivo. Outra forma de trabalhar para melhorar a qualidade ambiental é escolhendo uma das muitas carreiras verdes que crescem cada vez mais, destacadas ao longo deste livro e descritas na Figura 17.14.

Em terceiro lugar, podemos *concorrer a algum tipo de cargo público local*. Olhe-se no espelho, talvez você seja alguém que poderá fazer a diferença como titular de um cargo.

Em quarto lugar, podemos *propor melhores soluções para os problemas ambientais*. Liderança vai além de ser a favor ou contra alguma coisa. Também significa apresentar soluções para os problemas e persuadir as pessoas a trabalhar em conjunto para resolvê-los.

Alguns cidadãos e líderes ambientalmente ativos são motivados por duas descobertas importantes. A *primeira* delas é que uma pesquisa realizada por cientistas sociais indica que as mudanças sociais precisam de apoio ativo de apenas 5% a 10% da população, normalmente o que é necessário para chegar a um ponto de virada político. A *segunda* é que experiências demonstraram que o alcance de uma massa crítica pode gerar mudanças sociais muito mais rapidamente do que a maioria das pessoas imagina.

O que você pode fazer

Como influenciar a política ambiental

- Informe-se sobre os problemas
- Exponha seu ponto de vista em audiências públicas
- Exponha seu ponto de vista aos representantes eleitos e compreenda as posições deles sobre as questões ambientais
- Contribua com dinheiro e tempo com os candidatos que apoiam seus pontos de vista
- Vote
- Concorra a cargos públicos
- Forme uma organização não governamental (ONG) ou faça parte daquelas que buscam a mudança
- Apoie a reforma do financiamento das campanhas eleitorais que reduz a influência indevida de corporações e indivíduos ricos

FIGURA 17.18 Pessoas que fazem a diferença: Essas são algumas formas de você influenciar a política ambiental. *Raciocínio crítico:* Dessas ações, cite três que você considera mais importantes e aponte qual, se houver alguma, você adotaria.

Papéis dos grupos ambientais

A linha de frente da conservação global ambiental e os movimentos de justiça ambiental são as dezenas de milhares de ONGs que trabalham em âmbitos internacional, nacional, estadual e local. A influência crescente dessas organizações é uma das mudanças mais importantes que afetam as decisões e políticas ambientais.

As ONGs variam em tamanho, desde grupos *populares* formados por apenas alguns membros até *grandes* organizações, como o World Wildlife Fund (WWF) – uma organização de conservação global com 5 milhões de membros (1,2 milhão nos Estados Unidos) que opera em cem países. Outros grupos internacionais de grande peso são o Greenpeace, The Nature Conservancy, Conservation International e Natural Resources Defense Council (NRDC).

Nos Estados Unidos, mais de 8 milhões de cidadãos pertencem a mais de 30 mil ONGs que lidam com as questões ambientais. Elas variam de pequenos grupos de base a grandes grupos importantes com alto nível de recursos, normalmente comandados por advogados especialistas, cientistas, economistas, lobistas e angariadores de fundos.

Os maiores grupos ambientais se tornaram forças poderosas e importantes no sistema político dos Estados Unidos. Eles ajudaram a convencer o Congresso a aprovar e reforçar as leis ambientais (Figura 17.15) e lutam contra as tentativas de enfraquecer ou revogar essas leis. De acordo com o analista político Konrad von Moltke, "Não

PESSOAS QUE FAZEM A DIFERENÇA 17.1

Xiuhtezcatl Roske-Martinez

Xiuhtezcatl Roske-Martinez, nascido em 2000, aprendeu sobre ambientalismo com seus pais enquanto passava a maior parte de sua infância aproveitando as belezas de florestas e córregos perto de sua casa em Boulder, no Colorado. Seu pai é asteca e acredita que todas as vidas são sagradas e merecem ser respeitadas e protegidas. Sua mãe é cofundadora da organização sem fins lucrativos Earth Guardians, como parte de um compromisso pessoal com a proteção da água, do ar e da atmosfera da Terra.

Quando criança, Xiuhtezcatl (pronuncia-se "shu-TEZ-cot") ouviu muito sobre os efeitos prejudiciais das atividades humanas e percebeu que a floresta ao redor dele estava mudando. As árvores estavam morrendo por causa das populações de insetos que explodiram depois que as temperaturas do inverno não alcançaram níveis baixos o bastante para controlá-las. As árvores mortas alimentaram grandes incêndios, que destruíram ainda mais árvores.

Para Xiuhtezcatl, esses efeitos das mudanças climáticas eram reais e assustadores. Isso foi uma motivação para ele, que, aos 6 anos, fez seu primeiro discurso em uma manifestação contra as mudanças climáticas. Desde então, ele usou sua capacidade de liderança natural para se tornar um ativista ambiental dinâmico e altamente eficaz.

Xiuhtezcatl ajudou a convencer a Câmara Municipal de Boulder a parar de usar pesticidas em parques, impor uma tarifa sobre o uso de sacolas plásticas e exigir que uma empresa de energia dependa mais de recursos renováveis. Também organizou e discursou em entrevistas coletivas, criou uma apresentação multimídia sobre os efeitos prejudiciais das sacolas plásticas para o ambiente e falou em reuniões na câmara municipal e em uma audiência da EPA. Além disso, foi de porta em porta para organizar dezenas de manifestações e marchas. Em 2012, então com 12 anos, ele foi convidado para falar sobre mudanças climáticas na Conferência das Nações Unidas sobre Desenvolvimento Sustentável Rio+20 no Brasil. Como um jovem líder da Earth Guardians, Xiuhtezcatl estabeleceu equipes em muitas partes do mundo para promover educação ambiental e conscientização, além de incentivar outras pessoas a agir.

há um governo no mundo que teria feito qualquer coisa para o ambiente se não fossem os grupos de cidadãos". Uma rede mundial, ligada de forma ainda frágil, de ONGs locais que trabalham em prol de mudanças políticas, sociais, econômicas e ambientais de baixo para cima, pode ser vista como um *movimento de sustentabilidade global* fundamentado nas necessidades emergentes dos cidadãos.

Grupos ambientais de estudantes

Centenas de grupos ambientais de universitários e secundaristas estão abrindo caminho para transformar suas instituições de ensino e comunidades locais em espaços mais sustentáveis (**Estudo de caso principal**). A maioria desses grupos trabalha com membros do corpo docente e da administração das instituições para promover melhorias ambientais em suas escolas.

Na Faculdade Northland, em Ashland, em Wisconsin, os alunos ajudaram a projetar o Centro de Ensino Verde (Figura 17.19), que abriga 150 alunos e dispõe de uma turbina eólica, painéis de células solares, móveis feitos de materiais reciclados e sanitários que não utilizam água (compostagem). Os alunos da Northland votaram pela imposição de uma *taxa verde* de US$ 40 por semestre, paga por eles mesmos, para ajudar a financiar os programas de sustentabilidade da faculdade.

A Faculdade Dickinson, em Carlisle, na Pensilvânia, integra a sustentabilidade em todo seu currículo e usa a energia eólica para compensar todo o consumo de eletricidade. Desde 1990, a De Anza Community College, em Cupertino, na Califórnia, integra conceitos de sustentabilidade em seu currículo. Além disso, uma equipe de alunos, professores, administradores e membros da comunidade local trabalharam juntos no desenvolvimento de um edifício certificado *LEED-platinum*, conhecido como Centro de Estudos Ambientais Kirsch.

Muitos desses grupos fazem *auditorias ambientais* em seus *campi* ou escolas e usam os dados resultantes para propor mudanças que tornarão os *campi* ou as escolas mais sustentáveis à medida que reduzem os custos durante o processo. Essas auditorias se concentraram em implementar ou aprimorar programas de reciclagem, convencer os serviços de alimentação da universidade a comprar produtos de fazendas orgânicas locais, melhorar a eficiência energética das construções, fazer a transição de combustíveis fósseis para energia renovável e implementar conceitos de sustentabilidade ambiental no currículo.

Outros alunos focaram em investimentos institucionais. Em 2015, mais de 400 campanhas lideradas por estudantes pressionavam faculdades e universidades a parar de investir os fundos de doações em indústrias que prejudicavam o ambiente, como a produção de eletricidade a partir da queima de carvão. Eles também trabalham para fazer as instituições de ensino destinarem uma fatia maior de seus fundos de doações em investimentos como energia renovável e outros negócios ambientalmente benéficos.

Economia, política e visões de mundo ambientais

FIGURA 17.19 O Centro de Ensino Verde é um espaço para moradia e reuniões na Faculdade Northland, em Ashland, Wisconsin. Os alunos tiveram um papel importante no desenvolvimento do edifício para que ele fosse mais sustentável que as construções tradicionais.

> **PARA REFLETIR**
>
> **PENSANDO SOBRE** Tornar seu campus mais ecológico
>
> Que passos importantes sua escola está dando para aumentar a própria sustentabilidade ambiental (**Estudo de caso principal**) e educar os alunos sobre esse assunto?

Segurança ambiental global

Os países ficam, com razão, preocupados com a *segurança militar* e *econômica*. No entanto, os ecólogos e muitos economistas apontam que todas as economias são sustentadas pelo capital natural da Terra (Figura 1.3). Portanto, segurança ambiental, econômica e nacional são interligadas.

De acordo com o especialista em meio ambiente Norman Myers:

> A função da segurança nacional não é mais lidar apenas com forças de combate e armamento. Relaciona-se cada vez mais a bacias hidrográficas, áreas de cultivo, florestas, recursos genéticos, clima e outros fatores que, em conjunto, são tão cruciais para a segurança de uma nação como o são os fatores militares.

Myers e outros analistas insistem que todos os países façam da segurança ambiental um dos principais focos da diplomacia e da política do governo em todos os níveis.

Organizações ambientais internacionais

Várias organizações ambientais internacionais ajudam a formar e estabelecer políticas ambientais e aumentar a segurança ambiental e a sustentabilidade. A mais influente é a ONU, que supervisiona uma grande família de organizações, incluindo o Programa de Meio Ambiente da ONU (Pnuma), a Organização Mundial da Saúde (OMS), o Programa para o Desenvolvimento da ONU (Pnud) e a Organização para Agricultura e Alimentação (FAO).

Outras organizações que fazem ou influenciam as decisões ambientais são o Banco Mundial, o Fundo Global para o Meio Ambiente (Global Environment Facility – GEF) e a União Internacional para a Conservação da Natureza e dos Recursos Naturais (International Union for the Conservation of Nature – UICN). Apesar do financiamento muitas vezes limitado, essas e outras organizações internacionais têm desempenhado papéis importantes em vários segmentos:

- Expansão do conhecimento dos problemas ambientais.
- Coleta e avaliação de dados ambientais.
- Desenvolvimento e monitoramento de tratados ambientais internacionais.
- Fornecimento de fundos e empréstimos para o desenvolvimento econômico sustentável e para a redução da pobreza, e
- Desenvolvimento de leis ambientais e instituições para mais de cem nações.

Alguns analistas recomendaram a criação de um conselho de segurança ambiental, por ordem do Conselho de Segurança das Nações Unidas, para aumentar o nível de prioridade no enfrentamento de problemas ambientais como as mudanças climáticas, que ameaçam a segurança internacional em longo prazo.

17.4 QUAIS SÃO AS PRINCIPAIS VISÕES DE MUNDO SOBRE O MEIO AMBIENTE?

CONCEITO 17.4 As principais visões de mundo sobre o meio ambiente divergem sobre o que é mais importante: as necessidades e os desejos humanos ou a saúde geral dos ecossistemas e da biosfera, que mantêm a vida e as economias humanas.

Diferentes visões de mundo sobre o meio ambiente

As pessoas divergem quanto à seriedade dos nossos problemas ambientais e em relação ao que deveríamos fazer com eles. Esses conflitos surgem, de certa forma, das diferenças entre visões de mundo sobre o meio ambiente. Como vimos no Capítulo 1, **visões de mundo sobre o meio ambiente** são as suposições e crenças sobre como o mundo natural funciona e como você acha que deve interagir com o ambiente.

Uma visão de mundo ambiental é determinada, em parte, pela **ética ambiental** de uma pessoa – suas crenças sobre o que está certo e o que está errado em nosso comportamento com relação ao ambiente. De acordo com o especialista em ética ambiental Robert Cahn:

> Os principais ingredientes de uma ética ambiental são cuidar do planeta e de todos os seus habitantes, permitir que o altruísmo controle o interesse próprio imediato que prejudica os outros e viver cada dia de forma a deixar as pegadas mais leves possíveis no planeta.

Pessoas com visões de mundo sobre o meio ambiente amplamente divergentes podem coletar os mesmos dados, ser consistentes e, ainda assim, chegar a conclusões muito diferentes, pois partem de hipóteses e valores diversos.

Visões de mundo sobre o meio ambiente centradas no ser humano

A **visão de mundo centrada no ser humano** foca principalmente nas necessidades e nos desejos das pessoas. Uma dessas visões, chamada *visão de mundo de gestão planetária*, considera que o ser humano é a espécie mais importante, inteligente e dominante do planeta. De acordo com essa visão, a espécie humana pode e deve gerenciar e dominar a Terra, e as outras espécies e partes da natureza precisam ser avaliadas conforme sua utilidade para os seres humanos.

Outra visão de mundo ambiental centrada no ser humano é a *visão de mundo da administração*, que considera que as pessoas têm a responsabilidade ética de ser um gerente ou *administrador* da Terra. Essa visão também prevê a promoção de formas ambientalmente benéficas de crescimento e desenvolvimento econômico e desencoraja formas prejudiciais para o meio ambiente. De acordo com a visão da administração, quando as pessoas esgotam ou degradam o capital natural da Terra, elas estão pegando recursos emprestados do planeta e das futuras gerações. Isso quer dizer que elas têm a responsabilidade ética de pagar essa dívida deixando o sistema de suporte à vida na Terra em uma condição tão boa quanto a desfrutada por elas, ou ainda melhor.

Algumas pessoas acreditam que toda visão de mundo centrada no ser humano é falha, porque pressupõe, de maneira equivocada, que a humanidade já tem ou pode adquirir o conhecimento necessário para gerenciar ou administrar a Terra com eficiência. Os críticos dessas abordagens alertam que estamos vivendo de modo insustentável ao dominar a maior parte das áreas terrestres e aquáticas, mudar o clima do planeta, acidificar os oceanos, aumentar significativamente a extinção das espécies e, provavelmente, ultrapassar quatro fronteiras planetárias, ou pontos de virada ecológicos (Foco na ciência 3.3) da Terra.

Ainda temos muito a aprender sobre como o planeta funciona, como ele mantém todas as vidas e nossas economias (Figura 17.4) e o que acontece em um punhado de terra, em um trecho de floresta, no fundo do mar e na maioria das outras partes do planeta. Como afirma o biólogo David Ehrenfeld, "em nenhum caso importante fomos capazes de demonstrar o gerenciamento abrangente e bem-sucedido do mundo, nós não o entendemos bem o suficiente para administrá-lo nem em teoria". O fracasso do projeto Biosfera 2 (Foco na ciência 17.1) confirma essa visão.

Visões de mundo sobre o meio ambiente centradas na vida e na Terra

As **visões de mundo centradas na vida** acreditam que todas as formas de vida têm valor como membros participantes da biosfera, independentemente de sua utilidade potencial ou real para os seres humanos. As **visões centradas na Terra** também acreditam nisso e expandem essa ideia para incluir toda a biosfera, especialmente os serviços ecológicos e ecossistêmicos fornecidos por eles.

Com o tempo, todas as espécies serão extintas. No entanto, a maioria das pessoas que têm uma visão de mundo centrada na vida acredita que temos a responsabilidade ética de evitar a extinção prematura de todas as espécies por dois motivos. O primeiro é que cada espécie é uma parte única das informações genéticas diversas que ajudam a vida na Terra a continuar, mudando em resposta a alterações nas condições ambientais. Outro motivo é que todas as espécies têm potencial para gerar benefícios econômicos com sua participação no fornecimento de serviços ecossistêmicos.

Indivíduos com uma visão de mundo centrada na Terra acreditam que temos a responsabilidade ética de adotar uma visão mais ampla e preservar a biodiversidade, os serviços ecossistêmicos e o funcionamento dos

FOCO NA CIÊNCIA 17.1

Biosfera 2 – Uma lição de humildade

Em 1991, oito cientistas (quatro homens e quatro mulheres) foram confinados no interior da Biosfera 2, uma cápsula de vidro e aço de US$ 200 milhões projetada para servir como um sistema de suporte à vida autossustentável (Figura 17.A), que aumentaria a nossa compreensão da Biosfera 1: o sistema de suporte à vida da Terra.

Esse sistema de cúpulas herméticas interligadas foi construído no deserto perto de Tucson, no estado do Arizona, nos Estados Unidos. Continha ecossistemas artificiais, como uma floresta tropical, uma savana, um deserto, um lago, córregos, água doce e salgada, pântanos e um minioceano com um recife de coral.

A Biosfera 2 foi projetada para imitar os sistemas naturais de ciclagem química da Terra. A água evaporava do oceano e dos outros sistemas aquáticos e era condensada para gerar precipitação pluviométrica na floresta tropical. A precipitação gotejava no solo para os pântanos e voltava para o oceano antes de reiniciar o ciclo.

A instalação foi abastecida com mais de 4 mil espécies de plantas e animais, incluindo pequenos primatas, galinhas, gatos e insetos, selecionados para ajudar a manter as funções de suporte à vida. Os excrementos humanos e animais e outros resíduos eram tratados e reciclados para auxiliar no crescimento das plantas. A luz do Sol e geradores a gás natural forneciam energia. Os biosferianos deveriam ficar isolados por dois anos e plantar o próprio alimento usando a agricultura orgânica intensiva. Teriam de respirar o ar recirculado por plantas e beber água limpa por processos de ciclagem química naturais.

Desde o início, muitos problemas inesperados surgiram, e o sistema de suporte à vida começou a ser desvendado. O nível de oxigênio no ar diminuía quando os organismos do solo o convertiam em dióxido de carbono. Foi preciso bombear oxigênio de fora para que os habitantes da Biosfera não se asfixiassem.

Os pássaros tropicais morreram depois da primeira geada. Uma espécie de formiga penetrou no sistema fechado, proliferou e matou a maioria das espécies de insetos introduzida no sistema. No total, 19 das 25 (76%) pequenas espécies de animais da Biosfera 2 foram extintas. Antes do término do período de dois anos, todos os insetos polinizadores haviam morrido, levando à extinção da maioria das espécies vegetais.

Apesar dos muitos problemas, os resíduos e as águas residuais da instalação foram reciclados. Com muito trabalho, os habitantes da Biosfera também foram capazes de produzir 80% de seu suprimento de alimentos, apesar do crescimento desenfreado de ervas daninhas, impulsionado pelos altos níveis

FIGURA 17-A A Biosfera 2, construída perto de Tucson, no Arizona, foi projetada para ser um sistema autossustentável de suporte à vida

de CO_2, que destruíam as plantações de alimentos. No entanto, sofreram de fome persistente e perderam peso.

No fim, uma estrutura de US$ 200 milhões não foi capaz de manter um sistema de suporte à vida para oito pessoas durante dois anos. Os ecólogos Joel Cohen e David Tilman, que avaliaram o projeto, concluíram: "Ninguém ainda sabe construir sistemas que forneçam aos seres humanos os serviços de suporte à vida que os ecossistemas naturais fornecem de graça".

RACIOCÍNIO CRÍTICO

Você acha que, algum dia, a ciência e a engenharia conseguirão fornecer os sistemas de suporte à vida que a natureza nos oferece de graça? Explique.

---

sistemas de suporte à vida da Terra para o benefício da vida no planeta hoje e no futuro. Eles afirmam que os seres humanos não estão no comando do mundo e que as economias humanas são subsistemas da biosfera (Figura 17.5), totalmente dependentes do capital natural da Terra.

Algumas pessoas que têm a visão de mundo da administração e a visão centrada na Terra acreditam que temos a obrigação ética de salvar o planeta. O agricultor, filósofo e poeta estadunidense Wendell Berry chama esse fenômeno de "ignorância arrogante". Ele e outros teóricos destacam que a Terra não precisa ser salva. Ela manteve uma incrível variedade de vida por 3,8 bilhões de anos, apesar das grandes mudanças nas condições ambientais causadas por fatores naturais e pelo aumento da degradação ambiental decorrente de atividades humanas.

Para Berry e outros analistas, o que precisamos fazer é mudar nossa civilização para evitar a degradação do sistema de suporte à vida, que ameaça extinguir até metade das espécies do mundo. Para esses especialistas, a civilização humana é que precisa ser salva, e talvez a espécie humana, se formos longe demais na degradação da biosfera, que nos mantém vivos e sustenta nossas economias.

Uma das visões de mundo centradas na Terra é chamada *visão de mundo da sabedoria ambiental*. Essa visão é oposta à visão de mundo de gestão planetária em muitos aspectos. De acordo com essa visão:

- Fazemos parte da comunidade da vida e dos processos ecológicos que mantêm a vida no planeta.
- Não somos responsáveis pelo mundo. Em vez disso, estamos sujeitos às leis científicas da natureza, que não podem ser violadas.
- Economias e outros processos humanos são subsistemas do sistema de suporte à vida da Terra (Figura 17.5).
- Precisamos aprender a trabalhar com a natureza em vez de tentar dominá-la. Podemos fazer isso entendendo como a vida se manteve na Terra por 3,8 bilhões de anos e usando essas lições da natureza (sabedoria ambiental) como orientações para uma vida mais simples e sustentável.
- Quando não degradamos o sistema de suporte à vida na Terra, agimos de acordo com nossos próprios interesses. Cuidar do planeta é cuidar de nós mesmos.
- Temos a responsabilidade ética de deixar a Terra em uma condição tão boa ou melhor do que ela estava quando a herdamos, segundo o **princípio de sustentabilidade** derivado da ética.

17.5 COMO VIVER DE FORMA MAIS SUSTENTÁVEL?

CONCEITO 17.5 Podemos viver de forma mais sustentável nos educando em relação a assuntos ambientais, aprendendo com a natureza, vivendo de forma mais simples e leve na Terra e nos tornando cidadãos ambientalmente ativos.

Tornando-se mais educado ambientalmente

Há amplas evidências e concordâncias de que somos uma espécie em vias de degradar o sistema de suporte à vida da Terra, do qual a nossa e as outras espécies dependem. Durante este século, esse comportamento ameaçará a civilização humana e a existência de até metade das espécies do mundo. Parte do problema decorre da ignorância sobre como a Terra funciona, como nossas ações afetam seus sistemas de sustentação da vida e como podemos mudar nosso comportamento em relação à Terra e, portanto, em relação a nós mesmos. A correção dessa ignorância começa pela compreensão de três ideias importantes que formam a base da *conscientização ambiental*:

1. O capital natural é importante porque sustenta a vida na Terra e as nossas economias.
2. Nossas pegadas ecológicas são imensas e estão se expandindo com rapidez.
3. Quando ultrapassamos as fronteiras planetárias, ou pontos de virada ecológicos (Foco na ciência 3.3), as consequências prejudiciais resultantes podem durar de centenas a milhares de anos.

Para aprender a viver de maneira mais sustentável, é preciso ter uma base em educação ambiental que vise à produção de cidadãos bem informados. A aquisição de conhecimento ambiental consiste na capacidade de responder a algumas perguntas-chave e ter uma compreensão básica de certos temas-chave, como mostra a Figura 17.20. Esperamos que, com este curso e o livro, você tenha começado a desenvolver sua base de conhecimento ambiental e use-a para viver de modo mais sustentável.

Perguntas a serem respondidas

- Como a vida na Terra se sustenta?
- Como estou ligado à Terra e aos outros seres vivos?
- De onde vêm as coisas que consumo e para onde elas vão depois que as utilizo?
- O que é sabedoria ambiental?
- Qual é a minha visão de mundo sobre o meio ambiente?
- Qual é a minha responsabilidade ambiental como ser humano?

Componentes

- Conceitos básicos: sustentabilidade, capital natural, crescimento exponencial, capacidade de carga
- Princípios da sustentabilidade
- Histórico ambiental
- As duas leis da termodinâmica e a lei da conservação da matéria
- Princípios básicos de ecologia: redes alimentares, ciclo dos nutrientes, biodiversidade, sucessão ecológica
- Dinâmica da população
- Agricultura e exploração florestal sustentáveis
- Conservação do solo e uso sustentável da água
- Recursos minerais não renováveis
- Recursos energéticos renováveis e não renováveis
- Mudanças climáticas e redução da camada de ozônio
- Prevenção da poluição e redução do desperdício
- Sistemas econômicos e políticos sustentáveis do ponto de vista ambiental
- Visões de mundo e éticas sobre o meio ambiente

FIGURA 17.20 A aquisição de conhecimento ambiental consiste na capacidade de responder a algumas perguntas-chave e ter uma compreensão básica de certos temas-chave (**Conceito 17.5**). **Pergunta:** Depois de fazer este curso, você acha que consegue responder às questões aqui colocadas e ter uma compreensão básica de cada um dos temas-chave indicados nessa figura?

FIGURA 17.21 Conhecer a natureza pode nos ajudar a entender a necessidade de proteger o capital natural da Terra e viver de maneira mais sustentável.

djgis/Shutterstock.com

Podemos aprender com a Terra

A educação ambiental formal é importante, mas é suficiente? Alguns analistas dizem que não e recomendam que as pessoas apreciem não só o valor econômico da natureza, mas também seu valor ecológico, estético e espiritual. Para esses analistas, o problema não é apenas a falta de conhecimento ambiental, mas também, para muitas pessoas, a falta de contato íntimo com a natureza. Isso pode reduzir a capacidade das pessoas agirem de maneira mais responsável em relação à Terra e, consequentemente, em relação a elas mesmas e às outras pessoas.

Um coro crescente de analistas sugere que temos muito a aprender com a natureza. Muitos argumentam sobre a necessidade de um senso de reverência, admiração, mistério, empolgação e humildade ao explorar uma floresta, admirar a grandiosidade do oceano ou observar uma bela paisagem na natureza (Figura 17.21). Podemos pegar um punhado de terra e sentir a fértil vida microscópica que há ali e que nos mantém vivos ao produzir a maioria dos alimentos que consumimos. Podemos olhar para uma árvore, uma montanha, uma pedra ou uma abelha, ou ouvir o som de um pássaro e tentar perceber como cada um deles está ligado a nós e nós, a eles, por meio dos processos de sustentação da vida na Terra.

Tais experiências diretas com a natureza podem revelar partes da complexa teia da vida que não pode ser comprada, recriada com tecnologia ou reproduzida pela engenharia genética. Compreender e vivenciar diretamente as dádivas preciosas e gratuitas que recebemos da natureza pode nos ajudar a promover dentro de nós o compromisso ético de que precisamos viver de forma mais sustentável na Terra e, assim, preservar a nossa própria espécie e culturas.

De acordo com alguns psicólogos e outros analistas, para ter uma vida saudável é necessário sentir e entender a natureza. O jornalista Richard Louv cunhou o termo **transtorno de déficit de natureza** para descrever uma ampla variedade de problemas, como ansiedade, depressão e transtornos de déficit de atenção, que podem resultar da falta de contato com a natureza. Louv afirma que o problema é particularmente evidente em crianças que brincam a maior parte do tempo em ambientes fechados e veem o mundo natural por meios digitais, algo novo na história da humanidade.

> **PESSOAS QUE FAZEM A DIFERENÇA 17.2**
>
> ### Juan Martinez – reconectando as pessoas com a natureza
>
>
>
> O explorador da National Geographic Juan Martinez aprendeu por experiência própria o valor de se conectar com a natureza e, agora, está incutindo esse valor em outras pessoas, especialmente jovens menos favorecidos.
>
> Martinez cresceu em uma região pobre de Los Angeles, na Califórnia, e durante a infância corria o risco de ser absorvido por uma cultura de gangues. Um de seus professores reconheceu o potencial do garoto e deu-lhe a chance de ser aprovado em uma matéria em que estava indo mal se ele entrasse para o clube de ecologia da escola.
>
> Ele aproveitou aquela oportunidade e, quando o clube planejou uma excursão para visitar a Cordilheira Teton, em Wyoming, Martinez não perdeu a chance. Como resultado, diz: "Ainda não tenho palavras para descrever a primeira vez que vi aquelas montanhas se erguendo sobre o vale. Observar os bisões, ver um céu cheio de estrelas e caminhar naquele cenário foi impressionante".
>
> A experiência transformou a vida de Martinez. Hoje, ele é diretor de desenvolvimento de liderança na Children and Nature Network, uma organização que cria vínculos entre organizações ambientais, corporações, governos, instituições de ensino e indivíduos para reconectar crianças com a natureza. O trabalho dele como líder ambiental inspirou muitas outras pessoas.
>
> Martinez recebeu um grande reconhecimento por seus esforços, inclusive convites para fóruns sobre educação ambiental na Casa Branca. Porém, a maior recompensa para ele é ver como seus esforços ajudaram outras pessoas.

A vida urbana e o uso extensivo de internet, telefones celulares e outros dispositivos eletrônicos contribuem para o transtorno de déficit de natureza, considerado uma das cinco principais causas dos problemas ambientais. Muitos líderes ambientais estão ajudando as pessoas a se conectarem diretamente com a natureza (Pessoas que fazem a diferença 17.2).

Filósofos focados no planeta dizem que, para termos raiz, precisamos encontrar um senso de local – um córrego, uma montanha, um trecho de floresta, um jardim ou um parque no bairro, qualquer pedaço de terra que seja conhecido, amado e emocionalmente apreciado por nós. Como diz o biólogo Stephen Jay Gould, "não lutaremos para salvar aquilo que não amamos". Quando fazemos parte de um local, ele passa a ser parte de nós. Assim, ficamos motivados a defendê-lo de danos e a ajudar a curar suas feridas (Figura 17.22). Podemos descobrir e aproveitar o que o conservacionista Aldo Leopold chamou de "incêndio ecológico que queima nossos corações" e usá-lo como uma força para respeitar e trabalhar em conjunto com a Terra e uns com os outros.

Podemos viver de forma mais simples

Em uma escala de centenas de milhares a milhões de anos, a Terra é resiliente e capaz de sobreviver e curar muitas feridas. Principalmente devido a ações humanas, estamos vivendo em um planeta com um clima mais quente e, algumas vezes, mais inóspito, fontes de água menos confiáveis, oceanos mais ácidos, grande degradação do solo, maior extinção em massa das espécies, degradação dos principais serviços ecossistêmicos e destruição ecológica disseminada. A menos que consigamos mudar esse caminho, os cientistas alertam que essas e outras mudanças ambientais prejudiciais serão intensificadas. A Figura 17.23 lista 12 diretrizes (a *dúzia da sustentabilidade*) desenvolvidas por cientistas ambientais e

FIGURA 17.22 Esta mulher e outros manifestantes de Vancouver, Canadá, estão protestando contra a derrubada de florestas primárias na província canadense de Colúmbia Britânica.

Economia, política e visões de mundo ambientais

Diretrizes para viver de modo mais sustentável

- Imitar a maneira como a natureza se mantém, usando a Terra como modelo e professora.
- Proteger o capital natural da Terra e reparar os danos ecológicos causados por atividades humanas.
- Concentrar-se em evitar a poluição e o desperdício de recursos.
- Reduzir o consumo de recursos, os resíduos e a poluição ao diminuir a demanda e usar recursos materiais e energéticos com mais eficiência.
- Reciclar, reutilizar e reparar tudo, copiando a natureza para fazer nossos resíduos se transformarem em recursos.
- Recorrer mais a recursos energéticos renováveis e limpos, como energia solar e eólica.
- Desacelerar as mudanças climáticas.
- Reduzir gradualmente o aumento populacional e o tamanho da população.
- Celebrar e proteger a biodiversidade e a diversidade cultural.
- Promover justiça social para os seres humanos e justiça ecológica para as outras espécies que nos mantêm vivos.
- Acabar com a pobreza.
- Deixar a Terra em uma condição tão boa ou melhor do que estava quando a herdamos.

FIGURA 17.23 A *dúzia da sustentabilidade*: diretrizes para viver de modo mais sustentável.

especialistas em ética para vivermos de maneira sustentável, transformando preocupações ambientais, conhecimento e lições da natureza em ações ambientalmente responsáveis para as gerações atuais e futuras.

Alguns analistas recomendam que as pessoas que têm o hábito de consumir excessivamente aprendam a viver de maneira mais simples e sustentável. A busca da felicidade por meio da aquisição de bens materiais é considerada tolice por quase todas as principais religiões e filosofias. Ainda assim, a avalanche de mensagens publicitárias de hoje em dia estimula as pessoas a comprarem cada vez mais coisas para preencher uma lista crescente de desejos, como uma forma de alcançar a felicidade. Como observou o humorista e escritor estadunidense Mark Twain (1835-1910), "a civilização é a multiplicação ilimitada de necessidades desnecessárias".

Algumas pessoas estão adotando um estilo de vida de *simplicidade voluntária*. Esse estilo de vida não deve ser confundido com a pobreza, que é a *simplicidade involuntária*. A simplicidade voluntária envolve aprender a viver com menos coisas, usar produtos e serviços com menor impacto ambiental prejudicial e criar um impacto ambiental benéfico (**Conceito 17.5**). Os objetivos das pessoas que adotam essa filosofia são consumir menos, compartilhar mais, viver de maneira mais simples, fazer amigos, valorizar a família e aproveitar a vida. O lema delas é "compre menos, viva mais".

A prática da simplicidade voluntária é uma forma de aplicar o *princípio de suficiência* do filósofo e líder indiano Mahatma Gandhi: "A Terra fornece o suficiente para satisfazer as necessidades de todos, mas não a ganância de todos. [...] Quando pegamos mais do que precisamos, estamos simplesmente pegando de outras pessoas, pegando emprestado do futuro ou destruindo o ambiente e outras espécies". A maioria das religiões tem ensinamentos semelhantes.

A vida mais simples e sustentável começa com a seguinte pergunta: Do que eu preciso, de fato? Essa não é uma questão simples de se responder, pois pessoas de sociedades mais ricas são condicionadas a ver um excesso de bens materiais como necessidades, e não desejos. Muitas pessoas ficaram viciadas em comprar cada vez mais coisas, como uma forma de encontrar sentido para suas vidas, e acabam acumulando dívidas imensas para alimentar esse hábito.

Ao longo deste livro, você encontrou listas de métodos para viver de modo mais leve na Terra, reduzindo o tamanho e o impacto de nossas pegadas ecológicas no planeta. A Figura 17.24 lista oito grandes atitudes que algumas pessoas estão adotando para viver de maneira mais simples e sustentável. A gravidade dos problemas

FIGURA 17.24 *Viver de maneira mais leve*: Oito formas de reduzir nossa pegada ecológica e expandir nosso impacto ambiental benéfico (**Conceito 17.5**). *Raciocínio crítico:* Quais dessas coisas você já fez? Qual, se há alguma, você espera fazer?

ambientais que enfrentamos pode ser impressionante e fazer muitas pessoas se sentirem culpadas, com medo, apáticas e impotentes. Podemos nos afastar desses sentimentos imobilizantes quando reconhecemos e evitamos duas armadilhas mentais comuns, que causam negação, indiferença e inércia:

- *Pessimismo exagerado (desesperança);*
- *Otimismo tecnológico cego (avanços da ciência e da tecnologia vão nos salvar).*

Evitar essas armadilhas ajuda a nos manter firmes e inspirados por sentimentos empoderadores de esperança realista, e não imobilizados por sentimentos de desesperança e medo.

PARA REFLETIR

PENSANDO SOBRE Armadilhas mentais

Você já caiu em alguma dessas armadilhas? Em caso positivo, tem ou teve consciência disso? Como acha que pode se libertar delas?

Veja a seguir o que o empresário e autor ambientalista Paul Hawken disse em uma de suas aulas na Universidade de Portland:

Quando me perguntam se sou pessimista ou otimista em relação ao futuro, minha resposta é sempre a mesma: se você analisar o que está acontecendo na Terra pelo lado científico e não ficar pessimista, você não entendeu os dados. Mas, se você conhecer as pessoas que estão trabalhando para restaurar esse planeta e a vida dos mais pobres e não ficar otimista, você não tem pulso [...]. Você se junta a uma multidão de pessoas dedicadas.

Promovendo uma revolução de sustentabilidade em sua vida

A Figura 17.25 apresenta algumas das principais mudanças culturais de ênfase que podem ajudar a promover uma revolução sustentável. Um dos líderes do movimento para desenvolver e promover planos detalhados para fazer a transição para formas de vida mais sustentáveis é Lester R. Brown. O jornal *Washington Post* o considera "um dos pensadores mais influentes do mundo" e, em 2011, a revista *Foreign Policy* o nomeou como um dos maiores pensadores do mundo. O "plano B" de Brown para passarmos para um futuro mais sustentável dos pontos de vista ambiental e econômico tem quatro grandes objetivos: **(1)** estabilizar o crescimento populacional, **(2)** estabilizar as mudanças climáticas, **(3)** erradicar a pobreza e **(4)** restaurar os sistemas de suporte naturais da Terra.

Sabemos o que precisa ser feito e podemos mudar a maneira com que tratamos a Terra e, consequentemente, nosso sistema de suporte à vida e a nós mesmos. A história também mostra que as pessoas podem provocar mudanças mais rapidamente do que imaginamos, desde que deixem para trás ideias e práticas que já não funcionam e desenvolvam soluções para os problemas ambientais que todos nós enfrentamos. Apresentamos algumas dessas soluções ao longo do livro.

Embora alguns céticos digam que a ideia de uma revolução sustentável é utópica e irrealista, o empresário Paul Hawken defende que "a pessoa mais irrealista do mundo é o cínico, e não o sonhador". Além disso, como dizia o falecido Steve Jobs, cofundador da Apple Inc., "as pessoas que são loucas o bastante para achar que podem mudar o mundo são aquelas que, de fato, o mudam". Se

Caminho insustentável	Caminho sustentável
Energia e clima	
Combustíveis fósseis	Energia solar direta e indireta
Desperdício de energia	Eficiência energética
Alteração climática	Estabilização do clima
Matéria	
Elevado uso e desperdício de energia	Diminuição do uso de recursos
Consumo e desperdício	Redução, reúso e reciclagem
Descarte de resíduos e controle da poluição	Prevenção da poluição e resíduos
Vida	
Empobrecimento e degradação do capital natural	Proteção do capital natural
Redução da biodiversidade	Proteção da biodiversidade
Crescimento da população	Estabilização da população

FIGURA 17.25 Soluções: Algumas das transições culturais necessárias para a *revolução ambiental* ou *sustentável*. ***Raciocínio crítico***: Dessas mudanças, cite três que você considera as mais importantes e justifique sua resposta.

esses e outros indivíduos não tivessem tido a coragem de seguir em frente com ideias que os outros chamaram de utópicas e irrealistas, poucas realizações ambientais e em outras áreas que celebramos hoje teriam ocorrido.

A chave para uma revolução sustentável é que as pessoas fazem a diferença. Cada uma de nossas escolhas e ações faz a diferença. Estamos todos no mesmo barco e a situação não está perdida. Podemos trabalhar juntos para sermos a geração que evitou o caos ambiental e deixou a Terra – nosso único lar – melhor do que está hoje. Que época empolgante para se viver!

GRANDES IDEIAS

- Um sistema econômico mais sustentável incluiria nos preços de mercado os custos nocivos ao ambiente e à saúde da produção e utilização de produtos e serviços; subsidiaria produtos e serviços ambientalmente benéficos; tributaria a poluição e a produção de resíduos em vez dos salários e lucros; e reduziria a pobreza.

- Os indivíduos podem trabalhar em conjunto para se tornar parte dos processos políticos que influenciam a forma como as políticas ambientais são elaboradas e implementadas.

- Para que possamos viver de forma mais sustentável, devemos nos tornar ecologicamente conscientes, aprender com a natureza, viver de forma mais simples e nos tornar cidadãos ambientalmente ativos.

Revisitando

Campi universitários mais ecológicos e sustentabilidade

Universitários de todo o mundo demonstraram que é possível criar políticas ambientais sustentáveis, pelo menos nas comunidades de muitos campi universitários e em seus arredores (**Estudo de caso principal**). A população humana tem as habilidades e os recursos necessários para implementar políticas que ajudariam a erradicar a pobreza e a desnutrição, eliminar o analfabetismo, reduzir significativamente as doenças infecciosas, estabilizar a população humana e proteger o capital natural da Terra. Podemos fazer isso aplicando os três **princípios científicos da sustentabilidade** – contar muito mais com a energia solar e outras fontes renováveis; reutilizar e reciclar muito mais do que produzimos; e respeitar, restaurar e proteger ao máximo a biodiversidade que mantém nossas vidas e economias.

Formuladores de políticas nacionais e internacionais também podem ser guiados pelos três **princípios da sustentabilidade** derivados da economia, da política e da ética. Na arena política, eles precisarão se esforçar para encontrar soluções de ganhos mútuos que beneficiem o maior número de pessoas, ao mesmo tempo em que beneficiam o ambiente. Essas soluções provavelmente terão de incluir a incorporação dos custos prejudiciais para o ambiente e a saúde derivados da produção e do uso de bens e serviços (precificação de custo total). Quando estamos realmente interessados na sustentabilidade em longo prazo, também temos a responsabilidade ética de deixar o mundo em uma condição tão boa ou melhor do que ele estava quando o herdamos.

A transição para sociedades e economias mais sustentáveis pode ocorrer muito mais rapidamente do que imaginamos. Podemos escolher fazer parte dessa mudança tornando-nos politicamente conscientes, informados e ativos em relação às questões que afetam nosso futuro ambiental e político.

Revisão do capítulo

Estudo de caso principal

1. Defina **sustentabilidade** e dê quatro exemplos do papel importante que as faculdades e universidades desempenham na promoção da sustentabilidade.

Seção 17.1

2. Qual é o conceito-chave desta seção? O que é **economia**? O que é oferta e demanda e como esses fatores se relacionam com os preços? Diferencie **capital natural**, **capital humano** e **capital manufaturado**. Defina **crescimento econômico**. O que é **economia de alto rendimento**? Diferencie **desenvolvimento econômico** e **desenvolvimento econômico ambientalmente sustentável**. Resuma a controvérsia relacionada ao uso de taxas de desconto para estimar o valor futuro de um recurso. Explique a utilização e as limitações da análise de custo-benefício.

Seção 17.2

3. Qual é o conceito-chave desta seção? Por que os produtos e serviços, na verdade, custam mais do que a maioria das pessoas imagina? O que é **precificação de custo total** e quais são alguns benefícios do uso dessa abordagem para determinar o valor de mercado de bens e serviços? Cite três motivos para ela não ser amplamente utilizada. Defina **subsídios**. O que são subsídios e incentivos fiscais perversos e como eles contribuem para os problemas ambientais? Descreva a proposta de mudança de subsídios e incentivos fiscais prejudiciais para opções benéficas para o meio ambiente nas próximas duas ou três décadas. Por que alguns analistas consideram que os sistemas tributários típicos são atrasados? De que forma uma mudança tributária poderia melhorar a qualidade do ambiente? Cite três requisitos para realizar essa transição. Quais são as três principais vantagens e desvantagens dos impostos verdes?

4. Defina e estabeleça a diferença entre **produto interno bruto (PIB)** e **PIB** *per capita*. O que é o **indicador de progresso genuíno** (*genuine progress indicator* – GPI) e qual é a diferença entre ele e o PIB? Por que os indicadores ambientais são importantes? Quais são as principais vantagens e desvantagens do uso da estratégia de *cap-and-trade* para implementar regulamentações ambientais de controle da poluição e do uso de recursos? Quais são alguns dos benefícios ambientais da venda de serviços em vez de produtos? Dê dois exemplos dessa abordagem.

5. O que é **pobreza** e como ela se relaciona com o aumento populacional, a degradação ambiental e a saúde humana? Cite seis métodos que governos, empresas, credores e indivíduos podem usar para ajudar a reduzir a pobreza. O que é *microcrédito* e como ele pode beneficiar pessoas mais pobres e o meio ambiente? O que são os Objetivos de Desenvolvimento do Milênio e como está o progresso dessas metas? O que é uma **economia de baixo rendimento (baixa produção de resíduos)**? Cite seis componentes do desenvolvimento econômico mais sustentável do ponto de vista ambiental. Cite cinco setores ou carreiras verdes que serão importantes em economias mais sustentáveis.

Seção 17.3

6. Qual é o conceito-chave desta seção? Defina **política ambiental**. Cite os quatro componentes do ciclo de vida de uma política. Diferencie regulamentações governamentais de comando e controle e baseadas em incentivos, ou favoráveis à inovação, e aponte as vantagens da segunda abordagem. O que são grupos de interesse especial? Dê quatro exemplos. Por que é difícil desenvolver e implementar políticas ambientais em países como os Estados Unidos, com uma forma de governo democrática? Qual foi o papel dos cidadãos estadunidenses durante a aprovação da maioria das leis ambientais dos Estados Unidos na década de 1970? Cite cinco categorias de leis ambientais estadunidenses. Descreva a eficácia do movimento "antiambiental" nos Estados Unidos desde os anos 1980. Cite três grupos que se opõem às leis e regulamentações ambientais nos Estados Unidos. Quais são os quatro principais tipos de terras públicas dos Estados Unidos? Resuma a controvérsia política relacionada ao gerenciamento dessas terras.

7. O que é **justiça ambiental** e por que ela é importante? Cite oito princípios que os responsáveis pela tomada de decisões podem usar para formular políticas ambientais. Cite quatro formas de indivíduos que vivem em democracias influenciarem as políticas ambientais. Cite três formas de ser uma liderança ambiental. Descreva o papel da sociedade civil e das organizações ambientais consagradas. Dê dois exemplos de como estudantes e instituições de ensino foram pioneiros na transição para modos de vida mais sustentáveis. Explique a importância da segurança ambiental em relação à segurança econômica e militar. Cite quatro organizações importantes que ajudam a formular políticas ambientais globais. Cite cinco realizações de organizações ambientais internacionais.

Seção 17.4

8. Qual é o conceito-chave desta seção? O que é uma **visão de mundo ambiental**? O que é **ética ambiental**? O que é uma **visão de mundo centrada no ser humano**? Diferencie a visão de mundo da gestão planetária e a visão de mundo da administração. Resuma o debate acerca do gerenciamento eficaz da Terra. Quais foram as lições ecológicas aprendidas com o fracasso do projeto Biosfera 2? Defina **visão de mundo centrada na vida** e **visão de mundo centrada na Terra**. Por que é uma falácia pensar que precisamos salvar o planeta? O que precisamos salvar? Quais são os princípios mais importantes da visão de mundo da sabedoria ambiental?

Seção 17.5

9. Qual é o conceito-chave desta seção? Quais são os três princípios básicos da conscientização ambiental? Dê dois exemplos de como podemos aprender com a Terra. O que é **transtorno de déficit de natureza** e por que ele é importante? O que significa adotar um estilo de vida de simplicidade voluntária? Qual é o primeiro passo para viver de forma mais leve? Cite seis das doze diretrizes propostas para viver de modo mais sustentável. Cite oito etapas importantes que as pessoas podem realizar para ajudar a fazer a transição para uma vida mais sustentável. Cite seis mudanças culturais importantes que podem fazer parte de uma revolução sustentável.

10. Quais são as três grandes ideias deste capítulo? Explique como os universitários mudaram as políticas de suas instituições de ensino aplicando alguns dos seis **princípios da sustentabilidade**.

Observação: os principais termos estão em negrito.

Raciocínio crítico

1. Ao fazer a transição para um futuro mais sustentável, na sua opinião, quais são as três coisas mais importantes que **(a)** sua instituição de ensino deve fazer e **(b)** você deve fazer?

2. Suponha que, nos próximos 20 anos, os custos de bens e serviços para a saúde e o meio ambiente sejam adicionados gradualmente aos preços de mercado até que eles reflitam melhor os custos totais. Quais seriam os efeitos prejudiciais e benéficos que um processo de precificação de custo total como esse teria sobre o seu estilo de vida e a vida de seus filhos, netos e bisnetos?

3. Quais são os três componentes do desenvolvimento econômico sustentável do ponto de vista ambiental mostrados na Figura 17.13 que você considera mais importantes? Justifique suas escolhas. Quais são os três menos importantes para você? Por quê?

4. Explique por que você concorda ou discorda de cada um dos oito princípios que alguns analistas recomendam para tomar decisões sobre políticas ambientais citados na seção **Princípios da política ambiental**. Quais são os três princípios que você considera mais importantes? Por quê?

5. Explique por que você concorda ou discorda de **(a)** cada um dos quatro princípios sugeridos por alguns biólogos e ecólogos para o uso de terras públicas nos Estados Unidos e **(b)** cada uma das cinco sugestões feitas por incorporadoras e extratores de recursos para administrar e utilizar essas terras.

6. Este capítulo resumiu algumas diferentes visões de mundo sobre o meio ambiente. Qual delas, se houver, é a sua preferida? Caso discorde de todas elas, qual é sua visão de mundo sobre o meio ambiente? Sua visão de mundo sobre o meio ambiente mudou por causa deste curso? Em caso afirmativo, explique como. Compare suas respostas com as de seus colegas de classe.

7. Explique por que você concorda ou discorda das afirmações a seguir: **(a)** todos têm o direito de ter quantos filhos quiserem; **(b)** todas as pessoas têm o direito de usar a quantidade de recursos que quiserem; **(c)** os indivíduos devem ter o direito de fazer o que bem entenderem com as terras que possuem, independentemente de essas ações prejudicarem o ambiente, os vizinhos ou a comunidade local; **(d)** as outras espécies existem para serem usadas pelos seres humanos; **(e)** todas as formas de vida têm o direito de existir, não importa qual seja a utilidade delas para os seres humanos. Suas respostas são compatíveis com as crenças que compõem a sua visão de mundo ambiental, descrita na questão 6. Em caso negativo, explique.

8. Você acha que temos uma chance razoável de promover uma revolução sustentável ao longo de nossas vidas? Justifique. Se estiver terminando o curso, sua visão do futuro é mais ou menos otimista do que era no início? Compare suas respostas com as de seus colegas de classe.

Fazendo ciência ambiental

Escolha um problema ambiental, como poluição da água, mudanças climáticas, crescimento populacional, perda de biodiversidade ou alguma outra questão estudada ao longo do curso. Conduza uma pesquisa com estudantes, membros do corpo docente, funcionários e moradores da região, fazendo as perguntas a seguir, adaptando-as ao seu problema ambiental específico. Entreviste tantas pessoas quanto puder, a fim de obter uma grande amostragem. Crie categorias informando, por exemplo, se o entrevistado é homem ou mulher. Ao criar essas categorias, você estará colocando cada pessoa em um *grupo*. E você ainda pode adicionar outras informações, como idade, inclinação política e outros fatores para refinar a pesquisa, quando apropriado.

Perguntas

Pergunta 1 Em uma escala de 1 a 10, qual é o seu grau de conhecimento sobre o problema ambiental X?

Pergunta 2 Em uma escala de 1 a 10, até que ponto você está ciente da sua influência, como indivíduo, sobre o problema ambiental X?

Pergunta 3 Em uma escala de 1 a 10, quão importante é para você saber mais sobre o problema ambiental X?

Pergunta 4 Em uma escala de 1 a 10, qual é o seu nível de certeza de que um indivíduo pode ter uma influência positiva sobre o problema ambiental X?

Pergunta 5 Em uma escala de 1 a 10, qual é o seu grau de certeza de que o governo está fornecendo o nível adequado de liderança em relação ao problema ambiental X?

1. Colete os dados e analise suas descobertas para avaliar as diferenças entre os grupos de entrevistados.
2. Liste as principais conclusões extraídas dos dados.
3. Publique suas descobertas no site da sua instituição de ensino ou em um jornal local.

Análise da pegada ecológica

Com seus colegas de classe, conduza uma análise da pegada ecológica do seu campus. Em dupla ou em pequenos grupos, pesquise e investigue um ou mais aspectos da sua instituição de ensino, como reciclagem ou compostagem, uso de água, práticas do refeitório, uso de energia, gerenciamento do prédio e conservação de energia, transportes ou manutenção do terreno. Dependendo da instituição e da localização dela, talvez você queira adicionar mais áreas de investigação. Você também pode decidir estudar o campus como um todo ou dividi-lo em áreas de pesquisa menores, como dormitórios, prédios administrativos, salas de aula, jardins, etc.

1. Depois de definir a área de pesquisa, conduza sua análise. Como parte da análise, desenvolva uma lista de questões para ajudar a determinar o impacto ecológico relativo ao tópico escolhido. Por exemplo, em relação ao uso de água, você pode perguntar qual é a quantidade de água usada, a quantidade estimada de água perdida em vazamentos e o valor médio da conta paga pela instituição, entre outras coisas. Use essas perguntas como a base da sua pesquisa.
2. Analise os resultados e compartilhe-os com a sua turma para determinar o que pode ser feito para reduzir a pegada ecológica da sua instituição de ensino na área escolhida.
3. Marque uma reunião com os responsáveis pela instituição para compartilhar com eles seu plano de ação.

Glossário

acidez Característica química que ajuda a determinar como uma substância dissolvida na água (uma solução) interagirá com o ambiente e o afetará; com base nas quantidades comparativas de íons de hidrogênio (H^+) e íon de hidróxido (OH^-) contidos em um volume particular da solução. Veja *pH*.

ácido nucleico Grande molécula de polímero formada pela ligação de centenas a milhares de quatro tipos de monômeros chamados nucleotídeos. Dois ácidos nucleicos – DNA (ácido desoxirribonucleico) e RNA (ácido ribonucleico) – participam da construção de proteínas e carregam informações hereditárias usadas para transmitir traços dos pais para a descendência.

ácido sulfúrico Composto que contém hidrogênio, enxofre e oxigênio; um produto químico perigoso que geralmente é um componente da precipitação ácida. Veja *deposição ácida*.

adaptação Qualquer característica genética estrutural, fisiológica ou comportamental que ajuda um organismo a sobreviver e se reproduzir sob um determinado conjunto de condições ambientais. Veja *evolução biológica, mutação, seleção natural*.

adubo animal Fezes e urina de animais usados como forma de fertilizante orgânico. Comparar com *adubo verde*.

adubo verde Vegetação recém-cortada ou em crescimento é adicionada ao solo para aumentar a matéria orgânica e o húmus disponível para sustentar o crescimento da safra. Comparar com *adubo animal*.

afloramento (ou **ressurgência**) Movimento da água do fundo rica em nutrientes para a superfície do oceano. Pode ocorrer longe da costa, mas geralmente acontece ao longo de certas áreas costeiras íngremes onde a camada da superfície quente da água do oceano é afastada da costa e substituída pela água fria do fundo rica em nutrientes.

agricultura de alto uso de insumo Veja *agricultura industrializada*.

agricultura de conservação Cultivo agrícola em que o solo é pouco perturbado (agricultura de distúrbio mínimo) ou não é (sem lavrar o solo), em um esforço para reduzir a erosão do solo e os custos de mão de obra e economizar energia. Comparar com *agricultura de subsistência tradicional*.

agricultura de distúrbio mínimo Veja *agricultura de subsistência tradicional*.

agricultura de plantio Cultivo de culturas especializadas, como bananas, café e cacau em países tropicais em desenvolvimento, principalmente para venda aos países desenvolvidos.

agricultura de subsistência tradicional Produção de safras ou gado suficientes para a sobrevivência de uma família de fazenda e, nos bons anos, um excedente para vender ou armazenar para os tempos difíceis. Comparar com *agricultura industrializada, agricultura tradicional intensiva*.

agricultura industrializada (ou **agricultura de alto uso de insumo**) Produção de grande quantidade de safra e gado para venda doméstica e estrangeira; envolve o uso de grandes entradas de energia de combustíveis fósseis (especialmente petróleo e gás natural), água, fertilizantes e pesticidas.

agricultura orgânica Cultivo de plantações sem o uso de pesticidas sintéticos, fertilizantes inorgânicos sintéticos e plantas geneticamente modificadas; criação de gado sem o uso de antibióticos ou hormônios de crescimento; uso de fertilizante orgânico (adubo, legumes, composto) e controles naturais de pragas (insetos que comem os insetos nocivos, plantas que afastam esses organismos e controles ambientais, como rotação de safras).

agricultura sem lavrar o solo Veja *agricultura de conservação*

agricultura sustentável Método para o cultivo de vegetais e criação de gado à base de fertilizantes orgânicos, conservação do solo, conservação da água, controle biológico de praga e uso mínimo de energia não renovável de combustíveis fósseis.

agricultura tradicional intensiva Produção de alimento suficiente para uma família de fazenda sobreviver e um excedente que pode ser vendido. Esse tipo de agricultura usa acréscimo mais alto de mão de obra, fertilizante e água do que a agricultura de subsistência tradicional. Veja *agricultura de subsistência tradicional*. Comparar com *agricultura industrializada*.

agrobiodiversidade A variedade genética de espécies de animais e plantas usadas em fazendas para produzir alimentos.

água cinza Água usada de banheiras, chuveiros, pias e máquinas de lavar louças e roupas, que pode ser armazenada em um tanque e reutilizada para irrigar jardins e plantas não comestíveis, dar descarga e lavar carros.

água doce Água relativamente pura contendo alguns sais dissolvidos.

água residual Água que contém esgoto e outros resíduos de casas, fazendas e indústrias.

água subterrânea Água que penetra no solo e é armazenada em reservatórios subterrâneos, chamados *aquíferos*, que fluem e são renovados lentamente; água subterrânea na zona de saturação, abaixo do lençol freático. Comparar com *escoamento* e *água superficial*.

água superficial Precipitação que não se infiltra no solo nem retorna para a atmosfera pela evaporação ou transpiração. Encontrada em córregos, rios, lagos e alagadiços. Veja *escoamento*. Comparar com *água subterrânea*.

água virtual Água que não é diretamente consumida, mas usada para produzir alimentos e outros produtos.

alagadiço Terra que é coberta todo o tempo ou parte dele com água salgada ou doce, com exceção de córregos, lagos e mar aberto. Veja *alagadiço costeiro* e *área interior alagadiça*.

alagadiço costeiro Terra ao longo de uma linha de costa que se estende para o interior de um estuário que permanece coberta com água salgada durante o ano todo ou uma parte dele. Exemplos: brejos, planícies de maré e mangues. Comparar com *área interior alagadiça*.

alteração na população Aumento ou diminuição no tamanho de uma população. É igual a (Nascimentos + Imigração) – (Mortes + Emigração).

ambientalismo Movimento social dedicado à proteção dos sistemas de suporte à vida na Terra para nós e para outras espécies.

ambiente Condições, fatores, matéria e energia externas vivas e não vivas que afetam qualquer organismo vivo ou outro sistema específico.

análise de risco Identificar os perigos, avaliar a natureza e gravidade de risco associado aos perigos (*avaliação de risco*), classificar os riscos (*análise comparativa de riscos*) e usar estas e outras informações para determinar as opções e tomar decisões sobre a redução ou eliminação de riscos (*administração de risco*).

anfíbios Classe de animais que inclui sapos, rãs e salamandras.

Antropoceno Nova era em que os seres humanos se tornaram os principais agentes de mudança do funcionamento do sistema de suporte à vida da Terra à medida que sua pegada ecológica se espalhava por todo o planeta. Comparar com *Holoceno*.

antropocêntrico Centrado no ser humano. Comparar com *biocêntrico*.

aquecimento atmosférico Um aumento na temperatura média da atmosfera perto da superfície terrestre ao longo de 30 anos ou mais.

aquecimento global Aquecimento da atmosfera inferior (troposfera) da Terra causado pelo aumento das concentrações de um ou mais gases de efeito estufa. A mudança climática resultante desse processo pode durar de décadas a milhares de anos. Veja *efeito estufa*, *gases de efeito estufa* e *efeito estufa natural*.

aquicultura Criação e coleta de peixes e crustáceos para uso humano em lagoas de água doce, diques de irrigação e lagos, em gaiolas e áreas cercadas de lagoas costeiras e estuários ou em oceano aberto.

aquíferos Camadas porosas saturadas de água de areia, cascalho ou leito de rocha que pode produzir uma quantidade economicamente significativa de água.

área de pesca Concentração de uma espécie aquática em particular adequada para coleta comercial em determinada área do oceano ou corpo de água em terra.

área interior alagadiça Terra distante da costa, como pântano, brejos ou charco, coberta em sua totalidade ou parte do tempo com água doce. Comparar com *alagadiço costeiro*.

área urbana Área geográfica que contém uma comunidade com 2.500 ou mais habitantes. Nessa definição, a quantidade mínima de pessoas varia entre os países, de 2.500 a 50 mil.

areia betuminosa (ou de alcatrão) Jazida de uma mistura de argila, areia, água e quantidades variadas de petróleo pesado como piche conhecido como betume. O betume pode ser extraído da areia betuminosa pelo aquecimento. Então, é purificado e convertido em petróleo bruto sintético.

areia de alcatrão Veja *areia betuminosa*.

árvores coníferas Árvores em forma de cones, principalmente as sempre verdes, que têm folhas em formato de agulha ou escamas. Elas produzem madeira comercialmente conhecida como resinosas. Comparar com *plantas decíduas*.

astenosfera Zona no interior do manto da Terra formada de rocha parcialmente derretida e quente que flui e pode ser deformada como um plástico macio.

aterro Veja *aterro sanitário*.

aterro sanitário Local de descarte de resíduos sobre a terra, no qual o resíduo é espalhado em camadas finas, compactado e coberto, diariamente, com uma camada fresca de argila ou espuma de plástico. Comparar com *lixão a céu aberto*.

atmosfera A massa inteira de ar ao redor da Terra. Veja *estratosfera* e *troposfera*. Comparar com *biosfera*, *geosfera* e *hidrosfera*.

átomo A menor unidade existente de um elemento com características únicas dele; formado de partículas subatômicas, é o constituinte básico de todos os elementos químicos e, portanto, toda a matéria. Comparar com *íon*, *molécula*.

autótrofo Veja *produtor*.

avaliação de risco Processo de reunir dados e elaborar hipóteses para estimar efeitos nocivos de longo e curto prazos sobre a saúde humana ou ambiente a partir da exposição aos perigos associados utilizando um produto ou tecnologia em particular. Veja *risco*, *análise de risco*.

bacia de drenagem Veja *bacia de vertente*.

bacia de vertente (ou de drenagem ou hidrográfica) Área de terra que entrega água, sedimento e substâncias dissolvidas por meio de pequenos córregos para um rio principal.

bactéria Organismos procarióticos unicelulares, alguns dos quais transmitem doenças. A maioria atua como decompositores e obtém os nutrientes de que precisa por meio da decomposição de compostos orgânicos complexos existentes nos tecidos de organismos vivos ou mortos em compostos nutrientes inorgânicos mais simples.

barragem Estrutura através de um rio para controlar o seu fluxo ou para criar um reservatório. Veja *reservatório*.

bifenilpoliclorados (*polychlorinated biphenyls* – PCBs Grupo de 209 compostos de hidrocarbonetos sintéticos, tóxicos e oleosos que podem ser biologicamente ampliados nas cadeias e redes alimentares.

bioacúmulo Aumento na concentração de um produto químico em organismos específicos ou tecidos em um nível mais alto do que normalmente seria esperado. Comparar com *magnificação trófica*.

biocêntrico Centrado na vida. Comparar com *antropocêntrico*.

biocombustível Gás (como o metano) ou combustível líquido (como álcool etílico ou biodiesel) feito de material de plantas (biomassa).

biodiversidade Variedade de diferentes espécies (*diversidade de espécies*), variabilidade genética entre indivíduos em cada espécie (*diversidade genética*), variedade de ecossistemas (*diversidade ecológica*) e variedade de funções como fluxo de energia e ciclagem de matéria necessárias para a sobrevivência de espécies e comunidades biológicas (*diversidade funcional*).

biologia de conservação Ciência multidisciplinar criada para lidar com a crise da perda acelerada de genes, espécies, comunidades e ecossistemas que formam a diversidade biológica da Terra.

biologia sintética Tecnologia que permite que cientistas criem novas sequências de DNA e usem essas informações genéticas para desenvolver e produzir células, tecidos e partes do corpo artificiais, além de organismos que não são encontrados na natureza.

biomas Regiões terrestres habitadas predominantemente por determinados tipos de vegetação e outras formas de vida. Exemplos: vários tipos de deserto e campo e floresta.

biomassa Matéria orgânica produzida por plantas e outros produtores fotossintetizantes; peso total seco de todos os organismos vivos que podem ser suportados em cada nível trófico em uma cadeia alimentar; peso seco de toda matéria orgânica nos vegetais e animais de um ecossistema; materiais vegetais e resíduos animais usados como combustível.

biomimetismo Processo de observar determinadas mudanças na natureza, com o propósito de verificar como os sistemas naturais responderam às alterações ocorridas ao longo de milhões de anos; por meio desse processo, é possível encontrar mecanismos para lidar com alguns desafios ambientais.

biosfera Zona da Terra onde há vida. Composta de partes da atmosfera (troposfera), hidrosfera (principalmente água superficial e lençol freático) e litosfera (principalmente solo e rochas de superfície, e sedimentos do fundo dos oceanos e de outros corpos de água). Comparar com *atmosfera*, *geosfera* e *hidrosfera*.

cadeia alimentar Série de organismos que comem ou decompõe o organismo precedente. Comparar com *rede alimentar*.

calor Energia cinética total de todos os átomos em movimento aleatório, íons ou moléculas em determinada substância, com exceção do movimento geral do objeto inteiro. O calor sempre flui espontaneamente de uma amostra de matéria mais quente para uma amostra de matéria mais fria. Essa é uma afirmação da *segunda lei da termodinâmica*.

camada de ozônio Camada de ozônio gasoso (O_3) na estratosfera que protege a vida na Terra ao filtrar a maior parte da radiação ultravioleta nociva do Sol.

capacidade de carga (K) População máxima de uma espécie em particular que um habitat pode suportar durante determinado período. Comparar com *capacidade de carga cultural*.

capacidade de carga cultural Limite no crescimento populacional que permite que a maioria das pessoas de uma área ou do mundo viva com conforto e liberdade razoáveis sem prejudicar a capacidade do planeta de sustentar as futuras gerações.

capital humano (ou recursos humanos) Talentos físicos ou mentais das pessoas que fornecem mão de obra, inovação, cultura e organização. Comparar com *capital manufaturado*, *capital natural*.

capital manufaturado Itens manufaturados confeccionados com recursos naturais e usados para produzir e distribuir bens e serviços econômicos. Exemplos incluem ferramentas, máquinas, equipamentos, fábricas e instalações de transporte e distribuição. Comparar com *capital humano* e *capital natural*.

capital natural Recursos e serviços naturais que mantêm o homem e outras espécies vivos e sustentam nossas economias. Veja *recursos naturais, recursos naturais*.

captura e armazenamento de carbono (*carbon capture and storage* – CCS) Processo de remover gás dióxido de carbono da energia de queima de carvão e usinas e armazená-lo em algum lugar (geralmente no subsolo ou sob o leito do mar). Para ser efetivo, deve ser armazenado, para que não possa ser liberado na atmosfera, essencialmente para sempre.

carboidratos complexos Dois ou mais monômeros de açúcares simples (como a glicose) unidos. Exemplos: aminoácidos e celulose.

carcinógenos Produtos químicos, radiação ionizante e vírus que provocam ou promovem o desenvolvimento de câncer. Comparar com *mutagênico* e *teratogênico*.

carnívoro Animal que se alimenta de outros animais. Comparar com *herbívoro* e *onívoro*.

carvão Combustível sólido, mistura de compostos orgânicos com 30% a 98% de carbono por peso, misturado com várias quantidades de água e pequenas quantidades de compostos de nitrogênio e enxofre. Forma-se em vários estágios enquanto os restos de plantas estão sujeitos ao calor e à pressão durante milhões de anos.

CCS Veja *captura e armazenamento de carbono*.

célula A menor unidade viva de um organismo. Cada célula é envolvida por uma membrana externa ou uma parede e contém material genético (DNA) e outras substâncias que possibilitam que ela realize suas funções de vida. Organismos como as bactérias consistem em uma única célula, mas a maioria dos organismos contém muitas células.

célula de combustível de hidrogênio Dispositivo que usa gás hidrogênio (H_2) como combustível para produzir eletricidade quando reage com o gás oxigênio (O_2) na atmosfera. Emite somente vapor de água.

célula fotovoltaica (FV) Dispositivo que converte a energia radiante (solar) diretamente em energia elétrica. Também chamada célula solar.

célula FV Veja *célula fotovoltaica*.

célula solar Veja *célula fotovoltaica*.

CFCs Veja *clorofluorcarbonetos*.

CHP (*combined heat and power* – combinado de calor e eletricidade) Veja *cogeração*.

chuva ácida Veja *deposição ácida*.

ciclagem de nutrientes Veja *ciclagem química*.

ciclagem química Circulação dos produtos químicos provenientes do ambiente (principalmente do solo e da água) pelos organismos e de volta para o ambiente. Veja *ciclo de nutriente*.

ciclo biogeoquímico (ou de nutrientes) Processo natural que recicla nutrientes em diversas formas químicas, do ambiente não vivo aos organismos vivos e, então, volta novamente ao ambiente não vivo. Exemplos: ciclos de carbono, oxigênio, nitrogênio, fósforo, enxofre e hidrológicos.

ciclo da água Veja *ciclo hidrológico*.

ciclo da rocha O maior e mais lento dos ciclos da Terra que consiste em processos geológicos, físicos e químicos que formam e modificam rochas e solo na crosta terrestre durante milhões de anos.

ciclo de nutriente Veja *ciclo biogeoquímico*.

ciclo de retroalimentação O processo que ocorre quando a matéria, energia ou informação resultante é inserida de volta no sistema como entrada e causa mudanças naquele sistema. Veja *retroalimentação*. Comparar com *ciclo de retroalimentação negativa* e *ciclo de retroalimentação positiva*.

ciclo de retroalimentação corretiva Veja *ciclo de retroalimentação negativa*.

ciclo de retroalimentação negativa O processo que ocorre quando a matéria, energia ou informação resultante é colocada de volta no sistema como entrada e desacelera ou interrompe uma mudança que estava ocorrendo nele. Também pode fazer o sistema mudar para a direção oposta. Veja *sistema*. Comparar com *ciclo de retroalimentação positiva*.

ciclo de retroalimentação positiva O processo que ocorre quando a matéria, energia ou informação resultante é colocada de volta no sistema como entrada e faz o sistema mudar na mesma direção. Veja *sistema*. Comparar com *ciclo de retroalimentação negativa*.

ciclo do carbono Movimento cíclico do carbono em diferentes formas químicas: do ambiente aos organismos e destes ao ambiente.

ciclo do combustível nuclear Processo que consiste em extração do urânio, processamento e enriquecimento desse elemento para produzir combustível, utilização no reator, armazenagem segura dos resíduos altamente radioativos resultantes de milhares de anos até que sua radioatividade caia para níveis seguros e desativação de usina altamente radioativa por meio de seleção e armazenamento do material radioativo de nível alto e moderado por milhares de anos.

ciclo do enxofre Movimento cíclico do enxofre em diferentes formas químicas, do ambiente até os organismos e, depois, de volta para o ambiente.

ciclo do fósforo Movimento cíclico do fósforo em diferentes formas químicas, do ambiente até os organismos e, depois, de volta para o ambiente.

ciclo do nitrogênio Movimento cíclico do nitrogênio em diferentes formas químicas do ambiente até os organismos e, depois, de volta para o ambiente.

ciclo hidrológico (ou **da água**) Ciclo biogeoquímico que coleta, purifica e distribui o fornecimento fixo de água da Terra do ambiente para os organismos vivos e de volta para o ambiente.

ciência Tentativa de descobrir a ordem na natureza e utilizar esse conhecimento para fazer predições sobre o que pode acontecer na natureza. Veja *dados, ciência consolidada, hipótese científica, lei científica, modelo científico, teoria científica, ciência provisória* e *ciência não consolidada*.

ciência ambiental Estudo interdisciplinar que usa informações e ideias das ciências físicas (como biologia, química e geologia) e das ciências sociais e humanidades (como economia, política e ética) para aprender como a natureza funciona, como interagimos com o ambiente e como podemos ajudar a lidar com os problemas ambientais.

ciência consolidada Conceitos e ideias que são amplamente aceitos por especialistas em uma área específica das ciências naturais ou sociais. Comparar com *ciência provisória* e *ciência não consolidada*.

ciência não consolidada Resultados ou hipóteses da ciência apresentados como ciência consolidada sem que tenham sido submetidos aos rigores do processo de revisão de pares. Comparar com *ciência consolidada* e *ciência provisória*.

ciência provisória Dados científicos preliminares, hipóteses e modelos que não foram amplamente testados e aceitos. Comparar com *ciência consolidada* e *ciência não consolidada*.

cientista ambiental Cientista que usa informações das ciências físicas e ciências sociais para entender como a Terra funciona, aprender como os humanos interagem com ela e desenvolver soluções para problemas ambientais. Veja *ciência ambiental*.

clima Padrão geral de condições atmosféricas em determinada área sobre períodos que variam de pelo menos 30 anos até milhares de anos. Os dois principais fatores que determinam o clima de uma área são temperatura média, com as variações sazonais, e a quantidade média e distribuição de precipitação. Comparar com *condições meteorológicas*.

clorofluorcarbonetos (CFCs) Compostos orgânicos formados de átomos de carbono, cloro e flúor, que podem esgotar a camada de ozônio quando lentamente sobem para a estratosfera e reagem com as moléculas de ozônio.

coevolução Evolução em que duas ou mais espécies interagem e exercem pressões seletivas umas sobre as outras, o que pode levar cada espécie a passar por adaptações. Veja *evolução* e *seleção natural*.

cogeração Produção de duas formas úteis de energia, como calor ou vapor em alta temperatura e eletricidade, da mesma fonte de combustível.

colapso da população Morte progressiva de uma população que tenha usado o seu abastecimento de recursos e excedido a capacidade de carga do ambiente. Veja *capacidade de carga*.

combustíveis sintéticos Combustíveis líquidos e gasosos sintéticos produzidos de carvão sólido ou outras fontes, além de gás natural ou petróleo bruto.

combustível fóssil Produto de decomposição completa ou parcial de plantas e animais; ocorre como petróleo bruto, carvão, gás natural ou petróleo pesado, como resultado da exposição a calor e pressão na crosta terrestre durante milhões de anos. Veja *carvão* e *gás natural*.

comensalismo Interação entre organismos de diferentes espécies, na qual um dos organismos se beneficia e o outro não é beneficiado nem prejudicado em qualquer alto grau. Comparar com *mutualismo*.

competição interespecífica Tentativas feitas por membros de duas ou mais espécies para usar os mesmos recursos limitados em um ecossistema.

compostagem Uma forma de reciclagem que imita a natureza ao usar bactérias para decompor aparas de jardim, restos de alimentos vegetais e outros resíduos orgânicos biodegradáveis, transformando-os em materiais que podem ser usados para aumentar a fertilidade do solo.

composto Matéria orgânica animal e vegetal parcialmente decomposta usada como condicionador ou fertilizante de solo.

compostos Combinação de átomos ou íons carregados opostamente de dois ou mais elementos unidos por forças atrativas chamadas ligações químicas. Exemplos: $NaCl$, CO_2 e $C_6H_{12}O_6$. Comparar com *elemento*.

compostos inorgânicos Todos os compostos não classificados como compostos orgânicos. Veja *compostos orgânicos*.

compostos orgânicos Compostos que contêm átomos de carbono combinados um com o outro e com átomos de um ou demais elementos como hidrogênio, oxigênio, nitrogênio, enxofre, fósforo, cloro e flúor. Todos os outros compostos são chamados *compostos inorgânicos*.

compostos orgânicos voláteis (COVs) Compostos orgânicos que existem como gases na atmosfera e agem como poluentes, alguns dos quais são perigosos.

comunidade Populações de todas as espécies vivendo e interagindo em uma área em um tempo determinado.

comunidade biológica Veja *comunidade*.

condições meteorológicas Mudança a curto prazo na temperatura, pressão barométrica, umidade, precipitação, brilho do Sol, cobertura por nuvens, direção e velocidade do vento e outras condições na troposfera em determinado local e horário. Comparar com *clima*.

confinamento Espaço de confinamento interno ou externo usado para criar de centenas a milhares de gados domesticados.

conservação da energia Reduzir ou eliminar o desperdício de energia.

conservação do solo Métodos usados para reduzir a erosão do solo, evitar o esgotamento de nutrientes do solo e restaurar nutrientes anteriormente perdidos pela erosão, lixiviamento e colheita de safras em excesso.

consumidor Organismo que não pode sintetizar os nutrientes orgânicos que precisa e os obtém alimentando-se de tecidos de produtores ou de outros consumidores; em geral divididos em *primários* (herbívoros), *secundários* (carnívoros), *terciários* (de nível mais alto), *onívoros* e *detritívoros* (decompositores e organismos que se alimentam de detritos). Em economia, aquele que utiliza bens econômicos. Comparar com *produtor*.

consumidor de detritos Veja *detritívoro*.

consumidor primário Organismo que se alimenta de algumas ou todas as partes de uma planta (herbívoro) ou de outros produtores. Comparar com *detritívoros, onívoros* e *consumidor secundário*.

consumidor secundário Organismo que se alimenta apenas de consumidores primários. Comparar com *detritívoros, onívoros* e *consumidor primário*.

consumidores terciários (de nível mais alto) Animais que se alimentam da carne de outros carnívoros. Eles se alimentam em níveis tróficos altos, em cadeias e redes alimentares. Exemplos: falcões, leões, lobo-do-mar e tubarões. Comparar com *detritívoros, consumidor primário* e *consumidor secundário*.

conteúdo de oxigênio dissolvido (OD) Quantidade de gás oxigênio (O_2) dissolvido em dado volume de água, em temperatura e pressão específicas; frequentemente expresso como concentração em partes de oxigênio por milhões de partes de água.

correntes oceânicas Movimentos da massa da água de superfície produzidos por ventos predominantes que sopram os oceanos.

corte por faixa Variação do corte raso em que uma faixa de árvores é cortada ao longo do contorno de terra, com um corredor estreito o suficiente para permitir a regeneração natural em alguns anos. Depois da regeneração, outra faixa é cortada acima da primeira e assim por diante. Comparar com *corte raso* e *corte seletivo*.

corte raso Método de colheita de madeira em que todas as árvores de uma área florestada são removidas em um único corte. Comparar com *corte seletivo* e *corte por faixa*.

corte seletivo Corte individual ou em pequenos grupos de árvores maduras ou de idade intermediária em uma floresta de idade diversa. Isto encoraja o crescimento de árvores mais jovens e mantém uma fila de idade desigual. Comparar com *corte raso* e *corte por faixa*.

crescimento econômico Aumento da capacidade de fornecer bens e serviços às pessoas; um aumento no produto interno bruto (PIB). Comparar com *desenvolvimento econômico*. Veja *produto interno bruto*.

crescimento exponencial Crescimento em que alguma quantidade, como o tamanho da população ou a saída econômica, aumenta em taxa constante por unidade de tempo. Um exemplo é a sequência de crescimento 2, 4, 8, 16, 32, 64, e assim por diante, que aumenta 100% em cada intervalo. Quando o aumento em quantidade sobre um tempo é marcado, esse tipo de crescimento produz uma curva no formato da letra J.

crescimento inteligente Forma de planejamento urbano que reconhece que o crescimento urbano acontecerá, mas usa as leis de zoneamento e outras ferramentas para evitar a expansão e o crescimento direto para certas áreas, proteger terras e hidrovias importantes e sensíveis ecologicamente e desenvolver áreas urbanas que são mais sustentáveis ambientalmente e locais mais agradáveis de viver.

crescimento logístico Padrão em que o crescimento populacional exponencial ocorre quando a população é menor, e o crescimento populacional diminui constantemente com o tempo conforme a população se aproxima da capacidade de carga.

crescimento urbano Taxa de crescimento de uma população urbana.

criação de peixes Veja *aquicultura*.

cromossomo Um grupo de genes e proteínas associados em células animais e vegetais que contêm certos tipos de informação genética. Veja *genes*.

crosta Zona externa sólida da Terra. Composta de crosta oceânica e continental. Comparar com *núcleo*, *manto*.

cultivo de alameda [corredor de cultivos (ou agroflorestais)] Plantação de cultivos em corredores com filas de árvores ou arbustos nas laterais.

cultivo de faixa [em faixa de corte] Plantação de cultivos regulares e plantas de cultivo próximo, como feno ou legumes que fixam o nitrogênio, alternando as filas ou bandas para ajudar a reduzir o esgotamento dos nutrientes do solo.

cultivo orgânico Veja *agricultura orgânica* e *agricultura sustentável*.

curva de resposta de dose Gráfico de dados que mostra os efeitos de várias doses de um agente tóxico em um grupo de organismos de teste. Veja *dose*, *resposta*.

curva de sobrevivência Gráfico de linhas que mostra a porcentagem de membros de uma população que sobrevivem com diferentes idades. Existem três tipos gerais de curvas de sobrevivência: *perda tardia*, *perda precoce* e *perda constante*.

custo externo Efeito nocivo ambiental, econômico ou social de produzir ou usar um bem econômico que não está incluído no preço de mercado do bem. Comparar com *custo interno*. Veja *precificação de custo total*.

custo interno Custo direto pago pelo produtor e comprador de um bem econômico. Comparar com *custo externo*. Veja *precificação de custo total*.

dados Informação factual coletada por cientistas.

DCC Veja *distúrbio do colapso das colônias*.

decaimento radioativo Alteração de um radioisótopo para um isótopo diferente pela emissão de radioatividade.

decompositor Organismo que digere partes de organismos mortos e fragmentos de refugos de organismos vivos ao transformar as complexas moléculas orgânicas dessas matérias em compostos inorgânicos mais simples absorvendo, então, nutrientes solúveis. Os produtores devolvem a maioria dessas substâncias químicas ao solo e à água para reúso. Os decompositores são formados de várias bactérias e fungos. Comparar com *consumidor*, *detritívoro*, *produtor*.

degradação ambiental Esgotamento ou destruição de uma fonte potencialmente renovável, como solo, campo, floresta ou vida selvagem, que é usada mais rápido do que é naturalmente substituída. Se esse uso continuar, o recurso se tornará não renovável (em uma escala de tempo humano) ou não existente (extinto). Veja também *degradação de capital natural* e *produção sustentável*.

degradação do capital natural Desperdício, esgotamento ou destruição de qualquer capital natural da Terra. Veja *degradação ambiental*.

democracia representativa Governo representado pelas pessoas por meio de políticos e representantes eleitos.

densidade da população Número de organismos em uma população específica encontrado em uma determinada área ou volume.

deposição ácida A queda de ácidos e compostos formados por ácidos da atmosfera na superfície da Terra. Deposição ácida é mais comumente conhecida como *chuva ácida*, um termo referente à deposição úmida de gotículas de ácidos e compostos formados por ácidos.

deriva continental Movimento lento dos continentes sobre o manto da Terra.

desenvolvimento econômico Melhoria dos padrões de vida dos seres humanos proporcionada pelo crescimento econômico. Comparar com *crescimento econômico*.

desenvolvimento econômico ambientalmente sustentável Abordagem que usa sistemas políticos e econômicos para encorajar formas de crescimento econômico ambientalmente benéficas e mais sustentáveis e desencorajar aquelas que degradam o capital natural.

desertificação Conversão de pastagem, terra agrícola abastecida pela chuva ou irrigada em deserto, com uma queda na produtividade agrícola de 10% ou mais. Geralmente, é causada por uma combinação de excesso de pastagem, erosão do solo, seca prolongada e mudança climática.

deserto Bioma no qual a evaporação excede a precipitação e a quantidade média de precipitação é menor que 25 centímetros por ano. Tais áreas possuem pouca vegetação ou uma vegetação baixa amplamente espalhada. Comparar com *floresta* e *pradaria*.

desmatamento Remoção de árvores de uma área florestada.

desnutrição Veja *desnutrição crônica*.

desnutrição crônica Falha nutricional causada por uma dieta que não fornece a um indivíduo proteína, gorduras, vitaminas, minerais e outros nutrientes necessários para uma boa saúde. Comparar com *supernutrição, subnutrição crônica (ou fome)*.

dessalinização Purificação de água salgada ou salobra (levemente salgada) pela remoção dos sais dissolvidos.

detritívoro (ou **consumidores de detritos**) Organismo consumidor que se alimenta de detritos, partes de organismos mortos, resíduos e fragmentos emitidos por organismos vivos. Exemplos: minhocas, cupins e caranguejos. Comparar com *decompositor*.

detritos Partes de organismos mortos e fragmentos e resíduos emitidos por organismos vivos.

dióxido de enxofre (SO_2) Gás incolor com odor irritante. Cerca de um terço do SO_2 existente na atmosfera vem de fontes naturais como parte do ciclo do enxofre. Os outros dois terços são oriundos de fontes humanas, principalmente da combustão do carvão contendo enxofre realizada em usinas elétrica e industriais, e de refinaria de petróleo e fusão dos minérios de enxofre.

dióxido de nitrogênio (NO_2) Gás marrom avermelhado formado quando o óxido de nitrogênio reage com o oxigênio do ar.

distúrbio do colapso das colônias (DCC) A ocorrência de grandes perdas de colônias de abelhas-europeias nos Estados Unidos e em partes da Europa.

diversidade biológica Veja *biodiversidade*.

diversidade de espécies Número de espécies diferentes (riqueza de espécie) combinadas com a abundância relativa de indivíduos em cada espécie (igualdade de espécie) em determinada área. Veja *biodiversidade, igualdade de espécies e riqueza de espécies*. Comparar com *diversidade ecológica, diversidade genética*.

diversidade ecológica Variedade de florestas, desertos, campos, oceanos, córregos, lagos e outras comunidades biológicas. Veja *biodiversidade*. Comparar com *diversidade funcional, diversidade genética, diversidade de espécies*.

diversidade funcional Processos ou funções biológicas e químicas como o fluxo de energia e ciclo de matéria necessários para a sobrevivência das espécies e comunidades biológicas. Veja *biodiversidade, diversidade ecológica, diversidade genética, diversidade de espécies*.

diversidade genética Variabilidade na composição genética de indivíduos de uma única espécie. Veja *biodiversidade*. Comparar com *diversidade ecológica, diversidade funcional, diversidade de espécies*.

DL50 Veja *dose letal média*.

doença infecciosa Doença causada quando um patógeno, como uma bactéria, vírus ou parasita, invade o corpo e se multiplica nas células e nos tecidos. Exemplos: gripe, HIV, malária, tuberculose e sarampo. Veja *doença transmissível*. Comparar com *doença não transmissível*.

doença transmissível Doença causada por organismos vivos (como bactérias, vírus e vermes parasitários) que pode se disseminar de uma pessoa para outra pelo ar, pela água, pelo alimento, por fluidos corporais ou, em alguns casos, por insetos e outros organismos. Comparar com *doença não transmissível*.

doença não transmissível Doença que não é causada por organismos vivos e não passa de uma pessoa para a outra. Exemplos: a maioria dos cânceres, diabetes, doença cardiovascular e desnutrição. Comparar com *doença transmissível*.

dose Quantidade de uma substância potencialmente nociva que um indivíduo ingere, inala ou absorve pela pele. Comparar com *resposta*. Veja *curva de resposta de dose*.

dose letal média (DL50) Quantidade de um material tóxico por unidade de peso corporal de animais de teste que mata metade da população de teste em determinado tempo.

ecocidade Cidade em que o foco principal é a sustentabilidade ambiental de longo prazo. Os moradores conseguem se locomover a pé, de bicicleta ou com meios de transporte de massa menos poluentes na maior parte do tempo; as construções, os veículos e os equipamentos atendem a elevados padrões de eficiência energética; árvores e plantas são adaptadas ao clima e ao solo da região e plantadas por toda a cidade para proporcionar sombra, beleza e habitats naturais, bem como reduzir a poluição do ar, a poluição sonora e a erosão do solo.

ecologia Ciência biológica que estuda as relações entre os organismos vivos e o ambiente.

ecologia de restauração Pesquisa e estudo científicos devotados à restauração, ao reparo e à reconstrução de ecossistemas danificados.

ecologia reconciliatória Ciência de invenção, estabelecimento e manutenção de habitats para conservar a diversidade das espécies em locais onde as pessoas moram, trabalham ou se divertem.

ecologista Cientista biológico que estuda as relações entre os organismos vivos e o ambiente.

economia Ciência social que lida com a produção, distribuição e o consumo de bens e serviços para suprir a necessidade e o desejo das pessoas.

economia de alto desperdício Veja *economia de alto rendimento*.

economia de alto rendimento Sistema econômico utilizado na maioria dos países industrializados avançados. Nesse sistema, o crescimento econômico sempre crescente é sustentado pela maximização da taxa na qual os recursos de energia e matéria são usados com pouca ênfase em prevenção da poluição, reciclagem, reúso, redução de desperdício e outras formas de conservação de recursos. Comparar com *economia de baixo rendimento*.

economia de baixo desperdício Veja *economia de baixo rendimento*.

economia de baixo rendimento (baixa produção de resíduos) Economia baseada no trabalho com a natureza por meio da reciclagem e reúso de matéria descartada; evita a poluição; conserva os recursos de matéria e energia por meio da redução de desperdício e uso; e produz coisas que são fáceis de reciclar, reusar e reparar. Comparar com *economia de alto rendimento*.

ecossistema Comunidade de espécies diferentes que interagem entre si e com os fatores físico-químicos que compõem o ambiente não vivo.

efeito de sombra de chuva Baixo nível de precipitação no lado a sotavento (direção contrária de onde sopra o vento) de uma alta cadeia montanhosa quando os ventos predominantes passam sobre elas, derramando umidade no lado a barlavento (direção de onde sopra o vento) e criando condições áridas e semiáridas no lado a sotavento.

efeito estufa Efeito natural que libera calor na atmosfera perto da superfície da Terra. Vapor de água, dióxido de carbono, ozônio e outros gases na atmosfera inferior (troposfera) absorvem parte da radiação infravermelha (calor) irradiada pela superfície da Terra. Suas moléculas vibram e transformam a energia absorvida em radiação infravermelha em ondas de comprimento mais longas na troposfera. Se as concentrações atmosféricas desses gases de efeito estufa aumentarem e os outros processos naturais não as removerem, a temperatura média da atmosfera inferior aumentará.

efeito estufa natural Veja *efeito estufa*.

eficiência de energia Porcentagem da entrada de energia total que realiza trabalho útil e não é convertida em calor de baixa qualidade geralmente inútil em um sistema ou processo de conversão de energia. Veja *qualidade de energia* e *energia líquida*.

elemento Substância química, como hidrogênio (H), ferro (Fe), sódio (Na), carbono (C), nitrogênio (N) ou oxigênio (O), cujos átomos diferentes servem como fundamento para toda matéria.

elétron (e) Partícula minúscula que se movimenta do lado de fora do núcleo de um átomo. Cada elétron possui uma unidade de carga negativa e quase nenhuma massa. Comparar com *nêutron* e *próton*.

encharcamento Saturação do solo com água de irrigação ou precipitação excessiva para que o *lençol freático* aumente perto da superfície.

energia Capacidade de realizar um trabalho ou transferir calor.

energia cinética Energia que a matéria tem por causa de sua massa e velocidade. Comparar com *energia potencial*.

energia de alta qualidade Energia que está concentrada e tem grande capacidade de realizar trabalho útil. Exemplos: calor de alta temperatura e energia na eletricidade, carvão, petróleo, gasolina, luz do Sol e os núcleos do urânio-235. Comparar com *energia de baixa qualidade*.

energia de baixa qualidade Energia que é dispersa e tem pouca capacidade de realizar trabalho útil. Exemplo: calor de baixa temperatura. Comparar com *energia de alta qualidade*.

energia geotérmica Calor transferido das concentrações subterrâneas da Terra de vapor seco (vapor sem gotas de água), vapor úmido (uma mistura de vapor e gotículas de água) ou água quente presa em fraturas ou poros da rocha.

energia hídrica Energia elétrica produzida pela queda ou fluxo de água. Veja *usina hidrelétrica*.

energia líquida A quantidade de energia de alta qualidade disponibilizada por um recurso energético menos a quantidade de energia de alta qualidade necessária para disponibilizar essa energia.

energia potencial Energia armazenada em um objeto por causa de sua posição ou da posição de suas partes. Comparar com *energia cinética*.

energia solar Energia radiante direta do Sol; produz formas indiretas de energia solar, como vento (resultante das diferenças de temperatura entre as massas de ar), água corrente (energia hídrica) e biomassa (energia solar transformada em energia química armazenada nas ligações químicas de compostos orgânicos em árvores e outras plantas). Nenhuma dessas formas de energia existiria sem a energia solar direta.

energia térmica Veja *calor*.

engenharia genética Inserção de um gene estranho em um organismo para dar a ele o benefício do traço genético. Comparar com *seleção artificial* e *seleção natural*.

entradas Matéria e energia do ambiente inseridas em um sistema. Veja *sistema*. Comparar com *saídas* e *produção*.

entulhos Rocha e materiais residuais indesejados produzidos quando a matéria é removida da superfície ou subsuperfície da Terra por mineração, dragagem, pedreira ou escavação.

EPA U. S. Environmental Protection Agency (Agência norte-americana de Proteção Ambiental); responsável por gerenciar os esforços federais para controlar a poluição do ar e da água, perigos de radiação e de pesticidas, pesquisa ambiental, resíduos perigosos e descarte de resíduos sólidos.

erosão Processo ou grupo de processos pelos quais materiais soltos ou consolidados da Terra, especialmente a superfície do solo, são dissolvidos, soltos ou desgastados e removidos de um lugar e depositados em outro.

erosão do solo Movimento de componentes do solo, especialmente da superfície, de um lugar para o outro, geralmente pelo vento, fluxo da água ou ambos. Esse processo natural pode ser muito acelerado pelas atividades humanas que removem a vegetação do solo. Comparar com *conservação do solo*.

escoamento Água doce da precipitação e do gelo derretido que flui na superfície da Terra em córregos, lagos, alagadiços e reservatórios. Veja *escoamento de superfície confiável*, *escoamento superficial* e *água superficial*. Comparar com *lençol freático*.

escoamento de superfície confiável Escoamento de superfície de água que geralmente pode ser contido em uma fonte estável de água de ano para ano. Veja *escoamento*.

escoamento superficial Água que flui da terra para os corpos de água superficiais. Veja *escoamento de superfície confiável*.

escombreiras Rocha e matérias residuais removidas como impurezas quando a matéria mineral residual é separada do metal em um minério.

esgotamento do ozônio Diminuição na concentração do ozônio (O_3) na estratosfera. Veja *camada de ozônio*.

esgotamento econômico Exaustão de 80% do fornecimento estimado de um recurso não renovável. Encontrar, extrair e processar os 20% restantes é bem dispendioso. Pode ser aplicado também ao esgotamento de um recurso renovável, como uma espécie de peixe ou árvore.

especiação Formação de duas espécies a partir de uma espécie por seleção natural divergente, em resposta às mudanças nas condições ambientais; geralmente leva milhares de anos. Comparar com *extinção*.

espécie Grupo de organismos similares que se reproduzem sexualmente; conjunto de indivíduos que podem acasalar e produzir descendência fértil. Todo organismo é membro de determinada espécie.

espécie invasora Veja *espécies não nativas*.

espécies ameaçadas Espécies selvagens que ainda são abundantes em sua ocorrência natural, mas é provável que se tornem ameaçadas devido à redução em número. Comparar com *espécies em perigo*.

espécies em perigo Espécies selvagens que têm tão poucos indivíduos sobreviventes que podem se tornar extintas em todo ou em boa parte de seu habitat natural. Comparar com *espécies ameaçadas*.

espécies endêmicas Espécies encontradas apenas em uma área. Tais espécies são muito vulneráveis à extinção.

espécies especialistas Espécies com um estreito nicho ecológico que podem ser capazes de viver em apenas um tipo de habitat, tolerar uma pequena variedade de condições climáticas e ambientais ou usar apenas um tipo ou alguns tipos de alimento. Comparar com *espécies generalistas*.

espécies fundamentais Espécies que desempenham funções que afetam muitos outros organismos em um

Glossário

ecossistema. Comparar com *espécies indicadoras, espécies nativas* e *espécies não nativas*.

espécies generalistas Espécies com um amplo nicho ecológico que podem viver em diversos lugares, comer vários tipos de alimento e tolerar uma variedade de condições ambientais. Exemplos: moscas, baratas, camundongos, ratos e humanos. Comparar com *espécies especialistas*.

espécies indicadoras Espécies cujo declínio serve como alerta precoce de que a comunidade ou o ecossistema está em processo de degradação. Comparar com *espécies fundamentais, espécies nativas* e *espécies não nativas*.

espécies K-selecionadas Espécies que tendem a se sair bem em condições de competição quando o tamanho de suas populações está próximo da capacidade de carga (K) do ambiente. Tendem a se reproduzir em fases mais tardias da vida e têm um pequeno número de descendentes, com ciclos de vida longos. Exemplos: são elefantes, baleias, humanos, aves de rapina, cacto saguaro e a maioria das árvores de florestas tropicais. Comparar com *espécies r-selecionadas*.

espécies nativas Espécies que normalmente vivem e prosperam em ecossistemas específicos. Comparar com *espécies indicadoras, espécies fundamentais* e *espécies não nativas*.

espécies não nativas Espécies que migram para um ecossistema ou são deliberada ou acidentalmente introduzidas em um ecossistema por humanos. Comparar com *espécies nativas*.

espécies pioneiras Primeiras espécies resistentes – muitas vezes micróbios, musgos e líquenes – que começam a colonizar um local como o primeiro estágio de sucessão ecológica. Veja *sucessão ecológica*.

espécies r-selecionadas Espécies que têm a capacidade de produzir uma elevada taxa de crescimento populacional (r). Tendem a ter muitos descendentes, normalmente pequenos, e oferecer pouco (ou nenhum) cuidado ou proteção parental. Exemplos: algas, bactérias e a maior parte dos insetos com ciclos de vida curtos. Comparar com *espécies K-selecionadas*.

estéril Camada de solo e rocha sobrejacente a uma jazida mineral. A mineração de superfície remove essa camada.

estratosfera Segunda camada da atmosfera que se estende de 17 a 48 quilômetros sobre a superfície da Terra. Contém uma camada de ozônio gasoso (O_3) que filtra cerca de 95% da radiação ultravioleta nociva de entrada emitida pelo sol. Comparar com *troposfera*. Veja *camada de ozônio*.

estrutura etária Porcentagem da população (ou número de pessoas de cada gênero) em cada faixa etária em uma população.

estuário Área costeira parcialmente fechada na entrada de um rio do qual a água doce carrega lodo e escoa da terra e se mistura com água salgada do mar.

ética ambiental Crenças humanas sobre o que é certo ou errado em comportamento ambiental.

eutrofização Mudanças físicas, químicas e biológicas que acontecem após um lago, estuário ou córrego de fluxo lento receber entradas de nutrientes vegetais – principalmente nitratos e fosfatos – da erosão natural e do escoamento de bacias de terra ao redor. Veja *eutrofização cultural*.

eutrofização cultural Processo de aceleração da eutrofização de um lago resultante de emissões humanas de nutrientes vegetais (principalmente nitratos e fosfatos) na atmosfera e do escoamento de áreas urbanas e agrícolas na bacia hidrográfica de um lago. Veja *eutrofização*.

evaporação Conversão de um líquido em um gás.

evolução Veja *evolução biológica*.

evolução biológica Mudança na composição genética de uma população de uma espécie em gerações sucessivas. Se continuada por tempo suficiente, pode levar à formação de uma nova espécie. Observe que as populações – e os não indivíduos – evoluem. Veja também *adaptação, seleção natural* e *teoria da evolução pela seleção natural*.

expansão urbana Crescimento do desenvolvimento de baixa densidade nas fronteiras das cidades grandes e pequenas. Veja *crescimento inteligente*.

expectativa de vida Número médio de anos que um recém-nascido pode viver.

experimento Procedimento que um cientista usa para estudar alguns fenômenos sob condições conhecidas. Os cientistas conduzem alguns experimentos em laboratório e outros na natureza. Os dados ou fatos científicos resultantes devem ser verificados ou confirmados pelas repetidas observações e medições feitas por vários pesquisadores diferentes.

extinção Veja *extinção biológica*.

extinção biológica Desaparecimento completo de uma espécie da Terra. Acontece quando uma espécie não pode se adaptar nem se reproduzir com sucesso sob novas condições ambientais ou quando uma espécie evolui para uma ou mais novas espécies. Comparar com *especiação*. Veja também *espécies em perigo, extinção em massa* e *espécies ameaçadas*.

extinção em massa Evento catastrófico geralmente global em que os principais grupos de espécies são dizimados em um curto período de tempo, quando comparado com as extinções normais (gradual). Comparar com *extinção gradual*.

extinção gradual Taxa normal de extinção de várias espécies como resultado de mudanças nas condições ambientais locais. Comparar com *extinção em massa*.

falha transformante Área onde as placas litosféricas se movem em direção oposta mas paralelas ao longo de fraturas (falhas) na litosfera. Comparar com *limites convergentes* e *limites divergentes*.

fator limitador Fator único que limita o crescimento, a abundância ou distribuição da população de uma espécie em um ecossistema. Veja *princípio de fator limitante*.

fazendas de árvores Veja *plantação de árvore*.

fertilidade no nível de substituição Número médio de filhos que um casal planeja ter. A média para um país ou o mundo geralmente é um pouco mais alta que dois filhos por casal (2,1 nos Estados Unidos e 2,5 em alguns países em desenvolvimento), principalmente por que algumas crianças morrem antes de chegar à idade reprodutiva. Veja *taxa de fecundidade total*.

fertilizante inorgânico Mistura comercialmente preparada de nutrientes inorgânicos de plantas, como nitratos, fosfatos e potássio, aplicados ao solo para restaurar a fertilidade e aumentar a produção agrícola. Comparar com *fertilizante orgânico*.

fertilizante orgânico Material orgânico como esterco animal, esterco verde e composto aplicado na lavoura como fonte de nutrientes vegetais. Comparar com *fertilizante inorgânico*.

fertilizantes sintéticos Substâncias químicas manufaturadas que contêm nutrientes como nitrogênio, fósforo, potássio, cálcio etc.

fishprint (ou **pegada da pesca**) Área do oceano necessária para sustentar o consumo de uma pessoa em média, uma nação ou o mundo. Comparar com *pegada ecológica*.

fissão nuclear Alteração nuclear na qual os núcleos de determinados isótopos com grandes números de massa (como o urânio-235 e o plutônio-239) são separados em núcleos mais leves quando atingidos por um nêutron. Esse processo libera mais nêutrons e uma grande quantidade de energia. Comparar com *fusão nuclear*.

fitoplâncton Plantas pequenas, à deriva, principalmente algas e bactérias, encontradas em ecossistemas aquáticos. Comparar com *plâncton* e *zooplâncton*.

floresta Bioma com suficiente precipitação média anual para sustentar o crescimento de espécies de árvores e formas menores de vegetação. Comparar com *deserto* e *pradaria*.

floresta comercial Veja *plantação de árvore*.

floresta secundária Árvores resultantes da sucessão ecológica secundária; esse tipo de floresta se desenvolve depois de as árvores de uma área serem removidas por causa das atividades humanas, como corte raso para exploração madeireira ou lavoura, ou por forças naturais, como incêndios, furacões ou erupções vulcânicas.

floresta virgem (primária) Virgens e antigas, florestas secundárias que contêm árvores frequentemente com centenas – às vezes, milhares – de anos. Exemplos: florestas de abeto-de-douglas, espruce ocidental, sequoia-gigante e sequoias-costeiras do tipo *redwoods* no oeste dos Estados Unidos.

florestas de coníferas sempre verdes Plantas que mantêm algumas de suas folhas verdes por todo o ano. Exemplos: coníferas (em forma de cones) como abetos, pinheiros, sequoia-vermelha e sequoias. Comparar com *plantas decíduas*.

florestas de mangue Ecossistema encontrado em algumas costas, em climas tropicais quentes, que pode conter qualquer uma das 69 espécies que podem viver parcialmente submersas em ambiente salgado dos pântanos costeiros.

fluxos Veja *produção*.

fome Veja *subnutrição crônica*.

fonte não pontual Área ampla e difusa, em vez de um ponto específico, utilizada pelos poluentes para entrar nos corpos de água de superfície ou ar. Exemplos: escoamento de produtos químicos e sedimentos de terras agrícolas, área de confinamento de gado, florestas de extração, ruas urbanas, estacionamentos, gramados e campos de golfe. Comparar com *fonte pontual*.

fonte pontual Única fonte identificável que descarrega poluentes no ambiente. Exemplos: chaminés de uma usina de energia ou industrial, canos de uma usina de acondicionamento de carne, chaminé de uma casa ou o escapamento de um automóvel. Comparar com *fonte não pontual*.

fórmula química Forma taquigráfica de mostrar o número de átomos (ou íons) na unidade estrutural básica de um composto. Entre os exemplos estão H_2O, $NaCl$ e $C_6H_{12}O_6$.

fósseis Esqueletos, ossos, conchas, partes de corpos, folhas, sementes ou impressões de tais itens que fornecem evidências reconhecíveis de organismos que viveram há muito tempo.

fotossíntese Complexo processo que ocorre nas células das plantas verdes. A energia radiante do Sol é usada para combinar dióxido de carbono (CO_2) e água (H_2O) para produzir oxigênio (O_2), carboidratos (como a glicose, $C_6H_{12}O_6$) e outras moléculas de nutrientes. Comparar com *respiração aeróbica*.

fragmentação de habitat Divisão de um habitat em pequenas partes, geralmente decorrente de atividades humanas.

fraturamento Veja *fraturamento hidráulico*.

fraturamento hidráulico (ou *fracking*) Processo de injetar água misturada com areia e algum produto químico tóxico no subterrâneo por meio de poços de gás natural horizontais e, depois, usar explosivos e pressão alta para fraturar a rocha profunda e liberar o gás natural armazenado ali. O gás flui do poço juntamente com muita água e uma mistura de compostos retirados da rocha, incluindo sais, metais pesados tóxicos e materiais radioativos que ocorrem naturalmente. Comumente referido como *fraturamento*.

fundição Processo em que um metal desejado é separado de outros elementos para liberar um mineral de minério.

fusão nuclear Alteração nuclear em que dois núcleos de isótopos de elementos com um número de massa baixo (como o hidrogênio-2 e hidrogênio-3) são forçados a temperaturas extremamente altas até que se fundam para formar um núcleo mais pesado (como o hélio-4). Esse processo libera uma grande quantidade de energia. Comparar com *fissão nuclear*.

gás liquefeito de petróleo (GLP) Mistura liquefeita de gás propano (C_3H_8) e butano (C_4H_{10}) removido do gás natural e usado como combustível.

gás natural Jazidas subterrâneas de gases compostas de 50% a 90% de gás metano (CH_4) e pequenas quantidades de compostos gasosos de hidrocarbonetos como propano (C_3H_8) e butano (C_4H_{10}).

gás natural liquefeito (GNL) Gás convertido em líquido em alta pressão e em temperatura muito baixa.

gás natural sintético (GNS) Combustível gasoso que contém principalmente metano produzido a partir do carvão sólido.

gaseificação do carvão Conversão do carvão sólido em gás natural sintético (GNS).

gases de efeito estufa Gases contidos na atmosfera inferior (troposfera) que causam o efeito estufa. Exemplos: dióxido de carbono, clorofluorcarbonetos, ozônio, metano, vapor de água e óxido nitroso.

genes Unidades codificadas de informações sobre traços específicos são passadas dos pais aos descendentes durante a reprodução. Elas são compostas de segmentos de moléculas de DNA encontradas nos cromossomos.

geoengenharia Utilização da tecnologia para tentar manipular determinadas condições naturais com o objetivo de reduzir o aquecimento atmosférico e as mudanças climáticas.

geologia Estudo da história dinâmica da Terra. Os geólogos estudam e analisam as rochas, as características e os processos do interior e superfície da Terra.

geosfera Núcleo da Terra intensamente quente, manto espesso composto principalmente de rocha e uma fina crosta externa que contém a maior parte das rochas, do solo e dos sedimentos da Terra. Comparar com *atmosfera*, *biosfera* e *hidrosfera*.

gerenciamento de resíduos Gerenciar resíduos para reduzir seu dano ambiental sem tentar seriamente reduzir a quantidade de resíduos produzidos. Veja *manejo integrado de resíduos*. Comparar com *redução de resíduos*.

gerenciamento de risco Uso da avaliação de risco e outras informações para determinar as opções e tomar decisões sobre como reduzir e eliminar os riscos. Veja *risco, análise de risco*.

GLP Veja *gás liquefeito de petróleo*.

GNL Veja *gás natural liquefeito*.

GNS Veja *gás natural sintético*.

GPI Veja *indicador de progresso genuíno*.

gráfico Ferramenta para transmitir informações que podemos resumir numericamente para ilustrar tal informação em formato visual.

habitat Local ou tipo de local onde um organismo ou população de organismos vive. Comparar com *nicho ecológico*.

herbívoro Organismo que se alimenta de plantas. Exemplos: cervos, ovelhas, gafanhotos e zooplâncton. Comparar com *carnívoro* e *onívoro*.

heterótrofo Veja *consumidor*.

hidrosfera *Água líquida* (oceanos, lagos, outros corpos de água superficial e água subterrânea), *água congelada* (gelo polar, icebergs e o gelo no solo conhecido como *permafrost*) e *vapor de água* na atmosfera da Terra. Veja também *ciclo hidrológico*. Comparar com *atmosfera*, *biosfera*, *geosfera*.

hipótese científica Palpite embasado intelectualmente que tenta explicar uma lei científica ou certas observações científicas. Comparar com *lei científica* e *modelo científico* e *teoria científica*.

HIPPCO Acrônimo usado por biólogos conservacionistas para as seis causas mais importantes da extinção prematura: destruição do habitat, degradação e fragmentação (*h*abitat destruction, degradation and fragmentation); espécies invasivas – não nativas (*i*nvasive – nonnative); crescimento populacional e uso elevado de recursos (*p*opulational growth and increasing use of resources); poluição (*p*ollution); mudança climática (*c*limate change); e superexploração (*o*verexploration).

Holoceno Período com clima e outras condições ambientais relativamente estáveis que sucedeu o longo período de glaciação. Permitiu que a população humana crescesse, desenvolvesse agricultura e dominasse uma grande (e crescente) parte da área terrestre e outros recursos do planeta. Comparar com *Antropoceno*.

horizontes Zonas ou camadas horizontais que compõem um solo maduro em particular. Cada horizonte tem uma textura distinta e uma composição que varia com os diferentes tipos de solos. Veja *perfil de solo*.

igualdade de espécies Grau em que os números comparativos de indivíduos de cada uma das espécies apresentam-se em uma comunidade são similares. Veja *diversidade de espécies*. Comparar com *riqueza de espécies*.

ilha de calor urbana Condição em que o calor gerado por carros, fábricas, fornalhas, luzes, equipamentos de ar-condicionado e telhados e ruas escuros que absorvem o calor nas cidades cria uma ilha de calor cercada por áreas rurais mais frescas.

imigração Migração de pessoas para um país ou área com o objetivo de estabelecer residência permanente.

incêndio de copa Incêndio florestal extremamente quente que queima a vegetação do solo e as copas das árvores. Comparar com *incêndio de solo* e *incêndio de superfície*.

incêndio de solo Incêndio que queima folhas caídas ou turfa profunda abaixo da superfície do solo. Comparar com *incêndio de copa*, *incêndio de superfície*.

incêndio de superfície Incêndio na floresta que queima apenas a vegetação rasteira e a serapilheira do chão. Comparar com *incêndio de copa* e *incêndio de solo*.

indicador de progresso genuíno (genuine progress indicator – GPI) O PIB mais o valor estimado de transações benéficas que atendam às necessidades básicas, mas nas quais o dinheiro não muda de mãos, menos os custos de todas as transações nocivas ao ambiente, à saúde e à sociedade. Comparar com *produto interno bruto*.

inércia (ou persistência) A capacidade de um sistema vivo, como uma pastagem ou uma floresta, de sobreviver a perturbações moderadas.

insegurança alimentar Condição na qual as pessoas vivem com fome crônica e desnutrição e que ameaça a capacidade de elas terem uma vida saudável e produtiva. Comparar com *segurança alimentar*.

inversão de temperatura Camada de ar denso e frio preso sob uma camada de ar quente e menos denso. Evita que as correntes de ar que fluem para cima se desenvolvam. Em uma prolongada inversão, a poluição do ar na camada presa pode aumentar para níveis perigosos.

inversão térmica Veja *inversão de temperatura*.

íon Átomo ou grupo de átomos com uma ou mais cargas elétricas positivas (+) ou negativas (−). Exemplos: Na^+ e Cl^-. Comparar com *átomo*, *molécula*.

irrigação Fornecimento de água para as plantações por meios artificiais, em vez de por meio de chuva natural.

isolamento geográfico Separação de populações de uma espécie em áreas diferentes por longos períodos de tempo. Comparar com *isolamento reprodutivo*.

isolamento reprodutivo Condição em que mutações e mudanças por seleção natural operam de maneira independente nos conjuntos de genes de populações geograficamente isoladas. Comparar com *isolamento geográfico*. Veja *especiação*.

isótopos Duas ou mais formas de um elemento químico que tem o mesmo número de prótons, mas diferentes números de massa, porque têm diferentes números de nêutrons em seus núcleos.

justiça ambiental Tratamento justo e envolvimento significativo de todas as pessoas, independentemente de etnia, cor, sexo, origem nacional ou renda, com relação ao desenvolvimento, à implementação e à aplicação de leis, regulamentações e políticas ambientais.

lago Grande corpo natural de água doce parada que se forma quando a água da precipitação, escoamento da terra ou fluxo do lençol freático preenche uma depressão na terra criada por glaciação, movimento da terra, atividade vulcânica ou meteorito gigante. Veja *lago eutrófico* e *lago oligotrófico*.

lago eutrófico Lago com grande ou excessivo fornecimento de nutrientes vegetais, principalmente nitratos e fosfatos. Comparar com *lago oligotrófico*.

lago oligotrófico Lago com baixo fornecimento de nutrientes vegetais. Comparar com *lago eutrófico*.

lei científica Descrição com base na qual os cientistas descobrem os acontecimentos na natureza repetidamente da mesma forma, sem exceção conhecida. Veja *primeira lei da termodinâmica*, *lei de conservação da matéria*, *segunda lei da termodinâmica*. Comparar com *hipótese científica*, *teoria científica* e *modelo científico*.

lei da conservação de energia Veja *primeira lei da termodinâmica*.

lei da natureza Veja *lei científica*.

Lei das Espécies Ameaçadas (*Endangered Species Act*, ESA) Lei norte-americana aprovada em 1973 e desenvolvida para identificar e proteger espécies ameaçadas de extinção nos Estados Unidos e em outros países. Ela cria programas de recuperação para as espécies listadas, com o objetivo de ajudar a recuperar populações de espécies protegidas até níveis em que a proteção legal não seja mais necessária.

lei de conservação da matéria Em qualquer mudança física ou química, a matéria não é criada nem destruída, mas meramente alterada de uma forma para outra; em mudanças físicas e químicas, os átomos existentes são reorganizados em diferentes padrões espaciais (mudanças físicas) ou combinações diferentes (mudanças químicas).

lençol freático Superfície superior da zona de saturação, na qual os poros disponíveis no solo e na rocha na crosta terrestre são preenchidos com água. Veja *zona de aeração* e *zona de saturação*.

limites convergentes Áreas em que as placas tectônicas da Terra são unidas. Comparar com *limites divergentes, falha transformante*.

limites divergentes Áreas em que as placas tectônicas da Terra se movem em direções opostas. Comparar com *limites convergentes, falha transformante*.

limpeza da poluição Dispositivo ou processo que remove ou reduz o nível de poluente após ter sido produzido ou ter entrado no ambiente. Exemplos: dispositivos de controle de emissão de automóveis e usinas de tratamento de esgoto. Comparar com *prevenção de poluição*.

lipídios Um grupo diverso de grandes compostos orgânicos que não se dissolvem na água. Exemplos: gorduras e óleos para armazenar energia, ceras para estrutura e esteroides para produzir hormônios.

liquefação do carvão Conversão do carvão sólido em combustível hidrocarboneto líquido, como a gasolina sintética ou o metanol.

litosfera Camada externa da Terra composta da crosta e da parte mais externa rígida do manto fora da astenosfera. Comparar com *crosta, geosfera* e *manto*.

lixão a céu aberto Campos ou buracos no solo onde o lixo é depositado e, às vezes, coberto com solo. Eles são raros em países desenvolvidos, mas amplamente utilizados em muitos países em desenvolvimento, especialmente para lidar com resíduos de megacidades. Comparar com *aterro sanitário*.

magnificação trófica Aumento na concentração de DDT, PCBs e outros produtos químicos solúveis em gordura e de degradação lenta nos organismos em níveis tróficos sucessivamente mais altos de uma cadeia. Comparar com *bioacúmulo*.

manejo integrado de pragas (MIP) Uso combinado de métodos biológicos, químicos e de cultivo em sequência e tempo adequados para manter o tamanho de uma população de pragas abaixo do nível que causa perdas economicamente inaceitáveis de uma safra ou do gado.

manejo integrado de resíduos Variedade de estratégias para redução de resíduos e manejo de resíduos cujo objetivo é lidar com resíduos sólidos que produzimos.

manto Zona do interior da Terra entre seu núcleo e sua crosta. Comparar com *núcleo, crosta*. Veja *geosfera* e *litosfera*.

mar aberto Parte de qualquer oceano que fica além da plataforma continental. Comparar com *zona costeira*.

matéria Qualquer coisa que tenha massa (a quantidade de material em algum objeto) e ocupe espaço. Na Terra, onde existe gravidade, pesamos um objeto para determinar a massa.

matéria de alta qualidade Matéria que é concentrada e contém alta concentração de um recurso útil. Comparar com *matéria de baixa qualidade*.

matéria de baixa qualidade Matéria que é diluída ou dispersa ou contém baixa concentração de um recurso útil. Comparar com *matéria de alta qualidade*.

material particulado em suspensão Veja *partículas*.

megacidade Cidade com 10 milhões de pessoas ou mais.

microrganismos Organismos, como as bactérias, que são tão pequenos que é necessário um microscópio para vê-los.

migração Movimento de pessoas que entram em áreas geográficas específicas e saem delas.

mineração Qualquer uma da variedade de processos usados para extrair recursos minerais da crosta terrestre. Veja *mineração de remoção do topo da montanha, mineração a céu aberto, mineração a céu aberto em faixas, mineração de subsolo* e *mineração de superfície*.

mineração a céu aberto Remoção de minerais, como cascalho, areia e minérios de metais, da superfície da Terra. Em geral, esse processo deixa um poço aberto. Comparar com *mineração a céu aberto por área, mineração a céu aberto de faixa de encosta, mineração de remoção do topo da montanha* e *mineração de subsolo*.

mineração a céu aberto de faixa de encosta Forma de mineração de superfície usada em terreno íngreme ou montanhoso. Uma escavadeira hidráulica corta uma série de bancadas no talude. Uma máquina de escavar remove o estéril, e uma escavadeira extrai o carvão. O estéril de cada nova bancada é depositado no anterior. Comparar com *mineração a céu aberto por área, mineração de remoção do topo da montanha, mineração a céu aberto* e *mineração de subsolo*.

mineração a céu aberto em faixas Forma de mineração de superfície em que tratores, escavadeiras ou rodas de decapagem removem grandes pedaços de superfície da terra em faixas. Veja *mineração a céu aberto por área, mineração a céu aberto de faixa de encosta, mineração de superfície*. Comparar com *mineração de subsolo*.

mineração a céu aberto por área Tipo de mineração de superfície usado quando o terreno é plano. Uma escavadeira remove o entulho e uma pá carregadora cava uma fossa para remover o depósito de mineral. A fossa é enchida com entulho e um novo buraco é escavado em um local paralelo ao do anterior. O processo é repetido em todo o terreno. Comparar com *mineração de remoção do topo da montanha, mineração a céu aberto* e *mineração de subsolo*.

mineração de remoção do topo da montanha Tipo de mineração de superfície que usa explosivos, escavadeiras enormes e grandes máquinas chamadas escavadeiras de arrasto para remover o topo de uma montanha e expor sulcos de carvão sob ela. Comparar com *mineração a céu aberto por áreas* e *mineração a céu aberto de faixa de encosta*.

mineração de subsolo Extração de minério de metal ou recurso de combustível como carvão de uma jazida subterrânea profunda. Comparar com *mineração de superfície*.

mineração de superfície Remoção de solo, subsolo e outros estratos para extrair um depósito mineral encontrado relativamente próximo à superfície terrestre. Veja *mineração a céu aberto por áreas, mineração a céu aberto de faixa de encosta, mineração de remoção do topo da montanha, mineração a céu aberto, mineração a céu aberto em faixas*. Comparar com *mineração de subsolo*.

mineral Qualquer substância inorgânica que ocorre naturalmente encontrada na crosta da Terra como um sólido cristalino. Veja *recurso mineral*.

minério Parte de um material que produz metal que pode ser economicamente extraído de um mineral; geralmente contém duas partes: o mineral de minério, que contém o metal desejado, e a matéria mineral residual (ganga). Veja *minério de alto teor* e *minério de baixo teor*.

minério de alto teor Minério que contém grande quantidade de um mineral desejado. Comparar com *minério de baixo teor*.

minério de baixo teor Minério que contém pequena quantidade de um mineral desejado. Comparar com *minério de alto teor*.

MIP Veja *manejo integrado de pragas*.

modelo Representação aproximada ou simulação de um sistema que está sendo estudado.

modelo científico Simulação de processos e sistemas complexos. Muitos são modelos matemáticos que são executados e testados por computadores. Comparar com *hipótese científica, lei científica* e *teoria científica*.

modificação física Processo que altera uma ou mais propriedades físicas de um elemento ou um composto sem alterar sua composição química. Exemplos: alteração do tamanho e formato de uma amostra de matéria (esmagar gelo e cortar folha de alumínio) e alteração de uma amostra de matéria de um estado físico para outro (ferver e congelar água). Comparar com *modificação química* e *modificação nuclear*.

modificação nuclear Processo em que o núcleo de certos isótopos espontaneamente muda ou é forçado a mudar para um ou mais tipos diferentes de isótopo. Os três principais tipos de modificação nuclear são decaimento radioativo, fissão nuclear e fusão nuclear. Comparar com *modificação química* e *modificação física*.

modificação química Interação entre produtos químicos nos quais a composição química dos elementos ou compostos envolve as modificações. Comparar com *modificação nuclear* e *modificação física*.

molécula Combinação de dois ou mais átomos do mesmo elemento químico (como O_2) ou diferentes elementos químicos (como H_2O) unidos pelas ligações químicas. Comparar com *átomo* e *íon*.

monocultura Cultivo de uma única cultura, geralmente em uma grande área de terra. Comparar com *policultura*.

movimento ambiental Cidadãos organizados para exigir que os líderes políticos aprovem leis e desenvolvam políticas para reduzir a poluição, limpar os ambientes poluídos e proteger áreas intactas da degradação ambiental.

mudanças climáticas Mudanças mensuráveis nos padrões meteorológicos globais baseadas principalmente em alterações na média da temperatura atmosférica da Terra ao longo dos últimos 30 anos.

mutação Alteração aleatória nas moléculas de DNA que formam os genes, pode alterar a anatomia, a fisiologia ou o comportamento nos descendentes. Veja *mutagênico*.

mutagênico Agente como um produto químico ou uma forma de radiação que aumenta a frequência de mutações nas moléculas de DNA encontradas nas células. Veja *carcinógeno, mutação, teratogênico*.

mutualismo Tipo de interação entre duas espécies em que ambas geralmente se beneficiam. Comparar com *comensalismo*.

nanotecnologia Usa a ciência e engenharia para manipular e criar materiais a partir de átomos e moléculas em escala ultrapequena de menos de 100 nanômetros.

nêutron (n) Partícula elementar no núcleo de todos os átomos (exceto hidrogênio-1). Tem uma massa relativa de 1 e nenhuma carga elétrica. Comparar com *elétron* e *próton*.

nicho Veja *nicho ecológico*.

nicho ecológico Modo total de vida ou papel de uma espécie em um ecossistema. Inclui todas as condições físicas, químicas e biológicas que uma espécie precisa para viver e se reproduzir em um ecossistema.

nível trófico Todos os organismos que têm o mesmo número de transferências de energia para longe da fonte original de energia (exemplo, a luz solar) que entra em um ecossistema. Por exemplo, todos os produtores pertencem ao primeiro nível trófico e todos os herbívoros pertencem ao segundo nível trófico em uma cadeia alimentar ou rede alimentar.

núcleo Centro extremamente pequeno de um átomo que compõe a maioria da massa de um átomo. Contém um ou mais prótons carregados positivamente e um ou mais nêutrons sem carga elétrica (exceto um átomo de hidrogênio-1, que tem um próton e nenhum nêutron em seus núcleos).

núcleo Zona interna da Terra composta de um núcleo interno sólido e um núcleo externo líquido. Comparar com *crosta* e *manto*.

número atômico Número de prótons no núcleo de um átomo. Comparar com *número de massa*.

número de massa Soma da quantidade de nêutrons e prótons existentes no núcleo de um átomo. Essa soma resulta na massa aproximada do átomo. Comparar com *número atômico*.

nutriente Qualquer produto químico que um organismo deve ingerir para viver, crescer ou reproduzir.

OGM Veja *organismo geneticamente modificado*.

onívoro Animal que pode usar tanto plantas como outros animais como fontes de alimentos. São exemplos porcos, ratos, baratas e seres humanos. Comparar com *carnívoro* e *herbívoro*.

organismo Qualquer forma de vida.

organismo geneticamente modificado (OGM) Organismo cuja composição genética foi alterada pela engenharia genética.

óxido nítrico (NO) Gás incolor que se forma quando os gases nitrogênio e oxigênio no ar reagem em temperaturas altas de combustão em motores automobilísticos e usinas de queima de carvão. Raios e algumas bactérias no solo e na água também produzem NO como parte do *ciclo do nitrogênio*.

óxidos de nitrogênio (NO_x) Expressão coletiva para óxido nítrico e dióxido de nitrogênio. Veja *óxido nítrico* e *dióxido de nitrogênio*.

ozônio (O_3) Gás incolor e altamente reativo e o principal componente da poluição fotoquímica. Também encontrado na camada de ozônio na estratosfera. Veja *poluição fotoquímica*.

país mais desenvolvido País que é altamente industrializado e tem um PIB *per capita* alto. Comparar com *país menos desenvolvido*.

país menos desenvolvido País com industrialização de baixa a moderada e PIB *per capita* de baixo a moderado. A maioria está localizada na África, Ásia e América Latina. Comparar com *país mais desenvolvido*.

parasita Organismo consumidor que vive por um longo período sobre (ou dentro de) um vegetal ou animal vivo, conhecido como hospedeiro, alimentando-se dele. O parasita obtém nutrientes do hospedeiro, enfraquecendo-o aos poucos; ele pode ou não matar o hospedeiro. Veja *parasitismo*.

parasitismo Interação entre espécies na qual um organismo, chamado parasita, é predador de outro organismo chamado hospedeiro, ao viver junto dele ou em seu interior.

parque eólico Conjunto de turbinas eólicas em uma área que venta muito na terra ou no mar, construído para captar energia eólica e convertê-la em energia elétrica.

partículas Também conhecidas como material particulado em suspensão (MPS); variedade de partículas sólidas e pequenas gotículas líquidas e leves o bastante para que possam permanecer suspensas no ar por longos períodos. Aproximadamente 62% de MPS existente no ar exterior vêm de fontes naturais, como poeira, incêndios florestais e sal marinho. Os outros 38% vêm de fontes humanas, como energia elétrica de queima de carvão e usinas industriais, veículos motorizados, campos arados, construção de estradas, estradas não pavimentadas e fumaça de tabaco.

partilha de recursos Processo de divisão de recursos de um ecossistema de modo que espécies com necessidades semelhantes (nichos ecológicos sobrepostos) usem os mesmos recursos escassos em momentos diferentes, de maneiras diferentes ou em locais diferentes. Veja *nicho ecológico*.

pastagem Terra que fornece forragem ou vegetação (gramíneas, plantas como grama e arbustos) para animais pastarem. Comparar com *pasto*.

pasto Campo gerenciado ou prado cercado que geralmente é plantado com gramíneas domesticadas ou outras forragens para ser pastado pelo gado.

pastoreio excessivo Destruição de vegetação quando muitos animais pastam para se alimentar durante muito tempo em uma área específica de pasto, o que excede a capacidade de carga de um pasto ou área de pastagem.

patógeno Organismo vivo que pode causar doenças em outro organismo. Exemplos: bactérias, vírus e parasitas.

PCBs Veja *bifenilpoliclorados*.

pegada de água (ou **hídrica**) Uma medida aproximada do volume de água usada direta e indiretamente para manter um indivíduo ou grupo vivos e para sustentar a vida deles.

pegada de carbono Quantidade de dióxido de carbono gerada por um indivíduo, uma organização ou uma área definida geográfica ou politicamente (como uma cidade, um estado ou um país) em um determinado período.

pegada de carbono *per capita* Pegada de carbono média por pessoa em uma população. Comparar com *pegada de carbono*.

pegada ecológica Quantidade de água e terra biologicamente produtiva necessária para fornecer a uma população os recursos renováveis que utiliza e para absorver ou detectar os resíduos de tal uso de recurso. Mede o impacto ambiental médio das populações em diferentes países e áreas. Veja *pegada ecológica per capita*.

pegada ecológica *per capita* Quantidade de terra biologicamente produtiva e água necessária para abastecer uma pessoa de uma população com recursos renováveis e para absorver resíduos de tal uso de recurso ou dispor deles. Mede o impacto ambiental médio de indivíduos em populações de diferentes países e áreas. Comparar com *pegada ecológica*.

perene Planta que pode viver por mais de dois anos.

perfil de solo Visão transversal dos horizontes em um solo. Veja *horizontes*.

perfuração horizontal Método de perfuração que, inicialmente, faz uma perfuração vertical até certo ponto e depois inclina a sonda flexível para perfurar horizontalmente e ter acesso aos depósitos de petróleo e gás natural presos entre camadas de xisto ou outros depósitos de rochas.

permafrost Camada perenemente congelada do solo que se forma quando a água ali congela. É encontrado na tundra ártica.

persistência Veja *inércia*.

pesticida Qualquer produto químico designado para matar ou inibir o crescimento de um organismo que as pessoas considerem indesejado.

pesticidas sintéticos Substâncias químicas manufaturadas para matar ou controlar populações de organismos que interferem na produção agrícola.

petróleo Veja *petróleo bruto*.

petróleo bruto Líquido viscoso e denso que consiste principalmente em compostos de hidrocarboneto e pequenas quantidades de compostos contendo oxigênio, enxofre e nitrogênio. Extraído de acúmulos subterrâneos, é enviado para refinarias de petróleo, onde é convertido em óleo de aquecimento, combustível diesel, gasolina, alcatrão e outros materiais.

petróleo de xisto Petróleo pesado, marrom-escuro, que flui lentamente, obtido quando o querogênio do xisto betuminoso é vaporizado em temperaturas altas e então condensado. Pode ser refinado para produzir gasolina, óleo de aquecimento e outros produtos do petróleo.

petroquímicos Produtos químicos obtidos pela refinaria (destilação) do petróleo bruto. Eles são usados como matéria-prima na fabricação da maioria dos produtos químicos, fertilizantes, pesticidas, plásticos, fibras sintéticas, tintas, medicamentos e muitos outros produtos.

pH Valor numérico que indica a acidez ou alcalinidade relativa de uma substância em uma escala de 0 a 14, com o ponto neutro em 7. As soluções ácidas têm valores de pH inferiores a 7; soluções básicas ou alcalinas tem valores de pH superiores a 7.

PIB *per capita* Produto interno bruto (PIB) anual de um país divido por sua população total na metade do ano. Veja *produto interno bruto*. Comparar com *indicador de progresso genuíno (GPI)*.

PIB Veja *produto interno bruto*.

pirâmide de fluxo de energia Diagrama que representa o fluxo de energia através de cada nível trófico, em uma cadeia ou rede alimentar. Com cada transferência de energia, apenas uma pequena parte (comumente 10%) da energia utilizável que entra em um nível trófico é transferida para os organismos no próximo nível trófico.

placas tectônicas Peças de vários tamanhos da litosfera da Terra que se movem lentamente ao redor – sobre a – da astenosfera que flui do manto. A maioria dos terremotos e vulcões ocorrem ao redor dos limites dessas placas. Veja *litosfera*.

plâncton Pequenos organismos vegetais (fitoplâncton) e animais (zooplâncton) que flutuam nos ecossistemas aquáticos.

planejamento do uso da terra Planejamento para determinar os melhores usos no presente e no futuro de cada parcela de terra.

planejamento familiar Fornecer informações, serviços clínicos e contraceptivos para ajudar as pessoas a escolher o número de filhos que querem ter e o espaçamento entre eles.

plantação [plantio] de contorno Arar e plantar por meio da mudança da inclinação da terra, e não em linhas retas, para ajudar a reter água e reduzir a erosão do solo.

plantação de árvore Local plantado com uma ou algumas espécies de árvores em uma plataforma de idades similares. Quando a plataforma amadurece, ela é geralmente colhida por meio de corte raso e então replantada. Essas fazendas normalmente cultivam espécies de árvores que crescem rapidamente para tornarem-se madeira de combustível, extração de madeira ou celulose. Comparar com *floresta virgem (primária)* e *floresta secundária*.

plantas coníferas sempre verdes Plantas em forma de cones (como abetos-vermelhos, pinheiros e abetos) que mantêm a maioria de suas folhas estreitas e pontudas (agulhas) durante todo o ano. Comparar com *plantas decíduas* e *florestas de coníferas sempre verdes*.

plantas decíduas Árvores como carvalho, bordo e outras plantas que sobrevivem durante as estações frias e geladas com a queda de suas folhas. Comparar com *árvores coníferas*.

pobreza Incapacidade das pessoas de suprir suas necessidades básicas de alimento, roupas e abrigo.

policultura Complexa forma de intercultivar, em que um grande número de diferentes plantas tem épocas de maturação diferentes e são plantadas juntas. Comparar com *monocultura*.

política Processo pelo qual indivíduos e grupos tentam influenciar ou controlar as políticas e ações dos governos que afetam as comunidades locais, estaduais, nacionais e internacionais.

política ambiental Leis, normas e regulamentações relacionadas a um problema ambiental que são desenvolvidas, implementadas e aplicadas por um órgão ou uma agência governamental.

políticas Programas, leis e regulamentações por meio das quais essas políticas são aprovadas e que um governo aplica e financia.

poluente Produto químico específico ou forma de energia que pode afetar, de modo adverso, a saúde, a sobrevivência ou atividades de humanos ou de outros organismos vivos. Veja *poluição*.

poluente biodegradável Material que pode ser decomposto em substâncias mais simples (elementos e compostos) por bactérias e outros decompositores. O papel e a maioria dos resíduos orgânicos como esterco animal são biodegradáveis, mas podem levar décadas para biodegradar em aterros modernos. Comparar com *poluente não degradável*.

poluente não degradável Material que não é decomposto por processos naturais. Exemplos: elementos tóxicos como chumbo e mercúrio. Comparar com *poluente biodegradável*.

poluente primário Produtos químicos ou substâncias emitidos diretamente no ar por meio de processos naturais ou das atividades humanas, em concentrações altas o suficiente para causar danos. Comparar com *poluente secundário*.

poluente secundário Produto químico nocivo formado na atmosfera quando um poluente primário do ar reage com componentes normais do ar. Comparar com *poluente primário*.

poluição Alteração indesejável nas características físicas, químicas ou biológicas do ar, água, solo ou do alimento que pode afetar, de modo adverso, a saúde, a sobrevivência ou as atividades de humanos ou de outros organismos vivos.

poluição atmosférica Um ou mais produtos químicos em concentrações altas o suficiente no ar para prejudicar seres humanos, outros animais, vegetação ou materiais. Tais produtos químicos ou condições físicas são chamados poluentes atmosféricos. Veja *poluente primário* e *poluente secundário*.

poluição da água Qualquer mudança física ou química na água da superfície ou lençol freático que pode prejudicar os organismos vivos ou tornar a água inadequada para certos usos.

poluição fotoquímica Mistura complexa de poluentes do ar produzidos na atmosfera inferior pela reação dos hidrocarbonetos e óxidos de nitrogênio, sob a influência da luz do sol. Composta sobretudo de elementos nocivos, como ozônio, nitratos de peroxiacetila (*peroxyacyl nitrates* – PANs) e vários aldeídos. Comparar com *poluição industrial*.

poluição industrial Tipo de poluição do ar composto principalmente de uma mistura de dióxido de enxofre, gotículas suspensas de ácido sulfúrico formado de parte de dióxido de enxofre e partículas sólidas suspensas. Comparar com *poluição fotoquímica*.

poluição sonora Qualquer som indesejado, perturbador ou nocivo que prejudica a audição ou interfere nela.

ponto crítico de mudança climática Ponto no qual um problema ambiental atinge um nível-limite em que os cientistas temem que cause uma destruição climática irreversível.

ponto de virada Nível-limite no qual um problema ambiental causa uma mudança fundamental e irreversível no comportamento de um sistema. Veja *ponto de crítico mudança climática* e *ponto de virada ecológica*.

ponto de virada ecológica Ponto no qual um problema ecológico atinge o nível-limite que causa uma mudança frequentemente irreversível no comportamento de um sistema natural.

pontos críticos de biodiversidade Áreas especialmente ricas em espécies vegetais que não são encontradas em nenhum outro lugar e estão ameaçadas de extinção.

população Grupo de organismos individuais das mesmas espécies vivendo em uma área específica.

PPB Veja *produtividade primária bruta*.

PPL Veja *produtividade primária líquida*.

pradaria Bioma encontrado em regiões onde a precipitação média anual é suficiente para sustentar o crescimento de gramíneas e pequenas plantas, mas não o suficiente para sustentar grandes árvores em pé. Comparar com *deserto* e *floresta*.

praga Organismo indesejado que interfere direta ou indiretamente nas atividades humanas.

precificação de custo total Estabelecimento de preços de mercado de bens e serviços para incluir custos escondidos de seus danos ambientais e de saúde de produção e uso deles. Veja *custo externo* e *custo interno*.

precipitação Água em forma de chuva, granizo, chuva com neve e neve que cai da atmosfera na terra ou nos corpos de água.

predação Interação em que um organismo de uma espécie (o predador) captura um organismo de outra espécie (a presa) e se alimenta de algumas ou de todas as partes dele.

predador Organismo que captura um organismo de outra espécie (a presa) e se alimenta de algumas ou de todas as partes dele.

presa Organismo capturado por um organismo de outra espécie (o predador) que serve como fonte de alimento.

prevenção de poluição Dispositivo, processo ou estratégia utilizados para impedir um poluente em potencial de se formar ou entrar no ambiente. Além disso, podem ser usados para reduzir consideravelmente a quantidade de poluente que entra no ambiente. Comparar com *limpeza da poluição*.

primeira lei da termodinâmica Em qualquer alteração física ou química, nenhuma quantidade detectável de energia é criada ou destruída, mas a energia pode ser modificada de uma forma para outra; você não pode obter uma energia maior do que a originalmente colocada em alguma coisa; em relação à quantidade de energia, não é possível tirar alguma coisa de nada. Essa lei não se aplica a alterações nucleares, nas quais a energia pode ser produzida de pequenas quantidades de matéria. Veja *segunda lei da termodinâmica*.

princípio de fator limitante Excesso ou pouco de qualquer fator abiótico pode limitar ou impedir o crescimento de uma população de uma espécie em um ecossistema, ainda que todos os outros fatores estejam na faixa de tolerância ideal ou próximos a ela para as espécies.

princípio de precaução Quando há uma significativa incerteza científica sobre o dano grave potencial dos produtos químicos ou das tecnologias, os tomadores de decisão devem agir para evitar danos aos humanos e ao ambiente. Veja *prevenção da poluição*.

princípios da sustentabilidade Princípios pelos quais a natureza tem se sustentado há bilhões de anos contando com a energia solar, a biodiversidade e reciclando nutrientes.

probabilidade Afirmação matemática sobre a possibilidade de algo acontecer.

produção combinada de calor e eletricidade (*combined heat and power* – CHP) Veja *cogeração*.

produção de pico Ponto no tempo quando a pressão em um poço de petróleo cai e sua taxa de produção de petróleo bruto convencional começa a reduzir, geralmente uma década ou mais; para um grupo de poços ou para uma nação, o ponto em que todos os poços em média passaram por uma produção de pico.

produção sustentável A taxa mais elevada na qual um recurso renovável pode ser usado indefinidamente sem reduzir seu suprimento disponível. Veja também *degradação ambiental*.

produção Matéria e energia que fluem por um sistema. Veja *sistema*. Comparar com *entradas* e *saídas*.

produtividade primária Veja *produtividade primária bruta, produtividade primária líquida*.

produtividade primária bruta (PPB) Taxa na qual os produtores de um ecossistema captam e armazenam determinada quantidade de energia química como biomassa em dado período de tempo. Comparar com *produtividade primária líquida*.

produtividade primária líquida (PPL) Taxa em que todas as plantas em um ecossistema produzem energia química líquida útil; é igual à diferença entre a taxa na qual as plantas em um ecossistema produzem energia química útil (produtividade bruta primária) e a taxa na qual elas usam alguma dessa energia através da respiração celular. Comparar com *produtividade primária bruta*.

produto interno bruto (PIB) Valor anual de mercado de todos os bens e serviços produzidos por todas as empresas e organizações, estrangeiras e nacionais, que operam em um país. Veja *PIB per capita*. Comparar com *indicador de progresso genuíno*.

produto químico perigoso Produto químico que pode causar dano por ser inflamável ou explosivo, irritar a pele ou os pulmões ou causar danos a eles (como as substâncias fortemente ácidas ou alcalinas) ou provocar reações alérgicas do sistema imunológico (alérgenos). Veja também *resíduos tóxicos*.

produtor Organismo que usa energia solar (plantas verdes) ou energia química (algumas bactérias) para fabricar os compostos orgânicos que precisam como nutrientes de simples compostos inorgânicos obtidos do ambiente. Comparar com *consumidor* e *decompositor*.

proteínas Moléculas de grandes polímeros formadas pela ligação de longas cadeias de monômeros chamados aminoácidos.

próton (p) Partícula carregada positivamente no núcleo de todos os átomos. Cada próton tem uma massa relativa de 1 e uma única carga positiva. Comparar com *elétron* e *nêutron*.

qualidade de energia Capacidade de uma forma de energia de realizar trabalho útil. Calor de alta temperatura e energia química em combustíveis fósseis são exemplos de energia de alta qualidade. Energia de baixa qualidade como calor de baixa temperatura é dispersa ou diluída e não pode mais realizar trabalhos úteis. Veja *energia de alta qualidade* e *energia de baixa qualidade*.

quebra-vento Fila de árvores ou cercas vivas plantadas para bloquear parcialmente o fluxo do vento e reduzir a erosão do solo em terra cultivada.

quimiossíntese Processo em que certos organismos (principalmente bactérias especializadas) extraem compostos inorgânicos do ambiente e os convertem em compostos nutrientes orgânicos sem a presença da luz do sol. Comparar com *fotossíntese*.

radiação eletromagnética Forma de energia cinética que viaja como ondas eletromagnéticas. Alguns exemplos: ondas de rádio, ondas de TV, micro-ondas, radiação infravermelha, luz visível, radiação ultravioleta, raios X e raios gama.

radioatividade Alteração nuclear em que os núcleos instáveis de átomos espontaneamente atiram "pedaços" de massa, energia ou ambos em uma taxa fixa. Os três principais tipos de radioatividade são: raios gama, partículas alfa de movimento rápido e partículas beta.

reação química Veja *modificação química*.

reciclagem primária Processo em que os materiais são reciclados em novos produtos do mesmo tipo – por exemplo: transformando latas de alumínio usadas em novas latas de alumínio.

reciclagem secundária Processo em que os materiais de resíduos são convertidos em diferentes produtos. Exemplo: pneus usados podem ser triturados e transformados em superfície de estrada emborrachada. Comparar com *reciclagem primária*.

reciclar Coletar e reprocessar materiais descartados para que possam ser transformados em novos produtos. Exemplo: coletar latas de alumínio, derretê-las e usar o alumínio para fazer novas latas ou outros produtos de alumínio. Veja *reciclagem primária* e *reciclagem secundária*. Comparar com *reduzir* e *reusar*.

recife de coral Formação produzida por colônias enormes contendo bilhões de minúsculos animais corais, chamados pólipos, que secretam uma substância rígida (carbonato de cálcio) ao redor de si como proteção. Quando os corais morrem, seus esqueletos externos vazios formam camadas; os recifes crescem com o acúmulo de tais camadas. Eles são encontrados nas áreas costeiras de oceanos tropicais quentes e subtropicais.

recurso Qualquer coisa obtida do ambiente para atender às necessidades e aos desejos dos seres humanos. Também pode ser aplicado a outras espécies.

recurso mineral Concentração de material mineral existente no interior da crosta da Terra ou sobre ela, em forma ou quantidade tal para ser extraído e convertido em materiais ou itens úteis que são atual ou potencialmente lucrativos. Recursos minerais são classificados como *metálicos* (como minérios de ferro e de estanho) ou *não metálicos* (como areia e sal).

recurso não renovável Recurso que existe em uma quantidade fixa (armazenamento) na crosta terrestre e tem o potencial para renovação por meio de processos geológicos, físicos e químicos que acontecem durante centenas de milhões a bilhões de anos. Exemplos: cobre, alumínio, carvão e petróleo. Classificamos esse tipo de recurso como exaurível, pois o extraímos e usamos muito mais rápido do que ele é formado. Comparar com *recurso renovável*.

recurso perpétuo Recurso que é essencialmente inexaurível em uma escala de tempo humano por ser renovado continuamente. Energia solar é um exemplo. Comparar com *recurso não renovável, recurso renovável*.

recurso renovável Recurso que pode ser reposto rapidamente (de horas a várias décadas) por meio de processos naturais, desde que não seja usado mais rapidamente do que é reposto. Exemplos: árvores em floresta, gramíneas em pastagens, animais selvagens, água doce de superfície em lagos e córregos, a maioria dos lençóis freáticos, ar fresco e solo fértil. Se tal recurso for usado mais rápido do que é substituído, ele pode se esgotar. Comparar com *recurso não renovável* e *recurso perpétuo*. Veja também *degradação ambiental*.

recurso renovável de acesso aberto Recurso renovável sem proprietários e disponível para uso, a um baixo custo ou sem custo. Exemplos: ar limpo, fornecimento de água subterrânea, mar aberto e seus peixes e camada de ozônio.

recursos humanos Veja *capital humano*.

recursos manufaturados Itens feitos de recursos naturais e usados para produzir e distribuir bens e serviços econômicos comprados pelas pessoas, como ferramentas, maquinaria, equipamento, edifícios da fábrica e instalações de transporte e distribuição.

Comparar com *capital humano* e *recursos naturais*.

recursos naturais Materiais, como ar, água e formas de energia existentes na natureza que são essenciais ou úteis para os humanos. Veja *capital natural*.

rede alimentar Rede complexa de muitas cadeias alimentares interconectadas e relações alimentares. Comparar com *cadeia alimentar*.

redução de resíduos Reduzir a quantidade de resíduos produzidos, os quais são considerados recursos em potencial que podem ser reutilizados, reciclados ou compostados. Veja *manejo integrado de resíduos*. Comparar com *gerenciamento de resíduos*.

reduzir Consumir menos e viver um estilo de vida mais simples. Comparar com *reciclar* e *reusar*.

refino Processo complexo de aquecimento do petróleo bruto para separá-lo em vários combustíveis e outros componentes com diferentes pontos de ebulição.

relação presa-predador Relação que tem evoluído entre dois organismos, na qual um organismo se torna a presa de outro, que é chamado predador. Veja *predador* e *presa*.

renda natural Recursos renováveis como plantas, animais e solo fornecidos pelo capital natural.

rendimento sustentável A taxa mais elevada na qual um recurso renovável pode ser usado indefinidamente sem reduzir seu suprimento disponível. Veja também *degradação ambiental*.

rendimento Quantidade de alimentos produzida por unidade de terra.

reserva Recursos que têm sido identificados e do qual um mineral utilizável pode ser extraído rentavelmente a preços correntes com mineração atual ou tecnologia de extração.

reservas de petróleo provadas Jazidas identificadas das quais o petróleo bruto convencional pode ser extraído com lucro, a preços atuais e com a tecnologia atual.

reservatório Lago artificial criado quando é colocada uma barragem em um córrego. Veja *barragem*.

resíduo radioativo Produtos de resíduos de usinas de energia nuclear, pesquisa, medicamentos, produção de armas e outros processos envolvendo reações nucleares. Veja *radioatividade*.

resíduo sólido industrial Resíduo sólido produzido por minas, fábricas, refinarias, produtores de alimentos e empresas que fornecem bens e serviços. Comparar com *resíduo sólido urbano*.

resíduo sólido Qualquer material indesejável ou descartado que não seja gasoso ou líquido. Veja *resíduo sólido industrial*, *resíduo sólido urbano*.

resíduo sólido urbano (RSU) Materiais sólidos descartados por residências e empresas em áreas urbanas ou perto delas. Veja *resíduo sólido*. Comparar com *resíduo sólido industrial*.

resíduos perigosos Qualquer sólido, líquido ou gás conteinerizado que pode pegar fogo facilmente, é corrosivo em pele e metais, é instável e pode explodir ou liberar fumaça tóxica, ou tem concentrações nocivas de um ou mais materiais tóxicos que podem lixiviar. Algumas vezes chamados de *resíduos tóxicos*.

resíduos tóxicos Veja *resíduos perigosos*.

resiliência A capacidade de um sistema vivo de ser restaurado por meio da sucessão secundária após uma perturbação mais severa.

resistência ambiental Todos os fatores limitantes que atuam juntamente para limitar o crescimento de uma população. Veja *fator limitador*.

respiração aeróbica Processo complexo que ocorre nas células da maioria dos organismos vivos, nos quais as moléculas orgânicas nutrientes como a glicose ($C_6H_{12}O_6$) combinam-se com o oxigênio (O_2) para produzir dióxido de carbono (CO_2), água (H_2O) e energia. Comparar com *fotossíntese*.

respiração anaeróbica Forma de respiração celular na qual alguns decompositores obtêm a energia de que precisam por meio da quebra da glicose (ou de outros nutrientes) na ausência de oxigênio. Comparar com *respiração aeróbica*.

resposta Quantidade de danos à saúde causados pela exposição a certa dose de uma substância nociva ou forma de radiação. Veja *dose* e *curva de resposta de dose*.

restauração ecológica Alteração deliberada de um habitat ou ecossistema degradado para restaurar o máximo possível de sua estrutura e função ecológica.

retroalimentação Toda matéria, energia ou informação resultante de um sistema que, quando colocada de volta nele, aumenta ou diminui uma mudança do sistema. Veja *ciclo de retroalimentação*, *ciclo de retroalimentação negativa* e *ciclo de retroalimentação positiva*.

reusar Usar um produto várias vezes da mesma forma. Exemplo: coletar, lavar e preencher garrafas de vidro de bebidas. Comparar com *reduzir* e *reciclar*.

revisão por pares Processo em que os cientistas publicam detalhes dos métodos e modelos usados, os resultados dos seus experimentos e a razão de suas hipóteses para que outros cientistas que estejam trabalhando no mesmo campo (seus pares) avaliem e critiquem.

revolução verde Expressão popular para a introdução de procriação científica ou variedades selecionadas de grãos (arroz, trigo, milho) que, com acréscimo de fertilizante e água, podem aumentar bastante a produção da safra.

riqueza de espécies Variedade de espécies medida pelo número de espécies diferentes contidas em uma comunidade. Veja *diversidade de espécies*. Comparar com *igualdade de espécies*.

risco Probabilidade que algo indesejável resultará da exposição deliberada ou acidental a um perigo. Veja *análise de risco, avaliação de risco*.

rocha Qualquer material sólido que compõe uma grande, natural e contínua parte da crosta terrestre. Veja *mineral*.

rocha ígnea Rocha formada quando o material rochoso fundido (magma) brota do interior da Terra, esfria e solidifica em massas rochosas. Comparar com *rocha metamórfica* e *rocha sedimentar*. Veja *ciclo da rocha*.

rocha metamórfica Rocha produzida quando uma rocha preexistente é submetida a altas temperaturas (o que pode levá-la a se fundir de modo parcial), pressões altas, fluidos quimicamente ativos ou a uma combinação desses agentes. Comparar com *rocha ígnea* e *rocha sedimentar*. Veja *ciclo da rocha*.

rocha sedimentar Rocha que se forma de produtos de erosão e, em alguns casos, de conchas, esqueletos e outros restos de organismos mortos compactados. Comparar com *rocha ígnea* e *rocha metamórfica*. Veja *ciclo da rocha*.

rotação de culturas Plantar diferentes culturas em um campo ou área do campo de ano a ano para reduzir o desgaste dos nutrientes do solo. Plantas como milho, tabaco ou algodão que retiram grandes quantidades de nitrogênio do solo são plantadas em um ano. No ano seguinte, planta-se uma leguminosa, como a soja, que acrescenta nitrogênio ao solo.

RSU Veja *resíduo sólido urbano*.

saídas Matéria e energia que saem de um sistema vivo e entram no ambiente. Veja *sistema*. Comparar com *entradas* e *produção*.

salinidade Concentração de vários sais dissolvidos em determinado volume de água.

salinização Acúmulo de sais no solo que pode eventualmente torná-lo incapaz de sustentar o crescimento das plantas.

salinização do solo Processo de degradação do solo em que aplicações repetidas de água de irrigação em climas secos causam o acúmulo gradual de sais nas camadas superiores do solo; pode reduzir o crescimento das plantações, diminuir o rendimento agrícola e até matar plantas e arruinar o solo.

seca Condição em que uma área não obtém água suficiente por causa da precipitação mais baixa ou de temperaturas mais altas que aumentam a evaporação.

segunda lei da termodinâmica Quando, em uma modificação física ou química, a energia é convertida, resta sempre uma energia de qualidade inferior ou menos utilizável em relação à original. Em qualquer conversão da energia térmica em trabalho aproveitável, um pouco de entrada de energia inicial é sempre degradado para energia de qualidade mais baixa, mais dispersa e menos aproveitável – normalmente calor de baixa temperatura que flui para o ambiente. Veja *primeira lei da termodinâmica*.

segurança alimentar Condição sob a qual todas as pessoas em determinada área têm acesso diário a suficiente alimento nutritivo, o que lhes permite ter uma vida ativa e saudável. Comparar com *insegurança alimentar*.

seleção artificial Processo pelo qual os humanos selecionam um ou mais traços genéticos desejáveis na população de uma planta ou espécies animais e, então, por meio da *criação seletiva* produzem populações contendo muitos indivíduos com os traços desejados. Comparar com *engenharia genética* e *seleção natural*.

seleção natural Processo pelo qual um gene benéfico em particular (ou conjunto de genes) é reproduzido em sucessivas gerações mais que outros genes. O resultado da seleção natural é uma população que contém uma grande proporção de organismos mais bem-adaptados a certas condições. Veja *adaptação, evolução biológica* e *mutação*.

selva Área onde a Terra e seus ecossistemas não têm sido seriamente perturbados pelos humanos e onde estes são apenas visitantes temporários.

serviços ecossistêmicos Serviços naturais que sustentam a vida na Terra e são essenciais para a qualidade de vida humana e o funcionamento das economias do mundo. Alguns exemplos: ciclos químicos, controle de pragas naturais e purificação natural do ar e água. Veja *recursos naturais*.

sistema Um conjunto de componentes que funcionam e interagem de maneira regular. A maioria dos sistemas vivos tem entradas, produção e saídas de matéria e energia no ambiente. Veja *entradas, saídas* e *produção*.

sistema de aquecimento solar ativo Sistema que usa coletores solares para captar energia do Sol e armazená-la como calor para aquecer o espaço e a água. O líquido ou ar bombeado pelos coletores transfere o calor captado para um sistema de armazenamento como um tanque isolado de água ou um leito de rocha. Então, bombas ou ventoinhas distribuem o calor ou água quente armazenados por toda a moradia conforme necessário. Comparar com *sistema de aquecimento solar passivo*.

sistema de aquecimento solar passivo Sistema que, sem o uso de dispositivos mecânicos, capta a luz do Sol diretamente dentro de uma estrutura e converte em calor de baixa temperatura para aquecimento do ambiente ou para aquecimento de água para uso doméstico. Comparar com *sistema de aquecimento solar ativo*.

sistemas termossolares Sistemas que coletam e concentram energia solar, utilizando-a para ferver água e produzir vapor para gerar eletricidade; também conhecidos como sistemas de *energia solar concentrada (CSP)*.

solo Mistura complexa de minerais inorgânicos (argila, lodo, pedrinhas e areia), matéria orgânica em decomposição, água, ar e organismos vivos.

solução ácida Qualquer solução aquosa que tem mais íons de hidrogênio (H^+) que íons de hidróxido (OH^-); qualquer solução aquosa com pH inferior a 7. Comparar com a *solução básica* e *solução neutra*.

solução básica Solução aquosa com mais íons de hidróxido (OH^-) do que íons de hidrogênio (H^+); solução aquosa com pH superior a 7. Comparar com *solução ácida* e *solução neutra*.

solução neutra Solução aquosa que contém um número igual de íons de hidrogênio (H^+) e de íons de hidróxido (OH^-); solução aquosa com pH 7. Comparar com *solução ácida* e *solução básica*.

solução tampão Substância que pode reagir com íons de hidrogênio em uma solução e, assim, manter relativamente constante a acidez ou o pH de uma solução. Veja *pH*.

subnutrição Veja *subnutrição crônica*.

subnutrição crônica (ou **fome**) Condição de pessoas que não podem cultivar ou comprar alimentos suficientes para suprir as necessidades de energia básica. A maioria das crianças subnutridas vive em países em desenvolvimento e podem sofrer de retardo mental, apresentar crescimento atrofiado e morrer de doenças infecciosas. Comparar com *desnutrição crônica* e *supernutrição*.

subsidência Encolhimento lento ou rápido de parte da crosta terrestre que não está relacionada à inclinação.

subsídios Pagamentos e proteções de várias formas que ajudam empresas e indústrias a sobreviver e prosperar.

substância química tóxica Produtos químicos que podem causar dano a um organismo. Veja *carcinógeno, mutagênico* e *teratogênico*.

sucessão ecológica Processo em que as comunidades de espécies animais e vegetais em determinada área são substituídas, no decorrer do tempo, por uma série de comunidades diferentes e mais complexas. Veja *sucessão ecológica primária* e *sucessão ecológica secundária*.

sucessão ecológica primária Sucessão ecológica em uma área sem solo ou sedimentos do fundo. Veja *sucessão ecológica*. Comparar com *sucessão ecológica secundária*.

sucessão ecológica secundária Sucessão ecológica em uma área na qual a vegetação natural foi removida ou destruída, mas o solo ou os sedimentos do fundo não foram destruídos. Veja *sucessão ecológica*. Comparar com *sucessão ecológica primária*.

supernutrição Dieta muito rica em calorias, gorduras saturadas (animais), sal, açúcar e alimentos processados, porém muito pobre em vegetais e frutas. Logo, o consumidor corre um alto risco de desenvolver diabetes, hipertensão, doença cardíaca e outros perigos de saúde. Comparar com *desnutrição crônica* e *subnutrição crônica*.

sustentabilidade Capacidade dos diversos sistemas da Terra, incluindo as economias e os sistemas culturais humanos, de sobreviver e se adaptar às condições ambientais indefinidamente em mudança.

tamanho da população Número de organismos individuais em uma população em um determinado momento.

Glossário

tanque séptico Tanque subterrâneo para tratamento de água residual de uma casa, usada em áreas rurais e suburbanas. As bactérias no tanque decompõem os resíduos orgânicos, e a lama assenta no fundo dele. O efluente flui do tanque para o solo por um campo de canos.

tarifa de aquisição Contrato de longo prazo que exige que concessionárias de serviços públicos comprem eletricidade produzida por moradores e empresas a partir de fontes de energia renováveis por um preço que garanta um bom retorno e coloquem essa energia na rede elétrica.

taxa bruta de mortalidade Número anual de mortes por mil pessoas na população de uma área geográfica, em um ponto médio de determinado ano. Comparar com *taxa bruta de natalidade*.

taxa bruta de natalidade Número anual de nascimentos vivos por mil pessoas na população de uma área geográfica, em um ponto médio de determinado ano. Comparar com *taxa bruta de mortalidade*.

taxa de extinção Porcentagem ou número de espécies que entram em extinção em determinado período de tempo, como um ano.

taxa de fecundidade total (TFT) Número médio de crianças nascidas com relação às mulheres em uma população durante os anos de reprodução (dos 15 aos 44 anos). Em outras palavras, trata-se de uma estimativa do número médio de filhos que uma mulher, em determinada população, terá durante seus anos férteis.

taxa de mortalidade Veja *taxa bruta de mortalidade*.

taxa de mortalidade infantil Número de bebês de cada mil nascidos que morrem antes de completar um ano de vida.

taxa de natalidade Veja *taxa bruta de natalidade*.

temperatura Medida do calor (ou energia térmica) médio dos átomos, íons ou moléculas de uma amostra de matéria.

tempo de esgotamento O tempo que leva para usar certa fração (geralmente 80%) das reservas conhecidas ou estimadas de um recurso não renovável em uma velocidade de uso presumida. Encontrar e extrair os 20% restantes normalmente custa mais do que o seu valor.

teoria atômica A ideia de que todos os elementos são feitos de átomos; teoria científica mais amplamente aceita em química.

teoria celular A ideia de que todas as coisas vivas são compostas de células; na biologia, é a teoria científica mais amplamente aceita.

teoria científica Uma hipótese científica amplamente testada e aceita. Comparar com *hipótese científica* e *lei científica*.

teoria da biogeografia da ilha Teoria científica amplamente aceita que sustenta que o número de espécies diferentes (riqueza de espécie) encontradas em uma ilha é determinado pelas interações de dois fatores: a taxa na qual uma nova espécie imigra para a ilha e a taxa na qual as espécies entram em extinção ou param de existir na ilha. Veja *riqueza de espécies*.

teoria da evolução pela seleção natural Ideia científica amplamente aceita de que todas as formas de vida são resultado de formas de vida anteriores. É o modo como a maioria dos biólogos explica como a vida tem mudado durante os últimos 3,8 bilhões de anos e por que é tão diversificada hoje.

teoria das placas tectônicas Teoria de processos geofísicos que explica os movimentos das placas litosféricas e os processos que ocorrem em suas fronteiras. Veja *litosfera* e *placas tectônicas*.

teratogênico Produto químico, agente ionizante ou vírus que causa defeitos de nascimento. Comparar com *carcinógeno* e *mutagênico*.

terraceamento Plantar culturas em longas encostas íngremes que foram convertidas em uma série de terraços amplos quase nivelados, com declives verticais curtos de um para o outro que contornam a terra para reter a água e reduzir a erosão do solo.

terremoto Tremor do solo resultante de fendimento ou deslocamento de rochas, que produz uma falha, ou do movimento subsequente ao longo da falha.

toxicidade Medida de nocividade de uma substância.

toxicologia Estudo dos efeitos adversos de produtos químicos na saúde.

traço Característica passada dos pais para os descendentes durante a reprodução em um animal ou planta.

traço adaptativo Veja *adaptação*.

tragédia dos comuns Esgotamento ou degradação de um recurso potencialmente renovável ao qual as pessoas têm livre acesso e não gerenciado. Exemplo: esgotamento de espécies de peixes desejados comercialmente no mar aberto, além das áreas controladas pelos países costeiros. Veja *recurso renovável de acesso aberto*.

transição demográfica Hipótese de que os países, à medida que se tornam industrializados, reduzem as taxas de mortalidade e natalidade.

transpiração Processo em que a água absorvida pelos sistemas de raízes das plantas se move para cima pelas plantas, passa para os poros (estômatos) em suas folhas ou outras partes e evapora na atmosfera como vapor de água.

transtorno de déficit de natureza Uma ampla variedade de problemas, como ansiedade, depressão e transtornos de déficit de atenção, que podem resultar, pelo menos parcialmente, da falta de contato com a natureza.

tratamento de esgoto primário Tratamento mecânico de esgoto em que grandes sólidos são filtrados pela seleção e os sólidos suspensos assentam como lama em um tanque de sedimentação. Comparar com *tratamento de esgoto secundário*.

tratamento de esgoto secundário Segunda etapa na maioria dos sistemas de tratamento de resíduos. Nesse tipo de tratamento, as bactérias aeróbicas decompõem aproximadamente 90% dos resíduos orgânicos que necessitam de oxigênio na água residual. Comparar com *tratamento de esgoto primário*.

troposfera Camada interna da atmosfera. Contém cerca de 75% da massa de ar da Terra e se estende por aproximadamente 17 quilômetros sobre o nível do mar. Comparar com *estratosfera*.

tsunami Uma série de grandes ondas geradas quando uma parte do fundo do oceano de repente sobe ou desce, geralmente devido a um terremoto.

urbanização Criação ou crescimento de áreas urbanas ou cidades e da terra desenvolvida ao redor. Veja *área urbana*.

usina hidrelétrica Estrutura na qual a energia da queda ou do fluxo de água gira um gerador de turbina para produzir eletricidade.

valor instrumental Valor de um organismo, espécie, ecossistema ou da biodiversidade da Terra com base em sua utilidade para os humanos. Comparar com *valor intrínseco*.

valor intrínseco Valor de um organismo, espécie, ecossistema ou da biodiversidade da Terra com base em sua existência, independentemente de ser útil para os humanos. Comparar com *valor instrumental*.

variabilidade genética Variedade na composição genética de indivíduos de uma população.

várzea Solo de vale plano próximo a um canal de córrego. Para propósitos legais, essa expressão geralmente se aplica a qualquer área baixa que tem potencial para inundação, incluindo certas áreas costeiras.

vírus Agente infeccioso menor que uma bactéria; invade uma célula e assume sua maquinaria genética para copiar e se multiplicar. Eles então se multiplicam e se espalham por o todo corpo, causando uma doença viral como a gripe ou a aids.

visão de mundo Como as pessoas pensam a respeito de como o mundo funciona e o que pensam sobre qual deveria ser sua função no mundo. Veja *visão de mundo de sabedoria ambiental*, *visão de mundo de gestão planetária* e *visão de mundo de administração*.

visão de mundo ambiental Conjunto de hipóteses e crenças sobre como as pessoas pensam a respeito de como o mundo funciona, sobre qual deveria ser seu papel nele e o que consideram comportamento ambiental correto ou incorreto (ética ambiental). Veja *visão de mundo ambiental centrada na Terra*, *visão de mundo ambiental centrada no ser humano* e *visão de mundo ambiental centrada na vida*.

visão de mundo ambiental centrada na Terra Segundo essa visão de mundo, fazemos parte e dependemos da natureza; o sistema de suporte à vida da Terra existe para todas as espécies, não só para a nossa; para que consigamos ter sucesso econômico e a sobrevivência em longo prazo de nossas culturas e espécies, precisamos aprender como a Terra se manteve por bilhões de anos e integrar essas lições da natureza no modo como pensamos e agimos. Comparar com *visão de mundo ambiental centrada no ser humano* e *visão de mundo ambiental centrada na vida*.

visão de mundo ambiental centrada na vida Segundo essa visão de mundo, todas as espécies têm valor como membros participantes da biosfera, independentemente da utilidade delas para os seres humanos. Inclui a crença de que temos a responsabilidade ética de evitar apressar a extinção de espécies por meio de nossas atividades. Comparar com *visão de mundo ambiental centrada na Terra* e *visão de mundo ambiental centrada no ser humano*.

visão de mundo ambiental centrada no ser humano (antropocêntrica) Visão de mundo que considera o mundo natural como um sistema de suporte à vida humana. Inclui a *visão de mundo de gestão planetária*, que afirma que os seres humanos são uma espécie separada e responsável pela natureza e que podemos gerenciar a Terra principalmente para nosso benefício até um futuro distante; e a *visão de mundo de administração*, segundo a qual podemos e devemos gerenciar a Terra para o nosso benefício, mas temos a responsabilidade ética de cuidar da Terra como gestores cuidadosos e responsáveis, ou *administradores*. Comparar com *visão de mundo ambiental centrada na Terra* e *visão de mundo ambiental centrada na vida*.

visão de mundo de administração De acordo com essa visão de mundo, podemos gerenciar a Terra para o nosso benefício, mas temos uma responsabilidade ética de cuidar dela e de sermos gestores responsáveis ou *administradores* do planeta. Deveríamos encorajar formas benéficas de crescimento econômico e desencorajar as formas prejudiciais ao ambiente. Comparar com *visão de mundo de sabedoria ambiental* e *visão de mundo de gestão planetária*.

visão de mundo de gestão planetária De acordo com essa visão de mundo, os humanos são separados da natureza, que existe principalmente para suprir as nossas necessidades e nossos crescentes desejos e podemos usar nossa engenhosidade e tecnologia para gerenciar os sistemas de suporte à vida da Terra, principalmente para nos beneficiar. Segundo essa visão, o crescimento econômico é ilimitado. Comparar com *visão de mundo de sabedoria ambiental* e *visão de mundo de administração*.

visão de mundo de sabedoria ambiental Visão de mundo que sustenta que os humanos são parte e totalmente dependentes da natureza e que esta existe para todas as espécies, não apenas para nós. Nosso sucesso depende de aprender como a natureza se sustenta e integrar essa sabedoria ambiental ao nosso modo de pensar e agir. Veja *visão de mundo ambiental centrada na Terra*. Comparar com *visão de mundo de fronteira ambiental*, *visão de mundo de gestão planetária* e *visão de mundo de administração*.

vulcão Ventilação ou fissura na superfície da Terra por meio da qual magma, lava líquida, cinzas e gases são lançados no ambiente.

zona costeira Parte rasa do mar, quente, rica em nutrientes do oceano que vai da marca da maré alta em terra até a borda de uma extensão similar a uma plataforma de massas de terra continentais conhecida como a plataforma continental. Comparar com *mar aberto*.

zona de aeração Zona no solo que não é saturada com água e que fica sobre o lençol freático. Veja *lençol freático* e *zona de saturação*.

zona de saturação Zona abaixo do *lençol freático* onde todos os poros disponíveis no solo e na rocha na crosta terrestre são preenchidos pela água. Veja *lençol freático* e *zona de aeração*.

zona de vida aquática Porções de águas doce e marinha da biosfera. Exemplos: zonas de vida em água doce (como lagos e riachos) e zonas de vida oceânica ou marinha (como os estuários, costeiras, recifes de corais e oceano aberto).

zona ripária Uma faixa estreita ou remendo de vegetação que circunda um córrego. Esse tipo de zona são habitats e recursos muito importantes para a vida selvagem.

zonas de vida de água doce Sistemas aquáticos em que a água com uma concentração de sal dissolvido menor que 1% por volume se acumula ou circula pelos biomas terrestres. Exemplos: sistema *lêntico* (água parada) de água doce, como lagos, lagoas e áreas interiores alagadiças, e *lótico* (água corrente), como riachos e rios. Comparar com *biomas*.

zonas de vida de água salgada Zonas de vida aquática associadas aos oceanos; oceanos e baías, estuários, alagadiços costeiros, orla costeira, recifes de corais e florestas de mangue que os acompanham.

zonas de vida oceânica ou marinha Veja *zona de vida de água salgada*.

zoneamento Designação de parcelas de terra para tipos particulares de uso.

zooplâncton Plâncton animal; pequenos herbívoros flutuantes que se alimentam de plâncton vegetal (fitoplâncton). Comparar com *fitoplâncton*.

Índice remissivo

Nota: Números de página em **negrito** indicam termos-chave. Números de página seguidos por f, t ou q indicam figuras, tabelas e quadros.

A

A origem das espécies por meio da seleção natural, livro (Darwin), 79
A Sand County Almanac (Leopold), 19
AAAS. Ver American Association for the Advancement of Science
Abastecimento natural de aquíferos, 271
Abelhas, 72f
Abelhas-africanas produtoras de mel, 74
Abelhas europeias produtoras de mel. Ver Abelhas produtoras de mel
   leis sobre reciclagem, 464-465
   lixo eletrônico, 464
   proibição do bisfenol A (BPA), 399
   resíduo perigoso, 469-470
   uso de sacos plásticos, 464
Abelhas produtoras de mel, 168q, 168f, 180q, 180f
   africanas, 74, 175f
   declínio em, 72q, 168q, 180q
   desordem do colapso da colônia, 168q
   estudo de caso principal, 168q
   introdução na América do Norte, 174
   pesticidas como ameaça a, 244
   polinização por, 72q, 72f, 168q, 189q
   sustentabilidade e, 189q
Abordagem *cradle-to-grave*, 458q, 473
Abordagem de comando e controle, 496
Abordagem de limpeza "no fim do ciclo", 474
Abordagem dos ecossistemas para sustentar a biodiversidade, 195-220
   biodiversidade aquática, 213-220
   biodiversidade terrestre e serviços ecossistêmicos, 208-210
      conservação na Costa Rica, 194q, 194f, 208
      ecologia de reconciliação, **212**
      estratégia de cinco pontos, 208-209, 210
      estratégia de medidas emergenciais, 210
      hotspots de biodiversidade, 210
      o que você pode fazer?, 212f
      restauração de ecossistemas deteriorado, 211
   colocando preço nos serviços ecossistêmicos da natureza, 196q
   florestas
      administrando e sustentando, 201-203
      principais ameaças às, 195-200
      restauração ecológica de florestas tropicais secas na Costa Rica (estudo de caso), 212
   parques e reservas, administrando e sustentando, 207, 208
   pradarias, administrando e sustentando, 204-205, 205f
   proteção de áreas selvagens, 206, 207f

Abordagem em que o usuário paga, 125, 279
Academia Nacional de Ciências (National Academy of Sciences), 186
   pesticidas sintéticos, 244-245
   sobre em manejo integrado de pragas, 247
   sobre manejo integrado de resíduos perigosos, 470, 470f
   sobre objetivos de manejo de resíduos, 462, 463f
   sobre toxicidade de químicos sintéticos, 393
Acesso à água e, 265
Acidente na usina nuclear de Fukushima Daiichi, 350
Acidentes de automóveis, 125
   padrões de eficiência de combustível, 424
   país centrado em carro, 125
   poluição do ar e, 125, 421-423
   prós e contras, 126
   redes de compartilhamento de carro, 126
   reduzindo uso, 126
Acidez, **33**
Acidificação oceânica/do oceano, 156q, 214q
Ácido(s)
   carbônico, 214q
   nítrico, 60, 415
   nucléicos, 34
   sulfúrico, 415
Aço, 309
Açúcares simples, 33
Adaptação, 80
   à mudança climática, 440
   definição, 79
   limites da adaptação por meio da seleção natural, 80
Administração de Informação de Energia dos Estados Unidos (U. S. Energy Information Administration), 340q, 419
Administração Nacional Oceânica e Atmosférica dos Estados Unidos (U.S. National Oceanic and Atmospheric Administration – NOAA), 218q
Administradores, 19, 505
Adubo, 249
   animal, **249**
   verde, **249**
Aerossóis, 415, 433
Afluência
   impacto ambiental e, 13-14, 15-16
   efeitos prejudiciais e benéficos, 13-15
   consumo excessivo e, 111q
África
   sistemas de irrigação na, 254q
   uso do Lifestraw™ na, 289, 290f
África do Sul, taxas de linha de vida, precificação na, 279

Agência de Proteção Ambiental (Environmental Protection Agency – EPA), estabelecimento da, 21
   classificação de particulados por, 420
   legislação de resíduos perigosos, 472
   sobre armazenamento de resíduos perigosos, 472
   sobre avaliação de riscos, 406
   sobre contaminação da água subterrânea, 288
   sobre fontes de resíduos sólidos nos Estados Unidos, 459
   sobre fontes não pontuais de poluição da água, 242
   sobre mercúrio, 394
   sobre poluição do ar em ambientes fechados, 420
   sobre poluição do ar exterior, 423
   sobre químicos tóxicos, 392
   sobre sistema de bombeamento de calor geotérmico, 371-372
   sobre uso de pesticidas nos Estados Unidos, 243
   Toxic Release Inventory, 474
Agências do governo. Ver departamentos ou agências específicas
Agência dos Estados Unidos para o Desenvolvimento Internacional (U. S. Agency for International Development – Usaid), 182, 202
Agência Internacional de Energia (International Energy Agency – IEA), 337
Agentes
   de amplo espectro, 243
   de espectro limitado, 243
Agentes hormonalmente ativos (AHAs), 395
Agricultura. Ver também Produção de alimentos sustentável
   agricultura de conservação, 247-248
   agricultura sustentada pela comunidade ((*community-supported agriculture* – CSA), 256
   agrobiodiversidade, 239
   alimentos geneticamente modificados, 232-233
   alto uso de insumos, 229
   aumento na produção, 229-231
   colheita, 229
   controle de pragas, 242-247
   cruzamento e seleção artificial, 232
   cultivo múltiplo, 231
   custos ocultos de, 232
   de plantio, 229
   declínio na produção relacionado a mudança climática, 439
   engenharia genética e, 232
   industrializada (*ver* Agricultura industrializada)
   melhorias em sustentabilidade, 251-254, 252f, 255q
   monoculturas, 229, 252

orgânica, 230, 231f
pegada hídrica de, 267
policulturas, 229-230, 253q
poluição da água pela, 84-285, 295
produção de carne, 233, 241
produção de peixe e crustáceos, 233-234
produção urbana de alimentos, 226q, 226f, 256, 257q
revolução verde, 230-231, 240
safras comerciais, 229
subsídios, 232, 254-255
subsistência, 229
tradicional de subsistência, 229
tradicional intensiva, 229
uso de energia nos Estados Unidos, 235
Agricultura de alto uso de insumo, **229**. *Ver também* Agricultura industrializada
Agricultura de conservação, 248
Agricultura de plantio, **229**
Agricultura de subsistência, 229
Agricultura industrializada, 229
  agricultura de plantio, 229
  agricultura orgânica comparada a, 231f
  agrobiodiversidade, perda de, 239
  agronegócio, 232
  alimentos geneticamente modificados, 232-233
    aquicultura, 242, 242f
  custos ocultos, 232
  desertificação, 238
  engenharia genética, 232
  entradas de energia, 235
  erosão da porção superior do solo, 236-238, 237f-238f
  irrigação excessiva, 238, 239f
  monoculturas, 229
  nos Estados Unidos (estudo de caso), 232
  objetivo do aumento no rendimento, 229
  perda de biodiversidade, 239-240
  poluição e mudança climática, 239
  problemas ambientais causados por, 234-242, 234f
  produção de carne, 233, 239, , 239-241, 241f
  revolução verde na, 230-231
  subsídios, 232
Agricultura orgânica, **230**-231, 231f
  agricultura industrializada comparada com, 231f
  rótulos de produtos, 230
  evitando a poluição da água, 295
Agricultura sustentada pela comunidade (*community-supported agriculture – CSA*), 256
Agricultura tradicional de subsistência, **229**
Agricultura tradicional intensiva, **229**
Agrobiodiversidade, **239**
Agroflorestral, sistema, 248
Agronegócio, 232. *Ver também* Agricultura industrializada
Água. *Ver também* Recursos hídricos
  água subterrânea (*ver* Água subterrânea)
  aquecimento com energia solar, 359-360, 360f
  ciclo hidrológico, 56-57
  cinza, **281**
  composição química, 35

correntes oceânicas, 137-138, 137f
doce (*ver* Água doce)
energia da corrente de água (*ver* Energia, hídrica)
energia hídrica, 358, 365
engarrafada, 290-291
fraturamento, 340q
irrigação, 238
pH da, 33
poluição da (*ver* Poluição da água)
  problemas de áreas urbanas, 122-123
  propriedades, 57q
  purificando água potável, 289-290, 290f
  uso nos Estados Unidos, 267-268
  virtual, **267,** 268f
Água corrente, como forma indireta de energia solar, 363-366
Água da chuva, em áreas urbanas, 281
Água doce, **265**. *Ver também* Sistemas de água doce; Água subterrânea; Recursos hídricos
  acesso a, 265
  água da chuva, captura e armazenamento de, 281
  ciclo hidrológico e, 265
  como recurso insubstituível, 265
  custo de, 278-279
  dessalinização, 278
  distribuição de, 265, 268
  escassez, 268-269, 268f
  escoamento superficial, 266
  purificando água potável, 289, 290f
  quantidade disponível de, 265
  recursos nos Estados Unidos (estudo de caso), 267-269, 268f
  represas e reservatórios para gerenciar, 273-274, 274f, 275f
  uso está aumentando, 266-267, 267f
  uso sustentável de, 278-282
    benefícios de, 278-279
    em indústrias e casas, 280-281, 281f
    melhoras na eficiência da irrigação, 279-280, 280f
    na remoção de resíduos, 282
    redução de dano de inundação, 282-283
    reduzindo perdas, 280f
    subsídios governamentais, 279-280
  transferências de água, 276-278, 276f
Água do mar/oceano
  extração de minério da, 312-313
  remoção do sal da, 278
Água e água corrente, energia de, 361-366, 366f
Água engarrafada, 290-291
Água potável
  engarrafada, 289-291
  Lei da Água Potável Segura (*U.S. Safe Drinking Water Act*), 291, 497
  movimento volta à torneira, 291
  purificando, 289
  vasos sanitários e doenças infecciosas, 391
Águas residuais, **285**
  de fraturamento, 340q
  mineração de remoção do topo da montanha e, 314-315
  purificação, 289-290
  tratamento, 296-297
Água subterrânea, **57, 265**-266
  aquíferos, 271, 273, 272f
  como recurso essencial, 266
  esgotamento/extração, 271, 272f, 274f
  poluição, 288-289, 288f-287f

Água superficial, **157, 266**
  água subterrânea e, 265-266
  reduzindo e evitando poluição, 298
Aids. *Ver* Síndrome de imunodeficiência adquirida
Alasca
  florestas selvagens, 207
  Parque Nacional Denali, 192f-193f
Alemanha
  água engarrafada na, 290
  floresta temperada decídua, 149f
  redes de compartilhamento de veículos, 126
  uso de energia eólica na, 366-367
Algaroba, 144q
Algas
  crescimento, 293
  eutrofização cultural de lagos e, 288
  poluição do oceano e, 292
Alimento. *Ver também* Produção agrícola geneticamente modificada, 232-233
  especialização, 229
  fome, 227
  resíduos, 249
  selo, 230
Allen, Will, 226q, 226f, 230, 248, 249
Alumínio, 35, 309
  reciclagem de, 39, 320
  tempo de desintegração de uma lata, 460
Ambientalismo, **5**
Ambientes bióticos, 48, 50f
American Association for the Advancement of Science (AAAS), 426
American Water Works Association, 280
Amônia, 60, 60f
Amplitude, terremoto, 321
Análise comparativa de risco, 402
Análise de risco, **402**
  morte, maiores causas de, 403f
  dificuldade de avaliar riscos, 406
  estimando riscos com a tecnologia, 405-406
  fatores na, 405-406
Analista de SIG, 62
Analista de sensoriamento remoto, 62
Anderson, Ray, 494
Anemia, deficiência de ferro, 228
Anêmona-do-mar, 89f, 95
Anfíbios
  como indicadores biológicos, 74, 78q
  declínio dos, 70f, 78q
  sustentabilidade e, 85q
Animais. *Ver também* animais específicos
  deserto, 144q
  em floresta temperada decídua, 148
  em florestas frias/coníferas do norte, 148
  herbívoros, 144
  savana, 144
  tundra ártica/pradaria fria, 142f
Antártica
  núcleos de gelo, 430f
  diminuição da camada de ozônio, 443, 448f
Antibióticos, 79, 79f
  resistência a, 387q
  usados em aquicultura, 242
  usados na produção de carnes, 241
Anticorpos, 393
Antropoceno, 63q
Aquaculture Stewardship Council (ASC), 251
Aquários, 186-187

Aquecedores de água
   instantâneos sem tanque, 357
   solares, 359-360
Aquecimento
   edifícios e água com energia solar, 359-360, 360f
   eficiência energética, 355-356
   rendimento de energia líquida, 334f
   sistemas termossolares, 360-361, 3362f
Aquecimento atmosférico, 412q. *Ver também* Mudança climática
   atmosfera inferior por efeito estufa, 137 (*Ver também* Gases de efeito estufa)
   carvão com baixo teor de enxofre, aquecimento atmosférico e mercúrio, 420
   cobertura de nuvens e, 431
   mudança climática, 426-429, 433-440
Aquecimento espacial, rendimento de energia líquida para, 334f
Aquedutos, 276, 276f
Aquicultura, 229, 233-234, 235f
   ecossistema aquático, 242
   mar aberto, 251
   poliaquicultura, 251
   sistema de recirculação, 251
   sustentável, 251, 251f
   vantagens e desvantagens da, 242f
Aquífero Ogallala, 271, 272f, 273
Aquíferos, **57**, **266**-267
   contaminação de, 288
   esgotamento de, 271
   não renováveis, 266
   reabastecimento de, 266
Ar, movimento vertical do, 417
Arábia Saudita
   esgotamento de aquífero, 272
   produção de trigo, 271
   reservas de petróleo, 335
Aranha-lobo, 242f
Aranhas, controle de pragas por, 242
Arara-azul, 182, 182f
Ardósia, 308
Áreas costeiras
   manguezal, 152, 154f
   níveis do mar (*ver* aumento do nível do mar)
   poluição de, 292, 292f
   zonas mortas, 293, 300q
   zonas úmidas costeiras, 152
Áreas interiores alagadiças, **160**-162
Áreas marinhas protegidas (*marine protected areas* – MPAs), 217
Áreas protegidas, 186
   ecossistemas marinhos, 216-217
Áreas secas, degradação de, 238
Áreas selvagens, **206**
   áreas como centros para evolução, 206
   Lago Diablo no Parque Nacional North Cascades, 207f
   protegendo, 206
Áreas úmidas
   costeiras, 152
   drenagem de, 283
Áreas urbanas
   Cidade do México (estudo de caso), 124
   cidades compactas, 124
   cidades dispersas, 124-125
   conceito de ecocidades, 126-129, 129f
   crescimento inteligente, 126-127, 128f
   crescimento para fora ou para cima, 124-125
   envelhecimento das infraestruturas, 120
   fumaça, 416-417, 416f
   megacidades, 119, 120f
   nos Estados Unidos, 119-120, 120f
   pobreza em, 119
   poluição do ar, 414, 415, 416-417
   produção de alimentos, 226q, 226f, 256
   sustentáveis, 126f, 126-129
   tendências urbanas na população global, 119
   transporte em, 125-126
Areia, 309
Areia betuminosa, **338**, 334f
Arenito, 308
Arizona, Rio San Pedro, 206f
Armas nucleares, 350
Arquitetura verde, 355
Arrastos 213, 213f
Arroz, 229, 231f
Árvores. *Ver* Florestas
Árvores coníferas perenes, 148
Árvores decíduas de folhas largas, 148
ASC. *Ver* Aquaculture Stewardship Council
Aspersores inteligentes para economia de água, 281
Assentamentos precários, 123-124
Associação dos Consumidores de Eletrônicos, 471
Associações comerciais, 496
Astenosfera, **307**, 323f
Aterros sanitários, **468**, 469f, 470f
   seguros para resíduos perigosos, 472
Atividades humanas, impacto de
   biodiversidade aquática, 213-215
   ecossistemas marinhos, 155, 157, 157f
   ecossistemas terrestres, 151-152, 151f
   eutrofização cultural de lagos, 286-287
   impacto ambiental e, 12
   mudança climática e, 429-430, 436f, 440
   poluição do ar de, 413-414, 414f
   taxas de extinção e, 169-170, 173-184
      crescimento populacional e uso de recursos, 178-179
      introdução de espécies invasoras (não nativas), 173-177, 174f, 175f
      matança, captura e venda ilegal de espécies selvagens, 179-182, 181f
      mudança climática, 178-179
      perda e fragmentação de habitat, 173
      poluição, 178-179, 177f
   sistemas de água doce, 161-162
Ativista ambiental, carreira como, 502
Atmosfera, **47**, 47f, **413**
   camadas da, 413, 413f
   circulação de ar, 138-140, 426
   clima e (*ver* Clima; Mudança climática)
   energia cinética na, 429
   gases de efeito estufa, efeitos 137 (*Ver também* Gases de efeito estufa
   inversão térmica, 417
   ozônio, 47, 413, 415-416, 448-450
   transferência de energia por convecção na, 138f
Átomos, **32**, 32f, 35, 49f
Atrativos sexuais, 246
Attenborough, David, 107
Auditorias ambientais, 503
Audubon Society, 299q
Aumento do nível do mar, 412q, 428, 434, 438f, 435-438
Austrália
   Grande Barreira de Corais, 98f
   uso de carvão pela, 342
Automóveis. *Ver também* Carros
   bateria de íon de lítio, 310, 320q, 354q
   carros elétricos e híbridos e, 311f, 352-353, 353f
   e células de combustível em, 354
   economia de combustível, 352
   eficiência energética, 351-352, 352f
   materiais compósitos ultraleves e ultrarresistentes, 355
Avaliação de risco, **385**, 385f
Avaliação Ecossistêmica do Milênio (2005), 12, 151
Aves/pássaros
   aves costeiras, nichos especializadas em, 74
   como espécies indicadoras, 184
   declínio da população de, 183-184
   efeitos DDT em, 178, 178f
   pássaros azuis, caixas como ninhos artificiais para, 212
   serviços econômicos e ecossistêmicos fornecidos por, 195

B

Baby boom, nos Estados Unidos, 113-114, 114f
Bacia de drenagem, **157**, **266**
Bacia do Rio Mississipi, zona morta anual do Golfo do México e, 264q, 264f, 300q
Bacias hidrográficas, **157**, **266**
Bactérias, 385
   no ciclo do nitrogênio, 60, 60f
   papel das, 51q
   resistência genética a antibióticos, 387q
   Staphylococcus aureus resistente à meticilina (SARM), 387q
   tuberculose, 386
Bagaço, 370
Baía de Monterrey, Califórnia, 90f
Ballard, Robert, 323q
Balog, James, 436q
Banco Mundial
   segurança ambiental e, 504
   sobre pobreza, 492-493
Bancos de sementes, 186, 240
Bangladesh, 10, 18f, 436, 447, 471f
Banheiros, banheiros de compostagem, 282
Barragem Glen Canyon, 270f
Barragens, represas e reservatórios, 151f
   vantagens e desvantagens de, 273-274
Barrett, Steven, 22
Bateria
   a busca por melhores, 354q
   de íon de lítio, 310, 320q, 354q
   para veículos elétricos, 353, 353f
   recarregável, 464
   ultracapacitores, 354q
Belize, 212
Bens e serviços, 17, 485, 485f
Benyus, Janine, 9q
Bicicletas, 126, 127f
Biddle, Mike, 466
Big bluestem, sistema de raízes de, 254f
Bioacumulação, 178
Biocombustíveis
   etanol, 370-371, 371f
   líquidos, 370-371, 371f
   mudança climática e, 371
Biodiesel, 370

Índice remissivo **539**

Biodiversidade, **5**, 68-85
　agrobiodiversidade, 239
　ameaças da mudança climática a, 438-440
　aquática (*ver* Biodiversidade aquática)
　clima e, 134-163
　componentes da, 71-73
　　diversidade do ecossistema, 72, 71*f*
　　diversidade funcional, 71*f*, 72
　　diversidade genética, 71*f*
　　diversidade de espécies, 71, 71*f*
　Convenção sobre Diversidade Biológica (Convention on Biological Diversity – CBD)
　de recifes de corais, 152, 156*q*
　definição, **71**
　E. O. Wilson e, 73*q*
　especiação, 80-81, 82*f*
　evolução biológica, 77-80
　extinção, 82-83
　hotspots, 210, 211*f*
　matança, captura e venda ilegal de espécies selvagens como ameaça a, 179-182, 179*f*, 181*f*
　montanhas, as ilhas de, 150
　na Costa Rica, 208, 210*q*
　número de espécies, 169-170
　origem do termo, 62*q*
　papéis da espécie em ecossistemas, 74-77
　　caso de estudo jacaré-americano, 75-76, 76*f*
　　espécies especialistas, 74, 74*f*
　　espécies generalistas, 74, 74*f*
　　espécies indicadoras, 74-75
　　espécies invasoras, 74
　　espécies não nativas, 74
　　espécies nativas, 74
　　espécies-chave, 75, 76
　　estudo de caso de tubarões, 76-77, 77*f*
　parques como ilhas de, 207
　princípio da sustentabilidade, 5, 6*f*
　processos geológicos e, 81*q*
　salvando espécies, 166-189 (Ver também Espécies, abordagem para sustentar biodiversidade)
　sustentando, 192-220
　sustentando ecossistema e serviços ecossistêmicos, 192-220
Biodiversidade aquática, 213-220
　atividades humanas, impacto das, introdução de espécies invasoras, 215, 215*f*
　acidificação oceânica, 214*q*
　pesca em excesso, 215
　biodiversidade marinha, protegendo e sustentando, 216-217
　extinções, 213
Biodiversidade terrestre e serviços ecossistêmicos, 205-212
Biologia sintética, 81-**82**
Biomagnificação
　de DDT, 178*f*
　na cadeia alimentar, 394*f*
Biomas, 72, 141. *Ver também* Ecossistemas; Biomas terrestres; biomas específicos
　clima e, 141-152, 142*f*, 151*f*
　como colcha de retalhos de áreas, 141
　variedade do paralelo 39° nos Estados Unidos, 73*f*
　zona de transição (ecótono), 141
Biomas aquáticos. *Ver* Ecossistemas aquáticos

Biomas terrestres (*ver* Biodiversidade terrestre e serviços ecossistêmicos)
　atividades humanas que impactam, 151*f*, 151-152
　biodiversidade terrestre e serviços ecossistêmicos, 205-212
　clima e, 138*q*, 137-140
　desertos, 142, 143*f*, 144*q*
　ecologia da reconciliação, 212
　ecossistema, abordagem para sustentar biodiversidade
　estratégia, medidas emergenciais, 211
　florestas, 197-198, 197*f*-198*f*
　florestas, administrando e sustentando, 201-204
　florestas, principais ameaças a, 195-201
　hotspots de biodiversidade, 210, 211*f*
　latitude e elevação em, 141
　montanhas, 150-151, 151*f*
　o que você pode fazer?, 212*f*
　parques e reservas naturais, administrando e sustentando, 207, 207*f*
　plano de cinco pontos, 208-209, 210
　pradarias, 142-143, 144, 145*f*
　pradarias, administrando e sustentando, 204
　precificação de serviços ecossistêmicos da natureza, 196*q*
　produtividade primária líquida, 55, 56*f*
　proteção da vida selvagem, 206-207, 207*f*
　restauração de ecossistemas destruídos, 211
　restauração ecológica da floresta seca tropical na Costa Rica (estudo de caso), 212
Biomassa, 369
　como crise da lenha, 202, 370
　queima de, sólida, 369-370, 370*f*
　sólida, 369-370 370*f*
Biomimética, 476-477
Biomineração, 312
Bioplástico, 467*q*
Bioprospectores, 172
Biorremediação, 471
Biosfera, 47, 47*f*, 48, 49*f*
　sistemas econômicos relacionados a, 485*f*-486*f*, 485-488
Biosfera 2, 506*q*, 506*f*
Bisfenol A (BPA), 395*q*, 400*f*
Bisfenol S (BPS), 395*q*
Bloqueadores hormonais, 396
BLM. *Ver* Gabinete de Gestão de Terras (Bureau of Land Management – BLM)
Blue Legacy International, 162*q*
Bolívia, reservas de lítio em, 310
Bomba de calor/aquecimento, 372, 372*f*
Bombas de aquecimento geotérmico, 360, 372, 372*f*
Borboleta, mimetismo em, 93, 93*f*
Borboleta-monarca, 84, 84*f*
Bormann, F. Herbert, 28*q*, 29, 33
Bornéu, 171, 172*f*, 245
Botsuana, HIV/AIDS em, 390, 390*f*
Boulder, Colorado, 281
BP Deep Horizon, 293. *Ver também* Deepwater Horizon
BPA. *Ver* Bisfenol A
BPS. *Ver* Bisfenol S
Branqueamento
　de coral, 156*q*, 156*f*
　no tratamento de esgoto, 297

Brasil
　abelhas africanas produtoras de mel, 74
　aspersores inteligentes *para* crédito de água, 281
　cerrado, 239
　Curitiba, 129-130, 129*f*
　desmatamento em, 202-203
　subsídios agropecuários, 254
　uso de energia hídrica em, 365
　uso do manejo integrado de pragas (MIP), 247
Braungart, Michael, 458
Brown, Lester R., 511
Bugio-preto, 212
Buraco de ozônio, 448
Burney, Jennifer, 255, 255*q*
Butano, em gás natural, 338

C

Cabras-da-montanha, 208
Caça excessiva, de anfíbios, 78*q*
Caça ilegal, 180, 181, 185, 186, 208
Caçadores ilegais, 180
Cacto saguaro, 143*f*, 144*q*
Cadeia/rede alimentar, **53**, 53*f*
Cafos (*concentrated animal feeding operations*). *Ver* Operações concentradas de alimentação animal
Cahn, Robert, 505
Calcário, 156*q*, 308
Caldeirões nas pradarias, 160
Califórnia
　esgotamento de aquíferos em, 273
　Falha de San Andreas, 322*f*
　lontras-marinhas do sul, 90*q*, 90*f*, 101, 102*q*, 102*f*
　Parque Nacional da Sequoia, 3*f*, 27*f*
　sistemas termossolares, 361-362, 362*f*
　tratamento de resíduos, 299*q*
　uso da irrigação por gotejamento, 280
California State Water Project, 276, 276*f*
Calor, **36**
Calor industrial de alta temperatura, rendimento de energia líquida de, 334*f*
Camada de ozônio, 47, **413**, 413*f*
Camadas de neve, derretimento, 277
Camelos, 144*q*
Campanha Mission Blue, 218*q*
Camuflagem, 92, 93*f*
Cana-de-açúcar, 370
Canadá
　aterros, 468
　borboleta-monarca, 84
　países mais desenvolvidos, 10
　Protocolo de Montreal, 449
　reservas de petróleo, 335
　suprimento de água do, 265
Câncer, 392-393, 423
Cap-and-trade, 424, 444, 444*f*, 491
Capacidade biológica, 12
Capacidade de suporte, **100**, 100*f*-101*f*
　do Parque Nacional Yellowstone para lobos-cinzentos, 209*q*
　para população humana, 110*q*
Capital, 485
　humano, **485**, 485*f*
　manufaturado, 485, 485*f*
　natural, **485**, 485*f* (*Ver também* Capital natural)
Capital natural, **5**-6, 7*f*, **485**, 485*f*
　água subterrânea, 267*f*
　aranha-lobo, 242*f*
　atmosfera, 413*f*

540 • Ciência ambiental

biodiversidade, 71-73, 71f
biomas e clima, 142f
bombeamento de calor geotérmico, 372f
ciclo da água (ciclo hidrológico), 58f
ciclo da rocha, 309f
ciclo do carbono, 59f
ciclo do fósforo, 61f
ciclo do nitrogênio, 60f
componentes ecossistêmicos, 52f
controle biológico de pragas, 246f
depósitos hidrotermais, 313f
ecossistemas marinhos, 152f
ecossistemas terrestre e aquático, 487f
em perigo, 171f, 211f
espécies de planta, 173f
florestas, 195f
formação e perfil do solo, 52f
pegada ecológica humana e, 11f, 13f
precipitação média e temperatura média, 141f
recursos naturais e serviços ecossistêmicos, 7f
resíduos biodegradáveis, 286f
sistema de suporte à vida, 47f
sistemas de água doce, 158f
zonas climáticas e correntes oceânicas, 137f
Captura e armazenamento de carbono (*carbon capture and storage* – CCS), **441**, 442f
Caracol, diversidade genética em, 72f
Carboidratos
  formados em fotossíntese, 48
  simples, 33
Carbonato de cálcio, 156q, 213, 214q, 214f, 308
Carbono
  estrutura atômica, 32f
  grafeno, 319q, 319f
  isótopos, 32
  no carvão, 35
Carcinógenos, **393**
Carne de animais silvestres, 182, 183f
Carnívoros, **49**, 53f, 92, 146q
Carolina do Norte, restauração natural, 97f
Carreiras verdes, 496f
  agricultura sustentável de pequena escala, 256
  analista de sensoriamento remoto, 62
  analista de SIG, 62
  aquicultura sustentável, 251
  bioprospecção, 1721
  desenvolvimento de energia de hidrogênio, 373
  design e arquitetura ambiental sustentável, 356
  ecólologo, 62
  engenheiro de bateria, 354
  engenheiro geotérmico, 372
  especialista de conservação da água, 280
  especialista em ética ambiental, 505
  especialista em poluição do ar em ambientes internos, 421
  manejo florestal sustentável, 201
  manejo integrado de pragas, 247
  medicina ecológica, 389
  modelador de ecossistema, 63
  nanotecnologia ambiental, 319q
  prevenção de doença infecciosa, 392
  purificação de águas residuais, 289
  tecnologia de célula de combustível, 354-355
  tecnologia de célula solar, 363

Carrier, 492
Carro(s). *Ver* Automóveis
  elétricos e híbridos, 311, 311f
  elétricos, 311f
  híbridos elétrico/gasolina, 353, 353f
Carson, Rachel, 19, 21f
Carvão, **341**, 341-345, 342f
  betuminoso, 308
  deposição ácida e, 418
  eletricidade do, 341, 343f, 489f
  enxofre de baixo teor, 420
  formação do, 342f
  fumaça industrial do, 416
  mineração de remoção do topo das montanhas, 314, 316f
  poluição do, 341, 341-342, 344f
  reservas, 341-342
  vantagens e desvantagens do uso, 344f
Casas
  bombeamento de aquecimento geotérmico para, 371, 372f
  economizando energia onde você mora, 358f
  edifícios existentes, 355-357, 355f
  eficiência energética no projeto de construção, 352-355
  para inimigos de pragas, 246
  poluição em ambientes fechados/internos, 420, 421f
  químicos perigosos em, 461f
  químicos tóxicos em, 400f
  reduzindo perdas de água doce em, 278-279, 281f
  sistemas de aquecimento solar, 358-360, 359f-360f
Casamento, idade média, 112
Cascalho, 309
Cascata de extinções, 184
CBD (*Convention on Biological Diversity*). *Ver* Convenção sobre Diversidade Biológica
CCS. *Ver* Captura e armazenamento de carbono
CDC. *Ver* Centros de Controle e Prevenção de Doenças
Cegueira, deficiência de vitamina A, 228
Células (biológicas), **34**, 34f
Células combustíveis, 352, 373-374
Células de Hadley, 138, 139f
Células fotovoltaicas (FV), **363**
Células/correntes de convecção, 307
Células solares, **363**-365
  vantagens e desvantagens das, 365f
Centros de Controle e Prevenção de Doenças (Centers for Disease Control and Prevention – CDC)
  estatísticas sobre obesidade pelos, 229
  resistência a antibióticos, 387q
  sobre o uso de tabaco, 403-405
Centro para a Diversidade Biológica, 245
Cercla. *Ver* Lei Geral sobre Resposta, Compensação e Responsabilidade Ambiental (*Comprehensive Environmental Response, Compensation, and Liability Act*)
Certeza, na ciência, 31
Change the Course, campanha, 282q
Chernobyl, Ucrânia, 347
Chimpanzés, Jane Goodall e, 30q
China
  áreas urbanas, 119
  consumo de carne na, 236
  custo do ouro na, 306q
  deposição ácida e, 418-419

diminuição do crescimento populacional na (estudo de caso), 118
emissões de dióxido de carbono, 430
eutrofização cultural de lagos na, 286-287
fumaça industrial, 416
lixo/resíduos eletrônico, 461, 470-471
metais de terras-raras, suprimentos de, 311
pegada de carbono, 430
pegada de ecológica, 118, 493
plantações de árvores, 202
pobreza na, 118
política de um único filho, 118
poluição da água na, 289
poluição da mineração, 313-314
poluição de áreas costeiras, 292-293
poluição do ar, 422
produção de grãos na, 230-231
produção de papel na, 202
reatores de energia nuclear na, 347-348
reservas de carvão, 341
reservas de gás natural, 338-339
resíduos perigosos, 461
suprimento de água da, 265
uso de carvão, 341
uso de célula solar na, 365f
uso de energia eólica na, 358-359
uso de energia hídrica na, 365-366
uso de energia renovável, 357-358
Chipre, uso de irrigação por gotejamento, 280
Chuva em florestas tropicais, 199
Cianeto, 306q
Ciclagem de nutrientes., **5**-6, 8, 50, 52f
Ciclagem química, **5**, 6f
  princípio de sustentabilidade, 5, 6f
Ciclo
  da água, **56**-57, 58f
  da rocha, **308**, 309f
  do carbono, 57-59, 59f, 199
  do combustível nuclear, **346**, 346f, 347f
  do fósforo, **60**-61, 61f
  do nitrogênio, 59-60, 60f
  hidrológico/água, **56**, 58f, 150-151, 265, 439
Ciclos de nutriente, **56**, 458q, 458f
  ciclo da água (hidrológico), 56-57, 58f
  ciclo do carbono, 57-59, 59f
  ciclo do fósforo, 60-61, 61f
  ciclo do nitrogênio, 59-60, 60f
Ciclo de retroalimentação, **38**
  negativa, **39**, 39f
  positiva, **38**, 38f
Ciclo de vida de uma política, 495
Ciclo de vida, de conteúdo metálico, 313, 313f
Ciclos biogeoquímicos, 56. *Ver também* Ciclos de nutriente
Cidades. *Ver também* Áreas urbanas
  centradas em carros, 124
  cidades compactas, 124
  cidades dispersas, 125
  ilhas de calor, 140
Ciência, **29**-31. *Ver também* Foco na ciência
  ambiental, **5**
  confiáveis, 31
  confiável, **31**
  limitações da, 31
  não confiável, **31**
  processos de, 29f

provisória, 31
social, 485
tentativa da, 31
Cientistas
características de, 29
pesquisa de campo de, 62
pesquisa laboratorial por, 62-63
uso do processo científico, 29, 29f
Cigarros eletrônicos, 403-405, 405f
Cílios, 421, 422f
Cinza do carvão, 342
Cipós, 147
Circulação de ar
clima afetado por, 426
poluição do ar e, 417
Círculo do veneno, 246
Cites. *Ver* Convenção sobre Comércio Internacional das Espécies em Perigo
Clean Air Task Force, 342
Clima, **137**, **426**
biodiversidade e, 134-163
biomas e, 141, 142f, 146q, 151f
características da superfície, 139-140, 140f
cidades afetam os climas locais, 123
circulação de ar, 138
correntes oceânicas, 137-138, 137f
diferenciando condições meteorológicas de, 137, 426
efeito estufa, 138
em florestas tropicais, 199-201
fatores que influenciam, 137-140
gás de efeito estufa no, 413
latitude e efeitos da elevação, 141
local, características da superfície influenciando, 139-140, 140f
Cloração, no tratamento de esgoto, 297
Clorofluorocarboneto (CFC), 448
Cobalto, 309
Cobertura de nuvens e mudança climática, 431
Cobras, como espécies invasoras, 175f, 176
Cobre
extraindo minério de baixo teor, 312
mina, a céu aberto, 305f,
Coevolução, **93**
Cofre de sementes do juízo final, 240
Cogeração, 351
Cohen, Joel E., 506q
Coiotes, no Parque Nacional de Yellowstone, 209q
Colapso de pesca de bacalhau, 217f
Colapso populacional, **100**, 101f
Coleta de ovos, 186
College of the Atlantic, 446
Coloração de advertência, 92, 93f
Colorado, uso de hidrômetros em Boulder, 281
Combustíveis fósseis, 47. *Ver também* tipo de combustível específico
agricultura industrializada e, 229
carvão, 338-341, 341f-344f
energia comercial de, 36-37, 333
gás natural, 333, 335, 336, 341f
no ciclo de carbono, 57-59, 59f
petróleo, 333, 334f, 335, 337, 337f, 339f, 338-342
queimando
acidificação oceânica e, 214q
poluição do ar de, 414
vantagens e desvantagens de usar, 335-344
Comedores de detritos, 49, 53f-55f, 60

Comensalismo, 91, **95**
Comércio de emissões, 424
Comércio ilegal da vida selvagem, 181, 185
Comissão Mundial sobre Água, 286
Competição, 91
interespecífica, **91**
intraespecífica, **91**
Componente abiótico, 48, 50f
Componentes não vivos, 5, 48, 50f
Componentes/sistemas vivos, 48, 97
Composição genética, toxicidade e, 397
Composição química, 35
Compostagem, **463**, 465, 466f, 495f, 503
sistemas de banheiro, 297
Composto, **249**
Compostos
definição, **32**
fórmula química, 33
orgânicos, **33**
usados no livro, 33t
Compostos orgânicos voláteis (*volatile organic compounds* – VOCs)
emissão, liberada de plantas, 416-417
fumaça fotoquímica, 416-417
poluente do ar, 416
Comprimento de onda, 36, 36f
Computadores, eficiência energética, 357
Comunicação de riscos, 402
Comunidades, **48**. *Ver também* Ecossistema(s)
resposta a mudanças ambientais, 95-97
Conceito de zona de amortecimento, 208
Concessão conservadora, 203
Concessões de esgotamento, 312
Condições áridas, 140
Condições meteorológicas, **137**, **426**
diferença entre clima e, 137, 426
eventos extremos, 437
Condições semiáridas/áridas, 140
Condor-da-Califórnia, 171f, 186
Conexões
água potável, vasos sanitários e doenças infecciosas, 391
aquecimento da atmosfera e poluição da água, 284
carvão com baixo teor de enxofre, aquecimento atmosférico e mercúrio tóxico, 419
ciclos do nutriente e vida, 56
coloração e veneno, 92
crescimento exponencial e tempo de duplicação, 15
drones, elefantes e caçadores ilegais, 180
fluxo de energia e alimentação de pessoas, 53
milho, etanol e conservação do solo, 248
montanhas e clima, 149
peixe-leão, destruição dos recifes de coral e economia, 215
pesticidas e escolha alimentares, 245
pobreza e crescimento populacional, 16
preços dos metais e o roubo, 312
produção de carne e zonas mortas do oceano, 239
vazamento de água e conta de água, 278-279
vida urbana e consciência da biodiversidade, 122
Confiabilidade do sistema, 405
Confinamento, 229, 233, 241, 241f,

Congressional Research Service, 349
Conjuntos de combustível, 344-345, 345f
Conscientização, ambiental, 507
Conselho de Defesa de Recursos Naturais
em água engarrafada, 290-291
grupo ambiental, 502
Conselho de Gestão Florestal (Forest Stewardship Council – FSC), 201
Conservação da energia, lei da, **37**
Conservação da matéria, lei da, **35**
Conservação do solo, **247**, 249f
Conservação e proteção ambiental e, surgimento nos Estados Unidos., 19-21
Conservação, na Costa Rica, 194q
Construções\edifícios. *Ver também* Casas
aquecimento com energia solar, 358-359, 359f
bombas de aquecimento geotérmico, 360
danos da deposição ácida, 418-420
eficiência energética no projeto de edifícios, 352-353
edifícios existentes, 356-357
refrigerando naturalmente, 360
Consumidores, **49**, 50f
Consumo excessivo, 110q
predação (*ver* Predação)
primários, **49**, 53f-54f
secundários, **49**, 50f, 53f-54f
terciários, **49**, 53f-54f
Container Recycling Institute, 290
Conteúdo de energia, 36
Conteúdo de oxigênio dissolvido, 99, 152
Controle biológico de praga, 242, 246f
Controle de natalidade, métodos, disponibilidade de, 112
Convecção, 138f
Convenção de Basileia, 461, 475
Convenção de Basileia Internacional, 461
Convenção de Estocolmo sobre os Poluentes Orgânicos Persistentes, 475
Convenção de Minamata, 402
Convenção sobre Comércio Internacional das Espécies em Perigo (*Convention on International Trade in Endangered Species* – Cites), 184-185
Convenção sobre Diversidade Biológica (*Convention on Biological Diversity* – CBD),185
Conversão de energia térmica oceânica (*ocean thermal-energy conversion* – Otec), 366
Copa densa, 147, 150f
Cordilheira dos Andes, geleiras das montanhas da, 435
Coreia do Sul, usinas nucleares de células solares, 363
Corredor de cultivos, 248, 249f
Correntes oceânicas, **137**-138, 137f
porções de lixo no oceano e, 460, 4602f
Corte
por faixa, 197, 198f, 201
raso, 197, 198f
seletivo, 197, 198f, 202
Cortinas de proteção, 248
Costa Rica
biodiversidade na, 194q, 208, 220q
conservação na, 194q
florestas tropicais, 194f

neutro em carbono, 445
Reserva da Floresta Nublada de Monteverde, 78f
reservas naturais, 194q, 210f
restauração ecológica de florestas secas na, 212
sapo-dourado, 78f
Costanza, Robert, 196q, 487
Cotas, 491
Cotas legais para poluir, 492f
Cousteau, Alexandra, 162q
Crenças religiosas, taxa de natalidade e, 112
Creosoto, 144q
Crescimento da população humana
baby boom nos Estados Unidos, 111, 111f, 113-114
contribuição para extinção de espécies, 178-179
degradação ambiental e, 115-116
degradação do capital natural, 111f
diminuição do, 115-119
ameaça a populações de aves, 183-184
Estados Unidos (estudo de caso), 111-112, 112f
na China (estudo de caso), 118-118, 118f
na Índia (estudo de caso), 117-118
pela capacitação da mulher, 115, 116f
pelo desenvolvimento econômico, 115-116, 116f
promovendo planejamento familiar, 117
distribuição de, 109
em países menos desenvolvidos, 109, 110q
exponencial, 15, 16f, 100, 100f-101f, 109
inteligente, **126**, 128f
limites no, 110, 110q
logístico, 100, 100f
momentum demográfico, 113-114
pobreza e, 16, 115-116
taxa de, 109-110, 110f
Crescimento econômico, **485**
sustentabilidade do, 485-487
Crescimento populacional
curvas em forma de J e curvas em forma de S, 16f, 99-100, 100f
estrutura etária e, 98
exponencial, 15, 16f
humano (ver Crescimento populacional, humano)
limites no, 98
Crianças
como mão de obra, 112
custo de criar e educar, 112
educando, 115-116
número de filhos por casal, 112
segurança alimentar e, 254-256
Crise de especiação, 170
Cromo, 309
Cromossomos, **34**, 34f
Crosta continental, 307f, 308
Crosta oceânica, 307f, 308
Crosta terrestre, 47, 47f, 306q, 308
placas tectônicas, 321, 322f
Cruzamento, 82, 232
Cruzeiros, poluição por, 293
CSA. *Ver* Agricultura sustentada pela comunidade (*community-supported agriculture*)
CSP. *Ver* energia solar concentrada (*Concentrated solar power*)

Cuba, manejo integrado de pragas (MIP) uso em, 247
Cultivo(s). *Ver também* Produção agrícola
culturas de cobertura, 247
em faixa, 247, 249f
múltiplo, 231
perenes, 253, 254q
Culturas de coberturas, 247
Culturas perenes, 253, 254q
Cupins-de-Formosa, 175f
Curitiba, Brasil, 129-130, 129f
Curva de crescimento populacional em forma de "J", 16f, 99-100, 100f
Curva de queda de oxigênio, 285, 286f
Curva de sobrevivência, **101**, 101f
Curva dose-resposta, **397**, 398f
Curva em forma de S de crescimento populacional, 16f, 99-100, 100f
Custos
diretos ou internos, 488-489
indiretos ou externos, 488-489
ocultos, 488-489
precificação de custo total, 488
Custos ocultos, 489
de transporte, 352-353

D

Dados, **29**
Dai, Aiguo, 437
Dakota do Sul, mina de ouro em, 306f
Darwin, Charles, 79, 89
Data centers, desperdício de energia de, 351
DCC. *Ver* Distúrbio do colapso das colônias
DDT, 19, 178-179, 178f, 243, 245, 384q, 386, 393, 397, 401
De Anza Community College, 503
Década do meio ambiente, 21
Decibéis, 123, 124f
Decomposição, 148
Decompositores, **49**, 51f-55f
em floresta tropical úmida, 147
Deepwater Horizon, plataforma, 294f. *Ver também* BP Deep Horizon
Deficiência de ferro, 228
Deficiência de iodo, 228, 228f
Deficiência de vitamina A, cegueira de, 228
Deficiência de vitaminas, 228, 228f
Déficit ecológico, 11
Degradação. *Ver* Degradação do capital natural
Degradação ambiental, **10**, 115-116. *Ver também* Degradação do capital natural
Degradação do capital natural, **10**
colapso da pesca de bacalhau, 217f
contaminação de águas subterrâneas, 287f
de recursos naturais renováveis, 11f
deposição ácida, 418f
desmatamento de encostas, 283f
desmatamento no Haiti, 203f
desmatamento, 199f
ecossistemas aquáticos e recifes de coral, 157f
ecossistemas terrestres, 151f
efeitos da redução da camada de ozônio, 449f
encolhimento do Mar de Aral, 277f
entradas e saídas em cidades, 123f
erosão da porção superior do solo, 237f, 238f
estreitamento de ozônio, 448f

estresse da escassez de água doce, 269f
expansão urbana, 122f
extração de madeira, 197f
extraindo, 314f, 316f
florestas tropicais úmidas, 46q, 46f
habitats do fundo do oceano, 213f
necessidades a ser atendidas, 111f
orangotangos, 172f
pastoreio excessivo, 200f, 205f
pegada ecológica humana e, 11f
poluição de águas costeiras, 295f
pradarias, 148f
produção de alimentos, 236f
redução de espécies de vida selvagem, 174f
salinização do solo, 239f
Delta, **159**, 274
Demanda, 485
Demógrafos, 109
Densidade da população, **99**
Departamento de Agricultura dos Estados Unidos (U.S. Department of Agriculture – USDA)
conservação do solo, 247
manejo integrado de pragas, 247
pesticidas e, 244, 245
sobre agricultura de conservação, 248
sobre alimentos geneticamente modificados, 232-233
sobre produção de alimentos urbana, 256
sobre resíduos animais, 241
Departamento do Interior dos Estados Unidos (Department of the Interior – DOI) sobre escassez de água, 268
sobre mineração de superfície, 314
Deposição ácida (chuva ácida), **418**-420, 418f-420f
efeitos nocivos da, 419
formação de, 418-419, 418f
formas úmida e seca de, 418
óxidos de nitrogênio, 60f, 415
prevenção, 420, 420f
protegendo por meio do solo, 418-419, 419f
reduzindo, 419, 420f
regiões globais afetadas por, 419f
solução ácida, 33
Deposição seca, 418
Deposição úmida, 418
Depósito de Sementes Global de Svalbard, 186, 240f
Depósito de silte em reservatórios, 274
Depósitos de minério hidrotermais, 312, 313f
Derretimento, formações rochosas por, 308
Descarte em poços subterrâneos, 472, 472f
Descomissionamento de reator de fissão nuclear, 349
acidente da usina nuclear de Fukushima Daiichi, 350
água leve, 350
estrutura e função de, 344-346, 345f
questões de segurança, 349-350
Desenvolvimento de energia de hidrogênio, carreira em, **374**
Desenvolvimento. *Ver também* Desenvolvimento econômico amigável à biodiversidade, 210
Desenvolvimento econômico, **485**-488
ambientalmente sustentável, **487**
amigável à biodiversidade, 210

diminuindo crescimento populacional pelo, 118
    transição demográfica e, 115, 116f
    vantagens da urbanização, 121-122
Desertificação, 238
    redução da, 250
Deserto(s)
    adaptações para sobrevivência no, 144q
    alimentar, 226q, 227, 257q
    biomas, 141
    frios, 142, 143f
    gráficos climáticos, 143f
    impactos humanos no, 151f
    temperados, 142, 143f
    temperatura, 142, 143f
    tropical, 142, 143f
Deserto da Namíbia, 142
Deserto de Gobi, Mongólia, 142, 143f
Deserto de Mojave, 140, 362
Deserto do Saara, 391
Design e arquitetura ambiental sustentável, carreira em, **356**
Desinfecção, tratamento de esgoto, 297
Desmatamento
    de encostas, 283, 283f
    definição, **198**
    degradação do capital natural, 199f
    experimentos com uma floresta (estudo de caso), 28q, 28f
    florestas tropicais, 199-200
    mineração e, 317
    na Costa Rica, 194q
    no Haiti, 203f
Desnutrição, 17, 18f, 113, **227-228**
    crônica, 227, **228**
Desperdício de alimentos, 256
Dessalinização, 278
Destilação, 278
Detritívoros, 49, 51f, 72q
Dia da Terra, 21
Dieldrin 245
Dieta, 180q
Digestores de biogás, 253
Dinamarca
    aterros, 468
    cogeração, 351
    ecossistema industrial de Kalundborg, 477, 476f
    incineradores produtores de energia, 467-468
    resíduos perigosos, 469-472
    sacolas reutilizáveis, 464
    uso de energia eólica na, 368
    uso do manejo integrado de pragas (MIP), 247
Dióxido de carbono
    absorção do oceano de, 431
    acidificação oceânica e, 214q
    atmosférico, 429-430, 442
    captura e armazenamento de carbono (carbon capture and storage – CCS), 441, 442f
    como gás efeito estufa, 429
    da queima de carvão, 338, 340f
    da queima de combustíveis fósseis, 415
    de atividades agrícolas, 239
    maiores emissores de, 430, 431f
    no ciclo do carbono, 58-59, 59f
    poluentes do ar, 415
Dióxido de enxofre
    aerossóis, 415
    da queima de carvão, 342, 343f
    deposição ácida, 418
    poluente do ar, 415

Dióxido de nitrogênio, 60, 415
Dióxido de silício, 308
Dioxinas, 242
Diques, 283
Direitos comercializáveis para uso, 491, 492f
Disruptores endócrinos/hormonais, 395, 396f
Distúrbio do colapso das colônias (DCC), 168q, 180q
Diversidade biológica. Ver Biodiversidade
Diversidade da vida (Wilson), 73q
Diversidade
    das espécies, 71, 71f
    de ecossistema, 71-72
    funcional, 71f, 72
    genética, 71, 71f, 72f
Dívida favorável à natureza, 203
Divisão de População da ONU, 117
DNA (ácido desoxirribonucleico), 34
    em células, genes e cromossomos, 34, 34f
    variabilidade genética, 79
Doença infecciosa, **385**-391
    água potável, vasos sanitários e doenças infecciosas, 391
    estudo de caso
        epidemia global HIV/AIDS, 390, 390f
        malária, 390-391, 391f
        tuberculose, 386 387, 388f
    mais mortal, 386f
    poluição da água e, 285-386
    reduzindo, 391-392
    resistência genética aos antibióticos, 387q
    soluções, 392f
    viral, 389
Doença viral, de anfíbios, 78q
Doenças
    infecciosas, 385
        água potável, vasos sanitários e doenças infecciosas, 391-392
        epidemia de HIV/AIDS (estudo de caso), 390-391, 390f
        malária (estudo de caso), 390-91, 392f
        poluição da água e, 284
        reduzindo, 391-392
        resistência genética aos antibióticos, 387q
        soluções, 392f
        tuberculose (estudo de caso), 386
        virais, 389
    não transmissíveis, **386**
    transmissíveis, **385**
    poluição da água e, 284
Dolina de colapso, 273
Dolomita, 308
Dose, **396**
    letal, 397
    letal mediana (LD50), 397-398
Doze sujos, poluentes, 401, 475
Drenagem ácida de uma mina, 316
Drones, 62, 180
Durant, Will, 305

E

Earle, Sylvia A., 217, 218q, 292
Earth Policy Institute, 118, 199
Ecocidade, conceito, 126, 128-129
Ecolocalização, 94
Ecologia, **5**, 48
Ecologia da reconciliação, **212**
    paisagens econômicas da água, 281

Ecólogos, 62
Economia, 482-512, **485**
    alternativas ao descarte, 464
    análise de custo-benefício, 488
    aprendendo com a natureza, 492
    de livre mercado, 485
    dependência do capital natural, 485
    economia de alto rendimento, 485, 486f
    economia de baixo rendimento (baixa produção de resíduos), 494, 495f
    indicadores econômicos ambientais, 491
    leis e regulamentações ambientais, 495-496
    microcrédito (estudo de caso), 493
    modelos de economias, 485-487
    Objetivos de Desenvolvimento do Milênio, 493-494
    precificação de custo total, 488-490
    redução da pobreza, 492-433
    transição de subsídios, 490
    tributando a poluição e os resíduos, 490-491, 491f
    usando ferramentas econômicas para lidar com os problemas ambientais, 488-494
    uso do mercado para reduzir a poluição e o desperdício de recurso, 491, 492f
    venda de serviços em vez de produtos, 492
Economia ambiental. Ver Economia
Economia de alto rendimento, **485**, 486f
Economia de baixo rendimento (baixa produção de resíduos), **494**
Economistas
    ambientais, 487-488
    ecológicos, 486, 486f
    neoclássicos, 486
Ecossistema(s), **5**, 44-64, **48**
    artificiais, criação de, 211
    ciclos do nutriente (biogeoquímico), 56
    componentes de, 48-52
    energia e, 53-56, 53f-54f
    estudo por cientistas, 62-63
        estudo direto da natureza, 62
        pesquisa de campo, 62
        pesquisa laboratorial, 62-63
    industriais, 476-477
    Lista Vermelha de ecossistemas, IUCN, 213
    matéria, 56-61
    organização da matéria em, 49f
    papéis das espécies, 74-77
        espécies especialistas, 74, 74f
        espécies generalistas, 74, 74f
        espécies indicadoras, 75
        espécies não nativas, 74
        espécies nativas, 74
        espécies-chave, 77
        estudo de caso de tubarões, 76-77, 77f
        estudo de caso do jacaré-americano, 75-76, 76f
    níveis tróficos, 53f-54f
    produtividade primária líquida em, 55, 56f
    restauração de, 211-212
    sistema de suporte à vida da Terra e, 47-48
    sustentabilidade por mudança constante, 97-98

Ecossistemas aquáticos
  água doce, 157-161, 157f-159f
  aquicultura como ameaça a, 242
  biodiversidade (*ver* Biodiversidade aquática)
  ecossistema e serviços econômicos fornecidos por, 152, 152f
  fatores limitantes em, 99
  impactos humanos em sistemas de água doce, 161-162
  marinhos, 152-157, 152f-157f
  sistemas marinhos, 157, 157, 157f
Ecossistemas industriais (estudo de caso), 476-477
Ecossistemas marinhos. *Ver também* Biodiversidade
  áreas protegidas, 217-218
  como capital natural, 152f
  ecossistemas e serviços econômicos de, 152-153, 152f
  impactos humanos em, 155, 157, 157f
  poluição do oceano, 292, 294f
  produção de carne e zonas mortas do oceano, 239
  protegendo e sustentando, 210-211
  recifes de coral
    acidificação dos oceanos, 156q
    ameaças a, 156q, 157f
    biodiversidade de, 156q
    branqueamento, 156q, 156f
    degradação de, 156q
    impactos humanos em, 157, 157f
    Mar Vermelho, 135f
  zonas, 152, 153f
  zonas de vida marinha, **152**
Ecótono, 141
Ecoturismo, 172, 208, 212
Educação
  de mulheres, 115-117
  planejamento familiar, 115-117
Educação ambiental, 508
Efeito agudo, de exposição química, 397
Efeito bumerangue, 246
Efeito crônico, de exposição química, 397
Efeito de borda, **141**
Efeito de sombra da chuva, 13-140, 140f
Eficiência energética, **350**-357
  aprimorando em indústrias e eletrodomésticos, 350-351
  benefícios de aprimorar, 352f
  de células solares, 363-364
  desperdício de energia, 350-351, 356-357
  em edifícios existentes, 356-357
  no transporte, 351
  projeto de construções, 355-356
  rede elétrica, 352
Efeito estufa, 47, 48f, 58, **138q**, **429**
  atividades humanas e, 137
  mudança climática e, 429
Egito, Mar Vemelho do, 135f
Ehrlich, Paul, 13
Einstein, Albert, 29, 30
EIS (*environmental impact statement* – EIS). *Ver* Estudo de impacto ambiental
El-Ashry, Mohamed, 278
Elefante(s), 146q-147q, 146f, 179-180
Elefante asiático/indiano, 174f
Elefantes-africanos, 146q, 146f, 174f, 179
Elementos, **31**-33, 32t
Eletricidade
  como energia cinética, 35, 36f
  do motor elétrico, 352

produzida por
  carvão, 338, 339, 341, 342f
  células solares, 358, 364f-365f
  energia eólica, 366-369, 366f-369f
  energia hídrica, 365
  energia nuclear, 334
  energia solar, 356-357
  sistemas termossolares, 360-361, 362f
rede elétrica eficiente do ponto de vista energético, 352
rendimento de energia líquida, 334f
Eletrodomésticos
  economia de água, 280
  eficiência energética, 311, 356-357
Elétrons, **32**
Elevação, efeito no clima e vegetação, 141
Embalagens recicláveis, 463
Emigração, 98, 110
Encharcamento, **238**
Encostas, desmatamento de, 283f
Energia
  cinética, 35-36, 36f-37f
  cogeração, 351
  comercial, 36, 333, 351f
  conservação de, 37
  da respiração aeróbica, 49
  de alta qualidade, **37**, 47, 53
  de baixa qualidade, **35**, 53
  definição, **35**
  energia líquida, 333-334, 334f
  geotérmica, **371**-372, 373q, 373f
  hídrica, 365
  leis da termodinâmica e, 37-38
  potencial, 35, **36**, 37f
  solar (*Ver* Energia solar)
  térmica, 35
  transferência por convecção, 138f
  transição para futuro sustentável, 374-377, 376f
  uso de agricultura industrializada, 229
  uso eficiente de, 350-357
uso para produção de água engarrafada, 289-290
Energia armazenada. *Ver* Energia, potencial
Energia cinética, **35**-36, 36f
  de queda ou de água corrente, 365
  na atmosfera, 437
  no vento, 366f
Energia em movimento. *Ver* Energia cinética
Energia eólica, 366-369, 368f
  eletricidade da, 366-369, 366f-369f
  em alto mar, 367
  nos Estados Unidos, 367-368, 367f
  vantagens e desvantagens da, 369f
Energia líquida, **333**-334
  de hidrogênio, 373
  de sistemas termossolares, 360
  negativa, 373
  petróleo bruto, 335
Energia nuclear
  acidente na usina nuclear Fukushima Daiichi, 350
  ciclo do combustível, 334, 346, 346f, 347f
  eletricidade da, 346, 346f
  estrutura e função do reator de fissão nuclear, 344-346, 345f
  futuro da, 348-349
  lidando com resíduos radioativos, 347-348, 348f
  mudança climática e, 348
  questões de segurança, 350

reator de água leve avançado, 350
rendimento da energia líquida, 334f
usinas de energia nuclear, 344-350, 345f
vantagens e desvantagens de usar, 344-350
Energia solar, **5-6**, 6f, 36, 64q
  aquecimento de edifícios e água com, 359-360, 359f
  células solares, 363-364, 364f
  circulação de ar global e, 139f
  clima e, 137
  concentrada, 361
  efeito estufa, 48f
  eletricidade da, 360-362
  formas indiretas de, biomassa, 378
    corrente de água, 365-366
    vento, 366-367
  na fotossíntese, 48
  para purificação de água potável, 289-290
  princípio de sustentabilidade, 5, 6f
  refrigeração com, 360
  sistemas termossolares, 360-361, 361f
Energia térmica, **35**
Engenharia de energia eólica, 369
Engenharia de energia eólica, carreira em, **369**
Engenharia genética, 82
  biomineração, 312
  controvérsia sobre produção de alimentos GM, 232-233
  implantando resistência genética a pragas, 244-245
  para produzir novas variantes de plantas e animais de criação, 232-233
Engenheiro de baterias, **354**
Engenheiro geotérmico, carreira como, **372**
ENSO. *Ver* Oscilação Sul do El Niño
Entradas em sistemas, **38**, 38f
Environmental Working Group, 245, 371, 474
EPA. *Ver* Agência de Proteção Ambiental
Epidemia, 386
Epífita, 95
Equação química, 35
  química equilibrada, 35
Equador, anfíbio *Gastrotheca pseustes* de San Lucas no, 69f
Equipamentos de posicionamento global por satélite, uso na pesca industrial, 215
Erosão do solo, **236**
  pontos críticos de, 248
  redução, 250
  pelo vento, 237f
Erosão eólica, 142
Erupções, vulcânicas, 81q, 323f
Escala Richter, 321
Escoamento, **157**
Escoamento de superfície confiável, 266
Escoamento superficial, **56**, **266**
  captado e armazenado por barragens e reservatórios, 273-274
  poluição do oceano por, 292
  seguro, 266
Escolhas de estilo de vida, saúde humana e, 385, 402-403
Esgotamento do capital natural de recursos minerais, 310f
Esgoto
  poluição da água pelo, 295-296
  poluição do oceano pelo, 292-293

Especiação, 80
  taxa, 170
Especialista de poluição do ar interno, carreira como, **421**
Especialista em conservação da água, 280
Especialistas em ética ambiental, carreira como, 505
Especialistas em recursos hídricos, 278
Espécies, **5**
  chave, 74-75
  especialistas, **74**, 74*f*
  estudo de caso de tubarões, 76-77, 77*f*
  estudo de caso do jacaré-americanas, 75-76, 76*f*
  generalistas, **74**, 74*f*
  indicadoras, 74-75
  K-selecionadas, **100**
  não nativas, **74**
  nativas, **74**
  papéis nos ecossistemas, 74-77
  r-selecionadas, **100**
  serviços econômicos fornecidos pelas, 170-173
  serviços ecossistêmicos fornecidos pelas, 170
Espécies, abordagem para sustentar biodiversidade, 166-189
estudo de caso
  declínio de populações de aves, 183-184
  Lei das Espécies Ameaçadas de Extinção (ESA) dos Estados Unidos, 185-186
  estudo de caso principal Para onde foram todas as abelhas europeias?, 168*q*
  protegendo espécies
    áreas protegidas, 186, 188, 188*f*
    bancos de sementes, jardins botânicos e fazendas de vida selvagem, 186
    questões geradas pelo esforço de proteger,188
    tratados e leis, 184-185
    zoológicos e aquários, 186-187
  extinção (*ver* Extinção)
  tratados internacionais e nacionais e, 184-185
Espécies ameaçadas, **170**, 171*f*
  ameaças de espécies invasoras, 173
  anfíbio *Gastrotheca pseustes* de San Lucas, 69*f*
  arara-azul, 182
  capital natural e, 171-172
  coleta de ovos, 186
  comércio ilegal em áreas selvagens, 181, 185
  condor-da-Califórnia, 171*f*
  Convenção sobre Comércio Internacional das Espécies em Perigo (*Convention on International Trade in Endangered Species* – Cites), 184-185
  espécies de aves, 75*f*, 183-184
  gorila, 179, 182, 183*f*
  grou-americano, 171*f*
  hotspots de biodiversidade, 210
  jacaré-americano, 75
  Lei das Espécies Ameaçadas de Extinção dos Estados Unidos (*Endangered Species Act* – ESA), 185
  Lista Vermelha de espécies ameaçadas, 213
  lobo-cinza-mexicano, 171*f*
  lobo-cinzento, 209*q*, 209*f*
  lontras-marinha do sul, 90*q*, 90*f*, 92*q*, 102*q*, 102*f*, 103*q*
  orangotangos, 171-172, 172*f*
  panda-gigante, 179
  reprodução em cativeiro de, 186
  rinocerontes brancos, 181*f*
  tigre-de-sumatra, 171*f*, 180
  tubarão-baleia, 77
  tubarão-martelo-recortado, 77*f*
Espécies-chave, **75**
  jacaré-americano como, 75-76, 76*f*
  lobo cinzento, 209*q*
  lontras-marinhas do sul da Califórnia, 90*q*, 90*f*, 91, 101, 102*q*, 103*q*
  tubarões, 76-77, 77*f*
Espécies endêmicas, **83**
  em montanhas, 150
Espécies indicadoras, **75**, 184
  anfíbios como, 75, 78*q*, 85*q*
Espécies insulares, vulnerabilidade de, 173
Espécies introduzidas, 176, 175*f*. *Ver também* Espécies invasoras
Espécies invasoras, **74**, 176-177
  biodiversidade aquática, ameaça a, 213
  controlando, 176-177, 178*f*
  declínio da população de aves por, 183-184
  em parques nacionais dos Estados Unidos, 208
  kudzu, 175*f*, 176, 178*f*
  mexilhão-zebra, 175*f*, 176
  peixe-leão, 215*f*
  píton birmanesa, 175*f*, 176, 177*f*
  restauração do capital natural de pradarias, 204-205
Espectro eletromagnético, 36*f*
Espelhos, em sistemas termossolares, 360-361, 362*f*
Estabilidade, em sistemas vivos, 97
Estados físicos da matéria, 31
Estágio
  pós-reprodutivo, 98
  pré-reprodutivos, 98
  reprodutivo, 98
Estéril, **314**, 315*f*
Estes, James, 92*q*
Estratégias comportamentais de espécies de presas, 93
Estratosfera, **47**, **413**, 413*f*
  ozônio na, 413, 415-416
Estresse hídrico com escassez de água doce, 268, 269*f*
Estrutura de contenção, para usinas nucleares, 347
Estudantes, papel na política ambiental, 503-504, 504*f*
Estudo de impacto ambiental (*environmental impact statement* – EIS), 497
Estudos epidemiológicos, 399
Ética, 9, 9*f*, 18
  ambiental, **18**, **505**
Estados Unidos
  agricultura de conservação nos, 248
  água engarrafada nos, 289-291
  aquecimento atmosférico, 420
  aterros, 468-469
  aumento da conservação e proteção ambiental, 19-21
  baby boom nos, 113-114, 114*f*
  cobertura da floresta (estudo de caso), 198-199
  desperdício de energia em, 350-351, 351*f*
  emissões de dióxido de carbono, 4430
  energia eólica, 367
  esgotamento de aquífero (estudo de caso), 271-272, 272*f*
  espécies invasoras, 175*f*
  estudo de caso de crescimento populacional, 111-112
  expectativa de vida média em, 112
  gerenciando terras públicas (estudo de caso), 498-500, 499*f*
  lei de proteção das áreas selvagens, 207
  leis e regulamentações (estudo de caso), 496-497, 497*f*
  lixo eletrônico, 461
  metais de terras-raras, depósitos de, 311
  mineração de remoção do topo da montanha, 314, 315*f*
  morte, principais causas de, 386*f*
  mortes prematuras por causa da poluição do ar, 422*f*
  obesidade nos, 228
  país centrado em carros, 125
  pegada de carbono, 430
  poluição de áreas costeiras, 288
  pontos críticos de escassez de água, 268, 269*f*
  porcentagem da renda disponível em comida, 232
  precipitação nos, 268*f*
  primeira revolução verde nos, 230-231
  produção de alimentos industrializada nos, 232
  produção de grãos nos, 231-232
  purificação de água potável, 289
  purificação de água residual, 289
  reciclagem nos, 461
  redução da poluição do ar a céu aberto, 414-415
  regulamentação de resíduos perigosos, 472-473
  reservas de carvão, 344
  reservas de gás natural, 338-339
  resíduos perigosos, 461
  resíduos sólidos nos, 459-460
  risco de terremoto, 322*f*
  salinização nos, 238
  tanques sépticos nos, 293
  taxa de fecundidade, 111*f*
  taxa de mortalidade infantil, 113
  tensões nos parques públicos (estudo de caso), 207-208
  tensões nos parques públicos dos (estudo de caso), 207-208
  urbanização nos, 119-120
  urbanização nos, 119-129
  uso de água nos, 265-266
  uso de energia geotérmica nos, 371-372
  uso de energia por, 333-334, 333*f*
  uso de hidrelétricas nos, 365-366
  uso de irrigação por gotejamento, 280
  uso de minerais *per capita*, 310
Estilo de vida mais sustentável, 509-511
  aprendendo com a Terra, 508-509, 508*f*
  educação ambiental, 508
  revolução de sustentabilidade, 511, 511*f*
  vivendo de maneira mais simples e sustentável, 509-511
Estrutura etária, **98**, **113**
  afetando crescimento/declínio, 113-115

diagramas, 114f
geração *baby boom*, 113-114, 114f
populações mais velhas e, 115
Estuário, 154f, 270
Estudo de caso. *Ver também* Estudo de caso principal
água engarrafada, 290-291
água potável, 289-291
Alasca, efeitos da mudança climática, 438-439
Alemanha, energia renovável, 376-377
aquífero de Ogallala, 271, 272f
Baby boom americano, 113-114, 114f
biodiversidade na Costa Rica, identificando e protegendo, 208
borboleta-monarca, 84, 84f
Cidade do México, 124
cigarros e cigarros eletrônicos, 403-405, 404f
cobertura de florestas nos Estados Unidos, 198-199, 199f
como represas podem matar deltas, 274-275
conceito de ecocidades em Curitiba, Brasil, 128-129, 129f
crescimento populacional nos Estados Unidos, 111
declínio de população de pássaros, 183-184
desastre no Mar Aral, 277-278, 277f
diminuição do crescimento populacional na China, 118-119
ecossistemas industriais e biomimética, 476-477
ecossistemas marinhos, invasões de águas-vivas, 215-216,
epidemia global de HIV/AIDS, 390,390f
gerenciando terras públicas nos Estados Unidos, 498-499, 489f
Grande Porção de Lixo do Pacífico, 460
Índia, crescimento populacional, 117-118
jacaré-americano, 75-76, 76f
Legislação dos Estados Unidos sobre resíduos sólidos , 472-473
Lei das Espécies Ameaçadas de Extinção de 1973, 185-186
lei de consequências não intencionais, 245
leis ambientais dos Estados Unidos, 496-497, 497f
malária, 390-391, 391f
metais de terras-raras, 311, 311f
microcrédito, 493, 493f
prevenção da poluição, 401
problema dos resíduos perigosos (resíduo eletrônico), 461
produção de alimentos nos Estados Unidos, 232-233
produção e consumo de petróleo nos Estados Unidos, 336-337
reciclando resíduos eletrônicos, 470
recursos de água doce nos Estados Unidos, 267-269, 269f
resíduos sólidos nos Estados Unidos, 459-460
restauração ecológica de floresta tropical seca na Costa Rica, 212
Rio Colorado, 270, 270f
tensões nos parques públicos dos Estados Unidos, 207-208
tubarões como espécies-chave, 76-77, 77f

tuberculose, 386-387
urbanização nos Estados Unidos, 119-120, 120f
Estudo de caso principal
anfíbios, 70q
aprendendo com a Terra, 4q
conservação na Costa Rica, 194q, 194f
crescimento da população humana, 108q
custo do ouro, 306q
declínio de abelhas produtoras de mel, 168q
derretimento de geleiras na Groelândia, 412q, 412f
design *cradle-to-cradle*, 458q, 458f
efeitos tóxicos do mercúrio, 384q, 384f
florestas tropicais úmidas, 46q
fraturamento hidráulico, produção de petróleo e gás natural, 332q, 332f
Golfo do México, zona morta, 264q, 264f
Growing Power, um oásis alimentar urbano, 226q
lontra-marinha do sul, 90q, 90f
tornando campi estadunidenses verdes, 484q, 484f
Erosão
causada pelo vento, 229, 237
erosão da porção superior do solo, 236-238, 238f, 247
formação de rochas, 308-309
pontos críticos de, 248
Etanol
celulósico, 371
como biocombustível, 370
Eutrofização, **159**, 161, **286**
cultural, 287
Evaporação, 144q
criação de célula Hadley por, 138
no ciclo da água, 56
Everglades na Flórida, 76, 177f
aumento do nível do mar e, 437f
Evolução, 77-80
adaptações e, 80
áreas selvagens como centros para, 206
biológica, **77**
coevolução, 93
definição, **77**
fósseis e o registro fóssil, 78
mitos sobre, 80
seleção natural, **77**, 79-80, 79f
Expansão urbana, 121, 121f-122f
Expectativa de vida, **113**
Experimento controlado, 28q, 28f
Exploração, 198, 201, 203, 206
em parques e reservas naturais, 208
Exploração excessiva, de populações de aves, 184
Exposição ao fumo passivo, 404
Extinção, 82-83
atividades humanas que aceleram a mudança climática, 178-179
crescimento populacional e uso de recursos, 178-179
introdução de espécies invasoras (não nativas), 173-177, 175f
matança, captura e venda ilegais de espécies selvagens, 179-182
perda e fragmentação de habitat, 173-174, 174f
poluição, 178-179
características de espécies vulneráveis a, 173
cascata de extinções, 184
de espécies aquáticas, 213

definição, **169**
espécies de anfíbios, 78q
massa, 83, **169**
represas e reservatórios associados com, 274
taxa normal de, 169
taxas
estimando, 170q
normais, 169
Extinção biológica, **82**, **169**. *Ver também* Extinção
Exxon Valdez, 293

F

Faculdade Dickinson, 503
Faculdade Northland, 503, 504f
Faculdade Oberlin, Ohio, 484q, 484f
Faculdades e universidades
política ambiental, papel em, 503-504
redução da pegada de carbono por, 446
transformação ecológica dos campi estadunidenses, 484q
Falência, 100
Falhas, 321
de San Andreas, 322f
FAO. *Ver* Organização das Nações Unidas para Alimentação e Agricultura
Farm-to-City Market Basket, programa, 226q
Fatores dependentes da densidade, 99
Fatores independentes da densidade, 99
Fatores limitantes, **99**-100
Favelas, 117, 119, 123
Fazendas
de árvore, 195, 196f
urbanas, 226q, 226f, 257q
vida selvagem, 186
FDA. *Ver* Food and Drug Administration
Feromônios, 246
Ferramentas estatísticas, 31
Ferreira, Juliana Machado, 182q
Ferro, 309
Fertilizante
composto, 248
esterco, 249
nitrogênio em, 60
orgânico, **248**
fósforo no, 61
inorgânico sintético, 249
poluição da água por, 295
Fertilidade do solo
perda com a erosão da porção superior do solo, 237
restauração, 248-249
Fertilizante inorgânico sintético, 248-249
Sistema(s), **38**-39
ciclos de retroalimentação em, 38-39, 38f-39f
entradas, fluxos e saídas de, 38-39
modelo de, 38f
Fifra. *Ver* Lei Federal de Inseticidas, Fungicidas e Rodenticidas
Finlândia, uso de recipientes reutilizáveis, 464
Fishprint, 222
Fissão nuclear, **344**
Fissura, 321
Fitoplâncton, 49, 51q, 54f, 153, 157, 397f
Fitorremediação, 472
Floresta(s)
administrando e sustentando, 201-204, 202f
certificação de madeira e de produtos florestais sustentáveis e controlados, 201

pela administração dos incêndios florestais, 202
pelas práticas de exploração, 203
reduzindo demanda por madeira desmatada, 202-203
florestas tropicais, 203, 204f
ameaças da mudança climática para, 437-438
biomas, 141, 142f, 151f
capital natural, 195f
comerciais, 195
conservação na Costa Rica (estudo de caso principal), 194q, 194f
corte por faixa, 197, 198f
corte raso, 197, 198f, 197-199
corte seletivo, 197, 198f
costeiras, 148
deposição ácida e, 418
desmatamento, 28f, 194q, 197-198, 198f
  de encostas, 283, 283f
  definição, 197
  degradação de capital natural, 200f
  experimento com uma floresta (estudo de caso), 28q, 28f
  florestas tropicais, 62q, 199-201, 204f
  mineração e, 317
  na Costa Rica, 194q
  no Haiti, 203f
  reduzindo florestas tropicais, 203-204, 204f
experimentos com (estudo de caso),28q
floresta primária, 195, 195f
floresta secundária, 195
frias, 148
idade e estrutura de, 195-196
impactos humanos em, 151f
incêndio, 197, 199f
manguezais, 152, 154f
métodos de extração, 197, 198f
plantação de árvores, 195, 196f
principais ameaças, 195-201
replantio nos Estados Unidos, 198-199
restauração ecológica de floresta tropical seca na Costa Rica, 212
serviços econômicos e ecossistêmicos, 195, 196q
temperadas, 148, 149f
tropicais, 147-148, 149f, 196f, 199-200
Floresta comercial, 195
Floresta de coníferas do Norte, 148
Floresta primária, 195
Floresta temperada decídua, 148, 149f
Floresta virgem, **195**, 195f, 195-196
Florestas boreais, 148
Florestas coníferas do norte, 148
Florestas de kelp, 90q, 90f, 91, 92q, 103q
Florestas frias, 147
Floresta secundária, **195**
Floresta temperada úmida, 148
  tropical (*ver* Florestas tropicais, florestas úmidas)
Florestas tropicais
  bioma, 142f, 151f
  desmatamento, 197
    reduzindo, 203-204
  florestas úmidas
    copa de, 147, 149f
    conservação na Costa Rica, 194q, 194f
    degradação de, 46f
    destruição de, 147
    inércia e resiliência em, 97
    produtividade primária líquida, 55, 56f, 147

nichos especializados em, 147, 150f
sustentabilidade e, 64q
efeitos da retirada da vegetação no clima, 58
sustentando, 204f
restauração ecológica de florestas tropicais secas na Costa Rica, 212
Fluxo unidirecional de energia, 50
por ecossistemas em cadeias e redes alimentares, 53, 53f
Fluxo unilateral de energia, 50
Fluxos dentro de sistemas, **38**, 38f
Foco na ciência (quadro)
  acidificação do oceano, 214q
  ameaças a florestas de kelp, 92q
  bioplásticos, 467q
  Biosfera 2, 506q, 506f
  bisfenol A (BPA), 395q
  busca por baterias melhores, 354q
  como tratar esgoto aprendendo com a natureza, 299q, 299f
  crescimento da população humana, 110q
  declínio de anfíbios, 78q
  efeitos ambientais da produção e fraturamento de gás natural, Estados Unidos, 340q
  estimando taxas de extinção, 170q
  extinção das abelhas, 180q, 180f
  fronteiras planetárias, 63q
  gases de efeito estufa e clima, 138q
  insetos, 72q, 72f
  lontras-marinhas do sul da Califórnia, 102q, 102f
  modelos para projetar mudanças futuras nas temperaturas atmosféricas, 432q-433q, 432f-433f
  organismos, invisíveis, 51q
  policultura perene e o The Land Institute, 254q
  precificação de serviços ecossistêmicos da natureza, 196q
  princípios da biomimética, 20q
  processos geológicos afetam biodiversidade, 81q
  propriedades únicas da água, 57q
  recifes de coral, 156q, 156f
  reintrodução do lobo-cinzento no Parque Nacional de Yellowstone, 209q
  resistência genética aos antibióticos, 387q
  revisitando a savana, 146q
  revolução da *nanotecnologia*, 319q
  sobrevivência no deserto, 144q
  turbinas eólicas mais seguras para aves e morcegos, 369q
Foco, terremoto, 321
Fome, **227**
Fontes não pontuais de poluição, **284**-285, 295
Fontes pontuais de poluição, **284**-285, 284f, 295-296
Food and Drug Administration (FDA)
  bisfenol A (BPA), 395q
  regulamentação de pesticidas, 245
  sobre uso de antibióticos em animais, 241
  sobre uso de antibióticos ligados à comida, 387q
Força laboral, crianças na, 112
Ford, Henry, 467q
Formaldeído, 421, 421f
Fórmula química, **33**
Fornos solares, 362

Forragem, 204
Fosfatos, 287, 309
Fósforo, em fertilizantes, 248
Fósseis, 78, 81q
Fotossíntese, **48**, 64q, 153
  no ciclo do carbono, 57-58, 59f
Fragmentação de habitat, **173**
  declínio de anfíbios, 78q
Frandsen, Vestergaard, 289
Fraturamento hidráulico, 288, **332**q, 332f, 340q, 340f, 483f
Fraturamento hidráulico, 288, **332**q, 332f, 472
Freons, 448
Fronteiras planetárias, 63q, 64q, 486, 505, 507
FSC (*Forest Stewardship Council*). *Ver* Conselho de Gestão Florestal
Ftalatos, 393
Fuligem, 342, 433
Fumaça
  ar marrom, 416
  fotoquímica, 416-417, 417f
  industrial, **416**, 416f
Fumaça de tabaco/cigarro, como poluente, 415, 421f
Fumarolas negras (fontes hidrotermais), 312, 313f
Fundação Robert Wood Johnson, 228
Fundição, **317**
Fundo das Nações Unidas para a Infância (United Nations Children's Fund – Unicef), 255-256
Fundo Global para o Meio Ambiente (*Global Environment Facility* – GEF), 504
Fungicidas, 243. *Ver também* Lei Federal de Inseticidas, Fungicidas e Rodenticidas (*Pesticides Federal Insecticide, Fungicide, and Rodenticide Act* – Fifra), 246
Fungos
  decompositores, 51q, 51f
  doença em anfíbios, 78q
  Batrachochytrium dendrobatidis, 78q
Fusão nuclear, **350**, 350f

G

Gabinete de Gestão de Terras (Bureau of Land Management – BLM), 498
Gado
  engenharia genética para produzir novas variedades de, 232, 234f
  excesso de pastoreio, 200
  problemas ambientais causados por, 236, 236f
  produção de carne, 233
  uso de antibióticos na alimentação, 387q
Galinhas/frangos
  agricultura industrializada e, 234f 256
Gandhi, Mahatma, 510
Gás liquefeito de petróleo.(GLP), **338**
Gás natural, **338**-341, 341f
  extração de, 338
  gás liquefeito de petróleo (GLP), 338
  gás natural liquefeito (GNL), **338**
  mudança climática e, 338
  produção e fraturamento nos Estados Unidos, 340q, 340f
  reservas, 338
  vantagens e desvantagens do, 341f
Gás radônio-222, 421
Gaseificação plasmática, 472

Gases de efeito estufa, 48f, **413**
    da atividade pecuária, 239
    mudança climática e, **138**q, 429
    prevenção e controle de emissões, 443-445
Gastrotheca pseustes, no Equador, 69f
Geleiras, 57, 96f, 157, 278
    derretimento, 412q, 412f, 428, 436q, 432
    na Groelândia, 412q, 412f
    Sperry, 428f
Gelo, 47
    densidade do, 57q
    derretimento, 412q, 412f, 434-435, 435f, 436q
    geleiras, 57
Genes, **34**, 34f
Geoengenharia, **442**-445
Geologia, 304-327
    ciclo das rochas, 308, 309f
    definição, **307**
    estrutura da Terra, 307-308, 307f
    natureza dinâmica da Terra, 307-308, 307f
    terremotos, 321-322, 322f
    vulcões, 321-323f
Geosfera, **47**, 47f
Gerenciamento de risco, **385**, 385f
Gleick, Peter, 290
Glicose, 49
    como carboidrato simples, 33
    na respiração aeróbica, 49
Global Coral Reef Monitoring Network, 156q
Global Forest Watch, 199
Global Water Policy Project, 281, 282q, 286
GLP. *Ver* Gás liquefeito de petróleo.
GM. *Ver* Produção agrícola geneticamente modificadas
GMOs. *Ver* Organismos geneticamente modificados
GNL. *Ver* Gás natural liquefeito
Golfo do México
    vazamento de óleo no, 293, 294f
    zona morta no, 239, 264q, 264f
Goodall, Jane, 30q
Gorduras, 227
Gorila, 183f
Governo
    emissões de gases de efeito estufa, 443-445
    leis (*ver* Leis ambientais)
    políticas para melhorar a produção de alimentos, 254-255
    taxas (*ver* Impostos; Isenções fiscais)
Gráficos climáticos
    desertos, 143f
    florestas, 149f
    pradarias, 145f
GPI. *Ver* Indicadores de progresso genuíno (*genuine progress indicator* – GPI)
GPS. *Ver* Sistema de posicionamento global
Grafeno, 319q, 319f
Gramados, uso de água em, 281
Grameen Bank, 493
Grandes ideias (quadro)
    biodiversidade e evolução, 85q
    clima, sistemas terrestre e aquático, 163q
    crescimento da população humana e áreas urbanas, 130q
    economia, política e políticas ambientais, 512q

ecossistemas, 63q
extinção, 188q
geologia e recursos minerais, 326q
interações de espécies e tamanhos da população, 102q
leis da termodinâmica e conservação da matéria, 39q
poluição, mudança climática e ozônio, 450q
problemas ambientais e saúde humana, 407q
problemas ambientais e sustentabilidade, 22q
produção de alimentos, 256q
recursos energéticos, 378q
recursos hídricos e poluição da água, 298q
resíduos sólidos e perigosos, 477q
restaurando ecossistemas e serviços ecossistêmicos, 219q
Grande Porção de Lixo do Pacífico, 460, 460f
Grandes Lagos, espécies invasoras nos, 176
Granito, 308
Grãos, 227, 227f
    água usada para produção de, 267
    países produtores, 271
    para produção de carnes, 250, 2509f
    revoluções verdes e, 230-231, 231f
    usos de, 231,
Gratificação instantânea, avaliação de risco e, 406
Grau de controle, 406
Gravidade, 30, 48
Graying of America (cabelos grisalhos), 114
Greenpeace, 502
Groelândia, derretimento de geleiras na, 412q, 412f, 451q
Grou-americano, 171f
Growing Power, 226q, 226f, 230, 248, 251, 252, 253, 255-256257q
Grupo de controle, 28q, 399
Grupo experimental, 28q, 399
Grupos ambientais de cidadãos, papel dos, 502-503
Grupos de interesse especial, 496
Guatemala, diagrama da estrutura etária na, 114f
Guaxinim, 74, 74f
Guerra química, 93, 93f
Gunnoe, Maria, 317q
Guo, Yu-Guo, 320q

H

HAAs. *Ver* Agentes hormonalmente ativos
Habitat, **74**
Habitat, degradação/destruição do
    biodiversidade aquática e, 213-215
    extinção e, 170q, 177
Haiti
    desmatamento no, 203f
    pobreza no, 492f, 492-493
Hardin, Garrett, 12
Havaí, ilhas
    proibição da sacolas plásticas, 464
    extinção de espécies e espécies ameaçadas, 173
    Hastes de controle, 345, 345f
Hawken, Paul, 511
Herbicidas, 243. *Ver também* Pesticidas, poluição da água, 244
    daninhas resistentes, 244

Herbívoros, **49**, 53f, 92
Herpetologistas, 78q
Hidrelétrica, 368, 366f
Hidrocarbonetos, 33
Hidrogênio
    célula de combustível, 354, 373-374
    como combustível, 373-374, 374f
    fusão nuclear, 350
Hidrômetros, 281
Hidrosfera, 47, 47f
Hipercidades, 119
Hipótese científica, **29**
HIPPCO (destruição, degradação e fragmentação do habitat: crescimento populacional de espécies invasoras [não nativas] e uso crescente de recursos, poluição, mudança climática, superexploração), **173**, 183-184
HIV. *Ver* Vírus da imunodeficiência humana
Hoerling, Martin, 437
Holdren, John, 13, 349
Holocene, 63q
Horizonte A, 52f
Horizonte B, 52f
Horizonte C, 52f
Horizontes, solo, 51
Hormônios, 394-396
    efeitos químicos nos, 393-396, 395q, 396f
    para controle de pragas, 247
Horwich, Robert, 212
Hospedeiro, para parasita, 94
Hotspots de biodiversidade, **210**, 211f
Hubbard Brook Experimental Forest, New Hampshire, 28q, 33f, 38
Húmus, 52
Humano(s)
    população (*ver* População humana; Crescimento da população humana)
    principais adaptações de, 79-80
    saúde (*ver* Saúde humana)
    sistema respiratório, 421-422, 422f

I

Idade pós-reprodutiva, em diagramas de estrutura etária, 113, 114f
Idade pré-reprodutiva, em diagramas da estrutura etária, 113, 114f
Idade reprodutiva, em diagramas de estrutura etária, 113, 114f
Ilha Royal, Michigan, 96f
Ilha San Clemente, Califórnia, 155f
Ilha urbana de calor, 123
Ilhas de biodiversidade, montanhas como, 150
Ilhas de calor, 123
Ilhas de habitat, 173
Iluminação
    eficiência energética, 357-358
    fluorescente compacta, 357
Imigração, 98
    mudança populacional e, 109-110
    para áreas urbanas, 119
    para os Estados Unidos, 110-111
Imitadores de hormônios, 395
Impacto ambiental, 10, 12-13
Impala, 94f
Imposto(s)
    carbono, 444f
    energia, 444f
    gasolina, 125, 353
    sobre a gasolina, 125

sobre sacolas plásticas, 460
subsídios agrícolas e, 232
tributando poluição e resíduos, 490-491, 491f
verde, 490-491, 491f
Incêndio(s), 197, 199f
administração de incêndios florestais, 202
de copa, 197, 199f
incêndios prescritos, 202
prescritos, 202
superfície, 197, 199f
Incentivos/isenções fiscais
desperdício de energia, 357
energia renovável, 358
florestas e, 201
mineração, 312
mudança climática e, 443
para reutilização e reciclagem, 475
transição tributária, 490
Incineração de resíduos, 467-468, 468f
Incineradores produtores de energia, 467, 468f
Índia
crianças como mão de obra, 112
diminuição crescimento populacional em (estudo de caso), 115-116
emissões de dióxido de carbono, 429, 430f
mulheres que transportam água na, 266f
pessoas em situação de rua, 117f
pobreza, 117
poluição da água na, 285-286
pressão populacional, 107f
produção de arroz, 239
produção de grãos em, 230-231
tigre indiano (Bengala), 174f, 180
Indústria
eficiência energética na, 351-352
fonte de poluição do ar, 421-423, 421f
reduzindo desperdício de água doce por, 280, 281f
rendimento de energia líquida de calor industrial de alta temperatura, 334f
Indicador de progresso genuíno (*genuine progress indicator* – GPI), 491
Indicadores econômicos ambientais, 491
Indonésia, tsunami de 2004 e, 352-326, 325f
Inércia, **97**
Informações genéticas, 34
Infraestrutura, 120
Insegurança alimentar, **227**
Inseticidas, 243-244. *Ver também* a Lei Federal de Inseticidas, Fungicidas e Rodenticidas (*Federal Insecticide, Fungicide, and Rodenticide Act* – Fifra), 246
poluição por, 247
Insetos
deserto, 142q
estratégias de evitar predadores, 92-933
papéis de, 72q, 72f
Instituto Fraunhofer para Sistema de Energia Solar, 363
Interações de espécies, 91-95
coevolução, 93, 94f
comensalismo, 95, 95f
competição interespecífica, 91
mutualismo, 94-95, 94f
parasitismo, 94, 94f
partilha de recursos, 91, 91f
predação, 91-93

Interface, 494
International Center for Technology Assessment, 125, 353
International Seabed Authority das Organização das Nações Unidas, 313
International Water Association, 288
Intervalo de tolerância, **99**, 99f
Inundação
áreas urbanas, 122
aumento do nível do mar e, 435-437, 437f
mudança climática e, 436-437
reduzindo poluição de, 282-283, 283f
Inversão térmica, **417**
Íon(s), **32**, 33f, 33t
amônio, 60
carbonato, 213, 214q
de hidrogênio, 33
fosfato, 61
hidróxido, 33
nitrato, 33, 33f, 59-60
sulfato, 33t
Iowa
perda da porção superior do solo em, 237f
uso da energia eólica em, 367
IPAT, modelo, 13-14
IPCC (Intergovernmental Panel on Climate Change). *Ver* Painel Intergovernamental sobre Mudanças Climáticas
Irlanda, imposto sobre sacolas plásticas em, 464
Irrigação
por gotejamento, 255q, 279f, 280-281
por inundação, 279
Irrigação
desastre do Mar de Aral, 277-278, 277f
encharcamento, 238
gotejamento, 255b, 279f
inundação, 279
melhorias na eficiência, 279-280, 279f
pivô central, 279f
salinização do solo e, 238, 250f
solar, 255q
Isolamento
de edifícios, 355
geográfico, 80, 82f
reprodutivo, **80**, 82f
Isótopos, **32**
Israel
irrigação em, 280
uso da água residual, 280
Itália
eficiência energética, 357
fornecedores de energia solar, 363
IUCN (International Union for Conservation of Nature – IUCN). *Ver* União Internacional para a Conservação da Natureza

J
Jacaré-americano, 75-76, 76f
Jackson, Wes, 254q
Janzen, Daniel, 212
Japão
acidente na usina nuclear de Fukushima Daiichi, 350
aterros, 468
declínio populacional e população mais velha, 114f, 113-114
eficiência energética no, 357
expectativa de vida no, 113

metais de terras-raras, depósitos de, 311
parques eólicos, 367
população urbana, 119
Jardins botânicos, 186
Javali-selvagem europeu (porco-selvagem), 175f, 208
Justiça ambiental, **500-401**
Jobs, Steve, 511
Jones, Chris, 438

K
Kalundborg, Dinamarca, 477, 476f
Kauffman, Matthew, 209q
Kenaf, 202
Kramer, Sasha, 493
Kudzu, 175f, 176
KuzeyDoğa, 184q

L
Lack, Daniel, 423
Lago(s), **157**-159, 159f
deposição ácida e, 418f, 418
classificado pelo conteúdo de nutrientes, 157
eutrófico, 159, 160f
eutrofização cultural, 287
oligotrófico, **157**, 287
poluição da água de, 287
zonas de vida, 152, 153f
Lago Trillium, Oregon, 159f
Lago Diablo no Parque Nacional North Cascades, 207f
Lago eutrófico, 159, 160f
Lago Mead, 274
Laboratório Nacional de Energia Renovável dos Estados Unidos (NREL), 358
Lâmpadas de LED, 352
Lâmpadas fluorescente compacta, 357
Lampreia-marinha, 94, 94f, 175f
Land Institute, 254q
Lantânio, 311, 311f, 320
Las Vegas, Nevada, 121f, 282
Laticínios, produção sustentável de, 250
Latitude, efeito no clima e vegetação, 141
Lava, 308, 323f
Leadership in Energy and Environmental Design (LEED), 356
Leão, 50f
LED, 311, 351, 357
Legumes, 248
Lei(s), 184-185. *Ver também* Leis ambientais
Lei Agrícola (Lei de Segurança Alimentar), 248
Lei da Água Limpa (*Clean Water Act*), 295-296, 317q
Lei da Água Potável Segura (*U.S. Safe Drinking Water Act*), 291, 497
Lei da conservação da energia, **37**
Lei da conservação da matéria, **35**
Lei da gravidade, 30
Lei da natureza, **30**
Lei das Espécies Ameaçadas de Extinção (*Endangered Species Act* – ESA), 185-186, 496
Lei de Controle de Substâncias Tóxicas (*Toxic Substances Control Act* – TSCA), 473
Lei de proteção das áreas selvagens, 207, 497

Lei de consequências não intencionais, 245
Lei de Conservação e Recuperação de Recursos (*Resource Conservation and Recovery Act* – RCRA), 473, 497
Lei de Política Ambiental Nacional (*National Environmental Policy Act* – Nepa), 497
Lei de Proteção à Qualidade do Alimento, 246
Lei de Segurança Alimentar de (Lei Agrícola), 248
Lei do Ar Puro, 420, 423, 424, 443, 497
Lei dos Superfundos, 474
Lei Federal de Controle de Poluição da Água (*Federal Water Pollution Control Act*), 295
Lei Federal de Inseticidas, Fungicidas e Rodenticidas (*Federal Insecticide, Fungicide, and Rodenticide Act* – Fifra), 246
Lei Geral sobre Resposta, Compensação e Responsabilidade Ambiental (*Comprehensive Environmental Response, Compensation, and Liability Act* – Cercla), 474
Lei Price-Anderson, 349
Leis ambientais, 184-185. *Ver também* leis e regulamentos específicos
 poluição do ar, 414, 414*f*, 417
 inovação estimulada ou desestimulada pelas, 475
 para proteger humanos do efeitos nocivos dos pesticidas, 248
 incentivo para a reciclagem, 473, 475
 na qualidade da água, 284, 291
Leis ambientais, Estados Unidos. *Ver também* leis e regulamentos específicos
Lei da Água Limpa, 317*q*
Lei da Água Potável Segura, 497
Lei da Qualidade da Água (*Water Quality Act*), 295
Lei das Espécies Ameaçadas de Extinção (*Endangered Species Act* – ESA), 185-186, 497
Lei de Conservação e Recuperação de Recursos (*Resource Conservation and Recovery Act* – RCRA), 473, 497
Lei de Controle de Substâncias Tóxicas (*Toxic Substances Control Act* – TSCA), 473
Lei de Política Ambiental Nacional (*National Environmental Policy Act* – NEPA), 497
Lei de Proteção de Áreas Selvagens (*Wilderness Act*), 207, 497
Lei do Ar Puro, 420, 324, 68
Lei Federal de Controle de Poluição da Água (*Federal Water Pollution Control Act*), 295
Lei Federal de Inseticidas, Fungicidas e Rodenticidas (*Federal Insecticide, Fungicide, and Rodenticide Act* – Fifra), 246
Lei Geral sobre Resposta, Compensação e Responsabilidade Ambiental (*Comprehensive Environmental Response, Compensation* – Cercla), 474
 poluição do ar, 414
 regulamentação de resíduos perigosos nas, 474
Leis científicas, 28*q*
Leis da termodinâmica, 37-38, 333
Leis de zoneamento, 126
Leis nacionais. *Ver* Leis ambientais
Leis que controlam a modificação de energia de uma forma para outra, 37-38
Leitos de ervas marinhas, 152, 155*f*
Lenha, coleta de, 116*f*
Lençol freático, **265-266**
Leopold, Aldo, 19, 21*f*, 167, 225, 509
Lerner, Jaime, 130
Levin, Donald, 170
Levin, Philip, 170
Lifestraw™, 289, 290*f*
Ligações de hidrogênio, 34*f*
Ligações químicas, 32
Ligas de aço, 309
Lignito, 342
Likens, Gene, 28*q*, 29, 33
Lírio-roxo, 175*f*
Lista de Prioridades Nacionais, 474
Lista Vermelha de Espécies Ameaçadas, 183, 213
Lítio, 310
Litosfera, **308**
Lixo, 458*q*, 459, 460. *Ver também* Resíduo sólido urbano (RSU)
Lixo eletrônico, 461
 reciclagem de, 462*f*, 462-463, 464-467, 467*f*
Lixões a céu aberto, 459, **469**
Lobby, 490
Lobo-cinza
 como espécies ameaçadas, 171*f*, 209*q*, 209*f*
 no Parque Nacional de Yellowstone, 208-209, 209*q*
Lobo-cinzento mexicano, 171*f*
Local do experimento, 28*q*, 28*f*
Locávoros, 256
Lontras-marinhas do sul, 90*q*, 90*f*, 92*q*, 102*q*, 102*f*, 103*q*
Los Angeles, fumaça fotoquímica na Califórnia, 417*f*
Louv, Richard, 508
Louva-a-deus, 72*q*, 72*f*
Lovejoy, Thomas E., 62*q*
Lu, Xi, 367

M

Maathai, Wangari, 203
Macaco-colobo-vermelho-de-Miss-Waldron, 182
Macronutrientes, 227
Magma, 308, 309*f*
Magnitude, terremoto, 321
Malária, 244-245, 390-391, 391*f*
Manejo de pragas, 247
Manejo/gerenciamento de resíduos, **462**
 ecossistemas industriais (estudo de caso), 476-477
 iniciativas da comunidade e, 474-475
 integrado, 462
Manejo integrado de pragas (MIP), **247**
Manejo integrado de resíduos, **462**, 478*q*
Manganês, 309
Manguezais, 152
Manto da Terra, 47, 47*f*, 307-308, , 307*f*
Mapas sísmicos tridimensionais, 335
Máquina viva, 299*q*, 299*f*
Mar aberto, 153, 153*f*
Mar Aral, 277-278, 277*f*
Mar Vermelho, 135*f*
Mara, Peter, 183
Maré, energia da, 366
Matéria, **31-34**
 átomos, 32-33, 32*f*,
 compostos, **32**, 32-33, 32*t*
 conservação da, 35
 elementos, 31-32, 31*f*, 32*t*
 em células, genes e cromossomos, 34, 34*f*
 em sistemas, 38, 38*f*
 estados físicos da, 31
 formas químicas da, 31
 íons, 32, 33*f*, 33*t*
 moléculas, 32
 mudanças físicas, químicas e nucleares na, 35
Marfim, 179
Mariposas, estratégia para evitar predação, 93, 93*f*
Marisma, 152, 154*f*
Mármore, 308
Marsh, George Perkins, 19
Martinez, Juan, 509*q*
Massachusetts, 264*q*, 277
Material particulado em suspensão, 415
McDonough, William, 458*q*, 464, 465*q*, 465
McKibben, Bill, 199, 502
Medicina ecológica, 389
Medidas emergenciais, 210
Medo, avaliação de risco e, 406
Megacidades, 119, 129*f*
Megarregiões, 119
Megarreservas, 208, 210*f*
Meio ambiente, 5
Mercado, redução da poluição do ar em ambientes fechados/internos, 425
Mercúrio
 como elemento, 31*f*
 Convenção de Minamata, 402
 das fábricas de queima de carvão, 383*f*
 deposição atmosférica de, 402*f*
 efeitos tóxicos do, 384*q*, 384*f*, 394*f*, 407*q*, 420*f*
 em tubarões, 77
 na mineração de ouro, 327, 384*q*
 poluição, 394*f*
Metais
 ciclo de vida de conteúdo metálico, 313, 313*f*
 metais e óxidos terra-rara, 310-311,311*f*
Metais e óxidos de terras-raras, 311
 importância de, 311
 na China, 316
 substitutos, 318-3203
 suprimentos de, 311-312
Metano
 como composto orgânico , 33-34
 como gás de efeito estufa, 413, 415, 429
 como hidrocarbonetos, 33
 composto orgânico volátil, 416
 da decomposição da vegetação submersa, 365
 do gado, 241
 extraindo hidrogênio do, 372
 liberação a partir do derretimento da camada de permafrost, 428
 liberação a partir dos lagos do Ártico, 434-435, 435*f*
 no gás natural, 338-341
Metamorfismo, 308
Metilmercúrio, 384*q*, 393
México, Bacia do Rio Colorado e, 270, 270*f*

Mexilhão-zebra, 175f, 176
Microclimas, de cidades, 140
Microcrédito, 493
Microfiltração, 278
Micronutrientes, 227
Microrganismos (micróbios), 51q
Migração, mudança populacional e, 110, 113
Milho, 229
   ciclo de retroalimentação corretiva, **39**
   etanol do, 368
Milwaukee, Wisconsin, 226q, 226f
Mimetismo, 93, 93f
Mineração
   biomineração, 312
   de superfície, **314**-315
   degradação do capital natural, 314f
   em parques e reservas naturais, 208
   fundo do mar, 313
   mina de cobre, a céu aberto, 305f
   minérios de baixo teor, 312
   poluição da água por, 284, 313-317
   subsídios, 32
   técnicas
      mineração a céu aberto de encosta, 314, 315f
      mineração a céu aberto por áreas, 314, 315f
      mineração a céu aberto, 314
      mineração de superfície, 314
      remoção do topo das montanhas, 314, 316f
Mineração a céu aberto, 314
   de encosta, **314**-315, 315f
   em faixas, **314**, 315f
Minerais não metálicos, 309
Minério, **308**. Ver Mineração
   alto teor, **308**
   baixo teor, **308**
   metais de terra-rara e óxidos, 310-311, 311f
   não metálico, 309
MIP. Ver Manejo integrado de pragas
Mitigação, de efeitos da mudança climática, 440
Modelador de ecossistema, 63
Modelos
   de um sistema, 38f
   definição, **23**
   matemáticos, 31, 63
   mudança climática, 432q-433q, 432f-433f
Modelos matemáticos, 31, 62, 170q. Ver também Modelos
   modelos para projetar mudanças futuras em temperaturas atmosféricas, 432q, 432f
   mudança climática, 432q, 432f
Modificação física, 35, 35-36
Modificação química, **35**
Modo de espera, 357
Modo de vida insustentável, 22
Moléculas, 32, 57q
Molina, Mario, 448, 450q
Momentum demográfico, 113
Monoculturas, 63q, 148f, 229, 252
Monômeros, 34
Monóxido de carbono, 415-416
Montanhas
   clima e, 151
   como ilhas de biodiversidade, 150
   efeito sombra de chuva, 139-140, 140f
   espécies endêmicas em, 150
   geleiras, 151, 428f, 434-435
   impactos humanos em, 151f
   papéis ecológicos das, 150-151, 150f

Montanha Yucca, 347
Monte Hood, Oregon, 159f
Moore, Charles, 460
Morcegos, 94, 94f
Mosquito-da malária (*Anopheles*), 244
Motor
   de combustão interna, 353, 353f
   elétrico, 352, 353f
Movimento de sustentabilidade global, 503
Movimento de volta à torneira, 291
Movimento do Cinturão Verde, 203
MPS. Ver Material particulado em suspensão
MPAs. Ver Áreas marinhas protegidas
MRSA. Ver *Staphylococcus aureus* resistente à meticilina
Mulheres
   capacitação de, 115-116
   oportunidades educacionais e de emprego para, 112
   papel na diminuição do crescimento populacional, 114f
   planejamento familiar, 117
Muir, John, 19, 20f, 135
Mumford, Lewis, 129
Mutações, 79, 393
Mutagênicas, 79, 399
Mutualismo, 94-95, 94f
Myers, Norman, 490, 504
Mudança climática
   aceleração na, 426-429
   acidificação do oceano e, 214q
   aquecimento atmosférico, 412q, 433-440
   atividades humanas e, 429-430
   aumento do nível do mar, 412q, 435-437
   biocombustíveis e, 370
   ciclo da água e, 265
   como ameaça para recifes de corais, 136q
   cobertura de nuvens e, 431-432
   consequências/efeitos da, 433-440
      ameaças à biodiversidade, , 438-439
      ameaças à produção de alimentos, , 439
      aumento do nível do mar, 435-436
      condições meteorológicas extremas, 437
      derretimento de gelo, 434
      descongelamento da permafrost, 435
      saúde humana, segurança nacional, e economias, 439
   contribuição da agricultura para, 239
   contribuição para extinção das espécies, 78-179
   derretimento de gelo, 412q,412f
   energia nuclear e, 347-348
   escassez de água, 267
   gases de efeito estufa, 138q, 429-430, 432f
   história da Terra da, 426-433
   modelos para projetar mudanças futuras, 432q-433q, 432f-433f
   oceanos e, 431
   poluição do ar externo, 433
   preparando-se para, 446-447
   reduzindo/desacelerando, 440-441, 445f
      captura e armazenamento de carbono (CCS), 441, 442f
      emissões de gases de efeito estufa, esquemas de geoengenharia, 442-443

      estratégias governamentais para, 443-444
      por escolhas individuais, 446
      por faculdades e universidades, 446
      por países, estados e cidades, 445-446
      prevenção e controle de, 441, 443-444
      soluções para, 441f
   pontos de virada, 434, 434f
   projeção do pior cenário, 434, 436
Mudança populacional, **110**, 113
Mudanças de subsídios, 17, 490

N

Nanotecnologia, 319q-320q, 327q, 354q, 363, 373
Nanotecnologia ambiental, carreira em, 319q
"Não no planeta Terra" (*not on planet Earth* – NOPE), 475
Não renováveis (esgotáveis)
   aquíferos não renováveis, 266
   recursos minerais, 304-327
   recursos, **6**, 7f
Nascentes, 159
National Center for Atmospheric Research (Centro Nacional de Pesquisas Atmosféricas), 437
National Wildlife Refuge System, 186, 187f
Nature Conservancy, 185, 218, 502
Nature Conservancy, como grupo ambientais de cidadãos, 502
Natureza, afastamento da, 17-18
Necrotérios de sementes, 240
Nelson, Gaylord, 483
Nepa. Ver Lei de Política Ambiental Nacional (*National Environmental Policy Act*)
Neurotoxinas, 393
Nêutrons, **32**, 32f
Neve
   derretimento de, 434-435
   marinha, 153
NIABY. Ver "no quintal de ninguém" (*not in anyone's back yard*)
Nicho, **74**. Ver também Nichos ecológicos
Nichos ecológicos, **74**
   de espécies de aves nas áreas costeiras alagadiças, 77f
   de espécies generalistas e especialistas, 74, 74f
   de jacaré-americano, 75
   em floresta temperada decídua, 148
   em florestas temperadas úmidas, 148
   em florestas tropicais úmidas, 147-148
   especializados, em florestas úmidas tropicais, 147, 150f
   papéis das espécies em ecossistemas, 74-77
   pradarias, 142-143
   sobreposição, 91
Nicotina, 398
NIMBY. Ver "no meu quintal, não" (*not in my back Yard*)
Nitratos, poluição do oceano por, 285t, 287, 288
Nitrogênio
   concentração atmosférica, 413
   em fertilizantes, 248
Nível alimentar, 48. Ver também Nível trófico
Nível trófico, **48**, 53f
Nível/ou intervalo ideal, 99, 99f

NMFS. *Ver* Serviço Nacional de Pesca Marinha
"No meu quintal, não" (*not in my back yard* – NIMBY), 475
"No quintal de ninguém" (*not in anyone's back yard* – NIABY), 475
NOAA. *Ver* Administração Nacional Oceânica e Atmosférica dos Estados Unidos
Nocera, Daniel, 373
Nódulos de manganês, 313
NOPE. *Veja* Não no planeta Terra
Normas culturais, taxa de natalidade e, 112
NRDC. *Ver* Conselho de Defesa de Recursos Naturais
NREL (National Renewable Energy Laboratory). *Ver* Laboratório Nacional de Energia Renovável dos Estados Unidos
Núcleo (atômicos), **32**, 32*f*
Núcleo, da Terra, 47, 47*f*, **307**, 307*f*
Núcleos de gelo, 426, 427*f*, 430*f*
Nucleotídeos, 34
Número
  atômico, **32**
  de massa, **32**
Nutrientes, **5**, **47**, 286
Nutrição
  desnutrição, 227
  supernutrição, 228
  subnutrido, 227
  deficiências de vitaminas e minerais, 228, 228*f*
Nuvem
  cirrus, 431
  cumulus, 431
  fecal, 124

O

Obeso/excesso de peso, 228
Objetivos de Desenvolvimento do Milênio, 493, 495*f*
Oceano(s)
  global, 152
  hidrelétrica do, 365
  impactos humanos sobre, 157*f*, 213-215
  mar aberto, 153
  minerais dos, 312-313, 313*f*
  mudança climática, papel no, 431
  oceano global, 152
  poluição, 292-293, 294*f*
  porções de lixo, 460, 461*f*
  produção de carne e zonas mortas do oceano, 239
  recifes de coral, 152, 156*q*
  reservas marinhas, 217-218
  serviços ecossistêmicos e econômicos do, 152, 152*f*
  zonas, 152-153, 153*f*
  zonas mortas, 293, 300*q*
Oferta, 485
Óleo de palma, 229
OMS. *Ver* Organização Mundial da Saúde
Ondas de maré, 325
Ondas sísmicas, 321
ONGs. *Ver* Organizações não governamentais
Ônibus, 127*f*, 129
Onívoros, **49**
Opep. *Ver* Organização dos Países Exportadores de Petróleo
Operações concentradas de alimentação animal (*concentrated animal feeding operations* – Cafos), 233, 241*f*

Oportunistas, 100
Opúncias, 55*f*
Orangotangos, 171, 172*f*
Orcas, 102*q*
Oregon, Lago Trillium no, 159*f*
Orgânicos voláteis, 293
Organismos, 5, **48**, 49*f*
Orquídeas, 182
Osmose reversa, 278
Ouriço-do-mar, 91, 92*f*
Óxidos sulfúricos, comércio de emissões para, 424, 424*f*
Organismos geneticamente modificados (OGMs), 82, 232-233
Organização das Nações Unidas
  reservas da biosfera, 208
  segurança ambiental e, 504
  sobre acesso à água limpa, 269
  sobre lixo eletrônico, 470
  sobre uso de hidrelétrica, 365-366
Organização das Nações Unidas para Alimentação e Agricultura (*Food and Agriculture Organization* – FAO), 200
  sobre aquicultura, 242
  sobre encharcamento, **238**
  sobre pastoreio excessivo, 204, 241
  sobre pescas, 233-234
  sobre poluição da água, 239
  sobre produção de carne, 233, 250
  sobre salinização do solo, **238**
  sobre subnutrição e desnutrição, 227-228
  sobre uso da água para remoção de resíduos, 282
Organização dos Países Exportadores de Petróleo (Opep), 335
Organização Meteorológica Mundial, 412*q*, 437
Organização Mundial da Saúde (OMS)
  acesso a água como questão de saúde global, 265
  deficiência de ferro, 228
  deficiência de vitamina A, cegueira por causa de, 228
  poluição do ar em ambientes fechados/internos, 17, 420, 420-421
  poluição do ar externo, 422-423
  sobre acesso a água limpa, 269
  sobre doença infecciosa, 391-392
  sobre HIV/Aids, 389, 390-391
  sobre malária, 390-391, 31*f*
  sobre pesticidas, 243, 244
  sobre poluição do ar, 17, 414-415
  sobre purificação de água potável, 289
  sobre resistência genética aos antibióticos, 387*q*
  sobre tuberculose, 386-387
  supernutrição e obesidade, 228
  uso de dieldrin por, 245
  uso de tabaco, 404
Organizações com fins lucrativos, 496
Organizações não governamentais (ONGs), 496, 502
Oscilação Sul do El Niño (ENSO), 139
Ouriço-marinho roxo, 92*f*
Ouro, 309
  como elemento, 31*f*
  custo real, 306*q*, 327*q*
  maiores países produtores do mundo, 306*q*
  mina no Canadá, 315*f*
  mineração ilegal na África, 318*f*
Oxidantes fotoquímicos, 416

Óxido nítrico, 60, 415
Óxido nitroso
  poluente do ar, 415
  como gás de efeito estufa, 413, 429
Óxidos de nitrogênio
  deposição ácida e, 413, 418
  poluente do ar, 415, 421, 423*f*
  fumaça fotoquímica, 415
Oxigênio
  na respiração aeróbica, 49
  concentração atmosférica, 413
Ozônio, 47
  poluente de ar, 415
  esgotamento, 448-451, 448*f*-449*f*, 451*q*
  fotoquímico, 416
  estratosfera, 413, 416, 449
  efeito da filtragem UV do, 448

P

Pacific Institute, 290
Padrões reprodutivos, 100
Painel Intergovernamental sobre Mudanças Climáticas (Intergovernmental Panel on Climate Change – IPCC), 412*q*, 421, 432*q*, 433-441, 451
Paisagens econômicas, 281
Países mais desenvolvidos, **10**
  agricultura industrializada no Protocolo de Kyoto, 445
  consumo excessivo em, 110*q*
  custo de criar e educar crianças, 112
  impacto ambiental e, 16
  leis de poluição da água, 297
  poluição do ar em ambientes internos, 420-421
  primeira revolução verde em, 231
  redução da poluição do ar em, 433
  resíduo sólido urbano (RSU), lidando, 459
  transferência de resíduos perigosos de, 461
  uso de fertilizante, 249
Países menos desenvolvidos, **10**
  congestionamento urbano em, 125
  crescimento da população humana em, 109, 110*q*
  crescimento populacional em, 113-114, 493
  declínios da taxa de mortalidade em, 112-113
  desnutrição, 18*f*
  doenças infecciosas, 391-392, 392*f*
  empoderamento de mulheres em, 115-116
  engenharia genética, 255
  impacto ambiental e, 16
  leis que estabelecem padrões, 289
  mão de obra, crianças na, 112
  número de crianças por casal, 112
  parques e reservas naturais, 207
  pobreza em áreas urbanas, 123-124
  poluição da água, 297
  poluição do ar em ambientes internos, 420, 421
  porcentagem da renda em comida, 232
  resíduo sólido urbano (RSU), lidando, 459
  segunda revolução verde em, 231
  tabagismo em, 403-404
  transferência de resíduos perigosos, 461, 475
  transição demográfica, 115

uso da lenha em, 202, 370
vazamento de água, 280
Panda-gigante, 74, 74f, 179
Pandemia, 386
Pangeia, 81q, 81f
Pântanos, 160
  artificial, 299q
Papel, árvores para a produção de, 202
Paracelsus, 383
Parasitas, 94, 102q, 180q, **385**
  de anfíbios, 78q
  malária, 390
Parasitismo, **94**, 94f
Pares, 30-31
Parque ecoindustrial, 477
Parque Nacional da Sequoia, Califórnia, 3f, 27f
Parque Nacional de Denali, Alasca, 193f
Parque Nacional de Everglades, espécies invasoras no, 176, 177f
Parque Nacional de Great Smoky Mountains, 208
Parque Nacional de Yellowstone, lobo-cinzento no, 209, 209q
Parque Nacional do Vulcão Arenal, Costa Rica, 194f
Parque Nacional Glacier, 428f, 435
Parque Nacional Guanacaste, Costa Rica, 212
Parque Nacional North Cascades, Washington, 207f
Parque Nacional Olímpico, 208
Parques e reservas naturais
  ameaças ambientais nos parques nacionais, 208
  conceito de zonas de amortecimento, 208
  criando e gerenciando, 208
  em países menos desenvolvidos, 207
  estresse em parques públicos dos Estados Unidos (estudo de caso), 207-208
  megarreservas, 208, 210f
  na Costa Rica, 208, 210f
  proteção da vida selvagem, 206-207, 207f
  reservas de biosfera, 208
  restauração ecológica de floresta seca tropical na Costa Rica (estudo de caso), 212
Parques eólicos, 367
Parques Nacionais. Ver também Parques e reservas naturais; parques específicos
  ameaças ambientais a, 207-208
  tensões nos parques públicos dos Estados Unidos (estudo de caso), 207-208
Partículas subatômicas, 32
Partículas, como poluentes do ar, 415
Partilha de recursos, **91**, 91f
Pássaros azuis, caixas como ninhos artificiais para, 212
Pastagem, **204**, 229
  pastoreio excessivo, 204-205, 205f, 238
  rotativa, 205
Patógenos, **385**
Pauli, Gunter, 457
PCBs, 242
Pegada de carbono, **430**
  indivíduos, 446
  redução por
    faculdades e universidades, 446
    países, estados e cidades, 445-446

Pegada ecológica
  áreas urbanas, 108q
  China, 118, 493
  contribuição para extinção de espécies, 178-179
  definição, **12**
  Estados Unidos, 112f, 481
  fishprint, 222-223
  hídrica, **267**
  pegada hídrica, 267
  per capita, **12**, 112
  poluição e, 12-13
  ser humano vivendo de modo insustentável, 10-12
  sustentabilidade, 5-6, 8-9
Peixe
  comércio ilegal de, 181-182
  mercúrio no, 384q, 384f, 393
Peixe-leão, 215f
Peixe-palhaço, 89f, 95
Pelican Island National Wildlife Refuge, Flórida, 187f
Pensamento crítico, 30
Pensando sobre (quadro)
  armadilhas mentais, 511
  consumo de carne, 250
  crescimento econômico, 487
  curvas de sobrevivência, 101
  custo de sustentar os ecossistema, 219
  desvantagens da urbanização, 123
  espécies r-selecionadas e K-selecionadas, 100
  expansão urbana, 121
  florestas tropicais, 201
  justiça ambiental, 500
  o que sua escola pode fazer, 446
  o que você come, 49
  Objetivos de Desenvolvimento do Milênio, 493-494
  os pobres, os ricos e os danos ambientais, 17
  plantações geneticamente modificadas, 233
  população dos Estados Unidos, 106
  princípios da política ambiental, 501
  prova científica, 31
  reciclagem de lixo eletrônico, 470
  reservas marinhas, 217
  resíduos perigosos, 472
  responsabilidades, 18
  subsídios, 490
  taxas de desconto, 488
  tendências urbanas, 119
  terras públicas dos Estados Unidos, 500
  tigres, 181
  tornando seu campus mais ecológico, 504
Pensilvânia, produção de gás natural por fraturamento na, 340f
Percepção
  e avaliação de risco, 402-406
  e gerenciamento de riscos, 396-406
Perda de habitat
  declínio da população de aves e, 183-184
  declínio de anfíbios, 78q
  extinção e, 173
Perda populacional constante, 101
Perigos ambientais e saúde humana, 382-407
  avaliação e gerenciamento de riscos, 385, 385f
  percepção e avaliação de riscos, 396-406

  perigos biológicos, 385-392
  perigos químicos, 385, 392-396
Perfuração horizontal, **332q**, 332f
Perigos ambientais e saúde humana, 382-406
  avaliação de riscos e administração de riscos, 352, 352f
  percepção e avaliação de riscos, 402
  perigos biológicos, 385-398
  perigos químicos, 385, 392-396
Perigos naturais, 385
Perigos biológicos, 385-392. Ver também Doença infecciosa
Perigos culturais, 385
Perigos químicos, 385, 392-402
  avaliando, 396-401
  bisfenol A (BPA), 395q
  cigarros e cigarros eletrônicos (estudo de caso), 403-405, 405f
  conhecimento de químicos tóxicos, 399
  poluentes persistentes, 401, 475
  prevenção à poluição (estudo de caso), 401-402
  níveis de traços, 399
  sistema endócrino, efeitos no, 394-396
  relatos de caso, 398-399
    estimativa de toxicidade, 397-398, 398f, 398t
    estudos epidemiológicos, 399
    níveis de traços químicos, 399-400
Períodos glaciais, 426
Períodos interglaciais, 426
Permafrost, 47, **146**, 428, 435
Persistência, **97**, 450q
  de pesticidas, 243
  de toxinas, 397
Pesca, **215**, 216f, **233**
  em excesso, 215
  métodos comerciais, 215-216, 216f
  rede de arrasto, dano ao habitat de, 213, 213f
Pesquisa
  de campo, 62-63
  laboratorial, 62-63
Pessoas que fazem a diferença (quadro), 9, 501-502
  Ballard, Robert, 323q
  Balog, James, 436q
  Benyus, Janine, 9q
  Burney, Jennifer, 255q
  Cousteau, Alexandria, 162q
  Earle, Sylvia, 218q
  Ferreira, Juliana Machado, 182q
  Goodall, Jane, 30q
  Gunnoe, Maria, 317q
  Guo, Yu-Guo, 320q
  Lovejoy, Thomas E., 62q
  Martinez, Juan, 509q
  McDonough, William, 458q
  Molina, Mario, 450q
  Postel, Sandra, 281q
  Roske-Martinez, Xiuhtezcatl, 503q
  Rowland, Sherwood, 450q
  Ruzo, Andrés, 373q
  Sekercioğ˘lu, Çag˘an Hakki, 184q
  Sereivathana, Tuy, 147q
  Sindi, Hayat, 388q
  Tilman, David, 253q
  Wilson, E. O., 73q
Peste bulbônica, 101
Pesticidas, **242**-244
  alternativas ao uso de pesticidas sintéticos, 246-247
  benefícios de pesticidas sintéticos, 243, 243f

círculo de veneno (efeito bumerangue), 245
conclusões inconsistentes do uso de, 245
consequências não intencionais do uso de, 245
declínio das populações de abelhas e, 189q
escolhas alimentares e, 245
espectro de, 243
persistência de, 243
poluição da água e, 294
problemas com pesticidas sintéticos, 244-245
reduzindo sua exposição a, 244f
tipos, 243
uso no manejo integrado de pragas (MIP), 247
Pethick, John, 436
Petróleo, 293, 332q, **335**-337, 336f. Ver também Vantagens e desvantagens do uso, 337, 337f
areias betuminosas, 337, 337f
bruto, 293-294
de xisto, **337**, 337f
dependência do, 335-336
extração de, 335
não convencional, 332q, 3328f
petróleo bruto, 293, **335**-337, 336f
convencional (leve), 335, 337f
dependência do, 335-336
extração de, 337f
pico de produção, 335
produção e consumo de petróleo nos Estados Unidos, 336
refino de, 335, 336f
vantagens e desvantagens de usar, 335
pesado, 336, 337, 339f
pico de produção, 335
poluição do oceano por causa do, 293-295, 294f
refinado, 294
reservas de, 335-336
Petroquímicos, **335**
PIB *per capita*, **491**
PIB. Ver Produto interno bruto (PIB)
Pica-bois-de-bico-vermelho, 94f
Pico de produção, **335**
Pimentel, David, 173, 245
Pimm, Stuart, 169
Pinchot, Gifford, 19
Planta-jarro, 95f
Pirâmide de fluxo de energia, **53**, 54f
Piscicultura, **234**, 235f, 476f
Piscinas cheias de água, em usinas nucleares, 347, 348f
Placas tectônicas, 81q, 81f, **321**, 322f
Planejamento familiar, **117**
na China, 118
na Índia, 117
Planície de inundação, 161f, **282**
Plantação
de árvores, 195, 195f
de biomassa, 370
de contorno, 248, 249f
Plantas/plantações. *Ver também* Florestas
adubo verde, **249**
bancos de sementes, 186
carnívoras, 95f
comércio ilegal em, 182
de florestas tropicais úmidas, 147
deposição ácida e, 418
deserto, 144q
epífitas, 95
fitorremediação, 472

parasitas, 94
persistentes, 147
suculentas (carnudas), 144q
tratamento de esgoto 296, 296f
Plásticos
água engarrafada, 290-291
bioplásticos, 467q
bisfenol A (BPA), 395q
como poluentes da água, 285t
porções de lixo no oceano, 460, 460f
reciclagem, 464-465, 465f
sacolas plásticas, 464
Plataforma continental, 153, 153f
Plutônio, 346, 347
Pobreza
definição, **16**, **492**
dependência de florestas, 195
efeitos danosos e benéficos da afluência, 15-16
em mulheres, 116
insegurança alimentar e, 227
na China, 118
na vida urbana, 123
nuclear, 344-347, 344f-347f
queima de carvão, 342, 343-344, 343-344f
reduzindo, 492-483
riscos associados com, 402-404, 403f
saúde humana e, 402-403, 403f, 492-433
transição demográfica e, 115-116, 116f
usinas de energia
Poincare, Henri, 27
Poliaquicultura, 251
Policloreto de vinila (PVC), 396
Policulturas, 229, 253q
Polímeros, 34
Polinização, 72q, 72f, 170q
como mutualismo, 94
por abelhas produtoras de mel, 168q
Pólipos, 156q
Política
gerenciamento de terras públicas nos Estados Unidos, 498-501, 499f
grupos ambientais, papel dos, 502-503
justiça ambiental, 501-502
princípios da política ambiental, 501, 501
transição para um futuro energético sustentável, papel na, 374-375
Política ambiental, 494-504
definição, **495**
estudantes e instituições educacionais, papel de, 503-504, 504f
grupo ambiental de cidadãos, papel do, 502
influenciando, 502f
justiça ambiental, 500
Leis e regulamentos ambientais nos Estados Unidos (estudo de caso), 496-497, 497f
princípios orientadores, 501
segurança ambiental, 504
Política de comércio de descargas, 295
Política de filho único, da China, 118-119
Política do governo. *Ver* Política ambiental
Políticas. *Ver* Política ambiental
Poluentes
primários, **414**, 414f
secundários, **414**, 414f
Poluentes
ar
externo, 415-416
fontes naturais e humanas de, 414-415

mercúrio, 394f
poluentes perigosos do ar (HAPs), 423
primários, 414, 414f
secundários, 414, 414f
usinas de queima de carvão, 383f
de água, 285t
mercúrio, 384q, 34f
de usinas de queima de carvão, 383f
doze sujos, 401, 475
poluentes orgânicos persistentes (POPs), 246, 475
primários, 414, 414f
secundários, 414, 414f
plásticos, 284
Poluentes da água, 285t
ameaças graves, 286
mercúrio, 384q, 384f
plásticos, 284
Poluentes do ar
da queima de carvão em fábricas, 416f
externo, 414-415, 414f
fontes natural e humana de, 414, 414f
mercúrio, 402f
poluentes perigosos do ar, 423
primários, 414, 414f
secundários, 414, 414f
Poluentes do ar de ambientes internos/fechados, 420-421, 421f
Poluentes do ar externo, 415-416, 414f
oxidantes fotoquímicos, 416
poluentes perigosos do ar (HAPs), 423
Poluentes do ar perigosos (*hazardous air pollutants* – HAPs), 423
Poluentes orgânicos persistentes (POPs), 246, 401, 475
Poluição. *Ver também* Poluição do ar; Poluição da água
ameaça a populações de aves, 184
concentração em cidades, 122, 123f
contribuição para extinção de espécies, 178, 178f
de ar marrom, 416
declínio de anfíbios e, 78q
fontes não pontuais, 284, 295
fontes pontuais, 284-285, 284f, 295
fotoquímica, **416**-417, 416f
imposto, 490, 491f
industrial, **416**, 416f
na Cidade do México, 124
pela mineração, 313-317
 por causa da produção de carne, 241
por causa do carvão, 338-344
por pesticidas, 244
reduzindo pela venda de serviços em vez de produtos, 492
solo, 237-238
sonora, 122-123
sonora, **123**-124
uso do mercado para reduzir, 491, 492f
Poluição da água, 282-300
a partir de inundações, 283
a partir do fraturamento, 340q
água subterrânea288-289, 287f-288f
ameaças para florestas de *kelp* por, 92q
aquecimento atmosférico e, 284
concentração em cidades, 122
da atividades agrícolas, 284, 287, 293
da produção de carne, 241
de lagos e reservatórios, 286, 286f
de riachos e rios, 285-286, 284f
definição, **284**
do esgoto, 295-296, 299q
erosão da porção superior do solo, 247-248

fontes de, 284-285, 284f, 285t
fontes não pontuais, 284, 295-296
fontes pontuais, 284-285, 284f, 295-296
leis, 291
lontras-marinhas, efeitos sobre, 102q
pela mineração, 313-315
poluição do oceano, 292-293
reduzindo e prevenindo
   fontes não pontuais, 284
   poluição do oceano, 292-293
   fontes pontuais, 284-285
   tratamento de esgoto, 296-397, 296f
   soluções para, 298f
   maneira mais sustentável para, 297-298
   o que você pode fazer?, 298f
Poluição do ar
concentração em cidades, 122-123
contribuição da agricultura para, 239
da mineração, 314-315
da produção de carne, 241
deposição ácida, 418-420, 418f-420
efeitos na saúde da, 16
fontes estacionárias de, 414, 414f
fontes móveis de, 414, 414f
fontes natural e humana de,414-415, 414f
fumaça industrial, 416, 416f
lotes no mercado, 424
na Cidade do México, 124
poluição fotoquímica, 416-417, 417f
reduzindo em ambientes externos, 425, 425f
reduzindo em ambientes externos, 425-426, 424f-425f
regional, 418
saúde humana e, 415
tratando a, 423-425, 424f-425f
veículos automotores/motorizados e, 124-125, 414, 425f
Poluição do ar em ambientes internos/fechados, 420-421
economizando energia onde você mora, 358f
fontes de, 420-421, 421f
questões de saúde com, 420-421, 420f
reduzindo, 425, 425f
Poluição do ar externo/exterior
aquecimento da atmosfera, 431
aumento, fatores responsáveis pelo,417-418
reduzindo, 423-425
Poluição do oceano, 292, 294f
por causa do petróleo, 293-294, 294f
reduzindo e prevenindo, 294
Pontos de virada
da mudança climática, **434**, 434f
ecológico, **38, 39**, 46q, 63q, 97, 63q
POPs. *Ver* Poluentes orgânicos persistentes
População
com perda precoce, 101
com perda tardia, 101
População(ões), **48**, 49f
colapso populacional, 100, 101f
curvas de sobrevivência para, 101, 101f
definição, **98**
estrutura etária da, 98
evolução da, 79f
humana (*ver* População humana)
intervalo de tolerância e, 99, 99f
padrões reprodutivos de, 100-101

População humana, 15. *Ver também* Crescimento da população humana
áreas urbanas, 119-124
capacidade de suporte da Terra para, 110q
controles da natureza sobre, 101
declínios em países, 114f, 113-114
definição, 113
   diagramas, 114f
   geração. *baby boom* estadunidense, 113-114, 114f
   projeções baseadas em, 113-114
em *hotspots* de biodiversidade, 210, 211f
estrutura etária
fatores que influenciam tamanho, 109-113
migração, 113
taxa de fecundidade, 110, 111f
taxa de mortalidade, 112-113
taxa de natalidade, 111-112
mudança populacional, calculando, 110
populações mais velhas e, 115
segurança alimentar e, 227
transição demográfica, 115, 116f
Porção superior do solo
ciclagem de nutrientes, 6
definição, **236**
erosão, 236-238, 237f-238f
horizonte A, 52f
salinização do solo, 238
Porções de lixo no oceano, 460, 460f
Porções, em biomas, 141
Portland, Oregon
cidade amigável à bicicleta, 126, 127f
instalações de tratamento de água, 289
Portugal, usinas de energia de célula solar, 363
Postel, Sandra, 281, 282q
Potássio, em fertilizantes, 248
PPB. *Ver* Produtividade primária bruta
PPL. *Ver* Produtividade primária líquida
Pradarias, 145f, **204**
administrando de forma sustentável, 205, 205f
administrando e sustentando, 204-205, 205f
biomas, 136q, 141, 151f, 163q
cerrado, 239
degradação do capital natural nas, 148f, 151f
frias, 144, 145f
gráficos climáticos, 145f
impactos humanos nas, 151f
inércia e resiliência nas, 97
savana, 144, 145f
temperadas, 144, 145f
temperadas, 144, 145f, 148f
tropicais, 144, 144f
Praga(s), **242**-247
alternativas ao uso de pesticidas sintéticos, 246-247
inimigos naturais de, 243, 246, 243f
insetos, 72q
manejo integrado de pragas (MIP), 247
resistência genética e, 245
Preço
de alimentos, controle de, 252
de mercado, 488
direto, 488-489
mercado, 488-489
precificação de custo total, 488-490

recursos energéticos não renováveis, 359
Precificação
custos ambientais e de saúde de, 16-17
serviços ecossistêmicos da natureza, 196q
suprimento de recursos minerais não renováveis e, 310
de água, 274
precificação de custo total, 9, 9f
Precificação de custo total, **9**, 9f, 488-490
estimando valor de serviços ecossistêmicos da natureza, 196q
reduzindo uso de automóveis, 125
Precipitação
biomas e, 140-152, 141f-142f, 151f
capital natural, 141f
efeito de sombra de chuva, 139-140, 140f
no ciclo da água, 56-57
nos Estados Unidos, 268f
reabastecimento de aquífero com a, 266
Predação, **91**-93
Predador, **91**
espécie-chave, lobo-cinzento como, 209q
estratégias comportamentais, 93
não nativo de anfíbios, 78q
principais, 75
Presa, **91**
estratégias para evitar predador, 93, 93f
Prevenção a doenças infecciosas, carreira em, **392**
Prevenção ao desperdício, 463
Prevenção da poluição
com manejo integrado de pragas, 247
implementando, 401-402
princípio de precaução, 400-401
Primeira lei da termodinâmica, **39**
Princípio(s)
científicos da sustentabilidade, **5**, 6f
da prevenção, 501
da reversibilidade, 501
de energia líquida, 501
de suficiência, 510
do poluidor pagador, 501
holístico, 501
Princípio da precaução, **400**
política ambiental, 501
prevenção da poluição, 401-402
Princípios de sustentabilidade,5-10, 6f, 9f
biodiversidade, 5, 6f
ciclagem biogeoquímica, 5, 6f
energia solar, 6, 7f
precificação de custo total, 9, 9f
responsabilidade para futuras gerações, 9, 9f
soluções de ganhos mútuos, 9, 9f
Probabilidade, em ciência, 31
Problemas ambientais, 5-21. *Ver também* questões específicas
causas de, 15-21
   crescimento populacional, 15-16, 16f
   isolamento da natureza, 17-18
   pobreza, 16
   precificação, 17
   produção de alimentos industrializados, 234-242
   uso de recursos não sustentáveis, 15-16
pegada ecológica e, 12-14, 14f
princípios da sustentabilidade, 5-10, 6f, 9f

usando ferramentas econômicas para lidar com, 488-494
  indicadores ambientais, 491
  leis e regulamentações ambientais, 495-496, 497f
  microcrédito (estudo de caso), 493
  Objetivos de Desenvolvimento do Milênio, 493-494
  precificação de custo total, 488-490
  redução da pobreza, 492-493
  transição de subsídios, 490
  tributando poluição e resíduos, 490, 491f
  usando lições da natureza, 495f
  uso do mercado para reduzir poluição e desperdício de recursos, 491
  vendendo serviços em vez de produtos, 492
  urbanos, 119-124
Processamentos de sistemas, 38, 38f
Processo científico, 29-30, 29f
Processos geológicos, 307-309
  efeito na biodiversidade, 81q
Produção agrícola, 229-234. Ver também Agricultura
  cruzamento e, 232
  cultivo múltiplo, 231
  engenharia genética e, 232
  industrializada, 229
  monoculturas, 229
  orgânico, 230
  policulturas, 229, 252-253, 253q
  revolução verde e, 231
  safras comerciais, 229
  tradicional, 229
Produção agrícola geneticamente modificada, 232-233
Produção de alimentos em meio ambiente, 224-256. Ver também Agricultura
  agricultura sustentada pela comunidade (CSA), 256
  agrobiodiversidade, perda de, 239
  aumento na, 228-228
  controle de pragas, 242-247
  cruzamento e seleção artificial, 232
  custos ocultos da, 232
  engenharia genética e, 232
  especialização, 229
  melhorias em sustentabilidade, 247-254, 252f-253f
    mudando para produção mais sustentável, 252-254, 252f-253f
    na aquicultura, 251, 251f
    na produção de carne e laticínios, 250-251
    redução da erosão, 247
    reduzindo salinização do solo e desertificação, 250, 250f
    restauração da fertilidade do solo, 248-248
  monoculturas, 229, 252
  o que você pode fazer?, 253f
  orgânica, 230, 295
  policulturas, 229, 243, 253q
  políticas governamentais para melhorar, 254-255
  problemas ambientais causados por, 234-242
  produção agrícola, 229-230, 230f
    safras comerciais, 229
    industrializadas, 229
    monoculturas, 229
    cultivo múltiplo, 231

  orgânica, 230, 295
  policulturas, 229, 243, 253q
  tradicional, 229
produção de carne, 233, 234f, 241-242, 241f
produção de peixe e crustáceos, 233-234
rendimento, 229
revolução verde, 230-231, 240
subsídios, 232, 254
tradicional, 229
urbana, 226q, 226f, 256, 257q
Produção de alimentos sustentável, 247-252, 252f
  mudando para uma produção mais sustentável, 252-253, 252f
  na aquicultura, 251, 251f
  na produção de carnes e laticínios, 250-251
  o que você pode fazer?, 253f
  protegendo porção superior do solo, 247-248
  reduzindo salinização do solo e desertificação, 250, 250f
  restauração da fertilidade do solo, 248-249
Produção de carne, 233
  grãos necessários para, 250f
problemas ambientais causados por, 241, 250
  questões de sustentabilidade, 250-252, 252f
  zonas mortas no oceano, 239
Produção de crustáceos e frutos do mar, 233-234, 235, 235f
Produção de mariscos, 234
Produção de peixe. Ver Aquicultura
Produtividade primária bruta (GPP), 54
Produtividade primária líquida (PPL), 55, 56f
  de florestas tropicais úmidas, 147
  de lagos, 157, 159
  oceanos, 155
Produto interno bruto (PIB), 491
Produtores, 48-49, 50f-54f
Programa das Nações Unidas para o Meio Ambiente, 198, 204
  Painel Intergovernamental sobre Mudanças Climáticas (Intergovernmental Panel on Climate Change – IPCC), 412q
  sobre erosão na porção superior do solo, 236
  sobre pesticidas e saúde humana, 244
  sobre poluição de áreas costeiras, 292
  sobre produção de resíduos perigosos por, 461
  sobre uso de recursos da agricultura, 236
Projeções, 432q
Propano, no gás natural, 338
Proteção contra deposição ácida, 418
Proteínas, 34,
  peixe como fonte de, 215
Protestos pacíficos, para administração de resíduos sólidos e perigosos, 475
Protocolo de Copenhague, 450
Protocolo de Kyoto, 445
Protocolo de Montreal, 449
Prótons, 32, 32f
Prova científica, 31
Purificação de águas residuais, carreira em, 289
PVC. Ver Policloreto de vinila

Q
Qualidade da água
  ciclo da água e, 56-57
  poluentes graves que ameaçam a, 286
Qualidade da energia, 37-38
  de alta qualidade, 37-38
  de baixa qualidade, 37-38
Queima de resíduos sólidos, 467-469, 468f-469f
Quênia, plantação de árvores no, 203
Querogênio, 337
Químicos tóxicos, substâncias, 393. Ver também Perigos químicos

R
Raciocínio lógico, 30
Rã-de-dardo-venenoso, diferenças na coloração em, 93f
Radiação eletromagnética, 36
Radiação ultravioleta
  declínio dos anfíbios e, 78q
  efeitos nocivos da, 413
  filtragem da radiação UV do ozônio, 413, 449
  reduzindo exposição à, 449f
Rainforest Alliance, 204
Raposa-cinza, 82f
Raposa-do-ártico, 82f
Ratão-do-banhado, 175f
Ratos-cangurus, 144q
RCRA (Resource Conservation and Recovery Act – RCRA). Ver Lei de Conservação e Recuperação de Recursos
Reabastecimento de aquíferos, 266
Reabilitação, ecossistema, 211
Reação química, 35
  remoção de poluentes por, 417
Reator. Ver Descomissionamento de reator de fissão
Reator de água leve, 344, 345f
  avançado, 350
Receptores, 395
Reciclagem, 462-465
  alumínio, 39
  como ciclo de retroalimentação negativa, ou corretiva, 39
  downcycling, 464
  eficiência energética com, 351-352
  em Curitiba, Brasil, 129
  incentivando, 475
  lixo eletrônico, 461-462
  nos Estados Unidos, 466
  plásticos, 467q
  primária, 465
  primária (ciclo fechado), 465
  recursos minerais, 318-320
  secundária, 465
  sistema de coleta única e, 467
  tempo de esgotamento do mineral e, 310, 310f
  upcycling, 464
  vantagens e desvantagens, 466, 467f
Recife de corais
  acidificação do oceano e, 156q
  biodiversidade de, 156q
  branqueamento, 156q, 156f
  degradação de, 157f
  impacto humano em, 157f
  Mar Vermelho, 135f
Recursos, 7f. Ver também Capital natural; recursos específicos
  compartilhados, 12
  degradação (ver Degradação do capital natural)

inesgotáveis, 6, 7f
não renováveis (esgotáveis), 6, 7f
rendimento sustentável, 6
renováveis, 6, 7f
tragédia dos comuns, 12
Recursos energéticos, 330-378. *Ver também* recursos específicos
   carvão, 338-345, 342f-344f
   combustíveis fósseis, 335-344 (*Ver também* Combustíveis fósseis)
   concorrência no mercado, 333
   energia líquida, 333-334334f
   energia nuclear, 344-350
   gás natural, 332q, 338-341, 340q
   leis da termodinâmica e, 333
   petróleo, 332q, 332f, 335-338, 336f, 337f
   recursos energéticos não-renováveis, 332q, 333
   recursos energéticos renováveis, 333, 357-374
   transição para futuro sustentável, 374-377
   uso eficiente (*ver* Eficiência energética)
   vantagens e desvantagens de usar
     biocombustíveis líquidos, 371f
     biomassa sólida, 370f
     carvão, 344f
     células solares, 365f
     ciclo do combustível nuclear convencional, 347f
     combustíveis fósseis, 335-344
     energia eólica, 369f
     energia geotérmica, 373f
     energia nuclear, 344-350
     gás natural convencional, 341f
     hidrelétrica, 366f
     hidrogênio, 374f
     petróleo convencional, 337f
     petróleo pesado, 339f
     recursos de energia renováveis, 357-374
     sistemas de aquecimento solar, 360f
     sistemas térmicos solares, 361f
Recursos energéticos não renováveis, 333, 333f
Recursos energéticos renováveis, 333. *Ver também* recursos específicos
   aquecendo edifícios e água com energia solar, 357-360, 359f
   biocombustíveis líquidos, 370-371, 371f
   biomassa sólida, 369-370, 370f
   células solares, 363-364, 364f-365f
   energia eólica, 366-368, 366f-369f
   energia geotérmica, 371-372, 372f
   hidrelétrica, 365-368, 366f
   hidrogênio, 372-373, 374f
   queda ou correntes de água, 365-366
   sistemas termossolares, 360-362, 362f
   vantagens e desvantagens de usar, 357-374
Recursos hídricos/da água, 262-300
   água virtual, 267
   aumento de suprimentos de água doce, 265-270
   aumento do uso de, 266-267, 267f
   barragens e reservatórios, 270, 275f
   escoamento de superfície confiável, 266
   Estados Unidos (estudo de caso), 267-268, 268f
   poluição de, 284-300
   pontos críticos de escassez da água nos Estados Unidos, 268-269-269f

   Rio Colorado, 270, 270f
   transferências de água, 276-277, 276f
   uso sustentável de, 280-282
Recursos inesgotáveis, **6**, 7f
Recursos metálicos estratégicos, 310
Recursos minerais, **308**. *Ver também* Rochas
   ciclo da rocha, 308, 309f
   ciclo de vida de minério metálico, 313, 313f
   concessões de esgotamento, 312
   dependência de, 308-309
   depósitos de, 309-312
     esgotamento de, 310, 310f
     extraindo minérios de baixo teor, 312
     oceanos como fontes de, 311-312
     preços de mercado, efeitos no abastecimentos, 311-312
     minérios terra-rara, 311
   efeitos ambientais do uso de, 313-317
   mineração (*ver* Mineração)
   não renováveis, 304-327
   reciclando, 310-311, 310f
   recursos minerais importantes, 310
   substitutos para, 318-320
   uso de mineral *per capita*, 310
   tipos de, 308
   uso sustentável, 318-320
Recursos naturais, **6**, 7f. *Ver também* Recursos
Recursos renováveis, **6**, 11f. *Ver também* recursos específicos
   degradação de, 11-13
   acesso aberto, 12
   compartilhados, 12
   rendimento sustentável, 6
Recursos sólidos desperdiçados, 459
Recusando usar/comprar, 463
Rede elétrica, eficiência energética, 352
Rede inteligente, 352
Rede/cadeia alimentar, **53**, 53-54f
Redes de compartilhamento de carros, 126
Redes de troca de recursos, 477
Redução de resíduos, **62**
   recusar, reduzir, reutilizar e reciclar de, 462-466
   vendendo serviços em vez de produtos, 492
Refino, **335**, 336f
Refrigeração/resfriamento
   geotérmico, 372f
   natural de edifícios, 360
Refugiados ambientais, 113
Refúgios para a vida selvagem, 186, 187f
Região Amazônica, desflorestamento na, 8f, 203, 317
Registros fósseis, 78
Regra dos 70, 15
Regulamentações ambientais, 495-496
   baseadas em incentivos, 496
   formas inovadoras, 496
Reich, Peter, 230
Reilly, William K., 296
Reintrodução do lobo-cinzento no Parque Nacional de Yellowstone, 209q
Rejeito, **314**, 314f, 314
Relação espécies e área, 170q
Relação predador-presa, **91**-93
   coevolução, 93
Relatos de caso, 398
Remoção de resíduos, uso de água para, 282

Remoção do topo das montanhas, **314**, 316f
Renda natural, **22**
Rendimento
   energia líquida, 333-334, 334f
   na produção de alimentos, 229, 232
   revolução verde, 230-231
   sustentável, **6**
Rendimento de energia líquida
   de etanol celulósico, 371
   recursos e sistemas de energia, 334f
Represamentos de superfície, 472, 473f
Reprodução em cativeiro, 186-187
Reprodução seletiva, 82
Répteis, deserto, 144q
República Tcheca, fumaça, 416, 416f
Reserva(s)
   carvão, 338
   de biosfera, 207-208
   gás natural, 338
   marinhas, 217
   minerais, 312
   petróleo bruto, 335
Reserva da Floresta Nublada de Monteverde, Costa Rica, 78f
Reservas comprovadas de petróleo, **335**
Reservas naturais
   conceito de zona de amortecimento, 208
   na Costa Rica, 194q, 208, 210f
   reservas de biosfera, 28
Reservatórios, 37f
   cheios de sedimentos, 274
   hidrelétrica e, 365-366
   hidrotérmicos, 372
   poluição da água de, 286-287
Reservatório Lago Powell, 274
Resíduo(s), 456-477
   abordagem de limpeza "no fim do ciclo", 474
   água residual (*ver* Água residual)
   da aquicultura, 242
   da mineração, 313
   de animais, 241
   imposto DE, 490-492
   lixo eletrônico, 461, 470-471
   nucleares radioativos, 347-348
   perigosos (*ver* Resíduos perigosos)
   queima, 467-469, 468f-469f
   reciclagem de (*ver* Reciclagem)
   reduzindo pela venda de serviços em vez de produtos, 492
   reuso de (*ver* Reciclagem)
   sistema *cradle-to-grave* (do berço ao túmulo), 473
   sólidos (*ver* Resíduos sólidos)
   sólido industrial, **459**
   transição para economia de baixa geração de resíduos, 474-475
   uso do mercado para reduzir, 491
Resíduo sólido urbano (RSU), **459**
   compostagem, 465
   queima, 461, 467-469
   reciclagem, 464-467
   sistema de coleta única, 467
Resíduos perigosos, **461**
   químicos domésticos, 461f
   lidando com, 461-463, 463f
   desintoxicação, 471-472
   lixo eletrônico, 461
   manifestações sociais e, 475
   manejo integrado, 462, 463f
   tratados internacionais sobre, 475
   lixo radioativo, 461
   legislação nos Estados Unidos, 472-473

armazenamento, 472, 473f
   o que você pode fazer?, 465f
Resíduos sólidos, **459**
   enterrando, 468-469
   industriais, 459
   lidando com, 462-463
   nos Estados Unidos, 459-460
   o que você pode fazer?, 463f
   porções de lixo no oceano, 460, 460f
   queima, 467-468
   recusar, reduzir, reusar e reciclar, 462-467, 463f, 465
   resíduo sólido urbano (RSU), 459, 459f
Resíduos tóxicos e perigosos, **461**. *Ver também* Resíduos perigosos
Resiliência, **97**
Resistência ambiental, **100**
Resistência genética, 79
   a antibióticos, 387q
Respiração aeróbica
   definição, **49**
   na ciclagem do carbono, 58
Responsabilidade para futuras gerações, **9**, 9f
Resposta, a exposição química, 397
Ressurgência, 137f, 155
Restauração do capital natural de zonas ripárias, 205-206, 206f
Restauração ecológica natural, 96
Restauração ecológica, **211**
Restauração, restauração ecológica, 211-212
Retroalimentação, **38**
Reuso/reutilização, **462-463**
   de água residual por, 282
   de lixo eletrônico, 463f
   embalagens reutilizáveis, 463
   incentivar, 475-476
   o que você pode fazer?, 463f
Revisão por pares, **30**, 31
Revisitando (quadro)
   abelhas e sustentabilidade, 189q
   abordagem *cradle-to-cradle* e sustentabilidade, 478q
   anfíbios e sustentabilidade, 85q
   aprendendo com a Terra e a sustentabilidade, 23q
   crescimento populacional, urbanização e sustentabilidade, 130q
   derretimento de gelo na Groenlândia e sustentabilidade, 451q
   efeitos tóxicos do mercúrio e sustentabilidade, 407q
   floresta experimental e sustentabilidade, 40q
   florestas tropicais úmidas e sustentabilidade, 64q
   Growing Power e sustentabilidade, 257q
   lontras-marinhas do sul e sustentabilidade, 103q
   real custo do ouro e sustentabilidade, 327q
   recursos energéticos e sustentabilidade, 378q
   savana africana tropical e sustentabilidade, 163q
   sustentando a biodiversidade da Costa Rica, 220q
   transformação ecológica de campi e sustentabilidade, 512q
   zonas mortas e sustentabilidade, 300q
Revolução Verde, **230-231**
   limites na expansão da, 240
Revolução de sustentabilidade, 511, 511f
Revolução dos materiais, 318

Revolução industrial, 63q, 429
Revoluções genéticas, 232
Riachos/córregos. *Ver também* Rios, córregos e riachos
   enterrados por rejeitos da mineração, 314
   poluentes mais graves que ameaçam, 286
   poluição causada pela mineração, 314
Rinocerontes, 181f
Rio Colorado, 270, 270f, 277
   como barragens\represas matam um delta, 274-275
   definições, **270**
   energia de marés, 366
   energia hidrelétrica, 368
   produção hidroelétrica, 270
Rios, córregos e riachos, 157-162
   barragens, 161
   canalização de, 283f
   deltas, 159
   destruição por pastoreio a zonas ripárias, 205, 206f
   poluição de, 285-286
   vantagens e desvantagens de hidrelétricas, 366f
   como barragens podem matar deltas, 274
   energia das marés, 366
   hidrelétrica e, 274
   Rio Colorado, 270, 270f
   zonas, 159, 161f
Rio Cuyahoga, 19, 285
Rio San Pedro, Arizona, 206f
Risco, **385**
RNA, 33
Rocha(s), **308**. *Ver também* Recursos minerais
   de lava/ígnea, 308, 321
   derretida, 309f
   estrutura da Terra e, 307-308, 307f
   ígnea, 308, 309f
   ígneas, **308**, 309f
   matriz, 52q
   metamórfica, 308, 309f
   metamórfica, **308**, 309f
   minério, 308
   quente, seca para energia geotérmica, 372
   sedimentares, 308, 309f
   sedimentares, **308**, 309f
   xisto, 332q, 332f
Rockstrom, Johan, 63q
Rodenticidas, 243. *Ver também* Pesticidas
Rodricks, Joseph V., 399
Roosevelt, Theodore (Teddy), 19, 20f, 186
Rosenzweig, Michael L., 212
Roske-Martinez, Xiuhtezcatl, 503q
Rotação da terra em seu eixo, 139f
Rotação de culturas, 250
RSD. *Ver* Recursos sólidos desperdiçados
Rowland, Sherwood, 448, 450q
Rússia
   combustível nuclear, 347
   petróleo bruto, 335
   produtor de ouro, 306q
   reservas de carvão, 338
   reservas de gás natural, 338-339
Ruzo, Andrés, 373q

S

Safras comerciais, 229
Saídas de sistemas, **38**, 38f
Sal, removendo da água do mar, 278
Salinidade, 152

Salinização do solo, **238**
   redução, 250, 250f
Salmonela, 181, 390
Santa Cruz, Bolívia, 46f
Sapo-dourado, 78f
Saúde. *Ver* Saúde humana
Saúde humana, 382-407
   ameaça da mudança climática a, 439-440
   avaliação e gerenciamento de riscos, 385, 385f
   concentração de doenças infecciosas em cidades, 122-123
   dificuldade de avaliar riscos, 396-397
   diretrizes para, 406
   escolhas de estilo de vida, 385
   estimando riscos da tecnologia, 405-406
   estudo de caso
      cigarros e cigarros eletrônicos, 403-405, 405f
      epidemia HIV/AIDS global, 389-390, 390f
      malária, 390-391, 392f
      prevenção de poluição, 400-401
      tuberculose, 385, 388f
   mercúrio, efeitos tóxicos do, 384q, 384f
   nanotecnologia e, 319q
   percepção e gerenciamento de riscos, 396-406
   perigos biológicos, 385-391
   perigos culturais, 385
   perigos naturais, 385
   perigos químicos, 385, 392-396
   pesticidas como ameaça a, 244-245
   pobreza e, 402, 403f, 492-493
   poluição da água e, 286
   poluição do ar e, 421-423
   poluição do ar em ambientes fechados/interno, 425-426, 425f
   taxa de mortalidade infantil, 112-113
Savana, 136q, 136f, 146q
Seager, Richard, 268, 437
Seca, 268, 270, 277, 281
Sedimentos, 285t, 308
Segunda lei da termodinâmica, **38**, 53
Segura, Paola, 255
Segurança alimentar, **227-228**
   aprimorando, 254-256
   problemas dos seres humanos 228
Segurança ambiental, 504
Segurança Nacional, tratado de mudança climática para, 439
Sekercioğlu, Çagˇan Hakki, 184q
Seleção artificial, **81-82**, 232
Seleção natural, **77**
   limites de adaptação pela, 80
   mitos relacionados, 80
   variabilidade genética e, 79-80, 79f
Sensibilidade química múltipla (SQM), 397
Sensoriamento remoto, 62
Sereivathana, Tuy, 147q
Serviço de Pesca e Vida Selvagem. *Ver* Serviço de Pesca e Vida Selvagem dos Estados Unidos (USFWS)
Serviço de Pesca e Vida Selvagem dos Estados Unidos (U. S. Fish and Wildlife Service – USFWS), 176, 498
   Lei das Espécies Ameaçadas e, 185
   reintrodução do lobo-cinzento no Parque Nacional de Yellowstone, 209q
   sobre bioinvasores, 213

Serviços econômicos
　de ecossistemas marinhos, 152f, 157f
　de espécies de aves, 183-184
　de florestas, 195f, 196q
　de recifes de corais, 156f
　de sistemas de água doce, 158f
　fornecidos por espécies, 170-173
Serviços ecossistêmicos, 6-8, 7f
　biodiversidade, 71
　ciclo da água e, 56-57
　colocando preço, 196q
　de abelhas produtoras de mel, 168q
　de áreas alagadiças (úmidas), 160
　de ecossistema marinhos, 152, 152f
　de espécies de aves, 183
　de florestas, 195, 196q
　de sistemas de água doce, 158f
　ecologia de reconciliação para proteger, 212
　extinção e, 173
　fornecidos por espécies, 169-170
　inimigos naturais de pragas, 243
　polinização, 72q, 168q
　sucessão ecológica, 95
Serviço Florestal dos Estados Unidos (U.S. Forest Service – USFS), 19, 199, 498
Serviço Geológico dos Estados Unidos (U.S. Geological Survey – USGS), 267
　sobre contaminação de mercúrio, 393
　sobre energia geotérmica, 371-372
　sobre minerais não renováveis, 308-309
　sobre recuperação de metais de terras-raras, 311
　sobre reservas de carvão nos Estados Unidos, 344
　sobre uso de mineral *per capita*, 310
Serviço Nacional de Parques (National Park Service – NPS), Estados Unidos, 208, 498
Serviço Nacional de Pesca Marinha (National Marine Fisheries Service – NMFS), 185
Serviço Nacional dos Oceanos dos Estados Unidos (U. S. National Ocean Service), 217
Serviços públicos, eficiência energética em, 351-352
Serviços, venda de, 492
SIG. *Ver* Sistemas de informação geográfica
Silício, em células solares, 363
Simones, Cid, 255
Simplicidade voluntária, 510
Sindi, Hayat, 388q
Sindicatos, 496
Síndrome de imunodeficiência adquirida (aids), 385, 385-390, 390f
Sistemas de água doce
　como capital natural, 158f
　em áreas alagadiças, 160, 161
　extinções, 213
　impactos humanos em, 161-162
　lagos, 157, 158f-159f
　rios e riachos, 157-159, 160f
　serviços ecossistêmicos e econômicos de, 158f, 160-161
　sistemas permanentes e de fluxo, 157-159
Sistemas de aquecimento solar
　ativos, 359f, 359
　passivos, 359, 359f
Sistema de irrigação por pivô central, 279f

Sistema de posicionamento global (*global positioning system* – GPS), 62, 253
Sistema de refúgio, Estados Unidos, 186
Sistema de suporte à vida, da Terra, 47, 47f, 63q, 110q
Sistema econômico de livre mercado, 485
Sistema endócrino, efeitos químicos no, 394-395
Sistema imunológico, 393
Sistema Nacional de Florestas (National Forest System), 198, 498
Sistema Nacional de Parques (National Park System), 207, 498, 499f
Sistema Nacional de Preservação de Áreas Selvagens, 207, 207f, 498
Sistema nervoso, 393
Sistema respiratório, 4215, 422f
Sistemas de informação geográfica (*geographic information systems* – GIS), 62
Sistemas de irrigação solar, 255q
Sistemas de previdência, 112
Sistemas de recirculação de aquicultura, 251
Sistemas de tratamento de esgoto ecológico, 297
Sistemas termossolares, 360-361, 362f
Sociedade de Ecologia da América, 233
Sociedade ambientalmente sustentável, 21
Soja, 232
Sólido cristalino, 308
Solo(s), 50-51
　como princípios da vida na terra (Foco na ciência), 50-52
　de florestas boreais, 148
　desertificação, 238, 250
　erosão (*ver* Erosão do solo)
　fertilidade (*ver* Fertilidade do solo)
　formação, 52f
　maduro, 51, 52f
　perfil, 51
　poluição, 237-238
　porção superior do solo (*ver* Porção superior do solo)
　proteção contra deposição ácida, 418
　subsuperficial, 51, 52f
　superficial, 52, 52f
　tundra, 146
Solubilidade, 397
Solução
　básica, 33
　neutra, 33
Solução, pH de, 33
Soluções
　aquicultura mais sustentável, 251f
　de ganhos mútuos, 9, 378q
　deposição ácida, 418f
　diminuindo mudança climática, 435f
　doenças infecciosas, 392f
　esgotamento da água subterrânea, 274f
　ferramentas para o crescimento inteligente, 128f
　fontes estacionária de poluição do ar, 424f
　melhorando eficiência energética, 352f
　poluição da água subterrânea, 288f
　poluição da água, 295f
　poluição de águas costeiras, 295f
　poluição do ar interno, 425f
　poluição do ar oriunda de veículos motores, 425f
　poluição por mercúrio, 394f
　produção de alimentos mais sustentável, 252f

　reduzindo danos das inundações, 283f
　reduzindo desperdício de água de irrigação, 280f
　reduzindo desperdício de água, 281f
　salinização do solo, 250f
　silvicultura mais sustentável, 202f
　sustentando florestas tropicais, 204f
　transição para um futuro energético mais sustentável, 376f
　uso sustentável de minerais não renováveis, 320f
Splicing genético, 82, 232
Soulé, Michael, 172
SQM. *Ver* Sensibilidade química múltipla
Staphylococcus aureus resistente à meticilina (MRSA), 387q
State of the Birds (estudo de 2014), 183
Subnutrição crônica, 227
Subsidência da terra, 273, 316
Subsídios, 17
　agrícolas, 232, 253-254
　água doce, 277
　energia renovável, 358
　mineração de subsolo, 316
　mudando para opções benéficas para o meio ambiente, 490
　para etanol, 371
　para reutilização e reciclagem, 475
　para sistemas termossolares, 360-361
　perversos, 490
　recursos energéticos, 334
Subsídios do governo. *Ver* Subsídios
Substituição, de ecossistemas deteriorados, 211
Subúrbios, 119, 120f
Sucessão. *Ver* Sucessão ecológica
Sucessão ecológica, 95-96
　ecossistemas naturais, 211
　em pastagens naturais, 204-205, 205f
　primária, 95, 96f
　secundária, 95, 97f
Suécia
　uso de manejo integrado de pragas (MIPM) na, 247
　uso de pesticida, 245-246
　uso de superisolamento, 356
Sulfeto de hidrogênio, 49, 338
Superação, população, 101f
Superisolamento, 356
Supernutrição, 228
Sustainability Action Network, 204
Sustentabilidade, 4q
　abelhas e, 189q
　abordagem *cradle-to-cradle* e, 478q
　anfíbios e, 85q
　aprendendo com a Terra e, 23q
　áreas urbanas, 124-126
　componentes da, 5-8
　conceito de ecocidade, 126-128
　crescimento inteligente, 126-127
　crescimento populacional, urbanização e, 130q
　derretimento de gelo na Groenlândia e, 451q
　economia com baixa geração de resíduos, 474-476
　efeitos tóxicos do mercúrio e, 407q
　estilo de vida não sustentável, 9, 15
　Floresta Experimental Hubbard Brook e, 40q
　florestas tropicais úmidas e, 64q
　Growing Power e, 257q
　lontras-marinhas do sul e, 102q
　movimento de sustentabilidade global, 503

mudanças no sistemas vivos, 97-98
princípios de, 5-10, 6f, 9f
real custo do ouro e, 327q
recursos energéticos e, 378q
savana tropical africana e, 163q
transformação ecológica dos campi estadunidenses, 584q
zonas mortas e, 300q
Switchgrass, 371

T

3M Company, 401
Tabagismo, 403-404, 403f
Taigas, 148
Tailândia
    manguezais, 154f
    planejamento familiar, 117
Tamanho da população, **98**
    capacidade de suporte, 100
    estrutura etária e, 98
    fatores limitantes, 99
    impacto ambiental e, 12
    intervalo de tolerância de, 99, 99f
    lontras-marinhas do sul, 102q, 102f
Tanque séptico, **296**
Tartarugas marinhas, 176
Taxa de extinção normal, **83**, **169**
Taxa de fecundidade, 110-110, 111f
    fatores que afetam, 112
    nos Estados Unidos, 111, 112f
    total, **110**, 111f
Taxa de fecundidade total (*total fertility rate* – TFR), **110**, 111f
    fatores que afetam, 112-113
    nos Estados Unidos, 111, 111f
Taxa de mortalidade, 108q
    fatores que afetam, 112-113
    infantil, **112-113**
    transição demográfica, 115, 116f
Taxa de natalidade
    fatores que afetam, 112
    momentum demográfico e, 113
    transição demográfica, 115, 116f
Taxas de carbono, 443-444
Tecnologias antirruído, 123
Tecnologia de células combustíveis, carreira em, **355**
Tecnologia de células solares, carreira em, **364**
Tecnologia, impacto ambiental e, 13
Telhado
    verde, 355, 355
    vivo, 360
Telhados ou coberturas verdes, 355-356, 355f
Temperatura
    atmosfera (*ver* Aquecimento atmosférico)
    biomas e, 142f, 151f, 163q
    capital natural, 141f
Temperatura atmosférica, 426-427, 428-429, 432q-433q
Tempo de esgotamento, **310**, 310f
Tempo de duplicação, 15
Teoria atômica, **32**
Tendências, 31, 406
Tendências otimistas, avaliação de risco e, 406
Tênia, 94
Teor, depósitos minerais, 313
Teoria celular, 34
Teoria científica, **29**, 30
Teoria das placas tectônicas, 61f
Teratogênicos, **393**
Termodinâmica, 37-38

primeira lei da, **37**
segunda lei da, **38**
Terraceamento, 247, 249f
Terra(s)
    aproveitando calor interno da, 371-372
    áreas selvagens, 207f
    biomas e clima, 142f
    componentes da biodiversidade, 71f
        circulação de ar global, 139f
        sistema de suporte à vida, 110q
    correntes oceânicas e zonas climáticas, 137f
    de cultivo, 229
    erosão da porção superior do solo, 237f
    hotspots de biodiversidade, 211f
    pegada ecológica humana, 11f
    placas tectônicas da, 81q, 81f, 322f
    rotação de, 137
Terras públicas, gerenciamento nos Estados Unidos, 498-500, 499f
Terremotos, 81q, **321**, 322f-324f
    tsunamis, **324-325**
Texas, uso de energia eólica no, 368
TFR. *Ver* Taxa de fecundidade total
The Upcycle (McDonough e Braungart), 458
Tigre, 174f, 181
Tigre-de-Sumatra, 171f, 180
Tilman, David, 230, 252q, 371, 506q
Tilmes, Simone, 443
Todd, John, 299q
Tonéis secos, em usinas nucleares, 346f, 347
Tóquio, população de, 119, 120f
Toutinegra, pássaros, 91f
Toxic Release Inventory, 474
Toxicologia, **396**
Toxinas. *Ver também* Perigos químicos
    deposição ácida, 418
    doze sujos, poluentes, 401, 475
    em marés, 293
    em material particulado em suspensão (MPS), 415
    estimando toxicidade de, 397-398, 398t
    mercúrio, 3848q, 420
    mineração de remoção do topo da montanha e, 314
    na cinza de carvão, 342
    níveis traços, 399
    no esgoto, 296
    no lixo eletrônico, 461
    poluição da água subterrânea, 288-289
    substâncias químicas perigosas em muitas casas, 461
    tomando conhecimento, 398-399
Toxicidade, **396**
    curva dose-resposta, 397, 398f
    classificação de toxicidade e dose letal média, 399t
    estimando, 397-398, 398t
Traço, **34**
    hereditário, 79
Tradições, taxa de natalidade e, 112
Tráfego congestionado, 125
Tragédia dos comuns, 12
Transferências de água, 276-277
Transformação ecológica dos campi estadunidenses, 484q, 484f
Transição demográfica, **115**, 116f
Transições tributárias\mudança de impostos, 17, 125, 491

Transpiração, 144q
Transporte público sobre trilhos, 128f
Transporte
    bicicleta, 126, 127f
    custos ocultos, 353
    eficiência energética, 353-354
    de massa, 126, 128f veículos motores acidentes, 125
        país centrado no carro, 125
        poluição do ar e, 414, 423-425, 425f
        redes de compartilhamento de veículos, 126
        vantagens e desvantagens de usar, 125
    em áreas urbanas, 124-126
    padrões de eficiência de combustível, 424
    prioridades, 126f
    reduzindo uso, 125-126
    rendimento de energia líquida, 334f
    vantagens e desvantagens, 127f
Transtorno de déficit de natureza, 17, **508**
Tratados, 184-185
    Convenção de Minamata, 402
    Protocolo de Copenhague, 450
    Protocolo de Kyoto, 445
    Protocolo de Montreal, 449
    resíduos perigosos, 475
    sobre esgotamento do ozônio, 449-451
Tratados internacionais. *Ver* Tratados
Tratamento de esgoto
    aprendendo com a natureza, 299q, 299f
    convencional, melhorando, 297-299
    primário, **296**, 297, 296f
    secundário, **297**, 296f
    sistemas de tratamento de esgoto ecológico, 296
Trem
    transporte público sobre trilhos, 128f
    trem rápido, 128f
Trepadeiras, 147
Trigo, 229
    sistema de raízes, 254f
    produção da Arábia Saudita de, 271
Troposfera, 47, **413**, 4413f
Truta-de-lago, 175f
Trutas, intervalo de tolerância, 94f
Tsunamis, **324**-326, 325f-326f
    acidente da usina nuclear de Fukushima Daiichi, 350
Tubarão-baleia, 77f
Tubarão-martelo-recortado, 77f
Tubarões, 76-76, 77f, 102q
Tubarões-martelo, 76, 77f
Tundra, 146
    ártica, 144, 145f,
Turbinas eólicas, 36f, 366f, 366-369, 369q
Twain, Mark, 510
Tyedmers, Peter, 235

U

Ultracapacitores, 354q
Unep. *Ver* Programa das Nações Unidas para o Meio Ambiente (United Nations Environment Programme)
União Internacional para a Conservação da Natureza (International Union for Conservation of Nature – IUCN)
    áreas marinhas protegidas, 216-217
    comércio de aves, 181

declínio dos anfíbios e, 70*q*
espécies em perigo e, 170
extinções de espécies aquáticas, 213
parques e reservas naturais, 207
segurança ambiental e, 504
sobre *hotspots* de biodiversidade, 210
tubarões, 76-77
ursos polares e, 179
Universidade da Califórnia, Santa Cruz, 92*q*
Universidade de Colúmbia, 228, 268
Universidade de Connecticut, 484
Universidade de Washington, 446, 484
Universidade de Wisconsin-Oshkosh, 484*q*
Universidade Estadual do Arizona, 446
Universidade Pfeiffer, 484*q*
Upcycling, 464-465
Urânio, 32, 334, 344*f*, 345*f*
Urbanização, 112-113
  desvantagens de, 122, 123
    concentração de poluição e problemas de saúde, 122-123
    efeitos climáticos, 123
    falta de vegetação, 122
    problemas da água, 122
    ruído, 123
  nos Estados Unidos (estudo de caso), 119-120
  número de crianças por casal e, 111-112
  vantagens de, 121
Urso polar, 179*f*
Usinas de queima de carvão, 342-401
U.S. Census Bureau, 111, 115
Uso da lenha em países menos desenvolvidos, 202, 370
Uso de energia por fonte, 333*f*
Uso de recursos *per capita*, nos Estados Unidos, 111
Uso de recursos por pessoa, contribuição para extinção de espécies, 177
Uso do tabaco, 3403*f*

V

Vale da Morte, 140
Vantagens e desvantagens (*trade-offs*)
  agricultura orgânica, 252*f*
  aquecimento solar ativo ou passivo, 361*f*
  aquicultura, 242*f*
  aterros sanitários, 470*f*
  bicicletas, 127*f*
  biocombustíveis líquidos, 371*f*
  biomassa sólida, 370*f*
  carvão, 344*f*
  células solares, 365*f*
  ciclo do combustível nuclear convencional, 347*f*
  confinamentos de animais, 241*f*
  confinamentos de animais, 241*f*
  cotas legais para poluir, 492*f*
  energia eólica, 369*f*
  energia geotérmica, 373*f*
  gás natural convencional, 341*f*
  hidrelétrica, 366*f*
  hidrogênio, 374*f*
  imposto sobre carbono e energia, 444*f*
  impostos e taxas ambientais, 491*f*
  incinerador produtor de energia, 468*f*
  ônibus, 127*f*
  pesticidas sintéticos, 243
  petróleo convencional, 337*f*
  petróleo pesado a partir de areia betuminosa, 339*f*
  poços profundos de descarte, 472*f*
  política de *cap-and-trade*, 444*f*
  reciclagem, 467*f*
  represamentos de superfície, 473*f*
  retirada de água subterrânea, 271*f*
  sistemas termossolares, 362*f*
  transporte público sobre trilhos, 128*f*
  trens de alta velocidade, 128*f*
Vapor de água, 47
  como gás de efeito estufa, 413, 429
  concentração atmosférica, 413
Varetas de combustível, 344
  queimado, 347-348, 348*f*
Variabilidade genética, 79
Variáveis, 28*q*, 31, 98
Varroa destructor, 180*q*
Vaso de contenção, 346, 345*f*
Vazamentos de água, 280
Vazamentos, água, 280
Veículo híbrido *plug-in* elétrico, 353, 3353*f*, 354*q*
Venda de serviços em vez de produtos, 492
Ventos predominantes, 138, 139*f*-140*f*, 418
Virgínia Ocidental, mineração de remoção do topo das montanhas,, 314, 316*f*
Vírus da gripe, 389
Vírus da hepatite B (HBV), 389
Vírus da imunodeficiência humana (HIV), 389-390, 390*f*
Vírus Influenza, 389
Vírus, **385**, 389-391
Visão conservacionista, 19
Visão de mundo ambiental centrada no humano, **19, 505**
Visão de mundo centrada na Terra, **19, 505**-506
Visão de mundo centrada na vida, **19, 505**
Visão de mundo da administração, 18, 505
Visão de mundo de gestão planetária, 19, 505
Visão de mundo sobre o meio ambiente, **18, 505**
  centrada na Terra, 19, 505
  centrada na vida, 19, 505
  centrada no ser humano, 19, 505
  da administração, 19, 505
  gerenciamento do mundo, 18, 505
Visão preservacionista, 19
Vento. *Ver também* Circulação de ar
  disseminação da poluição pelo, 417
  erosão pelo, 142, 247-248
  remoção/diluição de poluentes, 417
  predominante, 138-139, 139*f*-140*f*
Vegetação, 150. *Ver também* Plantas; Biomas terrestres
  falta em áreas urbanas, 122
Vulcões, **321**, 323*f*, 321-324

W-X-Z

Washington
  Lago Diablo, Parque Nacional North Cascades, 207*f*
  Parque Nacional Olímpico, 208
Wallace, Alfred Russel, 79
Waste Management Research Institute, 474
Weixin, Luan, 293
WildAid, 77, 179
Wilderness Society, 19
Wilson, Edward O., 73*q*, 92
  abordagem ecossistêmica para sustentar biodiversidade aquática, 218-219
  biodiversidade e, 169, 206
  relação espécies-área e, 170*q*
Woods Hole National Fisheries Service, 215
World Glacier Monitoring Service, 274
World Green Building Council, 356
World Resources Institute (WRI), 198, 278
Worldwatch Institute, 126, 202, 368
World Wildlife Fund (WWF), 274, 502
  como grupo ambiental, 502-503
  Global Footprint Network, 12, 15
  sistemas barragem e reservatórios, 274
WRI. *Ver* World Resources Institute
Xerox, 492
Xisto, 308
Yunus, Muhammad, 493
Zebra, 91, 145*f*
Zona abissal, 153, 153*f*
Zona batial, 153, 153*f*
Zona de decomposição, 286*f*
Zona de origem, 159, 161*f*
Zona de saturação, **265**
Zona de transição, 141, 159, 161*f*
Zona de várzea, 159, 161*f*
Zona eufótica, 153, 153*f*
Zonas climáticas,137*f*
Zonas costeiras, **152**, 153*f*
Zonas de vida aquática, **152**. *Ver também* Ecossistemas aquáticos; Zonas de vida de água doce; Zonas de vida marinha
  produtividade primária bruta (PPB), 54
Zonas de vida de água doce, **152**
Zonas de vida marinha, **152**
Zonas mortas, 239, 264*q*, 293, 300*q*
Zonas ripária, danos pelo pastoreio excessivo a, 205, 205*f*
Zonas sem oxigênio, 293
Zonas úmidas costeiras, **152**
Zoológicos, 186-187
Zooplâncton, 49, 54*f*, 153, 299*q*, 397*f*
Zooxantelas,, 156

Três princípios da sustentabilidade que podem nos ajudar a fazer a transição para um futuro mais sustentável.

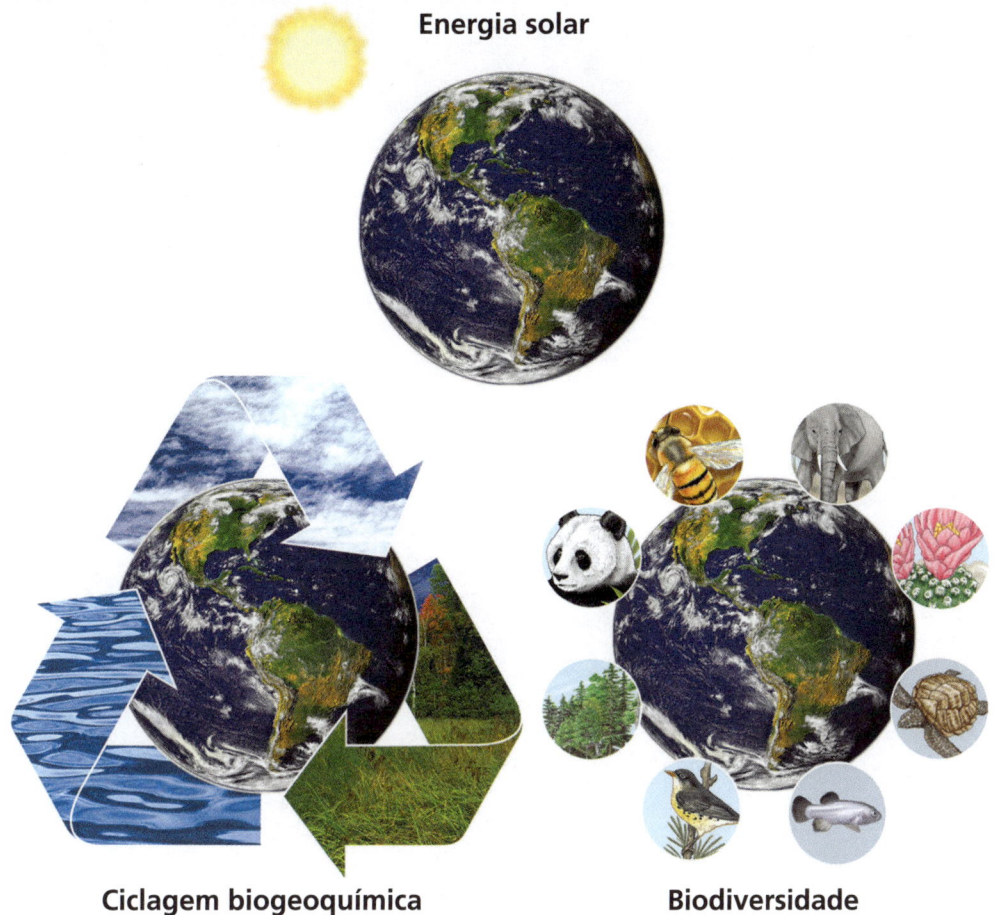

Três princípios da sustentabilidade que podem nos ajudar a fazer a transição para um futuro mais sustentável.